ASSOCIATION FRANÇAISE

POUR

L'AVANCEMENT DES SCIENCES

Une table des matières est jointe à chacun des volumes du Compte Rendu des travaux de l'Association Française en 1900.

Une table analytique *générale* par ordre alphabétique termine la 2me partie; dans cette table, les nombres qui sont placés après la lettre *p* se rapportent aux pages de la 1re partie, ceux placés après l'astérisque * se rapportent aux pages de la 2me partie.

Les indications bibliographiques se trouvent à la table des matières des volumes.

IMPRIMERIE CHAIX, RUE BERGÈRE, 20, PARIS. — 25000-11-00.

ASSOCIATION FRANÇAISE

POUR

L'AVANCEMENT DES SCIENCES

FUSIONNÉE AVEC

L'ASSOCIATION SCIENTIFIQUE DE FRANCE

(Fondée par Le Verrier en 1864)

Reconnues d'utilité publique

COMPTE RENDU DE LA 29ME SESSION

PARIS

— 1900 —

SECONDE PARTIE

NOTES ET MÉMOIRES

PARIS

AU SECRÉTARIAT DE L'ASSOCIATION

28, rue Serpente (Hôtel des Sociétés savantes)

ET CHEZ MM. MASSON et Cie, LIBRAIRES DE L'ACADÉMIE DE MÉDECINE

120, boulevard Saint-Germain.

—

1901

ASSOCIATION FRANÇAISE

POUR

L'AVANCEMENT DES SCIENCES

NOTES ET MÉMOIRES

M. Édouard COLLIGNON

Inspecteur général des Ponts et Chaussées, à Paris.

REMARQUES SUR LES MOMENTS D'INERTIE DES POLYGONES RÉGULIERS ET DES POLYÈDRES RÉGULIERS [R 2 c]

— *Séance du 3 août* —

CHAPITRE PREMIER

Polygones réguliers.

Soit donné dans un plan un polygone régulier de n côtés. Soit c la longueur du côté de ce polygone, h son apothème. Nous représenterons par la lettre O le centre de la figure. L'aire Ω et le périmètre P du polygone seront définis par les relations

$$\Omega = \frac{nch}{2}, \qquad P = nc.$$

Nous considérerons successivement dans cette note les moments d'inertie de l'aire et ceux du périmètre du polygone, en admettant l'homogénéité de la surface, ainsi que l'homogénéité des droites qui composent le périmètre total.

Qu'il s'agisse de l'aire ou du périmètre, les moments d'inertie seront tous égaux par rapport à une droite quelconque menée par le point O dans le plan de la figure. Elle admet en effet pour axes principaux les rayons qui joignent le centre O à tous les sommets, et les apothèmes abaissés du même point sur tous les côtés. L'ellipse d'inertie, dans ces conditions, est un cercle.

Faisons choix de deux axes rectangulaires OX, OY menés par le point O. Soient I_X, I_Y les moments d'inertie relatifs à ces axes, et I le moment d'inertie par rapport à un troisième axe OZ perpendiculaire aux deux premiers. On aura à la fois

$$I_X = I_Y \quad \text{et} \quad I = I_X + I_Y = 2I_X.$$

L'ellipsoïde central d'inertie aura pour équation

$$x^2 + y^2 + 2z^2 = 1;$$

c'est un ellipsoïde de révolution dont l'axe porté sur OZ est égal à la fraction $\frac{1}{\sqrt{2}}$ des axes portés sur les axes OX, OY menés dans le plan du polygone.

Ces résultats sont indépendants du nombre n des côtés de la figure, et ils s'appliquent aussi bien au périmètre pris à part, qu'à l'aire du polygone. Quel que soit le nombre n, qu'il s'agisse de l'aire ou du périmètre, l'ellipsoïde d'inertie est le même. Si donc on fixe le point O, et qu'on abandonne la figure, supposée homogène, au jeu de l'inertie, sans intervention d'aucune force, le mouvement défini par le théorème de Poinsot sera identique, dès qu'il y aura identité des circonstances initiales. La *polhodie* et l'*herpolhodie* sont alors des circonférences, et le mouvement général de la figure est une précession uniforme.

Pour abréger, nous appellerons le moment par rapport à OZ *moment d'inertie polaire* du polygone par rapport au point O. Il suffit de connaître ce moment I pour qu'on puisse en déduire le moment d'inertie par rapport à une droite quelconque menée par le point O dans le plan, puis par rapport à une droite quelconque de l'espace.

Nous commencerons par déterminer le moment d'inertie polaire I de la surface du polygone, et le moment d'inertie polaire I' du périmètre du polygone; si l'on appelle K et K' les rayons de giration correspondants, on aura

$$I' = PK'^2 \text{ pour le périmètre;}$$
$$I = \Omega K^2 \text{ pour la surface.}$$

1° *Moment d'inertie polaire du périmètre* P.

Une droite homogène finie, de longueur c, a pour moment d'inertie polaire par rapport à son centre le produit $c \times \frac{c^2}{12}$, dans lequel le premier facteur représente la masse, et le second le carré du rayon de giration. Le centre de la droite est son point milieu. Si c est le côté du polygone, la distance de ce point au centre O du polygone est égale à l'apothème h; le moment d'inertie polaire du côté c par rapport au point O est donc égal au produit

$$c \times \left(\frac{c^2}{12} + h^2\right);$$

pour le périmètre entier, il suffit de multiplier par n, ce qui donne

$$I' = nc\left(\frac{c^2}{12} + h^2\right) = P\left(\frac{c^2}{12} + h^2\right).$$

On a donc
$$K'^2 = \frac{c^2}{12} + h^2.$$

2° *Moment d'inertie polaire de la surface* Ω.

Lorsqu'on augmente l'apothème h de la quantité dh, la surface s'accroît de $d\Omega = Pdh$, et le moment d'inertie augmente du produit

$$dI = Pdh\left(\frac{c^2}{12} + h^2\right) = Pdh \times K'^2,$$

moment polaire de la couche infiniment mince qui s'ajoute à l'aire du polygone.

Mais l'aire Ω est égal à $\frac{Ph}{2}$, et nous pouvons poser

$$I = \frac{Ph}{2} \times K^2.$$

Divisant la première équation par la seconde, il vient

$$\frac{dI}{I} = 2\frac{dh}{h} \times \frac{K'^2}{K^2}.$$

La somme I est composée d'éléments dont chacun est la quatrième puissance d'une longueur, et l'on peut poser par conséquent, en appliquant la règle de la similitude et en appelant θ un facteur constant,

$$I = \theta h^4;$$

on rapporte le moment I à l'apothème h. Il en résulte, en prenant la dérivée logarithmique des deux membres,

$$\frac{dI}{I} = 4\frac{dh}{h}.$$

Comparant ces deux résultats on en déduit

$$2\frac{K'^2}{K^2} = 4,$$

$$K^2 = \frac{1}{2}K'^2 = \frac{c^2}{24} + \frac{h^2}{2},$$

et

$$I = \Omega\left(\frac{c^2}{24} + \frac{h^2}{2}\right).$$

Le rayon de giration polaire de l'aire Ω est donc égal au rayon de giration polaire du périmètre P divisé par $\sqrt{2}$.

On exprime plus élégamment les rayons de giration de l'aire et du périmètre, en fonction des rayons R et R′ du cercle circonscrit au polygone et du cercle inscrit.

Le rayon R′ est identique à l'apothème h. On a de plus, dans le triangle rectangle formé par le demi-côté et les deux rayons R et R′,

$$\frac{c^2}{4} = R^2 - R'^2.$$

Substituons dans les formules qui donnent K^2 et K'^2, R′ à h et $4(R^2 - R'^2)$ à c^2. Il viendra

$$K^2 = \frac{R^2 + 2R'^2}{6},$$

$$K'^3 = \frac{R^2 + 2R'^2}{3}.$$

On peut dire, par conséquent, que K'^2 est la moyenne entre les carrés R^2 et R'^2, le dernier carré étant affecté du coefficient 2.

On peut aussi passer directement du moment I de l'aire au moment I' du périmètre. On a en effet

$$I = \Omega K^2 = \frac{PR'}{2} \times K^2,$$
$$I' = P \times K'^2;$$

d'où l'on déduit, en divisant membre à membre,

$$\frac{I}{I'} = \frac{R'}{2} \times \frac{K^2}{K'^2} = \frac{R'}{4},$$

de sorte que le moment d'inertie polaire de la surface Ω est le quart du produit du moment d'inertie polaire du périmètre P, par le rayon R' du cercle inscrit dans le polygone.

Ces relations sont indépendantes du nombre de côtés n du polygone régulier considéré.

Applications particulières.

1° *Triangle équilatéral.*

Soit BC $= c$ le côté du triangle *(fig. 1)*. On aura

$$AI = \frac{c\sqrt{3}}{2}, \qquad \Omega = \frac{c^2\sqrt{3}}{4}, \qquad P = 3c;$$

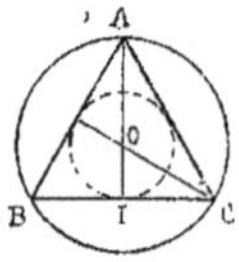

$$OA = R = \frac{2}{3} AI = \frac{c}{\sqrt{3}},$$

$$OI = R' = \frac{1}{3} AI = \frac{c}{2\sqrt{3}};$$

Fig. 1.

$$K^2 = \frac{c^2}{12}, \qquad K'^2 = \frac{c^2}{6}; \qquad I = \frac{c^4\sqrt{3}}{48}, \qquad I' = \frac{c^3}{2}.$$

2° *Carré (fig. 2).*

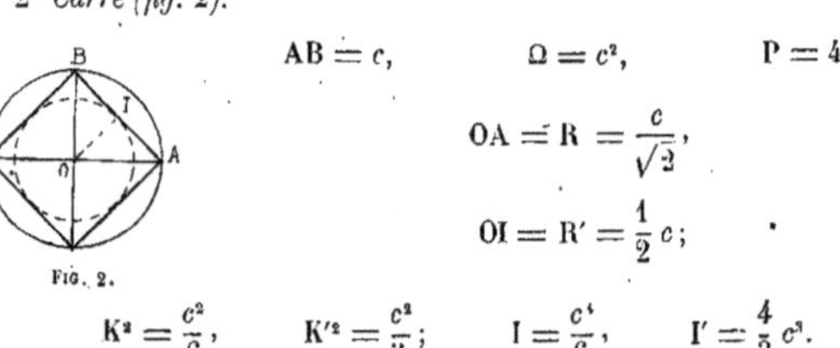

Fig. 2.

$$AB = c, \qquad \Omega = c^2, \qquad P = 4c;$$

$$OA = R = \frac{c}{\sqrt{2}},$$

$$OI = R' = \frac{1}{2} c;$$

$$K^2 = \frac{c^2}{6}, \qquad K'^2 = \frac{c^2}{3}; \qquad I = \frac{c^4}{6}, \qquad I' = \frac{4}{3} c^3.$$

3° *Hexagone régulier (fig. 3).*

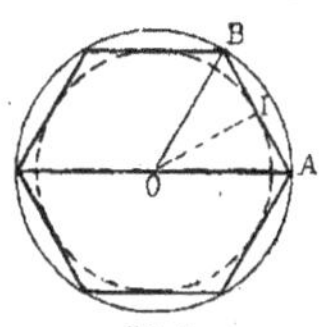

FIG. 3.

$$AB = c, \qquad \Omega = \frac{c^2 \times 3\sqrt{3}}{2}, \qquad P = c \times 6;$$

$$R = OB = c,$$

$$R' = OI = \frac{c\sqrt{3}}{2};$$

$$K^2 = \frac{5}{12}c^2, \qquad K'^2 = \frac{5}{6}c^2; \qquad I = \frac{5\sqrt{3}}{8}c^4, \qquad I' = 5c^3.$$

4° *Cercle*, considéré comme la limite d'un polygone régulier inscrit d'un nombre de côtés croissant indéfiniment.

A la limite R et R′ deviennent égaux au rayon du cercle donné, et l'on a

$$K^2 = \frac{R^2}{2}, \qquad K'^2 = R^2, \qquad I = \frac{\pi R^4}{2}, \qquad I' = 2\pi R^3.$$

On peut observer que pour le cercle on a la relation

$$I' = \frac{dI}{dR},$$

de même qu'entre l'aire Ω et le périmètre P de la circonférence, on a

$$P = \frac{d\Omega}{dR}.$$

Les mêmes relations s'appliquent à la sphère, en remplaçant Ω par le volume, P par la surface, I et I′ par les moments d'inertie polaire, pris par rapport au centre, du volume et de la surface.

Examen d'un cas particulier.

On peut regarder le diamètre d'un cercle comme formant à lui seul un polygone régulier inscrit de deux côtés. Si l'on applique les formules à ce cas particulier, on trouve, en appelant c le côté de ce polygone,

$$R = \frac{c}{2}, \qquad R' = 0; \qquad \Omega = 0, \qquad P = 2c.$$

$$K^2 = \frac{c^2}{24}, \qquad K'^2 = \frac{c^2}{12}; \qquad I = \Omega \times \frac{c^2}{24} = 0, \text{ puisque } \Omega \text{ est nulle};$$

$$I' = P \times \frac{c^2}{12} = \frac{c^3}{6}.$$

La valeur de K'^2 est correcte; on trouve le même résultat pour la droite homogène de longueur c; mais le moment I' est doublé, parce que la droite dont il s'agit est comptée double. La valeur de K^2 ne correspond à rien de réel; mais la valeur de I est exacte néanmoins, parce que le facteur Ω est nul.

Reprenons à un autre point de vue la question du moment d'inertie de la surface.

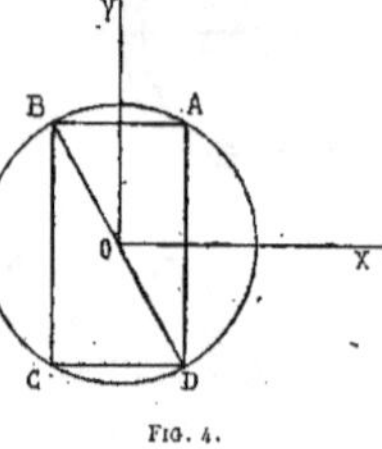

FIG. 4.

Considérons *(fig. 4)* un rectangle ABCD, homogène, inscrit dans un cercle de rayon $OB = R$. Nous aurons, en appelant I_X, I_Y les moments d'inertie de l'aire du rectangle par rapport aux axes OX, OY menés par le centre O parallèlement aux côtés, et en posant $AB = a$, $AD = b$,

$$I_X = ab \times \frac{b^2}{12}, \qquad I_Y = ab \times \frac{a^2}{12};$$

d'où résulte pour le moment d'inertie polaire par rapport au point O

$$I = ab \times \left(\frac{a^2 + b^2}{12}\right) = ab \times \frac{R^2}{3}.$$

Soit K le rayon de giration polaire correspondant; nous aurons

$$K = \frac{R}{\sqrt{3}},$$

quantité constante pour tous les rectangles inscrits. Le maximum de I a lieu pour le maximum du produit ab, c'est-à-dire pour $a = b$, ou pour le carré inscrit. Le minimum est nul, lorsque l'un des côtés est nul. On retrouve la formule

$$K^2 = \frac{c^2}{12}$$

si l'on pose $a = 0$ et $b = c$, et non la formule $K^2 = \frac{c^2}{24}$ qui se déduit de l'équation générale des polygones réguliers.

Une droite finie, de longueur c, ne détermine pas un plan comme un polygone régulier de trois côtés au moins. Si l'on prend la direction de la droite donnée AB pour axe des y, en plaçant l'origine en son point milieu, on aura

$$I_Z = I_X \qquad \text{et} \qquad I_Y = 0;$$

tandis que, pour un polygone régulier véritable, situé dans le plan des xy, on aurait

$$I_Y = I_X \quad \text{et} \quad I_Z = 2I_X.$$

Pour la droite AB considérée à part, l'ellipsoïde central d'inertie est un *cylindre de révolution autour de la droite* AB *prise pour axe.* Pour un polygone régulier situé dans le plan des xy, l'ellipsoïde d'inertie est une surface de révolution autour de l'axe OZ perpendiculaire au plan de la figure. Les deux cas sont donc très différents, et il n'est pas surprenant que l'application d'une formule établie pour $n \overline{\overline{>}} 3$, conduise à un résultat inadmissible, $K^2 = \frac{c^2}{24}$, quand on suppose $n = 2$.

Application des résultats obtenus au pendule composé.

Faisons osciller le polygone régulier homogène dans son plan, que nous supposerons vertical, autour d'un point de ce plan, ou mieux autour de l'axe mené par ce point perpendiculairement au plan.

La longueur l du pendule simple synchrone sera déterminée par l'équation

$$l = a + \frac{K^2}{a},$$

où a désigne la distance du centre de gravité O au point de suspension, et K le rayon de giration polaire de la surface oscillante. Le minimum de l, qui correspond aux oscillations les plus rapides, a lieu lorsque $a = K$, ce qui entraîne la condition $l = 2$ K.

Au lieu de faire osciller l'aire du polygone, imaginons qu'on fasse osciller le périmètre considéré isolément; nous réduisons ici le polygone à une série de droites égales, homogènes, de sections infiniment petites, dessinant le contour du polygone régulier. Dans ces conditions il suffira de remplacer dans la formule précédente K par K′, et le minimum de la durée des oscillations aura lieu pour $a = K'$ et pour $l = 2K'$.

Occupons-nous spécialement de l'oscillation du périmètre.

La longueur K′ est donnée par l'équation

$$K'^2 = \frac{R^2 + 2R'^2}{3},$$

et l'on reconnaît que K′ doit être compris entre les rayons R et R′, c'est-à-dire entre les longueurs OA et OC données sur la figure *(fig. 5)*. On pourra donc trouver sur le demi-côté CA un point M tel, que l'on ait $OM = K'$. Pour définir ce point M, cherchons sa distance $x = CM$ au milieu du côté AB. Le triangle rectangle MCO donne l'égalité

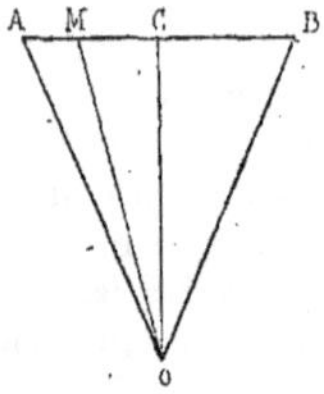

$$\overline{OM}^2 = \overline{OC}^2 + \overline{CM}^2, \text{ ou bien } K'^2 = R'^2 + x^2.$$

Mais on a aussi

$$\overline{OA}^2 = \overline{OC}^2 + \overline{CA}^2 \text{ c'est-à-dire } R^2 = R'^2 + \frac{c^2}{4}.$$

Fig. 5.

Donc, en retranchant membre à membre ces deux équations, il vient

$$R^2 - K'^2 = \frac{c^2}{4} - x^2,$$

ce qui donne pour x^2

$$x^2 = \frac{c^2}{4} - (R^2 - K'^2) = \frac{c^2}{4} - \frac{2}{3}(R^2 - R'^2) = \frac{c^2}{12},$$

et pour x

$$x = \frac{c}{2\sqrt{3}} = \frac{1}{3}\frac{c\sqrt{3}}{2}.$$

Le segment CM est donc égal au tiers de la hauteur $\frac{c\sqrt{3}}{2}$ du triangle équilatéral construit sur le côté $AB = c$.

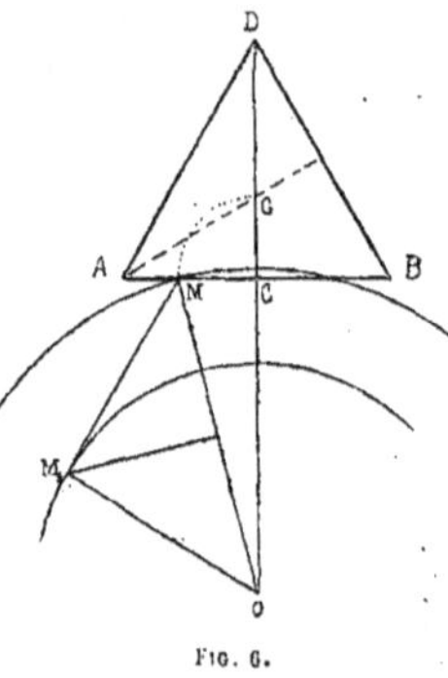

Fig. 6.

Sur le côté AB comme base *(fig. 6)*, construisons le triangle équilatéral ABD. Soit G son centre de gravité. On aura en CG le tiers de la hauteur CD ; il suffit donc de rabattre CG en CM, en décrivant du point C comme centre un arc de cercle avec un rayon égal à CG, et de joindre OM. On aura $OM = K'$, rayon de giration du périmètre du polygone. Pour obtenir le rayon K relatif à la surface, il suffit de construire sur OM un triangle rectangle isocèle, OM_1M, dans lequel l'angle en M_1 soit droit, et où l'on ait $MM_1 = OM_1$; on aura $OM_1 = K$. Si du point O comme centre, avec des rayons $OM = K'$, $OM_1 = K$, on décrit des circonférences, tous les points de chacune de ces circonférences pourront servir de centre de suspension du polygone oscillant dans son plan, les points de la première circonférence correspondant aux plus courtes oscillations du périmètre pris à part, les points de la seconde aux plus courtes oscillations de la surface. Les diamètres des mêmes circonférences représentent dans chaque cas la longueur du pendule simple synchrone. On peut remarquer que ces deux circonférences sont l'une inscrite dans le carré qui a pour côté le double de MM_1, l'autre circonscrite à ce même carré.

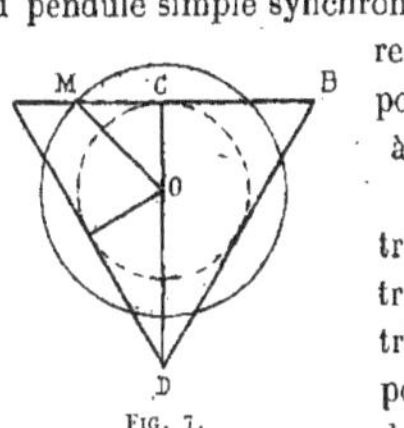

FIG. 7.

Si l'on veut appliquer la construction au triangle équilatéral, il devient inutile de construire le triangle auxiliaire ABD, puisque le triangle donné en tient lieu. On obtiendra le point M (*fig. 7*) en rabattant en CM le rayon CO du cercle inscrit; et le triangle rectangle isocèle OM_1M se changera dans le triangle COM ; de sorte qu'en définitive la circonférence OM_1 devient, dans le cas du triangle équilatéral, la circonférence inscrite dans le triangle.

La construction appliquée à l'hexagone régulier se prête à une simplification analogue.

Remarque générale. — Le moment d'inertie par rapport à une droite menée par le centre du polygone régulier dans le plan de la figure, est la moitié du moment d'inertie polaire ; et le rayon de giration par rapport à une telle droite, est égal au rayon de giration polaire divisé par $\sqrt{2}$. Si donc on appelle I, I' les moments d'inertie polaire de l'aire et du périmètre, I_x et I'_x les moments d'inertie par rapport à une droite quelconque menée dans le plan du polygone par son centre O ; K, K', K_x, K'_x les rayons de giration correspondants, on aura

$$I_x = \frac{1}{2} I, \quad I'_x = \frac{1}{2} I', \quad K_x = \frac{K}{\sqrt{2}}, \quad K'_x = \frac{K'}{\sqrt{2}},$$

et puisque $K = \frac{K'}{\sqrt{2}}$, on aura aussi $K_x = \frac{1}{2} K'$.

Pour construire l'ellipsoïde central d'inertie de l'aire, il suffit de porter sur la normale au plan du polygone au point O une longueur égale à $\frac{1}{K}$, et de prendre pour rayon de l'équateur, dans le plan du polygone, une longueur égale à $\frac{1}{K_x}$; cela revient à porter le rayon K_x sur la normale au plan, et la longueur K dans le plan de la figure. Soit $OM = K'$ *(fig. 8)*; $OM_1 = MM_1 = K$, les rayons obtenus par la construction que nous avons indiquée. Nous aurons $OI = IM = IM_1 = K_x$, et nous pourrons construire l'ellipse méridienne en prenant IM_1 pour demi petit axe et $IS = IR = OM_1$ pour demi grand axe. Les points M et O seront les foyers de la courbe. Pour amener cette ellipse dans sa position vraie, il suffira de la relever normalement au plan du polygone, en la faisant tourner autour du grand axe RS, puis de la faire glisser le long de RS de la quantité IO.

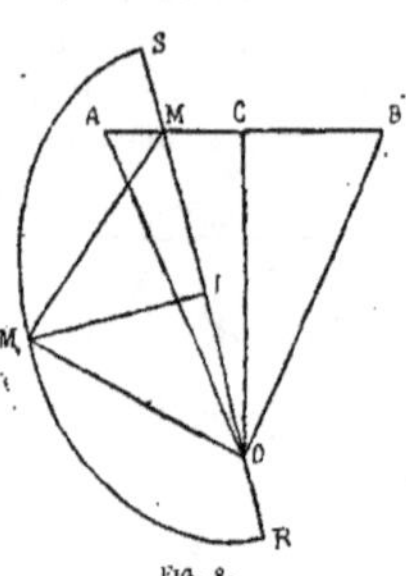

Fig. 8.

Le moment d'inertie de l'aire du polygone est I_x par rapport à une droite quelconque OX menée dans son plan par le centre O; et I par rapport à l'axe normal OZ *(fig. 9)*. Prenons sur cet axe un point O', situé à la distance $K_x = \frac{K}{\sqrt{2}}$ au-dessus du plan, et menons par ce point une droite O'X' parallèle à OX. Le moment d'inertie par rapport à O'X' sera donné par l'équation

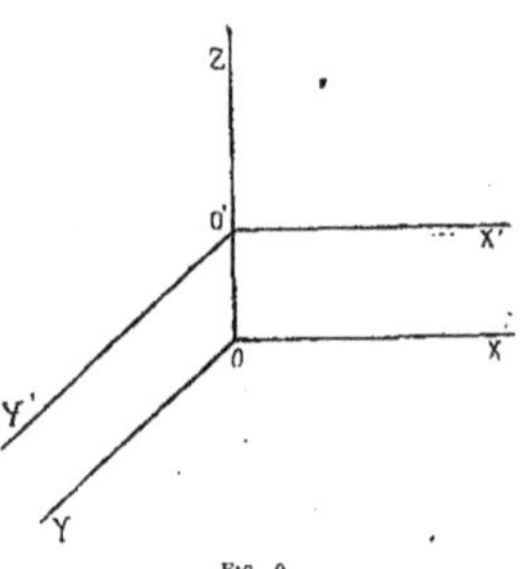

Fig. 9.

$$I_{x'} = I_x + \Omega \frac{K^2}{2} = \frac{1}{2} \Omega K^2 + \frac{\Omega K^2}{2}$$

$$= \Omega K^2 = I_z = I.$$

Il en résulte que l'*ellipsoïde d'inertie du point O' est une sphère*, et que le moment d'inertie de l'aire est par conséquent le même par rapport à toute droite menée par le point O', élevé au-dessus du centre O de la quantité $IM_1 = \frac{K}{\sqrt{2}} = \frac{K'}{2}$.

On en déduit aussi que la durée des oscillations du pendule formé par la surface du polygone, suspendue à l'une des droites O'X', est la plus courte de toutes celles qu'on peut obtenir en faisant osciller cette surface. La durée pour l'oscillation infiniment petite, est égale à $\pi \sqrt{\frac{K\sqrt{2}}{g}}$,

Les résultats que nous venons d'obtenir s'appliquent à la limite, pour une valeur infiniment grande de n, ce qui transforme le polygone régulier en cercle. On a alors

$$R = R', \quad K' = R, \quad K = \frac{R}{\sqrt{2}} = K'_x, \quad K_x = \frac{R}{2}.$$

Le lieu des centres de suspension qui correspondent à la durée minimum des oscillations d'une circonférence homogène, oscillant autour d'une perpendiculaire à son plan, est cette circonférence elle-même ; la longueur du pendule simple synchrone est égale à son diamètre 2 R.

Le lieu des centres de suspension qui correspondent à la durée minimum des oscillations d'un cercle homogène est la circonférence inscrite au carré inscrit dans le cercle ; la longueur du pendule synchrone est le diamètre $R\sqrt{2}$ de cette circonférence.

Considérons en dernier lieu les oscillations du pendule formé par l'aire d'un rectangle homogène ABCD, inscrit dans un cercle de rayon R et de centre O. On aura pour le rayon de giration polaire de cette surface

$$K = \frac{R}{\sqrt{3}}.$$

Le lieu des centres de suspension qui correspondent à la durée minimum des oscillations est la circonférence décrite du point O comme centre avec K pour rayon ; c'est donc la circonférence qui passe par les centres de gravité des triangles équilatéraux dans lesquels se décompose l'hexagone régulier inscrit dans le cercle OR. Ce résultat s'applique à tous les rectangles ABCD inscrits dans ce même cercle, c'est-à-dire à tous ceux pour lesquels la diagonale AC est la même.

Si l'on demande le rayon de giration polaire R' du périmètre 2 (AB + BC) du rectangle, oscillant isolément, on trouvera pour déterminer cette longueur l'équation

$$K'^2 = \frac{(a+b)^2}{12},$$

et pour le moment d'inertie polaire $I' = \frac{(a+b)^3}{6}$, en appelant a et b les deux dimensions du rectangle ; tandis que pour l'aire, on aurait

$$K^2 = \frac{a^2+b^2}{12} \quad \text{et} \quad I = \frac{ab\,(a^2+b^2)}{2}.$$

On voit qu'entre K et K' existe la relation

$$K'^2 = K^2 + \frac{ab}{6}.$$

Le minimum de K' a lieu pour $a = b$, c'est-à-dire lorsque le rectangle devient un carré inscrit dans le cercle de diamètre $2R = \sqrt{a^2 + b^2}$. On trouve alors les formules $K^2 = \frac{c^2}{6}$, $K'^2 = \frac{c^2}{3}$, relatives au carré inscrit de côté égal à c. L'axe de suspension est supposé ici perpendiculaire à la figure.

Application du théorème de Reye.

Le théorème de Reye (*) a pour objet de substituer à un système matériel donné, trois ou quatre points matériels qui lui soient équivalents, au point de vue des moments et des moments d'inertie : trois points si le système donné est situé dans un plan, quatre points s'il est dans l'espace. On peut satisfaire à ces conditions d'équivalence d'une infinité de manières, même en s'imposant la condition de placer des masses égales aux points substitués.

Cherchons quels points on peut choisir pour remplacer les polygones réguliers homogènes que nous venons d'examiner, et dont nous avons considéré successivement l'aire et le périmètre.

Le moment polaire I de l'aire du polygone régulier de n côtés, par rapport à son centre O, est égal à

$$I = \Omega \left(\frac{c^2}{24} + \frac{h^2}{2} \right).$$

La masse totale est représentée par Ω. Prenons trois points à chacun desquels nous attribuerons une masse égale à $\frac{\Omega}{3}$, et que nous placerons aux sommets d'un triangle équilatéral inscrit dans un cercle de rayon r, ayant pour centre le point O.

Le moment d'inertie polaire du nouveau système, par rapport à ce point O, sera :

$$I_1 = \left(\frac{\Omega}{3} \times r^2 \right) \times 3 = \Omega r^2,$$

et il y aura équivalence entre les deux systèmes, si l'on pose

$$r^2 = \frac{c^2}{24} + \frac{h^2}{2} \quad \text{ou} \quad r = \sqrt{\frac{R^2 + 2R'^2}{6}} = K.$$

(*) Voir notre *Traité de mécanique*, 3e édition, tome III, page 030, Hachette, 1891.

Les moments d'inertie, par rapport à des droites menées par le point O, seront les moitiés de I_1 ; l'équivalence sera assurée pour ces droites et pour toutes les autres.

S'il s'agissait du périmètre P du polygone, on prendrait encore trois points de masse $\frac{P}{3}$, placés aux sommets d'un triangle équilatéral inscrit dans le cercle de rayon

$$r = K' = \sqrt{\frac{R^2 + 2R'^2}{3}},$$

concentrique au polygone.

Emploi d'une hyperbole unique pour déterminer les rayons de giration d'un polygone régulier.

Soit $AB = c$ le côté d'un polygone régulier donné *(fig. 10)* ; O' le milieu de ce côté ; $O'M = \frac{c}{2\sqrt{3}}$ le segment qui sert à placer le point M sur le côté AB, de telle sorte que OM soit le rayon de giration polaire K' du périmètre par rapport au centre O du polygone. On aura

$$OO' = \frac{c}{2} \cot \frac{\pi}{n},$$

n étant le nombre de côtés de ce polygone.

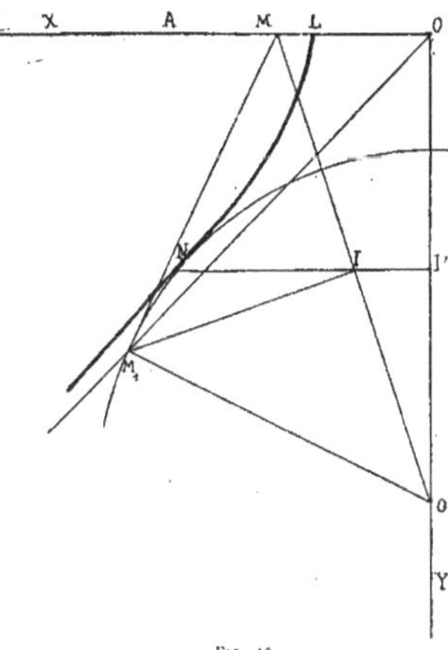

Fig. 10.

Sur OM comme hypoténuse, construisons le triangle rectangle isocèle OM_1M, qui fait connaître le rayon polaire K de l'aire du polygone. Du point O comme centre, décrivons un cercle de rayon $OM_1 = K$. Si on laisse constant le côté $AB = c$, et qu'on fasse varier la position du point O sur la droite O'O, le cercle OM_1 enveloppera une courbe dont nous allons chercher l'équation.

Prenons pour axes les droites rectangulaires O'X et O'Y.

Posons $O'A = \frac{1}{2}c$, $O'M = \frac{1}{2}cf$, $OO' = \frac{1}{2}cp$, expressions où f représente le rapport constant $\frac{1}{\sqrt{3}}$, et p le rapport $\cot\frac{\pi}{n}$, variant avec n.

Nous aurons

$$OM = \sqrt{\frac{c^2(p^2+f^2)}{4}} = \frac{c}{2}\sqrt{p^2+f^2},$$

$$OM_1 = \frac{OM}{\sqrt{2}} = \frac{c}{2}\sqrt{\frac{p^2+f^2}{2}},$$

et l'équation de la circonférence qui a O pour centre et OM_1 pour rayon sera

$$x^2 + \left(y - \frac{cp}{2}\right)^2 = \frac{c^2(p^2+f^2)}{8},$$

ou bien, en développant le carré et en faisant les réductions des termes semblables, donne l'équation finale

$$x^2 + y^2 - cyp + \frac{c^2p^2}{8} - \frac{c^2f^2}{8} = 0.$$

Pour trouver l'enveloppe cherchée, prenons la dérivée du premier membre de l'équation par rapport au paramètre variable p, il vient

$$\frac{c^2p}{4} - cy = 0, \quad \text{c'est-à-dire} \quad y = \frac{cp}{4}.$$

Cette relation fait connaître l'ordonnée du point F où la circonférence touche son enveloppe ; cette ordonnée est la moitié O'I' du segment O'O.

Éliminons p entre cette relation et l'équation de la courbe ; il viendra pour l'équation de l'enveloppe

$$x^2 - y^2 = \frac{c^2f^2}{8} = \frac{c^2}{24};$$

l'enveloppe est donc une hyperbole équilatère FL, qui coupe l'axe O'X au point L défini par l'abscisse $O'L = \frac{c}{2\sqrt{6}}$, et qui a pour asymptotes les bissectrices $y = \pm x$ des angles des axes coordonnés. Il est facile de reconnaître que le point M_1 est situé sur la bissectrice de l'angle XO'Y. On a en effet, en projetant sur les axes le contour MIM_1,

$$x = IM_1 \cos\frac{\pi}{n} + IO \sin\frac{\pi}{n} = O'I' + I'I$$

$$y = O'I' + \frac{1}{2}MO' = O'I' + I'I = x.$$

Supposons donc qu'on ait tracé l'hyperbole LF, et qu'on ait gradué l'axe O'O d'après la loi $y = \frac{c}{2}\cot\frac{\pi}{n}$, en inscrivant auprès de chaque point de division la valeur du nombre n correspondant. La quantité c sera une constante arbitraire, que nous prendrons pour unité, et avec laquelle nous pourrons construire une échelle des longueurs. Cela posé, si l'on prend sur l'épure le point O qui correspond au nombre n donné, il suffira de prendre deux longueurs sur l'épure pour trouver les deux rayons de giration polaires K et K' ; K' sera égal à la distance du point O au point fixe M' ; K sera la distance $OF = OM_1$ du même point O à l'hyperbole, égale aussi à la distance du point F à l'origine O'. Ces distances, relevées au compas et reportées sur l'échelle, font connaître les rapports de K et de K' au côté c du polygone pris pour unité.

CHAPITRE II

Moments d'inertie des polyèdres réguliers.

Un polyèdre régulier a une sphère pour ellipsoïde central d'inertie. Le moment d'inertie est le même par rapport à toute droite menée par son centre de figure.

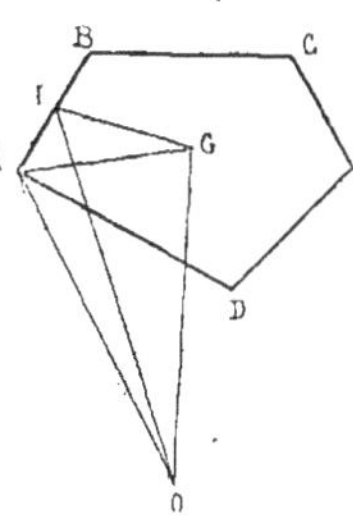

Fig. 11.

Soit ABC... une face du polyèdre (*fig. 11*) ; O le centre de gravité du solide, centre de la sphère circonscrite et de la sphère inscrite ; G le centre de gravité de la face ABC... ; cette face est elle-même un polygone régulier de trois, de quatre ou de cinq côtés.

Posons

OA = R, rayon de la sphère circonscrite ;

OG = R'', rayon de la sphère inscrite ;

GA = ρ, rayon du cercle circonscrit au polygone régulier ABC;

GI = ρ', rayon du cercle inscrit dans le même polygone;

La droite OI sera perpendiculaire à AB ; posons OI = R'. Tous les points I, milieux des arêtes du polyèdre, seront situés sur une même sphère de rayon R'.

Cherchons d'abord le moment d'inertie de l'aire du polygone régulier ABC... par rapport au point O. On a d'abord, en appelant Ω l'aire de ce polygone,

$$\Omega\left(\frac{\rho^2 + 2\rho'^2}{6}\right),$$

pour le moment d'inertie par rapport au point G, centre du polygone. Pour passer du point G au point O, il faut ajouter le produit $\Omega \times R''^2$, ce qui donne

$$\Omega\left(\frac{\rho^2 + 2\rho'^2}{6} + R''^2\right)$$

pour le moment d'inertie cherché. Mais les triangles AGO, IGO, rectangles en G, donnent les égalités

$$\rho^2 + R''^2 = \overline{OA}^2 = R^2,$$
$$\rho'^2 + R''^2 = \overline{OI}^2 = R'^2.$$

Éliminons ρ^2 et ρ'^2 au moyen de ces relations; il viendra pour le moment d'inertie de la face ABC...

$$\Omega\left[\frac{R^2 - R''^2 + 2(R^2 - R'^2)}{6} + R''^2\right] = \Omega\left(\frac{R^2 + 2R'^2 + 3R''^2}{6}\right).$$

Appelons K le rayon de giration polaire de l'aire ABC par rapport au point O; ce sera aussi le rayon de giration polaire de l'aire entière du polyèdre, et l'on aura

$$K^2 = \frac{R^2 + 2R'^3 + 3K''^2}{6}.$$

On voit que K^2 est la moyenne entre les trois carrés R^2, R'^2, R''^2, affectés respectivement des coefficients 1, 2 et 3.

Les centres G des faces sont les sommets d'un polyèdre régulier P', conjugué du polyèdre donné P, c'est-à-dire d'un polyèdre P' qui a autant de sommets que le polyèdre P a de faces, et autant de faces qu'il a de sommets. Au tétraèdre correspond un tétraèdre; à l'hexaèdre correspond l'octaèdre et réciproquement ; au dodécaèdre l'icosaèdre, et réciproquement.

Les milieux des arêtes I sont les sommets d'un nouveau polyèdre Q qui n'est pas régulier en général. Les points I pris dans une même face ABC formeront un polygone régulier semblable à cette face ; mais les milieux des arêtes qui aboutissent à un même sommet A (*fig. 12*) forment un polygone régulier I, I', I'', qui a autant de côtés qu'il y a de faces assemblées autour du sommet A. Les faces du polyèdre Q comprennent donc : 1° des polygones réguliers semblables à ceux qui composent la surface extérieure du polyèdre P ; 2° des polygones réguliers de trois, de quatre ou de cinq côtés, suivant l'espèce des angles solides entrant dans la composition du polyèdre P, et qui forment troncature sur chacun de ses sommets.

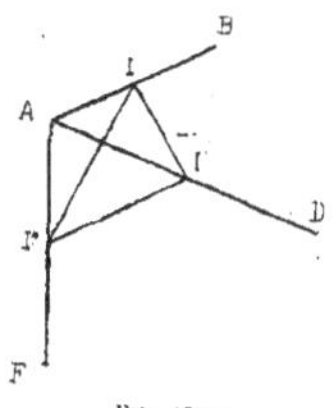

FIG. 12.

Dans le cas particulier du tétraèdre régulier, ces deux séries de polygones sont formées de triangles équilatéraux égaux entre eux et le polyèdre Q comprend huit triangles, quatre situés dans les faces mêmes du tétraèdre donné P, et quatre formant les troncatures de ses quatre sommets. Le polyèdre Q est donc alors un polyèdre régulier à huit faces, c'est-à-dire un octaèdre. Le nombre des sommets est égal à 6, le nombre des faces égal à 8, le nombre d'arêtes égal à 12.

En général, si F, S, A sont les nombres de faces, de sommets et d'arêtes du polyèdre donné P, le polyèdre Q, que l'on obtient en joignant les milieux des arêtes de P, aura pour nombres analogues F', S', A', les nombres suivants :

$$F' = F + S = A + 2,$$
$$S' = A,$$
$$A' = F' + S' - 2 = 2A.$$

On trouvera toujours dans le polyèdre Q quatre faces assemblées autour d'un même sommet I, savoir : les deux faces dont les plans se coupent suivant l'arête AB dans le polyèdre P, et les deux faces qui forment troncature des sommets A et B.

En passant en revue les cinq polyèdres réguliers convexes, les seuls dont nous nous occupons ici, on obtient les résultats contenus dans le tableau suivant :

	Polyèdre régulier P	Nombre d'arêtes A	Polyèdre dérivé Q			Observations
			Nombre de faces F'	Nombre de sommets S'	Nombre d'arêtes A'	
	Tétraèdre.	4	8 triangles équil.	6	12	Octaèdre régulier.
Polyèdres conjugués	Hexaèdre.	12	14 { 6 carrés. 8 triangles équil.	12	24	
	Octaèdre	12	14 { 8 triangles équil. 6 carrés.	12	24	
Polyèdres conjugués	Dodécaèdre	30	32 { 12 pentag. 20 triangles.	30	60	
	Icosaèdre.	30	32 { 20 triangles. 12 pentag.	30	60	

La sphère de rayon R' est tangente à toutes les arêtes du polyèdre P ; c'est la sphère inscrite au *périmètre* de ce polyèdre ; elle coupe les faces de P suivant les circonférences inscrites à ces faces. Elle coupe suivant des circonférences circonscrites les faces du polyèdre Q qui forment troncature des sommets de P.

Revenons à la recherche des moments d'inertie. Nous supposerons connu pour chaque polyèdre régulier, le rayon R de la sphère circonscrite, exprimé en fonction de l'arête c. Les rayons R' et R'' peuvent aisément s'exprimer en fonction de R et de c, c'est-à-dire en fonction de c.

1° Soit *(fig. 11)* ABC une face, AB un de ses côtés, I son point milieu, O le centre de la sphère et G le centre de la face. Le triangle AIO, qui est rectangle en I, donne la relation

$$R'^2 = R^2 - \frac{c^2}{4},$$

qui s'applique à tous les polyèdres réguliers ;

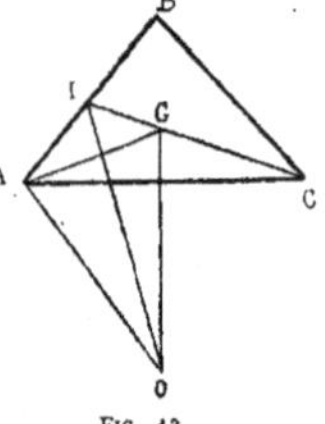

Fig. 13.

2° Pour obtenir $R'' = OG$, il faut tenir compte de l'espèce du polygone qui forme la face ABC... Ce polygone peut être un triangle équilatéral, un carré ou un pentagone régulier.

1. *Triangle équilatéral* ABC *(fig. 13)*. Si c est le côté AB, la hauteur CI est égale à $\frac{1}{2} c\sqrt{3}$, et la distance IG du centre G au côté en est le tiers, soit $\frac{c}{2\sqrt{3}}$. On a donc

$$\overline{OG}^2 = \overline{OI}^2 - \overline{IG}^2 = R'^2 - \frac{c^2}{12} = R^2 - \frac{c^2}{4} - \frac{c^2}{12} = R^2 - \frac{c^2}{3}.$$

Cette formule s'applique au tétraèdre, à l'octaèdre et à l'icosaèdre.

Formons la fonction

$$K^2 = \frac{R^2 + 2R'^2 + 3R''^2}{6} = \frac{R^2 + 2\left(R^2 - \frac{c^2}{4}\right) + 3\left(R^2 - \frac{c^2}{3}\right)}{6}$$

$$= R^2 - \frac{c^2}{4} = R'^2.$$

On obtient donc ce théorème :

Le rayon de giration polaire de la surface d'un tétraèdre régulier, d'un octaèdre régulier ou d'un icosaèdre régulier, par rapport au centre de figure O, *est égal à la distance* $R' = OI$ *du centre au milieu* I *d'une arête.*

On trouvera pour le tétraèdre régulier

$$R = \frac{1}{2} c \sqrt{\frac{3}{2}},$$

$$R' = \frac{c}{2\sqrt{2}}, \qquad K^2 = \frac{c^2}{8}.$$

$$R'' = \frac{c}{2\sqrt{6}};$$

Pour l'octaèdre régulier

$$R = \frac{c}{\sqrt{2}},$$

$$R' = \frac{c}{2}, \qquad K^2 = \frac{c^2}{4};$$

$$R'' = \frac{c}{\sqrt{6}};$$

Pour l'icosaèdre régulier

$$R = \frac{c}{2} \sqrt{\frac{5 + \sqrt{5}}{2}},$$

$$R' = \frac{c}{2} \sqrt{\frac{3 + \sqrt{5}}{2}}, \qquad K^2 = \frac{c^2}{8}(3 + \sqrt{5}),$$

$$R'' = \frac{c}{12} \sqrt{3}(3 + \sqrt{5}).$$

Pour ces trois polyèdres à faces triangulaires, on a entre les trois rayons R, R′, R″ la relation

$$R'^2 = \frac{R^2 + 3R''^2}{4}.$$

2. Pour le *polyèdre régulier à faces carrées*, c'est-à-dire l'hexaèdre ou cube, on a à la fois

$$R''^2 = R'^2 - \frac{c^2}{4} = R^2 - \frac{c^2}{2}.$$

avec
$$R'^2 = R^2 - \frac{c^2}{4};$$

ce qui donne
$$K^2 = R^2 - \frac{c^2}{3}.$$

Le rayon R est égal à $\frac{c\sqrt{3}}{2}$; il en résulte $K^2 = \frac{5c^2}{12}$. Le rayon K est ici moindre que le rayon R'. On a, en effet, $K^2 = R'^2 - \frac{c^2}{12}$. On trouve, entre les trois rayons, la relation

$$R'^2 = \frac{R^2 + R''^2}{2},$$

ce qui permet d'exprimer K^2 par la formule $K^2 = \frac{R^2 + 2R''^2}{3}$.

3. Pour le *polyèdre à faces pentagonales*, c'est-à-dire pour le dodécaèdre, dont c est l'arête, le rayon $\rho = GA$ du cercle circonscrit à la face ABC... est lié au côté c par l'équation

$$c = \frac{1}{2}\rho\sqrt{10 - 2\sqrt{5}}.$$

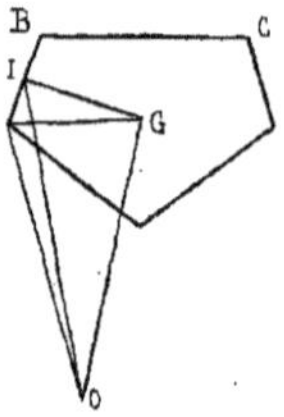

On en déduit

$$\rho = \frac{2c}{\sqrt{10 - 2\sqrt{5}}} = c\sqrt{\frac{1}{2} + \frac{1}{10}\sqrt{5}},$$

Fig. 14.

et par suite

$$R''^2 = R^2 - \rho^2 = R^2 - \frac{c^2}{2} - \frac{c^2}{10}\sqrt{5}.$$

On a toujours

$$R'^2 = R^2 - \frac{c^2}{4},$$

ce qui entraîne pour K^2 la valeur suivante :

$$K^2 = \frac{R^2 + 2R'^2 + 3R'''}{6} = R^2 - \frac{c^2}{3} - \frac{c^2}{10}\sqrt{5}.$$

D'ailleurs le rayon R de la sphère circonscrite au dodécaèdre est exprimé en fonction de l'arête c par l'équation

$$R = \frac{c\sqrt{3}}{4}(1 + \sqrt{5}),$$

ce qui conduit à la valeur définitive de K^2,

$$K^2 = c^2\left(\frac{19}{24} + \frac{13}{40}\sqrt{5}\right).$$

La relation générale $K^2 = \dfrac{R^2 + 2R'^2 + 3R''^2}{6}$ est susceptible de recevoir une interprétation géométrique. Mettons-la sous la forme

$$K^2 = \frac{\dfrac{R^2 + 2R'^2}{3} + R''^2}{2}.$$

Nous retrouvons dans le premier terme du numérateur, l'expression du carré du rayon de giration polaire du périmètre d'un polygone régulier pour lequel les rayons du cercle inscrit et du cercle circonscrit seraient R et R'. Soit donc (*fig. 15*) AB l'arête c du polyèdre, I son milieu, OA = R le rayon de la sphère circonscrite, OI = R' le rayon de la sphère qui passe par les milieux des arêtes. Construisons le triangle équilatéral sur la base AB, et soit G son centre de gravité. Nous prendrons IM = IG, et la longueur OM sera la valeur λ donnée par l'équation

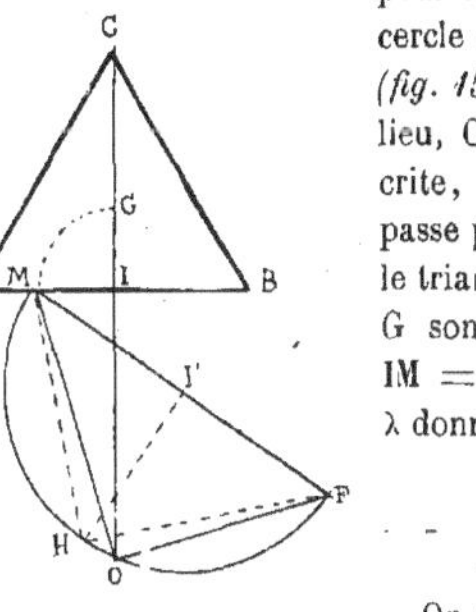

Fig. 15.

$$\lambda^2 = \frac{R^2 + 2R'^2}{3}.$$

On aura ensuite

$$K^2 = \frac{\lambda^2 + R''^2}{2}.$$

Ayant donc pris OF = R'' sur une perpendiculaire à OM menée par le point O, nous aurons $MF = 2K^2$. Pour avoir K il suffit donc de décrire sur MF comme diamètre un demi-cercle, et d'élever une perpendiculaire au milieu I′ du diamètre ; il coupera la circonférence en un point H, et les cordes égales HM, HF, seront égales au rayon K cherché. Pour le tétraèdre, l'octaèdre et l'icosaèdre, on aura HM = OI.

Moment d'inertie du volume d'un polyèdre régulier.

Du moment d'inertie polaire I de la surface convexe du polyèdre, on peut passer au moment d'inertie polaire I_1 du volume.

Nous pouvons rapporter ce moment d'inertie au rayon R″ de la sphère inscrite, et comme il est homogène à la cinquième puissance d'une ligne homologue prise dans le polyèdre, nous pourrons poser

$$I_1 = \lambda R''^5,$$

en appelant λ un coefficient numérique dont la valeur est constante. On en déduit en différentiant

$$dI_1 = 5\lambda R''^4 dR'',$$

et en divisant membre à membre,

$$\frac{dI_1}{I_1} = \frac{5dR''}{R''},$$

équation d'où le facteur λ a disparu.

La différentielle dI_1 est ce qui s'ajoute au moment d'inertie du volume, lorsque l'apothème R″ augmente de dR'' ; c'est le moment d'inertie polaire de la couche d'épaisseur dR'', qui a pour base la surface convexe du polyèdre. On aura donc, en appelant S la surface, et K son rayon de giration,

$$dI_1 = IdR'' = K^2 S dR'' = K^2 dV,$$

en désignant par dV l'élément de volume qui s'ajoute au volume V.

Mais nous poserons, en appliquant encore la loi de similitude et en introduisant un nouveau coefficient constant μ,

$$V = \mu R''^3,$$

d'où résulte la relation

$$dV = 3\mu R''^2 dR''$$

et par conséquent

$$dI_1 = 3\mu K^2 R''^2 dR''.$$

Nous pourrons poser aussi, en désignant par K_1^2 le carré du rayon de giration polaire du volume,

$$I_1 = VK_1^2 = \mu R''^3 K_1^2.$$

On en déduit en divisant membre à membre, ce qui éliminera μ,

$$(2)\qquad \frac{dI_1}{I_1} = \frac{3K^2 dR''}{K_1^2 R''},$$

Rapprochons les équations (1) et (2); nous aurons

$$\frac{3K^2}{K_1^2} = 5,$$

et par suite $K_1^2 = \frac{3}{5} R^2$.

Comme nous avons obtenu précédemment

$$K^2 = \frac{R^2 + 2R'^2 + 3R''^2}{6},$$

il en résulte

$$K_1^2 = \frac{R^2 + 2R'^2 + 3R''^2}{10}.$$

Pour avoir le moment d'inertie par rapport à une droite quelconque OX, menée par le centre O du polyèdre, on observera que les moments d'inertie sont égaux par rapport à trois axes rectangulaires OX, OY, OZ, de sorte que chacun des moments d'inertie I_x, I_y, I_z, est égal aux $\frac{2}{3}$ du moment d'inertie polaire I_1. On a donc

$$I_{1,x} = \frac{2}{3} I_1$$

et $\quad {}_{1,x}^{2} = \frac{2}{3} K_1^2 = \frac{2}{3} \times \frac{3}{5} K^2 = \frac{2}{5} K^2 = \frac{R^2 + 2R'^2 + 3R''^2}{15}.$

De là on passe facilement au moment d'inertie par rapport à une droite quelconque, en ajoutant à $K_{1,x}^2$ le carré de la distance de la droite au centre de gravité O.

On peut se proposer encore de chercher le moment d'inertie polaire des arêtes d'un polyèdre régulier, prises isolément, et formant un système invariable de droites homogènes égales.

Si ρ et ρ' sont les rayons des cercles décrits dans le plan d'une des faces, l'un circonscrit, l'autre inscrit dans cette face, on aura pour le carré du rayon de giration polaire K_0, pris par rapport au centre G de la face,

$$K_0^2 = \frac{\rho^2 + 2\rho'^2}{3},$$

et par rapport au point O, centre du polyèdre

$$K_0^2 = \frac{\rho^2 + 2\rho'^2}{3} + R''^2 = \frac{(\rho^2 + R''^2) + 2(\rho'^2 + R''^2)}{3} = \frac{R^2 + 2R'^2}{3},$$

formule identique à celle qui donne le carré du rayon polaire pour un polygone régulier. Il suffit d'y remplacer les rayons ρ et ρ' par les rayons R et R', distances du centre O aux sommets et aux arêtes du polyèdre.

Extension des formules à la sphère.

La surface de la sphère n'est pas la limite des superficies de polyèdres réguliers, puisque le nombre des faces ne peut recevoir qu'un nombre fini de valeurs, 4, 6, 8, 12 et 20. Néanmoins les résultats généraux obtenus pour les polyèdres réguliers, et exprimés au moyen des rayons R, R', R'', peuvent être appliqués à la sphère, moyennant que l'on confonde ces trois rayons avec le rayon R de la surface sphérique. On trouvera

Pour le rayon polaire de la surface sphérique par rapport à son centre O . . . . $K^2 = R^2$;

Pour le rayon polaire du volume sphérique. . . . . . $K_1^2 = \frac{3}{5} R^2$;

Pour le rayon de giration du volume par rapport à une droite Ox menée par le centre. . . . . $K_{1,x}^2 = \frac{2}{5} R^2$;

On passe ensuite aisément, par l'emploi de transformations connues, des moments d'inertie de la sphère à ceux de l'ellipsoïde.

Application au pendule composé.

Le moment d'inertie étant le même par rapport à toute droite passant par le centre de gravité O du polyèdre régulier, la durée de l'oscillation infiniment petite du pendule composé constitué par le polyèdre est aussi la même pour toute droite qui a une distance constante au point O. Parmi les droites qu'on peut choisir, il en est qui se présentent naturellement comme axes de suspension, ce sont les arêtes du polyèdre. Examinons ce qui se passe quand on fait osciller le polyèdre autour d'une de ses arêtes.

Nous commencerons par le cube.

Le carré du rayon de giration de la surface par rapport au centre O est égal à $K^2 = \frac{5}{12}c^2$.

Le carré du rayon de giration du volume est $K_1^2 = \frac{3}{5}K^2 = \frac{1}{4}c^2$.

Par rapport à une droite Ox menée par le point O, on aura

$$K_{1,x}^2 = \frac{2}{3}K_1^2 = \frac{1}{6}c^2.$$

Par rapport à une arête, située à la distance $\frac{c}{\sqrt{2}}$ du point O, on aura

$$K_{1,x}^2 = \frac{c^2}{2} + \frac{c^2}{6} = \frac{2}{3}c^2.$$

L'axe de suspension qui correspond à la durée minimum sera distant du point O de la quantité $K_{1,x} = \frac{c}{\sqrt{6}}$.

La longueur du pendule simple synchrone du pendule composé formé par le cube oscillant autour d'une arête, est donnée par la formule

$$l = \frac{c}{\sqrt{2}} + \frac{\frac{1}{6}c^2}{\frac{6}{\sqrt{2}}} = c\left(\frac{1}{\sqrt{2}} + \frac{\sqrt{2}}{c}\right) = \frac{2}{3}c\sqrt{2}.$$

Ces résultats sont identiques à ceux que l'on obtiendrait en considérant les oscillations d'un carré homogène ABCD, autour d'un axe perpendiculaire à son plan, mené par un sommet A (*fig. 16*); la longueur AF du pendule simple synchrone est égale aux deux tiers de la diagonale $AC = c\sqrt{2}$.

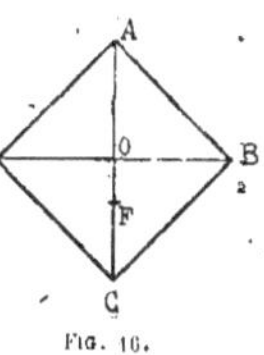

FIG. 16.

Passons aux polyèdres qui ont pour faces des triangles équilatéraux, et dont le rayon de giration polaire, pris pour la surface considérée à part, est égal au rayon R', distance du centre O à l'arête. Si au lieu de la surface, on fait osciller le volume on aura successivement

$K_1 = K\sqrt{\frac{3}{5}} = R'\sqrt{\frac{3}{5}}$ pour le rayon de giration polaire ;

$K_{1,x} = R'\sqrt{\frac{2}{5}}$ par rapport à une droite Ox,

et
$$K_{1,x'} = \sqrt{\frac{2}{5}R'^2 + R'^2} = R'\sqrt{\frac{7}{5}}$$

par rapport à une arête. La longueur du pendule simple synchrone du pendule composé formé par le polyèdre oscillant autour d'une de ses arêtes, est la somme

$$l = R' + \frac{\frac{2}{5} R'^2}{R'} = \frac{7}{5} R'.$$

L'axe de suspension qui correspond à la durée minimum des oscillations est à une distance du point O égale à $R' \sqrt{\frac{2}{5}}$.

Ces résultats s'appliquent au tétraèdre régulier, à l'octaèdre, à l'icosaèdre, et ils s'appliquent aussi à la sphère elle-même, si l'on appelle R' son rayon. Au lieu de faire osciller la sphère autour d'une arête, on la fera osciller autour d'une tangente à sa surface. Moyennant cette convention, on arrive à ce théorème :

Soit AB *(fig. 17) un axe de suspension horizontal, fixe dans l'espace,* et O *un point situé dans son plan vertical, à une distance donnée* OI *au-dessous ;*

Si l'on considère le point O *comme le centre d'un tétraèdre régulier, ou d'un octaèdre régulier, ou d'un icosaèdre régulier, l'une des arêtes de ces polyèdres coïncidant comme direction avec la droite* AB,

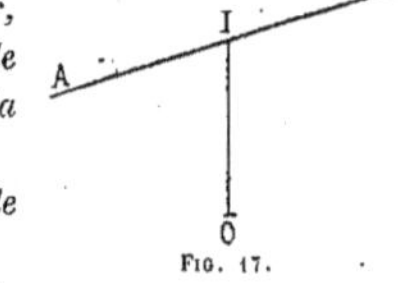

Fig. 17.

Ou bien si l'on considère le point O *comme le centre d'une sphère tangente à la droite* AB,

Les quatre corps qu'on vient de définir, oscillant autour de l'axe AB, *auront tous les quatre la même loi d'oscillation, et formeront autant de pendules synchrones.*

L'hexaèdre et le dodécaèdre, à égalité de la distance OI, auraient des oscillations de durées différentes, et plus longues.

Note I. — *Remarques au sujet de constructions approximatives.*

Étant donné un triangle isocèle AOB *(fig. 18)*, proposons-nous de tracer un arc de cercle ayant pour centre le point O, et tel que l'aire du secteur compris entre les rayons OA, OB, soit sensiblement équivalente à l'aire du triangle AOB.

Soit AOC $= \alpha$, le demi-angle au centre du triangle ;

ρ le rayon cherché du secteur ;

R et R' les rayons OA, OC, dont l'un représente le côté OA du triangle donné, l'autre sa hauteur OC.

Fig. 18.

L'équivalence des aires sera exprimée par l'équation

$$\rho^2 \times \alpha = \frac{1}{2} R^2 \sin 2\alpha,$$

et par suite, en développant sin 2α en série, on aura

$$\rho^2 = \frac{R^2}{2\alpha}\left(2\alpha - \frac{8\alpha^3}{1\times2\times3} + \frac{32\alpha^5}{1.....5}.....\right)$$
$$= R^2\left(1 - \frac{2}{3}\alpha^2 + \frac{2}{15}\alpha^4.....\right).$$

On a aussi

$$R' = R\cos\alpha = R\left(1 - \frac{\alpha^2}{2} + \frac{\alpha^4}{1\times2\times3\times4}.....\right).$$

et en élevant au carré les deux membres

$$R'^2 = R^2\left(1 - \alpha^2 + \frac{\alpha^4}{3}.....\right)$$

Nous supposerons l'angle α assez petit pour que l'on puisse négliger dans les séries tous les termes qui contiennent le facteur α^4 ou les puissances supérieures à α^4. Les relations précédentes, dépouillées des termes que nous négligeons, deviennent

$$\rho^2 = R^2 - \frac{2}{3}R^2\alpha^2,$$
$$R'^2 = R^2 - R^2\alpha^2.$$

Éliminons α^2 entre ces deux équations, en ajoutant la première à la seconde multipliée par $-\frac{2}{3}$; il viendra

$$\rho^2 - \frac{2}{3}R'^2 = \frac{1}{3}R^2$$

ou bien

$$\rho^2 = \frac{R^2 + 2R'^2}{3},$$

équation approximative qui approchera d'autant plus de l'exactitude que l'angle α sera plus petit.

Nous retrouvons pour la valeur approximative de ρ^2 le carré K'^2 du rayon de giration du *périmètre* AB par rapport au point O.

Il en résulte une propriété remarquable de ce rayon de giration K'. Si du point O comme centre avec un rayon égal à K', nous décrivons une circonférence, nous obtiendrons une ligne de compensation approximative, au point de vue des aires, du polygone régulier qui a pour côté AB, et cette compensation sera d'autant plus près d'être rigoureuse, que le nombre des côtés du polygone sera plus grand.

On démontrerait aisément, en suivant une marche toute semblable, les propositions suivantes :

Étant donné un arc de cercle AIB, ayant le point O pour centre et $OA = \rho$ pour rayon, $OAB = 2\alpha$ pour angle au centre, IH pour flèche,

La parallèle A'B' menée à la corde AB par le point C, situé au tiers de la flèche IH le plus voisin de l'arc AIB, détermine entre les côtés OA, OB du secteur un triangle A'OB' dont l'aire est sensiblement égale à celle du secteur donné ;

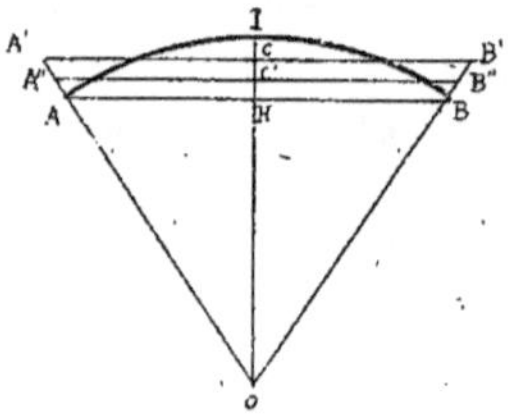

La parallèle A″B″ menée à la corde AB par le point C′, situé au tiers le plus voisin de la corde AB, détermine entre les côtés OA, OB une longueur A″B″ sensiblement égale à l'arc AIB.

Fig. 19.

Ces égalités s'obtiennent en négligeant dans les séries les puissances du demi-angle au centre α à partir de la quatrième. Lorsque l'angle donné 2α n'excède pas 10°, et si l'on prend pour unité le rayon $OA = \rho$, l'erreur commise est moindre qu'une unité décimale du sixième ordre.

La droite A″B″ donne une approximation de l'arc rectifié AIB. On doit observer que cette substitution donne une erreur par excès, et que cette erreur est beaucoup plus grande en valeur absolue que celle à laquelle conduit la méthode indiquée par Huygens ; si l'on appelle f la corde $AI = IB$ de la moitié de l'arc, et c la corde AB de l'arc entier, l'arc $AIB = s$ sera approximativement égal à la somme

$$s = 2f + \frac{2f - c}{3},$$

avec une erreur par défaut, approximativement égale à $-\frac{\alpha^5}{720}$, par rapport à 2α, valeur exacte de l'arc.

Pour résumer ce paragraphe nous pouvons remarquer que, si l'angle 2α est une partie aliquote de la circonférence : 1° les droites telles que A'B' menées par le *tiers supérieur* de la flèche HI formeront un polygone régulier sensiblement équivalent comme surface au cercle de rayon OA ;

2° Les droites telles que A″B″ menées par le *tiers inférieur* de la flèche HI formeront un polygone régulier dont le périmètre sera sensiblement égal à la longueur de la circonférence de rayon OA.

On voit pourquoi le second polygone est plus petit que le premier. Le cercle est la courbe qui renferme l'aire la plus grande sous un périmètre donné. Le périmètre du premier polygone, qui renferme sensiblement la même surface que le cercle OA, est donc plus grand que la circonférence ; et par suite, pour obtenir le second polygone régulier, sensiblement isopérimètre au cercle OA, il faut réduire les dimensions du premier.

La recherche de constructions approximatives applicables aux polyèdres réguliers n'a pas le même intérêt que pour les polygones réguliers, puisque le nombre des faces des polyèdres réguliers est essentiellement limité, ce qui ne permet que des approximations grossières. La sphère décrite du point O comme centre avec un rayon $R' = OI$ est évidemment une sphère de compensation pour le polyèdre, au point de vue du volume comme de la surface. Mais l'erreur commise est toujours assez grande, et on n'a pas la ressource de multiplier le nombre de faces pour la réduire à une valeur moindre que toute quantité donnée.

Prenons pour exemple le polyèdre qui a le plus grand nombre de faces, à savoir l'icosaèdre. On a alors

$$R' = \frac{c}{2}\sqrt{\frac{3+\sqrt{5}}{2}}.$$

L'aire d'un des triangles composant la surface extérieure est $\frac{1}{4}c^2\sqrt{3}$, ce qui donne pour l'aire totale $5c^2\sqrt{3} = c^2 \times 8{,}6601$.

La surface de la sphère qui a R' pour rayon $4\pi R'^2$, est égale à $c^2 \times 8{,}2245$, quantité un peu plus petite ; la différence des coefficients est égale à 0,4356, ce qui constitue une erreur relative un peu supérieure à 5 0/0.

Le volume de l'icosaèdre, $5c^2\sqrt{3} \times \frac{R''}{3}$, est égal à $c^3 \times 2{,}1816$, tandis que le volume de la sphère est égal à $c^3 \times 2{,}2180$; ici l'erreur sur le coefficient est en plus, et environ égale à 1,6 0/0 de la quantité à évaluer.

Pour le cube, le rayon de giration K de la surface n'est plus égal à R', mais bien à $c\sqrt{\frac{5}{12}}$; et l'on prend cette quantité pour le rayon de la sphère à comparer à l'hexaèdre, on aura pour la surface extérieure du cube

$$c^2 \times 6,$$

et pour l'aire sphérique $$c^2 \times \frac{5\pi}{3} = c^2 \times 5{,}24.$$

L'erreur commise en confondant ces deux quantités est égale à $c^3 \times 0{,}76$, et rapportée à la quantité $c^3 \times 6$, elle donne 12,7 0/0 d'erreur relative, en moins.

On a d'ailleurs, pour le volume de l'hexaèdre, $c^3 \times 1$,

et pour le volume de la sphère, $c^3 \times \frac{4}{3}\pi \times \frac{5}{2}\sqrt{\frac{5}{2}} = c^3 \times 1{,}1266$.

Ici, l'erreur est en plus. Elle ressort à 0,1266 comme erreur relative, de sorte qu'elle est à peu près la même, sauf le sens dans lequel on doit la compter, que l'erreur correspondante à la surface.

Laissons de côté les polyèdres réguliers, pour traiter un problème d'approximation où nous retrouverons l'analogie complète des résultats avec ceux que nous avons trouvés pour le cercle.

Soit AIB une zone sphérique à une base ayant pour centre le point O (*fig. 20*); nous pouvons chercher en quel point c de la flèche il faut mener un plan A'B, normal à l'axe OI, pour que le cercle de rayon cA' soit sensiblement équivalent à la zone AIB, puis pour que le cône OA'B' soit sensiblement équivalent au secteur sphérique OAIB; l'équivalence étant obtenue en négligeant les puissances de α, demi-angle au centre, égales ou supérieures à α^4.

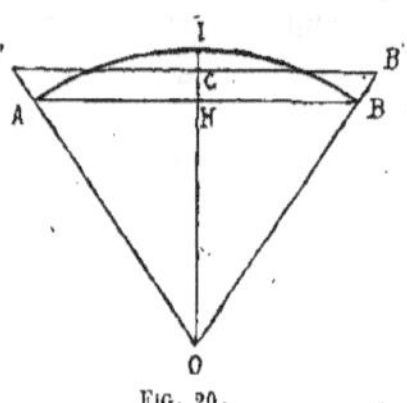

FIG. 20.

Si l'on appelle λ le rapport $\frac{HC}{HI}$, qui fixe la position du point cherché c sur la flèche, on trouvera :

1° Que pour l'équivalence approximative du cercle cA' avec la zone AIB, il faut faire $\lambda = \frac{1}{4}$; cette valeur assure, à l'approximation indiquée, l'égalité du rayon cA' à la corde AI de la moitié de l'arc AB ; la corde AI est rigoureusement le rayon du cercle qui, tracé dans un plan, aurait une aire égale à celle de la zone sphérique ;

2° Que pour l'équivalence approximative du cône OA'B' avec le secteur sphérique OAIB, il faudrait faire $\lambda = \frac{1}{2}$, et placer le point c au milieu de la flèche. Il y a équivalence approximative entre le segment sphérique AIB et le tronc de cône compris entre les plans parallèles AB, A'B'.

On voit du même coup que cette recherche n'a pas d'intérêt pratique ; car les mesures rigoureuses de la zone et du segment sphérique sont aussi faciles que les mesures des quantités qui leur seraient approximativement substituées.

Quoi qu'il en soit, on peut réunir dans un même tableau les résultats obtenus pour le cercle et pour la sphère :

Rapport $\lambda = \frac{HC}{HI}$.	Égalité approximative correspondante.
$\lambda = \frac{1}{4}$	Zone AIB et cercle de rayon cA'.
$\lambda = \frac{1}{3}$	Arc AIB et droite A'B'.
$\lambda = \frac{1}{2}$	Segment sphérique AIB et tronc de cône ABB'A'.
$\lambda = \frac{2}{3}$	Segment circulaire AIB et trapèze ABB'A'.

La valeur de λ devient double quand on passe, soit de l'aire de la zone au volume du segment sphérique, soit de la longueur de l'arc à l'aire du segment circulaire.

Si la flèche IH représente une corde vibrante, sur laquelle on fixe des points c, d, f, g correspondants aux valeurs de λ indiquées dans le tableau, si les segments cI, dI, fI, gI sont successivement les longueurs vibrantes de la corde, on obtiendra

la quarte du son fondamental	par la vibration de		cI,
la quinte	—	—	dI,
l'octave	—	—	fI,
la douzième, ou octave de la quinte,		—	gI ;

et si les segments cH, dH, fH, gH sont les longueurs vibrantes, on obtiendra

la double octave du son fondamental	par la vibration de		cH,
la douzième	—	—	dH,
l'octave	—	—	fH,
la quinte	—	—	gH.

Nous ne donnons ces rapprochements, bien entendu, qu'à titre de simples curiosités.

Note II. — *Sur les polyèdres dérivés des polyèdres réguliers.*

Nous avons vu plus haut que l'on peut déduire d'un polyèdre régulier donné P un autre polyèdre Q, qui aurait pour sommets les milieux des arêtes de P ; A étant le nombre des arêtes du polyèdre P donné, le polyèdre Q aura A sommets, A + 2 faces, et 2A arêtes.

On peut opérer sur le polyèdre Q comme on l'a fait pour le polyèdre P ; on formera un troisième polyèdre Q', qui aura pour sommets les milieux des arêtes de Q, et qui, par conséquent, aura 2A sommets, 2A + 2 faces, et 4A arêtes, nombres exprimés en fonction du nombre d'arêtes A du polyèdre primitif P.

L'opération peut être prolongée autant qu'on le voudra, et on obtiendra ainsi une suite de polyèdres :

$$P, Q_1, Q_2 Q_3, \ldots \ldots Q_n,$$

déduits chacun du précédent, et dont le nombre d'arêtes va constamment en doublant quand l'indice n augmente d'une unité.

Lorsqu'on opère de même dans le plan sur un polygone régulier donné, on obtient une suite de polygones semblables, dont chacun est inscrit dans le précédent, et qui convergent vers le point O, centre commun à toutes les figures successivement formées.

Il en est autrement pour les polyèdres dans l'espace.

Quand on passe du polyèdre Q_i au polyèdre Q_{i+1}; on forme dans chaque face de Q_i le polygone qui a pour sommets les milieux des côtés de cette face, ce qui donne d'abord dans Q_{i+1} autant de faces qu'il y en avait dans Q_i, et des faces dont le plan est conservé.

De plus, on introduit dans Q_{i+1} les polygones formant troncature sur les sommets des Q_i, ce qui donne autant de faces nouvelles qu'il y a de sommets dans Q_i; ces nouveaux polygones ont autant de côtés qu'il y a de faces dans Q_i réunies autour d'un même sommet; et nous avons remarqué qu'en général, l'angle polyèdre autour d'un sommet de Q_i contient quatre faces, savoir les deux faces situées dans les plans mêmes des faces qui, dans Q_{i-1}, se coupent suivant l'arête AB; et les deux troncatures formées sur chacun des sommets A et B dans ce même polyèdre Q_{i-1}.

Il en résulte que les troncatures introduiront dans les nouveaux polyèdres que l'on formera, des faces quadrilatérales.

Mais ces quadrilatères nouvellement introduits donnent au polyèdre Q_{i+1} des faces qui seront soumises à la même loi d'altération que les autres faces déjà acquises, de sorte que, lorsqu'on passera à Q_{i+2}, les plans de toutes les faces de Q_{i+1} se trouveront conservés.

Le nombre de faces dont les plans se conserveront s'accroît donc à chaque fois qu'on passe à un polyèdre nouveau; mais dans chacune on substitue au polygone formant la face de Q_i le polygone plus petit formé dans cette face en joignant les milieux des côtés, de sorte que, dans chacun des plans qui se conservent, on obtient des polygones de plus en plus petits, qui convergent vers un point ω, centre commun de toutes les figures successivement tracées dans ce plan.

Tout polygone régulier donne naissance à une suite de polygones réguliers;

Tout quadrilatère donne une série de parallélogrammes ;

Une face rectangulaire donne d'abord un losange, qui ramène ensuite au rectangle, et ainsi de suite, alternativement.

La série des polyèdres ne converge donc pas vers un point unique. Il est facile de reconnaître que la surface polyédrale-limite des surfaces des polyèdres Q_1, Q_2, ... Q_n, n'est pas, en général, une surface sphérique. Admettons, en effet, qu'une surface sphérique S soit la limite de la surface de Q_n quand n grandit indéfiniment. Dans chaque face dont les plans se conservent, il existe un point ω vers lequel tend le polygone situé dans cette face ; à la limite ce polygone se réduit au point ω, et si la surface S passait par les sommets du polyèdre, la surface S serait à la limite tangente au plan de la face, au point ω. Le centre O de cette sphère serait d'ailleurs au centre O du polyèdre primitif P, et par suite, cette sphère-limite serait la sphère inscrite dans ce polyèdre.

Il reste à montrer que la sphère inscrite dans un polyèdre régulier ne touche pas nécessairement les plans des troncatures faites sur chaque sommet en joignant les milieux des arêtes qui s'y rassemblent.

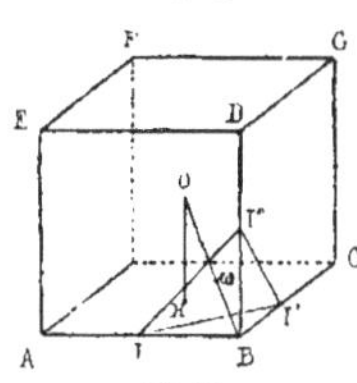

FIG. 21.

Prenons un exemple simple, celui du cube; si c est l'arête, on aura (*fig. 21*)

$$R = OB \frac{c\sqrt{3}}{2} \text{ rayon de la sphère circonscrite,}$$

$$R'' = OH = \frac{c}{2} \text{ rayon de la sphère inscrite.}$$

Je dis que cette sphère n'est pas tangente au plan de l'une des premières troncatures, c'est-à-dire au plan TT'T''. La distance du sommet B à ce plan est $B\omega = \frac{c}{2\sqrt{3}}$, et par suite

$$O\omega = R - B\omega = \frac{c\sqrt{3}}{2} - \frac{c}{2\sqrt{3}} = \frac{c}{2}\left(\sqrt{3} = \frac{1}{\sqrt{3}}\right) = \frac{c}{\sqrt{3}}$$

Il n'y a donc pas égalité entre $O\omega$ et OH, et la sphère décrite de O comme centre avec OH pour rayon, ne touche pas le plan sécant TT'T''. Cette observation suffit pour établir que la suite des surfaces polyédrales Q_1, Q_2..., Q_4 n'a pas pour limite une sphère.

Voici du reste quelques résultats relatifs au dodécaèdre régulier et aux polyèdres qui en dérivent.

Dodécaèdre régulier.

FACES		SOMMETS	ARÊTES
Polyèdre P :			
12 faces pentagonales		20 sommets	30 arêtes
Polyèdre Q_1 :			
32 faces. .	12 pentagones. . . . . 20 triangles équilatéraux (troncatures) . . .	30 —	60 —
Polyèdre Q_2 :			
62 faces. .	12 pentagones . . . . . 20 triangles équilatéraux 30 quadrilatères (troncatures)	60 —	120 —
Polyèdre Q_3 :			
122 faces. .	12 pentagones . . . . . . 20 triangles équilatéraux 30 quadrilatères . . . . 60 quadrilatères (troncatures)	120 —	240 —
Polyèdre Q_4 :			
242 faces. .	12 pentagones. . . . . 20 triangles équilatéraux 90 quadrilatères . . . . 120 quadrilatères (troncatures).	240 —	480 —

Etc....

M. Gabriel ARNOUX

Ancien officier de marine, aux Mées.

ET

M. C.-A. LAISANT

Examinateur d'admission à l'École Polytechnique.

APPLICATIONS DES PRINCIPES DE L'ARITHMÉTIQUE GRAPHIQUE : CONGRUENCES ; PROPRIÉTÉS DIVERSES [X L]

— *Séance du 3 août* —

PRÉLIMINAIRES

1. — Dans beaucoup de questions, et particulièrement en mathématiques, la méthode graphique présente de grands avantages au point de vue de la clarté. Elle met en évidence la vérité qui n'apparaît que confusément sous les symboles, et quand on peut se contenter de dire : « Voyez », la démonstration approche de la perfection. On pourrait presque dire que l'art d'exposer est celui de faire des schémas.

Cette méthode est par excellence celle qui convient à l'expérimentation, si précieuse surtout dans la recherche ; et si la preuve complète d'une vérité entrevue par l'expérience n'est pas entièrement obtenue, c'est alors qu'il est temps d'appeler à son secours l'analyse et les méthodes symboliques. L'infirmité de l'esprit humain est trop grande pour qu'il nous soit permis de dédaigner aucun des moyens qui s'offrent à nous.

Il serait possible, à notre avis, d'établir que les plus illustres géomètres, tels que Newton, Descartes, Fermat et même Archimède, n'ont pas hésité à recourir à la méthode expérimentale, qu'on ne doit pas confondre avec l'empirisme. Elle a ses principes, ses règles, sa philosophie propre ; nous ne saurions développer nos vues à ce sujet sans sortir des limites où nous devons nous tenir, mais il nous suffira de dire que les difficultés d'un emploi judicieux de l'expérimentation ne le cèdent en rien à celles qui se présentent dans la méthode purement analytique.

2. — Dans les recherches arithmétiques, notamment, la méthode graphique peut offrir des ressources précieuses. L'un de nous, dans un volume

publié il y a quelques années (*) s'est efforcé de mettre ce point en lumière par l'étude des figures hypermagiques. Le but que nous poursuivons ici est tout autre, mais les principes sur lesquels nous nous appuyons sont les mêmes, et nous croyons indispensable de rappeler quelques notions premières et quelques définitions indispensables à ce qui va suivre. On reconnaîtra, nous l'espérons, que les principales propriétés des congruences, présentées sous cette forme nouvelle, prennent un remarquable caractère de simplicité et de clarté, sans que la théorie perde rien de sa rigueur.

3. — *Espaces arithmétiques.* — Une série discontinue de points également espacés, en ligne droite, ou mieux peut-être une ligne de cases carrées égales, forme un espace arithmétique linéaire ou à une dimension. Une juxtaposition d'espaces à une dimension placés les uns à côté des autres forme un espace à deux dimensions, et ainsi de suite; on peut considérer des espaces arithmétiques à autant de dimensions que l'on voudra.

Un espace arithmétique peut être fini ou indéfini. Si, en particulier, les éléments qui figurent dans les cases de cet espace se reproduisent identiquement à l'infini lorsqu'on se transporte suivant une dimension quelconque, d'un nombre de cases qui soit multiple d'un nombre m, alors l'espace est dit *congruent* par rapport au module m. Il trouve alors sa représentation totale dans un espace fini de m cases, qui en est en quelque sorte l'image. S'il s'agit d'un espace linéaire, l'espace congruent sera alors une file de m cases ; pour un espace à deux dimensions, ce sera un carré de m^2 cases, et ainsi de suite.

Mais, pour plus de précision, nous allons revenir un peu en arrière, afin d'établir avec exactitude ce que nous entendons par ce mot *multiple* que nous venons d'employer ; cela nous permettra d'indiquer en même temps un certain nombre de définitions indispensables.

4. — *Définitions.* — Considérons un espace arithmétique linéaire indéfini, dont la case origine porte le symbole 0 et dont toutes les autres portent les nombres entiers successifs 1, 2, 3, ... dans leur ordre. Si, sur cet espace, à partir de l'origine, nous marchons d'un *pas* a, les cases que nous rencontrerons porteront les nombres a (ou mieux $1.a$), $2.a$, $3.a$, ... que nous appelons les *multiples* de a. Si nous faisons ainsi b pas, la dernière case rencontrée portera le nombre ba que nous désignons par *produit* de a par b. En marchant d'un pas b, et faisant a pas, nous serions tombé sur la même case, et son numéro, c'est-à-dire le nombre qu'elle porte, peut être aussi représenté par ab, et considéré comme le produit de b par a.

(*) GABRIEL ARNOUX. — *Arithmétique graphique. Les espaces arithmétiques hypermagiques*; Paris, Gauthier-Villars et fils, 1894.

Quand une case numérotée c est ainsi celle qu'on obtient par b pas d'une marche régulière de pas a, ou par a pas d'une marche de pas b, on a coutume aussi de dire que c est *divisible* par a ou par b, et encore que a et b sont des *diviseurs* de c. Mais il importe de bien remarquer le rôle particulier que joue ici le nombre 1, module de l'opération de la multiplication, qui n'altère pas un nombre quelconque auquel on l'applique comme multiplicateur. La vue graphique de l'opération est de nature à dissiper les équivoques et les anomalies.

Supposons maintenant un espace linéaire congruent par rapport à un module m, et reprenons la même notion de la multiplication en rapportant tout à l'espace *image* 0, 1, 2, ... $m - 1$. Si, en marchant d'un pas a *quelconque*, nous rencontrons successivement *toutes* les cases, avant de tomber sur la case 0, obtenue après m pas, nous dirons que m est un *nombre premier*. S'il en est de même pour un certain pas *particulier* a, nous dirons que m et a sont *premiers entre eux*, ou que a est *premier avec* m. Il en résulte ce fait remarquable et capital, que 1, qui divise tous les nombres, est premier avec chacun d'eux et premier avec lui-même, bien que cela puisse paraître étrange au premier abord. Malgré leur apparente coïncidence avec les définitions habituelles de l'arithmétique, ces notions sont essentielles ici.

Lorsque nous considérerons un espace à deux ou à un plus grand nombre de dimensions, nous pourrons lui appliquer la théorie des marches qui précède, en la généralisant. Le pas sera alors indiqué par le symbole $ax + by + cz + \ldots$, et cela indique qu'en partant de la case origine, il faut aller tout d'abord à celle qui est numérotée a suivant la dimension x, b suivant la dimension y, etc. L'ensemble des cases rencontrées par une telle marche forme une *ligne arithmétique*, et les cases de cette ligne ont respectivement pour numéros, ou si l'on veut pour *coordonnées* ($1.a$, $1.b$, $1.c$ ...), ($2\,a$, $2\,b$, $2\,c$, ...), ... L'espace indéfini pourra d'ailleurs, comme l'espace linéaire considéré tout à l'heure, devenir congruent par rapport à un module quelconque m.

En pratique, dans ce qui va suivre, nous ne nous servirons que d'espaces à une ou à deux dimensions, c'est-à-dire de *tableaux*.

5. — *Congruences; notations.* — On sait qu'en arithmétique ordinaire, deux nombres a et b sont congrus par rapport à un module m quand les restes des divisions de a et de b par m sont égaux, ce qui peut s'exprimer par l'une des relations

$$a = \text{mult. } m + b, \; b \text{ mult. } m + a,$$

ou, suivant la notation de Gauss :

$$a \equiv b \qquad (\text{mod. } m).$$

Dans cette étude, nous définirons une congruence comme une simple égalité modulaire $a = b$, impliquant cette considération que le module m est assimilé à zéro. Cela s'accorde très bien avec l'essence même des espaces arithmétiques congruents, c'est-à-dire avec les principes de l'arithmétique graphique, et cela amène de notables simplifications dans les écritures. On reconnaîtra, du reste, qu'en fait aucune confusion ne saurait s'en suivre.

Il nous arrivera souvent aussi d'employer l'expression *congruer par* m, pour exprimer que de l'égalité $A = B$, par exemple, nous déduisons $\alpha = \beta$, α et A d'une part, et β et B de l'autre, étant congrus entre eux par rapport au module m.

En somme, pour nous, la théorie des congruences ne sera autre chose que celle des marches sur les espaces arithmétiques congruents.

Lorsque nous formerons un tableau congruent, les éléments figurant dans ce tableau seront tous inférieurs au module. Il y a une grande analogie entre cette considération et celle d'un système de numération de base m égale au module. C'est ce qui nous engagera souvent à désigner ces éléments par l'expression *chiffres*, qui correspond bien à l'idée indiquée, quelles qu'en soient d'ailleurs les valeurs numériques.

6. — *Indicateur, indicateur réduit.* — Dans la théorie qui nous occupe, il est un élément de la plus haute importance, qu'on appelle *indicateur* d'un nombre m. C'est, d'après la définition de Gauss, le nombre des nombres premiers à m et qui ne lui sont pas supérieurs. Si m est premier, il est clair que l'indicateur, qu'on désigne par $\varphi(m)$, est $m - 1$. Si m est un produit de deux facteurs p et q premiers entre eux, on a $\varphi(m) = \varphi(p)\varphi(q)$. Cette propriété fondamentale a été établie dans l'ouvrage précité (*Arithmétique graphique*, pp. 80-81) d'une façon très simple, par la méthode graphique. Il s'ensuit que si $p, q, r, \ldots\ldots$ sont premiers entre eux deux à deux et que si $m = p.\, q.\, r \ldots.$, on a $\varphi(m) = \varphi(p)\varphi(q)\varphi(r) \ldots.$ Enfin, pour $m = a^{\alpha} b^{\beta} c^{\gamma} \ldots.$, on obtient :

$$\varphi(m) = a^{\alpha-1} b^{\beta-1} c^{\gamma-1} \ldots.\ (a - 1)\,(b - 1)\,c - 1) \ldots.$$

Nous verrons quel rôle de première importance joue l'indicateur dans ce qui va suivre, et comment certaines de ses propriétés permettraient peut-être de le définir autrement avec avantage.

Remarquons en passant que $\varphi(1) = 1$.

Cette relation, un peu bizarre d'après les définitions ordinaires, est très correcte d'après les définitions graphiques. Il y a là une difficulté exceptionnelle qui n'a échappé ni à Gauss, ni à Poinsot, ni à Lucas. Ils l'ont signalée d'une façon expresse.

Un autre élément, non moins essentiel, et que nous rencontrerons à chaque instant, est l'*indicateur réduit*. Si $m = pqr\ldots$, $p, q, r, \ldots$ étant premiers entre eux deux à deux, le plus petit comultiple des indicateurs $\varphi(p), \varphi(q), \varphi(r), \ldots$ de $p, q, r, \ldots$ est ce qu'on appelle l'indicateur réduit de m. On le désigne par $\psi(m)$.

Il résulte de ceci que, pour calculer l'indicateur réduit de $m = a^\alpha b^\beta c^\gamma \ldots$, il y a lieu de calculer les indicateurs de $a^\alpha, b^\beta, c^\gamma, \ldots$ qui sont :

$$a^{\alpha-1}(a-1), \ldots$$

Mais s'il arrive que a soit égal à 2 et que α soit supérieur à 2, on doit écrire $\psi(2^\alpha) = \frac{1}{2}\varphi(2^\alpha)$, pour le calcul du plus petit comultiple. La raison de cette apparente exception est que, pour tout nombre impair k (c'est-à-dire pour un nombre premier avec 2), on a toujours l'équation congruente par rapport à $m = 2^\alpha$:

$$k^{2^{\alpha-2}} = 1.$$

La vraie définition générale de l'indicateur réduit d'un nombre m quelconque est en réalité la suivante, dont nous aurons plus loin occasion de constater l'utilité :

L'indicateur réduit d'un nombre m est le plus petit nombre p tel qu'on ait toujours, *quel que soit le chiffre* a *premier avec* m,

$$a^p - 1 = 0,$$

en congruant suivant m.

Ainsi posée, elle ne comporte aucune exception.

Quant à l'anomalie que présente en apparence le facteur premier 2, elle provient, au fond, de ce que tous les nombres par rapport à un nombre premier m quelconque, autre que 2, peuvent s'écrire sous l'une des formes :

$$\text{mult. } m, \quad \text{mult. } m \pm 1, \quad \text{mult. } \pm 2, \; \ldots$$

tandis que pour $m = 2$, si un nombre n'est pas multiple de 2, il a la forme unique mult. $2 + 1$, les deux formes mult. 2 ± 1 se confondant en une seule.

D'après le procédé de calcul qui précède, on voit immédiatement que, suivant la remarque très juste de Lucas, l'indicateur réduit $\psi(m)$ se confond avec l'indicateur $\varphi(m)$:

1° pour $m = 2$,

2° pour $m = 4$,

3° pour $m = a^\alpha$, a étant premier impair,

4° pour $m = 2a^\alpha$.

Dans tous les autres cas, $\psi(m)$ est un diviseur de $\varphi(m)$.

MULTIPLICATION ET DIVISION

7. — *Multiplication congruente.* — Au point de vue des congruences, l'intérêt n'est plus d'avoir la valeur numérique d'un produit de deux facteurs, mais bien le nombre le plus petit auquel ce produit est congru. Dans ce but, il est donc intéressant, par rapport à un module donné, de construire une table de multiplication congruente, présentant comme arguments les deux facteurs dans la première ligne et la première colonne du cadre. Ces facteurs ne vont que de 0 à $m - 1$, m étant le module, et de même, dans chaque case, on écrit le *chiffre* obtenu comme produit.

Nous donnons *(fig. 1 et 3)* deux exemples de tables de multiplication suivant les modules 13 et 12. Chacune de ces figures est une table à double entrée; mais, la multiplication étant commutative, la table est symétrique par rapport à la diagonale partant de l'origine. En congruence, nous dirons que le produit de 7 par 8 (ou de 8 par 7) est 4 par rapport au module 13; que celui de 5 par 10 (ou de 10 par 5) est 2 par rapport au module 12, etc.

La construction de ces tables se fait simplement par additions successives de chaque ligne avec la première, en opérant toujours par congruence; ou mieux, nous écrivons sur chaque ligne correspondant à l'argument α de la colonne du cadre, les chiffres rencontrés sur l'espace linéaire congruent, 0, 1, 2,.... $m - 1$, par une marche de pas α partant de l'origine. Il s'ensuit que pour un module premier, toutes les lignes contiennent tous les chiffres, tandis que cela n'a lieu, dans le cas d'un module composé, que pour les lignes qui correspondent à un argument premier avec le module. C'est ce que les deux exemples donnés permettent de constater sans peine.

On remarquera aussi que la dernière colonne (et par conséquent la dernière ligne) contient les chiffres 1, 2, ... $m - 1$ dans l'ordre inverse de l'ordre naturel; cela résulte de ce que $\alpha(m - 1)$ est congru à $m - \alpha$, ou, plus simplement, $\alpha(m - 1) \equiv m - \alpha$, en congruence. Il peut, du reste, y avoir avantage parfois, comme dans les autres tableaux dont nous parlerons, à employer des chiffres négatifs, et alors les chiffres extrêmes de chaque ligne sont égaux et de signes contraires; cela permet d'écrire moitié moins de chiffres.

La diagonale partant de l'origine contient les carrés, par rapport au module; elle forme nécessairement une suite symétrique.

8. — *Division congruente.* — La multiplication ayant pour opération inverse la division, il est facile et très utile de former, au moyen des tables de multiplication, des tables de division congruentes, également à

(Fig. 1). — **Table de multiplication** (mod. 13).

	0	1	2	3	4	5	6	7	8	9	10	11	12
0	0	0	0	0	0	0	0	0	0	0	0	0	0
1	0	1	2	3	4	5	6	7	8	9	10	11	12
2	0	2	4	6	8	10	12	1	3	5	7	9	11
3	0	3	6	9	12	2	5	8	11	1	4	7	10
4	0	4	8	12	3	7	11	2	6	10	1	5	9
5	0	5	10	2	7	12	4	9	1	6	11	3	8
6	0	6	12	5	11	4	10	3	9	2	8	1	7
7	0	7	1	8	2	9	3	10	4	11	5	12	6
8	0	8	3	11	6	1	9	4	12	7	2	10	5
9	0	9	5	1	10	6	2	11	7	3	12	8	4
10	0	10	7	4	1	11	8	5	2	12	9	6	3
11	0	11	9	7	5	3	1	12	10	8	6	4	2
12	0	12	11	10	9	8	7	6	5	4	3	2	1

(Fig. 2). — **Table de division** (mod. 13).

D \ d	0	1	2	3	4	5	6	7	8	9	10	11	12
0	0 1 2 3 4 5 6 7 8 9, 10, 11, 12												
1	0	1	2	3	4	5	6	7	8	9	10	11	12
2	0	7	1	8	2	9	3	10	4	11	5	12	6
3	0	9	5	1	10	6	2	11	7	3	12	8	4
4	0	10	7	4	1	11	8	5	2	12	9	6	3
5	0	8	3	11	6	1	9	4	12	7	2	10	5
6	0	11	9	7	5	3	1	12	10	8	6	4	2
7	0	2	4	6	8	10	12	1	3	5	7	9	11
8	0	5	10	2	7	12	4	9	1	6	11	3	8
9	0	3	6	9	12	2	5	8	11	1	4	7	10
10	0	4	8	12	3	7	11	2	6	10	1	5	9
11	0	6	12	5	11	4	10	3	9	2	8	1	7
12	0	12	11	10	9	8	7	6	5	4	3	2	1

double entrée, ayant pour arguments le dividende D (première ligne du cadre) et le diviseur d (première colonne du cadre) ; dans chaque case se lit le quotient correspondant. Nous donnons ces tables, pour les modules 13 et 12 (*fig.* 2 *et* 4), au-dessous des tables de multiplication correspondantes. Un exemple avait été présenté à ce sujet dans l'*Arithmétique graphique ;* mais la première ligne de la table actuelle, celle qui correspond au 0, n'y figurait pas, et c'était une faute capitale que nous réparons ici.

La différence entre les tables de division des modules 13 et 12 est profonde ; dans la première (mod. premier), toutes les cases sont remplies, sauf dans la première ligne ; et dans la seconde (mod. composé), certaines cases restent vides et d'autres portent plusieurs chiffres. Le quotient $\frac{0}{0}$ apparaît ici, comme en algèbre, comme un symbole d'indétermination, tous les chiffres étant massés dans la première case, et $\frac{a}{0}$ comme un symbole d'impossibilité.

Les tables de division jouissent de propriétés fort curieuses et utiles, qui peuvent notamment servir à en faciliter la construction. On remarquera d'abord qu'une table de division peut servir de table de multiplication, en prenant un facteur dans la colonne d, et suivant la ligne correspondante jusqu'à ce qu'on trouve l'autre facteur ; le produit se lira alors en tête de la colonne correspondante (ligne D). Si nous prenons une ligne d'argument α, lu dans la colonne d, et si nous marchons sur cette ligne d'un pas α, nous obtiendrons 1α, 2α,.... $k\alpha$,.... comme numéros des cases successives ; or ces numéros sont justement les chiffres de la ligne (D). Donc, une case ayant pour coordonnées $x = k\alpha$, $y = \alpha$, devra contenir le chiffre k. Il s'ensuit que toute case de coordonnées $\lambda k\alpha$, $\lambda\alpha$ contiendra aussi le même chiffre. Il en résulte aussi que ce chiffre k se trouvera sur une ligne arithmétique partant de l'origine et définie par $kx + 1y$, puisque la ligne qui a pour ordonnée $y = 1$ ne fait que reproduire la ligne D du cadre. Par exemple, la diagonale partant de l'origine contient le chiffre 1 ; la ligne $2x + 1y$ le chiffre 2, et ainsi de suite. Cette remarque permet de construire mécaniquement la table sans aucun calcul. Elle explique en même temps la différence capitale entre le cas d'un module premier et celui d'un module composé ; car les lignes arithmétiques dont nous venons de parler n'ont aucune case commune dans le premier cas, et se rencontrent au contraire dans le second.

Il résulte de ce que nous venons de dire que la multiplication congruente est toujours uniforme, tandis que la division, pour un module composé, peut être multiforme ou impossible ; nous dirons parfois dans ce dernier cas que le quotient est imaginaire.

Si, en suivant la ligne d'argument $y = \alpha$, on s'arrête à un chiffre β, il est

(Fig. 3). — **Table de multiplication** (mod. 12).

	0	1	2	3	4	5	6	7	8	9	10	11
0	0	0	0	0	0	0	0	0	0	0	0	0
1	0	1	2	3	4	5	6	7	8	9	10	11
2	0	2	4	6	8	10	0	2	4	6	8	10
3	0	3	6	9	0	3	6	9	0	3	6	9
4	0	4	8	0	4	8	0	4	8	0	4	8
5	0	5	10	3	8	1	6	11	4	9	2	7
6	0	6	0	6	0	6	0	6	0	6	0	6
7	0	7	2	9	4	11	6	1	8	3	10	5
8	0	8	4	0	8	4	0	8	4	0	8	4
9	0	9	6	3	0	9	6	3	0	9	6	3
10	0	10	8	6	4	2	0	10	8	6	4	2
11	0	11	10	9	8	7	6	5	4	3	2	1

(Fig. 4). — **Table de division** (mod. 12).

D \ d	0	1	2	3	4	5	6	7	8	9	10	11
0	0 1 2 3 4 5 6 7 8 9 10 11											
1	0	1	2	3	4	5	6	7	8	9	10	11
2	0,6		1,7		2,8		3,9		4,10		5,11	
3	0 4,8			1 5,9			2 6,10			3 7,11		
4	0,3 6,9				1,4 7,10				2,5 8,11			
5	0	5	10	3	8	1	6	11	4	9	2	7
6	0,2,4 6,8,10						1,3,5 7,9,11					
7	0	7	2	9	4	11	6	1	8	3	10	5
8	0,3 6,9				2,5 8,11				1,4 7,10			
9	0 4,8			3 7,11			2 6,10			1 5,9		
10	0,6		5,11		4,10		3,9		2,8		1,7	
11	0	11	10	9	8	7	6	5	4	3	2	1

clair que si on prenait le chiffre β dans la colonne d, on trouverait le chiffre α dans la même colonne que celle qui portait β précédemment, puisque $\alpha\beta = \beta\alpha$. Autrement dit, on trouve toujours la disposition :

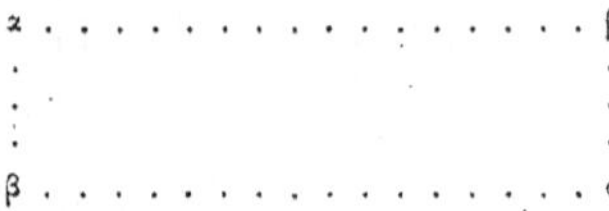

Pour le cas d'un module composé, les lignes dont toutes les cases sont remplies sont celles qui répondent à un argument $y = \alpha$ premier avec le module m ; elles sont donc au nombre de $\varphi(m)$.

Si au contraire α n'est pas premier avec m, chaque case remplie contiendra un nombre de chiffres égal au plus grand codiviseur Δ de m et de α, et il y aura par conséquent $\frac{m}{\Delta}$ cases remplies, dans la ligne d'argument $y = \alpha$, et $m - \frac{m}{\Delta}$ cases vides. Les abscisses des cases remplies seront $0, 1\alpha, 2\alpha, \ldots$. On remarquera aussi que 0 figure nécessairement dans toutes les cases de la première colonne, et que la dernière ligne d'argument $y = m - 1$, est :

$$0, m-1, m-2, \ldots\, 3, 2, 1,$$

Toutes ces propriétés, qui se constatent sur la figure relative à $m = 12$, sont trop simples pour qu'il y ait lieu de les démontrer. Elles ressortent immédiatement de la théorie des marches.

9. — *Tables de division réduites.* — Pour le cas d'un module m composé, il y a souvent grand avantage à ne considérer dans la table de division que les éléments qui correspondent à des chiffres de la ligne D et de là colonne d premiers avec m. Pour l'exemple $m = 12$, nous avons ainsi la table réduite que voici :

D \ d	0	1	5	7	11
	1	1	5	7	11
	5	5	1	11	7
	7	7	11	1	5
	11	11	7	5	1

Dans cette figure, toutes les cases sont remplies, et les seuls éléments qui y figurent sont les chiffres premiers au module 12. Tous les chiffres d'une ligne sont différents, car les produits d'un chiffre par deux autres chiffres identiques sont identiques. Les chiffres d'une colonne sont aussi tous différents ; en effet, si le même chiffre β se rencontrait deux fois dans une même colonne correspondant à l'argument a de la ligne D et aux arguments α et α' de la colonne d, nous aurions $a = \beta\alpha = \beta\alpha'$; d'où $\beta(\alpha - \alpha') = 0$; et c'est impossible, puisque β est premier avec m, et que $\alpha - \alpha'$ est inférieur à m. Cette circonstance se produit au contraire dans la table complète ; par exemple $5.8 = 8.8 = 4$, parce que $(8 - 5)8$ est un multiple de 12, 8 n'étant pas premier avec 12.

Remarquons encore : que la première ligne et la première colonne de la table réduite présentent les chiffres premiers avec m dans l'ordre de leurs grandeurs croissantes ; que la dernière ligne et la dernière colonne les présentent dans l'ordre inverse ; que l'une des diagonales contient le chiffre 1 seulement, et l'autre le chiffre 11 ou $m - 1$. Enfin, la figure est symétrique par rapport à ses deux diagonales.

Mais ces diverses observations doivent être regardées de très près, et ne constituent pas toutes des propriétés générales. Reprenons-les une à une.

La première ligne présente les chiffres dans leur ordre croissant, c'est-à-dire reproduit la ligne D. C'est toujours vrai, car $1.\beta = \beta$.

La première colonne présente les mêmes chiffres. Ceci veut dire que $\alpha^2 = 1$, quelque soit α, premier avec m. Cela a lieu pour $m = 12$, mais non pas en général. Mais ce qu'on peut affirmer, c'est que la première et la dernière colonnes présentent les mêmes éléments dans l'ordre inverse, c'est-à-dire que chaque ligne a pour extrémités deux chiffres dont la somme est m. En effet, si $\alpha a = 1$, il s'ensuit $\alpha(m - a) = m - 1$; plus généralement, la somme des deux chiffres de chaque ligne, symétriques par rapport à son milieu, est égale à m parce que de $\alpha a = \beta$, on déduit $\alpha(m - a) = m - \beta$.

La dernière ligne présente les chiffres dans l'ordre inverse. C'est toujours vrai, car $(m - 1)\beta = 1\ (m - \beta)$. Plus généralement, dans chaque colonne, les chiffres symétriques par rapport au milieu ont pour somme m, car $\alpha\beta = (m - \alpha)(m - \beta)$.

Les deux diagonales contiennent toujours, l'une 1, *l'autre* m $- 1$. C'est toujours exact, et cela résulte de la construction même. On peut ajouter. propriété générale aussi, que *la figure est toujours symétrique par rapport à son centre ;* mais elle ne l'est pas toujours par rapport aux diagonales. Cette symétrie par rapport au centre résulte de la relation $a(m - \alpha) = (m - a)\alpha$, qu'on peut encore écrire $\frac{m - a}{m - \alpha} = \frac{a}{\alpha}$. La symétrie par rapport aux diagonales répondrait à la relation $\frac{a}{\alpha} = \frac{\alpha}{a}$, ou $a^2 - \alpha^2 = 0$, ou $(a + \alpha)(a - \alpha) = 0$ qui est bien vraie pour $m = 12$, mais non pas toujours. Pour rendre plus claires encore ces diverses remarques, nous donnons ici la table réduite de division congruente pour le module 10. :

D \ d				
0	1	3	7	9
1	1	3	7	9
3	7	1	9	3
7	3	9	1	7
9	9	7	3	1

10. — *Application ; théorème de Fermat.* — Puisque dans chaque colonne de la table de division réduite nous avons tous les chiffres $\alpha, \beta, \gamma \ldots.$ premiers au module, et au nombre de $\varphi(m)$, en les associant aux chiffres correspondants de la colonne d nous aurons toujours le même chiffre λ de la ligne D pour produit. Donc, en appelant $\alpha', \beta', \gamma', \ldots$ dans leur ordre, ces chiffres de la colonne d, qui ne sont autres que $\alpha, \beta, \gamma, \ldots$ nous avons $\alpha\alpha' = \beta\beta' = \gamma\gamma' = \ldots = \lambda$.

De là, $\alpha\beta\gamma \ldots \alpha'\beta'\gamma' \ldots = (\alpha\beta\gamma \ldots .)^2 = \lambda^{\varphi(m)}$.

Mais c'est vrai pour toute colonne, et par conséquent λ est arbitraire, parmi les chiffres $\alpha, \beta, \ldots$ au nombre desquels figure 1. Donc enfin,

$$\alpha^{\varphi(m)} = \beta^{\varphi(m)} = \ldots . = 1^{\varphi(m)} = 1.$$

C'est le théorème de Fermat sous sa forme généralisée, pour un nombre composé. Notre démonstration établit en même temps que $(\alpha\beta\gamma \ldots)^2 = 1$.

Dans le cas d'un nombre premier, on aura $\varphi(m) = m - 1$. Nous reviendrons un peu plus loin sur ces questions.

Indices.

11. — *Définitions; logarithmes modulaires.* — Si nous considérons les puissances successives d'un nombre entier a.

$$a^1, \quad a^2. \quad a^3, \quad \ldots . . a^p, \quad \ldots . .$$

écrites suivant un espace linéaire indéfini, et si nous écrivons sur une ligne correspondante les exposants successifs,

$$1, \quad 2, \quad 3 \quad \ldots . . p \quad \ldots . . ,$$

le rapprochement de ces deux espaces forme en réalité une table de logarithmes, dans laquelle les termes de la première ligne sont les *nombres*, et ceux de la seconde ligne les *logarithmes;* la *base* n'est autre que le nombre lui-même. Mais tandis que dans la théorie ordinaire, arithmétique ou algébrique, la notion de la continuité s'impose, aussi bien pour les nombres que pour les logarithmes, nous avons ici affaire à des fonctions numériques essentiellement discontinues, tous les termes devant être des nombres entiers. Malgré cela, on peut remarquer que la propriété fondamentale des logarithmes subsiste intégralement, c'est-à-dire que le logarithme d'un produit est égal à la somme des logarithmes des facteurs.

Cette notion générale étant établie, remarquons que nous pouvons congruer les nombres a^1, a^2,..... par rapport à un module m, que tout d'abord nous supposerons premier. Dès lors, chacun des termes deviendra un chiffre de m, et l'espace indéfini se transformera en un espace congruent. Les égalités se transformeront en congruences, et, en particulier, en vertu du théorème de Fermat, lorsque nous serons parvenu au terme a^{m-1}, nous pourrons le remplacer par 1; à partir de là, nous retrouverons tous les mêmes termes périodiquement. Examinons maintenant ce qui se passe pour les termes de la seconde ligne, que nous pouvons appeler *logarithmes modulaires*, selon la dénomination de Gauss; au nombre a^{m-1} correspond le logarithme $m-1$; au nombre suivant a^m correspondrait m; mais $a^m = a$ suivant le module m, et a possède pour logarithme 1. Pour que la correspondance existe régulièrement entre les deux suites, il faut donc que nous écrivions les logarithmes

$$1,\ 2,\ 3 \ldots\ m-1,\ 1,\ 2,\ 3 \ldots\ldots$$

c'est-à-dire que, tandis que les nombres sont congrués suivant le module m, les logarithmes doivent l'être suivant le module $m-1$. Cette remarque générale est d'une haute importance, et l'on reconnaît immédiatement qu'on peut l'étendre à un module non premier, en remplaçant $m-1$ par $\varphi(m)$.

Il semble y avoir du reste avantage à employer le mot *indice* (qui a cours lui aussi en théorie des nombres) de préférence à celui de logarithme, et c'est ce que nous ferons désormais.

12. — *Cycles.* — Dans ce qui précède, nous n'avons rien supposé relativement à la *base* a du système qui donne naissance à la table des indices. Il y a cependant une distinction capitale à établir, distinction dont quelques simples exemples vont nous permettre de nous rendre compte. Ici encore, nous nous bornerons au cas d'un module premier, 13 par exemple; on peut toujours admettre que a est un chiffre de 13, car si $a = m\,13 + \alpha$, on remplacera a par α et l'on aura identiquement les mêmes résultats.

Soit donc $a = 3$; en élevant 3 à ses puissances successives, et en congruant par 13, nous obtenons

3 9 1 3 9 1.....

Si bien que les indices, si nous les écrivions de 1 à 12 se trouveraient ne plus correspondre uniformément aux nombres, puisqu'à un même nombre répondraient plusieurs indices différents.

Au contraire, prenons $a = 4$; la suite des nombres est

4 3 12 9 10 1 4 3.....

La période, qui tout à l'heure était de trois termes, en comprend maintenant six.

Enfin, prenons $a = 7$; nous avons

7 10 5 9 11 12 6 3 8 4 2 1 7.....

et ici, la période est $m - 1$ ou 12.

Les divers résultats que nous venons de constater s'énoncent souvent en disant que par rapport au module 13, le chiffre 3 appartient à l'exposant (ou à l'indice) 3, le chiffre 4 à l'indice 6, et le chiffre 7 à l'indice 12.

Quand un chiffre appartient à l'indice $m - 1$, on dit que c'est une *racine primitive* du module m. Par exemple, 7 est une racine primitive de 13.

Les périodes que nous venons d'écrire dans les exemples précédents peuvent s'obtenir d'une façon systématique par un procédé graphique des plus simples, en nous servant de la table de multiplication. Il suffit pour cela d'accoler à la ligne du cadre celle qui répond au multiplicateur a écrit dans la première colonne.

Ainsi, pour reprendre les trois exemples précédents, extrayons de la figure 1 les éléments que nous venons de dire, et nous aurons :

$(a = 3)$	0	1	2	3	4	5	6	7	8	9	10	11	12
	0	3	6	9	12	2	5	8	11	1	4	7	10
$(a = 4)$	0	1	2	3	4	5	6	7	8	9	10	11	12
	0	4	8	12	3	7	11	2	6	10	1	5	9
$(a = 7)$	0	1	2	3	4	5	6	7	8	9	10	11	12
	0	7	1	8	2	9	3	10	4	11	5	12	6

Ceci fait, prenons, dans l'une quelconque de ces trois figures le nombre a dans la première ligne, et lisons le nombre a_1 de la seconde ligne qui lui correspond ; puis prenons a_1 dans la première ligne, et le nombre a_2 qui lui correspond dans la seconde ; et ainsi de suite, nous aurons respectivement ainsi

(3 9 1) 3 9 1.....
(4 3 12 9 10 1) 4 3 12.....
(7 10 5 9 11 12 6 3 8 4 2 1) 7 10 5.....

L'ensemble des termes périodiques compris dans les parenthèses forme un *cycle*. On voit combien ce mécanisme des cycles, pratiqué sur la table de multiplication congruente, est de nature à faciliter la construction des puissances congruentes, sans aucun calcul, et comment cette théorie des cycles se lie étroitement à celle des indices ou logarithmes modulaires.

PUISSANCES ET RACINES (MODULES PREMIERS)

13. — *Génération graphique des puissances.* — Élever un nombre à ses puissances successives, ou, comme l'on pourrait dire, *puissancier* un nombre *a*, c'est marcher sur l'espace arithmétique

0 1 2 3.....

de la façon suivante. A partir de l'origine, on fait 1 pas *a* ; ou ce qui revient au même, *a* pas de 1 ; puis, d'une marche régulière, on fait *a* pas de *a*, ce qui donne un certain élément, comme extrémité de la route suivie. Prenons la distance de l'origine à cet élément comme pas, on fait encore *a* pas ; et ainsi de suite, en prenant chaque fois comme longueur du pas la route totale que l'on a faite. Le nombre total des opérations donne le degré de la puissance.

En congruant, suivant un module *m*, on voit à quelles opérations graphiques se réduit la recherche des chiffres congruents aux puissances successives, et comment cette opération se rattache à la formation des cycles, ainsi que nous l'avons indiqué précédemment. On substitue ainsi une opération mécanique très simple à un calcul parfois long et pénible.

14. — *Table des puissances.* — Nous considérerons exclusivement dans ce paragraphe le cas d'un module premier. Prenons par exemple 13. Si nous formons par le procédé que nous venons de dire, la suite des chiffres congruents aux puissances successives de 1, puis de 2, de 3,..., en accolant ligne par ligne tous ces résultats, nous aurons *(fig. 5)* la table des puissances congruentes pour le module 13. La ligne du cadre I est celle des indices ou exposants. La colonne du cadre N est celle des nombres (ici

réduits à des chiffres du module). Le corps de la table donne donc toutes les puissances de tous les nombres.

Sur cette figure, plusieurs constatations sont immédiates. D'abord la première ligne ne comprend que des 1, puisque $1^\alpha = 1$ quel que soit α. La dernière colonne, répondant à l'indice 12, ne comprend également que des

(Fig. 5.) — **Table des puissances** (mod. 13).

N \ I	1	2	3	4	5	6	7	8	9	10	11	12
1	1	1	1	1	1	1	1	1	1	1	1	1
2	2	4	8	3	6	12	11	9	5	10	7	1
3	3	9	1	3	9	1	3	9	1	3	9	1
4	4	3	12	9	10	1	4	3	12	9	10	1
5	5	12	8	1	5	12	8	1	5	12	8	1
6	6	10	8	9	2	12	7	3	5	4	11	1
7	7	10	5	9	11	12	6	3	8	4	2	1
8	8	12	5	1	8	12	5	1	8	12	5	1
9	9	3	1	9	3	1	9	3	1	9	3	1
10	10	9	12	3	4	1	10	9	12	3	4	1
11	11	4	5	3	7	12	2	9	8	10	6	1
12	12	1	12	1	12	1	12	1	12	1	12	1

1, ce qui doit arriver, en vertu du théorème de Fermat. Deux lignes symétriques par rapport au diamètre horizontal, par exemple celles qui répondent aux arguments 5 et 8 de la colonne N :

$$\begin{matrix} 5 & 12 & 8 & 1 & 5 & 12 & 8 & 1 & 5 & 12 & 8 & 1 \\ 8 & 12 & 5 & 1 & 8 & 12 & 5 & 1 & 8 & 12 & 5 & 1 \end{matrix}$$

sont telles que les termes d'indices pairs sont identiques, et que les termes d'indices impairs ont pour somme 13. En se servant des chiffres négatifs, on aurait

$$\begin{matrix} 5 & \bar{1} & \bar{5} & 1 & 5 & \bar{1} & \bar{5} & 1 & 5 & \bar{1} & \bar{5} & 1 \\ \bar{5} & \bar{1} & 5 & 1 & \bar{5} & \bar{1} & 5 & 1 & \bar{5} & \bar{1} & 5 & 1 \end{matrix}$$

Cela résulte de ce que $a^n = (m - a)^n$, si n est pair, et $-(m - a)^n$, si n est impair.

Entre les différentes lignes, il y a des distinctions importantes à établir.

Les unes comprennent tous les chiffres de 1 à 12 et forment une période de 12 termes; les autres forment bien une période de 12 termes, mais qui se subdivise en des périodes moindres. Autrement dit, on rencontre 1 avant la colonne d'indice 12, et l'indice qui correspond au premier 1 qu'on rencontre est, d'après ce que nous avons dit plus haut, l'exposant auquel appartient le nombre de la colonne N. Ainsi, 2, 6, 7, 11 appartiennent à l'exposant 12, c'est-à-dire sont des racines primitives de 13; 4 et 10 appartiennent à l'exposant 6; 5 et 8 à l'exposant 4; 3 et 9 à l'exposant 3; 12 à l'exposant 2; et 1 à l'exposant 1. Ces divers exposants sont des diviseurs de 12, ou $m - 1$; s'il en était autrement, si 5, par exemple, pouvait être l'exposant auquel appartient un nombre a, on aurait $a^5 = 1$; il en serait de même pour a^n, n étant un multiple quelconque de 5; or, comme en marchant sur l'espace 0 1 2 3 4 5 6 7 8 9 10 11 12 d'un pas régulier de 5, et en congruant par 12, on rencontre tous les chiffres de 12, il s'en suit que l'on aurait 1 partout, ce qui ne peut arriver que pour le nombre 1. Si, au lieu de 5 nous avions pris 8, qui n'est pas premier avec 12, mais qui n'est pas non plus un diviseur de 12, il est clair que la marche de pas 8 donnerait en particulier le plus grand codiviseur de 8 et de 12, c'est-à-dire 4; donc 8 ne peut pas être l'exposant auquel appartient un nombre quelconque, puisque ce codiviseur 4 est nécessairement plus petit.

Quand on prend une période quelconque, 5 12 8 1, par exemple, qui répond à 5, tous les chiffres 5, 12, 8, 1 appartiennent au même exposant, nombre des termes de la période, ou à un exposant moindre. Cela a lieu pour ceux (5, 8) dont les rangs, ou les indices, sont premiers avec 12; les deux autres appartiennent, au contraire, à des exposants moindres.

15. — *Table de racines.* — De la table des puissances, il est aisé de déduire une table des racines *(fig. 6)* dont la construction s'explique d'elle-même, la ligne du cadre I représentant les indices des racines, et les chiffres de la colonne P, les puissances dont on demande d'extraire les racines. On pourrait même imaginer une troisième table, celle des indices, en prenant p et n pour arguments, dans la relation $p = n^i$, mais nous croyons inutile ici de la construire.

Cette table des racines, comparée à celle des puissances, présente des dissemblances analogues à celles qui existent entre la table de division et celle de multiplication. Certaines cases restent blanches, tandis que d'autres renferment plusieurs chiffres. La première colonne est identique à celle du cadre. Tous les chiffres figurent dans chaque colonne, groupés par nombres égaux au plus grand codiviseur Δ, entre l'indice et $12 = m - 1$. Il y a par conséquent dans chaque colonne $\frac{m-1}{\Delta}$ cases remplies. Les colonnes d'indices 1, 5, 7, 11, premiers à 12, sont entièrement remplies, et identiques à celles de la table des puissances.

On remarquera qu'à la ligne I le dernier chiffre $m - 1 = 12$ a été remplacé par 0, les indices devant être congrués suivant $m - 1$.

(Fig. 6). — **Table des racines** (mod. 13).

P \ I	1	2	3	4	5	6	7	8	9	10	11	0
1	1	1 12	1 3 9	1 5 8 12	1	1 3 4 9 10 12	1	1 5 8 12	1 3 9	1 12	1	1 2 3 4 5 6 7 8 9 10 11 12
2	2				6		11				7	
3	3	4 9		2 3 10 11	9		3	4 6 7 9		3 10	9	
4	4	2 11			10		4			6 7	10	
5	5		7 8 11		5		8		2 5 6		8	
6	6				2		7				11	
7	7				11		6				2	
8	8		2 5 6		8		5		7 8 11		5	
9	9	3 10		4 6 7 9	3		9	2 3 10 11		4 9	3	
10	10	6 7			4		10			2 11	4	
11	11				7		2				6	
12	12	5 8	4 10 12		12	2 5 6 7.8 11	12		4 10 12	5 8	12	

16. — *Gaussien; racines primitives.* — Revenons à la table des puissances *(fig. 5)* et prenons une ligne quelconque, celle d'argument 5, par exemple

5 12 8 1 5 12 8 1 5 12 8 1

La période est de 4 termes ; autrement dit, 5 appartient à l'exposant 4. Lucas a proposé de dire plus simplement que 4 est le *gaussien* de 5. Si dans la période 5 12 8 1 nous prenons les termes dont l'indice est premier avec 4, savoir 5 et 8, ils appartiendront à l'exposant 4; les autres, 12 et 1, à des exposants inférieurs, diviseurs de 4. En général, le nombre des chiffres ayant pour gaussien un diviseur d quelconque de $m - 1$ sera donc $\varphi(d)$. Or, comme tout chiffre a un certain gaussien, diviseur de $m - 1$, on aura

$$\varphi(1) + \varphi(2) + \ldots = \sum \varphi(d) = m - 1.$$

D'autre part, on sait (*) que pour tout nombre p, on a

$$\sum \varphi(\delta) = p,$$

δ représentant un diviseur quelconque de p, et la somme s'étendant à tous les diviseurs (y compris 1 et p). Il y a donc nécessairement des chiffres ayant pour gaussien un diviseur *quelconque* de $m - 1$.

En particulier, ceci démontre qu'il y a des racines primitives, et qu'elles sont au nombre de $\varphi(m - 1)$. On les a toutes, dès qu'on connait la période de l'une quelconque d'entre elles, 7 par exemple :

7 10 5 9 11 12 6 3 8 4 2 1

Les chiffres 7, 11, 6, 2, dont les indices 1, 5, 7, 11 sont premiers à $m - 1$, sont les racines primitives.

Dans la table des racines, on remarque que les lignes correspondantes ne contiennent que 4 cases remplies [en général $\varphi(m - 1)$], et que les chiffres qu'elles contiennent, un seul par case, sont précisément les racines primitives.

L'identité, constatée plus haut, entre les colonnes d'indices 1, 5, 7, 11 avec celles de la table des puissances, montre que pour chacun de ces exposants α, on a, quel que soit le chiffre a, $a^\alpha = \sqrt[\alpha]{a}$, ou $a^{\alpha^2} = a$, ou encore $a(a^{\alpha^2 - 1} - 1) = 0$. Comme a est premier avec m, il en résulte que $\alpha^2 - 1 = 0$ suivant le module $m - 1$. On vérifie, en effet, sur l'exemple, que les carrés de 1, 5, 7, 11 sont congrus à 1 suivant le module 12.

17. — *Théorème de Wilson.* — La démonstration donnée précédemment du théorème de Fermat montre en même temps, pour un module premier m, que $\left[1.2.3\ldots(m - 1)\right]^2 = 1$. Il s'ensuit que $1.2\ldots(m - 1)$

(*) Il est vrai que nous n'avons pas établi cette proposition classique. Voici l'indication d'une démonstration très simple. Supposons-la vérifiée pour deux nombres p et p' premiers entre eux. On a, en appelant δ un diviseur de p, et δ' un diviseur de p', $\varphi(\delta\delta') = \varphi(\delta)\varphi(\delta')$, car δ, δ' sont premiers entre eux. Alors $pp' = \Sigma\varphi(\delta).\Sigma\varphi(\delta') = \Sigma\,\varphi(\delta\delta')$, et $\delta\delta'$ est un diviseur quelconque de pp'. Comme la propriété se vérifie immédiatement pour tout nombre de la forme a^α, on voit qu'elle est absolument générale.

ou $(m-1)!$ est $+1$ ou -1, en congruant suivant m. La table des puissances va nous permettre de lever le doute. Prenons, en effet, une ligne quelconque correspondant à une racine primitive, 2 par exemple. Elle comprend tous les chiffres, dans un certain ordre, et nous avons

$$2^1 = 2,\ 2^2 = 4,\ 2^3 = 8,\ 2^4 = 3, \ldots 2^{12} = 1.$$

Donc, par multiplication :

$$12! = 2^{1+2+\ldots+12} = 2^{\frac{12 \cdot 13}{2}}.$$

En général :

$$(m-1)! = 2^{\frac{(m-1)m}{2}}.$$

Il faut donc chercher le chiffre correspondant à l'indice $\frac{m-1}{2} m$. Cet indice est un multiple impair de $\frac{m-1}{2}$ puisque m est premier. Ce sera donc $\frac{m-1}{2}$, auquel ne peut correspondre que 1 ou $m-1$. Mais ce n'est pas 1, sans quoi le chiffre 2 choisi ne serait pas racine primitive. Donc,

$$(m-1)! = m-1 = -1, \quad \text{ou} \quad (m-1)! + 1 = 0.$$

C'est le théorème de Wilson, qui, sous cette forme, n'existe évidemment que pour un nombre premier, et fournit ainsi un critérium, malheureusement d'une pratique assez pénible, pour s'assurer si un nombre est premier. En voici un autre, découvert par Lucas (*Théorie des nombres*, p. 441), que nous énonçons avec les notations suivies par nous, et qui résulte d'ailleurs directement des considérations précédentes :

Si $a^d = 1$, *suivant le module* m, *pour* $d = m - 1$, *et si* $a^d \neq 1$, *pour* d *égal à tout autre diviseur de* $m - 1$, *alors*, m *est premier.*

L'importance du théorème de Wilson est si grande que nous croyons utile d'en donner une nouvelle démonstration, fondée sur la table de division. Si nous accolons la colonne d du cadre à la première colonne de la table, nous avons la figure

$$\begin{array}{cc} 1 & 1 \\ \cdots & \cdots \\ a & \alpha \\ \cdots & \cdots \\ m-1 & m-1 \end{array}$$

et $a\alpha = 1$; supprimons le premier et le dernier couple, et remarquons que tout autre couple est composé de deux chiffres différents, car $a^2 - 1 = 0$, m étant premier, ne peut donner que $a = 1$, ou $a = -1$. Gardons donc la moitié seulement des couples, de manière que dans l'ensemble il n'y ait pas deux chiffres différents, et formons le produit. Nous aurons

$$2\ 3 \ldots (m-2) = 1,$$

et en multipliant par $1(m-1) = -1$,

$$(m-1)! = -1.$$

Pour mieux permettre la constatation des diverses propriétés énoncées, nous donnons *(fig. 7 et 8)* la table des puissances et celle des racines pour le module 11.

18. — *Diversité des racines primitives.* — Nous avons remarqué qu'un nombre premier impair m a $\varphi(m-1)$ racines primitives qui sont des chiffres de m. Mais, si nous considérons un nombre r, même supérieur à m, qui soit égal à une quelconque des racines primitives suivant le module m, il est bien clair que la suite

$$r\ r^2 \ldots \ldots r^{m-1} \ldots \ldots$$

donnera les mêmes restes quand on en divisera les termes par m. A ce point de vue, μ étant une racine primitive de m, on peut dire que $\mu + km$ est aussi une racine primitive.

Si on considère un autre nombre premier a, dont une racine primitive soit α, ce nombre aura aussi pour racines primitives tous ceux de la forme $\alpha + ka$; or, l'équation

$$\mu + zm = \alpha + xa$$

peut se résoudre en nombres entiers d'une infinité de manières dans l'hypothèse où a et m sont premiers. La théorie des marches le montre immédiatement, et c'est d'ailleurs une question classique. En appelant ρ la valeur commune $\mu + zm = \alpha + xa$, correspondant à une solution en z, x, on a donc une racine primitive ρ commune à deux nombres premiers impairs quelconques.

Résidus quadratiques.

19. — *Définition.* — m étant un module premier impair $2m' + 1$, la relation $x^{m-1} - 1 = 0$, vérifiée en vertu du théorème de Fermat, se décompose dans les deux suivantes :

$$x^{m'} - 1 = 0, \quad x^{m'} + 1 = 0.$$

Tout nombre, racine de la première, est dit *résidu quadratique* et tout nombre racine de la seconde, *non résidu*.

(Fig. 7). — **Table des puissances** (mod. 11).

I \ N	1	2	3	4	5	6	7	8	9	10
1	1	1	1	1	1	1	1	1	1	1
2	2	4	8	5	10	9	7	3	6	1
3	3	9	5	4	1	3	9	5	4	1
4	4	5	9	3	1	4	5	9	3	1
5	5	3	4	9	1	5	3	4	9	1
6	6	3	7	9	10	5	8	4	2	1
7	7	5	2	3	10	4	6	9	8	1
8	8	9	6	4	10	3	2	5	7	1
9	9	4	3	5	1	9	4	3	5	1
10	10	1	10	1	10	1	10	1	10	1

(Fig. 8). — **Table des racines** (mod. 11).

I \ P	1	2	3	4	5	6	7	8	9	0
1	1	1 10	1	1 10	1 3 4 5 9	1 10	1	1 10	1	1 2 3 4 5 6 7 8 9 10
2	2		7				8		6	
3	3	5 6	9	4 7		3 8	5	2 9	4	
4	4	2 9	5	3 8		4 7	9	5 6	3	
5	5	4 7	3	2 9		5 6	4	3 8	9	
6	6		8				7		2	
7	7		6				2		8	
8	8		2				6		7	
9	9	3 8	4	5 6		2 9	3	4 7	5	
10	10		10		2 6 7 8 10		10		10	

L'expression $a^{m'}$ est toujours $+1$ ou -1, et Legendre a proposé de la représenter par le symbole $\left(\frac{a}{m}\right)$.

Si l'on se reporte à la table de puissances, on remarque que la colonne d'indice $m' = \frac{m-1}{2}$ ne peut renfermer que les chiffres 1 et $m-1$ ou -1. Les nombres correspondants de la colonne du cadre appartiennent donc à un exposant, diviseur de m', s'ils correspondent à 1, et le contraire a lieu s'ils correspondent à -1. En employant la définition de Lucas, on peut donc dire, plus simplement peut-être :

Un nombre est ou n'est pas résidu quadratique suivant que son gaussien est ou n'est pas un diviseur de $\frac{m-1}{2}$.

Il suit immédiatement de là que a et $-a$ sont à la fois résidus ou non-résidus si m est de la forme $4p+1$, et qu'au contraire, pour $m = 4p+3$, si l'un des nombres a est résidu, l'autre $-a$ est non-résidu, et inversement.

On voit aussi qu'une racine primitive est toujours non-résidu.

Les formules $\left(\frac{ab}{m}\right) = \left(\frac{a}{m}\right)\left(\frac{b}{m}\right)$ et en général $\left(\frac{abc\ldots}{m}\right) = \left(\frac{a}{m}\right)\left(\frac{b}{m}\right)\left(\frac{c}{m}\right)\ldots$ sont aussi des conséquences immédiates des définitions.

Si l'on examine la table des racines, on voit que tous les chiffres de la colonne d'indice $\frac{m-1}{2}$ sont massés dans deux cases de cette colonne, la première et la dernière, correspondant à 1 et $m-1$ comme arguments de la colonne du cadre. Tous ceux qui se trouvent dans la première case sont les résidus, et les autres les non-résidus.

Nous venons de rappeler les définitions classiques habituelles, tout en les adaptant à nos principes d'arithmétique graphique. Mais nous pouvons y ajouter quelque chose. Si nous supposons que a soit un carré b^2, l'équation congruente $a^{\frac{m-1}{2}} = 1$ devient $b^{m-1} = 1$ et par suite est vérifiée. Et, comme il y a précisément $\frac{m-1}{2}$ carrés différents, les résidus quadratiques sont les chiffres qu'on rencontre dans la table des puissances à la colonne d'indice 2. Enfin, comme conséquence, et comme extrême limite de simplicité :

Les résidus quadratiques sont les chiffres de la première diagonale dans la table de multiplication.

Une propriété bien simple aussi, et qui résulte directement de ce qui précède, c'est que si l'on prend la période d'une racine primitive de m, de 7 par exemple pour $m = 11$,

7 5 2 3 10 4 6 9 8 1,

les termes de rangs pairs 5, 3, 4, 9, 1 seront résidus quadratiques du module, et les autres chiffres 7, 2, 10, 6, 8, non-résidus.

Toutes ces diverses définitions sont identiques au fond; mais combien, par leur diversité même, ne contribuent-elles pas, en *imageant* le sujet à décrire, à donner plus de clarté et de simplicité.

20. — Il est utile peut-être de remarquer, au point de vue où nous sommes placés ici, l'identité qu'il y a entre un *carré*, suivant le module m et une racine $\left(\frac{m-1}{2}\right)^{\text{ème}}$ ou $m'^{\text{ème}}$ de l'unité. En effet, si $a = b^2$ suivant le module m, nous venons de voir que $a^{m'} = 1$ et réciproquement. L'analogie avec les règles de l'algèbre consiste en ce que l'opération $\sqrt[m']{1}$, entraîne m' valeurs diverses, c'est-à-dire qu'elle est multiforme. La différence, qui tient aux propriétés essentiellement arithmétiques que nous étudions, c'est que chacune de ces m' valeurs diverses est un carré suivant le module m. De même, le fait pour un nombre d'être l'une des valeurs de $\sqrt[m']{-1}$ entraîne cette conséquence qu'il n'est pas un carré.

Cette considération peut s'étendre à tous les autres facteurs de $m - 1$. Si $m - 1 = \delta . k$, tout chiffre x qui est une puissance δ suivant m jouit de la propriété $x^k = 1$, c'est-à-dire qu'il est l'une des déterminations de $\sqrt[k]{1}$. Par exemple, les cubes (ou *résidus cubiques*) sont les racines de l'unité d'indice $\frac{m-1}{3}$, les quatrièmes puissances (ou *résidus biquadratiques*), sont les racines de l'unité d'indice $\frac{m-1}{4}$, etc.

Nous nous arrêtons ici, ne voulant pas donner un développement excessif à ce petit mémoire dont le seul but a été de montrer les avantages que la théorie des nombres peut tirer de la méthode graphique. Peut-être aurons-nous occasion de revenir plus tard sur le sujet, et d'aborder l'étude des congruences à modules composés, et la théorie plus approfondie des résidus quadratiques. En ce cas, les développements qui précèdent nous serviront utilement d'introduction.

Il nous semble intéressant, comme dernière remarque d'ordre général, d'attirer l'attention sur ce point, que la théorie des congruences n'est en réalité qu'un cas très particulier de la théorie de la numération : celui où l'on ne s'occupe exclusivement que du chiffre des unités. A notre avis, l'arithmétique est appelée surtout à faire des progrès du jour où elle abordera, dans la numération en général, l'étude des chiffres d'ordre supérieur. La question est certainement difficile; mais c'est dans cette voie, croyons-nous, que les efforts deviendront féconds en résultats.

M. Émile LEMOINE

Ancien élève de l'École Politecnique, à Paris.

GÉOMÉTROGRAFIE DANS L'ESPACE OU STÉRÉOMÉTROGRAFIE (*) [K 21 a δ]

— *Séance du 4 août* —

On peut étendre à l'espace les considérations géométrografiques que j'ai d'abord introduites dans la géométrie plane. Seulement, èles restent *exclusivement* spéculatives, car èles n'y corespondent plus à des instruments réels come la règle et le compas, au moyen desquels les constructions s'exécutent dans le plan. Dès l'origine de mes études géométrografiques, j'avais eu l'idée de cète extension, mais avant d'en faire l'objet d'une publication, je tenais à ce que la géométrografie plane se répandit assez pour qu'on aperçut plus facilement la portée filosofique d'un sujet qui n'a plus cète fois la sanction d'une aplication imédiate.

J'apèle *planque* un instrument idéal qui placerait les plans dans l'espace come la règle place les droites dans le plan ; *sférètre* un instrument idéal à deus pointes, dont chaque pointe pourait, soit s'apliquer en un point, soit, l'autre pointe étant fixée, avoir la propriété de marquer une sfère dans l'espace, de même que la pointe du compas marque un cercle du plan. Je supose que tous les instruments employés sont soutenus dans l'espace une fois mis en position, come la règle et le compas le sont éfectivement par le plan, et que les points, droites, cercles, plans, sfères qu'ils ont tracés, sont fixés dans l'espace. Je supose, de plus, que l'objet traçant suit la ligne qu'il doit tracer, la pointe du crayon fictif, par exemple, suivra le bord convenable de la règle posée dans l'espace pour marquer la droite.

Je conserve les simboles R_1, R_2, C_1, C_2, C_3 de la géométrografie plane. Je conviens que le compas ne tracera pas de cercles sur la sfère ni sur un plan ne contenant pas le centre, mais que le sférètre le poura s'il en est besoin, avec les simboles C'_1, C'_2, C'_3, du compas, accentués dans le but seul de les distinguer de ceus-ci, à simple vue du simbole final de l'opération.

(*) Ce mémoire est écrit avec l'ortografie de la Société filologique française.

Faire passer le *planque* par un point placé sera op. : (P_1) ; par deus points ou par une droite, op. : $(2P_1)$; par trois points, par deus droites concourantes ou par une droite et un point ou par une ligne plane, op. : $(3P_1)$. Tracer le plan sera op. : (P_2). Mètre une pointe du *sférètre* en point placé sera op. : (S_1), s'il s'agit de la préparation au tracé d'une sfère et op. : (C'_1) pour la préparation au tracé d'un cercle dont le plan ne contient pas la pointe fixe.

Mètre une pointe du *sférètre* en un point *indéterminé* d'une ligne ou d'une surface, come opération de préparation au tracé d'une sfère, sera op. : (S_2) et op. : (C'_2) pour la préparation au tracé d'un cercle dont le plan ne contient pas la pointe fixe.

Tracer la sfère sera op. : (S_3) (*). Toute construction *canonique* de géométrie dans l'espace, c'est-à-dire toute construction obtenue par la droite, le plan, le cercle et la sfère se résumera donc par le simbole : Op. : $(l_1R_1 + l_2R_2 + m_1C_1 + m_2C_2 + m_3C_3 + n_1P_1 + n_2P_2 + p_1S_1 + p_2S_2 + p_3S_3)$, en y ajoutant $m'_1C'_1 + m'_2C'_2 + m'_3C'_3$ dans des cas particuliers.

Je conviens que le nombre $l_1 + l_2 + m_1 + m_2 + m_3 + n_1 + n_2 + p_1 + p_2 + p_3$ avec adition ocasionèle de $m'_1 + m'_2 + m'_3$ sera le *coëficient de simplicité* ou *la simplicité ;* que le nombre $l_1 + m_1 + m_2 + n_1 + p_1 + p_2$, avec adition ocasionèle de $m'_1 + m'_2$, sera le *coëficient de préparation* ou *la préparation* (**) ; l_2, m_3, n_2, p_3, seront respectivement le nombre des droites, des cercles, des plans et des sfères tracés, et m'_3, s'il y a lieu, celui des cercles tracés sur des sfères, ou sur des plans ne contenant pas le pivot de l'instrument. Si une droite et un plan sont placés, leur point d'intersection sera placé. De même deus plans placeront leur intersection, deus sfères leur *ligne* comune, etc. Quand un cercle ou une sfère sera donée ou tracée, on supose toujours les centres placés.

J'ai hésité d'abord à créer les néologismes *planque* et *sférètre* qui, come tous les vocables nés de la sorte, ont le premier abord désagréable en français, mais, malgré ce détail, je m'y suis résolu, ne pouvant les éviter que par des répétitions d'un groupe de mots et *surtout* parce que l'analogie avec la géométrografie plane qu'ils mètent dans les idées, done plus de clarté à l'exposition. Je ne fais, d'ailleurs, en cela, qu'imiter le récent exemple doné par M. Félix Klein, dans le magistral mémoire qu'il a publié à propos de l'inauguration du monument Gauss-Weber, à Gottingen, 1898.

(*) Les simboles S_1, S_2, S_3 sont les simboles ordinaires du sférètre ; les simboles C'_1, C'_2, C'_3 sont tout à fait ocasionels ; nous n'aurons même pas à les employer dans le cours de cète étude. Pour être tout à fait logique, il eut falu avoir un simbole pour mètre une pointe du sférètre en un point indéterminé d'une ligne et un autre simbole pour la mètre en un point indéterminé d'une surface, mais ces opérations sont rares, il n'y a pas d'inconvénient à les confondre en S_2 et le simbolisme gagne en simplicité.

(**) Le mot *coëficient d'exactitude* qui est employé dans la géométrografie plane, n'aurait guère de sens pour les opérations purement spéculatives de la géométrografie de l'espace ; je le remplace par *coëficient de préparation*.

M. Klein n'a pas hésité à créer le mot *Streckenüberträger* (transporteur de segments) pour désigner un instrument fictif servant *uniquement* à prendre une longueur et à la transporter sur une droite. Cela à propos de la distinction considérée par lui, entre les problèmes résolubles canoniquement (par la règle et le compas), en problèmes résolubles avec la *règle* et le *Streckenüberträger* et problèmes résolubles avec la règle et le compas employé aussi autrement qu'à transporter des segments sur une droite. Il cite come exemples le problème de Malfatti, qui n'exige que la règle et le Streckenüberträger pour sa construction, et le problème d'Apollonius de la détermination des cercles tangents à trois cercles donés, qui exige la règle et le compas complet.

Il n'y a pas lieu d'imaginer, dans la géométrografie de l'espace, un instrument corespondant à l'équère, ce serait un non-sens. En éfet, la géométrie canonique plane ne considère que la droite et le cercle; la géométrografie canonique plane est donc complète en ne s'ocupant que de la règle et du compas. Seulement, èle a des aplications aus tracés et come dans ceus-ci on emploie souvent l'équère afin de simplifier les opérations en escamotant, pour ainsi dire, par son emploi, certains tracés de cercles, mais sans modifier en rien le raisonement par lequel les tracés sont expliqués, j'ai trouvé nécessaire de doner aussi, pour l'utilité pratique, les simboles du tracé des constructions avec l'équère, lorsqu'on voudra s'en servir. Dans la géométrografie de l'espace, où il n'y a aucune préocupation de cète nature, on ne peut que rester purement canonique et suivre la géométrie de la droite, du plan, du cercle et de la sfère, en n'employant que la règle, le planque, le compas et le sfèrètre.

Ce caractère absolument spéculatif de la stéréométrografie prête à des objections faciles, relatives à son utilité; nous croyons cependant que le moindre examen plus aprofondi montre, non seulement qu'èle a sa place dans l'édifice rationel de la géométrie, mais même que son étude doit avoir une répercussion sur la façon de l'exposer; aussi, nous tenons à apuyer d'abord notre dire de quelques brèves explications.

Presque autant que les Grecs, on traite encore les problèmes de géométrie plane come de purs exercices de logique, come une sorte de jeu d'esprit où les conditions de réalisation pratique sont tout à fait secondaires. Soit, mais il y a *aussi* ces conditions à examiner; c'est un des buts de la géométrografie.

La *solution* canonique d'une question quelconque n'est que la façon d'ariver, en partant des donées, à un résultat cherché, au moyen d'un *chaînon* de raisonements dont les *mailles* liées, sont des droites et des cercles matérialisés par la règle et le compas. Jusqu'à la géométrografie, la géométrie considérait le *chaînon* des raisonements et peu ou point ses *mailles*, c'est-à-dire qu'èle ne s'ocupait point de la façon concrète dont le résultat final pouvait être le plus simplement obtenu, la règle et le compas à la main.

Il n'y a, *peut-être*, rien à changer dans ces errements, ni au point de vue didactique, ni au point de vue de la recherche ; en tous cas, la géomé trografie montre qu'il y a une *autre question*, fort importante quoique toute diférente, à résoudre, et indique les moyens d'y parvenir ; èle ne s'ocupe plus du tout du *chaînon* des raisonements en eus-mêmes, èle se propose de passer des donées au résultat cherché avec le moins possible de *mailles*, c'est-à-dire de droites et de cercles. De fait, èle forcera indirectement le géomètre à serrer le plus possible le chaînon des raisonements, pour qu'il ne se compose que des mailles strictement nécessaires.

Cète action, conséquence de la géométrografie plane sur la géométrie à deus dimensions, s'exercera toute entière de la stéréométrografie à la géométrie à trois dimensions, et c'est là la raison de son utilité. Les nouveaus problèmes se poseront alors à peu près ainsi : passer des donées au résultat en employant le plus petit nombre possible de droites, de plans, de cercles et de sfères.

Je viens de dire qu'il n'y avait *peut-être* rien à changer aux errements anciens, dans l'exposition géométrique ; j'ai laissé ce doute parce qu'il me semble bien que si, *actuèlement*, il n'y a aucun raport entre la simplicité de l'exposition de la solution d'une question et la simplicité de la construction à exécuter, il n'en sera pas toujours ainsi, car la *construction* n'est, en définitive, que la matérialisation des raisonements ; d'une façon générale, il doit y avoir raport étroit entre la complexité de l'une et des autres. L'édifice géométrique didactique a été élevé sans que l'on se soit ocupé du point de vue de la construction ; la géométrografie entend ne s'ocuper que d'èle, sans considérer l'exposition ; il ne serait donc point étonant que cèle-ci dérangeat aussi l'ordre auquel avait conduit cèle-là ; aussi rien ne dit que, peu à peu, des changements introduits sous cète nouvèle influence, dans l'exposition des éléments, n'amèneront pas un acord des simplicités de téorie et de construction, acord, qui paraît dans la nature des choses, au moins dans les lignes générales des deus domaines.

Il arrive souvent, du reste, qu'en prenant deus *solutions* très diférentes A et B d'une même question Q, conduisant respectivement à des *constructions* très diférentes A′ et B′, on puisse aussi déduire la plus simple, B′ par exemple, rien qu'avec des *remarques de construction* faites sur A′. Je vais plus loin ; quèles que soient les solutions A, B, C,.... d'une question Q conduisant à des constructions A′, B′, C′,...., une quelconque de ces constructions peut, *téoriquement*, se ramener ainsi à une autre quelconque de ces constructions, de sorte que chaque solution traitée géométrografiquement *à fond* devrait amener toujours à la construction la plus simple, que nous apelons la construction géométrografique, ou à cèles de même simplicité, s'il y en a plusieurs. La dificulté actuèle de ces transformations semble extrême dans la plupart des problèmes un peu complexes, et je ne vois guère coment, par exemple, en partant de la *construction* de Viète du problème d'Apollonius, on ariverait à la *solution* de Bobillier et Gergonne, ou réciproquement, rien qu'en étudiant cète première construction sur l'épure; la possibilité de la transformation n'en est pas moins réèle. Nous alons, d'ailleurs, sortir de ces généralités pour doner deus exemples simples de la façon dont s'opèrent les transformations sur les *constructions*.

Premier exemple. — Nous prendrons une solution classique A du tracé de la moyène proportionèle à deus longueurs L et M, et une autre solution B; de A on a déduit la construction A′ et de B nous avons déduit le tracé géométrografique B′.

Solution A. — Si dans un triangle ACD, rectangle en D (*fig. 1*), on apèle B le pied de la perpendiculaire abaissée de D sur AC, et que AC soit égal à L, BC à M, on a $\overline{DC}^2 = AC.BC = L.M$.

Construction A′. — Sur une longueur $AC = L$ come diamètre, on décrit une circonférence, soit O son centre; entre C et A je place B tel que $BC = M$, j'élève en B une perpendiculaire à AC qui coupe en D la circonférence décrite sur AC come diamètre; on a $\overline{DC}^2 = L.M$.

Solution B. — Soit (*fig. 1*) un triangle isocèle OCD ($OC = OD$); si je prends sur OC le point C′ tel que $DC' = DC$, on a $\overline{DC}^2 = OC.\ CC'$, car les deus triangles isocèles OCD, DCC′ sont semblables come ayant un angle aus bases, savoir DCO, comun. On a donc $\dfrac{DC}{CC'} = \dfrac{OC}{DC}$.

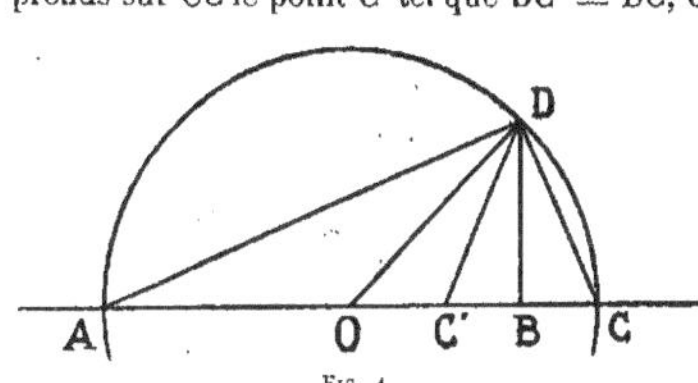

Fig. 1.

Construction B′. — Décrire un cercle de rayon L, tracer un diamètre qui marque $OC = L$ (nous suposons que L est la plus grande des longueurs L et M); sur OC, entre C et O, prendre C′ tel que $C'C = M$. Au milieu de CC′, élever une perpendiculaire qui coupe le cercle en D.

Pour déduire B′ de A′, il sufit de remarquer, sur la figure, dans la solution A, que $\overline{DC}^2 = AC.\ BC$ peut s'écrire $\overline{DC}^2 = \dfrac{AC}{2} \cdot 2BC$ (*) ou

(*) Il est presque superflu de faire remarquer que dans la figure 1, qui sert aus solutions A et B, les longueurs des lignes n'ont pas les mêmes noms. Pour la solution A, $AC = M$, lorsqu'èle servira à la solution B, c'est OC qui est égal à M, etc.

$\overline{DC}^2 = OC \cdot C'C$, en désignant par C′ le simétrique de C par raport à DB. Donc pour passer à B′, on peut prendre $OC = L$, en décrivant le cercle O(L), puis $CC' = M$, élever une perpendiculaire au milieu B de CC′; èle coupe O(L) en D et l'on a $\overline{DC}^2 = OC \cdot C'C = M \cdot N$; c'est la construction B′.

La construction A′ et, par suite, la solution A, sont ainsi ramenées à la construction géométrografique B′ et à la solution B, rien que par l'examen de la *construction* A′.

Second exemple. — Trouver deus longueurs, conaissant leur some a, et leur moyène proportionèle m.

Solution A. — Si l'on a un triangle BPC (*fig. 2*) rectangle en P, que $BC = a$ soit l'ipoténuse et $PF = m$ la hauteur partant de P, on aura $BF + FC = a$ et $BF \cdot FC = m^2$.

Construction A′. — Prendre $BC = a$, décrire sur BC, come diamètre, une circonférence; tracer un paralèle à BC qui en soit distante de m et coupe le cercle en P; projeter P en F sur BC.

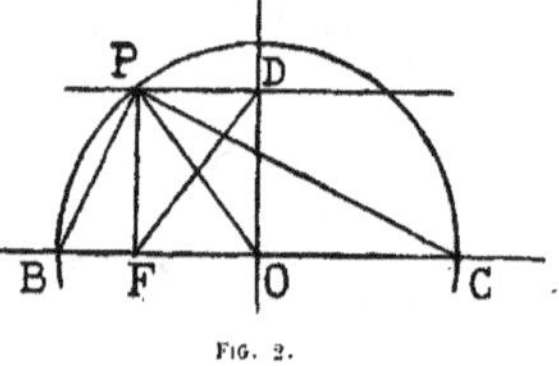

Fig. 2.

Solution B. — Les longueurs cherchées sont les solutions de l'équation $x^2 - ax + m^2 = 0$; èles son donc

$$\frac{a}{2} + \sqrt{\frac{a^2}{4} - m^2}, \qquad \frac{a}{2} - \sqrt{\frac{a^2}{4} - m^2}.$$

Construction B′. — Prendre $BC = a$ (*fig. 2*); élever une perpendiculaire au milieu O de BC; sur èle prendre $OD = m$; décrire le cercle D(OB) qui coupe BC en F.

BF et FC sont les deus longueurs cherchées, car on à :

$$\overline{FO}^2 = \overline{DF}^2 - \overline{OD}^2 = \frac{a^2}{4} - m^2,$$

$$\text{par suite, } BF = \frac{a}{2} - \sqrt{\frac{a^2}{4} - m^2} = BO - FO,$$

$$FC = \frac{a}{2} + \sqrt{\frac{a^2}{4} - m^2} = CO + OF.$$

Pour ramener A′ à B′, il sufit de remarquer (construction A′) que dans le rectangle PFOD on a : $DF = OP = \frac{a}{2}$ et $OD = m$; d'où prendre $BC = a$, élever une perpendiculaire au milieu O de BC; prendre sur èle $OD = m$; décrire D(OB) qui coupe BC en F. C'est la construction B′.

Constructions.

A(ρ) ou A(PQ) est, come on sait, la notation d'un cercle de centre A et de rayon ρ ou PQ. A(ρ^2) ou A(PQ^2) sera la notation d'une sfère de centre A et de rayon ρ ou PQ.

Pour les constructions à exécuter dans un plan quelconque placé, mêmes notations que dans la géométrografie plane.

I. — *Tracer un plan.* Op. : (P_2).

II. — *Tracer un plan passant en un point.* Op. : ($P_1 + P_2$).

III. — *Tracer un plan passant par deus points ou par une droite.* Op. : ($2P_1 + P_2$).

IV. — *Tracer un plan passant par trois points; par une droite et un point; par deus droites concourantes ou par une ligne planc placée.* Op. : ($3P_1 + P_2$).

V. — *Tracer une droite quelconque.* Op. : (R_2).

VI. — *Tracer une droite passant par un point.* Op. : ($R_1 + R_2$).

VII. — *Tracer la droite passant par deus points.* Op. : ($2R_1 + R_2$).

VIII. — *Tracer un cercle quelconque.* Op. : ($P_2 + C_3$) ou op. : ($2S_3$).

IX. — *Tracer un cercle passant par un point.* Op. : ($P_1 + P_2 + C_1 + C_3$) ou op. : ($2S_1 + 2S_3$).

X. — *Tracer un cercle passant par deus points.* Op. : ($2P_1 + P_2 + 3C_1 + 3C_3$).

XI. — *Tracer le cercle passant par trois points.* Op. : ($3P_1 + P_2 + 4R_1 + 2R_2 + 5C_1 + 4C_3$) (*).

XII. — *Tracer une sfère.* Op. : (S_3).

XIII. — *Tracer une sfère passant par un point* A.

Je fixe une pointe du sférètre en un point *quelconque* O (cela ne compte pas comme opération, pas plus que placer la pointe du compas en un point *quelconque* de la feuille d'épure dans la géométrografie plane), l'autre pointe en A (S_1); je trace la sfère O(OA^2). (S_3). Op. : ($S_1 + S_3$).

(*) Il est bon de remarquer que dans les constructions V, VI, VII, je trace la droite sans tracer au préalable de plans pour suporter la règle et y apuyer la pointe traçante, tandis que dans les constructions VIII, IX, X, XI relatives au tracé d'un cercle dans l'espace, je trace d'abord un plan qui le contient. Cète diférence a pour cause que dans le cas de la droite, j'ai la règle qui, d'après nos conventions, se soutient dans l'espace et que la pointe traçante suit, par ipotèse encore, le bord convenable de la règle sans autre apui. Dans le cas du cercle, je supose bien qu'une pointe peut rester fixée sans apui en un point, mais le lieu de l'autre pointe traçante serait sur une sfère, il faut donc suposer le tracé préalable d'un plan pour la fixer sur lui.

XIV. — *Tracer une sfère dont le centre est un point doné* O ($S_1 + S_3$) *ou un point indéterminé d'une ligne donée* ($S_2 + S_3$).

XV. — *Tracer une sfère dont le centre est un point doné* O *et qui passe en un autre point doné* A. Op. : ($2S_1 + S_3$).

XVI. — *Tracer une sfère passant par deus points* A et B.

Je trace les deus sfères $A(\rho^2)$, $B(\rho^2)$ ($2S_1 + 2S_3$); je place une pointe du sférètre en un point quelconque O de l'intersection des deus sfères (S_2) ; je trace $O(\rho^2)(S_3)$. Op. : ($2S_1 + S_2 + 3S_3$) ; simplicité : 6 ; préparation : 3; 3 sfères.

XVII. — *Tracer une sfère passant par trois points* A, B, C.

Je trace $A(\rho^2)$, $B(\rho^2)$, $C(\rho^2)$ ($3S_1 + 3S_3$) qui se coupent en O; je trace $O(\rho^2)$ ($S_1 + S_3$). Op. : ($4S_1 + 4S_3$) ; simplicité: 8; préparation : 4; 4 sfères.

XVII. — *Tracer la perpendiculaire AA' menée d'un point A extérieur à une droite BC, sur cète droite.*

Je trace le plan A,BC ($3P_1 + P_2$) et je fais dans ce plan la construction de la géométrografie plane pour abaisser de A une perpendiculaire sur BC ($2R_1 + R_2 + 3C_1 + 3C_3$). Op. : ($3P_1 + P_2 + 2R_1 + R_2 + 3C_1 + 3C_3$) ; simplicité : 13; préparation : 8; 1 plan, 1 droite, 3 cercles, ou encore :

Je trace une sfère $A(\rho^2)(S_1 + S_3)$ qui coupe BC en B et en C; je trace $B(\rho^2)$, $C(\rho^2)(2S_1 + 2S_3)$ dont l'intersection place un cercle γ; je fais passer le planque par A et BC, ce qui place le plan A,BC ($3P_1 + P_2$). Ce plan coupe γ en A' ; je trace AA'($2R_1 + R_2$). Op. : ($3P_1 + P_2 + 2R_1 + R_2 + 3S_1 + 3S_3$). Simplicité : 13 ; préparation : 8 ; 1 plan, 1 droite, 3 sfères.

XVIII. — *Par un point A, pris sur une droite BC, élever une des perpendiculaires à cète droite.*

Je place la sfère $A(\rho^2)$ ($S_1 + S_3$) qui coupe la droite en B et en C; je trace $B(\rho^2)$, $C(\rho^2)$ ($2S_1 + 2S_3$) qui se coupent suivant un cercle γ. J'apuie la règle en A et sur un point *quelconque* M de γ (R_1) ; je trace AM (R_2) ; c'est une perpendiculaire en A à BC.

Op. : ($R_1 + R_2 + 3S_1 + 3S_3$) ; simplicité : 8; préparation : 4; 1 droite, 3 sfères.

XIX. — *Par un point A, pris hors d'un plan placé H, abaisser une perpendiculaire sur ce plan.*

Au moyen du sférètre je trace $A(\rho^2)$ qui coupe le plan suivant un cercle ($S_1 + S_3$) ; M_1, M_2, M_3 étant trois points arbitraires de cète circonférence, je trace $M_1(\rho^2)$, $M_2(\rho^2)M_3$ (ρ^2) ($3S_2 + 3S_3$) qui se coupent en μ. Je trace $A\mu$ ($2R_1 + R_2$), c'est la droite cherchée. Op. : ($2R_1 + R_2 + S_1 + 3S_2 + 4S_3$); simplicité : 11 ; préparation : 6 ; 1 droite, 3 sfères.

XX. — *Par un point A d'un plan élever une perpendiculaire à ce plan.*

Dans le plan doné je trace un cercle $A(\rho)$ ($C_1 + C_3$) ; M_1, M_2, M_3 étant trois points de ce cercle je trace $M_1(\rho^2)$, $M_2(\rho^2)$, $M_3(\rho^2)$ $(3S_2 + 3S_3)$. Les circonférences qui forment les intersections de ces trois sfères se coupent en un point μ, je trace $A\mu$ $(2R_1 + 2R_2)$, c'est la perpendiculaire cherchée.

Op. : $(2R_1 + R_2 + C_1 + C_3 + 3S_2 + 3S_3)$; simplicité : 11 ; préparation : 6 ; 1 droite, 1 cercle, 3 sfères.

XXI. — *Par un point A mener une paralèle à une droite placée BC, ou déterminée par deus points* B et C.

Je place le plan A, BC ou A, B, C $(3P_1 + P_2)$ et dans ce plan j'aplique les constructions de la géométrografie plane.

XXII. — *Par un point A mener un plan perpendiculaire à une droite* BC.

Avec le sférètre je trace la sfère $A(\rho^2)$ qui coupe BC en B et en C $(S_1 + S_3)$; je trace $B(\rho^2)$, $C(\rho^2)(2S_1 + 2S_3)$; par BC je trace un plan quelconque $(2P_1 + P_2)$ sur lequel les deus sfères $B(\rho_1)$, $C(\rho_2)$ placent deus circonférences qui se coupent en α et α', je trace le plan A, α, $\alpha'(3P_1 + P_2)$ c'est le plan cherché. Op. : $(5P_1 + 2P_2 + 3S_1 + 3S_3)$; simplicité : 13 ; préparation : 8. ; 2 plans, 3 cercles.

XXIII. — *Par une droite donée non paralèle à un plan H, mener un plan perpendiculaire à ce plan.*

Avec un point quelconque M de la droite come centre je trace $M(\rho^2)$ $(S_2 + S_3)$ qui place un cercle γ sur H ; soit A la trace de la droite sur H ; dans H je trace $A(\rho')$ $(C_1 + C_3)$ qui coupe γ en deus points α et α'. Je trace dans H, $\alpha(\rho')$, $\alpha'(\rho')$ $(2C_1 + 2C_3)$ qui se coupent en A' et je fais passer un plan par BC, $A'(3P_1 + P_2)$. Op. : $(3P_1 + P_2 + 3C_1 + 3C_3 + S_2 + S_3)$; simplicité : 12 ; préparation : 7 ; 1 plan, 3 cercles, 1 sfère.

XXIV. — *Par une droite donée MM_1, paralèle à un plan H, mener un plan perpendiculaire à H.*

De deus points quelconques M et M_1 de la droite come centres, je trace $M(\rho^2)$, $M_1(\rho^2)$ $(2S_2 + 2S_3)$ qui placent sur H deus cercles se coupant en α et en α', je trace $\alpha(\rho_1)$, $\alpha'(\rho_1)$ $(2C_1 + 2C_3)$ qui se coupent en β et β'. Je trace le plan $MM_1\beta(3P_1 + P_2)$, c'est le plan cherché. Op. : $(2C_1 + 2C_3 + 2S_2 + 2S_3 + 3P_1 + P_2)$; simplicité : 12 ; préparation : 7 ; 2 cercles, 2 sfères, 1 plan.

XXIV *bis*. — *Par une droite MM_1 d'un plan H mener un plan perpendiculaire* à H.

La droite MM_1 étant dans le plan H, la construction précédente XXIV n'est plus aplicable. On opère ainsi : par un point M quelconque de MM_1 j'élève une perpendiculaire à H $(2R_1 + R_2 + C_3 + 3S_2 + 3S_3)$; je fais passer un plan par MM_1 et par cète perpendiculaire $(3P_1 + P_2)$.

Op. : $(2R_1 + R_2 + C_3 + 3P_1 + P_2 + 3S_2 + 3S_3)$; simplicité : 14 ; préparation : 8 ; 1 droite, 1 cercle, 1 plan, 3 sfères.

Il faut remarquer que j'ai compté un C_1 de moins dans le simbole de la construction XX, parce que au lieu de mener come dans cèle-ci un cercle passant par A ($C_1 + C_3$), je trace un cercle *quelconque* (C_3) qui coupe MM_1 en M.

Autre construction. — Au moyen du sférètre, je trace une sfère quelconque O (ρ^2) dont le centre O est sur le plan H ($S_2 + S_3$), èle coupe MM_1 en M et M_1, je trace M(ρ^2), M_1(ρ^2) ($2S_1 + 2S_3$) qui placent le simétrique O′ de O par raport à MM_1 ; je trace O′(ρ^2) ($S_1 + S_3$). Les 2 sfères O(ρ^2) O′(ρ^2) se coupent suivant un cercle qui est dans le plan cherché. J'apuie le planque sur ce cercle et je trace le plan ($3P_1 + P_2$).

Op. : ($3P_1 + P_2 + 3S_1 + S_2 + 4S_3$) ; simplicité : 12 ; préparation : 7 ; 1 plan, 4 sfères.

XXV. — *Placer une paralèle à un plan doné* H.

Je trace un plan quelconque H′(P_2) ; dans ce plan H′ je trace un cercle K quelconque (C_3) qui coupe H en α et α′ ; dans H′ je trace α(ρ) α′(ρ) ($2C_1 + 2C_3$) qui coupent K en β et β′ du même côté de H ; je trace ββ′ ($2R_1 + R_2$). Op. : ($2R_1 + R_2 + 2C_1 + 3C_3 + P_2$) ; simplicité : 9 ; préparation : 4 ; 1 droite, 3 cercles, 1 plan.

XXVI. — *Par un point doné A mener une paralèle à un plan placé H.*

Je trace un plan H′ quelconque passant par A ($P_1 + P_2$), il coupe H suivant une droite D ; je trace une sfère Σ quelconque passant en A ($S_1 + S_3$).

H′ et Σ se coupent suivant un cercle K passant en A, lequel cercle K coupe H en α et en α′ sur D. Je prends αA dans le compas ($C_1 + C_3$) et dans H′ je trace α′(αA) ($C_1 + C_3$) qui coupe K en β (du même côté de H que A). Je trace Aβ ($2R_1 + R_2$), c'est une droite passant en A et paralèle à H. Op. : ($2R_1 + R_2 + 2C_1 + 2C_3 + S_1 + S_3 + P_1 + P_2$) ; simplicité : 11 ; préparation : 6 ; 1 droite, 2 cercles, 1 sfère, 1 plan..

Autrement. Je trace un plan H′ passant par A ($P_1 + P_3$), il coupe H suivant la droite D ; dans H′ je trace le cercle Σ passant par A ($C_1 + C_3$) et coupant D en α et α′. Je prends αA($2C_1$) et je trace dans H′ α′(αA) ($C_1 + C_3$) qui coupe Σ en β. Je trace Aβ ($2R_1 + R_2$). Op. : ($2R_1 + R_2 + 4C_1 + 2C_3 + P_1 + P_2$) ; simplicité : 11 ; préparation : 7 ; 1 droite, 2 cercles, 1 plan.

XXVII. — *Par un point A tracer un plan paralèle à un plan doné H.*

1° *H est placé*

2° *H est déterminé par trois points P, Q, R ou par un point P et par une droite QR ou par les deus droites PQ, PR.*

Premier cas. — H est placé

Au moyen du sférètre je trace une sfère passant en A ($S_1 + S_3$), èle coupe H suivant un cercle γ; je trace avec le planque un plan V qui coupe γ en α et α' $(P_1 + P_2)$; je done un mouvement *quelconque* au planque autour de $A\alpha$ et je place un autre plan V_1 (P_2) qui coupe γ en α et α_1.

La sfère coupe les deus plans V et V_1, suivant les deus cercles $A\alpha\alpha'$, $A\alpha\alpha_1$. Je prends $A\alpha$ dans le compas $(2C_1)$; dans le plan $A\alpha\alpha'$ je trace le cercle $\alpha'(A\alpha)$ $(C_1 + C_3)$ qui coupe le cercle $A\alpha\alpha'$ en β ; dans le plan $A\alpha\alpha_1$ je trace $\alpha_1(A\alpha)(C_1 + C_3)$ qui coupe le cercle $A\alpha\alpha_1$ en β_1 ; β et β_1 sont pris du même côté de H que A. Enfin je trace le plan $A\beta\beta_1$ $(3P_1 + P_2)$ qui est le plan cherché.

Op. : $(4C_1 + 2C_3 + 4P_1 + 3P_2 + S_1 + S_3)$; simplicité : 15; préparation : 9 ; 2 cercles, 3 plans, 1 sfère.

Deuxième cas. — H est doné par les trois points P, Q, R ou par P, Q R ou par PQ, PR. Je fais passer un plan par les trois points P, Q, R ou P, QR, ou par PQ, PR $(3P_1 + P_2)$ et j'opère come dans le premier cas ; il faut donc ajouter $(3P_1 + P_2)$ au simbole.

Remarque. — Nous avons compté $(P_1 + P_2)$ pour mener le plan V et (P_2) seulement pour mener après V le plan V_1 ayant doné un mouvement arbitraire autour de $A\alpha$ au planque suposé maintenu sur $A\alpha$ pendant ce mouvement. Voici la justification de notre manière de compter.

En géométrografie plane, je compte $(C_1 + 2C_3)$ pour tracer l'un après l'autre deus cercles quelconques de même centre doné A parce que j'admets que la pointe reste en A après le tracé du premier. Pour tracer successivement deus droites quelconques passant par A, je devrais donc, *téoriquement*, ne compter, de même, que $(R_1 + 2R_2)$, tandis que je compte $(2R_1 + 2R_2)$, parce que, quoique, *spéculativement*, ce soit le même cas que pour le tracé successif de deus cercles de centre comun, il est, *pratiquement*, absolument impossible de maintenir le bord de la règle en A quand, après avoir tracé la première droite, on la dérange pour tracer la seconde. Le double caractère spéculatif et pratique de la géométrografie plane permet de choisir suivant les cas, ce qui doit dominer dans chaque convention. En géométrografie de l'espace, où le caractère spéculatif est seul à considérer, il est clair que je dois convenir que le planque ou le sférètre restent toujours apuyés au point comun à deus mouvements successifs autour de ce point; je ferai la même ipotèse du maintien des instruments lorsque le planque ou le sférètre devront tourner autour d'une droite qui contient deus de leurs points.

XXVIII. — *Tracer la plus courte distance de deux droites MN, RS.*

Je trace un plan T quelconque passant par RS$(2P_1 + P_2)$, il coupe MN en M, puis, dans ce plan T, je trace la paralèle MS' à RS$(2R_1 + R_2 + 4C_1 + 2C_3)$;

je trace le plan MNS'($3P_1 + P_2$), et d'un point quelconque, R de RS, j'abaisse une perpendiculaire RR' sur le plan MNS'($2R_1 + R_2 + 4S_1 + 4S_3$), R' étant le pied de cète perpendiculaire sur le plan MNS'. Par R', je mène dans ce plan une paralèle à MS'($2R_1 + R_2 + 4C_1 + 2C_3$), èle coupe MN en N. Je porte R'N en RS dans le sens convenable sur RS ($3C_1 + C_3$) et je trace NS ($2R_1 + R_2$); c'est la perpendiculaire cherchée. Op. : ($8R_1 + 4R + 11C_1 + 5C_3 + 5P_1 + 2P_2 + 4S_2 + 4S_3$); simplicité : 43; préparation : 28; 4 droites, 5 cercles, 2 plans, 4 sfères.

XXIX. — *Mener par une droite BC les deus plans tangents à une sfère de centre A.*

De A j'abaisse un plan R perpendiculaire sur BC ($5P_1 + 2P_2 + 3S_1 + 3S_2$) qui coupe BC en D et la sfère suivant un cercle γ. Je cherche *la longueur* de la tangente menée de D à γ; pour cela, je trace un diamètre NN' de γ($R_1 + R_2$); je trace dans le plan R les deus cercles N(DA), N'(DA)($4C_1 + 2C_3$) qui se coupent en α, si je décris le cercle D(Aα) ($3C_1 + C_3$) dans ce même plan R, il coupe γ en deus points V et V'; je trace les deus plans BC, V ($3P_1 + P_2$), BC, V' ($P_1 + P_2$), ce sont les plans cherchés. Op.: ($R_1 + R_2 + 7C_1 + 3C_3 + 9P_1 + 4P_2 + 3S_1 + 3S_3$). Simplicité : 31 ; préparation : 20; 1 droite, 3 cercles, 4 plans, 3 sfères.

XXX. — *Deus sfères extérieures l'une à l'autre* A(r^2), B(r'^2) *étant donées, mener par un point C un des quatre plans tels que les contours aparents des deus sfères sur ce plan (projection ortogonale) soient tangents entre eus.*

Je trace le plan A, B, C ($3P_1 + P_2$), soient D et D' les cercles intersections des deus sfères avec ce plan. Je trace *une* tangente comune (extérieure, par exemple) à D et à D'. Pour cela, je trace AB ($2R_1 + R_2$) qui coupe D en α entre A et B, et D' en α' au delà de AB (je supose $r > r'$). Je trace $\alpha(r)$, $\alpha'(r')$ ($4C_1 + 2C_3$) qui coupent respectivement D et D' en β et β' d'un même côté de AB. Je trace $\beta\beta'$($2R_1 + R_2$) qui rencontre AB en S, centre de similitude externe des deus cercles D et D'. Il me sufit maintenant, pour avoir une tangente comune extérieure à ces deus cercles, de mener par S une tangente à D'. Ce que je fais ainsi : soit α'_1 l'autre extrémité du diamètre Bα'. Je trace α'(SB), α'_1(SB) ($4C_1 + 2C_3$) qui se coupent en γ. Je trace S(γB) ($3C_1 + C_3$) qui coupe D' en F et je trace SF ($2R_1 + R_2$). Je mène maintenant par C un plan perpendiculaire à cète tangente comune SF($5P_1 + 2P_2 + 3S_1 + 3S_3$). C'est le plan cherché. En tout : op.: ($6R_1 + 3R_2 + 11C_1 + 5C_3 + 8P_1 + 3P_2 + 3S_1 + 3S_3$); simplicité : 42; préparation, 28; 3 droites, 5 cercles, 3 plans, 3 sfères.

Nous bornons là cet aperçu de géométrografie dans l'espace, très sufisant pour ce que nous voulions faire, c'est-à-dire : présenter la métode et montrer coment èle s'aplique.

M. Émile LEMOINE

Ancien élève de l'École politecnique, à Paris.

NOTE SUR DEUS NOUVÈLES DÉCOMPOSITIONS DES NOMBRES ENTIERS [I 18 c]

— *Séance du 4 août* —

J'ai signalé d'abord dans les *Comptes rendus des séances de l'Académie des Sciences* (23 oct. 1882), une nouvèle décomposition des nombres entiers que je définissais ainsi :

Si l'on a $N = a_1^n + a_2^n + a_3^n + \ldots a_p^n$, *je dirai que* N *est décomposé en ses puissances* n^{mes} *maxima lorsque la racine* n^{me} a_j *d'un terme quelconque* a_j^n *du second membre est la racine* n^{me}, *à une unité près par défaut, du nombre formé par l'adition de* a_j^n *et de tous les nombres qui sont à sa droite dans ce second membre.*

Si le second membre contient p termes, je dis que N est d'indice p par raport à la puissance n et j'étudiais pour le cas de $n = 2$ les plus petits nombres d'indice doné.

Au Congrès de Carthage, à l'AFAS (1896), je suis revenu sur la question en y ajoutant la considération d'un autre mode de décomposition.

Si l'on a $N = a_1^n - a_2^n + a_3^n - a_4^n \ldots + (-1)^{p+1} a_p^n$; *que* $a_1, a_2 \ldots a_p$ *soient entiers et que* a_1 *soit la racine* n^{me} *de* N *à une unité près* par excès, R_1 *étant le reste négatif; que* a_2 *soit la racine* n^{me} de R_1 *à une unité près* par excès, R_2 *étant le reste;* a_3 *la racine* n^{me} *de* R_2 *à une unité près* par excès, *etc.*, $a_1^n - a_2^n + a_3^n \ldots + (-1)^{p+1} a_p^n$ *sera dit la décomposition alternée de* N *en ses puissances* n^{mes} *minima.*

Je veus aujourd'hui présenter deus nouveaus modes de décomposition :

A. — *Soit* N *un nombre quelconque; si l'on a :* $N = A_1 + A_2 + A_3 + \ldots A_p$ *les* A *étant tous des nombres triangulaires tels que* A_1 *soit le plus grand triangulaire contenu dans* N, A_2 *le plus grand triangulaire contenu dans* $N - A_1$, A_3 *le plus grand triangulaire contenu dans* $N - A_1 - A_2$, *etc.*, N *sera dit décomposé en ses triangulaires maximum.*

Si j est le nombre des A contenus dans la décomposition de N, N sera dit d'indice triangulaire j.

Cela posé soit Y_m le plus petit nombre N qui a m pour indice triangulaire.

On a : $Y_m = \frac{1}{2} Y_{m-1}(Y_{m-1} + 3)$, come il est façile de le vérifier.

Tous les Y sont de la forme m.3 — 1.

$2Y_m - y_{m-1} + 1$ est toujours un caré parfait, celui du nombre $Y_{m-1} + 1$.

A partir de $Y_3 = 5$ compris, les Y sont terminés par 5 ou par 0.

On a : $2^{m-1}Y_m = (Y_1 + 3)(Y_2 + 3) \ldots (Y_{m-1} + 3)$.

Voici le tableau des huit premiers plus petits nombres d'indices : 1, 2, 3 ... 8 :

$Y_1 = 1$ .... $= 1$
$Y_2 = 2$ .... $= 1 + 1$
$Y_3 = 5$ .... $= 3 + 1 + 1$
$Y_4 = 20$ .... $= 15 + 3 + 1 + 1$
$Y_5 = 230$ .... $= 210 + 15 + 3 + 1 + 1$
$Y_6 = 26795$ .... $= 26565 + 210 + 15 + 3 + 1 + 1$
$Y_7 = 359026205$ .... $= 358999410 + 26565 + 210 + 15 + 3 + 1 + 1$
$Y_8 = 64449908476890320 =$ ....

B. — *Soit* N *un nombre quelconque, j'écris* $N = a_1 - R_1$, a_1 *étant le plus petit triangulaire supérieur à* N; *puis* $N = a_1 - a_2 + R_2$, a_2 *étant le plus petit triangulaire supérieur à* R_1; *puis* $N = a_1 - a_2 + a_3 - R_3$, a_3 *étant le plus petit triangulaire supérieur à* R_2 *et ainsi de suite, en arêtant la décomposition dès qu'un des* R *est triangulaire. Le nombre* N *sera ainsi décomposé en ses triangulaires alternés maximum.*

Cela posé si j est le nombre des a qui entrent dans la décomposition de N, j sera dit l'indice triangulaire alterné de N.

Il est intéressant de chercher les plus petits nombres N qui ont m pour indice triangulaire alterné.

Si y_m est le plus petit nombre qui a m pour indice triangulaire alterné, on voit facilement que l'on a la formule :

$$y_m - 1 = \frac{1}{2} y_{m-1}(y_{m-1} + 1)$$

qui montre que $y_m - 1$ est toujours un nombre triangulaire, que $2y_m + y_{m-1} - 1$ est toujours le caré de $y_{m-1} + 1$.

On a : $y_m + (-1)^m =$ mult. de 3.

Voici le tableau des huit premiers plus petits nombres triangulaires alternés d'indice : 1, 2, 3 ... 8.

$$
\begin{aligned}
y_1 &= 1 = 1\\
y_2 &= 2 = 3 - 1\\
y_3 &= 4 = 6 - 3 + 1\\
y_4 &= 11 = 15 - 6 + 3 - 1\\
y_5 &= 67 = 78 - 15 + 6 - 3 + 1\\
y_6 &= 2279 = 2346 - 78 + 15 - 6 + 3 - 1\\
y_7 &= 2598061 = 2600340 - 2346 + 78 - 15 + 6 - 3 + 1\\
y_8 &= 3374961778891 = \dots\dots\dots\dots\dots\dots
\end{aligned}
$$

M. Émile LEMOINE

Ancien élève de l'École Politecnique, à Paris.

COMPARAISON GÉOMÉTROGRAFIQUE DE DIVERSES CONSTRUCTIONS D'UN MÊME PROBLÈME (*).

(Adition au mémoire du Congrès de Boulogne, 1899)

— *Séance du 4 août* —

Depuis que le mémoire du Congrès de Boulogne (1899) est paru, M. Mannheim m'a doné deus constructions nouvèles pour la question, et je crois intéressant de les analiser également come les douze dont j'avais eu conaissance avant ces dernières.

Je rapèle qu'il s'agit d'une question (1431) posée dans l'*Intermédiaire des mathématiciens* (t. VI, 1899, p. 4) par M. *Phileter* (pseudonime) :

« Je demanderai à un lécteur de me donner la solution *géométrique élémentaire* du problème suivant, qui n'offre, d'ailleurs, aucune difficulté en employant le calcul ; une indication sommaire me suffira : *Construire un*

(*) Ce mémoire est écrit avec l'ortografie de la Société filologique française. (Voir Congrès de Boulogne-sur-Mer, 1899, comptes rendus de la 28e Session.)

triangle ABC *connaissant la base* BC = a, *la médiane* m *partant de* A *et la différence* δ *des angles* B *et* C (*) ».

(L). — *Première construction indiquée par* M. MANNHEIM.

Par l'une des extrémités A *(fig. 1)* d'un segment de droite AD, de longueur m, on mène une droite formant avec AD l'angle $\frac{\delta}{2}$; èle rencontre au point δ la perpendiculaire élevée au milieu de AD. Cète même perpendiculaire est coupée en δ′ par la perpendiculaire Aδ′ à Aδ. Des points δ et δ′

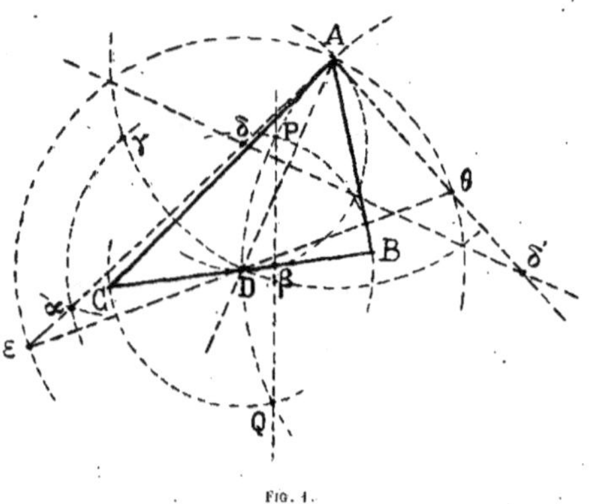

FIG. 1.

come centres on décrit les cercles passant en A et D. De D come centre on décrit le cercle de rayon $\frac{a}{2}$. La corde PQ comune à ce cercle et au cercle de centre δ′ coupe au point β le cercle de centre δ. Les points B et C où Dβ coupe le cercle de centre D sont les somets B et C du triangle cherché ABC.

(*) Nous avons dit, dans notre note du Congrès de Boulogne à laquèle nous renvoyons, que cète question avait été posée au concours général, en 1850. Ce renseignement nous venait d'un corespondant dont je ne puis retrouver le nom. M. Mannheim m'a écrit qu'il a constaté dans les N. A. que cète année là on n'avait, au concours général, proposé aucune construction de triangle; je serai reconaissant à la persone qui pourait, soit rectifier cète référence quant à l'année, soit me faire savoir qu'èle est éronée. E. LEMOINE (32, avenue du Maine).

Détails de la construction géométrografique de L.

Je rapèle qu'il n'y a sur l'épure, à l'origine, qu'une droite A_1A_2 de longueur a, un angle $V_1VV_2 = \delta$ et une droite M_1M_2 de longueur m. Je trace une droite (R_2) ; je prends M_1M_2 dans le compas $(2C_1)$ et je transporte cète longueur m en AD, sur la droite $(C_2 + C_3)$, en décrivant le cercle $A(m)$. Je trace la perpendiculaire au milieu de AD en décrivant $D(m)$ et traçant l'intersection des deus cercles $A(m)$, $D(m)$ $(2R_1 + R_2 + C_1 + C_3)$. Sur la donée, je trace le cercle $V(m)$ qui coupe VV_1 en V_1 et VV_2 en V_2 $(C_1 + C_3)$; à partir de D, sur le cercle $A(m)$, je prends l'arc $D\gamma = V_1V_2$ $(3C_1 + C_2)$; l'arc $D\gamma$ mesurerait un angle de somet A égal à δ. Je trace le cercle $\gamma(V_1V_2)$ $(C_1 + C_2)$ qui coupe en α le cercle $D(V_1V_2)$ que j'ai tracé pour placer γ. Je trace $A\alpha$ $(2R_1 + R_2)$; c'est la droite faisant avec AD un angle égal à $\frac{\delta}{2}$ et qui coupe en δ la perpendiculaire élevée au milieu de AD. Pour mener la perpendiculaire en A à $A\delta$, afin d'avoir le point δ', je joins le point E où $A\delta$ coupe $D(m)$, au point D $(2R + R_2)$ et le point θ, où ED coupe $D(m)$, au point A $(2R_1 + R_2)$. Cète droite $A\theta$ place δ' sur la perpendiculaire élevée au milieu de AD. Je trace $\delta(\delta D)$, $\delta'(\delta' D)$ $(4C_1 + 2C_3)$. Pour tracer le cercle $D\left(\frac{a}{2}\right)$, je divise, sur la donée A_1A_2, en deus parties égales $(2R_1 + R_2 + 2C_1 + 2C_3)$ au point ω, et je décris $D(\omega A_1)$ $(3C_1 + C_3)$. Je trace la corde comune PQ à $D(\omega A_1)$ et $\delta'(\delta' D)$ $(2R_1 + R_2)$; PQ coupe $\delta(\delta D)$ en β, je trace $D\beta$ $(2R_1 + R_2)$ qui coupe $D\left(\frac{a}{2}\right)$ en B et en C ; je trace enfin AB, AC $(4R_1 + 2R_2)$ et le triangle ABC est obtenu.

Je rapèle aussi qu'il a été convenu que, pour toutes les solutions examinées, je n'en tracerai qu'une quand il y en aura deus :

Op. : $(18R_1 + 10R_2 + 17C_1 + C_2 + 10C_3)$; simplicité : 56 ; exactitude : 36 ; 10 droites, 10 cercles.

L'équère n'aurait d'emploi que pour mener en A la perpendiculaire $A\theta$ à $A\alpha$, ce qui se ferait par $(2R'_1 + E + R_2)$ au lieu de $(4R_1 + 2R_2)$, dans l'espèce.

Le simbole avec l'équère serait donc :

Op. : $(14R_1 + 2R'_1 + E + 9R_2 + 17C_1 + C_2 + 10C_3)$; simplicité : 54 ; exactitude : 35 ; 3 droites, 10 cercles.

(M). — *Deuxième construction indiquée par* M. MANNHEIM.

Sur un segment de droite AD *(fig. 2)* de longueur m, on décrit un segment capable de l'angle δ ; il coupe aus points S, T le cercle de centre D et de rayon $\frac{a}{2}$. La droite ST rencontre AD au point R. La perpendiculaire menée au milieu de AR coupe en O le segment capable décrit. La droite

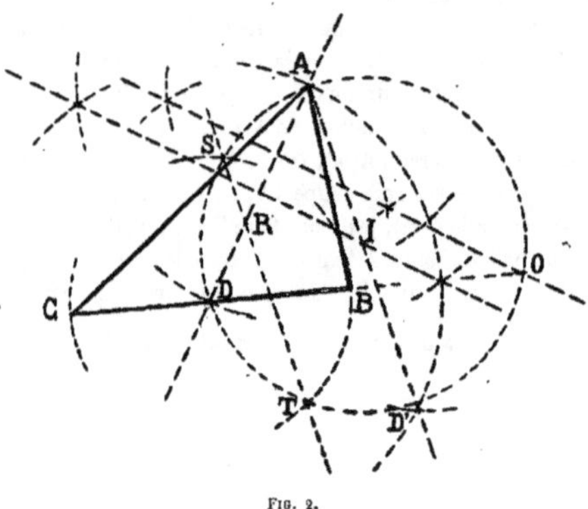

Fig. 2.

OD rencontre en B et C le cercle de centre D et de rayon $\frac{a}{2}$. ABC est le triangle demandé.

Détails de la construction géométrografique de M.

Je prends dans le compas, sur les donées, $M_1M_2 = m(2C_1)$ et je trace V(m) ($C_1 + C_3$) qui place α sur VV_1 et β sur VV_2.

Je place sur l'épure AD $= m$ ($R_2 + C_2 + C_3$) en traçant, du point arbitraire A d'une droite quelconque come centre, le cercle A(m) ; je trace D(m) ($C_1 + C_3$) et, pour tracer le segment capable de δ sur AD, je prends sur D(m), à partir de A, arc AD′ $=$ 2 arc $\alpha\beta$ ($4C_1 + 2C_3$) ; je trace AD′ ($2R_1 + R_2$), et, au moyen des deus cercles déjà tracés A(m), D(m), je trace la perpendiculaire au milieu de AD ($2R_1 + 2R_2$) ; èle coupe AD′ en I. Je trace I (ID) ($2C_1 + C_3$). C'est le segment cherché. Je trace le cercle D$\left(\frac{a}{2}\right)$ ($2R_1 + R_2 + 5C_1 + 3C_3$) qui coupe le segment en S et en T ; je trace ST ($2R_1 + R_2$) qui coupe AD en R. Je trace la perpendiculaire au milieu de AR ($2R_1 + R_2 + 2C_1 + 2C_3$) ; èle coupe en O le segment capable ; enfin je trace OD ($2R_1 + R_2$) qui coupe D$\left(\frac{a}{2}\right)$ en B et en C, et je trace AB, AC ($4R_1 + 2R_2$). ABC est le triangle cherché :

Op. : ($16R_1 + 9R_2 + 17C_1 + C_2 + 11C_3$) ; simplicité : 54 ; exactitude : 34 ; 9 droites, 11 cercles.

J'ai déjà dit que je ne traçais qu'une solution, c'est pour cela que je ne considère qu'un des points d'intersection du segment capable et de la droite.

L'équère n'a pas d'emploi dans ce tracé.

Pour rendre plus facile la comparaison finale de ces deus nouvèles solutions avec les anciènes, je done ici le tableau de tous les résultats anciens et nouveaus. Le premier nombre à gauche, dans chaque colone, est le coéficient de simplicité, le second celui d'exactitude, et les deus autres le nombre de droites et de cercles tracés.

Désignation des constructions.	Avec la règle et le compas seuls.			En admétant aussi l'équère.		
A	71	45	10,16	L'équère n'a pas d'emploi.		
B	86	57	13,16	65	45	11,9
C	80	51	13,16	60	41	12,7
D	48	32	6,10	42	28	6,8
E	54	35	8,11	45	29	8,8
F	50	32	8,10	47	30	8,9
G	53	34	10,9	51	33	9,9
H	63	41	8,14	L'équère n'a pas d'emploi.		
I	Je n'ai pu examiner de construction dérivant de la solution I, qui n'est pas sufisamment explicitée.					
J	113	73	14,26	105	70	14,21
K	102	65	12,25	97	63	12,22
K'	91	58	10,23	75	49	10,16
L nouvèle	56	36	10,10	54	35	9,10
M nouvèle	55	34	9,11	L'équère n'a pas d'emploi.		

M. Émile LEMOINE

Ancien Élève de l'École Politecnique, à Paris.

SUITE DE TÉORÈMES ET DE RÉSULTATS CONCERNANT LA GÉOMÉTRIE DU TRIANGLE [K 2 d]

— *Séance du 4 août.* —

Le mémoire que nous présentons ici n'est pas le dévelopement d'un sujet unique, c'est une série de téorèmes dont beaucoup sont indépendants de ceus qui les entourent, ou encore ce sont de simples résultats de calculs exécutés, mais qui ont pour lien comun l'intérêt qu'ils peuvent présenter dans l'étude de la géométrie du triangle.

Soit ABC le triangle de référence. Nous employons les coordonées normales trilinéaires; quand nous passerons aus coordonées cartésiènes CB sera l'axe des x, CA celui des y; o, o_a, o_b, o_c, O, seront les rayons des cercles tritangents et du cercle circonscrit, r, r_a, r_b, r_c, R leurs rayons; d, δ_a, δ_b, δ_c seront $4R + r$, $4R - r_a$, $4R - r_b$, $4R - r_c$; d, d_a, d_b, d_c seront les longueurs oO, o_aO, o_bO, o_cO; ω l'angle de Brocard; ω et ω' les points direct $\left(\frac{b}{c}, \frac{c}{a}, \frac{a}{b}\right)$ et rétrograde de Brocard; K, G, H seront le point de Lemoine, le baricentre, l'ortocentre.

Φ le point $\dfrac{a^2b^2 + a^2c^2 - b^2c^2}{a}$, etc.

A(ρ) ou A(MN) signifiera un cercle de centre A et de rayon ρ ou MN.

S sera la surface du triangle ABC.

A. — Divers téorèmes ausquels s'aplique la transformation continue

J'ai exposé la téorie de la *transformation continue* dans divers mémoires, entre autres dans celui que j'ai présenté au Congrès de Marseille à l'*AFAS* (1891) et, j'en ai depuis fréquemment fait des aplications; mais la métode a une tèle fécondité, est d'un usage si facile, èle a une tèle importance dans la géométrie du triangle que je veus en doner ici de nouveaus exemples. Jé me suis aperçu, depuis 1891, que les mêmes résultats pouraient s'obtenir avec la téorie des cicles et des semi-droites de Laguerre, seulement la transformation continue est plus imédiate, plus mécanique pour ainsi dire et semble faite exprès pour élargir les vues dans la géométrie du triangle.

1. — Soit un triangle ABC, M_a le point sur BC tel que la some des distances de M_a à C et à la droite CA égale la some des distances de M_a à B et à BA, M_b, M_c les points analogues sur CA et sur AB. Les trois droites AM_a, BM_b, CM_c concourent au point M : $\frac{2R}{a}+1, \frac{2R}{b}+1, \frac{2R}{c}+1$. Si au lieu du point M_a on considère le point M'_a tel que la diférence de ses distances à C et à CA, égale la diférence de ses distances à B et à BA, etc. AM'_a, BM'_b, CM'_c concourent au point M' : $\frac{2R}{a}-1$ $\frac{2R}{b}-1, \frac{2R}{c}-1$.

La droite MM' se confond avec la droite oG :

On a $\overline{MM'}^2 = \frac{4p^2R^2(p^2+5r^2-16Rr)}{(9R^2-p^2)^2}$, mais remarquant que si ν est le point de Nagel $\frac{p-a}{a}$, etc. on a $o\nu^2 = p^2+5r^2-16Rr$, on trouve :

$$MM' = \frac{2Rp.o\nu}{9R^2-p^2} = \frac{6Rp.oG}{9R^2-p^2}$$

on a: $$\frac{oM}{oM'} = \frac{3R-p}{3R+p}; \frac{\nu M}{\nu M'} = \frac{(3R-p)(2R+p)}{(3R+p)(2R-p)}$$

o et G sont conjugués armoniques par raport à M et à M' :

$$M\nu = \frac{3(p+2R).\ oG}{3R+p.}, M'\nu = \frac{3(p-2R).\ oG}{3R-p}.$$

Le milieu de MM' est le point $\frac{2p-3a}{a}$, etc.

En apliquant la transformation continue en A on trouve imédiatement les téorèmes corespondants pour les points :

$$M_A : \frac{2R}{a}-1, \frac{2R}{b}+1, \frac{2R}{c}+1$$

$$M'_A : \frac{2R}{a}+1, \frac{2R}{b}-1, \frac{2R}{c}-1$$

et les propriétés analogues à cèles des points M et M'.

Il y a aussi évidemment des points M_B, M'_B; M_C, M'_C.

2. — Les distances à la droite $\Sigma\, x(p-a)=o$ paralèle à l'axe antiortique, des points : 1° o ; 2° O ; 3° de Nagel ; 4° de Gergonne ; 5° de Lemoine ; 6° le baricentre ; 7° $p-a$, etc. ; 8° $\frac{1}{p-a}$, etc. ; 9° b^2-c^2, etc. (point qui apartient à l'axe antiortique et à la droite $\Sigma\, ax^2=o$) ; 10° $a\,(p-a)$, etc., sont respectivement : 1° : $+\frac{Rr}{d}$; 2° : $+\frac{R(R-r)}{d}$; 3° : $+\frac{p^2-12Rr+r^2}{2d}$;

$$4^\circ : +\frac{r(p^2+r\delta)}{2d\delta};\ 5^\circ : +\frac{2Rr^2\delta}{d(p^2-r\delta)};\ 6^\circ : +\frac{p^2-8Rr+r^2}{6d};$$

$$7^\circ : +\frac{Rp}{rd\delta}(p^2-2r\delta);\ 8^\circ : +\frac{3r^2R}{d(2R-r)};\ 9^\circ : -\frac{2Rr}{d};\ 10^\circ : +\frac{Rr\,(2R-r)}{d(R+r)}.$$

Le point $a(p-a)$, etc., est le pôle de l'axe antiortique par raport au cercle circonscrit.

La transformation continue multiplie ces résultats.

3. — Soient dans un triangle ABC A′, B′, C′ les pieds des bissectrices intérieures ; je prends sur B′C′ le point A_1 situé sur la paralèle à BC, menée par le milieu de la hauteur partant de A. La droite AA_1 est paralèle à la droite qui joint les pieds des bissectrices extérieures (axe antiortique).

Il y a 2 points B_1, C_1 analogues à A_1.

B_1C_1 a pour équation $\Sigma\,\frac{x}{b-c}=0$

La transformation continue done le téorème relatif aux bissectrices extérieures.

4. — La conique inscrite qui a même centre $\frac{(b^2-c^2)^2}{a}$, etc. que l'iperbole de Kiepert, a pour équation $\sum\sqrt{\frac{ax}{b^2-c^2}}=0.$

Le point de Gergonne de cète conique (qui est toujours une iperbole) est à l'infini dans la direction $\frac{b^2-c^2}{a}$, $\frac{c^2-a^2}{b}$, $\frac{a^2-b^2}{c}$ de l'axe ortique.

Les polaires du point de Lemoine par raport aus coniques inscrite et circonscrite de Steiner, sont l'axe ortique et sa paralèle

$$\sum ax\,(b^2+c^2)=0.$$

Les polaires de o par raport à ces deus coniques sont les droites

$\sum a(p-a)x = 0$ et $\sum a(b+c)x = 0$ qui ont $\frac{b-c}{a}$, etc., pour point à l'infini. La transformation continue donc les polaires de o_a, o_b, o_c.

Les polaires de H sont $\sum a^2x(\cos A - \cos B \cos C) = 0$ et

$$\sum a^2x \cos A = 0 \text{ ; point à l'infini : } \frac{b^2-c^2}{a} \cos A, \text{ etc.}$$

Les polaires de O sont $\sum \frac{a^2x}{\cos A} = 0$ et $\sum a^2x \cos (B-C) = 0$; point à l'infini : $\frac{b^2-c^2}{a} \cos A$, etc.

La polaire du point de Lemoine par raport à l'iperbole de Kiepert est la droite d'Euler.

5. — Si par le point M du plan d'un triangle ou même des paralèles aus trois côtés, chacune d'èles forme un triangle avec les deus autres côtés ; cela posé, si M est le point de Nagel $\frac{p-a}{a}$, etc. les périmètres de ces triangles sont proportionels à a, b, c.

Si M est le point $\frac{ab+ac-bc}{a}$, etc., ils sont proportionels à $\frac{1}{a}$, $\frac{1}{b}$, $\frac{1}{c}$,

Téorèmes analogues déduits par transformation continue.

Si M est le point $\frac{\cos A}{a^2}$, etc., ils sont proportionels à a^2, b^2, c^2.

Si M est le point de Lemoine, ils sont proportionels à b^2+c^2, c^2+a^2, a^2+b^2.

Si M est le baricentre, la some des carés de ces périmètres est minima.

Pour ces trois derniers téorèmes, la transformation continue les reproduit sans modifications.

Par le point de Gergonne $\frac{1}{a(p-a)}$ etc. d'un triangle ABC, je mène des paralèles à 2 côtés ; la some des segments de ces paralèles compris entre le point de Gergonne et ces deus côtés est constante et égale à $\frac{2p(2R+r)}{\delta}$.

La transformation continue done d'autres téorèmes analogues.

6. — Le cercle d'Apollonius corespondant à BC : $y^2 - z^2 - 2zx \cos B + 2xy \cos C = 0$, coupe l'axe antiortique au point P_a : $-2R + r + r_a$, $-R - r + r_b$, $-R - r + r_c$.

a) AP_a, BP_b, CP_c concourent au point P : $-R - r + r_a$, $-R - r + r_b$, $-R - r + r_c$ sur la droite $\sum (b+c) = 0$ paralèle à l'axe antiortique.

b) La some des distances de P aus trois côtés est égale à r.

c) Les points O, *o*, P sont en ligne droite.

d) La distance de P à l'axe antiortique est : $\frac{Rr}{d}$.

e) On a : $OP = \frac{R^2}{d}$, $oP = \frac{2Rr}{d}$ et en *grandeur et en signe* : $\frac{oP}{OP} = \frac{2r}{R}$.

Ces téorèmes se multiplient *imédiatement* par transformation continue. Ainsi en transformant en A on a :

Le cercle d'Apollonius corespondant au côté BC coupe la droite

$$-x+y+z=0 \text{ au point } P_{aa} : -2R-r-r_a,\ R-r_a-r_c,$$

$R-r_a-r_b$.

La même droite coupe le cercle d'Apollonius corespondant au côté CA au point P_{ba} : $-R+r_a-r$, $2R+r_a-r_c$, $R-r_a-r_b$; le cercle d'Apollonius corespondant au côté AB au point P_{ca} : $R+r_a-r$, $R-r_a-r_c$, $2R+r_a-r_b$.

a') Les trois droites AP_{aa}, BP_{ba}, CP_{ca} concourent au point P_α :

$$-R+r_a-r,\ R-r_a,-r_c,\ R-r_a-r_b.$$

Situé sur la droite $x(b+c)+y(a-c)+z(a-b)=0$, paralèle à $-x+y+z=0$.

b') La some des distances de P_α aus trois côtés est égale à r_a.

c') Les points O, o_a; P_α sont en ligne droite.

d') La distance de P_α à la droite $-x+y+z=0$ est $-\frac{Rr_a}{d_a}$.

e') On a $OP_\alpha = \frac{R^2}{d_a}$, $o_a P_\alpha = -\frac{2Rr_a}{d_a}$ et $\frac{o_a P_\alpha}{OP_\alpha} = -\frac{2r_a}{R}$.

En transformant ces *nouveaus* résultats en B et en C on aurait d'autres propositions (en A on reproduirait les premiers).

En transformant les *premiers* résultats en B et en C on aurait des résultats analogues à *a'*), *b'*), *c'*), etc., donant des points P_β, P_γ.

Les trois droites AP_α, BP_β, CP_γ se coupent au point π : $R-r_b-r_c$, $R-r_c-r_a$, $R-r_a-r_b$.

Propriété qu'on peut encore transformer, etc., etc.

Sans le fil de la transformation continue, il eut été impossible de *prévoir* ces résultats qui, avec èle ils s'obtiènent sur-le-champ et pour ainsi dire mécaniquement.

7. — On trouve (Mathesis 1886, p. 108), le téorème suivant dû à M. Casey.

Soient un triangle ABC; A', B', C' *les pieds des hauteurs*, H_a *le milieu de* AA'; ω_a *le centre du cercle inscrit à* AB'C'; $\omega_a H_a$ *passe par le point de contact du cercle d'Euler et du cercle inscrit à* ABC.

Il est évidemment probable à priori qu'il y a des téorèmes analogues où figurent, au lieu du centre inscrit dans AB'C' et du point de contact du cercle inscrit dans ABC et du cercle d'Euler les centres des cercles ex-inscrits dans AB'C' et les points de contact du cercle d'Euler et des cercles ex-inscrits dans ABC, mais il n'est pas comode de les deviner *d'une façon précise* d'autant plus que ABC et AB'C' sont *simétriquement* semblables ; il faudrait en tous cas les démontrer séparément. La transformation continue les énonce come mécaniquement et en est la démonstration. Soient ω_a, ω_{aa}, ω_{ab}, ω_{ac} les centres des cercles tritangents à AB'C' homologues respectivement aus cercles o, o_a, o_b, o_c de ABC; d, d_a, d_b, d_c les points de contact de o, o_a, o_b, o_c avec le cercle d'Euler.

Le téorème de M. Casey revient à dire que H_a, d, ω_a sont colinéaires.

En faisant la transformation continue en A de ce résultat, on trouve que H_a, d_a, ω_{aa} sont colinéaires.

En faisant la transformation continue en B du téorème de M. Casey on trouve que H_a, d_a, ω_{ab} sont colinéaires.

La transformation continue montre cela aussi vite, d'ailleurs, analitiquement que géométriquement, en éfet, les coordonées de H_a, ω_a, d sont respectivement 1, cos C, cos B ; 1 + cos B + cos C, cos A, cos A ; $\frac{p-a}{a}(b-c)^2$, $\frac{p-b}{b}(c-a)^2$, $\frac{p-c}{c}(a-b)^2$. Faisant la transformation continue en A on trouve : 1, cos C, cos B ; $-1+\cos B+\cos C$, cos A, cos A ; $-\frac{p}{a}(b-c)^2$, $\frac{p-c}{b}(a-c)^2$ $\frac{p-b}{c}(a-b)^2$ qui sont les coordonées de H_a, ω_{aa}, d_a. Faisant la transformation continue en B au lieu de la transformation en A, on trouve 1, cos C, cos B ;

$$-1-\cos B+\cos C, -\cos A, \cos A ;$$

$$\frac{p-c}{a}(b+c)^2, \quad \frac{p}{b}(c-a)^2, \quad \frac{p-a}{c}(a+b)^2$$

c'est-à-dire: H_a, ω_{ac}, d_b, etc.

Le téorème *complet* de M. Casey est donc celui-ci :

Les points H_a, ω_a, d ; H_a, ω_{aa}, d_a ; H_a, ω_{ab}, d_b ; H_a, ω_{ac}, d_c sont colinéaires.

8. — Soit un triangle ABC; je prends sur AC le point M_{ab} et sur AB le point M_{ac} tels que les distances de M_{ab} à BC et à CA soient respectivement égales aus distances de M_{ac} à AC et à BC.

J'ai sur BA et BC des points N_{bc}, N_{ba} et sur CA et CB des points P_{ca}, P_{cb} analogues : soient I_1 et I_2 les points de Jérabek $b, c, a; c, a, b$.

1° Les trois points M_{ac}, N_{ba}, P_{cb} sont sur la droite oI_1 et M_{ab}, N_{bc}, P_{ca} sur la droite oI_2.

2° Les trois droites $M_{ab}M_{ac}$, $N_{bc}N_{ba}$, $P_{ca}P_{cb}$, dont les équations sont : $x\,(a-b)(c-a)+y(a-b)^2+z(c-a)^2=0$, etc., sont respectivement paralèles à la direction $Oo_\cdot$.

Les coordonées des points M_{ab}, M_{ac}, etc., sont $a-c, o, a-b; a-b, a-c, o$; etc.

3° On a : $M_{ab}M_{ac}=\dfrac{4Sd}{a^2-bc}\cdot$

4° Les points M, N, P, où $M_{ab}M_{ac}$, $N_{bc}N_{ba}$, $P_{ca}P_{cb}$ coupent respectivement les côtés BC, CA, AB, se trouvent sur la droite $\Sigma\,\dfrac{x}{(b-c)^2}=0\cdot$

La transformation continue apliquée à ces téorèmes et à ces équations done *imédiatement* des résultats qu'il serait bien dificile de deviner sans èle et qu'il faudrait, en tous cas, démontrer à part.

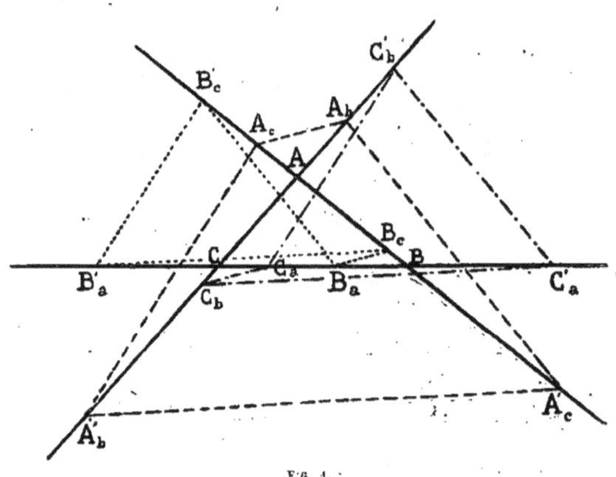

FIG. 1.

9. — M. Laisant a doné au congrès de Limoges (1890) le téorème suivant : *ABC étant un triangle, si nous portons sur les 2 côtés* BA, CA *à partir de* B *et de* C *et vers le somet* A, *des longueurs* BA_c, CA_b, *toutes deus égales au*

côté BC, *nous obtiendrons une droite* A_cA_b, *dont la direction sera indépendante du côté* BC *que nous aurons choisi pour éfectuer cète construction.*

Nous alons étudier ce téorème par la transformation continue et déveloper un peu cet exemple pour mètre en évidence la fécondité de la métode qui done, sans recherche, une moisson de résultats ausquels on n'aurait pas songé sans èle.

La direction A_cA_b est cèle de la perpendiculaire à Oo ou cèle de l'axe antiortique $x + y + z = 0$. Transformons en A *(fig. 1)* A_c devient A'_c, simétrique de A_c par raport à B, A_b devient A'_b, simétrique de A_b, par raport à C; O ne varie pas, o devient o_a, donc la direction de $A'_bA'_c$ est cèle de la perpendiculaire à Oo_a ou cèle de l'antibissectrice de A : $-x + y + z = 0$.

En transformant en B, on verrait que A_c devient A'_c, A_b reste A_b, donc $A_bA'_c$ a pour direction la perpendiculaire à Oo_b ou cèle de l'antibissectrice de B : $x - y + z = 0$.

De même, en transformant en C, on verra que $A_cA'_b$ a pour direction la perpendiculaire à Oo_c ou cèle de l'antibissectrice de C $x + y - z = 0$.

On a donc un quadrilatère $A_b\,A_c\,A'_b\,A'_c$ dont les côtés sont paralèles aus quatre droites $x \pm y \pm z = 0$.

En faisant les constructions analogues en partant des somets C et A au lieu de B et C, on obtiendrait un quadrilatère $B_cB_aB'_cB'_a$ qui aurait ses côtés paralèles à ceus du précédent. B_cB_a paralèle à A_bA_c; $B_cB'_a$ à $A'_bA'_c$; $B'_cB'_a$ à A'_bA_c; B'_cB_a à $A_bA'_c$; enfin, en opérant sur les somets A et B, un quadrilatère $C_aC_bC'_aC'_b$, tel que C_aC_b sera paralèle à A_bA_c; $C'_aC'_b$ à $A_bA'_c$; $C_aC'_b$ à A'_bA_c; C'_aC_b à $A'_bA'_c$.

En étudiant ces quadrilatères on trouve :

$$A_bA_c = \frac{ad}{R};\ A'_bA'_c = \frac{ad_a}{R};\ A'_bA_c = \frac{ad_b}{R};\ A_bA'_c = \frac{ad_c}{R}.$$

On aura de même:

$$B_cB_a = \frac{bd}{R};\ B'_cB'_a = \frac{bd_b}{R};\ B'_aB_c = \frac{bd_a}{R};\ B_aB'_c = \frac{bd_c}{R}.$$

$$C_aC_b = \frac{cd}{R};\ C'_aC'_b = \frac{cd_c}{R};\ C_aC_b = \frac{cd_a}{R};\ C_aC'_b = \frac{cd_b}{R}.$$

Ces quadrilatères sont intéressants, car, *sans être semblables*, ils ont leurs côtés paralèles et les côtés paralèles proportionels.

Les valeurs que nous vènons de doner permètent de calculer très simplement les distances entre deus quelconques des 6 pieds des bissectrices sur les côtés oposés; par exemple, si je veus calculer la distance entre le pied A_1 de la bissectrice extérieure de A sur BC et le pied C′ de la bissectrice intérieure de C sur AB, les 2 triangles semblables $C'BA_1$, $B_cBB'_a$ me doneront $\frac{A_1C'}{B'_aB_c} = \frac{A_1B}{B'_aB}$, d'où $A_1C' = \frac{abc\,d_a}{(a+c)(b-c)} = \frac{4Sd_a}{(a+c)(b-c)}$; de ce dernier résultat on en déduit d'ailleurs facilement d'autres par transformation continue; ainsi, si on le transforme en B, A_1 devient A′, pied de la bissectrice intérieure de A, C′ devient C_1 pied de la bissectrice extérieure de C et l'on a $A'C_1 = \frac{4S\,d_c}{(a+b)(b+c)}$.

Ainsi, $B'_cB'_a$ et $C'_bC'_a$ se coupent en un point λ_a,
$C'_bC'_a$ et $A'_cA'_b$ » » λ_b,
A'_cA_b et B'_cB_a » » λ_c.

Les trois droites $A\lambda_a$, $B\lambda_b$, $C\lambda_c$ concourent au point $\frac{b+c}{p-a}$ etc, l'axe d'omologie de ABC et de $\lambda_a\lambda_b\lambda_c$ est $\sum \frac{ax}{b+c} = 0$.

Ces résultats en donent d'ailleurs encore d'autres par transformation continue.

Soit M_a le point où se coupent $A_cA'_b$, A'_cA_b; AM_a coupe BC en α, on a de même les points β, γ. α, β, γ sont sur la droite $\sum \frac{x}{b^2-c^2} = 0$.

$A_bA'_c$, A'_bA_c, se coupent en M_a; AM_a, coupe BC en μ_a; μ_a, μ_b, μ_c sont sur la droite $\sum \frac{x}{b^2-c^2} = 0$.

A_bA_c, $A'_bA'_c$ se coupent en M'_a; AM'_a, BM'_b, CM_c se coupent au point b^2-c^2, c^2-a^2, a^2-b^2 sur l'axe antiortique et sur la droite $\sum a^2x = 0$, $M_aM'_a$, $M_bM'_b$, $M_cM'_c$ sont paralèles à la droite de Lemoine. Etc., etc.

10. — *a) Construction du point* $a^2(b-c)$, etc.

C'est l'intersection de la droite $\sum (b+c)\,x = 0$ et de la droite de Lemoine.

La transformation continue en A permet de construire les points $a^2(b-c)$, $-b^2(c+a)$, $c^2(a+b)$, etc.

b) Construction du point $a(p-a)$, etc.

Il est sur la droite qui joint le pôle A′ d'un côté par raport au cercle circonscrit au pied de la bissectrice sur ce côté.

On construit de même les transformés continus $-ap$, $b(p-c)$, $c(p-b)$, etc., du point $a(p-a)$, etc.

11. — *a*) La droite de Wallace, paralèle à la droite de Lemoine, est la droite de Wallace du point de Tarry.

La droite de Wallace (ou de Simson) paralèle à l'axe antiortique est la droite de Wallace du point : $\frac{1}{2R - r - r_a}$, etc. On en déduit par transformation continue en A : la droite de Wallace paralèle à la droite $-x + y + z = o$ est la droite de Wallace du point

$$-\frac{1}{2R + r + r_a}, \quad \frac{1}{2R + r_a - r_c}, \quad \frac{1}{2R + r_a - r_b}.$$

b) Si l'on diminue de $\frac{p^2}{\delta}$ les distances du point $(p - a)$, $(p - b)$, $(p - c)$ aus trois côtés, les diférences $-\frac{ap}{\delta}$, $-\frac{bp}{\delta}$, $-\frac{cp}{\delta}$ sont proportionèles aus trois cotés. Si par les points ainsi obtenus sur les perpendiculaires aus côtés, on mène des paralèles aus côtés corespondants, on obtient un triangle dont le centre d'omotétie avec ABC est le point de Lemoine de ABC.

La transformation continue en A done la propriété analogue du point p, $p - c$, $p - b$ transformé continu de $p - a$, $p - b$, $p - c$.

c) Soit M un point du plan d'un triangle; je mène par M des paralèles aus trois côtés.

La paralèle à BC coupe AC en A_c. AB en A_b,

» CA » BA en B_a, BC en B_c,

» AB » CB en C_b, CA en C_a.

Cela posé, pour le point : $\frac{1}{a^2}, \frac{1}{b^2}, \frac{1}{c^2}$, on a :

1° $$\frac{MA_b.MA_c}{a^3} = \frac{MB_c.MB_a}{b^3} = \frac{MC_a.MC_b}{c^3} = \frac{abc}{(bc + ca + ab)^2};$$

2° $$MB_a.MC_a = MC_b.MA_b = MA_c.MB_c = \frac{a^2b^2c^2}{(bc + ca + ab)^2};$$

3° Pour le point $\frac{-bc + ca + ab}{a^2}$, etc., la some des produits $MB_a.MC_a + MC_b.MA_b + MA_c.MB_c$ est maximum et a pour valeur :

$$\frac{a^2b^2c^2}{16pRS - (p^2 - r\delta)^2 - 4S^2} = \frac{a^2b^2c^2}{(\sqrt{b}.\sqrt{c} + \sqrt{c}.\sqrt{a} + \sqrt{a}\sqrt{b})\,\Pi\,(-\sqrt{b}.\sqrt{c} + \sqrt{c}.\sqrt{a} + \sqrt{a}.\sqrt{b})}$$

La transformation continue apliquée à ces téorèmes en done de nouveaus.

d) Si M, M′, M″ sont les trois points colinéaires a^2, b^2, c^2 ; $a^2 - bc$, etc., et le baricentre on a :

$$\frac{M'M}{MM''} = \frac{6Rr}{p^2 - r\delta}.$$

La transformation continue done les téorèmes corélatifs concernant les points a^2, b^2, c^2; $-(a^2 - bc)$, $b^2 + ac$, $c^2 + ab$ et le baricentre.

La tangente comune au cercle inscrit et au cercle d'Euler (des 9 points) touche la conique inscrite de Steiner au point dont les coordonées normales absolues sont $\frac{S}{p^2 - 2r\delta} \frac{(b-c)^2}{a}$, etc.

La transformation continue done les téorèmes corélatifs se raportant aus cercles ex-inscrits.

e) Le centre radical de 3 cercles $A(b-c)$, $B(c-a)$, $C(a-b)$ décrits de A, B, C come centres avec $b-c$, $c-a$, $a-b$ come rayons, est le point de Nagel $\frac{p-a}{a}$, etc.

La transformation continue en A montre que l'axe radical des trois cercles $A(b-c)$, $B(c+a)$, $C(a+b)$ est le point $\frac{p}{a}$, $\frac{p-c}{b}$, $\frac{p-b}{c}$.

f) Si la médiane AL d'un triangle rencontre en α la droite qui joint les points C′ et B′ de contact du cercle inscrit sur AB et sur AC, on a :

$$\frac{C'\alpha}{\alpha B'} = \frac{b}{c}.$$

Si la simédiane AL_1 d'un triangle rencontre en α' cète ligne B′C′, on a :

$$\frac{C'\alpha'}{\alpha' B'} = \frac{c}{b}.$$

En apliquant la transformation continue en A, en B et en C à ces deus téorèmes, on a imédiatement, en grandeur et en signe, les raports dans lesquels les médianes et les simédianes divisent les côtés corespondants des triangles dont les somets sont les points de contact des cercles ex-inscrits avec les côtés.

g) La droite $\sum ax(b-c)\cos A$, qui passe par l'ortocentre et par le point $\frac{b+c}{a^2}$, etc., où èle coupe l'iperbole de Kiepert, est tèle que si λ, μ, ν sont les distances d'un de ses points aus hauteurs ; on a $\lambda + \mu + \nu = 0$.

Le point à l'infini sur cète droite est $1 - \cos B - \cos C$, etc. ou

$r_a + r - 2R$, etc. on a des téorèmes analogues déduits par transformation continue.

h) Le triangle pédal du centre du cercle inscrit au triangle ABC a pour point de Lemoine le point de Gergonne de ABC, pour ortocentre le point $\frac{b+c}{p-a}$, etc., pour centre de gravité le point $\delta + r_a$, $\delta + r_b$, $\delta + r_c$.

La transformation continue multiplie ces résultats.

B. — Quelques propriétés des iperboles Γ_a, Γ_b, Γ_c.

Nous avons doné dans nos précédents mémoires présentés à divers congrès de l'AFAS, de nombreuses propriétés des coniques Γ_a, Γ_b, Γ_c, iperboles équilatères circonscrites qui se rencontrent si souvent dans la géométrie du triangle qu'èles sont peut-être le triple de coniques circonscrites, le plus important. En voici quelques nouvèles propriétés :

Nous rapelons que Γ_a est la courbe inverse de la médiatrice de BC, Γ_b, etc., et que Γ_a a pour centre le milieu de BC, et qu'èle a pour équation :

$$\frac{b^2-c^2}{x} + \frac{ab}{y} - \frac{ac}{z} = 0.$$

a) Γ_a coupe en A_1 la paralèle menée par A à BC ; Γ_b done de même le point B_1, etc. Les trois points A_1, B_1, C_1 sont sur la droite $\sum a^3x(b^2+c^2) = 0$, paralèle à la direction $a(b^2-c^2)$, etc, de la droite de Lemoine.

b) Γ_a est aussi le lieu des points M tels que $\widehat{MBC} = \widehat{MCB}$.

c) Èle coupe le cercle circonscrit à l'extrémité du diamètre passant par A.

d) L'axe transverse de Γ_a (on supose $B > C$) fait avec BC un angle $\widehat{DLB}$ de $45^\circ - \frac{B-C}{2}$. L est le milieu de BC, centre de Γ_a, D le point où l'axe transverse coupe BA. $\widehat{LDB} = 45^\circ + \frac{A}{2}$.

5. — Γ_a coupe $a^2x^2 - bcyz = 0$ (élipse omotétique à l'élipse de Steiner passant au baricentre) suivant une droite D_a. Avec Γ_b et la courbe $b^2y^2 - acxz = 0$, on a une droite D_b, etc.

Les trois droites D_a, D_b, D_c se coupent au point Φ : $\frac{a^2b^2+a^2c^2-b^2c^2}{a}$, etc., D_a passe par l'associé en A $-\frac{1}{a}$, $\frac{1}{b}$, $\frac{1}{c}$ du centre de gravité, et par le pied, sur BC, de la simédiane.

6. — Γ_a et l'ellipse tangente à AC en C et à AB en B et passant au point de Lemoine, se coupent suivant une droite D'_a. Les trois droites D'_a, D'_b, D'_c se coupent au point a^3, b^3, c^3. D'_a passe aussi au pied de la simédiane sur BC.

7. — Γ_a coupe l'ellipse circonscrite de Steiner en V_a; V_a, V_b, V_c concourent au point $\frac{1}{a^3}$, etc.

8. — Le $\frac{1}{2}$ axe transverse (B > C) de Γ_a est $\frac{1}{2}\sqrt{(b^2 - c^2)\sin A}$.

9. — La tangente à l'ortocentre est paralèle à la droite qui joint le point A au point $\frac{1}{\cos A - \cos B \cos C}$, etc.

10. — Γ_a coupe l'élipse circonscrite de Steiner au point E_a, $\frac{1}{a(b^2 - c^2)}$, $\frac{1}{b^3}$, $\frac{1}{c_3}$; les trois droites AE_a, BE_b, CE_c concourant au point D : $\frac{1}{a^3}$, etc., si souvent rencontré.

C. — Sur quelques cubiques liées au triangle.

a) Si M est un point de la cubique $\sum x(y^2 - z^2)\cos A = 0$ qui est sa propre inverse, on a : $\widehat{MAC} + \widehat{MBA} + \widehat{MCB} = \widehat{MAB} + \widehat{MBC} + \widehat{MCA}$.

La cubique passe par les points A, B, C, O, o, o_a, o_b, o_c, H et coupe BC, CA, AB aux mêmes points que AO, BO, CO.

b) M est un point de coordonées normales x, y, z ; AM, BM, CM coupent BC, CA, AB en A', B', C'; A_1, B_1, C_1 sont les milieus des hauteurs. Si A_1A', B_1B', C_1C' concourent en N, le lieu de M est la cubique

$$\sum yz(b^2y\cos C - c^2z\cos B) = 0 \quad \text{et le lieu de N, la cubique}$$

$$\sum ayz(by - cz) = 0.$$

c) Soit M_1 un point du plan du triangle ABC.

Apelons M_a, M_b, M_c les simétriques de M par raport à BC, CA, AB.

Si M_1 décrit la cubique :

$$(1) \qquad \sum x(y^2 - z^2)(\cos A - 2\cos B\cos C) = 0,$$

les trois droites AM_a, BM_b, CM_c concoureront en M′ qui décrira la cubique :

$$(2) \qquad \sum ayz(cy \cos C \sin 3B - bz \cos B \sin 3C) = 0.$$

Si un point M décrit la cubique :

$$(3) \qquad \sum x(y^2 - z^2)(\cos A - \cos B \cos C) = 0,$$

et que μ_a, μ_b, μ_c soient les projections de M sur BC, CA, AB, les trois droites $A\mu_a$, $B\mu_b$, $C\mu_c$ concourront en M″ dont le lieu sera la cubique :

$$(4) \qquad \sum yz(b^2y \cos C - c^2z \cos B) = 0.$$

Les cubiques (1) et (3) sont à èles-mêmes leur propre inverse.

Les cubiques (1) et (3) ont pour points comuns l'ortocentre, le centre du cercle circonscrit, les trois somets et les quatre centres des cercles tritangents à ABC.

La cubique (3) est aussi le lieu des points M tels qu'il y a une conique circonscrite à ABC et qui a AM, BM, CM pour normales en A, B, C.

Èle passe par le point J : cos A — cos B cos C, etc., qui est le simétrique de l'ortocentre H par raport au centre O du cercle circonscrit.

Èle a O pour centre.

Èle touche en A la droite qui joint A à l'inverse de J.

La tangente en o est $\sum ax(p-a)^2(b-c) = 0$.

Par transformation continue en A, on voit *imédiatement* que la tangente en o_a est : $axp^2(b-c) + by(p-c)^2(c+a) - cz(p-b)^2(a+b) = 0$.

Èle touche en O la droite Oo.

Èle touche en H la droite $\sum x \cos^2 A (b^2 - c^2)bc = 0$ qui passe au point : $\dfrac{\text{tang } A}{\cos A}$, etc.

D. — Quelques remarques a propos des Angles de Steiner et des Cercles de Neuberg.

a) La some des angles de Steiner ω_1, ω_2 *et de l'angle* ω *de Brocard égale* 90°, *c'est-à-dire* que $\omega_1 + \omega_2 + \omega = 90°$.

C'est une remarquable relation puisqu'èle a lieu entre les angles eusmêmes ; èle avait passé inaperçue, quoiqu'èle soit implicitement contenue dans le mémoire que MM. Neuberg et Gob ont présenté au Congrès de

Paris, à l'AFAS, en 1889. En èfet, pour calculer les valeurs de cotg ω_1 et de cotg ω_2 en fonction de ω, ces géomètres ont écrit les équations $2\omega_1 = 90° - \omega - \lambda$, $2\omega_1 = 90° - \omega + \lambda$, λ désignant un certain angle qu'ils considéraient. En ajoutant, on trouve imédiatement $\omega_1 + \omega_2 + \omega = 90°$. Il est donc impossible de passer plus près de ce résultat, d'autant plus qu'il se voit aussi sur la figure tracée dans le mémoire ; ils ne l'ont point observé, probablement, parce que le but du calcul était de trouver une expression de cotg ω_1 et de cotg ω_2, et que, de plus, on cherche rarement une relation directe entre trois angles.

b) Soit ABC un triangle, N_a, N_b, N_c les centres des cercles de Neuberg, les tangentes en A, B. C à N_a, N_b, N_c se coupent au point de Steiner.

c) BA et CA coupent N_a en A'_b, A'_c ; CB et AB coupent N_b en B'_c, B'_a ; AC et BC coupent N_c en C'_a, C'_b. Les droites A'_bA_c, $B'_cB'_a$, $C'_aC'_b$ sont paralèles à la droite de Lemoine de ABC.

d) Les coordonées de N_a sont : $-\cos\omega$, $\cos(C + \omega)$, $\cos(B + \omega)$; si par N_a, N_b, N_c on mène des paralèles respectivement à BC, CA, AB, on a un triangle A'B'C' qui a le point de Lemoine pour centre d'omotétie avec ABC, le raport d'omotétie $\frac{B'C'}{BC} = \cot g^2 \omega - 1$.

e) Si BC reste fixe et que A décrive le cercle N_a, l'envelope de $A'_bA'_c$ est une élipse et le point de Lemoine décrit une paralèle à BC.

f) L'angle x sous lequel on voit, de deus somets d'un triangle, le cercle de Neuberg corespondant au côté qui contient ces deus somets est doné par $\cos\frac{x}{2} = 2\sin\omega$.

E. — Divers Résultats concernant des Coniques remarquables.

a) Si M' et M'' sont deus points inverses x, y, z ; $\frac{1}{x}, \frac{1}{y}, \frac{1}{z}$, que AM', BM', CM' coupent BC, CA, AB en A', B', C' et que AM'', BM'', CM'' coupent BC, CA, AB en A'', B'', C'', les six points A', B', C', A'', B'', C'' sont sur la conique $xyz\sum X^2 - \sum YZx(y^2 + z^2) = 0$.

b) La parabole circonscrite P_a dont la corde BC intercepte sur la courbe l'aire minima $\frac{4S}{3}$ a pour équation : $\frac{4yz}{a} + \frac{zx}{b} + \frac{xy}{c} = 0$.

c) L'iperbole équilatère circonscrite dont la tangente en A est paralèle à BC a pour équation $-\frac{a}{x}+\frac{c\cos A}{y}+\frac{b\cos A}{z}=0$.

d) La parabole $\sum \frac{x^2}{a^2(b^4-c^4)}=0$ touche la droite de Lemoine au point $a(b^4-c^4)$ où cète droite coupe la droite de de Longchamps $\sum a^3x=0$.

e) La conique $\sum \frac{a}{x\cos^2 A}=0$ circonscrite à ABC coupe les hauteurs en A', B', C'; en ces points les hauteurs sont normales à la conique.

Les coordonées de A' sont : $-\frac{\cos^2 B\cos^2 C}{\cos^2 A}$, cos C, cos B.

C'est une iperbole, une parabole ou une élipse suivant que $(\cos A-\cos B\cos C)(\cos B-\cos C\cos A)(\cos C-\cos A\cos B)$ est négatif, nul ou positif.

f) La conique circonscrite qui a CA pour normale en C et BC pour normale en B a pour équation :

(1) $$yz\cos C+zx+xy\cos B\cos C=0.$$

La conique circonscrite qui a CB pour normale en C et AB pour normale en B a pour équation :

(2) $$yz\cos B+zx\cos B\cos C+xy=0.$$

(1) et (2) se coupent au point A_1 : $\frac{\operatorname{cotg} A}{a}$, etc.

La conique circonscrite E_a dont l'un des axes est BC a pour équation $\frac{1}{x}+\frac{\cos C}{y}+\frac{\cos B}{z}=0$; E_b, E_c se coupent en M_a, AM_a, BM_b, CM_c se coupant au point $\cos A-\cos B\cos C$, etc.

L'autre axe de E_a est $\frac{2S}{\sqrt{bc\cos B\cos C}}$.

La tangente en A est la droite $y\cos B+z\cos C=0$, conjuguée armonique de la hauteur par raport à AC et AB.

g) Si une parabole variable est circonscrite à un triangle ABC, les points de Frégier des somets décrivent des coniques.

Le point de Frégier en A de la conique $\frac{L}{x}+\frac{M}{y}+\frac{N}{z}=0$ est :

$$L\cos A,\ N-M\cos A,\ M-N\cos A.$$

Le point de Frégier en un point d'une iperbole équilatère est à l'infini ; on peut énoncer ainsi ce téorème :

Soient P et Q deus points d'une iperbole équilatère, le cercle décrit sur PQ comme diamètre coupe la courbe en P' et Q'. La droite P'Q' est un diamètre et les normales à la courbe en P' et en Q' sont paralèles à PQ.

Le lieu des points de Frégier du point C des coniques circonscrites à ABC et qui passent par le point x_1, y_1, z_1 est la droite :

$$x \cos C\,(y_1 \cos C + x_1)\,z_1 + y \cos C\,(y_1 + x_1 \cos C)\,z_1 + zx_1 y_2 \sin^2 C = 0.$$

h) Si par un point de la conique inscrite de Steiner, on mène des paralèles aux trois côtés d'un triangle ABC, èles divisent le triangle en trois triangles et en trois paralélégrames. La some des surfaces des trois triangles égale la some des surfaces des trois paralélégrames.

i) Le centre de l'iperbole de Kiepert est sur l'élipse inscrite de Steiner.

La tangente en ce point à l'élipse de Steiner est : $\sum \frac{ax}{b^2 - c^2} = 0.$

La tangente en ce même point au cercle d'Euler est $\sum ax \frac{b^2 + c^2}{b^2 - c^2} = 0.$

Le pied de la quatrième normale abaissée du centre du cercle circonscrit sur l'élipse de Steiner est le point diamétralement oposé au centre de l'iperbole de Kiepert.

De la remarque que le centre de l'iperbole de Kiepert est sur la conique inscrite de Steiner on peut tirer une construction géométrique simple de ce point; en éfet come ce cèntre est aussi sur le cercle d'Euler, il sufit de trouver le quatrième point comun à l'élipse de Steiner et au cercle d'Euler qui ont trois points conus, savoir les milieus L, M, N des trois côtés de ABC. L'élipse de Steiner passe aussi sur les milieus g_b, g_c des droites qui joignent B et C au baricentre. On aplique la construction que j'ai donée (Congrès de Caen 1894 construction V) pour trouver le quatrième point comun à un cercle LMN et à une conique LMN g_b g_c et qui est la plus simple que je conaisse, la voici :

Je trace g_c L qui coupe le cercle LMN en I, par I je mène la paralèle à BC qui coupe le cercle en K, je trace Kg_b qui coupe le cercle LMN au point cherché.

F. — Varia

1. — A propos d'une question que j'ai posée, il y a quelques années, dans le *Progreso matematico* et daus laquèle je demandais, entre autres choses, de démontrer que l'ortocentre ne pouvait jamais être sur le cercle de Brocard, M. Ripert me comunique un téorème que je tiens à signaler

parce qu'il domine la solution dans les sujets analogues à celui qui faisait l'objet de ma question.

Apelons Z un point déterminé du plan de ABC, nous suposons que Z est un point unique tel que G, H, K, O, etc., ou acouplé tel qu'un point de Brocard, mais à l'exclusion des points d'un triple tel que les trois *associés* d'un point ou les centres des cercles de Neuberg, etc. Soit en outre une courbe continue $\sum$ quelconque dont l'équation est simétrique par raport aus trois coordonées.

Si le point Z ne peut être sur la courbe $\sum$ pour aucun triangle isocèle il ne peut s'y trouver pour aucun autre triangle.

Considérons en éfet tous les triangles pour lesquels Z serait sur la courbe $\sum$ corespondante ; nous pouvons suposer BC constant, il est visible qu'à tout triangle ABC satisfaisant à la question, corespond un triangle BCA′ simétrique de BCA par raport à la médiatrice de BC.

Le lieu des points (Z, Z′) de ces triangles sera une certaine courbe simétrique par raport à cète médiatrice qui la coupera toujours puisque Z étant par ipotèse unique ou acouplé il y a toujours au moins un triangle isocèle (le triangle équilatéral) qui satisfait à la question, etc.

2. — Soient A′ et A″ les points où la simédiane et la droite de Lemoine rencontrent BC; B′ et B″; C′ et C″ les points analogues sur CA et sur AB. Les trois circonférences qui ont pour diamètres A′A″, B′B″, C′C″ se coupent en deus points τ tels que les côtés du triangle podaire de τ sont inversement proportionels aus côtés de ABC.

3. — Si x_a, x_b, x_c, X sont les distances de A, B, C et du point de Gergonne du triangle ABC à une droite quelconque, on a :

$$X = \frac{x_a r_a + x_b r_b + x_c r_c}{\delta}.$$

4. — Construction du point a tg A, etc.

Il est sur la droite qui joint le pôle A′ d'un côté par raport au cercle circonscrit, au pied de la hauteur de ce côté.

5. — Si l, m, n, sont les côtés du triangle podaire du point M, on a :

$$16RS^4 + R\sum l^4b^2c^2 - 2S\sum a\cos A(l^2b^2c^2 + 4R^2m^2n^2) = 0.$$

Cela se déduit ainsi :

Si X, Y, Y sont les distances de M aux somets de ABC, on sait que l'on a :

$$(1) \qquad a^2b^2c^2 + \sum a^2X^4 - 2\sum bc \cos A(a^2X^2 + Y^2Z^2) = 0,$$

d'autre part on a :

$$(2) \qquad \frac{X}{l} = \frac{2R}{a}, \qquad \frac{Y}{m} = \frac{2R}{b}, \qquad \frac{Z}{n} = \frac{2R}{c}$$

après substitution dans (1) des valeurs de X, Y, Z tirées des équations (2) on arive à la relation cherchée.

Aplication. *Trouver la longueur* x *des côtés des triangles podaires équilatéraux.*

On trouve : $$x = 2S\sqrt{\frac{(p^2 - r\delta) \pm 2S\sqrt{3}}{(p^2 - r\delta)^2 - (2S\sqrt{3})^2}}$$

ou $$x'^2 = \frac{4S^2}{(p^2 - r\delta) + 2S\sqrt{3}} \quad \text{et} \quad x''^2 = \frac{4S^2}{(p^2 - r\delta) - 2S\sqrt{3}}$$

On peut remarquer qu'on en déduit $\dfrac{1}{x'^2} + \dfrac{1}{x''^2} = \dfrac{\operatorname{cotg} \omega.}{S}$

6. — Soit ABC un triangle $A_1\ B_1\ C_1$ le triangle podaire du point M (x, y, z). On prend sur B_1C_1 le point A_2 tel que $\dfrac{\overline{BA_1}}{\overline{A_1C}} = \dfrac{\overline{B_1A_2}}{\overline{A_2C_1}}$ et de même les points B_2, C_2 sur C_1A_1, A_1B_1.

1° A_1A_2, B_1B_2, C_1C_2 concourent au point N dont les coordonées sont $\dfrac{by + bz}{a}$, etc.

2° La droite MN passe toujours par le baricentre, son équation est $\sum a\xi(by - cz) = 0$.

On retrouve ainsi une série de téorèmes concernant les points remarquables particuliers, ainsi

Si M est 1° Le point Φ; 2° $\dfrac{1}{a^2}$, etc.; 3° le point de Steiner; 4° le point de Nagel; 5° le centre du cercle inscrit, etc.; N est 1° Le point $\dfrac{1}{a^3}$, etc.; 2° $a(b^2 + c^2)$, etc., milieu de $\omega\omega'$; 3° le centre de l'iperbole de Kiepert;

4° le centre du cercle inscrit; 5° le centre de gravité du périmètre, etc. La droite MN est 1° $\sum a^3x(b^2 - c^2) = 0$; 2° $\sum ax(b^4 - c^4)$;

$$3° \sum a(b^2 - c^2)^2 = 0 ; \ 4° \text{ et } 5° \ oG.$$

7. — ω et ω' étant les points de Brocard, $A\omega$ et $A\omega'$ coupent le cercle circonscrit en deus points A_ω, $A_{\omega'}$ on a de même B_ω, $B_{\omega'}$; $C_{\omega'}$, C_ω. Le triangle formé par les trois droites $A_\omega A_{\omega'}$, etc., a pour centre d'homotétie avec le triangle ABC le point a^3,b^3,c^3.

8. — Soient un triangle ABC, une droite Δ qui coupe les côtés BC, CA, AB en A′, B′, C′ et une conique circonscrite K. Soit μ un point de Δ, $A\mu$, $B\mu$, $C\mu$ coupant la conique en α, β, γ. Les droites $A'\alpha$, $B'\beta$, $C'\gamma$ concourent en un point M de K. Ce téorème a une certaine importance dans la géométrie du triangle parce qu'il est une mine abondante de téorèmes sur les points, les coniques et les droites remarquables. Il sufit d'en particulariser les douées.

9. — Soit un point M dont les coordonées normales sont x, y, z, P_a la projection de M sur BC, Q_a la projection de M sur la hauteur partant de A. Il y a de même les points P_b, Q_b ; P_c, Q_c. On sait (Mathesis 1900, p. 152 Sporer) que P_aQ_a, P_bQ_b, P_cQ_c concourent en un point N. Cela posé, les coordonées de N sont $ax[x(-x \cos A + y \cos B + z \cos C) + yz]$, etc.

Si M est le centre du cercle inscrit ou d'un cercle ex-inscrit, N est l'inverse du point de Nagel ou d'un de ses transformés continus. Si M est le baricentre, N est le point $\frac{1}{a}(3a^2 - b^2 - c^2)$, etc.

10. — Soit un triangle ABC. Toujours du côté oposé au somet du triangle ou toujours du même côté que lui, je construis des triangles isocèles semblables BA_1C, CB_1A, AC_1B dont l'angle à la base est $\varphi < 90$ et des triangles isocèles semblables BA'_1C, CB'_1A, AC'_1B dont l'angle à la base est $90 - \varphi$. On sait que AA′, BB′, CC′ concourent en N et que AA'_1, BB'_1, CC'_1 concourent en N_1, deus points apartenant à l'iperbole de Kiepert. La droite NN_1 passe au centre du cercle circonscrit.

11. — Soient ω l'angle de Brocard et φ l'angle de Boutin tel que

$$\operatorname{tg}\varphi = \operatorname{tg} A + \operatorname{tg} B + \operatorname{tg} C$$

d'un triangle et D la distance de l'ortocentre au centre du cercle circonscrit, on a :

$$\operatorname{cotg} \omega - \operatorname{cotg} \varphi = \frac{2R^2}{S} ; \quad \operatorname{cotg} \omega . \operatorname{tg} \varphi = \frac{a^2 + b^2 + c^2}{8R^2 \cos A \cos B \cos C}$$

$$= \frac{p^2 - r\delta}{p^2 - (2R + r)^2} \quad \text{et} \quad \operatorname{cotg}\varphi = \frac{R^2 - D^2}{4S}$$

Les demi-axes de l'élipse circonscrite qui a pour centre le centre du cercle circonscrit (Voir Congrès de Bordeaux, 1895) sont $\frac{R \pm D}{2}$, expression beaucoup plus simple que cèle que nous y avons donée. On sait (Brocard, Congrès d'Alger, 1881) que si les droites qui joignent les points de Brocard ω, ω' aus somets coupent les côtés oposés en α, β, γ; α', β', γ' les deus triangles $\alpha\beta\gamma$, $\alpha'\beta'\gamma'$ ont même surface $\frac{2S \sin^2 \omega}{1 + \cos^2 \omega + 2 \cos A \cos B \cos C}$ remarquons qu'il vaut mieus la représenter ainsi $\frac{2a^2b^2c^2S}{(b^2 + c^2)(c^2 + a^2)(a^2 + b^2)}$.

12. — L'angle de Lemoine θ', c'est-à-dire l'angle de Brocard du faisceau des simédianes (Voir J. E., 1883, p. 214) est doné par la formule

$$\operatorname{cotg} \theta' = \frac{48S^2 + m^4}{8m^2S} \text{ où } m^2 = a^2 + b^2 + c^2.$$

13. — Si l'on prend le point A' où l'axe ortique coupe BC et que l'on joigne A' au baricentre, tout point M de cète droite jouit de la propriété suivante : Si par M je mène des paralèles à AB et à AC les milieus β et γ des parties de ces paralèles comprises entre les deus autres côtés sont sur une perpendiculaire à BC.

14. — Soit un triangle ABC ; une droite $Lx + My + Nz = 0$ coupe les trois côtés BC, CA, AB en L, M, N. On sait que les trois cercles AMN, BNL, CLM se coupent en un point P du cercle circonscrit à ABC.

Si R_a, R_b, R_c sont les rayons des cercles circonscrits aus triangles AMN, BNL, CLM on a : $aR_a + bR_b + cR_c = 0$.

15. — Le lieu des points M du plan d'un triangle ABC tels qu'en les projetant en A', B', C' sur les côtés BC, CA, AB on ait A'B' = C'A', est le cercle d'Apollonius $y^2 - z^2 - 2zx \cos B + 2xy \cos C = 0$. Come ce cercle coupe le cercle circonscrit au même point A_1 que la simédiane partant de A, on voit que la droite de Wallace (ou de Simson) corespondant à A_1 est partagée en son milieu par la droite BC.

La droite de Wallace du point de Tarry est paralèle à la droite de Lemoine.

16. — Soient ABC un triangle et x, y, z, des quantités que je supose représenter les coordonées normales d'un point M du plan de ABC.

Les cercles A (ρx), B (ρy), C (ρz) si ρ varie ont leur centre radical décrivant la droite $\sum aX[x^2(b^2 - c^2) - b^2y^2 + c^2z^2] = 0$ qui passe, naturèlement, toujours en O. Si M est le point $(p - a)$, etc., la droite est Oo.

Si M est le baricentre ou le point Φ, c'est la droite KO.

Si M est le point de Lemoine, c'est la droite d'Euler.

17. — Si l'on a $bc = a(b \pm c)$, ou si une hauteur égale la some ou la diférence des deus autres, les points de Brocard et le point $a^{\frac{1}{3}}$, etc., sont sur la conique inscrite de Steiner, alors on a : $h_a = h_b \pm h_c$.

18. — Dans un triangle ABC si l'angle de Brocard égale B — C ou C — B, on a: $b^4 = c^2(a^2 + b^2)$ ou $c^4 = b^2(a^2 + c^2)$.

S'il est égal à $\frac{1}{2}$(B — C) ou à $\frac{1}{2}$(C — B) on a: $\frac{a^2}{b^2} = \frac{b - c}{c}$ ou $\frac{a^2}{c^2} = \frac{c - b}{b}$.

19. — Si l'on mène par le point Φ, des paralèles aus trois côtés, les périmètres des trois triangles que chacune de ses paralèles fait avec les deus autres côtés sont proportionels à $\frac{1}{a^2}, \frac{1}{b^2}, \frac{1}{c^2}$.

Si l'on a $a^2b^2 = c^2(a^2 + b^2)$ le point Φ (voir Congrès de Carthage 1896) est sur la símédiane partant de C; si l'on a $ab = c(a + b)$, il est sur la bissectrice partant de C et $h_c = h_a + h_b$; si $ab = \pm c(a - b)$, il est sur la bissectrice extérieure et $h_c = \pm (h_a - h_b)$.

20. — L'iperbole circonscrite qui contient les points de Brocard coupe l'iperbole de Kiepert au point $\frac{1}{a(b^2 + c^2)}$, etc. inverse du milieu de la distance des points de Brocard, son centre est le point $\left(\frac{a^2 - bc}{a}\right)^2$, etc.

21. — Si l'on décrit les trois circonférences A(ρ), B(ρ), C(ρ), puis les cercles de centres A, B, C et respectivement ortogonaus à C(ρ), A(ρ), B(ρ), ces trois cercles ont le même centre radical quel que soit ρ. Il en est de même des trois circonférences de centres, A, B, C et respectivement ortogonales à B(ρ), C(ρ), A(ρ).

22. — Soient A'B'C' le triangle ortique de ABC, A'', B'', C'' les projections de A, de B et de C sur B'C', C'A', A'B'; les trois droites A'A'', B'B'', C'C'' concourent au point : cos A (cos² B + cos² C), etc.

23. — Lorsque trois droites concourantes partant des somets d'un triangle ABC, coupent les côtés oposés en A_1, B_1, C_1 et que les longueurs AA_1, BB_1, CC' sont désignés par l, m, n, les trois simétriques de ces droites par raport aux hauteurs avec lesquèles èles ont une extrémité comune, concourront également si l'on a

$$\sum (b^2 - c^2)(a^2l^2 + m^2n^2) = 0.$$

24. — M. Maurice d'Ocagne a signalé que si l'on prend sur les hauteurs les points A', B', C' aus $\frac{2}{3}$ de ces hauteurs à partir de A, B, C, le cercle

circonscrit à A'B'C' passe à l'ortocentre et que ce triangle est inversement semblable à ABC, Cela posé si l'on apèle D la distance du centre du cercle circonscrit à l'ortocentre, on trouve que le raport de similitude est :

$$\frac{BC}{C'B'} = \frac{3R}{D}.$$

L'équation de ce cercle est $2\sum ax^2 \cos A - \sum ayz = 0$.

Les coordonées normales absolues du centre de cète circonférence sont $\frac{4S}{3a} - R \cos A$, etc.

Les perpendiculaires abaissées de A, B, C sur B'C', C'A', A'B', concourent au point $\frac{1}{\cos A - 4 \cos B \cos C}$, etc.

25. — Si H_j est le point $\cos A - \cos B \cos C$, etc., simétrique de H pour raport à O on a :

$$a^2 - \overline{AH}_j^2 = b^2 - \overline{BH}_j^2 = c^2 - \overline{CH}_j^2 = 16 R^2 \cos A \cos B \cos C$$
$$= 4 [p^2 - (2R + r)^2].$$

Ces relations sont à remarquer parce qu'èles donent une expression assez simple de la distance du point H_j aus trois somets et que ces distances pour les points remarquables sont le plus souvent compliquées.

26. — Le cercle conjugué ne peut être tangent au cercle de Brocard que si l'on a $\sum \frac{(b^4 + c^4 - a^4)^2}{b^2 + c^2 - a^2} = 0$. Cète condition équivaut à :

$$1 - 16 \cos^2 A \cos^2 B \cos^2 C = \left(\frac{b^2 - c^2}{a^2}\right)^2 \left(\frac{c^2 - a^2}{b^2}\right)^2 \left(\frac{a^2 - b^2}{c^2}\right)^2.$$

Il y a éfectivement des triangles ABC qui répondent à cète condition, par exemple les triangles où l'on a : $b = c$, et $\frac{b}{a} = \sqrt{\frac{-1 + \sqrt{3}}{2}}$.

On trouve facilement la condition de contact en exprimant que l'axe radical $\sum ax (b^4 + c^4 - a^4) = 0$ du cercle conjugué et du cercle de Brocard est tangent à ce dernier.

27. — Si M est un point du cercle conjugué à un triangle, les polaires de M par raport aus trois cercles décrits sur les côtés come diamètres sont concourantes.

28. — La ligne d'Euler est paralèle ou perpendiculaire à la bissectrice de l'angle A suivant que l'on a $A = 120°$ ou $A = 60$.

29. — OK n'est jamais paralèle à une bissectrice intérieure mais il l'est à la bissectrice extérieure de A si ABC est un triangle moyen en A ($a^2 = bc$).

30. — Si le triangle ABC est moyen en A, c'est-à-dire si $a^2 = bc$, la droite qui joint le point A au point de Steiner passe par l'intersection de la médiane partant de B et de simédiane partant de C et par le point d'intersection de la médiane partant de C et de la simédiane partant de B.

G. — Formules d'identités.

Dans la géomètrie du triangle les formules d'identité, surtout cèles qui ont lieu entre les côtés et les angles dans un membre et R, p, r, etc. dans l'autre, ont une tèle importance, que très souvent arêté d'abord par la longueur de certains calculs lors des premiers temps de la géométrie du triangle, j'ai été amené à en calculer beaucoup et à en doner des séries dans divers mémoires, par ex. : (AFAS, Congrès de Toulouse (1887), d'Oran (1888), de Limoges (1890), de Marseille (1891), de Pau (1892), et surtout dans le mémoire : *Étude sur une nouvèle transformation* paru dans Mathesis (1891), lequel en contient plusieurs centaines. Come le nombre de ces identités est évidemment infini, les géomètres qui n'ont pas pratiqué personèlement la géométrie du triangle pouraient croire à l'inutilité de tels détails, mais ils n'ont qu'à se proposer de trouver sans leur secours certaines questions qui se résolvent *finalement* par un résultat simple et ils seront vite éclairés. Je citerai, au hasard, parmi èles, l'évaluation de la distance OJ des points O et J $\frac{1}{p-a}$, etc., qui est : $oO \cdot \frac{2R+r}{2R-r}$, ou cèle de la distance IJ (I étant le point $(p-a)$, etc.) donée par $\overline{IJ}^2 = \frac{4R^4}{\delta^2 d^4}[p^2 d(2R+5r) - r\delta^3]$. Quant à moi, ces formules et la transformation continue me servent *constamment* pour tous mes mémoires relatifs à la géométrie du triangle et je crois utile d'ajouter encore ici un certain nombre de ces formules, qui toutes ont été rencontrées dans mes calculs, une ou plusieurs fois.

1. $\sum a(b+c)\cos A = \frac{r}{R}\left[p^2 + (2R+r)\delta\right]$.

Transformé en A : $-a(b+c) + b(a-c)\cos B + c(a-b)\cos C$

$$= \frac{r_a}{R}\left[\delta_a(r_a - 2R) - (p-a)^2\right].$$

2. $\sum a^2(br_c + cr_b) = 2S[p^2 + (2R + r)\delta]$.

Transformé en A : $a^2(br_b + cr_c) - b^2(cr + ar_b) - c^2(br + ar_c)$
$= 2S[\delta_a(r_a - 2R) - (p-a)^2]$

3. $br_c + cr_b = \dfrac{S}{2rr_a}\left[a(b+c) - (b-c)^2\right]$.

Transformé en A : $br_b + cr_c = \dfrac{S}{2rr_a}\left[a(b+c) + (b-c)^2\right]$.

Transformé en B : $br_a + cr = \dfrac{S}{2r_br_c}\left[a(b-c) + (b+c)^2\right]$.

4. $\sum a(p-a)^2 \cos A = \dfrac{2S}{R}(2R^2 - 2Rr - r^2)$.

Transformé en A : $ap^2 \cos A + b(p-c)^2 \cos B + c(p-b)^2 \cos C$
$= \dfrac{2S}{R}\left[2R^2 + 2Rr_a - r_a^2\right]$.

5. $\delta = \dfrac{ap + r_a^2}{r_a} = r_a + a \operatorname{tg} \dfrac{A}{2}$.

Transformé en A : $\delta_a = \dfrac{a(p-a) - r^2}{r} = -r + a \operatorname{cotg} \dfrac{A}{2}$.

6. $r_a + r_b = \dfrac{pc}{r_c}$.

Transformé en A : $-r + r_c = \dfrac{(p-a)c}{r_b}$;

Transformé en B : $r_c - r = \dfrac{c(p-b)}{r_a}$; en C : $r_a + r_b = \dfrac{(p-c)c}{r}$.

7. $\sum a^6 = 2(p^2 - r\delta)^3 - 24p^2r^2(p^2 - r\delta) + 48p^2R^2r^2$.

Transformé en A donc : $\sum a^6 = 2\left[(p-a)^2 + r_a\delta_a\right]^3$
$- 24(p-a)^2r_a^2\left[(p-a)^2 + r_a\delta_a\right] + 48(p-a)^2R^2r_a^2$.

8. $\sum bcr_a^2 = r\left[\delta^3 - p^2(8R - r)\right]$.

Transformé en A : $-bcr^2 + car_c^2 + abr_b^2 = r_a\left[(p-a)^2(8R + r_a) - \delta_a^3\right]$

9. $\sum b^2c^2r_a = r\left[p^4 - 2p^2r(2R - r) + r\delta^3\right]$.

Transformé en A : $b^2c^2r_a - c^2a^2r_a - a^2b^2r_c$
$= r_a\left[(p-a)^4 + 2(p-a)^2r_a(2R + r_a) - r_a\delta_a^3\right]$.

10. $\sum \frac{r_a^2 \cos A}{a} = \frac{1}{4pR}\left[p^2(16R + r) - \delta^3\right].$

Transformé en A : $\frac{r^2 \cos A}{a} + \frac{r_c^2 \cos B}{b} + \frac{r_b^2 \cos C}{c}$

$= \frac{1}{4(p-a)R}\left[\delta_a^3 - (p-a)^2(16R - r_a)\right].$

11. $\sum \frac{a(r^2 + r_a^2)}{r_a - r} = 2p(2R + r).$

Transformé en A : $-\frac{a(r_a^2 + r^2)}{r_a - r} + \frac{b(r_a^2 + r_c^2)}{r_a + r_c} + \frac{c(r_a^2 + r_b^2)}{r_a + r_b}$

$= 2(p-a)(2R - r_a).$

12. $\sum a r_b^2 r_c^2 \cos A = \frac{2p^3 r}{R}\left[2R^2 - 2Rr - r^2\right].$

Transformé en A : $a r_b^2 r_c^2 \cos A + b r^2 r_b^2 \cos B + c r^2 r_c^2 \cos C$

$= \frac{2(p-a)^3 r_a}{R}\left[2R^2 + 2Rr_a - r_a^2\right].$

13. $\sum bc \cos^2 A = \frac{1}{R}\left[p^2(R - 2r) + Rr\delta\right].$

Transformé en A : $-bc \cos^2 A + ca \cos^2 B + ab \cos^2 C$

$= \frac{1}{R}\left[Rr_a\delta_a - (p-a)^2(R + 2r_a)\right].$

14. $\sum a \cos^2 A = \frac{p}{2R^2}\left[2(2R + r)(R + r) + r^2 - p^2\right].$

Transformé en A : $-a \cos^2 A + b \cos^2 B + c \cos^2 C$

$= \frac{p-a}{2R^2}\left[2(2R - r_a)(R - r_a) + r_a^2 - (p-a)^2\right].$

15. $\sum a^4 \cos A = \frac{r}{R}\left[5p^4 - 2p^2(8R^2 + 15Rr + 5r^2) + r\delta^2(2R + r)\right].$

Transformé en A : $-a^4 \cos A + b^4 \cos B + c^4 \cos C$

$= \frac{r_a}{R}\left[5(p-a)^4 - 2(p-a)^2(8R^2 - 15Rr_a + 5r_a^2) - r_a\delta_a^2(2R - r_a)\right].$

16. $\sum r_a \cos A = \frac{1}{R}(p^2 - R\delta).$

Transformé en A : $-r \cos A + r_c \cos B + r_b \cos C$

$= \frac{1}{R}\left[(p-a)^2 - R\delta_a\right]$

17. $\sum (b-c)(3a-2p)\cos A = \frac{p}{2Rr}(b-c)(c-a)(a-b)$.

Transformé en A : $-(b-c)(2a+b+c)\cos A$
$+(c+a)(-2b-a+c)\cos B-(a+b)(-2c-a+b)\cos C$
$=\frac{p-a}{2Rr_a}(b-c)(c+a)(a+b)$.

18. $\sum \frac{(b^2-c^2)^2}{a} = \frac{2p(R-2r)}{R}\left[p^2+r(2R+r)\right]$.

Transformé en A : $-\frac{(b^2-c^2)^2}{a}+\frac{(c^2-a^2)^2}{b}+\frac{(a^2-b^2)^2}{c}$
$=\frac{2(p-a)(R+2r_a)}{R}\left[(p-a)^2-r_a(2R-r_a)\right]$.

19. $\sum bc = p^2+r\delta$.
Transformé en A : $-bc+ac+ab=-(p-a)^2+r_a\delta_a$.

20. $a^2+b^2\cos C+c^2\cos B=2ap-bc(\cos B+\cos C)$.
Transformé en A : $a^2-b^2\cos C-c^2\cos B=bc(\cos B+\cos C)$
$-2a(p-a)$.
Transformé en B : $a^2-b^2\cos C+c^2\cos B=2a(p-b)$
$+bc(\cos B-\cos C)$.

21. $a\delta+br_c+cr_b=ar_c+b\delta+cr_a=ar_b+br_a+c\delta=2p(2R+r)$.
Transformé en A : $-a\delta_a+br_b+cr_c=-ar_b+b\delta_a-cr$
$=-ar_c-br+c\delta_a=2(p-a)(2R-r_a)$.

22. $a(b+c)=(r+r_a)(r_b+r_c)$.
se reproduit en A, mais en B donc : $a(b-c)=(r_a-r)(r_b-r_c)$.

Sa transformation continue ne modifie pas les formules suivantes :

23. $bc=rr_a+r_br_c$.

24. $a^2=(r_a-r)(r_b+r_c)$.

25. $r_br_c-rr_a=bc\cos A$.

26. $a^2-4bc\cos B\cos C=\left(\frac{b^2-c^2}{a}\right)^2$.

27. $\sum \frac{b^2+c^2}{bc}\cos A=3$.

28. $b^3\cos C+c^3\cos B-a^3=4RS(\cos A-2\cos B\cos C)$.

29. $3a^2b^2c^2 + \sum a^6 - \sum a^4(b^2 + c^2) = 16\ S^2D^2$
$= 16S^2(9R^2 - a^2 + b^2 + c^2) = 16\ R^2S^2(1 - 8 \cos A \cos B \cos C)$.
D étant la distance OH.

Enfin, remarquons, quoique n'ayant pas de raport avec la transformation continue, l'identité : $(b^2 + c^2 - a^2)(y^2 + z^2 - x^2) - (by + cz - ax)^2 = (bz - cy)^2 - (cx - az)^2 - (ay - bx)^2$ analogue à l'identité conue : $\sum a^2 \times \sum x^2 - \left(\sum ax\right)^2 = \sum (bz - cy)^2$.

E. — Quelques propriétés de Maximum et de Minimum.

a). — Soit un triangle ABC ; M un point de son plan ; A′, B′, C′ les points où AM, BM, CM coupent BC, CA, AB.

$\sum\left(b.\overline{A'B}^2 + c.\overline{A'C}^2\right)$ sera minimum et égal à $\dfrac{8RS[p^2 - r(R + r)]}{p^2 + r(2R + r)}$, si M est le centre du cercle inscrit.

$\sum\left(b.\overline{A'C}^2 + c.\overline{A'B}^2\right)$ sera minimum si M est le réciproque $\dfrac{1}{a^2}, \dfrac{1}{b^2}, \dfrac{1}{c^2}$ du centre du cercle inscrit.

Cela se démontre par des calculs assez courts en faisant voir que, sur BC pour le premier, le point A′ pour lequel $b.\overline{A'B}^2 + c.\overline{A'C}^2$ est minimum est le pied de la bissectrice de A, et pour le second que $b.\overline{A'C}^2 + c.\overline{A'B}^2$ est minimum, si A′ est l'isotomique du pied de la bissectrice, c'est-à-dire le point simétrique de ce pied par raport au milieu de BC.

b). — Soit L un point de la base BC d'un triangle ABC ; soient λ_b, λ_c les projections de L sur AC et sur AB. Si le point L est tel que $\overline{L\lambda_b}^2 + \overline{L\lambda_c}^2 + \overline{\lambda_b\lambda_c}^2$ soit minimum, la perpendiculaire à BC menée en L passe par le point de Lemoine.

c). — L'antiparalèle à BC menée par M coupe CA en B_a, AB en C_a
» CA » AB en C_b, BC en A_b
» AB » BC en A_c, CA en B_c

$\overline{B_aC_a}^2 + \overline{C_bA_b}^2 + \overline{A_cB_b}^2$ est mimimum et égal à $\dfrac{16R^2S^2}{(p^2 - r\delta)^2 - 8S^2}$ pour le point : $a\,(3a^2 - b^2 - c^2)$, etc., apartenant à la droite qui joint le point de Lemoine au centre du cercle circonscrit.

d). 1. — Soit M un point du plan d'un triangle ABC, par M je mène des paralèles aux trois côtés dont j'apèle l, m, n les longueurs comprises entre les côtés.

Le point Δ pour lequel on a $\sum \overline{AM}^2 + \sum l^2$ minimum a pour coordonées $\frac{1}{a(-a^2+3b^2+3c^2)}$, etc.

Si l'on remarque que le point général de l'iperbole de Kiepert est $\frac{1}{a(-\lambda a^2+b^2+c^2)}$, etc., on voit que Δ apartient à l'iperbole de Kiepert, et on déduit cète construction du point Δ : ω étant l'angle de Brocard, on trace l'angle φ tel que $\cot \varphi = \frac{1}{2} \cot \omega$; on forme les triangles isocèles BCA', CAB', ABC' (il sufit d'en tracer deus) qui ont φ pour angle à la base ($\cot \varphi = A'CB$) etc., AA', BB', CC' se coupent en Δ.

2. — Le lieu du point tel que $\sum \overline{MA}^2 = \sum l^2$, est l'iperbole équilatère $\sum \frac{b^2+c^2-a^2}{xa} = 0$ qui passe au point de Steiner, a même direction d'axes que la conique de Steiner. Èle a pour centre le point :

$$\frac{1}{a}(a^2 - bc \cos A)(a^2 - 3bc \cos A), \text{ etc.}$$

e). 1. — Soit P un point du plan d'un triangle ABC qui se projète en A',B',C' sur BC, CA, AB, je désigne par $[x]$, $[y]$, $[z]$ les projections de PA', PB', PC' sur une direction Δ.

On a $[x]+[y]+[z]=0$ pour la direction dont le point à l'infini est $bz-cy$, $cx-az$, $ay-bx$.

On a : $[-x]+[y]+[z]=0$ pour la direction :

$$bz - cy,\ -(cx+az),\ ay+bx.$$

Si P est le point de Lemoine, $[x]+[y]+[z]$ est nul sur une direction quelconque Δ.

Si P est l'un des associés du point de Lemoine, celui dont les coordonées sont : $-a$, b, c par exemple, on a : $[-x]+[y]+[z]=0$ pour une direction quelconque.

$[x]+[y]+[z]$ est maximum pour la direction $-x+y\cos C+z\cos B$, etc., perpendiculaire à $bz-cy$, etc.

2. — Si j'apèle l, m, n les projections sur BC, CA, AB d'une longueur ρ donée en grandeur et en direction, $l+m+n$ est nul, si ρ a la direction Oo ; maximum et égal à $\frac{\rho . oO}{R}$ pour la direction de l'axe antiortique $x+y+z=0$, perpendiculaire à Oo.

$-l+m+n$ est nul si ρ a la direction Oo_a, maximum et égal à $\frac{\rho . o_a O}{R}$ pour la direction de l'interbissectrice correspondante à A

$$-x+y+z=0, \text{ perpendiculaire à } Oo_a.$$

$-l^2+m^2+n^2$ est maximum et minimum pour ρ dirigée ainsi : M est le point du cercle circonscrit $\frac{a}{b^2-c^2}$, etc., on joint M à un somet quelconque A; ce sont les bissectrices de l'angle que fait AM avec BC qui donent les directions du maximum et du minimum.

3. — Si l'on porte sur chaque côté une longueur proportionèle au carré de ce côté, la direction pour laquèle la somme des projections de ces longueurs sur cette direction est maximum ou nule est, pour le premier cas, la direction de la droite dont, le point à l'infini est $\frac{b-c}{a}$, etc. ; c'est la direction de $\sum a^2 x=0$; pour le second cas c'est la direction perpendiculaire, soit la direction $a^2 - b^2 \cos C - c^2 \cos B$, etc.

f). 1. — Lorsque l'on veut spécifier analitiquement ou construire deus directions remarquables perpendiculaires l'une à l'autre, come, par exemple, lorsque que l'on recherche la direction des axes de la plupart des coniques remarquables, inscrites ou circonscrites à un triangle, on trouve analitiquement des expressions compliquées de radicaus et, géométriquement, des constructions souvent complexes; cète circonstance s'explique parfaitement par la nature des choses, mais il n'est pas impossible de trouver une interprétation élégante des résultats. Èle est, le plus souvent, donée analitiquement et géométriquement par le téorème suivant :

Soit M un point du cercle circonscrit à un triangle ABC, je joins M à un somet quelconque du triangle, A par exemple; les bissectrices des angles que la direction AM fait avec la direction BC ont une direction constante, quel que soit le somet choisi.

Il suit de là qu'au point M corespondent deus directions perpendiculaires l'une à l'autre, bien déterminées, et réciproquement, de sorte qu'à chaque direction de deus droites remarquables associées par la perpendicularité, corespond un point remarquable M qui détermine leur direction. Nous alons énoncer quelques téorèmes qui feront ressortir l'avantage de ces considérations, et nous emploierons, dans le sens que nous venons de définir, l'expression de : point M corespondant à tèles directions et réciproquement.

Pour toute conique circonscrite à ABC, les directions des axes ont évidemment ponr point M, le quatrième point d'intersection de la conique et du cercle circonscrit.

2. — En apelant [m] ou [MN] la projection de m ou de MN sur une direction Δ, on demande de déterminer la direction Δ tèle que $[BC]^2 + [CA]^2 + [AB]^2$ soit maximum ou minimum. Voici le résumé du calcul. Soit α l'angle que la direction cherchée fait avec BC, il faut rendre

$$a^2 \cos^2\alpha + b^2 \cos^2(\alpha - C) + c^2 \cos^2(\alpha + B)$$

maximum ou minimum, on en déduit :

$$\text{tg } 2\alpha = \frac{b^2 \sin 2C - c^2 \sin 2B}{a^2 - b^2 \cos 2C + c^2 \cos 2B} = \frac{b^2c^2(b^2 - c^2)}{4S(m^2R^2 - b^2c^2)}.$$

On voit que si je mène par A une paralèle à la direction que détermine cète valeur de 2α, paralèle coupant BC en A′, et le cercle circonscrit en M, les bissectrices des angles que BC fait avec AM auront les directions cherchées.

De la valeur de tg 2α, je déduis que le coéficient angulaire de cète direction est $\frac{b(b^2 - c^2)}{a(a^2 - b^2)}$.

Le point à l'infini est donc : $\frac{b^2 - c^2}{a}$, $\frac{a^2 - b^2}{b}$, $\frac{c^2 - a^2}{c}$; la droite paralèle menée par A est donc: $\frac{y}{z} = \frac{c(a^2 - b^2)}{b(c^2 - a^2)}$, d'où enfin le point M sur le cercle circonscrit est $\frac{1}{a(b^2 - c^2)}$, $\frac{1}{b(c^2 - a^2)}$, $\frac{1}{c(a^2 - b^2)}$, point de Steiner.

Ces directions sont cèles des axes des coniques inscrites ou circonscrites de Steiner. C'est aussi là un moyen de les construire.

3. — Si l'on cherche la direction des axes des élipses de Cesàro $x^2 + y^2 + z^2 =$ constante (x, y, z désignant ici les coordonées normales absolues), on trouve le point $\frac{a}{b^2 - c^2}$, etc., pour le point M, qui détermine leur direction de la façon que nous avons indiquée, et cela done un moyen simple de tracer ces directions.

4. — P est un point du plan d'un triangle que je projète en A′, B′, C′ sur les côtés. Déterminer la direction Δ pour laquèle $[PA']^2 + [PB']^2 + [PC']^2$ est maximum ou minimum. On trouve que (PA′, PB′ PC′ étant come à l'ordinaire désignés par x, y, z) les directions Δ corespondent au point M du cercle circonscrit qui a pour coordonées $\frac{a}{x^2(b^2 - c^2) + a^2(y^2 - z^2)}$, etc.

Si P est par exemple K, o, G, on voit que le point M est respectivement le point de Steiner, le point $\frac{a}{b^2 - c^2}$, etc., le point $\frac{a}{(b^2 - c^2)(a^4 - b^2c^2)}$, etc., enfin on a ce curieus téorème d'invariance :

Si P *est le point* : $+\sqrt{a \cos A}, +\sqrt{b \cos B}, +\sqrt{c \cos C}$ *ou l'un de ses associés,* $[\sqrt{a \cos A}]^2 + (\sqrt{b \cos B}]^2 + [\sqrt{c \cos C}]^2$ *est constant quèle que soit la direction* Δ.

Pour le point $+\sqrt{a \cos A}, +\sqrt{b \cos B}, +\sqrt{c \cos C}$, cète constante est : $\frac{4S^3}{R[\Sigma a\sqrt{a \cos A}]^2}$; pour le point $-\sqrt{a \cos A}, +\sqrt{b \cos B}, +\sqrt{c \cos C}$ èle est égale à $\frac{4S^3}{R[-a\sqrt{a \cos A} + b\sqrt{b \cos B} + c\sqrt{c \cos C}]^2}$.

A cète invariance ne corespondent de points réels que si le triangle ABC est acutangle.

Conaissant le point M (l, m, n) *du cercle circonscrit, trouver le lieu des points* P.

Le lieu de P est, d'après l'énoncé même de la question

$$\frac{m}{\left(\frac{b}{y^2(c^2 - a^2) + b^2(z^2 - x^2)}\right)} = \frac{n}{\left(\frac{c}{z^2(a^2 - b^2) + c^2(x^2 - y^2)}\right)}, \text{ ou}$$

(1) $bcx^2(mb + nc) - cy^2(nbc + mc^2 - ma^2) - bz^2(mbc + nb^2 - an^2) = 0$, qu'on aurait sous deus autres formes, si l'on avait employé les coordonées n et l ou l et m du point M.

(1) est une conique qui passe toujours aux points

$$\frac{x^2}{a \cos A} = \frac{y^2}{b \cos B} = \frac{z^2}{c \cos C}.$$

Si l'on particularise le point M, la conique (1) reprend une *forme* simétrique ; par exemple, si M est le point de Steiner, c'est-à-dire si $\frac{m}{n} = \frac{c(a^2 - b^2)}{b(c^2 - a^2)}$. Le lieu (1) de P devient $\Sigma x^2 \frac{b^2 - c^2}{a^2} = 0$.

Cète propriété d'invariance, come, d'ailleurs, les autres propriétés de ce paragrafe relatives aus projections, se conservent quand au lieu de trois droites on en prend un plus grand nombre. Ainsi, si l'on a n droites dans le plan, il existe toujours quatre points P tels que A', B', C', D', étant les pieds des perpendiculaires abaissées de P sur ces droites, on a $[PA']^2 + [PB']^2 + [PC']^2 + [PD']^2 + \ldots =$ constante, quèle que soit la direction Δ.

5. — $l.\,[BC] + m.\,[CA] + n.\,[AB]$ est maximum et minimum si M est

le point du cercle circonscrit $\frac{1}{b-c}$, $\frac{1}{c-a}$, $\frac{1}{a-b}$, auquel corespondent aussi les directions des axes de $yz + zx + xy = 0$.

— $l.[BC] + m.[CA] + n.[AB]$ est maximum si M est le point du cercle circonscrit : $\frac{1}{b-a}$; $\frac{1}{c+a}$, $\frac{1}{a+b}$ auquel corespondent aussi les axes de $-yz + zx + xy = 0$.

6. — Voici un problème pour lequel la considération du point M corespondant à deus directions rectangulaires, permet d'ariver à une interprétation *imagée* du résultat qui se présente sans èle, sous une forme bien peu élégante et nous ne voyons guère de moyen naturel d'y ariver autrement.

Soient dans un triangle ABC *un point* M_1 *et une force* M_1F *de direction donée, apliquée en* M_1 ; *on la décompose en trois forces* f_a, f_b, f_c *dirigées suivant* M_1A, M_1B, M_1C *sous la condition que* $f_a^2 + f_b^2 + f_c^2$ *soit minimum. Quèles directions faut-il doner à* M_1F *pour que cète some* $f_a^2 + f_b^2 + f_c^2$ *soit le maximum minimorum et le minimum minimorum?*

Il faut faire un triangle A'B'C' dont les trois côtés a', b', c' sont paralèles à M_1A, M_1B, M_1C; chercher le point μ du cercle circonscrit à A'B'C' qui a pour coordonées normales $\frac{a'}{b'^2 - c'^2}$, etc., par raport au triangle de référence A'B'C'; ce point μ est le point M corespondant aus directions cherchées. On peut remarquer que ce sont les directions des axes des élipses de Cesàro du triangle A'B'C' (lieus des points tels que la some des carés de leurs distances aus côtés soit constante).

7. — Les directions des axes de la conique

$$lx^2 + my^2 + nz^2 + nz^2 + 2fyz + 2gzx + 2hxy = 0$$

sont donées par le point M du cercle circonscrit qui a pour coordonées

$$\frac{a}{l(b^2 - c^2) + ma^2 - na^2 + 2gca - 2hab}, \text{ etc.}$$

Cète expression étant toujours entendue dans le sens où èle est expliquée **f**. 1.

Nous avons doné plusieurs des résultats compris dans les paragrafes **e** et **f**, come questions proposées, dans *Mathesis*, questions 1222 (1899); 1257 (1900), etc.

M. Léon RIPERT

Ancien Élève de l'École Polytechnique, Commandant du Génie
en retraite, à Paris.

ÉTUDE SUR DES GROUPES DE TRIANGLES TRIHOMOLOGIQUES INSCRITS OU CIRCONSCRITS A UNE MÊME CONIQUE OU A DES FAMILLES DE CONIQUES

[K 2 d]

— *Séance du 4 août* —

PRÉLIMINAIRES.

1. — Au mois de mars de cette année, M. E. JAHNKE a publié une étude remarquable sur les triangles triplement homologiques (*Uber dreifach perspektivische Dreiecke in der Dreiecksgeometrie;* Berlin, 1900). M. Jahnke indique lui-même son étude comme étant conçue dans l'ordre d'idées où s'est placé M. F. CASPARY, dont les *Nouvelles Annales* (février 1900, p. 75), ont publié un résumé des recherches (extrait d'une lettre à M. Lemoine) (*).

D'autre part, dans le numéro d'avril de l'*Intermédiaire des Mathématiciens* (p. 152), M. E. LEMOINE signalait, comme une question fort intéressante et à sa connaissance non encore étudiée, celle des triangles trihomologiques inscrits à une même conique. Une note de M. J.-A. THIRD sur les triangles trihomologiques se trouve également dans le numéro de juillet de *Mathesis* (p. 153).

On peut donc dire que ces questions ont un caractère d'actualité. Les étudiant depuis quelque temps, spécialement au point de vue des triangles trihomologiques inscrits ou circonscrits, j'ai communiqué mes résultats à mes amis LEMOINE et BROCARD, à qui le sujet est familier, et comme ces résultats leur ont paru nouveaux, je présente aujourd'hui cette étude à l'Association Française.

(*) Cet ordre d'idées est *l'étude de la géométrie du triangle par rapport à un point quelconque du plan substitué au point de Lemoine.* Le sujet avait été abordé, dès 1885, par M. É. LEMOINE, dans son Mémoire du Congrès de Grenoble, intitulé : *Propriétés relatives à deux points* ω *et* ω' *du plan d'un triangle* ABC, *qui se déduisent d'un point* K *quelconque du plan comme les points de Brocard se déduisent du point de Lemoine.* Ce Mémoire contient une bibliographie intéressante. J'ai aussi publié une brochure (*La dualité et l'homographie dans le triangle et le tétraèdre*), qui a été annexée en supplément au numéro de février 1898 (t. V), de l'*Intermédiaire des Mathématiciens* et où je m'étais placé également dans l'ordre d'idées dont il s'agit.

2. — Dans une communication à la *Société Mathématique de France* (S.-M., 1900, p. 196), j'ai démontré la proposition suivante :

On peut inscrire ET *circonscrire à toute conique* O *une double infinité* (P, Q) *de triangles trihomologiques à tout triangle inscrit* ou *circonscrit donné* A *et trihomologiques entre eux. Les neuf centres d'homologie sont sur une droite fixe et les neuf axes d'homologie passent par un point fixe si les triangles* A, P, Q, *sont tous les trois inscrits ou tous les trois circonscrits. Si* A *est circonscrit et* P, Q *inscrits,* ou vice-versa, *les centres du couple* (P, Q) *restent en ligne droite et ses axes restent concourants ; les six centres des couples* (A, P) *et* (A, Q) *sont sur une conique et les six axes correspondants touchent la conique polaire réciproque* (par rapport à la directrice O). *Dans tous les cas, les familles* P *et* Q *ont un triangle commun* A', *qui est tétrahomologique à* A.

Je me propose ici de développer cette proposition et d'en faire ressortir les nombreuses conséquences. La suite de mes recherches m'a montré, comme on le verra, que la *double infinité* doit être remplacée par l'*infinité d'infinités* et qu'aux groupes de triangles trihomologiques inscrits, — ou circonscrits, ou les uns inscrits et les autres circonscrits, — à la conique fondamentale O, viennent se joindre des groupes généraux de triangles de toute situation, ceux qui ne sont pas inscrits ou circonscrits à O l'étant, par sous-groupes, à des familles de coniques dérivées de O.

D'ailleurs, l'étude des triangles trihomologiques inscrits doit être précédée de celle des triangles simplement homologiques inscrits. Toute propriété démontrée pour ces derniers est acquise pour les premiers, la propriété se triplant lorsque les triangles deviennent trihomologiques.

3. — Un triangle $A_1A_2A_3$ (ou A) étant pris pour triangle de référence, je poserai :

$$i, k, l = 1, 2, 3 ; 2, 3, 1 ; 3, 1, 2;$$
$$a_i^2 = \alpha_i ; \alpha_1 + \alpha_2 + \alpha_3 = 2\sigma.$$

Toutes les propriétés étudiées étant projectives, le point K dont les coordonnées *barycentriques* sont $\alpha_1, \alpha_2, \alpha_3$, — ou, en d'autres termes, dont l'équation tangentielle est $\sum \alpha_i u_i = 0$ (*), — sera dit, par extension, *point de Lemoine* du triangle A, *même lorsqu'on fera abstraction de l'hypothèse* $a_i = \alpha_i$. La conique O, circonscrite à A, et telle que le centre d'homologie de A et du triangle circonscrit $\mathbf{a}_1\mathbf{a}_2\mathbf{a}_3$ (ou $\mathbf{a}$), formé par les pôles $\mathbf{a}_i$ des côtés A_kA_l, soit K, conservera de même, et pour la commodité du langage, le nom de *cercle circonscrit*. Son équation est $\sum \frac{\alpha_i}{x_i} = 0$; son

(*) La représentation d'un point par son équation tangentielle est indispensable dans ce Mémoire, qui considérera sans cesse des *triples* de points.

centre est le point O $\left[\sum \alpha_i (\sigma - \alpha_i)\, u_i = 0\right]$; la polaire de K par rapport à O est la *droite de Lemoine* $\Delta \left(\sum \frac{x_i}{\alpha_i} = 0\right)$ du triangle A.

J'appellerai encore *perpendiculaires* deux droites conjuguées par rapport à O ; *axes* d'une conique Γ deux diamètres conjugués à la fois par rapport à Γ et O; *point inverse* d'un point $X\left(\sum x_i u_i = 0\right)$, par rapport à A dont le point de Lemoine est K, le point $X' \left(\sum \frac{\alpha_i}{x_i}\, u_i = 0\right)$, etc.

4. — Les mots *homologie*, *trihomologie* et leurs adjectifs reviendront constamment. Conformément à un usage adopté par un grand nombre d'ouvrages étrangers, je conviendrai des abréviations suivantes :

a) Le symbole $\vdash\!\dashv$ signifiera *homologiques*, ou même *triangles homologiques*. Les mots *centre* et *axe*, employés isolément, sous-entendront toujours les mots d'*homologie*.

b) Le symbole $\bigtriangledown$ signifiera *trihomologiques* ou *triangles trihomologiques*.

TRIANGLES $\vdash\!\dashv$ INSCRITS A UNE CONIQUE.

5. — Étant donnés le triangle A inscrit à O et un point $Q\left(\sum {}_i u_i = 0\right)$, le triangle B, inscrit à O et $\vdash\!\dashv$ à A avec centre Q, a pour équation de ses sommets B_i (*).

$$B_i\,(\mu_i u_i - \beta_k u_k - \beta_l u_l = 0)$$

en posant (**) : $$\mu_i = \frac{\alpha_i}{2\rho - \frac{\alpha_i}{\beta_i}}, \qquad \frac{\alpha_i}{\beta_i} + \frac{\alpha_k}{\beta_k} + \frac{\alpha_l}{\beta_l} = 2\rho.$$

L'axe **q** *des triangles* A *et* B *passe, indépendamment des points* L_i *d'intersection des côtés* A_kA_l *et* B_kB_l, *par les points* M_i *d'intersection des droites* A_kB_l *et* A_lB_k, *et est la polaire de* Q.

(*) On est prié de faire la figure.

(**) De cette notation résultent plusieurs identités, importantes pour les calculs, telles que les suivantes :

$$\frac{\alpha_i(\beta_i + \mu_i)}{\beta_i\mu_i} = \frac{\alpha_k}{\mu_k} + \frac{\alpha_l}{\mu_l} - \frac{\alpha_i}{\beta_i} = \frac{\beta_i\,\alpha_k\alpha_l}{\alpha_i}\left(\frac{1}{\mu_k\mu_l} - \frac{1}{\beta_k\beta_l}\right) = \frac{\alpha_k\alpha_l}{\mu_k\mu_l} - \frac{\beta_k\alpha_l - \beta_l\alpha_k}{\alpha_l\beta_k - \alpha_k\beta_l}$$

$$= \frac{\mu_1\mu_2\mu_3 + \beta_1\beta_2\beta_3}{\mu_1\mu_2\mu_3 \sum \frac{\beta_i}{\alpha_i}} = 2\rho.$$

En effet, les quatre hexagones inscrits $A_3A_1A_2B_3B_1B_2$, $A_1A_2A_3B_1B_2B_3$, $A_2A_3A_1B_2B_3B_1$, $A_1B_2A_3B_1A_2B_3$ ont pour pascales respectives les droites $L_2L_3M_1$, $L_3L_1M_2$, $L_1L_2M_3$, $M_1M_2M_3$, qui, par suite, se confondent en une seule **q**. Les équations des points L_i et M_i sont :

$$L_i\left(\frac{\beta_k\mu_k}{\alpha_k}u_k - \frac{\beta_l\mu_l}{\alpha_l}u_l = 0\right), \qquad M_i(\beta_i u_i - \mu_k u_k - \mu_l u_l = 0).$$

L'équation de **q** est, par suite, $\sum \frac{\alpha_i x_i}{\beta_i\mu_i} = 0$ $\left[\text{ou } \sum(\alpha_k\beta_l + \alpha_l\beta_k)x_i = 0\right]$. C'est l'équation de la polaire de Q.

6. — *(Corollaires).*

a) Les points L_i *et* M_i *sont en involution* sur **q**. Car la polaire de L_i passe par M_i, et réciproquement. Les points doubles sont les points communs à **q** et O.

b) Les droites A_iM_i *concourent au point* $C\left(\sum \mu_i u_i = 0\right)$, qui est l'inverse, par rapport à A, du point complémentaire de l'inverse de Q. *Les droites* B_i M_i *concourent au point* D $\left[\sum \frac{\beta_i\mu_i}{\alpha_i}\left(\rho - \frac{\alpha_i}{\beta_i}\right)u_i = 0\right]$, de même définition par rapport à B. *Les points* C, D, Q *sont collinéaires ;* l'équation de la droite de jonction est

$$\left[\sum(\beta_k\mu_l - \beta_l\mu_k)x_i = 0\right].$$

c) Les trois coniques $(A_1A_2A_3M_kM_l)$ $[$ou $(B_1B_2B_3M_kM_l)]$ sont tangentes au cercle O aux points A_i ou B_i. C'est ce que montre immédiatement l'équation. $\left[\frac{\alpha_i\mu_i}{\beta_i x_i} - \frac{\alpha_k}{x_k} - \frac{\alpha_l}{x_l} = 0\right]$ de $(A_1A_2A_3M_kM_l)$.

7. — Si l'on désigne par A'_i les points d'intersection des droites A_i M_i et B_iL_i, par B'_i ceux des droites A_iL_i et B_iM_i : 1° *les six points* A'_i *et* B'_i *sont situés sur* O ; 2° *les triangles inscrits* A′ *et* B′ *sont* |-| *avec même centre* Q *et même axe* **q** *que* A *et* B. — Les équations des points A'_i et B'_i :

$$A'_i\left[\frac{\alpha_i}{2\rho + \frac{\alpha_i}{\beta_i}}u_i - \mu_k u_k - \mu_l u_l = 0\right],$$

$$B'_i\left[\beta_i u_i - \left(\frac{\alpha_k}{\beta_k} - \frac{\alpha_l}{\beta_l}\right)\left(\frac{\beta_k\mu_k}{\alpha_k}u_k - \frac{\beta_l\mu_l}{\alpha_l}u_l\right) = 0\right],$$

permettent de vérifier aisément ces propriétés.

Les triangles A′ et B′ sont, par définition, respectivement $\vdash\!\dashv$ aux triangles A et B avec centres C et D; leurs axes se coupent sur **q** au point remarquable Γ $\left[\sum \beta_i \mu_i (\alpha_k\beta_l - \alpha_l\beta_k) u_i = 0\right]$ pôle de la droite CD qui passe par Q (n° 6, *b*). J'appellerai χ cette droite importante; elle coupe **q** au point $\left[\sum \frac{\beta\left(2\rho - 3\frac{\alpha_i}{\beta_i}\right)}{2\rho - \frac{\alpha_i}{\beta_i}} u_i = 0\right]$

Les droites A_iB_i, $A'_kB'_l$ *et* $A'_lB'_k$ *se coupent sur* **q** aux points M'_i ayant pour équation :

$$M'_i\left[\beta_i\left(2\rho + \frac{\alpha_i}{\beta_i}\right)u_i - \left(2\rho - \frac{\alpha_i}{\beta_i}\right)(\beta_k u_k + \beta_l u_l) = 0\right].$$

On peut déduire du couple inscrit (A′, B′) un autre couple inscrit (A″, B″), comme on a déduit (A′, B′) de (A, B), etc. *On peut donc inscrire à une conique une infinité de couples de triangles* $\vdash\!\dashv$ *ayant tous même centre et même axe et dérivant d'un couple initial donné.*

8. — *Les droites* A_kL_k, A_lL_l, B_iM_i, $A_kB'_l$, $A_lB'_k$ *concourent en des points* E_i; *les droites* B_kL_k, B_lL_l, A_iM_i, $B_kA'_l$, $B_lA'_k$ *concourent de même en des points* F_i. Les équations de ces points sont :

$$E_i\left[\frac{\beta_k\mu_i}{\alpha_i}u_i - \frac{\beta_i\mu_k}{\alpha_k}u_k - \frac{\beta_i\mu_l}{\alpha_l}u_l = 0\right],$$

$$F_i\left[\frac{\beta_i\mu_i}{\alpha_i}\left(4\rho - \frac{\alpha_i}{\beta_i}\right)u_i - \mu_k u_k - \mu_l u_l = 0\right].$$

Considérons les triangles E et F dont les sommets sont les points E_i et F_i. Par définition, les triangles des couples (A, B), (A, E), (A, F), (B, E), (B, F), (E, F) sont $\vdash\!\dashv$ avec axe **q**, deux côtés correspondants quelconques concourant aux points L_i. On voit que les droites A_iE_i concourent au point E $\left(\sum \frac{\beta_i\mu_i}{\alpha_i}u_i = 0\right)$, harmoniquement associé à **q** par rapport au triangle A et que les droites A_iF_i concourent au point C (n° 6, *b*). Les droites B_iF_i concourent de même au point Γ harmoniquement associé à **q** par rapport à B et les droites B_iE_i concourent au point D (n° 6, *b*). Enfin, l'on reconnaît que le centre des triangles E et F est Q.

Les points E *et* F *sont sur la droite* χ. Les droites E_kF_l et E_lF_k se coupent sur $\mathbf{q}$ aux points M'_i, définis au n° 7 pour les triangles A′ et B′ ; il en résulte que les six points E_i et F_i sont sur une conique O_1, en vertu de la réciproque évidente du n° 5.

On peut maintenant opérer sur les triangles E et F inscrits à O_1 comme on a opéré sur les triangles A et B inscrits à O ; on obtiendra deux triangles, G et H, tels que deux quelconques des quinze couples que l'on peut former avec A, B, E, F, G, H, soient $\vdash\!\dashv$ avec axe $\mathbf{q}$, les points G_i et H_i étant sur une conique O_2, etc. Donc :

A tout couple (A, B) *de triangles* $\vdash\!\dashv$ *et inscrits à une conique* O, *correspond un groupe indéfini de triangles, inscrits par couples* (E, F), (G, H)... *à des coniques successives* O_1, O_2,... O_n, *tous les triangles étant* $\vdash\!\dashv$ *deux à deux avec axe commun* $\mathbf{q}$, *deux triangles d'un même couple ayant le centre fixe* Q, *et deux triangles de couples différents ayant leur centre sur la droite de jonction* χ *des points harmoniquement associés à* A *et* B, *laquelle passe par* Q *et par deux points particulièrement remarquables* C *et* D.

La propriété des couples (A′, B′) et (E, F) d'avoir les mêmes points M'_i, qui se retrouve pour les points M''_i des couples correspondants suivants (A″, B″) et (G, H), ... permet de rattacher au groupe qui vient d'être défini le groupe de couples inscrits défini au n° 7.

9. — *Les triangles* $\mathbf{a}$ *et* $\mathbf{b}$, *respectivement circonscrits à* A *et* B, *sont* $\vdash\!\dashv$ *avec même centre* Q *et même axe* $\mathbf{q}$. *Ils sont, en outre, respectivement* $\vdash\!\dashv$ *à* B *et* A.

En effet, la droite B_kB_l a pour équation :

$$\frac{\alpha_i x_i}{\beta_i^2} - \frac{\alpha_k x_k}{\beta_k \mu_k} - \frac{\alpha_l x_l}{\beta_l \mu_l} = 0.$$

L'équation du pôle $\mathbf{b}_i$ de cette droite est :

$$\left(\frac{\alpha_i}{\beta_i} c + \frac{\alpha_k \alpha_l}{\beta_k \beta_l}\right) u_i - \frac{\alpha_k}{\beta_i}\left(\rho - \frac{\alpha_l}{\beta_l}\right) u_k - \frac{\alpha_l}{\beta_i}\left(\rho - \frac{\alpha_k}{\beta_k}\right) u_l = 0,$$

et ce point est sur la droite $\mathbf{a}_i$ Q, dont l'équation est :

$$(\alpha_k\beta_l - \alpha_l\beta_k)\, x_i + (\alpha_l\beta_i + \alpha_i\beta_l)\, x_k - (\alpha_i\beta_k + \alpha_k\beta_i)\, x_l = 0.$$

Le centre de $\mathbf{a}$ et $\mathbf{b}$ étant Q, l'axe est $\mathbf{q}$ en vertu de la proposition corrélative de celle du n° 5, ce qu'il est d'ailleurs facile de vérifier directement.

On trouve ensuite, pour les centres respectifs des triangles A et **b**, **a** et B les points :

$$\sum \frac{\alpha_i u_i}{\rho - \frac{\alpha_i}{\beta_i}} = 0, \text{ et } \sum \alpha_i \left(\tau^2 - \frac{\alpha_i^2}{\beta_i^2}\right) u_i = 0, \text{ en posant } \sum \frac{\alpha_i^2}{\beta_i^2} = 2\tau^2.$$

10 (*Corollaires*). — *a) Les quatre points* $\mathbf{a}_i$, $\mathbf{b}_i$, M_i, Q *sont collinéaires*, car les coordonnées des points $\mathbf{b}_i$ et M_i satisfont à l'équation ci-dessus de $\mathbf{a}_i$ Q.

b) Les points de Lemoine K_a *et* K_b *de* A *et* B *et le centre* Q *sont collinéaires*. — En effet, le point de Lemoine K_b de B (centre de B et **b**) a pour équation :

$$\sum \left[\alpha_i \left(\tau^2 - \frac{\alpha_i^2}{\beta_i^2}\right) + \frac{\beta_i \alpha_k \alpha_l}{\beta_k \beta_l}\left(2\rho + \frac{\alpha_i}{\beta_i}\right)\right] u_i = 0,$$

et il est situé sur la droite $\sum\left(\alpha_k\beta_l - \alpha_l\beta_k\right) x_i = 0$, qui joint $K_a\left(\sum \alpha_i u_i = 0\right)$ et $Q\left(\sum \beta_i u_i = 0\right)$.

Par suite, les droites de Lemoine de A et B se coupent, sur **q**, au point remarquable $P\left[\sum \alpha_i^2\left(\alpha_k\beta_l - \alpha_l\beta_k\right)u_i = 0\right]$, pôle de K_aK_b.

10 *bis*. — On peut trouver beaucoup d'autres propriétés d'un couple de triangles ⊢⊣ inscrits, propriétés qui ont toutes, d'ailleurs, une corrélative. J'énoncerai sommairement les suivantes :

a) Les pieds des perpendiculaires abaissées des points M_i sur les côtés A_kA_l (ou B_kB_l) sont collinéaires. Les deux droites de jonction se coupent sur **q**.

b) Les droites $\mathbf{a}_kL_k$, $\mathbf{a}_lL_l$ et M_iQ concourent en des points $\mathbf{c}_i$; les droites $\mathbf{b}_kL_k$, $\mathbf{b}_lL_l$ et M_iQ concourent de même en des points $\mathbf{d}_i$. Les triangles **c** et **d** sont par suite ⊢⊣ aux triangles **a** et **b** et ⊢⊣ entre eux avec centre Q. Les axes des couples (**a**, **c**) et (**b**, **d**), (**a**, **d**) et (**b**, **c**) se coupent sur **q**, qui est l'axe du couple (**c**, **d**). Les droites $\mathbf{c}_k\mathbf{d}_l$ et $\mathbf{c}_l\mathbf{d}_k$ se coupent également sur **q** ; donc, les six points $\mathbf{c}_i$ et $\mathbf{d}_i$ sont sur une conique. Il est facile de partir de ces propriétés pour définir un *groupe* inscrit à une famille de coniques, dérivant du couple (**a**, **b**) et distinct de celui qui est corrélatif du groupe défini au n° 8.

c) Les parallèles menées par les sommets B_i aux côtés A_kA_l coupent O en des points I_i, tels que les triangles A et I sont ⊢⊣, le centre Q′ étant l'inverse de Q par rapport à A $\left(\sum \frac{\alpha_i}{\beta_i} u_i = 0\right)$ et l'axe $\mathbf{q}'$, la droite harmoniquement associée à l'inverse du milieu du segment de jonction des deux Brocardiens de Q $\left[\sum \frac{\beta_i(\beta_k + \beta_l)}{\alpha_i} x_i = 0\right]$. — On peut définir de même un couple (B, J).

d) Les perpendiculaires aux côtés A_kA_l menées par les points B_i et I_i passent respectivement par les points I^i et B^i, diamétralement opposés à I_i et B_i. Cette propriété se double évidemment si l'on substitue (B, J, A) à (A, I, B).

e) Si l'on désigne par N un point quelconque de O, les droites NB_i coupent les côtés A_kA_l en trois points situés sur une droite passant par le centre Q (théorème de M. Aubert, voir *El Progreso matematico*, 1900, p. 122).

D'un couple (A, B) de ⊢⊣ inscrits dépendent un grand nombre de coniques dont l'étude peut n'être pas sans intérêt. On peut signaler notamment les coniques $(A_1A_2A_3M_kM_l)$ dont une propriété a été indiquée ci-dessus (n° 6, *c*) et leurs dérivées $(A'_1A'_2A'_3M'_kM'_l)$, $(E_1E_2E_3M'_kM'_l)$, ... les coniques $(A_1A_2A_3CD)$, $(A_1A_2A_3CE)$, ... et toutes les coniques correspondantes que l'on obtient en remplaçant (A, A′, C, E ...) par (B, B′, D, F, ...). Les équations des coniques circonscrites à A sont toujours faciles à former ; il est plus difficile d'obtenir les coniques circonscrites à d'autres triangles ; mais leurs propriétés pourront souvent se déduire de celles des coniques circonscrites à A. — Ainsi, l'on reconnait aisément que les six points $(A_1A_2A_3CK_aQ)$ sont sur une conique $\left[\sum \frac{\alpha_i\beta_i(\alpha_k\beta_l - \alpha_l\beta_k)}{x_i} = 0\right]$; il en est donc de même pour les six points $(B_1B_2B_3DK_bQ)$.

Généralités sur les ∇

11. — Deux triangles A et B peuvent être ∇ de deux manières :

1° Dans un *premier système* (dit par permutation circulaire), les droites A_iB_i concourant en un point P_1, les droites A_iB_k en un point P_2, les droites A_iB_l en un point P_3 ; j'emploierai, pour désigner ces triangles, l'abréviation ∇^1.

2° Dans un *second système* (qu'il est inutile de dénommer autrement), les droites (A_1B_1, A_2B_3, A_3B_2) concourant en Q_1, les droites (A_1B_2, A_2B_1, A_3B_3) en Q_2 et les droites $(A_1B_3, A_2B_2$, et $A_3B_1)$ en Q_3 ; j'emploierai, pour ces triangles, l'abréviation ∇^2.

Ainsi, l'on sait que le premier triangle B de Brocard $[B_i : \alpha_i u_i + \alpha_l u_k + \alpha_k u_l = 0]$ est ∇^1 au triangle fondamental A et que les centres $D_i\left(\frac{u_1}{\alpha_i} + \frac{u_2}{\alpha_k} + \frac{u_3}{\alpha_l} = 0\right)$ forment un triangle D qui est ∇^2 à A, avec cette circonstance que les centres de A et D sont les points B_i. M. Jahnke donne à tous les triangles qui, tels que B et D, remplissent, par rapport à un troisième (A), ces conditions de trihomologie réciproque, le nom de *triangles complémentaires du type Brocardien* (*).

Lorsque deux triangles A et B sont ∇^1, il n'est pas indifférent de considérer le couple (A, B) ou le couple (B, A). Le couple (A, B) comporte le concours des triples (A_iB_i), (A_iB_k), (A_iB_l) en P_1, P_2, P_3 ; le couple (B, A) comporterait le concours des triples (B_iA_i), (B_iA_k), (B_iA_l) en P_1, P_3, P_2, ce qui pourrait entraîner des erreurs dans la considération du triangle P. Si A et B sont ∇^2, les couples (A, B) et (B, A) sont indifférents ; mais il ne faut pas oublier que Q_2 est sur A_3B_3 et Q_3 sur A_2B_2.

12. — *Si deux triangles* A *et* B *inscrits à une conique sont* ∇, *les trois centres sont collinéaires et les trois axes sont concourants.* — En effet, A et B étant ∇^1, A étant de référence et les équations des points B_i étant $\left(\sum x_i u_i = 0, \sum y_i u_i = 0, \sum z_i u_i = 0\right)$, les conditions de trihomologie peuvent s'écrire :

$$x_3 : y_3 : z_3 = \frac{1}{y_1 z_2} : \frac{1}{z_1 x_2} : \frac{1}{x_1 y_2}$$

et les trois centres sont alors :

$$P_1(x_1x_2,\ x_1y_2,\ z_1x_2)\ ; \qquad P_2(x_1y_2,\ y_1y_2,\ y_1z_2)\ ; \qquad P_3(z_1x_2,\ y_1z_2,\ z_1z_2).$$

La condition :

$$\frac{y_1z_2}{y_2z_1} + \frac{z_1x_2}{z_2x_1} + \frac{x_1y_2}{x_2y_1} = 3,$$

exprime à la fois que les points B_i sont sur une conique circonscrite à A et que les trois centres P_i sont en ligne droite ; elle exprime aussi que les trois axes sont concourants, ce qui résulte d'ailleurs du n° 5.

13. — *La condition nécessaire et suffisante pour que deux triangles* A *et* B *inscrits à une même conique* O *et* $\vdash\!\dashv_i$ *par rapport à un centre* Q *soient* ∇, *est qu'ils aient même point de Lemoine.*

(*) Les mots du *type Brocardien* seront désormais sous-entendus après *triangles complémentaires.* Dans le triple de triangles (A, B, D), deux quelconques sont complémentaires par rapport au troisième.

Car, en cherchant la condition pour que, dans les triangles A et B du n° 5, les triples (A_iB_k) et (A_iB_l) soient concourants, on trouve :

$$\frac{\beta_1}{\alpha_1} + \frac{\beta_2}{\alpha_2} + \frac{\beta_3}{\alpha_3} = 0.$$

C'est également la condition que l'on trouve en identifiant les coordonnées des points K_a et K_b (n° 9).

Il résulte de là que *deux triangles inscrits,* ∇ *à un troisième également inscrit, sont* ∇ *entre eux,* car ils ont même point de Lemoine.

14. — Les propriétés des nos 12 et 13 ont été spécialement démontrées pour un couple de ∇^1 ; elles le sont également pour un couple de ∇^2. Il importe de remarquer, en effet, que *les deux systèmes définis au n° 11 ne sont réellement distincts que lorsqu'il y a au moins un triple de* ∇ *en cause.* Si l'on n'a que deux triangles A et B, ∇ d'un certain système, il suffit d'interchanger la notation de deux sommets d'un des triangles (A_2 et A_3) par exemple, pour qu'ils deviennent ∇ de l'autre système. Il en est encore de même lorsqu'un troisième triangle intervient, si les trois triangles ne sont pas ∇ deux à deux.

C'est aussi ce qui explique pourquoi l'on trouvera plus loin des triangles complémentaires, ∇ du même système. En d'autres termes, il n'y a pas de considération de *système* à faire intervenir dans la définition des triangles complémentaires ; ce sont deux triangles, ∇ à un troisième et tels que les centres de l'un (avec ce troisième) soient les sommets de l'autre.

Toute propriété démontrée pour un *couple* de ∇^1 est donc acquise, toutes choses égales d'ailleurs, pour un couple de ∇^2. Il n'en est plus de même lorsque l'on considère un *triple* de triangles, deux à deux ∇. Ainsi, dans le triple (A, B, D) de Brocard, qui contient deux couples (A, B) et (B, D) de ∇^1 et un couple (A, D) de ∇^2, il est très facile de faire en sorte qu'il y ait deux couples de ∇^2 et un couple de ∇^1, mais il n'est pas possible de ramener les trois couples au même système.

15. — Deux triangles seront dits *tétrahomologiques* s'ils sont $\vdash\!\dashv + \nabla$, c'est-à-dire si, indépendamment de leurs trois centres de trihomologie, ils ont un quatrième centre. Il est facile de voir que, selon la disposition de la notation, ils peuvent être $\vdash\!\dashv^1 + \nabla^2$ ou $\vdash\!\dashv^2 + \nabla^1$.

Deux triangles inscrits qui ont mêmes symédianes sont $\vdash\!\dashv + \nabla$. Car, si l'on constitue le couple (A_1B) du n° 5, en plaçant le centre Q au point $K\left(\sum \alpha_i u_i = 0\right)$, le triangle B (que j'appellerai alors A') *(Pl. I)* a pour sommets les points $A'_i(\alpha_i u_i - 2\alpha_k u_k - 2\alpha_l u_l = 0)$, et les droites $(A_i A'_i, A_k A'_l, A_l A'_k)$ concourent aux points $\Delta'_i(2\alpha_i u_i - \alpha_k u_k - \alpha_l u_l = 0)$. Les quatre axes sont la droite Δ et les droites $\delta'_i\left(2\frac{x_i}{\alpha_i} - \frac{x_k}{\alpha_k} - \frac{x_l}{\alpha_l} = 0\right)$, qui joignent K aux points $\Delta_i(\alpha_k u_k - \alpha_l u_l = 0)$.

On peut se demander si deux triangles peuvent être *bi-homologiques* (|-|+|-|) sans être $\bigtriangledown$. Il ne semble pas que ce cas puisse se présenter pour des triangles généraux ; mais il est aisé de le réaliser pour des triangles particuliers. Par exemple, le second triangle C de Brocard :

$$[C_i : 2(\sigma - \alpha_i)u_i + \alpha_k u_k + \alpha_l u_l = 0]$$

est |-| à A avec centre K. Si A est isocèle (avec $\alpha_2 = \alpha_3$), les sommets C_1, C_2, C_3 sont respectivement sur les médianes A_1G, A_3G, A_2G ; G est donc un second centre.

Plus généralement, deux triangles ne peuvent être $|\!-\!|^1 + |\!-\!|^1$ (ou $|\!-\!|^2 + |\!-\!|^2$) sans être $\bigtriangledown^1$ (ou $\bigtriangledown^2$). Mais ils peuvent être $|\!-\!|^1 + |\!-\!|^2$.

Triple $[A - P_1]$ *de* $\bigtriangledown$ *inscrits.*

16. — Soit (*fig. 4*) (*) le triangle A, dont K est le point de Lemoine, O le cercle circonscrit et Δ la droite de Lemoine déterminée par les trois points Δ_i d'intersection des côtés $A_k A_l$ et $a_k a_l$.

Prenons, sur O, un point arbitraire P_1 et menons les droites $P_1\Delta_i$, qui rencontrent O aux points Q_i.

1° *Les droites* $Q_i\Delta_k$ *concourent, sur* O, *au point* P_2, *et les droites* $Q_i\Delta_l$ *au point* P_3 ;

2° *Les triangles* A, P, Q *sont deux à deux* $\bigtriangledown$, *les couples* (P, A) *et* (A, Q) *étant* $\bigtriangledown^1$, *le couple* (P, Q) *étant* $\bigtriangledown^2$. J'appellerai l'ensemble des triangles A, P, Q *le triple déterminé par le triangle* A *et le point* P_1 *de* O, ou, par abréviation, le *triple* $[A - P_1]$;

3° *Les neuf centres sont sur* Δ ; par suite (n°s 5 et 12) *les neuf axes passent par* K. Quel que soit P_1, les centres du couple (P, Q) sont les points fixes Δ_i, et les axes de ce couple sont les symédianes δ_i.

En effet, tout point de l'infini ayant pour inverse un point de O, si

(*) Cette figure est construite *géométrographiquement*, c'est-à-dire avec les droites indispensables.

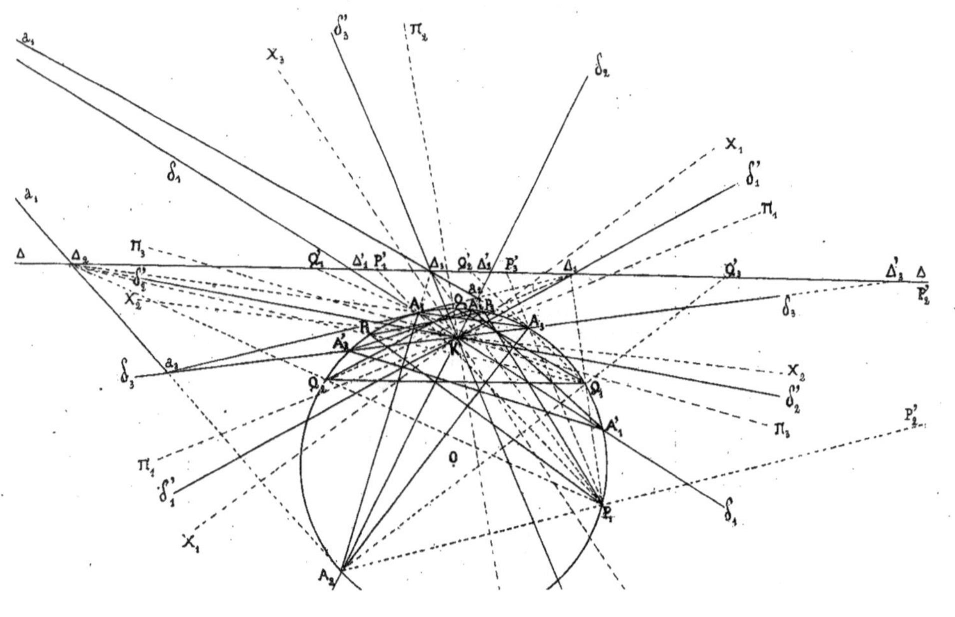

$\sum \lambda_i u_i = 0$ (avec $\sum \lambda_i = 0$) (*) est l'équation de l'inverse de P_1, on trouve, pour les équations des points P_i et Q_i :

$$P_i\left(\frac{\alpha_1}{\lambda_i} u_1 + \frac{\alpha_2}{\lambda_k} u_2 + \frac{\alpha_3}{\lambda_l} u_3 = 0\right),$$

$$Q_i\left(\frac{\alpha_i}{\lambda_i} u_i + \frac{\alpha_k}{\lambda_l} u_k + \frac{\alpha_l}{\lambda_k} u_l = 0\right),$$

équations dont il résulte immédiatement que les centres sont les points de Δ :

(P, A) $\qquad P'_i(\alpha_i\lambda_i u_i + \alpha_k\lambda_l u_k + \alpha_l\lambda_k u_l = 0),$

(A, Q) $\qquad Q'_i(\alpha_1\lambda_i u_1 + \alpha_2\lambda_k u_2 + \alpha_3\lambda_l u_3 = 0),$

(P, Q) $\qquad \Delta_i(\alpha_k u_k - \alpha_l u_l = 0),$

et que les axes correspondants sont les droites passant par K :

(P, A) $\qquad \pi_i\left(\lambda_i \frac{x_i}{\alpha_i} + \lambda_l \frac{x_k}{\alpha_k} + \lambda_k \frac{x_l}{\alpha_l} = 0\right),$

(A, Q) $\qquad \chi_i\left(\lambda_i \frac{x_1}{\alpha_1} + \lambda_k \frac{x_2}{\alpha_2} + \lambda_l \frac{x_3}{\alpha_3} = 0\right),$

(P, Q) $\qquad \delta_i\left(\frac{x_k}{\alpha_k} - \frac{x_l}{\alpha_l} = 0\right),$

ces axes π_i, χ_i, δ_i étant d'ailleurs (nº 5) les polaires respectives des centres P'_i, Q'_i, Δ_i.

17. — Les triples (P'_iA_i), (P'_iA_k), (P'_lA_l) concourent aux points P_i. Les droites $(Q'_iA_i$, Q'_kA_l, $Q'_lA_k)$ concourent aux points Q_i. Enfin les droites $(A_i\Delta_i$, $A_k\Delta_l$, $A_l\Delta_k)$ concourent aux points A_i. Donc, les triangles dégénérés P', Q', Δ sont les complémentaires (nº 11), par rapport à A, des triangles P, Q, A, et l'on voit que le couple (P, P′) est ∇^1, (Q, Q′) et (A, Δ) étant ∇^2. Il est facile d'énoncer la propriété corrélative pour les triples d'axes π_i, χ_i, δ_i, considérés comme formant en K des triangles dégénérés.

Tout triangle P ou Q a même point de Lemoine K et même droite de Lemoine Δ que le triangle A (nºˢ 13 et 5).

(*) Il ne faut pas perdre de vue dans les calculs que $\sum \lambda_i = 0$, entraîne :

$$\lambda_i^2 - \lambda_k\lambda_l = \frac{1}{2}\sum\lambda_i^2 = -\sum\lambda_k\lambda_l = \sum\lambda_i^2 + \sum\lambda_k\lambda_l.$$

Si le point P_1 est pris en A'_i, sur une symédiane δ_i, deux points P et Q se confondent en chacun des points A'_1, A'_2, A'_3, et le triple $[A - P_1]$ devient le couple (A, A') de $\vdash\!\dashv + \bigtriangledown$ (n° 15).

Le théorème énoncé au n° 2 est donc démontré en ce qui concerne les triples de triangles inscrits (et corrélativement, de triangles circonscrits).

18. — Considérons, dans le triple $[A - P_1]$, le couple (P, A), $\bigtriangledown^1$ avec centres P'_i, et désignons respectivement par P_{ii} et A_{ii} les pieds des perpendiculaires abaissées d'un centre P'_i, sur les côtés P_kP_l et A_kA_l, le premier indice correspondant au centre et le second au côté. Il est aisé de voir que *les six triples de points :*

$$(P_{11}, P_{22}, P_{33}), \quad (P_{12}, P_{23}, P_{31}), \quad (P_{13}, P_{21}, P_{32}),$$
$$(A_{11}, A_{23}, A_{32}), \quad (A_{12}, A_{21}, A_{33}), \quad (A_{13}, A_{22}, A_{31}),$$

sont collinéaires, et l'on peut remarquer en outre que les collinéations P_{ii} et les collinéations A_{ii} sont *de systèmes différents*. On trouverait un résultat analogue pour le couple (A, Q) qui est également $\bigtriangledown^1$; pour le couple (P, Q) qui est $\bigtriangledown^2$, les collinéations seraient *du même système*.

Cette remarque sur les systèmes de collinéations n'a d'ailleurs aucune importance tant qu'il ne s'agit que de *couples ;* elle pourra en acquérir une si l'on trouve des relations entre les collinéations des trois couples du *triple* $[A - P_1]$.

Transformation du triple $[A - P_1]$ *en groupe* $[[A - P_1]]$; *sous-groupe de* $\vdash\!\dashv + \bigtriangledown$

19. — En désignant toujours par Δ'_i les points d'intersection des symédianes δ_i et de Δ, les triples $(P_i\Delta'_i)$, $(P_i\Delta'_k)$, $(P_i\Delta'_l)$ concourent, sur O, en points R_i ; les triples $(Q_i\Delta'_i)$, $(Q_i\Delta'_k)$, $(Q_i\Delta'_l)$ concourent de même sur O en des points S_i. Les équations de ces points sont, en posant $\lambda_k - \lambda_l = \lambda'_i$,

$$R_i\left(\frac{\alpha_i}{\lambda'_i}u_i + \frac{\alpha_k}{\lambda'_l}u_k + \frac{\alpha_l}{\lambda'_k}u_l = 0\right); \qquad S_i\left(\frac{\alpha_1}{\lambda'_i}u_1 + \frac{\alpha_2}{\lambda'_k}u_2 + \frac{\alpha_3}{\lambda'_l}u_3 = 0\right).$$

La forme de ces équations, identique à celle relative aux points Q_i et P_i (n° 16) montre que les triangles R et S sont $\bigtriangledown$ à A et $\bigtriangledown$ entre eux, les centres R'_i et S'_i ayant, à l'accentuation près de λ, les mêmes équations que les points Q'_i et P'_i, les centres du couple (R, S) étant les points Δ_i, etc.

Par définition, R et S sont respectivement $\bigtriangledown$ à P et Q ; mais ils sont $\vdash\!\dashv + \bigtriangledown^2$ à Q et P, car, indépendamment de la trihomologie des couples

(R, Q) et (S, P), les droites (R_iQ_i) et (S_iP_i) concourent en K. En d'autres termes, R et Q, S et P ont les mêmes symédianes.

Mais les points Δ'_i sont les conjugués harmoniques des points Δ_i par rapport aux segments $\Delta_k\Delta_l$ et correspondent spécialement au couple (P, Q). On peut prendre de même, pour les couples (P, A) et (A, Q) du triple $[A - P_1]$, les conjugués harmoniques P''_i ou Q''_i des centres P'_i ou Q'_i par rapport aux segments $P'_kP'_l$ ou $Q'_kQ'_l$, et recommencer l'opération sur ces couples. On peut ensuite opérer de même sur un couple quelconque (Y, Z), en désignant par Y et Z deux $\bigtriangledown$ quelconques résultant d'une quelconque de ces opérations.

Donc, *le triple* $[A - P_1]$ *se transforme en un* GROUPE *indéfini* $[[A - P_1]]$ *de triangles inscrits,* $\bigtriangledown$ *deux à deux, correspondant aux données* A *et* P_1 *et contenant un sous-groupe de* $\vdash\!\dashv + \bigtriangledown$ *accouplés respectivement à chaque triangle du groupe.*

Il existe un tel groupe pour le même triangle A et tout point P_n de O. En d'autres termes, on peut inscrire à toute conique une *infinité d'infinités* de $\bigtriangledown$ à un triangle donné et $\bigtriangledown$ entre eux et une *infinité* de couples de $\vdash\!\dashv + \bigtriangledown$, dérivant du triangle donné.

Autres modes de génération d'un groupe de $\bigtriangledown$ *inscrits.*

20. — M. THIRD a démontré (*Mathesis*, 1900, p. 153) une proposition intéressante relative aux $\bigtriangledown$ quelconques, que l'on peut énoncer ainsi : *Si deux triangles* A *et* B *sont* $\bigtriangledown$ *avec centres* M_1, *les trois coniques* $\Sigma_i(A_1A_2A_3M_kM_l)$ *sont remarquables*, comme remplissant, outre les conditions de passage par les cinq points qui les déterminent, trois conditions de contact remarquable aux points A_i.

J'observerai que les trois coniques $\Sigma'_i(B_1B_2B_3M_kM_l)$ sont remarquables au même titre, que chaque conique Σ_i coupe le *cercle* $(A_1A_2A_3)$ en un quatrième point U_i, et que, de même, chaque conique Σ'_i coupe le cercle $(B_1B_2B_3)$ en un point V_i. En sorte que, *d'un couple* (A, B) *de* $\bigtriangledown$, *dépendent un sextuple de coniques* $(\Sigma_i$ et $\Sigma'_i)$ (*) *et un couple de triangles* (U, V).

Ceci posé, supposons que les $\bigtriangledown$ A et B soient inscrits au même *cercle* O. Il est aisé de voir alors que le quadruple (A, B, U, V), essentiellement distinct du triple (A, P, Q) ci-dessus examiné, remplit toutes les

(*) Sans compter les coniques corrélatives, σ_i et σ'_i, dont je fais ici abstraction, mais qui donneront les propriétés corrélatives pour les $\bigtriangledown$ circonscrits. — Dans le cas général, on peut étudier en outre un autre sextuple, celui des coniques $(A_kA_lM_1M_2M_3)$ et $(B_kB_lM_1M_2M_3)$, auquel correspond également un sextuple corrélatif. Mais ces sextuples sont sans intérêt dans le cas des $\bigtriangledown$ inscrits ou circonscrits, les centres étant collinéaires et les axes concourants. (Voir au n° 28.)

conditions que remplissait ce triple et qu'il donne naissance à un groupe $[[A - B]]$, ayant toutes les propriétés du groupe $[[A - P_1]]$ et se fusionnant même avec celui-ci si le triangle initial A est le même dans les deux groupes et si un sommet B_i coïncide avec un sommet P_i ou Q_i.

En effet, A étant de référence, considérons le ∇^1 B défini par :

$$B_i\left[\frac{\alpha_1}{\lambda_i}u_1 + \frac{\alpha_2}{\lambda_k}u_2 + \frac{\alpha_3}{\lambda_l}u_3 = 0\right].$$

Les centres M_i correspondants étant :

$$M_i(\alpha_i\lambda_i u_i + \alpha_k\lambda_l u_k + \alpha_l\lambda_k u_l = 0),$$

les trois coniques Σ_i ont pour équation :

$$\Sigma_i\left(\frac{\alpha_i}{\lambda_i x_i} + \frac{\alpha_k}{\lambda_l x_k} + \frac{\alpha_k}{\lambda_k x_l} = 0\right)$$

et les équations des points U_i sont, en posant $\lambda_i(\lambda_k - \lambda_l) = \lambda''_i$,

$$U_i\left(\frac{\alpha_i}{\lambda''_i}u_i + \frac{\alpha_k}{\lambda''_l}u_k + \frac{\alpha_l}{\lambda''_k}u_l = 0\right).$$

La forme de ces équations, identique à celle des points Q_i (n° 16) montre que les triangles A et U sont ∇^1. Il en est évidemment de même des triangles B et V. Dès lors, et sans qu'il soit besoin d'autres calculs, tous les triangles inscrits (A, B — P, Q, R, S, U, V, ...) provenant soit du groupe $[[A - P_1]]$, soit du groupe $[[A - B]]$, étant ∇ à un troisième, sont ∇ deux à deux, tous les centres étant sur la droite de Lemoine commune Δ, tous les axes passant par le point de Lemoine commun K.

21. — Il est maintenant aisé de reconnaître *qu'il existe une infinité de modes de génération de groupes qui, tous, peuvent s'appeler groupes* $[[A - P_1]]$.

En effet, la donnée de $\sum \lambda_i u_i = 0$ $\left(\sum \lambda_i = 0\right)$ définit le point P_1 de O. Le groupe examiné au n° 19 est le *premier* et correspond à la combinaison des λ_i avec les $\lambda'_i = \lambda_k - \lambda_l$. Le *second*, qui vient d'être déduit du théorème de M. Third correspond, à la combinaison des λ_i avec les $\lambda''_i = \lambda_i(\lambda_k - \lambda_l)$.

Mais si l'on pose $\lambda^n_i = f(\lambda_i, \lambda_k, \lambda_l)$, il existe une infinité de fonctions f telles que $\sum \lambda^n_i = 0$. La combinaison des λ_i avec des λ^n_i quelconques

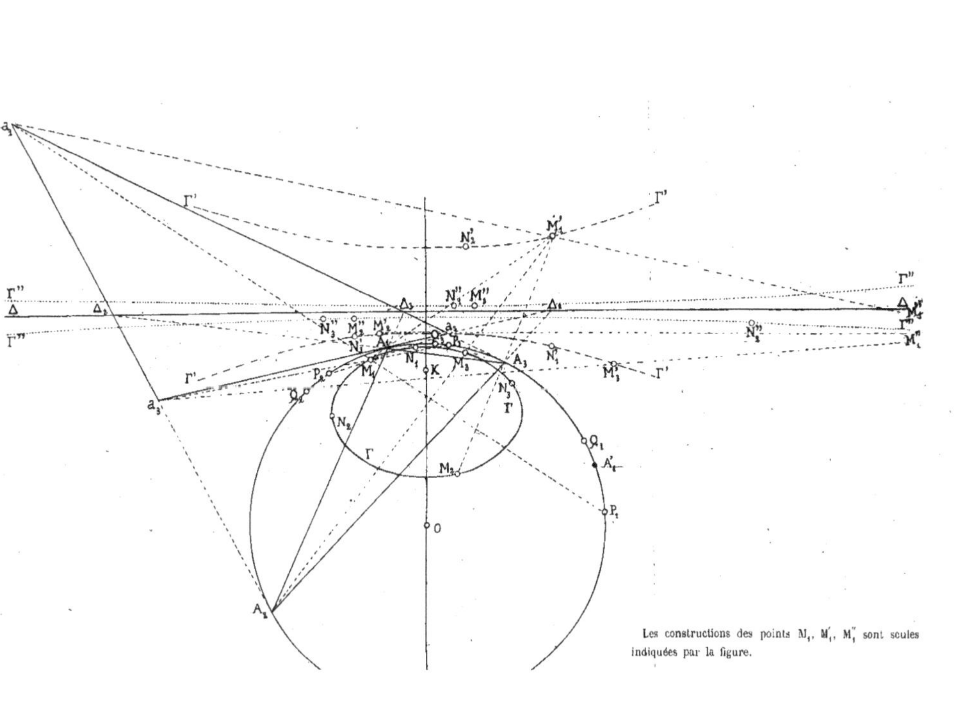

Les constructions des points M_1, M'_1, M''_1 sont seules indiquées par la figure.

donnera un groupe $[[A - P_1]]$, c'est-à-dire ne dépendant que du triangle A et du point P_1 de O. Chaque groupe comprend un sous-groupe de $\vdash\!\dashv + \bigtriangledown$ accouplés aux triangles du groupe ; par exemple, pour le *second* groupe (n° 20), on trouvera les $\vdash\!\dashv + \bigtriangledown$ en opérant comme au n° 19, après avoir posé $\lambda''_k - \lambda''_l = (2\lambda_k\lambda_l - \lambda_l\lambda_i - \lambda_i\lambda_k) = \lambda'''_i$.

Il n'y a pas d'ailleurs d'autre opération pouvant donner des $\vdash\!\dashv + \bigtriangledown$. Car la première condition de tétrahomologie de deux triangles inscrits est qu'ils soient $\vdash\!\dashv$ avec centre K. Or, les conditions *n.* et *s.* pour que deux triangles $Y_i \left(\sum \frac{\alpha_i}{\lambda_i} u_i = 0\right)$ et $Z_i \left(\sum \frac{\alpha_i}{\mu_i} u_i = 0\right)$ soient inscrits à O et $\vdash\!\dashv$ par rapport à K sont :

$$\sum \lambda_i = 0, \quad \sum \mu_i = 0, \quad \sum \lambda_i \mu_i = 0,$$

et, les λ_i étant donnés, ces équations n'admettent que la solution

$$\mu_i = \lambda_k - \lambda_l.$$

En résumé, *à tout triangle* A *inscrit à une conique correspondent : 1° avec une infinité de modes de génération, une infinité de* $\bigtriangledown$ *inscrits, qui sont les triangles ayant même point* (et, par suite, même droite) *de Lemoine ; 2° un seul* $\vdash\!\dashv + \bigtriangledown$ *inscrit, qui est le triangle ayant mêmes symédianes.*

TRIPLE $[\mathbf{a} - P_1]$ D'UN TRIANGLE CIRCONSCRIT ET DE DEUX TRIANGLES INSCRITS ET GROUPE $[[\mathbf{a} - P_1]]$ CORRESPONDANT.

22. — Considérons *(fig. 2)* le couple de $\bigtriangledown$ inscrit (P_1Q), défini au n° 16, par rapport au triangle circonscrit $\mathbf{a}_1\mathbf{a}_2\mathbf{a}_3$ (ou **a**), que je prends maintenant pour triangle de référence. K est le *point de Gergonne* de ce triangle ; soit $\frac{u_1}{p_1} + \frac{u_2}{p_2} + \frac{u_3}{p_3} = 0$, son équation par rapport à **a**. La droite $\Delta \left(\sum p_i x_i = 0\right)$, harmoniquement associée à K par rapport à **a** comme par rapport à A, est la *droite de Gergonne* de **a**. Le cercle O, inscrit à **a**, a pour équation $\sum p_i^2 x_i^2 - 2 \sum p_k p_l x_k x_l = 0$; son centre O est le point $\sum (p_k + p_l) u_i = 0$.

En continuant à désigner par $\sum \lambda_i u_i = 0 \left(\sum \lambda_i = 0\right)$ l'équation *par rapport à* A de l'inverse de P_1, on reconnaît (S. M.) *(loc. cit.)*, que les équations *par rapport* à **a** des points P_i et Q_i sont :

$$P_i \left(\frac{\lambda_i^2}{p_1}u_1 + \frac{\lambda_k^2}{p_2}u_2 + \frac{\lambda_l^2}{p_3}u_3 = 0\right),$$

$$Q_i \left(\frac{\lambda_i^2}{p_1}u_i + \frac{\lambda_l^2}{p_k}u_k + \frac{\lambda_k^2}{p_l}u_l = 0\right).$$

23. — Les triangles P et Q restent évidemment $\bigtriangledown^2$; leurs centres Δ_i ont pour équation $(p_l u_k - p_k u_l = 0)$; les équations de leurs axes δ_i sont $(p_k x_k - p_l x_l = 0)$.

Les triangles **a** et P, **a** et Q sont $\bigtriangledown^1$ avec centres respectifs.

$$M_i\left(\frac{u_i}{p_i\lambda_i^2} + \frac{u_k}{p_k\lambda_l} + \frac{u_l}{p_l\lambda_k} = 0\right),\ N_i\left(\frac{u_1}{p_1\lambda_i^2} + \frac{u_2}{p_2\lambda_k^2} + \frac{u_3}{p_3\lambda_l^2} = 0\right),$$

Ces six centres sont sur une même conique Γ dont l'équation est :

$$\Gamma\left[\lambda_1^2\lambda_2^2\lambda_3^2\left(\sum\lambda_i^2\right)\left(\sum p_i^2x_i^2\right) - \left(\sum\lambda_k^4\lambda_l^4\right)\left(\sum p_k p_l x_k x_l\right) = 0\right].$$

En posant $\sum\frac{1}{p_i} = \frac{2}{p}$, $\frac{\sum\lambda_k^4\lambda_l^4}{\lambda_1^2\lambda_2^2\lambda_3^2\sum\lambda_i^2} = S^2$, le centre de Γ est au point :

$$\sum\left[\frac{1}{p_i}\left(\frac{1}{p} - \frac{1}{p_i}\right)S^4 + \left(\frac{2}{p} - \frac{1}{p_i}\right)S^2 + \frac{2}{p_i}\right]u_i = 0.$$

Ce point est, quel que soit S, sur le diamètre OK $\left[\sum p_i^2(p_k - p_l)x_i = 0\right]$. D'ailleurs, la polaire de K par rapport à Γ (comme par rapport à O) est Δ, perpendiculaire à OK. Donc, *la droite* OK *est toujours, en position, un axe de la conique* Γ.

Cette conique est ellipse, parabole ou hyperbole selon que l'on a :

$$\left(2\sum\frac{1}{p_k p_l} - \sum\frac{1}{p_i^2}\right)S^4 + 4\sum\frac{1}{p_k p_l}S^2 + 4\sum\frac{1}{p_i^2} \gtreqless 0,$$

ou, après division par le facteur positif $S^2 + 2$,

$$S^2 \gtreqless \frac{2\sum\frac{1}{p_i^2}}{\sum\frac{1}{p_i^2} - 2\sum\frac{1}{p_k p_l}},$$

condition facile à discuter selon les données. Pour les triangles A et **a** de la figure 2, A'_i étant les points situés sur les symédianes A_i K, on reconnaît aisément que Γ est ellipse si P_1 est pris dans le voisinage des points A'_i et hyperbole s'il est pris dans le voisinage des points A_i.

J'appellerai la conique Γ *première conique dérivée de* O *par rapport à son point* P_1.

24. — Les triangles M et N sont $\bigtriangledown^2$, car les droites (M_iN_i, M_kN_l, M_lN_k) concourent aux points Δ_i. Ils sont les complémentaires des triangles inscrits P et Q *par rapport à* **a**, car les droites ($\mathbf{a}_iM_i$, $\mathbf{a}_kM_l$, $\mathbf{a}_lM_k$) concourent aux points P_i, et les droites ($\mathbf{a}_iN_i$, $\mathbf{a}_kN_l$, $\mathbf{a}_lN_k$) aux points Q_i.

D'ailleurs, il est aisé de reconnaître (*) que le triangle **a** est $\bigtriangledown$ à tout triangle (R, S, U, V,...) du groupe [[A — P_1]]. Le triple [**a** — P_1] donne donc naissance à un groupe [[**a** — P_1]], englobant, si l'on veut, le groupe [[A — P_1]].

Triples et groupes mixtes de $\bigtriangledown$

25. — J'appelle *triples mixtes de triangles*, par rapport à la conique Γ, les triples tels que (A, M, N) et (**a**, M, N), qui se composent de deux triangles (M, N) inscrits à Γ et d'un triangle (A ou *a*) qui n'est ni inscrit ni circonscrit à cette conique.

Il est d'abord très facile de convertir le couple (M, N) *en groupe par rapport à* Γ. Car le centre de chacun des triangles M et N et de son triangle circonscrit (en d'autres termes, son point de Lemoine, n° 3) est toujours K, et sa droite de Lemoine est toujours Δ. Dès lors, en opérant, par exemple, sur le triangle M comme on a opéré sur le triangle A (n° 16 et suivants) et sur le point N_1 comme on a opéré sur le point P_1, on obtiendra le triangle N faisant fonction de triangle P et un triangle L faisant fonction de triangle Q. Le triple (M, N, L) ou [M — N_1] se transformera, comme au n° 19, en

(*) On peut pousser aussi loin que l'on voudra les vérifications par le calcul ; elles ne présentent aucune autre difficulté que leur longueur. Mais elles deviennent fastidieuses ; l'exactitude des propriétés résulte du principe de continuité, et il suffit de regarder les figures pour qu'elles apparaissent comme évidentes. La complication de la figure 2 a exigé la suppression de la plupart des lignes de construction ; il faut donc l'étudier la règle à la main si l'on veut vérifier les alignements et concours indiqués.

groupe $[[M - N_1]]$. Ce groupe de Γ est *mixte*, car on peut lui adjoindre, non seulement les triangles **A** ou **a**, mais une infinité de triangles (P, Q, R,... **p**, **q**, **r**,...), qui sont inscrits ou circonscrits à O, mais ne sont ni inscrits ni circonscrits à Γ.

26. — Considérons maintenant les triangles M et N du triple $[\mathbf{a} - P_1]$ *par rapport au triangle inscrit* A, **a** restant triangle de référence. M et N sont ∇^2 à A, car les droites (A_iM_i, A_kM_l, A_lM_k) concourent en des points M' (*fig.* 2), et les droites (A_iN_i, A_kN_l, A_lN_k) en des points N'_i. Les six points M'_i, N'_i sont sur une conique Γ' que j'appelle *deuxième conique dérivée de* O *par rapport à son point* P_1.

Si l'on pose $\dfrac{\lambda_i^2}{\lambda_i^2(\lambda_k^2+\lambda_l^2)-\lambda_k^2\lambda_l^2} = \mu^2$, $\dfrac{\sum \mu_k^4\mu_l^4}{\mu_1^2\mu_2^2\mu_3^2\sum \mu_i^2} = S'^2$, les équations des points M'_i et N'_i sont, sauf substitution des μ aux λ, celles des points N_i et M_i (n° 23) et l'équation de Γ' est :

$$\sum p_i^2 x_i^2 - S'^2 \sum p_k p_l x_k x_l = 0.$$

Cette conique a, comme Γ, son centre sur OK qui est un de ses axes.

Les triangles M' et N', ∇ à A sont les complémentaires, *par rapport à ce triangle*, des triangles M et N. Ils sont ∇ aux triangles des groupes $[[A - P_1]]$ et $[[\mathbf{a} - P_1]]$, etc.

Si, en particulier, on considère les triangles M' et N' *par rapport au triangle circonscrit* **a**, leurs centres avec ce triangle, M''_i et N''_i, dont les équations se forment avec les μ comme celles des points P_i et Q_i (n° 22) se sont formées avec les λ, sont situés sur une conique Γ'' ayant pour équation :

$$S'^2 \sum p_i^2 x_i^2 - \sum p_k p_l x_k x_l = 0,$$

admettant OK pour axe et *troisième conique dérivée de* O *par rapport à* P_1.

On peut continuer indéfiniment en considérant les couples de centres alternativement par rapport à A et à **a**.

27. — *En résumé*, indépendamment du groupe $[[A - P_1]]$ entièrement inscrit à O et du groupe $[[\mathbf{a} - P_1]]$ composé des triangles du premier groupe et de leurs triangles circonscrits :

A tout point P_1 (ou, corrélativement, à toute tangente $\mathbf{p}_1$) *d'une conique* O *à laquelle est inscrit* (ou circonscrit) *un triangle* A (ou **a**) *correspondent :* 1° *une famille de coniques dérivées* Γ, Γ',... Γ^n, *admettant toutes* Δ *pour* *polaire de* K *et* OK *pour axe* (voir la remarque ci-après); 2° *une infinité de couples de* $\bigtriangledown$ *à* A ou **a** *et entre eux, le premier couple* (P, Q) *étant inscrit* (ou circonscrit) *à* O; *les suivants* (M, N), (M′, N′),... *étant inscrits* (ou circonscrits) *aux dérivées successives* Γ, Γ′,...; 3° *chacun des triangles est pourvu d'un complémentaire, et chaque couple est susceptible d'être transformé en groupe par rapport à la conique à laquelle il appartient.*

Remarque. — La propriété des coniques Γ″ d'avoir OK pour axe est ici corrélative d'elle-même. En effet, les axes d'une conique Γ étant (n° 3) les droites passant par le centre de cette conique et conjuguées à la fois par rapport à O (conique directrice) et à Γ, les éléments corrélatifs sont les points de l'infini conjugués à la fois par rapport à O et à la polaire réciproque de Γ. D'où il résulte que OK reste axe conjugué de la direction Δ, par rapport à la directrice O.

Coniques dépendant d'un triple mixte.

28. — On peut rattacher à un triple mixte de triangle tel que [**a** — P_1] un très grand nombre de triples de coniques, notamment les suivants :

$$\begin{array}{ll}
\Phi_i(\mathbf{a}_1\mathbf{a}_2\mathbf{a}_3 P_k P_l), & \Phi'_i(\mathbf{a}_1\mathbf{a}_2\mathbf{a}_3 Q_k Q_l) \\
\Psi_i(\mathbf{a}_1\mathbf{a}_2\mathbf{a}_3 M_k M_l), & \Psi'_i(\mathbf{a}_1\mathbf{a}_2\mathbf{a}_3 N_k N_l) \\
\Pi_i(\mathbf{a}_k\mathbf{a}_l P_1 P_2 P_3), & \Pi'_i(\mathbf{a}_k\mathbf{a}_l Q_1 Q_2 Q_3) \\
\Omega_i(\mathbf{a}_k\mathbf{a}_l M_1 M_2 M_3), & \Omega'_i(\mathbf{a}_k\mathbf{a}_l N_1 N_2 N_3) \\
\zeta_i(\mathbf{a}_1\mathbf{a}_2\mathbf{a}_3 P_i Q_i), & \zeta'_i(\mathbf{a}_1\mathbf{a}_2\mathbf{a}_3 M_i N_i) \\
\Theta_i(\mathbf{a}_i P_k P_l Q_k Q_l), & \Theta'_i(\mathbf{a}_i M_k M_l N_k N_l)
\end{array}$$

En posant, pour simplifier l'écriture, $p_i x_i = X_i$, d'où il résulte que les droites $\mathbf{a}_i$K (symédianes de A) ont pour équation $X_k = X_l$ et faisant usage des identités précédemment indiquées (n° 16, *note*), on trouve pour les équations des coniques Φ et Ψ :

$$\Phi_i\left[\frac{\lambda_i^2 + \lambda_k\lambda_l}{\lambda_i^2 X_1} + \frac{\lambda_k^2 + \lambda_l\lambda_i}{\lambda_k^2 X_2} + \frac{\lambda_l^2 + \lambda_i\lambda_k}{\lambda_l^2 X_3} = 0\right],$$

$$\Phi'_i\left[\frac{\lambda_i^2 + \lambda_k\lambda_l}{\lambda_i^2 X_i} + \frac{\lambda_l^2 + \lambda_i\lambda_k}{\lambda_l^2 X_k} + \frac{\lambda_k^2 + \lambda_l\lambda_i}{\lambda_k^2 X_l} = 0\right],$$

$$\Psi_i\left[\frac{\lambda_i^2 + \lambda_k\lambda_l}{X_i} + \frac{\lambda_l^2 + \lambda_i\lambda_k}{X_k} + \frac{\lambda_k^2 + \lambda_l\lambda_i}{X_l} = 0\right],$$

$$\Psi'_i\left[\frac{\lambda_i^2 + \lambda_k\lambda_l}{X_1} + \frac{\lambda_k^2 + \lambda_l\lambda_i}{X_2} + \frac{\lambda_l^2 + \lambda_i\lambda_k}{X_3} = 0\right].$$

Il résulte de ces équations que : 1° les coniques (Φ_i et Φ'_i, Φ_k et Φ'_l, Φ_l et Φ'_k), (Ψ_i et Ψ'_i, Ψ_k et Ψ'_l, Ψ_l et Ψ'_k) se coupent sur les droites $\mathbf{a}_i$K ; 2° les coniques Φ_i et Ψ'_i, Φ'_i et Ψ_i se coupent respectivement aux points B_i et B'_i, dont les équations sont, en posant $\frac{\lambda_i^2 + \lambda_k\lambda_l}{\lambda_i^2(\lambda_k^2 - \lambda_l^2)} = \beta_i$:

$$B_i(\beta_i u_1 + \beta_k u_2 + \beta_l u_3 = 0), \qquad B'_i(\beta_i u_i + \beta_l u_k + \beta_k u_l = 0).$$

La forme bien connue de ces équations montre que les six points B_i et B'_i sont sur une conique ξ.

$$\xi\left[\left(\sum\beta_k\beta_l\right)\left(\sum X_i^2\right) - \left(\sum\beta_i^2\right)\left(\sum X_k X_l\right) = 0\right];$$

que les triangles **B** et B' sont $\bigtriangledown$ à **a** et $\bigtriangledown$ entre eux, etc. Il est dès lors facile de former, par rapport à cette conique ξ dérivée des coniques Φ et Ψ, un groupe $[[\mathbf{a} - P_1]]$, etc.

Les équations des coniques Π_i et Ω_i sont :

$$\Pi_i\left[\left(\sum\frac{\lambda_i^2 + \lambda_k\lambda_l}{\lambda_i^2}\right)\left(\sum\frac{1}{\lambda_i^2}X_i^2 - \sum\frac{\lambda_i^2}{\lambda_k^2\lambda_l^2}X_k X_l\right) + \sum\frac{\lambda_i^2 + \lambda_k\lambda_l}{\lambda_k^4}X_l X_i \right.$$
$$\left. + \sum\frac{\lambda_i^2 + \lambda_k\lambda_l}{\lambda_l^4}X_i X_k = 0\right],$$

$$\Omega_i\left[\sum\left(\lambda_i^2 + \lambda_k\lambda_l\right)\left(\sum\lambda_i^2 X_i^2 - \sum\lambda_k\lambda_l X_k X_l\right) - \sum\frac{\lambda_l^2\lambda_i^2(\lambda_i^2 + \lambda_k\lambda_l)}{\lambda_k^2}X_l X_i \right.$$
$$\left. - \sum\frac{\lambda_i^2\lambda_k^2(\lambda_i^2 + \lambda_k\lambda_l)}{\lambda_l^2}X_i X_k = 0\right].$$

Les équations des coniques Π'_i et Ω'_i sont les mêmes, sauf interversion des coefficients de $X_l X_i$ et $X_i X_k$; d'où il résulte que deux coniques (Π et Π') ou (Ω et Ω'), de même indice i se coupent sur la droite $\mathbf{a}_i$K.

Les intersections des coniques Π_i et Ω'_i, Π'_i et Ω_i sont intéressantes à étudier.

Les coniques ζ_i et ζ'_i ont respectivement pour équations :

$$\zeta_i\left[\frac{\lambda_i^2(\lambda_k^2 + \lambda_l^2)}{X_i} - \lambda_k^2\lambda_l^2\left(\frac{1}{X_k} + \frac{1}{X_l}\right) = 0\right),$$

$$\zeta'_i\left[\frac{\lambda_i^2 + \lambda_k^2}{X_i} - \lambda_i^2\left(\frac{1}{X_k} + \frac{1}{X_l}\right) = 0\right],$$

d'où il résulte que ces coniques ont leurs centres sur les droites $\mathbf{a}_i K$ et qu'elles sont tangentes aux points $\mathbf{a}_i$ aux droites $X_k + X_l = 0$, conjuguées des droites $\mathbf{a}_i K$ par rapport à O.

Il est facile de former, au moyen de leurs cinq points déterminants, les équations des coniques Θ_i et Θ'_i ; mais ces équations développées se présentent sous une forme très compliquée.

On trouvera aisément d'autres corollaires des propriétés qui précèdent. Le cercle de Brocard et le cercle orthocentroïdal fournissent notamment des applications très intéressantes sur lesquelles je me propose de revenir. Je me suis borné à l'indication des propriétés générales nécessaires à la formation des groupes et à celles qui en résultent immédiatement. Mais le sujet est vaste et bien loin d'être épuisé.

M. E. FONTANEAU

Ancien Officier de marine, à Limoges.

DU MOUVEMENT STATIONNAIRE DES LIQUIDES [S 2]

— *Séance du 4 août* —

J'ai déjà fait plusieurs communications à l'*Association française* relativement aux équations générales de l'Hydrodynamique, d'où il résulte que leur intégration dans un cas particulier quelconque, exige d'abord un système de coordonnées curvilignes dont une série de surfaces est plus ou moins arbitraire, tandis que les deux autres doivent être de nature à donner par les intersections mutuelles des surfaces dont elles se composent, les trajectrices du liquide en mouvement. Ces dernières ne peuvent pas être prises à volonté et si on ne peut pas s'aider pour leur choix des données de l'expérience, on est obligé d'avoir recours à une hypothèse dont la légitimité doit être ensuite établie par les résultats du calcul.

Lorsqu'au lieu des vélocites *(Strömungsflächen)*, on se donne les vorticites *(Wirbelflächen)* la méthode est analogue, quoique en général d'une application moins facile. C'est ainsi qu'il m'a été possible de traiter le problème posé par Helmholtz (*Ueber Wirbelbewegungen*, § 6), des tourbillons circulaires, en prenant pour point de départ les équations :

$$\eta = \sqrt{x^2 + y^2}, \qquad \zeta = z,$$

et pour expressions des composantes de la rotation élémentaire :

$$L = \frac{y}{\eta} H, \quad M = -\frac{x}{\eta} H, \quad N = 0, \quad \text{d'où} \quad H = \sqrt{L^2 + M^2 + N^2}.$$

Il en résulte pour la détermination de H et d'une autre fonction F de η et de ζ les équations aux dérivées partielles du second ordre :

$$(1) \quad \left\{ \begin{aligned} &\eta \frac{dH}{dt} - \frac{h}{5}\left[\eta\left(\frac{d^2H}{d\zeta^2} + \frac{d^2H}{d\eta^2}\right) + \frac{dH}{d\eta} - \frac{H}{\eta}\right] + (xp + yq)\left(\frac{dH}{d\eta} - \frac{H}{\eta}\right) \\ &\qquad + \eta r \frac{dH}{d\zeta} - \frac{aH}{\eta} = 0, \\ &\eta^2\left(\frac{d^2F}{d\zeta} 2 + \frac{d^2F}{d\eta^2}\right) - \eta \frac{dF}{d\eta} + 2\eta^3 \frac{dH}{d\zeta} - 2a = 0. \end{aligned} \right.$$

où l'on a :

$$(2) \quad \left\{ \begin{aligned} &xp + yq = F(\eta,\zeta), \qquad yp - xq = a \arcsin \frac{x}{\eta} + b, \\ &\frac{dr}{d\zeta} = -\frac{1}{\eta}\frac{dF}{d\eta} - \frac{a}{\eta^2} = -\eta \frac{dH}{d\zeta} - \frac{1}{2}\Delta^2 F ; \end{aligned} \right.$$

puis on conclut de ces égalités et des autres données de la question pour les expressions des composantes p, q, r de la vitesse :

$$(3) \quad \left\{ \begin{aligned} p &= \frac{ay \arcsin \frac{x}{\eta} + xF(\eta,\zeta) + by}{\eta^2}, \\ q &= \frac{-ax \arcsin \frac{x}{\eta} + yF(\eta,\zeta) - bx}{\eta^2}, \\ r &= \int \left(\frac{1}{\eta}\frac{dF}{d\zeta} + 2H\right) d\eta - \left(\frac{1}{\eta}\frac{dF}{d\eta} + \frac{a}{\eta^2}\right) d\zeta. \end{aligned} \right.$$

Pour déterminer les équations des vélocites, on a les formules de Lagrange :

$$(4) \qquad \frac{dx}{p} = \frac{dy}{q} = \frac{dz}{r} = dt,$$

d'où l'on déduit en faisant usage des égalités (2) :

$$\frac{\eta d\eta}{F(\eta,\zeta)} = \frac{ydx - xdy}{a \arcsin \frac{x}{\eta} + b} = \frac{d\zeta}{r}, \tag{5}$$

équations différentielles simultanées dont l'intégration pourra être effectuée lorsqu'on aura obtenu les expressions de $F(\eta, \zeta)$ et de r.

Dans ce cas particulier, on a :

$$\frac{d\eta}{dt} = 0, \qquad \frac{d\zeta}{dt} = 0, \tag{6}$$

et si on suppose que a et b soient des constantes indépendantes du temps t, on pourra toujours obtenir pour intégrales des équations (5) deux fonctions β, γ pour lesquelles on aura de même :

$$\frac{d\beta}{dt} = 0, \qquad \frac{d\gamma}{dt} = 0. \tag{7}$$

Je me propose de considérer ici principalement les mouvements de liquides pour lesquels se vérifient ces conditions et pour simplifier le langage, je dirai que le liquide en question est alors animé d'un mouvement stationnaire, c'est-à-dire caractérisé par la permanence de ses vélocités et de ses vorticites. Cette distinction, qui peut être utile pour classer par ordre de difficultés les questions à résoudre, peut aussi se justifier par les considérations suivantes.

2. — Les équations (4) doivent, d'après Lagrange, être intégrées de manière que les inconnues x, y, z se réduisent à leurs valeurs initiales x_0, y_0, z_0 lorsqu'on suppose nul le temps t et on obtient ainsi des équations de la forme :

$$x_0 = f_1(x, y, z, t), \qquad y_0 = f_2(x, y, z, t), \qquad z_0 = f_3(x, y, z, t). \tag{8}$$

Mais on peut aussi opérer plus généralement comme il suit ; soient :

$$a = \varphi_1(x_0, y_0, z_0), \qquad b = \varphi_2(x_0, y_0, z_0), \qquad c = \varphi_3(x_0, y_0, z_0) \tag{9}$$

trois fonctions a, b, c des coordonnées initiales ; si l'on y remplace ces coordonnées par leurs expressions (8), on aura trois intégrales nouvelles des équations (4).

De là il résulte qu'on peut toujours intégrer ces équations en disposant des constantes de manière à avoir :

$$(10) \qquad a = F_1(x, y, z, t), \quad b = F_2(x, y, z, t), \quad c = F_3(x, y, z, t),$$

où F_1, F_2, F_3 désignent des fonctions qui deviennent respectivement égales aux fonctions données φ_1, φ_2, φ_3 lorsqu'on y suppose $t = 0$.

Dans ces circonstances, pour avoir la trajectrice absolue du liquide, il faut éliminer le temps t entre les trois équations (10) ; il en résulte les deux équations de cette courbe :

$$(11) \qquad \Phi(x, y, z, a, b, c) = 0, \qquad \Psi(x, y, z, a, b, c) = 0,$$

et par conséquent deux séries de surfaces que l'on peut désigner sous le nom de vélocites absolues. Ces considérations ont lieu de quelque nature que soit le mouvement étudié ; mais il peut arriver que les composantes p, q, r de la vitesse, bien que le temps y figure explicitement, aient des expressions telles que les deux premières équations différentielles (4) en soient indépendantes. Dans ce cas, l'élimination dont il s'agit s'effectue par le calcul d'intégration et la trajectrice absolue en résulte immédiatement ; comme on a généralement :

$$(12) \left\{ \begin{aligned} & p = \left(\frac{d\beta}{dy}\frac{d\gamma}{dz} - \frac{d\beta}{dz}\frac{d\gamma}{dy}\right)E, \qquad q = \left(\frac{d\beta}{dz}\frac{d\gamma}{dx} - \frac{d\beta}{dx}\frac{d\gamma}{dz}\right)E, \\ & \qquad\qquad r = \left(\frac{d\beta}{dx}\frac{d\gamma}{dy} - \frac{d\beta}{dy}\frac{d\gamma}{dx}\right)E, \end{aligned} \right.$$

ceci a lieu lorsque dans les équations β, γ des vélocites n'entre pas explicitement le temps t, tandis qu'il figure dans la fonction E.

On peut déduire des équations (10) les expressions de x, y, z en fonction de a, b, c, t.

$$(13) \qquad x = b_1(a, b, c, t), \quad y = b_2(a, b, c, t), \quad z = b_3(a, b, c, t);$$

si on les différencie par rapport à t, il vient :

$$(14) \qquad \frac{dx}{dt} = \frac{db_1}{dt}, \quad \frac{dy}{dt} = \frac{db_2}{dt}, \quad \frac{dz}{dt} = \frac{db_3}{dt},$$

et en substituant dans les seconds membres de ces égalités, aux quantités a, b, c leurs expressions (10), on obtient les composantes p, q, r de la vitesse telles qu'elles sont dans les équations différentielles (4). Il suffit alors d'intégrer les équations :

$$qdx - pdy = 0, \qquad rdy - pdx = 0,$$

en y supposant constant le temps t, pour obtenir les fonctions β, γ. Mais ce n'est, en quelque sorte, qu'un procédé indirect par lequel on ne voit pas exactement comment les vélocites dépendent de l'intégration des équations différentielles simultanées (4). C'est sans doute ce qui a si longtemps fait méconnaître la nécessité de leur emploi ; car cette intégration partielle imaginée par Lagrange n'a pas de rapport avec la véritable intégration de ces équations ; il convient donc d'observer que, par la manière même dont elles out été déduites, les fonctions Φ et Ψ (11) sont elles-mêmes des intégrales qui doivent vérifier les équations différentielles (4), et comme le temps n'y entre pas, il faut qu'on ait :

$$p\frac{d\Phi}{dx}+q\frac{d\Phi}{dy}+r\frac{d\Phi}{dz}=0, \quad p\frac{d\Psi}{dx}+q\frac{d\Psi}{dy}+r\frac{d\Psi}{dz}=0.$$

Par suite et en vertu d'une proposition connue de la théorie des équations aux dérivées partielles du premier ordre et linéaires, on doit avoir :

$$\Phi=\varphi(\beta, \gamma), \quad \Psi=\psi(\beta, \gamma),$$

en désignant par β, γ deux intégrales quelconques des équations (4) obtenues en considérant le temps comme une constante. Les fonctions Φ et Ψ peuvent donc se déduire des fonctions β, γ en les combinant de manière à en éliminer le temps t et réciproquement on peut obtenir toutes les fonctions β, γ propres à vérifier les deux premières équations (4) en posant :

$$\beta=\varphi_1(\Phi, \Psi), \quad \gamma=\varphi_2(\Phi, \Psi),$$

où les fonctions φ_1, φ_2 peuvent contenir explicitement le temps t.

3. — Les considérations qui précèdent sont utiles pour la solution générale du problème, qui a pour objet de déterminer la forme spéciale des équations différentielles de l'hydrodynamique, lorsque les composantes L, M, N de la rotation élémentaire doivent vérifier l'équation aux dérivées partielles du second ordre de la conduction calorifique (Congrès de Boulogne-sur-Mer, année 1899).

Si, pour former les équations d'Euler et de Navier :

$$\frac{dp}{dt}-\frac{h}{\rho}\Delta^2 p+2\mathrm{M}r-2\mathrm{N}q=\frac{dk}{dx}, \quad \frac{dq}{dt}-\frac{h}{\rho}\Delta^2 q+2\mathrm{N}p-2\mathrm{L}r=\frac{dk}{dy},$$
$$\frac{dr}{dt}-\frac{h}{\rho}\Delta^2 r+2\mathrm{L}q-2\mathrm{M}p=\frac{dk}{dz}.$$

$$(15) \qquad k=\mathrm{W}-\frac{\mathrm{V}^2}{2}-\frac{\varpi}{\rho},$$

où V désigne la vitesse du liquide et W le potentiel accélérateur des forces appliquées à sa masse, on fait usage des expressions (12) de p, q, r, il vient :

$$(16)\left\{\begin{aligned}
2Mr - 2Nq &= \left[\left(2L\frac{d\gamma}{dx} + 2M\frac{d\gamma}{dy} + 2N\frac{d\gamma}{dz}\right)\frac{d\beta}{dx}\right.\\
&\quad\left. - \left(2L\frac{d\beta}{dx} + 2M\frac{d\beta}{dy} + 2N\frac{d\beta}{dz}\right)\frac{d\gamma}{dx}\right]E,\\
2Np - 2Lr &= \left[\left(2L\frac{d\gamma}{dx} + 2M\frac{d\gamma}{dy} + 2N\frac{d\gamma}{dz}\right)\frac{d\beta}{dy}\right.\\
&\quad\left. - \left(2L\frac{d\beta}{dx} + 2M\frac{d\beta}{dy} + 2N\frac{d\beta}{dz}\right)\frac{d\gamma}{dy}\right]E,\\
2Lq - 2Mp &= \left[\left(2L\frac{d\gamma}{dx} + 2M\frac{d\gamma}{dy} + 2N\frac{d\gamma}{dz}\right)\frac{d\beta}{dz}\right.\\
&\quad\left. - \left(2L\frac{d\beta}{dx} + 2M\frac{d\beta}{dy} + 2N\frac{d\beta}{dz}\right)\frac{d\gamma}{dz}\right]E.
\end{aligned}\right.$$

et en posant pour simplifier :

$$2L\frac{d\beta}{dx} + 2M\frac{d\beta}{dy} + 2N\frac{d\beta}{dz} = P, \qquad 2L\frac{d\gamma}{dx} + 2M\frac{d\gamma}{dy} + 2N\frac{d\gamma}{dz} = Q,$$

le problème proposé exige que l'on ait les relations :

$$(17)\left\{\begin{aligned}
&\frac{d}{dy}(QE)\frac{d\beta}{dz} - \frac{d}{dz}(QE)\frac{d\beta}{dy} + \frac{d}{dz}(PE)\frac{d\gamma}{dy} - \frac{d}{dy}(PE)\frac{d\gamma}{dz} = 0,\\
&\frac{d}{dz}(QE)\frac{d\beta}{dx} - \frac{d}{dx}(QE)\frac{d\beta}{dz} + \frac{d}{dx}(PE)\frac{d\gamma}{dz} - \frac{d}{dz}(PE)\frac{d\gamma}{dx} = 0,\\
&\frac{d}{dx}(QE)\frac{d\beta}{dy} - \frac{d}{dy}(QE)\frac{d\beta}{dx} + \frac{d}{dy}(PE)\frac{d\gamma}{dx} - \frac{d}{dx}(PE)\frac{d\gamma}{dy} = 0.
\end{aligned}\right.$$

Si on en fait la somme, après les avoir multipliées respectivement d'abord par $\frac{d\beta}{dx}$, $\frac{d\beta}{dy}$, $\frac{d\beta}{dz}$, puis par $\frac{d\gamma}{dx}$, $\frac{d\gamma}{dy}$, $\frac{d\gamma}{dz}$, on obtient les deux équations aux dérivées partielles du premier ordre :

$$(18)\left\{\begin{aligned}
&\left(\frac{d\beta}{dy}\frac{d\gamma}{dz} - \frac{d\beta}{dz}\frac{d\gamma}{dy}\right)\frac{d}{dx}(PE) + \left(\frac{d\beta}{dz}\frac{d\gamma}{dx} - \frac{d\beta}{dx}\frac{d\gamma}{dz}\right)\frac{d}{dy}(PE)\\
&\qquad + \left(\frac{d\beta}{dx}\frac{d\gamma}{dy} - \frac{d\beta}{dy}\frac{d\gamma}{dx}\right)\frac{d}{dz}(PE) = 0,\\
&\left(\frac{d\beta}{dy}\frac{d\gamma}{dz} - \frac{d\beta}{dz}\frac{d\gamma}{dy}\right)\frac{d}{dx}(QE) + \left(\frac{d\beta}{dz}\frac{d\gamma}{dx} - \frac{d\beta}{dx}\frac{d\gamma}{dz}\right)\frac{d}{dy}(QE)\\
&\qquad + \left(\frac{d\beta}{dx}\frac{d\gamma}{dy} - \frac{d\beta}{dy}\frac{d\gamma}{dx}\right)\frac{d}{dz}(QE) = 0.
\end{aligned}\right.$$

d'où il résulte que PE et QE doivent être des fonctions de β, γ et par conséquent P et Q, puisqu'il en est ainsi de E. De plus, si on développe la première des relations (17), il vient :

$$(19)\qquad \left(E\frac{dP}{d\beta}+P\frac{dE}{d\beta}+E\frac{dQ}{d\gamma}+Q\frac{dE}{d\gamma}\right)\left(\frac{d\beta}{dz}\frac{d\gamma}{dy}-\frac{d\beta}{dy}\frac{d\gamma}{dz}\right)=0,$$

d'où l'on déduit pour PE et QE, à moins que les composantes p, q, r de la vitesse ne soient simultanément nulles, des expressions de la forme :

$$PE=-\frac{dR}{d\gamma},\qquad QE=\frac{dR}{d\beta},$$

où R désigne une fonction arbitraire de β, γ. Ainsi on a

$$(20)\left\{\begin{aligned} &2L\frac{d\beta}{dx}+2M\frac{d\beta}{dy}+2N\frac{d\beta}{dz}=-\frac{1}{E}\frac{dR}{d\gamma},\\ &2L\frac{d\gamma}{dx}+2M\frac{d\gamma}{dy}+2N\frac{d\gamma}{dz}=\frac{1}{E}\frac{dR}{d\beta},\\ &2Mr-2Mq=\frac{dR}{dx},\quad 2Np-2Lr=\frac{dR}{dy},\quad 2Lq-2Mp=\frac{dR}{dz},\end{aligned}\right.$$

pour que les équations d'Helmholtz (cours de Mécanique professé à l'École polytechnique par M. Sarrau),

$$(21)\left\{\begin{aligned} &\frac{dL}{dt}-\frac{h}{5}\Delta^2L+2\frac{dL}{dx}p+\left(\frac{dM}{dx}+\frac{dL}{dy}\right)q+\left(\frac{dL}{dz}+\frac{dN}{dx}\right)r=\frac{d\Pi}{dx}\\ &\frac{dM}{dt}-\frac{h}{5}\Delta^2M+\left(\frac{dM}{dx}+\frac{dL}{dy}\right)p+2\frac{dM}{dy}q+\left(\frac{dM}{dy}+\frac{dM}{dz}\right)r=\frac{d\Pi}{dy}\\ &\frac{dM}{dt}-\frac{h}{5}\Delta^2N+\left(\frac{dL}{dz}+\frac{dM}{dx}\right)p+\left(\frac{dM}{dy}+\frac{dM}{dz}\right)q+2\frac{dM}{dz}r=\frac{d\Pi}{dz}\end{aligned}\right.$$

se réduisent à :

$$(22)\qquad \frac{dL}{dt}-\frac{h}{\rho}\Delta^2L=0,\quad \frac{dM}{dt}-\frac{h}{\rho}\Delta^2M=0,\quad \frac{dN}{dt}-\frac{h}{\rho}\Delta^2N=0.$$

4. — Pour mettre les équations (20) sous la forme explicite, il faut observer qu'on a :

$$
(23)\left\{
\begin{aligned}
2L &= \left(\frac{dD}{d\alpha_3}\frac{d\beta}{dy} - \frac{dD}{d\alpha_2}\frac{d\beta}{dz}\right)\frac{dE}{d\beta} + \left(\frac{dD}{d\alpha_3}\frac{d\gamma}{dy} - \frac{dD}{d\alpha_2}\frac{d\gamma}{dy}\right)\frac{dE}{d\gamma} \\
&\quad + \left(\frac{d}{dy}\frac{dD}{d\alpha_3} - \frac{d}{dz}\frac{dD}{d\alpha_2}\right)E, \\
2M &= \left(\frac{dD}{d\alpha_1}\frac{d\beta}{dz} - \frac{dD}{d\alpha_3}\frac{d\beta}{dx}\right)\frac{dE}{d\beta} + \left(\frac{dD}{d\alpha_1}\frac{d\gamma}{dz} - \frac{dD}{d\alpha_3}\frac{d\gamma}{dx}\right)\frac{dE}{d\gamma} \\
&\quad + \left(\frac{d}{dz}\frac{dD}{d\alpha_1} - \frac{d}{dx}\frac{dD}{d\alpha_3}\right)E, \\
2N &= \left(\frac{dD}{d\alpha_2}\frac{d\beta}{dx} - \frac{dD}{d\alpha_1}\frac{d\beta}{dy}\right)\frac{dE}{d\beta} + \left(\frac{dD}{d\alpha_2}\frac{d\gamma}{dx} - \frac{dD}{d\alpha_1}\frac{d\gamma}{dy}\right)\frac{dE}{d\gamma} \\
&\quad + \left(\frac{d}{dx}\frac{dD}{d\alpha_2} - \frac{d}{dy}\frac{dD}{d\alpha_1}\right)E,
\end{aligned}
\right.
$$

en désignant par D le déterminant fonctionnel des quantités α, β, γ et par α_1, α_2, α_3 les quotients différentiels de α par rapport à x, y, z, puis par des formules connues (Congrès de Boulogne-sur-Mer, 1899), et en faisant usage du même système de notations :

$$
(24)\left\{
\begin{gathered}
\frac{dD}{d\alpha_1} = D\frac{dx}{d\alpha}, \quad \frac{dD}{d\alpha_2} = D\frac{dy}{d\alpha}, \quad \frac{dD}{d\alpha^3} = D\frac{dz}{d\alpha}; \quad \frac{dD}{d\beta_1} = D\frac{dx}{d\beta}, \\
\frac{dD}{d\beta_2} = D\frac{dy}{d\beta}, \quad \frac{dD}{d\beta_3} = D\frac{dz}{d\beta}; \quad \frac{dD}{d\gamma_1} = D\frac{dx}{d\gamma}, \quad \frac{dD}{d\gamma_2} = D\frac{dy}{d\gamma}, \\
\frac{dD}{d\gamma_3} = D\frac{dz}{d\gamma}.
\end{gathered}
\right.
$$

Par suite, il vient :

$$
(25)\left\{
\begin{aligned}
&\frac{1}{E}\frac{dR}{d\beta} + \left(\frac{dD}{d\alpha_1}2 + \frac{dD}{d\alpha_2}2 + \frac{dD}{d\alpha_3}2\right)\frac{dE}{d\beta} = \left[\frac{d}{dz}\frac{dD}{d\alpha_1}\cdot\frac{d\gamma}{dy}\right. \\
&- \frac{d}{dy}\frac{dD}{d\alpha_1}\cdot\frac{d\gamma}{dz} + \frac{d}{dx}\frac{dD}{d\alpha_2}\cdot\frac{d\gamma}{dz} - \frac{d}{dz}\frac{dD}{d\alpha_2}\cdot\frac{d\gamma}{dx} + \frac{d}{dy}\frac{dD}{d\alpha_3}\cdot\frac{d\gamma}{dx} \\
&\left. - \frac{d}{dx}\frac{dD}{d\alpha_3}\cdot\frac{d\gamma}{dy}\right]E, \\
&\frac{1}{E}\frac{dR}{d\gamma} + \left(\frac{dD}{d\alpha_1}2 + \frac{dD}{d\alpha_2}2 + \frac{dD}{d\alpha_3}2\right)\frac{dE}{d\gamma} = -\left[\frac{d}{dz}\frac{dD}{d\beta_1}\cdot\frac{d\beta}{dy}\right. \\
&- \frac{d}{dy}\frac{dD}{d\alpha_1}\cdot\frac{d\beta}{dz} + \frac{d}{dx}\frac{dD}{d\alpha_2}\cdot\frac{d\beta}{dz} - \frac{d}{dz}\frac{dD}{d\alpha_2}\cdot\frac{d\beta}{dx} + \frac{d}{dy}\frac{dD}{d\alpha_3}\cdot\frac{d\beta}{dx} \\
&\left. - \frac{d}{dx}\frac{dD}{d\alpha_3}\cdot\frac{d\beta}{dy}\right]E,
\end{aligned}
\right.
$$

et à cause des relations :

$$\frac{dD}{d\alpha_1}=\frac{d\beta}{dy}\frac{d\gamma}{dz}-\frac{d\beta}{dz}\frac{d\gamma}{dy},\quad \frac{dD}{d\beta_1}=\frac{d\gamma}{dy}\frac{d\alpha}{dz}-\frac{d\gamma}{dz}\frac{d\alpha}{dy},\quad \frac{dD}{d\gamma_1}=\frac{d\alpha}{dy}\frac{d\beta}{dz}-\frac{d\alpha}{dz}\frac{d\beta}{dy},$$

$$\frac{dD}{d\alpha_2}=\frac{d\beta}{dz}\frac{d\gamma}{dx}-\frac{d\beta}{dx}\frac{d\gamma}{dz}, \text{ etc.},$$

on a définitivement :

$$(26)\left\{\begin{aligned}
&\frac{1}{E}\frac{dR}{d\beta}+\left(\frac{dD}{d\alpha_1}{}^2+\frac{dD}{d\alpha_2}{}^2+\frac{dD}{d\alpha_3}{}^2\right)\frac{dE}{d\beta}\\
&\quad+\frac{1}{2}\frac{d}{d\beta}\left(\frac{dD}{d\alpha_1}{}^2+\frac{dD}{d\alpha_2}{}^2+\frac{dD}{d\alpha_3}{}^2\right)\\
&=\left[\frac{d}{d\alpha}\left(\frac{dD}{d\alpha_1}\right)\frac{dD}{d\beta_1}+\frac{d}{d\alpha}\left(\frac{dD}{d\alpha_2}\right)\frac{dD}{d\beta_2}+\frac{d}{d\alpha}\left(\frac{dD}{d\alpha_3}\right)\frac{dD}{d\beta_3}\right]E,\\
&\frac{1}{E}\frac{dR}{d\gamma}+\left(\frac{dD}{d\alpha_1}{}^2+\frac{dD}{d\alpha_2}{}^2+\frac{dD}{d\alpha_3}{}^2\right)\frac{dE}{d\gamma}\\
&\quad+\frac{1}{2}\frac{d}{d\gamma}\left(\frac{dD}{d\alpha_1}{}^2+\frac{dD}{d\alpha_2}{}^2+\frac{dD}{d\alpha_3}{}^2\right)\\
&=\left[\frac{d}{d\alpha}\left(\frac{dD}{d\alpha_1}\right)\frac{dD}{d\gamma_1}+\frac{d}{d\alpha}\left(\frac{dD}{d\alpha_2}\right)\frac{dD}{d\gamma_2}+\frac{d}{d\alpha}\left(\frac{dD}{d\alpha_3}\right)\frac{dD}{d\gamma_3}\right]E.
\end{aligned}\right.$$

On a de plus, par les relations (24) :

$$\frac{d}{d\alpha}\left(\frac{dD}{d\alpha_1}\right)\frac{dD}{d\beta_1}+\frac{d}{d\alpha}\left(\frac{dD}{d\alpha_2}\right)\frac{dD}{d\beta_2}+\frac{d}{d\alpha}\left(\frac{dD}{d\alpha_3}\right)\frac{dD}{d\beta_3}=\frac{d}{d\alpha}\left(\frac{\frac{dx}{d\alpha}}{\Delta}\right)\frac{\frac{dx}{d\beta}}{\Delta}$$
$$+\frac{d}{d\alpha}\left(\frac{\frac{dy}{d\alpha}}{\Delta}\right)\frac{\frac{dy}{d\beta}}{\Delta}+\frac{d}{d\alpha}\left(\frac{\frac{dz}{d\alpha}}{\Delta}\right)\frac{\frac{dz}{d\beta}}{\Delta},$$

$$\frac{d}{d\alpha}\left(\frac{dD}{d\alpha_1}\right)\frac{dD}{d\gamma_1}+\frac{d}{d\alpha}\left(\frac{dD}{d\alpha_2}\right)\frac{dD}{d\gamma_2}+\frac{d}{d\alpha}\left(\frac{dD}{d\alpha_3}\right)\frac{dD}{d\gamma_3}=\frac{d}{d\alpha}\left(\frac{\frac{dx}{d\alpha}}{\Delta}\right)\frac{\frac{dx}{d\gamma}}{\Delta}$$
$$+\frac{d}{d\alpha}\left(\frac{\frac{dy}{d\alpha}}{\Delta}\right)\frac{\frac{dy}{d\gamma}}{\Delta}+\frac{d}{d\alpha}\left(\frac{\frac{dz}{d\alpha}}{\Delta}\right)\frac{\frac{dz}{d\gamma}}{\Delta},$$

en posant :

$$(27)\qquad \Delta=\frac{1}{D}=\begin{vmatrix}\frac{dx}{d\alpha} & \frac{dx}{d\beta} & \frac{dx}{d\gamma}\\ \frac{dy}{d\alpha} & \frac{dy}{d\beta} & \frac{dy}{d\gamma}\\ \frac{dz}{d\alpha} & \frac{dz}{d\beta} & \frac{dz}{d\gamma}\end{vmatrix};$$

si donc on multiplie les équations (26) respectivement par $\frac{d\beta}{dx}$, $\frac{d\gamma}{dx}$ et qu'on en fasse la somme, puis qu'on répète ce calcul avec les facteurs $\frac{d\beta}{dy}$, $\frac{d\gamma}{dy}$ et avec les facteurs $\frac{d\beta}{dz}$, $\frac{d\gamma}{dz}$, il vient, en observant qu'on doit avoir par ces mêmes équations :

$$(28) \qquad \frac{dD}{d\alpha_1}2 + \frac{dD}{d\alpha_2}2 + \frac{dD}{d\alpha_3}2 = B^2C^2 \sin^2\theta = f(\beta, \gamma),$$

et par suite :

$$\frac{\frac{dx}{d\alpha}}{\Delta}\frac{d}{d\alpha}\frac{\frac{dx}{d\alpha}}{\Delta} + \frac{\frac{dy}{d\alpha}}{\Delta}\frac{d}{d\alpha}\frac{\frac{dy}{d\alpha}}{\Delta} + \frac{\frac{dz}{d\alpha}}{\Delta}\frac{d}{d\alpha}\frac{\frac{dz}{d\alpha}}{\Delta} = 0,$$

pour déterminer R, les relations :

$$(29)\begin{cases}
\frac{dR}{dx} + \frac{1}{2}\frac{d}{dx}\left[\frac{\frac{dx}{d\alpha}2 + \frac{dy}{d\alpha}2 + \frac{dz}{d\alpha}2}{\Delta^2}E^2\right] = \frac{E^2}{\Delta}\frac{d}{d\alpha}\frac{\frac{dx}{d\alpha}}{\Delta}, \\
\frac{dR}{dy} + \frac{1}{2}\frac{d}{dy}\left[\frac{\frac{dx}{d\alpha}2 + \frac{dy}{d\alpha}2 + \frac{dz}{d\alpha}2}{\Delta^2}E^2\right] = \frac{E^2}{\Delta}\frac{d}{d\alpha}\frac{\frac{dy}{d\alpha}}{\Delta}, \\
\frac{dR}{dz} + \frac{1}{2}\frac{d}{dz}\left[\frac{\frac{dx}{d\alpha}2 + \frac{dy}{d\alpha}2 + \frac{dz}{d\alpha}2}{\Delta^2}E^2\right] = \frac{E^2}{\Delta}\frac{d}{d\alpha}\frac{\frac{dz}{d\alpha}}{\Delta},
\end{cases}$$

soit, pour simplifier :

$$(30)\left\{ \qquad R + \frac{1}{2}\frac{\frac{dx}{d\alpha}2 + \frac{dy}{d\alpha}2 + \frac{dz}{d\alpha}2}{\Delta^2}E^2 + K. \right.$$

On aura, par les équations (29), en ayant égard à la relation (28) :

$$(31)\begin{cases}
\frac{dK}{d\alpha} = 0, \quad \frac{dK}{d\beta} = \frac{E^2}{\Delta}\left[\frac{dx}{d\beta}\frac{d}{d\alpha}\frac{\frac{dx}{d\alpha}}{\Delta} + \frac{dy}{d\beta}\frac{d}{d\alpha}\frac{\frac{dy}{d\alpha}}{\Delta} + \frac{dz}{d\beta}\frac{d}{d\alpha}\frac{\frac{dz}{d\alpha}}{\Delta}\right], \\
\frac{dK}{d\gamma} = \frac{E^2}{\Delta}\left[\frac{dx}{d\gamma}\frac{d}{d\alpha}\frac{\frac{dx}{d\alpha}}{\Delta} + \frac{dy}{d\gamma}\frac{d}{d\alpha}\frac{\frac{dy}{d\alpha}}{\Delta} + \frac{dz}{d\gamma}\frac{d}{d\alpha}\frac{\frac{dz}{d\alpha}}{\Delta}\right].
\end{cases}$$

Ainsi, pour la solution du problème en question, il faut d'abord que l'on prenne pour α, β, γ des fonctions de x, y, z propres à vérifier la relation (28) ou bien pour x, y, z des fonctions de α, β, γ de nature à faire disparaître α du second terme du membre à gauche de l'égalité (30); puis il suffit que les seconds membres des équations (29) soient de formes respectives $\frac{dK}{dx}$, $\frac{dK}{dy}$, $\frac{dK}{dz}$ ou, ce qui revient au même, que l'on ait les équations (31) dans lesquelles K désigne une fonction quelconque de β et de γ.

On peut aussi poser, d'après les équations (26) :

$$\frac{dD}{d\beta_1}\frac{d}{d\alpha}\frac{dD}{d\alpha_1}+\frac{dD}{d\beta_2}\frac{d}{d\alpha}\frac{dD}{d\alpha_2}+\frac{dD}{d\beta_3}\frac{d}{d\alpha}\frac{dD}{d\alpha_3}=\frac{1}{E^2}\frac{dK}{d\beta},$$
$$\frac{dD}{d\gamma_1}\frac{d}{d\alpha}\frac{dD}{d\alpha_1}+\frac{dD}{d\gamma_2}\frac{d}{d\alpha}\frac{dD}{d\alpha_2}+\frac{dD}{d\gamma_3}\frac{d}{d\alpha}\frac{dD}{d\alpha_3}=\frac{1}{E^2}\frac{dK}{d\gamma},$$

et en développant :

$$(32)\left\{\begin{aligned}
&\left(\frac{dD}{d\beta_1}\frac{d}{dx}\frac{dD}{d\alpha_1}+\frac{dD}{d\beta_2}\frac{d}{dx}\frac{dD}{d\alpha_2}+\frac{dD}{d\beta_3}\frac{d}{dx}\frac{dD}{d\alpha_3}\right)\frac{\frac{dD}{d\alpha_1}}{D}\\
&+\left(\frac{dD}{d\beta_1}\frac{d}{dy}\frac{dD}{d\alpha_1}+\frac{dD}{d\beta_2}\frac{d}{dy}\frac{dD}{d\alpha_2}+\frac{dD}{d\beta_3}\frac{d}{dy}\frac{dD}{d\alpha_3}\right)\frac{\frac{dD}{d\alpha_2}}{D}\\
&+\left(\frac{dD}{d\beta_1}\frac{d}{dz}\frac{dD}{d\alpha_1}+\frac{dD}{d\beta_2}\frac{d}{dz}\frac{dD}{d\alpha_2}+\frac{dD}{d\beta_3}\frac{d}{dz}\frac{dD}{d\alpha_3}\right)\frac{\frac{dD}{d\alpha_3}}{D}=\frac{\frac{dK}{d\beta}}{E^2};\\
&\left(\frac{dD}{d\gamma_1}\frac{d}{dx}\frac{dD}{d\alpha_1}+\frac{dD}{d\gamma_2}\frac{d}{dx}\frac{dD}{d\alpha_2}+\frac{dD}{d\gamma_3}\frac{d}{dx}\frac{dD}{d\alpha_3}\right)\frac{\frac{dD}{d\alpha_1}}{D}\\
&+\left(\frac{dD}{d\gamma_1}\frac{d}{dy}\frac{dD}{d\alpha_1}+\frac{dD}{d\gamma_2}\frac{d}{dy}\frac{dD}{d\alpha_2}+\frac{dD}{d\gamma_3}\frac{d}{dy}\frac{dD}{d\alpha_3}\right)\frac{\frac{dD}{d\alpha_2}}{D}\\
&+\left(\frac{dD}{d\gamma_1}\frac{d}{dz}\frac{dD}{d\alpha_1}+\frac{dD}{d\gamma_2}\frac{d}{dz}\frac{dD}{d\alpha_2}+\frac{dD}{d\gamma_3}\frac{d}{dz}\frac{dD}{d\alpha_3}\right)\frac{\frac{dD}{d\alpha_3}}{D}=\frac{\frac{dK}{d\gamma}}{E_2}.
\end{aligned}\right.$$

On peut sans doute m'objecter ici que par ce mode de calcul, on est conduit à des équations aux dérivées partielles du second ordre, simultanées, à plusieurs variables du genre de celles que Lagrange considérait comme insolubles par les méthodes connues de l'analyse. J'y répondrai succinctement qu'il ne s'agit pas de les intégrer, mais seulement d'en obtenir des solutions particulières indéfinies, car l'intégration effective ne se pose, en général, que pour des équations aux dérivées partielles où n'entre comme fonction à déterminer, que la variable E, c'est-à-dire, en réalité, la vitesse du liquide. D'ailleurs, il n'est pas possible de contester qu'on ne soit obligé, par cette méthode, d'avoir pour point de départ des données expérimentales, et tout ce qu'on est en droit d'espérer, c'est qu'il en résultera, dans chaque cas particulier, des simplifications notables du calcul. D'ailleurs, il se présente ici deux circonstances favorables ; d'abord l'équation (28) à deux variables β, γ est du premier ordre, et en se donnant à volonté l'une des fonctions à déterminer γ, on peut obtenir β par l'intégration d'une équation aux dérivées partielles du premier ordre à une inconnue, ce qui permettrait la recherche, pénible sans doute, mais abordable par le calcul des divers systèmes de valeurs pour β et γ, propres à vérifier cette équation ; puis, en ce qui concerne les équations (31), la variable α peut y être considérée comme arbitraire. Quoi qu'il en soit, le problème particulier dont il s'agit ici est important et se pose à l'occasion d'autres questions résolubles par d'autres procédés. Lorsqu'il en est ainsi, les formules précédentes peuvent être d'une grande utilité.

5. — Soit, par exemple :

$$(33)\qquad \alpha = \frac{az - cx}{cy - bz}, \qquad \beta = \sqrt{x^2 + y^2 + z^2}, \qquad \gamma = ax + by + cz,$$

(comptes rendus du Congrès de Nantes, 1898). Il vient :

$$\frac{dD}{d\alpha_1} = \frac{cy - bz}{\beta}, \qquad \frac{dD}{d\alpha_2} = \frac{az - cx}{\beta}, \qquad \frac{dD}{d\alpha_3} = \frac{bx - ay}{\beta},$$

$$\frac{dD}{d\alpha_1}2 + \frac{dD}{d\alpha_2}2 + \frac{dD}{d\alpha_3}2 = \frac{(a^2 + b^2 + c^2)\beta^2 - \gamma^2}{\beta^2}.$$

$$p = \frac{cy - bz}{\beta}E, \qquad 2L = \frac{dr}{dy} - \frac{dq}{dz} = -\frac{a\beta^2 + \gamma x}{\beta^3}E + \frac{\gamma x - a\beta^2}{\beta^2}\frac{dE}{d\beta} + \frac{(a^2 + b^2 + c^2)x - a\gamma}{\beta}\frac{dE}{d\gamma},$$

$$q = \frac{az - cx}{\beta}E, \qquad 2M = \frac{dp}{dz} - \frac{dr}{dx} = -\frac{b\beta^2 + \gamma y}{\beta^3}E + \frac{\gamma y - b\beta^2}{\beta^2}\frac{dE}{d\beta} + \frac{(a^2 + b^2 + c^2)y - b\gamma}{\beta}\frac{dE}{d\gamma},$$

$$r = \frac{bx - ay}{\beta}E, \qquad 2N = \frac{dq}{dx} - \frac{dp}{dy} = -\frac{c\beta^2 + \gamma z}{\beta^3}E + \frac{\gamma z - c\beta^2}{\beta^2}\frac{dE}{d\beta} + \frac{(a^2 + b^2 + c^2)z - c\gamma}{\beta}\frac{dE}{d\gamma},$$

et

$$x = \frac{a\gamma}{a^2 + b^2 + c^2} - \frac{[(b^2 + c^2)\alpha + ab]\sqrt{(a^2 + b^2 + c^2)\beta^2 - \gamma^2}}{(a^2 + b^2 + c^2)\sqrt{(b^2 + c^2)\alpha^2 + 2ab\alpha + c^2 + a^2}},$$

$$y = \frac{b\gamma}{a^2 + b^2 + c^2} + \frac{(c^2 + a^2 + ab\alpha)\sqrt{(a^2 + b^2 + c^2)\beta^2 - \gamma^2}}{(a^2 + b^2 + c^2)\sqrt{(b^2 + c^2)\alpha^2 + 2ab\alpha + c^2 + a^2}},$$

$$z = \frac{c\gamma}{a^2 + b^2 + c^2} + \frac{(ca\alpha - cb)\sqrt{(a^2 + b^2 + c^2)\beta^2 - \gamma^2}}{(a^2 + b^2 + c^2)\sqrt{(b^2 + c^2)\alpha^2 + 2ab\alpha + c^2 + a^2}}.$$

On a ensuite :

$$2L\frac{d\beta}{dx} + 2M\frac{d\beta}{dy} + 2N\frac{d\beta}{dz} = -\frac{2\gamma}{\beta^2}E + \frac{(a^2 + b^2 + c^2)\beta^2 - \gamma^2}{\beta^2}\frac{dE}{d\gamma} = -\frac{1}{E}\frac{dR}{d\gamma},$$

$$2L\frac{d\gamma}{dx} + 2M\frac{d\gamma}{dy} + 2N\frac{d\gamma}{dz} = -\frac{(a^2 + b^2 + c^2)\beta^2 + \gamma^2}{\beta^3}E - \frac{(a^2 + b^2 + c^2)\beta^2 - \gamma^2}{\beta^2}\frac{dE}{d\beta} = \frac{1}{E}\frac{dR}{d\beta};$$

et par l'élimination de R :

(34) $$(a^2 + b^2 + c^2)\beta^2\frac{dE}{d\gamma} + \beta\gamma\frac{dE}{d\beta} = \gamma E,$$

d'où il résulte, en intégrant :

(35) $$E = \beta F\left[(a^2 + b^2 + c^2)\beta^2 - \gamma^2\right].$$

Pour simplifier, j'achèverai le calcul en supposant que l'on ait $a = 0$, $b = 0$, $c = 1$; il vient alors :

$$x = -\alpha\sqrt{\frac{\beta^2 - \gamma^2}{\alpha^2 + 1}}, \quad y = \sqrt{\frac{\beta^2 - \gamma^2}{\alpha^2 + 1}}, \quad z = \gamma, \quad E = \beta F(\beta^2 - \gamma^2),$$

et

$$p = \frac{y}{\beta}E, \quad q = -\frac{x}{\beta}E, \quad r = 0,$$

$$2L = x\left(\frac{1}{\beta}\frac{dE}{d\gamma} + \frac{\gamma}{\beta^2}\frac{dE}{d\beta} - \frac{\gamma}{\beta^3}\right)E = 0, \quad 2M = y\left(\frac{1}{\beta}\frac{dE}{d\gamma} + \frac{\gamma}{\beta^2}\frac{dE}{d\beta} - \frac{\gamma}{\beta^3}\right)E = 0,$$

$$2N = -\frac{1}{\beta}\left(\gamma\frac{dE}{d\gamma} + \beta\frac{dE}{d\beta} + E\right),$$

puis, en substituant, dans l'expression de N, la valeur de E, déduite de l'égalité (35) :

$$(36) \qquad N = -F - (\beta^2 - \gamma^2) F',$$

en désignant par F′ la fonction prime de la fonction à une variable F.

Si donc on pose :

$$(37) \qquad u = \beta^2 - \gamma^2 = x^2 + y^2,$$

on aura, en général :

$$\Delta^2 N = \frac{d^2N}{du^2}\left(\frac{du}{dx}2 + \frac{du}{dy}2\right) + \frac{dN}{du}\left(\frac{d^2u}{dx^2} + \frac{d^2u}{dy}2\right) = 4(x^2 + y^2)\frac{d^2N}{du^2},$$

et, par suite, pour l'équation à intégrer :

$$(38) \qquad \frac{dF}{dt} + u\frac{d^2F}{dudt} - 4\frac{h}{5}\left(u^2\frac{d^3F}{du^3} + 3u\frac{d^2F}{du^2}\right) = 0.$$

On obtient ainsi la même solution que dans le travail inséré aux comptes rendus de l'Association Française (Congrès de Nantes, 1898) ; ce qui prouve que par ce nouveau procédé, on obtient la solution la plus générale du problème en question.

6. — Je considère ensuite les équations reproduites au n° 1 du problème des tourbillons circulaires posé par Helmholtz et étudié par lui-même aussi bien que par Kirchhoff. Si l'on y ajoute les composantes de la rotation élémentaire :

$$L = \left(\frac{d\eta}{dy}\frac{d\zeta}{dz} - \frac{d\eta}{dz}\frac{d\zeta}{dy}\right)H = \frac{y}{\eta}H, \qquad M = \frac{d\eta}{dz}\frac{d\zeta}{dx} - \frac{d\eta}{dx}\frac{d\zeta}{dz} = -\frac{x}{\eta}H,$$
$$N = \left(\frac{d\eta}{dx}\frac{d\zeta}{dy} - \frac{d\eta}{dy}\frac{d\zeta}{dx}\right)H = 0,$$

il en résulte :

$$Lp + Mq + Nr = \Pi = \left(\frac{a}{\eta}\arcsin\frac{x}{\eta} + \frac{b}{\eta}\right)H$$

et $$2Mr - 2Nq = -2\frac{xr}{\eta}H, \qquad 2Np - 2Lr = -2\frac{yr}{\eta}H,$$

$$2Lq - 2Mp = 2\frac{F(\eta,\zeta)}{\eta}H.$$

On a donc, en employant les notations précédentes :

$$(39) \qquad R = 2\int H \frac{F(\eta,\zeta)}{\eta} d\zeta - r H d\eta.$$

Si par l'intégration du second membre de cette égalité, on peut obtenir une expression de R, elle sera fonction de η et de ζ et par suite les expressions de L, M, N vérifieront les équations aux dérivées partielles (22).

Pour le prouver, soit en général :

$$(40) \begin{cases} L = \left(\frac{d\eta}{dy}\frac{d\zeta}{dz} - \frac{d\eta}{dz}\frac{d\zeta}{dy}\right) H, \quad M = \left(\frac{d\eta}{dz}\frac{d\zeta}{dx} - \frac{d\eta}{dx}\frac{d\zeta}{dz}\right) H, \\ N = \left(\frac{d\eta}{dx}\frac{d\zeta}{dy} - \frac{d\eta}{dy}\frac{d\zeta}{dx}\right) H; \end{cases}$$

il en résulte, par un calcul analogue à celui du n° 3,

$$(41) \begin{cases} 2Mr - 2Nq = 2\left[\left(p\frac{d\eta}{dx} + q\frac{d\eta}{dy} + r\frac{d\eta}{dz}\right)\frac{d\zeta}{dx} - \left(p\frac{d\zeta}{dx} + q\frac{d\zeta}{dy} + r\frac{d\zeta}{dz}\right)\frac{d\eta}{dx}\right] H, \\ 2Np - 2Lr = 2\left[\left(p\frac{d\eta}{dx} + q\frac{d\eta}{dy} + r\frac{d\eta}{dz}\right)\frac{d\zeta}{dy} - \left(p\frac{d\zeta}{dx} + q\frac{d\zeta}{dy} + r\frac{d\zeta}{dz}\right)\frac{d\eta}{dy}\right] H, \\ 2Lq - 2Mp = 2\left[\left(p\frac{d\eta}{dx} + q\frac{d\eta}{dy} + r\frac{d\eta}{dz}\right)\frac{d\zeta}{dz} - \left(p\frac{d\zeta}{dx} + q\frac{d\zeta}{dy} + r\frac{d\zeta}{dz}\right)\frac{d\eta}{dz}\right] H; \end{cases}$$

d'où, en posant pour simplifier :

$$2p\frac{d\eta}{dx} + 2q\frac{d\eta}{dy} + 2r\frac{d\eta}{dz} = Y, \qquad 2p\frac{d\zeta}{dx} + 2q\frac{d\zeta}{dy} + r\frac{d\zeta}{dz} = Z,$$

et opérant comme au numéro susdit, on obtient des conclusions analogues, c'est-à-dire :

$$(42) \begin{cases} YH = \frac{dR}{d\zeta}, \qquad ZH = -\frac{dR}{d\eta}, \\ 2Mr - 2Nq = \frac{dR}{dx}, \quad 2Np - 2Lr = \frac{dR}{dy}, \quad 2Lq - 2Mp = \frac{dR}{dz}. \end{cases}$$

D'après les expressions données pour les composantes de la rotation élémentaire, les équations (24) se réduisent ici à cette seule équation aux dérivées partielles du second ordre :

$$(43) \qquad \eta\frac{dH}{dt} - \frac{h}{\rho}\left[\eta\left(\frac{d^2H}{d\zeta^2} + \frac{d^2H}{d^2\eta}\right) + \frac{dH}{d\eta} - \frac{H}{\eta}\right].$$

Mais il faut que le second membre de l'égalité (39) soit intégrable, ou qu'on ait :

$$\frac{H}{\eta}\frac{dF}{d\eta} + \frac{F}{\eta}\frac{dH}{d\eta} - \frac{FH}{\eta^2} + H\frac{dr}{d\zeta} + r\frac{dH}{d\zeta} = 0,$$

relation d'où il résulte, en y substituant l'expression (2) de $\frac{dr}{d\zeta}$,

$$\text{(44)} \qquad F\left(\frac{dH}{d\eta} - \frac{H}{\eta}\right) + \eta r\frac{dH}{d\zeta} - \frac{aH}{\eta} = 0.$$

Par suite la première des équations (1) se dédouble et il en résulte pour la détermination des deux inconnues F, H les trois équations aux dérivées partielles simultanées (43), (44) et la dernière des équations (1) :

$$\text{(45)} \qquad \eta^2\left(\frac{d^2F}{d\zeta^2} + \frac{d^2F}{d\eta^2}\right) - \eta\frac{dF}{d\eta} + 2\eta^3\frac{dH}{d\zeta} - 2a = 0.$$

On déduit de l'expression (39) de R :

$$\frac{dR}{d\eta} = -2rH, \quad \frac{dR}{d\zeta} = 2\frac{F.H}{\eta}, \quad r = -\frac{\frac{dR}{d\eta}}{2H}, \quad F = \frac{\eta\frac{dR}{d\zeta}}{2H};$$

et en portant ces valeurs de r et F dans l'équation (44), il vient :

$$\text{(46)} \qquad \left(\eta\frac{dH}{d\eta} - H\right)\frac{dR}{d\zeta} - \eta\frac{dH}{d\zeta}\frac{dR}{d\eta} = 2a\frac{H^2}{\eta},$$

ce qui permet de déterminer R en fonction de H au moyen des équations différentielles simultanées :

$$\text{(47)} \qquad \eta\left(\frac{dH}{d\zeta}d\zeta + \frac{dH}{d\eta}d\eta\right) - Hd\eta = 0, \qquad \frac{dR}{2a\frac{H^2}{\eta^2}} + \frac{d\eta}{\frac{dH}{d\zeta}} = 0.$$

Quant à la fonction F, pour l'obtenir en fonction de H, on peut procéder comme il suit, on a par l'équation (44) :

$$\text{(48)} \left\{ \begin{aligned} \frac{dz}{d\eta} &= \frac{1}{\eta}\frac{dF}{d\zeta} + 2H = \frac{d}{d\eta}\frac{aH}{\eta^2\frac{dH}{d\zeta}} - \frac{d}{d\eta}\frac{\eta\frac{dH}{d\eta} - H}{\eta^2\frac{dH}{d\zeta}}.F - \frac{\eta\frac{dH}{d\eta} - H}{\eta^2\frac{dH}{d\zeta}}\frac{dF}{d\eta}, \\ \frac{dz}{d\zeta} &= -\frac{1}{\eta}\frac{dF}{d\eta} - \frac{a}{\eta^2} = \frac{d}{d\zeta}\frac{aH}{\eta_2\frac{dH}{d\zeta}} - \frac{d}{d\zeta}\frac{\eta\frac{dH}{d\eta} - H}{\eta^2\frac{dH}{d\zeta}}.F - \frac{\eta\frac{dH}{d\eta'} - H}{\eta^2\frac{dH}{d\zeta}}\frac{dF}{d\zeta}; \end{aligned} \right.$$

c'est-à-dire deux équations aux dérivées partielles du premier ordre et linéaires en F qui permettront de déterminer cette fonction en y substituant parmi les valeurs de H obtenues en intégrant l'équation (43) celles qui rendront compatibles ces équations (48). C'est d'ailleurs ainsi qu'il faut procéder dans le cas général sur la première des équations (1); il en résulte alors deux équations pour déterminer F et H tandis qu'il en faut trois pour le cas spécial dont il vient d'être question; car ce procédé rend inutile la seconde des équations (1).

7. — Quand on a $a = 0, b = 0$, il en résulte $H = 0$ et l'axe de la rotation élémentaire est, en tous les points du liquide, perpendiculaire à la vitesse. Il vient alors :

$$(49)\quad \left\{ \begin{array}{l} p = \frac{x}{\eta^2} F(\eta, \zeta), \\ q = \frac{y}{\eta^2} F(\eta, \zeta), \quad r = \int \left(\frac{1}{\eta} \frac{dF}{d\zeta} + 2H\right) d\eta - \frac{1}{\eta} \frac{dF}{d\eta} d\zeta, \end{array} \right.$$

et on déduit de l'équation (46) :

$$R = \varphi\left(\frac{H}{\eta}\right),$$

en désignant par φ une fonction arbitraire. Il résulte aussi des équations (5) pour la détermination des vélocites :

$$\frac{y}{x} = \beta, \quad \frac{d\zeta}{r} = (\beta^2 + 1) \frac{x dx}{F(\eta, \zeta)}, \quad \eta = x\sqrt{\beta^2 + 1},$$

et on voit qu'une des séries de vélocites est composée de surfaces orthogonales aux vorticites qui ont pour équations :

$$\sqrt{x^2 + y^2} = \eta, \qquad \zeta = z.$$

On reconnaît aussi que dans l'exemple traité au n° 5, l'équation :

$$\frac{az - cx}{cy - bz} = \alpha$$

qui donne toutes les surfaces simultanément orthogonales aux vélocites des deux séries exprime en même temps une des séries de vorticites. C'est une proposition générale qui résulte de la forme générale que prennent alors les expressions des composantes de la vitesse et celles des composantes de la rotation élémentaire, et dans ce cas particulier, il en résulte une simplification de calcul dans la recherche des autres conditions que doit remplir le système considéré de coordonnées monorthogonales.

On peut se demander si lorsqu'on se donne *a priori* les vélocites d'un mouvement de liquides, on ne pourrait pas déterminer immédiatement une série de surfaces propres à constituer une série des vorticites correspondantes, de manière qu'on ait, comme dans le problème spécial dont il vient d'être question, un système de coordonnées curvilignes de nature à faciliter l'intégration des équations aux dérivées partielles de l'hydrodynamique. C'est un calcul qui présente quelque difficulté, mais pour lequel on peut procéder comme il suit :

D'après les formules (23) et en faisant usage des expressions (40) de la rotation élémentaire, on a pour déterminer l'une quelconque des vorticites, l'équation :

$$\mathrm{L}\frac{d\eta}{dx}+\mathrm{M}\frac{d\eta}{dy}+\mathrm{N}\frac{d\eta}{dz}=0,$$

qui prend la forme :

$$(49)\quad\left\{\begin{aligned}&\left[\left(\frac{d\eta}{dy}\frac{d\beta}{dz}-\frac{d\eta}{dz}\frac{d\beta}{dy}\right)\frac{d\mathrm{D}}{d\alpha_1}+\left(\frac{d\eta}{dz}\frac{d\beta}{dx}-\frac{d\eta}{dx}\frac{d\beta}{dz}\right)\frac{d\mathrm{D}}{d\alpha_2}\right.\\&\qquad\left.+\left(\frac{d\eta}{dx}\frac{d\beta}{dy}-\frac{d\eta}{dy}\frac{d\beta}{dx}\right)\frac{d\mathrm{D}}{d\alpha_3}\right]\frac{d\mathrm{E}}{d\beta}\\&+\left[\left(\frac{d\eta}{dy}\frac{d\gamma}{dz}-\frac{d\eta}{dz}\frac{d\gamma}{dy}\right)\frac{d\mathrm{D}}{d\alpha_1}+\left(\frac{d\eta}{dz}\frac{d\gamma}{dx}-\frac{d\eta}{dx}\frac{d\gamma}{dz}\right)\frac{d\mathrm{D}}{d\alpha_2}\right.\\&\qquad\left.+\left(\frac{d\eta}{dx}\frac{d\gamma}{dy}-\frac{d\eta}{dy}\frac{d\gamma}{dx}\right)\frac{d\mathrm{D}}{d\alpha_3}\right]\frac{d\mathrm{E}}{d\gamma}\\&+\left[\frac{d\eta}{dy}\frac{d}{dz}\frac{d\mathrm{D}}{d\alpha_1}-\frac{d\eta}{dz}\frac{d}{dy}\frac{d\mathrm{D}}{d\alpha_1}+\frac{d\eta}{dz}\frac{d}{dx}\frac{d\mathrm{D}}{d\alpha_2}-\frac{d\eta}{dx}\frac{d}{dz}\frac{d\mathrm{D}}{d\alpha_2}\right.\\&\qquad\left.+\frac{d\eta}{dx}\frac{d}{dy}\frac{d\mathrm{D}}{d\alpha_3}-\frac{d\eta}{dy}\frac{d}{dx}\frac{d\mathrm{D}}{d\alpha_3}\right]\mathrm{E}=0.\end{aligned}\right.$$

Si on considère le déterminant fonctionnel :

$$\begin{vmatrix}\frac{d\eta}{dx}&\frac{d\eta}{dy}&\frac{d\eta}{dz}\\\frac{d\beta}{dx}&\frac{d\beta}{dy}&\frac{d\beta}{dz}\\\frac{d\gamma}{dx}&\frac{d\gamma}{dy}&\frac{d\gamma}{dz}\end{vmatrix}=\mathrm{D}'.$$

on pourra, par analogie avec ce qui s'est fait plus haut, remplacer l'équation (49) par celle-ci :

$$\left(\frac{dD'}{d\gamma_1}\frac{dD}{d\alpha_1}+\frac{dD'}{d\gamma_2}\frac{dD}{d\alpha_2}+\frac{dD'}{d\gamma_3}\frac{dD}{d\alpha_3}\right)\frac{dE}{d\beta}-\left(\frac{dD'}{d\beta_1}\frac{dD}{d\alpha_1}+\frac{dD'}{d\beta_2}\frac{dD}{d\alpha_2}+\frac{dD'}{d\beta_3}\frac{dD}{d\alpha_3}\right)\frac{dE}{d\gamma}$$
$$+\left(\frac{d\eta}{dy}\frac{d}{dz}\frac{dD'}{d\eta_1}-\frac{d\eta}{dz}\frac{d}{dy}\frac{dD'}{d\eta_1}+\frac{d\eta}{dz}\frac{d}{dx}\frac{dD'}{d\eta_2}-\frac{d\eta}{dx}\frac{d}{dz}\frac{dD'}{d\eta_2}+\frac{d\eta}{dx}\frac{d}{dy}\frac{dD'}{d\eta^3}\right.$$
$$\left.-\frac{d\eta}{dy}\frac{d}{dx}\frac{dD'}{d\eta_3}\right)E=0.$$

Employant alors le système de coordonnées curvilignes η, β, γ, il vient :

$$\frac{dD'}{d\eta_1}=D'\frac{dx}{d\eta},\qquad \frac{dD'}{d\eta_2}=D'\frac{dy}{d\eta},\qquad \frac{dD'}{d\eta_3}=D'\frac{dz}{d\eta},\ \text{etc.}$$

et

$$\left(\frac{dD'}{d\gamma_1}\frac{dD'}{d\eta_1}+\frac{dD'}{d\gamma_2}\frac{dD'}{d\eta_2}+\frac{dD'}{d\gamma_3}\frac{dD'}{d\eta_3}\right)\frac{dE}{d\beta}-\left(\frac{dD'}{d\beta_1}\frac{dD'}{d\eta_1}+\frac{dD'}{d\beta_2}\frac{dD'}{d\eta_2}+\frac{dD'}{d\beta_3}\frac{dD'}{d\eta_3}\right)\frac{dE}{d\gamma}$$
$$+\frac{dD'}{d\gamma_1}\frac{d}{d\beta}\frac{dD'}{d\eta_1}+\frac{dD'}{d\gamma_2}\frac{d}{d\beta}\frac{dD'}{d\eta_2}+\frac{dD'}{d\gamma_3}\frac{d}{d\beta}\frac{dD'}{d\eta_3}-\frac{dD'}{d\beta_1}\frac{d}{d\gamma}\frac{dD'}{d\eta_1}$$
$$\left.-\frac{dD'}{d\beta_2}\frac{d}{d\gamma}\frac{dD'}{d\eta_2}-\frac{dD'}{d\beta_3}\frac{d}{d\gamma}\frac{dD'}{d\eta_3}\right)E=0,$$

puis :

$$(50)\quad\left\{\begin{aligned}
0=D'\left(\frac{dx}{d\eta}\frac{dx}{d\gamma}+\frac{dy}{d\eta}\frac{dy}{d\gamma}+\frac{dz}{d\gamma}\right)\frac{dE}{d\beta}-D'\left(\frac{dx}{d\eta}\frac{dx}{d\beta}\right.\\
\left.+\frac{dy}{d\eta}\frac{dy}{d\beta}+\frac{dz}{d\eta}\frac{dz}{d\beta}\right)\frac{dE}{d\gamma}\\
+\left[\frac{dD'}{d\beta}\left(\frac{dx}{d\eta}\frac{dx}{d\gamma}+\frac{dy}{d\eta}\frac{dy}{d\gamma}+\frac{dz}{d\eta}\frac{dz}{d\gamma}\right)-\frac{dD'}{d\gamma}\left(\frac{dx}{d\eta}\frac{dx}{d\beta}+\frac{dy}{d\eta}\frac{dy}{d\beta}\right.\right.\\
\left.+\frac{dz}{d\eta}\frac{dz}{d\gamma}\right)+D'\left(\frac{d^2x}{d\beta d\eta}\frac{dx}{d\gamma}+\frac{d^2y}{d\beta d\eta}\frac{dy}{d\gamma}+\frac{d^2z}{d\beta d\eta}\frac{dz}{d\gamma}\right.\\
\left.\left.-\frac{d^2x}{d\eta d\gamma}\frac{dx}{d\gamma}-\frac{d^2y}{d\eta d\gamma}\frac{dy}{d\gamma}-\frac{d^2z}{d\eta d\gamma}\frac{dz}{d\gamma}\right)\right]E.
\end{aligned}\right.$$

En intégrant cette équation aux dérivées partielles du premier ordre par rapport à E, on aura la valeur de cette fonction pour laquelle η pourra donner une série de vorticites du mouvement considéré. Mais pour que l'intégration en soit possible, il faut que ses coefficients puissent être amenés par la suppression, s'il y a lieu, d'un facteur commun à ne contenir d'autres variables que β et γ. Par exemple, on devra avoir :

$$(51)\quad \frac{\dfrac{dx}{d\eta}\dfrac{dx}{d\beta}+\dfrac{dy}{d\eta}\dfrac{dy}{d\beta}+\dfrac{dz}{d\eta}\dfrac{dz}{d\beta}}{\dfrac{dx}{d\eta}\dfrac{dx}{d\gamma}+\dfrac{dy}{d\eta}\dfrac{dy}{d\gamma}+\dfrac{dz}{d\eta}\dfrac{dz}{d\gamma}}=\Psi(\beta,\gamma),$$

en désignant par Ψ une fonction arbitraire.

S'il s'agit d'un des cas où l'axe de la rotation élémentaire doit être en tous les points du liquide perpendiculaire à la vitesse, on pourra substituer dans ces opérations α à η. Mais alors on aura :

$$\frac{dx}{d\alpha}\frac{dx}{d\gamma}+\frac{dy}{d\alpha}\frac{dy}{d\gamma}+\frac{dz}{d\alpha}\frac{dz}{d\gamma}=0,\qquad \frac{dx}{d\alpha}\frac{dx}{d\beta}+\frac{dy}{d\alpha}\frac{dy}{d\beta}+\frac{dz}{d\alpha}\frac{dz}{d\beta}=0,$$

$$\frac{d^2x}{d\beta d\alpha}\frac{dx}{d\gamma}+\frac{d^2y}{d\beta d\alpha}\frac{dy}{d\gamma}+\frac{d^2z}{d\beta d\alpha}\frac{dz}{d\gamma}-\frac{d^2x}{d\gamma d\alpha}\frac{dx}{d\beta}-\frac{d^2y}{d\gamma d\alpha}\frac{dy}{d\beta}-\frac{d^2z}{d\gamma d\alpha}\frac{dz}{d\beta}=0,$$

et l'équation (50) se vérifiera quelle que soit la valeur donnée à E. On pourrait démontrer que c'est le seul cas où cette équation puisse avoir lieu pour toute valeur de E, mais le calcul est un peu long et je me dispenserai de le reproduire.

8. — La difficulté d'intégrer les équations aux dérivées partielles de l'hydrodynamique a conservé jusqu'à ce jour une importance exceptionnelle à la notion du filet liquide et au théorème de Bernoulli, sur lequel repose presque entièrement l'hydraulique, c'est-à-dire l'art d'appliquer les notions générales de la théorie des liquides aux besoins de l'industrie. Dans le cours de mécanique et machines professé par Bour à l'École polytechnique (tome III, page 308), on lit cette définition « soit, dit-il, un point M du liquide ; par ce point conduisons un plan normal à la vitesse commune de toutes les molécules qui y passeront successivement et traçons dans ce plan autour du point M une courbe infiniment petite quelconque. L'ensemble des trajectoires des molécules qui traversent l'aire plane limitée par cette courbe et qui ne se sépare pas dans le mouvement forme un filet liquide ».

La considération des vélocites permet de donner à cette notion un plus grand degré de précision, car il suffit d'ajouter que le filet liquide doit être en général considéré comme une partie du liquide en mouvement, infinitésimale et qui se meut suivant la loi qui préside au déplacement de la masse totale.

Le liquide se meut généralement entre deux couples de vélocites, qui appartiennent respectivement aux systèmes β, γ, et ceci a lieu pour le vase où il est contenu comme aussi pour les surfaces limites des filets liquides dont il se compose.

Dans ces conditions, on peut considérer le mouvement d'une molécule liquide sur la surface extérieure ou même à l'intérieur d'un filet liquide. On a par les équations (15) :

$$(52)\left\{\begin{aligned} &\frac{dk}{dx}dx + \frac{dk}{dy}dy + \frac{dk}{dz}dz \\ &= \left(\frac{dp}{dt} - \frac{h}{\rho}\Delta^2 p\right)dx + \left(\frac{dq}{dt} - \frac{h}{\rho}\Delta^2 q\right)dy + \left(\frac{dr}{dt} - \frac{h}{\rho}\Delta^2 r\right)dz \\ &+ (2Mr - 2Nq)dx + (2Np - 2Lr)dy + (2Lq - 2Mp)dz. \end{aligned}\right.$$

Mais en vertu de l'identité :

$$\begin{aligned}(2Mr - 2Nq)dx + (2Np - 2Lr)dy + (2Lq - 2Mp)dz &= 2L(qdz - rdy) \\ + 2M(rdx - pdz) + 2N(pdy - qdx),\end{aligned}$$

et des équations différentielles simultanées (4), l'équation (52) se réduit dans le cas actuel à :

$$(53)\left\{\begin{aligned} &\frac{dk}{dx}dx + \frac{dk}{dy}dy + \frac{dk}{dz}dz = \left(\frac{dp}{dt} - \frac{h}{\rho}\Delta^2 p\right)dx \\ &+ \left(\frac{dq}{dt} - \frac{h}{\rho}\Delta^2 q\right)dy + \left(\frac{dr}{dt} - \frac{h}{\rho}\Delta^2 r\right)dy. \end{aligned}\right.$$

D'après cela, si le temps t n'entre pas explicitement dans les expressions des composantes de vitesse, c'est-à-dire si le mouvement est permanent, on a :

$$(54)\qquad dk + \frac{h}{\rho}(\Delta^2 p dx + \Delta^2 q dy + \Delta^2 r dz) = 0.$$

Il y a deux cas pour lesquels cette équation s'applique aisément à la détermination de k ; l'un a lieu quand on a :

$$\Delta^2 L = 0, \qquad \Delta^2 M = 0, \qquad \Delta^2 N = 0,$$

et l'autre lorsque se vérifie l'égalité :

$$(55)\quad \left(\frac{dk}{dx} + \frac{h}{\rho}\Delta^2 p\right)\Delta^2 L + \left(\frac{dk}{dy} + \frac{h}{\rho}\Delta^2 q\right)\Delta^2 M + \left(\frac{dk}{dz} + \frac{h}{\rho}\Delta^2 r\right)\Delta^2 M = 0.$$

Dans le premier cas, l'équation (54) est immédiatement intégrable et il suffit d'effectuer ce calcul. Dans le second, l'équation différentielle :

$$(56)\qquad (\mathrm{M}r - \mathrm{N}q)dx + (\mathrm{N}p - \mathrm{L}r)dy + (\mathrm{L}q - \mathrm{M}p)dz = 0$$

sera intégrable ; soit alors F son intégrale obtenue au moyen du facteur d'intégration μ ; on aura :

$$\mu(\mathrm{M}r - \mathrm{N}q)dx + \mu(\mathrm{N}p - \mathrm{L}r)dy + \mu(\mathrm{L}q - \mathrm{M}p)dz = d\Gamma,$$

d'où

$$\frac{d\Gamma}{dx} = \mu(\mathrm{M}r - \mathrm{N}q), \qquad \frac{d\Gamma}{dy} = \mu(\mathrm{N}p - \mathrm{L}r), \qquad \frac{d\Gamma}{dz} = \mu(\mathrm{L}q - \mathrm{M}p).$$

On en conclut :

$$\frac{dk}{dx} = -\frac{h}{\rho}\Delta^2 p + \frac{2}{\mu}\frac{d\Gamma}{dx}, \quad \frac{dk}{dy} = -\frac{h}{\rho}\Delta^2 q + \frac{2}{\mu}\frac{d\Gamma}{dy}, \quad \frac{dk}{dz} = -\frac{h}{\rho}\Delta^2 r + \frac{2}{\mu}\frac{d\Gamma}{dz},$$

et

$$(57)\qquad k = \int\left(\frac{2}{\mu}\frac{d\Gamma}{dx} - \frac{h}{\rho}\Delta^2 p\right)dx + \left(\frac{2}{\mu}\frac{d\Gamma}{dy} - \frac{h}{\rho}\Delta^2 q\right)dy + \left(\frac{2}{\mu}\frac{d\Gamma}{dz} - \frac{h}{\rho}\Delta^2 r\right)dz.$$

J'ai supposé pour simplifier, qu'il ne s'agit ici que du mouvement permanent ; mais cette restriction est évidemment inutile, car l'équation (53) ayant été démontrée d'une manière générale, rien n'empêche de l'intégrer par rapport à x, y, z en y traitant le temps t comme une constante. On reste alors dans l'ordre d'idées inauguré par Lagrange; ainsi qu'il était en droit de concevoir des trajectrices du liquide instantanées, on peut de même raisonner légitimement sur les éléments infinitésimaux de la masse liquide décomposée suivant ses vélocites instantanées. On a alors pour les conditions d'intégrabilité immédiate de l'équation (53) les équations aux dérivées partielles (22) et si l'équation aux différentielles totales (56) est intégrable, il vient pour l'expression de k :

$$(58)\qquad k = \int\left(\frac{2}{\mu}\frac{d\Gamma}{dx} + \frac{dp}{dt} - \frac{h}{\rho}\Delta^2 p\right)dx + \left(\frac{2}{\mu}\frac{d\Gamma}{dy} + \frac{dq}{dt} - \frac{h}{\rho}\Delta^2 q\right)dy + \left(\frac{2}{\mu}\frac{d\Gamma}{dz} + \frac{dr}{dt} - \frac{h}{\rho}\Delta^2 r\right)dz.$$

Si dans l'équation (53), les valeurs connues de ses binômes $\frac{dp}{dt} - \frac{h}{\rho}\Delta^2 p$, etc., ne permettaient de l'intégrer par aucun des deux procédés qui viennent d'être indiqués, on serait obligé de revenir à l'équation (52). Il est vrai qu'une de ses parties est identiquement nulle, mais on peut néanmoins la conserver pour que les conditions d'intégrabilité soient remplies sans qu'il soit nécessaire d'admettre qu'elle y doit satisfaire sous sa forme réduite (53).

9. — La proposition générale dont le théorème de Bernoulli n'est qu'un cas particulier, se déduit aisément de ce qui précède ; car si l'on fait abstraction de la viscosité du liquide, l'équation (53) se réduit à $dk = 0$ et il en résulte :

$$k = W - \frac{V^2}{2} - \frac{\varpi}{\rho} = \text{const.} \tag{59}$$

On voit par ce qui précède quel est le genre de généralisation dont il est susceptible. En réalité il supplée dans une certaine mesure au défaut d'intégration des équations de l'hydrodynamique et cesserait de s'appliquer partout où cette intégration pourrait être effectuée.

Le théorème de M. Poincaré a été démontré par lui dans les mêmes conditions où a lieu le théorème de Bernoulli ; il est donc susceptible d'une généralisation analogue. C'est ce qui résulte du rapprochement des formules des nos 3 et 6, où la même quantité R s'exprime soit en fonction de β et de γ, soit en fonction de η, ζ et peut servir à former une série de surfaces appartenant à la fois au groupe des vélocites et au groupe des vorticites ; car il en résulte :

$$p\frac{dR}{dx} + q\frac{dR}{dy} + r\frac{dR}{dz} = 0, \qquad L\frac{dR}{dx} + M\frac{dR}{dy} + N\frac{dR}{dz} = 0.$$

On peut même observer qu'il suffit pour cela que l'équation aux différentielles totales (56) soit intégrable, car alors son intégrale Γ devra vérifier les équations :

$$p\frac{d\Gamma}{dx} + q\frac{d\Gamma}{dy} + r\frac{d\Gamma}{dz} = 0, \qquad L\frac{d\Gamma}{dx} + M\frac{d\Gamma}{dy} + N\frac{d\Gamma}{dz} = 0,$$

et sera tout aussi bien que R fonction simultanément de β, γ et de η, ζ. Pour confirmer par un exemple simple, l'exactitude de ce théorème, soient :

$$\alpha = \frac{2z^2 - x^2 - y^2}{z}, \quad \beta = \frac{y}{x}, \quad \gamma = (4z^2 + x^2 + y^2)x^2, \tag{60}$$

les équations d'un système monorthogonal de coordonnées curvilignes que je désigne sous ce nom parce que si l'on en considère trois surfaces quelconques α, β, γ appartenant respectivement aux trois groupes, l'intersection des deux surfaces β, γ est seule orthogonale à l'autre surface α. On en déduit par les formules (12) :

$$p = 8zx\mathrm{E}, \qquad q = 8yz\mathrm{E}, \qquad r = -4(2z^2 + x^2 + y^2)\,\mathrm{E},$$

et en supposant $\mathrm{E} = 1$,

$$2\mathrm{L} = -16y, \qquad 2\mathrm{M} = 16x, \qquad 2\mathrm{N} = 0.$$

On s'assure aisément que ces expressions vérifient alors les équations aux dérivées partielles de l'hydrodynamique, quand on y fait $\frac{dp}{dt} = 0$, $\frac{dq}{dt} = 0$, $\frac{dr}{dt} = 0$. On en déduit :

$$\eta = \frac{2z^2 - x^2 - y^2}{z}, \qquad \zeta = 2z^2,$$

et il vient :

$$\mathrm{M}r - \mathrm{N}q = -32x\,(2z^2 + x^2 + y^2), \quad \mathrm{N}p - \mathrm{L}r = -32y\,(2z^2 + x^2 + y^2),$$
$$\mathrm{L}q - \mathrm{M}p = -64z\,(x^2 + y^2),$$

d'où, en conservant à R sa signification des n°s 3 et 6,

$$(61) \qquad \begin{aligned} \mathrm{R} &= -16\int\left(2z^2 + x^2 + y^2\right)\left(xdx + ydy\right) + 2\left(x^2 + y^2\right)zdz \\ &= -4\left(4z^2 + x^2 + y^2\right)\left(x^2 + y^2\right) = -4\left(\beta^2 + 1\right)\gamma \\ &= -4\left(3\zeta - \eta\sqrt{\frac{\zeta}{2}}\right)\left(\zeta - \eta\sqrt{\frac{\zeta}{2}}\right). \end{aligned}$$

On a d'ailleurs pour les équations (15) :

$$\frac{dp}{dt} - \frac{h}{\rho}\Delta^2 p = 0, \quad \frac{dq}{dt} - \frac{h}{\rho}\Delta^2 q = 0, \quad \frac{dr}{dt} - \frac{h}{\rho}\Delta^2 r = 32\frac{h}{\rho},$$

et il vient :

$$(62) \qquad k = 32\frac{h}{\rho}z + 2\mathrm{R} + \mathrm{const} = \mathrm{W} - \frac{\mathrm{V}}{2} - \frac{\varpi}{\rho}.$$

Le mouvement en question appartient donc aux deux genres principaux qui viennent d'être considérés et de plus il est permanent.

10. — Avant d'entrer dans le domaine de l'intégration effective il me paraît utile de préciser le sens des explications que j'ai données (Congrès de Boulogne-sur-Mer, 1899) au sujet des conditions spéciales à la surface que doivent vérifier les molécules extérieures du liquide en mouvement. Ces conditions ont été établies par Navier dans un mémoire du 18 mars 1822, *sur les lois du mouvement des fluides*, imprimé en 1827 au tome VI (année 1823) des Mémoires de l'Institut. J'ai pu, tout récemment, prendre connaissance de ce travail extrêmement rare, parce que le volume dont il fait partie n'a pas été réimprimé, à la Bibliothèque municipale de Limoges et vérifier ainsi l'exactitude des conjectures que m'avait suggérées la lecture (§ IV, chap. XIII, tome deuxième) du *Traité de Mécanique* de Résal. Comme je le pensais, les conditions de la surface y sont établies sous la forme :

$$(63)\left\{\begin{aligned} \varpi\cos l - X_n &= h\left[2\frac{dp}{dx}\cos l + \left(\frac{dq}{dx}+\frac{dp}{dy}\right)\cos m + \left(\frac{dp}{dz}+\frac{dr}{dx}\right)\cos n\right] = \lambda p\\ \varpi\cos m - Y_n &= h\left[\left(\frac{dq}{dx}+\frac{dp}{dy}\right)\cos l + 2\frac{dq}{dy}\cos m + \left(\frac{dr}{dy}+\frac{dq}{dz}\right)\cos n\right] = \lambda q\\ \varpi\cos n - Z_n &= h\left[\left(\frac{dp}{dz}+\frac{dr}{dx}\right)\cos l + \left(\frac{dr}{dy}+\frac{dq}{dz}\right)\cos m + 2\frac{dz}{dr}\cos n\right] = \lambda r \end{aligned}\right.$$

en désignant par l, m, n respectivement les angles que la normale intérieure à la surface du liquide fait avec les axes rectangulaires OX, OY, OZ. Mais par suite de ce que je considère comme une inadvertance, Navier a cru pouvoir déduire de la condition :

$$(64)\qquad p\cos l + q\cos m + r\cos n = 0,$$

les suivantes :

$$(65)\qquad \frac{dp}{dx}\cos l + \frac{dq}{dx}\cos m + \frac{dr}{dx}\cos n = 0 \text{ etc.},$$

et il a réduit les relations (63) à la forme :

$$h\left[\frac{dp}{dx}\cos l + \frac{dp}{dy}\cos m + \frac{dp}{dz}\cos n\right] = \lambda p,$$

$$h\left[\frac{dq}{dx}\cos l + \frac{dq}{dy}\cos m + \frac{dq}{dz}\cos n\right] = \lambda q,$$

$$h\left[\frac{dr}{dx}\cos l + \frac{dr}{dy}\cos m + \frac{dr}{dz}\cos n\right] = \lambda r,$$

sous laquelle elles ont été reproduites par Résal dans son *Traité de Mécanique générale.*

Cette réduction ne me semble pas légitime, car la condition (64) exprime simplement que la surface intérieure du vase qui contient le liquide doit être une vélocite et on ne voit pas pour quel motif les angles que sa normale fait avec les axes des coordonnées devraient être indépendants de x, y, z ; je raisonnerai donc, dans ce qui va suivre, sur les relations (63).

Il en résulte l'équation :

$$X_n \cos l + Y_n \cos m + Z_n \cos n = \varpi, \tag{66}$$

c'est-à-dire une proposition remarquable qui s'applique non seulement à la surface extérieure du liquide, mais aussi à l'une quelconque de ses vélocites. Je propose d'appeler cette proposition *le principe de Navier*, comme un hommage légitimement dû à la mémoire de l'illustre ingénieur auquel on doit d'avoir fondé « *la mécanique moléculaire ou la théorie générale de l'élasticité* » et la théorie du mouvement des fluides, en ayant égard à l'adhésion des molécules. (Voir dans le *Traité de la résistance des corps solides*, par Navier, année 1864, la notice biographique sur Navier par le baron de Prony, et l'*Historique des recherches sur la résistance et l'élasticité des corps solides*, par Barré de Saint-Venant.) C'est cette proposition qu'il faudrait soumettre à l'expérience, si l'on jugeait à propos de contester les *déductions théoriques de Navier* (Résal, *Traité de mécanique générale*, tome II, page 265). Or, cet essai n'a pas été fait et ne pouvait pas l'être, parce qu'il n'a pas encore été effectué d'intégration des équations de l'hydrodynamique, dans un cas précis où il ne pût y avoir discontinuité à l'intérieur de la masse liquide. Néanmoins, Kirchhoff a cru devoir substituer aux conditions démontrées par Navier les suivantes; d'abord l'identité :

$$X_n \cos l + Y_n \cos m + Z_n \cos n = \varpi - (u \cos l + v \cos m + w \cos n), \tag{67}$$

où je désigne par u, v, w respectivement les seconds membres des relations (63) qui remplace en quelque sorte l'équation (66), puis les équations :

$$\left\{\begin{array}{l} -(\cos^2 m + \cos^2 n)u + \cos l \cos m v + \cos n \cos l w + \lambda p = 0, \\ \cos l \cos m u - (\cos^2 n + \cos^2 l)v + \cos m \cos n w + \lambda q = 0, \\ \cos n \cos l u + \cos m \cos n v - (\cos^2 l + \cos^2 l)w + \lambda r = 0, \end{array}\right. \tag{68}$$

qui se réduisent à deux, puisqu'on obtient un résultat identiquement nul lorsqu'on en fait la somme après les avoir multipliées respectivement par cos l, cos m, cos n.

On ne peut cependant objecter à ces conditions que leur insuffisance ; c'est qu'en effet, l'illustre géomètre et physicien allemand n'a prétendu qu'à sauvegarder en cette circonstance les droits présumés de l'expérimentation. Il a, s'il m'est permis de le dire, opéré sur les principes de l'hydrodynamique par le même procédé dont on avait déjà fait usage pour modifier les bases de la théorie des corps élastiques. On en présente aujourd'hui les formules avec deux coefficients indéterminés lorsqu'il est incontestable qu'un seul serait nécessaire, et cela sur la foi d'expériences plus ou moins précises, mais contradictoires, parce qu'elles s'effectuaient sur des corps imparfaitement isotropes pour laisser à l'expérimentation, en ce sujet délicat, la décision suprême.

De même, si l'on adopte *a priori* le principe de Navier, on s'expose à ce qu'il se trouve parfois en contradiction avec l'expérience, si la loi du mouvement intérieur des liquides étudiés est imparfaitement connue ou qu'il s'y produise des discontinuités. Mais la méthode employée par Navier n'en conserve pas moins toute son importance ; elle est conforme à la doctrine philosophique due à Descartes et à Leibnitz, qu'il a été d'usage, pendant quelque temps, de déprécier en lui opposant les travaux de Newton, uniquement fondés, disait-on, sur l'observation des faits. Cette objection surannée n'a plus aujourd'hui de raison d'être, car elle a été amplement réfutée par les résultats dus à Fresnel dans l'optique et par les progrès récents de la physique mathématique. D'ailleurs, il est aisé de répondre aux accusations portées contre le dogmatisme de Descartes en montrant, comme je l'ai fait (Congrès de Nantes, 1898, tome II, page 29), que par sa distinction célèbre de l'âme et du corps, de la force et de l'étendue, il n'en est pas moins le promoteur le plus éminent de l'expérimentation scientifique, bien supérieur en ce point comme en plusieurs autres, à Bacon et Aristote, dont on l'a si souvent flagellé (Bordas-Demoulin, *le Cartésianisme*, page 11 et suivantes).

Les conditions à la surface établies par Navier paraissent suffisantes pour assurer la détermination complète de toutes les quantités qui figurent dans les équations aux dérivées partielles de l'hydrodynamique et on peut en considérer la démonstration comme donnée *a priori* par la manière même dont elles été obtenues par leur célèbre inventeur, en appliquant la méthode de Lagrange. Si l'on voulait en avoir la confirmation *a posteriori*, il faudrait y ajouter des conditions accessoires et chercher ensuite si le développement des calculs n'amènerait pas des résultats contradictoires. Ainsi, on peut se demander s'il n'est pas nécessaire que le double système d'équations contenu dans les formules (63) se réduisent à deux groupes constitués par deux équations distinctes, c'est-à-dire que l'on ait :

$$(69)\quad \left\{\begin{aligned} &\begin{vmatrix} 2\dfrac{dp}{dx}-\dfrac{\varpi}{h} & \dfrac{dq}{dx}+\dfrac{dp}{dy} & \dfrac{dp}{dz}+\dfrac{dr}{dx} \\ \dfrac{dq}{dx}+\dfrac{dp}{dy} & 2\dfrac{dq}{dz}-\dfrac{\varpi}{h} & \dfrac{dr}{dy}+\dfrac{dq}{dz} \\ \dfrac{dp}{dz}+\dfrac{dr}{dx} & +\dfrac{dr}{dy}+\dfrac{dy}{dz} & 2\dfrac{dr}{dz}-\dfrac{\varpi}{h} \end{vmatrix}=0, \\ &\begin{vmatrix} 2\dfrac{dp}{dx} & \dfrac{dq}{dx}+\dfrac{dp}{dy} & \dfrac{dp}{dz}+\dfrac{dr}{dx} \\ \dfrac{dq}{dx}+\dfrac{dp}{dy} & 2\dfrac{dq}{dy} & \dfrac{dr}{dy}+\dfrac{dq}{dz} \\ \dfrac{dp}{dz}+\dfrac{dr}{dx} & \dfrac{dr}{dy}+\dfrac{dq}{dz} & 2\dfrac{dr}{dz} \end{vmatrix}=0. \end{aligned}\right.$$

Si l'on développe la première de ces équations, qu'on ait égard à la seconde et à l'équation d'incompressibilité du liquide ; puis qu'on chasse le facteur commun $\dfrac{\varpi}{h}$, il en résulte :

$$(70)\quad \left\{\begin{aligned} \frac{\varpi^2}{h^2} = &\left(\frac{dr}{dy}+\frac{dq}{dz}\right)^2+\left(\frac{dp}{dz}+\frac{dr}{dx}\right)^2+\left(\frac{dq}{dx}+\frac{dp}{dy}\right)^2 \\ &-\mathrm{L}\left(\frac{dp}{dx}\frac{dq}{dy}+\frac{dq}{dy}\frac{dr}{dz}+\frac{dr}{dz}\frac{dp}{dx}\right). \end{aligned}\right.$$

On aura donc à se demander si cette équation peut s'accorder avec les expressions de ϖ données d'abord par l'équation (66) du principe de Navier, puis par la relation fondamentale :

$$(71)\quad \frac{\varpi}{\rho} = \mathrm{W} - \frac{\mathrm{V}^2}{2} - k.$$

L'équation (70) est très symétrique, et le cas où elle doit avoir lieu peut tout au moins constituer un problème particulier digne d'être résolu.

11. — Pour appliquer les considérations qui précèdent à un exemple simple, je vais m'occuper du mouvement d'un liquide dont toutes les trajectrices soient des droites parallèles à une même direction. Soit à cet effet :

$$(72)\quad \beta = \mathrm{A}x + \mathrm{B}y + \mathrm{C}z, \qquad \gamma = ax + by + cz;$$

si, pour simplifier, on pose :

$$(73)\qquad Bc - bC = 2l, \quad Ca - cA = 2m, \quad Ab - aB = 2n,$$

il en résulte :

$$p = 2lE, \quad q = 2mE, \quad r = 2nE,$$

$$L = n\frac{dE}{dy} - m\frac{dE}{dz}, \quad M = l\frac{dE}{dz} - n\frac{dE}{dx}, \quad N = m\frac{dE}{dx} - l\frac{dE}{dy},$$

et

$$(74)\qquad Lp + Mq + Nr = \pi = 0, \quad l\frac{dE}{dx} + m\frac{dE}{dy} + n\frac{dE}{dz} = 0.$$

On a ensuite :

$$2Mr - 2Nq = -L(l^2+m^2+n^2)E\frac{dE}{dx}, \quad 2Np - 2Lr = -L(l^2+m^2+n^2)E\frac{dE}{dy},$$

$$2Lq - 2Mp = -L(l^2+m^2+n^2)E\frac{dE}{dz},$$

et il vient, pour les équations de Helmholtz :

$$(75)\qquad \frac{dL}{dt} - \frac{h}{\rho}\Delta^2 L = 0, \quad \frac{dM}{dt} - \frac{h}{\rho}\Delta^2 M = 0, \quad \frac{dN}{dt} - \frac{h}{\rho}\Delta^2 N = 0,$$

puis, pour celle d'Euler et Navier :

$$(76)\left\{\begin{aligned} &\frac{dp}{dt} - \frac{h}{\rho}\Delta^2 p - L(l^2+m^2+n^2)E\frac{dE}{dx} = \frac{dk}{dx},\\ &\frac{dq}{dt} - \frac{h}{\rho}\Delta^2 q - L(l^2+m^2+n^2)E\frac{dE}{dy} = \frac{dk}{dy},\\ &\frac{dr}{dt} - \frac{h}{\rho}\Delta^2 r - L(l^2+m^2+n^2)E\frac{dE}{dz} = \frac{dk}{dz}, \quad k = W - \frac{V^2}{2} - \frac{\varpi}{\rho}.\end{aligned}\right.$$

Il faut, ici, distinguer deux cas, suivant que l, m, n sont ou ne sont pas des fonctions du temps t. Dans le premier cas, on a :

$$(77)\left\{\begin{aligned} &2l\frac{dE}{dt} + 2\frac{dl}{dt}E - 2\frac{h}{\rho}l\Delta^2 E - L(l^2+m^2+n^2)E\frac{dE}{dx} = \frac{dk}{dx},\\ &2m\frac{dE}{dt} + 2\frac{dm}{dt}E - 2\frac{h}{\rho}m\Delta^2 E - L(l^2+m^2+n^2)E\frac{dE}{dy} = \frac{dk}{dy},\\ &2n\frac{dE}{dt} + 2\frac{dn}{dt}E - 2\frac{h}{\rho}n\Delta^2 E - L(l^2+m^2+n^2)E\frac{dE}{dz} = \frac{dk}{dz},\end{aligned}\right.$$

et on déduit de ces équations ou des équations (75) :

$$(78)\left\{\begin{aligned}
&\frac{dn}{dt}\frac{dE}{dy}-\frac{dm}{dt}\frac{dE}{dz}+n\frac{d^2E}{dydt}-m\frac{d^2E}{dzdt}-\frac{h}{\rho}\left(n\Delta^2\frac{dE}{dy}-m\Delta^2\frac{dE}{dz}\right)=0,\\
&\frac{dl}{dt}\frac{dE}{dz}-\frac{dn}{dt}\frac{dE}{dx}+l\frac{d^2E}{dzdt}-n\frac{d^2E}{dxdt}-\frac{h}{\rho}\left(l\Delta^2\frac{dE}{dz}-n\Delta^2\frac{dE}{dx}\right)=0,\\
&\frac{dm}{dt}\frac{dE}{dx}-\frac{dl}{dt}\frac{dE}{dy}+m\frac{d^2E}{dxdt}-l\frac{d^2E}{dydt}-\frac{h}{\rho}\left(m\Delta^2\frac{dE}{dx}-l\Delta^2\frac{dE}{dy}\right)=0,
\end{aligned}\right.$$

puis, par suite :

$$(79)\left\{\begin{aligned}
&\left(n\frac{dm}{dt}-m\frac{dn}{dt}\right)\frac{dE}{dx}+\left(l\frac{dn}{dt}-n\frac{dl}{dt}\right)\frac{dE}{dy}+\left(m\frac{dl}{dt}-l\frac{dm}{dt}\right)\frac{dE}{dz}=0,\\
&\left(n\frac{dm}{dt}-m\frac{dn}{dt}\right)\left(\frac{d^2E}{dxdt}-\frac{h}{\rho}\Delta^2\frac{dE}{dx}\right)+\left(l\frac{dn}{dt}-n\frac{dl}{dt}\right)\left(\frac{d^2E}{dydt}-\frac{h}{\rho}\Delta^2\frac{dE}{dy}\right)\\
&\qquad+\left(m\frac{dl}{dt}-\frac{l}{\rho}\frac{dm}{dt}\right)\left(\frac{d^2E}{dzdt}\frac{h}{\delta}\Delta^2\frac{dE}{dz}\right)=0.
\end{aligned}\right.$$

Il résulte de ces deux dernières équations que E, comme aussi $\frac{dE}{dt}-\frac{h}{\rho}\Delta^2E$, doivent être des fonctions de $lx+my+nz$ et de $\frac{dl}{dt}x+\frac{dm}{dt}y+\frac{dn}{dt}z$. Soit, pour simplifier :

$$lx+my+nz=v,\quad \frac{dl}{dt}x+\frac{dm}{dt}y+\frac{dn}{dt}z=w.$$

On aura :

$$\frac{dE}{dx}=\frac{dE}{dv}+\frac{dl}{dt}\frac{dE}{dw},\quad \frac{dE}{dy}=m\frac{dE}{dv}+\frac{dm}{dt}\frac{dE}{dw},\quad \frac{dE}{dz}=n\frac{dE}{dv}+\frac{dn}{dt}\frac{dE}{dw};$$

si on porte ces expressions dans la seconde dés équations (14), elle devient :

$$(l^2+m^2+n^2)\frac{dE}{dv}+\left(l\frac{dl}{dt}+m\frac{dm}{dt}+n\frac{dn}{dt}\right)\frac{dE}{dw},$$

d'où l'on déduit :

$$(80)\qquad E=\int\left[(l^2+m^2+n^2)w-\left(l\frac{dl}{dt}+m\frac{dm}{dt}+n\frac{dn}{dt}\right)v\right].$$

On démontrerait de même que la quantité $\frac{dE}{dt} - \frac{h}{\rho}\Delta^2 E$ doit avoir une expression de même forme :

$$\frac{dE}{dt} - \frac{h}{\rho}\Delta^2 E = F\left[(l^2 + m^2 + n^2)w - \left(l\frac{dl}{dt} + m\frac{dm}{dt} + n\frac{dn}{dt}\right)v\right]. \tag{81}$$

Or, on a :

$$\Delta^2 E = \left\{\left[\frac{dl}{dt}(l^2 + m^2 + n^2) - l\left(l\frac{dl}{dt} + m\frac{dm}{dt} + n\frac{dn}{dt}\right)\right]^2 + \left[\frac{dm}{dt}(l^2 + m^2 + n^2) - m\left(l\frac{dl}{dt} + m\frac{dm}{dt} + n\frac{dn}{dt}\right)\right]^2 + \left[\frac{dn}{dt}(l^2 + m^2 + n^2) - n\left(l\frac{dl}{dt} + m\frac{dm}{dt} + n\frac{dn}{dt}\right)\right]^2\right\}f'',$$

$$\frac{dE}{dt} = \left[(l^2 + m^2 + n^2)\frac{dw}{dt} - \left(l\frac{dl}{dt} + m\frac{dm}{dt} + n\frac{dn}{dt}\right)\frac{dv}{dt} + \left(2l\frac{dl}{dt} + 2m\frac{dm}{dt} + 2n\frac{dn}{dt}\right)w - \left(\frac{dl}{dt}2 + \frac{dm}{dt}2 + \frac{dn}{dt}2 + l\frac{d^2l}{dt^2} + m\frac{d^2m}{dt^2} + n\frac{d^2n}{dt^2}\right)v\right]f',$$

en désignant par f' et f'' les dérivées première et seconde de la fonction à une seule variable f. Par suite, on voit que l'égalité (81) ne peut avoir lieu à moins que l'on ait :

$$\left\{\begin{aligned} &\frac{\frac{d}{dt}\left[(l^2 + m^2 + n^2)\frac{dl}{dt} - \left(l\frac{dl}{dt} + m\frac{dm}{dt} + n\frac{dn}{dt}\right)l\right]}{(l^2 + m^2 + n^2)\frac{dl}{dt} - \left(l\frac{dl}{dt} + m\frac{dm}{dt} + n\frac{dn}{dt}\right)l} \\ &= \frac{\frac{d}{dt}\left[(l^2 + m^2 + n^2)\frac{dm}{dt} - \left(l\frac{dl}{dt} + m\frac{dm}{dt} + n\frac{dn}{dt}\right)m\right]}{(l^2 + m^2 + n^2)\frac{dm}{dt} - \left(l\frac{dl}{dt} + m\frac{dm}{dt} + n\frac{dn}{dt}\right)m} \\ &= \frac{\frac{d}{dt}\left[(l^2 + m^2 + n^2)\frac{dn}{dt} - \left(l\frac{dl}{dt} + m\frac{dm}{dt} + n\frac{dn}{dt}\right)n\right]}{(l^2 + m^2 + n^2)\frac{dn}{dt} - \left(l\frac{dl}{dt} + m\frac{dm}{dt} + n\frac{dn}{dt}\right)n} = \frac{\frac{dT}{dt}}{T}, \end{aligned}\right. \tag{82}$$

en désignant par T une fonction du temps t. On en conclut :

$$(l^2 + m^2 + n^2)\,\frac{dl}{dt} - \left(l\,\frac{dl}{dt} + m\,\frac{dm}{dt} + n\,\frac{dn}{dt}\right)l = \mathrm{CT};$$

$$(l^2 + m^2 + n^2)\,\frac{dm}{dt} - \left(l\,\frac{dl}{dt} + m\,\frac{dm}{dt} + n\,\frac{dn}{dt}\right)m = \mathrm{C'T};$$

$$(l^2 + m^2 + n^2)\,\frac{dn}{dt} - \left(l\,\frac{dl}{dt} + m\,\frac{dm}{dt} + n\,\frac{dn}{dt}\right)n = \mathrm{C''T};$$

où C, C′, C″ désignent des constantes. On déduit de ces dernières relations :

$$(l^2 + m^2 + n^2)\left(m\,\frac{dn}{dt} - n\,\frac{dm}{dt}\right) = (m\mathrm{C''} - n\mathrm{C'})\mathrm{T},$$

$$\left(l\,\frac{dl}{dt} + m\,\frac{dm}{dt} + n\,\frac{dn}{dt}\right)\left(m\,\frac{dn}{dt} - n\,\frac{dm}{dt}\right) = \left(\frac{dm}{dt}\,\mathrm{C''} - \frac{dn}{dt}\,\mathrm{C'}\right)\mathrm{T},$$

$$(l^2 + m^2 + n^2)\left(n\,\frac{dl}{dt} - l\,\frac{dn}{dt}\right) = (n\mathrm{C} - l\mathrm{C''})\mathrm{T},$$

$$\left(l\,\frac{dl}{dt} + m\,\frac{dm}{dt} + n\,\frac{dn}{dt}\right)\left(n\,\frac{dl}{dt} - l\,\frac{dn}{dt}\right) = \left(\frac{dn}{dt}\,\mathrm{C} - \frac{dl}{dt}\,\mathrm{C''}\right)\mathrm{T},$$

$$(l^2 + m^2 + n^2)\left(l\,\frac{dm}{dt} - m\,\frac{dl}{dt}\right) = (l\mathrm{C'} - m\mathrm{C})\mathrm{T},$$

$$\left(l\,\frac{dl}{dt} + m\,\frac{dm}{dt} + n\,\frac{dn}{dt}\right)\left(l\,\frac{dm}{dt} - m\,\frac{dl}{dt}\right) = \left(\frac{dl}{dt}\,\mathrm{C'} - \frac{dm}{dt}\,\mathrm{C''}\right)\mathrm{T},$$

et par suite :

$$(83)\quad \left\{\begin{aligned} \frac{2\left(l\,\frac{dl}{dt} + m\,\frac{dm}{dt} + n\,\frac{dn}{dt}\right)}{l^2 + m^2 + n^2} &= 2\,\frac{\frac{dm}{dt}\mathrm{C''} - \frac{dn}{dt}\mathrm{C'}}{m\mathrm{C''} - n\mathrm{C'}} = 2\,\frac{\frac{dn}{dt}\mathrm{C} - \frac{dl}{dt}\mathrm{C''}}{n\mathrm{C} - l\mathrm{C''}} \\ &= 2\,\frac{\frac{dl}{dt}\,\mathrm{C'} - \frac{dm}{dt}\,\mathrm{C''}}{l\mathrm{C'} - m\mathrm{C''}}. \end{aligned}\right.$$

Intégrant, il vient :

$$(84)\qquad l_2 + m^2 + n^2 = \frac{(\mathrm{C''}m - \mathrm{C'}n)^2}{a^2} = \frac{(\mathrm{C}n - \mathrm{C'}l)^2}{b^2} + \frac{\mathrm{C'}l - \mathrm{C}m}{c^2},$$

et pour que ces relations soient compatibles, il faut qu'on ait :

$$aC + bC' + cC'' = 0.$$

On aura donc :

$$(85)\left\{\frac{C''m - C'n}{\sqrt{l^2+m^2+n^2}} = a, \quad \frac{Cn - C'l}{\sqrt{l^2+m^2+n^2}} = b, \quad \frac{C'l - Cm}{\sqrt{l^2+m^2+n^2}} = c;\right.$$

et, par conséquent, les cosinus directeurs de la vitesse devront être indépendants du temps. Le cas actuel ne diffère donc pas essentiellement de celui où l, m, n sont des constantes et E une fonction du temps t.

Dans ce cas, les équations (78) se réduisent aux suivantes :

$$(86)\left\{\frac{\frac{d^2E}{dxdt} - \frac{h}{\rho}\Delta^2\frac{dE}{dx}}{l} = \frac{\frac{d^2E}{dydt} - \frac{h}{\rho}\Delta^2\frac{dE}{dy}}{m} = \frac{\frac{d^2E}{dzdt} - \frac{h}{\rho}\Delta^2\frac{dE}{dz}}{n}.\right.$$

Soient λ, μ, ν, trois quantités constantes telles, que l'on ait :

$$l\lambda + m\mu + n\nu = 0,$$

on pourra substituer aux deux équations (86) la suivante :

$$(87)\left\{\begin{aligned}\lambda\left(\frac{d^2E}{dxdt} - \frac{h}{\rho}\Delta^2\frac{dE}{dx}\right) + \mu\left(\frac{d^2E}{dydt} - \frac{h}{\rho}\Delta^2\frac{dE}{dy}\right)\\ + \nu\left(\frac{d^2E}{dzdt} - \frac{h}{\rho}\Delta^2\frac{dE}{dz}\right) = 0.\end{aligned}\right.$$

Mais, à raison des expressions (73) de l, m, n, on a pour λ, μ, ν, les deux systèmes de valeur A, B, C et a, b, c, et pour (87), deux équations aux dérivées partielles du premier ordre auxquelles on satisfait en posant :

$$(88)\qquad \frac{dE}{dt} - \frac{h}{\rho}\Delta^2 E = F(lx + my + nz, t).$$

D'ailleurs, il vient, par suite de la seconde des équations (74) :

$$l\left(\frac{d^2E}{dxdt} - \frac{h}{\rho}\Delta^2\frac{dE}{dx}\right) + m\left(\frac{d^2E}{dydt} - \frac{h}{\rho}\Delta^2\frac{dE}{dy}\right) + n\left(\frac{d^2E}{dzdt} - \frac{h}{\rho}\Delta^2\frac{dE}{dz}\right) = 0,$$

ce qui exige que l'on ait :

$$(l^2 + m^2 + n^2)\frac{dF}{dv} = 0,$$

et par conséquent :

$$\frac{dE}{dt} - \frac{h}{\rho} \Delta^2 E + T = 0, \tag{89}$$

en désignant par T une fonction arbitraire de t. Il résulte ensuite des équations (76) :

$$\left\{ \begin{aligned} & \frac{\varpi}{\rho} W - \frac{V^2}{2} - k = W - \frac{V^2}{2} + 2(l^2 + m^2 + n^2)E^2 \\ & + 2(lx + my + nz)T + T_1 = W + 2(lx + my + nz)T + T_1, \end{aligned} \right. \tag{90}$$

en désignant par T_1 une autre fonction arbitraire de t.

12. — Ces résultats se simplifient si l'on suppose, ce qui est permis, lorsque les coefficients de β et de γ ne dépendent pas du temps :

$$\beta = y, \qquad \gamma = z, \qquad 2l = 1, \qquad m = 0, \qquad n = 0,$$

et il vient :

$$\left\{ \begin{aligned} & \frac{dE}{dt} \frac{h}{\rho} \Delta^2 E + T = 0, \quad p = E, \quad q = 0, \quad r = 0, \quad 2L = 0, \\ & 2M = \frac{dE}{dz}, \qquad 2N = -\frac{dE}{dy}, \qquad \frac{\varpi}{\rho} = W + Tx + T_1. \end{aligned} \right. \tag{91}$$

La fonction E qui n'est alors autre chose que la vitesse, n'est assujettie qu'à être indépendante de x; on peut aussi, comme on le sait, remplacer β, γ par des fonctions ψ, χ à déterminer de y, z et poser :

$$\beta = \psi(y, z), \qquad \gamma = \chi(y, z);$$

d'où il résulte :

$$\left\{ \begin{aligned} & p = \frac{d\psi}{dy}\frac{d\chi}{dz} - \frac{d\psi}{dz}\frac{d\chi}{dy}, \qquad q = \frac{d\psi}{dz}\frac{d\chi}{dx} - \frac{d\psi}{dx}\frac{d\chi}{dz} = 0, \\ & r = \frac{d\psi}{dx}\frac{d\chi}{dy} - \frac{d\psi}{dy}\frac{d\chi}{dx} = 0, \end{aligned} \right. \tag{92}$$

et par conséquent :

$$\frac{d\psi}{dy}\frac{d\chi}{dz} - \frac{d\psi}{dz}\frac{d\chi}{dy} = E. \tag{93}$$

On peut faire usage de cette équation aux dérivées partielles à deux variables pour déterminer ψ et χ lorsque l'on connaît l'expression générale de E qui doit satisfaire à la première des équations (91). Si on se donne arbitrairement la fonction ψ, on aura pour en déduire χ les deux équations différentielles simultanées :

$$\frac{dz}{\frac{d\psi}{dy}} = -\frac{dy}{\frac{d\psi}{dz}} = \frac{d\chi}{\mathrm{E}},$$

d'où, en intégrant, il vient :

$$(94) \qquad \psi(y,z) = \text{const.} \qquad \chi = \int \frac{\frac{d\psi}{dy}dz - \frac{d\psi}{dz}dy}{\frac{d\psi_2}{dy} + \frac{d\psi_2}{dz}}$$

L'équation différentielle :

$$\frac{d\psi}{dy}dz - \frac{d\psi}{dz}dy = 0,$$

peut être intégrée; soit $\varkappa =$ const. son intégrale et μ un facteur d'intégration tel, que l'on ait :

$$(95) \qquad \mu\frac{d\psi}{dy}dz - \mu\frac{d\psi}{dz}dy = d\varkappa;$$

on aura:

$$(96) \qquad \chi = \int \frac{d\varkappa}{\mu\left(\frac{d\psi_2}{dy} + \frac{d\psi_2}{dz}\right)}.$$

Si on considère $\varkappa$ et ψ comme des coordonnées curvilignes, on pourra exprimer y et z en fonction de ces quantités et pour avoir χ il suffira d'intégrer le second membre de (94) en y traitant ψ comme une constante. On aura ainsi une fonction de ψ et de $\varkappa$, ce qui prouve qu'en se donnant la première de ces quantités on peut toujours prendre $\varkappa$ au lieu de la fonction plus compliquée χ pour servir de point de départ à la détermination des vélocites et à l'intégration effective des équations de l'hydrodynamique dans le cas en question. L'intérêt de ce choix consiste en ce que les surfaces cylindriques définies par l'équation $\varkappa =$ const. sont des surfaces orthogonales aux cylindres $\psi =$ const.

D'après cela soit à déterminer le mouvement d'un liquide dont les molécules se meuvent parallèlement à l'axe des x dans un cylindre dont la section droite soit donnée par les équations:

$$(97) \qquad \psi = \psi_1, \quad \psi = \psi_2 \text{ et } \varkappa = \varkappa_1, \quad \varkappa = \varkappa_2,$$

où je suppose ψ et $\varkappa$ indépendants du temps aussi bien que les constantes ψ_1, ψ_2, $\varkappa_1$, $\varkappa_2$, il faut pour cela satisfaire pour l'intérieur du liquide aux équations (89) et pour sa surface extérieure, en coïncidence avec les parois du cylindre aux conditions à la surface (63) données par Navier. Pour plus de précision je prendrai pour simplifier cette exposition, le cas relativement facile où l'on aurait :

$$(98) \qquad \psi = \beta = \sqrt{y^2 - z^2}, \qquad \gamma = \varkappa = \text{arc tg}\,\frac{z}{y},$$

d'où :

$$(99) \qquad z = y \,\text{tg}\, \gamma = \beta \sin \gamma; \quad \gamma = \frac{\beta}{\sqrt{1 + \text{tg}^2 \gamma}} = \beta \cos \gamma.$$

Je pose :

$$p\left(\frac{d\beta}{dy}\frac{d\gamma}{dz} - \frac{d\beta}{dz}\frac{d\gamma}{dy}\right)e = \frac{1}{\beta}e = \text{E}, \quad q = \left(\frac{d\beta}{dz}\frac{d\gamma}{dx} - \frac{d\beta}{dx}\frac{d\gamma}{dz}\right)e = 0,$$

$$r = \left(\frac{d\beta}{dx}\frac{d\gamma}{dy} - \frac{d\beta}{dy}\frac{d\gamma}{dx}\right)e = 0;$$

il vient :

$$2\text{L} = \frac{dr}{dy} - \frac{dq}{dz} = 0, \qquad 2\text{M} = \frac{dp}{dz} - \frac{dr}{dx} = \frac{y}{\beta^3}\frac{de}{d\gamma} + \frac{z}{\beta^2}\frac{de}{d\beta} - \frac{z}{\beta^3}e,$$

$$2\text{N} = \frac{dq}{dx} - \frac{dp}{dy} = \frac{z}{\beta^3}\frac{de}{d\gamma} - \frac{y}{\beta^2}\frac{de}{d\beta} + \frac{y}{\beta^3}e,$$

puis :

$$2\text{L}\frac{d\beta}{dx} + 2\text{M}\frac{d\beta}{dy} + 2\text{N}\frac{d\beta}{dz} = \frac{1}{\beta}\frac{de}{d\gamma}, \quad 2\text{L}\frac{d\gamma}{dx} + 2\text{M}\frac{d\gamma}{dy} + 2\text{N}\frac{d\gamma}{dz} = \frac{1}{\beta^3}e - \frac{1}{\beta^2}\frac{de}{d\beta},$$

et par suite :

$$2\text{M}r - 2\text{N}q = 0, \qquad 2\text{N}p - 2\text{L}r = \frac{z}{\beta^3}e\frac{de}{d\gamma} - \frac{y}{\beta^3}e\frac{de}{d\beta} + \frac{y}{\beta^4}e_2;$$

$$2\text{L}q - 2\text{M}p = -\frac{y}{\beta^3}e\frac{de}{d\gamma} - \frac{z}{\beta^3}e\frac{de}{d\beta} + \frac{z}{\beta^4}e.$$

D'après cela on a :

$$\frac{dp}{dt} = \frac{1}{\beta}\frac{de}{dt}, \qquad \Delta^2 p = \frac{1}{\beta^3}\frac{d^2e}{d\gamma^2} + \frac{1}{\beta}\frac{d^2e}{d\beta^2} - \frac{1}{\beta^2}\frac{de}{d\beta} + \frac{1}{\beta^3}e,$$

et par suite pour l'équation d'où doit résulter l'expression générale de e.

$$(100) \qquad \frac{1}{\beta}\frac{de}{dt} - \frac{h}{\rho}\left[\frac{1}{\beta^3}\frac{d^2e}{d\gamma^2} + \frac{1}{\beta}\frac{d^2e}{d\beta^2} - \frac{1}{\beta^2}\frac{de}{d\beta} + \frac{1}{\beta^3}e\right] + T = 0,$$

Quant aux conditions (63) elles se réduisent à :

$$(101)\left\{\begin{array}{l} -X_n = h\left(\frac{dp}{dy}\cos m + \frac{dp}{dz}\cos n\right) = \lambda p, \quad \varpi\cos m = Y_n, \\ \varpi\cos n = Z_n, \end{array}\right.$$

et en ayant égard aux relations $\cos l = 0$, $\cos m = \frac{dy}{dn}$, $\cos n = \frac{dz}{dn}$,

$$(102) \qquad X_n + \lambda p = 0, \qquad h\frac{dp}{dn} = \lambda p,$$

On peut observer aussi que l'équation (70) devient en même temps :

$$\varpi = h\sqrt{\frac{dp^2}{dy} + \frac{dp^2}{dz}},$$

d'où il résulte par suite de l'expression (91) et des relations (101)

$$\frac{h}{\rho}\sqrt{\frac{dp_2}{dy} + \frac{dp_2}{dz}} = W + Tx + T_1, \quad Y_n = \cos m.h\sqrt{\frac{dp_2}{dy} + \frac{dp_2}{dz}},$$

$$Z_n = \cos n.h\sqrt{\frac{dp_2}{dy} + \frac{dp_2}{dz}}.$$

Le potentiel accélérateur W ne pourrait donc pas être arbitraire; d'ailleurs les conditions à la surface, données par Kirchhoff, s'accordent dans ce cas particulier avec celles de Navier et cela résulte de ce que l'équation (66) se vérifie alors d'elle-même en vertu de la relation $\cos l = 0$. En résumé, on est ici en présence d'un problème d'analyse analogue à celui qui aurait pour objet de déterminer le refroidissement d'un prisme rectangle indéfini dont deux faces appartiendraient à une même famille de cylindres et les deux autres à une famille formée de cylindres orthogonaux aux premiers. Ce problème est facilité par les résultats acquis de la théorie analytique de la chaleur, mais il demanderait des développements étendus que je réserverai pour une communication ultérieure.

M. G. TARRY

A Kouba, près Alger.

LE PROBLÈME DES 36 OFFICIERS [Q 4b α]

— Séance du 4 août —

Le troisième mémoire d'Euler, publié dans les *Comptes rendus de la Société des sciences de Flessingue*, a pour titre : *Recherches sur une nouvelle espèce de carrés magiques*. Il commence ainsi :

« Une question fort curieuse, qui a exercé pendant quelque temps la sagacité de bien du monde, m'a engagé à faire les recherches suivantes, qui semblent avoir ouvert une nouvelle carrière dans l'analyse, et en particulier sur la doctrine des combinaisons.

» Cette question roulait sur une assemblée de 36 officiers de 6 différents grades et tirés de 6 régiments différents qu'il s'agissait de ranger dans un carré, de manière que sur chaque ligne, tant horizontale que verticale, il se trouvât 6 officiers tant de différents grades que de régiments différents. Or, après toutes les peines qu'on s'est données pour résoudre ce problème, on a été obligé de reconnaître qu'un tel arrangement est absolument impossible, QUOI QU'ON NE PUISSE PAS EN DONNER UNE DÉMONSTRATION RIGOUREUSE. »

Nous allons donner la démonstration de cette impossibilité.

Dans les n^2 cases d'un échiquier de base n, répartissons n objets différents, dont chacun est répété n fois, de telle manière que dans chaque rangée et dans chaque colonne on trouve n objets différents. L'abaque ainsi obtenu sera une *permutation carrée* de base n.

Désignons par ab (a, $b = 1, 2, 3, 4, 5, 6$) l'officier du grade a et du régiment b, et considérons une disposition en carré de nos 36 officiers :

25	46	52	64	11	33
16	54	61	35	23	42
51	63	45	26	32	14
62	15	36	53	44	21
43	31	24	12	56	66
34	22	13	41	65	55

On voit immédiatement que, pour résoudre le problème, il faudrait pouvoir superposer case à case deux permutations carrées de base 6, de telle manière que chaque chiffre de l'une d'elles soit superposé aux six chiffres de l'autre.

Dans les recherches, il sera toujours permis de changer l'ordre des rangées et des colonnes du bloc d'une superposition, puis de permuter isolément les chiffres dans chacune des permutations carrées composantes. En effet, si la superposition résout le problème, toutes celles obtenues par les changements indiqués fourniront des solutions, et réciproquement, si la superposition ne résout pas le problème, il en sera de même des transformées.

Cette remarque nous indique la route à suivre.

On songe d'abord à transformer les permutations carrées en d'autres, dans lesquelles les chiffres de la première rangée et de la première colonne sont disposés dans l'ordre naturel. Mais cette simplification est insuffisante, le nombre de permutations carrées de l'espèce s'élevant à 9.408.

Cette insuffisance tient à ce que nous n'avons utilisé qu'une partie des propriétés énoncées dans la remarque, soit seulement les changements de rangées et de colonnes, soit seulement les changements de rangées ou de colonnes, et les changements de chiffres.

Nous dirons que deux permutations carrées sont *semblables*, lorsqu'elles peuvent se transformer l'une en l'autre par des permutations de rangées, de colonnes et de chiffres.

Réunissons dans une même famille toutes les permutations carrées semblables, et choisissons-en une que nous prendrons pour *type* de cette famille.

Le problème sera ramené à démontrer qu'on ne peut superposer à aucun de ces types une seconde permutation carrée, de manière à satisfaire aux conditions exigées.

Cette démonstration fera l'objet de la seconde partie de notre mémoire.

La première partie sera consacrée à la recherche du nombre de types. Nous verrons qu'il n'y a que 17 types.

PREMIÈRE PARTIE

LES ÉCUSSONS

Dans une permutation carrée de base 6, considérons un couple de rangées ou de colonnes. La substitution qui a pour effet de remplacer la permutation de l'une des lignes par la permutation de l'autre est circulaire ou composée de substitutions circulaires.

Nous représenterons la relation existant entre ces deux permutations :

1° Par α, quand la substitution qui les identifie est composée de trois transpositions;

2° Par β, quand la substitution est composée d'une transposition et d'un cycle de 4 chiffres;

3° Par γ, quand la substitution est composée de deux cycles de 3 chiffres;

4° Par δ, quand la substitution est circulaire.

Il n'y a pas d'autres combinaisons.

Les chiffres des deux rangées peuvent être placés comme il suit, pour chacune des relations α, β, γ, δ, en disposant convenablement les colonnes :

		α						β						γ						δ			
A	B	C	D	E	F	A	B	C	D	E	F	A	B	C	D	E	F	A	B	C	D	E	F
B	A	D	C	F	E	B	A	D	E	F	C	B	C	A	E	F	D	B	C	D	E	F	A

Prenons une permutation carrée au hasard :

1	2	3	4	5	6
2	1	4	3	6	5
3	5	1	6	4	2
4	3	6	5	2	1
5	6	2	1	3	4
6	4	5	2	1	3

Les relations entre la première rangée et chacune des rangées suivantes sont respectivement α, β, δ, δ, β. La suite $\alpha\beta\delta\delta\beta$ figure la relation de la première rangée avec les autres. A chaque rangée correspond de la sorte une suite. Plaçons ces suites les unes au-dessous des autres, dans l'ordre des rangées; pour la permutation considérée nous aurons le tableau suivant :

.	α	β	δ	δ	β
α	.	δ	γ	γ	δ
β	δ	.	δ	δ	γ
δ	γ	δ	.	γ	δ
δ	γ	δ	γ	.	δ
β	δ	γ	δ	δ	.

Dans la case d'intersection de la rangée p et de la colonne q se trouve la relation qui lie le couple des rangées p et q; les cases de la première diagonale ne correspondant à aucun couple sont remplies par des points. Ce tableau, *analyse* des rangées, est nécessairement symétrique par rapport à la diagonale des points.

Écrivons les lettres suivant l'ordre alphabétique dans chaque rangée, sans laisser d'intervalle, et ensuite disposons les rangées dans l'ordre alphabétique. Le tableau de l'analyse se transformera dans le suivant :

$$\begin{array}{ccccc} \alpha & \beta & \beta & \delta & \delta \\ \alpha & \gamma & \gamma & \delta & \delta \\ \beta & \gamma & \delta & \delta & \delta \\ \beta & \gamma & \delta & \delta & \delta \\ \gamma & \gamma & \delta & \delta & \delta \\ \gamma & \gamma & \delta & \delta & \delta \end{array}$$

Ce nouveau tableau est le *schéma* des rangées.

En opérant de même pour les colonnes, les suites étant placées en rangées, nous obtiendrons l'analyse et le schéma des colonnes.

J'appelle *écusson* d'une permutation carrée le couple de schémas de ses rangées et de ses colonnes. Pour la permutation considérée, on a cet écusson :

$$\underbrace{\begin{array}{ccccc} \alpha & \beta & \beta & \delta & \delta \\ \alpha & \gamma & \gamma & \delta & \delta \\ \beta & \gamma & \delta & \delta & \delta \\ \beta & \gamma & \delta & \delta & \delta \\ \gamma & \gamma & \delta & \delta & \delta \\ \gamma & \gamma & \delta & \delta & \delta \end{array} + \begin{array}{ccccc} \beta & \beta & \gamma & \delta & \delta \\ \beta & \beta & \gamma & \delta & \delta \\ \beta & \beta & \gamma & \delta & \delta \\ \beta & \beta & \gamma & \delta & \delta \\ \beta & \delta & \delta & \delta & \delta \\ \beta & \delta & \delta & \delta & \delta \end{array}}$$

Chaque permutation carrée se trouve ainsi caractérisée par un écusson.

Nous démontrerons que pour toutes les permutations carrées de base 6, il n'existe que 16 schémas et 16 écussons. Comme leur connaissance anticipée facilitera la lecture de ce mémoire, je les donne maintenant :

LES 16 SCHÉMAS

1	2	3	4
$\begin{array}{ccccc} \alpha & \alpha & \alpha & \gamma & \gamma \\ \alpha & \alpha & \alpha & \gamma & \gamma \\ \alpha & \alpha & \alpha & \gamma & \gamma \\ \alpha & \alpha & \alpha & \gamma & \gamma \\ \alpha & \alpha & \alpha & \gamma & \gamma \\ \alpha & \alpha & \alpha & \gamma & \gamma \end{array}$	$\begin{array}{ccccc} \alpha & \alpha & \beta & \gamma & \delta \\ \alpha & \alpha & \beta & \gamma & \delta \\ \alpha & \alpha & \beta & \gamma & \delta \\ \alpha & \alpha & \beta & \gamma & \delta \\ \alpha & \beta & \beta & \delta & \delta \\ \alpha & \beta & \beta & \delta & \delta \end{array}$	$\begin{array}{ccccc} \alpha & \alpha & \alpha & \alpha & \alpha \\ \alpha & \gamma & \gamma & \gamma & \gamma \\ \alpha & \gamma & \gamma & \gamma & \gamma \\ \alpha & \gamma & \gamma & \gamma & \gamma \\ \alpha & \gamma & \gamma & \gamma & \gamma \\ \alpha & \gamma & \gamma & \gamma & \gamma \end{array}$	$\begin{array}{ccccc} \alpha & \alpha & \alpha & \delta & \delta \\ \alpha & \beta & \beta & \gamma & \gamma \\ \alpha & \beta & \beta & \gamma & \gamma \\ \alpha & \beta & \beta & \gamma & \gamma \\ \beta & \beta & \beta & \gamma & \delta \\ \beta & \beta & \beta & \gamma & \delta \end{array}$

5	6	7	8
$\begin{array}{ccccc} \alpha & \beta & \beta & \delta & \delta \\ \alpha & \beta & \beta & \delta & \delta \\ \alpha & \beta & \beta & \delta & \delta \\ \alpha & \beta & \beta & \delta & \delta \\ \alpha & \beta & \beta & \delta & \delta \\ \alpha & \beta & \beta & \delta & \delta \end{array}$	$\begin{array}{ccccc} \alpha & \alpha & \alpha & \gamma & \gamma \\ \alpha & \gamma & \gamma & \delta & \delta \\ \alpha & \gamma & \gamma & \delta & \delta \\ \alpha & \gamma & \gamma & \delta & \delta \\ \gamma & \gamma & \delta & \delta & \delta \\ \gamma & \gamma & \delta & \delta & \delta \end{array}$	$\begin{array}{ccccc} \alpha & \gamma & \gamma & \delta & \delta \\ \alpha & \gamma & \gamma & \delta & \delta \\ \alpha & \gamma & \gamma & \delta & \delta \\ \alpha & \gamma & \gamma & \delta & \delta \\ \alpha & \gamma & \gamma & \delta & \delta \\ \alpha & \gamma & \gamma & \delta & \delta \end{array}$	$\begin{array}{ccccc} \alpha & \beta & \beta & \beta & \beta \\ \alpha & \delta & \delta & \delta & \delta \\ \beta & \beta & \beta & \gamma & \delta \\ \beta & \beta & \beta & \gamma & \delta \\ \beta & \beta & \beta & \gamma & \delta \\ \beta & \beta & \beta & \gamma & \delta \end{array}$

9					10					11					12				
α	β	β	β	β	α	β	β	δ	δ	β	β	β	β	β	β	β	β	γ	γ
α	δ	δ	δ	δ	α	γ	γ	δ	δ	β	β	β	β	β	β	β	β	γ	γ
β	γ	γ	γ	δ	β	γ	δ	δ	δ	β	β	β	β	β	β	β	β	γ	γ
β	γ	γ	γ	δ	β	γ	δ	δ	δ	β	β	β	β	β	β	β	β	γ	γ
β	γ	γ	γ	δ	γ	γ	δ	δ	δ	β	β	β	β	β	β	β	β	γ	γ
β	γ	γ	γ	δ	γ	γ	δ	δ	δ	β	β	β	β	β	β	β	β	γ	γ

13					14					15					16				
β	β	β	δ	δ	β	β	γ	δ	δ	β	β	δ	δ	δ	γ	γ	δ	δ	δ
β	β	β	δ	δ	β	β	γ	δ	δ	β	β	δ	δ	δ	γ	γ	δ	δ	δ
β	β	β	δ	δ	β	β	γ	δ	δ	β	γ	δ	δ	δ	γ	γ	δ	δ	δ
β	β	β	δ	δ	β	β	γ	δ	δ	β	γ	δ	δ	δ	γ	γ	δ	δ	δ
β	δ	δ	δ	δ	β	δ	δ	δ	δ	β	γ	δ	δ	δ	γ	γ	δ	δ	δ
β	δ	δ	δ	δ	β	δ	δ	δ	δ	β	γ	δ	δ	δ	γ	γ	δ	δ	δ

LES 16 ÉCUSSONS

1	2	3	4	5	6	7	8
1 + 1	2 + 2	3 + 11	4 + 5	5 + 5	6 + 12	7 + 7	8 + 8

9	10	11	12	13	14	15	16
9 + 13	10 + 14	11 + 11	12 + 12	13 + 13	14 + 14	15 + 15	16 + 16

Les numéros des schémas suffisent pour représenter les écussons ; quand ils sont différents dans un écusson on peut les alterner, puisque cette transposition revient à déplacer le spectateur de manière que les rangées lui paraissent des colonnes et réciproquement.

Il s'agit maintenant de réduire à 17 types toutes les permutations carrées de base 6. Nous répartirons ces permutations en trois classes, que nous étudierons successivement.

La première classe se composera de toutes les permutations carrées possédant des relations α dans leurs écussons.

La deuxième classe comprendra les permutations carrées contenant des transpositions, mais pas de relations α.

La troisième classe sera formée par les permutations carrées ne contenant pas de transpositions, et par conséquent pas de relations α ou β.

PREMIÈRE CLASSE.

Font partie de cette classe toutes les permutations carrées possédant au moins une relation α entre deux rangées ou deux colonnes. Si la relation α ne se présentait que dans le schéma des colonnes, nous transformerions les colonnes en rangées par une rotation d'un quart de tour, afin que la relation α ait lieu entre deux rangées.

Nous amènerons ces deux rangées à être les premières par des transpositions de rangées ; puis, par des changements de colonnes, nous disposerons les chiffres de ces deux premières rangées dans l'ordre :

A B C D E F
B A D C F E

de telle sorte que les trois transpositions se trouvent dans le couple des deux premières colonnes, dans le couple des colonnes du milieu et dans le couple des deux dernières colonnes. On obtiendra tous les arrangements de cette sorte en permutant les couples de colonnes et en transposant les chiffres de chaque couple.

Deux chiffres placés dans la même colonne appartiennent à une transposition. En conséquence, s'il existe une transposition entre l'une des deux premières rangées et l'une des quatre dernières, cette transposition est nécessairement différente des transpositions $\begin{pmatrix} B & A \\ A & B \end{pmatrix}$, $\begin{pmatrix} D & C \\ C & D \end{pmatrix}$, $\begin{pmatrix} F & E \\ E & F \end{pmatrix}$, autrement un chiffre serait répété dans une colonne.

La relation existant entre la première et la troisième rangée est de l'une des formes α, β, γ, δ. D'où quatre cas à distinguer :

Premier cas. — Relation α : trois transpositions.

Un chiffre quelconque A appartient à une transposition $\begin{pmatrix} B & A \\ A & B \end{pmatrix}$ entre les rangées 1 et 2, et à une transposition $\begin{pmatrix} C & A \\ A & C \end{pmatrix}$ entre les rangées 1 et 3, B et C étant nécessairement différents.

Prenons A, B, C, pour les trois premiers chiffres de la première rangée nous aurons l'amorce :

A B C D
B A D C
C   A

Le deuxième chiffre de la troisième rangée ne peut être D, parce qu'il serait impossible de compléter les trois premières rangées sans répétition de chiffre dans les deux dernières colonnes. Soit E ce chiffre, A, B, C ne pouvant convenir.

En plaçant E au cinquième rang dans la première rangée, les trois premières rangées se trouvent déterminées ainsi :

A B C D E F
B A D C F E
C E A F B D

Comme il est permis de permuter les chiffres, les trois premières rangées pourront toujours s'écrire :

	1	2	3	4	5	6
(1)	2	1	4	3	6	5
	3	5	1	6	2	4

En conséquence, lorsque l'écusson d'une permutation carrée comprendra deux relations α dans l'une de ses rangées, cette permutation pourra toujours être transformée en une autre dont les trois premières rangées auront la disposition (1).

Deuxième cas. — Relation β : une transposition et un cycle de quatre chiffres.

Soient A et C les chiffres de la transposition existant entre les rangées 1 et 3, et B le chiffre formant avec A une transposition entre les rangées 1 et 2. Nous aurons l'amorce :

A	B	C	D
B	A	D	C
C		A	

Le deuxième chiffre de la troisième rangée ne peut être D, parce que le quatrième serait forcément E ou F, et l'on ne pourrait pas compléter les trois premières rangées sans répétition de chiffre dans une colonne. Soit E ce deuxième chiffre; complétons la première rangée en mettant E au cinquième rang :

A	B	C	D	E	F
B	A	D	C	F	E
C	E	A			

La troisième rangée devant présenter avec la première la relation β se trouve déterminée :

A	B	C	D	E	F
B	A	D	C	F	E
C	E	A	F	D	B

Dans la permutation carrée, il est permis de remplacer A, B, C, D, E, F par 1, 2, 3, 4, 5, 6 :

	1	2	3	4	5	6
(2)	2	1	4	3	6	5
	3	5	1	6	4	2

Ainsi, lorsque l'écusson d'une permutation carrée comprendra les relations α et β dans l'une de ses rangées, cette permutation pourra toujours être transformée en une autre dont les trois premières rangées auront la disposition (2).

Troisième cas. — Relation γ : deux cycles de trois chiffres.

Soit $\begin{pmatrix} C\,E\,A \\ A\,C\,E \end{pmatrix}$ l'un de ces cycles.

On voit immédiatement que deux chiffres de ce cycle ne peuvent composer une transposition entre les deux premières rangées, par exemple la transposition $\begin{pmatrix} C\,A \\ A\,C \end{pmatrix}$, autrement, au-dessous du chiffre A de la première rangée, on trouverait le chiffre C dans les rangées 2 et 3, et il y aurait répétition dans une colonne.

A, C, E appartenant aux trois transpositions du couple des deux premières rangées, nous pouvons écrire :

A	B	C	D	E	F
B	A	D	C	F	E
C		E		A	

et par conséquent,

1	2	3	4	5	6
2	1	4	3	6	5
3		5		1	

Il n'y a que deux manières de compléter la troisième rangée, qui donnent les deux dispositions :

1	2	3	4	5	6
2	1	4	3	6	5
3	4	5	6	1	2

1	2	3	4	5	6
2	1	4	3	6	5
3	6	5	2	1	4

La seconde disposition doit être éliminée comme rentrant dans le premier cas, parce que la deuxième rangée présente avec chacune des deux autres la relation α. Reste donc pour le troisième cas la disposition (3).

(3)	1	2	3	4	5	6
	2	1	4	3	6	5
	3	4	5	6	1	2

Quatrième cas. — Relation circulaire δ.

Si le premier chiffre de la troisième rangée n'est pas 3, on peut toujours le ramener à 3 par des changements permis. En effet, s'il est 4, il suffira d'effectuer la transposition $\begin{pmatrix} 4\,3 \\ 3\,4 \end{pmatrix}$ dans les chiffres de la permutation carrée, puis de permuter les colonnes 3 et 4 pour rétablir l'ancienne disposition des deux premières rangées; si c'est 5 ou 6, on effectuera la substitution $\begin{pmatrix}3\,4\,5\,6\\5\,6\,3\,4\end{pmatrix}$ ou $\begin{pmatrix}3\,4\,5\,6\\6\,5\,4\,3\end{pmatrix}$, et on rétablira les deux premières rangées.

Le premier chiffre de la troisième rangée étant 3, nous ne pouvons avoir que les dispositions suivantes pour les trois premières rangées :

```
1 2 3 4 5 6    1 2 3 4 5 6    1 2 3 4 5 6    1 2 3 4 5 6
2 1 4 3 6 5    2 1 4 3 6 5    2 1 4 3 6 5    2 1 4 3 6 5
3 5 2 6 4 1    3 4 5 6 2 1    3 6 5 1 2 4    3 6 5 2 4 1

1 2 3 4 5 6    1 2 3 4 5 6    1 2 3 4 5 6    1 2 3 4 5 6
2 1 4 3 6 5    2 1 4 3 6 5    2 1 4 3 6 5    2 1 4 3 6 5
3 6 2 5 1 4    3 4 6 5 1 2    3 5 6 1 4 2    3 5 6 2 1 4
```

On constate que la relation existant entre les rangées 2 et 3 est β ou γ. Par suite, le couple des rangées 2 et 1 et le couple des rangées 2 et 3 ont les relations α et β qui caractérisent le deuxième cas, ou bien les relations α et γ qui caractérisent le troisième cas. Nous n'aurons donc pas à nous occuper du quatrième cas, qui rentre dans les précédents.

En résumé, toutes les permutations carrées de la première classe peuvent être transformées, par des transpositions de rangées, de colonnes et de chiffres, en d'autres dans lesquelles la disposition des trois premières rangées est (1), (2) ou (3). Il nous suffira donc d'examiner ces dernières pour la réduction aux types.

Nous abrégerons en commençant de préférence par l'étude de la disposition (2), comprenant toutes les permutations carrées dont l'écusson renferme les relations α et β dans une de ses rangées.

Recherche des types de la disposition (2).

Construisons toutes les permutations carrées dont les trois premières rangées ont la disposition (2), en prenant pour quatrième, cinquième et sixième rangées celles qui commencent par les chiffres 4, 5 et 6; nous en obtiendrons douze que nous désignerons par les numéros de leurs écussons, auxquels nous joindrons des lettres lorsque plusieurs de ces permutations auront le même écusson. L'analyse fera connaître les écussons que nous désignerons par leurs schémas, en écrivant d'abord le schéma des rangées. Voici le tableau des opérations :

Numéros	Permutations carrées	Analyses des rangées	Analyses des colonnes	Écussons
—	—	—	—	—
	1 2 3 4 5 6	. α β γ δ α	. α α γ δ β	
	2 1 4 3 6 5	α . δ α β γ	α . γ α β δ	
2	3 5 1 6 4 2	β δ . β α δ	α γ . α β δ	**2 + 2**
	4 6 2 5 1 3	γ α β . δ α	γ α α . δ β	
	5 3 6 1 2 4	δ β α δ . β	δ β β δ . α	
	6 4 5 2 3 1	α γ δ α β .	β δ δ β α .	
	1 2 3 4 5 6	. α β δ δ β	. α α γ β δ	
	2 1 4 3 6 5	α . δ β β δ	α . γ α δ β	
2a	3 5 1 6 4 2	β δ . α α γ	α γ . α δ β	**2 + 2**
	4 6 2 5 3 1	δ β α . γ α	γ α α . β δ	
	5 3 6 1 2 4	δ β α γ . α	β δ δ β . α	
	6 4 5 2 1 3	β δ γ α α .	δ β β δ α .	
	1 2 3 4 5 6	. α β δ α γ	. β α δ α γ	
	2 1 4 3 6 5	α . δ β γ α	β . δ α δ β	
2b	3 5 1 6 4 2	β δ . α δ β	α δ . β γ α	**2 + 2**
	4 6 2 5 3 1	δ β α . β δ	δ α β . β δ	
	5 4 6 2 1 3	α γ δ β . α	α δ γ β . α	
	6 3 5 1 2 4	γ α β δ α .	γ β α δ α .	
	1 2 3 4 5 6	. α β γ β γ	. β α δ β δ	
	2 1 4 3 6 5	α . δ α δ α	β . δ α β δ	
4	3 5 1 6 4 2	β δ . β γ β	α δ . β δ β	**4 + 5**
	4 6 2 5 1 3	γ α β . β γ	δ α β . δ β	
	5 4 6 2 3 1	β δ γ β . β	β β δ δ . α	
	6 3 5 1 2 4	γ α β γ β .	δ δ β β α .	
	1 2 3 4 5 6	. α β δ β δ	. α α δ α δ	
	2 1 4 3 6 5	α . δ β δ β	α . γ β γ β	
4a	3 5 1 6 4 2	β δ . α β δ	α γ . β γ β	**5 + 4**
	4 6 2 5 3 1	δ β α . δ β	δ β β . β γ	
	5 3 6 2 1 4	β δ β δ . α	α γ γ β . β	
	6 4 5 1 2 3	δ β δ β α .	δ β β γ β .	
	1 2 3 4 5 6	. α β δ β δ	. β α γ β γ	
	2 1 4 3 6 5	α . δ β δ β	β . δ β γ β	
4b	3 5 1 6 4 2	β δ . α β δ	α δ . α δ α	**5 + 4**
	4 6 2 5 3 1	δ β α . δ β	γ β α . β γ	
	5 4 6 1 2 3	β δ β δ . α	β γ δ β . β	
	6 3 5 2 1 4	δ β δ β α .	γ β α γ β .	
	1 2 3 4 5 6	. α β δ δ β	. α β δ δ β	
	2 1 4 3 6 5	α . δ β β δ	α . δ β β δ	
5	3 5 1 6 4 2	β δ . δ α β	β δ . α δ β	**5 + 5**
	4 6 5 2 1 3	δ β δ . β α	δ β α . β δ	
	5 3 6 1 2 4	δ β α β . δ	δ β δ β . α	
	6 4 2 5 3 1	β δ β α δ .	β δ β δ α .	

Numéros	Permutations carrées	Analyses des rangées	Analyses des colonnes	Écussons
—	—	—	—	—
	1 2 3 4 5 6	. α β β δ δ	. α β δ β δ	
	2 1 4 3 6 5	α . δ δ β β	α . δ β δ β	
5a	3 5 1 6 4 2	β δ . β α δ	β δ . α β δ	5 + 5
	4 6 5 2 3 1	β δ β . δ α	δ β α . δ β	
	5 3 6 1 2 4	δ β α δ . β	β δ β δ . α	
	6 4 2 5 1 3	δ β δ α β .	δ β δ β α .	
	1 2 3 4 5 6	. α β β β β	. α β β β β	
	2 1 4 3 6 5	α . δ δ δ δ	α . δ δ δ δ	
8	3 5 1 6 4 2	β δ . γ β β	β δ . β γ β	8 + 8
	4 6 5 1 2 3	β δ γ . β β	β δ β . β γ	
	5 3 6 2 1 4	β δ β β . γ	β δ γ β . β	
	6 4 2 5 3 1	β δ β β γ .	β δ β γ β .	
	1 2 3 4 5 6	. α β β β β	. β β δ β γ	
	2 1 4 3 6 5	α . δ δ δ δ	β . β δ γ β	
8a	3 5 1 6 4 2	β δ . β β γ	β β . α β β	8 + 8
	4 6 5 2 3 1	β δ β . γ β	δ δ α . δ δ	
	5 4 6 1 2 3	β δ β γ . β	β γ β δ . β	
	6 3 2 5 1 4	β δ γ β β .	γ β β δ β .	
	1 2 3 4 5 6	. α β β β β	. β β β δ δ	
	2 1 4 3 6 5	α . δ δ δ δ	β . β β δ δ	
9	3 5 1 6 4 2	β δ . γ γ γ	β β . β δ δ	9 + 13
	4 6 5 1 2 3	β δ γ . γ γ	β β β . δ δ	
	5 4 6 2 3 1	β δ γ γ . γ	δ δ δ δ . β	
	6 3 2 5 1 4	β δ γ γ γ .	δ δ δ δ β .	
	1 2 3 4 5 6	. α β δ δ β	. β β γ δ δ	
	2 1 4 3 6 5	α . δ γ γ δ	β . γ β δ δ	
10	3 5 1 6 4 2	β δ . δ δ γ	β γ . β δ δ	10 + 14
	4 3 6 5 2 1	δ γ δ . γ δ	γ β β . δ δ	
	5 6 2 1 3 4	δ γ δ γ . δ	δ δ δ δ . β	
	6 4 5 2 1 3	β δ γ δ δ .	δ δ δ δ β .	

Les douze permutations carrées de la disposition (2) sont réparties de la manière suivante entre les six écussons qui présentent les relations α et β dans une rangée :

3	écusson n° 2	2, 2*a*, 2*b*
3	écusson n° 4	4, 4*a*, 4*b*
2	écusson n° 5	5, 5*a*
2	écusson n° 8	8, 8*a*
1	écusson n° 9	9
1	écusson n° 10	10

Nous allons les réduire à six en identifiant celles de même numéro, qui ont le même écusson. Il restera les six permutations carrées 2, 4, 5, 8, 9, 10, que nous choisirons pour types des familles des écussons 2, 4, 5, 8, 9, 10.

Pour les identifications, les contextures des analyses serviront de guide; rappelons que pour identifier *4a* et *4b*, qui ont pour écusson 5 + 4, avec 4 qui a pour écusson 4 + 5, il faut préalablement disposer les colonnes en rangées et réciproquement. Voici le tableau des opérations :

	Permutations à identifier.	Transpositions de rangées.	Transpositions de colonnes.	Substitutions de chiffres.	
	1 2 3 4 5 6	3 5 1 6 4 2	1 6 3 5 4 2	1 2 3 4 5 6	
	2 1 4 3 6 5	5 3 6 1 2 4	6 1 5 3 2 4	2 1 4 3 6 5	
2*a*	3 5 1 6 4 2	1 2 3 4 5 6	3 4 1 2 5 6	3 5 1 6 4 2	**2**
	4 6 2 5 3 1	6 4 5 2 1 3	5 2 6 4 1 3	4 6 2 5 1 3	
	5 3 6 1 2 4	2 1 4 3 6 5	4 3 2 1 6 5	5 3 6 1 2 4	
	6 4 5 2 1 3	4 6 2 5 3 1	2 5 4 6 3 1	6 4 5 2 3 1	
	1 2 3 4 5 6	1 2 3 4 5 6	1 5 3 6 4 2	1 2 3 4 5 6	
	2 1 4 3 6 5	5 4 6 2 1 3	5 1 6 3 2 4	2 1 4 3 6 5	
2*b*	3 5 1 6 4 2	3 5 1 6 4 2	3 4 1 2 6 5	3 5 1 6 4 2	**2**
	4 6 2 5 3 1	6 3 5 1 2 4	6 2 5 4 1 3	4 6 2 5 1 3	
	5 4 6 2 1 3	4 6 2 5 3 1	4 3 2 1 5 6	5 3 6 1 2 4	
	6 3 5 1 2 4	2 1 4 3 6 5	2 6 4 5 3 1	6 4 5 2 3 1	
	1 2 3 4 5 6	3 4 1 2 6 5	4 2 3 1 5 6	1 2 3 4 5 6	
	2 1 5 6 3 4	1 2 3 4 5 6	2 4 1 3 6 5	2 1 4 3 6 5	
4*a*	3 4 1 2 6 5	4 3 6 5 2 1	3 5 4 6 1 2	3 5 1 6 4 2	**4**
	4 3 6 5 2 1	2 1 5 6 3 4	1 6 2 5 4 3	4 6 2 5 1 3	
	5 6 4 3 1 2	6 5 2 1 4 3	5 1 6 2 3 4	5 4 6 2 3 1	
	6 5 2 1 4 3	5 6 4 3 1 2	6 3 5 4 2 1	6 3 5 1 2 4	
	1 2 3 4 5 6	1 2 3 4 5 6	1 3 2 4 5 6	1 2 3 4 5 6	
	2 1 5 6 4 3	3 4 1 2 6 5	3 1 4 2 6 5	2 1 4 3 6 5	
4*b*	3 4 1 2 6 5	2 1 5 6 4 3	2 5 1 6 4 3	3 5 1 6 4 2	**4**
	4 3 6 5 1 2	4 3 6 5 1 2	4 6 3 5 1 2	4 6 2 5 1 3	
	5 6 4 3 2 1	5 6 4 3 2 1	5 4 6 3 2 1	5 4 6 2 3 1	
	6 5 2 1 3 4	6 5 2 1 3 4	6 2 5 1 3 4	6 3 5 1 2 4	
	1 2 3 4 5 6	1 2 3 4 5 6	3 4 1 2 6 5	1 2 3 4 5 6	
	2 1 4 3 6 5	2 1 4 3 6 5	4 3 2 1 5 6	2 1 4 3 6 5	
5*a*	3 5 1 6 4 2	3 5 1 6 4 2	1 6 3 5 2 4	3 5 1 6 4 2	**5**
	4 6 5 2 3 1	6 4 2 5 1 3	2 5 6 4 3 1	4 6 5 2 1 3	
	5 3 6 1 2 4	5 3 6 1 2 4	6 1 5 3 4 2	5 3 6 1 2 4	
	6 4 2 5 1 3	4 6 5 2 3 1	5 2 4 6 1 3	6 4 2 5 3 1	
	1 2 3 4 5 6	1 2 3 4 5 6	3 4 1 2 6 5	1 2 3 4 5 6	
	2 1 4 3 6 5	2 1 4 3 6 5	4 3 2 1 5 6	2 1 4 3 6 5	
8*a*	3 5 1 6 4 2	3 5 1 6 4 2	1 6 3 5 2 4	3 5 1 6 4 2	**8**
	4 6 5 2 3 1	6 3 2 5 1 4	2 5 6 3 4 1	4 6 5 1 2 3	
	5 4 6 1 2 3	5 4 6 1 2 3	6 1 5 4 3 2	5 3 6 2 1 4	
	6 3 2 5 1 4	4 6 5 2 3 1	5 2 4 6 1 3	6 4 2 5 3 1	

Nous avons remplacé les permutations carrées $4a$ et $4b$ par celles obtenues en retournant la figure autour de la première diagonale.

Recherche des types de la disposition (1)

Les permutations carrées de cette disposition comprennent toutes celles dont l'écusson présente deux relations α dans une rangée, et sont aussi au nombre de 12. Les voici avec leurs analyses et leurs écussons :

	Permutation	Analyse	Écusson	
	1 2 3 4 5 6	. α α γ γ α	. α α γ γ α	
	2 1 4 3 6 5	α . γ α α γ	α . γ α α γ	
1	3 5 1 6 2 4	α γ . α α γ	α γ . α α γ	1 + 1
	4 6 2 5 1 3	γ α α . γ α	γ α α . γ α	
	5 3 6 1 4 2	γ α α γ . α	γ α α γ . α	
	6 4 5 2 3 1	α γ γ α α .	α γ γ α α .	
	1 2 3 4 5 6	. α α γ δ β	. α α δ γ β	
	2 1 4 3 6 5	α . γ α β δ	α . γ β α δ	
2c	3 5 1 6 2 4	α γ . α β δ	α γ . β α δ	2 + 2
	4 6 2 5 1 3	γ α α . δ β	δ β β . δ α	
	5 3 6 2 4 1	δ β β δ . α	γ α α δ . β	
	6 4 5 1 3 2	β δ δ β α .	β δ δ α β .	
	1 2 3 4 5 6	. α α γ δ β	. β α γ δ α	
	2 1 4 3 6 5	α . γ α β δ	β . δ β α δ	
2d	3 5 1 6 2 4	α γ . α β δ	α δ . α β γ	2 + 2
	4 6 2 5 1 3	γ α α . δ β	γ β α . δ α	
	5 4 6 1 3 2	δ β β δ . α	δ α β δ . β	
	6 3 5 2 4 1	β δ δ β α .	α δ γ α β .	
	1 2 3 4 5 6	. α α γ β δ	. β α δ δ β	
	2 1 4 3 6 5	α . γ α δ β	β . δ α α γ	
2e	3 5 1 6 2 4	α γ . α δ β	α δ . β β δ	2 + 2
	4 6 2 5 1 3	γ α α . β δ	δ α β . γ α	
	5 4 6 2 3 1	β δ δ β . α	δ α β γ . α	
	6 3 5 1 4 2	δ β β δ α .	β γ δ α α .	
	1 2 3 4 5 6	. α α δ γ β	. α α γ δ β	
	2 1 4 3 6 5	α . γ β α δ	α . γ α β δ	
2f	3 5 1 6 2 4	α γ . β α δ	α γ . α β δ	2 + 2
	4 6 2 5 3 1	δ β β . δ α	γ α α . δ β	
	5 3 6 1 4 2	γ α α δ . β	δ β β δ . α	
	6 4 5 2 1 3	β δ δ α β .	β δ δ β α .	
	1 2 3 4 5 6	. α α δ γ β	. α β δ γ α	
	2 1 4 3 6 5	α . γ β α δ	α . δ β α γ	
2g	3 5 1 6 2 4	α γ . β α δ	β δ . α β δ	2 + 2
	4 6 5 2 1 3	δ β β . δ α	δ β α . δ β	
	5 3 6 1 4 2	γ α α δ . β	γ α β δ . α	
	6 4 2 5 3 1	β δ δ α β .	α γ δ β α .	

2h	1 2 3 4 5 6	. α α β γ δ	. α β δ δ β
	2 1 4 3 6 5	α . γ δ α β	α . δ β β δ
	3 5 1 6 2 4	α γ . δ α β	β δ . α α γ
	4 6 5 2 3 1	β δ δ . β α	δ β α . γ α
	5 3 6 1 4 2	γ α α β . δ	δ β α γ . α
	6 4 2 5 1 3	δ β β α δ .	β δ γ α α .
3	1 2 3 4 5 6	. α α α α α	. β β β β β
	2 1 4 3 6 5	α . γ γ γ γ	β . β β β β
	3 5 1 6 2 4	α γ . γ γ γ	β β . β β β
	4 6 5 1 3 2	α γ γ . γ γ	β β β . β β
	5 4 6 2 1 3	α γ γ γ . γ	β β β β . β
	6 3 2 5 4 1	α γ γ γ γ .	β β β β β .
4c	1 2 3 4 5 6	. α α δ α δ	. β α δ β δ
	2 1 4 3 6 5	α . γ β γ β	β . δ α β δ
	3 5 1 6 2 4	α γ . β γ β	α δ . β δ β
	4 6 2 5 3 1	δ β β . β γ	δ α β . δ β
	5 4 6 2 1 3	α γ γ β . β	β β δ δ . α
	6 3 5 1 4 2	δ β β γ β .	δ δ β β α .
4d	1 2 3 4 5 6	. α α α δ δ	. α β β δ δ
	2 1 4 3 6 5	α . γ γ β β	α . δ δ β β
	3 5 1 6 2 4	α γ . γ β β	β δ . β α δ
	4 6 5 1 3 2	α γ γ . β β	β δ β . δ α
	5 3 6 2 4 1	δ β β β . γ	δ β α δ . β
	6 4 2 5 1 3	δ β β β γ .	δ β δ α β .
4e	1 2 3 4 5 6	. α α δ δ α	. β β δ δ α
	2 1 4 3 6 5	α . γ β β γ	β . β δ α δ
	3 5 1 6 2 4	α γ . β β γ	β β . α δ δ
	4 6 5 2 1 3	δ β β . γ β	δ δ α . β β
	5 4 6 1 3 2	δ β β γ . β	δ α δ β . β
	6 3 2 5 4 1	α γ γ β β .	α δ δ β β .
6	1 2 3 4 5 6	. α α γ γ α	. β β γ γ β
	2 1 4 3 6 5	α . γ δ δ γ	β . γ β β γ
	3 5 1 6 2 4	α γ . δ δ γ	β γ . β β γ
	4 3 6 5 1 2	γ δ δ . γ δ	γ β β . γ β
	5 6 2 1 4 3	γ δ δ γ . δ	γ β β γ . β
	6 4 5 2 3 1	α γ γ δ δ .	β γ γ β β .

Sums printed beside the blocks: 2h: $\underbrace{2+2}$; 3: $\underbrace{3+11}$; 4c: $\underbrace{4+5}$; 4d: $\underbrace{4+5}$; 4e: $\underbrace{4+5}$; 6: $\underbrace{6+12}$.

Ces douze permutations carrées se répartissent ainsi :

1 écusson n° 1	1
6 écusson n° 2	2*c*, 2*d*, 2*e*, 2*f*, 2*g*, 2*h*
1 écusson n° 3	3
3 écusson n° 4	4*c*, 4*d*, 4*e*
1 écusson n° 6	6

Les six permutations carrées 2*c*, 2*d*, 2*e*, 2*f*, 2*g*, 2*h* et les trois permutations carrées $4c$, $4d$, $4e$, qui ont dans leurs écussons, 2 et 4, une rangée contenant α et β, rentrent dans la disposition précédente.

Il reste les permutations carrées 1, 3, 6, que nous prendrons pour types des familles des écussons 1, 3, 6.

RECHERCHE DES TYPES DE LA DISPOSITION (3).

Cette disposition comprend les huit permutations carrées suivantes :

	Permutation	Écusson	Écusson	
	1 2 3 4 5 6	. α γ α γ α	. β γ β γ β	
	2 1 4 3 6 5	α . δ γ δ γ	β . β γ β γ	
6a	3 4 5 6 1 2	γ δ . δ γ δ	γ β . β γ β	**6 + 12**
	4 5 6 1 2 3	α γ δ . δ γ	β γ β . β γ	
	5 6 1 2 3 4	γ δ γ δ . δ	γ β γ β . β	
	6 3 2 5 4 1	α γ δ γ δ .	β γ β γ β .	
	1 2 3 4 5 6	. α γ δ γ δ	. α γ δ γ δ	
	2 1 4 3 6 5	α . δ γ δ γ	α . δ γ δ γ	
7	3 4 5 6 1 2	γ δ . α γ δ	γ δ . α γ δ	**7 + 7**
	4 3 6 5 2 1	δ γ α . δ γ	δ γ α . δ γ	
	5 6 1 2 3 4	γ δ γ δ . α	γ δ γ δ . α	
	6 5 2 1 4 3	δ γ δ γ α .	δ γ δ γ α .	
	1 2 3 4 5 6	. α γ δ δ γ	. α γ δ δ γ	
	2 1 4 3 6 5	α . δ γ γ δ	α . δ γ γ δ	
7 *bis*	3 4 5 6 1 2	γ δ . α δ γ	γ δ . α δ γ	**7 + 7**
	4 3 6 5 2 1	δ γ α . γ δ	δ γ α . γ δ	
	5 6 1 2 4 3	δ γ δ γ . α	δ γ δ γ . α	
	6 5 2 1 3 4	γ δ γ δ α .	γ δ γ δ α .	
	1 2 3 4 5 6	. α γ δ δ γ	. α δ γ γ δ	
	2 1 4 3 6 5	α . δ γ γ δ	α . γ δ δ γ	
7 *bis* a	3 4 5 6 1 2	γ δ . α δ γ	δ γ . α δ γ	**7 + 7**
	4 3 6 5 2 1	δ γ α . γ δ	γ δ α . γ δ	
	5 6 2 1 3 4	δ γ δ γ . α	γ δ δ γ . α	
	6 5 1 2 4 3	γ δ γ δ α .	δ γ γ δ α .	
	1 2 3 4 5 6	. α γ δ γ δ	. α δ γ δ γ	
	2 1 4 3 6 5	α . δ γ δ γ	α . γ δ γ δ	
7 *bis* b	3 4 5 6 1 2	γ δ . α γ δ	δ γ . α γ δ	**7 + 7**
	4 3 6 5 2 1	δ γ α . δ γ	γ δ α . δ γ	
	5 6 2 1 4 3	γ δ γ δ . α	δ γ γ δ . α	
	6 5 1 2 3 4	δ γ δ γ α .	γ δ δ γ α .	
	1 2 3 4 5 6	. α γ δ γ δ	. β δ δ β γ	
	2 1 4 3 6 5	α . δ β δ β	β . δ δ γ β	
10 *a*	3 4 5 6 1 2	γ δ . δ γ δ	δ δ . β δ δ	**10 + 14**
	4 5 6 2 3 1	δ β δ . δ γ	δ δ β . δ δ	
	5 6 2 1 4 3	γ δ γ δ . δ	β γ δ δ . β	
	6 3 1 5 2 4	δ β δ γ δ .	γ β δ δ β .	

	1 2 3 4 5 6	. α γ δ δ γ	. β δ δ δ δ	
	2 1 4 3 6 5	α . δ β β δ	β . δ δ δ δ	
10 *b*	3 4 5 6 1 2	γ δ . δ δ γ	δ δ . β β γ	**10+14**
	4 6 1 5 2 3	δ β δ . γ δ	δ δ β . γ β	
	5 3 6 2 4 1	δ β δ γ . δ	δ δ β γ . β	
	6 5 2 1 3 4	γ δ γ δ δ .	δ δ γ β β .	

	1 2 3 4 5 6	. α γ δ δ γ	. β β γ δ δ	
	2 1 4 3 6 5	α . δ β β δ	β . γ β δ δ	
10 *c*	3 4 5 6 1 2	γ δ . δ δ γ	β γ . β δ δ	**10+14**
	4 6 2 5 3 1	δ β δ . γ δ	γ β β . δ δ	
	5 3 6 1 2 4	δ β δ γ . δ	δ δ δ δ . β	
	6 5 1 2 4 3	γ δ γ δ δ .	δ δ δ δ β .	

Les huit permutations carrées de la disposition (3) se répartissent ainsi :

1 écusson n° 6	*6a*,
4 écusson n° 7	7, 7 *bis*, 7 *bis* a, 7 *bis* b,
3 écusson n° 10	*10a*, *10b*, *10c*.

Les écussons 6 et 10 se trouvant dans les dispositions précédentes, on peut identifier *6a* à 6 et *10a*, *10b*, *10c* à 10. Il ne reste plus que quatre permutations carrées d'écusson 7 que nous réduirons à 2, en identifiant 7 *bis* a et 7 *bis* b à 7 *bis* de la manière suivante :

	1 2 3 4 5 6	5 6 2 1 3 4	2 1 4 3 5 6	1 2 3 4 5 6	
	2 1 4 3 6 5	6 5 1 2 4 3	1 2 3 4 6 5	2 1 4 3 6 5	
7 *bis* a	3 4 5 6 1 2	2 1 4 3 6 5	4 3 5 6 2 1	3 4 5 6 1 2	**7** *bis*
	4 3 6 5 2 1	1 2 3 4 5 6	3 4 6 5 1 2	4 3 6 5 2 1	
	5 6 2 1 3 4	3 4 5 6 1 2	5 6 2 1 3 4	5 6 1 2 4 3	
	6 5 1 2 4 3	4 3 6 5 2 1	6 5 1 2 4 3	6 5 2 1 3 4	

	1 2 3 4 5 6	1 2 3 4 5 6	4 3 1 2 5 6	1 2 3 4 5 6	
	2 1 4 3 6 5	2 1 4 3 6 5	3 4 2 1 6 5	2 1 4 3 6 5	
7 *bis* b	3 4 5 6 1 2	5 6 2 1 4 3	1 2 5 6 4 3	3 4 5 6 1 2	**7** *bis*
	4 3 6 5 2 1	6 5 1 2 3 4	2 1 6 5 3 4	4 3 6 5 2 1	
	5 6 2 1 4 3	4 3 6 5 2 1	5 6 4 3 2 1	5 6 1 2 4 3	
	6 5 1 2 3 4	3 4 5 6 1 2	6 5 3 4 1 2	6 5 2 1 3 4	

Types de la Première Classe.

Deux permutations carrées dont les écussons sont différents ne peuvent être identifiées, puisque les changements de rangées, de colonnes et de chiffres ne modifient pas les écussons.

Or, dans les permutations carrées de la première classe, nous avons rencontré dix écussons différents, et, d'autre part, nous démontrerons dans la seconde partie de ce mémoire qu'il est impossible d'identifier les deux types 7 et 7 *bis* de même écusson $\widetilde{7 + 7}$.

Donc, le nombre des types de la première classe est égal à 11. Ces 11 types se trouvent représentés par nos permutations carrées numérotées 1, 2, 3, 4, 5, 6, 7, 7 *bis*, 8, 9, 10.

Deuxième Classe.

La deuxième classe comprend toutes les permutations carrées qui ne présentent pas de relation α dans leurs écussons, et qui possèdent des transpositions, et, par conséquent, des relations β dans les rangées et les colonnes. En prenant toutes les permutations carrées qui renferment des transpositions, et en éliminant celles qui ont des relations α, les permutations restantes composeront la deuxième classe.

Prenons pour les deux premières rangées un couple présentant la relation β, et disposons-les dans l'ordre

A B C D E F
B A D E F C

Dans la première rangée on peut placer aux rangs 3 et 4 deux chiffres consécutifs quelconques CD, DE, EF, FC de la suite circulaire CDEF, puisque la disposition précédente peut être remplacée par l'une des suivantes :

A B D E F C   A B E F C D   A B F C D E
B A E F C D   B A F C D E   B A C D E F

Il suit de là que, si le premier et le second chiffres de la troisième rangée sont deux chiffres consécutifs de la suite CDEF, on pourra disposer les deux premières rangées de telle manière que le premier et le second chiffres de la rangée 3 occuperont les rangs 3 et 4 de la rangée 1, et nous obtiendrons l'arrangement

A B C D E F   1 2 3 4 5 6
B A D E F C   ou   2 1 4 5 6 3
C D   3 4

Si les deux premiers chiffres de la rangée 3 étaient deux chiffres consécutifs, placés dans l'ordre inverse 43, 54, 65, 36, il suffirait de permuter les chiffres 1 et 2, puis les colonnes 1 et 2, pour retomber dans le cas précédent.

Enfin, si les deux premiers chiffres de la troisième rangée ne sont pas consécutifs, par exemple 3 et 5, les deux premiers chiffres de la rangée commençant par 5 le sont forcément, comme nous allons le démontrer, et il suffira de transposer les rangées commençant par 3 et 5 pour retomber dans l'un des cas précédents. Voici cette démonstration :

Dans la rangée commençant par 5, on ne peut avoir 3 pour second chiffre, autrement la relation entre les colonnes 1 et 2 présenterait deux transpositions $\begin{pmatrix} 2 & 1 \\ 1 & 2 \end{pmatrix}$ et $\begin{pmatrix} 5 & 3 \\ 3 & 5 \end{pmatrix}$ et serait α, contrairement à l'hypothèse. Il faut donc que le second chiffre soit 4 ou 6, tous deux consécutifs à 5. Le même raisonnement s'appliquerait aux couples de chiffres 53, 46 et 64.

Ce qui démontre que l'on obtiendra toutes les familles des permutations carrées de la deuxième classe en complétant de toutes les manières possibles l'amorce :

$$\begin{array}{cccccc} 1 & 2 & 3 & 4 & 5 & 6 \\ 2 & 1 & 4 & 5 & 6 & 3 \\ 3 & 4 & & & & \end{array}$$

En complétant la troisième rangée, on trouvera ces 6 dispositions :

$$(4)\ \begin{array}{cccccc} 1 & 2 & 3 & 4 & 5 & 6 \\ 2 & 1 & 4 & 5 & 6 & 3 \\ 3 & 4 & 1 & 6 & 2 & 5 \end{array} \qquad (5)\ \begin{array}{cccccc} 1 & 2 & 3 & 4 & 5 & 6 \\ 2 & 1 & 4 & 5 & 6 & 3 \\ 3 & 4 & 2 & 6 & 1 & 5 \end{array} \qquad (6)\ \begin{array}{cccccc} 1 & 2 & 3 & 4 & 5 & 6 \\ 2 & 1 & 4 & 5 & 6 & 3 \\ 3 & 4 & 5 & 6 & 1 & 2 \end{array}$$

$$(7)\ \begin{array}{cccccc} 1 & 2 & 3 & 4 & 5 & 6 \\ 2 & 1 & 4 & 5 & 6 & 3 \\ 3 & 4 & 5 & 6 & 2 & 1 \end{array} \qquad (8)\ \begin{array}{cccccc} 1 & 2 & 3 & 4 & 5 & 6 \\ 2 & 1 & 4 & 5 & 6 & 3 \\ 3 & 4 & 6 & 1 & 2 & 5 \end{array} \qquad (9)\ \begin{array}{cccccc} 1 & 2 & 3 & 4 & 5 & 6 \\ 2 & 1 & 4 & 5 & 6 & 3 \\ 3 & 4 & 6 & 2 & 1 & 5 \end{array}$$

Les dispositions (8) et (9) se transforment respectivement dans les dispositions (7) et (6) par la transposition des deux premières rangées le changement d'ordre des colonnes et la substitution de chiffres $\begin{pmatrix} 3 & 4 & 5 & 6 \\ 4 & 3 & 6 & 5 \end{pmatrix}$, comme on le voit ci-dessous :

$$(8)\ \begin{array}{cccccc} 1 & 2 & 3 & 4 & 5 & 6 \\ 2 & 1 & 4 & 5 & 6 & 3 \\ 3 & 4 & 6 & 1 & 2 & 5 \end{array} \quad \begin{array}{cccccc} 2 & 1 & 4 & 5 & 6 & 3 \\ 1 & 2 & 3 & 4 & 5 & 6 \\ 3 & 4 & 6 & 1 & 2 & 5 \end{array} \quad \begin{array}{cccccc} 1 & 2 & 4 & 3 & 6 & 5 \\ 2 & 1 & 3 & 6 & 5 & 4 \\ 4 & 3 & 6 & 5 & 2 & 1 \end{array} \quad \begin{array}{cccccc} 1 & 2 & 3 & 4 & 5 & 6 \\ 2 & 1 & 4 & 5 & 6 & 3 \\ 3 & 4 & 5 & 6 & 2 & 1 \end{array}\ (7)$$

$$(9)\ \begin{array}{cccccc} 1 & 2 & 3 & 4 & 5 & 6 \\ 2 & 1 & 4 & 5 & 6 & 3 \\ 3 & 4 & 6 & 2 & 1 & 5 \end{array} \quad \begin{array}{cccccc} 2 & 1 & 4 & 5 & 6 & 3 \\ 1 & 2 & 3 & 4 & 5 & 6 \\ 3 & 4 & 6 & 2 & 1 & 5 \end{array} \quad \begin{array}{cccccc} 1 & 2 & 4 & 3 & 6 & 5 \\ 2 & 1 & 3 & 6 & 5 & 4 \\ 4 & 3 & 6 & 5 & 1 & 2 \end{array} \quad \begin{array}{cccccc} 1 & 2 & 3 & 4 & 5 & 6 \\ 2 & 1 & 4 & 5 & 6 & 3 \\ 3 & 4 & 5 & 6 & 1 & 2 \end{array}\ (6)$$

En conséquence, pour la réduction aux types, il nous suffira d'examiner les quatre dispositions (4), (5), (6), (7), qui produisent respectivement 4, 6, 3, 4 permutations carrées, soit au total 17. On constate encore que les relations existant entre les trois couples de rangées 12, 13, 23 sont respectivement, pour ces quatre dispositions, ββ3, βδδ, βγβ, βδδ. Or, deux quelconques de ces dispositions diffèrent soit par les relations entre leurs rangées, soit par le nombre de permutations carrées qu'elles produisent. Donc, il est impossible de réduire le nombre de ces dispositions.

Pour simplifier, nous étudierons d'abord les dispositions (4) et (6), en opérant comme pour la première classe.

RECHERCHE DES TYPES DES DISPOSITIONS (4) ET (6).

	1	2	3	4	5	6	.	β	β	β	β	β	.	β	β	β	β	β	
	2	1	4	5	6	3	β	.	β	β	β	β	β	.	β	β	β	β	
11	3	4	1	6	2	5	β	β	.	β	β	β	β	β	.	β	β	β	**11+11**
	4	5	6	1	3	2	β	β	β	.	β	β	β	β	β	.	β	β	
	5	6	2	3	1	4	β	β	β	β	.	β	β	β	β	β	.	β	
	6	3	5	2	4	1	β	β	β	β	β	.	β	β	β	β	β	.	
	1	2	3	4	5	6	.	β	β	β	δ	δ	.	β	β	β	δ	δ	
	2	1	4	5	6	3	β	.	β	β	δ	δ	β	.	β	β	δ	δ	
13	3	4	1	6	2	5	β	β	.	β	δ	δ	β	β	.	β	δ	δ	**13+13**
	4	5	6	1	3	2	β	β	β	.	δ	δ	β	β	β	.	δ	δ	
	5	6	2	3	4	1	δ	δ	δ	δ	.	β	δ	δ	δ	δ	.	β	
	6	3	5	2	1	4	δ	δ	δ	δ	β	.	δ	δ	δ	δ	β	.	
	1	2	3	4	5	6	.	β	β	δ	β	δ	.	β	β	δ	β	δ	
	2	1	4	5	6	3	β	.	β	δ	β	δ	β	.	β	δ	β	δ	
13*a*	3	4	1	6	2	5	β	β	.	δ	β	δ	β	β	.	δ	β	δ	**13+13**
	4	5	6	2	3	1	δ	δ	δ	.	δ	β	δ	δ	δ	.	δ	β	
	5	6	2	3	1	4	β	β	β	δ	.	δ	β	β	β	δ	.	δ	
	6	3	5	1	4	2	δ	δ	δ	β	δ	.	δ	δ	δ	β	δ	.	
	1	2	3	4	5	6	.	β	β	δ	δ	β	.	β	β	δ	δ	β	
	2	1	4	5	6	3	β	.	β	δ	δ	β	β	.	β	δ	δ	β	
13*b*	3	4	1	6	2	5	β	β	.	δ	δ	β	β	β	.	δ	δ	β	**13+13**
	4	5	6	3	1	2	δ	δ	δ	.	β	δ	δ	δ	δ	.	β	δ	
	5	6	2	1	3	4	δ	δ	δ	β	.	δ	δ	δ	δ	β	.	δ	
	6	3	5	2	4	1	β	β	β	δ	δ	.	β	β	β	δ	δ	.	
	1	2	3	4	5	6	.	β	γ	β	γ	β	.	β	γ	β	γ	β	
	2	1	4	5	6	3	β	.	β	γ	β	γ	β	.	β	γ	β	γ	
12	3	4	5	6	1	2	γ	β	.	β	γ	β	γ	β	.	β	γ	β	**12+12**
	4	5	6	3	2	1	β	γ	β	.	β	γ	β	γ	β	.	β	γ	
	5	6	1	2	3	4	γ	β	γ	β	.	β	γ	β	γ	β	.	β	
	6	3	2	1	4	5	β	γ	β	γ	β	.	β	γ	β	γ	β	.	
	1	2	3	4	5	6	.	β	γ	β	δ	δ	.	β	δ	δ	γ	β	
	2	1	4	5	6	3	β	.	β	γ	δ	δ	β	.	δ	δ	β	γ	
14	3	4	5	6	1	2	γ	β	.	β	δ	δ	δ	δ	.	β	δ	δ	**14+14**
	4	5	6	3	2	1	β	γ	β	.	δ	δ	δ	δ	β	.	δ	δ	
	5	6	2	1	3	4	δ	δ	δ	δ	.	β	γ	β	δ	δ	.	β	
	6	3	1	2	4	5	δ	δ	δ	δ	β	.	β	γ	δ	δ	β	.	

	1	2	3	4	5	6	.	β	γ	δ	δ	β	.	β	γ	δ	δ	β	
	2	1	4	5	6	3	β	.	β	δ	δ	γ	β	.	β	δ	δ	γ	
	3	4	5	6	1	2	γ	β	.	δ	δ	β	γ	β	.	δ	δ	β	
14a	4	5	6	2	3	1	δ	δ	δ	.	β	δ	δ	δ	δ	.	β	δ	**14+14**
	5	6	1	3	2	4	δ	δ	δ	β	.	δ	δ	δ	δ	β	.	δ	
	6	3	2	1	4	5	β	γ	β	δ	δ	.	β	γ	β	δ	δ	.	

Ces sept permutations carrées donnent 11, 12, 13, 13*a*, 13*b*, 14, 14*a*. Nous allons le réduire à 11, 12, 13, 14, en identifiant 13*a* et 13*b* à 13, 14*a* à 14.

	1	2	3	4	5	6	1	2	3	4	5	6	1	5	3	2	6	4	1	2	3	4	5	6	
	2	1	4	5	6	3	5	6	2	3	1	4	5	1	2	6	4	3	2	1	4	5	6	3	
	3	4	1	6	2	5	3	4	1	6	2	5	3	2	1	4	5	6	3	4	1	6	2	5	
13a	4	5	6	2	3	1	2	1	4	5	6	3	2	6	4	1	3	5	4	5	6	1	3	2	**13**
	5	6	2	3	1	4	6	3	5	1	4	2	6	4	5	3	2	1	5	6	2	3	4	1	
	6	3	5	1	4	2	4	5	6	2	3	1	4	3	6	5	1	2	6	3	5	2	1	4	

	1	2	3	4	5	6	1	2	3	4	5	6	1	2	6	3	4	5	1	2	3	4	5	6	
	2	1	4	5	6	3	2	1	4	5	6	3	2	1	3	4	5	6	2	1	4	5	6	3	
	3	4	1	6	2	5	6	3	5	2	4	1	6	3	1	5	2	4	3	4	1	6	2	5	
13b	4	5	6	3	1	2	3	4	1	6	2	5	3	4	5	1	6	2	4	5	6	1	3	2	**13**
	5	6	2	1	3	4	4	5	6	3	1	2	4	5	2	6	3	1	5	6	2	3	4	1	
	6	3	5	2	4	1	5	6	2	1	3	4	5	6	4	2	1	3	6	3	5	2	1	4	

	1	2	3	4	5	6	3	4	5	6	1	2	3	2	1	6	5	4	1	2	3	4	5	6	
	2	1	4	5	6	3	2	1	4	5	6	3	2	3	6	5	4	1	2	1	4	5	6	3	
	3	4	5	6	1	2	1	2	3	4	5	6	1	6	5	4	3	2	3	4	5	6	1	2	
14a	4	5	6	2	3	1	6	3	2	1	4	5	6	5	4	1	2	3	4	5	6	3	2	1	**14**
	5	6	1	3	2	4	5	6	1	3	2	4	5	4	2	3	1	6	5	6	2	1	3	4	
	6	3	2	1	4	5	4	5	6	2	3	1	4	1	3	2	6	5	6	3	1	2	4	5	

Étudions les autres dispositions de la deuxième classe.

Recherche des types des dispositions (5) et (7).

	1	2	3	4	5	6	.	β	δ	β	δ	β	.	β	δ	β	δ	β	
	2	1	4	5	6	3	β	.	δ	β	δ	β	β	.	δ	β	δ	β	
	3	4	2	6	1	5	δ	δ	.	δ	β	δ	δ	δ	.	δ	β	δ	
13c	4	5	6	1	3	2	β	β	δ	.	δ	β	β	β	δ	.	δ	β	**13+13**
	5	6	1	3	2	4	δ	δ	β	δ	.	δ	δ	δ	β	δ	.	δ	
	6	3	5	2	4	1	β	β	δ	β	δ	.	β	β	δ	β	δ	.	

	1	2	3	4	5	6	.	β	δ	δ	δ	δ	.	β	δ	δ	δ	δ	
	2	1	4	5	6	3	β	.	δ	δ	δ	δ	β	.	δ	δ	δ	δ	
	3	4	2	6	1	5	δ	δ	.	β	β	β	δ	δ	.	β	β	β	
13d	4	5	6	2	3	1	δ	δ	β	.	β	β	δ	δ	β	.	β	β	**13+13**
	5	6	1	3	2	4	δ	δ	β	β	.	β	δ	δ	β	β	.	β	
	6	3	5	1	4	2	δ	δ	β	β	β	.	δ	δ	β	β	β	.	

	1 2 3 4 5 6	. β ∂ ∂ β γ	. β ∂ ∂ β γ	
	2 1 4 5 6 3	β . ∂ ∂ γ β	β . ∂ ∂ γ β	
14 *b*	3 4 2 6 1 5	∂ ∂ . β ∂ ∂	∂ ∂ . β ∂ ∂	**14+14**
	4 5 6 2 3 1	∂ ∂ β . ∂ ∂	∂ ∂ β . ∂ ∂	
	5 6 1 3 4 2	β γ ∂ ∂ . β	β γ ∂ ∂ . β	
	6 3 5 1 2 4	γ β ∂ ∂ β .	γ β ∂ ∂ β .	

	1 2 3 4 5 6	. β ∂ β γ ∂	. β ∂ β γ ∂	
	2 1 4 5 6 3	β . ∂ γ β ∂	β . ∂ γ β ∂	
14 *c*	3 4 2 6 1 5	∂ ∂ . ∂ ∂ β	∂ ∂ . ∂ ∂ β	**14+14**
	4 5 6 3 2 1	β γ ∂ . β ∂	β γ ∂ . β ∂	
	5 6 1 2 3 4	γ β ∂ β . ∂	γ β ∂ β . ∂	
	6 3 5 1 4 2	∂ ∂ β ∂ ∂ .	∂ ∂ β ∂ ∂ .	

	1 2 3 4 5 6	. β ∂ β ∂ ∂	. β ∂ β ∂ ∂	
	2 1 4 5 6 3	β . ∂ γ ∂ ∂	β . ∂ γ ∂ ∂	
15	3 4 2 6 1 5	∂ ∂ . ∂ γ β	∂ ∂ . ∂ β γ	**15+15**
	4 6 5 2 3 1	β γ ∂ . ∂ ∂	β γ ∂ . ∂ ∂	
	5 3 6 1 2 4	∂ ∂ γ ∂ . β	∂ ∂ β ∂ . β	
	6 5 1 3 4 2	∂ ∂ β ∂ β .	∂ ∂ γ ∂ β .	

	1 2 3 4 5 6	. β ∂ ∂ γ ∂	. β ∂ ∂ ∂ γ	
	2 1 4 5 6 3	β . ∂ ∂ β ∂	β . ∂ ∂ ∂ β	
15 *a*	3 4 2 6 1 5	∂ ∂ . γ ∂ β	∂ ∂ . γ β ∂	**15+15**
	4 6 5 3 2 1	∂ ∂ γ . ∂ β	∂ ∂ γ . β ∂	
	5 3 6 1 4 2	γ β ∂ ∂ . ∂	∂ ∂ β β . ∂	
	6 5 1 2 3 4	∂ ∂ β β ∂ .	γ β ∂ ∂ ∂ .	

	1 2 3 4 5 6	. β ∂ β β ∂	. β ∂ β β ∂	
	2 1 4 5 6 3	β . ∂ β β ∂	β . ∂ β β ∂	
13 *e*	3 4 5 6 2 1	∂ ∂ . ∂ ∂ β	∂ ∂ . ∂ ∂ β	**13+13**
	4 5 6 1 3 2	β β ∂ . β ∂	β β ∂ . β ∂	
	5 6 2 3 1 4	β β ∂ β . ∂	β β ∂ β . ∂	
	6 3 1 2 4 5	∂ ∂ β ∂ ∂ .	∂ ∂ β ∂ ∂ .	

	1 2 3 4 5 6	. β ∂ ∂ γ β	. β γ β ∂ ∂	
	2 1 4 5 6 3	β . ∂ ∂ β γ	β . β γ ∂ ∂	
14 *d*	3 4 5 6 2 1	∂ ∂ . β ∂ ∂	γ β . β ∂ ∂	**14+14**
	4 5 6 3 1 2	∂ ∂ β . ∂ ∂	β γ β . ∂ ∂	
	5 6 1 2 3 4	γ β ∂ ∂ . β	∂ ∂ ∂ ∂ . β	
	6 3 2 1 4 5	β γ ∂ ∂ β .	∂ ∂ ∂ ∂ β .	

	1 2 3 4 5 6	. β ∂ ∂ ∂ ∂	. β ∂ ∂ ∂ ∂	
	2 1 4 5 6 3	β . ∂ ∂ ∂ ∂	β . ∂ ∂ ∂ ∂	
14 *e*	3 4 5 6 2 1	∂ ∂ . β γ β	∂ ∂ . β γ β	**14+14**
	4 5 6 3 1 2	∂ ∂ β . β γ	∂ ∂ β . β γ	
	5 6 2 1 3 4	∂ ∂ γ β . β	∂ ∂ γ β . β	
	6 3 1 2 4 5	∂ ∂ β γ β .	∂ ∂ β γ β .	

	1	2	3	4	5	6	.	β	δ	δ	γ	δ	.	β	δ	β	δ	δ	
	2	1	4	5	6	3	β	.	δ	δ	β	δ	β	.	δ	γ	δ	δ	
15 *b*	3	4	5	6	2	1	δ	δ	.	β	δ	β	δ	δ	.	δ	β	β	15+15
	4	6	1	2	3	5	δ	δ	β	.	δ	γ	β	γ	δ	.	δ	δ	
	5	3	6	1	4	2	γ	β	δ	δ	.	δ	δ	δ	β	δ	.	γ	
	6	5	2	3	1	4	δ	δ	β	γ	δ	.	δ	δ	β	δ	γ	.	

Sept de ces dix permutations carrées ont des écussons, 13 et 14, qui appartiennent aux dispositions précédentes. Il s'agit de les faire disparaître pour réduire au minimum le nombre des identifications.

Pour la deuxième classe, nous n'avons pas le droit d'éliminer immédiatement toutes les permutations carrées dont les écussons se trouvent dans les dispositions précédentes (4) et (6), comme pour la première classe, par la raison que dans la deuxième classe les deux premiers chiffres de la troisième rangée ne remplacent pas deux chiffres quelconques, mais seulement deux chiffres consécutifs d'une certaine suite circulaire.

Considérons une permutation carrée d'écusson 13 ou 14, et remarquons que dans ces écussons une rangée contient deux relations β. Dans cette permutation il existe nécessairement un triple de rangées telles que l'une d'elles possède la relation β avec chacune des deux autres. Supposons ces trois rangées placées les premières, les nouvelles rangées 1 et 2 ayant la relation β.

Deux cas se présentent suivant que les deux premiers chiffres de la troisième rangée sont deux chiffres consécutifs ou non consécutifs de la suite circulaire déterminée par le cycle de quatre chiffres de la relation β des deux premières rangées.

Si les deux chiffres sont consécutifs, opérons les transpositions de colonnes et de chiffres qui transforment les deux premières rangées dans les suivantes :

1 2 3 4 5 6
2 1 4 5 6 3

Dans ce cas on pourra toujours remplacer les deux premiers chiffres de la troisième rangée par 3 et 4, comme nous l'avons démontré, et le triple des trois premières rangées se confondra alors avec l'un des quatre triples (4), (5), (6), (7). Les triples (5) et (7) devant être écartés parce que les relations de leurs trois couples de rangées βδδ ne comprennent qu'un β, il faut nécessairement que l'identification ait lieu avec le triple (4) ou le triple (6), qui ont deux β dans les relations de leurs couples βββ ou βγβ. D'où l'on conclut que si ce cas se présente, la permutation considérée pourra être éliminée comme comprise dans les dispositions précédentes (4) et (6). Nous allons voir que ce cas se présente toujours.

Passons en revue les sept permutations carrées des écussons 13 et 14. A droite des numéros qui les désignent, indiquons les rangées choisies pour devenir les rangées 1, 2, 3, puis au-dessous les chiffres de la transposition et ceux du cycle de la relation β qui lie les rangées 1 et 2.

13*c*. Rangées 1 2 4.

Transposition 12. Cycle 3 4 5 6. Les deux premiers chiffres de la troisième rangée, 4 et 5, sont consécutifs. A éliminer.

13*d*. Rangées 3 5 6.

Transposition 12. Cycle 3 5 4 6. Les deux premiers chiffres de la troisième rangée, 5 et 4, sont consécutifs. A éliminer.

13*e*. Rangées 1 4 5.

Transposition 14. Cycle 2 5 3 6. Les deux premiers chiffres de la troisième rangée, 5 et 3, sont consécutifs. A éliminer.

14*b*. Rangées 1 2 5.

Transposition 12. Cycle 3 4 5 6. Les deux premiers chiffres de la troisième rangée, 5 et 6, sont consécutifs. A éliminer.

14*c*. Rangées 1 2 4.

Transposition 12. Cycle 3 4 5 6. Les deux premiers chiffres de la troisième rangée, 4 et 5, sont consécutifs. A éliminer.

14*d*. Rangées 1 2 6.

Transposition 12. Cycle 3 4 5 6. Les deux premiers chiffres de la troisième rangée, 6 et 3, sont consécutifs. A éliminer.

14*e*. Rangées 4 5 6.

Transposition 13. Cycle 2 4 5 6. Les deux premiers chiffres de la troisième rangée, 2 et 4, sont consécutifs. A éliminer.

Comme on le voit, les sept permutations carrées d'écusson 13 ou 14, sont à éliminer. Il reste les trois permutations carrées 15, 15*a*, 15*b* que nous allons réduire à 15, en identifiant à ce type 15*a* et 15*b*.

	1 2 3 4 5 6	6 5 1 2 3 4	3 2 4 1 5 6	1 2 3 4 5 6	
	2 1 4 5 6 3	4 6 5 3 2 1	2 3 1 5 6 4	2 1 4 5 6 3	
	3 4 2 6 1 5	5 3 6 1 4 2	4 1 2 6 3 5	3 4 2 6 1 5	
15 *a*	4 6 5 3 2 1	3 4 2 6 1 5	1 6 5 2 4 3	4 6 5 2 3 1	15
	5 3 6 1 4 2	1 2 3 4 5 6	5 4 6 3 2 1	5 3 6 1 2 4	
	6 5 1 2 3 4	2 1 4 5 6 3	6 5 3 4 1 2	6 5 1 3 4 2	

	1 2 3 4 5 6	3 4 5 6 2 1	5 1 6 2 3 4	1 2 3 4 5 6	
	2 1 4 5 6 3	4 6 1 2 3 5	1 5 2 3 4 6	2 1 4 5 6 3	
	3 4 5 6 2 1	5 3 6 1 4 2	6 2 1 4 5 3	3 4 2 6 1 5	
15 *b*	4 6 1 2 3 5	6 5 2 3 1 4	2 4 3 1 6 5	4 6 5 2 3 1	15
	5 3 6 1 4 2	1 2 3 4 5 6	3 6 4 5 1 2	5 3 6 1 2 4	
	6 5 2 3 1 4	2 1 4 5 6 3	4 3 5 6 2 1	6 5 1 3 4 2	

Types de la deuxième classe.

La deuxième classe comprend cinq familles dont les écussons sont 11, 12, 13, 14, 15. Ces cinq familles sont représentées par les cinq types 11, 12, 13, 14, 15.

Troisième classe

La troisième classe est formée par toutes les permutations carrées qui ne contiennent pas de transpositions. L'écusson d'une permutation carrée sans transpositions ne pouvant présenter que des relations γ et δ, il est clair que nous obtiendrons toutes les familles des permutations carrées de la troisième classe en complétant les deux amorces :

1 2 3 4 5 6	1 2 3 4 5 6
2 3 1 5 6 4	2 3 4 5 6 1

On constatera en peu de temps que la première amorce ne donne que deux permutations carrées et la seconde une seule.

Nous donnons ci-dessous ces trois permutations avec leurs analyses :

	Permutation	Analyse	Analyse
	1 2 3 4 5 6	. γ γ δ δ δ	. γ γ δ δ δ
	2 3 1 5 6 4	γ . γ δ δ δ	γ . γ δ δ δ
	3 1 2 6 4 5	γ γ . δ δ δ	γ γ . δ δ δ
16	4 6 5 2 1 3	δ δ δ . γ γ	δ δ δ . γ γ
	5 4 6 3 2 1	δ δ δ γ . γ	δ δ δ γ . γ
	6 5 4 1 3 2	δ δ δ γ γ .	δ δ δ γ γ .
	1 2 3 4 5 6	. γ γ δ δ δ	. γ γ δ δ δ
	2 3 1 5 6 4	γ . γ δ δ δ	γ . γ δ δ δ
	3 1 2 6 4 5	γ γ . δ δ δ	γ γ . δ δ δ
16 *a*	4 6 5 3 2 1	δ δ δ . γ γ	δ δ δ . γ γ
	5 4 6 1 3 2	δ δ δ γ . γ	δ δ δ γ . γ
	6 5 4 2 1 3	δ δ δ γ γ .	δ δ δ γ γ .
	1 2 3 4 5 6	. δ γ δ γ δ	. δ γ δ γ δ
	2 3 4 5 6 1	δ . δ γ δ γ	δ . δ γ δ γ
	3 6 5 2 1 4	γ δ . δ γ δ	γ δ . δ γ δ
16 *b*	4 1 6 3 2 5	δ γ δ . δ γ	δ γ δ . δ γ
	5 4 1 6 3 2	γ δ γ δ . δ	γ δ γ δ . δ
	6 5 2 1 4 3	δ γ δ γ δ .	δ γ δ γ δ .

On trouve la relation δ dans les analyses des permutations carrées 16 et 16*a*. Par conséquent, on peut transformer chacune de ces permutations carrées en une autre présentant la relation δ dans ses deux premières rangées. Or, toutes les permutations de cette sorte appartiennent à la seconde amorce. Donc, les permutations carrées 16 et 16*a* peuvent être identifiées à 16*b*.

Ce qui démontre que les trois permutations carrées 16, 16*a* 16*b* ont le même écusson et sont réductibles à un seul type.

Nous choisirons pour l'unique type de la troisième classe la permutation carrée 16, d'écusson 16.

Conclusion.

Toutes les permutations carrées de base 6 sont réductibles à 17 types par des transpositions de rangées, de colonnes et de chiffres.

L'identification de deux permutations carrées est un problème nécessitant un raisonnement pour le choix des transpositions à essayer, et non une simple opération de calcul. C'est pourquoi j'ai cherché à réduire au minimum le nombre des identifications.

SECONDE PARTIE

LES RÉSEAUX MAGIQUES

Dans une permutation carrée de base n, j'appelle *groupe magique* une disposition de n objets différents placés à la fois dans les n rangées et dans les n colonnes.

Si le problème des n^2 officiers a une solution, il est clair qu'en représentant cette solution par une superposition de deux permutations carrées de base n, chaque groupe de n objets identiques de l'une des permutations composantes sera superposé aux n objets différents d'un groupe magique de l'autre ; ce qui met en évidence la répartition en n groupes magiques de chacune des permutations composantes.

Nous donnerons le nom de *réseau magique* à l'ensemble de ces n groupes magiques, dont deux quelconques n'ont aucune case commune.

Réciproquement, si une permutation carrée possède un réseau magique, on obtiendra une solution en superposant à chacun des groupes magiques de ce réseau un groupe de n objets identiques.

Une transposition de deux rangées, de deux colonnes ou de deux objets transforme un groupe magique en un autre, et un réseau magique en un autre ; il en résulte que toutes les permutations possibles de rangées, de colonnes et d'objets transforment une permutation carrée en une autre qui possède le même nombre de groupes magiques, et un réseau magique en un autre réseau magique.

J'appelle *nombre magique* d'une permutation carrée le nombre de groupes magiques de cette permutation.

Deux permutations carrées de la même famille ont le même nombre magique, et deux permutations carrées qui ont des nombres magiques différents appartiennent à deux familles différentes. Les nombres magiques permettent de distinguer des familles différentes possédant le même écusson.

Si une permutation carrée possède un réseau magique, toutes les permutations carrées de la même famille posséderont aussi un réseau magique. D'où cette conséquence :

Pour que le problème des 36 officiers soit possible, il faut et il suffit que l'un de nos dix-sept types possède un réseau magique.

Nous allons passer en revue chacun de ces types, et démontrer qu'aucun d'eux ne possède de réseau magique.

Pour mieux faire comprendre notre méthode, nous allons l'appliquer à la recherche des réseaux magiques des permutations carrées de base 4.

Ces permutations possèdent deux schémas, deux écussons, et deux familles dont voici les types :

```
1 2 3 4        1 2 3 4
2 1 4 3        2 1 4 3
3 4 1 2        3 4 2 1
4 3 2 1        4 3 1 2
```

Considérons d'abord le premier type. Par la première case de la première rangée passe le groupe magique 1 4 2 3, que nous désignons en écrivant successivement les chiffres de ce groupe qui se trouvent dans les rangées 1, 2, 3, 4.

On constatera que par chacune des cases de la première rangée passent deux groupes magiques, dont les notations sont :

```
1 4 2 3     2 4 3 1     3 2 4 1     4 2 1 3
1 3 4 2     2 3 1 4     3 1 2 4     4 1 3 2
```

Écrivons au-dessus de chacune des cases de la première rangée le nombre de groupes magiques passant par cette case. La suite de ces nombres formera la base du *fronton* de la permutation carrée.

Au-dessus des nombres de la base, plaçons leur somme, qui sera le sommet du fronton.

Pour le type considéré, la base du fronton est 2 2 2 2 et le sommet 8.

		8	
2	2	2	2
1	2	3	4
2	1	4	3
3	4	1	2
4	3	2	1

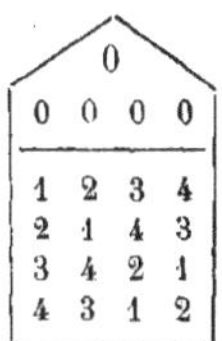

		0	
0	0	0	0
1	2	3	4
2	1	4	3
3	4	2	1
4	3	1	2

Il est évident qu'un groupe magique rencontre une rangée quelconque en une case et en une seule ; d'où l'on conclut que le nombre du sommet du fronton d'une permutation carrée est égal au nombre de groupes magiques de cette permutation, et n'est autre que son nombre magique.

Dans le second type de base 4, par chacune des cases de la première rangée passe 0 groupe magique. Le fronton de cette permutation carrée a pour base 0 0 0 0 et pour sommet 0.

Si une permutation carrée possède un réseau magique, par chacune de ses cases passe un groupe magique de ce réseau et un seul ; par conséquent, si par une case d'une permutation carrée ne passe aucun groupe magique, cette permutation ne peut posséder un réseau magique.

C'est pourquoi le second type n'a pas de réseau magique, et il n'y a lieu d'examiner que le premier.

Les groupes magiques 1 4 2 3 et 2 4 3 1, ayant une case commune, ne peuvent appartenir à un même réseau, et par suite au groupe 1 4 2 3, commençant par 1, on ne peut adjoindre que le groupe 2 3 1 4 commençant par 2 ; à la réunion de ces deux groupes on ne peut ajouter que le groupe 3 2 4 1 commençant par 3, et ces trois groupes magiques forment, avec le dernier, 4 1 3 2, un réseau magique représenté par le tableau suivant :

1	4	2	3
2	3	1	4
3	2	4	1
4	1	3	2

On remarquera que ce tableau est forcément une permutation carrée.

Il suffit maintenant de placer un même chiffre à la droite de chaque chiffre d'un groupe magique du réseau, en mettant des chiffres différents dans des groupes différents, pour obtenir une solution du problème des 16 officiers. Exemple :

11	22	33	44
23	14	41	32
34	43	12	21
42	31	24	13

Le second groupe magique 1 3 4 2 commençant par 1 détermine un second réseau magique et d'autres solutions. Exemple :

11	22	33	44
24	13	42	31
32	41	14	23
43	34	21	12

Il est aisé de voir que toutes les solutions du problème des 16 officiers peuvent être identifiées à l'une quelconque d'entre elles par des transpositions dans les rangées et les colonnes du carré des officiers, puis par des transpositions dans les premiers chiffres et dans les seconds chiffres.

Revenons à nos permutations carrées de base 6 et appliquons notre méthode pour savoir s'il existe des réseaux magiques dans nos 17 types. Commençons par construire les frontons de ces 17 types,

LES 17 TYPES AVEC LEURS FRONTONS.

1 — 0

0	0	0	0	0	0
1	2	3	4	5	6
2	1	4	3	6	5
3	5	1	6	2	4
4	6	2	5	1	3
5	3	6	1	4	2
6	4	5	2	3	1

2 — 0

0	0	0	0	0	0
1	2	3	4	5	6
2	1	4	3	6	5
3	5	1	6	4	2
4	6	2	5	1	3
5	3	6	1	2	4
6	4	5	2	3	1

3 — 24

4	4	4	4	4	4
1	2	3	4	5	6
2	1	4	3	6	5
3	5	1	6	2	4
4	6	5	1	3	2
5	4	6	2	1	3
6	3	2	5	4	1

4 — 0

0	0	0	0	0	0
1	2	3	4	5	6
2	1	4	3	6	5
3	5	1	6	4	2
4	6	2	5	1	3
5	4	6	2	3	1
6	3	5	1	2	4

5 — 0

0	0	0	0	0	0
1	2	3	4	5	6
2	1	4	3	6	5
3	5	1	6	4	2
4	6	5	2	1	3
5	3	6	1	2	4
6	4	2	5	3	1

6 — 0

0	0	0	0	0	0
1	2	3	4	5	6
2	1	4	3	6	5
3	5	1	6	2	4
4	3	6	5	1	2
5	6	2	1	4	3
6	4	5	2	3	1

7 — 0

0	0	0	0	0	0
1	2	3	4	5	6
2	1	4	3	6	5
3	4	5	6	1	2
4	3	6	5	2	1
5	6	1	2	3	4
6	5	2	1	4	3

8 — 8

0	0	2	2	2	2
1	2	3	4	5	6
2	1	4	3	6	5
3	5	1	6	4	2
4	6	5	1	2	3
5	3	6	2	1	4
6	4	2	5	3	1

9

8

2	2	2	2	0	0
1	2	3	4	5	6
2	1	4	3	6	5
3	5	1	6	4	2
4	6	5	1	2	3
5	4	6	2	3	1
6	3	2	5	1	4

10

8

0	0	0	0	4	4
1	2	3	4	5	6
2	1	4	3	6	5
3	5	1	6	4	2
4	3	6	5	2	1
5	6	2	1	3	4
6	4	5	2	1	3

11

24

4	4	4	4	4	4
1	2	3	4	5	6
2	1	4	5	6	3
3	4	1	6	2	5
4	5	6	1	3	2
5	6	2	3	1	4
6	3	5	2	4	1

12

0

0	0	0	0	0	0
1	2	3	4	5	6
2	1	4	5	6	3
3	4	5	6	1	2
4	5	6	3	2	1
5	6	1	2	3	4
6	3	2	1	4	5

13

8

2	0	0	2	2	2
1	2	3	4	5	6
2	1	4	5	6	3
3	4	1	6	2	5
4	5	6	1	3	2
5	6	2	3	4	1
6	3	5	2	1	4

14

8

2	0	1	1	2	2
1	2	3	4	5	6
2	1	4	5	6	3
3	4	5	6	1	2
4	5	6	3	2	1
5	6	2	1	3	4
6	3	1	2	4	5

15

8

2	2	2	0	2	0
1	2	3	4	5	6
2	1	4	5	6	3
3	4	2	6	1	5
4	6	5	2	3	1
5	3	6	1	2	4
6	5	1	3	4	2

16

0

0	0	0	0	0	0
1	2	3	4	5	6
2	3	1	5	6	4
3	1	2	6	4	5
4	6	5	2	1	3
5	4	6	3	2	1
6	5	4	1	3	2

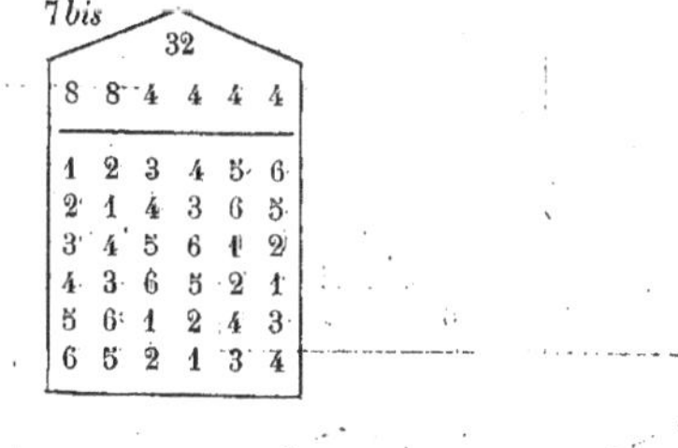

7 *bis*

32

8	8	4	4	4	4
1	2	3	4	5	6
2	1	4	3	6	5
3	4	5	6	1	2
4	3	6	5	2	1
5	6	1	2	4	3
6	5	2	1	3	4

Constatons d'abord que les types 7 et 7 *bis*, dont les analyses sont identiques, ont des nombres magiques différents, 0 et 32, et par conséquent ne peuvent être identifiés. Ce qui établit que le nombre de familles de permutations carrées de base 6 est égal à 17.

Sur les 17 types, 14 ont un 0 dans leur fronton et ne peuvent posséder de réseau magique. Il ne reste donc que trois types à examiner, les types

3, 11 et 7 *bis*. Nous allons démontrer pour chacun d'eux l'impossibilité de l'existence d'un réseau magique.

Type 3

24					
4	4	4	4	4	4
1	2	3	4	5	6
2	1	4	3	6	5
3	5	1	6	2	4
4	6	5	1	3	2
5	4	6	2	1	3
6	3	2	5	4	1

Le type 3 possède 24 groupes magiques, savoir :

1_1	1 3 5 2 6 4	3_1	3 1 6 2 5 4	5_1	5 1 6 4 3 2
1_2	1 4 2 6 3 5	3_2	3 2 4 6 1 5	5_2	5 2 4 1 6 3
1_3	1 5 6 3 4 2	3_3	3 5 2 1 4 6	5_3	5 3 1 2 4 6
1_4	1 6 4 5 2 3	3_4	3 6 5 4 2 1	5_4	5 4 3 6 2 1
2_1	2 3 4 5 1 6	4_1	4 1 2 5 3 6	6_1	6 1 3 5 2 4
2_2	2 4 6 3 5 1	4_2	4 2 5 3 6 1	6_2	6 2 1 3 4 5
2_3	2 5 3 1 6 4	4_3	4 5 3 6 1 2	6_3	6 3 5 4 1 2
2_4	2 6 1 4 3 5	4_4	4 6 1 2 5 3	6_4	6 4 2 1 5 3

Intuitivement on est porté à appliquer la méthode d'ordre que nous allons expliquer.

Sur un échiquier l'on écrit successivement dans les cases de la première colonne à gauche les groupes magiques 1_1, 1_2, 1_3... dont les notations commencent par 1, puis dans les cases de la deuxième colonne les groupes magiques 2_1, 2_2, 2_3... dont les notations commencent par 2, et ainsi de suite.

Pour le type 3, on a le tableau suivant comprenant six colonnes et quatre rangées :

1_1	2_1	3_1	4_1	5_1	6_1
1_2	2_2	3_2	4_2	5_2	6_2
1_3	2_3	3_3	4_3	5_3	6_3
1_4	2_4	3_4	4_4	5_4	6_4

Cela fait, on prend d'abord le groupe magique 1_1 de la case la plus élevée de la première colonne à gauche ; on prend ensuite dans la deuxième colonne, sur la case la plus élevée qu'il soit possible, un groupe magique compatible avec le précédent, c'est-à-dire n'ayant aucune case commune avec le précédent, ce qu'on vérifie en s'assurant que dans les notations des deux groupes magiques les chiffres de même rang sont différents ; puis on cherche dans la troisième colonne, sur la case la plus élevée, un groupe magique compatible avec les précédents, et ainsi de suite, en prenant toujours un groupe magique dans une nouvelle colonne à droite, le plus haut qu'il soit possible, d'après les conditions du problème, c'est-à-dire compatible avec les groupes magiques déjà pris à gauche. Lorsqu'il arrive un moment où l'on ne peut plus prendre aucun groupe magique dans sa colonne, on remplace le groupe magique de la colonne précédente par un autre plus bas de une, deux.... cases, et l'on continue toujours, d'après le même principe, de ne prendre un groupe magique plus bas que lorsqu'il n'y a plus de positions admissibles pour l'ensemble des groupes magiques à placer à droite.

Un réseau magique est trouvé lorsqu'on a pu placer un groupe magique de la dernière colonne. En appliquant cette méthode, on constate qu'il est impossible de placer un groupe magique de la dernière colonne du tableau du type 3. D'où l'on conclut que le type 3 ne possède aucun réseau magique et doit être éliminé. Pour faciliter la vérification, je donne les résultats des essais :

1_1	1_1	1_1	1_2	1_2	1_2	1_3	1_3	1_4	1_4
2_2	2_2	2_4	2_1	2_4	2_3	2_1	2_4	2_2	2_3
3_2	3_3	3_3	3_1	3_4	3_4	3_4		3_3	
4_1			4_2						

Le lecteur qui a voulu s'assurer de l'exactitude des nombres d'un fronton a certainement suivi la méthode d'ordre pour la recherche des groupes magiques. C'est encore la méthode d'ordre qui s'est présentée naturellement à l'esprit dans le problème des *n* reines.

Passons à l'examen du type 11.

Type 11

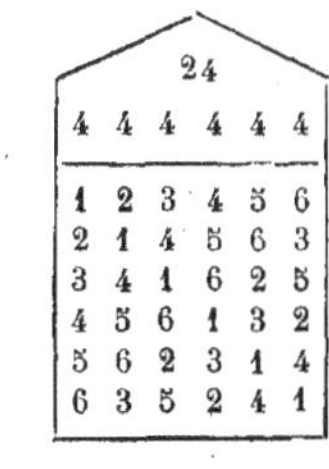

24

4	4	4	4	4	4
1	2	3	4	5	6
2	1	4	5	6	3
3	4	1	6	2	5
4	5	6	1	3	2
5	6	2	3	1	4
6	3	5	2	4	1

Le type 11 possède 24 groupes magiques, représentés par les notations suivantes :

1_1	1 3 6 5 2 4	3_1	3 1 6 2 5 4	5_1	5 1 3 6 4 2
1_2	1 4 5 3 6 2	3_2	3 2 5 1 6 4	5_2	5 2 4 6 3 1
1_3	1 5 2 6 4 3	3_3	3 5 2 4 6 1	5_3	5 3 1 4 6 2
1_4	1 6 4 2 3 5	3_4	3 5 4 2 1 6	5_4	5 3 4 1 2 6
2_1	2 3 6 4 1 5	4_1	4 1 5 3 2 6	6_1	6 1 2 4 3 5
2_2	2 4 6 3 5 1	4_2	4 2 5 6 1 3	6_2	6 2 1 5 3 4
2_3	2 5 1 3 4 6	4_3	4 6 1 2 5 3	6_3	6 4 2 1 5 3
2_4	2 6 3 1 4 5	4_4	4 6 3 5 2 1	6_4	6 4 3 5 1 2

Appliquons la méthode d'ordre aux essais, comme pour le type 3 :

1_1	1_1	1_1	1_2	1_2	1_2	1_3	1_3	1_4	1_4
2_3	2_4	2_4	2_1	2_4	2_4	2_1	2_2	2_2	2_3
	3_3	3_4		3_1	3_4	3_2	3_2	3_2	3_2
	4_2					4_4			

Nous ne pouvons atteindre la dernière colonne.

Donc le type 11 ne possède pas non plus de réseau magique et est aussi à éliminer.

Il ne reste plus à examiner que le type 7 *bis*, et le problème des 36 officiers est possible ou non, suivant que le type 7 *bis* possède ou non un réseau magique.

La méthode d'ordre, ne projetant aucune lumière sur les problèmes qu'elle résout, ne doit être employée que lorsqu'on ne peut pas faire autrement ; c'est la dernière ressource.

Pour l'étude de 7 *bis*, une occasion se présente de rejeter cette méthode ; profitons-en.

Comparons les types 7 *bis* et 7.

7 *bis*

1	2	3	4	5	6
2	1	4	3	6	5
3	4	5	6	1	2
4	3	6	5	2	1
5	6	1	2	4	3
6	5	2	1	3	4

7

1	2	3	4	5	6
2	1	4	3	6	5
3	4	5	6	1	2
4	3	6	5	2	1
5	6	1	2	3	4
6	5	2	1	4	3

Dans les cases homologues de ces deux permutations carrées on trouve les mêmes chiffres, excepté dans les quatre cases d'intersection des deux dernières rangées avec les deux dernières colonnes.

Supposons que le type 7 *bis* possède un réseau magique. Par chacune des quatre premières cases de la dernière rangée passe un groupe magique de ce réseau, et ces quatre groupes magiques rencontrent l'avant-dernière rangée en quatre cases différentes. Deux au plus de ces quatre groupes magiques passent par les deux dernières cases de l'avant-dernière rangée, et les autres passent nécessairement par des cases qui renferment des chiffres identiques dans les types 7 *bis* et 7. Par conséquent, si le type 7 *bis* a un réseau magique le type 7 a des groupes magiques. Or, le type 7, dont le nombre magique est 0, n'a aucun groupe magique. Donc le type 7 *bis* ne possède pas de réseau magique.

Conclusion.

Il est rigoureusement démontré que le problème des 36 officiers est absolument impossible.

Les permutations carrées évoquent les carrés magiques, et l'on peut se demander s'il existe des permutations carrées de base 6 qui soient magiques, c'est-à-dire qui renferment les six chiffres différents dans chaque diagonale.

Il en existe, et elles appartiennent toutes à la famille 7 *bis*.

Observations.

Quand on pénètre plus avant dans l'étude de la structure intime des permutations carrées, on rencontre de nouvelles propriétés qui caractérisent certains groupes de familles. J'appellerai écusson d'une famille la figure symbolique de l'ensemble de propriétés qui n'appartient qu'aux permutations carrées de cette famille, et permet de la distinguer de toutes les autres.

Pour déterminer les écussons des dix-sept familles des permutations carrées de base 6, il nous suffira de compléter nos anciens écussons par l'adjonction d'une pièce qui soit le signe d'une propriété appartenant à une seule des deux familles 7 et 7 *bis*. Je choisirai pour caractère distinctif le nombre magique, et je figurerai l'écusson d'une famille en mettant à côté l'un de l'autre les deux nombres qui désignent ses schémas et en plaçant au-dessous son nombre magique.

LES 17 ÉCUSSONS DES 17 FAMILLES

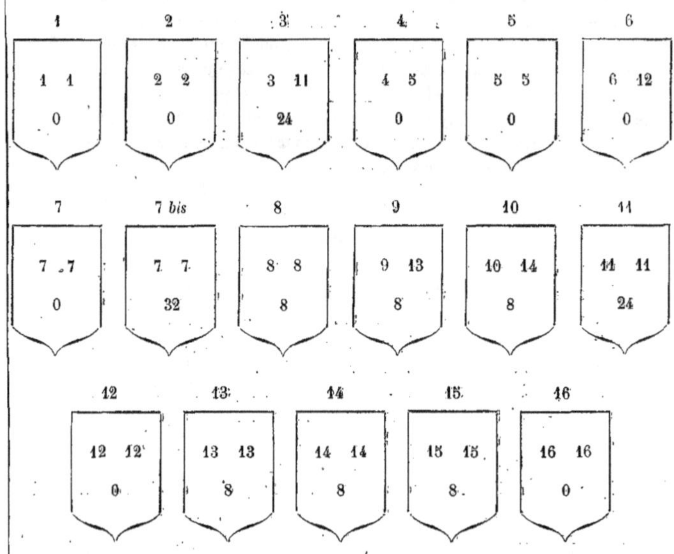

Le symbole d'une propriété appartenant à toutes les permutations carrées d'une famille fournit une pièce à l'écusson de cette famille, et il serait facile d'augmenter le nombre de pièces de chacun de ces dix-sept écussons.

Dans les problèmes difficiles il n'y a que la première solution qui coûte ; celle-ci en suggère d'autres.

J'ai été conduit par le raisonnement à imaginer la méthode des écussons, pour parvenir à la démonstration de l'impossibilité du problème des 36 officiers. Cette méthode en révèle d'autres plus expéditives, mais aucune ne m'est apparue aussi belle que celle que j'ai l'honneur de présenter aux mathématiciens.

M. L.-Lucien LIBERT

Lauréat de la Société astronomique de France, au Havre.

SUR QUELQUES DÉCOUVERTES NOUVELLES DANS LE DOMAINE DES ÉTOILES FILANTES

— *Séance du 4 août* —

Nous avons entrepris, il y a quelques années, au Havre, une série de recherches et d'études sur les étoiles filantes, et nous avons principalement recherché les radiants nouveaux. Nos études ont porté tout d'abord sur les grandes pluies périodiques (Perséides et Léonides), car le mauvais temps ne nous a pas permis d'étudier les Biélides.

Les trajectoires obtenues sont soigneusement reportées sur des cartes construites spécialement pour les études d'étoiles filantes et qui nous sont obligeamment fournies par le chanoine professeur Pietro Maffi, directeur de l'Observatoire du séminaire de Pavie.

Pour les Perséides nous nous sommes rendus spécialement à l'observatoire du Puy-de-Dôme où, favorisé par un temps superbe, nous avons pu observer un grand nombre de météores; nous avons ainsi déterminé un assez grand nombre de radiants et nous avons montré que les recherches du professeur Schmidt, qui fût directeur de l'observatoire d'Athènes, étaient pleinement conformes à la réalité.

Nous ferons simplement un relevé général de tous les radiants observés par nous-même :

Pluie des Perséides.

Constellations.		Radiants Asc. dr.	Radiants Déclin.
Persée	η Persée	44	+ 56
	φυ Persée	23	+ 49
	4 Persée	27	+ 53
	A Persée	54	+ 50
	π Persée	42	+ 39
	K Persée	42	+ 56
	χ Persée	45	+ 44

Constellations.		Radiants Asc. dr.	Radiants Déclin.
Dragon	α Dragon	215	+ 64
	β Dragon	220	+ 72
	γ Dragon	230	+ 50
	η Dragon	237	+ 65
	ι Dragon	170	+ 70
Girafe	B.-C. Girafe	51	+ 57
Chiens de chasse.	Petit Lion	155	+ 34
Lynx	12 Chiens de chasse.	192	+ 39
Petit Lion	Lynx	90	+ 58
Pégase	ζ Pégase	338	+ 10
	α Pégase	344	+ 14
	η Pégase	339	+ 29
	ε Pégase	323	+ 9
Grande Ourse	η Grande Ourse	205	+ 49
	ε Grande Ourse	190	+ 56
Cygne	π, θ Cygne	296	+ 50
	β Cygne	290	+ 27
	α Cygne	310	+ 44
	ε Cygne	320	+ 33
Poissons	γ Poissons	346	+ 3
	η Poissons	21	+ 14
	α Poissons	28	+ 2
Gémeaux	ε Gémeaux	99	+ 25
	Castor	110	+ 32
Lion	ζ Lion	149	+ 23
	ε Lion	145	+ 24
104 Hercule		271	+ 33
Lézard		335	+ 50

Pluie des Léonides.

Constellations.	Radiants déterminés. Étoiles.	Asc. dr.	Déclin.
Lion	ζ	149	+ 23
	κ	137	+ 28
	ε	155	+ 25
Petit Lion		215	+ 34
Girafe		69	+ 74
		51	+ 57
Orion		81	+ 5
		89	+ 15
K Grande Ourse		135	+ 47

Dans les Gémeaux, il y a une variation dans la position selon les années. Les positions-limites sont :

	Asc. dr.	Déclin.
	116	+ 31
	et 125	+ 30
α Cocher	75	+ 46
μ Bouvier	232	+ 37
Procyon	115	+ 7
ζ Taureau	78	+ 23
γ Vierge	190	— 1

Découverte d'un essaim dans la Girafe.

L'Annuaire du Bureau des Longitudes porte indication d'un seul radiant par :

Ascension droite	103
Déclinaison	+ 68

Après une étude approfondie de mes observations, je suis autorisé à conclure que chaque année, le 10 août, le 5 septembre et le 14 novembre, la constellation de la Girafe est le centre d'une importante pluie de météores.

Ces météores sont de faible grandeur et leurs trajectoires sont très courtes. Leur couleur est rouge très foncé. La pluie commence en juillet; elle va en augmentant. En août, la moyenne horaire est 6; le maximum a lieu en septembre entre le 5 et le 7. On peut voir alors facilement vingt-cinq météores par heure.

La pluie reste belle en octobre, reprend un nouvel éclat en novembre au moment de la pluie des Léonides et s'éteint vers le 17 décembre.

Le radiant se déplace d'un jour à l'autre de 1 degré en moyenne pour l'ascension droite et de 45 minutes pour la déclinaison. Il s'élève vers le pôle pour redescendre vers l'équateur.

Position des radiants.

Nos d'ordre.	Date de l'observation.	Position du radiant.		Moyenne horaire.
1	10 août.	51	+ 57	12
2	6 septembre.	80	+ 77″2	25
3	14 novembre.	69	+ 74	11
4	10 décembre.	53	+ 57	7

J'ai découvert ultérieurement un radiant dans Persée, le 17 décembre, par :

Asc. dr.	Déclin.
62	+ 49

Il me reste à chercher si ce radiant peut se rattacher aux précédents.

Recherches sur les Orionides.

J'ai repris les travaux de M. Quénisset, membre de la Société astronomique de France, et de M. Éginitis, directeur de l'observatoire d'Athènes. J'ai suivi la méthode que j'ai préconisée : étude des caractères physico-chimiques de l'essaim.

Les radiants connus sont :

Nos d'ordre.	Date de l'observation.	Position : Asc. dr.	Déclin.	Observateurs.
1	5 octobre 1897.	80	+ 6	Libert.
2	5 octobre 1897.	85	— 4	Libert.
3	29 octobre 1897.	76	— 9	Libert.
4	13 novembre 1897.	89	+ 15	Libert.
5	13 novembre 1897.	85	+ 7	Quénisset.
6	12 décembre 1897.	82	+ 5	Éginitis.
7	9-19 novemb. 1898.	81	+ 5	Libert.
8	9 décembre 1899.	91	+ 11″2	Libert.

Les radiants 1, 2, 3, 4, 5 et 7 forment un premier essaim. La vitesse des météores de cet essaim est assez rapide ; les trajectoires sont généralement longues et les météores brillants. Ils sont jaunes. La pluie commence vers le 1er octobre et se poursuit jusqu'à la fin de novembre.

Dans le second essaim les trajectoires sont aussi très longues, mais les météores sont rouges et la vitesse très rapide. Ces météores, au point de vue de la vitesse et de la couleur, ressemblent fort aux Giraféides, mais ils en diffèrent par leur grand éclat.

Tout ce coin du ciel est riche en météores, et je citerai dans le voisinage d'Orion :

Constellations.	Dates.	Positions.	
Baleine.	9 août.	32	— 4
Taureau.	9 août.	67	+ 16
Petit Chien.	5 octobre.	108	+ 8
Petit Chien.	13 novembre.	115	+ 7
Taureau.	13 novembre.	78	+ 27

Telles sont très brièvement résumées les observations que j'ai pu faire sur les étoiles filantes. Le temps m'a manqué pour étudier les Lyrides et les Géminides. Ce sera, je l'espère, le sujet d'un travail pour le prochain Congrès.

M. LÉMERAY

Licencié ès sciences à Saint-Nazaire.

ÉQUATIONS FONCTIONNELLES LINÉAIRES A FONCTION DE SUBSTITUTION INCONNUE [H 11]

— *Séance du 4 août* —

1. — Soit $f(x)$ une fonction de substitution inconnue, et :

$$y_0 = x, \qquad y_1 = f(x), \qquad y_2 = f(y_1) = f^2(x), \; \ldots.$$

ses itératives d'ordre entier positif. On demande de trouver une fonction satisfaisant à l'équation :

$$(1) \qquad y_x + A_1 y_{n-1} + \ldots.. + A_{n-1} y_1 + A_n y_0 = 0$$

où $A_1, A_2, \ldots., A_n$ sont des fonctions données de x.

Nous n'avons pas l'intention ici de chercher dans le cas général, une solution de ces équations que nous avons déja considérées (C. R., 27 décembre 1897, 28 mars 1898), et au sujet desquelles se pose une question délicate : en supposant qu'une telle équation admette un système d'intégrales distinctes, peut-elle admettre d'autres systèmes d'intégrales distinctes, ou bien n'en admet-elle qu'un, comme les équations différentielles linéaires.

Nous laisserons de côté cette question, et nous chercherons simplement à montrer qu'on peut établir pour ces équations une théorie analogue à celle du plus grand commun diviseur.

Pour plus de commodité, nous emploierons la notation des dérivées pour représenter les itératives en convenant que $y^{(0)}$ se réduit à x; y ou y' est la fonction inconnue ; y'', y'''.... seront ses itératives d'ordre entier et nous réserverons les indices pour représenter les différentes intégrales.

2. — *Relations entre les coefficients de l'équation et les intégrales distinctes formant un système.* — Soient $y_1, y_2, \ldots, y_n$, n fonctions données de x ;

former une équation les admettant pour intégrales c'est chercher des fonctions A_1; A_2, ..., A_n, satisfaisant au système :

$$y_1^{(n)} + A_1 y_1^{(n-1)} + \ldots + A_{n-1} y_1' + A_n y_1^{(0)} = 0,$$
$$y_2^{(n)} + A_1 y_2^{(n-1)} + \ldots + A_{n-1} y_2' + A_n y_2^{(0)} = 0,$$
$$\ldots\ldots\ldots\ldots\ldots\ldots\ldots\ldots\ldots\ldots$$
$$y_n^{(n)} + A_1 y_n^{(n-1)} + \ldots + A_{n-1} y_n' + A_n y_n^{(0)} = 0.$$

Si l'on appelle Δ le déterminant :

$$\begin{vmatrix} y^{(0)} y_1^{(0)} \ldots y_n^{(0)} \\ y' y_1' \ldots\ldots y_n' \\ \ldots\ldots\ldots \\ y^{(n)} y_1^{(n)} \ldots y_n^{(n)} \end{vmatrix},$$

on aura

$$A_i = \frac{\dfrac{d\Delta}{dy^{(n-i)}}}{\dfrac{d\Delta}{dy^n}},$$

et les intégrales $y_1 y_2 \ldots y_n$ sont distinctes, si aucune des fonctions A n'est indéterminée.

3. — *Théorème.* — Posons :

$$Y = y^{(n)} + A_1 y^{(n-1)} + \ldots + A_n y^{(0)}.$$

Appelons J(Y) ce qui devient le second membre quand on y remplace x, c'est-à-dire $y^{(0)}$ par y'; y' est remplacé par y'', etc. ; on a :

$$J(Y) = y^{(n+1)} + A_1(y')y'' + \ldots + A_n(y')y',$$

en remarquant que les A sont maintenant des fonctions de y'.

Je dis que si y_1, y_2, ... y_n satisfont à l'équation :

$$Y = 0,$$

elles satisfont aussi à l'équation :

$$J(Y) = 0.$$

En effet, la relation étant satisfaite *quelle que soit la valeur de* x, on pourra y remplacer x par la valeur que prend la fonction y' quand on y fait $x = y' = f(x)$. $J(Y)$ est donc encore nul.

4. — *Théorème.* — Il existe une équation fonctionnelle d'ordre $n+1$, de la forme :

$$y^{(n+1)} + \alpha_1 y^n + \dots + \alpha_{n-1} y'' + \alpha_n y' = 0,$$

satisfaite par les n intégrales $y_1, \dots, y_n$ de l'équation $Y = 0$, et où les α sont fonctions de x.

En effet, en supposant connues les fonctions $y_1, y_2 \dots y_n$, on pourra calculer leurs itératives des divers ordres et les fonctions α par les n relations :

$$\begin{aligned} y_1^{(n+1)} + \alpha y_1^{(n)} + \dots + \alpha_n y_1' &= 0, \\ y_2^{(n+1)} + \alpha y_2^{(n)} + \dots + \alpha_n y_2' &= 0, \\ \dots\dots\dots\dots\dots\dots \\ y_n^{(n+1)} + \alpha y_n^{(n)} + \dots + \alpha_n y_n' &= 0. \end{aligned}$$

Si l'on pose :

$$\delta = \begin{vmatrix} y' \; y_1' \dots\dots\dots\dots y_n' \\ y'' \; y_1'' \dots\dots\dots\dots y_n'' \\ \dots\dots\dots\dots\dots \\ y^{(n+1)} y_1^{(n+1)} \dots y_n^{(n+1)} \end{vmatrix},$$

on a :

$$\alpha_i = \frac{\dfrac{d\delta}{dy^{(n+1-i)}}}{\dfrac{d\delta}{dy^{(n+1)}}}.$$

Plus généralement, il existe une équation d'ordre $n+p$, $J^p(Y) = 0$ contenant comme la précédente $n+1$ termes dont les coefficients sont fonctions de x, et qui sera satisfaite par les n intégrales $y_1, y_2, \dots, y_n$.

5. — *Division symbolique.* — Soient deux polynômes fonctionnels :

$$\begin{aligned} Y &= A_0 y^{(n)} + A_1 y^{(n-1)} + \dots + A_n y^{(0)}, \\ U &= B_0 y^{(p)} + B_1 y^{(p-1)} + \dots + B_p y^{(0)}, \end{aligned}$$

d'ordres n et p, avec $n > p$. On peut appeler division de Y par U l'opération suivante. On formera les polynômes :

$$J(U),\quad J^2(U),\quad \ldots,\ J^{n-p}(U).$$

On multiplie Y et $J^{n-p}(U)$ par des fonctions P, Q de x telles que les premiers termes des deux polynômes obtenus deviennent égaux ; on calculera une fonction Y_1 par la relation :

$$QJ^{n-p}(U) - PY = Y_1.$$

Le reste Y_1 sera d'ordre $n - 1$ au plus ; on opérera sur Y_1 et $J^{n-p-1}(U)^1$ comme précédemment ; on aura alors un nouveau reste d'ordre $n - 2$ au plus ; on continuera ainsi et l'on arrivera à un reste d'ordre au plus égal à $p - 1$. La division sera terminée et, si le dernier reste est nul, la division sera faite exactement.

On peut déduire de là les théorèmes suivants dont la démonstration est immédiate :

Si $y = x\,C(x)$ est une intégrale de $Y = 0$, le polynôme Y est divisible par $y - x\,C(x)$.

Si Y est divisible par U, p intégrales distinctes de $U = 0$ satisfont à $Y = 0$.

Soit V le reste supposé non nul de la division de Y par U, puis W le reste de la division de U par V, etc.

Si, après un certain nombre de divisions, on arrive à un reste nul, le dernier diviseur égalé à 0, constitue une équation dont les intégrales sont communes à $Y = 0$ et $U = 0$; dans le cas contraire, ces deux équations n'ont aucune solution commune.

Ce qui précède montre ce qu'il faut entendre par plus grand diviseur commun de deux polynômes fonctionnels.

6. — Quand les coefficients de l'équation sont constants, l'équation peut se résoudre de la manière suivante. On peut l'écrire :

$$f^n(x) + Af^{n-1}(x) + \ldots + Lf^2(x) + Mf(x) + Nx = 0.$$

Posons :

$$x = F(p),$$

d'où $v = F^{-1}(x)$, F^{-1} désignant la fonction inverse; on a :

$$f^m(x) = F(p + m)$$

l'équation devient :

$$F(p+m)+AF(p+m-1)+\dots+MF(p+1)+NF(p)=0.$$

Si les racines $v_1\ v_2\ \dots\ v_n$ de l'équation caractéristique :

$$v^n+Av^{n-1}+\dots+Mv+N=0$$

sont inégales, on a

$$(3)\qquad x=F(p)=C_1v_1^p+C_2v_2^p+\dots+C_nv_n^p,$$

où $C_1, C_2, \dots C_n$ sont des fonctions périodiques arbitraires ayant pour période l'unité. Pour obtenir la fonction cherchée, il suffit d'éliminer p entre l'équation (3) et l'équation :

$$y=F(p+1)=C_1v_1^{p+1}+\dots+C_nv_n^{p+1},$$

obtenue en remplaçant dans (3) p par $p+1$, mais en gardant les mêmes coefficients puisque :

$$C_i(p+1)=C_i(p).$$

7. — Si l'on prend pour $C_1, \dots C_n$ des valeurs constantes, on peut obtenir entre y et x une relation implicite algébrique à coefficients incommensurables en général. Soit par exemple, une équation du second ordre ; désignons par a, b les racines de l'équation caractéristique, posons $b=a^\mu$ et $a^p=\alpha$, d'où $b^p=\alpha^\mu$; on éliminera α entre les équations :

$$x=C_1\alpha+C_2\alpha^\mu,$$

$$y=C_1a\alpha+C_2b\alpha^\mu,$$

et l'on a : $$y-a\frac{bx-y}{b-a}-\frac{C_2}{C_1^\mu}b\left(\frac{bx-y}{b-a}\right)^\mu=0,$$

équation qui ne contient qu'une constante arbitraire.

8. — Quand les coefficients sont variables, l'intégration est difficile en général. Quand l'équation est binôme et de la forme :

$$y^{(n)}-\frac{Q}{x}x=0,$$

où Q est le quotient de deux fonctions linéaires, on obtient facilement une solution en posant :

$$f(x) = \frac{a + bx}{1 + cx},$$

$y^{(n)}$ est alors le quotient de deux fonctions linéaires dont les coefficients sont des fonctions de degré n des inconnues a, b, c. En écrivant que les coefficients de $y^{(n)}$ et de Q sont proportionnels, on a trois équations pour déterminer a, b, c. Ces équations comportent n systèmes de solutions auxquels correspondent n intégrales distinctes de l'équation.

9. — On peut ramener immédiatement au cas précédent les équations de la forme :

$$\psi(y) = \frac{A + B\psi(x)}{1 + C\psi(x)},$$

en posant : $\psi(x) = X, \qquad \psi(y) = Y,$

car on a en général $\psi(y^{(i+1)}) = \dfrac{A + B\psi(y^{(i)})}{1 + C\psi(y^{(i)})}$ d'où $\psi[y^{(n)}] = Y^{(n)}$,

on obtient ainsi n relations de la forme :

$$\psi(y) = \frac{a + b\psi(x)}{1 + c\psi(x)},$$

pour chaque système de valeurs de a, b, c on aura pour y autant de solutions que la fonction inverse de ψ en comporte.

Les équations qui viennent d'être considérées ne doivent pas être confondues avec les équations fonctionnelles linéaires à *fonction de substitution donnée*, qui ont été pour la première fois posées par M. Grévy et auxquelles conduit la question suivante : Soit $f(x)$ une fonction de substitution donnée, ses itératives sont :

$$x_1 = f(x), \qquad x_2 = f(x_1) \dots .$$

On pose en général :

$$y_i = \varphi(x_i),$$

et l'on cherche les fonctions φ telles que l'on ait :

$$y_n + A_1 y_{n-1} + \dots + A_n y = 0,$$

$A_1, A_2 \dots A_n$ étant des fonctions données de x.

M. R. FERET

Ancien élève de l'École Polytechnique, Chef du Laboratoire des Ponts et Chaussées, à Boulogne-sur-Mer.

DÉFORMATIONS ET TENSIONS RÉMANENTES PENDANT LE DÉCHARGEMENT D'UN PRISME FLÉCHI IMPARFAITEMENT ÉLASTIQUE APPLICATION AUX POUTRES DE CIMENT ARMÉ [620]

— *Séance du 6 août* —

Problème proposé. — Dans une communication présentée l'année dernière au Congrès de Boulogne et reproduite à la page 128 du deuxième volume du compte rendu de la session, nous avons supposé donnée la courbe de déformation d'une matière imparfaitement élastique, c'est-à-dire la loi de variation simultanée des allongements positifs ou négatifs ramenés à l'unité de longueur et des tensions positives (tractions) ou négatives (compressions) correspondantes ramenées à l'unité de surface, et nous avons montré comment on pouvait en déduire soit algébriquement, si l'équation de cette courbe est connue, soit graphiquement, dans le cas contraire, tous les éléments de la flexion d'un prisme rectangulaire sollicité exclusivement par des forces extérieures parallèles à sa hauteur h et symétriques par rapport à son plan de symétrie vertical-longitudinal (*).

Conservant les mêmes données et les mêmes notations, nous allons maintenant décomposer les allongements λ en deux parties, l'une élastique λ_e, l'autre permanente λ_p, et, supposant connues les lois de variation de λ_e et de λ_p en fonction des tensions R, nous nous proposerons de déterminer les déformations et les tensions rémanentes en chaque point du prisme quand, après lui avoir fait subir une charge donnée, on le décharge progressivement. Dans cette recherche, nous admettrons encore l'hypothèse de la conservation des sections planes et nous supposerons que la déformation maximum du prisme est assez faible pour qu'on puisse considérer les directions des efforts comme invariables.

(*) Depuis lors, nous avons traité la même question, avec beaucoup plus de détails, dans le chapitre V d'une communication ayant pour titre : *Recherches sur les résistances à la rupture des matériaux isotropes non ductiles*, présentée au Congrès international des méthodes d'essai des Matériaux de Construction, tenu à Paris du 9 au 16 juillet 1900.

Considérations préliminaires. — Prenons encore pour abscisses les allongements par unité de longueur et pour ordonnées les tensions par unité de surface et appelons S'OS, E'OE, P'OP (*fig. 1*) les courbes des déformations totales, élastiques et permanentes de la matière étudiée, courbes telles que,

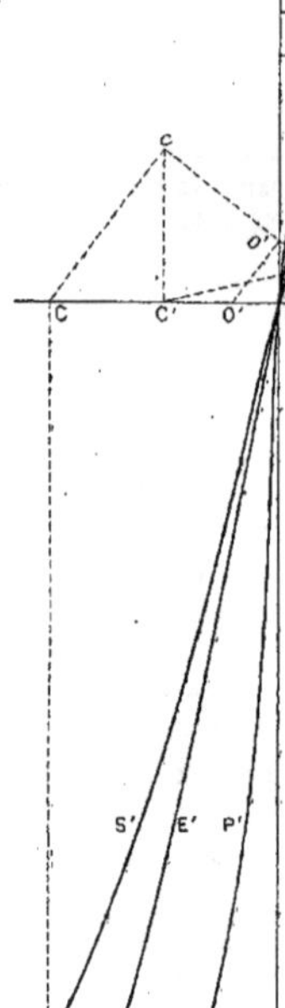

Fig. 1.

pour une même valeur quelconque de l'ordonnée, l'abscisse de la première soit égale à la somme des abscisses des deux autres.

Soit, dans une certaine section droite du prisme, M le moment fléchissant sous la charge maximum après laquelle on procédera au déchargement. Nous avons montré l'année dernière comment, grâce à la courbe S'OS, appelée alors C_1OT_1, et à une autre courbe C_4OT_4 que nous avons appris à en déduire, on pouvait déterminer, dans un prisme homogène à section rectangulaire, les allongements OC et OT des fibres extrêmes pour le moment M et les tensions CC_1 et TT_1 correspondantes (*fig. 1*). On a vu en outre que, dans la section considérée, la distance z_0 de la ligne neutre à la fibre la plus comprimée était définie par la relation $\frac{z_0}{h} = \frac{CO}{CT}$ et le rayon de courbure de cette ligne par $\rho = \frac{h}{CT}$.

Enfin, toujours dans la même section, sur une fibre distante de z de la fibre la plus comprimée, l'allongement total $(\lambda_e + \lambda_p)$ par unité de longueur est mesuré, avec son signe, par l'abscisse OQ du point Q tel que $\frac{CQ}{CT} = \frac{z}{h}$, et la tension correspondante par l'ordonnée QS.

Traçons l'abscisse O_1S, qui rencontre en E et en P les courbes des déformations élastiques et permanentes.

Par suite de l'égalité $O_1E = PS$, si l'on déplace parallèlement à elle-même la courbe E'OE de telle sorte que son point E vienne en S, son point O viendra en p projection de P sur l'axe des abscisses.

Si la fibre considérée n'était pas solidaire de ses voisines, après suppression totale de la charge extérieure, son allongement serait Op et sa tension nulle.

Supposons que, après une certaine diminution partielle de la charge, l'allongement total par unité de longueur de cette fibre, à partir de sa longueur initiale avant tout chargement, soit réduit à $\lambda' = OQ'$; elle conservera un allongement élastique pQ' positif ou négatif suivant que Q' sera à droite ou à gauche de p. Quant à sa tension rémanente R', elle correspondra à l'effort qui serait nécessaire pour faire prendre l'allongement élastique pQ' à la fibre supposée indépendante et revenue à l'état de repos; elle sera donc mesurée par l'ordonnée $Q'Q_2$ du point de la courbe pS projeté en Q'.

Tensions rémanentes et charge extérieure correspondant à une position de retour donnée de la section. — Soient, dans la nouvelle position de la section partiellement déchargée, $\lambda'_0 = OC'$ et $\lambda'_1 = OT'$ *(fig. 1)* les allongements rémanents des fibres qui, sous le moment M, étaient la plus comprimée et la plus tendue. En vertu du principe de la conservation des sections planes, on aura $\frac{C'Q'}{C'T'} = \frac{z}{h} = \frac{CQ}{CT}$ et le nouvel allongement $\lambda' = OQ'$ d'une fibre quelconque se déduira par la construction suivante de l'allongement initial $\lambda = OQ$ de la même fibre :

Par les points C et T, menons deux droites parallèles entre elles, qui rencontrent en c et t les ordonnées de C' et de T'; joignons ct et menons par Q une parallèle aux deux premières, qui rencontre cette droite en q. Q' sera sur l'ordonnée du point q (*).

(*) On remarque que le point o', intersection de la droite ct et de l'axe des R, donne, par la relation $\frac{co'}{ct} = \frac{C'O}{C'T'} = \frac{CO'}{CT} = \frac{z'_0}{h}$, l'ordonnée z'_0 de la fibre dont le nouvel allongement total est nul.

Le point O'', intersection de la droite ct et de l'axe des λ, donne par la relation $\frac{C'O''}{C'T'} = \frac{cO''}{ct} = \frac{z''_0}{h}$ l'ordonnée z''_0 de la fibre dont l'allongement total et la tension sont les mêmes que sous la charge maximum.

Enfin la ou les fibres où la tension rémanente est nulle correspondent, dans la figure 2 ci-après, aux points d'intersection de la droite A'B' par la courbe lieu du point D.

En vertu de la relation $\frac{C'Q'}{C'T'} = \frac{\lambda' - \lambda'_0}{\lambda'_1 - \lambda'_0} = \frac{z}{h}$, on a, dans la section et sous la charge considérées : $\frac{dz}{h} = \frac{d\lambda'}{\lambda'_1 - \lambda'_0}$

et la somme algébrique $N' = b\int_0^h R'dz$ des tensions longitudinales développées alors dans cette section est mesurée par $\frac{bh}{\lambda'_1 - \lambda'_0}\int_{\lambda'_0}^{\lambda'_1} R'd\lambda'$, c'est-à-dire par le produit de $\frac{bh}{C'T'}$ par l'aire comprise entre l'axe des abscisses et le lieu géométrique du point Q_2.

En d'autres termes, la tension longitudinale rémanente moyenne $\frac{N'}{bh}$ par unité de surface de la section est mesurée par la hauteur d'un rectangle de même base et de même aire que la courbe Q_2.

Si l'on ne fait intervenir, pendant le déchargement du prisme, aucune force extérieure parallèle à sa portée, toutes les composantes longitudinales des tensions intérieures doivent se faire équilibre, et les valeurs conjuguées de λ'_0 et λ'_1 doivent être liées par une relation telle que l'aire en question soit constamment nulle, c'est-à-dire que ses deux portions situées de part et d'autre de l'axe des abscisses soient, en valeur absolue, égales entre elles.

D'autre part, à un instant quelconque du déchargement, la valeur du moment fléchissant des tensions intérieures dans la section considérée, par rapport à l'horizontale primitivement la plus comprimée, est donnée par :

$$M' = b\int_0^h R'zdz.$$

Projetons Q_2 en q_2 sur l'ordonnée du point T' et menons la droite $C'q_2$, qui coupe en Q_3 l'ordonnée du point Q'. On a $\frac{Q'Q_3}{R'} = \frac{Q'Q_3}{T'q_2} = \frac{C'Q'}{C'T'} = \frac{z}{h}$, d'où $R'z = hQ'Q_3$ et $M' = bh\int_0^h Q'Q_3dz = \frac{bh^2}{\lambda'_1 - \lambda'_0}\int_{\lambda'_0}^{\lambda'_1} Q'Q_3d\lambda'$; le moment réduit $\frac{M'}{bh^2}$ est donc égal au quotient par la longueur C'T', de l'aire comprise entre l'axe des abscisses et le lieu du point Q_3, c'est-à-dire à la hauteur d'un rectangle de même base et de même aire que la courbe Q_3. Après déchargement complet, cette aire aussi doit être nulle.

Cas d'une poutre armée. — Supposons la section du fer assez faible par rapport à celle du mortier pour qu'on puisse encore considérer ce dernier comme occupant toute la surface du rectangle ; admettons en outre que l'armature est parfaitement élastique dans les limites où on la fait travailler, et appelons ζ l'ordonnée du centre de gravité de sa section transversale. Supposons enfin que, par une méthode analogue à celle que nous avons exposée l'année dernière pour le cas de prismes homogènes, on ait déterminé les positions des points C et T pour le moment fléchissant M à partir duquel on fait décroître la charge (*).

L'allongement rémanent moyen du fer sera mesuré par la longueur OF′ telle que $\frac{C'F'}{C'T'} = \frac{\zeta}{h}$ et la somme F des tensions rémanentes correspondantes sera égale au produit de cet allongement par le coefficient d'élasticité du fer et par la section de ce dernier. La relation entre λ'_0 et λ'_1 devra alors être telle que l'expression $bh \frac{\text{Aire } Q_2}{C'T'}$ soit constamment égale à — F.

Quant à la somme des moments de ces tensions par rapport à l'horizontale primitivement la plus comprimée de la section, elle sera égale au produit Fζ (en négligeant le moment d'inertie de la section du fer), et l'équation d'équilibre sera : $M' = F\zeta + bh^2 \frac{\text{Aire } Q_3}{C'T'}$.

Problème inverse. — On vient de voir comment on peut déterminer les tensions en chaque point de la section, et par suite les efforts extérieurs à exercer, pour que, pendant le déchargement, les allongements rémanents aient des valeurs données, valeurs définies, en raison du principe de la conservation des sections planes, dès qu'on se donne les allongements λ'_0 et λ'_1 des fibres extrêmes.

Inversement, on peut se donner les grandeurs N′ et M′, définies par les conditions d'application de la charge, et chercher à en déduire λ'_0 et λ'_1, et par suite la nouvelle position de la section par rapport à une section infiniment voisine.

Supposons par exemple que, dans un prisme homogène, on fasse décroître progressivement M′ à partir de M, N′ restant constamment nul.

On pourra se donner arbitrairement λ'_0, en déduire par tâtonnements (**) la valeur de λ'_1 pour laquelle l'aire de la courbe Q_2 correspondante est nulle, puis calculer par la relation $\frac{M'}{bh^2} = \frac{\text{Aire } Q_3}{C'T'}$ la valeur du quotient $m' = \frac{M'}{bh^2}$ correspondant aux deux valeurs considérées de λ'_0 et λ'_1.

Si ensuite on trace deux courbes lieux des points ayant pour ordonnées

(*) Cette méthode sera décrite dans le travail que nous préparons sur le ciment armé.

(**) Ces tâtonnements sont assez rapides si on les dirige d'une certaine manière dont la description nous conduirait à de trop longs développements.

les valeurs de m' et pour abscisses les valeurs conjuguées de λ'_0 et λ'_1, toute parallèle à l'axe des abscisses ayant pour ordonnée une valeur donnée quelconque de m' fera connaître, par les abscisses de ses points d'intersection avec les courbes, les valeurs de λ'_0 et λ'_1 correspondantes.

Enfin on déduira de ces valeurs, comme on a vu plus haut, la tension rémanente en un point quelconque de la section.

Simplification. — Le tracé des courbes Q_2 et Q_3, la mesure de leurs aires et surtout la détermination de la valeur de λ'_1 conjuguée d'une valeur donnée de λ'_0 sont des opérations assez compliquées qui peuvent être complètement supprimées si l'on admet que la ligne EE' des déformations élastiques peut être assimilée à une droite, quelle que soit d'ailleurs la forme de la courbe PP' des déformations permanentes.

Appelons E le coefficient angulaire de cette droite, c'est-à-dire le coefficient d'élasticité de la matière, abstraction faite de ses déformations permanentes.

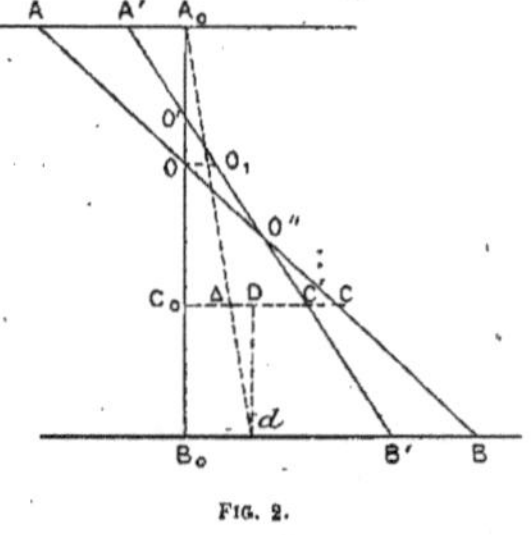

Fig. 2.

Soient, dans l'épure de la poutre en élévation (*fig. 2*), A_0B_0 la position initiale de la section considérée avant tout chargement, AB sa position sous le moment M, par rapport à une section infiniment voisine supposée fixe, et A'B' sa position sous le moment M', pendant le déchargement. Nous supposerons l'échelle des ordonnées perpendiculaires à A_0B_0 choisie de telle sorte que les longueurs A_0A, A_0A', B_0B, B_0B' soient précisément égales aux allongements totaux $\lambda_0 \lambda'_0 \lambda_1 \lambda'_1$ des fibres extrêmes par unité de longueur.

L'allongement rémanent total $\lambda' = C_0C'$ d'une fibre d'ordonnée z se déduit de la figure par la relation :

$$\frac{\lambda' - \lambda'_0}{\lambda'_1 - \lambda'_0} = \frac{A_0C'_0}{A_0B_0} = \frac{z}{h}, \quad \text{d'où} \quad \lambda' = \lambda'_0 + \frac{z}{h}(\lambda'_1 - \lambda'_0).$$

Portons sur la même ordonnée une longueur C_0D égale à l'allongement permanent λ_p que la fibre considérée conserverait après déchargement complet si elle était indépendante de ses voisines, allongement mesuré par la longueur $Op = O_1P$ de la figure 1.

Projetons D en d sur B_0B et traçons la droite A_0d, qui coupe en Δ l'ordonnée considérée, de telle sorte que l'on a : $C_0\Delta = \frac{z\lambda_p}{h}$.

Supposons tracés les lieux géométriques des points D et Δ et appelons S et Σ les aires comprises entre ces courbes et la droite A_0B_0, en comptant négativement les portions de ces aires situées à gauche de cette droite :

$$S = \int_0^h \lambda_p dz, \qquad \Sigma = \frac{1}{h}\int_0^h z\lambda_p dz.$$

Ces aires, définies par la position AB de la section sous le moment M à partir duquel commence le déchargement, sont indépendantes de la position de retour A'B'.

L'allongement élastique rémanent de la fibre d'ordonnée z sous le moment M' est mesuré par la longueur DC' égale à $\lambda' - \lambda_p$; la tension correspondante R' est égale au produit de cette différence par E :

$$R' = E\left[\lambda'_0 + \frac{z}{h}(\lambda'_1 - \lambda'_0) - \lambda_p\right].$$

On a donc :

$$N' = b\int_0^h R'dz = bE\int_0^h \left[\lambda'_0 + \frac{z}{h}(\lambda'_1 - \lambda'_0) - \lambda_p\right]dz$$

$$= bE\left[h\lambda'_0 + \frac{h}{2}(\lambda'_1 - \lambda'_0) - S\right] = bhE\left(\frac{\lambda'_1 + \lambda'_0}{2} - \frac{S}{h}\right).$$

Dans le cas où n'intervient, pendant le déchargement, aucun effort extérieur longitudinal, on a donc constamment $\lambda'_1 + \lambda'_0 = \frac{2S}{h} = \text{const.}$; les changements de longueurs des fibres extrêmes sont égaux et de signes contraires (AA' = BB') et la rotation de la section se produit autour de l'axe fixe O'' équidistant des deux faces extrêmes.

On a d'autre part, en prenant les moments par rapport à A_0 :

$$M' = b\int_0^h R'zdz = bE\int_0^h \left[\lambda'_0 z + \frac{z^2}{h}(\lambda'_1 - \lambda'_0) - \lambda_p z\right]dz$$

$$= bE\left[\frac{h^2}{2}\lambda'_0 + \frac{h^2}{3}(\lambda'_1 - \lambda'_0) - h\Sigma\right] = bh^2E\left[\frac{1}{3}\left(\lambda'_1 + \frac{\lambda'_0}{2}\right) - \frac{\Sigma}{h}\right].$$

Dès lors, si l'on se donne *a priori* les valeurs de N′ et de M′ à un instant quelconque du déchargement, ou mieux les valeurs réduites $n' = \frac{N'}{bh}$, $m' = \frac{M'}{bh^2}$, on déduit des égalités précédentes, quelles que soient d'ailleurs les dimensions du prisme rectangulaire homogène :

$$\lambda'_0 = 2\left(\frac{2S - 3\Sigma}{h} + \frac{2n' - 3m'}{E}\right),$$

$$\lambda'_1 = 2\left(\frac{-S + 3\Sigma}{h} + \frac{-n' + 3m'}{E}\right).$$

Il n'est d'ailleurs pas nécessaire de connaître les courbes S et Σ ni de mesurer leurs aires, car, au début du déchargement, on a :

$$\lambda'_0 = \lambda_0, \quad \lambda'_1 = \lambda_1, \quad n' = o, \quad m' = m;$$

on a donc :

$$\frac{S}{h} = \frac{\lambda_1 + \lambda_0}{2}, \qquad \frac{\Sigma}{h} = \frac{1}{3}\left(\lambda_1 + \frac{\lambda_0}{2}\right) - \frac{m}{E},$$

et par suite :

$$\lambda'_0 = \lambda_0 + \frac{6(m - m') + 4n'}{E}, \qquad \lambda'_1 = \lambda_1 - \frac{6(m - m') + 4n'}{E}.$$

Les variations de λ'_0 et de λ'_1 sont des fonctions linéaires de m' et de n'.

Si n' est constamment nul, les lieux des points ayant pour coordonnées λ'_0 ou λ'_1 et m' sont deux droites ayant pour coefficients angulaires $-\frac{E}{6}$ et $\frac{E}{6}$ et passant respectivement par les points ayant pour ordonnée m et pour abscisses λ_0 et λ_1.

Après déchargement complet, on a, en faisant $m' = o$:

$$\lambda'_0 - \lambda_0 = \lambda_1 - \lambda'_1 = \frac{6m}{E}.$$

Remarquons enfin que, si la position de retour de la section sous le moment réduit m' est indépendante de la loi des déformations permanentes de la matière, par contre la tension rémanente en un point quelconque de la section est subordonnée à cette loi.

Même simplification dans le cas d'une poutre armée. — Soient φ le rapport, supposé très petit, de la section de l'armature à la section totale bh de la poutre, E' le coefficient d'élasticité du fer supposé encore parfaitement élastique et ζ l'ordonnée du centre de gravité de la section de l'armature.

Tant qu'il n'y aura pas eu décollement du fer et du mortier, si l'on admet encore la conservation des sections planes, l'allongement rémanent au moyen de l'armature sera, comme on l'a vu tout à l'heure, mesuré par $\lambda'_0 + \frac{\zeta}{h}(\lambda'_1 - \lambda'_0)$ et, comme l'allongement permanent après déchargement complet, du fer supposé indépendant, serait nul, la tension rémanente moyenne du fer aura pour valeur $E'\left[\lambda'_0 + \frac{\zeta}{h}(\lambda'_1 - \lambda'_0)\right]$ et la somme de ces tensions pour toute l'armature $\varphi bhE'\left[\lambda'_0 + \frac{\zeta}{h}(\lambda'_1 - \lambda'_0)\right]$. L'équation d'équilibre des tensions longitudinales sera donc :

$$n' = E\left(\frac{\lambda'_1 + \lambda'_0}{2} - \frac{S}{h}\right) + \varphi E'\left[\lambda'_0 + \frac{\zeta}{h}(\lambda'_1 - \lambda'_0)\right].$$

On vérifie sans peine que, si n' reste constamment nul pendant le déchargement, la rotation de la section s'effectue autour d'un axe fixe passant par son centre d'élasticité, c'est-à-dire par le centre de gravité que prendrait la section si les deux matériaux avaient des densités proportionnelles à leurs coefficients d'élasticité.

De même, en négligeant encore le moment d'inertie de l'armature, l'équation d'équilibre des moments est :

$$m' = E\left[\frac{1}{3}\left(\lambda'_1 + \frac{\lambda'_0}{2}\right) - \frac{\Sigma}{h}\right] + \varphi E'\zeta\left[\lambda'_0 + \frac{\zeta}{h}(\lambda'_1 - \lambda'_0)\right],$$

et ces deux équations définissent les valeurs de λ'_0 et de λ'_1 correspondant à un système quelconque de valeurs de n' et de m'. On ferait d'ailleurs disparaître S et Σ comme dans le cas précédent, en écrivant que ces équations sont satisfaites quand, n' et m' étant respectivement égaux à zéro et à m, λ'_0 et λ'_1 ont les valeurs λ_0 et λ_1.

Observation générale. — Tous les raisonnements et calculs qui précèdent supposent que, pendant le déchargement, aucune fibre n'est soumise à une tension plus forte en valeur absolue que la plus forte tension de même signe subie pendant la mise en charge : autrement, il se produirait de nouveaux allongements permanents.

S'il en est évidemment bien ainsi pour les fibres extrêmes, il n'en est pas nécessairement de même vers le milieu de la section. Par exemple, la fibre d'ordonnée $z_0 = h\frac{\lambda_0}{\lambda_1 - \lambda_0}$, qui est sans tension sous le moment M, prend, sous le moment M', une tension proportionnelle à la longueur OO_1 (*fig.* 2) et sans doute plus forte que celles qu'elle avait subies pendant la période du chargement, en raison du déplacement de la ligne neutre accompagnant les variations de M, déplacement que nous avons démontré dans notre communication de l'année dernière.

De même, il est possible que certaines fibres aient à subir, pendant le déchargement, des tensions de signe contraire à celles qui s'y étaient développées pendant le chargement, et prennent ainsi finalement un allongement permanent de sens contraire au premier.

Mais ces effets sont toujours limités aux fibres dont les tensions restent très faibles et où, par suite, les allongements permanents sont nuls ou négligeables.

Il n'y a donc pas lieu, dans la pratique, de se préoccuper de cette complication.

M. Edmond MAILLET

Ingénieur des Ponts et Chaussées, Répétiteur à l'École Polytechnique, à Bourg-la-Reine (Seine).

SUR UNE MÉTHODE D'ÉVALUATION DU DÉBIT D'UNE CRUE EXTRAORDINAIRE. APPLICATION AUX CRUES DE LA GARONNE A TOULOUSE, EN 1855 ET 1875

[S 3 bα]

— *Séance du 6 août* —

PREMIÈRE PARTIE

SUR LA DÉTERMINATION DU DÉBIT MAXIMUM D'UNE CRUE D'UNE RIVIÈRE AU PASSAGE D'UN PONT D'APRÈS LES LAISSES DE LA CRUE

a

Dans cette première partie, nous donnons un moyen de déterminer à peu près, dans certains cas, le débit d'une forte crue au moment de l'étale, c'est-à-dire sensiblement le débit maximum quand on connaît seulement les laisses ou les niveaux maxima de cette crue aux environs d'un pont à plusieurs arches ; la méthode est donc applicable aux crues pour lesquelles le maximum a lieu de nuit, alors que les observations sont à peu près impossibles.

Au moment de l'étale, le mouvement peut être souvent regardé comme quasi permanent (c'est ce que nous admettons ici). Les formules données soit par M. Boussinesq (*), soit par M. Collignon (**), dont nous adoptons ici les notations, fournissent, pour chaque arche, deux relations entre le débit Q de l'arche et les hauteurs moyennes h, h', H, atteintes respectivement un peu à l'amont (***) de l'arche, sous l'arche et un peu à l'aval de l'arche. La hauteur H est suffisamment connue, en général, par les laisses obtenues le long des berges à l'aval; mais les laisses ne donnent h' que d'une manière insuffisante; h se compose de deux parties: 1° la profondeur moyenne h_1, au-dessous du niveau qui aurait été atteint, vis-à-vis de chaque arche, si le pont n'existait pas; 2° le remous ρ qui peut être variable pour chaque arche à cause des vitesses considérables atteintes pendant les crues, même quand on admet qu'au moment de l'étale le régime est à peu près permanent et graduellement varié à l'amont du pont, uniforme à l'aval: h n'est donc pas connu.

Or, on peut observer les niveaux maxima Z_0, atteints le long des tympans, vers le milieu de chaque avant-bec, à l'amont. En ces points surtout quand les avant-becs sont noyés, la vitesse superficielle V_0 sera faible dans bien des cas (quelques décimètres au plus); le théorème de Bernouilli donne pour le filet superficiel, qui a atteint le long des tympans une hauteur Z_0, la relation :

$$\frac{V_0^2}{2g} + Z_0 + \Phi = \frac{V^2}{2g} + Z, \tag{1}$$

Z et V étant la hauteur et la vitesse au point M du même filet superficiel dans la section où la hauteur est h, et Φ le terme dû au frottement. On en déduit, en fonction de Z_0 et de Z, la vitesse moyenne KV sur la verticale du point M, Φ et $\frac{V_0^2}{2g}$ étant négligeables; K est un coefficient à peu près constant que l'expérience (****) et le calcul permettent d'évaluer à environ 0,85.

On obtient ainsi la répartition, dans la section où a lieu la hauteur h, des moyennes des vitesses sur chaque verticale; en transformant la relation (1) de façon à y faire entrer le débit Q, la hauteur h et une quantité

(*) *Essai sur la théorie des eaux courantes*, p. 584-587.

(**) *Traité d'Hydraulique*, p. 308 et suivantes.

(***) En un point que nous choisirons de façon que le remous, dû à l'ensemble de l'arche, y soit seul sensible, le remous local dû à chaque pile y étant négligeable.

(****) Jaugeage rapide et approximatif des crues, C. Ritter, *Annales des Ponts et Chaussées*, 1886, 2e semestre, p. 717.

h_o qui, pour chaque arche, est à peu près la moyenne des deux hauteurs Z_o observées de part et d'autre de l'arche, on obtient :

$$(2) \qquad \frac{Q^2}{2gK^2L^2h^2} = h_o - h,$$

L étant la distance entre les axes des piles qui limitent l'arche.

Cette relation, jointe aux deux relations données dans l'ouvrage de M. Collignon, permet de calculer Q, h, h'.

Si l'on supposait que le remous ρ pût être considéré comme le même pour toutes les arches, on pourrait admettre qu'au moment de l'étale la section de la surface de l'eau, dans la section normale passant par M, était une droite, et h serait connu par les laisses sur les berges à l'amont. Alors, les deux relations données dans l'ouvrage de M. Collignon (relations (3) données plus loin) suffiraient parfois à calculer le débit pour chaque arche. Mais la relation (2) suffit aussi à elle seule à calculer le débit quand on connaît h et il y a là une vérification. Si les deux procédés donnent des chiffres concordants, le résultat obtenu acquiert une certaine probabilité. Sinon, il semble qu'on doive préférer les résultats donnés par (2), et, par suite, on pourra se contenter d'appliquer (2) seule, sans s'occuper des deux relations précitées.

En effet : dans les deux relations données dans l'ouvrage de M. Collignon entrent des différences $h - h'$, $h' - H$ bien plus petites que la différence $h_o - h$ de la relation (2). Les erreurs absolues possibles, dues à l'observation, étant les mêmes pour les trois différences, ce sera la formule (3), si elle est exacte, et, en particulier, si la valeur K choisie convient, qui devra donner le plus de précision.

L'application de la formule (2) aux crues extraordinaires de la Garonne à Toulouse en 1855 et 1875 nous a conduit pour la première à un chiffre conforme à un jaugeage direct dû à M. Maitrot de Varenne (4.200 mètres cubes), et, pour la deuxième à un chiffre de 9.500 à 10.000 mètres cubes, qui, contrôlé par deux autres méthodes, a été adoptée par le Conseil général des Ponts et Chaussées et M. le Ministre des Travaux publics.

b

Soient A et B deux piles de pont consécutives, CD, EF, les axes de deux piles. Nous admettrons que la rivière puisse être divisée dans le sens du courant par les lignes analogues CD, EF ... en parties telles que l'équation de continuité soit à peu près applicable à chacune d'elles séparément, c'est-à-dire que le débit, à travers toute section de l'une de ces parties Σ, dans l'étendue de la rivière que nous considérons, soit un nombre constant Q.

Désignons par :

u la vitesse moyenne dans la partie Σ en Mm,
u' — — en Rr et Ss,
V — — en Tt,

et par :

h la hauteur moyenne de l'eau dans la partie Σ en Mm,
h' — — en Rr et Ss,
H — — en Tt.

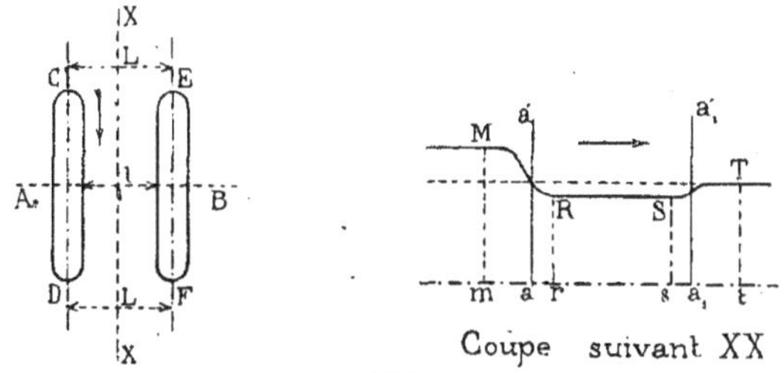

Coupe suivant XX

Fig. 1.

Nous supposons la longueur RS assez faible pour que la pente de la rivière puisse être négligée sur cette longueur, et Mm choisi assez à l'amont pour que le remous local dû à chaque pile y soit insensible, le remous dû à l'ensemble de l'arche y étant seul appréciable. Nous admettrons que la distance MR est relativement faible (une centaine de mètres par exemple). Nous supposons que, dans chaque section normale de la partie Σ, le fond soit à peu près horizontal et que la pente totale sur la longueur MT soit négligeable eu égard aux valeurs de h, h', ... ce qui a lieu pendant les crues.

M. Collignon donne alors (*) les deux relations :

$$(3)\left\{\begin{aligned} \frac{Q^2}{2g}\left(\frac{1}{\mu^2 l^2 h'^2} - \frac{\alpha}{L^2 h^2}\right) &= h - h' \\ 4 \cdot \frac{Q^2}{2g L^2 H^2} H \left(\alpha'_1 \frac{LH}{lh'} - \alpha'\right) &= H^2 - h'^2. \end{aligned}\right.$$

La valeur à attribuer à μ est donnée par M. Collignon ; quant à celles des coefficients α, α'_1, α' qui tiennent compte de l'inégalité relative de vitesse des filets fluides dans une même section normale, il est à remar-

(*) *Traité d'Hydraulique*, p. 372-373. Les formules de M. Collignon nous ont paru d'une approximation suffisante dans le cas que nous étudions, eu égard aux erreurs expérimentales.

quer que ces coefficients se rapprochent d'autant plus de l'unité que cette inégalité relative est moins grande. Or, dans la partie Σ, considérée, surtout si le pont a plusieurs arches, cette inégalité relative sera plus faible que pour l'ensemble de la rivière, au moins dans le sens horizontal. On pourra donc attribuer à α, α'_1, α', les valeurs indiquées par M. Collignon, mais en les considérant comme des limites supérieures, ce qui donnera en prenant $\alpha'_1 = \alpha'$,

$$(4) \qquad \alpha = 1{,}1, \ \alpha' = \alpha'_1 = 1{,}04.$$

Quand on ne connaît que les laisses de la crue, les formules (3) ne suffisent pas pour le calcul du débit. On connaîtra, il est vrai, H, car on connaît les laisses de la crue à l'aval, le long des berges, et l'on pourra admettre, en général, qu'au moment de l'étale la section de la superficie à l'aval était une droite. Mais h' est fort mal connu ; on sait expérimentalement que h' est fort peu inférieur à H ; si l'on veut prendre $h' \doteq H$, une des deux relations (3) devient illusoire et l'autre contient Q et h. Si on veut prendre les laisses de la crue sous l'arche, on sait que le régime du liquide sur les bords n'a aucun rapport immédiat avec le régime du liquide sous la plus large partie de l'arche où est réalisée la hauteur h', à cause de la contraction qui s'opère à l'entrée de l'arche ; en sorte qu'il n'est pas certain que le niveau sur les bords donne la hauteur h'.

Quant au niveau h, qui est en rapport avec la vitesse moyenne u, il pourra parfois être variable d'une arche à l'autre, et d'une manière sensible : h se compose, en effet, de deux parties ; la profondeur moyenne h_1, qui aurait été réalisée si le pont n'avait pas existé, et le remous ρ ; h_1 est connu ; quant à ρ, il est fonction, pour une arche donnée, de $\frac{l}{L}$ et aussi fonction croissante de $\frac{u^2}{2g}$ dans une certaine mesure. Pour des valeurs de u qui peuvent varier de 3 mètres jusqu'à 5 mètres, $\frac{u^2}{2g}$ varie de $\frac{9}{20} = 0^{m}45$ à $\frac{25}{20} = 1^{m},25$ environ, et ρ peut ne pas avoir la même valeur d'une arche à l'autre. Si l'on admet qu'au moment de l'étale la section de la superficie dans la section normale M du cours d'eau aurait été une droite (horizontale ou non), au cas où il n'y aurait pas eu de pont, on voit qu'au moment de l'étale la section de la superficie dans la section normale M pourra être sensiblement bombée ; dès lors, h n'est pas suffisamment déterminé quand on connaît les laisses de la crue sur les berges, au droit du point M.

Les deux relations (3) contiennent donc trois quantités Q, h, h', dont aucune n'est suffisamment connue pour que ces relations permettent de déterminer les deux autres, au moins dans certains cas.

c

Nous allons faire voir que l'observation des laisses de la crue permet d'établir entre Q, h, h' une troisième relation.

Considérons la masse d'eau qui se trouve arrêtée par les tympans dans la partie située au-dessus d'un avant-bec $\alpha\alpha'$, à l'amont. Vis-à-vis du milieu de l'avant-bec, aux environs de γ, il pourra se faire, surtout dans les grandes crues, qu'il y ait une surélévation notable du niveau atteint par l'eau. Dès lors, un filet à peu près superficiel CC_0, qui vient rencontrer les tympans à peu près vers γ, ne sera animé près des tympans que d'une vitesse relativement faible (quelques décimètres au plus).

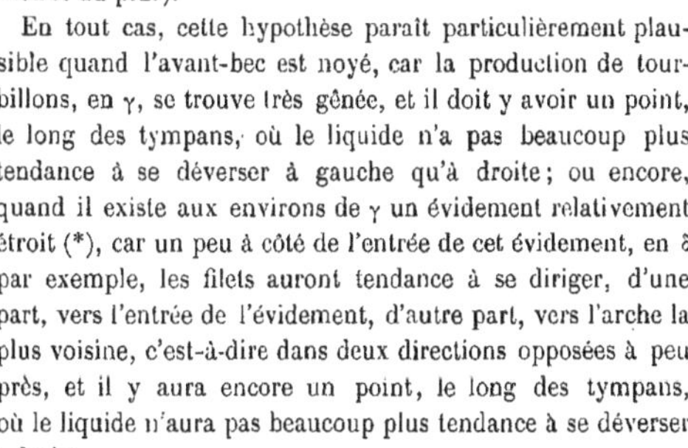

FIG. 2.

En tout cas, cette hypothèse paraît particulièrement plausible quand l'avant-bec est noyé, car la production de tourbillons, en γ, se trouve très gênée, et il doit y avoir un point, le long des tympans, où le liquide n'a pas beaucoup plus tendance à se déverser à gauche qu'à droite; ou encore, quand il existe aux environs de γ un évidement relativement étroit (*), car un peu à côté de l'entrée de cet évidement, en δ par exemple, les filets auront tendance à se diriger, d'une part, vers l'entrée de l'évidement, d'autre part, vers l'arche la plus voisine, c'est-à-dire dans deux directions opposées à peu près, et il y aura encore un point, le long des tympans, où le liquide n'aura pas beaucoup plus tendance à se déverser à gauche qu'à droite.

Soient donc Z_0 le niveau en γ ou δ, ou plus exactement le niveau maximum atteint à l'avant-bec $\alpha\alpha'$ (la distance $\gamma\delta$ sera, en général, relativement faible), V_0 la vitesse correspondante du filet CC_0, superficiel à peu près, Z le niveau en C, au droit de Mm, V la vitesse correspondante. On pourra appliquer à ce filet l'équation de Bernouilli, modifiée, en tenant compte du frottement ou du mouvement tourbillonnaire, et l'on aura :

$$(1) \qquad \frac{V^2}{2g} + Z = \frac{V_0^2}{2g} + Z_0 + \Phi.$$

Φ étant la perte de charge due au frottement.

(*) C'est le cas du Pont-Neuf, sur la Garonne, à Toulouse.

Si la longueur CC_0 n'est pas trop grande, ce que nous admettons Φ sera petit. Il en est de même de V_0 et *a fortiori* de $\frac{V_0^2}{2g}$ (*).

On aura donc sensiblement :

$$(5) \qquad \frac{V^2}{2g} > Z_0 - Z \text{ ou } \frac{V^2}{2g} = Z_0 - Z \text{ par défaut}(**).$$

Considérons maintenant la quantité $\frac{V^2}{2g} + Z$; V et Z variant d'une manière continue dans la largeur de la rivière, au droit du point M, et sans point d'inflexion dans la largeur de chaque arche, puisque par hypothèse, dans la section M, le remous spécial dû à chaque pile est insensible, $\frac{V^2}{2g} + Z$ varie d'une manière continue et sans point d'inflexion dans la largeur de chaque arche au droit du point M ; pour connaître pratiquement la fonction $\frac{V^2}{2g} + Z$, il suffit, dès lors, d'en connaître un certain nombre de valeurs : l'équation (5) nous donne précisément ces valeurs qui sont les valeurs Z_0. Si donc nous considérons une fonction Z'_0 définie par l'équation :

$$(6) \qquad Z'_0 - Z = \frac{V^2}{2g},$$

Z et V étant les cotes et les vitesses superficielles réalisées en un même point quelconque de la section normale M, nous connaîtrons un certain nombre des valeurs de Z'_0 dans la largeur de la rivière ; et comme $Z + \frac{V^2}{2g}$ varie d'une manière bien continue, dans la largeur de la rivière, d'après ce que nous avons dit, Z'_0 sera pratiquement connu (à l'aide d'interpolations). Nous pourrons donc parler de la valeur Z'_0 correspondante à un point quelconque de la largeur de la rivière, au droit du point M, en spécifiant que Z'_0 satisfait à (6). Cette fonction Z'_0 sera pratiquement connue, d'après ce que nous venons de dire.

Ceci posé, il nous reste à transformer l'équation (6) de façon à y introduire les valeurs moyennes u et h de V et de Z.

Considérons une verticale quelconque de la section Mm, dans la

(*) Pour $V_0 = 1^m,00$, $\frac{V_0^2}{2g} = \frac{1}{2 \times 9,81} = 0^m,05$ environ, ce qui est dans la limite des erreurs qu'on peut commettre facilement dans la détermination de Z_0, surtout à cause des anomalies inévitables qui se produisent pendant les crues.

(**) Cette *inégalité* peut être considérée comme absolument exacte, quels que soient les mouvements tourbillonnaires.

partie Σ. La vitesse moyenne sur cette verticale est KV, K étant un coefficient un peu inférieur à l'unité et qui est à peu près constant, comme nous le verrons tout à l'heure.

Soit dL un élément de la largeur L de la partie Σ considérée au droit du point M; on a d'après (6) :

$$\int_L \frac{V^2}{2g}\frac{dL}{L} = \int_L \frac{Z'_0 dL}{L} - \int_L \frac{Z dL}{L}.$$

Nous avons d'ailleurs :

$$\int_L \frac{Z dL}{L} = h, \qquad \int_L \frac{Z'_0 dL}{L} = h_0;$$

h_0 est facile à déterminer, puisque Z'_0 est connu en chaque point, h est une des inconnues à déterminer. Pratiquement, on peut admettre que h_0 est la moyenne des deux valeurs de Z'_0 (ou Z_0) correspondant aux milieux des deux avant-becs de l'arche considérée. Donc :

$$(7) \qquad \int_L \frac{V^2}{2g}\frac{dL}{L} = h_0 - h.$$

Pour chercher à évaluer le premier membre, on peut employer un procédé analogue au procédé bien connu qui permet d'introduire les coefficients α, α', ... dans les formules de l'hydraulique (*). Contentons-nous de donner le résultat : en désignant par KV la vitesse moyenne sur la verticale correspondant à V et admettant que K est sensiblement constant, ainsi que nous le verrons tout à l'heure, on trouve une égalité de la forme :

$$\int_L \frac{V^2}{2g}\frac{dL}{L} = \frac{\lambda u^2}{2gK^2},$$

λ étant un coefficient analogue au coefficient α considéré plus haut, un peu plus grand que 1, mais beaucoup plus voisin de l'unité dans les limites où se produisent même les crues les plus fortes. On peut donc prendre λ = 1 et (7) donne :

$$\frac{u^2}{2gK^2} = h_0 - h, \text{ ou, puisque } u = \frac{Q}{Lh},$$

$$(2) \qquad \frac{Q^2}{2gK^2L^2h^2} = h_0 - h$$

par défaut, ce qui est la relation annoncée.

Il nous reste à évaluer K (**).

(*) Voir, par exemple, Boussinesq : *Essai sur la théorie des eaux courantes.*

(**) C'est la seule quantité pour laquelle il y ait incertitude. Sous cette réserve, la formule (2) donnera toujours une limite inférieure rigoureuse du débit.

d

On sait depuis longtemps, d'après de nombreuses expériences, qu'en un point d'un cours d'eau naturel, où le régime uniforme peut être considéré comme établi, le rapport K' de la vitesse moyenne à la vitesse maxima, sur une même verticale, est un nombre à peu près constant. Sans remonter aux origines, il nous suffira de renvoyer à un mémoire de M. Bazin (*). On sait également (même mémoire) que la vitesse maxima est, en général, et sauf le cas d'un vent violent, voisine de la surface et surtout, qu'à part ce cas, la vitesse superficielle diffère peu de la vitesse maxima, en sorte que le rapport K de la vitesse moyenne à la vitesse superficielle, sur une même verticale, est un nombre à peu près constant. Cette propriété ne suppose pas le cours d'eau très régulier, puisqu'elle a été constatée même avec de fortes vitesses pour les cours d'eau naturels. Elle est, d'ailleurs, depuis longtemps, la base d'une méthode de jaugeages par la mesure des vitesses superficielles (**).

Le nombre K étant compris entre $0^m,80$ et $0^m,90$, nous le prendrons égal à $0^m,85$, l'erreur commise étant de $\frac{1}{20}$ au plus(***). A l'amont du pont que nous considérons, jusqu'à la section passant par M, le régime doit être considéré au moment de l'étale, non comme uniforme, mais comme à peu près permanent et graduellement varié ; mais le remous dû à l'ensemble du pont, pendant les grandes crues, est toujours une fraction relativement faible$\left(\frac{1}{10}\text{ par exemple}\right)$ de la hauteur d'eau h ou H. La constance du nombre K pour le régime uniforme et la continuité permettent de penser que la valeur de K, applicable ici, diffère peu de la valeur de ce nombre pour le régime uniforme, et qu'on peut prendre encore $K = 0^m,85$, d'autant plus que K dépend, non de la valeur absolue des vitesses, mais de leur répartition relative sur une même verticale.

On peut d'ailleurs chercher théoriquement quelle peut être l'influence du remous sur la valeur de K, en considérant un cours d'eau infiniment large.

Cherchons d'abord K pour le régime uniforme.

(*) Sur la distribution des vitesses dans un courant (*Annales des Ponts et Chaussées*, 1875, 2e semestre p. 309.

(**) Voir le mémoire de M. Ritter, déjà cité. Cette méthode de jaugeages a été appliquée par M. Maitrot de Varennes, à la crue extraordinaire de la Garonne, en 1855.

(***) Baumgarten, *Annales des Ponts et Chaussées*, 1847, 2e semestre, p. 361-362 et 369-371. Pour le Rhône, nous avons vu indiquer des valeurs de K comprises entre $0^m,75$ et $0^m,90$.

Soit une même verticale, V la vitesse de superficie, V' la vitesse au fond, KV la vitesse moyenne. D'après M. Boussinesq (*),

$$V = \left(1 + \frac{B}{2A}\right)V', \qquad KV = \left(1 + \frac{B}{3A}\right)V',$$

$$\text{d'où } K = \frac{1 + \frac{B}{3A}}{1 + \frac{B}{2A}}.$$

En introduisant dans cette formule les valeurs moyennes de B et A indiquées par M. Boussinesq (**), valeurs qui paraissent applicables aux grandes rivières, puisqu'elles conduiraient à peu près à la formule connue de Tadini, on trouve :

$$K = \frac{1 + \frac{1,2656}{3}}{1 + \frac{1,2656}{2}} = 0,871,$$

ce qui est bien d'accord avec la valeur expérimentale donnée plus haut.

Considérons maintenant le cas du régime permanent graduellement varié (***). Quand il y a quatre ou cinq arches au moins, dans la partie Σ que nous avons considérée et à l'amont du pont, le niveau de l'eau est peu variable dans une même section normale, à partir de la section M*m*, en allant vers l'amont et la vitesse moyenne, sur chaque verticale, diffère peu de la vitesse moyenne dans la même section. Nous pourrons donc, approximativement, assimiler le mouvement, dans cette partie Σ, au mouvement permanent graduellement varié qui se produirait dans un canal infiniment large, avec les mêmes vitesses moyennes et une hauteur d'eau égale à la hauteur moyenne dans chaque section normale de Σ. Cette approximation nous suffira d'ailleurs pour voir dans quelles proportions et dans quel sens la valeur de K devrait être modifiée.

Nous nous contenterons d'indiquer le résultat du calcul. On trouve qu'habituellement, dans la section normale de la partie Σ, passant par M, le coefficient K', analogue à K, qui est applicable, est tel que :

$$\frac{K'}{K} \geqslant 1 - 5,6\, i,$$

i étant la pente de fond, $\frac{K'}{K}$ allant en se rapprochant de plus en plus

(*) Essai déjà cité, p. 72.
(**) Essai déjà cité, p. 86.
(***) Essai déjà cité, p. 90.

de l'unité pour les sections normales de la partie Σ de plus en plus éloignées de M vers l'amont.

$$\text{Pour } i = 0^{m},001, \frac{K'}{K} > 1 - 0^{m},0056.$$

$$\text{Pour } i = 0^{m},002, \frac{K'}{K} > 1 - 0^{m},0112.$$

En prenant $K' = K$, l'erreur commise, en général, ne sera guère de plus de 1 centième par excès ; cette erreur, étant comparable à l'approximation avec laquelle K est déterminé expérimentalement, est négligeable, et nous pourrons prendre encore ici la valeur du régime uniforme.

Remarque. — Les valeurs que nous avons adoptées pour A et B pourraient être modifiées dans de certaines limites, sans que le raisonnement ci-dessus cessât d'être applicable ; les valeurs absolues de K et de K' seraient bien légèrement modifiées, mais le rapport $\frac{K'}{K}$ serait encore voisin de l'unité et l'on ne commettrait qu'une erreur comparable aux erreurs expérimentales, en prenant $K' = K$.

En résumé, l'expérience et le calcul nous conduisent à adopter ici, dans la formule (2), la valeur $K = 0^{m},85$ environ, du régime uniforme (*).

e

Pour déterminer le débit total qui passait sous le pont au moment de l'étale, il suffira d'appliquer à chaque arche les formules (2) et (3). Une certaine erreur pourra être commise aux arches extrêmes, parce que les raisonnements que nous avons faits pour établir l'équation (5) sont plus ou moins applicables aux culées. Mais, pour peu qu'il y ait quatre ou cinq arches, l'erreur relative commise sera faible, d'autant plus que c'est généralement aux culées, c'est-à-dire sur les bords, que sont réalisées les vitesses les plus faibles. D'ailleurs, pour les arches extrêmes, la quantité h est à peu près connue par les laisses de la crue, sur les berges au droit de Mm, et il y aura là, soit une vérification, soit un moyen de rectifier le calcul et les résultats obtenus pour ces arches. On pourra encore, si h est connu, se servir de la formule (3) seule.

(*) Il résulte de là que la méthode que nous indiquons ici pour l'évaluation du débit ou mieux d'une limite inférieure du débit, par application de la formule (3) seule, a la même valeur pratique que les méthodes de jaugeage qui supposent connue, *a priori*, la valeur de K (méthodes des vitesses superficielles).

Remarquons en terminant que le débit obtenu ne sera pas exactement le débit maximum, car on sait qu'en général, le maximum du débit ne coïncide pas avec celui de la hauteur pendant une crue (*). Mais on sait que, en général, les deux maxima coïncident à peu près et le débit obtenu sera très voisin du débit maximum réel.

DEUXIÈME PARTIE

APPLICATIONS PRATIQUES

a

Nous ne nous dissimulons pas les objections que l'on peut faire dans la pratique contre l'équation (2), objections dont une partie peut d'ailleurs être faite contre les équations (3). En particulier, on peut dire que le coefficient K n'est pas suffisamment déterminé et que les sections aux abords des ponts, ne sont pas toujours suffisamment régulières, même dans chacune des parties Σ, correspondant à chaque arche, que nous avons considérées. Si l'on veut appliquer ce qui précède, on est obligé de déterminer, pour chaque partie Σ, une profondeur moyenne qu'on fera entrer dans les calculs ; il est à remarquer que dans l'équation (2) la profondeur moyenne à choisir est la profondeur moyenne aux environs du point M.

Mais nous allons montrer, en appliquant la méthode ci-dessus à un pont, le Pont-Neuf à Toulouse, et à une crue, celle de 1855, pour laquelle nous avons à peu près les hauteurs Z_0, qu'on arrive à un résultat comparable à celui qu'a donné l'expérience directe (**).

b

DÉBIT DE LA CRUE DE 1855.

Admettons que le remous ρ puisse être considéré comme constant dans la section normale M de toute la rivière ; h est alors suffisamment connu d'après les laisses des berges. L'équation (2) suffira à donner le débit pour chaque arche.

Nous ne possédons, pour la crue de 1855, que les niveaux atteints aux avant-becs et aux arrière-becs, rapportés au niveau de la mer ; ils sont donnés dans le tableau suivant :

(*) Voir, par exemple, Graeff, *Traité d'hydraulique*, p. 302 ; Boussinesq, Essai déjà cité, p. 457 et 482.

(**) Jaugeage déjà cité de M. Maitrot de Varennes, rapporté dans une brochure intitulée : *Des irrigations et desséchements dans le département de la Haute-Garonne*, imprimerie V. Dalmont, Paris 1857, où l'on trouve également le tableau que nous donnons plus loin.

INDICATION DES PILES OU CULÉES	NIVEAUX		DIFFÉRENCE
	AMONT	AVAL	
Culée rive droite.	136m,59	136m,59	0m,00
1re pile	136m,43	136m,43	0m,00
2e pile.	137m,62	136m,67	0m,95
3e pile.	137m,61	136m,78	0m,83
4e pile.	136m,79	136m,21	0m,58
5e pile.	137m,08	136m,40	0m,68
6e pile.	136m,72	136m,18	0m,54
Culée rive gauche	136m,34	136m,23	0m,11

A 60 mètres à l'amont, le niveau sur la rive droite ne pouvait pas différer beaucoup de 136m,59 et sur la rive gauche, il devait être, à peu près de 136m,34 ; à 60 mètres à l'aval, le niveau sur la rive droite ne devait pas différer beaucoup de 136m,59 et sur la rive gauche de 136m,20 ; car les différences de niveau, entre l'amont et l'aval, le long des berges, étant nulles pour la rive droite, faibles pour la rive gauche, les vitesses, le long des berges, étaient relativement faibles et par suite Z_0 et h devaient fort peu y différer. On voit de suite, si l'on admet que, dans une section normale, à 60 mètres à l'amont et à l'aval, la surface de l'eau était une droite que les différences $h - H$ ne dépassaient pas 0m,15; elles sont donc très comparables aux erreurs d'observation sur les berges et aux piles et le calcul effectué à l'aide des formules (3) pourrait donc donner des résultats entachés d'erreurs considérables (et même du simple au double).

Au contraire, dans l'équation (2) entre la différence $h_0 - h$; cette différence, pour la crue de 1855, n'a été comparable aux erreurs d'observations que pour les deux arches voisines de la rive droite et pour l'arche voisine de la rive gauche dont le débit était *a priori* très faible, soit parce que deux de ces trois arches avaient des sections mouillées relativement petites et se trouvent sur les bords du fleuve, soit parce que le débit de ces trois arches est diminué de beaucoup, sur la rive gauche, par l'avancement dans le lit, de la prairie des filtres à l'amont et la présence, à l'aval, d'un débris de l'ancien pont de la Daurade et, sur la rive droite, par l'avancement du quai de Tounis (*). L'erreur relative commise sur le débit total, en prenant

(*) Dans les crues, une sorte de remous existe partiellement sous les deux premières arches de rive droite et en rend le débit effectif très faible ; il y a eu toutefois exception pour la crue de 1875 aux environs du maximum.

comme débit de ces trois arches celui qui résulte du tableau précédent, sera donc peu importante.

On obtient alors le premier des deux tableaux de calculs donnés à la fin de cette note. Nous arrivons ainsi à un débit de 4.216 mètres cubes.

La crue de 1855 n'a d'ailleurs eu, entre le Pont-Neuf et le pont de Blagnac, où a eu lieu le jaugeage précité de M. Maitrot de Varennes, que des débordements insignifiants. Le chiffre trouvé dans ce jaugeage était de 4.200 mètres cubes; sans s'attacher, outre mesure, à cette coïncidence, presque exacte des deux chiffres, on peut dire que l'accord est satisfaisant.

On ne peut évidemment en conclure, d'une façon certaine, que la même méthode nous donnera un chiffre exact pour le débit maximum de la crue de 1875, sous le Pont-Neuf, mais il est permis de penser que le chiffre que nous trouverons par la même méthode sera une approximation acceptable.

C

DÉBIT DE LA CRUE DE 1875 SOUS LE PONT-NEUF.

Ces débits ont pour base le tableau suivant dont la dernière colonne est extraite d'un rapport de M. Lanteirès (3 juillet 1876) :

INDICATION DES PILES, CULÉES OU RIVES	NIVEAUX				DIFFÉRENCES
	60 MÈTRES à l'amont	AVANT-BEC	ARRIÈRE-BEC	60 MÈTRES à l'aval	
Rive droite.	140m,00				
Culée rive droite		140m,57	139m,75		0m,82
1re pile.		140m,39	139m,65		0m,74
2e pile		141m,00	139m,30		1m,70
3e pile.		141m,83	139m,46		2m,37
4e pile.		141m,45	139m,35		2m,10
5e pile.		141m,15	139m,28		1m,87
6e pile.		140m,40	139m,27		1m,13
Culée rive gauche. . . .		139m,70	139m,39		0m,31
Rive gauche	139m,70				

On voit de suite, sur le deuxième tableau des calculs, donné à la fin de cette note, que dans la crue de 1875, les arches extrêmes ont dû avoir un débit sensible ; cette différence avec la crue de 1855 s'explique en partie par ce fait que la prairie des filtres, à l'amont, était suffisamment noyée en 1875 pour que le courant, le long de la rive gauche, y fût notable. En même temps, par suite de cette circonstance, il semble que le courant devait avoir plus de tendance à se jeter sur la rive droite, de sorte que l'influence de l'avancement du quai de Tounis devait, en partie, disparaître. Mais alors le sens général du courant devait être un peu oblique par rapport à une normale au pont et le chiffre que nous trouverons devra être un peu réduit.

Opérant le calcul en supposant encore ρ constant, on trouve (voir le tableau) un débit de 9.038 mètres cubes soit 9.000 mètres cubes en chiffres ronds. Ce chiffre est un peu fort, soit parce que les vitesses étant plus fortes en 1875, qu'en 1855, ρ devait avoir peut-être une valeur un peu plus forte vers le milieu, ce qui conduirait à augmenter h et par suite d'après (2), comme on le voit en prenant le signe de $\frac{dQ}{dh}$, à diminuer Q pour les arches centrales, soit parce qu'en 1875, la direction moyenne du courant devait présenter une certaine obliquité par rapport à la normale à la direction du pont, ainsi que nous venons de le dire.

Mais cette réduction ne paraît guère devoir être supérieure à $\frac{1}{10}$ environ et l'on peut par suite dire que le débit, sous le Pont-Neuf, en 1875, a dû être un peu supérieur à 8.000 mètres cubes.

En admettant, comme l'ont fait les Ingénieurs en 1876 (*), que le débit à travers le faubourg Saint-Cyprien et derrière ce faubourg pouvait être évalué à 1.000 mètres cubes, on est conduit à admettre pour cette crue un débit maximum total compris entre 9 et 10.000 mètres cubes, soit environ 9.500 mètres cubes.

(*) Rapport de M. Lanteirès, en date du 3 juillet 1876. — Le chiffre de 8.000 mètres cubes a d'ailleurs été trouvé par M. Lanteirès pour le débit sous le Pont-Neuf, à l'aide d'une méthode qu'il n'indique pas ; mais il l'a rejeté comme trop fort (voir plus loin).

TABLEAU DES CALCULS

DÉSIGNATION DES ARCHES en partant de la rive droite	L	l	NIVEAUX MOYENS AU DROIT du point M pour chaque arche (1)	PROFONDEUR MOYENNE POUR CHAQUE ARCHE au-dessous de la cote 131,78 au droit du point M	HAUTEUR MOYENNE AU DROIT DU MÊME POINT au-dessus de la cote 131,78	VALEUR DE h	NIVEAUX MOYENS CORRESPONDANT A h_0	$h_0 - h$	$\sqrt{2g(h_0 - h)}$	$K\sqrt{2g(h_0 - h)}$	Lh	$Q = LhK\sqrt{2g(h_0 - h)}$
1	2	3	4	5	6	7	8	9	10	11	12	13
Crue de 1855.												
1re	32m,44	26m,94	136m,56	0,00	4,78	4,78	136,56	Négligeable	»	»	155	»
2e	40m,67	29m,32	136m,52	1,69	4,74	6,43	137,03	0,51	3,16	2,69	261	702m3
3e	41m,95	31m,82	136m,47	3,81	4,69	8,50	137,61	1,14	4,73	4,02	357	1.435
4e	36m,44	28m,31	136m,42	3,36	4,64	8,00	137,20	0,78	3,91	3,32	292	969
5e	29m,07	21m,55	136m,39	2,79	4,61	7,40	136,94	0,55	3,28	2,70	215	600
6e	23m,35	16m,00	136m,37	0,95	4,59	5,54	136,90	0,53	3,22	2,74	129	353
7e	17m,04	13m,36	136m,35	1,17	4,57	5,74	136,53	0,18	1,88	1,60	98	157
											DÉBIT TOTAL.	4.210m3
Crue de 1875.												
1re	32m,44	26m,94	139m,98	0,00	8,20	8,20	140,48	0,50	3,13	2,66	266	708m3
2e	40m,67	29m,32	139m,94	1,69	8,16	9,85	140,60	0,75	3,84	3,26	401	1.307
3e	41m,95	31m,82	139m,88	3,81	8,10	11,91	141,42	1,54	5,50	4,67	500	2.335
4e	36m,44	28m,31	139m,83	3,36	8,05	11,41	141,64	1,81	5,96	5,07	416	2.109
5e	29m,07	21m,55	139m,79	2,79	8,01	10,80	141,30	1,51	5,44	4,62	314	1.450
6e	23m,35	16m,00	139m,75	0,95	7,97	8,92	140,78	1,03	4,49	3,82	208	794
7e	17m,04	13m,36	139m,72	1,17	7,94	9,11	140,05	0,33	2,54	2,16	155	335
											DÉBIT TOTAL.	9.038m3

(1) Il est fort possible que ces chiffres soient rapportés au nivellement dit « de Royan » ceux de la crue de 1875 étant rapportés, comme tous ceux du service des inondations, au nivellement dit « de Bayonne » ou « des Ponts et Chaussées », les chiffres des colonnes 4, 6, 7, 8 devraient alors être majorés de 0m,52 ; c'est-à-dire que h_0 et h devraient être majorés de 0m,52, $h_0 - h$ conservant la même valeur. — Le débit total serait ainsi un peu augmenté ; les conclusions restent à peu près les mêmes, l'exactitude de la formule $Q = LhK\sqrt{2g(h_0 - h)}$ reste suffisante.

NOTE ANNEXE

La détermination du débit de la crue extraordinaire de la Garonne à Toulouse en 1875, a été étudiée vers 1876 par MM. les ingénieurs Dieulafoy et Lanteirès.

1°. — M. Dieulafoy a cherché à déterminer ce débit par l'application des formules $RI = aV + bV^2$, $Q = SU$, en prenant une section où le lit majeur était rétréci à 1.350 mètres et où il n'y avait à craindre aucun remous dû à un obstacle. Il a trouvé 13.150 mètres cubes.

Nous avons revisé ses calculs. En admettant pour le lit principal la formule $Q = mS\sqrt{RI}$ et l'appliquant avec les mêmes valeurs de m et I à la crue de 1855 pour laquelle Q est connu et égal à 4.200 mètres cubes, nous avons obtenu pour le débit Q_1 en 1875 :

$$Q_1 = Q\frac{S_1\sqrt{R_1}}{S\sqrt{R}},$$

d'où : $$Q_1 = 7.400 \text{ mètres cubes.}$$

Cette valeur de Q_1 dont la détermination ne nécessite pas la connaissance de m et de I, peut être considérée comme presque aussi exacte que si elle eût été obtenue par jaugeage direct.

En prenant pour I la valeur 0,00153, on trouve $m = 45$ et :

$$Q = 45S\sqrt{RI} \tag{8}$$

En évaluant le débit des chantiers par la formule (8), et le réduisant en tenant compte de la disposition des lieux, de l'obliquité du courant par rapport à la section considérée et de la hauteur de l'eau (au plus $3^m,00$ environ), nous avons été conduit au même chiffre que précédemment.

2°. — M. Lanteirès a évalué le débit de la crue de 1875 en deux endroits par la méthode suivante :

a) Il applique à chaque arche du Pont-Neuf la formule .

$$Q = mA\sqrt{2gh_1} \text{ (*)},$$

où A est la section sous l'arche, m un coefficient numérique, h_1 la différence portée à la dernière colonne du premier tableau du § c, réduite dans

(*) C'est la formule qui donne le débit d'un orifice suivi d'un coursier (Collignon, *Traité d'Hydraulique*, p. 177). Le coefficient de contraction m applicable ici n'est évidemment pas celui que donne à cet endroit M. Collignon. C'est celui qui est applicable aux arches de pont (p. 373 du même traité), soit 0,85 environ.

le rapport $\frac{49}{82}$, en admettant que la valeur de h_1 ainsi calculée représente le remous dû à l'ensemble du pont, c'est-à-dire la quantité h — H du § I.

Or, cette formule n'est établie, soit expérimentalement, soit théoriquement, que quand u est faible : dès que $\frac{u^2}{2g}$ est comparable à h_1, il faut y remplacer h_1 par $h_1 + \frac{u^2}{2g}$.

En admettant que u ne fût pas inférieur à 4^m,50, soit d'après le tableau des calculs (col. 11), soit parce qu'en 1855 on a observé, plus loin il est vrai, au pont de Blagnac, une vitesse moyenne de 4^m,20 et des vitesses maxima de 5^m,60, on trouve $\frac{u^2}{2g} \geqslant 1$ mètre. On est conduit alors à augmenter le chiffre trouvé par M. Lanteirès (6.668 mètres cubes) d'environ 1.500 mètres cubes.

b) Il emploie la même méthode à l'amont pour le pont d'Empalot, en se basant sur le tableau suivant, où sont portés dans les trois premières colonnes les différences de niveau réelles entre l'amont et l'aval, mesurées d'après les laisses ou les traces de la crue :

	RIVE DROITE	RIVE GAUCHE	CHIFFRES ISOLÉS	SECTIONS	DÉBITS	DÉBIT TOTAL
	Mètres.	Mètres.	Mètres.	Mètres q.	Mètres c.	Mètres c
Passage du chemin de Vieille-Toulouse.	»	»	0,47	170	148	
Brèche du remblai.	»	»	0,67	420	1.324	
Petit pont d'Empalot.	0,88	»	»	532	1.924	7.867
Grand pont d'Empalot	0,84	0,82	»	1.345	4.428	
Travée sous la route nationale n° 20. .	»	»	0,42	49	43	

Les chiffres trouvés sont trop faibles pour la même raison que tout-à-l'heure. En admettant pour u, à une première approximation, les valeurs qui résultent de ce tableau, on est conduit à remplacer ce chiffre de 7.867 mètres cubes par le chiffre de 9.469 mètres cubes qui constitue une limite inférieure de débit.

En résumé, les trois méthodes précitées conduisent à ce résultat concordant : la crue extraordinaire de la Garonne à Toulouse (23 juin 1875), c'est-à-dire la plus forte crue que l'on y connaisse de mémoire d'homme, a eu pour débit 9.500 à 10.000 mètres cubes (*).

(*) Ce chiffre a été adopté par le Conseil général des Ponts et Chaussées et M. le Ministre des Travaux publics.

M. A. CADENAT

Professeur de mathématiques au collège de Saint-Claude.

RÈGLE PRATIQUE POUR OBTENIR LE DÉVELOPPEMENT D'UN DÉTERMINANT DE DEGRÉ QUELCONQUE [B 1]

— *Séance du 6 août* —

Je me propose dans cette note d'établir une règle pratique donnant directement, c'est-à-dire sans passer par les déterminants mineurs, le développement d'un déterminant de degré quelconque.

On sait que pour développer un déterminant, il faut former la somme algébrique de tous les produits de n facteurs obtenus en prenant un élément et un seul dans chaque ligne et dans chaque colonne, et en affectant chaque produit partiel du signe $+$ ou du signe $-$, suivant que la somme des inversions formées par les indices supérieurs et inférieurs est paire ou impaire.

Je diviserai ce travail en trois parties : dans la première, je ne m'occuperai que du choix des lettres qui entrent dans tous les produits partiels ; dans la deuxième, je rechercherai la règle des signes, et dans la troisième, résumé et conclusion des deux premières, j'exposerai la règle pratique donnant le développement complet du déterminant, en écrivant les termes le moins de fois possible.

I. — Règle des lettres.

Je trace une ligne droite sur les éléments de la diagonale principale et j'obtiens ainsi le premier produit partiel $A_1^1 A_2^2 A_3^3 \ldots A_n^n$ (voir le tableau ci-après) ; chaque ligne aura évidemment fourni un élément et un seul, et il en sera de même de chaque colonne. Partant du second élément A_1^2, je trace une droite parallèle à la diagonale principale et je recueille ainsi $(n - 1)$ éléments, mais si je considère la première colonne comme étant à la suite de la $n^{ième}$ (et en effet, dans les permutations tournantes, le premier terme est bien à la suite du $n^{ième}$), je compléterai mon produit en revenant à la première colonne, descendant à la dernière ligne et prenant le terme A_n^1 ; le deuxième produit partiel sera donc $A_1^2 A_2^3 A_3^4 \ldots A_{n-1}^n A_n^1$.

Partant de A_1^3 et parcourant toujours une droite parallèle à la diagonale principale, je recueillerai $A_1^3A_2^4 \ldots A_{n-2}^n$, et revenant à la première colonne et à la $(n - 1)^{ième}$ ligne (ainsi que l'indiquent les flèches), je compléterai le produit en prenant les termes $A_{n-1}^1A_n^2$. Et ainsi de suite ; le dernier terme de la première ligne me donnera $A_1^nA_2^1A_3^2 \ldots A_n^{n-1}$. J'aurai ainsi obtenu n produits partiels, tous différents, puisqu'on répète toujours le même mouvement, mais en lui donnant toutes les fois une translation vers la droite.

Mais ce n'est pas le seul tableau que l'on puisse former avec les lignes et les colonnes données ; permutons les première et deuxième colonne et recommençons les mouvements du tableau précédent ; nous obtiendrons n autres produits, tous différents des n premiers, car ils diffèrent par deux facteurs. Permutons ensuite la première avec la troisième, nous aurons encore n produits différents et ainsi de suite. Ce mouvement sera terminé lorsque la première colonne aura pris la place de la $(n-1)^{ième}$ et nous aurons obtenu $n(n - 1)$ produits partiels différents. La première colonne aura repris sa place primitive lorsqu'elle aura permuté avec la $n^{ième}$. Permutons maintenant la deuxième colonne avec la troisième, puis avec la quatrième, la cinquième, ..., avec la $(n - 1)^{ième}$ et supposons qu'à chaque permutation de cette deuxième, la première reprenne ses $(n - 1)$ premières positions ; le nombre de permutations de la deuxième étant de $(n - 2)$, chacune de ces permutations en amenant $(n - 1)$ de la première et chaque tableau donnant n produits partiels, le nombre total de ces produits sera donc jusqu'ici $n(n - 1)(n - 2)$.

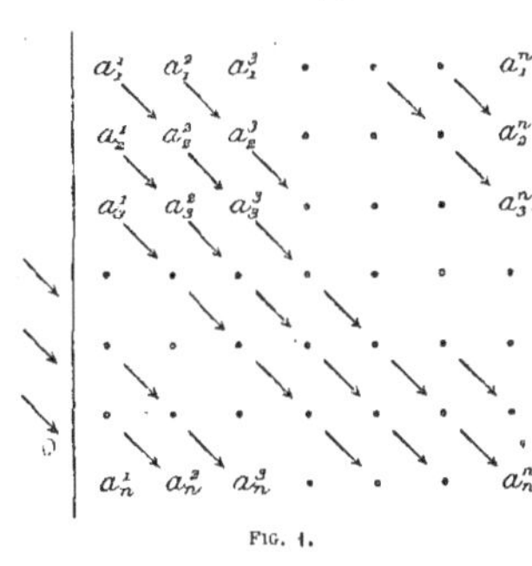

FIG. 1.

Il faudra ensuite permuter la troisième avec les quatrième, cinquième ...$(n - 1)^{ième}$, puis la quatrième avec les cinquième, sixième, ...$(n - 1)^{ième}$ et ainsi de suite. La colonne $(n - 2)$ ne fera que deux permutations et la colonne $(n - 1)$ n'en fera qu'une. Le nombre total des produits partiels obtenus sera :

$$n(n - 1)(n - 2) \ldots\ldots 3 \times 2 \times 1.$$

Or, cette expression représente précisément le nombre des produits partiels du déterminant et, comme ils sont tous différents, nous aurons ainsi le développement total cherché.

La remarque suivante permet de réduire de moitié le nombre de permutations et par conséquent le nombre de tableaux. Revenons au déterminant écrit plus haut et commençons par recueillir les éléments disposés sur la seconde diagonale. En menant des parallèles à cette diagonale et en suivant une marche absolument analogue à la première, nous obtiendrons n nouveaux produits partiels : chaque tableau en fournira donc $2n$ et par conséquent le nombre de tableaux à former sera réduit de moitié ; ce nombre est d'ailleurs :

$$\frac{(n-1)(n-2)\ldots\ldots 3 \times 2 \times 1}{2}.$$

II. — Règle des signes.

Revenons au premier tableau dans lequel nous spécifions les termes rencontrés par la parallèle à la diagonale principale ayant pour numéro d'ordre un nombre quelconque i.

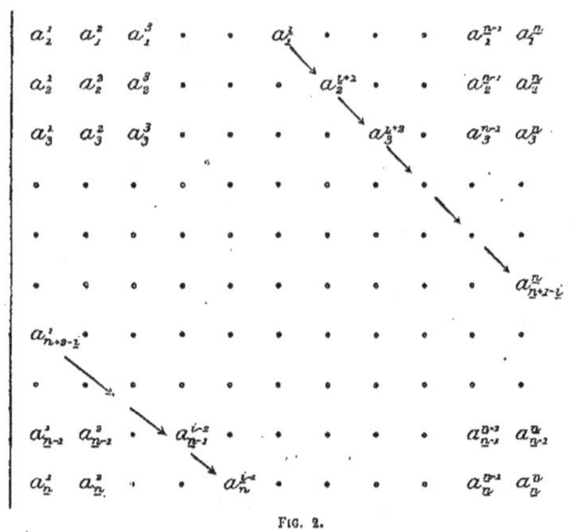

Fig. 2.

Remarquons tout d'abord que les indices inférieurs se présentent toujours dans l'ordre naturel $1, 2, 3 \ldots\ldots n$, qui ne présente aucune inversion. Nous n'avons donc à considérer que les permutations des indices supérieurs.

Considérons le produit partiel déterminé par la parallèle de rang i, $A_1^i A_2^{i+1} A_3^{i+2} \dots A_{n+1-i}^{n} \dots A_n^{i-1}$. Ce produit peut se décomposer en deux parties : 1° celle qui part du terme A_1^i pour aller à l'extrémité du déterminant ; 2° celle qui, partant de la première colonne, aboutit à la dernière ligne. La première partie s'écrit $A_1^i A_2^{i+1} A_3^{i+2} \dots A_{n+1-i}^{n}$, et la deuxième est $A_{n+2-i}^{1} + A_{n+3-i}^{2} \dots A_n^{i-1}$. Les indices supérieurs de la première partie ne présentent entre eux aucune variation ; il en est de même des indices de la deuxième partie. Mais chacun des indices de la première partie étant plus grand que chacun de ceux de la deuxième, le nombre de variations donné par un indice quelconque de la première partie sera égal au nombre des indices de la deuxième, soit $(i - 1)$. Le nombre total des variations sera donc $(n + 1 - i)(i - 1)$, expression qui peut s'écrire $[n - (i - 1)][i - 1]$. Considérons les deux cas qui peuvent se présenter :

Premier cas. — n impair. Si i est pair, le produit sera pair et le signe sera $+$. Si i est impair, le produit sera pair et le signe sera aussi $+$.

Deuxième cas. — n pair. Si i est pair, le produit sera impair et le signe sera $-$. Si i est impair, le produit sera pair et le signe sera $+$.

D'après cela, si le degré du déterminant est impair, tous les produits du tableau direct (diagonale principale) seront positifs. Si le degré est impair, les premier, troisième, cinquième, etc., produits partiels seront positifs, et les deuxième, quatrième, sixième, etc., seront négatifs.

Cherchons le signe du premier produit partiel donné par la seconde diagonale (tableau inverse). Permutons tous les indices inférieurs de manière à leur faire occuper l'ordre $n(n - 1)(n - 2) \dots 3 . 2 . 1$. Le dernier terme n aura accompli $(n - 1)$ permutations, le précédent $(n - 2)$, etc. La somme de toutes ces permutations sera $\frac{(n - 1)n}{2}$. Par conséquent, si un des deux facteurs $(n - 1)$ ou n est divisible par 4, la somme sera paire et le premier produit aura le signe $+$. Si aucun des facteurs $(n - 1)$ ou n n'est divisible par 4, la somme sera impaire et le premier produit aura le signe $-$. Ainsi, dans les déterminants de degré 4 et 5, 8 et 9, et en général de degré $4m$ et $4m + 1$, l'ordre de succession des signes dans les deux tableaux, direct et inverse, sera le même. Dans les déterminants de degré 2 et 3, 6 et 7, et en général de degré $4m + 2$, $4m + 3$, l'ordre sera inverse.

Inutile d'ajouter qu'à chaque nouvelle permutation de colonne le déterminant, changeant de signe, l'ordre des signes se présentera dans un sens inverse de l'ordre du tableau précédent.

III. — Règle pratique.

Déterminant du troisième degré.

Le nombre de tableaux est ici de $\frac{2\times 1}{2}=1$.

D'après la règle des signes trouvée plus haut, les trois produits partiels déterminés par la diagonale principale sont positifs, les trois autres sont négatifs.

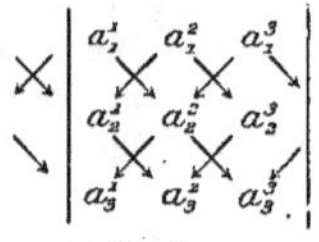

Fig. 3.

La règle reste identique à celle de Sarrus, mais il est inutile d'écrire une deuxième fois les deux premières colonnes à la suite de la troisième.

Déterminant du quatrième degré.

Le nombre de tableaux est :

$$\frac{3\times 2\times 1}{2}=3.$$

Le degré étant un multiple de 4, l'ordre des signes sera le même pour les deux séries de produits partiels déterminés par les deux diagonales.

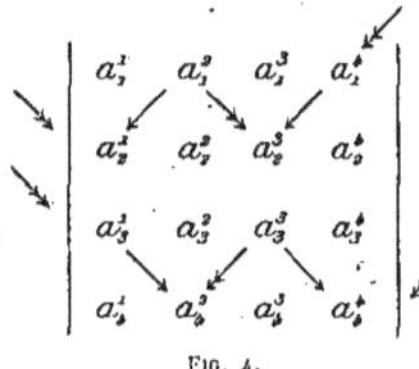

Fig. 4.

Dans les premier et troisième tableaux, les produits de rang 1 et 3 sont positifs, 2 et 4 sont négatifs. Dans le deuxième tableau, les rangs sont inverses. Voici comment on peut développer ce déterminant sans écrire les trois tableaux :

Dans le premier tableau, les colonnes sont dans l'ordre 1. 2. 3. 4 et le premier produit est $A_1^1A_2^2A_3^3A_4^4$. Les sept autres s'obtiennent par des parallèles aux deux diagonales.

Dans le deuxième tableau, les colonnes sont dans l'ordre 2.1.3.4 et le premier produit partiel est $A_1^2A_2^1A_3^3A_4^4$. Sur la figure, nous avons joint ces éléments par une flèche simple. Les trois autres produits du tableau direct s'obtiennent en menant des parallèles. (Pour ne pas compliquer la figure, nous n'avons pas mené les autres flèches parallèles). Le premier produit partiel du tableau inverse est $A_1^4A_2^3A_3^1A_4^2$; les trois autres produits s'obtiennent en menant des parallèles.

Dans le troisième tableau, les colonnes sont dans l'ordre 2 . 3 . 1 . 4 et le premier produit est $A_1^2 A_2^3 A_3^1 A_4^4$. Les trois autres produits du tableau direct s'obtiennent en menant des parallèles aux flèches doubles qui joignent les éléments de ce premier produit. Le premier produit du tableau inverse est $A_1^4 A_2^1 A_3^3 A_4^2$. Les trois autres s'obtiennent en menant des parallèles ou, ce qui revient au même, en prenant, toutes les fois, dans chaque colonne, l'élément situé au-dessus de l'élément correspondant, dans le produit partiel précédent. On considère la quatrième ligne comme située immédiatement au-dessus de la première.

Exemple de résolution d'un déterminant du quatrième ordre.

(Énoncé pris dans l'Algèbre d'Amigues, page 71).

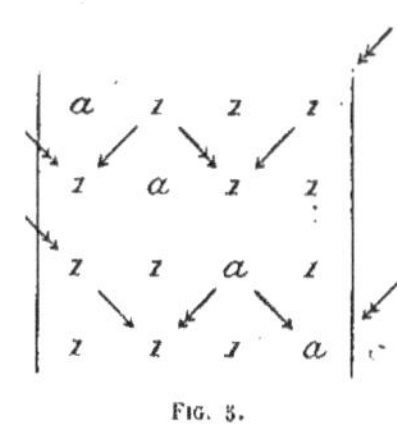

Fig. 5.

1er tableau (pas de flèche indicatrice)	1re diagonale :	$a^4 - 1 + 1 - 1$
	2e — :	$1 - a^2 + 1 - a^2$
2e tableau (une flèche simple) . .	1re — :	$-a^2 + a - 1 + a$
	2e — :	$-1 + a - a^2 + a$
3e tableau (une flèche double) . . .	1re — :	$a - 1 + a - a^2$
	2e — :	$a - a^2 + a - 1$
Somme.		$a^4 - 6a^2 + 8a - 3$

Ce polynôme étant divisible par $(a+3)$ et $(a-1)$ peut se mettre sous la forme :

$$(a-1)^3(a+3).$$

Résultat identique à celui qui est annoncé dans l'Algèbre d'Amigues.

Emploi de colonnes mobiles.

Les calculs précédents deviennent de plus en plus compliqués à mesure que s'élève le degré du déterminant. Au-dessus du quatrième degré et pour un déterminant complet (c'est-à-dire ne contenant pas de zéros), il est à peu près impossible d'agir comme précédemment. Mais on peut alors employer des colonnes mobiles.

On découpe dans du papier ou dans du carton, des rectangles ayant une hauteur égale à celle du déterminant et une largeur suffisante pour écrire un terme. On écrit le déterminant sur ces colonnes mobiles et on les assemble de manière à reproduire le déterminant donné. Les produits partiels se déterminent facilement, ainsi qu'il a été dit. On effectue ensuite, entre ces colonnes mobiles les permutations dont nous avons parlé dans la *Règle des lettres*. Chaque tableau ainsi donné se traite par des parallèles aux deux diagonales et on obtient ainsi, de proche en proche, le développement complet du déterminant donné.

M. A. BRANCHER

Ingénieur-constructeur, à Paris.

TRACÉ DU PROFIL DES ENCOCHES D'ENCLIQUETAGES A GALETS CYLINDRIQUES

[621-83]

— *Séance du 8 août* —

Les encliquetages à frottement ont pour objet de solidariser, ou de séparer deux organes mécaniques en mouvement et permettent ainsi de transformer un mouvement circulaire continu mais rendu alternatif par le jeu de la bielle en mouvement discontinu circulaire mais constamment de même sens.

Ce mécanisme est aussi dénommé détente courante à frottement. Le plus simple est avec galets cylindriques ou avec billes.

On l'emploie beaucoup en mécanique de vélocipédie et d'automobilisme, et il était intéressant de connaître le meilleur mode de les construire.

Rappelant les formules connues de ces détentes, nous sommes amenés, pour le tracé des encoches pour billes ou pour galets, à adopter un arc de cercle dont le centre est donné par l'épure suivante. Deux cas se présentent en pratique :

1° L'encoche est creusée dans la cloche enveloppante,

2° L'encoche est creusée dans l'*estomac* ou cylindre calé de l'arbre.

1° Tracé pratique du profil de l'encoche dans la cloche enveloppante.

Par le point C de contact des deux circonférences o, O, on mène une droite CJ faisant avec le diamètre Oo un angle α tel que l'on a $\alpha \leqslant \varphi$, φ étant l'angle de frottement. Par son intersection avec la circonférence o, cette droite donne le point de contact T.

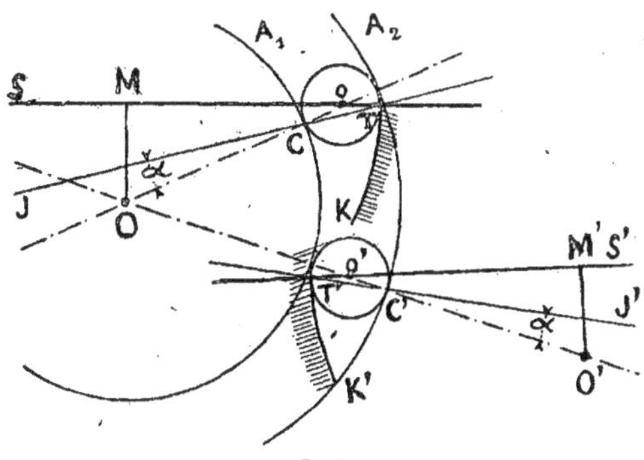

FIG. 1.

On joint les points T et o, et sur les droites ToS on abaisse du point O une perpendiculaire dont le pied M est le centre du cercle dont l'arc TK est le profil cherché.

*2° Tracé pratique du profil dans l'*estomac.

La construction est la même; il suffit de la reprendre en accentuant toutes les lettres.

Les pressions P en T et R en C sont :

$$P = \frac{Q}{\cos \alpha} \text{ et } R = \frac{Q}{\cos^2 \alpha},$$

si l'on suppose α inférieur à l'angle de frottement φ. Pour la fonte, nous prenons $\varphi = 6°$, ce qui nous donne de bons résultats.

C'est ce qui m'a permis d'établir et de réaliser un *modificateur de vitesse continu*, basé sur le déplacement d'un manneton de manivelle avec une manœuvre simple de pignons planétaires sans absorption de force productrice.

Le jeu de bielles à ciseaux sur les encliquetages est variable de zéro au maximum et l'entraînement se fait sans bruit et sans choc.

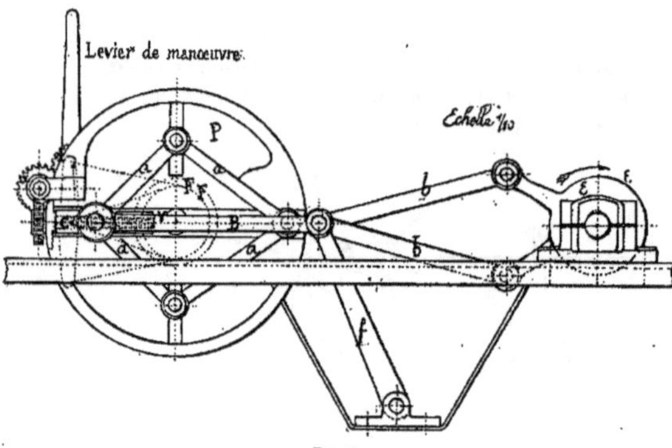

FIG. 2.

P. Plateau volant avec mortaise formant coulisse, pour axe mobile.

c. Coulisseau mobile avec axe s'emboîtant dans la mortaise du plateau et commandé par la vis *v*.

v. Vis commandée dans les deux sens par les engrenages *xx* et déterminant la course du coulisseau mobile, depuis le centre de l'arbre à l'extrémité de la mortaise.

xx. Engrenages portés par le plateau, actionnant la vis du coulisseau et commandés par quatre roues à chaîne galle.

FF. Freins pour la commande des engrenages.

B. Bielle pour la transformation du mouvement rotatif variable en un mouvement alternatif de la fourchette *f*.

f. Fourchette oscillant alternativement et commandant les bielles des encliquetages.

bb. Bielles de commande des encliquetages.

EE. Encliquetages à galets retransformant le mouvement alternatif de la fourchette en mouvement continu et modifié de l'arbre conduit.

aaa. Bielles avec masse pour équilibrer le coulisseau mobile sur le plateau.

Le dessin ci-joint, avec sa légende, suffit pour se rendre compte du fonctionnement de l'appareil, où l'emploi de l'encliquetage était une préoccupation intéressante qui m'a fait rechercher les profils dont j'ai parlé plus haut.

Cet appareil rend des services dans les laboratoires d'essais.

M. F. MICHEL

Inspecteur de l'Exploitation au chemin de fer du Nord, à Béthune.

SUR CERTAINES COURBES AYANT DEUX POINTS N^{uples} A L'INFINI ET SUR UNE CLASSE PARTICULIÈRE DE QUARTIQUES [M¹ 6]

— *Séance du 8 août* —

Le but du présent mémoire est de montrer que les courbes dont l'équation générale est la suivante :

$$(1) \quad \left\{ \begin{array}{l} (Ax^2 + 2Bxy + Cy^2)^n \\ - 2n(\alpha x + \beta y)(Ax^2 + 2Bxy + Cy^2)^{n-1} + \ldots\ldots = 0 \end{array} \right.$$

et qui ont deux points n^{uples} à l'infini, peuvent entrer, au point de vue de leurs propriétés diamétrales, dans une classification analogue à celle des coniques, et d'étudier quelques propriétés des quartiques dont l'équation rentre dans la forme précédente.

I

1. — Je chercherai d'abord les points d'intersection de la courbe représentée par l'équation (1) avec la droite :

$$(2) \qquad y = mx + p.$$

L'équation aux abscisses des points communs :

$$\begin{gathered} [Ax^2 + 2Bx(mx + p) + C(mx + p)^2]^n \\ - 2n[\alpha x + \beta(mx + p)][Ax^2 + 2Bx(mx + p) + C(mx + p)^2]^{n-1} + \ldots\ldots = 0, \end{gathered}$$

s'écrit, en l'ordonnant par rapport à x :

$$\begin{gathered} (A + 2Bm + Cm^2)^n x^{2n} \\ + 2n(A + 2Bm + Cm^2)^{n-1}[p(B + Cm) - (\alpha + \beta m)]x^{2n-1} + \ldots\ldots = 0, \end{gathered}$$

et l'abscisse du centre P des moyennes distances de ces points sera donnée par la formule :

$$X = \frac{\alpha + \beta m - p(B + Cm)}{A + 2Bm + Cm^2}.$$

Si je suppose que la droite (2) se déplace parallèlement à elle-même, le lieu du point P s'obtiendra en éliminant p entre la relation précédente et l'équation :

$$Y = mX + p.$$

Je trouve ainsi :

$$(3) \qquad (A + Bm)X + (B + Cm)Y - (\alpha + \beta m) = 0.$$

Le lieu du point P est donc une droite, *diamètre des cordes de la direction* m.

Il est à remarquer que tous les diamètres de la courbe considérée passent par un point fixe dont les coordonnées sont données par les équations :

$$(4) \left\{ \begin{array}{l} AX + BY - \alpha = 0, \\ BX + CY - \beta = 0. \end{array} \right.$$

2. — La discussion de ces deux équations permet de classer les courbes représentées par l'équation générale (1).

Je suppose $B^2 - AC \neq 0$; les équations (4) ont alors une solution unique :

$$X_o = \frac{B\beta - C\alpha}{B^2 - AC}, \qquad Y_o = \frac{B\alpha - A\beta}{B^2 - AC}.$$

Le point fixe dont les coordonnées sont représentées par les formules qui précèdent, se trouve à distance finie; c'est le *centre* de la courbe.

Le diamètre des cordes de direction m a pour coefficient angulaire :

$$m' = -\frac{A + Bm}{B + Cm},$$

relation qui s'écrit :

$$Cmm' + B(m + m') + A = 0,$$

et qui est identique à celle qui lie la direction du diamètre d'une conique à celle de ses cordes.

Le diamètre sera perpendiculaire à ses cordes si l'on a :

$$mm' = -1.$$

il sera alors un *axe* de la courbe : la relation diamétrale devient :

$$m + m' = \frac{C - A}{B}$$

et les directions axiales de la courbe sont données par l'équation :

$$M^2 + \frac{A - C}{B} M - L = 0,$$

qui a toujours ses racines réelles.

Dès lors, si je prends les axes de coordonnées parallèles à ceux de la courbe, l'équation précédente aura une racine nulle et une racine infinie, c'est-à-dire que B sera nul, et l'équation générale des *courbes à centre*, dont les axes sont parallèles aux axes de coordonnées, sera :

$$(Ax^2 + Cy^2)^n - 2n(\alpha x + \beta y)(Ax^2 + Cy^2)^{n-1} + \ldots\ldots = 0.$$

Les coordonnées du centre seront dans ce cas :

$$X_o = \frac{\alpha}{A}, \qquad Y_o = \frac{\beta}{B}$$

et la relation diamétrale deviendra :

$$Cmm' + A = 0.$$

Enfin, si je fais coïncider l'origine des coordonnées avec le centre de la courbe, son équation s'écrira :

$$[A(x + X_o)^2 + C(y + Y_o)^2]^n$$
$$- 2n[\alpha(x + X_o) + \beta(y + Y_o)][A(x + X_o)^2 + C(y + Y_o)^2]^{n-1} + \ldots\ldots = 0.$$

et on peut vérifier, en remplaçant X_o et Y_o par leurs valeurs, que les termes de l'équation qui sont du degré $2n - 1$ disparaissent et qu'elle devient :

$$(5) \qquad (Ax^2 + Cy^2)^n + \varphi(xy) = 0,$$

$\varphi(xy)$ étant une fonction de degré $2n - 2$.

Il est alors facile de classer les *courbes à centre* de l'espèce considérée d'après le signe des coefficients A et C dans l'équation réduite (5).

1° Si A et C sont de même signe, les deux points n^{uples} à l'infini sont imaginaires ; les courbes représentées par l'équation (5) sont fermées ; elles correspondent au *genre ellipse* des coniques.

Dans le cas particulier où $A = C$, l'équation réduite prend la forme :

$$(x^2 + y^2)^n + \varphi(xy) = 0;$$

elles représente les *cycliques* ou *isotropiques* d'ordre $2n$, dont les diamètres sont perpendiculaires aux cordes correspondantes et qui ont des propriétés analogues à celles du cercle ; j'ai donné une étude élémentaire des cycliques du quatrième ordre dans le *Journal de Mathématiques spéciales* (Année 1893).

2° Si A et C ont des signes contraires, les deux points n^{uples} à l'infini sont réels ; on obtient alors des courbes ayant deux directions asymptotiques réelles, qui correspondent au *genre hyperbole* des coniques.

Lorsque $A + C = 0$, l'équation réduite devient :

$$(x^2 - y^2)^n + \varphi(xy) = 0.$$

et représente une catégorie de courbes qui sont, dans leur classe, ce que l'hyperbole équilatère est par rapport aux coniques ; les deux directions asymptotiques de ces courbes sont rectangulaires, et, si l'on prend les axes des coordonnées parallèles à ces directions, l'équation des courbes considérées s'écrit :

$$x^n y^n + \psi(xy) = 0.$$

J'ai rencontré les quartiques ayant une équation de cette forme au cours d'une étude publiée dans les *Nouvelles Annales de Mathématiques* (3° série, t. XII, 1893) sur la *transformation omaloïdale* des quadriques.

3. — Revenant à l'équation générale (1), je suppose $B^2 - AC = 0$. Dans ce cas, les équations (4) n'ont pas de solution finie ; le centre de la courbe est rejeté à l'infini ; les deux directions asymptotiques sont confondues.

La relation diamètrale montre que, quelle que soit la direction m des cordes, celle du diamètre :

$$m' = -\frac{A}{B}$$

est fixe.

En prenant pour axe des x la direction diamétrale fixe, l'équation réduite de ces courbes s'écrit :

$$Y^{2n} + \varphi(xy) = 0.$$

On a ainsi des courbes qui correspondent au *genre parabole* des coniques.

II

Dans cette deuxième partie, j'étudierai particulièrement les quartiques à centre dont l'équation rentre dans la forme (1) ; d'après ce qui précède, l'équation de ces courbes rapportées à leurs axes, peut s'écrire :

$$(6) \qquad (ax^2 + by^2)^2 + \varphi(xy) = 0,$$

$\varphi(xy)$ étant un polynôme du deuxième degré.

1. — Une conique quelconque rencontre la quartique (6) en huit points ; mais pour celles dont l'équation est la suivante :

$$(7) \qquad 2k(ax^2 + by^2) - \varphi(xy) + k^2 = 0,$$

dans laquelle k est un périmètre variable, les huit points d'intersection se confondent deux à deux ; la quartique est, en effet, l'enveloppe de ces coniques ; l'équation (7) représente donc la série des coniques *inscrites* à la quartique.

Par chaque point du plan passent deux coniques inscrites.

Des équations (6) et (7) on déduit :

$$(ax^2 + by^2)^2 + 2k(ax^2 + by^2) + k^2 = 0,$$

ou

$$ax^2 + by^2 + k = 0.$$

On en conclut que *les quatre points de contact d'une conique inscrite sont sur une conique ayant même centre et même direction asymptotique que la quartique.*

2. — Le lieu du centre des coniques inscrites s'obtient en éliminant le périmètre k entre les deux équations :

$$4kax - \varphi'_x = 0,$$

$$4kby - \varphi'_y = 0.$$

Le résultat de cette élimination est :

$$ax\varphi'_y - by\varphi'_n = 0$$

et représente une conique qui passe par le centre de la quartique et que l'on appellera *conique principale*.

En explicitant la fonction $\varphi(xy)$ et posant :

$$\varphi(xy) \equiv Ax^2 + 2Bxy + Cy^2 + 2Dx + 2Ey + F,$$

l'équation de la conique principale s'écrit :

$$Bax^2 + (Ca - Ab)xy - Bby^2 + Eax - Dby = 0,$$

et on peut vérifier que ses directions asymptotiques m et m' satisfont à la relation diamétrale de la quartique :

$$bmm' + a = 0.$$

Les directions asymptotiques de la conique principale sont donc conjuguées par rapport à la quartique.

D'autre part, les directions asymptotiques m_1 et m'_1 des coniques inscrites sont données par l'équation :

$$(A - 2ka)x^2 + 2Bxy + (C - 2kb)y^2 = 0,$$

et on peut remarquer que l'on a :

$$2mm' + 2m_1m'_1 - (m + m')(m_1 + m'_1) = 0.$$

On en conclut que *les directions asymptotiques des coniques inscrites forment un faisceau involutif ayant pour rayons doubles les directions asymptotiques de la conique principale.*

Lorsque la conique :

$$\varphi(xy) = 0$$

a même direction d'axe que la quartique, B est nul ; la conique principale est alors une hyperbole équilatère et les coniques inscrites ont leurs asymptotes également inclinées sur ces axes.

3. — La condition pour qu'une des coniques inscrites :

$$(A - 2ka)x^2 + 2Bxy + (C - 2kb)y^2 + 2Dx + 2Ey + F - K^2 = 0$$

se réduise à deux droites, est :

$$(8) \qquad \begin{vmatrix} A - 2ka & B & D \\ B & C - 2kb & E \\ D & E & F - k^2 \end{vmatrix} = 0.$$

Les coordonnées des centres de la conique sont données par les équations :

$$(A - 2ka)x + By + D = 0,$$
$$Bx + (C - 2kb)y + E = 0.$$

Si l'on pose :

$$P = \begin{vmatrix} B & D \\ C - 2kb & E \end{vmatrix} \quad Q = \begin{vmatrix} D & E \\ A - 2ka & B \end{vmatrix} \quad R = \begin{vmatrix} A - 2ka & B \\ B & C - 2kb \end{vmatrix}$$

on en déduit :

$$x = \frac{P}{R}, \quad y = \frac{Q}{R}.$$

A chacune des racines k de l'équation (8) correspond un point (xy) d'où l'on peut mener deux droites bitangentes à la quartique ; ce point est un *pôle* de la courbe ; les quartiques considérées ont donc quatre pôles.

La conique principale passe par le centre et par les quatre pôles de la quartique ; elle est donc déterminée par ces cinq points.

4. — Parmi toutes les coniques du plan, il en est qui ont les mêmes directions asymptotiques que la quartique (6) ; l'équation générale de ces coniques *coasymptotiques* peut s'écrire :

$$(9) \qquad ax^2 + by^2 + 2\lambda x + 2\mu y + \nu = 0.$$

Elles rencontrent la quartique en quatre points à distance finie ; s'ils se confondent deux à deux, ces coniques deviennent bitangentes à la quartique.

La recherche des coniques coasymptotiques bitangentes peut se faire simplement de la manière suivante.

En posant : $$S \equiv 2\lambda x + 2\mu y + \nu,$$

L'équation : $$S^2 + \varphi(xy) = 0,$$

représente une conique passant par les points d'intersection des courbes (6) et (9). L'équation générale des coniques passant par ces points est :

$$(10) \qquad S^2 + \varphi(xy) + k(ax^2 + by^2) + kS = 0,$$

k étant un paramètre arbitraire; et cette équation représente deux droites lorsque la conique (9) est bitangente à la quartique. La condition pour qu'il en soit ainsi, est que les quatre équations suivantes se réduisent à deux :

$$\begin{gathered}(A + ka)x + By + D + (k + 2S)\lambda = 0,\\ Bx + (C + kb)y + E + (k + 2S)\mu = 0,\\ 2Dx + 2Ey + 2F + (k + 2S)\nu + kS = 0,\\ 2\lambda x + 2\mu y + \nu - S = 0.\end{gathered}$$

Les trois premières de ces équations sont obtenues en annulant les dérivées partielles du premier membre de l'équation (10).

Il résulte de ce qui précède que les deux équations suivantes du premier degré en S doivent être identiquement satisfaites :

$$\begin{vmatrix} A + ka & B & D + k\lambda + 2S\lambda \\ B & C + kb & E + k\mu + 2S\mu \\ 2D & 2E & 2F + k\nu + S(k + 2\nu) \end{vmatrix} = 0,$$

$$\begin{vmatrix} A + ka & B & D + k\lambda + 2S\lambda \\ B & C + kb & E + k\lambda + 2S\mu \\ 2\lambda & 2\mu & \nu - S \end{vmatrix} = 0,$$

ce qui donne les quatre conditions :

$$(11) \begin{vmatrix} A + ka & B & D + k\lambda \\ B & C + kb & E + k\mu \\ 2D & 2E & 2F + k\nu \end{vmatrix} = 0, \quad (12) \begin{vmatrix} A + ka & B & 2\lambda \\ B & C + kb & 2\mu \\ 2D & 2E & 2\nu + k \end{vmatrix} = 0.$$

$$(13) \begin{vmatrix} A + ka & B & D + k\lambda \\ B & C + kb & E + k\mu \\ 2\lambda & 2\mu & \nu \end{vmatrix} = 0, \quad (14) \begin{vmatrix} A + ka & B & 2\lambda \\ B & C + kb & 2\mu \\ 2\lambda & 2\mu & -1 \end{vmatrix} = 0.$$

lesquelles se réduisent à trois; en effet, en retranchant les deux déterminants (12) et (13) après avoir multiplié par 2 la dernière ligne du second, on retrouve, à un facteur constant près, la relation (14).

D'autre part, retranchant membre à membre les conditions (11) et (12) après avoir respectivement multiplié leurs dernières colonnes par 2 et par k, on obtient :

$$(15)\qquad \begin{vmatrix} A + ka & B & 2D \\ B & C + kb & 2E \\ 2D & 2E & 4F - k^2 \end{vmatrix} = 0.$$

Il y a donc, en résumé, trois conditions distinctes (12), (14) et (15) pour que la conique (9) soit bitangente à la quartique.

5. — La relation (14) fournit le lieu des centres des coniques (9) ; ce centre a pour coordonnées :

$$x = -\frac{\lambda}{a}, \qquad y = -\frac{\mu}{b},$$

et le lieu de ce point est :

$$(16)\qquad \begin{vmatrix} A + ka & B & 2ax \\ B & C + kb & 2by \\ 2ax & 2by & -1 \end{vmatrix} = 0.$$

Cette équation représente une conique ayant même centre que la quartique et dont les directions asymptotiques forment un faisceau harmonique avec celles de la conique principale. A chaque série de coniques (9) correspond une conique (16) : le lieu dont il s'agit se compose donc de quatre coniques concentriques.

6. — La polaire d'un point quelconque $(x_1\ y_1)$ par rapport à la conique (9) a pour équation :

$$(ax_1 + \lambda)x + (by_1 + \mu)y + \lambda x_1 + \mu y_1 + \nu = 0.$$

Si le point $(x_1 y_1)$ est un pôle de la quartique, d'après ce qui précède :

$$x_1 = \frac{P}{R} \text{ et } y_1 = \frac{Q}{R}$$

et sa polaire a pour équation :

$$(17)\qquad \left(a\frac{P}{R} + \lambda\right)x + \left(b\frac{Q}{R} + \mu\right)y + \lambda\frac{P}{R} + \mu\frac{Q}{R} + \nu = 0.$$

Considérant alors la conique dont l'équation est :

$$(18) \qquad ax^2 + by^2 - 2a\frac{P}{R}x - 2b\frac{Q}{R}y + \frac{k}{2} = 0,$$

qui a son centre en l'un des pôles de la quartique, si l'on cherche la polaire, par rapport à cette conique, du centre

$$x = -\frac{\lambda}{a}, \qquad y = -\frac{\mu}{b}$$

de la conique (9), l'équation de cette polaire sera :

$$(19) \quad \left(a\frac{P}{R} + \lambda\right)x + \left(b\frac{Q}{R} + \mu\right)y - \lambda\frac{P}{R} - \mu\frac{Q}{R} - \frac{k}{2} = 0.$$

Les deux équations (17) et (19) seront identiques si :

$$\frac{\lambda\frac{P}{R} + \mu\frac{Q}{R} + \nu}{\lambda\frac{P}{R} + \mu\frac{Q}{R} + \frac{k}{2}} = -1,$$

condition qui s'écrit :

$$4\lambda P + 4\mu Q + R(2\nu + k) = 0,$$

et qui est identique à la relation (12).

Cette dernière relation exprime donc que les polaires des centres de chacune des coniques (9) et (18), par rapport à l'autre de ces coniques, sont confondues.

La conique (18) est appelée *conique directrice* de la quartique.

Les quartiques considérées ont donc quatre coniques directrices.

M. C. Xavier CORDEIRO
Ingénieur civil, à Lisbonne.

FORMULE RATIONNELLE POUR LA DÉTERMINATION DE L'ÉPAISSEUR DES VOUTES CIRCULAIRES [620.1]

— *Séance du 4 août* —

La théorie des voûtes a fait de nos jours des progrès remarquables. Les arches de 50 et 60 mètres d'ouverture, construites récemment, ne sont point rares, et ces beaux ouvrages sont dus à la connaissance plus parfaite des matériaux de construction aussi bien qu'au perfectionnement des méthodes de calcul.

Mais, par rapport aux petites voûtes employées couramment dans les constructions, sous des remblais parfois énormes, et pour lesquelles on est porté à profiter des matériaux que l'on trouve sur place, il faut avouer que le problème n'a pas eu, jusqu'à présent, de solution pratique.

La charge de rupture de la pierre de construction varie entre 50 et 1.200 kilogrammes par centimètre carré. Le poids du mètre cube en est compris entre 1.100 et 2.800 kilogrammes.

La résistance du mortier varie aussi entre des limites très étendues.

Il est donc évident qu'une formule rationnelle de l'épaisseur des voûtes doit être fonction du poids de la voûte, de la surcharge, en y comprenant le poids des véhicules ou des trains de chemin de fer qui passent sur le pont, et de la pression que la voûte aura à supporter, d'après la résistance des matériaux dont elle est formée.

La présente étude a pour but de combler cette lacune. Nous montrerons, dans quelques exemples, que notre formule répond assez bien à des cas très variés.

I. — Équation fondamentale.

Nous supposons une voûte circulaire et d'épaisseur constante.

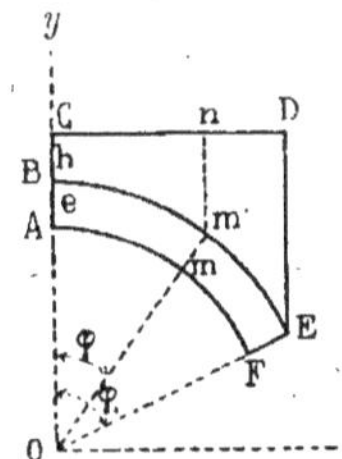

Considérons la demi-voûte ABEF *(fig. 1)* supportant une surcharge BCDEm'B, terminée supérieurement par un plan horizontal; et représentons par e l'épaisseur de la voûte, par h la hauteur de la surcharge, sur la clef; par R, R' et R'' les rayons moyens de l'intrados et de l'extrados, et par φ et φ_1 les angles AOm et AOF.

Sous l'action des charges, y compris le poids de la voûte, un joint quelconque mm' subira un mouvement angulaire $\Delta\varphi$.

En vertu de la symétrie de la surcharge, et en supposant les culées incompressibles, la somme des mouvements angulaires des joints entre AB et FE doit être nulle. Nous avons donc :

$$\int_0^{\varphi_1} d\Delta\varphi = 0. \qquad (1)$$

Déterminons $d\Delta\varphi$.

Avant la déformation, on a :

$$d\varphi = \frac{da_e - da_i}{e},$$

a_e et a_i étant les arcs de l'extrados et de l'intrados correspondants à l'angle φ.

Après la déformation, et en supposant que les variations Δda_e et Δda_i sont des compressions, il vient :

$$d\varphi + \Delta d\varphi = \frac{da_e - \Delta da_e - da_i + \Delta da_i}{e},$$

ou :

$$\Delta d\varphi = \frac{\Delta da_i - \Delta da_e}{e}.$$

Mais la série de Taylor nous donne :

$$\Delta(\varphi + d\varphi) = \Delta\varphi + \frac{d\varphi}{1}\frac{d\Delta\varphi}{d\varphi} + \ldots\ldots$$

Donc :

$$\Delta d\varphi = d\Delta\varphi,$$

et identiquement :

$$\Delta da_i = d\Delta a_i, \quad \Delta da_e = d\Delta a_e.$$

Il en résulte :

$$d\Delta\varphi = \frac{d\Delta a_i - d\Delta a_e}{e}. \qquad (2)$$

Désignons, maintenant, par N_i et N_e les pressions normales, par unité de surface, à l'intrados et à l'extrados. Nous aurons :

$$\Delta a_i = \frac{N_i}{E} a_i, \quad \Delta a_e = \frac{N_e}{E} a_e.$$

La différentiation de ces expressions nous donne :

$$d\Delta a_i = \frac{N_i}{E} da_i, \quad d\Delta a_e = \frac{N_e}{E} da_e.$$

en considérant le module d'élasticité E constant, et en négligeant les quantités de deuxième ordre :

$$\frac{a_i}{E}dN_i = \frac{\Delta a_i}{N_i}dN_i, \quad \frac{a_e}{E}dN_e = \frac{\Delta a_e}{N_e}dN_e.$$

Nous avons aussi : $da_i = \left(R - \frac{1}{2}e\right)d\varphi$

$$da_e = \left(R + \frac{1}{2}e\right)d\varphi.$$

En introduisant ces valeurs dans l'équation (2) on obtient :

$$d\Delta\varphi = -\frac{d\varphi}{E}\left\{\frac{N_i + N_e}{2} + R\frac{N_e - N_i}{e}\right\}.$$

Représentons par M le moment des charges situées à gauche de *mm'*, y compris la poussée, par rapport au centre de gravité du joint ; par N la composante normale de ces charges, et par I le moment d'inertie du même joint.

Les forces N_i et N_e ont les valeurs :

$$N_i = \frac{N}{e} - \frac{Me}{2I}, \quad N_e = \frac{N}{e} + \frac{Me}{2I},$$

dans l'hypothèse où la ligne des centres de pression ne sort pas du noyau central de la voûte.

Faisons : $I = \frac{1}{12}e^3.$

Nous aurons :

$$N_i = \frac{N}{e} - \frac{6M}{e^2}, \quad N_e = \frac{N}{e} + \frac{6M}{e^2}, \qquad (3)$$

En introduisant ces valeurs dans l'expression de $d\Delta\varphi$, il vient :

$$d\Delta\varphi = \frac{12}{e^3E}\left\{RM + \frac{1}{12}e^2N\right\}d\varphi ;$$

d'où, en vertu de (1),

$$\int_0^{\varphi_1}\left(RM + \frac{1}{12}e^2N\right)d\varphi = 0. \qquad (4)$$

Nous remarquerons, que, quelles que soient les charges agissant sur la voûte, à la seule condition d'être symétriques, et les quantités M et N étant des fonctions de l'épaisseur e, de la même voûte, supposée arbitraire on pourra toujours donner à cette épaisseur une valeur telle que l'équation (4) soit satisfaite.

Le problème de la construction d'une voûte circulaire partout comprimée, d'après l'hypothèse que nous avons admise, est donc, théoriquement, susceptible d'une solution.

Cela posé, soient :

- Q la poussée de la voûte ;
- x et y les coordonnées de la ligne moyenne de la voûte, par rapport aux axes rectangulaires Ox et Oy ;
- ψ le rayon vecteur de la courbe des pressions ;
- P le poids du solide $Amm'nC$;
- α l'abscisse du centre de gravité du même solide.

Nous avons : $$N = Q \cos \varphi + P \sin \varphi,$$

et : $$M = Q(\psi_0 - y) - P(x - \alpha), \tag{5}$$

ou : $$M = Q\psi_0 + P\alpha - R(Q \cos \varphi + P \sin \varphi),$$

en vertu des égalités :

$$y = R \cos \varphi \text{ et } x = R \sin \varphi.$$

En substituant les valeurs de M et N dans l'équation (4) il vient :

$$\int_0^{\varphi_1} \left\{ R(Q\psi_0 + P\alpha) - (Q \cos \varphi + P \sin \varphi)\left(R^2 - \frac{1}{12}e^2\right) \right\} d\varphi = 0.$$

Isolons, finalement, le terme fonction de Q, et en l'intégrant, nous obtenons :

$$\left. \begin{aligned} Q\left(R\psi_0\varphi_1 - \sin \varphi_1 \left[R^2 - \frac{1}{12}e^2\right]\right) = \left(R^2 - \frac{1}{12}e^2\right) \int_0^{\varphi_1} P \sin \varphi d\varphi \\ - R\int_0^{\varphi_1} P\alpha d\varphi. \end{aligned} \right\} \tag{6}$$

Cette équation nous montre que la poussée varie inversement à l'ordonnée ψ_0.

D'ordinaire on suppose cette ordonnée égale à $R + \frac{1}{6} e$; c'est-à-dire, on admet que la poussée est appliquée au tiers supérieur de la clef. Mais nous pensons qu'il n'y a pas d'inconvénient à faire $\psi = R$, d'autant plus que dans ce cas la poussée est un peu plus grande. D'ailleurs cette hypothèse a été confirmée, à peu près, dans plusieurs applications.

La poussée passant au milieu de la clef, on aura aussi :

$$Q = pe,$$

p représentant la pression moyenne par unité de surface.

Nous obtenons :
$$\left.\begin{aligned} & pe\left(R^2\varphi_1 - \sin\varphi_1 \left[R^2 - \frac{1}{12}e^2\right]\right) \\ & = \left(R^2 - \frac{1}{12}e^2\right)\int_0^{\varphi_1} P \sin\varphi d\varphi - R\int_0^{\varphi_1} P\alpha d\varphi. \end{aligned}\right\} \quad (7)$$

Cette équation nous permet d'établir une formule donnant la valeur de l'épaisseur e de la voûte en fonction de p.

II. — Calculs des intégrales.

Déterminons l'intégrale $\int_0^{\varphi_1} P \sin\varphi d\varphi$.

Le trapèze mixtiligne BCnm' est la somme des aires élémentaires.

$$[h + R''(1 - \cos\varphi)]\, dx',$$

x' étant l'abscisse du point m' ; soit :

$$R'' \int_0^{\varphi} \left[h + R''(1 - \cos\varphi)\right] \cos\varphi d\varphi,$$

en vertu de la valeur de x'

$$x' = R'' \sin\varphi.$$

Mais :
$$\int_0^{\varphi} \cos\varphi d\varphi = \sin\varphi,$$

$$\int_0^{\varphi} \cos^2\varphi d\varphi = \frac{1}{2}\int_0^{\varphi} (1 + \cos 2\varphi)\, d\varphi$$
$$= \frac{1}{2}\left(\varphi + \frac{1}{2}\sin 2\varphi\right).$$

Par conséquent :
$$\int_0^{\varphi} (h + R''[1 - \cos\varphi]) \cos\varphi d\varphi$$
$$= h\sin\varphi + R''\left(\sin\varphi - \frac{1}{2}\varphi - \frac{1}{4}\sin 2\varphi\right).$$

La surface de ABmm' c'est Rφe.

En désignant, donc, par π le poids du mètre cube de la surcharge et par ω celui de la maçonnerie de la voûte nous obtenons :

$$P = \pi R'' \left[h \sin \varphi + R'' \left(\sin \varphi - \frac{1}{2} \varphi - \frac{1}{4} \sin 2\varphi \right) \right] + \omega R \varphi e.$$

Multiplions cette équation par sin $\varphi d\varphi$ et intégrons-la entre les limites φ_1 et 0.

On a, d'abord : $\int_0^{\varphi_1} \sin^2 \varphi d\varphi = \frac{1}{2} \left(\varphi_1 - \frac{1}{2} \sin 2\varphi_1 \right)$,

$$\int_0^{\varphi_1} \varphi \sin \varphi d\varphi = - \varphi_1 \cos \varphi_1 + \int_0^{\varphi_1} \cos \varphi d\varphi$$
$$= \sin \varphi_1 - \varphi_1 \cos \varphi_1,$$

et
$$\int_0^{\varphi_1} \sin 2\varphi \sin \varphi d\varphi = \frac{1}{2} \int_0^{\varphi_1} \left(\cos \varphi - \cos 3\varphi \right) d\varphi$$
$$= \frac{1}{2} \sin \varphi_1 - \frac{1}{6} \sin 3\varphi_1.$$

Nous avons donc :
$$\left. \begin{aligned} & \int_0^{\varphi_1} P \sin \varphi d\varphi \\ & = \pi R'' \left\{ \frac{1}{2} h \left(\varphi_1 - \frac{1}{2} \sin 2\varphi_1 \right) \right. \\ & \left. + \frac{1}{2} R'' \left(\varphi_1 - \frac{5}{4} \sin \varphi_1 + \varphi_1 \cos \varphi_1 - \frac{1}{2} \sin 2\varphi_1 + \frac{1}{12} \sin 3\varphi_1 \right) \right\} \\ & + \omega R e \left(\sin \varphi_1 - \varphi_1 \cos \varphi_1 \right). \end{aligned} \right\} (8)$$

Passons maintenant au calcul de $\int_0^{\varphi_1} P \alpha d\varphi$.

Le moment par rapport à OC de l'aire BCmm' est la somme des moments élémentaires.

$$(h + R'' [1 - \cos \varphi]).x'dx',$$

ou
$$R''^2 \int_0^{\varphi} [h + R'' (1 - \cos \varphi)] \cos \varphi \sin \varphi d\varphi.$$

L'intégration nous donne :

$$\int_0^{\varphi} \sin \varphi \cos \varphi d\varphi = \frac{1}{2} \sin^2 \varphi,$$

$$\int_0^{\varphi} \cos^2 \varphi \sin \varphi d\varphi = \frac{1}{3} - \frac{1}{3} \cos^3 \varphi.$$

On aura ainsi, pour le moment de l'aire BCmm' :

$$R''^2 \left\{ \frac{1}{2} h \sin^2\varphi + R'' \left(\frac{1}{2} \sin^2\varphi - \frac{1}{3} + \frac{1}{3} \cos^3\varphi \right) \right\}.$$

Le moment de AB$m'm$ est la différence entre les moments des secteurs OBm' et OAm.

Le premier a la valeur :

$$\frac{1}{3} R''^3 \int_0^{\varphi} \sin \varphi d\varphi = \frac{1}{3} R''^3 (1 - \cos \varphi),$$

et le second : $\frac{1}{3} R'^3 (1 - \cos \varphi)$.

Nous avons donc : $\frac{1}{3} (R''^3 - R'^3)(1 - \cos \varphi)$,

ou $e(R^2 + \frac{1}{12} e^2)(1 - \cos \varphi)$,

attendu que $R'' = R + \frac{1}{2} e$ et $R' = R - \frac{1}{2} e$.

On obtient de la sorte :

$$P\alpha = \pi R''^2 \left\{ \frac{1}{2} h \sin^2\varphi + R'' \left(\frac{1}{2} \sin^2\varphi - \frac{1}{3} (1 - \cos^3 \varphi) \right) \right\}$$
$$+ \omega e (R^2 - \frac{1}{12} e^2)(1 - \cos \varphi).$$

En multipliant cette équation par $d\varphi$ et en l'intégrant, on trouve :

$$\int_0^{\varphi_1} (1 - \cos^3 \varphi) d\varphi = \int_0^{\varphi_1} (1 - \frac{1}{2} \cos \varphi - \frac{1}{2} \cos \varphi \cos 2\varphi) d\varphi$$
$$= \int_0^{\varphi_1} (1 - \frac{3}{4} \cos \varphi - \frac{1}{4} \cos 3\varphi) d\varphi$$
$$= \varphi_1 - \frac{3}{4} \sin \varphi_1 - \frac{1}{12} \sin 3\varphi_1 ;$$

et conséquemment :

$$\left. \begin{aligned} \int_0^{\varphi_1} P\alpha d\varphi = \pi R''^2 \Big\{ \frac{1}{4} h (\varphi_1 - \frac{1}{2} \sin 2\varphi_1) \\ + \frac{1}{4} R'' (\sin \varphi_1 - \frac{1}{3} \varphi_1 - \frac{1}{2} \sin 2\varphi + \frac{1}{9} \sin 3\varphi_1) \Big\} \\ + \omega e (R^2 + \frac{1}{12} e^2)(\varphi_1 - \sin \varphi_1). \end{aligned} \right\} \quad (9)$$

Afin de simplifier les formules, nous ferons, en supprimant les indices devenus inutiles :

$$\left.\begin{aligned}
&\varphi - \frac{1}{2}\sin 2\varphi = A,\\
&\varphi - \frac{5}{4}\sin\varphi + \varphi\cos\varphi - \frac{1}{2}\sin 2\varphi + \frac{1}{12}\sin 3\varphi = B,\\
&\sin\varphi - \frac{1}{3}\varphi - \frac{1}{2}\sin 2\varphi + \frac{1}{9}\sin 3\varphi = B',\\
&\sin\varphi - \varphi\cos\varphi = C,\\
&\varphi - \sin\varphi = C'.
\end{aligned}\right\} \quad (10)$$

Les intégrales (8) et (9) prendront ainsi la forme :

$$\left.\begin{aligned}
&\int_0^{\varphi_1} P\sin\varphi d\varphi = \frac{1}{2}\pi R''(Ah + BR'') + \omega ReC,\\
&\int_0^{\varphi_1} P\alpha d\varphi = \frac{1}{4}\pi R''^2(Ah + B'R'') + \omega eC'(R^2 + \frac{1}{12}e^2)
\end{aligned}\right\} \quad (11)$$

III. — Détermination de e.

Introduisons les valeurs (11) dans l'équation (7). Nous obtenons :

$$\begin{aligned}
&pe(R^2\varphi - \sin\varphi[R^2 - \frac{1}{12}e^2])\\
&= \frac{1}{2}\pi R''(R^2 - \frac{1}{12}e^2)(Ah + BR'') - \frac{1}{4}\pi RR''^2(Ah + B'R'') + \omega ReC(R^2 - \frac{1}{12}e^2)\\
&\quad - \omega ReC'(R^2 + \frac{1}{12}e^2).
\end{aligned}$$

Divisons cette équations par $R^2 - \frac{1}{12}e^2$.

Il en résulte :

$$\left.\begin{aligned}
&pe(\varphi\frac{R^2}{R^2 - \frac{1}{12}e^2} - \sin\varphi)\\
&= \frac{1}{2}\pi R''(Ah + BR'') - \frac{1}{4}\pi\frac{RR''^2}{R^2 - \frac{1}{12}e^2}(Ah + B'R'')\\
&\quad + \omega ReC - \omega ReC'\frac{R^2 + \frac{1}{12}e^2}{R^2 - \frac{1}{12}e^2}.
\end{aligned}\right\} \quad (12)$$

Les facteurs $\dfrac{R^2}{R^2 - \frac{1}{12}e^2}$ et $\dfrac{R^2 + \frac{1}{12}e^2}{R^2 - \frac{1}{12}e^2}$

peuvent être remplacés par l'unité, car le rapport $\frac{e}{R}$ ne dépasse jamais 0,5, et par suite la plus grande erreur sera respectivement :

$$\frac{1}{0,98} - 1 = \frac{1}{49} \text{ et } \frac{1,02}{0,98} - 1 = \frac{2}{49}.$$

Faisons maintenant dans le facteur :

$$\frac{RR''^2}{R^2 - \frac{1}{12}e^2},$$

$$\frac{e}{R'} = e', \qquad R = R'(1 + \frac{1}{2}e'), \qquad R'' = R'(1 + e').$$

Nous pouvons prendre, sans grande erreur :

$$\frac{RR''^2}{R^2 - \frac{1}{12}e^2} = R' \frac{1 + \frac{5}{2}e' + 2e'^2 + \frac{1}{2}e'^3}{1 + e' + \frac{1}{6}e'^2} = R'(1 + \frac{3}{2}e') = R' + \frac{3}{2}e,$$

$$\frac{RR''^3}{R^2 - \frac{1}{12}e^2} = R'^2(1 + \frac{3}{2}e')(1 + e') = R'^2 + \frac{5}{2}R'e + \frac{3}{2}e^2.$$

En introduisant ces valeurs dans l'équation (12), et en y faisant :

$$R = R' + \frac{1}{2}e \qquad \text{et} \qquad R'' = R' + e,$$

nous trouvons :

$$\begin{aligned} peC' &= \frac{1}{2}\pi(Ah[R' + e] + B[R'^2 + 2R'e + e^2]) \\ &- \frac{1}{4}\pi\left(Ah[R' + \frac{3}{2}e] + B'(R'^2 + \frac{5}{2}R'e + \frac{3}{2}e^2)\right) \\ &+ \omega(R'e + \frac{1}{2}e^2)(C - C'). \end{aligned}$$

Isolons la première puissance de e. Il vient :

$$e\left[pC' - \pi\left(\frac{1}{8}Ah + R'[B - \frac{5}{8}B'] - \omega R'[C - C']\right)\right]$$
$$= \pi R'\left[\frac{1}{4}Ah + \frac{1}{2}R'(B - \frac{1}{2}B')\right] + \frac{1}{2}e^2[\pi(B - \frac{3}{4}B') + \omega(C - C')].$$

Nous en déduisons :

$$
\left.
\begin{aligned}
e = \pi R' \frac{\frac{1}{4} Ah + \frac{1}{2} R'(B - \frac{1}{2} B')}{pC' - \frac{1}{8} \pi Ah - \pi R'(B - \frac{5}{8} B') - \omega R'(C - C')} \\
+ \frac{1}{2} e^2 \frac{\pi(B - \frac{3}{4} B') + \omega(C - C')}{pC' - \frac{1}{8} \pi Ah - \pi R'(B - \frac{5}{8} B') - \omega R'(C - C')}.
\end{aligned}
\right\} \quad (13)
$$

Quand $\pi = 0$, c'est-à-dire, quand la voûte est tout à fait déchargée, la valeur de e se réduit à :

$$
e = \frac{1}{2} e^2 \frac{\omega(C - C')}{pC' - \omega R'(C - C')}.
$$

Nous verrons que les coefficients C' et $C - C'$ sont, à peu près, égaux et par conséquent nous aurons :

$$
p - \omega R' = \frac{1}{2} e\omega,
$$

ou

$$
p = \left(R' + \frac{1}{2} e\right)\omega = R\omega.
$$

Cette équation, déjà connue, montre que dans une voûte déchargée, la pression moyenne à la clef est constante, quelle que soit l'épaisseur de la même voûte.

M. Flamant, dans son excellent *Traité de la Résistance des matériaux*, présente l'observation précédente à l'appui des formules empiriques, lesquelles sont toutes indépendantes de p. Il ajoute que la présence de la surcharge modifierait un peu ses conclusions.

Nous voyons, cependant, que la surcharge bouleverse de fond en comble les conditions du problème, puisque l'épaisseur des voûtes est donnée principalement par la première partie de la formule (13), dépendante de la surcharge, la seconde pouvant être négligée, car elle est toujours très petite, comme on le verra.

La formule (13) est susceptible d'une grande simplification, par la réduction des coefficients (10) à des monômes fonctions de φ.

IV. — Réduction des coefficients.

Appliquons aux coefficients (10) les séries trigonométriques :

$$\sin \varphi = \varphi - \frac{\varphi^3}{2.3} + \frac{\varphi^5}{2.3.4.5} - \ldots.$$

$$\cos \varphi = 1 - \frac{\varphi^2}{2} + \frac{\varphi^4}{2.3.4} - \ldots.$$

Nous obtenons aisément :

$$\left.\begin{aligned}
A &= \frac{2}{3}\varphi^3\left(1 - \frac{\varphi^2}{5} + \frac{4\varphi^4}{5.6.7} - \ldots. \pm \frac{2^{n-5}\varphi^{n-3}}{5.6.7\ldots.n}\right),\\
B &= \frac{1}{15}\varphi^5\left(1 - \frac{31}{84}\varphi^2 + \ldots. \pm \frac{1}{4}\,\frac{5-4n+2^{n+1}-3^{n-1}}{2.4.6.7.8\ldots.n}\varphi^{n-5}\right),\\
B' &= \frac{1}{10}\varphi^5\left(1 - \frac{5}{14}\varphi^2 + \ldots. \pm \frac{1-2^{n-1}+3^{n-2}}{3.4.6.7.8\ldots.n}\varphi^{n-5}\right),\\
C &= \frac{1}{3}\varphi^3\left(1 - \frac{1}{10}\varphi^2 + \ldots. \pm \frac{n-1}{2.4.5.6\ldots.n}\varphi^{n-3}\right),\\
C' &= \frac{1}{6}\varphi^3\left(1 - \frac{\varphi^2}{4.5} + \frac{\varphi^4}{4.5.6.7} - \ldots.\right).
\end{aligned}\right\} \quad (14)$$

Ces séries sont, comme on le sait, convergentes quelque soit l'angle φ. En outre, leur convergence commence au premier terme pour tous les angles compris entre 0 et 90°, les seuls que nous ayons à considérer. Il s'ensuit que les facteurs représentés par les parenthèses sont toujours positifs et qu'ils décroissent continûment quand φ augmente.

Désignons par K le facteur numérique des séries (14), et essayons de donner à celles-ci la forme générale :

$$K\varphi^{n-m}\sin^m\varphi,$$

ce qui revient à supposer les parenthèses de la forme :

$$\frac{\sin^m\varphi,}{\varphi^m}$$

quantité qui diminue bien quand φ devient plus grand.

Nous déterminerons l'exposant m de façon que le produit :

$$K\varphi^{n-m}\sin^m\varphi,$$

se rapproche le plus possible des valeurs (10) pour $\varphi = 90°$.

Nous arrivons ainsi aux valeurs :

$$\left.\begin{aligned} A &= \frac{2}{3}\varphi^2 \sin\varphi, \\ B &= \frac{1}{15}\varphi^3 \sin^2\varphi, \\ B' &= \frac{1}{10}\varphi^3 \sin^2\varphi, \\ C &= \frac{1}{3}\varphi^2 \sin\varphi, \\ C' &= \frac{1}{6}\varphi^2 \sin\varphi. \end{aligned}\right\} \quad (15)$$

Nous présentons ci-après les valeurs comparées des coefficients, pour $\varphi = 45^\circ$ et pour $\varphi = 90^\circ$, calculées par les formules exactes (10) et par les monômes (15).

COEFFICIENTS	$\varphi = 90^\circ$		$\varphi = 45^\circ$	
	(10)	(15)	(10)	(15)
A	1,5708	1,6450	0,2854	0,3661
B	0,2375	0,2584	0,0151	0,0162
B′	0,3653	0,3876	0,0239	0,0242
C	1,000	0,8225	0,1513	0,1830
C′	0,5708	0,4112	0,0778	0,0915

Nous croyons, qu'en vue de ce tableau, on peut accepter les valeurs (15) des coefficients.

En introduisant ces valeurs dans la formule (13) et en supprimant le facteur commun $\varphi^2 \sin\varphi$, nous obtenons, pour la première partie :

$$e = \pi R' \frac{\frac{1}{6} h + \frac{1}{120} R'\varphi \sin\varphi}{\frac{1}{6} p - \frac{1}{12}\pi h - \frac{1}{240}\pi R'\varphi \sin\varphi - \frac{1}{6}\omega R'},$$

ou, en multipliant par 6, et en faisant :

$$R' \sin\varphi = l, \qquad (16)$$

$2l$ étant la corde de l'arc :

$$e = \pi R' \frac{h + 0,05l\varphi}{p - 0,5\pi h - 0,025\pi l\varphi - \omega R'}. \qquad (17)$$

Examinons, maintenant, la deuxième partie de la formule (13).

La substitution des coefficients et la suppression du facteur $\varphi^2 \sin \varphi$ nous donnent :

$$\frac{1}{2} e^2 \frac{\omega - 0,05\pi\varphi \sin \varphi}{p - 0,5\pi h - 0,025\pi l\varphi - \omega R'},$$

ou, à peu près, en vertu de (17) :

$$\frac{1}{2} \frac{e^3}{\pi R'} \frac{\omega - 0,05\pi\varphi \sin \varphi}{h + 0,05l\varphi}.$$

Afin d'évaluer cette quantité, nous ferons :

$$\omega = 2,5 \quad \text{et} \quad \pi = 1,6.$$

Pour la hauteur h, nous prendrons le minimum ou soit $h = 1,5$. Il vient :

$$\frac{e^3}{R'} \frac{2,5 - 0,08\varphi \sin \varphi}{4,8 + 0,16l\varphi}.$$

Dans les pleins cintres, on a :

$$\sin \varphi = 1,0, \quad \varphi = 1,5708, \quad l = R.$$

Nous ferons aussi, d'après Dupuit :

$$e = 0,20\sqrt{2R'},$$

d'où :

$$e^2 = 0,08R'.$$

On obtient :

$$e \times \frac{0,18995}{4.8 + 0,2513R'} = e \frac{1}{25,2 + 1.323R'}.$$

Pour les voûtes en arc de cercle, le coefficient de e devient encore moindre à cause de l'augmentation de R'

La formule (17) est donc très approchée. Elle montre que e augmente toujours avec R'', quoique l reste constant ; mais l'angle φ diminuant, il en résulte, dans ce cas, que l'accroissement de e diminue aussi à mesure que R' devient plus grand, ou que la flèche devient plus petite, ce qui est d'accord avec les formules de M. Croizette-Desnoyers.

V. — Données du problème.

Dans les applications, ce qui importe, c'est que la pression maximum possible au joint de rupture ne dépasse pas la limite admise d'après la résistance de la pierre employée dans la voûte.

Nous avons, à peu près, pour un joint quelconque :

$$N = \frac{Q}{\cos \varphi}.$$

Dans l'hypothèse la plus défavorable où la résultante des pressions passe au tiers inférieur du joint de rupture, dont l'épaisseur soit e_1, la pression maximum sera :

$$p' = \frac{2N}{e_1} = \frac{2Q}{e_1 \cos \varphi} = \frac{2pe}{e_1 \cos \varphi}.$$

On en déduit :

$$p = \frac{1}{2} \frac{p' e_1 \cos \varphi}{e}. \qquad (18)$$

Nous nous permettons d'établir ce rapport, malgré notre hypothèse de la section constante, d'accord avec la pratique adoptée dans la méthode graphique, laquelle consiste à renforcer les épaisseurs de la voûte d'après les indications de l'épure, ce qui revient à supposer que les conditions du problème se maintiennent après le renforcement.

Dans les voûtes en arc de cercle très surbaissées, le joint de rupture est le joint de retombée, et l'angle φ est dans ce cas φ_1.

Pour les arcs en plein cintre, nous prendrons l'angle de 60°, dont le cosinus est $\frac{1}{2}$, et nous aurons, en vertu de (18) :

$$p = \frac{1}{4} p' \frac{e_1}{e}.$$

Nous appliquerons ce même rapport aux voûtes en arc de cercle, quand l'angle φ_1 excédera 60°.

Dans le cas de rupture, on peut déterminer le point d'application de la résultante au joint de respectif. A cet effet, nous ferons dans la première formule (3) :

$$M = -N\delta,$$

δ étant la distance du dit point au milieu du joint.

Il vient, en désignant la pression de rupture par p''.

$$p'' = \frac{N}{e_1^2}(e_1 + 6\delta).$$

Mais : $$\frac{N}{e_1^2} = \frac{Q}{e_1^2 \cos \varphi} = \frac{p'}{2e_1}.$$

On en déduit : $$\delta = \frac{1}{6}e_1 \frac{2p'' - p'}{p'}. \quad (19)$$

La résistance des matériaux connus permet d'adopter des limites très hautes pour la pression maximum admissible.

En effet, par rapport à la pierre il n'y a pas de doute que la limite de la pression puisse atteindre 100 kilogrammes par centimètre carré et même davantage si la résistance de la pierre n'est pas inférieure à 1000 kilogrammes. D'après M. Résal on peut aller jusqu'au cinquième de la charge de rupture.

Quant au mortier, dont la résistance intrinsèque ne dépasse pas 150 à 250 kilogrammes par centimètre carré, il peut, néanmoins, être soumis aux mêmes pressions que la pierre, d'après les expériences de M. Tourtay, à la condition d'être employé de façon que l'on réduise au minimum l'épaisseur du coulis interposé entre les voussoirs.

Les quantités π et h sont déterminées comme il suit.

La section transversale peut rencontrer un remblai en terre ou en béton, ou des arcades, terminant supérieurement par un plan horizontal, et ensuite le lit de la route ou du chemin de fer, et les chars ou les trains de chemin de fer qui passent sur le pont.

En tout cas, si nous représentons par P′ le poids par mètre carré de la surcharge totale au-dessus du dit plan, nous aurons :

$$h = h' + \frac{P'}{\pi}. \quad (20)$$

Dans le cas des tympans à jour on peut prendre le rapport entre la surface pleine et la surface totale, et ρ étant ce rapport, faire :

$$\pi = \rho\omega. \quad (21)$$

M. Croizette-Desnoyers, dans son *Traité de la Construction des ponts*, dit que le principe (que nous avons admis) d'après lequel chaque voussoir supporte la partie des tympans et des autres surcharges qui sont situées verticalement au-dessus de lui, ne peut être vrai pour des remblais que lorsque leur hauteur est faible, comme par exemple, pour ceux qui sont limités entre l'extrados et la plinthe. Il pense conséquemment, que lorsqu'il s'agit de remblais dont la crête dépasse notablement le dessus du pont, il est plus plausible d'admettre que le massif tend à se diviser suivant des plans dont l'inclinaison est la même que dans le cas où des remblais sont appliqués contre une paroi.

A notre avis l'écrasement des voussoirs est dû à la pression verticale. La division du massif ne se manifeste qu'à la suite du mouvement de la voûte.

VI. — Applications.

Les formules précédentes ne sont applicables, en rigueur, qu'aux voûtes de petites dimensions.

En effet, les hypothèses de la section constante, de la poussée passant par le milieu de la section de la clef, et de la résultante des pressions, au joint de rupture, appliquée au tiers inférieur du même joint, dont la position que nous avons prise, n'est qu'approchée, peuvent fausser sensiblement la valeur de e dans les grands ponts.

Cependant nous allons montrer par quelques exemples, que, même dans le cas de voûtes de grande ouverture, nos formules donnent des indications profitables.

Pont de Lavaur.

Le pont de Lavaur, sur l'*Agoût*, dans la ligne de Montauban à Castres, a une voûte en arc de cercle de $61^m,5$ de corde et $27^m,5$ de flèche. Le rayon de l'intrados est de $31^m,2$; et l'épaisseur de la voûte est de $1^m,65$ à la clef et de $2^m,81$ au joint de 60°.

Les tympans sont en arcades de $4^m,5$ d'ouverture. Le rapport entre la surface pleine et la surface totale étant, à peu près de $\frac{1}{3}$ et le poids du mètre cube de maçonnerie étant de 2.400 kilogrammes, nous prendrons :

$$\pi = \frac{1}{3}\, 2,4 = 0,8.$$

La charge provenant du remblai et du ballast, dont le poids est de 2.000 kilogrammes par mètre cube, revient à 1.800 kilogrammes par mètre carré pour l'épaisseur de $0^m,90$. Les rails et le train pesant ensemble 4.060 kilogrammes par mètre courant, sur la largeur de $4^m,3$, élèvent la charge à 2.800 kilogrammes.

La hauteur h sera donc : $h = \frac{2,8}{0,8} = 3,5.$

Nous avons aussi :

$$\cos \varphi_1 = \frac{3,7}{31,7}, \quad \varphi_1 = 1,4519 \text{ et } l = 30,75.$$

En introduisant ces données dans la formule (17) il vient :

$$e = \frac{143,078}{p - 86,533}.$$

Les constructeurs ont trouvé à la clef une pression moyenne de 17 kilogrammes.

En faisant, donc : $p = 170,$

on trouve : $e = 1,7.$

ou à peu près, l'épaisseur de la voûte, laquelle est de $1^m,65$, comme nous l'avons dit.

La pression maximum au joint de rupture serait alors :

$$p' = \frac{4pe}{e'} = \frac{4 \times 170 \times 1,65}{2,81}$$
$$= 400,$$

ou 40 kilogrammes par centimètre carré.

La pierre employée dans la voûte est le calcaire oolithique de Lexos dont la résistance à la rupture est de 726 à 1.027 kilogrammes par centimètre carré, d'après les essais faits à l'École des Ponts et Chaussées.

Il n'y avait, donc, pas d'inconvénient à admettre une pression plus forte, celle de 50 kilogrammes, par exemple, laquelle n'est que le quatorzième de la charge minimum de rupture.

La pression moyenne à la clef serait dans ce cas, en supposant que le rapport $\frac{e}{e_1}$ reste le même, de $23^{kg},5$ par centimètre carré, et l'épaisseur de la voûte

$$e = 1,15.$$

Expérience de Souppes.

L'expérience faite par M. Vaudrey en 1865 aux carrières de Souppes (Seine-et-Marne) a eu pour but de démontrer pratiquement la possibilité de la construction dans de bonnes conditions de résistance des voûtes très surbaissées.

L'arc essayé avait $37^m,886$ d'ouverture, la flèche était de $2^m,125$ ou $\frac{1}{18}$ de la corde. Le rayon de l'intrados était de $85^m,5$, et l'épaisseur de la voûte, $1^m,10$ aux voussoirs de tête. L'autre partie de la voûte avait $0^m,80$ à la clef et $1^m,10$ aux naissances.

La résistance de la pierre était de 400 à 600 kilogrammes par centimètre carré, et leur poids de 2.500 à 2.600 kilogrammes.

La voûte a été chargée sur une tête par un mur en pierres sèches de 1 mètre d'épaisseur et $1^m,55$ de hauteur au-dessus de la clef, et pesant 1.845 kilogrammes par mètre cube.

L'autre partie de la voûte a été remblayée jusqu'à la hauteur de la clef et ensuite chargée avec de la maçonnerie sèche sur la hauteur de $0^m,60$. Cette partie a reçu encore une surcharge de 1.000 kilogrammes par mètre carré.

Les données générales du problème sont, donc:

$$\cos \varphi_1 = \frac{83,375}{85,5} = 0,97515,$$

$$\text{angle } \varphi_1 = 12°48'2''$$

$$\varphi_1 = 0,22341$$

Par conséquent :
$$p = 0,4876 p' \frac{e_1}{e}.$$

Nous avons, ainsi, pour la tête chargée:

$$\pi = 1,845, \quad \omega = 2,55, \quad h = 1,55 \text{ et } e = e.$$

ce qui nous donne:
$$e = \frac{277,89}{p - 219,63}.$$

Déduisons de cette équation la valeur de p, en y faisant $e = 1,10$.

Nous obtenons $p = 472,28$.

La pression moyenne à la clef était donc de 47 kilogrammes, à peu près, par centimètre carré.

En supposant que la résultante des pressions, au joint de rupture, passait au tiers inférieur du joint, la pression maximum serait :

$$p' = \frac{472,28}{0,4876} = 968,6.$$

ou 97 kilogrammes par centimètre carré, qui n'est que le cinquième de la charge moyenne de rupture.

Examinons maintenant l'autre partie de la voûte, où nous avons :

$$\pi = 1,6 \text{ et } h = \frac{0,6 \times 1,845 + 1,0}{1,6} = 1,32.$$

Il vient :
$$e = \frac{209,53}{p - 219,25}.$$

En faisant $e = 0,8$ et en déduisant la valeur de p, il vient :

$$p' = 481,15,$$

ou, à peu près, la même pression qu'à la tête; et la pression maximum au joint de rupture :

$$p' = 481{,}15 \times \frac{0{,}8}{1{,}1 \times 0{,}4876} = 718,$$

ou 72 kilogrammes par centimètre carré.

On voit donc, qu'en employant une pierre plus résistante, on aurait pu diminuer l'épaisseur de la voûte.

Projet d'un arc en plein cintre, de 157 mètres d'ouverture

PAR M. RÉSAL

(Stabilité des voûtes).

M. Résal a étudié un arc en plein cintre de 157 mètres de diamètre, en lui donnant 2 mètres d'épaisseur à la clef et 4 mètres au joint incliné à 60° sur la verticale.

Nous supposerons que les culées ont $15^m{,}7$ de hauteur; en sorte que l'arc de 157 mètres peut être réduit à un arc de cercle de $153^m{,}8$ de corde et $62^m{,}8$ de flèche.

Dans ces conditions nous aurons :

$$\cos \varphi_1 = \frac{15{,}7}{78{,}5} = 0{,}2, \qquad \varphi_1 = 1{,}3695, \qquad l = 76{,}9.$$

Nous prendrons les mêmes éléments de charge qu'au pont de Lavaur. C'est-à-dire :

$$\pi = 0{,}8 \text{ et } h = 3{,}5.$$

On trouve par la formule (17) :

$$e = \frac{485{,}102}{p - 199{,}762}.$$

En faisant $e = 2{,}0$ on déduit de cette formule :

$$p = 442{,}3.$$

La pression maximum au joint de 60° serait :

$$p' = 884{,}6.$$

vu que : $e_1 = 4{,}0 = 2e.$

La pression varie, donc, entre 44 et 88 kilogrammes par centimètre carré, comme l'avait prévu M. Résal.

Expérience de Claudel et Laroque.

Dans leur ouvrage : *Pratique de l'art de construire*, MM. Claudel et Laroque exposent le résultat d'une expérience faite avec une voûte en brique de $0^m,07$ d'épaisseur, formée de deux rangs de briques de $0,^m03$ d'épaisseur, posées à plat avec mortier de ciment de Vassy.

Cette voûte en arc de cercle, de 1 mètre de largeur entre les têtes, avec 5 mètres de corde et $0^m,5$ de flèche, a supporté sans mouvement visible un poids de 45.000 kilogrammes, ou 9.000 kilogrammes par mètre courant, obtenu avec des rails et coussinets, et ne s'est rompue que sous une charge de 55.000 kilogrammes, soit 11.000 kilogrammes par mètre carré de surface horizontale de l'extrados.

En supposant que le poids du mètre cube de brique était de 2.000 kilogrammes, nous pouvons admettre que les charges de 9.000 et 11.000 kilogrammes provenaient d'un mur en briques de $4^m,5$ et $5^m,5$ de hauteur respectivement, en considérant les tympans remplis avec la même brique.

Nous avons ainsi :

$$\pi = \omega = 2,0, \qquad h = 4,5 \text{ et } 5,5, \qquad R' = 6,5, \qquad l = 2,5,$$

$$\cos \varphi_1 = \frac{6}{6,5} = 0,9231, \qquad \varphi = 0,3948.$$

En introduisant ces données dans la formule (17), nous obtenons, pour le cas de la charge de 9.000 kilogrammes :

$$e = \frac{59142}{p - 17549}.$$

Faisons $e = 0,07$ et déduisons la valeur de p. Il vient :

$$p = 862,43.$$

La pression maximum au joint de rupture serait :

$$p' = \frac{2p}{\cos \varphi_1} = \frac{862,43}{0,4615} = 1868,7,$$

ou 187 kilogrammes par centimètre carré.

Cette pression étant supérieure à la charge de rupture de la brique, laquelle ne dépasse pas 150 kilogrammes, et la voûte n'ayant pas présenté de fissures, il s'ensuit que la résultante des pressions au joint de rupture passait à l'intérieur du noyau central de la voûte, et non pas à la limite inférieure de ce noyau, comme nous l'avons supposé.

Considérons maintenant la charge de 11.000 kilogrammes.

Nous avons :
$$e = \frac{72,142}{p - 18,549}.$$

En faisant $e = 0{,}07$ et en déduisant la valeur de p, on trouve :

$$p = 1049,$$

et la pression maximum au joint de rupture :

$$p' = 227.$$

Cherchons par la formule (19) la position du point d'application de la résultante.

Nous avons : $p' = 2270, \quad p'' = 1500,$

et par suite : $\delta = \frac{1}{6}\, 0{,}070 \times \frac{730}{2270} = 0{,}00375.$

C'est-à-dire que la résultante passait à 4 millimètres, à peu près, du centre du joint quand l'écrasement de la brique a eu lieu.

Ponceau de 5 mètres sous un remblai de 20 mètres.

Dans les petits ouvrages, il faut tenir compte de la résistance du mortier, beaucoup moindre, en général, que celle de la pierre, car, naturellement, on ne prend pas les mêmes précautions qu'aux grands ponts, pour la construction de la voûte.

Cette résistance varie avec le dosage de sable et chaux ou ciment, et selon l'âge du mortier.

D'après les données présentées par M. Résal dans son livre déjà cité, un mortier composé de 340 kilogrammes de chaux hydraulique et de 1 mètre cube de sable, résiste :

A la fin de	45 jours, à.	9^{kg},8
—	3 mois, à.	16^{kg},3
—	6 — à.	23^{kg},7
—	1 an à.	39^{kg},5

Ces résistances sont tout à fait insuffisantes, d'autant plus que dans une construction on ne peut pas attendre si longtemps pour terminer un ouvrage.

Par contre, le mortier de ciment à prise lente, à la fin de 6 semaines, présente une résistance de 250 kilogrammes par centimètre carré ; et dès lors, son emploi s'impose dans les ouvrages supportant de grands remblais.

Considérons un ponceau, en plein cintre, de 5 mètres de diamètre, sous un remblai de 20 mètres de hauteur au-dessus de la clef de la voûte.

Nous ferons dans la formule (17) :

$$\pi = 1{,}6, \quad h = 20{,}0, \quad \omega = 2{,}4, \quad l = 2{,}5, \quad \varphi = 1{,}5708.$$

Il vient : $e = \frac{80{,}785}{p - 22.157}.$

Nous prendrons pour la pression maximum au joint de rupture un cinquième de la résistance du mortier, ou :

$$p' = 500 ;$$

et attendu que ces ouvrages sont toujours extradossés parallèlement, ne tenant pas compte, pour la résistance, des remplissages en maçonnerie que l'on met d'ordinaire sur les reins de la voûte, nous ferons :

$$p = \frac{1}{4} p' = 125.$$

On obtient : $$e = 0,786.$$

Nous voyons que, pour ne pas exagérer l'épaisseur de la voûte, il a fallu admettre la pression maximum égale au cinquième de la charge de rupture.

Toutefois les formules empiriques donnent beaucoup moins, à l'exception de celle des ingénieurs russes et allemands.

$$e = 0,43 + 0,10\text{R} + \frac{h}{50},$$

d'où l'on tire, pour $\text{R} = 2,5$ et $h = 20$,

$$e = 1,08.$$

Cette épaisseur même ne servirait à rien avec un mortier de chaux, comme nous l'avons vu.

Quant à la pierre, il est évident qu'elle doit avoir la même résistance que le mortier ou un peu plus, c'est-à-dire, qu'il faudra rejeter la pierre qui aura moins de 300 ou 400 kilogrammes de résistance à l'écrasement.

Nous croyons, donc, qu'en employant un mortier de ciment à prise lente, préalablement essayé, si possible, et en choisissant la pierre avec la résistance convenable, on pourra, en se guidant par les indications de la formule 17, éviter des désagréments assez fréquents.

M. C. Xavier CORDEIRO

Ingénieur civil, à Lisbonne.

FORMULE PRATIQUE POUR LES MURS SUPPORTANT DE GRANDS REMBLAIS [620.1]

— *Séance du 4 août* —

I. — Détermination du plan de rupture du massif, et de la poussée.

Considérons un mur vertical AB, *(fig. 1)* supportant un remblai terminé à sa partie supérieure par un plan horizontal indéfini, CD.

Soit h la hauteur AB du mur ; h' la hauteur du plan CD au-dessus de

B; φ l'angle du talus naturel des terres, AD ou BC, sur l'horizontale; α l'angle du plan de rupture AE, du massif avec la verticale; H la hauteur totale AB' du remblai, et δ le poids du mètre cube de terre.

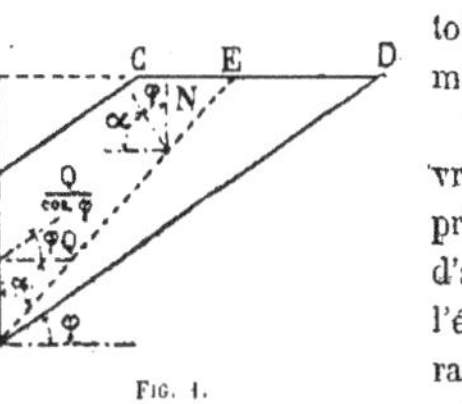

Pour déterminer la poussée, nous suivrons la théorie ancienne, basée sur le principe de l'équilibre-limite, lequel, d'après M. Maurice Lévy, constitue, dans l'état actuel de la science, le guide le plus rationnel dans cette matière.

Nous supposons le mur assez rugueux pour que le frottement des terres sur lui puisse être représenté par tang φ. Il s'ensuit que la poussée fait avec la normale du mur l'angle φ, et qu'elle est, par conséquent parallèle au talus du remblai.

Nous désignerons par Q la composante normale de la poussée; par N la pression exercée sur le plan de rupture, et par P le poids du prisme ABCE.

Les équations d'équilibre sont, en négligeant la cohésion :

$$Q = N \cos(\alpha + \varphi),$$

$$P = Q \operatorname{tang} \varphi + N \sin(\alpha + \varphi).$$

L'élimination de N nous donne :

$$P = Q (\operatorname{tang} \varphi + \operatorname{tang}(\alpha + \varphi)),$$

d'où l'on déduit :
$$Q = P \frac{\cos \varphi \cos(\alpha + \varphi)}{\sin(\alpha + 2\varphi)}.$$

Nous avons aussi, en vertu des deux triangles AB'E et BB'C,

$$P = \frac{\delta H^2}{2} \operatorname{tang} \alpha - \frac{\delta h'^2}{2} \operatorname{cotg} \varphi;$$

ou, en faisant :
$$\frac{h'}{H} = z,$$

$$P = \frac{\delta H^2}{2} (\operatorname{tang} \alpha - z^2 \operatorname{cotg} \varphi). \qquad (1)$$

La valeur de la poussée est donc :

$$Q = \frac{\delta H^2}{2} \frac{\cos \varphi \cos(\alpha + \varphi)}{\sin(\alpha + 2\varphi)} (\operatorname{tang} \alpha - z^2 \operatorname{cotg} \varphi).$$

Le plan de rupture correspondant à la poussée maximum est donné en égalant à zéro la dérivée de l'expression précédente.

Donnons-lui la forme :

$$Q = \frac{\delta H^2}{2} \cos\varphi \frac{\cos\varphi - \sin\varphi \tang\alpha}{\sin 2\varphi + \cos 2\varphi \tang\alpha} (\tang\alpha - z^2 \cotg\varphi). \quad (2)$$

En dérivant cette formule par rapport à $\tang\alpha$, nous obtenons l'équation :

$$-\frac{\cos\varphi}{(\sin 2\varphi + \cos 2\varphi \tang\alpha)^2} (\tang\alpha - z^2 \cotg\varphi) + \frac{\cos\varphi - \sin\varphi \tang\alpha}{\sin 2\varphi + \cos 2\varphi \tang\alpha} = 0. \quad (3)$$

Cette équation nous permet de donner, tout de suite, une forme plus simple à la valeur de Q. Nous avons en effet :

$$\frac{\tang\alpha - z^2 \cotg\varphi}{\sin 2\varphi + \cos 2\varphi \tang\alpha} = \frac{\cos\varphi - \sin\varphi \tang\alpha}{\cos\varphi}.$$

La formule (2) devient donc :

$$Q = \frac{\delta H^2}{2} (\cos\varphi - \sin\varphi \tang\alpha)^2. \quad (4)$$

Il nous reste à calculer la valeur de $\tang\alpha$, que nous déduirons de la même équation (3).

Multiplions celle-ci par :

$$(\sin 2\varphi + \cos 2\varphi \tang\alpha)^2.$$

Il vient :

$$-\cos\varphi (\tang\alpha - z^2 \cotg\varphi) + (\cos\varphi - \sin\varphi . \tang\alpha) (\sin 2\varphi + \cos 2\varphi \tang\alpha) = 0.$$

En développant, et en remarquant que :

$$\tang\alpha (\cos\varphi - \cos 3\varphi) = 2 \tang\alpha \sin\varphi \sin 2\varphi,$$

nous obtenons :

$$\sin\varphi \cos 2\varphi \tang^2\alpha + 2 \tang\alpha \sin\varphi \sin 2\varphi = \cos\varphi z^2 \cotg\varphi + \cos\varphi \sin 2\varphi,$$

ou, en divisant par : $\sin\varphi \cos 2\varphi$,

$$\tang^2\alpha + 2 \tang\alpha \tang 2\varphi = \cotg\varphi \tang 2\varphi + z^2 \frac{\cotg^2\varphi}{\cos 2\varphi}. \quad (5)$$

On en déduit :

$$\tang\alpha = -\tang 2\varphi + \sqrt{\tang^2 2\varphi + \cotg\varphi \tang 2\varphi + z^2 \frac{\cotg^2\varphi}{\cos 2\varphi}}.$$

Le radical peut prendre la forme :

$$\frac{\text{cotg}\,\varphi}{\cos 2\varphi}\sqrt{\sin^2 2\varphi\,\text{tang}^2\,\varphi + \text{tang}\,\varphi \sin 2\varphi \cos 2\varphi + z^2 \cos \varphi},$$

mais
$$\sin 2\varphi\,\text{tang}\,\varphi(\sin 2\varphi\,\text{tang}\,\varphi + \cos 2\varphi) = \sin 2\varphi\,\text{tang}\,\varphi = 2\sin^2\varphi = 1 - \cos 2\varphi.$$

La valeur de tang α est donc réduite à

$$\text{tang}\,\alpha = -\,\text{tang}\,2\varphi + \frac{\text{cotg}\,\varphi}{\cos 2\varphi}\sqrt{1 - \cos 2\varphi(1 - z^2)}. \qquad (6)$$

En introduisant cette valeur dans la formule (4) nous obtenons :

$$Q = \frac{\delta H^2}{2}\frac{\cos^2\varphi}{\cos^2 2\varphi}\left(1 - \sqrt{1 - \cos 2\varphi(1 - z^2)}\right)^2 \qquad (7)$$

L'équation (6) nous donne très facilement la valeur de z pour le cas, s'il y en a lieu, où le plan de rupture coupe le talus BC. En effet cette valeur doit satisfaire à l'égalité :

$$B'C = B'E$$

ou
$$h'\,\text{cotg}\,\varphi = H\,\text{tang}\,\alpha.$$

Elle est, par suite, $z = \frac{h'}{H} = \text{tang}\,\alpha\,\text{tang}\,\varphi.$

Multiplions l'équation (6) par tang φ cos 2φ. Il vient :

$$z \cos 2\varphi + \sin 2\varphi\,\text{tang}\,\varphi = \sqrt{1 - \cos 2\varphi(1 - z^2)}$$

ou
$$(1 - \cos 2\varphi(1 - z))^2 = 1 - \cos 2\varphi(1 - z^2).$$

On déduit de cette équation :

$$z = 1,$$

ce qui exige $H = \infty$ et $h' = \infty$, comme on le voit dans les expressions :

$$z = 1 - \frac{h}{H}, \qquad z = \frac{1}{1 + \frac{h}{h'}}.$$

Il en résulte, aussi, tang α = cotg φ ; c'est-à-dire, que le plan de rupture se confond avec le talus naturel AD.

Nous concluons, que pour toutes les valeurs de z, comprises entre 0 et 1,0, le plan de rupture ne rencontre jamais le talus BC du remblai. Il coupe toujours le plan supérieur horizontal, CD.

La formule (7) devient indéterminée quand $\varphi = 45°$. On fait disparaître cette indétermination en multipliant et divisant la formule par

$$\left(1 + \sqrt{1 - \cos 2\varphi(1 - z^2)}\right)^2.$$

ce qui donne :

$$Q = \frac{\delta H^2}{2} \frac{\cos^2 \varphi (1 - z^2)^2}{\left(1 + \sqrt{1 - \cos 2\varphi(1 - z^2)}\right)^2}. \quad (8)$$

Dans ce cas, en multipliant l'équation (5) par cos 2φ et y faisant :

$$\cos 2\varphi = 0, \qquad \sin 2\varphi = \operatorname{cotg} \varphi = 1,$$

on trouve :

$$\operatorname{tang} \alpha = \frac{1}{2}(1 + z^2).$$

Il y a un autre cas d'indétermination pour la formule (8). C'est celui de $z = 1$, puisque nous avons en même temps $H = \infty$. On le résout en faisant :

$$H(1 - z^2) = H - \frac{h'^2}{H} = \frac{(H - h')(H + h')}{H} = h(1 + z).$$

La valeur de Q prend alors la forme :

$$Q = \frac{\delta h^2}{2} \frac{\cos^2 \varphi (1 + z^2)^2}{\left(1 + \sqrt{1 - \cos 2\varphi(1 - z^2)}\right)^2}. \quad (9)$$

II. — Point d'application de la poussée.

On suppose que le point d'application de la poussée est déterminé au moyen d'une parallèle au plan de rupture, passant par le centre de gravité du prisme ABCE (*fig. 2*).

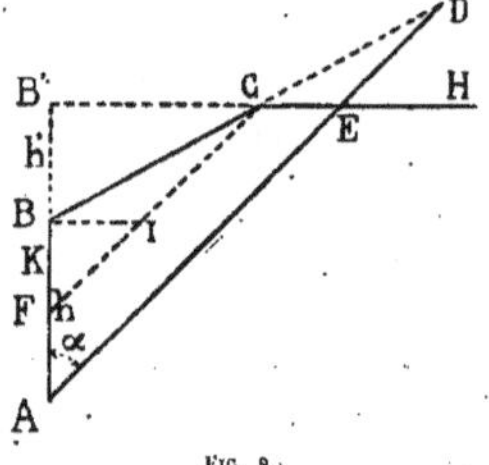

Fig. 2.

Traçons CF parallèle à AD, BI parallèle à CE, et DH perpendiculaire à cette même ligne CE.

En désignant la surface ABCE par S et celle du triangle ABD par S', et en faisant BF = K nous aurons, pour la distance du point d'application de la poussée à la base du mur :

$$y = \frac{\frac{1}{3}hS' - \frac{1}{3}(h - K)(S' - S)}{S}$$

ou

$$y = \frac{1}{3}h\left(1 + \frac{K}{h}\frac{S' - S}{S}\right).$$

Mais nous avons :

$$S' - S = CDE = \frac{CE \times DH}{z};$$

ou $$CE = (h - K) \operatorname{tang} \alpha,$$

et $$DH = h' \frac{CE}{BI} = h' \frac{h - K}{K}.$$

Donc : $$S' - S = \frac{1}{2} \frac{h'(h - K)^2}{K} \operatorname{tang} \alpha,$$

et par suite : $$y = \frac{1}{3} h \left(1 + \frac{h'(h - K)^2}{2hS} \operatorname{tang} \alpha\right). \qquad (10)$$

La valeur de S est en vertu de (1) :

$$S = \frac{H^2}{2} (\operatorname{tang} \alpha - z^2 \operatorname{cotg} \varphi).$$

On a d'autre part :

$$\left.\begin{aligned} h - K &= H - (h' + K) = H - B'C \operatorname{cotg} \alpha \\ &= H - h' \operatorname{cotg} \varphi \operatorname{cotg} \alpha = H(1 - z \operatorname{cotg} \varphi \operatorname{cotg} \alpha). \end{aligned}\right\} \quad (10 \textit{ bis})$$

L'introduction de ces valeurs dans l'expression de y nous donne :

$$y = \frac{1}{3} h \left(1 + \frac{h'}{h} \frac{(1 - z \operatorname{cotg} \varphi \operatorname{cotg} \alpha)^2}{\operatorname{tang} \alpha - z^2 \operatorname{cotg} \varphi} \operatorname{tang} \alpha\right),$$

ou encore $$y = \frac{1}{3} h \left(1 + \frac{z}{1 - z} \frac{(\operatorname{tang} \alpha - z \operatorname{cotg} \varphi)^2}{\operatorname{tang} \alpha (\operatorname{tang} \alpha - z^2 \operatorname{cotg} \varphi)}\right). \qquad (11)$$

Le talus naturel des terres varie, d'après Poncelet, de 0,6 à 1,4 ; le premier correspondant aux terres les plus légères et le second aux terres les plus fortes. Nous pensons, néanmoins, qu'il suffit de considérer le seul cas de $\operatorname{tang} \varphi = \frac{2}{3}$, que l'on trouve d'ordinaire dans la pratique, et qui nous permet d'établir une formule très simple. Pour les talus plus élevés on pourra encore employer la même formule, car si la poussée diminue, l'ordonnée de son point d'application augmente un peu, et il en résulte une certaine compensation pour le moment de renversement.

Nous donnons ci-après les valeurs de $\frac{y}{h}$ pour tang $\varphi = \frac{2}{3}$:

z	$\frac{y}{h}$	z	$\frac{y}{h}$
0,0	0,333	0,6	0,34177
0,1	0,35613	0,7	0,33760
0,2	0,36294	0,8	0,33469
0,3	0,36061	0,9	0,33669
0,4	0,35336	1,0	0,333
0,5	0,34755		

La formule (11) ne donne pas directement la valeur de $\frac{y}{h}$ pour $z = 1,0$. Mais, si nous faisons, dans la formule (10) :

$$S = \frac{1}{2} h\mathrm{H} \operatorname{tang} \alpha + \frac{1}{2} h'(h - \mathrm{K}) \operatorname{tang} \alpha,$$

ce qui se déduit facilement de la figure, nous obtenons :

$$\frac{y}{h} = \frac{1}{3}\left(1 + \frac{h'(h - \mathrm{K})^2}{h^2\mathrm{H} + hh'(h - \mathrm{K})}\right),$$

ou

$$\frac{y}{h} = \frac{1}{3}\left(1 + \frac{z(h - \mathrm{K})^2}{h^2 + hz(h - \mathrm{K})}\right).$$

Dans la limite, la valeur de z étant $z = \operatorname{tang} \varphi \operatorname{tang} \alpha$, nous avons, en vertu de (10 *bis*), $\mathrm{K} = h$, et par suite :

$$\frac{y}{h} = \frac{1}{3}.$$

III. — Détermination de l'épaisseur du mur.

La poussée et l'ordonnée de son point d'application étant connues, nous passons à déterminer l'épaisseur du mur.

Le poids de celui-ci est πhe, π représentant le poids du mètre cube de maçonnerie et e l'épaisseur inconnue, supposée constante.

Le frottement des terres sur le mur est Q tang φ.

La somme des moments de ces deux forces, par rapport au tiers extérieur de la base du mur, doit être égale au moment de la poussée, relativement à la même base.

Nous avons ainsi :

$$\pi he \times \frac{1}{6} e + Q \text{ tang } \varphi \times \frac{2}{3} e = Qy,$$

d'où nous déduisons :

$$e^2 = \frac{2Q}{\pi}\left(\frac{3y}{h} - \frac{2e}{h} \text{ tang } \varphi\right). \qquad (12)$$

En faisant dans cette équation $z = 0$, la valeur de y étant dans ce cas $\frac{1}{3} h$, on obtient :

$$e_o^2 = \frac{2Q_o}{\pi}\left(1 - \frac{2e_o}{h} \text{ tang } \varphi\right), \qquad (13)$$

d'où l'on déduit :

$$e_o = -\frac{2Q_o}{\pi h} \text{ tang } \varphi + \sqrt{\frac{4Q_o^2}{\pi^2 h^2} \text{ tang}^2 \varphi + \frac{2Q_o}{\pi}}. \qquad (14)$$

La valeur de Q_o est, en vertu de (9) :

$$Q_o = \frac{\delta h^2}{2} \frac{\cos^2 \varphi}{(1 + \sin \varphi\sqrt{2})^2}. \qquad (15)$$

Le rapport $\frac{\delta}{\pi}$ varie entre 0,6 et 1,0. On peut donc chercher, au moyen de l'interpolation, une expression de $\frac{e_o}{h}$ plus simple que (14).

Nous avons obtenu :

$$\frac{e_o}{h} = 0{,}2\left(1 + \frac{3}{4}\frac{\delta}{\pi}\right), \qquad (16)$$

qui traduit bien l'équation (14), comme on le voit dans le tableau suivant :

$\frac{\delta}{\pi}$	$\frac{e_o}{h}$ (14)	$\frac{e_o}{h}$ (16)
0,6	0,2846	0,290
0,7	0,3016	0,305
0,8	0,3169	0,320
0,9	0,3307	0,335
1,0	0,3436	0,350

La quantité $\frac{e_0}{h}$ étant ainsi déterminée, nous l'introduisons dans la formule (12) en divisant celle-ci par la formule (13). Il vient :

$$e^2 = e_0^2 \frac{Q}{Q_0} \frac{\frac{3y}{h} - \frac{2e}{h} \tang \varphi}{1 - \frac{2e_0}{h} \tang \varphi}.$$

Nous ferons :

$$\frac{Q}{Q_0} = (1 + z)^2 \frac{(1 + \sin \varphi \sqrt{2})^2}{(1 + \sqrt{1 - \cos 2\varphi (1 - z^2)})^2} = \Delta^2 ;$$

et par suite : $$e = e_0 \Delta \sqrt{1 - \frac{\frac{2(e - e_0)}{h} \tang \varphi + 1 - \frac{3y}{h}}{1 - \frac{2e_0}{h} \tang \varphi}}.$$

Voici les valeurs de Δ :

z	Δ	z	Δ
0,0	1,0	0,6	1,52828
0,1	1.09853	0,7	1,59953
0,2	1,19352	0,8	1,66583
0,3	1,28435	0,9	1,72740
0,4	1,37066	1,0	1,78446
0,5	1,45196		

En vertu de ces valeurs, le terme :

$$\frac{\frac{2(e - e_0)}{h} \tang \varphi + 1 - \frac{3y}{h}}{1 - \frac{2e_0}{h} \tang \varphi},$$

que nous désignerons provisoirement par A, nul pour $z = 0$, puisque nous avons, dans ce cas, en même temps $e = e_0$ et $y = \frac{1}{3}h$, pourra être négatif pour les petites valeurs de z attendu que la quantité $\frac{3y}{h} - 1$ augmente jusqu'à $z = 0,20$, à peu près ; mais il deviendra positif pour les valeurs supérieures de z, car autrement le radical serait toujours supérieur à l'unité et il en résulterait des valeurs excessives pour e.

On voit aussi que le terme A est nécessairement inférieur à l'unité, vu que, dans le cas contraire, A étant positif, le radical prendrait la forme imaginaire. Si A est négatif, la valeur maximum de $\frac{3y}{h} - 1$ étant, à très peu près, de 0,08882, on aura :

$$A < \frac{0,08882}{1 - \frac{2e_o}{h} \tang \varphi}.$$

ou pour $\frac{e_o}{h} = \frac{1}{3}$ et $\tang \varphi = \frac{2}{3}$,

$$A < 0,16.$$

Nous pouvons donc développer le radical en série convergente dont la forme serait :

$$\sqrt{1 + A} = 1 + \frac{1}{2} A - \frac{1}{8} A^2 + \frac{1}{16} A^3 - \dots..$$

ou

$$\sqrt{1 - A} = 1 - \frac{1}{2} A - \frac{1}{8} A^2 - \frac{1}{16} A^3 - \dots..$$

Si nous ne profitons que des deux premiers termes de ces séries, la limite de l'erreur sera dans le premier cas :

$$-\frac{1}{8} A^2,$$

et dans le second :

$$-\frac{1}{8} \frac{A^2}{1 - A}.$$

L'erreur est donc toujours négative, c'est-à-dire, qu'elle augmente la valeur de e, quel que soit le signe de A.

Nous aurons ainsi en toute sûreté :

$$e = e_o \Delta \left(1 - \frac{1}{2} \frac{\frac{2(e - e_o)}{h} \tang \varphi + 1 - \frac{3y}{h}}{1 - \frac{2e_o}{h} \tang \varphi} \right),$$

d'où l'on déduit :

$$e = \frac{1}{2} e_o \Delta \frac{1 - \frac{2e_o}{h} \tang \varphi + \frac{3y}{h}}{1 - \frac{2e_o}{h} \tang \varphi (1 - \frac{1}{2} \Delta)}. \qquad (17)$$

La quantité $1 - \frac{1}{2}\Delta$ étant positive, le dernier facteur diminue un peu quand e_o augmente.

D'autre part nous avons vu que les variations de $\frac{e_o}{h}$ sont très restreintes et ces variations ne sont pas très sensibles, dans le même facteur, attendu que les termes dépendant de e_o ont le même signe au numérateur et au dénominateur.

En prenant, donc, pour $\frac{e_o}{h}$ la valeur 0,3, ou à peu près son minimum, on pourra établir, par l'interpolation une formule pratique de e.

Nous avons trouvé :

$$e = e_o(1 + z - \frac{1}{2}z^2). \tag{18}$$

Cette formule est justifiée par le tableau suivant :

z	$\frac{e}{e_o}$ (17)	$\frac{e}{e_o}$ (18)	z	$\frac{e}{e_o}$ (17)	$\frac{e}{e_o}$ (18)
0,0	0,1	0,1	0,6	1,371	1,420
0,1	1,118	1,095	0,7	1,402	1,455
0,2	1,202	1,180	0,8	1,432	1,480
0,3	1,258	1,255	0,9	1,463	1,495
0,4	1,302	1,320	1,0	1,492	1,500
0,5	1,339	1,375			

La formule (17) admet encore une simplification.

Faisons : $$z = \frac{h'}{H},$$

et remarquons que l'on a :

$$1 + \frac{h'}{H} - \frac{1}{2}\frac{h'^2}{H^2} = \frac{1}{2}\left(2 + \frac{2h'}{H} - \frac{h'^2}{H^2}\right) = \frac{1}{2}\left(3 - \left(1 - \frac{h'}{H}\right)^2\right).$$

Par conséquent :

$$e = \frac{3}{2}e_o\left(1 - \frac{1}{3}\frac{h^2}{H^2}\right). \tag{19}$$

Finalement, en remplaçant e_0 par sa valeur (16) nous obtenons :

$$e = 0{,}30h\left(1 + \frac{3}{4}\frac{\delta}{\pi}\right)\left(1 - \frac{1}{3}\frac{h^2}{H^2}\right). \qquad (20)$$

Cette formule, en fonction des poids spécifiques de la terre et de la maçonnerie, et des hauteurs du mur et du remblai, répond bien à toutes les conditions pratiques.

M. C. Xavier CORDEIRO

Ingénieur civil, à Lisbonne.

DISTRIBUTION DES RAILS COURTS ET LONGS DANS LES COURBES [625.1]

— *Séance du 4 août* —

Soient :

R le rayon du rail extérieur de la courbe;

b la largeur de la voie, entre les axes des rails ;

l la longueur du rail long y compris le jeu pour la dilatation ;

δ la différence entre le rail court et le rail long;

D le développement de la courbe, à la file extérieure ;

N le nombre correspondant de rails;

n le nombre des rails courts de la file intérieure.

La longueur de la file extérieure étant :

$$D = lN,$$

et le raccourcissement de la file intérieure étant δn, nous aurons :

$$\frac{lN - \delta n}{lN} = \frac{R - b}{R},$$

ou

$$\frac{\delta n}{lN} = \frac{b}{R}. \qquad (1)$$

Supposons que l'on veut organiser une table contenant des valeurs successives de $\frac{n}{N}$ et de R telles qu'en prenant, pour un rayon quelconque, le rapport $\frac{n}{N}$ correspondant à la valeur de R la plus proche parmi celles de la table, l'erreur commise dans la longueur de la file intérieure, ne surpasse pas une quantité donnée Σ par mètre courant de voie.

Le raccourcissement par mètre étant :

$$\frac{\delta n}{lN},$$

on aura pour un autre rapport $\frac{n'}{N'}$,

$$\frac{\delta n'}{lN'}.$$

La différence entre ces raccourcissements doit être égale à 2Σ, car $\frac{n}{N}$ étant proportionnel à $\frac{1}{R}$, la plus grande erreur Σ aura lieu quand la valeur donnée de $\frac{1}{R}$ sera la moyenne entre les deux correspondantes dans la table.

Il en résulte l'équation :

$$\frac{\delta n}{lN} - \frac{\delta n'}{lN'} = 2\Sigma,$$

ou

$$\frac{n'}{N'} = \frac{n}{N} - \frac{2\Sigma l}{\delta}. \tag{2}$$

La quantité Σ étant arbitraire, nous pouvons toujours réduire le terme $\frac{2\Sigma l}{\delta}$ à une fraction dont le numérateur sera l'unité, et le dénominateur un entier, qui peut être N.

En faisant, donc, le premier terme de la table égal à :

$$\frac{n}{N} = 1,0 = \frac{N}{N},$$

es termes suivants seront :

$$\frac{n'}{N'} = \frac{N-1}{N}, \frac{N-2}{N} \ldots\ldots \frac{1}{N}, \tag{3}$$

la valeur de N étant :

$$N = \frac{\delta}{2\Sigma l}. \tag{4}$$

Pour le rayon R nous tirons de (1) :

$$R = \frac{Nbl}{n\delta},$$

ou, en remplaçant N par sa valeur (4),

$$R = \frac{b}{2n\Sigma}. \tag{5}$$

Mais au lieu de R il vaut mieux introduire dans la table les rayons intermédiaires correspondants aux valeurs moyennes et successives de n, de cette forme-ci :

$$R' = \frac{b}{\Sigma(n + n')}, \tag{6}$$

$$R'' = \frac{b}{\Sigma(n' + n'')},$$

....

De la sorte, le rapport $\frac{n'}{N}$ est applicable à tous les rayons compris entre R' et R''. L'erreur commise peut être positive, négative ou nulle et n'atteindra la limite Σ que lorsque le rayon donné coïncidera avec un de ceux portés à la table, R' par exemple.

Dans ce cas il est indifférent de prendre le rapport $\frac{n}{N}$ ou $\frac{n'}{N'}$, l'erreur étant la même, sauf le signe.

Dans ce qui précède nous avons pris pour l'inconnue du problème le rapport $\frac{n}{N}$ entre le nombre des rails courts de la file intérieure et celui des rails longs de la file extérieure, dans une courbe dont le rayon est donné.

Le nombre total des derniers, ou $\frac{D}{l}$ étant connu, en le multipliant par le dit rapport, on obtiendra le nombre total x de rails courts à employer dans la courbe.

Nous aurons ainsi :

$$x = \frac{n}{Nl} D. \tag{7}$$

Cette formule nous permet d'introduire dans la table une nouvelle colonne donnant les valeurs du coefficient $\frac{n}{Nl}$, qu'il suffit de multiplier par D pour déterminer le nombre x.

Finalement, il est nécessaire de calculer, dans chaque ligne, et d'après la longueur du rail le raccourcissement δ le plus convenable qui correspond évidemment au plus petit rayon de courbe usité dans la voie courante.

Ce rayon étant fixé d'avance, on l'introduira dans la formule (1) en y faisant $n = N$. On en déduit :

$$\delta = \frac{lb}{R}. \tag{8}$$

Appliquons les formules (3), (4), (6) et (7) à la voie de 40 kilogrammes, adoptée dans les lignes de la Compagnie royale des chemins de fer Portugais, et dont les éléments sont ceux-ci :

$$l = 12{,}005, \qquad \delta = 0{,}08,$$

$b = 1{,}752$, pour les courbes où $R < 400$,

$1{,}74$, — de $R = 400$ à $R = 1000$,

$1{,}73$, — ou $R > 400$.

En faisant :

$$\Sigma = \frac{1}{9604},$$

il vient, par la formule (4) :

$$N = \frac{0{,}08 \times 9604}{2 \times 12{,}005} = 32.$$

Nous avons conséquemment :

$$n = 32, 31, 30, \ldots\ldots 1.$$

La formule (6) nous donne :

$$R = b\,\frac{9604}{n + n'},$$

et la formule (7) :

$$x = \frac{nD}{32 \times 12{,}005} = 0{,}00260308nD.$$

VOIE DE 1^{m},67 — RAILS DE 12 MÈTRES

Table pour la distribution des rails courts et longs dans les courbes

AVEC L'APPROXIMATION DE $\frac{1}{9604}$.

RAYONS	FILE INTÉRIEURE		FILE extérieure	COEFFICIENTS de D	RAYONS	FILE INTÉRIEURE		FILE extérieure	COEFFICIENTS de D
	RAILS courts	RAILS longs				RAILS courts	RAILS longs		
263					539				
	1	0	1	0,0833		15	17	32	0,0390
267					576				
	31	1	32	0,0807		7	9	16	0,0364
276					619				
	15	1	16	0,0781		13	19	22	0,0349
285					668				
	29	3	32	0,0755		3	5	8	0,0312
295					727				
	7	1	8	0,0729		11	21	32	0,0286
306					796				
	27	5	32	0,0713		5	11	16	0,0260
317					880				
	13	3	16	0,0697		9	23	32	0,0234
330					983				
	25	7	32	0,0661		1	3	4	0,0208
343					1114				
	3	1	4	0,0625		7	25	32	0,0182
358					1285				
	23	9	32	0,0599		3	13	16	0,0156
374					1519				
	11	5	16	0,0573		5	27	32	0,0130
391					1857				
	21	11	32	0,0547		1	7	8	0,0104
408					2387				
	5	3	8	0,0521		3	29	32	0,0078
428					3342				
	19	13	32	0,0495		1	15	16	0,0052
452					5570				
	9	7	16	0,0469		1	31	32	0,0026
477					16711				
	17	15	32	0,0443		0	1	1	0,0
506					∞				
	1	1	2	0,0416					
539									

M. P. MÉDEBIELLE

Ingénieur des Arts et Manufactures, à Lourdes.

LES CHEMINS DE FER DE MONTAGNE A TRACTION ÉLECTRIQUE. [625.3 : 621.42]

— *Séance du 4 août* —

Les chemins de fer de montagne étaient actionnés jusqu'à ces dernières années, par la vapeur ou par l'eau agissant comme contrepoids dans certains funiculaires à crémaillère.

Mais, depuis que l'électricité a fait son apparition dans l'industrie des transports, on a bien vite abandonné la vapeur qui est trop chère et répond mal aux exigences d'un service essentiellement variable et compliqué.

L'électricité, au contraire, se prête d'une façon merveilleuse à ce genre de traction. Son grand avantage réside surtout dans un emploi absolument judicieux de la force motrice qui est proportionné, à chaque instant, à l'effort à produire ; elle donne en outre un service plus propre et moins bruyant.

La disgracieuse locomotive de montagne, avec ses sifflets stridents, sa fumée incommode, le bruit infernal de sa vapeur et les trépidations produites par l'action des pistons, des bielles et manivelles sur les roues motrices, sera avantageusement remplacée par les wagons électriques, élégants, d'une allure pacifique et rampant sans bruit ni fumée, obéissant à la main qui les dirige sans qu'on soupçonne même d'où vient la puissance dont ils sont animés.

Cette force invisible, que la science moderne a trouvé le moyen de dompter, d'emmagasiner et de transporter au loin, est produite par les torrents de nos montagnes qu'alimente en grande partie la fonte des neiges et des glaciers, ces inépuisables mines de « houille blanche ».

Les différents systèmes de chemins de fer de montagne qui font usage de la traction électrique peuvent être classés de la manière suivante :

1° Chemins de fer à adhérence totale et fortes rampes ;
2° Chemins de fer à crémaillère ;
3° Chemins de fer à traction électrique mixte ;
4° Chemins de fer funiculaires.

I

CHEMINS DE FER DE MONTAGNE A ADHÉRENCE ET FORTES RAMPES

La traction électrique, permettant d'obtenir l'adhérence totale en agissant directement sur tous les essieux d'une même voiture automotrice, sera précieuse sur les lignes à simple adhérence et fortes rampes.

Le mode d'exploitation de ces chemins de fer est tout à fait différent de celui des lignes principales. On ne cherchera pas à avoir des trains lourds, mais au contraire des trains légers et fréquents, au moyen d'automotrices échelonnées à courte distance, ou groupées par quatre ou cinq et ayant toutes leurs essieux moteurs.

Dans ce dernier cas, les moteurs électriques ou mieux les régulateurs de toutes ces voitures seront manœuvrés par un seul wattman placé en tête du train et ayant à sa disposition un servo-moteur Auvert ou Westinghouse.

La construction du matériel roulant présentera, il est vrai, quelques difficultés, par suite de la nécessité de loger des moteurs très puissants dans les châssis très étroits de ces automobiles de montagne. On remédiera à cet inconvénient par l'emploi de bogies dont les quatre essieux peuvent être attaqués chacun par un moteur de 25 à 30 chevaux et réaliser ainsi des puissances de 100 à 120 chevaux. Ces bogies faciliteront en outre le passage des voitures d'une certaine longueur dans les courbes de faible rayon.

Si la ligne de montagne à voie étroite et à forte rampe ne comprend que des courbes à grand rayon, on pourra éviter les bogies et loger dans le châssis de la voiture deux moteurs de 50 à 60 chevaux dont les arbres parallèles à la voie attaqueront les essieux par des engrenages coniques; il sera facile d'obtenir ainsi des moteurs de grand diamètre et très allongés.

Il n'existe actuellement en France que deux exemples de chemins de fer de montagne exploités d'après les deux procédés que nous venons d'indiquer ; ce sont les lignes de Pierrefitte à Cauterets et du Fayet-Saint-Gervais à Chamonix.

A. — *Ligne de Pierrefitte à Cauterets.*

Le chemin de fer électrique de Pierrefitte à Cauterets qui relie l'une des villes thermales les plus fréquentées des Pyrénées à la tête de ligne des Chemins de fer de la Compagnie du Midi, est exploité depuis le 1er avril 1899 à l'aide de voitures automotrices indépendantes.

Il a donné des preuves excellentes de son bon fonctionnement et présente un intérêt tout spécial, comme étant le premier chemin de fer électrique de montagne, servant au transport des voyageurs et des marchandises d'après un horaire régulier en correspondance avec une grande ligne.

Le tracé, d'une longueur de 12 kilomètres, à voie de 1 mètre, présente des courbes de 30 mètres de rayon et des rampes de 80 millimètres par mètre.

La force motrice est fournie par une usine hydro-électrique de 1.200 chevaux de puissance, installée au milieu du trajet et actionnée sous une chute de 67 mètres par les eaux dérivées du gave de Cauterets.

Cette usine comprend quatre groupes de turbines, du système Piccard à axe horizontal et régulateur d'admission d'eau automatique.

Chacune d'elles commande directement, par accouplement élastique, deux dynamos à six pôles type Thury, à excitation indépendante de 105.000 watts et tournant à 450 tours par minute.

Il y a également deux excitatrices du type Ganz, de 11.000 watts sous 120 volts et 650 tours par minute, qui sont commandées directement par une petite turbine Piccard de 35 chevaux à régulateur d'admission d'eau automatique.

Le courant continu produit par les génératrices, à la tension de 600 volts, traverse un tableau de distribution comprenant tous les appareils de sûreté, de contrôle, de mesure et de réglage ; des disjoncteurs automatiques avec plombs fusibles coupent le courant lorsqu'il dépasse un certain nombre d'ampères. Le réglage a lieu de 300 à 600 ampères, suivant le nombre de voitures en service.

A la sortie de l'usine, les feeders sont protégés par des parafoudres Garton-Daniel avant de se diriger vers Pierrefitte et Cauterets, où ils vont alimenter des sections de ligne aérienne complètement indépendantes les unes des autres.

Les connexions entre les feeders et les lignes de contact se font au moyen de coupe-circuits fusibles pouvant faire office d'interrupteurs.

Ces lignes de contact en bronze siliceux de 8 millimètres de diamètre, sont supportées tous les 30 ou 40 mètres par des poteaux en bois avec console en fer.

Le retour du courant à l'usine a lieu par les rails connectés électriquement.

Le matériel roulant comprend des voitures de voyageurs, des fourgons à bagages et des plates-formes à marchandises. Toutes ces voitures sont automotrices et montées sur deux bogies, dont les quatre essieux sont attaqués chacun par un moteur Thury de 25 chevaux pouvant en développer 30, s'il était nécessaire.

Ces moteurs, qui reçoivent le courant par l'un des trolleys placé à l'une des extrémités des véhicules après avoir passé par les régulateurs, sont constamment couplés en parallèle, sauf dans les démarrages, où ils sont couplés en série.

Pendant la montée, le débit varie suivant la rampe et la charge de 120 à 140 ampères ; il atteint 150 à 160 ampères aux démarrages en pleine charge.

Le freinage est mécanique ou électrique. Les freins mécaniques sont à sabot agissant sur les roues porteuses, ou à patins limeurs agissant sur les rails de la voie. Les dents en acier des patins limeurs disparaissant très rapidement, on les a remplacées par des blocs de carborandum fixés à des chapes en fonte, qui permettent la substitution facile après usure.

Pour obtenir le freinage électrique on fait agir les moteurs comme générateurs et on envoie le courant produit dans un rhéostat, placé sous la voiture, où il est transformé en chaleur. Les résistances sont composées de plaques de fonte portant des fils noyés dans un émail.

Ce mode de freinage est très doux et sans à-coups ; il augmente automatiquement si la vitesse tend à s'accélérer, et diminue si elle tend à se ralentir.

Chaque train est ordinairement composé de deux voitures de voyageurs à 40 et 60 places et d'un fourgon à bagages. Ces voitures, qui sont automotrices et indépendantes, se suivent à 200 mètres de distance.

La première année d'exploitation a montré que le système assurait d'une façon remarquable le service de correspondance de tous les trains arrivant ou partant de la gare du Midi à Pierrefite ; soit sept trains par jour dans chaque sens pendant la saison d'été. L'affluence des voyageurs est quelquefois très intense à l'époque des grands pèlerinages de Lourdes ; on lance alors des trains supplémentaires à dix minutes d'intervalle.

B. — *Ligne de Fayet-Saint-Gervais à Chamonix.*

Dans la ligne de Fayet-Saint-Gervais à Chamonix, qui est à voie de 1 mètre, avec des rampes de 80 et 90 millimètres, les trains seront composés de quatre ou cinq voitures automotrices à adhérence totale. Tous les régulateurs seront manœuvrés à l'aide d'un servo-moteur Auvert par un seul vattmann placé dans le fourgon de tête.

Chaque automotrice sera actionnée par deux moteurs de 50 chevaux à arbre parallèle à la voie et attaquant les essieux par des engrenages coniques.

La prise de courant aura lieu à l'aide de frotteurs glissant sur un rail de 34 kilogrammes placé latéralement à la voie. — Ce courant continu sera fourni à la tension de 550 volts par deux usines hydro-électriques situées sur l'Arve, à proximité des fortes rampes.

Les moteurs seront toujours couplés en parallèle ; leur excitation sera faite en série et pourra varier, au moyen d'un shuntage, pour réaliser des vitesses de 10 à 11 kilomètres sur fortes rampes et de 35 à 40 kilomètres sur les paliers.

Le frein à patins de Cauterets sera remplacé ici par un frein à mâchoires, prenant son point d'appui sur un rail spécial placé dans l'axe de la voie.

II

CHEMINS DE FER ÉLECTRIQUES DE MONTAGNE A CRÉMAILLÈRE

Lorsque les lignes de montagne présenteront des rampes supérieures à 100 millimètres par mètre, l'adhérence ordinaire devenant pratiquement insuffisante pour les faire franchir par les voitures électriques, il faudra y suppléer par l'usage de la crémaillère ou du câble tracteur des funiculaires.

La traction électrique sera, dans ce premier système, très avantageuse, par suite de la réduction du poids mort. Celui-ci est, en effet, de près de 40 kilogrammes par cheval si on fait usage de la machine à vapeur, tandis qu'il n'est que de 15 à 20 kilogrammes par cheval avec des moteurs électriques qui seront alors d'un poids très réduit de façon à être logés dans les châssis des voitures automotrices. Il ne faudra recourir à l'emploi des locomotives électriques que si on a des trains lourds nécessitant des moteurs puissants.

Dans les chemins de fer de montagne d'une certaine longueur, il peut arriver qu'une partie de la ligne présente des rampes inférieures à 15 0/0 ; dans ce cas, il y aurait sans doute avantage à rendre les roues porteuses solidaires des pignons dentés pour les faire contribuer, par leur adhérence, au travail de traction. On diminuerait ainsi l'effort supporté par les dents et on pourrait augmenter la vitesse dans ces parties.

La traction électrique se prête très bien à ces transformations ; il suffira de faire marcher les moteurs à leur maximum de rendement tout en faisant varier la vitesse dans la proportion de 1 au nombre total des moteurs employés, et cela, en les couplant, soit en série, soit en parallèle.

Ce résultat aurait été obtenu difficilement avec la machine à vapeur.

A. — *Chemins de fer électriques du Salève.*

Le premier chemin de fer de montagne à crémaillère où l'électricité a été employée comme moteur de traction, est celui du mont Salève dont les deux tronçons d'Etrambières au Treize-Arbres et de Veyrier à Monnetier ont été mis en exploitation pendant les années 1892 et 1893.

Le courant continu, à la tension de 5 à 600 volts, est fourni par une usine hydro-électrique de 600 chevaux située sur l'Arve à 1.800 mètres environ de la ligne.

Cette usine comprend deux groupes de turbines Jonval à injection partielle et axe vertical de 300 chevaux accouplées directement à des dynamos du système Thury qui travaillent à vitesse et puissance réduites, puisqu'elles pourraient développer 1.000 chevaux avec 180 tours par minute. Ces dynamos sont à excitation séparée; le courant d'excitation est fourni par une dynamo spéciale commandée par une turbine de 20 chevaux. Les voitures automobiles à 40 places circulent isolément, elles portent deux frotteurs en bronze qui glissent sur un rail placé latéralement à la voie et qui distribue le courant.

Ces voitures sont munies chacune de deux moteurs Thury développant normalement de 35 à 40 chevaux et pouvant arriver, en coup de collier, à 50 chevaux avec 1,200 tours par minute.

Ils attaquent la crémaillère du système Abt par l'intermédiaire d'un engrenage réducteur et deux pignons dentés calés sur des faux essieux.

Il aurait été sans doute préférable, pour éviter les ferraillements et les pertes de transmission, de caler ces pignons sur les essieux porteurs extrêmes dont l'adhérence des roues n'est pas utilisée.

Le mécanisme moteur de ces automobiles est un peu lourd (100 kilogrammes par cheval) ; nous verrons dans les exemples suivants qu'aujourd'hui on arrive a obtenir des appareils très légers relativement à l'effort produit.

Il y a cependant encore une différence de 10 0/0 en moins, des moteurs électriques du Salève, aux moteurs équivalents à vapeur.

B. — *Chemin de fer électrique de Zermatt au Gornergrat.*

La deuxième application de la traction électrique à une ligne de montagne a été faite en 1898 au chemin de fer du Gornergrat. Elle diffère de la précédente en ce que les courants utilisés sont triphasés et que les moteurs sont placés sur une voiture spéciale qui pousse ou retient les voitures de voyageurs.

La longueur du tracé est de 9 kilomètres avec une différence de niveau de 1.000 mètres entre les deux gares extrêmes; la rampe la plus forte atteint 20 0/0, et le rayon minimum descend à 80 mètres. La largeur de la voie est de 1 mètre avec des rails Vignole de 10 centimètres de hauteur, entre lesquels se trouve une crémaillère du système Abt.

La force motrice est fournie par un dérivation des eaux du Findelembach amenées à l'usine centrale par une canalisation de 400 mètres. La chute effective est de 100 mètres; elle actionne trois turbines à haute pression de 250 chevaux.

Ces turbines, à axe horizontal, font 400 tours à la minute et sont accouplées directement aux alternateurs par des joints élastiques; elles sont munies de régulateurs hydrauliques d'une grande sensibilité.

Le courant continu d'excitation est produit par deux dynamos directement reliées à des turbines spéciales à axe horizontal faisant 900 tours par minute.

Les alternateurs se composent d'une armature fixe et d'un inducteur mobile en acier comprenant 12 pôles, et avec une fréquence de 40 périodes par seconde.

Le courant primaire, à la tension de 5.400 volts, est réduit à la tension de 540 volts dans trois stations transformatrices d'une capacité de 180 kilowatts; chacune de ces stations se compose de deux groupes formés chacun de trois transformateurs monophasés de 30 kilowatts.

Les courants d'alimentation sont distribués d'abord aux fils de contact de 8 millimètres, par deux feeders partant des stations extrêmes, et ensuite aux locomotives par quatre trolleys, soit deux par phase, afin que l'intensité de courant par trolley ne dépasse jamais une limite convenable.

Le retour du courant, ou la troisième phase, a lieu par les rails.

La locomotive, du poids de 10 tonnes 5, est munie de deux moteurs Brown à inducteur fixe et à induit tournant de 90 chevaux, complètement indépendants l'un de l'autre et actionnant chacun deux pignons qui engrènent avec les dents de la crémaillère.

La vitesse des moteurs, qui est au maximum de 800 tours, est réduite dans le rapport de 12 à 1, au moyen de deux trains d'engrenages successifs, ce qui donne à la locomotive une vitesse constante de 7 kilomètres à l'heure. Ces moteurs sont capables de démarrer, sous pleine charge, sans absorber un courant supérieur à celui qui correspond à la pleine charge en vitesse normale. Au-dessus d'eux se trouve la boîte cylindrique renfermant les rhéostats de mise en marche et de régulation de vitesse.

Les moteurs sont utilisés comme freins automatiques. Si l'on met, en effet, leur induit en court circuit, dès que la locomotive aura atteint, dans sa descente, la vitesse correspondant au synchronisme, les moteurs commenceront à agir comme générateurs et à envoyer le courant dans la ligne; ils prendront alors une vitesse maxima et constante synchrone de celle des alternateurs de la station génératrice, augmentée d'une très faible valeur correspondant au glissement. Si, par suite d'une rupture des feeders, des fils de contact ou d'un accident à la station centrale, le courant n'arrivait plus aux moteurs, le freinage précédent n'agirait plus, mais alors on a à sa disposition le frein électrique automatique. Il se compose d'un solénoïde traversé par le courant de la ligne et dans l'intérieur duquel plonge un noyau en fer doux qui contrebalance l'action de ressorts puissants tendant à appliquer sur un tambour un frein à ruban.

Ces ressorts produiront instantanément le serrage à bloc des freins, si le courant ne passe plus dans le solénoïde.

Un régulateur à force centrifuge peut agir sur un commutateur et couper le courant dès que le train dépassera la vitesse normale; il est évident que ce commutateur peut être également manœuvré à la main par le conducteur, de la plate-forme des voitures ou de la locomotive.

Cette première application des courants triphasés a donné des résultats très satisfaisants, et sera certainement suivie dans l'exploitation des futurs chemins de fer de montagne.

C'est en effet ce genre de traction qui a été choisi pour les chemins de fer de la Jungfrau et du Pic du Midi de Bigorre.

C. — *Chemin de fer de la Jungfrau.*

La locomotive de la Jungfrau, qui est semblable à celle du Gornergrat, est munie de deux moteurs triphasés de 125 chevaux actionnés par des courants secondaires à la tension de 500 volts, provenant de transformateurs qui sont alimentés par des courants primaires à la tension de 7.000 volts.

Cette locomotive pèse 13 tonnes, soit environ 52 kilogrammes par cheval utile, poids relativement faible pour une machine de cette puissance. Les locomotives à vapeur du Righi pèsent 136 kilogrammes par cheval effectif, celles de Viege-Zermatt, 118 kilogrammes et celles du Pilate, 110 kilogrammes.

Le courant primaire est actuellement produit à l'usine de Lauterbrunen, d'une puissance de 2.300 chevaux. L'eau dérivée de la Lutshine noire est amenée dans cette usine par une conduite en tôle d'acier de $1^m,80$ de diamètre, et de 6 à 7 millimètres d'épaisseur. Les quatre turbines, du type Girard, à régulateur automatique, sont groupées par deux et travaillent sous une chute effective de 36 mètres.

Chaque groupe actionne un alternateur triphasé d'Oerlikon, à armature fixe en spirale et champ tournant avec une fréquence de 38 périodes à la seconde.

L'excitation est produite par deux dynamos excitatrices qui fournissent 150 ampères sous 120 volts, à la marche de 600 tours à la minute. Elles sont actionnées par une turbine du type Girard, de 25 chevaux.

Le freinage électrique est identique à celui du Gornergrat. Cependant, les locomotives de la Jungfrau possèdent, en outre, un frein à mâchoires embrassant le champignon d'une crémaillère spéciale. Ces pinces ou mâchoires empêcheront surtout le soulèvement et le dérapage des roues dentées.

La crémaillère inventée par l'ingénieur Strub se compose d'un rail à patin de 34 kilogrammes, dans le champignon duquel on a taillé à froid des dents en forme de coin. La tête évasée du rail permet l'emploi des pinces de sûreté.

Nous avons visité dernièrement cette ligne, qui est exploitée sur une longueur de 2.800 mètres, dont 2.000 à ciel ouvert jusqu'au pied du glacier de l'Eiger, et 800 mètres en souterrain.

Le fonctionnement des machines est parfait et les démarrages d'une douceur remarquable; nous reprochons simplement à cette installation la largeur trop réduite de son grand tunnel qui ne serait certainement pas tolérée en France. Malgré l'éclairage électrique, malgré l'absence de fumée et de tout bruit, l'impression est des plus désagréables.

D. — *Chemin de fer du Pic du Midi de Bigorre.*

Le chemin de fer à crémaillère du Pic du Midi de Bigorre, dont les études définitives sont terminées et qui va prochainement entrer dans la période de construction, sera également actionné par des locomotives électriques dont les moteurs seront alimentés par des courants triphasés comme ceux des lignes du Gornergrat et de la Jungfrau.

Le freinage sera identique, mais, pour éviter le renversement des voitures par les coups de vent, qui sont quelquefois très violents dans la partie supérieure du Pic, les véhicules seront munis, comme la locomotive, de freins à pinces, fixés des deux côtés du châssis et qui prendront leur point d'appui non sur le champignon de la crémaillère, mais sur celui des rails de la voie.

Ces pinces de sûreté pourront servir à la descente isolée des voitures dans le cas d'un accident à la locomotive.

L'usine génératrice, d'une force de 2.500 chevaux, sera alimentée par les eaux dérivées de l'Adour, sous une chute de 125 mètres. Les courants primaires à haute tension seront conduits par des feeders spéciaux à trois sous-stations échelonnées sur la ligne.

Le tracé, de 9 kilomètres de longueur, à voie de 1 mètre et crémaillère Strub, présentera des rampes de 30 0/0, avec des courbes de 65 mètres de rayon.

Avec une légère augmentation de longueur du tracé, nous avons cherché à éviter les longs tunnels, afin de permettre aux touristes de jouir de la vue splendide des différents panoramas qui se dérouleront successivement à leurs yeux, à mesure qu'ils seront élevés.

E. — *Chemin de fer du mont Blanc.*

Le chemin de fer électrique du mont Blanc, dont les études sont également terminées, est destiné à relier le village des Houches au sommet du mont Blanc.

Le tracé, d'une longueur de 12.200 mètres, est complètement en souterrain, sauf une première section de 2 kilomètres. Il présente des rampes de 60 0/0 et des courbes dont les rayons descendent jusqu'à 100 mètres.

Étant donnée la forte rampe à franchir, la crémaillère sera double et à dents horizontales comme au Pilate.

On a fait choix ici, pour la traction, du courant continu à la tension de 750 volts.

Les locomotives de 20 tonnes, à deux moteurs de 150 chevaux, pourront développer 400 chevaux aux démarrages. Elles prendront le courant par l'intermédiaire de frotteurs sur une série de conducteurs isolés, placés latéralement à la voie et alimentés en dérivation par des conducteurs en cuivre. Le retour se fera par l'ensemble des rails et de la crémaillère.

Le tracé à crémaillère qui doit s'arrêter aux Petits Rochers Rouges sera complété par l'installation d'un traîneau funiculaire qui transportera les touristes jusqu'au sommet, situé 230 mètres plus haut.

Ce projet grandiose fait le plus grand honneur à ceux qui l'ont conçu. Il sera le digne rival de celui de la Jungfrau et nous ne doutons pas de son immense succès.

III

CHEMINS DE FER ÉLECTRIQUES DE MONTAGNE « MIXTES »

Certaines lignes de montagne pourront présenter des sections à simple adhérence et d'autres à crémaillère.

Le matériel roulant de ces lignes sera alors construit d'après les deux principes suivants : on actionnera directement, à l'aide de moteurs électriques, les essieux porteurs reliés à ceux des roues dentées par des bielles ou des chaînes de Galle.

En couplant ensuite les moteurs en série, on réduira la vitesse et il n'y aura pas à craindre le patinage, grâce à la présence de la crémaillère. Il est vrai que si on ne dispose que de deux moteurs, il faudra recourir au réglage par le rhéostat, faute de pouvoir changer le couplage.

La deuxième solution consistera à ajouter à chaque moteur une seconde transmission à simple réduction et à disposer des embrayages permettant de mettre le pignon du moteur, à volonté, en prise avec l'une ou l'autre des deux transmissions.

A. — *Ligne de Stansstadt à Engelberg.*

La ligne de Stansstadt-Engelberg est un exemple de chemin de fer de montagne à adhérence et crémaillère avec locomotive électrique mixte.

Cette ligne, exploitée depuis l'année 1898, est à la largeur de 1 mètre et d'une longueur de 22 kilomètres avec une partie de 1.500 mètres à crémaillère, pour franchir une rampe de 25 millimètres.

L'exploitation est faite par des voitures automotrices échelonnées et indépendantes, qui sont poussées par une locomotive dans la section à crémaillère, ou bien encore par un train de voitures remorquées par la même locomotive, travaillant à simple adhérence dans les sections qui ne comportent pas de crémaillère.

Les automotrices de 14 tonnes sont montées sur deux bogies et ont 14 mètres, de longueur ; sur le bogie-avant sont montés deux moteurs triphasés de 35 chevaux travaillant à la tension de 750 volts avec 480 tours par minute. Le bogie d'arrière renferme le frein agissant sur une roue motrice.

Les locomotives pèsent 12 tonnes et comprennent deux moteurs de 75 chevaux, travaillant également sous 750 volts avec 650 tours par minute. Ils actionnent une roue dentée unique, calée sur un arbre intermédiaire.

Pour les parcours à simple adhérence un embrayage à friction permet de faire travailler les moteurs directement sur les essieux.

La prise de courant a lieu à l'aide de deux archets. Les alternateurs de l'usine génératrice produisent des courants triphasés à la tension de 750 volts et alimentent directement les fils de contact de la section voisine. Pour les autres sections éloignées, on élève la tension de 5.300 volts, à l'aide de transformateurs monophasés de 30 kilowatts chacun; le courant à haute tension est ensuite transformé, dans des sous-stations, à 750 volts avant d'être utilisé.

IV

CHEMINS DE FER FUNICULAIRES DE MONTAGNE

Les funiculaires de montagne à forte rampe peuvent être actionnés de deux façons différentes : par contrepoids d'eau ou par traction directe à l'aide d'un moteur agissant sur un treuil. Les moteurs à vapeur, très employés jusqu'à ce jour, sont actuellement remplacés par des moteurs électriques, surtout lorsqu'il est possible d'utiliser une chute d'eau comme force motrice.

Les moteurs électriques présentent une plus grande souplesse dans la traction que les moteurs à vapeur, la manœuvre de leurs appareils est très simple et les frais d'exploitation peu élevés.

Les frais d'établissement des lignes de transport de force seront également peu élevés, car il sera possible d'utiliser directement, sans appareils transformateurs, des courants à haute tension qui exigent un poids de cuivre relativement faible.

Dans les installations d'une certaine longueur, pour fixer la direction du tracé, on pourrait être gêné par des difficultés de terrain exigeant des courbes prononcées et par un poids de câble trop grand. On remédiera facilement à ces inconvénients en divisant la ligne en plusieurs sections indépendantes, au sommet desquelles on placera un moteur électrique qui recevra le courant d'une seule usine génératrice, et actionnera un câble de poids réduit sur un tracé rectiligne.

Funiculaire du Stanserhorn.

Ce système a été appliqué avec succès en 1896 au Stanserhorn, où la différence de niveau à franchir était de 1.600 mètres sur une longueur de 4.000 mètres.

On a divisé le tracé en trois sections, desservies chacune par un funiculaire indépendant, avec transbordement des voyageurs aux deux points intermédiaires.

La section supérieure, d'une grande hardiesse, a des rampes de 62 0/0.

L'énergie électrique est fournie aux trois moteurs par l'usine hydro-électrique de Buochs-sur-l'Aa, qui dessert également le tramway de Stans et le funiculaire du Burgenstock. La dynamo génératrice, du type Thury, à une puissance de 90 kilowatts sous 1.600 volts et à la vitesse de 350 tours par minute.

Les moteurs, également du type Thury, de 44 kilowatts, sont alimentés en parallèle par le courant de la génératrice. Dans les funiculaires du Stanserhorn, on a supprimé la crémaillère qui est utilisée dans les autres funiculaires comme point d'appui du pignon de frein.

Le freinage est ici obtenu à l'aide de mâchoires qui viennent serrer les rails sous l'action d'une vis à filets inverses, comme nous le verrons plus loin. Ce frein est simplement de sûreté, le réglage de la vitesse se fait à la partie supérieure, mécaniquement ou automatiquement.

Funiculaire du Mont-Dore.

On a construit dernièrement, au Mont-Dore, un funiculaire analogue au précédent, mais d'une longueur plus faible, et dont le moteur est directement actionné par des courants triphasés à la tension de 3.200 volts.

Funiculaire du Grand Jer.

La dernière installation qui résume tous les progrès réalisés dans les précédentes lignes, soit au point de vue des travaux d'infrastructure, soit au point de vue du mécanisme et de l'emploi de l'énergie électrique, est celle du funiculaire du Grand Jer de Lourdes.

Ce chemin de fer a été mis en exploitation le 17 juin dernier et fonctionne d'une façon régulière. Il a une longueur de 1.200 mètres, avec des rampes de 57 0/0. La voie, de 1 mètre de largeur, avec des rails à champignons cunéiformes est unique, sauf au milieu, sur une longueur de 65 mètres, où elle est double pour le croisement des voitures. Le croisement des voitures est automatique. A cet effet les roues intérieures sont sans boudin et les roues extérieures sont à gorge pour guider le véhicule sur les rails extérieurs qui sont continus sur toute la ligne.

Le pignon denté de frein et la crémaillère, réputés indispensables à tout chemin de fer de montagne, sont remplacés par des freins à pinces qui viennent serrer les champignons des rails de la voie, sous l'action d'une vis à filets inverses, dont l'axe est pourvu d'une transmission avec chaîne de Galle. Celle-ci reçoit le mouvement des essieux du véhicule dès qu'un levier à contrepoids est déclenché soit par la rupture du câble, soit par le mouvement d'une tige à pédale manœuvrée par le conducteur placé sur la plate-forme. Chaque voiture possède deux de ces freins automatiques et un troisième manœuvré à la main dans les cas où les deux premiers n'agiraient pas.

L'énergie électrique qui actionne le moteur du sommet, d'une puissance de 65 à 70 chevaux, est fournie par l'usine de Lugagnan, située sur le Nez, affluent du Gave, à trois kilomètres du Jer.

Dans cette usine se trouve installée une turbine de 120 chevaux actionnant, par courroie, un alternateur biphasé de 100 kilowatts, sous 3.250 volts.

La turbine est munie d'un régulateur automatique très perfectionné, et excessivement sensible, qui modère ou amplifie l'adduction de l'eau pour les différences de charge sur les wagons ; il la supprime complètement dans le cas d'arrêt fortuit dans leur descente ou leur ascension.

Si, pour une cause quelconque, l'usine de Lugagnan ne pouvait envoyer le courant électrique au Jer, on aurait recours à l'usine de Vizens, située à 4 kilomètres, sur le Gave, en aval de Lourdes et qui comprend une installation analogue à la précédente.

Le courant à haute tension est conduit au sommet du Jer par une canalisation à trois fils qui est protégée aux deux extrémités par des parafoudres spéciaux.

Le moteur asynchrone du sommet fonctionne directement, avec le courant à la tension de 3.250 volts, sans passer par l'intermédiaire de transformateurs comme on le fait ordinairement. La partie fixe, qui reçoit les courants d'alimentation, est formée de tôles superposées, fortement maintenues dans une carcasse en fonte ; elles reçoivent les enroulements des fils d'armature.

La partie mobile porte un enroulement triphasé à basse tension, dont les trois extrémités aboutissent à trois bagues de contact calées sur l'arbre. Les courants induits, pris à l'aide de frotteurs, sont conduits à un appareil de démarrage qui permet d'insérer au départ les résistances dans le circuit et de les retirer peu à peu pour mettre finalement l'induit en court-circuit lorsque le moteur a atteint sa vitesse de régime.

Ce moteur doit fournir, au départ, l'énergie nécessaire à la traction de la voiture inférieure. L'effort va ensuite constamment en diminuant, par suite des longueurs de câble qui se font de plus en plus équilibre et, dès qu'il change de sens, l'énergie supplémentaire produite est absorbée par un rhéostat liquide placé dans le canal de l'usine génératrice.

Un appareil spécial placé au tableau permet d'inverser le circuit et de faire tourner le moteur et par suite le treuil en sens contraire.

Frein électrique automatique.

Si le courant venait à manquer sur la ligne d'alimentation, un solénoïde monté en dérivation sur cette ligne, abandonnerait une armature lourde qu'il attirait en temps ordinaire, lorsque le courant le traversait. Cette armature viendrait alors peser sur un levier de frein automatique. De même si une voiture venait à dépasser le point d'arrêt à la partie supérieure, ellé agira par l'intermédiaire de leviers sur un cliquet qui déclenchera un poids lourd. Celui-ci, en tombant, actionnera la commande d'un intercepteur de secours et le forcera à s'ouvrir, interrompant ainsi le courant et par suite provoquant l'arrêt du moteur, par la mise en marche du frein automatique.

La position des voitures sur la ligne est indiquée à chaque instant au mécanicien, par un curseur-écrou qui se deplace sur une vis hélicoïdale dont le mouvement est solidaire de celui du treuil. Aux deux extrémités de la vis, le curseur peut fermer le circuit d'une sonnerie à trembleur qui annonce au mécanicien l'entrée en gare.

Ces différents appareils ont fonctionné d'une façon irréprochable, lors de la réception de la ligne par la commission officielle ; ils continuent à donner entière satisfaction.

CONCLUSION

Nous n'avons pu donner dans notre étude très sommaire, qu'un faible aperçu des progrès rapides réalisés depuis quelques années dans les différents systèmes de chemins de fer de montagne.

Sans prendre parti pour tel type de crémaillère ou tel mode d'utilisation de l'énergie électrique, nous croyons avoir bien indiqué que l'avenir des chemins de fer, desservant des contrées très accidentées, est dans l'emploi des systèmes à adhérence totale, à crémaillère et mixtes, avec la traction électrique.

Ces chemins de fer rendront les plus grands services à l'agriculture et à l'industrie des pays montagneux, déshérités, jusqu'à ce jour, de tout moyen de communication.

Grâce également aux progrès qui ont été faits dans la fabrication des câbles, la traction funiculaire est utilisée actuellement pour le transport des voyageurs sur des rampes vertigineuses.

Nous avons vu qu'avec l'emploi de l'énergie électrique dans des moteurs légers on avait pu installer et actionner les treuils de traction sur des sommets très élevés et dans des conditions de simplicité et d'économie qu'il aurait été difficile d'obtenir des machines à vapeur.

Nous sommes persuadés que les différents exemples d'installations que nous avons cités seront suivis par beaucoup d'autres, surtout en France où nous sommes en retard, et où cependant les forces hydrauliques abondent dans nos pays de montagnes.

M. F. BIENVENÜE

Ingénieur en chef des Ponts et Chaussées, Chef du Service technique du Métropolitain de Paris.

LE CHEMIN DE FER MÉTROPOLITAIN MUNICIPAL DE PARIS [625.4(44.36)]

— Séance du 4 août —

APERÇU HISTORIQUE

L'idée d'un chemin de fer urbain parisien a pris corps pour la première fois dans le projet de la ligne dite des Halles, mis au jour en 1855 par MM. Brame et Flachat; ce projet ne réalisait qu'une conception fragmentaire, dont les auteurs avaient eu en vue de relier le centre de Paris à la circonférence et d'assurer les approvisionnements jusqu'aux Halles par voie ferrée.

Ce fut seulement en 1872 qu'une Commission nommée par M. le Préfet de la Seine en exécution d'une délibération du Conseil général (10 novembre 1871), jeta les bases d'un véritable réseau de chemins de fer à l'intérieur de Paris, réseau inspiré par l'exemple de Londres, et auquel, dans une traduction littérale du mot anglais, on avait attribué le nom de Métropolitain. Le rapport magistral présenté au nom de cette Commission par M. Mantion, directeur du chemin de fer de Ceinture, fournit un remarquable exposé du problème; il n'est que juste de reconnaître que le réseau municipal actuel est sorti de l'application des formules posées dès lors par l'éminent rapporteur.

Des études approfondies, poursuivies de 1875 à 1877 par les ingénieurs de la Direction des Travaux de Paris, déterminèrent les données fondamentales du réseau métropolitain, conformément aux vues des Conseils élus du Département et de la Ville. Mais dix-huit ans devaient s'écouler avant que ces études aboutissent à un résultat définitif. Les efforts considérables accomplis pendant cette période, qu'ils fussent le produit de l'action officielle ou de l'initiative privée, demeurèrent frappés de stérilité. Une contradiction absolue existait entre le Gouvernement et la Ville de Paris, au sujet de la définition même du chemin de fer Métropolitain : le Gouvernement lui voyait le caractère d'intérêt général ; la Ville le revendiquait comme étant d'intérêt local. Tant que cette divergence subsista irréductible, les combinaisons les mieux préparées n'eurent pas meilleur sort que les nombreux projets non viables éclos au jour le jour.

Devant la perspective des besoins créés par l'Exposition de 1900, le conflit a pris fin. Une lettre du ministre des Travaux publics (22 novembre 1895) vint clore le débat en reconnaissant à la Ville le droit d'assurer l'exécution, à titre d'intérêt local, des lignes spécialement destinées à desservir les intérêts urbains ; et dès le début de 1896, la Commission compétente du Conseil municipal de Paris avait tracé le programme du réseau métropolitain municipal, en lui assignant un double but : suppléer à l'insuffisance des transports en commun du Paris actuel ; mettre en valeur les quartiers éloignés, et moins peuplés de la capitale. Le 20 avril 1896, le Conseil municipal votait, sur le rapport de M. Berthelot, la mise à l'enquête de l'avant-projet établi conformément à ce programme. Enfin, après une instruction de deux ans, menée jusqu'au bout à travers bien des péripéties, une loi du 30 mars 1898 a déclaré d'utilité publique l'établissement, dans Paris, d'un chemin de fer métropolitain à traction électrique, destiné au transport des voyageurs, et comprenant les lignes suivantes :

1° Ligne de la porte de Vincennes à la porte Dauphine ;
2° Ligne circulaire par les anciens boulevards extérieurs ;
3° Ligne de la porte Maillot à Ménilmontant ;
4° Ligne de la porte de Clignancourt à la porte d'Orléans ;
5° Ligne du boulevard de Strasbourg au pont d'Austerlitz ;
6° Ligne du cours de Vincennes à la place d'Italie.

En outre, la convention annexée à la loi précitée vise la concession éventuelle de deux autres lignes : du Palais-Royal à la place du Danube ; — d'Auteuil à l'Opéra, par Grenelle.

RÉGIME DE LA CONCESSION

Les dispositions fondamentales qui règlent la concession du chemin de fer Métropolitain municipal de Paris, peuvent se résumer ainsi qu'il suit :

Le chemin de fer sera établi à voie de 1m,44 ; les voitures auront au plus 2m,40 de largeur ; une intervalle de 0m,70 au moins sera réservé, sur 2 mètres de hauteur au-dessus du niveau du rail, entre les piédroits ou parapets des ouvrages et les parties les plus saillantes du matériel roulant ;

La concession est accordée pour une durée de trente-cinq années à la Compagnie générale de Traction ;

La Ville de Paris exécutera les travaux de l'infrastructure, c'est-à-dire les travaux, souterrains, tranchées, viaducs, nécessaires à l'établissement de la plate-forme du chemin de fer ou au rétablissement des voies publiques empruntées ;

Toutes les autres dépenses seront à la charge du concessionnaire, telles que l'installation des voies et des transmissions électriques, l'aménagement des accès aux stations, la construction des ateliers et usines ainsi que l'achat des terrains nécessaires à cet effet, la fourniture du matériel, etc.;

Les tarifs perçus seront de 0 fr. 15 c. en deuxième classe, 0 fr. 25 c. en première classe, pour le parcours d'un point quelconque à un autre point du chemin fer Métropolitain ;

Une part des produits bruts du trafic appartiendra à la Ville de Paris, à raison de 0 fr. 05 c. par billet de deuxième classe et de 0 fr. 10 c. par billet de première classe : ces prélèvements croîtront à raison de 0 fr. 001 m. par dizaine de millions de voyageurs, jusqu'à 0 fr. 055 m. et 0 fr. 105 m. à mesure que le nombre des voyageurs croîtra lui-même de 140 à 190 millions par an.

Enfin la Compagnie générale de Traction, bénéficiaire de la concession, devait se substituer une Société anonyme ayant pour objet exclusif l'exploitation du chemin de fer Métropolitain ; cette Société a été constituée sous le nom de « Compagnie du chemin de fer Métropolitain de Paris » en vertu d'un décret du 19 avril 1899.

CONSISTANCE DU RÉSEAU

L'ensemble des six lignes déclarées d'utilité publique représente, avec leurs raccordements possibles, un développement de 65 kilomètres environ, qui se décompose en deux réseaux : l'un de 42 kilomètres, comprend les trois premières lignes ; les trois dernières forment un autre réseau de 23 kilomètres. La construction du premier réseau doit être terminée dans un délai maximum de huit ans, expirant le 30 mars 1906 ; celle du deuxième réseau. qui est simplement facultative pour la Ville, comportera un délai de cinq ans venant s'ajouter au précédent.

Sur 16 0/0 de la longueur totale, qui appartiennent presque en entier à à la ligne circulaire, la voie sera établie à l'air libre, et sur le reste en souterrain. Elle ira jusqu'à la déclivité maximum de $0^{m},04$. Le rayon minimum normal est de 75 mètres, pouvant exceptionnellement s'abaisser jusqu'à 50 mètres ; on s'efforcera de le maintenir au moins à 100 mètres.

La prévision initiale des dépenses pour l'infrastructure à la charge de la Ville de Paris atteignait 165 millions : c'est à ce chiffre qu'une loi du 4 avril 1898 a fixé le montant de l'emprunt spécial que la Ville est autorisée à contracter. Seulement la loi déclarative d'utilité publique a imposé des sujétions nouvelles, auxquelles correspond nécessairement un supplément de dépenses; ce supplément ne sera pas inférieur à 15 millions; il porterait à 180 millions la somme nécessaire à l'établissement de l'infrastructure des six premières lignes. Dans l'estimation précédente, le premier réseau figure pour 115 millions: un emprunt d'égale importance a été émis par la Ville le 18 novembre 1899. Les prélèvements à opérer sur le produit brut du trafic fourniront les ressources affectées au service de cet emprunt.

Les deux lignes éventuelles constituent un troisième réseau. Celle du Palais-Royal à la place du Danube aurait 6 kilomètres et demi de longueur, avec une dépense d'infrastructure de 20 millions. Celle d'Auteuil à l'Opéra serait de 7 kilomètres et comporterait une dépense de 32 millions.

Si l'on tient compte de ce troisième réseau, on voit que l'infrastructure du chemin de fer Métropolitain municipal, pour un développement de 78 kilomètres, coûterait 232 millions: c'est un prix moyen kilométrique de 3 millions. On peut d'ailleurs estimer à 800.000 francs le prix de revient correspondant pour le reste des dépenses à la charge de la Compagnie concessionnaire.

PREMIÈRE LIGNE EN CONSTRUCTION

La convention annexée à la loi du 30 mars 1898, a réglé l'ordre d'exécution des différentes parties ou fractions. En tête figure la ligne de la porte de Vincennes à la porte Dauphine et à la porte Maillot. Pour satisfaire à un vœu exprimé par le ministre du Commerce, de l'Industrie, des Postes et des Télégraphes, et dans le but de fournir un nouveau moyen d'accès à l'Exposition universelle de 1900, on y a joint le tronçon de la ligne circulaire allant de la place de l'Etoile au Trocadéro. L'étude des relations à ménager entre ces diverses lignes et des meilleures conditions d'exploitation à appliquer dans l'intérêt du service public, a conduit à en déterminer comme il suit le système. La ligne principale se rend directement de la porte de Vincennes à la porte Maillot. L'embranchement allant de l'Étoile à la porte Dauphine en est détaché; il traverse obliquement la place de l'Étoile, de l'avenue de Wagram à l'avenue Victor-Hugo, en passant sous les autres lignes, et il formera plus tard l'origine de la circulaire sous les boulevards de la rive droite. Enfin la ligne circulaire allant au Trocadéro, se développe autour de la place de l'Étoile, au niveau de la ligne principale, au moyen d'un boucle en forme de cœur dont la base est perpendiculaire à l'avenue de Wagram et dont la pointe se loge sous l'entrée de l'avenue Kléber. De ces dispositions, résultent un nœud de contact ou de rencontre entre les trois directions au débouché de l'avenue de Wagram.

On compte pour le tout une longueur de 14 kilomètres en nombre rond, savoir :

De la porte de Vincennes à la porte Maillot.	10k,566m,83
De l'Etoile à la porte Dauphine	1 ,831 ,49
De l'Etoile au Trocadéro	1 ,561 ,58
Ensemble	13k,959m,90

La dépense correspondante est estimé à 36.941.000 francs, soit par kilomètre 2.646.222 francs.

Il y a, de la porte de Vincennes à la porte Maillot, dix-huit stations, savoir :

Porte de Vincennes. — Place de la Nation. — Rue de Reuilly. — Gare de Lyon. — Place de la Bastille. — Saint-Paul. — Hôtel de Ville. — Châtelet. — Louvre. — Palais-Royal. — Tuileries. — Place de la Concorde. — Champs-Élysées. — Rue Marbeuf. — Avenue de l'Alma. — Place de l'Étoile. — Rue d'Obligado. — Porte Maillot ;

De l'Étoile à la porte Dauphine, trois stations, savoir :

Place de l'Étoile. — Avenue Victor-Hugo. — Porte Dauphine ;

De l'Étoile au Trocadéro, quatre stations, savoir :

Place de l'Étoile. — Avenue Kléber. — Rue Boissière. — Place du Trocadéro ;

Soit en tout vingt-cinq, nombre qui se réduit réellement à vingt-trois, la station de la Place de l'Étoile ayant été comptée pour toutes les directions.

Tracé. — La ligne de la porte de Vincennes à la porte Maillot prend son origine à l'est, sur le cours de Vincennes, à 10 mètres environ en dedans du chemin de fer de Ceinture. Elle suit dans son axe le cours de Vincennes, traverse la place de la Nation du côté sud, se développe le long du boulevard Diderot, s'infléchit pour pénétrer dans la rue de Lyon, et par cette dernière voie arrive à la place de la Bastille ; elle sort à ciel ouvert au boulevard de la Bastille pour franchir le canal Saint-Martin, en bordure de la place élargie ; elle rentre sous terre le long du boulevard Bourdon, s'engage par une courbe en S dans la rue Saint-Antoine, suit, généralement dans leur axe, les rues Saint-Antoine et de Rivoli, traverse obliquement la place de la Concorde, pénètre par une courbe de grand rayon dans l'avenue des Champs-Elysées ; elle s'y place d'abord du côté gauche de manière à donner l'assiette d'une station à l'entrée même de l'avenue Nicolas II, puis revient dans l'axe à partir du Rond-Point, contourne la place de l'Étoile en décrivant un demi-cercle vers le Nord, se

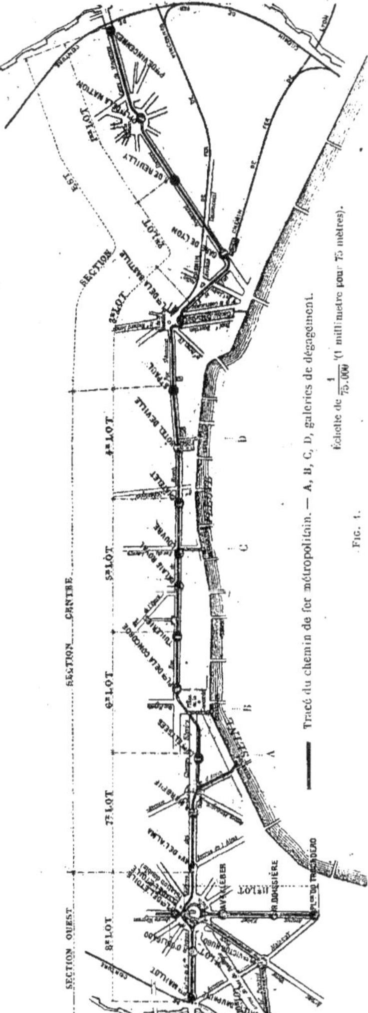

Fig. 1. Tracé du chemin de fer métropolitain. — A, B, C, D, galeries de dégagement. Échelle de $\frac{1}{75.000}$ (1 millimètre pour 75 mètres).

rejette ensuite dans l'avenue de la Grande-Armée, et suit cette avenue dans son axe jusqu'à la porte Maillot où elle s'arrête à 10 mètres environ du chemin de fer de Ceinture.

L'embranchement de la porte Dauphine passe par les avenues Victor-Hugo et Bugeaud. Celui du Trocadéro suit l'avenue Kléber dans toute sa longueur, traverse la place du Trocadéro, et s'infléchit légèrement pour pénétrer dans la rue Franklin où la ligne circulaire devra ultérieurement se prolonger.

Aux extrémités définitives de ces lignes, c'est-à-dire à la porte de Vincennes ainsi qu'aux portes Maillot et Dauphine, on a ménagé des raquettes formées de deux alignements à angle aigu que réunit une courbe de 30 mètres de rayon ; les conditions où s'y fera la circulation des trains enlèvent tout inconvénient à cette augmentation exceptionnelle de courbure. Le passage à la Bastille exige, ainsi qu'on l'a vu, l'emploi de courbes en S avec le rayon de 50 mètres ; d'autres inflexions assez brusques sont nécessaires pour contourner la place de la Nation et la place de l'Étoile, pour passer du boulevard Diderot à la rue de Lyon, et pour tourner place

Victor-Hugo du côté de l'avenue Bugeaud ; partout ailleurs les larges voies suivies ont permis l'adoption de tracés peu sinueux, et sur de grandes longueurs entièrement rectilignes.

Profil en long. — Le relief du sol de Paris, dans la direction suivie par la nouvelle ligne Métropolitaine, donne l'image de la section d'une cuvette à fond très plat et irrégulier. Le bord du côté de l'est est formé par la place de la Nation et le cours de Vincennes, entre les cotes 44 et 45 ; le bord Ouest est à la place de l'Étoile, entre les cotes 56 et 57, s'abaissant vers la porte Maillot à la cote 42, vers la porte Dauphine à la cote 47 ; la place du Trocadéro se relève en éperon à la cote 61. La cote 33 marque le point bas ; elle se trouve immédiatement au pied des pentes, d'une part à la rue de Lyon, d'autre part aux Champs-Élysées ; dans l'intervalle de 5 kilomètres qui sépare ces deux points bas, le sol varie entre 33 et 37, cette dernière cote étant réalisée par deux points de relèvement, l'un à la place de la Bastille (passage du canal Saint-Martin), l'autre à la rue Saint-Denis.

Ces conditions de relief déterminent l'orientation générale du profil en long : descente (de $0^m,02$ par mètre) le long du boulevard Diderot ; faibles ondulations dans le centre ; montée sous l'avenue des Champs-Élysées (de $0^m,026$ à $0^m,038$ par mètre) ; abaissement vers les portes Maillot et Dauphine et relèvement vers le Trocadéro. Mais une considération d'ordre tout différent intervient dans la partie centrale pour briser la ligne du profil ; c'est la présence de branches importantes du réseau souterrain d'égouts, qu'il était impossible de supprimer ou dévier : collecteur des Coteaux, à la traversée de la rue Crozatier (boulevard Diderot) ; collecteur secondaire de l'avenue Ledru-Rollin ; collecteur de Sébastopol ; collecteur d'Asnières (à la place de la Concorde). A chacun de ces passages, il a fallu abaisser le rail du Métropolitain, au moyen de pentes et contre-pentes atteignant le maximum de $0^m,04$, pour passer sous les collecteurs ; et la cote du rail descend ainsi à 25,40 rue Crozatier, 23,96 avenue Ledru-Rollin, 22,69 boulevard Sébastopol, 21,73 place de la Concorde (la cote moyenne normale de la Seine, dans la partie correspondante du fleuve, peut être représentée par 27,20). En dehors de ces abaissements exceptionnels, le rail se tient sous la rue de Rivoli entre les cotes 27 et 29.

Profils-types des ouvrages. — Excepté au passage du canal Saint-Martin, la première ligne Métropolitaine a son parcours entièrement souterrain. Elle est d'ailleurs, d'une manière générale à deux voies.

La voûte de ce souterrain est une demi-ellipse de $7^m,10$ d'ouverture, et $2^m,07$ de montée ; elle repose sur des piédroits limités intérieurement par un arc de cercle, avec $2^m,91$ de hauteur ; enfin la section est complétée par l'arc concave du radier ayant une flèche de 0m,22. La hauteur totale intérieure de l'ouvrage est ainsi de 5m,20 ; le rail se trouve à 4m,50 de l'intrados à la clef et à 0m,70 du fond du radier ; et la hauteur libre sur le rail extérieur est de 4m,05. La largeur au niveau du rail est de 6m,60. La voûte a 0m,55 d'épaisseur à la clef, le piédroit 0m,75, et le radier, limité en dessous par une surface horizontale, a 0m,50 d'épaisseur au point bas.

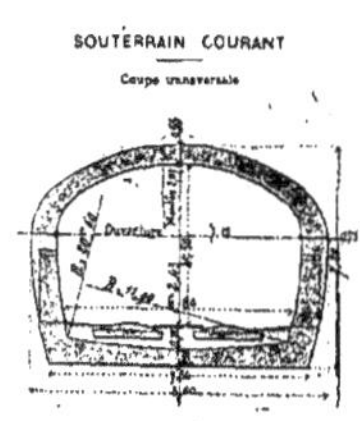

Échelle de 0m,0033 par mètre.

FIG. 2.

L'application des dispositions précédentes suppose que la distance entre le rail et le sol ne descend guère au-dessous de 6 mètres. Là où cette condition ne peut être réalisée, on a recours à l'emploi d'un tablier métallique porté sur piédroits en maçonnerie, de façon qu'il y ait toujours au moins 3m,50 de hauteur libre au-dessus du rail; ce cas ne s'est présenté qu'aux abords du passage sur le canal Saint-Martin.

Pour les raccordements de service entre les diverses lignes, le souterrain n'a qu'une voie. La voûte, en plein cintre, a 4m,30 d'ouverture et repose sur des piédroits de 2m,62 de hauteur ; la surface du radier présente une légère convexité, avec flèche de 0m,075. La hauteur totale intérieure, sur l'axe, est ainsi de 4m,695, le rail se trouvant à 4 mètres de l'intrados à la clef et à 0m,695 au-dessus du radier. La voûte a 0m,50 d'épaisseur à la clef, le piédroit 0m,60, et le radier 0m,55 d'épaisseur au point bas.

Dans les courbes d'un rayon inférieur à 100 mètres pour le type à double voie, et dans les boucles terminales de 30 mètres de rayon pour le type à voie unique, les sections déterminées ci-dessus ne suffiraient pas à assurer le passage des véhicules avec les intervalles libres exigés par la loi ; un élargissement approprié, facile à concevoir, est appliqué à chacun de ces cas.

STATIONS

Elles sont voûtées lorsque la hauteur le permet, c'est-à-dire lorsqu'il y a au moins 7 mètres entre le rail et le sol ; elles sont couvertes d'un tablier métallique lorsque cette hauteur n'a pu être obtenue, ce qui se produit à la gare de Lyon et dans la rue de Rivoli.

Pour la station voûtée, la section est formée de deux demi-ellipses ayant un grand axe commun de 14m,14 situé à 1m,50 au-dessus du rail ; l'une forme la voûte, l'autre le radier ; le petit axe est de 3m,50 pour la première et de 2m,20 pour la seconde, ce qui porte la hauteur totale libre à 5m,70. La voûte a 0m,70 à la clef, le radier 0m,50. Les culées ont 2 mètres d'épaisseur.

Les stations à tablier métallique ont 13^{m},50 de largeur en œuvre. Le tablier repose sur des piédroits en maçonnerie dont la largeur à la base est de 1^{m},50, se réduisant à 1^{m},15 sous les poutres ; ces piédroits sont réunis par un radier concave de 0^{m},50 d'épaisseur. Le rail est à 4^{m},70 sous poutre et à 0^{m},70 au-dessus du point bas du radier. Les poutres du tablier, avec âme pleine et jumelées, ont 1^{m},02 de hauteur et vont d'un piédroit à l'autre sans appui intermédiaire ; elles sont réunies par des longerons, parallèles à l'axe des rues, qui forment retombée pour de petites voûtes en briques. Tout cet ensemble porte directement le béton de fondation du pavage en bois.

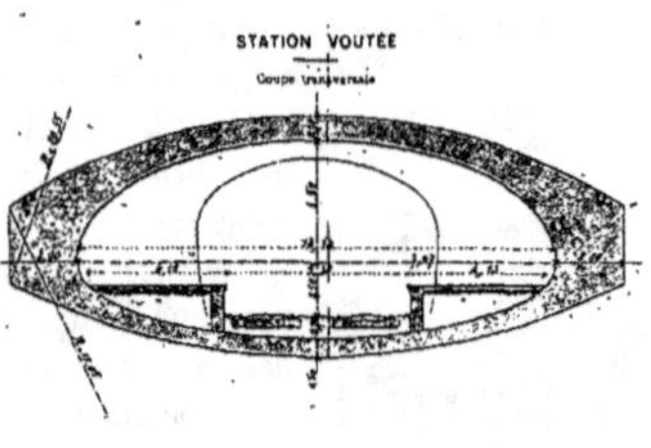

Échelle de 0^{m},0033 par mètre.

Fig. 3.

Qu'elle soit voûtée ou couverte d'un tablier métallique, une station ordinaire comprend deux quais latéraux de 75 mètres de longueur et 4^{m},10 de largeur : le niveau du quai est à 0^{m},25 au-dessous du plancher des voitures, celles-ci étant supposées neuves et vides, et à 0^{m},85 au-dessus du rail.

Les stations terminales offrent une disposition particulière. Chacune des branches de la raquette a une destination différente, l'une pour le départ, l'autre pour l'arrivée des voyageurs, et comporte l'installation d'un quai central de 4^{m},20 de largeur entre deux voies séparées. Il y a ainsi en réalité deux stations distinctes dans les terminus. Leur voûte elliptique a 3 mètres de montée et 11^{m},686 d'ouverture.

On accède aux stations par un escalier débouchant sur la voie publique.

Cet escalier, d'une seule volée droite, et ayant de 3 mètres à 3^{m},50 de largeur, conduit à une salle souterraine affectée à la distribution des billets; de cette salle on atteint le quai le plus proche par un autre escalier large de 2^{m},65 à 3 mètres, et l'on arrive à l'autre quai par un escalier semblable à celui-ci, après avoir franchi la voûte du chemin de fer au moyen d'une passerelle de même largeur. Les escaliers inférieurs débouchent sur le quai, en général par une baie ouverte dans le mur pignon de la station, plus rarement par une pénétration à travers la culée.

CONDITIONS DU SOUS-SOL

La nature des terrains rencontrés est en correspondance avec le relief du sol.

Aux deux extrémités culminantes, place de la Nation et place de l'Étoile, on trouve directement sous les chaussées les sables de Beauchamp, recouverts seulement au nord de la place de l'Étoile par une faible couche de marnes de Saint-Ouen. Ces sables un peu argileux, très secs, forment une masse compacte contenant par endroits de petits noyaux de grès dur ; leur épaisseur maxima est de 8 mètres environ, à la place de l'Étoile, et ils reposent sur une formation puissante de marnes appartenant au calcaire grossier à la base desquelles apparaissent des bancs de roche.

Ces marnes constituent le fond de la cuvette dans toute la partie basse ; elles supportent les alluvions anciennes de la Seine, composées presque exclusivement de sables et graviers de bonne qualité ; les alluvions sont elles-mêmes surmontées de remblais, de différents âges et d'épaisseur variable. La plus grande épaisseur de ces remblais se trouve à la Bastille, sur l'emplacement de l'ancienne forteresse, où elle atteint jusqu'à 10 mètres. Il y a également des remblais, d'origine récente, et reposant sur le terrain vierge, au cours de Vincennes et de l'avenue dans la Grande-Armée.

De la porte de Vincennes à la rue de Reuilly, le souterrain est ouvert dans les marnes ou dans les sables. Puis il s'enfonce dans les alluvions, dont la limite supérieure correspond en général à la naissance de la voûte : celle-ci a donc été construite à travers le remblai. Les parties profondes sous le boulevard de Sébastopol et la place de la Concorde descendent jusque dans la marne. A partir de l'avenue de l'Alma, les sables de Beauchamp apparaissent : la ligne principale jusqu'à la porte Maillot et celle de l'Étoile au Trocadéro sont établies dans cette couche, avec les marnes du calcaire grossier comme base ; le niveau supérieur de ces marnes se relève progressivement le long de l'avenue Kléber et atteint celui de la voûte à la place du Trocadéro. Enfin, sur l'embranchement de la porte Dauphine, l'ouvrage est assis dans le calcaire grossier sur une grande partie de sa hauteur, la voûte pénétrant plus ou moins dans l'étage des sables situé au-dessus.

Tous ces terrains naturels, au prix de quelques précautions faciles, offrent de bonnes conditions pour l'exécution des travaux souterrains : les conditions deviennent exceptionnellement favorables si l'on arrive au calcaire grossier. Il n'en est pas ainsi des terrains de remblai : ceux même d'ancienne date n'offrent généralement qu'une médiocre consistance ; sous une grande partie de la rue de Rivoli, ils sont formés de gravats coulants, fréquemment traversés par de vieilles maçonneries, et le concours de ces deux circonstances était fait pour rendre le travail véritablement pénible.

L'eau se rencontre lorsqu'on atteint la nappe de la vallée de la Seine, c'est-à-dire aux environs de la cote 26. D'après ce qui a été dit du profil, on voit que le souterrain est fortement plongé dans la nappe en trois passages, avenue Ledru-Rollin, boulevard de Sébastopol et place de la Concorde ; il l'effleure au passage de la rue Crozatier, puis dans les Champs-Élysées sur une certaine longueur. En divers points situés à un niveau bien supérieur, l'ouverture des galeries a donné lieu à des suintements sensibles qui représentaient sans doute le produit des fuites d'ouvrages hydrauliques dans un certain périmètre, recueilli par une couche imperméable du terrain : cette particularité s'est manifestée surtout à la porte Dauphine.

TRAVAUX PRÉLIMINAIRES

Sauf exceptions motivées par des circonstances locales, l'assiette la plus convenable du souterrain correspond à une distance de 7 mètres ou un peu moins de 7 mètres entre le rail et les chaussées. Cette distance est suffisante pour la sécurité des travaux en galerie ; elle impose au public une descente de 6 mètres, coupée en deux escaliers, qui n'a rien d'excessif ; enfin la profondeur qui en résulte est assez faible pour que, dans les voies les plus étroites où peut passer le Métropolitain, on n'ait à redouter aucun ébranlement des édifices. Seulement le choix de cette assiette place les ouvrages du chemin de fer dans le même horizon que le réseau des égouts de la Ville, et il force par conséquent d'accepter des remaniements de canalisation qui peuvent devenir considérables.

Pour la première ligne Métropolitaine, le plus important de ces remaniements a consisté dans la suppression du collecteur établi dans l'axe de la rue de Rivoli, depuis la place Baudoyer (mairie du IVe arrondissement) jusqu'à la place de la Concorde ; ce collecteur a été rétabli sur le côté droit de la rue de Rivoli jusqu'au boulevard Sébastopol, puis dirigé par la rue des Halles, la rue Saint-Honoré et l'avenue de l'Opéra ; il est remplacé dans le reste de la rue de Rivoli par des émissaires de moindre importance construits le long des immeubles riverains. De même, dans les autres parties du tracé, un grand nombre de galeries de divers ordres ont été modifiées ou reconstruites pour que l'on pût livrer passage au chemin de fer tout en assurant le maintien du système des égouts. La dépense spéciale aux travaux de l'espèce atteint le chiffre de 3.833.000 francs.

Les conduites d'eaux placées dans les égouts ont dû évidemment subir des remaniements analogues aux leurs ; il a fallu de plus, en nombre de points, après la construction du souterrain du chemin de fer, rétablir des conduites qu'il avait interceptées. C'est là une nouvelle source de dépenses dont le total n'est pas inférieur à 808.000 francs.

Enfin les canalisations d'air comprimé, les lignes télégraphiques et téléphoniques, qui sont installées dans les mêmes conditions que les conduites d'eau, ont nécessairement donné lieu aux mêmes mesures. Les canalisations de gaz ou d'électricité, situées à faible profondeur peuvent, au contraire, en général, ne pas être déplacées ; mais, pendant l'exécution des travaux souterrains dans leur voisinage, surtout en ce qui concerne les premières, une surveillance attentive est de rigueur pour prévenir ou réparer à temps les désordres qui viendraient à se produire.

Pour la plupart des canalisations, il ne saurait être question de les faire disparaître avant d'avoir établi et mis en service celles qui doivent les remplacer. Les remaniement d'égouts ont donc fait l'objet de travaux préalables à toute construction des ouvrages principaux du Métropolitain. Ces travaux, entrepris au milieu de l'été de 1898, furent malheureusement, en leur pleine activité, contrariés par la grève des terrassiers qui éclata au mois de septembre de la même année ; nonobstant ce contretemps, ils étaient terminés au mois de décembre. Seulement les modifications de conduites d'eau ou autres, qui ne pouvaient venir qu'après l'achèvement des égouts nouveaux, se prolongèrent nécessairement jusqu'à une époque beaucoup plus avancée ; et elles furent sur bien des points, poursuivies presque concurremment avec la construction même du Métropolitain. Cette coïncidence inéluctable a causé plus d'un embarras réel, sans qu'heureusement aucune conséquence véritablement grave en soit résultée.

Une dernière catégorie de travaux préliminaires a été l'établissement de galeries spéciales destinées à relier les bas quais de la Seine à divers points du tracé, pour l'évacuation des déblais et l'apport des matériaux. Il y a eu quatre de ces galeries : rue Lobau, rue du Louvre, place de la Concorde (à l'entrée des Champs-Élysées), et avenue d'Antin ; les trois premières aboutissaient à des estacades construites en même temps qu'elles, la quatrième sur une estacade déjà établie en vue des travaux de l'Exposition universelle de 1900. Leur dépense totale était de 400.000 francs. Ces travaux, d'une grande simplicité, n'ont donné lieu à aucun incident digne d'être noté.

TRAVAUX DE LA PREMIÈRE LIGNE MÉTROPOLITAINE

Le projet de ces travaux, approuvé par le Conseil municipal de Paris, le 8 juillet 1898, était divisé en 11 lots, savoir :

1° De la porte de Vincennes à la station *Rue de Reuilly* exclusivement	$1^{k}795^{m},27$
2° De la station *Rue de Reuilly* inclusivement à la rue Lacuée .	$1^{k}335^{m},32$
3° De la rue Lacuée à la station *Saint-Paul* exclusivement . . .	$1^{k}138^{m},05$
4° De la station *Saint-Paul* inclusivement à la station du *Châtelet* exclusivement	$1^{k}159^{m},50$
5° De la station du *Châtelet* inclusivement à la station des *Tuileries* exclusivement	$1^{k}326^{m},50$
A reporter	$6^{k}754^{m},64$

Report.	6k754m,64
6° De la station des *Tuileries* inclusivement à la station des *Champs-Élysées* exclusivement.	1k246m,50
7° De la station des *Champs-Élysées* inclusivement à la station de l'*Avenue de l'Alma* inclusivement	1k166m, »
8° De la station de l'*Avenue de l'Alma* exclusivement à la porte Maillot	1k399m,69
9° De l'avenue de Wagram à la station *Place Victor-Hugo* exclusivement	1k085m,90
10° De la station *Place Victor-Hugo* inclusivement à la porte Dauphine.	745m,59
11° De la place de l'Étoile au Trocadéro	1k561m,58
Ensemble	13k959m,90

La Ville de Paris a construit directement le premier lot; elle a fait exécuter les dix autres à l'entreprise en vertu, soit d'adjudications, soit de marchés de gré à gré.

Le travail souterrain a été la règle presque universellement appliquée : les exceptions, peu nombreuses, et en tout cas localisées, ont correspondu soit à la pose des tabliers métalliques, soit à la construction de voûtes sur noyau en terre, dans certaines stations ou pour quelques passages de sujétion particulière.

Chaque lot avait un point d'attaque principal : le 1er lot à la place de la Nation; le 2e lot, dans les terrains désaffectés de l'ancienne prison de Mazas; le 3e lot, au canal Saint-Martin; les 4e, 5e, 6e, 7e, respectivement à chacune des quatre galeries d'évacuation en Seine; le 8e à la porte Maillot; les 9e et 11e sur la place de l'Étoile; le 10e à la porte Dauphine. Des attaques secondaires furent successivement ouvertes, à mesure que l'activité imprimée aux travaux en faisait reconnaître la nécessité; il y en a eu 22, d'importance d'ailleurs inégale, en sorte que le nombre de 33 exprime le maximum des moyens d'action qui aient été employés pour la construction de nos 14 kilomètres de chemin de fer souterrain.

Les lots situés dans le centre de Paris, qui portent les nos 3 à 7, étaient en relation directe avec la Seine; ils y trouvaient une voie de transport de puissance presque indéfinie, et d'autant plus précieuse que toute la période des travaux s'est passée sans qu'aucune crue vînt en troubler l'usage. Le 2e lot était encore assez près du fleuve pour jouir des mêmes avantages, grâce à un appontement établi au quai de la Rapée. Mais le 1er lot et ceux des nos 8 à 11 n'ont eu à leur disposition que les transports par voie de terre, et il a fallu dans chaque cas s'ingénier à adapter ceux-ci aux conditions locales.

Pour l'ensemble, le volume des déblais à fouiller et à évacuer s'élevait à

850.000 mètres cubes, celui des maçonneries à 310.000 mètres cubes; la dépense atteignait 31 millions et demi.

La voûte du souterrain ordinaire à deux voies devait, en principe, être construite au moyen du bouclier. Cet engin consiste, on le sait, en une sorte de carapace métallique à l'abri de laquelle s'exécute la fouille, puis le revêtement d'une galerie souterraine, et qui se déplace progressivement, selon les besoins de l'avancement, sans cesser de maintenir les terres. Ce n'est pas ici le lieu de produire, autrement qu'en deux mots, une monographie de l'invention de l'ingénieur français Brunel. Celui-ci l'avait appliqué dès 1825, au tunnel de la Tamise, dans une conception géniale qui contenait les germes de tout ce qui s'est fait depuis lors dans la même voie. Quarante ans plus tard, les Anglais Barlow et Greathead reprenaient l'idée et l'appliquaient à la construction de revêtements circulaires en fonte ; c'est sous cette forme que M. Jean Berlier la vulgarisa en France à partir de 1887. Les boucliers français postérieurs, appliqués à l'exécution de voûtes en maçonnerie, sont venus se rapprocher des dispositions imaginées par Brunel. Ainsi en est-il de ceux qui furent mis en en œuvre aux travaux du Métropolitain; seulement, leur emploi s'est trouvé restreint, ici en raison du retard excessif des usines de construction, ailleurs, en raison de la lenteur de progression d'engins imparfaitement établis : le temps était trop strictement mesuré pour souffrir des atermoiements, et il a fallu passer outre en employant d'autres procédés appropriés pour le mieux aux circonstances.

Quel que fût d'ailleurs le procédé appliqué pour la voûte, la méthode d'exécution, en ce qui concerne le souterrain courant, a été presque sans exception la suivante : construction préalable de la voûte; reprise des piédroits en sous-œuvre et enlèvement du stross; établissement du radier.

Pour les stations, au contraire, les piédroits ou culées étaient préalablement établis en galerie; on venait ensuite faire, selon le cas, soit la construction de la voûte, soit la pose du tablier métallique; le noyau sous-jacent était vidé souterrainement, et l'on finissait par la maçonnerie du radier.

Les maçonneries de ces divers ouvrages ont comporté l'emploi exclusif des ciments à prise lente, ciments de Portland ou ciment de laitier; elles sont faites, soit en béton de cailloux, soit en meulière ou pierre de Souppes, soit plus rarement en moellons durs et en briques. A l'intérieur des stations, tous les parements vus sont uniformément revêtus de carreaux blancs, ou même exceptionnellement constitués par de la brique émaillée. Dans tous les autres ouvrages, ils ont reçu un simple enduit de ciment, ciment de Vassy à prise rapide pour la voûte, ciment de Portland pour les piédroits et le radier.

L'éclairage des chantiers souterrains était produit exclusivement par l'électricité ; c'est également l'énergie électrique qui fournissait la force motrice nécessaire à l'avancement des boucliers. Les transports souterrains étaient faits au 1er lot par des tracteurs électriques et ailleurs par traction de chevaux.

Pour compléter et préciser les indications générales qui précèdent, il reste à donner brièvement, pour chacun des lots de travaux, les particularités, que l'exécution a pu y présenter.

Premier lot. — Commencés le 18 octobre 1898, les travaux de ce lot ont pris fin dans les premiers jours de février 1900.

Le chantier central a été installé sur l'emplacement occupé par la station *Place de la Nation* ; les déblais, amenés de part et d'autre à ce point le long du souterrain par les tracteurs électriques, étaient chargés en wagons à la surface du sol, et emmenés à la gare aux marchandises d'Ivry extra-muros (chemin de fer d'Orléans), par une voie de service établie sur le cours de Vincennes, puis sur les boulevards militaires. Les matériaux venant, soit des quais de la Seine, soit de la gare aux marchandises de Charonne, étaient introduits dans le souterrain, à la place de la Nation ou bien par des puits pratiqués en divers points du trajet.

On a d'abord construit les culées et la voûte de la station de la *Place de la Nation* : la disposition des lieux permettait de le faire simplement à ciel ouvert. Puis, de chacun des bouts de la station, est parti un bouclier, l'un vers le boulevard Diderot, l'autre vers le cours de Vincennes.

Le bâti de ces boucliers se compose de deux poutres en forme de demi-ellipse complétée par son grand axe : la pièce elliptique porte en dedans huit vérins hydrauliques, la pièce horizontale soutient en son milieu une petite dynamo réceptrice et la pompe de compression ; il y a 1^{m},95 d'axe en axe des poutres. Ce bâti porte à l'avant une visière de 2^{m},50, à l'arrière une queue de 2^{m},60, constituées par de fortes tôles et soutenues par 16 consoles qui encadrent les cylindres des vérins ; l'ensemble a ainsi 7^{m},05 de longueur.

De chaque côté, à la partie inférieure, le bâti portait une glissière plate en acier coulé, avec boudin en dedans, et il était ainsi guidé sur un rail formé de trois tronçons de 1 mètre de longueur. Ces rails reposaient sur quatre longrines en chêne très épaisses, établies elles-mêmes sur un plancher en madriers jointifs de 8 centimètres. Le premier tronçon du rail était fortement buté à l'avant.

Les vérins prenaient appui par la tête de leurs pistons sur un système de 30 cintres en fer, espacés de 1 mètre, dont l'écartement était maintenu au moyen de pièces de fonte cylindriques. L'eau comprimée, introduite sous le piston, produisait le déplacement du cylindre, et par conséquent la progression du bâti auquel ce cylindre est fixé ; la course était de 1 mètre, égale à l'espacement des cintres. Dans l'intervalle de deux courses, les terrassiers travaillaient à l'avant sous la protection de la visière, les maçons à l'arrière sous celle de la queue ; après chaque course, le dernier cintre du système était abattu, puis reporté immédiatement derrière le bouclier pour servir de nouvel appui aux vérins.

Le bouclier côté Diderot fut mis en marche le 7 mars 1899 et arriva au bout du lot, à l'entrée de la station *Rue de Reuilly*, le 16 octobre de la même année ; il avait parcouru 747 mètres ; son avancement quotidien (en vingt-quatre heures) fut de 3 mètres dès le début, atteignit rapidement 4 mètres, et s'est maintenu toujours à ce chiffre. Le bouclier côté Vincennes ne put être mis en marche que le 28 mai, en raison du retard de la livraison ; il devait faire 736 mètres pour aller jusqu'à la tête de la raquette terminale ; mais à cause de ce départ tardif, on fut conduit à limiter sa longueur d'action à 485 mètres ; son avancement quotidien fut toujours de 4 mètres, et la dernière course eut lieu le 4 octobre.

Dans l'un et l'autre cas, l'attaque du stross a été pratiquée au moyen d'une cunette centrale descendue au niveau du radier. Cette cunette suivait le bouclier au chantier Diderot ; elle le précédait, au contraire, au chantier Vincennes. Le deuxième procédé est plus coûteux que le premier pour le déblai de la cunette ; mais il dégage le chantier, permet de réduire le nombre des hommes occupés sous le bouclier, et rend beaucoup plus facile la direction de l'engin. Les reprises en sous-œuvre des piédroits se faisaient en quinconces, par parties de 2 mètres, et l'on reliait par un anneau du radier les piliers de maçonnerie dès que ceux-ci se trouvaient construits en regard l'un de l'autre.

Le terrain, formé de sables dans la hauteur de la voûte et de marnes dans celle des piédroits, était de la meilleure qualité ; les travaux n'ont pas rencontré de difficulté sérieuse. Seulement, au voisinage de la rue de Reuilly, les sables, dans lesquels le souterrain vient progressivement s'enfoncer, deviennent ce que les carriers de Paris appellent le *calcin* : c'est un conglomérat de grains siliceux réunis par un ciment calcaire, qui peut atteindre une grande dureté. Un peu d'eau se faisait jour à la base de ce calcin, au niveau du dessous du radier.

Un chantier indépendant du premier avait été installé à la porte de Vincennes pour la construction de la station et de la boucle terminus ; il a en outre servi à pousser une galerie à la rencontre du bouclier parti trop tard de la place de la Nation. Cette galerie était exécutée par nos méthodes francaises ordinaires de boisages. Dans deux branches de la station, côté du départ et côté de l'arrivée, les culées ont été faites en galerie, puis la voûte à ciel ouvert ; la boucle extrême à voie unique a été construite en souterrain sur boisage. Ce dernier ouvrage est établi dans un remblai peu consistant, et son exécution n'a pas laissé que d'être assez délicate.

Deuxième lot. — Le deuxième lot comprenait deux parties souterraines de longueur inégale, l'une sous le boulevard Diderot (865^{m},82), l'autre sous la rue de Lyon (469^{m},72) séparées par la station de la *Gare de Lyon*, station hors type, comportant quatre voies, et couverte par un tablier métallique.

Les souterrains ont été attaqués le 10 novembre 1898 et terminés vers la fin de novembre 1899. La station de la gare de Lyon a souffert de longs retards imputables aux livraisons tardives et irrégulières des fournitures métalliques : la mise en œuvre du tablier n'a pu être commencée que le 4 novembre 1899 et achevée que dans les premiers jours de mai 1900.

Tout l'ouvrage est établi dans les sables d'alluvion ; faciles à fouiller, et généralement de bonne tenue, ces sables présentaient les meilleures conditions que l'on pût espérer pour les travaux.

A l'origine du lot se trouve une station voûtée dite *Rue de Reuilly* ; ses culées ont été construites en galerie, puis la voûte faite par moitiés à ciel ouvert, Sur une petite partie du souterrain ordinaire, à la sortie de la gare de Lyon, la voûte a été faite exceptionnellement à ciel ouvert. Le reste a été construit en galerie souterraine sur boisages, l'emploi du bouclier ayant été restreint à une longueur de 40 mètres en avant de la gare de Lyon. Les déblais étaient amenés à divers puits, dont le principal occupait l'angle nord-est des terrains de l'ancien Mazas, chargés en tombereaux jusqu'au quai de la Rapée, et enlevés en bateau par la Seine.

Il y a dans le deuxième lot deux dépressions de profil imposées par la nécessité de passer sous des égouts, celle de la rue Crozatier, et celle de l'avenue Ledru-Rollin, qui plongent dans la nappe des eaux souterraines. A la rue Crozatier, la nappe a été rencontrée à la cote 25,60, c'est-à-dire à $1^m,65$ au-dessus du point le plus bas de la fouille ; à l'avenue Ledru-Rollin, la même cote était de 25,90, et la même profondeur atteignait $3^m,39$. Les travaux ont été exécutés à sec, après abaissement de la nappe obtenu préalablement, puis soutenu, par l'action d'une pompe : le débit de la pompe était à la rue Crozatier de 5 litres et demi environ par seconde ; à l'avenue Ledru-Rollin, il a varié de 41 à 36 litres. Dans les deux cas on a forcé la proportion de ciment dans le mortier (550 kilogrammes par mètre cube de sable au lieu de 450 kilogrammes) et celle du mortier dans le béton ; en outre, l'épaisseur de la maçonnerie était augmentée de $0^m,20$, et en dedans de cette surépaisseur était intercalée une chape en ciment pur de $0^m,01$ d'épaisseur.

A la rue Crozatier, on avait pu, pendant le temps nécessaire à la construction de la voûte, interrompre l'écoulement de l'eau dans le collecteur des Coteaux. Une semblable suppression aurait offert beaucoup de difficultés dans le petit collecteur de l'avenue Ledru-Rollin, qui a été maintenu en service ; et le passage sous lui s'est effectué, dans ces conditions, sans aucun incident. Mais le 20 juin 1899, vers 6 heures du soir, à la suite d'une pluie torrentielle, un énorme reflux se produisit dans de vieilles galeries en mauvais état ; les eaux épanchées à travers le sol vinrent rejoindre un puits de service situé à peu de distance, et, tout en déterminant l'effondrement de la chaussée autour de ce puits, elles envahirent la galerie du Métropolitain sur une assez grande étendue. Il n'y eut heureusement, ni accident de personne, ni atteinte aux ouvrages même du chemin de fer ; les dégâts matériels furent réparés en moins de quinze jours, et l'achèvement des travaux du lot ne s'en est pas trouvé retardé.

Troisième lot. — Il y a dans le troisième lot une seule station, celle de la *Place de la Bastille*, établie à ciel ouvert sur un pont franchissant le bassin de l'Arsenal. De part et d'autre de cette station, sous les boulevards qui enserrent le canal Saint-Martin, le chemin de fer plonge dans le sol en tranchée recouverte d'un tablier métallique; plus loin il se tient en souterrain, dans les conditions ordinaires, aussi bien sous la rue de Lyon que sous la rue Saint-Antoine. A l'entrée du boulevard Bourdon, une très petite longueur de tranchée, sur $5^m,45$, ou la hauteur manquait, a reçu comme couverture un plancher en ciment armé système Hennebique : elle est entièrement située sous les plateaux réservés aux piétons.

Le canal Saint-Martin était ici la voie naturelle pour l'évacuation des déblais et l'apport des matériaux : de là sont parties deux attaques divergentes, indépendamment du chantier considérable correspondant aux ouvrages du canal. Pour les parties en tranchée ou en souterrain, les travaux, commencés en novembre 1898, étaient à peu près terminés en octobre 1899 ; pour les ouvrages du canal, la lenteur des livraisons a retardé jusqu'en mai 1900 l'achèvement de la partie métallique.

La construction des tranchées s'est faite par la méthode appliquée aux stations à tablier métallique, sans particularité digne d'être notée.

A la suite de la tranchée, du côté de la rue Saint-Antoine, se trouve un souterrain sinueux, que, malgré l'adoption du rayon de 50 mètres, la difficulté du tracé avait obligé à rapprocher jusqu'à $0^m,80$ de l'immeuble situé à l'entrée de la rue. Il importait d'éviter de ce côté tout incident fâcheux. Dans ce but, les piédroits ont d'abord été construits en galerie et par petites parties, et descendus jusqu'au niveau du radier ; puis la chaussée a été ouverte en grand et la voûte établie sur le sol ; on a enfin déblayé le stross, en faisant suivre le déblai de la maçonnerie du radier. C'est dans l'enlèvement de ce stross que l'on a découvert les substructions d'une tour de la Bastille.

Dans la rue Saint-Antoine après ce passage spécial, comme dans la rue de Lyon après la tranchée couverte, on a exécuté le souterrain au moyen de boucliers. L'engin avait une longueur de $6^m,75$, se décomposant en un avant-bec de $2^m,25$, une partie centrale de $1^m,50$ et un arrière-bec de 3 mètres ; il portait sur un plancher formé de madriers en chêne renforcés de barres d'acier, et prenait sa butée sur un système de 20 fermes en chêne ayant d'axe en axe un écartement de $1^m,80$.

Le bouclier de la rue de Lyon a fait 169 mètres en soixante-dix-sept jours, du 12 avril au 11 juin 1899, soit une production quotidienne moyenne de $2^m,195$; celui de la rue Saint-Antoine a fait 333 mètres en cent quatre-vingt-un jours, du 11 mars au 8 septembre 1899, soit une production quotidienne moyenne de $1^m,84$; en réalité, pour l'un comme pour l'autre, la marche fut assez irrégulière. On a construit le surplus du souterrain par les procédés ordinaires, en s'aidant de puits de service placés aux extrémités du lot.

Les terrains de la rue de Lyon sont ici les mêmes que ceux du deuxième lot.

Dans la rue Saint-Antoine, les sables d'alluvion forment encore la base du sous-sol ; mais les remblais supérieurs prennent beaucoup d'importance et ils sont peu homogènes. Au voisinage de la place de la Bastille, le pied de ces remblais étaient formé d'un lit de gros blocs de grès, placés sans doute, à une époque très reculée, au fond de l'ancien marais. Les vieux murs ou autres vieux ouvrages en maçonnerie ont été rencontrés fréquemment : toutefois ils faisaient défaut à l'emplacement désigné comme ayant été celui de l'enceinte de Philippe-Auguste, près de la rue de Sévigné.

Quatrième lot. — Le quatrième lot commence avec la rue de Rivoli. Jusqu'à la place Baudoyer, les conditions du sous-sol étaient analogues à celles que l'on rencontre dans la rue Saint-Antoine : la chaussée centrale restait libre de toute canalisation longitudinale. Au delà, on sait qu'elle était occupée dans son axe par le collecteur Rivoli. Seulement l'implantation du chemin de fer, tant en tracé qu'en profil, est telle ici que le souterrain du Métropolitain ne pouvait, en général, se circonscrire exactement à la section du collecteur : il passait à côté ou en-dessous, et ces positions relatives des deux galeries ont entraîné leur pénétration réciproque sur d'assez fortes longueurs.

Commencés le 2 janvier 1899, les travaux étaient achevés fin février 1900.

Une station se trouve à l'origine du lot, la station *Saint-Paul*, une autre vers le milieu, la station de l'*Hôtel de Ville* ; la première est voûtée, la deuxième est couverte d'un tablier métallique. La construction de la voûte a pu être faite à ciel ouvert, par moitiés, sans que la circulation souffrît d'interruption ; la mise en place des parties métalliques a, au contraire, nécessité le barrage de la rue.

Le point d'attaque principal était donné par la galerie d'accès à la Seine, située rue Lobau, qui aboutissait en tête de la station de l'Hôtel de Ville. De là vers Saint-Paul devait remonter un premier bouclier ; un second bouclier partant du bout de la station, aurait, en sens inverse, marché vers le boulevard Sébastopol. Ces deux engins furent montés et mis en action ; ils étaient construits en vue de progresser sur piédroits établis à l'avance et de permettre la construction de la voûte au moyen de béton que leurs vérins auraient comprimé ; en fait ils ne donnèrent aucun résultat ; ils furent abandonnés après un faible parcours, et l'exécution du souterrain a été réalisée par l'application de la méthode ordinaire.

Pour cette application, deux autres attaques en puits ont été pratiquées, l'une au bout de la station Saint-Paul, en tête de la rue de Rivoli, l'autre près de l'extrémité du lot, à l'entrée de la rue des Halles. Sur la plus grande partie de la longueur le travail s'est fait dans les sables d'alluvions, toujours d'excellente tenue, et dans le remblai ancien qui les surmonte ; il n'y a rencontré d'autre difficulté que celles des obstacles, il est vrai assez fréquents, apportés par la présence de vieilles maçonneries, fondations de murs, caves, etc. Toutefois ces indications ne s'appliquent point au tronçon allant de la rue Saint-Martin à la rue des Halles (162 mètres environ), où la situation était exceptionnelle.

C'est entre ces deux points que le profil de la ligne s'abaisse pour passer sous le collecteur de Sébastopol et en même temps laisser la place libre à une future jonction des gares du Nord et de Paris-Lyon-Méditerranée. A l'alignement de la grille du square de la Tour Saint-Jacques, le rail descend à la cote 22,69, à $13^{m},70$ au-dessous de la chaussée, et le fond de la fouille est à la cote 20,89, à $5^{m},36$ au-dessous de la nappe des eaux souterraines rencontrée en ce point à la cote 26, 25, De pareilles profondeurs, à 11 mètres de l'alignement des maisons de la rue de Rivoli, ne laissent pas que de produire quelque impression ; et avant les travaux, une véritable légende de crainte s'était formée autour du passage du boulevard de Sébastopol. Heureusement les marnes du calcaire grossier, qui arrivent sensiblement, dans la partie basse, à la hauteur des naissances de la voûte, forment une base solide. Un puits, foncé à travers les sables et les marnes jusqu'au dessous du radier, a permis d'assécher entièrement les premiers dans toute l'étendue des travaux et de maintenir les eaux en contre-bas des ouvrages pendant toute la durée de la construction : le volume enlevé par seconde n'a, du reste, jamais dépassé 7 litres et demi. Les maçonneries de l'ouvrage ont été l'objet de précautions spéciales, déjà indiquées à propos du passage de l'avenue Ledru-Rollin.

Un danger pouvait venir du voisinage des égouts : sur la droite, à faible distance, existait en effet le nouveau collecteur Rivoli, puis, à la croisée du boulevard de Sébastopol et de la rue de Rivoli, se trouve un nœud formé par l'intersection des deux collecteurs, exactement au-dessus de la voûte du chemin de fer. A la fin de mai 1899, on avait, sans interrompre encore l'écoulement de l'eau dans les égouts, commencé la galerie d'avancement du souterrain en partant de la Tour Saint-Jacques. Le 4 juin, vers 1 heure et demie de l'après-midi, un décollement se produisit dans le radier du collecteur Rivoli, dont cette galerie s'était trop rapprochée ; les eaux, se précipitant par le trou ainsi formé, envahirent la galerie et le puits et causèrent dans le sous-sol d'assez graves désordres ; mais la galerie et le puits tinrent bon. Au bout de quelques jours d'efforts, on put mettre les égouts à sec dans la zone dangereuse, et les conséquences de l'accident purement matérielles, furent aisément réparées. La suite du travail n'a donné lieu à aucun incident.

Cinquième lot. — Dans toute l'étendue de ce lot, le souterrain de la ligne Métropolitaine occupe l'axe de la rue de Rivoli ; sa section englobait celle de l'ancien collecteur, qui se trouvait ainsi former une galerie d'avancement préexistante, ouverte de bout en bout. Cette circonstance a favorisé grandement la rapidité des travaux, lesquels, commencés fin novembre 1898, étaient terminés fin septembre 1899.

Trois stations font partie du cinquième lot, celle du Châtelet, station voûtée, celles du Louvre et du Palais-Royal, à tablier métallique. La première est située au point où se trouve, dans la rue de Rivoli, le maximum d'épaisseur des remblais anciens ; ils y sont très ébouleux : les culées purent être construites en galeries souterraines, aux prix de grandes précautions, mais il a paru prudent d'exécuter la voûte sur cintre en terre, après ouverture complète de la chaussée. Le montage des tabliers métalliques s'est fait dans la même condition, après établissement préalable des piédroits en galerie.

L'attaque principale était donnée par la galerie d'accès à la Seine, située rue du Louvre, qui aboutissait dans la station même du Louvre. Deux autres attaques secondaires en puits furent ultérieurement ajoutées, l'une à la rue des Lavandières-Sainte-Opportune, destinée surtout aux travaux de la station du Châtelet, l'autre à la place Rivoli, pour l'extrémité du lot. Au reste, la méthode suivie a été partout identique ; deux galeries latérales étaient percées de part et d'autre du collecteur, sur lequel on prenait appui pour compléter le ciel du souterrain ; on construisait ensuite la voûte ; on démolissait le collecteur ; on reprenait les piédroits en sous-œuvre dans deux fouilles latérales ; enfin on enlevait la masse centrale du stross et l'on établissait le radier.

Les piédroits et le radier se trouvent dans les sables d'alluvion, la voûte dans le remblai ancien. On a rencontré beaucoup de vieilles maçonneries, fondations de murs ou caves, jusqu'à la place du Palais-Royal ; au delà de cette place, et surtout le long du jardin des Tuileries, elles étaient devenues plus rares. Elles ne pouvaient d'ailleurs, grâce au collecteur utilisé comme galerie centrale, apporter aucun obstacle réel à l'avancement régulier des travaux.

Sixième lot. — Au point de vue des conditions d'exécution, trois parties se distinguent dans le sixième lot : la rue de Rivoli, la place de la Concorde et l'avenue des Champs-Élysées. Une galerie d'accès à la Seine aboutissait à l'entrée de cette avenue, derrière les chevaux de Marly ; elle a servi pour la troisième partie et pour moitié à la seconde ; une autre attaque en puits, installée vis-à-vis de la rue Saint-Florentin, a servi pour le reste. Avec ces moyens d'action, les travaux, commencés le 7 novembre 1898, on été terminés le 13 février 1900.

Sous la rue de Rivoli, les conditions étaient entièrement comparables à celles du cinquième lot ; la méthode d'exécution, utilisant la galerie de l'ancien collecteur, a de même été tout à fait analogue. On avait un meilleur sous-sol, formé de remblais consistants et homogènes ; mais il a fallu, de plus qu'au cinquième lot, démolir une vieille galerie d'égout, antérieure au collecteur construit par Belgrand, qui se trouvait accolée à celui-ci du côté des maisons.

Aux Champs-Élysées, le sol est excellent, formé de terres franches dans toute la hauteur de la voûte, et de sables argileux au-dessous ; la construction du souterrain s'y est faite par la méthode ordinaire, avec la plus grande régularité. Seulement l'épaisseur du radier se trouve ici plongée dans la nappe. Le sable argileux, de très bonne tenue à sec, perd sa consistance au contact de l'eau. L'établissement du radier a donc nécessité quelques mesures d'assèchement et d'épuisement, n'offrant d'ailleurs rien d'extraordinaire.

Le passage à la place de la Concorde présentait, au contraire, un point de grande difficulté. C'est la dépression imposée au profil de la ligne pour passer sous le collecteur d'Asnières. Le chemin de fer est à la vérité, plus qu'au boulevard de Sébastopol, éloigné des immeubles riverains; mais le rail descend jusqu'à la cote 21,73, c'est-à-dire 1 mètre plus bas. A la traversée de la rue Royale, le fond de la fouille est à la cote 19,88, à 5^m,82 au-dessous de la nappe des eaux souterraines rencontrée en ce point a la cote 25,70. La profondeur du rail au-dessous de la chaussée est de 11,43, inférieure à ce qu'elle est à la Tour Saint-Jacques, parce qu'ici la chaussée elle-même se trouve à une cote plus basse.

La nature du sous-sol, formé de sables superposés aux marnes, et les positions relatives à ces diverses couches ont été les mêmes qu'au passage du boulevard de Sébastopol; et l'on a eu recours aux mêmes moyens pour vaincre la difficulté. Un puits foncé jusqu'au-dessous du radier et soumis à l'action continue d'une pompe d'épuisement a permis de construire à sec tous les ouvrages; plus considérable qu'au puits de la tour Saint-Jacques, le volume d'eau à enlever s'est encore maintenu dans des limites assez restreintes, de 6 à 19 litres par seconde. Enfin, l'on a observé, dans la composition des maçonneries, les mesures spéciales appliquées aux autres parties plongées dans la nappe.

Pour ce passage l'attaque du souterrain a eu lieu de deux côtés à la fois, par les Champs-Élysées et par la rue Saint-Florentin. Aux Champs-Élysées un bouclier était installé; mais cet appareil, insuffisamment soutenu et mal contrebuté, n'a pas rendu de bien grands services : on l'a délaissé après un parcours de 88 mètres, et l'on a continué par la méthode ordinaire jusqu'à la rencontre de l'attaque venant de la rue Saint-Florentin, qui employait cette même méthode. La rencontre des deux attaques se fit un peu en deçà du collecteur d'Asnières.

Il était impossible de supprimer l'écoulement de l'eau dans ce collecteur, qui est une artère essentielle de notre réseau d'égouts; la prudence exigeait pourtant que sa cunette fût mise à sec. Pour arriver à ce double résultat, on l'a barré au moyen de deux batardeaux, en amont et en aval de la zone dangereuse, en même temps que l'on établissait de l'un à l'autre, dans la cunette, deux tuyaux en tôle capables de suffire au débit. Cette installation a parfaitement fonctionné; et le passage s'est accompli sans aucun incident pour les travaux, comme sans dommage pour le collecteur.

Septième lot. — C'était de tous les lots celui de plus facile exécution. Le chemin de fer y traverse successivement le terrain des Champs-Élysées dont la physionomie a été plus haut décrite, d'anciens remblais de bonne qualité qui forment la partie basse de l'avenue des Champs-Élysées au delà du Rond-Point, enfin, en arrivant à l'avenue de l'Alma, la couche géologique des sables de Beauchamp; nulle part il n'a rencontré d'obstacle véritable.

Commencés le 8 octobre 1898, à la station des Champs Élysées, les travaux ont été terminés fin décembre 1899. Ils comprenaient trois stations : *Champs-Élysées*, *Rue Marbeuf*, *Avenue de l'Alma*, séparées entre elles par deux longueurs de souterrain égales. Un puits spécial d'attaque a servi à chacune des stations. Pour la partie comprise en deçà de la rue Marbeuf, on avait

Fig. 4.

Échelle de 0m,0001 par mètre.

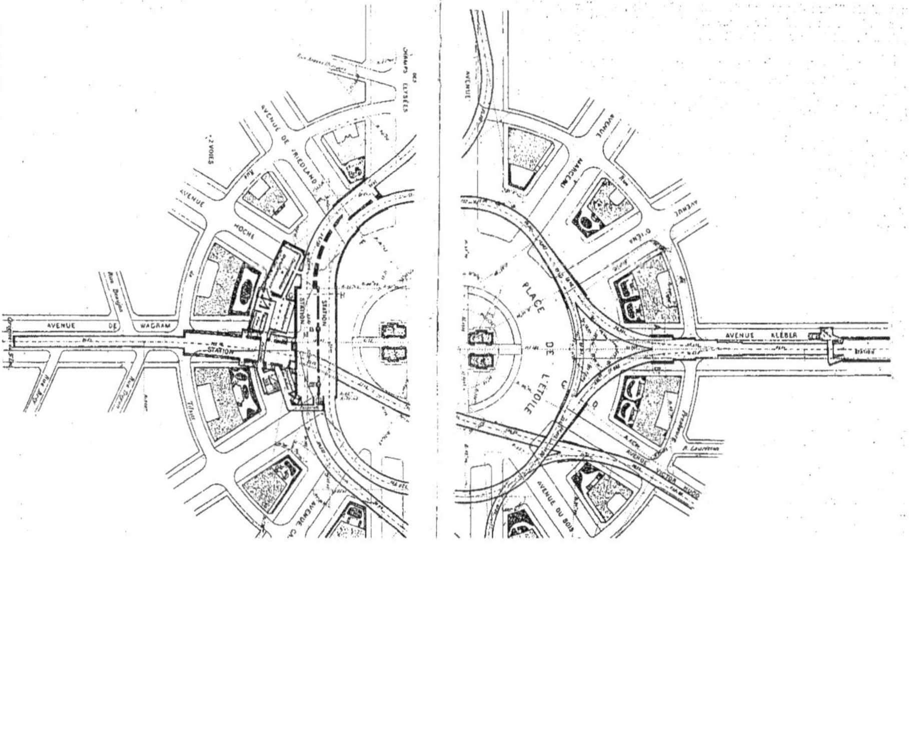

une galerie d'évacuation venant du pont des Invalides, sous l'avenue d'Antin, et aboutissant au Rond-Point; pour la partie située au delà, une attaque en puits a été installée sur le côté droit de l'avenue des Champs-Élysées près de la rue de Berri.

La station des Champs-Élysées est couverte par un tablier métallique; les piédroits ont d'abord été construits en galeries souterraines; puis le tablier n'a été mis en place qu'après déblaiement à ciel ouvert d'une partie du noyau : la position de l'ouvrage en dehors de toute circulation permettait de procéder ainsi sans aucun inconvénient. La station de la rue Marbeuf et celle de l'avenue de l'Alma sont voûtées; on y a construit d'abord les culées en galerie; puis après avoir ouvert dans l'axe une galerie de service, à la partie supérieure, on a exécuté la voûte par anneaux successifs de 2m,50 de longueur : tout le travail s'est donc rigoureusement effectué en souterrain.

La galerie d'évacuation de l'avenue d'Antin a servi de point de départ à deux attaques divergentes. Celle qui allait vers les Champs-Élysées n'a comporté que l'application des méthodes ordinaires. Mais du côté de la place de l'Étoile, on s'est servi d'un bouclier. Ce bouclier, identique à celui de la place de la Concorde, avait les mêmes défauts que lui; toutefois, en raison de la bonté du terrain, il a pu être mieux utilisé : mis en marche le 20 février 1899, il est allé jusqu'à la station de la rue Marbeuf, où il parvint le 4 juillet après avoir parcouru 210 mètres, soit 1m,55 en moyenne par jour.

La partie de souterrain comprise entre les deux stations *Rue Marbeuf* et *Avenue de l'Alma* a été entièrement faite au moyen des procédés usuels de boisage.

Huitième lot. — Au point de vue de la nature des terrains traversés, le huitième lot forme avec ceux qui portent les numéros 9, 10 et 11, un groupe homogène : on n'y a traversé qu'un sol vierge, constitué par les sables de Beauchamp et le calcaire grossier, parfaitement sec et très favorable aux travaux souterrains. Aussi pour ce groupe les difficultés ne sont-elles venues que de l'obligation d'exécuter sous terre des ouvrages souvent compliqués et enchevêtrés.

Le huitième lot en particulier comprend, sous la place de l'Étoile, la station où se fait le contact entre la ligne principale et l'embranchement du Trocadéro; elle est formée de deux voûtes inégales accolées, l'une du type ordinaire de 14m,14, sur la ligne principale, l'autre de 10m,86 d'ouverture, sur l'embranchement. En avant de cette station, un ouvrage spécial existe qui permet le raccordement entre les deux lignes : il est également formé de deux voûtes accolées, ayant l'une 12m,50 l'autre 7m,46 d'ouverture (c'est la dimension du type ordinaire élargie pour une courbe de moins de 100 mètres de rayon), et dans le sens longitudinal il se partage en deux moitiés, la position respective des voûtes étant intervertie de l'une à l'autre moitié; cette interversion détermine une baie de forme ogivale où peut passer la voie de raccordement.

On trouve, en outre, dans ce lot, une station ordinaire voûtée, celle de la *Rue d'Obligado*, vers le milieu de l'avenue de la Grande-Armée, et la boucle terminale de la porte Maillot, identique à celle de la porte de Vincennes, avec ses deux stations d'arrivée et de départ.

Commencés dans les premiers jours de décembre 1898, les travaux ont été terminés en mars 1900. Ils ont été faits en quatre chantiers.

Le premier chantier était un puits d'attaque placé sur le côté gauche de l'avenue des Champs-Élysées, près de l'avenue Galilée; il a servi pour la partie comprise entre l'avenue de l'Alma et la place de l'Étoile. On a construit cette partie du souterrain au moyen de boisages, avec deux galeries d'avancement superposées : cette disposition, excellente pour le dégagement du chantier, n'est évidemment praticable que si, ce qui était ici le cas, la qualité du sol permet de laisser impunément les parois d'une fouille longtemps exposées à l'air. Les déblais amenés au puits d'extraction étaient enlevés par tombereaux.

Le deuxième chantier partait d'un autre puits situé à l'entrée de l'avenue de la Grande-Armée. L'installation de ce puits, était commune aux 8e et 11e lots échus au même entrepreneur; elle comportait l'enlèvement des déblais par le tramway de Saint-Germain. Elle a servi à la construction des stations et ouvrages spéciaux de la place de l'Étoile, et à celle du souterrain vers la porte Maillot jusqu'au raccordement de service entre la ligne principale et l'embranchement de la porte Dauphine.

Cette partie de souterrain, de même que la voûte en trompe à section ogivale qui précède le raccordement, a été faite sur boisages, par le procédé indiqué plus haut. A la station de l'Étoile, les culées extérieures, comme la culée commune des deux voûtes ont d'abord été maçonnées en galerie; puis les voûtes ont été construites par anneaux, toujours avec le procédé des deux galeries superposées. Dans l'ouvrage spécial de tête, on avait, au contraire, construit en premier lieu les voûtes, et l'on se proposait de procéder par reprises en sous-œuvre, tant pour le pilier commun que pour les piédroits extérieurs ; un excès de hardiesse en un point de la reprise du pilier amena, le 9 décembre 1899, à 8 heures du soir, l'écroulement de la partie adjacente des voûtes, sur 18 mètres, et par suite l'effondrement du sol avec les arbres qu'il portait. Il n'y eut heureusement aucun accident sérieux de personne, et tout se réduisit aux pertes matérielles nécessitées par le déblaiement des matériaux ou des terres; le pilier et les voûtes furent reconstruits à ciel ouvert, et les traces de l'accident étaient entièrement effacées dès les premiers jours de mars 1900.

La station de la rue d'Obligado a fait l'objet d'un troisième chantier exclusivement affecté à la construction souterraine de cette station, qui s'est faite par les méthodes déjà suffisamment expliquées.

Enfin, un quatrième chantier était installé en tête du terminus de la porte Maillot. Il a servi d'un côté aux travaux de toute la boucle terminale effectués au moyen d'une série de galeries souterraines. De l'autre côté, il a été le point de départ d'un bouclier qui a remonté l'avenue de la Grande-Armée jusqu'au raccordement de la porte Dauphine. Les déblais étaient enlevés par le tramway de Saint-Germain.

Le bouclier était identique à ceux du premier lot. Mis en marche le 18 mars 1899, il a fait sa dernière course le 3 septembre après avoir parcouru 400 mètres. Mais il y a lieu de défalquer de cette longueur, 78 mètres qui correspondent à la station de la rue d'Obligado, préalablement construite, que le bouclier dut traverser sans produire de travail : quatorze jours furent employés à cette opération. L'avancement quotidien moyen a été, en résumé, de 2 mètres; l'avancement effectif est allé à $3^{m},20$ obtenus d'ailleurs sans difficulté.

Neuvième lot. — Le neuvième lot ne comprend qu'une station, située à l'entrée de l'avenue de Wagram, en relation avec la station *Place de l'Étoile* commune aux deux autres lignes ; il se compose de la partie de l'embranchement de la porte Dauphine allant jusqu'à la place Victor-Hugo.

Commencés en février 1899, les travaux ont été achevés en mars 1900. Ils se sont faits presque en totalité par un puits d'attaque situé au milieu de la place de l'Étoile, d'où les terres étaient enlevées par le tramway de Saint-Germain. Une installation de la place Victor-Hugo, empruntée à l'entrepreneur du dixième lot, est venue dans les derniers mois apporter un moyen d'action supplémentaire.

Situé à grande profondeur et dans un excellent sol, le souterrain a été construit par les procédés usuels de boisage. Ces travaux ne présentaient en eux-mêmes aucune difficulté. Seulement, à la place de l'Étoile, ils ont dû être exécutés par-dessous les lignes situées à l'étage supérieur, dont l'établissement les avaient devancés; il a fallu, en particulier, pour le raccordement de service qui rejoint la ligne principale dans l'avenue de la Grande-Armée, procéder en cheminement sous le radier du souterrain du onzième lot : grâce aux précautions prises, et aussi à la qualité des terrains, on est arrivé jusqu'au bout sans accident.

Dixième lot. — Il comprenait le reste de l'embranchement de la porte Dauphine, avec une station place Victor-Hugo et la boucle terminale établie sous l'avenue du Bois-de-Boulogne; la station *Place Victor-Hugo* est voûtée, comme les deux stations de la boucle terminale.

Commencés au milieu de novembre 1898, les travaux ont été livrés, après achèvement, le 7 octobre 1899.

L'installation du chantier principal occupait la pelouse de gauche de l'avenue du Bois-de-Boulogne, entre la rue Spontini et l'avenue Bugeaud. Un deuxième chantier, de moindre importance, a été monté place Victor-Hugo, et exclusivement affecté à l'établissement de la station. L'un et l'autre ne pouvaient évidemment comporter, pour l'enlèvement des terres, d'autre moyen que le tombereau.

En tête de la boucle terminale, au débouché de l'avenue Bugeaud, se trouve une voûte unique, dont la portée atteint $18^m,20$; pour cette voûte, la maçonnerie a été faite sur cintre en terre, après ouverture de la chaussée par bandes successives. Tout le reste des ouvrages a été exécuté souterrainement.

Dans les stations, on a ouvert une série de galeries longitudinales de nombre impair, disposées en gradins depuis les culées jusqu'au sommet de la voûte; les maçonneries se faisaient successivement dans chacune des galeries et la voûte se trouvait ainsi constituée par la juxtaposition de quelques énormes tranches.

Le souterrain courant, sous l'avenue Bugeaud, a été exécuté par les procédés ordinaires, avec emploi de boisages. Les culées de la voûte exceptionnelle de $18^m,20$ ont été reprises en sous-œuvre, comme les piédroits du souterrain.

Onzième lot. — C'est l'embranchement du Trocadéro, avec la boucle de tête qui fait le tour de la place de l'Étoile et ses trois stations, toutes trois voûtées, *Avenue Kléber*, *Rue Boissière*, *Place du Trocadéro*.

Les travaux, dont la masse était considérable ont duré de novembre 1898 à avril 1900.

La boucle de l'Étoile, se termine, à l'entrée de l'avenue Kléber, par une voûte conique dont la portée atteint $16^m,40$ à la réunion des deux souterrains. Toute la boucle, y compris cette voûte conique, a été construite souterrainement, au moyen de boisages, suivant la méthode indiquée à l'occasion du huitième lot;

les culées de la grande voûte furent reprises en sous-œuvre comme les piédroits du souterrain. Le service des travaux se faisait par le chantier de l'avenue de la Grande-Armée, d'un usage commun aux deux lots.

Un bouclier devait être mis en marche à partir de la voûte conique et se diriger ensuite vers le Trocadéro. Cet engin, identique à ceux du premier lot et du huitième, était de bonne construction ; mais son montage et sa direction laissèrent tellement à désirer qu'au bout d'un très court trajet l'entrepreneur se vit dans l'impossibité de l'utiliser ; la fourniture avait d'ailleurs été trop tardivement faite. Il a fallu par suite, exécuter tout le souterrain par les procédés ordinaires. A cet effet, deux nouveaux puits d'attaque furent pratiqués, l'un dans l'avenue Kléber, près de la rue Hamelin, l'autre au fond de la place du Trocadéro ; ils ont fonctionné concurremment avec celui de l'avenue de la Grande-Armée.

Dans les trois stations, les culées ont été préalablement établies en galeries au moyen de puits spéciaux. A l'*Avenue Kléber* et à la *Place du Trocadéro*, la voûte fut construite par anneaux en souterrain ; à la *Rue Boissière* en raison de la profondeur très réduite, elle fut maçonnée, par moitiés, sur cintre en terre, après ouverture de la chaussée.

Le terrain naturel est excellent dans toute l'étendue du onzième lot ; mais au voisinage du Trocadéro, le sol resté miné par des carrières, dont la présence occasionna le 6 septembre 1899 un fontis, d'ailleurs sans grande importance, aux environs de la rue de Longchamp. Des puits de consolidation, préalablement exécutés sur le parcours du chemin de fer, en assurent la stabilité pour l'avenir.

Les détails précédents donnent exactement, sinon complètement, l'idée des sujétions multiples auxquelles est soumise la construction d'un chemin de fer à l'intérieur de Paris. Ils montrent aussi comment, par l'application de méthodes appropriées aux difficultés locales, on arrive à triompher de ces difficultés.

La construction de la première ligne Métropolitaine aura duré dix-sept mois effectifs : c'est un délai réduit à l'excès et susceptible de prolongation pour les lignes futures. Cependant il ne conviendrait pas d'aller bien loin dans l'autre sens : ici, plus peut-être que partout ailleurs, la rapidité de l'exécution est une condition de réussite.

Il était impossible qu'une pareille masse de travaux se fît à travers les rues les plus fréquentées de la capitale en passant inaperçue pour la circulation publique. Au point de vue des transports, l'encombrement a été certainement réduit au minimum, grâce au choix des points d'attaque aisément dégagés et aussi grâce à la proximité de la Seine. Au point de vue de l'état des chaussées, la circulation a pu souffrir quelque gêne ; mais elle n'a été temporairement supprimée que dans des cas très rares, où la déviation du trajet se trouvait toujours courte et facile. Ce sont là, au reste, des conditions que le progrès des méthodes et une plus grande latitude des délais, permettront toujours d'améliorer.

En tout cas, la règle générale du travail souterrain doit être maintenue.

Ce genre de travail, même dans Paris, ne comporte pas les dangers que l'opinion publique pourrait être, à première vue, tentée de lui attribuer : il faut seulement que ceux qui auront à le pratiquer allient la prudence infatigable à une connaissance parfaite du sol où ils sont appelés à exercer leur art.

M. A. MONMERQUÉ

Ingénieur en chef des Ponts et Chaussées, Ingénieur en chef des Services techniques de la Compagnie générale des Omnibus de Paris.

QUELQUES OBSERVATIONS GÉNÉRALES SUR LA TRACTION ÉLECTRIQUE [621.33]

— Séance du 4 août

§ 1. — Objet de la présente Note.

La présente note n'a pas pour objet l'étude approfondie de la traction électrique, soit au point de vue du détail des dispositions techniques à adopter, soit au point de vue des résultats obtenus jusqu'à ce jour avec ce mode de traction ; nous nous proposons simplement, dans une courte causerie, d'indiquer, d'une part, les avantages spéciaux à la traction électrique, et, d'autre part, la limitation en pratique de ces avantages à la traction électrique au moyen du système dit à « fil aérien » pour les tramways, ou du système dit du « troisième rail » pour les chemins de fer.

Nous verrons qu'en dehors de ces deux sortes d'applications, il y a de nombreuses difficultés qui se présentent au point de vue technique dans les autres modes d'application de la traction électrique ; il en résulte même que le développement, peut-être trop rapide, donné récemment à l'application d'autres systèmes, risque d'amener certains mécomptes.

§ 2. — Avantages spéciaux a la traction électrique.

Avant d'indiquer les avantages spéciaux à la traction électrique, rappelons en quelques mots le principe même.

Avant la traction électrique, le tracteur, qu'il fût animé ou mécanique, portait lui-même son énergie : c'est le cas, par exemple, avec les chevaux, les locomotives à vapeur, à air comprimé, etc. Dans la traction électrique, le tracteur est simplement un récepteur transformateur de l'énergie qu'il reçoit d'une usine centrale.

Il y a donc, avec la traction électrique, trois éléments à distinguer :

1° L'usine génératrice d'énergie ;

2° La canalisation transportant l'énergie au tracteur ;

3° Le tracteur proprement dit, qui peut être une voiture automobile ou une locomotive. Ce tracteur, dans tous les cas, est essentiellement constitué par un ou plusieurs moteurs qui reçoivent le courant électrique venant de l'usine centrale et qui actionnent les roues motrices de ce tracteur.

Il résulte, de cette disposition particulière à l'électricité, trois principaux avantages :

1° Le tracteur peut avoir une puissance pour ainsi dire indéfinie;

2° Le moteur électrique est facile à conduire et il offre en même temps une réelle souplesse ;

3° Dans beaucoup de cas, ce système de traction offre de sérieux avantages d'économie.

En ce qui concerne le premier point, on conçoit que, comme sur le tracteur réduit aux simples moteurs, on dispose largement de la place pour les y loger, on peut recevoir de l'usine génératrice une puissance pour ainsi dire indéfinie. Dans ces conditions, il est facile de réaliser un effort de traction considérable.

Avec la traction animale, par exemple, même en mettant quatre chevaux à des voitures de tramways, on ne peut, sur certaines rampes, dépasser une vitesse déterminée. Il en est de même avec la locomotive à vapeur où l'on atteint rapidement la limite des dimensions maxima que l'on peut donner aux divers organes et en particulier à la chaudière pour les loger dans l'espace dont on dispose.

Avec la traction électrique, on se trouve débarrassé sur le tracteur de la puissance génératrice, puisqu'elle est à l'usine centrale ; l'emplacement sur le tracteur reste exclusivement disponible pour y loger le ou les moteurs récepteurs de l'énergie. Disposant ainsi de la puissance, on peut atteindre des vitesses considérables. Il en résulte que le tracé d'une ligne de chemin de fer avec la traction électrique devient complètement différent de celui que l'on doit se proposer de réaliser avec la traction à vapeur ; on peut mieux épouser les formes du terrain, et, par suite, réaliser une économie considérable dans l'établissement des lignes.

Une autre conséquence fort intéressante aussi de la souplesse du moteur électrique au point de vue de la puissance consiste dans la rapidité des démarrages que l'on obtient avec ce système de traction. Cette qualité est particulièrement avantageuse dans les exploitations à arrêts fréquents, comme celles des tramways et des chemins de fer métropolitains et suburbains ; elle est absolument caractéristique de la traction électrique.

Au point de vue de la facilité de conduite, le moteur électrique est remarquable ; un seul et même appareil permet d'en régler la marche. Ce régulateur, appelé « controller » en Amérique (1), permet, en couplant de diverses façons les deux circuits, inducteur et induit, d'obtenir des combinaisons très variées au point de vue de la puissance et de la vitesse ; c'est pourquoi cet appareil reçoit aussi fréquemment les noms de « combinateur » ou de « coupleur ». On n'a plus à se préoccuper, soit de faire concorder les efforts instantanés des moteurs animés (chevaux, par exemple), soit de surveiller le générateur d'énergie (chaudière, par exemple), en même temps que l'on surveille et dirige le moteur. En un mot, au lieu d'avoir à surveiller de nombreux appareils différents, parfois délicats, un seul appareil, n'exigeant pour sa manœuvre qu'une main, permet d'assurer la marche du tracteur.

Enfin, comme nous l'avons indiqué, dans beaucoup de cas on réalise, avec la traction électrique, une sérieuse économie.

En effet, on peut n'avoir, à l'usine centrale, qu'un petit nombre de puissantes machines à vapeur, offrant une marche économique grâce à la condensation. Avec la traction à vapeur, au contraire, on est obligé d'avoir un grand nombre de moteurs à vapeur à échappement libre et de faible puissance. En outre, on sait que, grâce aux remarquables progrès réalisés dans la construction des dynamos, on obtient des rendements industriels fort élevés.

Enfin, et c'est surtout alors que la traction électrique offre des avantages absolument uniques, tant au point de vue de la production d'énergie qu'au point de sa remarquable facilité de transport, on peut utiliser les chutes d'eau des montagnes et mettre ainsi au service de l'industrie la « houille blanche » qui se transporte à de longues distances avec facilité, grâce à l'emploi des hautes tensions.

§ 3. — Application aux Tramways.

La traction électrique avec usine centrale génératrice est appliquée aux tramways au moyen de trois systèmes principaux. On conçoit que la seule difficulté à résoudre consiste dans la distribution du courant au moteur récepteur placé sur le tracteur. C'est uniquement, en l'état actuel de la science, sur ce point particulier que réside la variété des systèmes. Ils se partagent en deux grandes classes, savoir :

1° L'énergie électrique est fournie au moteur récepteur d'une façon permanente au moyen d'un contact continu : cette condition est actuelle-

(1) Et quelquefois aussi « contrôleur » en France, par suite d'une interprétation erronée du mot américain.

ment réalisée par deux systèmes dits : le « fil aérien » et le « caniveau souterrain » ;

2° L'énergie électrique est fournie d'une manière discontinue et intermittente au moteur récepteur de la voiture au moyen de plots métalliques placés sur le sol et qui servent de prise de courant par contact au moteur récepteur de la voiture : c'est ce qu'on appelle le système de traction électrique par « contacts superficiels ».

Nous dirons rapidement quelques mots de ces divers systèmes.

a. — *Fil aérien.*

Tout le monde connaît aujourd'hui la traction électrique avec fil aérien ; le courant est amené de l'usine génératrice aux moteurs récepteurs de la voiture, au moyen d'un fil conducteur de 8 millimètres environ de diamètre, suspendu à des consoles ou à des poteaux au-dessus de la voie publique, et, après avoir actionné les moteurs récepteurs, le courant revient à l'usine par le rail lui-même, convenablement éclissé au point de vue de la conductance électrique.

Il y a de nombreux systèmes dans l'application de la traction électrique au moyen du fil aérien ; la différence porte surtout sur la prise de courant qui est mobile, puisqu'elle doit être sur la voiture entre le moteur et le fil même.

Les deux principaux systèmes sont le « trôlet » et « l'archet ».

La prise de courant avec le trôlet est constituée par un galet placé au bout d'une perche et roulant sur le fil aérien.

L'archet est essentiellement constitué par un conducteur transversal frottant sur le fil.

Le développement de la traction électrique au moyen du fil aérien a été rapide, rapides aussi ont été les progrès accomplis. On a perfectionné en même temps la prise de courant, le mode d'attache du fil et le retour du courant par le rail. On peut dire qu'aujourd'hui ce système fonctionne d'une façon presque parfaite.

Des ruptures de fil surviennent bien quelquefois d'une façon accidentelle. Quand ils se trouvent au-dessus de fils téléphoniques ou télégraphiques, il peut en résulter de graves accidents ; mais ces accidents sont rares, en somme, et ils ne dépassent guère ce minimum au-dessous duquel il est difficile de descendre dans tout mode de transport, surtout mécanique.

Un autre genre d'accidents qui ont eu des conséquences graves surtout au début de la traction électrique, parce qu'alors on considérait que la terre constituait un excellent conducteur de retour pour le courant électrique, est dû à l'électrolyse des sels contenus dans le sol, qui peut amener la corrosion des diverses conduites métalliques enfouies dans ce sol (eau, gaz, air, électricité, etc...). Avec une bonne installation et une sérieuse surveillance, on peut se mettre en garde contre ce genre d'accidents. Il est d'ailleurs évident que les sujétions à cet égard seront d'autant plus grandes que, d'une part, le réseau électrique sera plus développé, et que, d'autre part, le réseau de conducteurs souterrains lui-même sera plus important.

En somme, si l'on met en parallèle les services considérables, rendus dans tous les pays par la traction électrique au moyen du fil aérien, avec les inconvénients qu'elle a pu ou qu'elle peut encore avoir, on n'hésitera pas à reconnaître que les avantages l'emportent de beaucoup sur les incon vénients et que ce mode de traction rend d'immenses services au public.

b. — *Caniveau souterrain.*

Avec le caniveau souterrain, on a voulu se débarrasser des inconvénients (surtout au point de vue esthétique) qui peuvent résulter de la présence de fils aériens au-dessus de la chaussée. Pour cela, on met les conducteurs électriques à l'intérieur du sol, dans un petit égoût en béton de ciment, dit « caniveau souterrain ». Ce caniveau souterrain a été d'ailleurs imité de celui qui servait et qui sert encore dans la traction funiculaire au moyen d'un câble qui, constamment mis en mouvement, parcourt ce caniveau, et sur lequel s'accrochent les voitures.

On a profité, d'ailleurs, de la présence de ce caniveau pour y mettre un conducteur spécial pour le retour du courant et s'affranchir ainsi des inconvénients possibles que le fil aérien pouvait produire au point de vue de l'électrolyse.

Il y a, d'ailleurs, pour le caniveau souterrain deux systèmes principaux : le premier en date, et d'ailleurs celui qui paraît offrir les plus sérieuses chances de succès, c'est le caniveau latéral, c'est-à-dire placé sous une file de rails ; dans l'autre, le caniveau est central, c'est-à-dire indépendant de chacune des files de rails. Ce dernier système a le grave inconvénient d'offrir sur la chaussée, pour une seule et même voie, trois fils métalliques au lieu de deux, ce qui est gênant pour la circulation des voitures ordinaires.

c. — *Contacts superficiels.*

Le troisième mode de traction électrique des tramways, comme nous l'avons vu plus haut, est celui dit à contacts superficiels. Dans ce mode, des pavés métalliques, dits plots, sont placés entre les rails et espacés les uns des autres de $2^m,50$ à $4^m,50$ suivant le système.

Ces pavés ne reçoivent le courant électrique qu'au moment où la voiture passe sur eux. Le courant, recueilli au moyen de frotteurs longitudinaux qui placés sous la voiture, viennent en contact avec les plots électrisés, arrive au moteur récepteur de la voiture et revient à l'usine par les rails comme dans le cas du fil aérien.

Les deux principaux systèmes de contacts superficiels qui actuellement reçoivent des applications sont les systèmes Claret-Vuilleumier et Diatto.

Le système Claret-Vuilleumier est le premier en date et à lui revient le principal honneur de ce mode de traction. Appliqué à Paris sur la ligne de Romainville, dès l'année 1896, il fonctionne actuellement depuis environ un mois sur la nouvelle ligne d'Épinay-Trinité.

Le système Diatto fonctionne à Tours depuis le mois d'avril 1899 et à Paris rue du 4-Septembre et rue Réaumur, depuis le milieu du mois de juin.

Il n'entre pas dans le cadre de cette causerie de décrire en détail les dispositions techniques des deux systèmes, nous nous bornerons à en indiquer sommairement les principes.

Dans le système Claret-Vuilleumier, un certain nombre de plots sont commandés par un distributeur automatique placé sous trottoirs. Dans ce distributeur, à chaque plot correspond une touche ; au fur et à mesure qu'une voiture quitte un plot, le courant est envoyé par le distributeur même dans le plot qui précède et coupé dans le plot qui vient d'être abandonné.

Cet appareil automatique est remarquable au point de vue de son ingéniosité et des résultats qu'il a donnés.

Dans le système Diatto, les plots, au lieu de constituer des groupes dépendant d'un même appareil, sont tous indépendants. Chaque plot est essentiellement constitué par un godet de porcelaine dans lequel il y a du mercure. Le fond de ce godet est en contact permanent avec le courant venant de l'usine. Dans le godet flotte un clou en fer doux qui peut monter ou descendre dans le mercure. Il peut, en particulier, monter jusqu'au moment où il prend contact avec le plot métallique placé à la surface du sol.

Les barres de contact placées sous chaque voiture sont munies d'un électro-aimant. Ces barres, arrivant au-dessus d'un plot, en aimantent la tête et attirent ainsi le clou en fer doux qui se trouve mis en contact avec le plot et établit par suite le courant électrique entre l'usine et le moteur récepteur de la voiture.

Depuis l'installation de ces systèmes à Paris, on a pu entendre certaines personnes protester contre l'excessive tolérance de l'Administration, qui autorise l'installation, sur la chaussée, de contacts électriques, gênants pour la circulation des voitures et foudroyant les chevaux. Nous devons rappeler ici, pour rétablir la vérité, que ces plots ne restent électrisés que pendant le passage de la voiture et que dans le cas où, par suite d'un accident quelconque, les plots resteraient électrisés, même après ce passage, il y a, sur la voiture même, des dispositifs dits de sûreté, qui, pour parer à ce cas, coupent instantanément le courant et arrêtent la voiture.

§ 4. — Comparaison des trois Modes de traction.

La véritable solution est le fil aérien. — Difficultés des autres systèmes.

Tous ces systèmes ne diffèrent entre eux que :

1° Dans la distribution du courant électrique ;

2° Par la prise de courant.

Le fil aérien, peu coûteux comme établissement, est toujours visible et accessible : par suite, sa surveillance et son entretien sont faciles.

Il n'en est pas de même avec les autres systèmes, qui sont plus coûteux comme établissement, surtout le caniveau souterrain.

Au point de vue du fonctionnement, le fil aérien a fait ses preuves. Le caniveau souterrain fonctionne convenablement sur des longueurs assez importantes à Budapest, depuis plusieurs années, et sur des longueurs plus modérées à Berlin et à Bruxelles. A Paris, son fonctionnement ne date que de quelques jours. Toutefois, nous estimons qu'avec ce système, malgré certaines sujétions dans l'entretien, en particulier pour les aiguillages, on peut obtenir un bon fonctionnement.

En ce qui concerne les contacts superficiels, pour des raisons qui paraissent d'ailleurs étrangères au point de vue technique, le système Claret-Vuilleumier est remplacé, en ce moment, par le système Diatto, avenue de la République. On ne saurait considérer l'expérience faite pendant trois ans comme absolument concluante en faveur du système.

Quant au système Diatto, son installation est encore trop récente à Paris pour que l'on puisse porter un jugement.

En un mot, les systèmes à contacts superficiels ne paraissent pas encore avoir fait suffisamment leurs preuves pour que l'on puisse déclarer qu'ils constituent dès maintenant une solution définitive du problème de la traction mécanique dans les villes. Il faut attendre, pour se prononcer à cet égard, les résultats d'une expérience plus prolongée.

Au point de vue des frais d'établissement, le caniveau souterrain nécessite une dépense de voie considérable que l'on ne saurait, à Paris, évaluer au-dessous de 500.000 francs le kilomètre de voie double, non compris, naturellement, les feeders de distribution, l'usine, le matériel, etc.

A New-York, où ce système, dans les « avenues », a été appliqué sur une grande échelle par la *Metropolitan C°*, cette Compagnie, pour la traction mécanique à établir dans les « rues », qui sont, comme on le sait, perpendiculaires aux avenues, n'hésite pas, en raison du coût excessif du caniveau, à proscrire ce système, et elle fait actuellement, dans les rues, des essais de traction à accumulateurs, tant à air comprimé qu'à électricité. Si l'on remarque qu'en Amérique la durée de l'amortissement est indéfinie, il est bien légitime d'hésiter, à Paris, dans l'application du système, quels que soient ses avantages, quand on a devant soi des périodes d'amortissement réduites à trente ans et même à dix ans.

Enfin, les systèmes à caniveau et à contacts superficiels offrent un autre inconvénient dont l'importance se fait surtout sentir dans les grandes villes, et particulièrement à Paris, où les sujétions de voirie sont considérables. L'inconvénient auquel nous faisons allusion consiste à engager la voie publique, en d'autres termes, à ne pas être indépendants du sol.

L'entretien des chaussées dans les villes oblige les municipalités à demander aux concessionnaires de supprimer leur exploitation sur une voie et même les contraint, trop souvent, à exécuter des déviations pour les deux voies.

Avec des systèmes de traction non indépendants, de semblables sujétions risquent d'être bien onéreuses et aussi gênantes pour le public que pour les concessionnaires.

Dans le même ordre d'idées, on peut se demander ce que coûtera l'entretien de ces plots posés à la surface du sol et exposés à la circulation si intense dans les rues de Paris.

Il résulte de ce que nous venons de dire que, autant l'emploi du fil aérien constitue une solution simple et avantageuse de la traction électrique, autant les autres systèmes donnent lieu à de graves difficultés et à de sérieuses objections pour les grandes villes, et surtout pour Paris.

§ 5. — Application aux Chemins de fer.

Système du troisième rail.

C'est pour les tramways que la traction électrique a été inventée et qu'elle a reçu un développement considérable en raison des avantages particuliers qu'elle offre.

La question de son application aux chemins de fer devait logiquement se poser. Dans ce cas, le problème est heureusement simplifié puisque, disposant d'une plate-forme spéciale, nous pouvons facilement établir sur cette plate-forme le conducteur électrique, servant à la prise de courant. Le problème est rendu si facile dans ce cas que, sans craindre de paradoxe, on peut estimer que, si les chemins de fer n'existaient pas, et si, actuellement, on les créait d'un bloc, on n'hésiterait pas à recourir immédiatement à la traction électrique à l'exclusion de la vapeur. On serait alors conduit, il est vrai, à une exploitation absolument différente des exploitations actuelles ; on se rapprocherait de l'exploitation des tramways, c'est-à-dire qu'on remplacerait par des trains légers et fréquents, les trains lourds et relativement rares qui assurent actuellement le service des grandes villes entre elles.

Malheureusement, il faut tenir compte de la situation existante, il y a un capital considérable engagé dans les entreprises de chemins de fer, et quels que soient les avantages qu'on puisse trouver à l'emploi de la traction électrique, on ne saurait mettre au rebut, du jour au lendemain, l'outillage important qui existe. Toutefois, il est peut-être utile de signaler que depuis l'année 1895, en Amérique, on a appliqué la traction électrique sur la ligne de Nantasket-Stand, et, depuis 1896, au tunnel de Baltimore.

A Paris, la Compagnie du chemin de fer d'Orléans exploite à l'électricité, depuis quelques mois, le prolongement de sa ligne entre la place Valhubert et la nouvelle gare du Quai d'Orsay. Dans peu de temps, la ligne de Paris à Versailles, rive gauche, sera à traction électrique, grâce à l'intéressante initiative de la Compagnie de l'Ouest.

Pour l'exploitation des banlieues des villes qui se rapprochent beaucoup de celle des tramways, il est probable que le développement de la traction électrique deviendra de plus en plus grand.

Enfin, au point de vue des chemins de fer, il est nécessaire de signaler que, dans les régions montagneuses, on trouve facilement des chutes d'eau fournissant cette « houille blanche » dont nous parlions plus haut, de sorte que, dans certains cas, on peut espérer que ces régions, jusqu'alors privées de chemins de fer en raison des difficultés naturelles, seront desservies dans l'avenir, grâce à la traction électrique.

Quoi qu'il arrive, il faut bien se dire, d'ailleurs, que ces installations ou transformations nouvelles ne pourront s'opérer sans grosses dépenses. On sera conduit, dans chaque cas, à établir une comparaison entre l'emploi de la vapeur et de l'électricité, et on constatera que la solution dépend du mode d'exploitation choisi, c'est-à-dire de la fréquence des trains. Si l'on a intérêt à avoir des trains fréquents, ne contenant au besoin que peu de places, la traction électrique offrira de réels avantages. Si, au contraire, il n'y a pas utilité à avoir des trains fréquents, dans la plupart des cas, l'avantage restera à la traction actuelle par la vapeur. Ce sont là des questions importantes dont la solution dépend de l'avenir. Aujourd'hui, les Administrations publiques et les Compagnies les étudient. Le Ministère des Travaux publics, en France, a pris à cet égard une louable initiative en nommant une grande Commission d'études ; on ne peut douter que de cette émulation générale ne résultent des solutions favorables aux divers intérêts en présence, à savoir, l'intérêt du public et celui des exploitations déjà existantes et non encore amorties.

§ 6. — Application du fil aérien a l'Automobilisme.

La traction électrique par fil aérien offre une telle commodité que certains inventeurs ont cherché à l'appliquer à l'automobilisme.

Sur les routes, on installerait au moyen de poteaux deux fils, l'un pour l'aller, l'autre pour le retour du courant, et un omnibus portant des moteurs électriques serait mis en mouvement exactement comme un tramway.

Des solutions ingénieuses ont été étudiées pour la prise de courant et pour l'emploi direct du courant triphasé. On peut voir en ce moment à l'Exposition de Vincennes une intéressante application de ce système. Dans les pays montagneux où l'on peut disposer économiquement de puissance électrique au moyen des chutes d'eau, ce système paraît offrir un réel intérêt pour le transport en commun, soit des voyageurs, soit des marchandises.

§ 7. — La traction électrique au moyen d'Accumulateurs et ses inconvénients.

Dans tout ce qui précède, nous n'avons examiné que la traction électrique au moyen d'un contact permanent entre le moteur récepteur et l'usine génératrice. Nous avons vu que le fil aérien constitue une solution absolument satisfaisante au point de vue de l'exploitation; mais, en Amérique aussi bien qu'en Europe, on a fait certaines objections à l'emploi du fil aérien au point de vue de l'esthétique; c'est ce qui a conduit à étudier l'emploi du caniveau souterrain ou du contact superficiel.

Une autre solution, électrique aussi, mais bien différente, consiste à employer l'accumulateur électrique. Avec ce système, le moteur récepteur n'est plus en relation directe avec l'usine génératrice et les tracteurs (locomotives ou locomotives-tenders ou automotrices) prennent l'énergie électrique dans des accumulateurs où elle est préalablement emmagasinée.

Depuis bien longtemps, on est à la recherche d'un accumulateur électrique de grande capacité et de faible poids. Chaque inventeur croit l'avoir trouvé et malheureusement l'expérience démontre que, dans l'état actuel de l'industrie électrique, l'accumulateur est toujours lourd par rapport à sa capacité. Son emploi offre, en outre, de graves sujétions qui rendent le mode de traction électrique par accumulateurs bien ingrat et bien difficultueux.

Certaines Compagnies de chemins de fer font construire (en particulier à l'étranger) de grandes voitures automotrices qui porteront 15 ou même 20 tonnes d'accumulateurs. Ce système n'est pas encore d'une exploitation courante, aussi nous devons le laisser de côté. D'ailleurs, étant donnés les inconvénients connus des accumulateurs, cette conception de traction avec un poids d'accumulateurs aussi considérable ne laisse pas de paraître audacieuse et il sera intéressant de connaître les résultats obtenus.

Quoi qu'il en soit, nous devons nous borner à envisager l'application des accumulateurs électriques à la traction des tramways.

Il y a deux modes d'emploi distincts de l'accumulateur électrique, suivant qu'on le charge lentement ou rapidement.

Avec la charge lente, pour ne pas immobiliser le matériel roulant pendant la charge, on est conduit à installer la batterie en dehors de la voiture de façon à pouvoir l'en séparer facilement. Une installation de ce système fonctionne à Paris pour la ligne Saint-Denis-Opéra et elle paraît fort intéressante; il nous semble que, dans ce cas, la traction électrique par accumulateurs mérite d'être prise en sérieuse considération. En effet, la charge se faisant au dépôt, c'est-à-dire en dehors de la voie publique et de la voiture, on n'a pas à redouter les inconvénients de la charge sur les voitures, dont les principaux sont : l'odeur, l'échauffement et même les explosions. Plus la charge est lente, moins grand est l'échauffement de la batterie.

La charge se faisant en plein air, la batterie peut se refroidir et les gaz se dégagent librement à l'extérieur sans inconvénient. Mais ce système exige absolument que le terminus de la ligne de tramways soit contigu avec le dépôt, ce qui constitue un cas extrêmement particulier. Il peut se présenter pour des lignes de banlieue, mais d'une manière générale dans les villes il sera très rare de pouvoir établir le dépôt à proximité du terminus de la ligne. Dans ces conditions, ce système, ingénieux et intéressant, est d'une application exceptionnelle. En général, le terminus est à une certaine distance du dépôt, on ne peut, à chaque tour aller en haut-le-pied, changer la batterie et on est obligé de charger au terminus; c'est pour ce but qu'on a inventé les accumulateurs dits à charge rapide.

Cette prétendue invention consiste simplement à avoir un poids considérable d'accumulateurs, afin de pouvoir les décharger peu pour avoir à les charger peu, c'est-à-dire rapidement. On est ainsi conduit à avoir des batteries d'un poids considérable : par exemple, la Compagnie générale des Omnibus de Paris a été obligée, pour la ligne de Vincennes au Louvre, à avoir des batteries dont le poids atteint 5.000 kilogrammes. Avec de pareils poids, l'emplacement dont on dispose sur la voiture automotrice est insuffisant pour loger les batteries au dehors de la voiture même et on est obligé de les mettre sous les banquettes des voyageurs, c'est-à-dire dans un endroit forcément mal aéré et mal ventilé. On est alors contraint de faire des installations spéciales, d'une efficacité douteuse, malgré leur coût élevé, comme, par exemple, une ventilation mécanique pour éviter les inconvénients que nous signalons plus haut.

Malgré une surveillance particulière, les résultats ne sont pas toujours satisfaisants. D'ailleurs, toutes ces sujétions et ces difficultés considérables se traduisent finalement par des dépenses excessives d'exploitation.

Quand on songe qu'à Berlin où, moyennant une prolongation spéciale de concession pour ce fait, la grande Compagnie de tramways avait accepté de faire la traction au moyen d'accumulateurs dans le centre de la ville et avec le fil aérien en dehors de ce centre et qu'à la suite de l'expérience de l'hiver dernier l'Administration publique a autorisé la Compagnie à remplacer provisoirement les accumulateurs par le fil, même à l'intérieur de la ville, on peut se demander en présence, de ces résultats, si la traction électrique par accumulateurs a vraiment quelque chance de durée dans l'avenir.

Une autre solution de la traction par accumulateurs électriques, quand on ne peut les mettre sur ou sous la voiture automotrice, consiste à les placer dans un fourgon ou tender spécial.

Cette solution est actuellement employée sur la ligne Saint-Denis-Neuilly et elle le sera très prochainement sur le chemin de fer d'Arpajon aux Halles, dans la partie de cette ligne située à l'intérieur de Paris.

Cette solution est satisfaisante au point de vue de la surveillance et de l'entretien des accumulateurs, mais elle offre deux graves inconvénients :

Le premier, c'est que, si le terminus est loin du dépôt, on est obligé de faire faire à ce fourgon ou tender des « haut-le-pied » qui peuvent être importants.

Le second, c'est que ce système de traction offre les mêmes inconvénients que l'emploi des locomotives, c'est-à-dire l'augmentation de l'encombrement de la voie publique. On perd ainsi, à ce point de vue, le bénéfice qu'offre la traction mécanique avec l'emploi soit de voiture automotrices (voitures mécaniques emportant avec elles leur énergie et pouvant se mouvoir par leurs propres moyens ; accumulateurs électriques placés sur la voiture, accumulateurs à air comprimé, vapeur, gaz, pétrole, etc.), soit de voitures automobiles (voitures mécaniques ayant sur elles leur moteur, mais ne pouvant se mouvoir qu'à la condition d'être reliées avec une usine centrale génératrice).

§ 8. — Système du chapelet dans l'exploitation de la traction mécanique.

Comme nous l'avons indiqué plus haut, avec la traction électrique, on a intérêt à avoir des voitures légères, sauf à en augmenter la fréquence ; de cette façon, à l'usine, on évite les à-coups et on a un régime de production électrique plus régulier et, par suite, plus économique. On est ainsi logiquement conduit, surtout avec la traction électrique avec fil aérien, la plus répandue, à recourir au système d'exploitation qu'on appelle le système du « chapelet ».

Dans ce système, les voitures sont petites et se succèdent aussi fréquemment que possible. Le public trouve *a priori* ce système très satisfaisant : tout Parisien qui a été à New-York ne manque pas d'en vanter les mérites en comparant les voitures fréquentes qui circulent dans les « avenues » de New-York aux grosses et lourdes voitures de tramways que l'on voit à Paris et qui y circulent avec une fréquence moindre.

Il peut être bon d'indiquer que le fonctionnement du système du chapelet suppose, pour qu'il soit satisfaisant, un tracé spécial de l'ensemble des lignes de tramways, et qu'à Paris en particulier, ce système serait complètement impraticable. Nous allons nous expliquer à cet égard.

L'exemple le plus topique est celui de la ville de New-York.

Cette ville, comme on le sait, affecte la forme d'un rectangle allongé dans lequel les voies destinées à la circulation publique sont constituées par le double réseau des « avenues » et des « rues ». Les avenues sont parallèles au grand côté du rectangle ; les rues sont, au contraire, perpendiculaires. Les lignes de tramways, établies sur les deux systèmes de voies, ne s'empruntent donc pas les unes les autres ; il y a simplement des croisements pour le passage desquels il suffit de prendre les précautions habituelles.

A Paris, si l'on jette un coup d'œil sur la carte des tramways, on constate la présence d'un grand nombre de « troncs communs », c'est-à-dire de parties de voies qui sont empruntées par un grand nombre de lignes différentes.

Considérons donc un de ces troncs communs qui peut être réduit à une faible longueur, par exemple 500 mètres.

Supposons que sur ce tronc commun, il passe trois lignes de tramways, marchant chacune à trois minutes de fréquence. En supposant que le service soit constamment régulier sur toutes les lignes, ce qui est absolument impossible à Paris avec les entraves naturelles dues à la circulation intense, le passage des voitures sur le tronc commun aura lieu toutes les minutes sur chacune des voies, soit toutes les demi-minutes en tenant compte des deux voies. Il en résultera que les voitures ordinaires, pour traverser les voies de tramways ou pour les suivre pendant un certain temps en cas d'embarras de la circulation, n'auront à leur disposition que des intervalles de temps espacés d'une demi-minute. Cette durée est bien faible si l'on songe que, le service étant inévitablement irrégulier, cette durée d'une demi-minute sera encore réduite par moments, surtout quand les encombrements dus à la circulation seront les plus grands. Bref, sur ce tronc commun il arrivera fréquemment que les voitures de tramways circulant sur chaque voie, c'est-à-dire dans les deux sens, constitueront, malgré leur renouvellement continu, un obstacle permanent apporté à la circulation des voitures ordinaires.

Il est évident que le transport des voyageurs en commun au moyen de tramways est intéressant, mais on ne peut pas ne pas tenir compte des autres transports qui, dans une ville comme Paris, offrent aussi un réel intérêt.

Bref, nous considérons que, autant l'exploitation des tramways dans une grande ville, avec un espacement exagéré des départs, constitue une erreur, autant l'exploitation du système par chapelet avec départs très fréquents offre de graves inconvénients pour la circulation générale. A notre avis, dans une ville comme Paris, la fréquence des départs, suivant les lignes, pourrait, en principe, varier de quatre à huit minutes.

A cet égard, dans les grandes villes, la traction mécanique offre un réel avantage, celui de permettre l'exploitation au moyen de deux voitures attelées, ce qui permet de doubler le nombre des places offertes aux voyageurs, tout en réduisant au minimum l'encombrement de la voie publique.

§ 9. — L'augmentation de la vitesse commerciale avec la Traction mécanique.

Nous venons de montrer qu'en général le système d'exploitation par chapelet dans les grandes villes était chimérique. Il peut être utile de faire aussi justice d'un autre prétendu avantage de la traction mécanique dans les grandes villes : nous voulons parler de l'augmentation de la vitesse.

L'expérience démontre que, malgré l'augmentation considérable de vitesse effective que l'on peut et même que l'on est forcé de réaliser, par exemple sur les rampes, l'augmentation, résultant dans la vitesse commerciale, la seule qui intéresse le public, est très faible et cela en raison des embarras inhérents à la circulation générale dans les grandes villes, de la multiplicité exagérée des arrêts et du temps perdu dans les bureaux.

De même que nous avons indiqué plus haut qu'en matière de traction mécanique on confond très souvent les avantages inhérents à la traction par fil aérien dans les villes de province avec ceux que l'on espère obtenir dans les grandes villes, de même, au point de vue de la vitesse, on a le tort de généraliser les résultats réellement remarquables et avantageux que l'on réalise dans les villes de province, mais qui, malheureusement, par suite de conditions différentes, ne peuvent pas être obtenus aussi complètement dans les grandes villes.

Dans les villes de province, on peut constater pour de nombreuses lignes que, là où autrefois il y avait une ligne de tramways à traction animale avec départs espacés de vingt minutes, avec rampes que les chevaux gravissaient au pas péniblement, et sur laquelle on réalisait avec difficulté une vitesse commerciale de 8 kilomètres à l'heure, on a aujourd'hui, avec la traction électrique par fil aérien, une ligne où la vitesse commerciale a été portée de 8 à 12 kilomètres et même 13 kilomètres à l'heure. Il en résulte que le public qui dédaignait l'ancienne ligne à traction animale afflue sur la nouvelle ligne électrique et l'exploitant est conduit tout naturellement, au mieux de ses intérêts et de ceux du public, à augmenter le nombre des voitures et à les faire partir toutes les dix minutes et même toutes les cinq minutes au lieu des anciens départs à vingt minutes.

Ce sont ces résultats absolument avantageux pour tous que l'on est trop porté à généraliser.

A titre d'exemple, nous citerons quelques lignes à Paris en indiquant l'ancienne vitesse commerciale avec la traction animale et la vitesse commerciale actuelle avec la traction mécanique.

LIGNES	VITESSE COMMERCIALE		AUGMENTATION
	Avec l'ancienne traction animale	Avec la nouvelle traction mécanique	
	kilomètres	kilomètres	0/0
Madeleine-Levallois (ligne de banlieue)	7,83	9,14	19
Madeleine-Courbevoie (ligne de banlieue)	8,98	10,37	15
Porte de Clignancourt-Bastille (ligne intra-muros)	9,79	10,83	10
Louvre-Saint-Cloud (ligne de banlieue)	10,14	12,16	20
Cours de Vincennes-Louvre (ligne intra-muros)	8,84	9,47	7

Ces exemples montrent que sur les lignes de banlieue de Paris la traction mécanique a permis d'augmenter la vitesse commerciale d'environ 20 0/0 et seulement de 10 0/0 à l'intérieur de Paris. En province, on constate souvent des augmentations de 50 0/0.

§ 10. — Résumé et conclusions.

Nous résumerons de la façon suivante les observations générales que nous avons présentées plus haut :

La traction électrique par contact permanent (fil aérien pour les tramways et troisième rail pour les chemins de fer) offre de réels avantages au point de vue de la conduite du moteur, de sa puissance, de la rapidité des démarrages, de l'augmentation de la vitesse, etc...

Si le trafic permet pour les voitures ou trains des départs suffisamment rapprochés, et surtout si l'on dispose d'une force motrice naturelle, la traction électrique peut offrir des avantages sérieux d'économie dans l'exploitation, même en tenant compte des charges qui peuvent être élevées pour le premier établissement.

La traction électrique par caniveau souterrain est d'un coût élevé au point de vue du premier établissement. Sa construction apporte certaines entraves à la circulation générale et au commerce des riverains. En outre, la présence du caniveau au point de vue des travaux de voirie, tant pour l'exploitant du tramway, que pour la ville, peut offrir de graves inconvénients. Néanmoins, dans certaines conditions de durée d'amortissement et d'intensité de trafic, on peut passer outre à ces objections et l'application du caniveau souterrain peut être rationnelle dans les villes, sur les artères à grande circulation.

Les systèmes à contacts superficiels sont d'une ingéniosité intéressante, mais leur pratique est encore trop récente pour que l'on puisse se prononcer à leur égard d'une manière définitive ; en tout cas, l'emploi de ce système entraîne les inconvénients déjà signalés plus haut pour le caniveau souterrain, relativement à la dépendance du service des tramways de la voie publique.

La traction au moyen d'accumulateurs électriques ne paraît pouvoir être envisagée que dans des cas très particuliers et absolument exceptionnels. Jusqu'à ce jour, ce système a trop souvent donné lieu à de sérieux mécomptes pour les exploitants de tramways.

Le système d'exploitation par chapelet, c'est-à-dire par petites voitures, se succédant fréquemment, n'est possible que sur des lignes isolées, les unes des autres et n'offrant pas entre elles de tronc commun ; c'est d'ailleurs le cas habituel pour les villes de province ou pour certaines grandes villes de l'étranger comme New-York, mais, dans les autres villes où il y a de grands réseaux de tramways avec lignes s'empruntant les unes les autres, l'application de ce système risque d'entraver la circulation générale sur les troncs communs par le passage trop fréquent des voitures de tramways.

L'application de la traction mécanique permet d'augmenter sensiblement la vitesse commerciale à la condition que la circulation générale ne soit pas trop intense, que l'affluence des voyageurs ne soit pas trop grande et que le nombre des bureaux et des arrêts ne soit pas excessif.

L'expérience démontre que dans les grandes villes, ces conditions sont mal réalisées et que l'augmentation de la vitesse commerciale est en général plus faible que le public et les exploitants eux-mêmes ne l'espéraient avec la traction mécanique par rapport à la traction animée.

M. A. MONMERQUÉ

Ingénieur en chef des Ponts et Chaussées, Ingénieur en chef des Services techniques de la Compagnie générale des Omnibus de Paris.

LA TRACTION A AIR COMPRIMÉ EN FRANCE [625.2 : 621.42]

— Séance du 4 août —

I

Installations existantes.

§ 1er. — Premiers Essais.

Les premiers essais de traction de tramways au moyen de l'air comprimé ont eu lieu à Paris et remontent à l'année 1876. Ils furent effectués par la Compagnie des Tramways Nord sur la ligne Étoile-Courbevoie.

En 1878-1879, la même Compagnie tenta d'utiliser des locomotives système Mékarski pour l'exploitation de la ligne Saint-Denis-Place Moncey; mais cette exploitation, pour des causes diverses et surtout à la suite de difficultés financières, ne dura que quelques mois.

§ 2. — Installations de la Compagnie générale des Omnibus de Paris en 1894.

A Paris, l'air comprimé fut laissé de côté jusqu'en 1894, époque à laquelle la Compagnie générale des Omnibus l'appliqua aux lignes suivantes de son réseau : Louvre-Saint-Cloud, Louvre-Sèvres, Louvre-Versailles, Saint-Augustin-Cours de Vincennes.

Après diverses vérifications et modifications que l'expérience indiqua, l'exploitation définitive de ces lignes au moyen de l'air comprimé eut lieu en septembre 1894 pour la dernière ligne et en août 1895 pour les trois premières lignes de Saint-Cloud, Sèvres et Versailles.

Nous donnons ci-après les principaux éléments des profils de ces lignes.

DÉSIGNATION DES LIGNES		LONGUEUR EN MÈTRES — EN PALIER	LONGUEUR EN MÈTRES — EN PENTE — De 0 à 15 millimètres	LONGUEUR EN MÈTRES — EN PENTE — Au-dessus de 15 millimètres	LONGUEUR EN MÈTRES — EN RAMPE	LONGUEUR EN MÈTRES — TOTALES	RAMPES MAXIMUM — INCLINAISON en millimètres par mètre	RAMPES MAXIMUM — LONGUEUR en mètres	TRAVAIL EN KILOGRAMMÈTRES par tonne	MODE D'EXPLOITATION
1. Louvre-St-Cloud	Aller	247	4.463	541,5	4.929,5	10.181	27	28,5	166.918	Locomotives
	Retour	247	428,5	4.501	5.004,5	10.181	36	70	172.375	
2. Louvre-Sèvres	Aller	267	4.190	357	6.331	11.145	43	44	156.827	—
	Retour	267	5.348	983	4.547	11.145	36	70	202.467	
3. Louvre-Versailles	Aller	267	5.304	826	12.406	18.803	43	44	350.412	—
	Retour	267	9.412	2.994	6.130	18.803	36	70	377.464	
4. St-Augustin-Cours de Vincennes	Aller	»	2.520	2.537	4 050	9.107	31,5	60	176.453	Automotrices
	Retour	»	1.929	2.121	5.057	9.107	28,8	210,3	150.192	

1. Chaque locomotive fait le trajet dépôt du Point-du-Jour, retour Louvre-Point-du-Jour-Saint-Cloud, retour Saint-Cloud-Point-du-Jour avec un chargement d'air au Point-du-Jour.

Les accumulateurs assurent ainsi sans rechargement un parcours total du 20.362 mètres dont 14.720 mètres intra-muros, représentant un travail de 7.842.012 kilogrammètres, soit : en comptant en moyenne les trains au poids de 32 tonnes, non compris la locomotive, un travail de

$$\frac{245.001}{14.720} = 16,650 \text{ kilogrammètres}$$

par tonne-kilomètre, et pour le trajet extra-muros (3.642 mètres) un travail de 1.057.232 kilogrammètres, soit, en comptant en moyenne les trains au poids de 16 tonnes, non compris la locomotive, un travail de 16.696 kilogrammètres par tonne-kilomètre.

2. Le service est fait actuellement jusqu'au dépôt du Point-du-Jour au moyen d'une voiture spéciale attelée au service de Saint-Cloud (voir ci-dessus). Du Point-du-Jour à Sèvres et retour une locomotive spéciale fait le service; les accumulateurs assurent ainsi sans rechargement un parcours de 7.480 mètres correspondant à un travail de 2.147.104 kilogrammètres, soit : en comptant en moyenne les trains au poids de 16 tonnes, non compris la locomotive, un travail de :

$$\frac{134.194}{7.480} = 17,020 \text{ kilogrammètres par tonne-kilomètre.}$$

3. Jusqu'à Sèvres, service par voiture attelée aux services ci-dessus.

A partir de Sèvres jusqu'à Versailles, avec retour à Sèvres, on attelle une locomotive spéciale dont les accumulateurs assurent ainsi sans rechargement un parcours de 15.300 mètres, correspondant à un travail de 4.297.312 kilogrammètres, soit : en comptant en moyenne les trains au poids de 16 tonnes non compris la locomotive, un travail de :

$$\frac{268.582}{15.300} = 17.554 \text{ kilogrammètres par tonne-kilomètre.}$$

4. Service avec automotrices. La même automotrice fait le service complet de la ligne aller et retour, soit 18.214 mètres; mais à la station de la Villette on fait dans chaque sens un rechargement d'air et de vapeur. Le parcours Villette-Saint-Augustin-Villette (7.688 mètres) correspond ainsi à un travail de 3.043.848 kilogrammètres sans rechargement des accumulateurs, pour un poids moyen train de 24 tonnes, soit :

$$\frac{126.827}{7.688} = 16.497 \text{ kilogrammètres par tonne-kilomètre.}$$

§ 3. — Installation de Nantes.

C'est en 1879 que M. Mékarski installa ce système de traction à Nantes. La ligne la plus ancienne avec ce système fonctionne donc depuis vingt et un ans. A cette époque, le réseau de Nantes ne comprenait qu'une ligne offrant un développement total de 6 kilomètres. Mais, depuis cette date, de nouvelles concessions ont été accordées à la Compagnie, et le réseau complet, actuellement en exploitation ou sur le point de l'être, comprend six lignes offrant un développement total de 28 kil. 5.

Pour ce service, la Compagnie des Tramways de Nantes a une usine d'une puissance de 810 poncelets (1.080 chevaux) indiqués sur les pistons, comportant six groupes aérogènes, dont quatre en service régulier et deux en réserve.

Le service total comprend 62 voitures automotrices à 45 places sans impériale. En outre, il y a 4 voitures d'attelage à 58 places avec impériale.

§ 4. — Installation de la Compagnie des Chemins de fer Nogentais.

En 1888, la Compagnie des Chemins de fer Nogentais a installé la traction à air comprimé sur son réseau comportant actuellement trois lignes, d'un développement total de 17 kilomètres.

L'usine, installée à la Maltournée, offre une puissance de 150 poncelets (200 chevaux) indiqués sur les pistons et comporte deux groupes aérogènes.

Le nombre total des voitures automotrices est égal à 21 avec 10 voitures d'attelage. La contenance de ces voitures est de 50 places.

Nous croyons savoir que cette Compagnie, ayant obtenu l'autorisation de poser sur la voie publique le fil aérien, remplace actuellement la traction à air comprimé par le fil aérien, en raison de l'économie d'exploitation qu'elle compte réaliser avec ce nouveau système.

II

Nouvelles Installations en cours d'exécution de la Compagnie générale des Omnibus.

Transformation de la traction en vue de l'Exposition de 1900.

Les pouvoirs publics, à Paris, ont demandé, en 1896, aux diverses Compagnies exploitant les tramways d'appliquer la traction mécanique à tout leur réseau, dans le plus bref délai possible, afin d'en faire profiter le public dès l'ouverture de l'Exposition de 1900.

La Compagnie générale des Omnibus voulut attendre la suite des négociations engagées avec l'Administration au sujet de la prolongation, sinon de ses concessions existantes, au moins de l'amortissement des emprunts à effectuer pour les nouveaux travaux à entreprendre : on conçoit, en effet, que le choix des systèmes de traction mécanique à adopter soit en partie motivé par la durée de l'amortissement.

Les négociations paraissant ne pas aboutir, la Compagnie se décida à transformer avec ses seuls moyens un nombre de lignes aussi grand que possible, afin d'obtempérer aux injonctions de l'Administration.

Les systèmes de traction qui ont été adoptés dans cette transformation sont au nombre de trois, savoir :

1° Les accumulateurs électriques ;

2° Le chauffage direct ;

3° L'air comprimé.

Nous ne nous occuperons, dans la présente note, que de la traction à air comprimé.

§ 1er. — Nouvelles Lignes transformées au moyen de l'air comprimé.

Ces lignes sont les suivantes : Louvre-Saint-Cloud (remplacement des automotrices Rowan), Passy-Hôtel de Ville, Muette-Rue Taitbout, Auteuil-Boulogne (remplacement des automotrices Rowan), Montrouge-Gare de l'Est, Auteuil-Madeleine.

§ 2. — Horaires des Lignes.

Sur ces lignes, les fréquences des départs sont actuellement les suivantes :

Louvre-Saint-Cloud	15',
Hôtel de Ville-Passy	de 16' à 9' 45''
Muette-Taitbout	de 12' à 7',
Montrouge-Gare de l'Est	de 6 à 3' 15'',
Auteuil-Boulogne	de 25' à 15',
Auteuil-Madeleine	de 15' à 10'.

§ 3. — Données principales des Lignes.

Le tableau ci-après résume les données principales de ces lignes :

DÉSIGNATION DES LIGNES		LONGUEURS EN MÈTRES					RAMPES MAXIMUM		TRAVAIL EN KILOGRAMMÈTRES par tonne
		EN PALIER	EN PENTE De 0 à 15 millimètres	EN PENTE Supérieure à 15 millimètres	EN RAMPE	TOTALES	INCLINAISON en millimètres	LONGUEUR	
Louvre-Saint-Cloud. . . .	Aller	247	4.463	541,5	4.929,5	10.181	27	28,5	123.268
	Retour	247	428,5	4.501	5.004,5	10.181	36	70	123.649
Hôtel de Ville-Passy . . .	Aller	»	2.006	489	3.934	6.429	38	30	93.396
	Retour	»	2.829	1.105	2.495	6.429	35,6	70	121.270
Muette-Rue Taitbout. . .	Aller	»	1.958	1.180	3.008	6.146	15,5	18	84.461
	Retour	»	2.990	18	3.138	6.146	36,7	120	110.585
Auteuil-Boulogne.	Aller	»	1.831,5	205,5	649	2.686	13	42,40	32.562
	Retour	»	649	»	2.037	2.686	33,6	145,5	54.358
Montrouge-Gare de l'Est. .	Aller	63	3.963	510	1.771	6.316	22,5	97	77.901
	Retour	63	1.543	228	4.482	6.316	12,8	49,7	120.697
Auteuil-Madeleine.	Aller	18	3.288	1.235	2.868	7.409	38,4	50	113.224
	Retour	18	1.932	876	4.523	7.409	30,4	83,5	132.321

Les locomotives à air comprimé seront remplacées par des automotrices.

§ 4. — Dispositions d'ensemble.

Dans son ensemble, l'installation comprend :

1° Une usine centrale aérogène d'une puissance de 3.700 à 5.200 poncelets indiqués (5.000 à 7.000 chevaux), située au bord de la Seine à Billancourt;

2° Des canalisations d'air et des postes de chargement au Point-du-Jour pour la ligne Louvre-Saint-Cloud et aux terminus d'Auteuil et de Passy pour les autres lignes;

Pour la ligne Montrouge-Gare de l'Est, une canalisation part de l'usine et suit les fortifications pour aboutir aux postes de chargement situés à la Porte d'Orléans. Cette canalisation a une longueur de 7.052 mètres (y compris la canalisation intérieure du dépôt);

3° Quatre dépôts pour remiser les voitures des diverses lignes.

§ 5. — Usine de Billancourt.

L'usine, prévue pour pouvoir fournir à l'heure environ 16 tonnes d'air à la pression de 80 kilogrammes, comprend six bâtiments, savoir :

1° Un pavillon de concierge :

2° Deux bâtiments pour bureaux et habitation;

3° Un grand bâtiment pour la machinerie, avec chaufferie accolée dans un bâtiment spécial;

4° Un bâtiment pour les accumulateurs d'air ;

5° Des ateliers avec magasins et vestiaires.

§ 6. — Chaufferie.

Chaudières. — La chaufferie comprend seize chaudières multitubulaires de chacune 210 mètres carrés de surface de chauffe.

Ces chaudières, disposées sur un même alignement, sont groupées deux par deux.

Chaque chaudière offre douze sections tubulaires de neuf tubes en hauteur. Les dimensions de ces tubes sont les suivantes :

Longueur.	5m,180
Diamètre extérieur.	0m,102
Épaisseur	0m,0035

Le faisceau tubulaire est relié à deux réservoirs longitudinaux de 914 millimètres de diamètre intérieur suspendus à une charpente métallique indépendante de la maçonnerie et portant eux-mêmes le faisceau tubulaire qui peut ainsi se dilater et se contracter dons tous les sens.

Le timbre des chaudières est de.	12 kilogrammes.
La surface de grille est de.	4m,10
Le volume d'eau, y compris le réservoir épurateur .	10.000 litres.
Le volume de vapeur.	5.600 —

Ballons épurateurs. — Chaque chaudière est surmontée d'un réservoir épurateur formant ballon d'accouplement des deux réservoirs de la chaudière

Ce réservoir de 762 millimètres de diamètre et 4m,50 de longueur est en communication avec l'eau des réservoirs de la chaudière et avec la chambre de vapeur de ces derniers.

L'alimentation se fait par ces réservoirs ; l'eau, refoulée par la pompe et pulvérisée à son entrée dans le réservoir épurateur, se trouve portée à une température de 150°. L'eau, à cette température, se débarrasse des sels de chaux qu'elle pouvait contenir qui se précipitent au fond d'un premier compartiment et rencontrent une série de chicanes qui empêchent l'entraînement mécanique des corps précipités et vient se déverser dans l'eau des chaudières, débarrassée des matières incrustantes.

Foyers. — Les foyers des chaudières sont pourvus de grilles de 1m,829 de longueur sur 2m,235 de largeur. Elles doivent pouvoir assurer une production de 13 à 14 kilogrammes de vapeur par mètre carré de surface de chauffe sans pousser les feux.

Les gaz de la combustion des quatorze générateurs servant à la production de l'air se rendent dans un carneau unique longitudinal placé derrière les chaudières ; chaque branchement est muni d'un registre avec commande équilibrée.

Le carneau collecteur est muni, entre chaque groupe de deux chaudières, de feuillures permettant, à l'aide de registres, d'isoler une partie du carneau.

Économiseurs. — Pour utiliser la chaleur perdue des gaz chauds circulant dans le carneau, on a prévu quatre économiseurs placés par groupe de deux aux extrémités droite et gauche de la chaufferie et dans lesquels passent les gaz chauds avant de se rendre à la cheminée d'évacuation.

Chaque économiseur a une surface de chauffe de 250 mètres carrés, soit, pour chaque groupe, 500 mètres carrés.

Il est formé de quatre groupements de 408 tubes de 76 millimètres de diamètre extérieur et de 3 millimètres d'épaisseur.

Ces tubes ont une longueur de 5 mètres ; ils sont réunis, à leurs extrémités, à des collecteurs disposés pour établir la circulation de l'avant à l'arrière et de l'arrière à l'avant et donnent une circulation très active.

Les économiseurs sont pourvus de tous les appareils de sûreté prévus par les règlements et sont complètement indépendants des chaudières.

Cheminées. — Il y a deux cheminées : l'une, ordinaire, de 60 mètres de hauteur, en maçonnerie de briques l'autre, en tôle, de 32 mètres de hauteur, avec tirage artificiel au moyen d'un ventilateur système Pratt.

Alimentation en eau. — L'eau de Seine servant à l'alimentation des chaudières vient d'un réservoir assurant le service d'eau général de l'usine comme nous l'expliquons plus loin.

De ce réservoir, l'eau se rend à des épurateurs et de là à un bassin souterrain où elle est prise pour assurer l'alimentation des chaudières.

Cette alimentation est assurée d'une part par deux pompes spéciales placées dans la chaufferie, d'autre part par des pompes alimentaires actionnées directement par les moteurs.

Alimentation en combustible. — L'usine recevra directement le charbon par bateaux.

Une estacade établie au bord de la Seine et une grue électrique prend le charbon dans les bateaux pour le déverser dans des wagonnets.

On avait étudié un projet de distribution automatique du charbon avec emploi de grilles tournantes, mais son exécution a été ajournée en raison de ce que le bon fonctionnement de ces grilles a paru exiger un charbon d'une nature particulière.

L'installation actuelle réserve l'avenir à cet égard et l'expérience apprendra ce qu'il convient de faire.

§ 7. — Machinerie.

La machinerie se compose :

1° De sept groupes aérogènes ;

2° De deux moteurs pour le service d'eau ;

3° De deux moteurs pour le service de l'éclairage électrique.

Moteurs à vapeur. — Les machines à vapeur adoptées sont horizontales à triple expansion.

Leurs dimensions principales sont les suivantes :

Diamètre du grand cylindre : 1m,300.

Diamètre du moyen cylindre : 790 millimètres.

Diamètre du petit cylindre : 510 millimètres.

Course des pistons : 1m.400.

Nombre de tours par minute : 50 à 70.

Puissance indiquée : 490 à 750 poncelets, 650 à 1.000 chevaux.

Diamètre des volants : 6m,50.

Poids des volants : 15 tonnes.

Pression d'admission : 10 kilogrammes.

La distribution dans chaque cylindre se fait au moyen de quatre obturateurs circulaires genre Corliss groupés par deux ; le même orifice du cylindre sert à l'admission et à l'échappement de la vapeur.

Le condenseur est muni d'une soupape casse vide, actionnée directement par un flotteur qui donne accès à l'air dans le condenseur dès que l'eau prend un niveau dangereux, et provoque l'arrêt de l'injection d'eau.

L'ensemble des cylindres moteurs est disposé comme il suit :

Tous sont horizontaux.

Les deux premiers sont placés à droite et en tandem.

Le troisième cylindre est placé à gauche et il est attelé en tandem avec le premier cylindre de compression.

L'ensemble moteur actionne un arbre horizontal à manivelles coudées qui conduit les pistons verticaux des autres cylindres de compression.

Compresseurs. — Les compresseurs sont à trois cascades et travaillent à simple effet.

Le cylindre aspirant à l'air libre dit à basse pression est horizontal ; il a un diamètre intérieur de 1 mètre ; la course du piston, commune avec celle des trois cylindres moteurs, comme nous l'avons vu plus haut, est de 1m,400.

Sur le plateau AR du cylindre sont montées trois soupapes de 140 millimètres d'aspiration et deux de refoulement. Entre les soupapes d'aspiration sont placées deux soupapes d'injection d'eau à ressorts, réglées de telle façon que l'injection de l'eau coïncide avec l'aspiration de l'air.

L'air sort du cylindre de première compression à une pression de 4kg,25, et après avoir traversé un réservoir intermédiaire formant volant et refroidisseur, d'une capacité de 1 mètre cube environ, et d'une surface refroidissante d'environ 10 mètres carrés, il se rend aux cylindres à moyenne pression.

Ces cylindres, ainsi que ceux de la haute pression, sont au nombre de deux. Ils sont verticaux et attelés deux à deux en tandem avec les cylindres de haute pression.

Les dimensions des cylindres sont les suivantes :

Cylindres à moyenne pression :

Diamètre	0m,570
Course des pistons	0m,570
Soupapes d'aspiration	0m,150
Soupapes de refoulement	0m,140

Cylindres à haute pression :

Diamètre	0m,255
Course des pistons	0m,570
Diamètre des soupapes d'aspiration	0m,100
Diamètre des soupapes de refoulement	0m,090

Entre la seconde et la troisième cascade de compression, l'air traverse un réservoir intermédiaire de 200 litres environ de capacité, puis un serpentin en cuivre plongé dans une bâche.

Le refroidissement de l'air dans la compression est assuré, d'une part, dans le cylindre aspirant à basse pression, au moyen d'eau injectée, d'autre part, au moyen d'une circulation d'eau qui est établie :

1° Autour de chaque cylindre de compression;

2° Autour du serpentin en cuivre indiqué ci-dessus et placé entre la deuxième et la troisième cascade.

Ce double service d'eau (injection et circulation) se fait au moyen d'eau préalablement épurée à la soude et à la chaux et provenant du service général assurant la distribution de l'eau aux divers appareils. Une pompe spéciale montée sur chaque groupe assure ce service; elle peut débiter 6 mètres cubes à l'heure.

A chaque compresseur sont annexés deux sécheurs montés en série, construits pour supporter une pression de 100 kilogrammes.

Ils se composent d'un cylindre vertical de 500 millimètres de diamètre et de 2m,637 de hauteur dans lequel l'air abandonne la plus grande partie de l'eau qu'il entraîne. Il passe alors dans une batterie d'accumulateurs pour se rendre ensuite dans les canalisations, comme il sera expliqué plus loin.

Les services auxiliaires de l'usine comprennent :

1° Le service d'eau;

2° L'éclairage électrique.

Le service d'eau est assuré par deux groupes; la place est réservé pour un troisième groupe.

Chaque groupe est constitué par :

1° Une machine à vapeur à 4 distributeurs type Corliss d'une puissance de 60 poncelets (80 chevaux indiqués) tournant à 84 tours et transmettant le mouvement, par une courroie à une ligne d'arbres, pour actionner une pompe quelconque par le moteur d'un groupe quelconque;

2° Deux pompes centrifuges type Dumont n° 13 débitant chacune 1.000 mètres cubes à l'heure et destinées à alimenter la galerie d'eau de la salle des machines où les pompes des condenseurs puisent l'eau d'injection;

3° Une pompe double conjuguée type Dumont n° 7 aspirant l'eau dans la galerie ci-dessus pour la refouler dans des réservoirs dont il va être question. Cette pompe peut débiter 300 mètres cubes à l'heure.

Les deux réservoirs alimentés par les pompes conjuguées sont placés en dehors de l'usine et à côté du bâtiment des pompes; chacun offre une contenance utile de 200 mètres cubes, et est placé à une hauteur de 14 mètres au-dessus du sol. La même construction renferme les épurateurs d'eau pour le service des chaudières et des compresseurs. Toute la construction est en ciment armé.

Le service de l'éclairage électrique est assuré par deux groupes électrogènes de 55 kilowats à 110 volts, l'un devant servir de rechange à l'autre.

4° Par une batterie d'accumulateurs de 55 éléments ayant une capacité de 575 ampères-heure.

Le service électrique assure non seulement l'éclairage, mais aussi le service des moteurs de l'atelier de réparations et du ventilateur pour la cheminée Pratt.

Accumulateurs d'air à l'usine. — L'air comprimé, en sortant des sécheurs des compresseurs, est envoyé par une canalisation de 100 millimètres intérieur dans une batterie d'accumulateurs placée dans un bâtiment spécial.

Cette batterie se compose de 280 accumulateurs en acier de 504 millimètres de diamètre extérieur et 462 millimètres de diamètre intérieur et de $3^m,170$ de longueur, groupés en 28 séries de 10 accumulateurs. La contenance totale est de 140 mètres cubes en nombre rond.

L'air est emmagasiné dans cette batterie d'accumulateurs avant d'aboutir aux conduites générales de distribution de l'air dans un sécheur. Les conduites de distribution sont au nombre de six et il y a un sécheur par conduite. Les six conduites constituent, comme on le verra plus loin, deux canalisations distinctes. Chaque canalisation est constituée par trois conduites, dont deux sont en service et la troisième sert de relais. Une robinetterie spéciale permet d'isoler à volonté l'une quelconque des conduites de façon à pouvoir visiter ou mettre en service celle que l'on désire, indépendamment des autres.

Timbres de compression et d'épreuves des appareils. — Le timbre de compression, suivant la force des ressorts des soupapes que l'on peut modifier à volonté, pourra varier de 80 à 100 kilogrammes. Le chiffre exact pour le régime normal de marche sera déterminé par l'expérience, une fois que l'usine sera complètement en service régulier. Le chargement de l'automotrice devant se faire sur les lignes à la pression de 80 kilogrammes, la pression à l'usine devra être supérieure à ce dernier chiffre. Les deux principaux éléments qui influeront sur le chiffre à adopter sont, d'une part, la rapidité de chargement des automotrices, et d'autre part, la perte de charge dans les canalisations.

On ne prévoit pas qu'il soit pas nécessaire de dépasser et même d'atteindre une pression de 100 kilogrammes à l'usine; aussi tous les appareils ont-ils été calculés pour cette pression de régime et essayés à 133 kilogrammes.

§ 8. — Canalisations d'énergie.

Les canalisations principales d'air comprimé sont, comme on l'a déjà vu, au nombre de deux : l'une destinée aux lignes de Sèvres, Saint-Cloud et Versailles, ainsi qu'aux lignes d'Auteuil-Madeleine, Passy-Hôtel de Ville et Muette-Taitbout, l'autre allant alimenter la ligne Montrouge-Gare de l'Est.

La première canalisation dessert successivement les dépôts du Point-du-Jour, d'Auteuil et de Mozart. Des branchements desservent des postes de chargement aux divers terminus.

A propos des voitures automotrices et de leurs accumulateurs, nous reviendrons plus loin sur la question de chargement d'air.

La seconde canalisation ne dessert que le dépôt et la ligne de Montrouge.

Chaque canalisation est constituée par trois conduites.

Suivant les débits, ces conduites ont un diamètre variant entre 100 et 50 millimètres.

Elles sont toutes constituées par des tubes en acier soudé de $19^m,50$ de long, éprouvés à 133 kilogrammes et placés à $1^m,20$ de profondeur dans le sol. Les joints sont faits avec des rondelles de plomb et brides à sept boulons pour le diamètre de 100 millimètres et cinq boulons pour les diamètres de 50, 60 et 75 millimètres.

La pose des canalisations doit être faite avec une attention minutieuse. Chaque joint doit être vérifié en pression : 1° au moyen d'un manomètre pendant au moins vingt-quatre heures, 2° au moyen d'eau savonneuse d'une manière analogue à celle dont on a procédé pour rechercher les fuites dans les pneumatiques de voitures et bicyclettes.

L'expérience démontre que, si la pose en est bien faite, la canalisation est d'une étanchéité absolue et que cette étanchéité se maintient.

Néanmoins, il est prudent de prévoir qu'avec le temps et les variations de température, les joints peuvent perdre. Afin de faciliter les vérifications à ces égard, on a entouré chaque joint d'un léger massif de maçonnerie, fermé par une plaque en fonte et surmonté d'un tuyau venant déboucher à la surface du sol au moyen d'un trou très petit. S'il y a fuite, tout l'air sort par ce trou, ce qui est facile à constater. La surveillance sera ainsi bien assurée.

On a employé des tubes soudés pour deux raisons : la première, c'est l'économie; la seconde, c'est la facilité de souder des longueurs de tubes pour ainsi dire indéfinies. On s'est arrêté à la longueur de 19m,50, parce que c'est la longueur maximum de transport par chemin de fer; mais on pourait aller plus loin et réduire encore le nombre des joints en recourant à une installation mobile, qui permettrait d'effectuer sur place la soudure des tuyaux. Faute de temps, nous n'avons pu entrer dans cette voie.

Les canalisations sont, pour la plupart, placées sur les boulevards des fortifications, c'est-à-dire dans des localités où la circulation est très faible. Les autres canalisations sont placées dans des grandes artères, comme les avenues Ingres, du Trocadéro, etc., où leur présence n'offre aucun inconvénient. D'ailleurs, l'expérience a démontré, dans la ville de Sèvres, que, quand un tuyau vient à se rompre, même sous un pavage, il n'y a aucune projection à l'extérieur, ni même aucune manifestation, l'air se perdant dans le sol en raison de sa grande porosité. L'usine seule s'en aperçoit par la chute de pression.

§ 9. — Matériel roulant.

Le nouveau matériel roulant à air comprimé de la Compagnie générale des Omnibus comprend 148 voitures automotrices, d'un type analogue à celui qui est déjà en usage. Elles sont à impériales couvertes et comportent 52 places.

La largeur du gabarit est de 2 mètres.

A part quelques légères modifications au point de vue de l'aspect, sans importance technique, les principales différences avec le type existant portent sur deux points, savoir :

1° La distribution des moteurs;

2° L'adjonction de réchauffeurs permanents.

Les moteurs, toujours placés à l'intérieur des longerons et à l'arrière, sont munis d'une distribution système Bonnefond, à obturateurs cylindriques distincts; on a cherché, en adoptant ce système, à pouvoir augmenter la pression d'admission et pousser la détente aussi loin que possible. Dans l'espèce, on peut réduire l'admission jusqu'à 12 0/0 de la course, tandis qu'avec la distribution Walschaert on ne peut guère descendre au-dessous de 28 0/0.

Quant à l'autre modification, celle des réchauffeurs permanents, elle a pour objet de pouvoir maintenir aussi constante que possible la température de la bouillotte qui sert au réchauffage de l'air.

Pour cela, on a recours à deux dispositions imaginées, l'une par M. Mékarski, l'autre par la Compagnie.

La première consiste à avoir, en dehors de la bouillotte actuelle qui n'est pas modifiée, un serpentin qui traverse un petit foyer et qui met, de cette façon, en communication, le haut et le bas du niveau de l'eau dans la bouillotte. Ce système constitue en somme un thermosyphon.

La seconde consiste dans un foyer qui a été ajouté à l'intérieur des bouillottes actuelles et qui fonctionne de la manière d'un poêle à feu lent pour entretenir la chaleur de la bouillotte.

La Compagnie espère supprimer de cette façon les chargements de vapeur dans la bouillotte qui, avec le type existant, doivent avoir lieu à chaque tour et même en cours de route, si la ligne est un peu longue. On conçoit que l'installation de postes de production et de chargement de vapeur offre de réelles difficultés dans Paris. Avec le système prévu, ces postes seraient supprimés et remplacés par de simples bouches d'eau sur la voie publique.

Le chauffage des réchauffeurs se fait au moyen de coke et la consommation en est très faible (500 grammes). La combustion de ce coke en aussi faible quantité n'offre aucun inconvénient.

Accumulateurs d'air sur les voitures. — Chaque automotrice est pourvue d'une batterie d'accumulateurs composés de huit réservoirs communiquant entre eux et placés sous le châssis, dans le sens de la longueur de la voiture.

Ces réservoirs ont une capacité totale de 2.500 litres. En supposant, à la fin du parcours, qu'on ait encore une pression de 10 kilogrammes, cette provision suffit pour un travail d'environ 4.800.000 kilogrammes, correspondant à un parcours variant, suivant les lignes, de 12 à 15 kilomètres pour automotrice seule, et de 8 à 12 kilomètres pour automotrice avec attelage.

Les dimensions principales sont les suivantes :

2	réservoirs de	$0^m,520$	de diamètre intérieur	et de	$2^m,400$	de longueur.
2	—	$0^m,520$	—	—	$1^m,780$	—
1	—	$0^m,520$	—	—	2^m, »	—
1	—	$0^m,520$	—	—	$1^m,880$	—
2	—	$0^m,376$	—	—	$0^m,950$	—

Ces réservoirs se composent d'une pièce emboutie et étirée, sans soudure en acier doux, constituant un tube fermé à l'une de ses extrémités et d'un fond en fer fin rattaché à la pièce principale par une clouure à deux rangs de rivets. Le fond porte un tampon autoclave dont le siège est rapporté sur la calotte intérieurement. Sur la virole sont rivés extérieurement un tourteau en fer servant à fixer une tubulure et deux pattes d'écartement.

Le poids total de la batterie est de 3.400 kilogrammes.

Les accumulateurs sont timbrés à 80 kilogrammes et éprouvés à 107 kilogrammes. Au point de vue de la sécurité, ils offrent toute garantie. En effet, la pression maximum est limitée par la pression à l'usine génératrice, diminuée de la perte de charge. Cette pression maximum, limitée d'ailleurs par deux soupapes de sûreté, n'est d'ailleurs atteinte qu'à la fin du chargement et elle diminue au fur et à mesure de la marche de l'automotrice. Néanmoins, la Compagnie a tenu à calculer ces accumulateurs pour une pression d'épreuve de 107 kilogrammes en raison du régime à pression variable auquel ces accumulateurs sont soumis.

§ 10. — Postes de chargement.

Les postes de chargement sont constitués par de simples boîtes en fonte établies dans les trottoirs et ne dépassant pas leur niveau.

Le chargement d'air se fait en deux ou trois minutes.

La durée de stationnement aux terminus, nécessaire au repos du personnel, est égale à 6 minutes au minimum ; il en résulte donc que le chargement d'énergie n'augmente pas la durée de stationnement et, par suite, le nombre de voitures nécessaires au service.

§ 11. — Dépots.

Les dépôts nécessaires à ce service sont au nombre de quatre, savoir :

1° Dépôt du Point-du-Jour, pour la ligne Louvre-Saint-Cloud ;

2° Dépôt d'Auteuil, pour la ligne Auteuil-Madeleine ;

3° Dépôt de Montrouge, pour la ligne Montrouge-Gare de l'Est ;

4° Dépôt de Mozart, pour les lignes Passy-Hôtel de Ville et Muette-Taitbout.

Ces dépôts sont constitués par les anciens dépôts où remisaient les mêmes lignes à traction animale, et leur transformation s'est faite, au prix de certaines difficultés, sans interrompre les services existants.

Chaque dépôt comprend :

1° Un poste d'arrivée de l'air sous pression qui est constitué par quelques accumulateurs et un sècheur, un détenteur réglé à 80 kilogrammes et la robinetterie nécessaire ;

2° Une ou plusieurs remises comprenant des postes de chargement ;

3° Un atelier de réparations ;

4° Une chaufferie destinée à la production de vapeur pour le réchauffage des bouillottes, au moins le matin, et pour les moteurs ci-après :

5° Deux groupes électrogènes pour la charge et la force motrice du dépôt ;

6° Une lampisterie ;

7° Des magasins ;

8° Des habitations pour le personnel.

L'ensemble des quatre dépôts offre une surface totale de 34.000 mètres carrés dont 16.000 mètres carrés sont couverts.

Les remises sont constituées par des fermes métalliques à grande portée sans poteau intermédiaire de façon à faciliter le service. La remise de Montrouge, par exemple, a une longueur de 112 mètres sur une portée de 37 mètres.

III

Observations sur les avantages et les inconvénient de la traction à air comprimé.

Nous signalerons immédiatement le principal avantage de la traction à air comprimé, avantage qui a déterminé la Compagnie générale des Omnibus à réaliser la traction en cours d'une importance vraiment considérable.

Le fonctionnement de la traction à air comprimé est satisfaisant au point de vue du public. Tandis qu'avec presque tous les autres systèmes il est difficile d'éviter d'une façon absolument rigoureuse les détresses, on peut dire qu'avec la traction à air comprimé il n'y en a pour ainsi dire pas.

Ce n'est que certains jours d'hiver, par les grandes gelées, qu'on est exposé à avoir des détresses, quand on n'a pas le soin de dégager convenablement l'ornière du rail de la boue durcie par la gelée qui l'obstrue.

Mais ce système a contre lui le défaut inhérent à tous les systèmes à accumulateurs, savoir : le poids considérable de l'automotrice. En outre, il est coûteux au point de vue des frais de premier établissement et surtout au point de vue des frais d'exploitation.

On a reproché à ce système le danger qu'il offre au public. Pour répondre à ces craintes on peut citer les résultats des exploitations de Nantes et de Paris sur lesquelles, depuis vingt-un ans à Nantes et depuis cinq ans à Paris, il n'y a eu aucun accident de ce genre.

Au point de vue des accumulateurs ou réservoirs d'air, la sécurité est pour ainsi dire absolue, ainsi que l'ont montré certaines expériences que nous indiquons plus loin.

Pour la tuyauterie, avec une bonne surveillance dans la fabrication et le montage, on peut éliminer toute crainte d'accident.

Cependant, un joint peut se défaire. C'est ce qui est arrivé le 10 juillet 1900 avenue Friedland. Il n'en résulte aucun danger pour le public ; l'air s'échappe simplement avec bruit.

En ce qui concerne les réservoirs qui, comme on l'a dit, pouvaient constituer un danger, la Compagnie générale des Omnibus a entrepris des expériences spéciales pour se renseigner sur leur valeur au point de vue de la sécurité. A cet effet elle a essayé de faire sauter sous pression un réservoir réformé qui ne présentait pas les mêmes garanties que les réservoirs en service. On a atteint une pression de 300 kilogrammes par centimètre carré sans pouvoir y parvenir, malgré les mesures spéciales qui avaient été prises.

Cette expérience a démontré que les fuites par le rivetage vont en augmentant au fur et à mesure que la pression s'élève et qu'il arrive un moment où il y a équilibre.

On peut se demander aussi ce qu'il adviendra dans l'avenir de ces accumulateurs au point de vue de l'oxydation avec le temps. A cet égard il convient de faire des visites régulières pour s'assurer de l'état de conservation du métal.

Dans ces conditions, au point de vue de la sécurité comme au point de vue du fonctionnement, la traction à air comprimé est satisfaisante.

Au point de vue des dépenses de premier établissement bien que le chiffre en soit assez élevé, il ne paraît pas, à Paris, devoir dépasser celui de la traction au moyen d'accumulateurs électriques.

Reste la question des frais d'exploitation.

Jusqu'à présent, la production d'air comprimé a été coûteuse. Le fonctionnement de la nouvelle usine de Billancourt est encore trop récent pour que l'on puisse avoir une opinion définitive au sujet du coût de la tonne d'air comprimé à cette usine dans l'avenir. Néanmoins on peut dire que ce système sera toujours cher comme exploitation, non pas peut-être plus que les accumulateurs électriques, peut-être moins, mais certainement plus que les systèmes électriques tels que le fil aérien et le caniveau souterrain.

Quand on ne peut recourir à l'emploi du fil aérien, les résultats de la traction à air comprimé, en tenant compte des dépenses d'amortissement, deviennent comparables à ceux du caniveau souterrain.

M. P. COTTANCIN

Ingénieur des Arts et Manufactures à Paris.

CONSTRUCTION ARMÉE, P. COTTANCIN

— *Séance du 6 août.* —

Les expériences de l'École nationale des Ponts-et-Chaussées en 1890, demandées par dépêche de M. le Ministre des Travaux publics, ont bien démontré qu'il ne suffisait pas de mettre du fer dans du ciment pour avoir un résultat, mais qu'il fallait répartir le métal suivant les lois de la résistance des matériaux pour avoir le maximum de résistance.

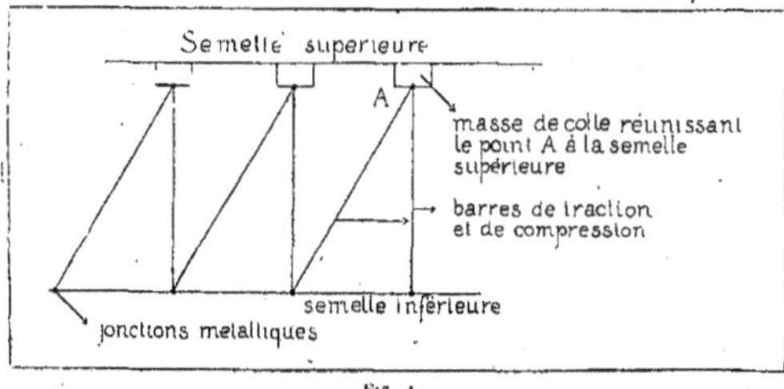

Fig. 1.

Il faut que le métal travaille seulement à la traction et le ciment à la compression ; c'est pourquoi les Américains, ayant voulu mettre le fer à la partie inférieure et le ciment à la partie supérieure, auraient réalisé ce desideratum, s'il n'y avait pas eu les efforts de traction tendant à séparer la fibre supérieure de la fibre inférieure. C'est pourquoi les Américains ont abandonné tous les systèmes Hyatt, Ransomme, etc., dans les environs de 1880. En 1892, Hennebique, pour éviter les efforts de traction, a mis les étriers, qui opèrent sur la fibre supérieure, constituée par le ciment, une traction, puisque l'on constitue une poutre américaine suivant la figure n° 1, où la barre de traction en A est simplement collée avec la semelle supérieure; tant que la colle tient en A, la résistance de l'ensemble est assurée comme celle du rail sur la traverse de chemin de fer par le tirefond, mais, aussitôt que les mouvements du fer auront désorganisé ce scellement en A, on se retrouvera dans la situation des travaux des Américains, qui tenaient au commencement, par le collage du ciment sur le ciment, qui permettait une traction, réduite bientôt à zéro par le travail successif des molécules les unes par rapport aux autres, en entraînant la destruction de l'ouvrage. Cette destruction commence maintenant avec les systèmes à étriers.

En 1890, P. Cottancin avait breveté s. g. d. g. un système à étriers qu'il n'a pas développé, pour éviter les nombreux accidents qui ont eu lieu dans la suite avec les systèmes à étriers, dits de béton armé.

Il est impossible de faire une étoffe résistante avec des bandes de mousseline et de tissu résistant, car le moindre effort sur l'étoffe coupe la mousseline par le tissu résistant, et, si l'on agit sur dix brins d'un tissù avec brins parallèles simplement collés, composé de mille brins, on ne pourra intéresser que les dix brins, et non les mille, de sorte qu'on coupera l'étoffe lorsque la résistance des dix brins sera dépassée, malgré les neuf cent quatre-vingt-dix autres brins, qui sont inutiles pour la résistance.

Dès 1889, P. Cottancin, ayant reconnu les causes des insuccès des Américains, basés, comme ceux des Français avec étriers, sur le scellement des pièces métalliques dans le ciment qui ne peut résister à l'action des scellements, et des systèmes du genre Monier, par l'isolement des brins — a combiné ses systèmes à réseau continu, avec nervures ou épines-contreforts, dont les éléments métalliques sont aussi tissés entre eux, et avec ceux de la surface, ce qui supprime tous scellements d'éléments métalliques dans le ciment, ainsi que l'isolement des brins.

En même temps qu'ils ne faisaient plus travailler le ciment à la traction, c'est-à-dire à l'adhérence, dont parlent les systèmes à étriers, ces systèmes P. Cottancin ont permis de remplacer le ciment par des matériaux comme la brique, le grés céramique, le verre, la fonte, etc., et ne conservant le ciment que pour remplir les vides entre ces matériaux et les éléments métalliques, afin que les éléments métalliques fassent réellement frette sur les matériaux, briques, grés céramique, etc., qu'on peut appeler matériaux résistants à la compression.

En même temps que ces systèmes P. Cottancin supprimaient les inconvénients des systèmes de béton armé à étriers donnant des accidents comme ceux de la passerelle du Globe Céleste, de la passerelle du quai de Billy, du Pavillon des transformateurs, du Château d'Eau à l'Exposition, de l'Impérial-Palace à Nice, etc., ils supprimaient les inconvénients de la construction métallique :

1° Défauts de jonction des pièces, puisque les morceaux de fer ne sont réunis entre eux que par le serrage de boulons ou de rivets qui peuvent toujours se desserrer ou sauter. Les éléments métalliques sont toujours coupés, tandis que, si l'on tisse les éléments métalliques, la jonction est aussi solide que les éléments non jonctionnés ;

2° Insécurité des jonctions de la construction métallique. Si une pièce est jonctionnée avec l'autre par cinq rivets ou boulons, si un rivet ou un boulon manque, c'est le cinquième de la résistance qui est enlevé, tandis qu'avec les dispositions P. Cottancin si on a cent ou deux cents fils, c'est la centième ou deux centième partie de la résistance qui manque; dans le premier cas, la suppression du cinquième de résistance peut entraîner les autres pièces à trop travailler et faire rompre de proche en proche les éléments. Avec la construction P. Cottancin, rien de pareil.

3° Défaut économique de surabondance de métal dans les jonctions.

Si on supprime ces pièces de fourrures, rivets, boulons, etc., en donnant la continuité des pièces métalliques par le tissage des éléments, on économise un poids très important de métal, qui coûte cher, puisque c'est justement la perforation des pièces pour faire passer les boulons et rivets, etc. qui coûte cher, avec la mise en place de ces pièces ;

4° Défaut de contreventement des pièces métalliques. Le métal travaillant mal à la compression, surtout qu'il est impossible au point de vue économique de mettre des pièces épaisses, il s'ensuit qu'on a la flexion en S, qui est très préjudiciable à la résistance du travail, puisque les pièces, à la compression, ne maintiennent pas le rapprochement des semelles supérieures et inférieures, de sorte qu'il faut que les semelles soient assez rigides pour parer à ce défaut et, de plus, il faut renforcer beaucoup les barres à la compression sur ce qui serait utile pour le travail à tant par millimètre carré. De plus, si les barres à la compression fléchissent en S, les barres à la traction ne travaillent plus dans les mêmes conditions et il faut leur donner une rigidité par un excès de métal pour parer en partie à cet inconvénient. Dans les systèmes P. Cottancin, les solides en mortier de ciment enchâssés dans le réseau des barres de traction empêchent cette flexion en S et économisent considérablement le métal en supprimant une grande partie des efforts nuisibles ;

5° Défaut de surabondance de métal, qu'on ne peut dégrader comme l'on veut dans la construction métallique. L'effort variant sur le métal en chaque point suivant sa position dans l'ensemble, on ne peut changer, sur deux points contigus, l'échantillon de la pièce, car on a des dimensions commerciales et l'on ne peut, dans le profil d'une pièce que l'on met d'un point A à un point B, changer, la section en chaque point pour faire des solides d'égale résistance, d'où surabondance considérable de métal avec la construction métallique; tandis que, dans les systèmes P. Cottancin, comme c'est un tissage, on peut avoir en chaque point la variation de l'écartement des brins de chaîne et de trame, de sorte qu'on est maître de mettre en chaque point ce qu'il faut de métal, et seulement ce qu'il faut;

6° Insécurité, dans la construction métallique, de la surabondance du métal. Un point fort en construction mange le point faible, car il fait l'office de couteau qui coupe la faible quantité de métal;

7° Défaut de la construction métallique quant à sa durée par l'oxydation. La peinture, avec bases métalliques. donne des actions électrochimiques avec le métal formant des piles électriques corrodant le métal. La meilleure engobe est le silicate de chaux ne s'imbibant pas d'eau, et d'action basique sur le métal; c'est, en somme, la pétrification des matières décomposables, comme les nids d'oiseaux, dans les sources pétrifiantes de Clermont-Ferrand. Outre cette protection par pétrification, il y a une protection électrochimique expliquée par les expériences de M. Henri de Wendel avec les laitiers de hauts fourneaux, qui mangent le fer, c'est-à-dire le transforment rapidement en oxydes métalliques, puisque des barres de fer de 40 millimètres sont transformées en rouille au bout d'un an, à cause des sulfures et des phosphures des laitiers; tandis que le ciment, en formant le silicate double d'alumine et de chaux dans une eau-mère de chaux, met en contact infinitésimal la rouille du fer avec de la chaux pendant une transformation thermique, de sorte que le fer se réduit à l'état métallique quand, en réactions ordinaires de laboratoires, le sesquioxyde de fer n'est réduit qu'à l'état de protoxyde, de sorte que le fer, plongé dans le ciment, outre la protection de la pétrification, est décapé. Ces faits ont été compris par MM. Henri et Robert de Wendel, qui ont adopté les dispositions P. Cottancin pour leurs châteaux à Jœuf, à l'Orfrasière, à Vaughien, et pour leurs constructions hospitalières d'Hayange, parce qu'ils ont vu que, la fonte étant prise pour 1 comme rapidité d'oxydation, le coefficient est de 10 pour le fer au bois, et de 100 pour le fer au coke ou l'acier.

Cette appréciation des plus grands métallurgistes d'Europe, est assez caractéristique pour les systèmes P. Cottancin;

8° La théorie de la construction métallique étant fausse, car ce n'est qu'une traduction apparente et non réelle des faits lorsque l'on considère la flexion plane, la théorie à la traction du métal est fausse, puisque l'on considère un tendeur comme ayant une résistance indépendante de la longueur et ne dépendant que de la section. Il faut prendre, au contraire, pour la résistance maxima, des fils du plus petit diamètre pratique, car, plus le diamètre est petit, plus la filière a rendu dense le métal par une compression latérale, et plus il résiste par millimètre carré, comme le démontrent les fils de fer pour les cordes de pianos, ou les câbles avec les fils d'acier de petit diamètre. Comme il faut, pratiquement, une certaine épaisseur de ciment pour former une dalle, il faut donc donner un certain diamètre au fil de fer; la pratique indique, comme meilleur diamètre au point de vue économique, le dernier numéro du laminage, qui sert en même temps de matière première à la tréfilerie, c'est-à-dire le numéro 20 de la jauge de Paris, soit 4mm,4 de diamètre.

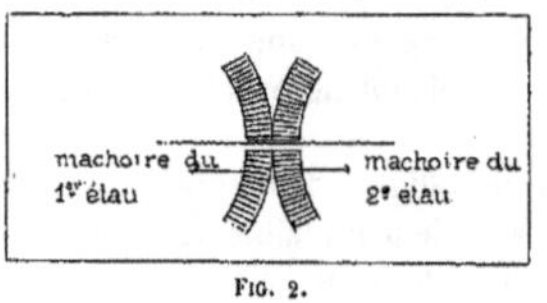

FIG. 2.

Si l'on pince un fil de fer entre deux mâchoires d'étau se touchant

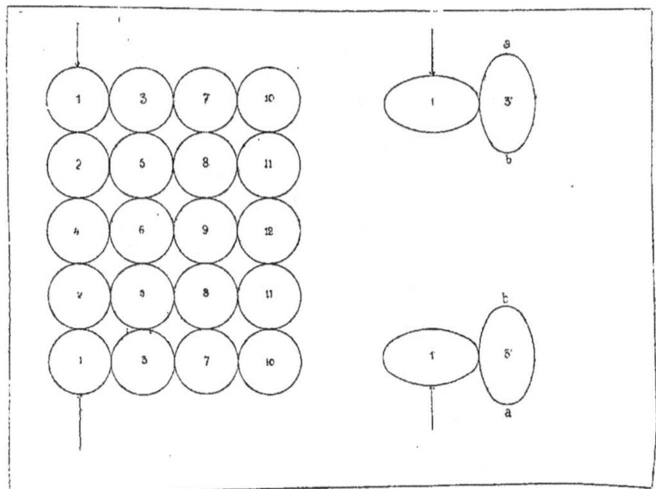

FIG. 3.

(fig. 2), et qu'on tire sur ces mâchoires, si, au fur et à mesure que l'on tire, on resserre les mâchoires, on aura besoin d'exercer un effort de traction considérable pour casser le fil de fer, car on empêchera les molécules

de glisser les unes sur les autres pour produire la striction, puisque, si l'on veut tirer sur une masse composée de molécules sphériques *(fig. 3)*, on aura, à l'endroit de la pince, les deux molécules 1 qui vont prendre la forme 1' en refoulant 3 qui prendra la forme 3' ; 3 peut se refouler complètement vers *a*, mais, vers *b*, comprimera 5; mais 1, ayant pu gonfler vers 3, tandis qu'il ne pouvait pas gonfler vers 2, aura pris une certaine partie de l'effort sur 1 pour ce gonflement ; donc, l'effort sur 2 sera moins fort que sur 1 : 2 aura, par suite, eu moins de tendance à gonfler vers 5 que 1 vers 3, et même, 2 ayant pris à gonfler vers 5 un certain effort, il arrivera que 4 n'aura plus rien à supporter et restera sphérique ; de même

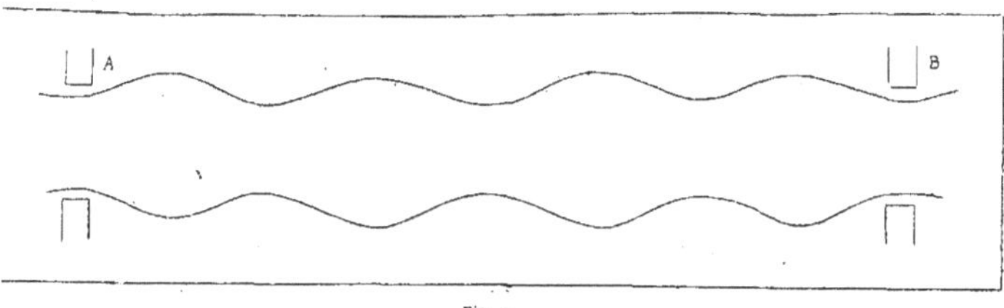

FIG. 4.

7, par rapport à effort sur 3, aura moins à supporter, et on arrivera à 0 de déformation sur 10 ; mais 5, comprimé par 2 et par 3 et ayant la résistance sur 6, a tendance à comprimer 8 très énergiquement, qui chasse 7, de sorte que l'on comprend que l'on va avoir une déformation par ondes *(fig. 4)*; mais, si l'on écarte en même temps A de B, on aura produit des composantes qui produiront l'effet suivant avec les ondes, si : en m_1m et n_1n

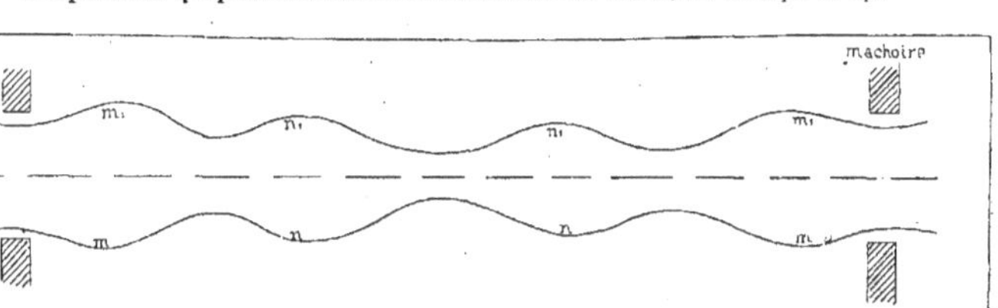

FIG. 5.

(fig. 5), on met des mâchoires qui empêchent les renflements, on a, par suite, empêché les strictions, et l'on aura un métal qui, sous la traction, s'allongera cylindriquement, c'est-à-dire, aura une résistance énorme, car, si on tirait droit sur la soudure de deux molécules, on aurait bien plus de difficulté à rompre cette soudure que si, en même temps que l'on opère une

traction, on déplace latéralement la molécule, ce qui donne une traction et une torsion, dessoudant bien plus rapidement les deux molécules (*fig. 6*).

Pour la compression, il faut que chaque solide travaillant à la compression soit le plus petit possible, puisque le ciment travaille comme les

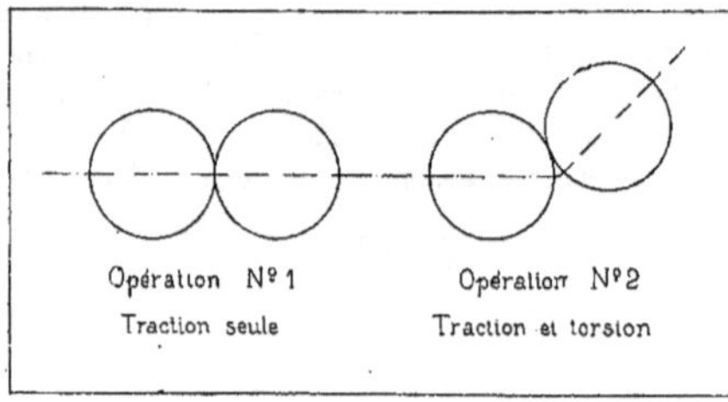

Fig. 6.

pierres dures essayées par M. Durand-Claye, inspecteur général des ponts et chaussées, sous forme de prismes qui se décomposent en deux pyramides haut et bas rentrant comme le coin du bûcheron dans quatre prismes triangulaires tronqués en contact des surfaces des deux pyramides, si le prisme est haut, et arrivant à se décomposer en deux pyramides tronquées qui s'appuient sur l'ensemble des quatre prismes et sur un prisme central qui diminue l'action de poussée latérale sur les quatre prismes triangulaires, comme un coin de bûcheron mal affûté sur son tranchant ne pénètre pas dans la masse comme celui bien affûté lorsque le prisme est bas par rapport à la base, restant la même. Ce qui démontre l'utilité des petits prismes pour réduire les actions ; il est évident que, si l'on met

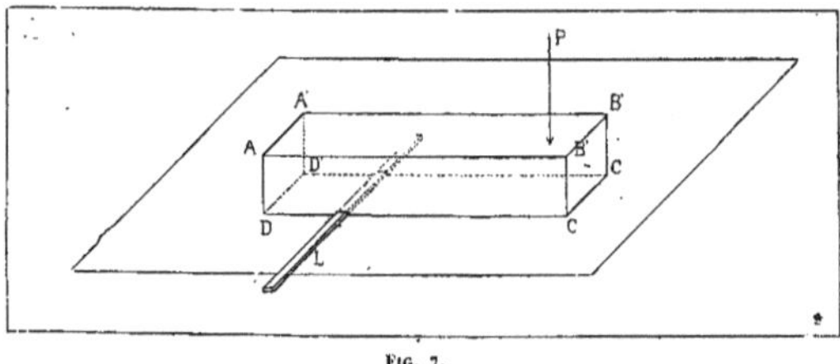

Fig. 7.

une série de petits prismes les uns sur les autres, les actions s'amplifieront de l'un à l'autre, et l'on n'aura pas de bénéfice à cette réduction si le nombre de prismes donne une grande hauteur. Mais si l'on frette chaque prisme, l'action de la pyramide formant coin est annulée sur chaque prisme par la frette, et c'est la hauteur de chaque prisme qui compte indépendamment du nombre. En effet : sur un plateau, mettons une tige L (*fig. 7*) sur laquelle s'appuie un cube ADCB. En appuyant au milieu de BB′ un effort P, on fera relever l'arête AA′ (*fig.* 8) au-dessus de *a*, de *a*A égal à l'affaissement de BB′ de *b*B; mais, si l'on met une tige M (*fig. 9*) au-dessus du solide en réunissant D à A et D′ à A′ par un élément métallique fixé sur L et M, l'arête AA′ ne pourra plus s'élever au-dessus de *a* et BB′ ne pourra, par suite, plus s'abaisser au-dessous de *b*, parce que les éléments L et M, avec les deux barres de réunion de L et M, formeront une frette. Si l'effort s'applique sur A′B′, A′B′ s'affaissera et AB gonflera ; il faut donc une frette ABCD; mais, par contre, l'effort s'appliquant sur AB, il faudra une frette suivant A′B′C′D′ pour empêcher A′B′ de gonfler, et, l'effort pouvant se reporter sur AA′, il faut une frette suivant BB′CC′; mais alors, un effort quelconque ne dépassant pas l'action élastique, permet à la surface ABA′B′ de rester horizontale; on peut donc mettre un deuxième solide dessus, et ainsi de suite. Le nombre de solides n'intervient plus, comme si l'on mettait une balance de précision (*fig. 10*) avec un effort P; si l'on avait un rappel, la balance resterait en équilibre; si P était transporté du côté de A, il faudrait un rappel A du côté de B, et il faudrait, dans le plan perpendiculaire aussi, deux leviers rappelés de chaque côté, soit quatre rappels pour que la balance ne vienne pas en avant ou en arrière; les brins entre L et M forment ces rappels; il faut donc, sur un solide, un cadre DCC′D et un, cadre ABB′A′ reliés entre eux par quatre brins AB, BC, B′C′ A′D′ ne permettant pas au cadre ABB′A′ de s'écarter de celui DCC′D′; mais il faut, en plus, que les points A, B, B′, A′ du cadre ABB′A′ soient indépla-

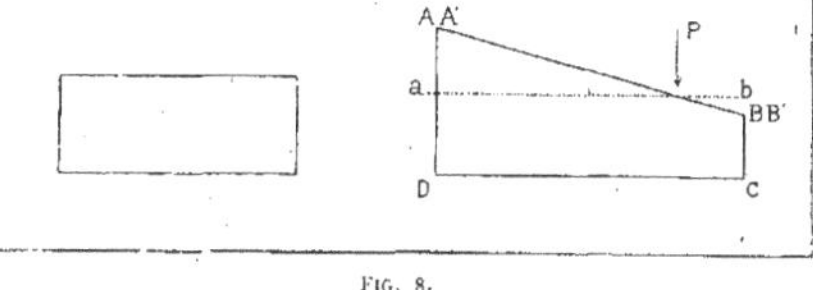

FIG. 8.

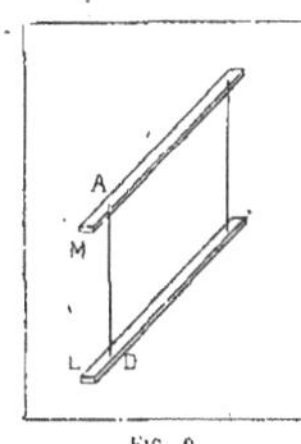

FIG. 9.

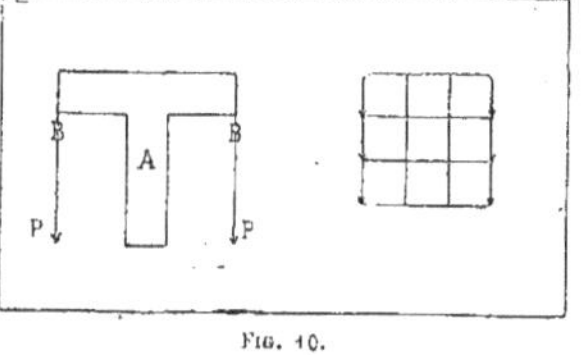

FIG. 10.

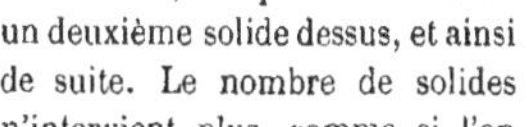
FIG. 11.

çables comme ceux D, C'C, D' du cadre DCC'D'; pour que la matière ne puisse s'écraser latéralement, il faut donc que le cadre ABB'A' et DCC'D' forme frettes, puisqu'une frette empêche une pierre dure de s'écraser verticalement. Sur un solide fretté sur les six faces, on peut en poser un nombre indéfini, sans s'occuper du nombre. On peut monter ainsi des surfaces de toute hauteur avec des solides frettés, sans crainte d'écrasement et de renversement, puisque la surface ne peut plus se déformer suivant la forme (*fig. 11* ou *12*). D'où suppression des contreforts qui avaient été employés au moyen âge, parce que les grands constructeurs de cette époque ne pouvaient pas rappeler, élément à élément; ils n'ont simplement pu employer le principe ci-dessus que pour de grands éléments, en profitant simplement du principe de la balance (*fig. 13*), et non de celui des frettes. Les constructeurs du moyen âge ont procédé de ce principe pour leurs grandes cathédrales, car si, sur des piles, on avait mis de hauts murs (*fig. 14*), quand bien même on aurait eu des contreforts, on aurait eu destruction, car la réaction serait sortie du polygone de sustentation suivant **M**. Pour obvier à cette débâcle, ils ont fait une grande balance. Quand le mur

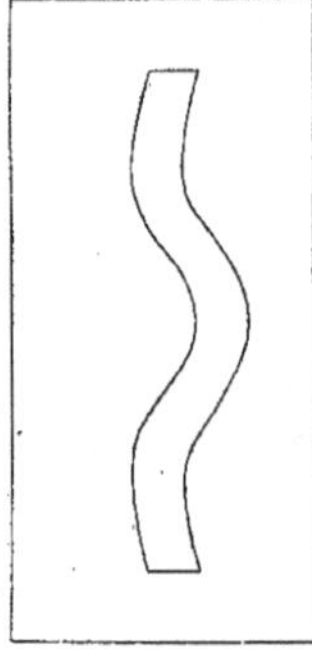

Fig. 12.

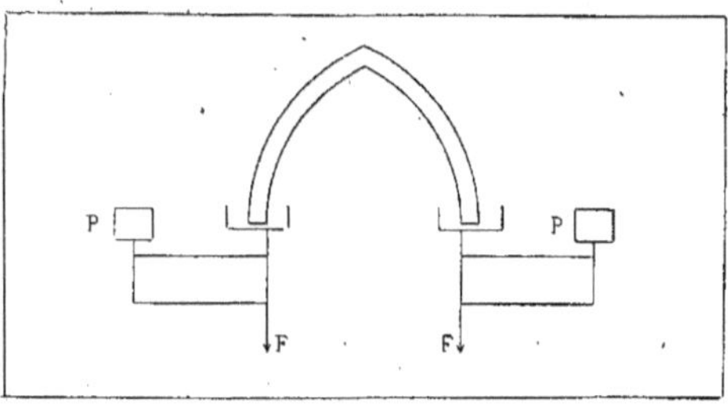

Fig. 13.

a tendance à se comprimer sous l'effort oblique des voûtes et de la couverture, le mur des claustras (*fig. 15*), en petits éléments, se comprime; les colonnettes des claustras, en délit, restent à leur longueur, mais compriment le mur du triforium, en petits éléments, et, les colonnettes du triforium en délit restant à longueur, le support de la couverture, en console renversée, reste horizontal ainsi que le chapiteau des piles. Le contrefort n'est que le doigt de la balance de précision, pour l'empêcher d'être folle constamment. La cathédrale du Mans est une très belle démonstration de cette interprétation de programme réalisé par nos constructeurs du moyen âge. Pour le chœur, l'abbaye de Saint-Leu-d'Esserent, on a le fait très marqué pour les

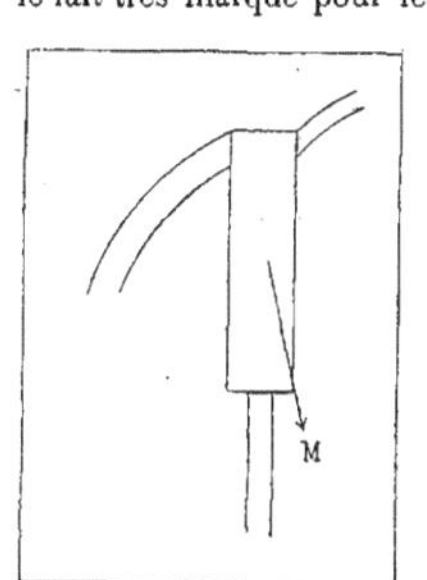

Fig. 14.

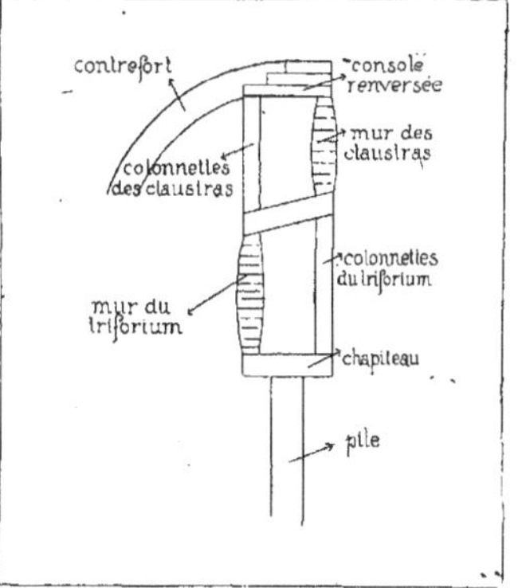

Fig. 15.

piles *(fig. 16)*, de sorte que, si l'on avait tassement du couronnement des piles, on aurait la forme *b* au lieu de *a*; mais le contour en *b* est plus grand que *a*, de sorte qu'il y aurait dislocation; comme ils ont des piles en petits matériaux qui fléchissent, on a comme figure *17*. Pour leur clocher, ils ont le même effet; le clocher aurait tendance à pousser les murs du clocher dehors. Mais ils ont les colonnettes en délit *(fig. 18)*, qui empêchent la déformation et suppriment la poussée. La construction métallique et les systèmes à étriers dits bétons armés, ne procédant pas de ces principes qui ont donné la grande construction du moyen âge, n'utilisent pas la résistance des matériaux dans de bonnes conditions, puisque, sous les charges, les éléments métalliques tendent à se rapprocher ou s'écarter dans la construc-

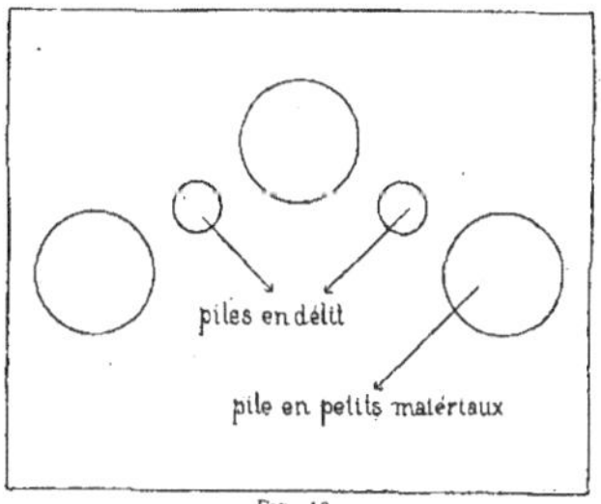

Fig. 16.

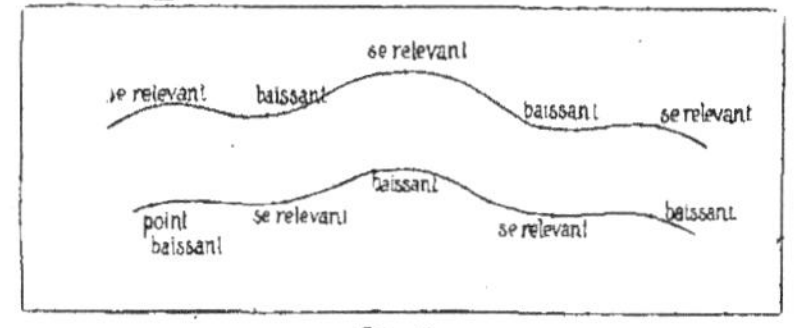

Fig. 17.

tion métallique sans élément servant de rappel, c'est-à-dire servant à la réaction, et que ces mouvements du métal dans les systèmes de bétons armés font éclater le béton. C'est pourquoi, avec ces principes, P. Cottancin a pu faire le massif de la machine à gaz pauvre de mille chevaux à l'exposition de la maison Cockerill, qui a pu résister au poids d'une machine pesant 160.000 kilogrammes et donnant un choc de 250.000 kilogrammes par dixième de seconde, tout en n'ayant, sur la largeur, que dix cloisons de briques armées de 7 centimètres d'épaisseur, parce que ces cloisons, étant enchevêtrées, forment une grande caisse, avec des cloisons alvéolaires remplies de terre, qui procurent la résistance d'une série de tubes emboîtés les uns dans les autres, avec remplissage de sable entre les tubes pour former une succession de boîtes à sable emboîtées les unes dans les autres et se surfrettant, par suite, les unes les autres. C'est donc le principe du frettage et du surfrettage latéral, qui est employé aussi pour les fondations de ce massif, comme pour les constructions P. Cottancin sur les mauvais sols, où l'on profite de la résistance des tubes bourrés de matière fluente, qui ne peuvent plus être débourrés tant que les tubes n'éclatent pas, et de la résistance des cloches à plongeurs ou des bateaux renversés sur la vase et remplis de vase, qui ne foncent plus, tant que la cloche à plongeur n'éclate pas. Ces deux principes combinés permettent de constituer une boîte alvéolaire renversée sur le sol, qui n'a pas besoin de beaucoup de hauteur d'alvéoles, parce que le fond, qui est à la partie supérieure, empêche la matière fluente de s'échapper, et par suite, empêche l'enfoncement de la caisse. Ce principe permet la construction d'édifices comme la Sadikia à Tunis, de près de 3.000 mètres de surface sur 80 mètres de remblai, en constituant les parois de la construction en dessus à plusieurs étages avec une double cloison en briques armées de 5 centimètres d'épaisseur, et même un minaret de 40 mètres de hauteur en 5 centimètres d'épaisseur par une cloison de briques armées résistant aux vents violents de la Tunisie; le Casino d'Enghien, sur la vase du lac d'Enghien; le Pavillon de la République de Saint-Marin à l'Exposition, qui a pu être construit pour 6 francs le mètre cube couvert, quand, avec tout autre mode de construction, il aurait fallu dépenser au moins 70 francs le mètre cube

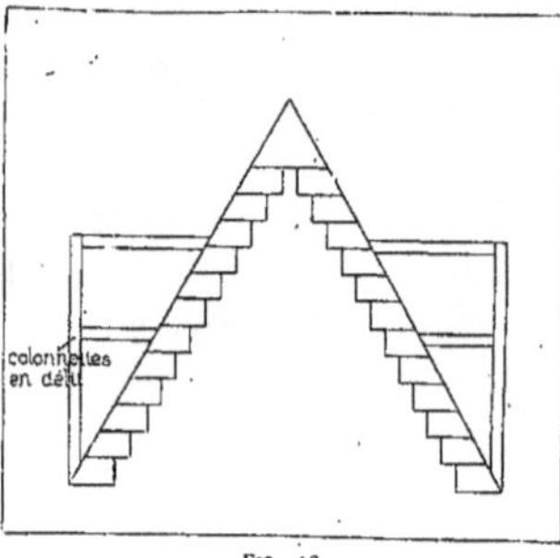

FIG. 18.

couvert; l'église de Saint-Jean de Montmartre, de 35 mètres de hauteur, sur des murs en briques armées de 11 centimètres d'épaisseur.

Avec les systèmes P. Cottancin, on a des déformations élastiques, et non des désorganisations élastiques comme dans tous les autres modes de construction.

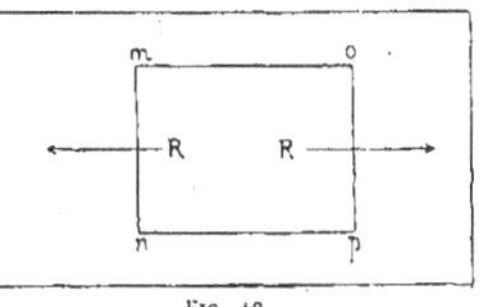

FIG. 19.

Sous l'effort latéral suivant R, il y aura bien, dans les systèmes P. Cottancin, le métal de *m* à *o* et *n* à *p* (*fig. 19*) qui s'allongera suivant l'élasticité de la matière, de même que, sous la pression, *mn* et *op* se déformeront

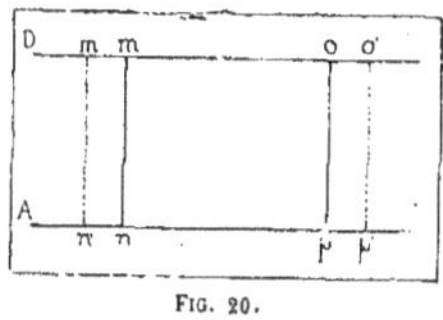

FIG. 20.

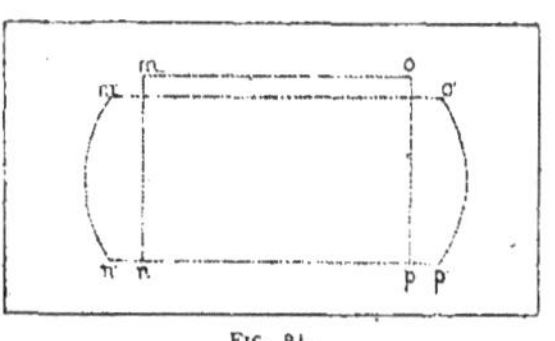

FIG. 21.

suivant *m'n'* et *o'p'* (*fig. 20 et 21*), mais ces déformations très réduites ne sortant pas du domaine des actions élastiques, peuvent être répétées un nombre indéfini de fois sans changer l'équilibre du solide, comme un cylindre en bois fretté peut recevoir sur la tête du coin des chocs répétés indéfiniment si l'effort n'est pas assez grand pour casser la frette et pour écraser les fibres

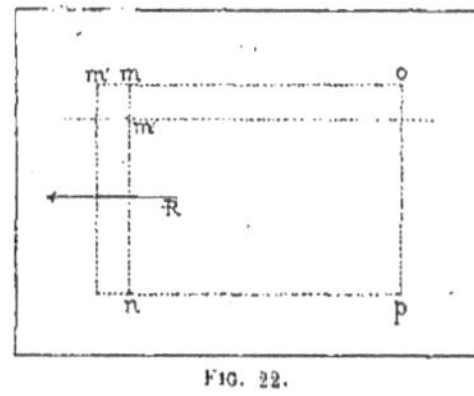

FIG. 22.

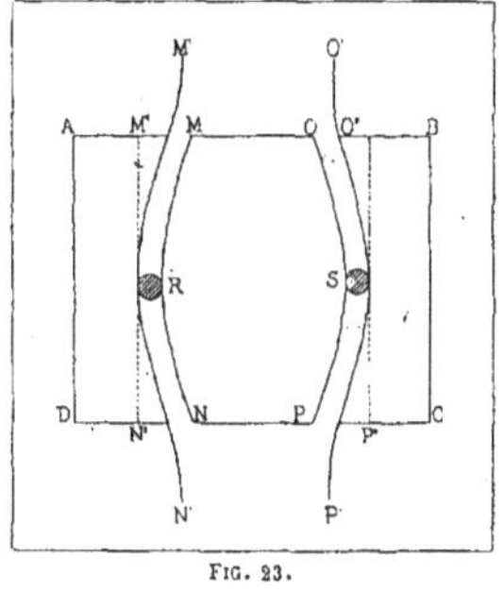

FIG. 23.

du bois autour du coin; tandis que, si les points *m* ne sont pas jonctionnés sur les barres *mn* et *mo* d'une façon rigide, on aura, sous l'effort R_1R, le point *m* de *mo* qui passera en *m'*, pendant que le point *m* de *mn* passera en *m"*, d'où désorganisation de la matière autour de *m*, qui ne peut être en *m'* et en *m"* sans avoir été désorganisée (*fig. 22*).

Prenons un solide en ciment MNOP (*fig. 23*); mettons un élément métallique M'N' suivant MN et un O'P' suivant OP; collons une masse AMND et BCPO, sur celle MNOP et opérons une traction en M' et N' sur M'N' et en O' et P' sur O'P'; es fils, à cause du gonflement R et S, tendront à prendre une position M'N' et O''P'' (*fig. 24*), en amenant M en M', N en N''; O en O'', P en P'', c'est-à-dire à décoller le solide AMND et OBCP pour amener les solides dans la position respective suivante (*fig. 24*); les solides se seront séparés les uns des autres, tandis que, si on a fixé M' et O' par un élément métallique rigide fixé en M et O sur M'N' et O'P', ainsi qu'un en N' et P', les fils M'N' et O'P' auront tendance à se redresser suivant MN et OP, en comprimant les points R et S. Cette disposition comprime donc le solide emprisonné MNPO et n'a pas tendance à écarter AMND et OBCP de MNPO.

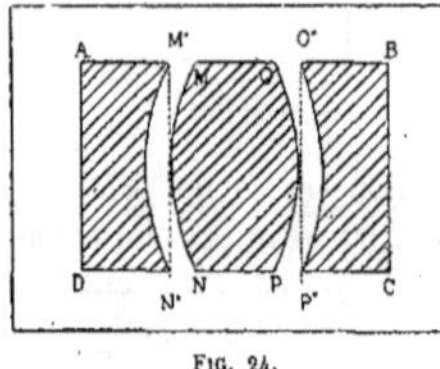

Fig. 24.

Cette disposition, qui est celle des systèmes P. Cottancin, ne produit aucune désorganisation sur la matière, tandis que tous les systèmes autres que ceux P. Cottancin, produisant les actions de la disposition précédente, amènent des dislocations intérieures, qui se traduisent, à un moment, extérieurement.

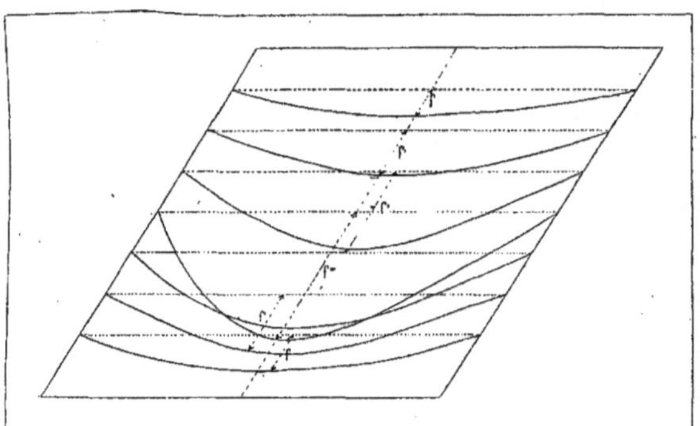
Fig. 25.

Les éléments constituant une surface plane posée sur un cadre fléchissent en donnant des flèches *f*, *f'*, *f''*, *f'''* (*fig. 25*). Mais on peut donc représenter la flexion des pièces en opérant une traction sur FF'F (*fig. 26*), on amène l'élément à prendre la tangente en F', à FF'F, parallèle à AB, mais le ciment en F passe donc de F à F'', ce qui désorganise la matière si les éléments tels que FF''F sont réunis en des points, sur les lignes parallèles à MN. par des éléments rigides, on n'a pas à craindre ces désorganisations ; c'est le cas des systèmes P. Cottancin, pour les raisons précédentes.

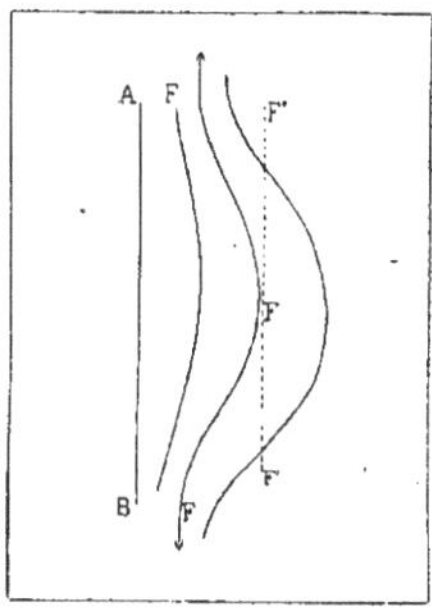

FIG. 26.

Comme la flexion de la dalle MNLK montre que les deux lignes de flexion maxima sont suivant NK et ML, si on met des renforcements suivant les lignes ou flèches $ff'f''f'''$, on aura la déformation du moment d'inertie de chaque pièce, qui, de (*fig.* 27) deviendra (*fig.* 28), d'où rupture au point *a*, tandis que si on les met suivant les diagonales ML et MK, les moments d'inertie restent homologues à eux-mêmes; c'est pourquoi les systèmes P. Cottancin ont les nervures croisées suivant les lignes de déformation élastique maxima, pour que les moments d'inertie restent homologues, et que tous les autres systèmes ont des renforcements parallèles, car ils ne peuvent employer que des pièces parallèles, s'ils ne veulent pas accélérer le découpage de la matière, puisque des ciseaux ouverts à 90° ne peuvent pas couper la matière comme des ciseaux qui se ferment, tandis que les systèmes P. Cottancin ne craignent pas ces actions,

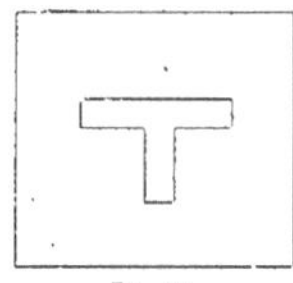
FIG. 27.

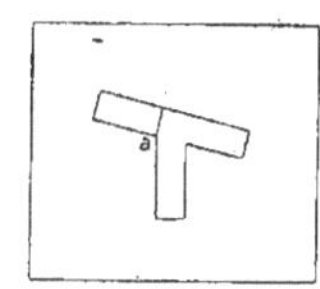

FIG. 28.

puisque les éléments métalliques ne forment pas couteaux, mais bien des frettes, et des frettes peuvent avoir n'importe quelle forme sans découper la matière emprisonnée dans la frette.

Les considérations précédentes démontrent bien que les systèmes P. Cottancin sont sur un tout autre principe que les autres systèmes de béton armé. On peut dire, dans les systèmes de béton armé autres que les systèmes P. Cottancin, que le métal est retenu dans la masse de mortier de ciment par scellement ou adhérence des éléments métalliques, tandis que les systèmes P. Cottancin emprisonnent le mortier de ciment dans un réseau métallique frettant chaque solide. Les réseaux P. Cottancin forment bien frette sans avoir besoin de souder chaque nœud de jonction, parce que, pour le déplacement, le brin B (*fig. 29*) doit suivre une direction BC, mais à la maille suivante, il faut qu'il suive la direction BC', de sorte qu'on a constitué un réseau où le fil B ne peut se déplacer, puisqu'il est retenu par *ab* et *cb* en *b*. On a essayé de tourner la difficulté de ne pouvoir fixer les nœuds de jonction des mailles, en prenant une tôle découpée de place en place pour en former un réseau (*fig. 30*); mais la partie découpée a tendance à continuer la déchirure sous l'effort. De plus, on ne peut avoir de variation dans la quantité de métal en chaque point, ce qui est une faute pratique, tant pour la résistance que pour l'économie, suivant les démonstrations du début. Cette tôle déchirée donne, en réalité, du métal fatigué ne donnant aucune sécurité, puisqu'en tirant sur cette tôle, on voit que les jonctions du réseau ont des sections très différentes, le métal s'étant déchiré plus ou moins, suivant les places.

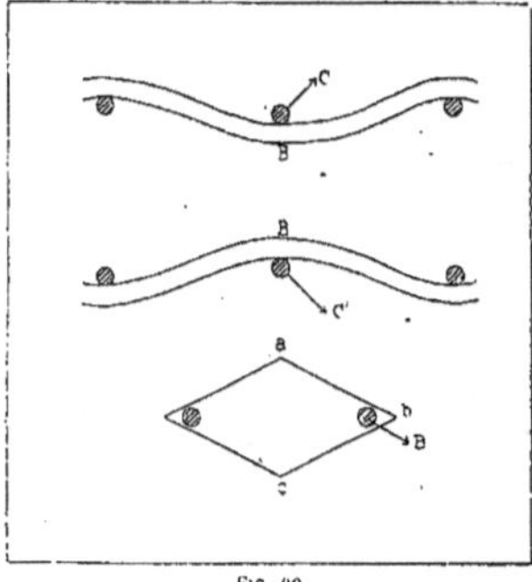

Fig. 29.

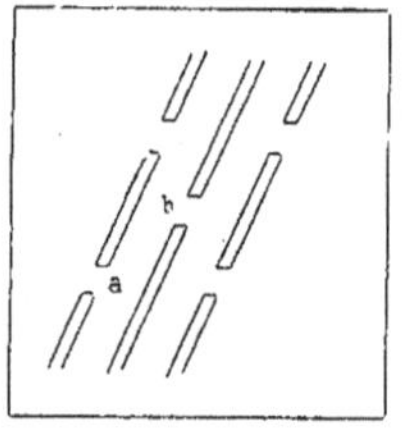

Fig. 30.

Du reste, toutes les expériences démontrent que notre métal moderne poinçonné, c'est-à-dire déchiré, est complètement perdu sur le pourtour. C'est pourquoi, maintenant, on commence à être forcé de percer tous les trous à la mèche au lieu de la poinçonneuse.

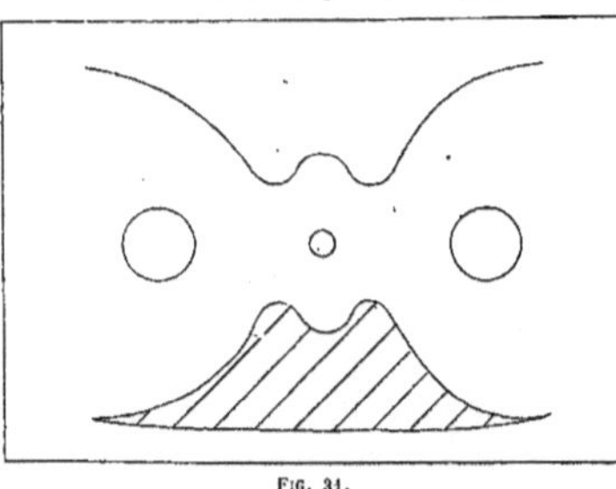
Fig. 31.

On doit diminuer les dimensions de la maille le plus possible, puisqu'on évite le poinçonnage du ciment à travers la maille, ce qui entraîne à employer le plus petit échantillon possible, car, si on emploie un gros élément, il faut mettre, pour la réaction, une grosse masse de ciment, ce qui qui entraînerait à faire des surfaces ayant la forme de la figure 31, ou, sinon, on a une masse de ciment hachurée qui forme couteau. On a démontré qu'il faut la réunion de deux barres longitudinales entre elles, par des éléments métalliques formant des mailles à nœuds de jonction rigides, mais ce desideratum est obligatoire pour toutes les barres longitudinales, sans quoi, dans la compression latérale, un élément est repoussé de a, le suivant de $2a$, et le n^{me} de na, ce qui entraîne la déformation au bout d'un certain temps.

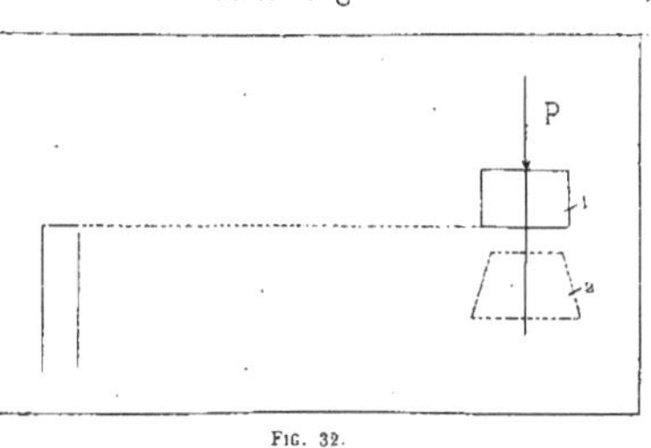

Fig. 32.

On considère, avec la flexion plane, que le solide posé sur deux points d'appuis, travaille à la compression, au-dessus de la fibre neutre, et, à la traction, au-dessous, tandis que lorsqu'on étudie une poutre en treillis, les barres de traction travaillent, d'une semelle à l'autre, à la traction, et celles de compression aussi. Donc, la limite des zones n'existe plus comme pour le solide plein ; il y a forcément une anomalie explicable, en prenant un solide composé d'éléments travaillant à la compression, frettés par un réseau métallique travaillant à la traction. Si nous mettons le plateau verticalement, et qu'il serve d'axe à notre pièce posée sur deux appuis *(fig. 32)*, c'est-à-dire qu'il remplace l'effort opposé à une moitié pour l'enfoncer, de la position l, de passer au-dessous de 2 qui est la réalité,

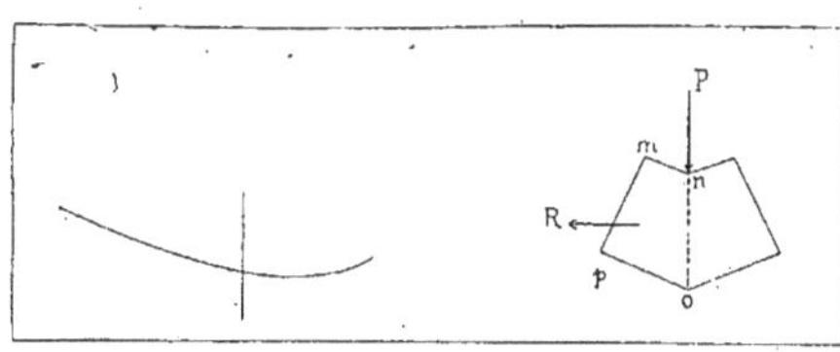

Fig. 33.

par la flexion, le solide comprimé par l'effort P prendra la position 2 ; mais le support, qui est le treillis, a tendance à s'incurver ; donc le solide a tendance à prendre la forme *(fig. 33)* sous l'effort P ; mais le point p gonfle en sortant de la verticalité, et en s'éloignant de no et m, se rapproche de no, p s'étant écarté, une partie de la compression latérale est détruite par ce gonflement, tandis que, en m, il y a une augmentation de la compression latérale R ; sur le solide contigu de gauche, à $mnop$, en m

on va donc avoir une réaction de compression plus grande que R, et en p, plus petite que R; d'où ce solide sera forcé de gonfler plus sur la ligne du haut que du bas; en continuant le raisonnement, on arrivera à ce que la réaction de compression, en bas, sera devenue 0, et en haut, aura donné, après un raccourcissement de mn, un accroissement, de sorte que l'on aura le même développement de la ligne du haut et du bas, qui prendront donc la forme *(fig. 34)*, ce que démontrent les expériences du Ministère de la Guerre sur les systèmes P. Cottancin.

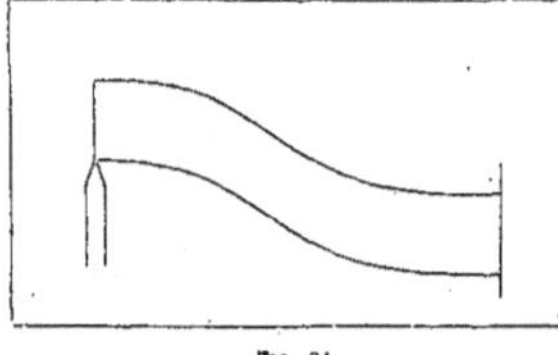

Fig. 34.

On a eu, sur deux points d'appui, les cassures *(fig. 35)*.

Les expériences de la Compagnie Générale des Omnibus, par M. Monmerqué, ingénieur en chef des Ponts et Chaussées, ont démontré que, sur un mur en briques armées de 11 centimètres, on restait horizontal pour l'appui d'un plancher de 9 mètres de portée, à 3.500 kilogrammes de surcharge par mètre superficiel, parce que, si on met une charge en A et en B, formant encastrement de la pièce B, on a la forme de flexion *(fig. 36)* où les appuis restent horizontaux.

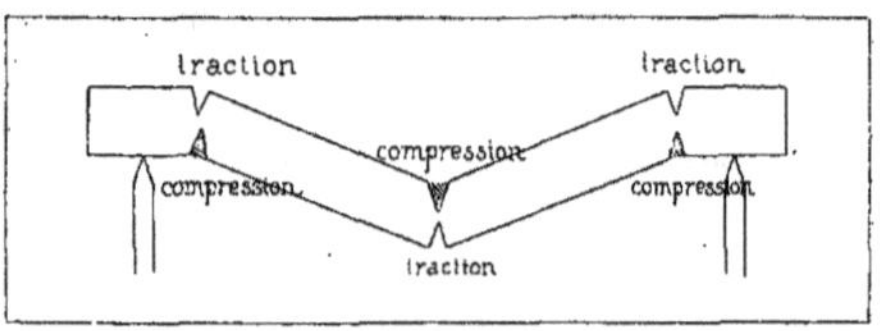

Fig. 35.

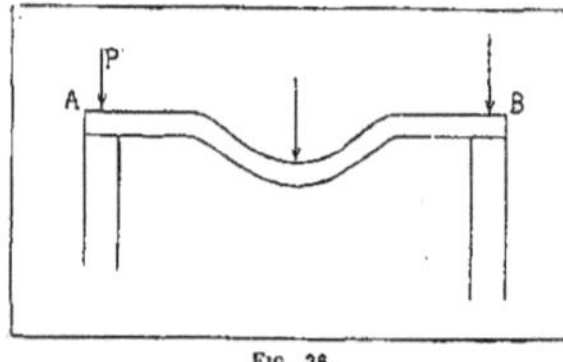

Fig. 36.

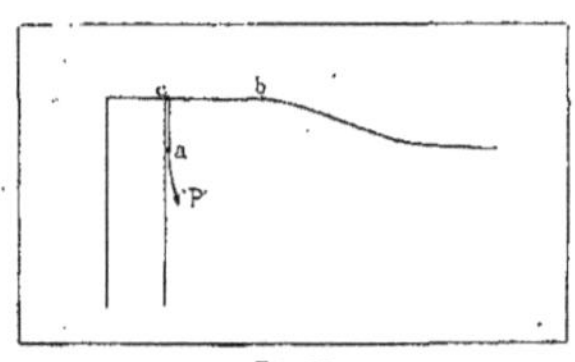

Fig. 37.

Les systèmes P. Cottancin, au lieu de procéder ainsi, arrivent au même résultat en construisant une pièce où, comme dans la figure 37, on fixe le brin de métal en *n* au lieu de le fixer en *m* (*fig. 38*); comme dans la flexion, le point *n* est comprimé, il ne peut donc pas quitter *n* et vient passer sur le solide *mnpo*, comme sur une poulie, et force l'élément *mr* à rester horizontal, comme la branche *b* du renvoi de sonnette, où l'on agit

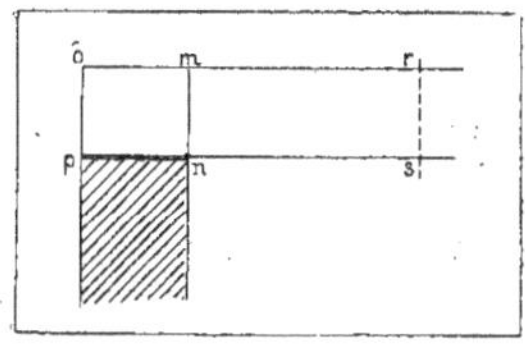

FIG. 38.

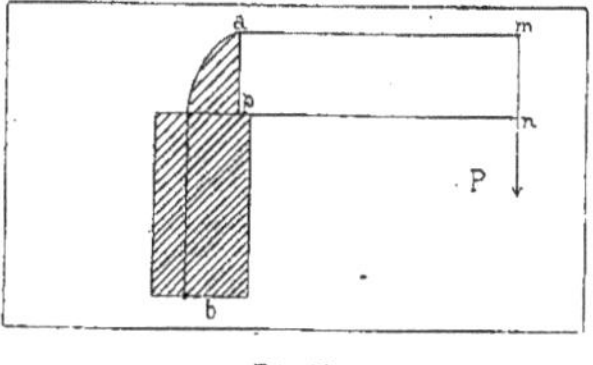

FIG. 39.

verticalement sur *a*, comme, en réalité, si, sur le support, on mettait un câble en *b* (*fig. 39*), allant ancrer un solide *amnp*, sur lequel on appliquerait un effort P, tant que le câble *ba* ne lâcherait pas, au point *a*, le solide *amnp* resterait horizontal.

Les systèmes P. Cottancin donnent la résistance à la flexion en double

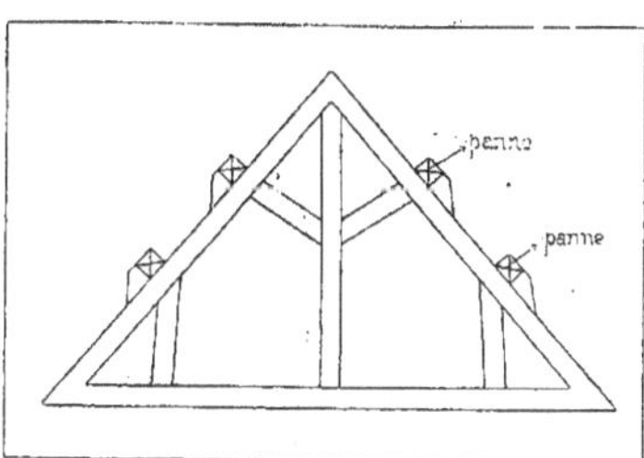

FIG. 40.

courbure au lieu de simple, ce qui donne l'encastrement parfait sans encastrement, c'est-à-dire la résistance double avec la même quantité de métal dans la poutre que si elle travaille comme reposant simplement sur appuis.

L'exemple frappant de ces considérations existe dans l'église Saint-Leu d'Esserent. La charpente du XIIIe siècle est restée intacte où les constructeurs modernes ne l'ont pas abîmée sous couvert de l'arranger, car, s'ils avaient fait une charpente comme la figure 40, elle aurait pris la forme de la figure 41. Ils se sont bien gardés de faire cette charpente, qui est bien le type de notre charpente métallique, absolument fausse de conception ; ils ont employé le dispositif de la figure 42, ils ont réalisé la figure 43. Sous la charge de la toiture sur la contrefiche A tire B ; le carcan C sert de couteau de la balance, et D, pincé entre l'arbalétrier et le mur par un effort P, cette pièce D travaille à la compression ; elle reste donc horizontale; le poinçon appuie sur H en le faisant fléchir ; de cette façon, sans encastrement, ils ont eu la forme à double courbure, qui est la forme mathématique des corps ayant une aussi grande résistance à la traction qu'à la compression, on peut dire molécule à molécule. Leur force a été de constituer, dans leur construction, notre squelette, où la nature a mis les osselets de notre colonne vertébrale avec trois apophyses pour que les muscles attaquent suivant trois points ; c'est le plus bel exemple de charpente.

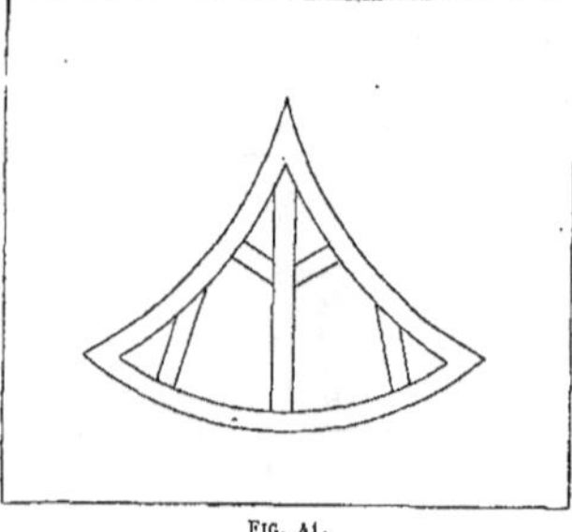

Fig. 41.

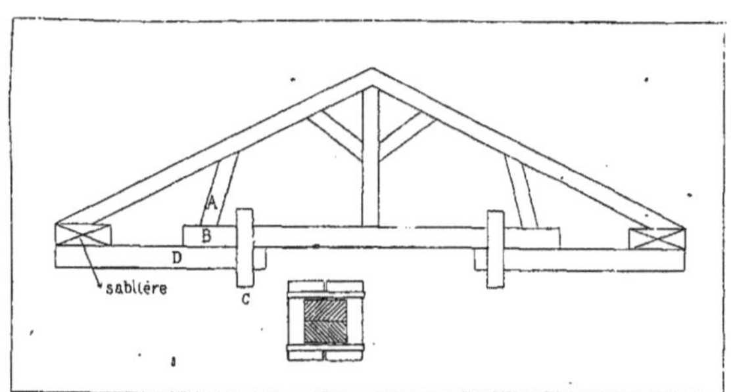

Fig. 42.

Les constructeurs du moyen âge l'avait réalisé ; au xxe siècle, nous prenons la flexion plane comme cas général, quand c'est le cas particulier de la flexion en double courbure qui est naturelle, tandis que la simple courbure est antinaturelle, et, par suite, fausse. De sorte que tous nos beaux calculs sur la construction métallique sont sur une base fausse, et. par suite, sont faux. La formule est bien $V = \alpha RI$, mais avec un coefficient variable de 1 à 144 au carré, c'est-à-dire que, suivant que l'on prend telle ou telle disposition pour équilibrer tous les efforts en chaque point, on peut mettre 1 kilogramme de métal ou $\frac{1 \text{ kilogr.}}{144^2}$.

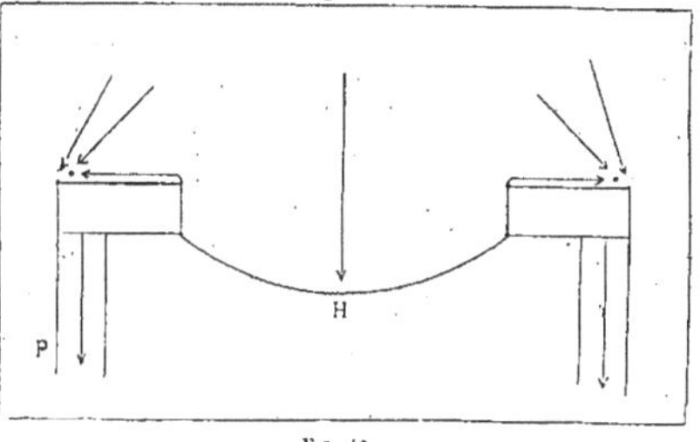

FIG. 43.

Sans entrer dans la démonstration complète, un seul point montre de suite les grandes différences de quantité de métal qu'on peut mettre pour avoir le même effet. Si on regarde la flexion d'une surface, on a comme figure 44 ; donc il faut mettre plus de fer en M et N qu'en K, si on met

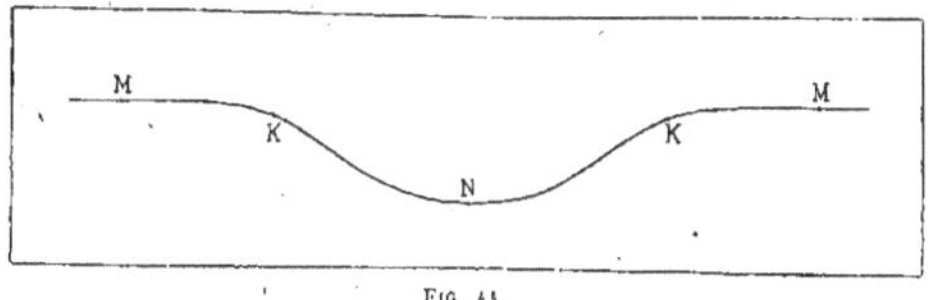

FIG. 44.

partout le même maillage, on voit de suite la grande quantité de métal surabondant que l'on peut appeler dangereux, car il crée des couteaux tendant à désorganiser le travail.

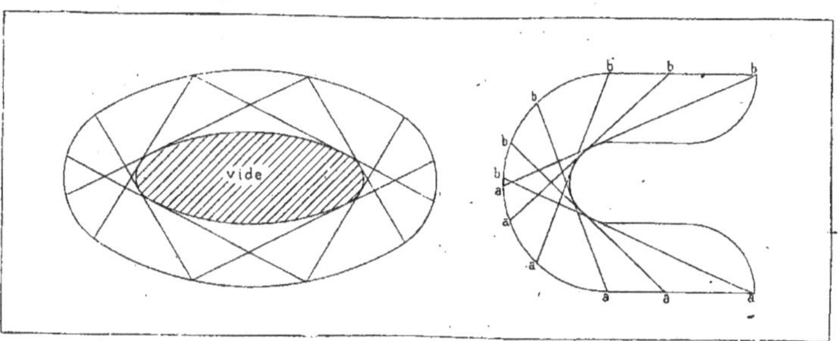

FIG. 45.

L'enchevêtrement doit exister dans tous les plans, que ce soient des surfaces fermées ou des surfaces avec évidements, de sorte qu'on arrive aux dispositions des figures 45, qui réalisent des coupoles sans différences d'efforts tangentiels dans les parties contre les lanterneaux, ou suppriment les pièces portant à faux dans les encorbellements de théâtres, ce qui est un grand avantage économique, comme au lanterneau de la couverture du pavillon des diphtériques, aux Enfants-Malades, ou aux galeries en encorbellement du théâtre de Tulle.

Comme la construction armée P. Cottancin n'emploie que de petits éléments métalliques, la température est la même sur toute la périphérie du métal pour la partie ciment, de sorte que la Compagnie Parisienne du Gaz a fait des expériences pour la construction « fire-proof », qui ont démontré que, seules, les constructions P. Cottancin étaient indestructibles par le feu ; c'est ce qui a même permis de faire, avec ce mode de construction, des fours ne se déformant pas comme tous les ouvrages de fumisterie avec des armatures métalliques. P. Cottancin a pu construire des fours pour la cuisson des grés céramiques.

Cette indéformabilité, par le frettage des surfaces en construction armée P. Cottancin, permet à ce système seul de faire des couvertures sans adjonction de bâches, comme le ciment volcanique. Toutes les couvertures faites par P. Cottancin le démontrent, entre autres, la couverture des Hôtels du Trocadéro, la couverture du château Porgès, etc.

Quand un principe est juste, il est juste jusqu'au bout. C'est pourquoi les systèmes P. Cottancin, donnant la fixation des nœuds de jonction, que ce soit dans la surface même, pour le treillis, et que soit dans les nervures, dans la surface-même de la nervure ou dans les nœuds de jonction des différentes nervures, réalisent la construction où le métal et la matière travaillant à la compression sont le mieux utilisés, avec la fatigue minima, d'où durée et résistance, avec le maximum d'économie de la matière, en supprimant tous les inconvénients de la construction métallique proprement dite ou des constructions en béton armé des autres systèmes.

Les nombreux accidents du béton armé sont donc seulement dus à un défaut de conception, et à un principe vicieux de désunir les matériaux, au lieu de les unir.

La construction juste arrive à la décoration, comme la structure au moyen âge a créé l'esthétique admirable de nos belles cathédrales. Le ciment est une matière laide, puisque ce n'est qu'une protection du métal et un remplissage de trous. Aussi, on n'a jamais pu le laisser apparent, tandis que les matériaux creux armés P. Cottancin peuvent avoir toute la richesse voulue. On peut employer les pièces creuses en grès céramique décoratif, comme au théâtre de Tulle, à l'exposition de la Maison Bigot, à la maison de rapport du 29, avenue Rapp, dont toute la façade est faite en grès céramique décoratif. On peut avoir tous les effets décoratifs avec la simple brique rouge et blanche. On a, en même temps que des dispositions solides, des dispositions décoratives architecturales, ce qui classe les systèmes P. Cottancin dans une toute autre voie que celle des systèmes à étriers, dits de béton armé, qui sont de la mauvaise construction, et qui ne peuvent être décorés que par des appliques, qui tombent, comme tous revêtements.

Les systèmes P. Cottancin ont permis, en Portugal, de construire un pont-route de 6 mètres de portée sur 12 mètres de largeur, pour supporter les charges roulantes de 16 tonnes, en restant dans le gabarit de 27 centimètres de hauteur de tablier; et, aux essais, les appareils ont constaté une vibration, mais pas de flèche appréciable, car on était énormément loin de la limite, car la caractéristique des travaux P. Cottancin est la possibilité d'avoir de très grandes flèches relatives sans danger,

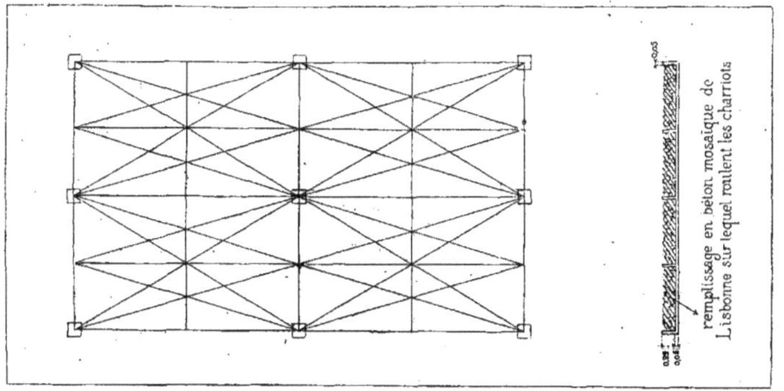

Fig. 46.

tandis que le béton seul, ou le béton armé des autres dispositions sont rompus avec des flèches très réduites *(fig. 46)*.

De même, un pont à Hirson, sous la surveillance de M. Limacé, ingénieur en chef des Ponts et Chaussées, ayant 27 mètres de longueur sur 4^m,20 de largeur, avec un tablier de 5 centimètres, armé par des épines-contreforts de 40 centimètres de hauteur, reposant sur des piles en briques armées de 44 sur 44 centimètres, avec fondation en tubes de ciment, suivant le principe des fondations P. Cottancin, de 2 mètres de hauteur, et un mur soutènement, à Lesquielles, de 8 mètres de hauteur, en briques armées de 11 centimètres d'épaisseur.

En résumé, on doit s'arranger pour que la réaction soit égale à l'action, en tous points d'une construction, car le principe de Lavoisier est juste, en forces : « Rien ne se perd, rien ne se crée ». Rien ne se perd en matière et aussi en force; donc, toute force qui n'est pas employée, donne une réaction de désorganisation qui emploie de la matière inutilement. En construction, on a voulu employer des formules sans interprétation, quand la force de l'intelligence humaine est de toujours raisonner en employant la philosophie mathématique, car, avec la bonne formule, tout le monde peut être au même niveau intellectuel : c'est la négation de l'intelligence humaine.

M. J. DEMORLAINE

Garde général des Eaux et Forêts.

FIXATION DES DUNES [551.33 : 585.2]

— *Séance du 6 août* —

Historique de la fixation des Dunes de Gascogne

La fixation des dunes est toujours, pour le public, intimement liée au nom de *Brémontier* et il semble qu'elle n'ait commencé qu'avec ce savant ingénieur. Il ne paraît donc pas inutile, au début d'une étude de ce genre, de revenir en quelques mots sur l'historique de la fixation des dunes de Gascogne dès l'origine des temps.

Un fait acquis et souvent peu connu, c'est que le pin maritime, l'arbre par excellence de la fixation des dunes océaniennes, a existé dans la région landaise dès la plus haute antiquité. On retrouve, non seulement dans différents textes, mais encore sur le terrain, des traces de cette existence, et cependant c'est vers la fin du xvie siècle seulement que l'on commence à voir, pour la première fois, des craintes s'élever au sujet de l'envahissement de la côte landaise par les sables. *Michel Montaigne* dans ses *Essais* (livre I, titre XX), décrit la marche des sables et les érosions de la côte à l'embouchure de la Gironde. Est-ce à dire cependant que l'invasion des sables sur la côte gasconne française n'ait commencé qu'à cette date ? Nous ne saurions le préciser. D'après Élie de Beaumont, le commencement de l'envahissement a dû remonter à l'origine de l'époque géographique actuelle. Il s'agirait donc de faire concorder ces deux données. Pour nous, le seul moyen de les concilier serait, adoptant l'opinion d'Élie de Beaumont, de faire remonter l'envahissement à l'origine de la période quaternaire, ce qui paraît scientifiquement probable. Les premiers habitants des régions envahies, prenant modèle sur la nature elle-même, ont dû les fixer par des moyens différents des méthodes actuelles; puis les travaux se sont trouvés détruits par les invasions, les guerres, le pâturage ou des causes analogues, et ce n'est que vers le milieu du XVIIIe siècle que l'on commence à s'occuper sérieusement de fixer les sables.

Depuis lors, les travaux ont toujours continué, s'améliorant de jour en jour sous l'impulsion d'idées nouvelles et de théories qui se précisaient toujours davantage.

A cette première époque de la période de la fixation des dunes, que l'on pourrait appeler la *période moderne*, se rattachent des noms qu'il nous semble impossible de passer sous silence. C'est, en 1736, le captal de Buch, *de Ruat*, qui fit dans sa seigneurie des semis importants, malheureusement détruits bientôt par la malveillance; l'*abbé Baurein* en 1766; *Marbotin* en 1768, conseiller du Parlement de Bordeaux; en 1769, l'abbé *Desbiey* et son frère *Guillaume*, qui s'occupent plus scientifiquement de la question en adressant des mémoires à l'Académie traitant *des funestes incursions des sables et des moyens d'en arrêter les progrès*.

De 1772 à 1779, Armanien *de Ruat*, reprenant les idées de son père, exécute des travaux de fixation au moyen d'arbrisseaux et de plantes rampantes. Il fait supprimer également le pâturage, impossible également à maintenir dans des terrains où la végétation, dès qu'elle disparaît, laisse libre carrière à de nouveaux envahissements. L'œuvre de la fixation n'était qu'ébauchée : en 1779, apparaît dans le pays le *baron de Charlevoix-Villers*, envoyé dans les Landes par *Necker* pour étudier l'établissement d'un port de guerre dans le bassin d'Arcachon. Dès son arrivée, il comprend que le sable est l'ennemi qu'il faut vaincre.

Il écrit en effet : *Pour venir à bout de creuser un port à Arcachon, il faut, avant tout, retenir les sables de dunes qui, seuls, peuvent entraver la marche des travaux; pour cela faire, il faut les fixer par l'ensemencement du pin, et, pour que cet ensemencement soit possible, il suffit de retenir la graine d'une façon quelconque.* Voilà le principe de la fixation des dunes posé. De Villers, dans une série de mémoires dont deux surtout sont si judicieusement vus et pensés qu'il semble résumer la question à un tel point qu'on n'ait fait que les appliquer depuis, dit nettement qu'il faut considérer, dans la culture des Landes, deux choses distinctes : celle de *la lande* proprement dite et celle *des dunes*; *qu'il faut fixer les dunes d'une manière qui remplisse le double avantage d'arrêter le torrent impétueux des sables qui inondent actuellement beaucoup de terres précieuses déjà cultivées et de rendre ces montagnes un fonds productif pour l'État.* » Est-ce autre chose que ce principe qui est devenu une réalité?

Malheureusement, après avoir posé la règle fondamentale de la marche à suivre, Charlevoix-Villers, dévoré par la fièvre des marais, en butte aux intrigues et aux calomnies de l'Intendant général *Dupré Saint-Maur* et d'un de ses subordonnés, le géomètre *Clavaux*, peu soutenu par le Gouvernement d'alors, fut rappelé à Saint-Domingue d'où il venait et où de nouveaux travaux le rappelaient. Il partit avec l'obéissance d'un soldat et la résignation d'un philosophe et d'un patriote.

Cependant, Dupré Saint-Maur avait en mains les mémoires de de Villers et avait compris tout le parti qu'il pouvait en tirer pour l'avenir du pays. Débarrassé de l'homme, il songea à utiliser l'œuvre, espérant peut-être y attacher son nom. Ce fut *Brémontier* qui en recueillit le bénéfice. Celui-ci, sous-ingénieur des Ponts et Chaussées à Bordeaux, avait été chargé, en 1776, de faire un rapport sur l'ouverture de canaux dans les Landes. L'ingénieur *Chambrelent* devait plus tard reprendre la même idée. Brémontier combattit le projet sous prétexte que l'envahissement des sables y présentait un obstacle invincible. Doué d'une grande souplesse de caractère, il sut flatter l'amour-propre de Saint-Maur et se le rendre favorable. Celui-ci, après le départ de de Villers, demanda et obtint que Brémontier revint dans sa généralité en qualité d'ingénieur en chef. Il lui remit aussitôt les mémoires de de Villers et lui procura même celui de Desbiey, en le chargeant de reprendre en son nom les travaux de ses devanciers. Homme actif, ayant du savoir et du talent, Brémontier se met aussitôt en relations avec les populations qu'il s'efforce d'éblouir par ses promesses d'avenir et les rend favorables à ses projets.

Jusqu'en 1786 il passe son temps à étudier les dunes et à préparer les voies et moyens de ses travaux. En 1786, il rend compte, dans un mémoire, des précautions à prendre pour ouvrir un canal de Pauillac à l'Adour en passant par les étangs. La première précaution à prendre, dit-il, c'est de *fixer les dunes*, travaux qui, suivant lui, n'ont jamais été faits : *On n'a émis*, dit-il, *que des assertions hasardées, des notions vagues sur ces points essentiels.*

Brémontier feint donc d'ignorer les travaux de de Villers, qu'il a cependant entre les mains, et bien qu'il vive dans l'intimité avec tous ceux qui l'ont connu.

Avec une opiniâtre énergie, Brémontier réclame des fonds pour commencer les travaux. On lui accorde timidement, en 1788, un premier crédit de 4.400 livres. Avec cette somme, il organise un petit chantier près d'Arcachon, à la tête duquel il met deux habitants de la Teste, *Peychan* et *Dubosq*. Peychan lui soumet une idée nouvelle. Les premiers résultats de reboisement n'avaient pas été heureux, le vent avait dispersé les graines presque au fur et à mesure de l'ensemencement. Peychan avait entendu parler par de Charlevoix-Villers des couvertures de branchages employées autrefois par le *Général Claussen* et avait proposé à Brémontier d'en faire l'essai. Brémontier avait refusé ; mais, pendant une de ses absences, Peychan appliqua son idée. La réussite fut complète ; Brémontier adopta alors le système et se posa comme l'inventeur sans parler de son collaborateur. Bien plus, quand Peychan lui réclama un jour le remboursement d'une avance qu'il avait faite, il le renvoya des chantiers.

De 1788 à 1793, Brémontier ensemence une étendue de 360 hectares. Mais la période révolutionnaire l'oblige à suspendre ses travaux. Il a besoin d'argent, on lui répond que ses projets sont chimériques, qu'ils coûtent trop cher, et on lui refuse les nouveaux fonds qu'il sollicite. Devenu suspect, il est encore heureux de conserver sa tête sur ses épaules.

Après le 18 brumaire, le premier consul accorde un crédit annuel de 50.000 francs; l'ordonnance royale du 5 février 1817 l'élève à 90.000 francs. Le décret du 11 octobre 1854 le porte à 400.000 francs.

Brémontier réussit à arrêter les dunes qui menaçaient la Teste. Sur les bords de la mer, il élève des rangs de palissades formées de piquets et de clayonnages. On les exhausse au fur et à mesure que les sables les surmontent. Cette précaution prise, il commence les ensemencements; la montagne est arrêtée, la ville sauvée.

A Mimizan, un paysan, *Berran*, défend sa maison de la même façon. La ville est coupée en deux par la dune, le sable s'accumule du côté du portail de l'église; Berran la fixe également au moyen de clayonnages, de couvertures et de semis d'arbres verts. Bientôt Mimizan se reconstruit et se repeuple.

Les résultats de ces travaux furent immenses. A cet égard la gloire de Brémontier demeure entière. C'est lui qui a dirigé les premiers travaux d'ensemble; c'est lui dont la persévérance a vaincu les obstacles que lui opposaient l'homme et la nature. Personne n'aurait songé à la lui contester, s'il n'avait voulu lui-même accaparer celle de ses devanciers, et notamment celle d'un ingénieur, de Charlevoix-Villers, qui avait eu l'idée première de ces travaux. Mais le principal souci de Brémontier a toujours été de préparer sa propre réputation et de faire oublier tous ceux qui avaient concouru de près ou de loin à la solution du problème de la fixation et de la mise en valeur des sables. Bien différent de Villers, qui rappelle toujours ce que les autres ont fait, il ne parle nulle part des Ruat, de Desbiey, ni de son collègue, ni de personne. Il est formellement acquis que Brémontier a eu entre les mains le mémoire de Desbiey et qu'il y a trouvé les renseignements utiles concernant les procédés de culture des sables.

Le mémoire de thermidor an V est un éloge pompeux du sable des dunes et de sa fertilité, des résultats obtenus et de ceux qu'on obtiendra encore. On comprend qu'il veut éblouir. Mais il réfléchit que le mémoire de Desbiey est de 1774; que de Charlevoix-Villers est venu dans les dunes en 1778. Il s'applique à prendre date. Il raconte alors, dans une communication faite, le 27 germinal an VI, à l'Académie de Bordeaux, qu'il a visité les dunes en 1773 et a conçu, à cette époque, l'idée de les fixer. Quant à son mémoire, il l'a rédigé vingt et un ans avant sa publication, en 1776. Il n'y a qu'un malheur, c'est qu'en 1775 Brémontier avait déclaré que l'envahissement des sables était un ennemi invincible.

Brémontier est prudent. Se sentant malade, en 1804, à Pau, il fait disparaître tout ce qui pourrait dans l'avenir compromettre sa gloire.

Ces choses étaient restées si bien cachées, les passions révolutionnaires et la gloire militaire avaient si bien distrait les esprits de ce qui se passait en dehors de ces uniques préoccupations; plus tard, les résultats avaient parlé si hautement en faveur de l'auteur supposé de tous ces bienfaits, que, pendant soixante ans, Brémontier jouit de la gloire incontestée d'avoir découvert le moyen de fixer les dunes : on lui élève des monuments, on donne son nom à des rues. De ses prédécesseurs il n'est pas question. Le mérite de Desbiey est cependant reconnu. Le *cardinal Donnet*, en 1866, archevêque de Bordeaux, charge l'*abbé Mouls*, curé d'Arcachon, de rechercher les mérites respectifs de Desbiey et de Brémontier. Il publie une notice intitulée : *Deux bienfaiteurs des landes de Gascogne, l'abbé Desbiey et Brémontier*, qu'il termine par ces mots : « Gloire à Brémontier, mais aussi gloire à Desbiey ».

Le mérite de Desbiey était reconnu, sa mémoire était vengée.

De Charlevoix de Villers il n'est pas encore question. Ce n'est qu'en 1890 que M. *Dulignon-Desgranges* rédige une longue notice, couronnée par l'Académie de Bordeaux, qui ne laisse aucun doute sur le mérite de l'homme aussi expérimenté que modeste qu'était de Villers et sur la part qu'il avait prise à la transformation du littoral gascon.

Il nous a paru intéressant, vu l'époque où se réunissait ce congrès et la nécessité, à l'occasion de l'Exposition de 1900, de faire une étude rétrospective de la fixation des dunes, d'emprunter, en nous étendant peut-être un peu longuement sur cette partie de notre étude, les quelques pages que vous venez de lire, à l'ouvrage de M. l'Inspecteur des Eaux et Forêts *Grandjean*. Nous avons tenu à réparer ainsi une injustice et à rendre un hommage tardif, mais mérité, au véritable indicateur de la fixation des dunes, le baron de Charlevoix-Villers.

Comme conclusion à cet historique rapide nous ne saurions mieux faire que citer les paroles mêmes de M. Grandjean : « Si Brémontier a vu s'élever en son honneur des bustes et des statues, si le nom de Desbiey attaché au coin des rues sont des récompenses et des hommages mérités, je demande ce que l'on fera pour la mémoire de de Charlevoix-Villers, le grand homme dont le génie travailleur et prévoyant a donné une conquête à la France, transformé en un pays riche et fertile un désert inhabitable, et préservé toute la Gascogne de l'enfouissement, y compris la belle et grande ville de Bordeaux. Sachons donc lui rendre le tribut de reconnaissance qui lui est dû. »

Étude sommaire sur la fixation des Dunes.

Les travaux de fixation des dunes ont été exécutés jusqu'en 1862 par les ingénieurs des Ponts et Chaussées. Ces travaux avaient paru, aux gouvernements qui se sont succédé, mériter l'attention et les soins de ce corps savant.

Un décret du 29 avril 1872 a confié à l'Administration des Eaux et Forêts les travaux de fixation, d'entretien et d'exploitation des dunes sur le littoral maritime. C'est elle qui s'en occupe depuis cette époque.

Nous passerons brièvement sur les moyens employés pour la fixation première des dunes. C'est là une chose presque universellement connue aujourd'hui. Le principe a été, dès le premier jour, de fixer les dunes en les couvrant d'une végétation telle que les racines retinssent le sable entre leurs mailles et que le feuillage, les débris de toutes sortes, le terreau lui fissent un abri protecteur.

L'essence principale employée fut le pin maritime. Il fallait empêcher que les parties plantées ne fussent envahies par les dunes mouvantes venant de l'Ouest. On avait commencé par l'Est pour courir au plus pressé et protéger les terres habitées contre l'envahissement du sable. Pour arrêter le danger des dunes mouvantes, on s'appliqua à ne commencer les travaux qu'en s'appuyant sur des vallées assez larges, les *lettes*, pour n'être pas franchies rapidement par le sable en mouvement. Quant à l'ensevelissement des semis lui-même par le sable, on employa des couvertures, formées de branchages coupés dans les vieilles forêts. Ces couvertures furent faites, au début, avec des branches de pin. Puis on employa des branches de genêt et d'ajonc. Ces branches étaient couvertes de fruits qu'on négligea d'enlever. Il arriva que les graines germèrent au milieu de celles de pin, elles produisirent des bouquets vigoureux qui maintenaient admirablement le sable. Ceci fut un trait de lumière pour les ingénieurs. On mélangea la graine de genêt et d'ajonc à celle du pin. On les emploie encore ensemble dans la proportion la plus habituelle de 25 kilogrammes de graines de pin et de 8 à 10 kilogrammes de genêt à l'hectare.

Souvent les forêts qui fournissaient les couvertures étant excessivement éloignées, on les remplaçait par des aigrettes, qui consistaient en branchages réduits, en touffes qu'on plantait en quinconce à une distance de 50 à 60 centimètres et entre lesquelles on jetait les graines.

Enfin, contre le danger de l'ensevelissement, lorsqu'on ne pouvait commencer les travaux parallèlement aux vallées, on employa un autre système de défense. On faisait des chantiers généralement allongés du Nord au Sud; on les défendait au moyen de défilements parallèles à la côte et formés de palissades ou de clayonnages. Le sable chassé par le vent d'Ouest venait s'accumuler contre la palissade, à travers les planches de laquelle il filtrait sans nuire aux semis naissants. Les palissades coûtaient environ 3 fr. 17 le mètre courant. On pouvait également employer des clayonnages qui coûtaient, suivant la distance, de 1 fr. 25 à 57 centimes le mètre linéaire, mais duraient moins que les planches. Trois exhaussements des palissades suffisaient également pour arriver à une protection complète des semis et arriver à les rendre assez forts pour se défendre contre l'envahissement du sable.

Tels sont, aussi résumés que possible, les travaux effectués pour reboiser les dunes. Ces travaux sont aujourd'hui à peu près terminés ; 63.000 hectares de dunes ont été ainsi ensemencés. Une fois la forêt de pin créée, on s'occupa de combler les vides des vallées, des lettes, en y introduisant également le pin maritime. L'opération fut plus facile : il suffisait de tracer à la houe des sillons de 10 centimètres de profondeur, écartés de 25 centimètres. On y répand de la graine ; on recouvre légèrement avec le sable qui a été enlevé sur les bords et on place une couverture de branchages. De cette manière on n'emploie pas plus de 10 à 15 kilogrammes de graine par hectare.

Lorsque ces travaux de fixation des dunes par reboisement furent terminés, on s'occupa de laisser une bande de 500 à 2.000 mètres de largeur pour protéger les plantations faites contre l'envahissement continuel du sable de la mer. Cette zone de protection de largeur variable fut la *zone littorale*. Cette zone ne doit pas être aménagée comme le surplus de la forêt ; on n'y fait pas d'exploitations régulières ; on laisse le peuplement aussi serré que possible, de manière à faire obstacle aux vents et aux sables soulevés qu'ils portent avec eux.

Telle est donc aujourd'hui la physionomie des dunes de Gascogne reboisées et fixes : des chaînes de dunes plus ou moins parallèles, allant de l'intérieur du pays jusqu'à la mer et portant sur leurs croupes des forêts de pin maritime dont les feuilles enrichissent petit à petit le sol. Ces chaînes sont séparées par des vallées plus ou moins larges ou lettes, où le reboisement a été d'autant plus facile qu'elles étaient à l'abri du vent ; puis, à mesure qu'on s'avance vers la mer, la végétation, comme lorsqu'on s'élève en altitude, devient de plus en plus rabougrie jusqu'à la côte, où elle disparaît ; on entre dans la zone littorale qui se termine sur le bord même de l'Océan.

Nous avons rappelé brièvement comment on avait reboisé les dunes. Ce reboisement avait arrêté un danger né et actuel, il n'avait nullement supprimé le mal dans sa racine. La côte de Gascogne est ainsi faite qu'elle continue, par suite de considérations hydrographiques dans lesquelles nous ne saurions entrer ici, à déverser continuellement les sables mis à sec par les marées successives. Il était donc nécessaire d'arrêter le mal à sa source même et de créer un obstacle dès l'origine à la marche des sables, sur le rivage; cet obstacle, véritable réservoir où s'accumulerait le sable dans sa progression naissante, régulariserait et ralentirait son avancement vers l'Est.

Tel est le but de ce vaste défilement, long de plus de 200 kilomètres, qui s'étend de l'embouchure de la Gironde à Bayonne, qui a reçu le nom de *dune littorale*. Nous n'entrerons que très brièvement dans les détails de sa construction. Il suffit d'opposer au sable un obstacle quelconque, une palissade contre laquelle le sable s'accumule, et au travers de laquelle il filtre, pour que le sable s'y amoncelle. Il suffit ensuite d'exhausser les planches formant la palissadequi se couronne petit à petit et la dune s'élève prenant une pente douce vers la mer, raide (talus naturel du sable) vers l'Ouest. Dans cette construction de la dune littorale sur laquelle le cadre de cette trop courte étude nous force à renvoyer à des ouvrages spéciaux, divers points restent à déterminer :

1° *Distance de la mer*. — A quelle distance de la mer sera construite la dune littorale. Cette distance varie suivant la configuration de la côte et la profondeur de la plage ; elle doit toujours être évidemment en dehors de la laisse des plus hautes marées. C'est un point sur lequel on n'a pas souvent suffisamment porté son attention. En général, peut-être dans le but de gagner quelques pouces de terrain à l'océan, la dune littorale a été construite trop rapprochée de la mer. De là des conséquences assez graves dans l'avenir. Là où des stations balnéaires se sont installées sur la dune littorale, la dune trop près de la mer a été dégradée et la solidité des constructions, qu'elle supportait, gravement menacée. Si donc de nouvelles dunes littorales sont à construire, nous ne saurions trop recommander de les construire à une distance de 50 mètres au moins de la laisse des plus hautes marées ;

2° *Forme de la dune littorale*. — Quelle doit être la forme de la dune littorale? La question a été souvent discutée, elle est aujourd'hui controversée.

La dune doit-elle présenter la forme qu'elle prend naturellement lors de sa construction, c'est-à-dire une pente douce vers la mer, le talus naturel du sable vers les terres, ou présenter une forme inverse? Cette dernière forme a été préconisée par M. *l'Ingénieur Chambrelent*. Il considérait comme forme la plus avantageuse pour la dune celle qui consistait à lui donner *un talus raide du côté de la mer et peu incliné du côté des terres*. Il prétendait que, les sables ne pouvant plus monter le long du plan incliné, la dune ne dépasserait jamais 8 à 10 mètres de hauteur, qu'ils retomberaient sur la plage et que les vents opposés les rejetteraient à la mer. Malheureusement, ce système n'a pas donné les résultats qu'on en attendait ; la dune offrait une trop grande prise à la lame et au vent et l'entretien en était à peu près impossible. Il a donc fallu se résoudre à imiter la nature et à adopter une pente douce à l'Ouest. La pente vers l'Est peut être à peu près indifférente.

Quant à la valeur de la pente vers l'Ouest, elle doit être déterminée par ce fait que les sables rejetés vers la mer ne puissent que, dans ces cas exceptionnels, s'accumuler sur cette pente, où ils formeraient en quelque sorte une nouvelle dune superposée à la première ; il faut encore que le sable apporté par le vent ne puisse s'y arrêter en couches trop épaisses qui produiraient ce qu'on appelle des *trucs* ou des *siffle-vents*. D'autre part, la pente doit être assez douce pour que les éboulements ne puissent se produire même sous l'influence des plus violentes bourrasques et sous le choc des lames. Celles-ci glisseront à sa surface d'autant plus facilement qu'elles rencontreront moins de résistance, puis reviendront doucement sur elles-mêmes quand elles auront perdu leur force ascensionnelle.

La meilleure pente doit donc être variable suivant les cas. Une *pente moyenne de 25 0/0* est, en général, la pente à adopter ;

3° *Hauteur de la dune.* — La dune littorale actuelle présente des hauteurs essentiellement différentes. Tantôt elle s'élève jusqu'à 30 mètres ; dans d'autres cas, elle n'a que 10 ou 12 mètres. De quelle hauteur doit-on se rapprocher ? Est-il un chiffre théorique à adopter ? L'expérience semble prouver qu'une *hauteur* de *8 à 10 mètres* doit être préférée.

Il est clair que, si les apports de sable sont abondants, la dune montera plus vite et plus haut que s'ils sont rares et ce sera aussi une nécessité parce qu'il faudra une protection plus efficace. Mais, en général, les dunes qui dépassent 12 mètres sont constamment en réparation tandis que celles qui dépassent 8 à 10 mètres sont faciles à entretenir. Cela s'explique, puisqu'elles offrent moins de prise au vent, qui est d'autant plus violent qu'on s'élève davantage.

On objecte souvent qu'une dune basse ne remplit pas son effet parce qu'elle n'arrête pas suffisamment le sable. C'est une erreur, et en cela nous ne faisons que reproduire l'opinion de M. l'Inspecteur Grandjean, souvent vérifiée par nous-même pendant notre passage dans les Landes. En effet, il pourra bien arriver que des particules de sable s'élèvent sur la pente Ouest, sous la poussée du vent, sans être retenues par elle sous leur propre poids ; mais ce sable va arriver dans la zone littorale située derrière la dune, non sous la forme d'une masse envahissante, mais en une poussière qui s'éparpillera sur toute l'étendue et sera de suite arrêtée et fixée par la végétation, si bien qu'il ne se formera aucune accumulation et qu'on ne s'apercevra même pas de son arrivée. Enfin, le sable sera emporté d'autant moins loin qu'il viendra de moins haut : par conséquent, le pin maritime, dont le sable est l'ennemi principal, viendra d'autant plus près de la dune que celle-ci sera moins élevée.

D'autre part, si la dune est élevée, elle donnera aussi plus de prise au vent, et c'est elle-même qui, en se dégradant sur sa crête, son flanc et son plateau, jettera fort loin le sable pris à la mer et qu'elle devrait conserver dans la zone littorale.

Il nous resterait maintenant à parler de la *largeur* à donner au plateau supérieur de la dune. Cette largeur est variable évidemment, mais elle est facile à déterminer lorsqu'on connaît la valeur de la pente Ouest et la hauteur de la dune. Nous serions d'avis de donner à la dune une largeur égale à sa hauteur même, c'est-à-dire une *dizaine de mètres* sauf dans des cas spéciaux lorsqu'on doit, par exemple, édifier sur la dune des habitations pour former une station balnéaire.

Il faut ajouter également que plus la dune sera large, plus les sables qu'elle est destinée à retenir auront de peine à la franchir et à tomber dans la zone littorale. Néanmoins, cette largeur ne doit pas être exagérée, car la construction même de la dune et son entretien finiraient par revenir à des prix trop coûteux.

Entretien de la dune littorale. — Ceci nous amène à parler de l'entretien de la dune. On comprend que ce long bourrelet de sable destiné à servir de réservoir pour emmagasiner les sables venant de la mer est sans cesse en butte aux accidents provenant de l'action de la mer et de l'action du vent. Il est donc nécessaire de le garantir d'abord contre ces dangers.

Pour y arriver, on recouvre la dune d'une herbe fine, très précieuse en cette occasion puisqu'il lui est nécessaire, pour vivre, de recevoir constamment du sable salé ; nous avons nommé le gourbet ou *Psamma arenaria*.

Cette plante vit par touffes dont l'espacement doit être réglé de façon à obtenir sur la dune les dimensions voulues.

Plus les lignes de gourbet seront espacées, moins le sable s'accumulera et moins la pente sera raide. L'espacement des touffes devra donc être en raison inverse de la pente à donner.

Mais la dune ainsi plantée n'est pas à l'abri des dangers que nous signalions plus haut ; constamment en voie de transformation, elle doit être constamment travaillée pour être ramenée à sa forme primitive.

Il faut d'abord éviter qu'une *contre-dune* se produise au pied de la dune véritable. On appelle ainsi un banc de sable qui se forme en avant de la dune et qui produit, aux marées suivantes, une déviation des courants.

Le flot, passant avec violence entre ce banc et la dune en suivant une direction nord-sud, entame le pied et forme une brèche plus ou moins grande.

Un autre danger est la formation d'accumulations de sable, qu'on appelle *trucs*, sur la dune elle-même. Partout où il y a un obstacle saillant qui puisse l'arrêter, des touffes de gourbet trop épaisses, le sable s'arrête déformant la pente ouest de la dune. Entre deux trucs voisins le vent s'engouffre et forme de profonds sillons qu'on appelle des *siffle-vents;* ces siffle-vents s'élargissent et se creusent de plus en plus et peuvent même arriver à couper la dune.

Il est donc nécessaire d'intervenir directement par la main de l'homme : le moyen le plus simple est d'effectuer les différentes opérations suivantes dont l'époque la plus favorable est du *15 mai au 15 septembre.*

Les *piochages*, qui doivent être effectués à 30 ou 40 centimètres de profondeur, doivent être renouvelés deux ou trois fois. Ils reviennent pour le premier à 1 fr. 50 c., pour le suivant à 1 fr. 20 c. l'are.

Les piochages peuvent être effectués également d'une façon efficace du 1er février au 1er novembre (tempêtes d'hiver).

L'éclaircie du gourbet se fait dans les parties où la dune présente des dimensions assez voisines des dimensions théoriques pour ne pas nécessiter des travaux aussi coûteux que les piochages.

L'été est la saison la plus favorable à ce dernier travail. L'éclaircie du gourbet varie évidemment, comme prix de revient, suivant le degré de gourbetage de la dune.

Il faut ajouter à ces deux sortes de travaux principaux :

1° *Les ratissages*, permettant, après chaque tempête, de faire disparaître les détritus mis à nu sur la dune, qui nuiraient à l'action efficace du vent dans les tempêtes suivantes ;

2° *L'enlèvement des choux de mer* (Eryngium maritimum), dont la végétation très rapide nuit, pendant les mois de l'été, à l'abaissement de la dune ;

3° *Les couvertures et cordons simples*, qui permettent, soit d'arrêter temporairement le plateau de la dune à la hauteur voulue avant l'époque favorable à la plantation du gourbet, soit de fixer d'une manière définitive la crête ouest de ce plateau.

Lorsque, par suite de ces travaux, la dune est arrivée aux dimensions voulues, on doit la *gourbeter*. Les plants de gourbet doivent être sur le versant ouest moins espacés à la base du talus que sur le sommet. (On dispose les touffes en hexagones réguliers, espacées les unes des autres de 60 centimètres en tous sens.)

A mesure qu'on s'avance vers l'Est sur le talus, les touffes doivent être plus resserrées et distantes de 40 centimètres les unes des autres.

Sur le plateau, l'espacement des touffes ne doit pas descendre au-dessous de 60 centimètres.

L'époque la plus favorable pour la plantation est du 1er octobre au 1er janvier. Le prix de revient varie de 85 centimes à 1 fr. 20 c. l'are, suivant l'espacement des touffes qui comprennent en moyenne huit brins chacune.

Conclusion.

Nous venons de passer brièvement en revue l'historique de la fixation des dunes et les travaux qui ont permis de transformer un pays, autrefois désolé et exposé au danger continuel de l'envahissement des sables, en une contrée aujourd'hui sinon très fertile, du moins riche et prospère.

La région gasconne qui borde les côtes de l'Océan, s'est non seulement transformée par suite de la fixation des sables venant de la mer, elle s'est en même temps assainie et, de cette question d'*assainissement* nous tenons à dire un mot avant de terminer cette étude, parce qu'elle touche intimement à l'œuvre de fixation.

On comprend sans peine, en effet, que le bourrelet de sable qui s'élevait progressivement sur la côte empêchait les ruisseaux, qui opéraient le drainage de la contrée, de s'y écouler librement et provoquait la stagnation des eaux dans la région. De plus, si l'on jette les yeux sur une carte des côtes de Gascogne, l'on constate que la véritable *chaîne* d'étangs qui longe cette côte depuis la Gironde jusqu'à l'Adour n'a plus pour ainsi dire que quelques déversoirs à la mer.

Dans un certain nombre d'années, même à une époque peut-être peu éloignée de celle où nous sommes, le bassin d'Arcachon se trouvera complètement fermé. Ces étangs forment également le grand déversoir des eaux du pays. Obstrués par les dunes envahissantes, depuis une époque relativement récente, puisque des cartes du XVIe siècle montrent encore certains de ces étangs communiquant avec la mer, les eaux refoulèrent dans l'intérieur, et le pays se trouva transformé en marécage.

Cette situation fut rendue plus terrible encore par la nature même du sous-sol, formé d'un banc argilo-siliceux, dont les éléments sont restés agrégés grâce à la présence d'un oxyde ferrugineux ayant précipité avec lui une certaine quantité de matière organique. Ce banc c'est l'*alios*, qui forme une couche plus ou moins superficielle et complètement imperméable.

On comprend alors la gravité du refoulement des eaux dans la contrée. Les eaux des étangs, dont l'écoulement à la mer est arrêté par les dunes en progression vers l'Est, débordent sur le pays, le transformant en plaines marécageuses, insalubres et impraticables. De là naissent les fièvres paludéennes, pour lesquelles les Landes étaient autrefois si tristement réputées.

De là aussi ces moyens étrangers de locomotion transformant les habitants en « échassiers ».

Peu à peu la culture du pin maritime s'introduit dans la plaine et, comme toute culture forestière, elle assainit le sol en même temps que le pays lui-même. Puis l'on comprend que le pays ne pourra être complètement transformé que lorsqu'un travail d'assainissement d'ensemble y aura été opéré. Ce fut l'œuvre de M. l'Ingénieur en chef des Ponts et Chaussées *Chambrelent.*

Il profita de la nécessité d'assurer aux forêts, nouvellement plantées, des débouchés sérieux par l'ouverture de voies de vidange jusqu'alors inconnues, et eut l'ingénieuse idée de faire servir les voies de vidange à l'assèchement même du pays. Leurs fossés bordiers devinrent les drains, recueillant les eaux des régions qu'elles desservaient. Le grand collecteur fut constitué par les deux fossés longeant la voie ferrée du Midi qui descend en pente douce de Bordeaux à Bayonne. C'était là une véritable trouvaille sur laquelle le cadre de cette modeste étude ne nous permet malheureusement pas d'insister; avec la culture du pin maritime, elle transformera complètement le pays. Aujourd'hui les Landes de Gascogne sont devenues des régions pouvant rivaliser avec les plus riches de France. Elles ne doivent pas s'arrêter dans cette voie.

Dans ce pays où la pierre fait complètement défaut, les voies de communication coûtent cher. Il est donc nécessaire d'utiliser autant qu'on le peut les moyens de locomotion par voies ferrées. De là l'idée de créer des voies ferrées perpendiculaires à la ligne centrale du Midi. Bon nombre de ces voies ont déjà été ouvertes ; il est nécessaire non seulement de les augmenter, mais de les prolonger, de créer même, sur le bord de chaque route, des chemins de fer à voies étroites servant uniquement à la vidange des produits ligneux et rendant les routes elles-mêmes plus facilement carrossables. Car, nous ne devons pas l'oublier, le bois et ses dérivés, qui font la richesse des Landes, n'ont de valeur que par la facilité et le bon marché de leur transport.

Tel est le premier vœu que nous vous proposerons d'adopter.

Nous en ajouterons un autre : il est nécessaire également d'améliorer la gestion de ces forêts de pin maritime qui, comme tous les peuplements d'essence pure, sont exposées à tant d'ennemis dont les deux principaux sont le *feu* d'une part, les *invasions d'insectes et de champignons* de l'autre. Aujourd'hui que le sol des forêts de pin, par la décomposition des détritus de toutes sortes qu'elles lui ont apportés, s'est profondément enrichi et transformé, la culture des *feuillus* est possible ; le chêne, et en particulier le *chêne blanc*, vient bien dans les Landes. Qu'il nous soit dont permis de souhaiter que sa culture soit propagée par tous les moyens possibles ! Par une introduction raisonnée du chêne, on diminuera les chances d'incendies, les dangers de l'invasion des insectes ou des champignons, tout en enrichissant la forêt de pin maritime elle-même. C'est cette idée que nous ne saurions trop vous recommander d'accueillir.

Nous vous demanderions enfin de vouloir bien accepter le troisième et dernier vœu suivant : c'est que l'exploitation du pin maritime soit faite non plus seulement en vue de la *résine*, mais aussi en vue du *bois* ou, si vous voulez, que le mode de récolte de la résine, le gemmage, soit plus scientifiquement étudié et contrôlé.

C'est là une conséquence nécessaire de l'amélioration des moyens de vidange, des voies de communications : les bois plus aisément transportables se vendront mieux et plus cher. Il est donc nécessaire d'augmenter autant que possible la production du pin maritime en bois, sans diminuer son rendement en résine (1).

Si nous vous proposons d'adopter ces trois vœux comme conclusion finale à notre étude, c'est que nous sommes persuadé de vous faire contribuer pour une large part à l'amélioration des Dunes de Gascogne dont vous avez bien voulu nous demander de retracer l'histoire en vous parlant de leur fixation.

Ces améliorations réalisées, alors se trouvera justifiée une fois de plus encore pour les Landes tout entières la devise du pays d'Arcachon, qu'il faudrait ainsi modifier : *Heri solitudo, cras civitas.*

M. J. POISSON

Assistant au Muséum d'histoire naturelle, à Paris.

SUR LA FIXATION DES DUNES DANS L'OUEST ET DANS LE NORD DE LA FRANCE

[551.33 : 585.2]

— *Séance du 8 août* —

Dans une note préliminaire j'ai, l'année dernière, exposé à la section du génie civil et militaire du Congrès de l'association à Boulogne l'urgence qu'il y aurait de s'occuper, dans le pays où nous recevions une si large hospitalité, de l'aménagement des dunes qui bordent tout le littoral marin du Pas-de-Calais et une notable partie du département de la Somme et même de celui du Nord.

(1) Cette idée a été plus longuement développée dans un travail présenté au Congrès international de sylviculture de 1900 par l'auteur, qui a pour titre : *le Quarrimètre.*

On était d'autant plus entraîné à étudier cet intéressant sujet, que quelques propriétaires, éclairés et jouissant d'une belle aisance, employèrent une portion de leur fortune à faire exécuter des travaux très importants pour la consolidation des dunes en Pas-de-Calais, et avaient obtenu de réels succès. Nommer M. Adam, ancien maire et banquier à Boulogne-sur-Mer, ainsi que M. Daloz, c'est éveiller le souvenir de deux personnalités que l'Artois n'oubliera jamais.

La consolidation des sables des dunes paraît avoir préoccupé les habitants des côtes de cette région à des époques fort anciennes. Pour ce qui concerne le pays boulonnais, il en est question déjà dans une note fort intéressante que publiait en 1886 M. le docteur Hamy, qui est actuellement professeur au Muséum et membre de l'Institut, note insérée au *Bulletin de la Société académique de Boulogne* et ayant pour titre : *La charte de commune d'Ambleteuse.*

L'auteur de ce travail en affirmant, d'après ses recherches, que la commune d'Ambleteuse fut créée en 1209 et non à une autre date, cite tout un texte latin emprunté à Duchesne et traduit plus tard en langue française de l'époque. Il s'agit d'un édit réglementant les droits des habitants dans les dunes de la commune, tant pour leurs propres besoins, que pour ceux des animaux qu'ils y mèneront pâturer.

Un chapitre de cette traduction indique bien que les oyats étaient déjà notoirement connus comme soutiens des sables, puisqu'on en interdisait la destruction..... « Item aussi concessons et donnons ausdits homme de la dite commune le nutriment et le nourrissement de nostre dune pour leur bestiail, qui se prend de Sélaque jusques à Audreselles. Réservons qu'iceux hommes ne pourront soyer ni arracher les oyas croissans en la dite dune, et s'il est escheu véritablement que lesdits hommes d'icelle commune en soyent ou arrachent, et que par leurs voisins ils soient accusés, pour chascune fois escherront vers nous en amende de deux sols parisis et l'oya ainsi couppé ou arraché sera nostre », etc., etc.

Mais, quel que soit l'intérêt qui s'attachait au sol désert des dunes subissant la violence des vents et les caprices de l'océan, cet intérêt était beaucoup moindre que de nos jours. La lutte pour l'existence était moins intense et le territoire moins morcelé qu'aujourd'hui ; les dunes étaient en somme quantité négligeable.

C'est aux travaux ingénieux et persistants de Brémontier, bientôt suivis de ceux de Chambrelent, et qui ont transformé l'espace immense qui, de l'embouchure de la Gironde s'étend jusqu'à celle de l'Adour, c'est-à-dire près de 800.000 hectares, que l'on doit la démonstration la plus éclatante que les dunes peuvent être mises en culture, ou du moins se garnir d'une végétation jusqu'alors considérée comme illusoire.

Aussi, vers le milieu du siècle écoulé, des tentatives dans cette direction ont été faites en des points divers, en France et à l'étranger, avec l'assurance que le succès couronnerait les efforts, si les travaux étaient bien conduits et tous se sont inspirés des opérations des ingénieurs français susnommés.

Dans le département du Pas-de-Calais, deux régions du littoral ont été simultanément entreprises : l'une d'elles à l'embouchure de la Canche, ce qui a permis d'y établir plus tard une station balnéaire qui prend chaque année plus d'importance et portant le nom du Touquet ; l'autre, à quelques kilomètres de Boulogne, comprend les dunes de Condette et de Saint-Étienne. Le Touquet a été boisé par les soins d'un notaire intelligent et paisible, « d'un tempérament peu aventureux, mais ayant un esprit ferme et pénétrant et, de plus, il était doué d'une forte dose de ce bon sens pratique dont l'inspiration ne fourvoie jamais (1) ».

J'ai vu les débuts du boisement au Touquet et, vingt-cinq ans après, j'étais émerveillé de la transformation qui s'était accomplie sur ce sol jadis improductif et pelé, d'une étendue de 1.200 hectares.

Les dunes de Condette et de Saint-Étienne, que j'ai visitées l'année dernière, occupent une surface de 840 hectares ; leur forme est celle d'un triangle ayant son sommet vers l'intérieur et sa base suit la mer sur une longueur de 3.000 mètres environ.

Le sol, fort accidenté, comprend des terrains très variés : des sables noirs, d'autres blancs, puis des bancs de pierre ou bien de l'argile, et, « au voisinage des troncs de chênes que les eaux ont mis à découvert, conformément à l'opinion répandue dans le pays, que ces dunes recouvrent des terres jadis cultivées et des bois que les sables de la mer ont engloutis. »

Les dunes de Condette et de Saint-Étienne ont été l'objet de plusieurs rapports de leur propriétaire, puis aussi d'un rapport de M. Victor Rendu, inspecteur de l'agriculture, fait en 1860 sur l'invitation du ministre. C'est à ce document, fort bien rédigé, que seront empruntés pour une grande part les passages importants de ce mémoire.

Tous les praticiens, qui ont observé la formation des dunes, savent qu'elles ne se produisent qu'à une certaine distance du bord de la mer et que celle-ci ne les atteint que rarement aux grandes marées. La plage qui a eu le temps d'assécher sa surface, dans l'espace de temps compris entre les marées, par les effets du vent ou par ceux du soleil, devient alors poudreuse et les particules arénacées sont facilement entraînées vers les terres ; c'est un spectacle que ceux qui fréquentent les bords de mer ont pu voir fréquemment. Mais le moindre obstacle, des algues ou des épaves quelconques rejetées sur le rivage, arrête le sable qui court en rasant plus ou moins le sol, et voilà le commencement d'un croc ou petite mon-

(1) De la Tréhonnais, *le Touquet*, p. 12.

tagne de sable. Celle-ci à son tour se décharge par l'effet des vents violents et il va bientôt se former plus en arrière d'autres monticules, et ainsi de suite. On estime que la marche de l'ensemble d'une dune envahissant librement les terres est de 20 à 25 mètres par année.

Il est assez rare que la première ligne de dunes se couvre seule de végétation et que le sable se consolide de ce fait sans l'intervention de l'homme; ce sont habituellement les dépressions qui sont en arrière et qui sont entre chaque monticule plus à l'intérieur, où l'eau des pluies ou des rosées s'emmagasine, qui se garnissent de végétation spontanée plus ou moins durable, car le sable vient souvent les couvrir ultérieurement.

On est contraint, pour que la première ligne de dunes forme un abri protecteur sérieux, de favoriser son importance par des travaux de clayonnages en planches et de fascines servant à consolider le sol. Cependant, on a substitué au clayonnage, à Condette, l'emploi de palissades en madriers; puis, pour protéger les semis que l'on se proposait de faire, on a employé des branches de pin, d'ajonc et de genêt comme moyen de défense contre l'envahissement des sables.

La manière de consolider le premier cordon de dunes varie suivant les contrées. Dans les départements de la Gironde et des Landes et dans celui de la Charente-Inférieure, les procédés sont un peu différents; mais le but est toujours le même quand le travail est bien fait. M. Adam est allé voir sur place, dans ces différents départements, les moyens mis en pratique et en a tiré ce qui semblait pouvoir être utilisé dans le Pas-de-Calais.

Il faut reconnaître que dans cette région du nord de la France, les difficultés de consolidation sont plus grandes qu'ailleurs. La violence des vents est extrême et la nature du sol est variable, souvent d'une stérilité désespérante pour les semis ou les plantations que l'on a en vue. A Condette, on constate trois sortes de sables: les sables blancs, fins, et se déplaçant facilement, mais aptes à la germination des graines; les sables gris ou noirs, moins favorables que les précédents à recevoir les semis ou les jeunes plants; enfin les sables défrichés, qui sont plus à l'intérieur et susceptibles de recevoir des cultures telles que la pomme de terre ou le seigle, auquel on mêle des graines de pin et de bouleau.

La protection des dunes situées en arrière de la même ligne peut ne pas exiger le clayonnage, mais c'est l'exception. Dans ce cas, les plantations et les semis peuvent se faire sans cette dépense.

Aussi bien dans le nord que dans le sud-ouest, on est d'accord pour reconnaître que le végétal indispensable pour maintenir le sable est l'oyat des Picards ou le gourbet des populations du sud-ouest (*Psamma arenaria*). Cette graminée providentielle est tout à fait indispensable pour la consolidation des sables maritimes; comme elle vient à l'état sauvage sur tout le bord de la mer, du nord au sud, on peut se la procurer aisément et sa multiplication est facile (1). Aussi, dans les différentes régions où l'oyat est utilisé a-t-on fait acte de prévoyance en en formant des pépinières dans des parties très abritées.

Dans les dunes de Condette, la première opération de plantation est la suivante : on fait, à la bêche, des trous espacés de 25 à 30 centimètres et on y met un ou deux pieds d'oyat. L'ouvrier travaille à reculons ; il couche le plant d'une ligne dans un sens, et celui d'une autre ligne dans un autre sens et en quinconces, afin de présenter plus de résistance au vent. La terre extraite de chaque trou sert à couvrir le trou qui précède et ainsi de suite ; on serre le sable avec le pied autour de chaque oyat qu'on plante ; cette précaution est indispensable pour sa reprise.

L'oyat vient d'autant mieux qu'il se trouve plus rapproché de la mer et que son pied, arrosé de temps en temps de sable nouveau, se trouve dégagé de ses feuilles mortes. Il disparaît au fur et à mesure que le sol se garnit d'autres plantes. Pour prospérer, il doit occuper seul la place.

L'oyat venu dans les terrains gazonnés porte le nom d'*oyat gris*, on le préfère pour la plantation ; ses racines pénétrant le sol moins profondément, permettent de l'arracher plus facilement que l'*oyat de blancs* dont l'arrachage exige l'intervention de la bêche.

C'est, comme on le voit, un travail long et dispendieux, car chaque année, on a à en renouveler une partie pour arrêter le déplacement de sable, pour réparer les brèches occasionnées par le vent et remplacer les plantations d'oyats qui ont été brûlées par les vents d'ouest et du nord-ouest.

L'expérience a prouvé qu'en réparant promptement les brèches on arrivait à les voir moins fréquentes et que, le gazonnement naturel s'effectuant, et les arbustes poussant, la dune sera défendue suffisamment.

La plantation des oyats fut donnée à l'entreprise à prix convenu de l'hectare par M. Adam. « Mais il s'est mieux trouvé de faire faire ce travail à la journée, par des enfants de douze à seize ans, sous la surveillance d'un conducteur, depuis le mois d'octobre jusqu'en mars. Par ce moyen, on est bien plus assuré du bon choix du plant, les pieds d'oyat sont mieux préparés, l'espacement est mieux observé, conditions essentielles pour la reprise : 500 hectares environ ont été successivement fixés dans ces excellentes conditions ».

Suivant la plus ou moins grande mobilité des sables, qui varie avec les localités, on peut attaquer la consolidation parfois en plusieurs points, et on

(1) L'oyat ou gourbet est vivace ; sa tige rampe sous le sable en émettant, du côté supérieur, des rameaux aériens et, du côté opposé, de longues et nombreuses racines couvertes de poils favorisant leur adhérence au sol. Il se multiplie de rejets et donne peu de graines comme bon nombre des plantes vivaces. L'*Elymus arenarius* (oyat à larges feuilles), qui est souvent commensal du *Psamma arenaria*, consolide très fortement le sol sablonneux ; mais il est, malheureusement, d'une végétation plus lente et sa proportion n'égale pas celle de l'oyat ordinaire.

comprend que le travail éloigné du bord de la mer est plus facile. « En même temps qu'il cherchait à maintenir le terrain vers l'intérieur, M. Adam s'occupait de préserver, par des clayonnages, la dune située près de la mer; il employa dans ce but les branches d'argousier dont les rameaux nombreux sont très propices à retenir les sables; au fur et à mesure que ceux-ci s'amoncellent, on exhausse le clayonnage. On obtient ainsi, en peu de temps et sans grandes dépenses, une première ligne de défense précieuse pour les dunes de l'intérieur, qu'il suffit dès lors de protéger avec des aigrettes aux endroits vulnérables. Chez M. Adam, les frais de clayonnage et d'aigrettes se sont élevés à la somme totale de 1.466 francs; le mètre de clayonnage, épines comprises, est revenu à 20 centimes; l'établissement de clayonnages sur le littoral, parallèlement à la mer, était le meilleur système de défense à adopter ».

On sait que l'emploi des palissades, mis en pratique ailleurs et qui semble être plus efficace, n'était pas appliqué de prime abord à Condette.

Pour M. Adam, la fixation des dunes doit conduire au boisement, mais ce n'est pas sans de nombreux essais plus ou moins heureux « qu'on parvient à opérer dans les meilleures conditions de réussite et d'économie ». Il avait commencé à faire les semis au printemps, mais il n'a pas tardé à voir que cette saison n'était pas favorable. Les pins notamment ne réussissent pas étant semés à cette époque, et l'ardeur du soleil d'été détruit beaucoup de jeunes plants. C'est de juillet à octobre qu'il convient le mieux d'opérer. On peut même continuer ces semis jusqu'en mai suivant la clémence de l'hiver. Les froids sont moins à craindre pour ces conifères que la sécheresse du sol.

« Les semis à la volée ont été préférés quand le sol n'était pas garni de végétation préalable. Le terrain ne recevant aucune préparation, on répandait 40 kilogrammes de graine par hectare, puis on la recouvrait à la herse à cheval si le sol s'y prêtait; s'il était trop tourmenté, on employait une petite herse traînée par deux hommes ». Enfin, dans les cas difficiles, on faisait usage du râteau.

Cet enterrement de la graine est nécessaire, autant pour la germination que pour éviter leur soustraction par les corbeaux.

Quand le sol était planté d'oyats, on semait à la volée 30 à 40 kilogrammes de graine par hectare, puis on faisait un hersage croisé. Cependant, comme il est peu facile de herser sur plantation d'oyat, M. Adam faisait semer à nu sur la partie qui devait être plantée d'oyats le jour même, et les ouvriers en passant piétinaient ou entassaient suffisamment le sol pour que la graine fût enterrée.

Lorsqu'il s'agissait des sables gris ou morts, si peu propices à la germination des graines de pin et autres végétaux, M. Adam faisait faire des tracés à la charrue à un ou deux mètres de distance, à la profondeur de

20 centimètres, suivant le sens du rivage, et le sable du fond ramené à la surface restait quelques semaines à l'air, et c'est sur ces sables qu'on semait et recouvrait la graine à la herse. D'autres fois, après semis à la volée, on prenait à la bêche du sable de fond que l'on répandait sur les intervalles où la graine était semée, et celle-ci se trouvait suffisamment recouverte.

Dans les parties accidentées et peu susceptibles d'être recouvertes, surtout si elles étaient plantées d'oyats, M. Adam a imaginé de substituer « les couvertures à plat par des branches de pin, d'ajonc et de genêt placées en aigrettes et en quinconces, à 1 mètre. Cette défense, jointe à l'abri présenté par l'oyat sur des buttes très exposées, a eu un plein succès. Avec aigrettes, il employait par hectare 20 à 30 kilogrammes de graine de pin mêlée à une certaine quantité de graine de genêt et d'ajonc. Ce mélange réussit bien, excepté dans les sables blancs et les sables gris, où la première sécheresse fait périr ajoncs et genêts ; les pins, au contraire, tiennent bon quand ils sont plantés d'oyats et garnis d'aigrettes. Dans les sables noirs et frais des terrains défrichés, tout semis prospère. 25 kilogrammes de graine suffisent par hectare ».

Les semis sans plantation d'oyats ont lieu dans les parties les plus éloignées de la mer ; on y procède pendant toute la durée de la plantation des oyats, c'est-à-dire de novembre à mars, quand les sables sont mouillés et ne *coulent* pas, et lorsqu'il n'y a ni gelée ni neige. Mais, au voisinage immédiat de la mer et dans toutes les parties exposées au vent et au soleil, qui réclament des abris, M. Adam préférait le *semis au pot*. Il se pratique avec la petite bêche, dans cette espèce de dunes, ainsi que dans les sables fortement garnis de saules des dunes et d'herbes serrées. Un enfant, armé d'une petite bêche, donne un coup oblique à travers le gazon, en inclinant le fer de son outil ; l'enfant qui le suit tire trois ou quatre graines du panier suspendu à son bras, et les jette dans l'ouverture faite par la bêche ; il ferme la terre en appuyant le pied dessus. Ce semis se fait en remontant, à l'aide d'ateliers composés de huit enfants, rangés sur quatre lignes, etc. Au pot, il ne faut qu'une dizaine de kilogrammes de graine par hectare, mais ce semis est « presque toujours précédé d'une légère semaille à la volée ; on doit alors compter sur le double de semence, soit 20 kilogrammes ».

Enfin, M. Adam a aussi essayé d'ensemencer à la volée, des terrains garnis d'herbes et d'arbustes ; la réussite a été variable : la graine, n'étant pas enterrée, a pu être détruite par les animaux ou les insectes et ne donnait que de rares sujets.

Un procédé qui a donné de bons résultats est le repiquage, là surtout où la stérilité des sables de surface et les coups de sécheresse sont à redouter. A cet effet, M. Adam avait établi des pépinières dans les parties abritées et fraîches de la dune, où la levée des graines est certaine, et sur un sol ayant déjà reçu quelques cultures. Lorsque ces semis ont trois ou quatre ans, c'est le moment favorable pour la transplantation ; plus tôt, ils manquent de résistance, plus tard, la reprise est capricieuse et l'arrachage difficile. Aussi, cette opération doit-elle être faite soigneusement, car le repiquage des conifères est toujours délicat : la rupture du pivot est souvent funeste, le sujet pousse mal ou périt. Un temps frais et humide doit être choisi pour le repiquage. Les pins sont enlevés en mottes, mis sur une civière et transportés où il est besoin. On a préalablement préparé des trous de 40 centimètres, et l'on y fait glisser le pin avec sa motte, qui doit être enterrée à 15 centimètres plus bas que le niveau du sol, pour protéger le jeune végétal et assurer sa reprise.

L'espacement des pins à $1^{m},50$ ou 2 mètres semble satisfaisant.

L'expérience a montré que le pin maritime était l'essence qui poussait le plus vigoureusement à Condette. Le pin sylvestre et le Laricio s'élèvent moins dans la jeunesse, bien qu'ils s'y maintiennent et arrivent plus tard à une belle taille. Dans les bas où les eaux de pluie séjournent plus ou moins, on préférait aux pins les essences feuillues : troènes, aulnes, bouleaux, « et surtout des semis de chêne, partout où ils peuvent prospérer : la végétation de ce bois ne laissant rien à désirer ».

Les peupliers et les saules (c'est seulement le grand et le petit Marceau que j'ai vus à Condette) sont multipliés de boutures enfoncées profondément et faites, de préférence, en automne. Le peuplier de Hollande serait préféré aux autres espèces, mais il est essentiel de goudronner sa base au niveau du sol, pour le garer des lapins.

Il a été dit, précédemment, que M. Adam était allé en Gironde pour suivre les travaux des ateliers de l'État et se fortifier de l'exemple qu'il avait sous les yeux. Mais il a dû se convaincre que les mêmes méthodes ne pouvaient être appliquées rigoureusement en Pas-de-Calais, en ce qui concerne l'époque des semis, par exemple, qui est préférable de juillet à octobre, et le repiquage des pins, d'octobre en février, sous le climat de la Manche.

Faisant abnégation de tout profit, M. Adam a dû prohiber la chasse et l'entrée des dunes au bétail, ainsi que la vente des oyats. Pour éviter tout dommage du fait des lapins et protéger les semis, il a laissé, avant l'entreprise des travaux, chasser qui voulait, et, en une année, quinze mille lapins ont été détruits ; désormais, les gardes et les ouvriers suffiraient à se débarrasser des survivants dont il fallait enrayer la multiplication (1).

(1) « Son introduction dans le Boulonnais remonte à l'année 1808. M. Samsot, inspecteur des forêts, possédait des dunes depuis Condette jusqu'à Dannes ; elles n'avaient, pour ainsi dire, aucune valeur à cette époque. Il eut l'idée de les transformer en garenne ; chaque année, il y importait cent cinquante femelles ». C'est ainsi que la chasse est devenue un rapport pour les propriétaires.

Non seulement le lapin, mais l'homme est l'ennemi de la dune que l'on veut aménager ; il y mène son bétail et il coupe ou arrache l'oyat, dont on fait une grossière sparterie, et même l'argousier, ou épine-de-mer, dont il se chauffe, n'est pas davantage épargné.

A l'époque où le rapport de M. V. Rendu a été écrit, année 1860, on estimait l'importance des dunes de Condette et de Saint-Étienne à 840 hectares, et l'on en comptait à peine une centaine où le renouvellement des plantations d'oyats fut nécessaire. L'on évaluait à 500 hectares la surface boisée en pins sylvestres et maritimes, ayant atteint alors cinq mètres de haut, indépendamment des essences feuillues, et qui avaient déjà « fourni des coupes satisfaisantes ».

Au mois de septembre 1859, cinquante mille francs avaient été dépensés, en dehors du prix d'acquisition et du sacrifice de dix années d'un revenu qu'on ne saurait évaluer à moins de trois mille francs par an, pour les travaux de fixation et de reboisement, dans les dunes de Condette et de Saint-Étienne. Ces frais en amèneront d'autres que l'entretien de la propriété et l'achèvement des plantations rendent indispensables ; mais, au point où « cette œuvre de régénération est parvenue, on peut considérer la période des sacrifices comme touchant bientôt à son terme ; des produits provenant des éclaircies, des élagages et des coupes, ont inauguré l'ère des revenus ; leur importance croîtra, naturellement, avec le temps, et dans une proportion telle, que le capital avancé pour la transformation du sol sera plus que remboursé par la conversion des dunes en surface forestière ; en résumé, l'entreprise privée de M. Adam paraît chose excellente ; c'est l'œuvre du père de famille pouvant se passer, temporairement, d'une portion de ses revenus, et livrant généreusement une partie de sa fortune aux chances d'un avenir assez éloigné ».

En adressant de justes félicitations à M. Adam pour son esprit d'initiative, son désintéressement et sa persistance pour l'accomplissement d'une telle entreprise, M. V. Rendu rappelle qu'il y a environ 10.000 hectares de dunes en Pas-de-Calais et qu'il importerait de les rendre à leur véritable destination, qui consiste à préserver par un boisement les terres environnantes qui doivent être destinées à la culture. On voit qu'il reste encore beaucoup à faire.

La dune aménagée par les soins de M. Adam s'avance dans les terres sur une longueur de 5 kilomètres, et, si elle eût été laissée dans son état primitif, elle aurait envahi d'autres terrains mis en culture depuis longtemps, et c'est un danger permanent.

Les dunes du Touquet, si heureusement transformées par M. Daloz, sont un autre exemple concluant de ce qu'on peut obtenir avec une persévérante volonté. Toutefois, il faut reconnaître qu'au Touquet le sol est beaucoup moins accidenté qu'à Condette et que les difficultés ont été moindres.

Il est impossible de séparer les dunes du Pas-de-Calais de celles des départements voisins, de la Somme et du Nord. L'étendue considérable des dunes de Saint-Quentin-en-Tourmont offre un champ d'expérience d'une importance incontestable. Là, le sol n'est pas mouvementé autant qu'à Condette et son relief n'est dû qu'aux innombrables crocs ou monticules de sable caractéristiques de la dune.

Jusqu'à présent, ce désert arénacé n'a pas, que je sache, été utilisé autrement que pour la chasse du lapin, peu estimé d'ailleurs, qui s'y fait chaque année, et ce rongeur impitoyable fait plus de tort aux cultures limitrophes de la dune que les sables eux-mêmes.

Une notice fort instructive sur la consolidation des dunes de la Coubre, dans la Charente-Inférieure, et due à l'inspecteur des forêts M. de Vasselot de Régné (année 1878), donne la mesure de ce que l'on peut faire pour atteindre ce but, et avec les moyens dont l'Administration des forêts peut disposer. Cette Administration avait succédé à celle des Ponts et Chaussées, qui depuis 1848 jusqu'en 1862 n'avait obtenu que de maigres résultats. Cependant, des travaux antérieurs avaient été entrepris dès 1824 et avec réussite en plusieurs points de la région.

Si messieurs les forestiers pouvaient être chargés de l'aménagement des dunes en France, nul doute qu'ils n'arrivassent à les transformer complètement en peu d'années, à condition que les obstacles à surmonter ne fussent pas du ressort de messieurs les ingénieurs. Mais l'État pourrait-il prendre à sa charge une telle entreprise, en supposant que toutes les parties du littoral occupées par les dunes n'appartinssent pas à des propriétaires?

La contrée dans laquelle sont les dunes de la Coubre n'est pas précisément comparable à celle du nord de la France. En Charente-Inférieure, on a eu à vaincre des obstacles nombreux : vents violents venant de divers côtés et situation particulière des points à mettre en défense, car le massif de la Coubre forme une grande presqu'île, située entre l'embouchure de la Gironde au sud et les méandres de l'embouchure de la Seudre et le Pertuis de Maumusson qui séparent ce massif de l'île d'Oléron au nord.

Malgré les difficultés avec lesquelles on a eu à lutter pendant une quinzaine d'années, les travaux entrepris à la Coubre ont été considérés comme le modèle du genre, et le gouvernement de la Hollande en 1866 et celui de la Californie en 1873 ont envoyé des délégués pour étudier le système employé par les Eaux et Forêts.

On voit que, dans cette notice, pour l'exécution des travaux de première défense à la Coubre, on s'est approché assez près de la mer et que « l'on y a établi, parallèlement à la ligne de flot, à une distance de 200 mètres, des palissades en planches, indépendantes les unes des autres, d'une largeur moyenne de 0m,20 et séparées entre elles par un espace de 0m,05, de façon à laisser passer le sable par les fissures en quantité suffisante ». En réalité, on favorisait la formation de la dune en bordure, en élevant les palissades lorsqu'elles venaient à s'ensabler, et c'est elle, cette dune, qui désormais devait protéger les portions de dunes à ensemencer, situées en arrière.

En place de palissade, on employait parfois les clayonnages formés de pieux de 1m,50 à 2m,50 de longueur et de 0m,15 à 0m,25 de circonférence, enfouis dans le sol de 0m,50 et placés à une égale distance les uns des autres, puis entrelacés de clayons de 1m,60 à 2 mètres et garnis d'herbages de marais roulés en corde, etc., etc.

Ce procédé, comme on le comprend aisément, avait pour but d'armer le sable de la dune et d'empêcher sa mobilité jusqu'à ce qu'il soit ultérieurement couvert de végétation. Une remarque digne d'intérêt est la pente douce que l'on cherchait à donner à la partie de la dune en regard de la mer, de façon à ce que le vent ait moins de prise sur le sable que si la pente était abrupte, et que les semis et les plantations pussent s'y faire avec plus de chance de succès.

Le bois des pieux employés était le pin maritime et sa conservation excédait une année lorsqu'il était bien sain et surtout s'il était injecté au sulfate de cuivre.

La consolidation de la surface du sol se faisait au moyen du gourbet, nom que porte l'oyat dans le sud-ouest, et qui a la même valeur que dans le nord, indépendamment des semis d'autres herbes consolidantes que l'on y ajoutait.

Une fois le sol maintenu, des propriétaires du voisinage furent encouragés à imiter l'Administration, puis ils faisaient des cultures diverses dans leurs dunes, par exemple du houblon et même de la vigne; enfin d'autres plantaient du pin d'Autriche.

Après la consolidation au moyen du clayonnage, puis de fagots placés dans le même but pour retenir les sables, on semait le mélange de graines suivant :

Pin maritime	30 kilogrammes	à l'hectare.	
Ajonc	3	—	—
Genêt.	3	—	—
Gourbet ou oyat	3	—	—
Graines diverses pour attirer les oiseaux destructeurs d'insectes. . .	3	—	—

Avec les procédés très perfectionnés employés par l'Administration des forêts, il a été fixé à la Coubre une surface de 2.100 hectares environ, avec une dépense de 766.142 francs. Le travail achevé, l'on considérait la consolidation du sol et son futur boisement comme définitifs.

Les plantes à préconiser pour garnir les dunes sont nombreuses, mais il n'y en a qu'une quantité restreinte qui se maintiendront dans telle région considérée. Les espèces qui croîtront dans le sud-ouest dépasseront en nombre celles qui viendront dans le nord, cela est élémentaire, la flore s'appauvrissant à mesure que l'on remonte vers les régions septentrionales.

On peut dire que l'on est à peu près fixé sur les sortes végétales à employer dans les dunes. Quant aux nouveautés à introduire, on ne peut les indiquer qu'avec réserve, car l'expérience seule peut répondre à la question. Ce qu'il y a de plus sage, pour le moment, est de relever les espèces qu croissent déjà spontanément dans la dune et de chercher à les multiplier, en y associant, là où les plantations ont réussi, les sortes que la main de l'homme y a amenées.

J'ai fait la liste des plantes du Touquet et de Condette; elles se divisent en espèces spontanées et espèces plantées (1). Parmi les sortes basses, j'ai remarqué les monocotylédones suivantes: *Agropyrum pungens; A. junceum; A. acutum; Festuca tenuifolia* et *F. sabulicola; Corynephorus canescens; Kœleria cristata* var. *albescens; Calamagrostis epigeios; Agrostis alba* var. *maritima; Brachypodium pinnatum;* enfin le *Psamma arenaria* ou *Oyat.*

Au nombre des dicotylédons j'ai constaté : *Galium verum; Solanum Dulcamara; Rubus cæsius* et *R. fruticosus; Eupatorium cannabinum; Epilobium spicatum; Salix repens* var. *argentea; Lonicera Periclymenum.*

Les arbustes, ainsi que les arbres qui suivent, sauf l'argousier *(Hippophae rhamnoides)* qui est bien spontané, y ont été plantés: *Lycium vulgare; Sambucus nigra; Salix caprœa; S. cinerea; Ligustrum vulgare; Populus nigra; P. alba; P. Tremula; Alnus glutinosa; A. cordata* (abondant au Touquet); *Fraxinus excelsior; Acer Pseudo-Platanus; A. campestre; Fagus sylvatica* (très peu); *Betula alba* (abondant); *Ulmus* (vient mal trop près de la mer); *Quercus pedunculata;* (très peu); *Q. pubescens* (d'après M. Giard); *Pinus maritima; P. sylvestris.*

La rareté actuelle des pins au Touquet tiendrait d'une part aux coupes qui en ont été faites, puis aux dommages causés par les insectes.

Je n'ai pas rencontré dans le boisement du Touquet et de Condette deux arbres, à moins qu'ils ne m'aient échappé, que j'aurais aimé y voir : c'est, d'une part, l'ailante, qui fait bien en dunes bretonnes, et le robinier faux acacia. Ces deux arbres ne sont pas délicats sur le choix du terrain, et ils ont le mérite, en sol léger surtout, d'étendre au loin leurs racines qui émettent de nombreux bourgeons adventifs. D'ailleurs, c'est le cas le plus habituel pour d'autres sortes d'arbres ou d'arbustes de devenir traçants, étant plantés en terrain meuble et *a fortiori* quand les vents les empêchent de s'élever et de former leur cime (2).

(1) Quelques-unes ont dû m'échapper, car j'ai visité ces dunes en automne, et quelques espèces printanières ont pu passer inaperçues pour moi.

(2) J'ai appris que le robinier n'avait pas eu de succès dans ces dunes. *(Note ajoutée pendant l'impression.)*

C'est à ces deux conditions que l'argousier, le troène et le sureau doivent d'être précieux entre tous dans les dunes du Pas-de-Calais.

Aussi en voyant, dans les dunes de Condette, des parties formant couloirs et où les vents s'engouffrent et s'opposent à toute végétation arborescente, j'ai pensé qu'il serait sage, en la circonstance, de ne pas chercher à garnir le sol autrement qu'avec des herbes et des arbustes rampants. Maintenir les sables avec une végétation quelconque doit être la principale préoccupation.

Dans un rapport anonyme adressé au préfet du département du Nord en 1866, intitulé *Fertilisation des dunes au nord-est de Dunkerque*, la culture du topinambour en dune est fortement recommandée; l'opinion émise par MM. de Vilmorin sur la qualité du sol que réclame cette plante est considérée comme une sanction à la proposition d'introduire le topinambour dans les dunes de Dunkerque.

Cette plante agirait comme consolidante et serait, d'autre part, une source de profit par la récolte de ses tubercules qui serviraient à faire de l'alcool. Si réellement le topinambour a été sérieusement expérimenté, il serait utile d'en connaître les ressources et de ne pas le laisser dans l'oubli. M. le professeur Giard avait eu connaissance de ces essais et il en avait fait planter à Wimereux. Mais ce savant m'a appris que sa disparition était due à la voracité des lapins.

Il ressort assez nettement, d'après les faits exposés dans les pages qui précèdent, que l'occupation des dunes par une végétation herbacée, arbustive ou arborescente, suivant la distinction que l'on voudra ou que l'on pourra donner à ces dunes, est chose acquise. La valeur que prendront ces terrains immenses, restés jusqu'alors improductifs, n'est pas douteuse et il s'agirait maintenant d'examiner les voies et moyens à employer pour atteindre le but désiré.

Qui fera les frais d'une semblable entreprise? C'est ce côté économique qu'il y aurait à étudier.

L'État voudrait-il en garantir l'exécution en y associant les départements intéressés qui, en somme, bénéficieraient, dans l'avenir, de la plus-value des portions de territoire ainsi mises en valeur? On ne peut pas attendre que les propriétaires possesseurs d'une partie des terrains longeant la mer imitent MM. Adam et Daloz. Les indemnités à donner aux détenteurs de ces terrains que l'on reprendrait pour cause d'utilité publique ne seraient pas considérables.

Ne pourrait-on autoriser les départements qui sont riverains de l'Océan et qui ont l'inconvénient d'avoir une étendue plus ou moins considérable en dunes, de s'imposer en vue de les aménager dans un avenir prochain? L'amortissement des sommes empruntées demanderait du temps, il est vrai, mais il y a bien d'autres entreprises qui sont dans ce cas.

Les dunes maintenues ou boisées acquerraient une valeur telle, que leur revenu en donnerait un bénéfice qui couvrirait incontestablement les frais d'aménagement et d'indemnités, par les locations qui en seraient faites.

Les habitants des villes qui aspirent de plus en plus à prendre leurs vacances au bord de la mer, recherchant les stations tranquilles et peu coûteuses, seraient attirés vers celles qui ne manqueraient pas de se créer là où il y aurait de la végétation, voire même de la forêt. Il s'y formerait des villages comme le Touquet, qui augmente chaque année d'importance.

Enfin, des cultures variées viennent à merveille dans le sable de la dune avec des engrais en quantité modérée : la betterave, le colza, les haricots, la pomme de terre et l'asperge n'ont pas d'équivalence comme qualité dans aucun sol de culture courante.

C'est à l'abri protecteur des dunes, ainsi aménagées, que des récoltes fructueuses et d'un écoulement certain viendraient s'adjoindre pour augmenter le bien-être et la richesse de ces contrées (1).

M. BEHAGHEL

A Beaumerie-Saint-Martin (Pas-de-Calais).

ARBRES ET ARBUSTES A PLANTER DANS LES DUNES [585.2 : 551.33]

— Séance du 8 août —

La mise en valeur des terrains incultes a été de tous temps, et surtout de nos jours, la préoccupation de l'État et des propriétaires. Les plantations de ces terres improductives ont amené déjà un certain nombre de leurs possesseurs à s'y intéresser ; mais les essences à y mettre ont fait

(1) Les dunes en cours de boisement des environs d'Ostende, que j'ai parcourues, n'ont pas sensiblement modifié mes impressions quant aux procédés mis en action et aux résultats obtenus. Ma conviction est que l'on possède maintenant en France tout l'outillage qu'il faut et les compétences nécessaires pour n'avoir rien à emprunter au dehors sur l'aménagement de notre littoral marin.

Toutefois, il n'est pas sans intérêt de citer les espèces arborescentes recommandées par l'administration des Eaux et Forêts de Belgique pour le boisement de ses dunes. — Résineux : Pin sylvestre, P. maritime, P. Laricio, P. d'Autriche. — Feuillus : Aune commun, Bouleau blanc, Chêne pedonculé, C. Rouvre, Peuplier de Hollande, P. du Canada, P. Grisard, P. noir, P. Tremble, Frêne, Érable Sycomore, Chêne rouge.

Le Peuplier du Canada est considéré comme une excellente recrue en dunes belges. Enfin, les arbustes autres que ceux déjà indiqués en Pas-de-Calais sont : le Houx, le Lilas, l'Aubépine, le Fusain, l'Épine Vinette, le Laurier de Virginie, le Genévrier commun et la Boule de neige.

échouer certaines tentatives de reboisement, grâce à la liberté que laissaient les propriétaires aux marchands de plants et de graines.

C'est pour mettre en garde contre les exploiteurs les possesseurs de terres occupées par quelques lapins que quelques hommes, désireux d'associer l'honnêteté à la science, ont résolu de planter sans l'aide de personne et de faire des études pour leur propre compte et à leurs frais.

Les dunes présentaient un travail bien plus considérable et plus difficile que les terrains crayeux de la Champagne, à cause de cet air salin qui brûle là où il souffle, mais surtout en présence du sol que l'on avait.

Enfin, on est arrivé, après bien des efforts persévérants et quelques insuccès qui étaient à prévoir, à donner un véritable intérêt à cette question.

Les dunes de la Somme, du Pas-de-Calais et du Nord ont fourni un vaste champ d'expérience qui a permis de désigner dès maintenant les arbres et arbustes qu'il importe de planter avec succès dans ces régions désolées.

C'est pourquoi, dans la note que je présente aujourd'hui, ai-je cherché à rendre pratique aux propriétaires de dunes cette liste d'essences dans laquelle il y aura encore quelques essais à faire. Mais le plus important est d'indiquer les plantes qui peuvent recevoir directement ce vent de mer sans subir aucune souffrance dans leur végétation et à protéger les essences plus délicates que l'on met derrière elles.

Voici donc cette liste qui commence par les arbustes supportant la température marine, puis indiquant d'autres arbustes à placer à l'abri de ceux-là. Ensuite viendront les arbres également dans le même ordre et divisés en arbres à feuilles caduques et en arbres à feuilles persistantes.

Les arbustes qu'il importe de connaître et qu'il faudra ajouter formeront avec les arbres un tableau officiel des essences à planter dans les dunes.

Arbustes.	Arbres à feuilles caduques.	Conifères.
1. Lyciet.	1. Peuplier.	1. Pinus:
2. Tamarix.	2. Saule.	Maritima.
3. Argousier.	3. Aulne.	Laricio.
4. Ulex.	4. Bouleau.	Sylvestris.
5. Troène.	5. Robinier.	Montana.
6. Genêt.	6. Chênes pédonculé et ilex.	Strobus.
7. Sureau.		
8. Lilas.	7. Frêne.	2. Abies:
9. Mahonia.	8. Orme.	Nordmanniana.
10. Prunellier.	9. Marronnier.	Pectinata.
11. Aubépine.	10. Érable.	Excelsa.
12. Noisetier.	11. Cytise.	Sequoia.
	12. Cerisier.	

Arbustes à essayer.	Arbres à essayer.	Conifères à essayer.
—	—	—
Symphoricarpos.	Ailante.	Pinus : Insignis.
Fusain.	Noyer.	Mughus.
Polygonum.		Tœda.
Amorpha.		Abies : Douglasii.
Baccharis.		Cupressus Lambertiana.
Eleagnus.		Juniperus Virginiana.
		Larix.

M. A. TURPAIN

Docteur ès sciences, Préparateur de Physique à la Faculté des Sciences de Bordeaux.

DISPOSITIFS SIMPLES DE COHÉREURS A COHÉSION MAGNÉTIQUE

[538.562]

— Séance du 2 août —

Depuis que M. Branly a découvert la curieuse propriété des poudres métalliques d'acquérir, sous l'influence des ondes hertziennes, une conductibilité électrique notable, depuis surtout que M. Marconi a utilisé cette propriété des cohéreurs pour la réception des signaux de la télégraphie sans fil, les divers expérimentateurs qui ont cherché à augmenter le champ d'action de la télégraphie sans conducteur se sont efforcés de rendre de plus en plus sensibles les tubes radioconducteurs ou cohéreurs.

Tout récemment, M. le lieutenant de vaisseau Tissot a imaginé un dispositif des plus élégants pour accroître la sensibilité des cohéreurs.

Le cohéreur de M. Tissot est à limaille magnétique, fer ou nickel, comprise entre deux électrodes qui peuvent être constituées soit par des métaux magnétiques, soit par des métaux non magnétiques, argent ou platine. Pour empêcher l'oxydation des électrodes ou de la limaille contenue dans les tubes, ceux-ci sont scellés après qu'ils ont été purgés d'air et qu'on a eu soin d'y enfermer quelques fragments de carbure de calcium, destinés à absorber l'humidité que pourraient contenir les tubes.

La grande sensibilité du cohéreur est obtenue en soumettant les limailles à l'action d'un champ magnétique réglable, dirigé suivant l'axe du cohéreur.

Nous avons pensé que des appareils dont la sensibilité est aussi facilement réglable pourraient être utilisés avec succès pour la réception des signaux de la télégraphie par ondes électriques avec conducteur, et en particulier pour la réception des différents trains d'ondes qui parcourent le fil de ligne unique que nous utilisons dans nos expériences de multi-communication télégraphiques par ondes hertziennes. Le réglage si délicat, tout en restant facile, de la sensibilité du cohéreur de M. Tissot nous laissait espérer la possibilité d'employer cet appareil pour la réception de signaux émis par les appareils télégraphiques à transmission rapide.

Nous tenons à remercier M. Tissot de l'amical empressement qu'il a mis à nous fournir tous les renseignements les plus complets pouvant nous permettre de construire les cohéreurs qu'il emploie et de leur donner leur plus grande sensibilité, et cela, avant même d'avoir publié aucun de ces renseignements. C'est grâce à son amabilité que nous avons pu construire des cohéreurs assez sensibles pour rechercher s'ils étaient applicables au but auquel nous les destinions.

Pour que le cohéreur enregistre l'onde qui l'atteint et se trouve ensuite le plus rapidement possible en état d'être actionné à nouveau par l'onde qui va immédiatement suivre, il faut que la décohésion se produise le plus rapidement possible. C'est pour mettre le cohéreur en état d'enregistrer une nouvelle onde, à peine vient-il d'être actionné par une onde précédente, que nous avons imaginé les trois dispositifs que nous allons décrire.

Les deux premiers de ces dispositifs sont susceptibles de permettre l'enregistrement de longs ou de courts trains d'onde. Ils conviennent, par suite, à la réception des signaux Morse. Le troisième, par sa sensibilité même, ne peut enregistrer que de courtes émissions d'ondes ; il ne peut servir à enregistrer les signaux Morse, mais, par contre, il se trouve apte à enregistrer d'une manière assez rapide les ondes qui atteignent le cohéreur pour permettre l'usage dans la télégraphie hertzienne d'appareils télégraphiques rapides, l'appareil imprimeur de Hughes par exemple.

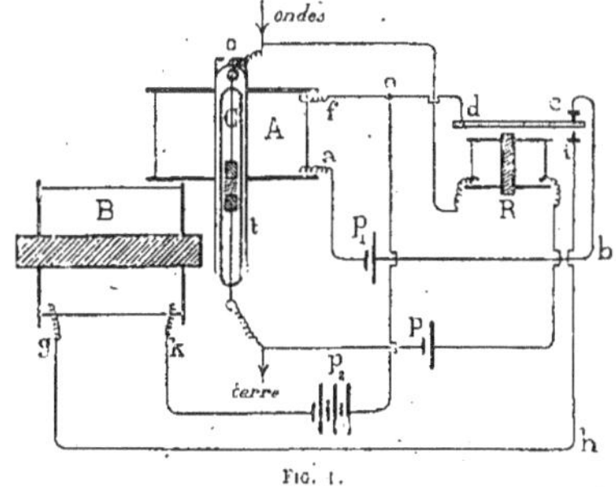

Fig. 1.

Premier dispositif. — Le cohéreur C est placé, à l'intérieur d'un tube de fer *t* (*fig. 1*) mobile en *o*, autour d'un axe horizontal perpendiculaire au plan de la figure. Ce tube est entouré par une bobine A, qui produit le champ magnétique de cohésion grâce à la pile p_1, dont le circuit se ferme suivant $abcdef$ en empruntant la palette d'un relais polarisé R. Dès que les ondes ont rendu le cohéreur C conducteur, le relais R étant actionné par la pile p, le champ magnétique cesse d'agir sur le cohéreur. En même temps le circuit $ghidcp_2k$ se ferme et le courant de la pile p_2 traverse un électro-aimant B, qui en attirant le tube t, donne un choc au cohéreur. Ce choc décohère d'autant plus facilement C que le champ magnétique de cohésion est supprimé. Le relais cessant d'être parcouru par un courant, les circuits redeviennent ceux qu'indique la figure, et le dispositif est susceptible de répondre à une nouvelle émission d'ondes.

Pour actionner un appareil télégraphique avec ce dispositif, il suffit de faire commander une pile locale attelée sur le récepteur télégraphique Morse par exemple, soit par la palette du relais qu'on prolonge par un levier isolé de l'armature et susceptible de venir frapper un butoir, soit encore en utilisant le mouvement du tube t.

Au lieu de se servir d'éléments de pile en p et p_1, il est d'un réglage plus facile de se servir de potentiomètres, auxquels on emprunte le courant convenable.

Si le transmetteur envoie une longue série d'ondes, destinée à être traduite sur la bande d'un récepteur Morse par un trait, il semble que le dispositif ci-dessus doit donner lieu à une série de points correspondant à chacun des contacts de la palette du relais. En réalité, l'inertie de la palette du Morse empêche celle-ci de se relever dans l'intervalle des points rapprochés produits par les contacts successifs de la palette du relais.

Deuxième dispositif. — Le cohéreur est soutenu dans une position horizontale par deux bagues en fer $b\,b$ (*fig. 2*), fixées à l'extrémité d'un levier maintenu horizontal par un ressort antagoniste r.

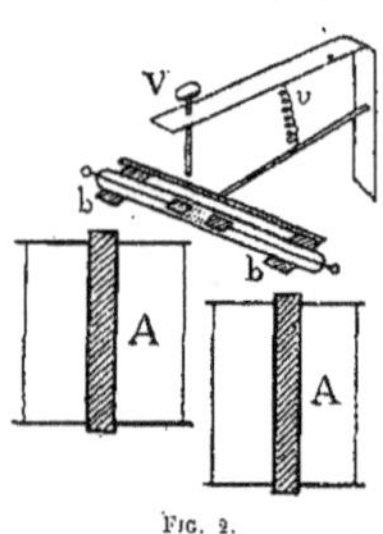

Fig. 2.

Au-dessous du cohéreur, un électro-aimant à deux bobines A, A peut attirer les deux bagues, qui constituent avec le cohéreur une sorte de palette. Une vis V, qui s'appuie sur le cohéreur, limite la course de la palette.

Les connexions des bobines et du cohéreur avec un relais polarisé, faciles à imaginer, sont telles que, lorsque le cohéreur n'est pas traversé par des ondes électriques, un courant convenable traverse les bobines A A et détermine un champ magnétique susceptible, en agissant sur la limaille du cohéreur, de rendre ce dernier très facilement cohérable, mais incapable cependant de produire l'attraction des bagues qui le soutiennent.

Dès que des ondes traversent le cohéreur, le relais polarisé est actionné et le mouvement de la palette du relais détermine le passage dans les bobines A, A d'un courant de sens contraire à celui qui y passait précédemment mais de plus grande intensité, de telle sorte que le cohéreur est attiré contre les armatures des bobines et reçoit ainsi un léger choc qui, ajouté au changement de sens du champ magnétique, suffit à produire la décohésion.

La palette du relais revient alors à sa position de repos ; le cohéreur sollicité par le ressort antagoniste *r*, reprend sa position primitive et se retrouve susceptible d'enregistrer à nouveau une émission d'ondes.

On peut encore, avec ce dispositif, utiliser la palette du relais pour effectuer l'inscription de signaux Morse envoyés au cohéreur. Il suffit, comme dans le dispositif précédent, de fixer à la palette un prolongement isolé de la palette même, prolongement qui, en venant heurter un butoir, ferme le circuit de l'électro-aimant du récepteur Morse sur une pile locale.

Troisième dispositif. — Le cohéreur forme lui-même palette. Il porte, à à cet effet, à une extrémité, une petite bague de cuivre *a (fig. 3)* fixée sur

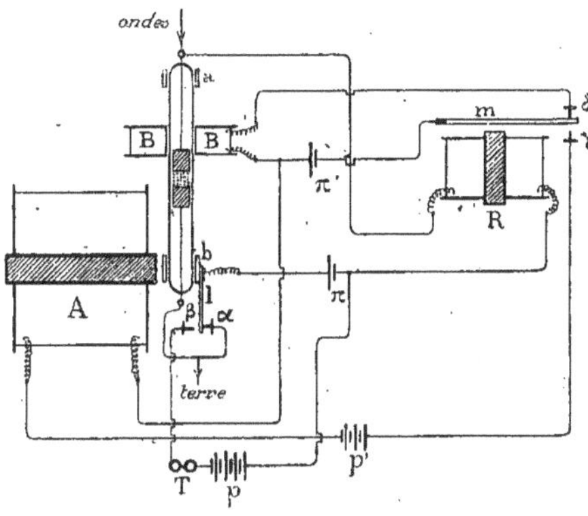

FIG. 3.

le tube de verre qui le constitue ; cette bague est prise entre deux vis formant pivot. Le tube du cohéreur, qui est dans une position verticale, peut ainsi osciller autour des pivots. L'autre extrémité du cohéreur porte une bague de fer *b* à laquelle est fixée un levier *l*. Cette bague peut être attirée par un électro-aimant A. Le cohéreur tout entier oscille alors autour des pivots de la bague de cuivre et le levier *l* quitte le butoir de repos α pour venir au contact du butoir β.

Entre les deux bagues a, b, le tube du cohéreur supporte encore une petite bobine plate B qui produit le champ magnétique de cohésion. Cette bobine peut être rapprochée à volonté de la région occupée par la limaille de fer.

Un relais polarisé R est intercalé ainsi qu'une pile π (ou mieux un potentiomètre) dans le circuit du cohéreur. Les connexions sont établies de telle sorte que, les ondes rendant conducteur le cohéreur, le courant de la pile π traverse les bobines du relais, le cohéreur, puis revienne à la pile par le butoir α, le levier l et la bague b.

La palette m du relais se trouve alors attirée. Dans sa position de repos, cette palette appuie sur le butoir δ et permet ainsi au courant d'une pile π' (et mieux d'un potentiomètre) de traverser la bobine B qui produit le champ magnétique de cohésion. Il arrive ainsi que, dès que le cohéreur devient conducteur, le champ magnétique de cohésion est supprimé. La palette m du relais venant au contact du butoir γ, la pile π' s'ajoute à la pile p' pour établir un courant dans l'électro-aimant A, qui produit alors l'attraction du cohéreur. En même temps que le cohéreur reçoit ainsi un léger choc, le circuit établi par les ondes se trouve rompu entre l et α, ce qui concourt encore à la décohésion du cohéreur.

Il est à remarquer que, en définitive, trois actions s'associent pour produire la décohésion : la suppression du champ magnétique de cohésion, le léger choc du cohéreur contre l'armature de l'électro-aimant A et enfin la rupture entre α et l du circuit que ferme le cohéreur.

On utilise le mouvement du levier l qui vient au contact du butoir β pour renforcer la pile π par la pile p et établir le courant des deux piles à travers les bobines T d'un appareil télégraphique rapide.

Comme le mouvement de la palette m détermine le mouvement du levier l, qui lui-même rompt le courant actionnant cette palette m, on prévoit ce que produira une longue série d'ondes traversant le cohéreur. Il se produira un mouvement de trembleur des deux leviers m et l, le mouvement de l'un d'eux, m, déterminant celui de l'autre et ce dernier ramenant m à sa position de repos. C'est pour cette raison que ce dispositif ne peut servir à enregistrer des signaux longs et brefs, mais est bien mieux susceptible de déceler une suite de courtes émissions d'ondes, même très rapprochées les unes des autres. Il peut donc être employé pour utiliser les appareils à transmission rapide dans la télégraphie par ondes hertziennes.

Bien que nous n'ayons, jusqu'à présent, fait servir ce dispositif qu'à des essais de télégraphie hertzienne avec conducteur, nous pensons qu'il pourra être utilisé également avec succès dans la télégraphie sans fil.

Les résultats si encourageants obtenus par M. Tissot, en utilisant le cohéreur qu'il a imaginé, résultats qui peuvent être mis en regard des meilleurs parmi ceux obtenus par M. Marconi, ne laissent aucun doute sur la grande sensibilité de ce nouveau cohéreur.

Le dispositif que nous venons de décrire doit toute sa sensibilité au cohéreur de M. Tissot. Il ne constitue donc en réalité qu'un léger perfectionnement à l'appareil imaginé par M. Tissot, perfectionnement permettant l'emploi de ce cohéreur pour des transmissions rapides.

Jusqu'à présent nous n'avons utilisé ce dispositif qu'à la transmission de signaux rythmés enregistrés par un récepteur Morse, en nous astreignant à n'envoyer qu'une suite de courtes émissions d'ondes. Le manipulateur de Morse, qui commandait l'émission des ondes, n'envoyait qu'une suite de points plus ou moins distants les uns des autres. Le récepteur Morse répétait avec une fidélité remarquable cette suite de points en leur conservant leur intervalle respectif et sans omettre l'inscription d'aucun d'eux.

Nous nous proposons d'utiliser ce dispositif pour la réception en multicommunication en employant des appareils télégraphiques rapides.

M. Albert TURPAIN

Docteur ès sciences, Préparateur de physique à la Faculté des Sciences de l'Université de Bordeaux.

SUR LA DISTRIBUTION ÉLECTRIQUE LE LONG D'UN RÉSONATEUR DE HERTZ EN ACTIVITÉ [538.561]

— *Séance du 2 août* —

Les diverses théories de la résonance électrique s'accordent pour assigner aux oscillations électriques qui excitent un résonateur filiforme de Hertz une longueur d'onde égale au double de la longueur du résonateur.

Si cette loi n'est vérifiée que d'une manière assez grossière par l'observation des longueurs d'onde que décèle un résonateur donné, il est possible, ainsi que nous l'avons montré (1), d'en obtenir une confirmation expérimentale très approchée en comparant la différence des longueurs de deux résonateurs, de micromètres identiques, à la différence des longueurs des internœuds mesurées par ces deux instruments. On constate l'égalité

(1) Société des Sciences physiques et naturelles de Bordeaux, 20 janvier 1898. — *Recherches expérimentales sur les oscillations électriques*, p. 93. Paris, A. Hermann, 1899.

de ces deux différences. Si bien que l'inégalité qui existe entre la longueur du résonateur et la demi-longueur d'onde des oscillations qui l'excitent doit être attribuée à une perturbation aux extrémités du conducteur formant résonateur.

Cette loi, qui assigne au conducteur formant résonateur une longueur égale à la demi-longueur d'onde des oscillations qui l'excitent (abstraction faite de la perturbation micrométrique), indique que le résonateur doit présenter dans sa longueur deux concamérations successives seulement. Ses deux extrémités sont donc des ventres de vibration électrique et son milieu correspond à un nœud, ou bien encore ses deux extrémités sont des nœuds de vibration électrique et son milieu correspond à un ventre.

Les diverses théories de la résonance électrique ont indiqué la seconde distribution. Certaines observations confirment ce résultat ; d'autres observations semblent s'allier mal avec l'hypothèse d'une distribution électrique partageant la longueur du résonateur en deux concamérations successives seulement.

Pour nous rendre compte de l'apparente contradiction que présentent certaines observations et aussi pour déterminer d'une manière précise la distribution électrique le long d'un résonateur filiforme de Hertz, qu'il soit complet ou qu'il soit à coupure, nous avons effectué les expériences qui font l'objet de cette communication.

Avant de les décrire, nous rappellerons les expériences précédemment faites, dont quelques-unes semblent contradictoires.

I

Résonateur complet. — Supposons que l'on maintienne le plan d'un résonateur filiforme, circulaire, de Hertz, perpendiculaire à la direction des fils qui concentrent le champ. Déplaçons le résonateur dans son plan, de manière que le micromètre décrive la circonférence du résonateur. On constate que la longueur d'étincelle qui éclate au micromètre est maximum, lorsque le rayon du résonateur qui passe par le micromètre est perpendiculaire au plan des fils, que le micromètre soit au-dessus ou au-dessous de ce plan. La longueur d'étincelle est, au contraire, minimum et sensiblement nulle, lorsque le rayon du résonateur qui passe par le micromètre est dans le plan des fils et rencontre soit l'un, soit l'autre des fils.

Nous avons construit un résonateur possédant quatre micromètres disposés aux extrémités de deux diamètres rectangulaires. En disposant le plan du résonateur perpendiculairement à la direction des fils de concentration du champ, on constate que les deux micromètres disposés à l'extrémité du diamètre perpendiculaire au plan des fils étincellent, alors que les deux micromètres qui limitent le diamètre situé dans le plan des fils sont éteints. Vient-on à faire tourner de 90° le résonateur dans son plan, substituant ainsi aux micromètres qui étincellent les micromètres éteints, on détermine par là même l'extinction des micromètres qui étincelaient précédemment et on rend actifs les micromètres qui étaient éteints.

Si l'on déduit l'état électrique des divers points d'un résonateur de la mesure des étincelles au micromètre, on est donc conduit à la conclusion suivante :

Le résonateur présente deux ventres de vibration situés aux extrémités du diamètre perpendiculaire au plan des fils de concentration et deux nœuds qui limitent un diamètre perpendiculaire au premier.

Cette conclusion ne s'accorde pas avec la loi expérimentale précédente, qui indique qu'abstraction faite de la perturbation micrométrique la longueur du résonateur égale la demi-longueur d'onde des oscillations qui l'excitent.

Résonateur à coupure mobile. — Ce résonateur est construit de manière à rendre aisément variable l'angle que fait le rayon qui passe par le milieu de la coupure avec le rayon qui passe par le micromètre.

On constate que la distance explosive maxima de l'étincelle du micromètre décroît progressivement lorsque le micromètre se rapproche de la coupure, celle-ci étant constamment maintenue à l'extrémité du rayon du résonateur perpendiculaire au plan des fils de concentration.

Si l'on déplace le long de la tige du résonateur en activité une petite bobine de fil fin attelée à un téléphone, le bruit entendu dans le téléphone pendant le déplacement, relativement faible lorsque la bobine investigatrice est voisine de la coupure, croît lorsque la bobine se rapproche du point du résonateur le plus éloigné de la coupure et atteint en ce point son maximum d'intensité.

D'après ces expériences, *le résonateur à coupure se présente donc comme ayant un nœud de vibration à chaque extrémité limitant la coupure et un ventre au point diamétralement opposé à la coupure.*

Cette conclusion, en désaccord avec la précédente, ne s'accorde pas non plus avec le fait suivant : si l'on diminue la longueur de la coupure jusqu'à permettre l'explosion d'une étincelle entre les deux extrémités, on y obtient des étincelles de longueur maxima.

II

Nous nous sommes proposé d'appliquer, à la recherche pour laquelle les expériences précédentes avaient été imaginées, une méthode qui permette de se rendre compte, au même instant, de l'état électrique des divers points du résonateur tout le long du conducteur qui le constitue.

A cet effet, tout le résonateur, sauf le micromètre, est renfermé dans un tube de verre de forme circulaire, dans lequel on raréfie suffisamment l'air pour permettre au conducteur du résonateur de produire la luminescence de cet air raréfié (la disposition du résonateur est indiquée dans la figure 1, où l'on a également représenté en *f*, *f* la trace des fils de concentration du champ. On y a également indiqué les principaux azimuts dans lesquels le micromètre du résonateur peut être situé).

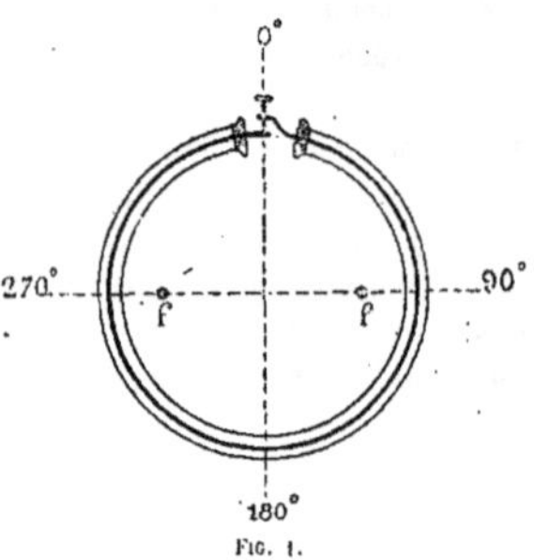

Fig. 1.

Si la raréfaction est convenable, le résonateur décèle les états électriques qui se succèdent le long de l'arc conducteur qu'il forme par la luminescence que ce conducteur produit aux divers points du tube. La luminescence ainsi produite peint aux yeux par son éclat plus ou moins vif, plus ou moins estompé, l'état électrique des divers points du résonateur en activité qui la provoque.

Il était à craindre, dans l'emploi de ce dispositif, que la luminescence de la gaine gazeuse qui entoure le résonateur ne soit produite par les fils mêmes qui concentrent le champ au lieu de provenir de la seule action du conducteur qui forme le résonateur. Les expériences suivantes montrent que la luminescence est seulement produite par le résonateur :

1° Si l'on déplace un pont le long des fils, la luminescence disparaît ou réapparaît, suivant que le pont atteint une portion nodale ou ventrale pour les oscillations qui excitent le résonateur. Pour qu'il y ait influence des fils, il faudrait admettre que la gaine gazeuse présente exactement la même longueur d'onde que le résonateur ;

2° La luminescence cesse complètement lorsqu'on ferme le micromètre du résonateur ;

3° La luminescence accompagne le résonateur déplacé dans son plan ;

4° Le tube de verre circulaire, privé du conducteur qui constitue le résonateur et disposé dans la même position par rapport aux fils, ne devient pas lumineux, bien que l'air y soit raréfié au même degré que précédemment.

Les expériences faites au moyen de cette méthode, dont l'emploi est légitimé par les observations précédentes, ont porté sur des résonateurs complets à une ou à deux spires, sur des résonateurs à coupure et à plusieurs micromètres.

Nous les décrirons d'abord, puis nous énoncerons les conclusions auxquelles elles conduisent.

Résonateur complet. — Le micromètre est dans un des deux azimuts de maximum d'étincelle (0° ou 180°, *fig. 1*). La luminescence ne se produit pas tant que le micromètre est fermé. Dès qu'il est ouvert, elle apparait très faible aux environs immédiats des pôles du micromètre; elle est nulle dans toute autre région. La luminescence se produit de part et d'autre du micromètre le long d'arcs égaux de plus en plus grands, à mesure qu'augmente la distance explosive du micromètre. Quand les pôles du micromètre sont trop éloignés pour qu'il s'y produise des étincelles, la luminescence est maxima; elle intéresse de part et d'autre des arcs de 120° à 150°. La seule région qui reste obscure est la région diamétralement opposée au micromètre. La luminescence décroît d'ailleurs et s'estompe depuis le voisinage du micromètre, où elle est la plus intense, jusqu'à la région obscure. Si l'on déplace le résonateur dans son plan, le micromètre passant de l'azimut de maximum 0° à l'azimut d'extinction 90°, la luminescence accompagne le mouvement du résonateur. Les deux arcs lumineux diminuent de grandeur lorsqu'on se rapproche de l'azimut d'extinction. La luminescence cesse complètement dès qu'on a atteint cet azimut.

Résonateur à deux spires. — Ce résonateur est constitué par un fil d'aluminium disposé suivant l'axe d'un tube de verre qui est recourbé de façon à former deux spires circulaires. Les deux extrémités du fil d'aluminium aboutissent aux pôles d'un micromètre placé à l'extérieur du tube de verre. Le résonateur est disposé de telle sorte que le plan des spires est perpendiculaire à la direction des fils qui concentrent le champ. Le rayon qui passe par le micromètre est normal au plan des fils. On constate que la luminescence qui se produit autour du fil d'aluminium est d'autant plus vive que le micromètre est plus ouvert. Elle intéresse, de part et d'autre du micromètre, des arcs de 180° environ. Le reste du résonateur est obscur. La luminescence cesse dès qu'on ferme le micromètre.

Résonateur à coupure. — Trois dispositifs ont été réalisés. Les deux arcs conducteurs constituant le résonateur sont placés dans un même tube circulaire de manière à ce que la coupure soit à l'intérieur du tube dans l'air raréfié, ou bien les deux arcs sont contenus chacun dans un tube circulaire épousant sa forme. Dans ce second cas, les extrémités de la coupure se trouvent à l'intérieur ou à l'extérieur des tubes de verre. Le micromètre est, dans tous les cas, disposé à l'extérieur des tubes.

a) Coupure dans l'air raréfié. — Les azimuts d'extinction et de maximum d'effet sont les mêmes que pour un résonateur à coupure dans l'air. Les maxima ont lieu lorsque la coupure est dans l'azimut 0° ou dans l'azimut 180°. La coupure étant disposée dans l'azimut 180° et *le micromètre étant fermé*, on observe une sorte d'effluve entre les extrémités de la coupure et une luminescence assez intense le long de chaque conducteur sur un arc de 40° à 50°. Tout le reste du résonateur est obscur. Dès qu'on ouvre le micromètre, une étincelle s'y produit, l'effluve diminue d'intensité entre les extrémités de la coupure et les arcs lumineux deviennent moins longs et moins intenses. Dès que le micromètre cesse de donner des étincelles, on n'observe plus ni effluve ni luminescence. Si l'on déplace le résonateur dans son plan, la luminescence accompagne le résonateur, et l'intensité du phénomène décroît lorsque la coupure s'approche d'un azimut d'extinction (90° ou 270°), pour lequel aucune luminescence ne persiste.

b) Coupure dans l'air, les extrémités de la coupure comprises ou non dans les tubes à air raréfié. — On observe les mêmes phénomènes que précédemment. L'effluve qui se produisait entre les extrémités de la coupure est seul absent. La luminescence intéresse, de part et d'autre de la coupure, des arcs plus étendus que précédemment.

On voit que l'aspect présenté par un résonateur complet dont le micromètre est aussi ouvert que possible concorde avec l'aspect présenté par un résonateur à coupure dont le micromètre est fermé. Le premier présente une luminescence maximum au voisinage du micromètre, le second au voisinage de la coupure. Les deux appareils sont, en effet, les mêmes : ce sont deux résonateurs à coupure sans micromètre. La présence du tube à air raréfié permet, en effet, de se rendre compte du fonctionnement des appareils sans avoir à consulter les micromètres.

Ces expériences expliquent que les lois du résonateur à coupure soient celles qui régissent le résonateur complet, à condition de faire jouer à la coupure le rôle dévolu au micromètre du résonateur complet.

Résonateur rectiligne. — Il est constitué par deux fils métalliques rectilignes de longueurs égales, enfermés chacun dans un tube de verre dont l'air est raréfié. L'une des extrémités de chacun des fils aboutit à un micromètre à étincelle placé à l'extérieur des tubes. Le résonateur étant disposé perpendiculairement à la direction des fils de concentration du champ, on constate que les tubes qui contiennent le résonateur ne présentent de luminescence qu'autant que le micromètre est fermé. Dès qu'il est assez ouvert pour qu'aucune étincelle n'y éclate, les tubes restent obscurs.

Résonateur à deux micromètres. — Ce résonateur est formé par deux tiges métalliques semi-circulaires placées à l'intérieur de tubes de verre en forme de demi-circonférence. L'air que contient les tubes est convenablement raréfié.

Chaque tige porte à l'une de ses extrémités une vis micrométrique qui vient buter contre l'extrémité libre de l'autre tige. Le résonateur se trouve ainsi muni de deux micromètres diamétralement opposés (*fig. 2*). La course des vis micrométriques est suffisante pour permettre de produire une coupure dans la région occupée par le micromètre. On dispose le plan du résonateur perpendiculairement à la direction des fils de concentration du champ, et de telle sorte que le diamètre qui passe par les micromètres soit normal au plan des fils. *m* désigne celui des deux micromètres situé au-dessus de ce plan, μ celui placé au-dessous du même plan.

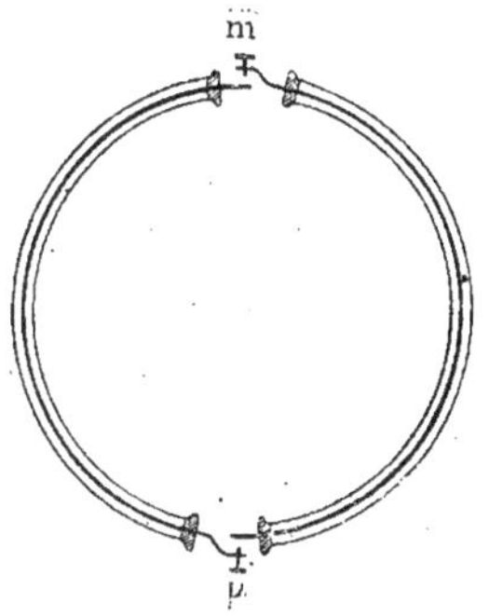

m

μ

FIG. 2.

On observe les phénomènes suivants :

m *et* μ *sont fermés* : on ne constate aucune luminescence.

m *est un peu ouvert et* μ *est fermé* : une étincelle se produit au micromètre *m* et est accompagnée d'une faible luminescence de la portion des arcs avoisinant *m*.

m *est très ouvert et* μ *est fermé* : l'étincelle n'éclate plus en *m*. La luminescence devient très vive et intéresse une partie notable (120° environ) des arcs se terminant en *m*.

m *est très ouvert, on ouvre graduellement* μ : la luminescence diminue lorsqu'on fait croître l'ouverture du micromètre μ. Elle cesse dès qu'aucune étincelle ne se manifeste plus entre les pôles du micromètre μ.

m *et* μ *sont peu ouverts* : si les deux micromètres sont ouverts de manière à ce qu'il éclate des étincelles à l'un et à l'autre, la luminescence se manifeste tantôt le long de portions d'arcs avoisinant *m*, tantôt le long de portions d'arcs avoisinant μ.

m *et* μ *sont très ouverts* : les deux micromètres forment alors deux coupures. On n'observe aucun phénomène de luminescence.

III

On peut interpréter les expériences que nous venons de décrire en admettant qu'un résonateur en activité est le siège d'un courant électrique oscillatoire cheminant alternativement d'une des extrémités du résonateur vers l'autre.

Si l'on désigne les extrémités par A et B, le courant cheminera de A vers B pendant une demi-période $\frac{T}{2}$ et de B vers A pendant la demi-période suivante. Les valeurs successives de la densité électrique en A et B aux instants successifs sont les suivantes :

Temps.	Densité en A.	Densité en B.
0	$+\sigma$	$-\sigma$
$\frac{T}{4}$	0	0
$\frac{T}{2}$	$-\sigma$	$+\sigma$
$3\frac{T}{4}$	0	0
T	$+\sigma$	$-\sigma$

Au point M, également distant de A et de B, la densité électrique demeure constamment nulle.

Si la coupure AB est assez grande pour qu'aucune étincelle ne puisse la traverser, la densité électrique acquiert en A et en B, à la fin de chaque demi-période, la plus grande valeur possible (valeur absolue). La luminescence est la plus vive.

Si on diminue la grandeur de la coupure de telle sorte qu'une étincelle puisse éclater entre les extrémités, la valeur maxima de la densité électrique en A en B devient $\sigma' < \sigma$ et la luminescence devient moins vive.

Si on ferme complètement la coupure, aucun courant ne circule plus dans le circuit fermé que présente le résonateur. La densité électrique est nulle en tout point de ce circuit à chaque instant. Aucune luminescence ne se manifeste.

Supposons qu'une coupure AB existant dans le résonateur on ouvre progressivement un micromètre placé en M. L'étincelle qui se manifeste en M et qu'une luminescence voisine n'accompagne pas doit être attribuée au passage du courant cheminant alternativement de A vers B et de B vers A. On conçoit que la présence du micromètre ouvert abaisse la valeur maxima qui limite la variation de densité en A et en B. La luminescence au voisinage de A et de B doit donc diminuer par l'ouverture du micromètre situé en M.

Tant qu'une étincelle peut jaillir en M, le courant peut circuler entre A et B, la luminescence s'observe au voisinage de A et de B et présente une intensité plus ou moins grande. Dès que l'ouverture du micromètre en M est telle qu'aucune étincelle ne s'y produit plus, aucun courant ne peut plus s'établir. La présence de cette seconde coupure doit faire cesser tout phénomène de luminescence.

Si la coupure AB et l'ouverture du micromètre M sont égales et susceptibles l'une et l'autre de permettre la production d'une étincelle, il pourra arriver que l'étincelle éprouve une plus grande difficulté à se produire à l'une des interruptions qu'à l'autre; cela peut avoir lieu tantôt à l'une, tantôt à l'autre des interruptions. La plus résistante des interruptions jouera le rôle de coupure. Les portions voisines des conducteurs qui y aboutissent seront entourées de luminescence alors que l'autre interruption (la moins résistante) sera seulement le siège d'une étincelle produite par le courant circulant dans le résonateur.

En résumé, si on conçoit le mouvement électrique hypothétique le long d'un résonateur filiforme en activité à la manière dont se produit le mouvement de l'air dans un tuyau sonore, le résonateur peut être comparé à un tuyau fermé à ses deux extrémités et présentant dans sa longueur deux concamérations.

Le résonateur doit donc être considéré comme ayant un ventre de vibration au milieu de sa longueur et deux nœuds de signes contraires à ses deux extrémités.

Les extrémités d'un résonateur complet sont les deux pôles du micromètre. Les extrémités d'un résonateur à coupure sont les extrémités de la coupure.

On admet, dans cette interprétation, que la luminescence produite dans le tube à air raréfié qui contient le résonateur est la plus vive aux nœuds et qu'elle est nulle aux ventres de vibration, c'est-à-dire que la luminescence la plus intense se produit aux points où la variation de la densité électrique est la plus grande.

Ces expériences ont été faites à la Station Centrale d'Électricité de Bordeaux-les Chartrons, où nous avons reçu du nouveau directeur, M. Baudry, une hospitalité aussi large que généreuse.

M. ZENGER

Professeur à l'École Polytechnique de Prague.

L'ŒIL PHOTOGRAPHIQUE [535-327]

— *Séance du 3 août* —

Les difficultés qui s'opposent à la construction des objectifs optiques et photographiques sont si nombreuses, que jusqu'ici il n'était pas possible de construire des objectifs exempts des dernières traces d'aberrations chromatiques, sphériques, stigmatiques et d'éviter la courbure du champ des lentilles aplanétiques.

Plus difficile devient le problème posé, et plus il est vraisemblable que l'imitation de la nature pourrait seule fournir le moyen de parvenir à une solution satisfaisante. Les travaux récents des opticiens habiles et les études théoriques approfondies ont conduit à une solution presque complète; mais plus la construction devient parfaite, plus on doit appliquer de lentilles et d'espèces différentes de verres optiques, parfois très peu durables. La construction des objectifs a monté lentement de deux verres à six dans les objectifs modernes dits doubles anastigmates.

Est-ce que la nature fait de même dans la construction de l'œil humain? Non, l'appareil de l'œil humain, au contraire, est des plus simples : il se compose de deux milieux réfringents, formant un doublet par l'interposition de la lentille convexe entre deux liquides dont la réfraction et la dispersion sont pratiquement la même, et les pertes de lumière, qui sont énormes dans les objectifs triples et même sextuples, sont, à cause de leur nombre et de leur épaisseur, parfois très considérables. L'objectif « œil » imitant la nature se borne à deux, au plus à trois lentilles pour produire l'apochromatisme, la correction de l'aberration sphérique, l'astigmatisme et, enfin, pour éviter la courbure du champ.

Il est connu que les lentilles convexes et concaves donnent des courbures dans le sens opposé, et, par conséquent, par une combinaison de deux espèces de lentilles appropriées, on peut produire le champ plan, condition capitale de nos objectifs photographiques grands-angulaires. Et, en effet, la nature applique, dans la construction de l'œil, des lentilles de grande ouverture, même des angles d'ouverture très grands; mais, comme la nature qui dans l'appareil visuel, n'applique que des milieux réfringents peu différents par leur réfraction et dispersion qui se rapprochent de l'eau par leurs qualités optiques analogues, l'objectif « œil » ne contient que deux lentilles à courbures identiques, dont les indices de réfraction sont les moindres possibles et choisis de manière à donner à la fois l'apochromatisme et l'aplanétisme complets ; les verres flint sont supprimés, dans la construction n'entrent que des verres crown.

Pour trouver le point où les deux verres corrigent complètement l'aberration sphérique et chromatique, on calcule la distance focale nécessaire de deux lentilles, on les met dans une distance telle que les conditions théorétiques soient remplies rigoureusement, et on corrige autant que possible, par les épreuves connues, les restes par une très petite variation de distance.

Le choix du verre est fait de manière que le crown de la première lentille concave soit plus réfringent et moins dispersif que le crown de la deuxième lentille concave pour obtenir l'anastigmatisme. Pour éviter la courbure du plan focal, c'est l'identité ou symétrie de la figure des lentilles qui sert. De manière que les lentilles produisent presque les mêmes courbures des plans focaux en sens opposé. L'objectif doublet l' « OEil », peut donc servir à la fois au point de vue optique et photographique pour l'observation oculaire des astres et pour leur photographie, comme pour la photographie des paysages, des monuments d'architecture, des intérieurs, même pour le portrait.

J'ai l'honneur de soumettre à la 6e Section le premier exemplaire fait par moi-même à Prague, et reconstruit plus tard par M. Pellin, pour moi.

Il est évident que les pertes de lumière sont minimes avec les crowns récents très transparents. L'apochromatisme se trouve aussi dans ces conditions de perfection, et le choix de verre assure un haut degré d'anastigmatisme, car les verres crown d'Iéna ont des indices relativement élevés, et des dispersions moindres que les crowns légers.

M. P. AMANS

Docteur ès-sciences, à Montpellier.

SUR UN NOUVEAU DISPOSITIF DE VOLET DE TENSION [534.43]

— *Séance du 3 août* —

Le porte-stylet *ab* s'articule, par une de ses extrémités, avec la tête du marteau ; l'autre extrémité *(b)* roule sur les bras du volet de tension, par le système à pointeaux : ces bras portent des vis creusées en cône, et l'extrémité *(b)* porte des pointeaux roulant dans ces cônes. La tête ronde *(o)* *(fig. 1* et *fig. 2)* est située entre les deux extrémités du porte-stylet.

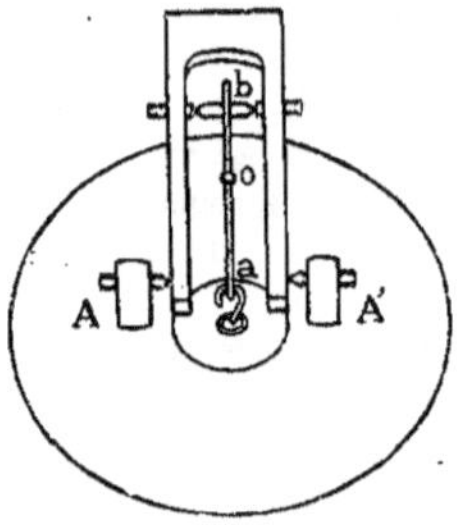

Fig. 1.

Les différences entre ce volet et celui décrit précédemment (Congrès de Boulogne, p. 268) sont les suivantes :

1° Dans celui-ci, c'est le milieu du porte-stylet qui a le point fixe ou axe de roulement (levier du premier genre); dans le système actuel, le point d'application de la tête ronde, ou puissance, est situé entre le point fixe et le point d'application de la résistance ou tête du marteau (levier du troisième genre). Pour éviter toute confusion, remarquons que le même système, avec une charrue au lieu d'une tête ronde, serait un levier du deuxième genre ; car, dans l'inscription, la tête du marteau est le siège de la puissance, et la charrue celle de la résistance.

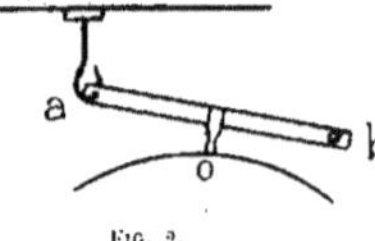

Fig. 2.

2° Le volet actuel a 40 millimètres de longueur ; le porte-stylet, 24 ; le bras de levier de la tête ronde a 12 millimètres. Le volet du premier genre n'avait que 24 millimètres de longueur, et ses bras de levier, 4 millimètres environ.

Le reproducteur avec levier du troisième genre, à grands bras, est supérieur à celui du premier genre, à petits bras, parce qu'il suit plus docilement les sillons, et reproduit plus nettement, surtout s'il faut écouter des cylindres ayant du faux rond. Le faux rond n'existe pas avec mon type de bobines, mais il peut se produire, accidentellement, dans la correspondance postale, soit par vice de construction et défaut de similitude des deux phonographes en correspondance, soit par manipulations trop brutales des postiers.

Le reproducteur des graphophones suit fort bien les sillons, malgré le faux rond qui est de règle dans ces appareils; mais c'est le rocher tout entier qui joue le rôle de mon volet de tension. Mon volet ne pesant que 4 grammes, je puis en augmenter le poids graduellement, suivant la consistance de la pâte, la profondeur des sillons; je puis, en outre, faire le rocher aussi lourd, et la cavité du tympan aussi vaste qu'il me plaît, toutes variations qui sont fort restreintes avec le graphophone.

Le premier appareil d'Edison, le phonographe électrique avait, lui aussi, un rocher fixe, et un volet mobile; mais ce volet était mal situé : son axe de roulement, au lieu d'être dans un plan diamétral du rocher, était en dehors du cercle du tympan, sur les bords du rocher; d'où les inconvénients suivants : 1° dans les cas de faux rond, l'axe du porte-stylet est tiraillé en sens contraire par le volet et le marteau; il faut, de toute nécessité, une pièce intermédiaire entre le marteau et le porte-stylet, pour donner du jeu; 2° la charrue a une tendance à piquer dans la pâte; il fallait bien régler la position de l'inscripteur par rapport au cylindre, pour éviter un point mort de roulement du volet, pour peu qu'on déviât de la bonne position, on avait des inscriptions déplorables, surtout avec le burin défectueux alors et encore en usage.

On obtiendrait des résultats aussi mauvais, si, dans le nouveau dispositif, on remplaçait la tête ronde par une charrue. Il semble donc bien établi qu'*en aucun cas, la charrue ne doit être placée entre l'axe de roulement du volet et celui du porte-stylet.*

Quelles sont les meilleures proportions des bras de levier? Dans le reproducteur dessiné plus haut, j'ai fait varier la position de la tête ronde (1), de manière que *(ob)* son bras de levier soit 1/3, 1/2, 3/4 du bras du marteau; l'intensité paraît plus grande quand le rapport est plus faible, mais il semble que la masse tout entière du volet et du porte-stylet vibre, sans se préoccuper des proportions des bras de levier. Il faut augmenter cette masse pour rendre plus évidente l'influence de ces proportions; la cire, même très dure, ne convient plus pour ces expériences. J'ai employé le plomb, mais la tête ronde en acier détériorait les sillons de plomb; il faudrait des bobines en un métal plus dur, pour supporter une tension considérable, et alors, avec des proportions de bras de levier

(1) Pour faire une tête ronde, on découpe un carrelet de verre de vitre; on l'étire, à la lampe Bunsen, en un fil, qu'on transforme en tête ronde avec la plus grande facilité. On le colle sur le porte-stylet avec de la cire à cacheter, et on a une tête ronde aussi bonne que le saphir, mais ça fait moins de bluff.

et avec des tympans appropriés, on pourrait décupler, centupler même (théoriquement, du moins) l'intensité du son inscrit, de manière à le porter à plusieurs kilomètres. Cette méthode, ayant pour but d'augmenter l'amplitude des vibrations du tympan, est autrement rationnelle que celle des gros rouleaux, où il n'y a de modifié que le diamètre des cylindres.

J'ai étudié aussi les proportions des bras de levier dans l'inscription. J'emploie, par exemple, un volet de 50 millimètres de longueur, 30 millimètres de largeur à la base; les tasseaux qui le portent (A A' de la *fig. 1*) sont situés sur la périphérie du contre-tympan; le bras de la charrue est de 6 millimètres, celui du marteau, 12 millimètres. (Il est bien entendu que c'est un levier du premier genre.) Le poids du volet est de 10 grammes. Une fois le sillon tracé, j'écoute, avec le reproducteur troisième genre, avec bras de 1/2. J'obtiens une plus grande intensité qu'avec l'inscripteur à bras égaux; cette supériorité est surtout remarquable lorsqu'on a inscrit des sons faibles.

M. P. AMANS

Docteur ès sciences, à Montpellier.

FABRICATION DE PATES PHONOGRAPHIQUES [534.43]

— *Séance du 3 août* —

Lorsque j'ai commencé mes études phonographiques, les rouleaux américains coûtaient 3 francs pièce, et ils étaient parfois mauvais. J'ai cherché à fabriquer moi-même les pâtes, et j'ai obtenu, assez rapidement, les résultats suivants :

Stéarine. — La stéarine est le premier produit essayé ; j'ai même parlé sur une bougie ordinaire, en piquant ses extrémités entre les pointeaux du phonographe, mais la charrue est bruyante, la reproduction est éraillée, peu intense. On obtient une plus grande douceur en mêlant à la stéarine, une proportion de 5 0/0 de térébenthine de Venise et 2 0/0 de mastic en larmes. Une bonne formule est la suivante :

1	Stéarine	100
	Soude caustique.	2
	Térébenthine de Venise. . . .	5
	Mastic en larmes.	2

On peut remplacer le mastic par d'autres résines, sans profit, cependant. La gomme laque ne vaut rien ; en aucun cas, elle ne se mêle pas à la stéarine, cire, résines ; on peut essayer de l'incorporer en formant un savon de laque, et mettant un morceau de ce savon dans la stéarine fondue ; le savon s'incorpore à la stéarine, mais le mélange n'est pas homogène, et on reconnaît, même à l'œil nu, de fines granulations de laque.

La colophane, la résine donnent de la viscosité ; la cire de carnauba la dureté et la sécheresse. La carnauba fond très bien dans la stéarine, mais elle tend, par refroidissement, à se séparer de la stéarine, à moins d'employer stéarine et carnauba à parties égales ; mais la pâte a une rétraction énorme, éclate et se fend en refroidissant. C'est, du reste, une propriété de la carnauba à surveiller ; elle a de précieuses qualités, mais il faut se méfier des fentes.

Cire. — Les cylindres à base de cire jaune d'abeilles sont les meilleurs : l'inscription n'est pas bruyante ; le timbre est plus moelleux, plus normal. La cire jaune toute seule est trop poisseuse ; cependant, au-dessous de 20°, ma charrue à tête de marsouin inscrit fort bien, tandis que les burins des graphophones sont muets. Pour donner un peu plus de dureté et de sécheresse à la pâte, j'ajoute à la cire de la stéarine et de la carnauba ; pour éviter les fentes après refroidissement, je mets aussi un peu de térébenthine de Venise et de mastic. Voici quelques formules :

2	Cire jaune. . . .	100
	Carnauba	5 à 10 0/0

3				
A	Stéarine. . . .	100	2/3
	Soude.	2	
	Tér. Venise . .	5	
	Mastic.	2	
B	Cire jaune. . .	100	1/3
	Carnauba . . .	5	

4	
A	1/2
B	1/2

5	
A	35 0/0
B	65 0/0

Le timbre est d'autant meilleur que la proportion de cire est plus considérable ; si toutefois la proportion A tombe au-dessous de 1/3, le mélange n'est plus homogène. La formule 5 n'est pas si bonne en été qu'au printemps et en hiver ; la cire vierge convient mieux dans ce cas.

On peut apprécier la dureté des pâtes par la méthode suivante : je prends un inscripteur étalon, que je place, à chaque essai, dans les mêmes conditions comme inclinaison du rocher, du volet, poids du volet, charrue, angle de la charrue avec la bobine, température, état hygrométrique, vitesse de rotation. Je mets alors un poids supplémentaire variable sur le dos du volet, pour inscrire ; une fois le sillon tracé, j'enlève le poids et j'écoute, non pas avec une tête ronde, mais avec la même charrue qui vient d'inscrire. La reproduction sera d'autant plus intense que le sillon sera plus profond ; pour un même poids supplémentaire sur le volet, le sillon sera d'autant plus profond que la pâte sera plus molle. La profondeur limite pour les pâtes molles a lieu lorsque la charrue commence à s'encrasser, et pour les pâtes dures lorsque la charrue produit de microscopiques éclats de matière arrachée : c'est le silence dans le premier cas, une avalanche de cailloux dans le second.

Une bonne pâte doit donner un profond sillon pour une faible tension et avoir un timbre normal à la reproduction. On trouve, dans le commerce des pâtes dites américaines qui, tout en étant dures, ont assez de moelleux ; néanmoins, les formules 2, 3, 4 donnent un timbre plus doux, plus naturel. L'écueil de ces formules est qu'au-dessus de 25°, l'adhésivité de la cire devient de plus en plus gênante ; l'intensité et la netteté diminuent. On ne peut se flatter d'avoir une pâte également bonne à toutes les températures ; mais c'est un grand avantage d'avoir une charrue qui, comme la mienne, travaille bien dans le mou et dans le dur.

Paraffine. — La paraffine avec carnauba donne des pâtes sans fentes, mais criardes.

6	Paraffine. . . .	100
	Carnauba. . . .	10 à 30
	Soude	1 à 2 0/0

On obtient des pâtes analogues aux américaines en augmentant la proportion de soude (on peut employer aussi de la potasse ou même du savon de Marseille). En présence de la soude, le mélange de paraffine et de carnauba, avec ou sans cire d'abeilles, bouillonne et brunit ; à un moment il s'épaissit et forme un bloc gélanitoïde. La masse redevient fluide au-dessus de 115°. Il faut que les moules soient bien purgés d'air, si on veut éviter des bulles dans la masse. Il faut éviter de pousser le mélange au noir, ce qui arriverait sûrement en prolongeant la cuisson avec un excès de soude. Ces pâtes ne se fendent jamais, même en les coulant et les laissant refroidir sur un cylindre solide. On répare facilement les fentes des autres pâtes en chauffant une lame mince, un scalpel, par exemple, plus ou moins chargée de pâte et la promenant dans la fente ; la soudure ne se fait pas aussi facilement avec la pâte américaine ; la matière se fige presque instantanément.

Si on veut couler à une température plus basse, il faut le faire avant la formation du bloc gélatinoïde ; voici une autre catégorie de pâtes assez sonores et sans fentes après refroidissement ; en ajoutant un peu de stéarine et de cire, on obtient le moelleux et le luisant qui manque dans les mélanges de paraffine et carnauba :

8	Stéarine	35
	Litharge	1
	Cire	20
	Carnauba. . . .	10
	Soude	1
	Paraffine	25

Je fonds la cire et la carnauba ; j'ajoute la soude. Il se produit un bouillonnement intense qui fait perdre à la pâte sa forme liquide pour prendre celle d'une crème fouettée. J'ajoute la stéarine, puis la litharge. La masse redevient liquide et plus brune ; j'ajoute la paraffine et je filtre.

Moules. — Pour mouler les pâtes, deux pièces suffisent en métal, ou simplement en bois : la sole A et le chapeau B *(fig. 1)*. L'une et l'autre sont cylindriques extérieurement et intérieurement ; le diamètre intérieur est celui des joues des bobines ; le diamètre extérieur dépend de l'épaisseur qu'on veut donner à la pâte : en général, je donne 4 à 5 millimètres d'épaisseur. Le chapeau (B) est creusé sur sa face externe de deux gouttières verticales, l'une assez profonde pour le passage de la matière en fusion, l'autre beaucoup moins pour le passage de l'air.

Fig. 1.

Pour opérer, on place la bobine bien d'aplomb sur la sole, et on la coiffe du chapeau ; on enroule le tout dans du papier souple, bien plan, non froissé ; deux tours complets suffisent, et on maintient le papier enroulé par deux élastiques au niveau (b) sur le chapeau, au niveau (a) sur la sole. On prend le papier assez long, pour que son niveau supérieur cc' dépasse de 15 à 20 millimètres celui du chapeau. Il n'y a plus qu'à verser sur le chapeau, en regard du canal de coulée ; on tient le moule légèrement incliné de ce côté pour éviter de boucher l'évent. On peut, dix minutes après, enlever le papier, le chapeau et la sole ; lorsque la matière est froide, on la cylindre.

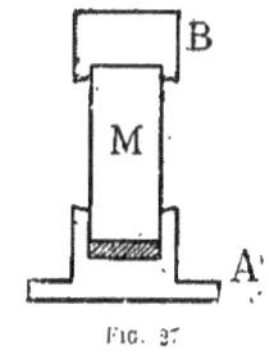

Fig. 2.

Pour couler des manchons analogues à ceux des graphophones, il faut faire un manchon tronc-conique (M, *fig. 2*), identique à celui de ces instruments, du moins comme angle du cône. On coule comme précédemment à l'intérieur d'un cylindre en papier ; même dépouille que précédemment, mais avec la modification suivante : entre la base du mandrin et la sole on interpose un disque de 2 à 3 millimètres d'épaisseur. Après avoir décoiffé et déchaussé le mandrin, on enlève le disque et on remet le mandrin sur la sole. De petits coups répétés sur la tête du mandrin le font aisément détacher de son manchon de pâte, surtout si on opère pendant que la matière est encore chaude. On facilite le glissement en imprégnant le mandrin d'un liniment en caoutchouc :

Huile de lin	100
Caoutchouc	5

On peut aussi recouvrir le mandrin d'une feuille de papier ordinaire, ou d'étain.

Il ne faut pas oublier, en construisant les moules, que le manchon, en se refroidissant, se rétracte fortement. Il faudrait donc tourner les diamètres supérieur et inférieur du mandrin un peu plus larges de 1 à 2 millimètres; il serait bon aussi avant, d'avoir atteint ces diamètres, de plonger le mandrin dans le liniment à 120° environ pour faire dégorger l'air du bois et juger de la rétraction du bois. Avec un mandrin en métal, on n'a à tenir compte que de la rétraction de la pâte.

J'indique ce procédé de moulage aux personnes qui auraient des graphophones et voudraient faire des manchons à peu de frais; mais, je le répète, la forme manchon n'est ni économique ni pratique pour le rabotage. Avec mon système de bobines, à épaisseur égale, on obtient dix fois plus de rabotages, et je n'ai pas à craindre les faux ronds qui se produisent si fréquemment avec les rouleaux des graphophones.

J'ai employé couramment des bobines ayant 35 et 45 millimètres de diamètre ; j'ai essayé aussi les diamètres 20, 55, 65 et 110 milimètres. Mes dimensions postales sont 35 millimètres de diamètre, 65 de longueur ; l'intérieur de la bobine est creux et porte à ses extrémités, non des clous, mais des bagues en cuivre, destinées à coulisser sur un arbre en acier ; cet arbre se monte entre les pointeaux du phonographe. Lorsque le phonogramme est inscrit, on monte la bobine sur deux petites roues en bois à jante et essieu recouverts de caoutchouc ; le diamètre des roues a 2 ou 3 millimètres de plus que le diamètre de la bobine. On enroule l'ensemble dans une feuille de papier, puis dans une enveloppe de papier plus fort, renforcé par de petites baguettes en bois collées parallèlement sur l'enveloppe ; une fois ficelé, on paie 10 centimes d'affranchissement : le phonogramme peut durer trois minutes. Les baguettes de bois et le caoutchouc protègent suffisamment la bobine contre les violences et les chocs du voyage ; la même bobine peut faire dix fois aller et retour.

Pour généraliser l'emploi des bobines postales, il faudrait avoir des phonographes semblables à ceux que j'ai construits en 1895, et dont j'ai présenté un exemplaire au Congrès de Boulogne. Mon appareil, étant du domaine public, pourrait être repris ou modifié; on pourrait aussi transformer sur mes données le système graphophone et réaliser un appareil bon marché capable d'inscrire et raboter des bobines de tout calibre, y compris les postales.

M. P. AMANS

Docteur ès sciences, à Montpellier.

PHONOGRAPHE POUR BOBINES DE 40 CENTIMÈTRES DE LONGUEUR

[534.43]

— *Séance du 3 août* —

Cet enregistreur diffère de mon premier modèle par les particularités suivantes :

1° Il a un arbre de plus pour permettre une plus grande durée. La chute d'un contrepoids de 50 à 60 kilogrammes produit 1.600 tours du cylindre, avec une durée de 30 à 40 minutes ;

2° La poupée porte deux roues à dents hélicoïdales destinées à s'engrener avec la roue de l'arbre fileté. Le diamètre des roues est tel, que dans un cas on a 1.600 tours, et dans l'autre 800 seulement. Dans le premier cas, la largeur des sillons est de 1/4 de millimètre, dans l'autre 1/2 millimètre. Ce dernier cas est destiné à l'étude des sillons larges et profonds. Je n'ai fait construire que cette combinaison; mais le même appareil pourrait recevoir des combinaisons différentes de roues dentées, de manière à avoir un filetage plus large, si la nature des recherches l'exigeait ;

3° Le chemin de chariotement est constitué, comme dans le premier appareil, par deux tiges rondes d'acier que traversent les bâtis de la poupée et de la contrepointe, mais la tige supérieure seule est fixe ; la tige inférieure est mobile dans deux rainures symétriques des platines. Cette mobilité est utilisée pour faire engrener la petite ou la grande roue dentée de la poupée ;

4° Le bâti de la contrepointe est mobile et peut courir sur ses piliers, de manière à pointer des cylindres de toute longueur : ce système est analogue à celui des tours à métaux. Il faut, bien entendu, que les piliers soient bien parallèles, que les coulisseaux de la contrepointe soient bien ajustés, et que les axes de la poupée et de la contrepointe coïncident ; ces conditions n'ont pas été remplies dans mon appareil, mais elles auraient dû l'être; car elles n'exigent pas une haute ni coûteuse précision.

Cet enregistreur pourrait être construit au prix de 300 francs, et même moins, surtout si l'on se bornait à une contrepointe fixe. Par ses grandes dimensions et son mouvement très uniforme, il se prête à une foule d'expériences de physique et de physiologie.

M. Albert TURPAIN

Docteur ès sciences, Préparateur de physique à la Faculté des Sciences de l'Université de Bordeaux.

APPLICATION DES ONDES ÉLECTRIQUES A QUELQUES PROBLÈMES DE TÉLÉGRAPHIE

[538.562]

— *Séance du 3 août* —

On peut, comme nous l'avons indiqué récemment (1), employer les ondes électriques à assurer entre deux stations A et B une communication télégraphique en *duplex* ou en *diplex*.

La transmission *duplex* consiste dans l'envoi simultané de deux télégrammes par un même fil en sens inverse. Le fil unique AB qui relie les deux stations A et B permet simultanément la transmission de A vers B ainsi que celle de B vers A.

C'est également la mise en activité simultanée de deux appareils télégraphiques par le même fil que se proposent les systèmes de transmissions *diplex*. Mais au lieu de permettre l'échange simultané de signaux entre les deux postes A et B, on réalise, avec ces systèmes, l'envoi simultané de deux télégrammes de A vers B.

Le principe de l'application des ondes électriques au problème de la transmission duplex consiste à utiliser les ondes électriques pour assurer la transmission de A vers B en même temps qu'on charge le courant d'une pile d'assurer la transmission de B vers A.

C'est en mettant en œuvre le même principe que nous avons réalisé la transmission télégraphique duplex entre deux postes éloignés de 350 mètres environ dont l'un recevait des signaux enregistrés par un récepteur Morse actionné par un courant de pile, alors que l'autre poste recevait des

(1) Transmissions *duplex* et *diplex* par ondes électriques, *Comptes rendus de l'Académie des siences*, mai 1900. — *Société française de Physique*, séance de Pâques, 1900.

ondes qui impressionnaient un téléphone. Les longues ou courtes émissions d'ondes reçues par le téléphone permettaient d'y entendre des signaux Morse.

Les résultats satisfaisants que nous ont donné les expériences entreprises avec ce dispositif nous engagent à en publier la description.

A la station A on dispose un manipulateur de Morse commandant l'émission des ondes produites par un excitateur de Hertz, et qui les envoie sur le fil de ligne. A ce fil de ligne est également relié l'une des bornes d'un récepteur Morse dont l'autre borne est à la terre. Pour empêcher que les ondes se perdent à la terre, à travers le récepteur de Morse, une bobine de self-induction, formée de fil de fer fin enroulé en spires étroites et noyées dans la paraffine (1), est intercalée dans le circuit du récepteur Morse.

Les enroulements de l'électro-aimant du Morse sont également protégés contre l'action des ondes par une enceinte métallique disposée à la manière indiquée dans une note précédente (1).

A la station B, le fil de ligne aboutit au pôle négatif d'une pile formée d'un nombre pair d'éléments, en même temps qu'à l'une des armatures d'un condensateur c *(fig. 1)*. Le pôle positif de la pile est relié à l'armature

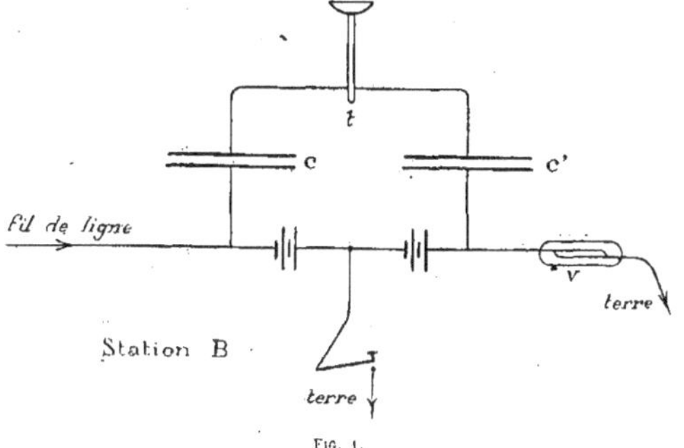

FIG. 1.

d'un second condensateur c' identique au premier. Cette armature est réunie à la terre par l'intermédiaire d'un tube à vide v contenant deux fils de platine, très voisins l'un de l'autre, mais non en contact. Le milieu de la pile est mis en relation avec l'une des bornes d'un manipulateur de Morse dont l'autre borne est à la terre.

Les deux armatures restées libres des condensateurs c et c' sont attelées

(1) Ces bobines de fil de fer à spires étroites sont employées par M. Marconi dans ses dispositifs récepteurs de télégraphie sans fil.

à un téléphone, soit directement, soit par l'intermédiaire d'une bobine d'induction.

Les choses étant ainsi disposées, il est aisé de voir que la manipulation effectuée en B, par le manipulateur *m*, n'influera en rien sur le téléphone *t*, et n'y donnera lieu à la perception d'aucun son. En effet, les deux armatures des condensateurs c, c' sont amenées à des potentiels égaux et de mêmes signes et ne donnent lieu à aucun courant de décharge à travers le téléphone *t*.

Si un train d'onde est émis par la station A, il arrive en B, traverse la pile et, grâce au tube *v*, il se rend à la terre. A la traversée des condensateurs, il produit dans le téléphone un bruit de friture, très nettement perceptible. Le tube *v* ne permet pas au courant de la pile de se rendre à la terre; par contre, il n'offre aucun obstacle aux ondes électriques. C'est pourquoi la compensation de l'action de la pile sur les condensateurs est possible, sans obliger pour cela les ondes à ne passer à la terre que lorsque le manipulateur *m* est abaissé. Cette obligation rendrait, en effet, la ligne par trop résistante pour les ondes quand le manipulateur *m* n'est pas actionné. La majeure partie des ondes se rendraient alors à la terre par le récepteur Morse de la station A. Le téléphone *t* se trouverait donc par trop faiblement impressionné.

Nous avons utilisé ce dispositif sur une ligne de 350 mètres, et non seulement nous avons pu échanger simultanément des signaux entre les deux postes ainsi reliés, mais encore transmettre et recevoir des mots entiers. En A les signaux pouvaient être inscrits par le récepteur Morse. En B la lecture se faisait au son, en étant attentif au téléphone.

La netteté avec laquelle les signaux entendus au téléphone se détachent, sans être aucunement troublés par la transmission du manipulateur *m*, permet d'espérer que ce dispositif pourrait être utilisé avec avantage dans les transmissions télégraphiques. Comme celui que nous avons décrit précédemment, il n'oblige pas à établir aux deux stations A et B les lignes factices que nécessitent les dispositifs duplex de la télégraphie par courants continus.

En recevant les ondes électriques, non plus dans un téléphone, mais dans un cohéreur à cohésion magnétique, établi suivant l'un des dispositifs décrits dans une communication précédente, on peut arriver à l'inscription de signaux Morse, ou bien encore on peut utiliser des appareils télégraphiques quelconques pour la transmission duplex entre A et B.

Ces expériences ont été faites à la Station centrale d'Électricité de Bordeaux les Chartrons, dont le directeur, M. Baudry, a très bienveillamment mis les ressources à notre disposition.

Le fil de ligne que nous avons employé est un des fils de protection du réseau de distribution du secteur. Il est isolé, depuis la salle des machines de l'usine, où se trouvait une des stations B, jusqu'à la salle du laboratoire, où était disposée la station A, à l'aide de cloches de porcelaine, sans autres précautions que celles en usage dans la télégraphie.

Nous tenons à remercier ici M. Baudry de l'empressement qu'il a mis à nous fournir gracieusement, non seulement le courant électrique de sa station, mais encore tout ce qui nous était nécessaire pour nous permettre de mener à bien ces expériences.

Nous avons été assisté dans les expériences de télégraphie que nous avons faites avec ce dispositif, par M. Balency, employé des Postes et Télégraphes du Bureau central de Bordeaux (1), auquel nous adressons également tous nos remerciements.

M. Albert TURPAIN

Docteur ès sciences, Préparateur de physique à la Faculté des Sciences de l'Université de Bordeaux.

MULTICOMMUNICATEUR TÉLÉGRAPHIQUE A ONDES ÉLECTRIQUES : DISPOSITIF RÉCEPTEUR. [538.562]

— *Séance du 3 août* —

Dans une communication présentée au Congrès de Boulogne (2), nous avons indiqué comment on pouvait utiliser les ondes électriques à la solution la plus générale du problème de la multicommunication télégraphique.

Ce problème est le suivant : *Étant donné qu'un fil conducteur unit deux lieux déterminés* A *et* N, *et passe par une série d'autres lieux,* B, C, D..... L, *trouver un dispositif qui permette l'entretien de communications télégraphiques simultanées entre* A *et* B, A *et* C,..... A *et* N, *et aussi entre* B *et* C, B *et* D...., B *et* N, *et ainsi de suite, jusqu'à la communication entre* L *et* N, *en un mot, entre tous les groupes que l'on peut former en combinant deux à deux, de toutes les manières possibles, les villes que relie le fil unique.*

Les expériences que nous avons réalisées pour rendre pratique l'appli-

(1) Actuellement commis principal à Angers.

(2) Sur la multicommunication en télégraphie au moyen des oscillations électriques (*Congrès de Boulogne de l'Association française pour l'avancement des sciences*, 18 septembre 1899).

cation des *champs interférents* au problème de la multicommunication télégraphique, tout en nous donnant des résultats satisfaisants et susceptibles de nous faire espérer une application réellement pratique des ondes électriques à ce problème, ne laissent pas d'être un peu délicates et doivent être encore regardées plutôt comme des expériences de laboratoire que comme des expériences industrielles, susceptibles d'une application immédiate. Aussi, nous sommes-nous proposés de perfectionner les diverses parties du dispositif que nous indiquions, et, en particulier, les organes du récepteur.

Avant d'indiquer ces perfectionnements, nous rappellerons, dans ses lignes générales, le dispositif de multicommunication.

Le champ d'oscillations électriques qui constitue le champ ordinaire de Hertz, à deux fils, s'obtient en tendant parallèlement deux fils conducteurs issus chacun de deux plaques de concentration, respectivement parallèles aux plateaux d'un excitateur en activité : un résonateur de Hertz dont le plan est perpendiculaire à la direction des fils de concentration manifeste, lorsqu'on le déplace, des alternatives de fonctionnement et d'extinction.

Si les deux fils de concentration sont issus de deux plaques voisines du même plateau de l'excitateur, le résonateur déplacé le long des fils ne donne lieu à aucun système de ventres et de nœuds de vibration. On réalise ainsi ce que nous avons nommé *un champ interférent* à deux fils.

On peut aisément transformer un champ interférent en champ ordinaire, et inversement. Il suffit, pour cela, d'intercaler, dans une coupure faite sur l'un des fils de concentration, une longueur additionnelle de fil égale à la demi-longueur d'onde des oscillations qui excitent le résonateur servant à l'investigation du champ.

Un pont mobile, établi entre les extrémités de la longueur additionnelle, permet, en la supprimant ou en l'intercalant, de transformer le champ ordinaire en champ interférent, et *vice versa*.

L'expérience montre qu'on peut ainsi actionner à volonté un résonateur placé à distance, sans être obligé de tendre les deux fils de concentration du champ, depuis l'excitateur jusqu'au résonateur. Il suffit que les fils soient distincts jusqu'à la région où doit s'intercaler la longueur additionnelle de fil, y compris cette région. Les deux fils sont réunis à partir de cet endroit. Le fil unique qui les prolonge ainsi, propage ou ne propage pas l'oscillation de l'excitateur, suivant que le pont qui commande la longueur additionnelle de fil est ouvert ou fermé.

Supposons qu'on ait ainsi disposé une série de couples de fils aboutissant tous en un point commun, à partir duquel un seul fil est tendu, le fil de ligne. Sur l'un des fils de chacun de ces couples, une coupure est pratiquée, et une longueur additionnelle, différente de l'un des couples à l'autre, est établie et commandée par un pont. Chaque longueur additionnelle correspond à l'un des différents résonateurs situés au bout de la ligne.

Dispositif récepteur. — Au poste d'arrivée parvient un cortège d'oscillations de longueurs d'ondes différentes, ayant cheminé tout le long du fil de ligne unique. Il s'agit de séparer chacun de ces trains d'ondes et de les trier, de manière à ce que chacun actionne le résonateur auquel il est destiné.

A cet effet, on établit, au poste d'arrivée, une série de caisses de résonance électrique *a*, *b*, *c*, (*fig. 1*), constituées chacune par deux longueurs

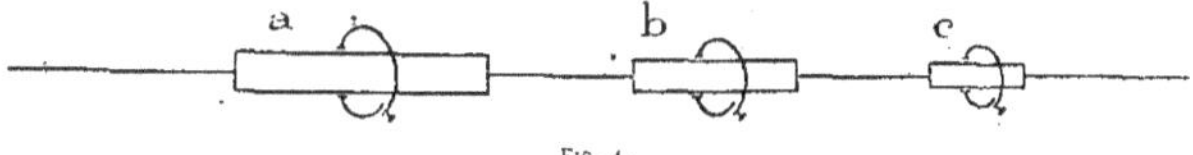

Fig. 1.

de fils parallèles, égales à la demi-longueur d'onde des oscillations à renforcer.

Les extrémités de chacun de ces couples de fils sont réunies, d'une part, soit au fil de ligne, soit à la caisse de résonance précédente, d'autre part, à la caisse de résonance suivante, comme l'indique la figure. Entre ces fils, et disposé perpendiculairement à leur direction, on établit le résonateur à coupure correspondant aux oscillations renforcées par la caisse de résonance électrique formée par les deux fils. Ce résonateur à coupure est attelé sur le récepteur de l'appareil télégraphique utilisé.

On peut réunir le micromètre du résonateur aux deux électrodes d'un des cohéreurs à cohésion magnétique, disposés comme nous l'avons indiqué dans une communication précédente (1).

Si l'énergie des ondes électriques reçues est trop grande et que le cohéreur, ainsi relié au résonateur, se trouve impressionné, non seulement par celui des trains d'onde qui lui est destiné, mais par tous les trains d'onde, au lieu de relier directement les électrodes du cohéreur aux pôles du micromètre, on place ce dernier au voisinage du résonateur. Le cohéreur ne se trouve alors impressionné que par les ondes renforcées par le résonateur, c'est-à-dire par celles destinées à la caisse de résonance électrique, au milieu de laquelle se trouve placé le résonateur.

En définitive, avec ce dispositif, le cortège des ondes électriques qui traverse les organes récepteurs d'un poste parcourt successivement toutes les caisses de résonance disposées à la suite les unes des autres. Celles des

(1) Dispositifs simples de cohéreurs à cohésion magnétique (*Communication faite au Congrès de Paris de l'Association française pour l'avancement des sciences*, août 1900).

ondes destinées à ces caisses se trouvent renforcées. Les ondes qui n'ont pas été renforcées traversent le poste sans produire aucun effet sur les résonateurs et continuent à cheminer sur la ligne pour aller, dans les postes qui suivent, impressionner chacune le résonateur auquel elle est destinée.

Nous avons expérimenté ce dispositif en constituant un poste de réception à deux caisses de résonance et en employant un cohéreur réalisant le troisième dispositif que nous avons décrit dans une communication précédente (voir page 445, note 1). Nous avons pu ainsi impressionner deux appareils Morse, reliés aux deux résonateurs à coupure employés, sans que les signaux destinés à l'un d'eux soient reçus par l'autre.

Nous nous proposons de généraliser ce dispositif et de l'appliquer prochainement à plus de deux communications.

Ces expériences ont été faites à la Station centrale d'électricité de Bordeaux-les Chartrons, et nous avons pu les réaliser, grâce à la subvention qui nous a été accordée par l'Association française pour l'Avancement des Sciences.

M. Henri BÉNARD

Agrégé, Préparateur de physique au Collège de France.

ÉTUDE EXPÉRIMENTALE DES COURANTS DE CONVECTION DANS UNE NAPPE LIQUIDE RÉGIME PERMANENT : TOURBILLONS CELLULAIRES [536.25]

— *Séance du 4 août* —

Le transport de chaleur par convection a été fort peu étudié d'une façon systématique. Il semble qu'on ne s'en soit préoccupé que pour l'éviter, lors des mesures de conductibilité thermique des liquides, en particulier dans les méthodes où l'on emploie un *mur* liquide horizontal, traversé par un flux de chaleur vertical uniforme, dirigé de haut en bas.

Des conditions uniformes dans le plan horizontal indéfini sont aussi les plus simples qu'on puisse réaliser pour étudier les courants de convection dans une nappe liquide horizontale : seulement ce sera dans toute l'étendue de la surface de niveau inférieure qu'agira la source chaude ; cette paroi horizontale du fond sera en même temps la face supérieure d'un mur métallique épais, à faces parallèles, traversé de bas en haut par un flux de chaleur vertical uniforme.

Quant à la surface de niveau supérieure de la nappe liquide, on est obligé, pour pouvoir observer les mouvements produits dans cette nappe, de la laisser libre, en contact avec l'atmosphère ambiante. C'est alors en partie grâce aux courants de convection de l'air lui-même que s'effectuent les échanges thermiques entre le liquide et l'atmosphère. Ce choix de conditions aux limites n'est pas le plus simple, car il crée une dissymétrie entre le mécanisme du gain de chaleur par la paroi du fond et celui de la déperdition par la surface libre. De plus, le liquide adhère à la paroi du fond et n'offre de vitesses horizontales finies qu'à une distance finie de cette paroi, tandis que la surface libre présente des vitesses horizontales finies.

L'uniformité des conditions aux limites offre ceci de remarquable qu'elle n'impose, *a priori*, aucune distribution particulière de mouvements ascendants et descendants (1). Il est évident que le plus léger excès local de température suffit à créer un centre d'ascension, les filets ascendants étant d'ailleurs compensés quelque part par des filets descendants d'égal débit ; mais ce que rien ne permet de prévoir, c'est qu'un régime permanent stable soit réalisable. Un tel centre d'ascension, une fois créé par une inégalité locale infiniment petite, c'est-à-dire par le hasard, persistera-t-il au même endroit, ou bien se déplacera-t-il sans loi définie, sans tendre vers une position limite? L'expérience seule pouvait répondre à ces questions.

En fait, la viscosité seule semble intervenir dans cette question de stabilité ; quand le coefficient de frottement interne est très faible, de l'ordre de celui de l'éther à la température de 15°, la circulation tourbillonnaire qui se produit, sous l'action d'un flux de chaleur notable, est extrêmement instable. La distribution des mouvements varie alors continuellement ; elle s'effectue suivant un type trop compliqué pour être décrit ici, que j'ai enregistré par des procédés chronophotographiques, mais qui est le même pour tous les liquides à température suffisamment élevée ; la volatilité, dans ce cas, intervient d'ailleurs par le refroidissement superficiel et la variation progressive d'épaisseur qu'elle provoque.

Mais, à température suffisamment basse, qui est la température ordinaire pour la plupart des liquides usuels (alcools, hydrocarbures), les mouvements tourbillonnaires produits tendent rapidement vers un état limite remarquablement simple, régime permanent stable, où non seulement les centres d'ascension sont parfaitement localisés, mais où ces centres, régulièrement distribués, sont tous rigoureusement identiques. Ce sont les lois de ce régime stable que j'ai plus particulièrement étudiées.

(1) Le cas actuel diffère donc complètement de celui que l'on a souvent réalisé, en plaçant une source chaude ponctuelle immergée dans une nappe liquide (en particulier, P. Czermak, *Wied. Ann.*, t. L, p. 329, 1893, etc.) Les courants liquides ont alors les formes bien connues du champignon à volutes multiples, obtenu aussi (Oberbeck, 1877) par écoulement de liquide sous pression à l'extrémité d'un tube cylindrique immergé.

Description de la circulation stable en régime permanent. — La distribution des mouvements tourbillonnaires dans la nappe liquide réalise, dans ce cas, la *structure cellulaire parfaitement régulière.* Ce sont les surfaces sans rotation instantanée *(surfaces de tourbillon nul)*, qui correspondent aux *cloisons* de ces cellules ; ces surfaces sont des plans verticaux, divisant la masse entière en prismes égaux à base polygonale, dont le type le plus parfait est l'assemblage de prismes à bases d'hexagones réguliers égaux.

Dans chacun de ces prismes, que j'appellerai *cellules :*

1° Toutes les trajectoires des particules liquides sont des courbes fermées planes, et tous les plans de ces courbes sont verticaux ; toute trajectoire se projette donc horizontalement suivant un segment de droite ;

2° Toutes ces droites sont concourantes, c'est-à-dire que les plans verticaux en question sont les différents azimuts passant par l'axe vertical de la cellule ;

3° Dans chaque azimut, les filets ont la forme représentée *fig. 1 ;* les

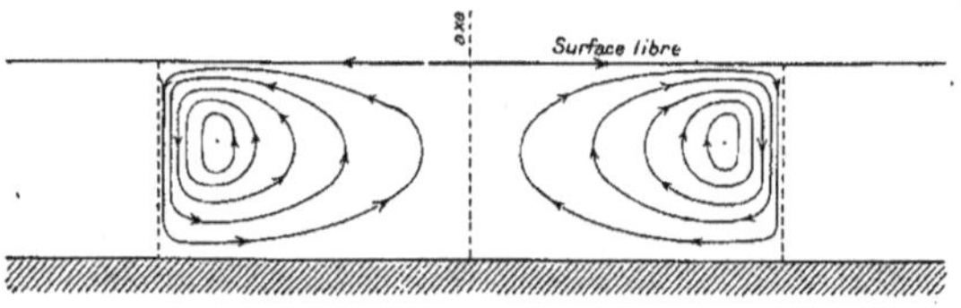

Fig. 1.

flèches y indiquent le sens de la circulation : ascension du liquide chaud dans les parties axiales, refroidissement dans les parties horizontales supérieures, où les filets sont centrifuges, puis descente brusque par la périphérie, près de la cloison cellulaire sans rotation, enfin afflux centripète le long de la paroi solide du fond et de nouveau ascension. Ces filets entourent un point de vitesse linéaire nulle et ont, d'autre part, un rectangle comme enveloppe extérieure. Le lieu des points immobiles forme la *ligne de tourbillon* fondamentale autour de laquelle tournent toutes les trajectoires. Cette ligne a la forme d'un polygone à sommets arrondis, à symétrie hexagonale, dans le cas parfaitement régulier ; elle épouse la forme du polygone cellulaire, en s'approchant d'ailleurs très près de la paroi sans rotation, mais ce n'est pas nécessairement une courbe plane.

Sur chaque filet, le mouvement périodique est parfaitement isochrone. Les filets infiniment petits ont la période minimum. A partir de ce point immobile, la période croît, mais lentement, c'est-à-dire que la vitesse angulaire moyenne va en décroissant légèrement. De plus, sur les filets les plus longs, le frottement du liquide contre la paroi du fond crée une inégalité notable entre les durées de parcours des deux moitiés de la trajectoire; la moitié inférieure est parcourue bien plus lentement. Cette dissymétrie se traduit nettement sur la *figure 1* : le point immobile est plus près de la surface libre que de la paroi du fond; les filets figurés, à peu près équidistants dans leur partie supérieure, sont de plus en plus écartés dans la portion inférieure du trajet.

Régime variable. — Établissement progressif du régime permanent limite. — Le régime parfaitement régulier, où toutes les cellules sont des prismes hexagonaux réguliers, égaux et alignés, n'est qu'un état limite; mais il semble qu'on puisse s'en approcher autant que l'on veut, au point de vue expérimental, en maintenant assez longtemps l'uniformité rigoureuse des conditions d'épaisseur (liquide non volatil), de température et de flux de chaleur. Dans ce cas, en effet, on constate que les variations du mouvement, en particulier les déplacements et déformations des cloisons cellulaires sans rotation, deviennent de plus en plus lentes, et que toutes ces variations tendent à la plus grande régularité du système. Pour préciser, on obtiendra, au début, très rapidement, en quelques secondes, la division en cellules polygonales à peu près égales, mais de formes très différentes. On en trouvera surtout à quatre, cinq, six ou sept côtés. Mais de plus en plus les cellules s'égaliseront, ainsi que les côtés et les angles; les sommets quaternaires accidentels du début disparaîtront pour donner des sommets ternaires; on pourra suivre, à l'aide de clichés effectués à intervalles réguliers, la progression constante du nombre d'hexagones. Enfin, il n'y aura plus que des hexagones; les déformations seront alors devenues extraordinairement lentes : le régime sera presque rigoureusement permanent; mais cependant les hexagones eux-mêmes continueront à se régulariser et à s'aligner en rangées parallèles sur une étendue de plus en plus considérable de la nappe liquide.

Pour résumer ce qui précède, on peut énoncer les lois suivantes :

Lois de l'état variable initial. — *Avec des conditions uniformes dans le plan, invariables dans le temps, le régime hydrodynamique varie de plus en plus lentement, et toujours par accommodation progressive au régime de stabilité maximum...*

Lois de l'état permanent limite. — *Dans tout plan horizontal de la nappe liquide, tous les éléments du mouvement, vitesse, tourbillon, température, etc., sont distribués périodiquement sur trois directions de rangées, à 60° l'une de l'autre, la distance entre deux nœuds étant la même, λ, sur toutes les rangées et dans tous les plans horizontaux.* Pour connaître la loi du mouvement dans la nappe entière, il suffit de la connaître dans un prisme ayant pour base une des mailles du réseau, et même, à cause des six plans de symétrie de l'hexagone, seulement dans un prisme ayant pour base 1/12 de la surface de l'hexagone régulier.

La plus grande partie des mesures effectuées a eu pour but de déterminer les lois qui régissent λ, c'est-à-dire la distance stable de deux centres d'ascension contigus.

Le cliché que reproduit la *figure 9* montre avec quelle précision, au point de vue expérimental, il a été possible d'atteindre cet état limite, *créant dans un milieu liquide une symétrie tout à fait comparable à celle d'un milieu cristallisé.*

Choix du liquide et des conditions expérimentales. — Le régime cellulaire régulier est réalisé, à la température ordinaire, par la plupart des liquides légèrement volatils (alcools, hydrocarbures, etc.), avec des flux de chaleur extrêmement faibles. Mais, pour éviter d'avoir une épaisseur lentement variable, du fait même de la volatilité, on a préféré opérer à des températures plus élevées, allant de 50° à 100°, avec des corps de volatilité pratiquement nulle à ces températures. C'est le cas d'un certain nombre de corps fusibles vers 50° (corps gras, éthers élevés, hydrocarbures, etc.). Toutes les mesures ont été effectuées, finalement, avec du spermaceti (palmitate de cétyle pur), dans des limites de température allant du point de fusion (vers 46°) jusqu'à 100°.

Méthodes d'enregistrement d'ordre purement mécanique.

La circulation décrite dans ses traits les plus généraux a été étudiée par deux sortes de méthodes : les unes sont simplement mécaniques et reposent sur l'emploi de poussières solides ; les autres sont purement optiques. Je décrirai d'abord les propriétés mécaniques utilisées (1).

Première méthode. — *Particules solides insubmersibles* (de densité inférieure à celle du liquide). — Cette méthode utilise les vitesses finies de la surface libre. Dans chaque hexagone, les filets superficiels sont les rayons, parcourus horizontalement du centre vers la périphérie *(fig. 2)*. Un grain de poussière très léger, tombant sur cette surface libre en A, suit d'abord, jusqu'en B, avec la vitesse même du liquide, le filet superficiel sur lequel il est tombé ; arrivé sur le contour du polygone en B, il abandonne le filet liquide plongeant, pour décrire le côté même BC de l'hexagone, mais bien plus lentement, la résultante des deux vitesses super-

(1) La description détaillée des appareils et des mesures sera publiée ailleurs.

ficielles concourantes en B étant désormais seule efficace. Enfin le grain de poussière s'arrête en C, sommet ternaire commun à trois cellules : c'est sa position d'équilibre stable.

On utilise ce parcours en ligne brisée comme il suit : on projette sur le liquide un nuage pulvérulent (lycopode); puis, une courte fraction de

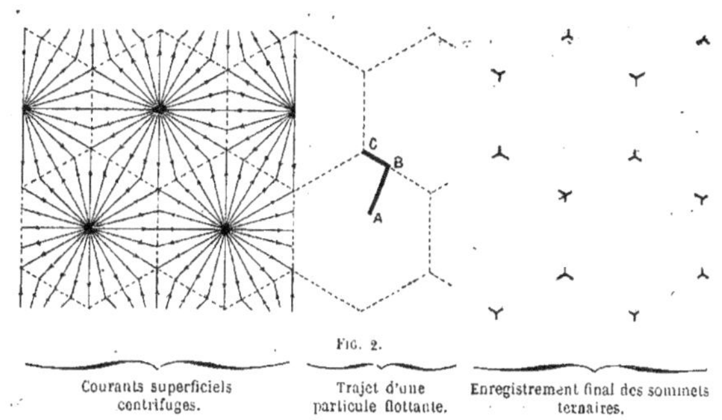

Fig. 2.

Courants superficiels centrifuges. — Trajet d'une particule flottante. — Enregistrement final des sommets ternaires.

seconde après, on prend une photographie instantanée de la surface libre. Les grains encore dans l'air ne sont pas au point sur le cliché ; ceux qui en sont à la première partie, AB, de leur trajet sur la surface liquide, restent pour ainsi dire invisibles, parce qu'ils sont disséminés sur toute la surface ; mais ceux qui en sont à la seconde partie, BC, sont tous réunis sur un lieu composé de lignes et dessinent sur le cliché le contour polygonal par un trait d'une grande finesse (*fig. 3*). On a donc ainsi l'*enregistrement du réseau polygonal*.

Si l'intervalle écoulé depuis l'instant où l'on a projeté le nuage de poussière a été trop long (une seconde, par exemple), tous les grains sont arrivés aux sommets ternaires ; on n'a plus que l'*enregistrement des sommets ternaires du réseau de polygones* par les petits tas de lycopode, désormais immobiles en ces sommets.

Deuxième méthode. — *Particules solides incorporées participant à la circulation* (de densité égale à celle du liquide). — Des grains de poussière, de densité peu différente de celle du liquide auquel ils ont été incorporés, décrivent les filets fermés avec des vitesses qu'on peut regarder comme identiques à celles des éléments liquides eux-mêmes. C'est par ce procédé que toutes les mesures d'ordre cinématique ont été effectuées ; on incorpore assez peu de corpuscules (quelques-uns au plus par cellule) pour qu'on puisse les suivre individuellement en projection horizontale sans confusion possible. Dans le dispositif adopté, les grains se détachent en noir sur un fond lumineux, et, de plus, une des méthodes purement optiques, qui seront décrites un peu plus loin, permet de rendre visible en même temps le réseau polygonal. On peut donc suivre, chronographe en main, les périodes sur les filets de différentes longueurs. Chaque

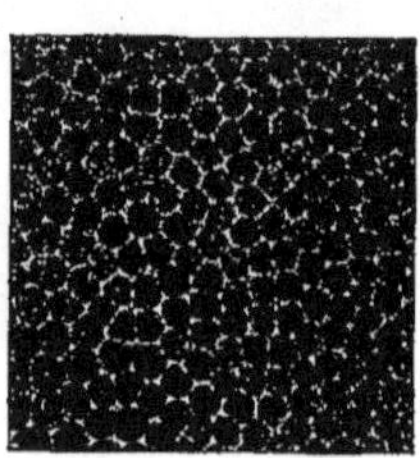

FIG. 3.
Grandeur naturelle (épaisseur 0mm,95).

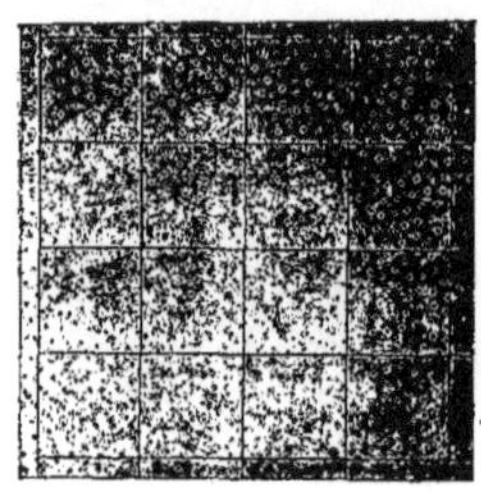

FIG. 4.
Grandeur naturelle (épaisseur 0mm,440).

grain oscille en projection horizontale, avec un isochronisme parfait. Cet isochronisme et l'immobilité du segment de droite décrit, dans le champ de la lunette par rapport à des repères fixes, montrent à quel point la permanence du régime a pu être réalisée dans ces recherches ; dans un cas, par exemple, plus de 3.000 périodes, c'est-à-dire une heure environ, se sont écoulées, sans déplacement appréciable du segment de droite décrit.

Il est évident qu'avec un grossissement et un éclairage convenables cette méthode se prêterait, s'il était nécessaire, à l'analyse détaillée du mouvement en projection horizontale, par enregistrement chronophotographique.

TROISIÈME MÉTHODE. — *Particules solides déposées* (plus denses que le liquide). — Cette méthode utilise les vitesses horizontales centripètes au voisinage de la paroi du fond. Des particules solides plus denses que le liquide, primitivement incorporées, peuvent rester très longtemps en suspension, en participant à la circulation ; mais le grain lourd, tout en restant dans le même azimut, passe peu à peu sur les filets de plus en plus longs, de sorte qu'une trajectoire en spirale se substitue au filet fermé décrit par un élément liquide. Arrivé sur les filets extérieurs, à forme limite rectangulaire, le grain, dans la partie inférieure de son trajet, est de plus en plus ralenti par le frottement contre la paroi du fond, jusqu'à ce qu'enfin il s'arrête et ne remonte plus. L'afflux centripète qui balaie la paroi horizontale finira par entraîner le grain au centre même de la cellule. On a donc ainsi *l'enregistrement de chaque centre de cellule* par un petit tas de poussière ponctuel, parfaitement net *(fig. 4)*.

Si le réseau cellulaire est bien régulier, les petits tas ponctuels sont disposés en quinconces à symétrie senaire; tous les points équidistants se trouvent alignés sur trois directions de rangées à 60° l'une de l'autre. On voit que ce procédé convient parfaitement à la mesure de λ. Pour avoir la surface moyenne de chaque cellule, il suffit de compter sur les clichés le nombre de dépôts ponctuels contenus, par exemple, dans 1 centimètre carré. Quelques grains de poussière dans chaque cellule suffisent (1).

QUATRIÈME MÉTHODE. — *Particules solides impalpables en suspension. — Inégalité de distribution.* — Dans les méthodes précédentes, on emploie des corpuscules solides, visibles à l'œil nu ou au moins avec un faible grossissement, qui, suivant leur densité, servent à indiquer les vitesses superficielles, intérieures, ou bien tangentes à la paroi du fond. La propriété qui reste à décrire est d'une interprétation moins immédiate : c'est l'inégale distribution des particules solides, extrêmement fines, en suspension sur les filets d'une masse liquide ou gazeuse, siège de courants de convection. Un très petit nombre de faits de cette nature avaient été observés jusqu'à ce jour, se rapportant presque tous aux gaz (2). Lodge, cependant, a montré leur généralité et a fait quelques expériences sur les liquides. Celles que j'ai réalisées moi-même sur les liquides troubles m'ont donné des résultats identiques. On peut les énoncer comme il suit :

1° Au contact immédiat d'un corps solide, plus chaud que la masse fluide qui l'entoure, celle-ci forme une *gaine absolument dénuée de particules solides ;*

2° Cette gaine est particulièrement tranchée et nette, quand les courants de convection sont tangents à la surface du solide ;

3° Quand les filets chauds ascendants quittent le contact de la paroi solide, ceux de ces filets qui formaient la gaine sans particules continuent leur route, en régime permanent ou non, également sans particules, dans tout leur parcours. Cette dernière propriété résulte simplement de ce que les particules extrêmement fines se meuvent *avec* le gaz ou le liquide

(1) Un certain nombre de faits, anciennement signalés et restés inexpliqués, sont en relation directe avec ce mécanisme de dépôt et résultent immédiatement de la circulation tourbillonnaire jusqu'ici insoupçonnée. J'en citerai un seul, qui est caractéristique : c'est le dépôt de *globulites* liquides, obtenu par évaporation d'un dissolvant sursaturé, en couche mince, par exemple de globulites de soufre dans l'essence de térébenthine. La régularité anciennement signalée des alignements de ces sphérules (Voir notamment : FRANKENHEIM, *Pogg. Ann.*, t. CXI, 1860; — BEHRENS, *Die Krystalliten*, 1874; — O. LEHMANN, *Molekularphysik*, etc.), résulte, comme celle des dépôts de poussières amorphes, de la régularité des tourbillons cellulaires de la nappe liquide. Ces alignements n'ont, en fait, aucune espèce de relation avec les directions cristallographiques des cristaux de soufre, qui se déposent en même temps ou par la suite. VOGELSANG (*Pogg. Ann.*, 1871, t. CXLIII, p. 621) avait cru voir en ces globulites microscopiques les véritables particules de l'édifice cristallin du soufre. J'ai pu obtenir des globulites énormes, de quelques dixièmes de millimètre de diamètre, séparés par des intervalles réguliers de l'ordre de 1 millimètre.

(2) TYNDALL, *Proc. Roy. Inst.*, VI, p. 1 ; 1870 ; — Lord RAYLEIGH, *Proc. Roy. Soc.*, 21 déc. 1882 ; et *Nature*, XXVIII, p. 139 ; 1882 ; — O.-J. LODGE et J.-W. CLARK, *Proc. Phys. Soc. of London*, VI, p. 1 ; 1884 ; et *Phil. Mag.*, [5], XVII, p. 214 ; 1884 ; — J. AITKEN, *Proc. Roy. Soc. of Edinb.*, 21 janv. 1884, etc.

et non pas à travers ce gaz ou ce liquide ; un filet fluide, *filtré* en un point quelconque de son trajet, reste filtré par la suite de son parcours à travers le milieu trouble. Ce prolongement de la gaine forme, par exemple, un *plan* vertical sans particules, au-dessus d'une tige chaude ou d'un objet quelconque chaud ayant une arête supérieure rectiligne. C'est ce plan qui a été observé en premier lieu (en le visant dans la direction de l'arête, par Tyndall. C'est à Lodge qu'on doit d'avoir reconnu la gaine dont il n'est que le prolongement (1).

Ces faits rappelés, sans insister sur leur explication, qui ne peut être donnée, comme l'a montré Lodge, que par les théories cinétiques, c'est-à-dire, en réalité, en faisant intervenir les forces thermiques de Maxwell, les mêmes qui, aux très basses pressions, produisent les mouvements des ailettes des radiomètres, je me bornerai, à l'aide des faits établis eux-mêmes, à prévoir ce que donnera la circulation tourbillonnaire décrite, dans le cas d'un liquide rendu trouble à l'aide de particules en suspension extrêmement fines.

1° Le fond de la cuve, formant paroi chaude, balayée par des courants qui lui sont parallèles, sera tapissé d'une gaine liquide, mince et très nette, dénuée de particules ;

2° Les courants permanents entraîneront cette gaine ; les filets fermés qui la constituent dans la portion horizontale inférieure de leur trajet resteront sans particules sur tout leur parcours.

C'est bien, en effet, ce que l'on constate par le seul mode d'observation possible, c'est-à-dire *par transparence en projection horizontale* : la *figure 5*

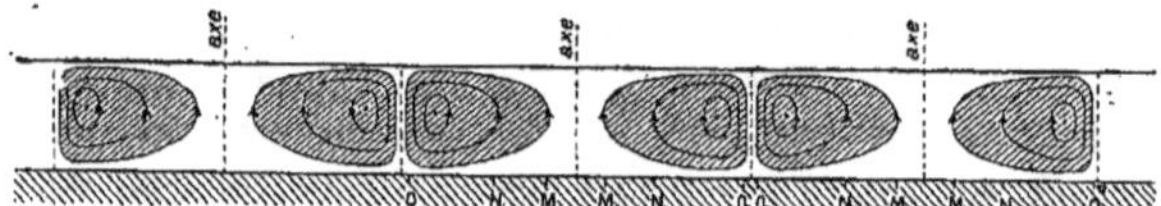

Fig. 5.

montre, en coupe verticale, la distribution réelle de matières pulvérulentes. On voit qu'on observera par transmission, en allant de l'axe vers la périphérie, un centre clair (MM), qui va en se dégradant lentement (MN), puis une zone (NO) d'opacité maximum à peu près constante, enfin, avec une transition brusque, un liséré étroit transparent (OO) traçant le contour polygonal. De plus, les azimuts de la cellule se différencient très nettement;

(1) Les auteurs cités, ayant surtout opéré sur des gaz illuminés par un faisceau intense, qui rend lumineuses seulement les particules solides, emploient les expressions de gaine sombre, de plan sombre *(dark plane)*. Dans mes expériences avec les liquides troubles, observés par transparence, la gaine seule est translucide ; c'est donc une gaine claire, le reste étant opaque. L'expression *gaine sans particules solides* me semble éviter toute ambiguïté.

le *noyau* central transparent est étoilé, les prolongements étant dirigés vers les sommets du polygone.

La *fig.* 5 résume un résultat expérimental, indépendant de toute hypothèse. Mais il m'a paru intéressant de rattacher cette inégalité de condensation pulvérulente aux quelques faits antérieurement connus.

Cette observation par transparence n'a pu être faite commodément qu'avec une cuve à fond de verre, chauffée et éclairée uniformément par en dessous. La division cellulaire subsiste ; mais, à cause de la mauvaise conductibilité du verre et des inégalités de conditions thermiques qui en résultent, les formes observées sont beaucoup plus irrégulières qu'avec une cuve métallique (1) (*fig.* 6).

CINQUIÈME MÉTHODE. — *Relief des filets internes.* — *Particules brillantes.* — L'inégalité de condensation des matières solides en suspension peut être utilisée, avec une cuve à fond métallique, d'une façon tout à fait différente, mais avec des particules solides de propriétés spéciales ; les conditions qu'elles doivent remplir sont d'être de forme lamellaire et de réfléchir vivement la lumière (graphite, aluminium en poudre). Les lamelles s'orientent de façon à ce que leur plus grande surface soit parallèle aux filets qui les entraînent; elles tapissent donc tous les filets couverts de hachures (*fig.* 5), et, si l'on admet que la transition avec les filets

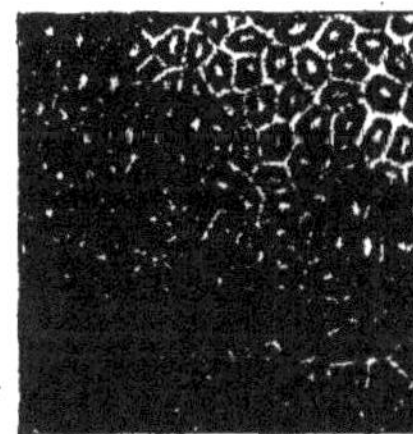

FIG. 6.
Grandeur naturelle (épaisseur $1^{mm},20$).

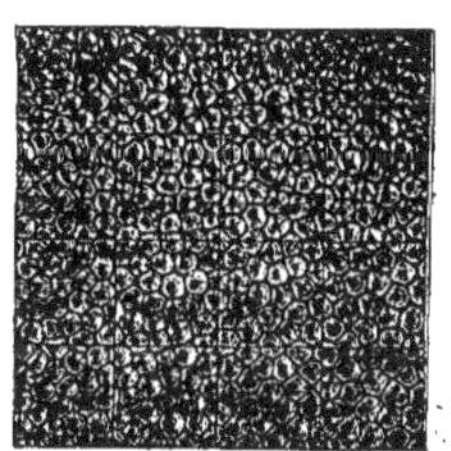

FIG. 7.
Grandeur naturelle (épaisseur $0^{mm},810$).

sans particules s'effectue brusquement, on voit que la lumière incidente, parallèle ou diffuse, se réfléchira sur la surface limite comme sur un miroir métallique dépoli. Il en résulte un véritable *modelé* de cette surface :

(1) A ce procédé par transparence se rattache la seule observation ancienne sur les tourbillons cellulaires que j'aie retrouvée. En 1855, E.-H. WEBER (*Pogg. Ann.*) a décrit très minutieusement la division polygonale microscopique, mise en évidence par des particules solides en suspension, qui se forme dans un mélange d'alcool et d'eau s'évaporant en couche très mince sur la lamelle porte-objet d'un microscope. Chose étrange, E.-H. Weber s'est trompé sur le sens même de la circulation sur les filets liquides. O. LEHMANN, qui rapporte son observation dans sa *Molekularphysik* (t. I, p. 276), a bien vu l'origine thermique du phénomène et rétabli le sens de la rotation. Quant à Weber lui-même, il n'hésitait pas à attribuer une origine électrique à cette circulation.

le cratère ascendant central forme un cône d'ombre, dessiné dans ses moindres détails, étoilé grâce à la différenciation des azimuts; les parties horizontales supérieures réfléchissent vivement la lumière ; enfin la partie descendante abrupte, près de la cloison sans rotation, forme, entre les deux cellules contiguës, comme une coupure étroite, brutale, qui dessine le réseau polygonal par un trait d'ombre extrêmement net. La *figure* 7, mieux que toute description, montre le relief saisissant qui en résulte; mais la photographie ne peut rendre l'impression du mouvement même que donne l'observation directe : on voit la surface modelée métallique traduire exactement le mouvement permanent de l'espèce de tore étoilé qu'elle revêt.

Les méthodes mécaniques permettraient déjà une étude extrêmement détaillée de la circulation tourbillonnaire, mais n'offrent pas, pour l'étude des formes et des dimensions de cellules, la précision et la sécurité des méthodes optiques qui me restent à décrire. Ces dernières ont seules été employées dans les mesures définitives de dimensions, effectuées avec des liquides purs.

Méthodes optiques d'observation et d'enregistrement.

Dans une nappe mince de liquide qui est, en régime permanent, le siège de la circulation décrite, les vitesses des courants sont assez considérables pour que les surfaces isobares ne puissent plus être regardées comme des plans horizontaux. En particulier, la surface libre ne sera plus plane. Le sens des dépressions superficielles est d'ailleurs facile à prévoir d'après le sens des courants : il faut un excès de pression, pour que l'afflux centripète des couches inférieures puisse avoir lieu, malgré la viscosité du liquide : aux centres de cellules correspondront donc des centres de dépression.

Des méthodes optiques très précises sont nécessaires pour mettre en évidence ces différences de niveau qui restent extrêmement faibles (de l'ordre de 1$^\mu$ au plus pour une épaisseur de 1 millimètre de spermaceti à 100°), au point d'échapper complètement à un observateur non prévenu. Mais leur petitesse même rend intéressante l'application à cette surface liquide, des procédés optiques employés pour étudier les petites déformations des surfaces solides polies.

Ces méthodes qui ont servi soit à l'observation directe, soit à l'enregistrement photographique, vont être passées rapidement en revue, chacune d'elle ayant une valeur d'information particulière.

D'un façon générale, on peut, en faisant tomber sur la nappe liquide un faisceau de lumière rigoureusement parallèle et verticale, étudier soit le faisceau réfléchi par la surface libre, soit le faisceau transmis.

Dans ce but, une grande partie du fond plan de la cuve de fonte a été simplement dépolie et noircie : dans la partie correspondante du champ, la lumière est uniquement réfléchie par la surface libre du liquide. Mais au centre de la cuve, un miroir circulaire d'acier, optiquement plan, a été encastré dans le bloc de fonte, de façon à réfléchir, sous l'incidence normale, le faisceau transmis par la nappe liquide (son plan coïncidant rigoureusement avec celui du reste de la cuve). Dans la portion correspondante du champ, on a donc superposition du faisceau simplement réfléchi par la surface libre et du faisceau transmis par la nappe, qui s'est réfléchi sur le miroir d'acier et réfracté de nouveau à la sortie, mais, ce dernier étant de beaucoup le plus intense, la superposition des deux faisceaux ne cause aucun inconvénient quand on veut observer ou photographier le second. Dans une des méthodes, on les utilise d'ailleurs tous les deux pour les faire interférer.

On ne peut songer à décrire ici les dispositifs particuliers à chacune de ces méthodes. D'une façon générale, elles comportent les parties essentielles suivantes :

1° Un système convergent à axe optique horizontal concentre la lumière d'une source intense convenable, monochromatique ou blanche, sur un très petit prisme à réflexion totale, isocèle rectangle, diaphragmé par un petit écran dont l'ouverture circulaire a moins de 1 millimètre de diamètre.

2° Une lentille collimatrice achromatique à long foyer (60 centimètres), dont l'axe optique est rigoureusement vertical. Le petit prisme à réflexion totale a sa face horizontale diaphragmée située dans le plan focal de cette lentille, et le centre du petit trou est à $0^{cm},15$ de l'axe optique. Le faisceau parallèle incident forme donc avec la verticale un angle de quelques minutes seulement, et si la réflexion se faisait sur un miroir plan horizontal l'image conjuguée, formée par autocollimation, serait dans le même plan focal, à $0^{cm},3$ seulement du petit trou lui-même.

3° Le faisceau réfléchi (soit par la surface libre du liquide, soit par le miroir d'acier) repasse par la lentille collimatrice ; suivant la position d'un second prisme à réflexion totale mobile, placé au-dessus du plan focal, on peut le recevoir soit dans une lunette à axe optique horizontal, dont l'oculaire a une très grande course, soit dans une chambre photographique à axe optique vertical. Enfin un troisième système optique récepteur, à axe optique horizontal, permet l'étude du faisceau réfléchi sans le faire repasser par la lentille collimatrice. C'est alors une glace à faces parallèles, inclinée à 45°, placée au-dessous de cette lentille, qui renvoie horizontalement le faisceau à étudier, sur l'axe d'un banc d'optique. Mais la glace à faces parallèles a dans ce cas l'inconvénient de doubler les images.

Première Méthode.

Franges d'interférence à grande différence de marche dans l'air entre la surface libre du liquide et une surface plane horizontale. — Cette méthode, qui n'utilise que la lumière réfléchie par la surface libre, donne directement les courbes de niveau de cette surface. En employant une des sources intenses monochromatiques de l'arc éléctrique, jaillissant dans le vide entre deux électrodes de mercure, ($\lambda = 0^{\mu},4358$) tel que l'emploient MM. Pérot et Fabry (1), on a pu arriver à concilier les conditions d'intensité lumineuse et de visibilité des franges de façon à les photographier, malgré leur mobilité, que toutes les précautions ne peuvent supprimer complètement, et cela avec une durée de pose de $0^{s},2$ environ.

La figure 8 donne les courbes de niveau dessinées dans le cas où le régime permanent limite (hexagonal régulier) est supposé établi. La description

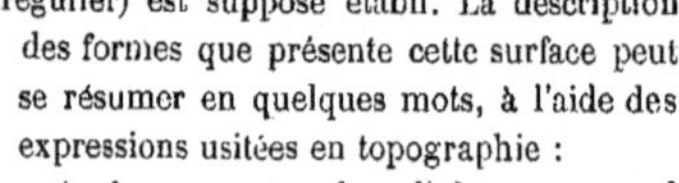

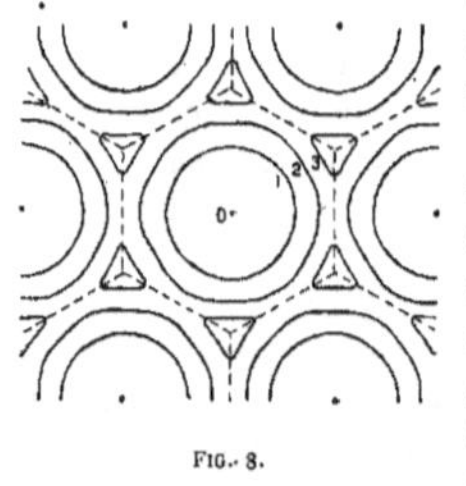

Fig. 8.

des formes que présente cette surface peut se résumer en quelques mots, à l'aide des expressions usitées en topographie :

A chaque centre de cellule, correspond un *ombilic* concave, centre de *dépression*. Chaque sommet ternaire commun à trois cellules est un *sommet* topographique. Le réseau polygonal est constitué de *lignes de faîte*, séparant les uns des autres les différents *bassins* hexagonaux constitués par la surface de chaque cellule. La ligne joignant deux ombilics contigus est une *ligne de thalweg*, d'ailleurs très peu dessinée et s'évanouissant aux ombilics. Thalwegs et lignes de faîte se coupent à angle droit aux *cols* qui sont les milieux des côtés de l'hexagone. En ces points, la courbe de niveau a un point double. Les lignes de faîte sont — relativement — de véritables *crêtes*, séparant deux *versants* presque plans au voisinage immédiat de la crête (2).

Tous les points homologues étant sur la même courbe de niveau, on voit que l'étude géométrique de cette surface, même si on ne savait rien de la circulation interne, conduirait à définir les mêmes éléments de symétrie et la même périodicité λ sur trois directions de rangées à 60° l'une de l'autre, dans le régime hexagonal limite.

(1) *C. R.* t. 128, p. 1.156 ; 1899.

(2) Ces crêtes donnent, par transmission, les franges du biprisme, dans la région occupée par le miroir d'acier, et par simple réflexion les franges des miroirs de Fresnel.

Deuxième Méthode

Foyers et lignes focales remarquables. — La surface libre formant miroir, on peut obtenir en particulier, en mettant convenablement au point le système optique récepteur :

1° Les foyers en quinconce des miroirs concaves que forment les ombilics.

2° Le réseau polygonal de lignes focales que donnent les crêtes fonctionnant comme miroirs cylindriques convexes.

Si l'on utilise la lumière transmise par la nappe liquide, et réfléchie par le miroir d'acier, on obtient :

3° Les foyers en quinconce des lentilles concaves que forment les mêmes ombilics (lentilles doublées par le miroir).

4° Les lignes focales que forment les crêtes fonctionnant comme lentilles cylindriques convexes.

La mise au point optima est mal définie et les valeurs des rayons de courbure qu'on déduit de cette mise au point ne peuvent être que très approchées, à cause des aberrations de chacun de ces miroirs : en particulier un ombilic concave se comporte plutôt comme un miroir hyperbolique : on ne peut évidemment songer à diaphragmer toutes les cellules pour n'utiliser que la portion centrale de chacune d'elles.

Les foyers ponctuels (1° et 3°) donnent un mode d'enregistrement purement optique des centres de cellules disposés en quinconce. Les lignes focales (2° et 4°) enregistrent le réseau polygonal. Le quatrième procédé est particulièrement avantageux : on obtient le réseau de polygones, dessinés par un trait lumineux très intense, régulier et fin, comme tracé au tire-ligne. C'est le procédé qui a été seul utilisé pour les mesures

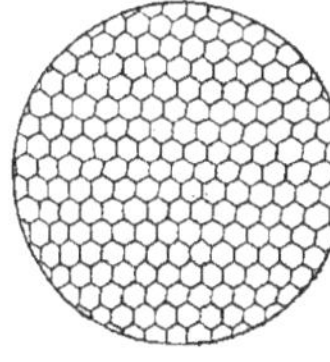

Fig. 9 (calquée).
Grandeur naturelle.
(Épaisseur $0^{mm},640$; temp. 60°).

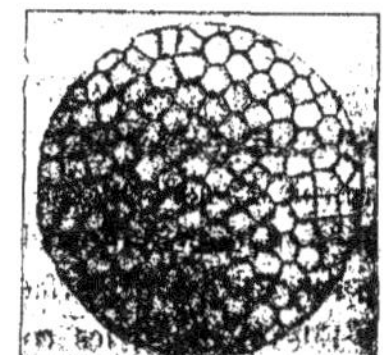

Fig. 10.
Grandeur naturelle.
(Épaisseur $0^{mm},73$; temp. 88°,4).

définitives de dimensions transversales des cellules (*fig. 9 et 10* reproduites en négatif).

Troisième Méthode

Relief exagéré de la surface libre (lumière réfléchie ou lumière transmise). — On connaît la méthode admirable de Foucault pour rendre visibles en les exagérant des milliers de fois les plus petits défauts des miroirs des télescopes. Un procédé analogue permet d'observer les plus petites inégalités d'une surface presque plane par rapport au plan parfait. Il suffit, dans le dispositif décrit, de déplacer un petit écran dans le plan focal de la lentille collimatrice, de façon à intercepter, dans la portion la plus rétrécie du faisceau de retour, les rayons les plus inclinés dans une certaine direction. La lunette ou la chambre photographique qui reçoit le reste du faisceau est mise au point sur la surface libre elle-même ; on obtient alors un relief énormément exagéré de la surface libre, qui paraît éclairée en lumière parallèle oblique. Ce procédé convient surtout en lumière transmise. La figure 11 montre le résultat obtenu : comme tous les reliefs, il faut savoir dans quel sens l'interpréter : avec l'exagération qu'il donne, les crêtes paraissent vraiment des arêtes vives, bien que le rayon de courbure minimum réel soit encore de 15^{cm}. La sensibilité de ce procédé a permis, avec le montage réalisé, de déceler des différences de niveau inférieures à $0^{\mu},01$, correspondant à des *pentes* de $\frac{1}{500.000}$ par rapport au plan horizontal.

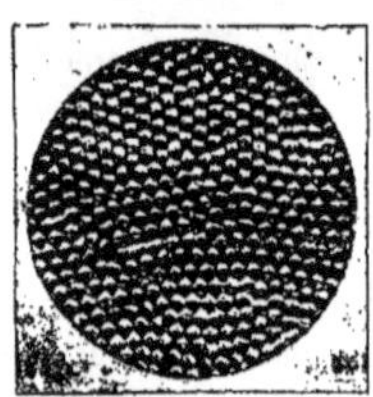

Fig. 11.
Grandeur naturelle.
(Épaisseur $0^{mm},43$; temp. 90°).

Quatrième Méthode

Franges d'interférences entre les deux faces de la lame liquide elle-même. — Le dispositif général est le même ; on utilise la région du champ occupée par le miroir d'acier. On éclaire avec l'arc électrique au mercure dans le vide. On a en lumière monochromatique les franges d'interférence entre le faisceau réfléchi par la surface libre et le faisceau réfléchi par le miroir d'acier. Elles donnent les courbes d'égale différence de marche, et leurs formes tiennent à la fois à la répartition des épaisseurs et à la répartition des températures internes de la nappe liquide, c'est-à-dire des indices de réfraction. Comme on connaît, par les méthodes précédentes, les courbes de niveau de la surface libre, la méthode actuelle renseigne donc sur la répartition des isothermes moyens, la moyenne étant faite sur chaque verticale. L'axe de chaque cellule est d'ailleurs la droite verticale la plus chaude, et le résultat de la comparaison renseigne sur l'ordre de grandeur des écarts extrêmes des températures des différents points de la nappe liquide. Ces différences sont très faibles, de l'ordre de 1° au plus (1). Les franges données par la lame liquide ont tout à fait les formes dessinées figure 8 ; si le miroir d'acier est bien plan et rigoureusement horizontal, leur régularité est parfaite : le même motif se répète indéfiniment ; mais leur mobilité, et le peu d'opposition des maxima et des minima dû à la grande inégalité des faisceaux interférents, les rend bien difficiles à photographier.

ÉTUDE QUANTITATIVE DU RÉGIME PERMANENT.

Les mesures effectuées ont été d'ordre géométrique, cinématique, thermométrique et dynamique. J'indiquerai d'abord le principe des méthodes et la précision de chaque espèce de mesures.

1° *Mesures d'ordre géométrique.* — Les épaisseurs de la nappe liquide sont mesurées avec une erreur probable de 2^{μ} environ, ce qui donne une erreur relative de $\frac{1}{250}$ à $\frac{1}{500}$. Le procédé consiste à amener une pointe fine, que l'on vise avec un microscope à long foyer, en contact avec son image donnée, par réflexion, sur la surface liquide ; le déplacement vertical de la pointe est amplifié par un levier portant une croisée de réticule que l'on vise à l'aide d'un cathétomètre.

Les différences de niveau des divers points de la surface libre sont mesurées sur les clichés de franges, à $0^{\mu},02$ près.

Les dimensions latérales des cellules s'obtiennent en comptant, sur les clichés, le nombre d'hexagones qui couvrent une surface donnée, celle du miroir d'acier circulaire. Ce dénombrement a été effectué en projection sur une centaine de clichés, obtenus par la deuxième méthode optique, analogues à ceux que reproduisent les figures 9 et 10 ; il est nécessaire d'évaluer la valeur des fractions de cellules qui se trouvent coupées par le cercle limitant le champ. Les valeurs de λ qu'on en déduit ont une précision relative très grande, tout à fait du même ordre que celle des mesures d'épaisseur $\left(\frac{1}{200} \text{ à } \frac{1}{500}\right)$.

(1) Une tout autre expérience renseigne sur les isothermes superficiels. On laisse refroidir très lentement le liquide jusqu'à sa température de solidification : les courbes de solidification isochrone traduisent ce que seraient les isothermes superficiels en régime rigoureusement permanent ; la solidification commence aux sommets ternaires et les courbes en question ont des formes analogues aux courbes de niveau de la figure 8. L'hétérogénéité des températures de la nappe a suffi, dans ce cas, à créer des cloisons intercellulaires solides.

2° *Mesures d'ordre cinématique.* — Ce sont des mesures de périodes. On suit, en projection horizontale, à l'aide de la lunette horizontale qui a été décrite, les oscillations isochrones d'une petite particule solide incorporée, qui se détache en noir sur le fond lumineux brillamment éclairé, que limite le disque d'acier, et on mesure le temps avec un chronomètre à pointeur. Pour rendre visibles les contours des cellules, il suffit de provoquer en même temps, par la troisième méthode optique, le relief exagéré de la surface libre.

3° *Mesures d'ordre thermique (flux de chaleur et température).* — Le bloc cylindrique de fonte précédemment décrit, est parfaitement protégé contre toute déperdition latérale : de cette façon, les isothermes sont des plans horizontaux et le flux de chaleur vertical est uniforme dans tout le plan. On s'en assure à l'aide de couples thermo-électriques très sensibles, et l'on mesure ce flux vertical par la différence des températures, en deux points de l'axe situés à 5 centimètres de distance verticale. Pour être assuré d'une précision relative de $\frac{1}{20}$ sur les mesures de flux, il a fallu étudier, pour les couples (Fer-Constantan) et le galvanomètre, les dispositifs les plus sensibles, donnant la différence des deux températures, à 0°,005 près.

A défaut de procédé thermométrique direct pour déterminer la température moyenne de la nappe liquide, on a pris la température du fond de la cuve déduite des mesures effectuées en différents points, à l'intérieur du bloc. La méthode optique des franges formées par la lame liquide elle-même a justifié cette assimilation, puisque la couche liquide n'a pas, entre ses divers points, de différences de température dépassant 1°.

Pour étudier l'influence de la température sur les dimensions transversales, on a provoqué une variation continue, mais très régulière et extrêmement lente, des conditions thermiques. Pour cela, le bloc, préalablement chauffé à 100°, en régime permanent, est abandonné à lui-même, protégé contre toute déperdition latérale ou inférieure. La chaleur emmagasinée ne peut s'écouler que par convection à travers la nappe liquide : l'expérience montre que la chute de température reste alors linéaire sur l'axe du cylindre. La variation des conditions thermiques est assez lente pour offrir toute sécurité, au point de vue des lois du régime permanent. La vitesse de refroidissement est de 0°,006 environ par seconde, au début, au voisinage de 100° ; elle n'est plus que de 0°,001 par seconde, au voisinage de 50°. Le refroidissement de 100° à 50° dure quatre heures. On obtient, en prenant des clichés à intervalles égaux et effectuant des lectures simultanées au galvanomètre, autant de données numériques qu'on le désire. Aucune étuve à température fixe ne donnerait une constance plus parfaite. Des expériences effectuées avec des vitesses de refroidissement tout à fait différentes, ont donné, pour la loi des dimensions en fonction de la température, des courbes exactement superposées, ce qui justifie la méthode, en prouvant que les dimensions des cellules s'accommodent, sans retard appréciable, aux conditions thermiques lentement variables (1).

Lois numériques.

I. — Lois des Dimensions transversales.

1° *Influence de l'épaisseur.* — La loi, grossièrement approchée, révélée par les premières mesures, est la proportionnalité des dimensions transversales à l'épaisseur. Autrement dit, les prismes cellulaires restent semblables quand l'épaisseur croît. Les mesures précises ont montré l'existence d'écarts systématiques et notables. Les nombres suivants sont extraits d'une série effectuée avec du spermaceti à 100° par la méthode des dépôts pulvérulents :

Épaisseur e	Rapport $\frac{e}{\lambda}$
$0^{mm},440$	0,296
$0^{mm},570$	0,291
$0^{mm},644$	0,286
$0^{mm},700$	0,274
$0^{mm},853$	0,247

On trouvera plus loin les résultats définitifs à diverses températures.

2° *Influence du flux de chaleur.* — A l'ordre de précision des mesures de dimensions, le flux de chaleur variant du simple au triple, la distance stable λ, entre deux centres d'ascension contigus, ne varie pas, la température restant la même.

3° *Influence de la température.* — La figure 12 résume les résultats : on a porté en abscisses les températures du liquide de 100° à 50°, et en ordonnées les valeurs du rapport $\frac{e}{\lambda}$. On voit l'ordre d'approximation de la loi approchée $\frac{e}{\lambda}$ = constante, aux diverses épaisseurs. La figure 13 reproduit les mêmes courbes, mais à une autre échelle pour les ordonnées.

a) De 100° à 50°, le rapport $\frac{e}{\lambda}$, pour une épaisseur déterminée, croît,

(1) Cet article se rapportant exclusivement au régime *permanent*, on ne décrira pas ici le mécanisme de multiplication des cellules par scissiparité et de leur résorption. On trouvera tous les renseignements relatifs à l'état variable des courants dans deux articles parus dans la *Revue générale des Sciences*, 15 et 30 déc. 1900.

passe par un maximum, puis décroît jusqu'à disparition des courbures superficielles (*surf. pl.* sur les courbes). Il y a donc, entre 100° et 50°, une température pour laquelle les cellules passent par une dimension mini-

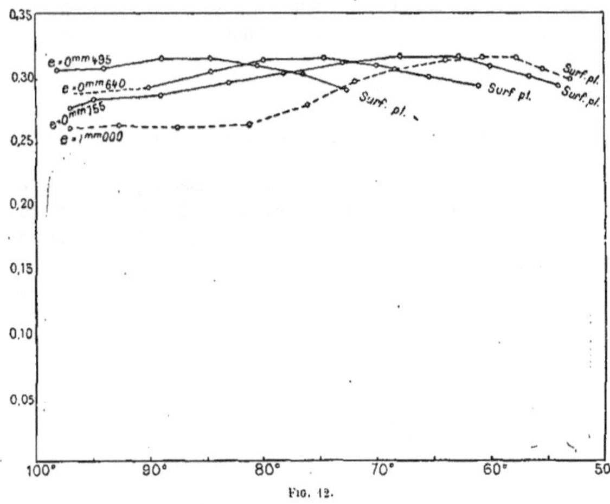

Fig. 12.

mum. La température de ce minimum est d'ailleurs plus élevée aux faibles épaisseurs qu'aux grandes. Il a lieu :

Vers 89°, pour $e = 0^{mm},50$
Vers 60°, pour $e = 1^{mm}$, »

b) D'une façon générale, les variations relatives du rapport $\frac{e}{\lambda}$ sont d'autant plus faibles, à température variable, que l'épaisseur est plus faible.

c) Quelle que soit l'épaisseur, tous les maxima de $\frac{e}{\lambda}$ sont égaux, à l'ordre même de précision des expériences, l'épaisseur variant du simple au double. Les valeurs numériques trouvées pour ces maxima sont toutes comprises entre 0,3100 et 0,3108.

Entre 100° et 50°, la surface du polygone cellulaire de spermaceti passe par un minimum. Pour ce minimum, quand l'épaisseur varie du simple au double, la similitude des prismes hexagonaux est rigoureuse à $\frac{1}{500}$ près (1).

(1) En réalité, une correction négligée déforme légèrement les courbes de la figure 13 : tous les maxima se placent sur une droite très peu inclinée sur l'axe des températures, mais l'écart extrême n'est encore que $\frac{1}{50}$.

d) Les courbes montrent que la même similitude, avec une autre valeur du rapport $\frac{e}{\lambda}$, a lieu, quelle que soit l'épaisseur, quand la surface libre

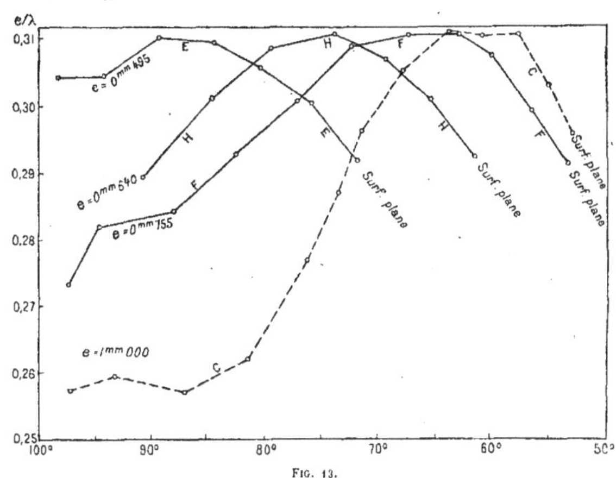

Fig. 13.

devient plane au degré de précision des expériences (*surf. pl.* sur les courbes).

e) Enfin, relativement à la durée du régime variable initial, on peut remarquer que plus l'épaisseur est faible, plus le régime permanent limite (hexagonal régulier) s'établit vite et facilement. A ce point de vue, il y a une différence énorme entre les épaisseurs de $0^{mm},5$ et de 1 millimètre.

II. — Indications sur les dépressions superficielles.

a) Pendant le refroidissement de 100° à 50°, les dépressions diminuent d'abord très vite, puis de plus en plus lentement ; leurs variations sont de même sens que celles du flux de chaleur, mais plus rapides.

b) A épaisseur croissante, les dépressions relatives vont en croissant.

c) Aux épaisseurs faibles, la surface libre est plane, bien plus tôt qu'aux épaisseurs plus considérables. Les courbes de la figure 12 confirment pleinement ce résultat.

d) Les mesures absolues les plus précises donnent :

Spermaceti, épaisseur : 1 millimètre.
État permanent à 100° (avec flux de chaleur maximum).
Différence de cote entre un ombilic concave et un sommet. . . . . $0\mu,96$
— — — — et un col. . . . . . . $0\mu,75$

III. — Lois des Périodes et des Vitesses.

1° *Distribution des périodes dans chaque azimut.* — Les filets infiniment courts qui entourent le point immobile ont la période minimum, et la période croît d'abord très peu, puis plus rapidement quand on passe sur des filets plus longs, ainsi qu'on l'a déjà dit. Mais ce n'est que sur les filets tout à fait extérieurs que l'allongement de la période devient énorme.

	Longueur du filet.	Période.
(La longueur inscrite est évaluée en projection horizontale en prenant comme unité la plus longue de chaque azimut.)	⩽ 0,1	1s,50
	0,1	1 ,59
	0,2	1 ,90
	0,3	1 ,98
	0,6	2 ,32
	0,9	2 ,92

On voit que si la vitesse angulaire moyenne décroît légèrement à partir du point immobile, les vitesses linéaires continuent à croître très notablement.

2° *Influence de l'épaisseur.* — Il n'y a guère que les périodes minimum qu'on puisse comparer avec quelque précision. On a trouvé une période minimum, très sensiblement proportionnelle à l'épaisseur, en régime permanent à 100°. On en concluerait comme loi approchée pour les filets les plus courts, l'égalité des vitesses linéaires en des points homologues, si le frottement contre la paroi du fond ne s'opposait à la similitude rigoureuse des formes des filets et des vitesses, quand l'épaisseur varie.

3° *Influence du flux de chaleur.* — Les mesures simultanées de périodes minimum et de flux de chaleur à travers la nappe, effectuées pendant le refroidissement, ont donné la loi approchée suivante :

La période minimum varie, à épaisseur égale, en raison inverse du flux total transporté.

On en conclut que le flux est proportionnel à la vitesse en un point donné. Ici encore, ce résultat ne peut être que très approché : les vitesses que l'on mesure sont celles des filets intérieurs, tandis que les échanges de chaleur s'effectuent surtout sur les filets extérieurs, sur ceux qui viennent former la surface libre.

4° *Ordre de grandeur du flux de chaleur transporté par convection.* — A 100°, dans l'appareil construit, une cellule de spermaceti de 1 millimètre d'épaisseur transporte environ 10^{-2} joules par seconde sous forme de chaleur. Il y a huit cellules par centimètre carré. L'énergie cinétique de la cellule, en régime permanent, est 10^9 fois plus faible. Au point de vue énergétique, un milliardième de seconde suffirait à la mise en marche des courants, en supposant que le liquide ait déjà la température moyenne identique à celle qu'il aura en régime permanent. Ce rapprochement est artificiel, car l'état variable tient à de tout autres causes, mais il montre l'énormité de la quantité de chaleur transportée grâce aux courants de convection renouvelant constamment les couches superficielles, qui rayonnent vers l'atmosphère extérieure.

M. C. FÉRY

Chef des travaux pratiques à l'École de Physique et de Chimie de Paris.

PENDULE A RESTITUTION ÉLECTRIQUE CONSTANTE [526.72]

— *Séance du 5 août* —

I

Je me suis proposé, dans cette disposition, de réaliser un entretien électrique du pendule libre et cela sans perturbations.

Comme il est nécessaire de se servir du pendule lui-même pour ouvrir et fermer le courant électrique, j'ai d'abord étudié les influences perturbatrices que peut introduire le contact électrique dans l'appareil. Les trois causes de variations qui peuvent ainsi être créées sont : 1° un frottement possible entre les deux points où le contact se produit; 2° un effet d'adhérence à la rupture, provenant du *collage électrique*, ainsi que l'a appelé M. Lippmann, qui a, je crois, le premier attiré l'attention sur ce phénomène; 3° une perturbation possible de l'isochronisme.

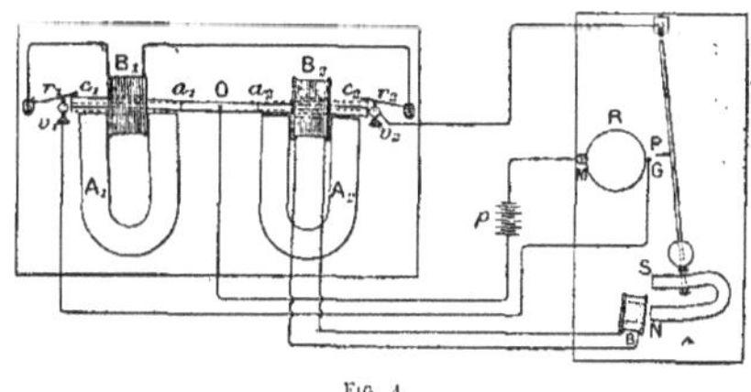

Fig. 1.

Pour éviter tout frottement au point de contact, j'emploie un petit ressort circulaire R très léger, fixé en M *(fig. 1)*, et constitué par un fil d'acier méplat servant à la fabrication des spiraux de chronomètres de marine.

Le ressort ainsi constitué, mobile dans toutes les directions, rend impossible tout glissement au point de contact.

Pour éviter l'adhérence électrique à la rupture, il suffit d'employer des courants de très faible intensité. Quoique je n'aie pu déterminer exactement la loi qui lie le *collage électrique* à l'intensité du courant, il m'a semblé que l'adhérence croissait plus rapidement que la simple puissance de l'intensité, et moins vite que le carré.

L'isochronisme est profondément modifié par la présence du ressort R. L'expérience m'a montré que, pour un réglage convenable, le pendule qui avance normalement aux petits arcs et retarde aux grands, peut, au contraire, retarder pour une amplitude moyenne, en prenant de l'avance soit qu'on augmente ou qu'on diminue l'amplitude.

Aux environs de ce maximum du temps d'une oscillation, une variation dans l'amplitude n'aura donc que très peu d'influence, et le pendule pourra ainsi être rendu pratiquement isochrone pour des arcs assez grands. Il en résulte un avantage considérable, la puissance réglante d'un système qui oscille étant proportionnelle à la force vive qu'il possède.

II

Ces conditions de bon fonctionnement étant posées, il faut maintenant entretenir le mouvement oscillatoire du balancier. Pour cela il est nécessaire : 1° de restituer dans la verticale par une impulsion brusque, ainsi que M. Lippmann l'a indiqué; 2° que cette impulsion soit constante.

Pour réaliser ces deux conditions, j'emploie un dispositif électrique dont le principe est le suivant : Le courant de la pile, alternativement renversé dans la bobine B_1 (*fig. 1*) d'une sorte d'électro-aimant polarisé, et cela grâce aux deux contacts P et G que le pendule vient faire alternativement sur le ressort rond R, produit un mouvement alterné de la palette c_1 c_2 mobile en O et qui bat ainsi synchroniquement avec le pendule.

Il résulte de ce mouvement que des courants induits prendront naissance dans la bobine B_2 de ce *restituteur* et entretiendront le mouvement pendulaire si on les envoie dans la bobine B, qui réagit sur l'aimant constituant la masse du balancier.

Grâce à cette disposition, les variations continuelles de l'intensité fournie par la pile n'interviennent pas, la quantité d'électricité induite ne dépendant que de la construction du restituteur et de l'ébat qu'on donne à la palette de l'appareil. Cette disposition, qui constitue une auto-synchronisation du pendule, m'a donné d'excellents résultats. Voici les marches relevées par M. Bigourdan, astronome à l'Observatoire de Paris; l'apparei placé dans la cave, auprès de l'horloge étalon de l'Observatoire a été comparé à cette dernière.

Date.		Temps sidéral.			Différence observée.		Différence calculée.		Erreur.
		Heures.	Min.	Sec.	Min.	Sec.	Min.	Sec.	Sec.
10	juillet.	4	58	24	6	60	6	38	+ 0,22
10	—	12	40	23	6	40	6	28	+ 0,12
11	—	4	8	9	6	35	6	10	+ 0,25
11	—	16	32	30	6	00	5	96	— 0,00
12	—	3	37	14	5	80	5	82	— 0,02
12	—	17	23	40	5	60	5	66	— 0,06
13	—	3	52	35	5	50	5	54	— 0,04
13	—	18	47	15	5	40	5	38	+ 0,02
14	—	4	8	0	5	30	5	26	+ 0,04
16	—	4	6	6	4	60	4	70	— 0,10
16	—	11	29	53	4	60	4	60	± 0,00
17	—	5	22	56	4	40	4	40	± 0,00
18	—	5	29	42	4	10	4	12	— 0,02
18	—	11	28	40	4	00	4	03	— 0,03
19	—	5	25	11	3	70	3	83	— 0,13
20	—	4	40	17	3	65	3	58	+ 0,07
20	—	12	48	20	3	50	3	48	+ 0,02
21	—	4	39	32	3	40	3	30	+ 0,10
21	—	15	49	37	3	30	3	17	+ 0,13
23	—	14	41	18	2	60	2	62	— 0,02
24	—	4	27	53	2	60	2	45	+ 0,15
25	—	3	55	54	2	15	2	19	— 0,04

On voit qu'à part les deux jours qui ont suivi la mise en marche du système, l'erreur n'a jamais été supérieure à 0,15 seconde ; cette erreur doit être considérée comme la somme des erreurs des deux pendules et de la mesure.

Les pendules électriques présentent sur les horloges mécaniques un certain nombre d'avantages dont les principaux sont :

1° La grande facilité qu'on a de les soustraire aux variations barométriques, ces appareils ne nécessitant pas de remontage. Dans le cas particulier qui nous occupe, *aucune étincelle ne se fait aux contacts du pendule*, qui ne servent qu'à fermer le circuit; la rupture a lieu au restituteur. Il résulte de cette disposition que les contacts du pendule restent toujours en bon état et ne nécessitent aucune surveillance; on peut, d'ailleurs, mettre facilement l'appareil en marche sans ouvrir la boîte qui le renferme, en exécutant de l'extérieur, au moyen d'un aimant qui réagit sur la masse du balancier, des mouvements rythmés convenables;

2° Une conservation de marche remarquable, qui ne dépend, pas comme dans les horloges mécaniques, de l'état des huiles;

3° Toutes les perturbations crées par les rouages sont supprimées;

4° L'obtention facile d'un bon réglage, qui dépend beaucoup moins ici du fini de la construction mécanique que dans les régulateurs ordinaires. Il résulte de ce fait un bon marché relatif en faveur des pendules électriques;

5° Enfin un pendule électrique permet sans aucune modification l'entretien d'un grand nombre de récepteurs synchronisés ou non, et cela sans introduire de perturbations nouvelles dans la marche de l'appareil.

Ajoutons encore que la dépense est relativement peu élevée, soit d'environ 200 grammes de zinc pour le fonctionnement annuel d'une horloge à secondes.

Les observatoires et peut-être aussi l'horlogerie civile pourront se servir avec avantage de cet appareil qui possède une marche irréprochable et a un prix de revient peu élevé.

Je ne puis terminer sans remercier ici M. le directeur de l'Observatoire de Paris de l'autorisation bienveillante qu'il m'a donnée d'installer mon appareil dans des conditions idéales de fonctionnement, et aussi M. Bigourdan, qui s'est intéressé à cette expérience et a obtenu les résultats que

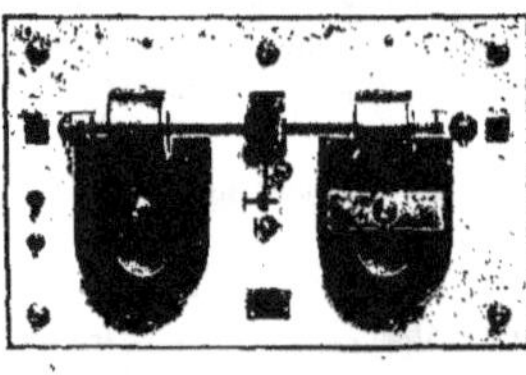

Fig. 2.

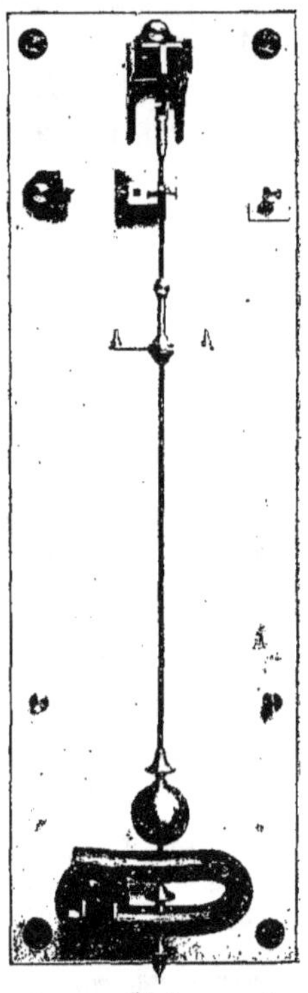

Fig. 3.

j'ai donnés précédemment. Afin de ne pas interrompre ces essais pendant les vacances, je viens d'installer un chronographe qui me permettra d'enregistrer à $\frac{1}{100^e}$ de seconde près la différence de marche entre les deux horloges. Les figures 2 et 3 sont des vues d'ensemble du restituteur de l'appareil sans les connexions électriques.

M. A. BERG

L'ÉLATÉRASE, DIASTASE DES CUCURBITACÉES

[615.35 : 583.461]

— *Séance du 6 août.* —

J'ai montré dans un mémoire précédent (1) que l'élatérine, principe actif de l'élatérium, ne préexiste pas dans les fruits de l'*Ecballium elaterium*, mais qu'elle se formait, au moment de l'expression des fruits, par le dédoublement d'un glucoside sous l'action d'une diastase particulière que j'ai nommée élatérase.

J'ai indiqué, à cette occasion, le moyen de préparer des solutions très actives de cette diatase. Pour cela, il suffit d'exprimer les fruits, de laisser le jus en repos pendant quelques heures afin de permettre à la réaction précédente de s'achever, puis de filtrer le liquide, de le saturer de chloroforme et enfin de le conserver dans des flacons pleins, à l'abri de la lumière et de la chaleur. Dans ces conditions, ce suc présente encore nettement les propriétés diastasiques après un temps de conservation de près de trois ans.

En dialysant pendant quelques jours le suc ainsi obtenu en employant comme liquide extérieur de l'eau chloroformée fréquemment renouvelée et en évitant l'accès de l'air pendant la dialyse, on obtient un liquide qui ne possède plus qu'une faible amertume et ne réduit plus la liqueur de Fehling après ébullition pour en chasser le chloroforme.

Tout en étant moins actif que le suc primitif, ce liquide agit encore énergiquement et a l'avantage de ne contenir que très peu de matières étrangères. Il permet très bien, entre autres, de démontrer la formation de glucose dans le dédoublement du glucoside. Évaporé dans le vide à la température ordinaire, il laisse une poudre jaunâtre, qui redissoute dans l'eau, donne des solutions assez actives.

(1) *Bull. Soc. Chim.*, t. XVII, p. 85-88.

On peut encore pour obtenir la diastase sous forme solide, précipiter par l'alcool le suc d'Ecballium, laver le précipité à l'alcool, le mettre en macération dans l'eau chloroformée, et précipiter à nouveau la solution par l'alcool. On obtient ainsi une poudre blanche qui ne présente que des propriétés diastasiques affaiblies et qui n'est que partiellement soluble dans l'eau.

La précipitation par le phosphate de chaux et la cholestérine ne m'a donné que des résultats peu satisfaisants.

La grande ressemblance qui existe entre le glucoside de l'élatérine, que j'ai retiré de l'Ecballium, et la colocynthine de la coloquinte m'a fait penser que l'élatérase dédoublerait peut-être ce dernier glucoside. C'est ce que j'ai en effet vérifié. Une solution de colocynthine, additionnée de suc d'Ecballium, se trouble au bout de peu de temps et laisse déposer une substance blanche, soluble dans l'éther d'où elle cristallise en aiguilles : c'est la colocynthéine.

On sait que la racine de bryone contient également un certain nombre de corps amers parmi lesquels se trouve d'après plusieurs auteurs un glucoside amorphe, la bryonine. J'ai vérifié sur un échantillon de cette substance qu'elle était aussi dédoublée par l'élatérase. Je l'ai vérifié également en faisant agir le suc d'Ecballium sur le liquide obtenu en épuisant la racine de bryone par l'alcool, chassant ce dernier par distillation, reprenant le résidu par l'eau et filtrant. Là encore il y a dédoublement de glucoside et formation d'un précipité insoluble.

Enfin, en opérant sur la racine de melon comme je l'avais fait pour la racine de bryone, j'ai pu mettre en évidence la présence dans cette racine, amère et purgative, d'un glucoside dédoublable par l'élatérase, glucoside que je n'ai pas pu isoler encore en quantité suffisante pour en faire l'étude.

Dans tous les cas précédemment cités, je me suis assuré que le dédoublement des glucosides n'avait plus lieu si je faisais bouillir préalablement le suc d'Ecballium ou si je le maintenais pendant une heure à 60°, l'élatérase étant très facilement détruite à cette température.

L'élatérase existe dans les diverses parties de l'Ecballium, sauf dans les feuilles. Elle est surtout abondante dans les fruits, moins dans les racines et peu dans les tiges. Parmi ces dernières, ce sont les tiges étiolées qui en contiennent le plus.

Il était à présumer qu'elle existerait aussi dans d'autres plantes de la famille des cucurbitacées. Mes essais n'ont encore porté que sur la racine de bryone et la racine de melon et dans ces deux cas il est facile de mettre en évidence sa présence. Il suffit de râper ces racines, d'exprimer le suc, de le laisser déposer et de le filtrer. Les liquides ainsi obtenus dédoublent nettement le glucoside de l'élatérine ainsi que les autres glucosides cités plus haut. Ce dédoublement n'a plus lieu après ébullition.

La présence simultanée, dans la racine de bryone, d'un glucoside (bryonine) et d'élatérase explique, il me semble, les divergences que l'on rencontre chez les auteurs qui se sont occupés des principes actifs de cette plante. C'est ainsi, par exemple, que certains d'entre eux regardent la bryonine comme un glucoside, tandis que d'autres lui refusent cette qualité. On comprend que, suivant le mode opératoire employé, on puisse obtenir soit le glucoside, soit ses produits de dédoublement. C'est là tout un travail à reprendre sur un nouveau plan.

L'élatérase est différente des autres diastases que l'on rencontre dans les autres végétaux, telles que la sucrase, l'amylase, l'émulsine et la myrosine, car aucune de ces dernières n'est susceptible de dédoubler les glucosides des cucurbitacées.

Par contre, le suc d'Ecballium n'agit aucunement sur le myronate de potasse et sur l'amygdaline. Cependant il saccharifie lentement l'amidon et intervertit le sucre, ce qui me paraît dû à la présence d'autres diastases accompagnant l'élatérase dans l'Ecballium.

L'élatérase est très sensible à l'action de la chaleur. Il suffit d'une chauffe de trois quarts d'heure à une heure, à 60° pour la détruire complètement.

Les alcalis la détruisent également. Les acides minéraux même à dose assez faible empêchent son action. Les acides organiques sont moins actifs. A faible dose, ils ralentissent l'action, et, à dose élevée, ils peuvent l'annuler.

En résumé, on voit que les plantes de la famille des cucurbitacées, qui forment une famille botanique si nettement caractérisée, présentent, en outre, des analogies frappantes au point de vue de leur composition chimique, grâce à la présence, dans un certain nombre d'entre elles, de glucosides de propriétés voisines et d'une diastase qui leur est particulière.

M. Louis HENRY

Professeur de Chimie à l'Université de Louvain.

SUR LES ALCOOLS AMINES

— *Séance du 6 août* —

On sait que le caractère *alcool* subit, dans son intensité, une modification plus ou moins profonde par la présence dans la molécule, dans certaines conditions de voisinage, de groupements ou radicaux négatifs, tels que Cl, Br, etc., — OH, — CN, OC — OH, etc. Je ne pense pas que l'on ait déterminé jusqu'ici l'influence exercée par des groupements positifs tels que — NH_2, >NH, etc. C'est cependant une question d'un grand intérêt dans la question générale de la *solidarité fonctionnelle* dans les composés carbonés.

Avant d'en entreprendre l'examen, il est nécessaire de constituer le matériel expérimental. Or, on ne connaît aujourd'hui en fait *d'alcools-amines* que l'*Éthanol-amine* de M. Knorr $(H_2N)CH_2 — CH_2(OH)$, qui renferme les deux composants *alcool* et *amine*, $H_2C — OH$ et $H_2C — NH_2$, directement unis.

Pour résoudre complètement le problème de l'influence réciproque de ces deux composants fonctionnels, il est nécessaire de posséder des alcools amines où ces composants sont écartés l'un de l'autre par des chaînons carbonés intercalaires. J'ai été amené ainsi à entreprendre des recherches sur les *alcools-amines*.

Des *alcools-amines*, peuvent être obtenus par des méthodes diverses :

1° A l'aide de l'ammoniaque NH_3, par sa réaction

a) Soit sur les éthers haloïdes incomplets des alcools polyatomiques, glycols, etc.

b) Soit sur les anhydrides des glycols, tels que :

$$\begin{matrix} H_2C \\ | \\ H_2C \end{matrix} > O, \qquad H_2C — CH — CH_3, \text{ etc.} \quad (\text{O pontant } H_2C \text{ et } CH)$$

Ces deux réactions ont été imaginées par M. Wurtz. La seconde, reprise en 1897 par Knorr, lui a fourni l'*éthanol-amine*.

Malgré leurs avantages, ces réactions ont le désagrément de fournir non seulement des dérivés *amidés* >C — NH_2, mais tout à la fois des dérivés *imidés* $\begin{matrix} —C \\ —C \end{matrix}>$ NH, et des dérivés *nitrilés* $\begin{matrix} —C \\ —C \\ —C \end{matrix}>$ N.

2° Par l'*hydrogénation*.

c) Soit des nitriles-alcools ;

d) Soit des alcools nitrés ; transformation des composants — CN et — C — NO_2 en $H_2C — NH_2$ et — C — NH_2.

Ces deux dernières méthodes ne peuvent fournir que des dérivés *amidés* C — NH_2.

Ce sont celles qui ont fait l'objet de mes investigations.

A. — Hydrogénation des nitriles-alcools.

J'ai fait connaître précédemment l'alcool *cyano-propylique normal* CN — CH_2 — CH_2 — CH_2(OH) Eb. 238° 240°, composé qui s'obtient aisément en partant du *chlorobromure de triméthylène* ClCH_2 — CH_2 — CH_2Br.

Soumis à l'hydrogénation, selon la méthode de Ladenburg, l'alcool cyano-propylique se transforme, sans grande difficulté, en *butanol-amine bi-primaire* (H_2N)CH_2 — CH_2 — CH_2 — CH_2(OH). Le rendement est d'environ 33 0/0.

La *butanol-amine bi-primaire* constitue un liquide incolore, quelque peu épais, à odeur de marée, d'une saveur désagréable, douceâtre et brûlante tout à la fois.

Sa densité à 12° est égale à 0,967.

Elle bout sous la pression ordinaire à 206° fixe, à 125° sous une pression de 34 millimètres.

Elle se dissout dans l'alcool, mais elle est *insoluble dans l'éther* (1).

L'eau la dissout également, mais en s'y combinant avec un dégagement de chaleur sensible. Il se forme ainsi un hydrate par le composant — CH_2 — NH_2 qui devient H_2C — NH_3(OH). Cet hydrate se sépare de l'eau qui le dissout, sous forme d'huile surnageante, par le carbonate bi-potassique, mais pas par la potasse caustique elle-même.

La butanol-amine présente vis-à-vis des acides et des papiers colorés la réaction basique des amines aliphatiques. A l'air ordinaire, elle se montre hygroscopique et en attire tout à la fois la vapeur d'eau et l'acide carbonique.

A la fois *amine* et *alcool*, elle fournit avec le réactif de Baumann-Schotten un *dibenzoate* $C_4H_8 < \begin{matrix} O\,(CO - C_6H_5) \\ NH(CO - C_6H_5) \end{matrix}$. Au moment de sa formation, celui-ci constitue un liquide épais qui se prend à la longue en petites aiguilles, solubles dans l'éther ordinaire et l'acétone, fusibles à 58°.

L'acide *azoteux* HO — NO — réaction du nitrite sodique sur le chlorhydrate — transforme la butanol-amine en un glycol en C_4, C_4H_8 — $(OH)_2$. Le rendement de l'opération est peu avantageux. Ce glycol constitue un liquide épais bouillant au delà de 220°. Je dois recommencer cette opération afin de pouvoir m'édifier avec certitude sur la nature de ce composé. Ce devrait être le glycol *succinique* normal et bi-primaire ou *glycol tétraméthylénique* (HO)CH_2 — $(CH_2)_2$ — CH_2(OH qui, selon toutes les analogies doit bouillir vers 235° — 240°. J'en ai transformé une certaine quantité en bi-bromure C_4H_8 — Br_2. Celui-ci ne m'ayant pas présenté un point de

(1) Il en est de même de l'éthanol-amine. C'est sans doute un caractère du groupe tout entier.

fusion fixe, je tends à croire qu'il renfermait, en même temps que le *composé bi-primaire* $BrCH_2 - (CH_2)_2 - CH_2Br$, une certaine quantité du composé *primaire et secondaire* $CH_2Br - CH_2 - CHBr - CH_3$. Si cette supposition est vraie, l'acide azoteux fournirait tout à la fois les deux glycols correspondants.

L'analyse de la *butanol-amine* a fourni les résultats suivants :

Carbone 0/0 : 54,03 ; calculé 53,93.

Azote 0/0 : 15,90 ; 15,73 ; 15,77 ; calculé 15,73.

Je prévois qu'il sera malaisé, sinon impossible, de déterminer *expérimentalement* (1) l'influence du *composant amine* sur le composant *alcool* dans les amines-alcools elles-mêmes. La raison en est que les composants $\underset{|}{H_2C} - OH$ et $\underset{|}{H_2C} - NH_2$ sont l'un et l'autre sensibles à l'action des réactifs tels que Na, acide et anhydride acétiques, qui servent à déterminer l'intensité du caractère alcool.

J'ai déjà pensé qu'à défaut des alcools-amines il faudrait s'adresser aux alcools-amines bi-alcooliques, où les deux hydrogènes du groupement NH_2 sont remplacés par groupements hydrocarbonés, tels que CH_3, C_2H_5, etc.

Je rappellerai à cette occasion que jai fait connaître précédemment les alcools *di-méthyl*, *di-éthyl*, etc., *amido-méthyliques*, etc.

$$H_2C<^{OH}_{H\,(CH_3)_2}$$

$$H_2C<^{OH}_{N\,(C_2H_5)_2}$$

L'action des *amines bi-subtituées* telles que $HN\ (CH_3)_2$, $HN\ (C_2H_5)_2$ sur les éthers mono-haloïdes des glycols, ou sur les anhydrides des glycols tels que $H_2C - CH_2$ (pont O), etc., fournit sans difficultés, des composés de cette sorte pour les divers étages, C_2, C_3, C_4, etc. La formation de l'*éthanol-amine biméthylique* $(HO)\ CH_2 - CH_2 - [N(CH_3)_2]$, du *propanol-amine* $(HO)\ CH_2 - CH_2 - CH_2\ [N(CH_3)_2]$ etc., est aisée.

L'action du sodium sur des composés de cette nature, se portant exclusivement sur le composant alcool $(HO)\ \underset{|}{CH_2}$, à l'exclusion du composant

(1) Je dirai, à cette occasion, qu'il n'a pas été possible de déterminer d'une manière précise, l'influence exercée par le radical nitrylo NO_2 sur l'intensité du caractère *alcool* dans les *alcools nitrés*. Mon fils, M. Paul Henry, s'est occupé, il y a deux ans, beaucoup de cet objet. Le réactif employé était l'anhydride acétique. L'alcool nitré ayant lui-même une réaction plus ou moins acide en présence de la baryte, il n'a jamais été possible de connaître, avec certitude, par des titrations, la quantité d'anhydride qui avait participé à l'éthérification.

A mon grand regret, cette recherche intéressante a dû être abandonnée après beaucoup d'efforts infructueux.

$\underset{|}{H_2C} - N(CH_3)_2$, permettra, ce me semble, de déterminer l'influence de ce composant amidé sur l'intensité du caractère alcool (1).

B. — Réduction des alcools nitrés.

Les dérivés nitrés des paraffines se transforment aisément, comme l'a fait voir leur auteur, Victor Meyer, en amines correspondantes, par réduction.

$$CH_3 - CH_2\,(NO_2)$$
$$CH_3 - CH_2\,(NH_2)$$

J'ai constaté le même fait en ce qui concerne le *nitro-éthanol* $(NO_2) - CH_2\,(OH)$.

Soumis à l'action simultanée de la grenaille de fer et de l'acide acétique, dans les conditions où le nitro-éthane fournit de l'éthyl-amine, le *nitro-éthanol* se transforme en *éthanol-amine* $(HO)\,CH_2 - CH_2(NH_2)$. Son *dibenzoate* fond à 76°. C'est le point de fusion qu'assigne M. Knorr au *dibenzoate* $[(C_6H_5 - CO)\,O]\,CH_2 - CH_2 - [NH - (CO - C_6H_5)]$ de l'éthanol-amine, produit de l'addition de NH_3 à l'oxyde d'éthylène $\begin{matrix} H_2C \\ | \\ H_2C \end{matrix}\!\!> O$.

Un de mes élèves, M. Peeters, a transformé, dans les mêmes conditions, le *nitro-isopropyl-alcool* $CH_3 - CH(OH) - CH_2(NO_2)$ en *iso-propanol-amine* $CH_3 - CH(OH) - CH_2(NH_2)$. Eb. 160°-161°.

Des expériences se poursuivont dans mon laboratoire sur d'autres termes du groupe des alcools nitrés. J'espère pouvoir améliorer les rendements de ces opérations réductrices et en faire de véritables méthodes de préparation des alcools-amines.

Voici quelques observations finales au sujet de la volatilité des alcools-amines :

1° Les éthers haloïdes réagissent sur l'ammoniaque et les amines. Il n'en est pas ainsi des alcools. Aussi, tandis que la chloro-butylène-amine $ClCH_2 - CH_2 - CH_2 - CH_2(NH_2)$ se dédouble, sous l'action de la chaleur, en HCl et *pyrollidine* $\begin{matrix} CH_2 - CH_2 \\ | \\ CH_2 - CH_2 \end{matrix}\!\!> NH$, la *butanol-amine* corres-

(1) N'étant pas outillé pour faire entreprendre dans mon laboratoire l'étude thermique de l'action du sodium sur les alcools amidés bi-substitués :

$$H_2C <^{OH}_{N\,(CH_3)_2}$$

etc., etc. J'ai proposé à M. Matignon de se charger de ces déterminations. M. Matignon a accepté ma proposition. Il y a plusieurs années, je lui ai fourni, dans ce but, divers échantillons de composés de ce groupe.

pondante $(HO)CH_2 - CH_2 - CH_2 - CH_2(NH_2)$, de même que l'*éthanol-amine*, se volatilise sans décomposition.

2° Dans une notice « sur la volatilité dans les composés organiques mixtes (1) », j'ai fait voir toute la différence qu'il y a, sous le rapport de la volatilité, entre les composés mixtes $> C < \genfrac{}{}{0pt}{}{X}{X'}$, suivant que les radicaux X et X' sont fonctionnellement équivalents ou non. Dans le premier cas, le point d'ébullition du composé *mixte* est précisément la moyenne des points d'ébullition des composés simples $C < \genfrac{}{}{0pt}{}{X}{X}$ et $C < \genfrac{}{}{0pt}{}{X'}{X'}$ correspondants. Dans le second cas, le point d'ébullition est notablement plus élevé.

Il en est ainsi à l'étage C_2 dans les composés $\begin{array}{l} CX' \\ | \\ CX \end{array}$.

Les radicaux $-OH$ et $-NH_2$, équivalents quant à leur atomicité, sont loin de l'être quant à leurs fonctions. Aussi le point d'ébullition de l'*éthanol-amine*, 171°, est-il notablement plus élevé que la moyenne des points d'ébullition du glycol et de l'éthylène-diamine.

$$\begin{array}{l} H_2C - OH \\ \quad | \\ H_2C - OH \end{array} \text{ Éb. } 196° \quad \begin{array}{l} CH_2 - NH_2 \\ \quad | \\ CH_2 - NH_2 \end{array} \text{ Éb. } 116°.$$

Moyenne : 156°.

$$\begin{array}{l} H_2C - OH \\ \quad | \\ H_2C - NH_2 \end{array} \text{ Éb. } 171°.$$

3° Les radicaux $-NH_2$ et $-OH$, identiques en *valence*, de poids presque identiques $-NH_2 = 16$, $-OH = 17$, sont loin d'être équivalents au point de vue de la *volatilité* des composés qu'ils déterminent.

$$\begin{array}{lll} H - OH & 100° \\ H - NH_2 - & 33° \end{array} > 133°$$

Il en est, dans une certaine mesure, des hydroxyles ou alcools, par rapport aux amines, comme de l'eau par rapport à l'ammoniaque.

Le remplacement de $-OH$ par NH_2 dans un hydrocarbure s'accompagne d'un abaissement notable dans le point d'ébullition.

Etage C_2

$$\begin{array}{ll} CH_3 - CH_2(OH) \text{ Éb. } 78° \\ CH_3 - CH_2(NH_2) \quad 19° \end{array} > 59°$$

$$\begin{array}{ll} (HO)H_2C - CH_2(OH) & 196° \\ (H_2N)H_2C - CH_2(NH_2) & 116° \end{array} > 80°$$

$1/2 = 40°$.

(1) Comptes rendus, etc., t. CI, p. 816, année 1885.

Sous ce rapport, les deux *hydroxyles* — OH de même que les deux — NH_2 sont loin d'être équivalents.

$$\begin{array}{l} (HO)CH_2 - CH_2(OH)\ 196^\circ \\ (NH_2)CH_2 - CH_2(OH)\ 171^\circ \\ (NH_2) - CH_2 - CH_2(NH_2)\ 116^\circ \end{array} \begin{array}{l} > 25^\circ \\ > 55^\circ. \end{array}$$

L'ammoniaque et les amines se combinent en s'échauffant avec l'eau et aussi avec les alcools.

Il est à penser que le composant, $\overset{|}{H_2C}$ — OH alcool, réagit, pour s'y combiner, sur le composant $\overset{|}{H_2C}$ — NH_2 *amine* — d'une molécule voisine vraisemblablement (1). C'est à cette circonstance que je crois pouvoir rattacher l'élévation relative du point d'ébullition de l'éthanol-amine.

A l'étage C_4, il y a peu de différence de volatilité entre les alcools et les nitriles

$$CH_3 - CH_2 - CH_2 - CN \text{ Éb. } 118^\circ.$$
$$CH_3 - CH_2 - CH_2CH_2(OH) \text{ Éb. } 116^\circ.$$

Cela étant, et l'alcool butylique cyané $(HO)CH_2 - CH_2 - CH_2 - CN$ bouillant à 238°-240°, il est probable que le *glycol succinique normal* $(HO)CH_2 - CH_2 - CH_2 - CH_2(OH)$ bout vers 240°. Me fondant sur cette détermination vraisemblable, je pourrais aussi établir des rapprochements entre la *diamine tétraméthylénique* $(H_2N)\ CH_2 - CH_2 - CH_2 - CH_2(NH_2)$ Éb. 160°, la *butanol-amine* $(HO)CH_2 - CH_2 - CH_2 - CH_2(NH_2)$ que je viens de décrire et le *glycol tétraméthylénique* $(HO)CH_2 - CH_2 - CH_2(OH)$. Je préfère, malgré l'intérêt qu'offre cet objet, m'en abstenir, puisque le *glycol tétraméthylénique* n'est pas encore connu d'une manière bien certaine, dans ses propriétés, expérimentalement parlant.

(1) Comme cela se fait aussi à l'étage C_2 dans l'acide glycolique $(HO)CH_2 - CO(OH)$. Le *glycolide* résulte de la réaction réciproque de deux molécules d'acide ; $O < \begin{array}{l} CH_2 - CO \\ CO - CH_2 \end{array} > O$ en représente la molécule.

M. G. CHICANDARD

Directeur de la Société anonyme des produits chimiques, à Fontaines-sur-Saône (Rhône).

STÉRÉOCHIMIE DU BENZÈNE [541.9 : 547.26]

— *Séance du 8 août* —

La présente note a pour but de proposer l'adoption d'une forme stéréochimique nouvelle pour le benzène. Cette forme à laquelle nous avons été conduit par de simples considérations de symétrie et d'équilibre, sans faire aucune hypothèse nouvelle, offre l'avantage d'être d'accord avec la théorie de Kékulé qu'elle complète en détruisant toute objection. La forme nouvelle montre, en effet, qu'il ne peut exister qu'un dérivé bisubstitué en ortho et différencie nettement le dérivé méta des dérivés ortho et para ; elle répond ainsi à tous les desiderata de la chimie.

Nous admettons que la liaison simple des deux tétraèdres représentant deux carbones tétravalents s'effectue de telle sorte que les deux tétraèdres se font équilibre. Ce résultat ne peut être obtenu que dans la position indiquée par le croquis ci-contre *(fig. 1)*, dans lequel *cbd* et *cb'd'* sont dans un même plan (celui du papier), le sommet *a* pointant au-dessus, le sommet *a'* au-dessous. La symétrie est parfaite autour du point *c*; *aca'* sont en ligne droite, ainsi que *bcd'* et *b'cd*; les trois faces formant les deux angles trièdres opposés par le sommet, sont dans le prolongement l'une de l'autre, et l'angle *d'cd* est un angle de 120°

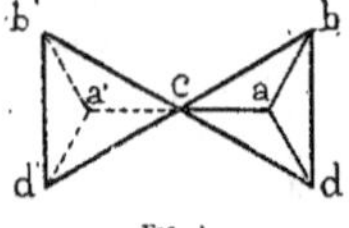

Fig. 1.

Qu'un troisième tétraèdre *db''d''* vienne se placer symétriquement au premier, et la ligne brisée *d'cdd''* forme le demi-périmètre d'un hexagone régulier auquel on est tout naturellement conduit par le groupement de six tétraèdres *(fig. 2)*. Telle est, selon nous, la forme du cyclo-hexane ; les tetraèdres sont alternativement au-dessus et au-dessous du plan de l'hexagone, et l'ensemble est parfaitement symétrique.

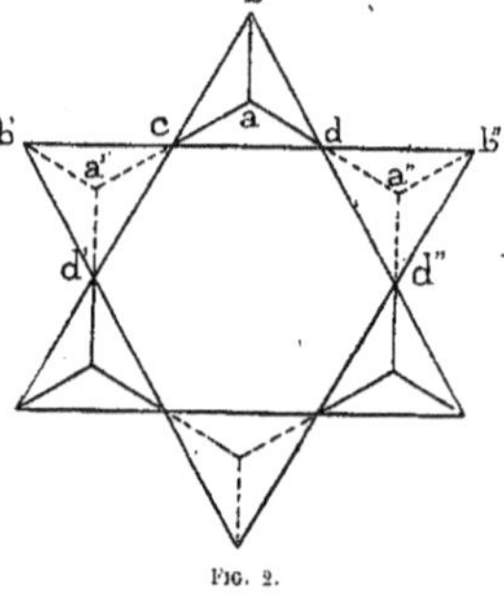

Fig. 2.

Les hauteurs des tétraèdres passant par les sommets liés, c'est-à-dire les axes de liaison des carbones sont, deux à deux, en ligne droite, mais forment des sécantes au plan de l'hexagone qu'elles coupent aux sommets liés. C'est parce que, jusqu'ici, et fort gratuitement, d'ailleurs, les chimistes s'étaient imposé, comme condition, que ces axes fussent dans un même plan, qu'il avait été impossible d'arriver, d'une façon simple, au cyclo-hexane, alors que la forme hexagonale, par sa constance dans la nature, s'imposait pourtant comme la forme d'équilibre stable des composés cycliques.

Le cyclo-hexane étant donné, on aura le cyclo-hexène, en supposant que deux tétraèdres consécutifs aa', par exemple, vont tourner sur l'arête, aux deux sommets liés, comme charnière, le premier au-dessus du plan de l'hexagone, le second au-dessous, de façon que les sommets a et a' viennent en contact, au centre de l'hexagone, en o ; b arrivant en b_1 au-dessus du plan, b' en b'_1 au-dessous *(fig. 3)*.

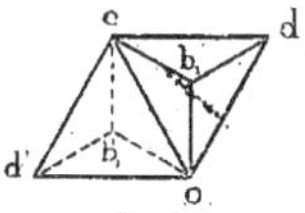

Fig. 3.

La même opération, répétée une seconde fois, donnera le cyclo-hexadiène, une troisième, le benzène *(fig. 4)*. Le benzène est donc constitué par un hexagone régulier, portant trois tétraèdres a, b, c au-dessus du plan, et trois, a', b', c', au-dessous. Le tout donne un ensemble parfaitement symétrique, et d'une cohérence en rapport avec la solidité de la molécule benzénique.

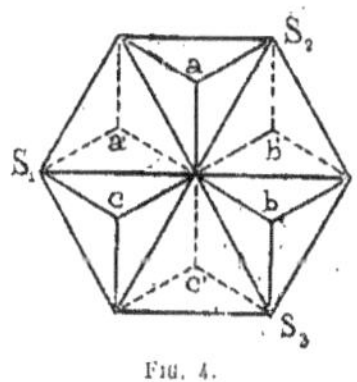

Fig. 4.

Dans cette nouvelle forme, on voit que deux sommets en ortho sont toujours disposés de même, et qu'aucune isomérie n'est possible ; on voit, de plus, que les sommets en méta sont du même côté de l'hexagone (dérivé *cis*), tandis que les sommets en position ortho ou para sont de deux côtés différents (dérivés cis-trans ou, par abréviation, *trans*).

Ce rapprochement des dérivés ortho et para et cette différenciation du dérivé méta sont conformes à tout ce que nous savons des propriétés de ces corps.

Ajoutons que si on prend pour unité le côté du tétraèdre, la distance des sommets en méta est de 1, celle des sommets en ortho $\sqrt{3}$, et celle des sommets en para 2 ; le dérivé méta n'est donc nullement intermédiaire entre les dérivés ortho et para, ainsi que le laissait supposer le schéma de Kékulé.

Enfin, si, dans la molécule du benzène, nous faisons pivoter les trois tétraèdres a, b, c sur l'arête de double liaison comme charnière, le sommet a venant en S_1, b en S_2, c en S_3, nous obtenons trois molécules d'acétylène par un processus qu'on peut supposer être l'inverse de celui qui donnerait naissance, synthétiquement, au benzène par polymérisation de l'acétylène.

Composés cycliques plus complexes. — Il est facile de passer du benzène au naphtalène, à l'anthralène, au phénanthrène, etc. Nous ne donnerons pas ici les figures relatives à ces corps, pour ne pas donner à la présente note une ampleur exagérée, mais nous pouvons dire, dès à présent, qu'en outre de la symétrie des figures obtenues, il est remarquable que les distances des sommets pris deux à deux sont des nombres simples, quoique parfois incommensurables.

Ce sont, pour le naphtalène : $\sqrt{1}$, $\sqrt{3}$, $\sqrt{4}$, $\sqrt{5}$, $\sqrt{6}$, $\sqrt{7}$.

Pour le phénanthrène : les mêmes, plus $\sqrt{8}$, $\sqrt{9}$.

Comparaison avec la théorie actuelle. — Si l'on veut bien se rappeler que, dans la théorie actuelle, il faut supposer une dislocation de l'anneau hexagonal à chaque formation d'une double liaison ; les côtés de l'anneau égalant 1, pour le cyclo-hexane ; et $\frac{\sqrt{3}}{2}$, pour le benzène ; on sera frappé de la simplicité de la stéréochimie cyclique que nous proposons. Ajoutons, pour terminer, que la formation d'un cyclo-hexane, par liaison en para ou en méta (comme dans certains terpènes et dans la thuyone), s'effectuera toujours avec la même simplicité, dans notre théorie, alors qu'elle est bien difficile, sinon impossible, à expliquer dans la théorie actuelle.

M. V. RAULIN

Professeur honoraire à la Faculté des Sciences de Bordeaux, à Montfaucon-d'Argonne (Meuse).

SUR LES OBSERVATIONS PLUVIOMÉTRIQUES FAITES DANS LA ZONE ÉQUATORIALE DE 10 DEGRÉS NORD A 10 DEGRÉS SUD [551.57]

— *Séance du 6 août* —

« La pluie, l'élément, d'un côté le plus important pour l'économie des nations et, d'un autre, le plus variable et en apparence le plus irrégulier de tous » (Hildebrandsson).

L'année dernière, j'ai établi ce qui se passe dans les régions polaires arctiques, au nord de 60° de latitude, où l'influence de la basse température, très différente de l'hiver à l'été, agit fortement sur la production de la vapeur d'eau et de la pluie. Celle-ci, généralement faible, devient exceptionnellement forte sous l'influence du Gulf-stream qui, à latitudes égales, occasionne une température moins basse et une évaporation plus grande.

Il est d'un haut intérêt d'établir ce qui se passe dans les diverses régions équatoriales où la température de l'air, assez uniforme pendant toute l'année, est la plus élevée possible et l'état hygrométrique porté à son maximum.

Il y a vingt-cinq ans, en 1876, j'avais déjà publié, à la suite des observations faites dans les colonies françaises, un aperçu du *Régime pluvial de la zone torride*. Mais les points d'observations étaient peu nombreux (172) et celles-ci souvent de très courte durée. En se limitant à la zone équatoriale il n'en serait resté que 60, dont 23 seulement, ayant une durée d'au moins cinq années, ne pouvaient donner qu'une idée bien imparfaite de ce qui s'y passe.

Aujourd'hui il n'en est plus ainsi; les observations se sont beaucoup multipliées et il n'y a peut-être pas beaucoup moins d'un millier de stations. Dans ces conditions, un nouveau travail serait très étendu et aurait, en outre, l'inconvénient de présenter à ses deux limites des zones possédant presque les caractères des zones tempérées. Aussi il m'a semblé préférable de le réduire à ce qu'on peut désigner sous le nom de zone équatoriale, celle de 20 degrés de hauteur. — Dans ces limites, il reste environ 500 stations sur lesquelles il y en a plus de 100 qui ne comptent qu'une ou quelques années et que l'on peut omettre, quant à présent, surtout lorsqu'elles se trouvent dans le voisinage d'autres de plus longue durée.

Les diverses régions équatoriales sont : dans l'ancien continent, la Nouvelle-Guinée, la presqu'île de Malacca et l'archipel indien, Ceylan et la pointe de l'Hindoustan, enfin l'Afrique équatoriale; dans le nouveau continent, la partie septentrionale de l'Amérique du Sud avec le Costa-Rica et enfin quelques archipels de l'océan Pacifique.

Dans l'étude sur les régions arctiques j'avais dû placer la disjonction au détroit de Behring de préférence au bassin de l'Atlantique, afin de bien montrer dans son ensemble l'influence considérable du Gulf-stream. J'avais alors suivi les régions arctiques de l'Est à l'Ouest. Pour les régions équatoriales il a y aussi intérêt à ne pas scinder et à mettre en premier lieu le bassin de l'Atlantique sur lequel donnent l'Europe et les États-Unis, de préférence au bassin du Pacifique si vaste et dans lequel il y a si peu de stations. Je passerai alors en revue les régions équatoriales en sens inverse de l'Ouest à l'Est, en commençant par l'Amérique et terminant par quelques archipels de l'océan Pacifique.

Jusques il y a une trentaine d'années on ne connaissait ce qui se passe dans la zone équatoriale que par les observations de Quito, de la Colombie, des Guyanes, quelques-unes sur la côte de Guinée, à l'Ascension, Fernando-Po, dans l'Hindoustan et Ceylan, enfin à Sumatra et Java. — Mais, de 1870 à 1880 et parfois tout récemment, des stations ont été établies dans le Costa-Rica, l'isthme de Panama, Trinidad, diverses parties de la Guinée et du Congo, les environs de Zanzibar, les Seychelles, l'Hindoustan, la Malaisie ; mais surtout dans l'archipel indien, où 200 stations pluviométriques ont été établies, en grande partie en 1879, dans toutes les parties sous la domination des Hollandais; puis enfin sur divers points de la Nouvelle-Guinée et dans quelques archipels de l'océan Pacifique.

Les observations sont publiées annuellement : pour l'Inde, dans le *Report on the meteorology of India;* pour l'archipel indien, dans le *Rogenwaernemingen in Nederlandsch-Indie.* Pour l'Afrique, celles faites dans la partie occidentale se trouvent en grande partie dans le *Congrès national d'hygiène et de climatologie médicale de la Belgique et du Congo*, 1898; celles de la partie orientale sont pour la plupart rassemblées dans le mémoire de M. de Martonne, *Pluies du Haut-Nil* (*Annales du Bureau central*, 1896, t. I). Pour les autres pays, c'est dans un grand nombre de publications que les observations faites isolément sont insérées, surtout dans la *Zeitschrift für Meteorologie* et aussi dans des recueils locaux.

Les moyennes données dans le tableau général comprennent toutes les années jusqu'à la fin de 1890 et 1895, et lorsque cela est nécessaire pour les observations récentes, toutes les années ultérieures qui ont été publiées, parfois même jusqu'à la fin de 1898.

Les points d'observation, au nombre de près de 400, sont fort disséminés dans l'Amérique et en Afrique, excepté dans le Bas-Congo et près de Zanzibar; ils sont nombreux dans l'Hindoustan, à Ceylan et surtout dans les Indes néerlandaises; l'île de Java en renferme plus d'une centaine. — Comme pour les régions arctiques, les séries de peu d'années faites dans le voisinage de grandes séries seront omises; mais elles seront données à titre de renseignement lorsqu'elles sont très clairsemées.

Les stations conservées peuvent être réparties en plusieurs groupes dans lesquels elles sont plus ou moins nombreuses :

Nord de l'Amérique méridionale.

1° (5) Versant Pacifique : de Panama à Lima.

2° (33) Versant Atlantique : Costa-Rica, Colombie, Venezuela, Guyanes, Brésil septentrional.

Afrique équatoriale.

3° (44) Afrique occidentale : Sierra-Leone, Guinée, Congo.

4° (26) Afrique orientale : Haut-Nil, Zanguebar, Seychelles.

Asie équatoriale.

5° (25) Lakhadives, Hindoustan méridional, Ceylan.

6° (5) Nicobar, presqu'île Malaise.

Archipel indien.

7° (165) Sumatra, Java, îles de la Sonde.

8° (53) Bornéo, Célèbes, îles Moluques.

OCÉANIE.

9° (21) Nouvelle-Guinée et Archipels océaniens.

Chacun de ces groupes sera étudié séparément (1).

1° AMÉRIQUE MÉRIDIONALE : VERSANT PACIFIQUE. — La *quantité annuelle*, assez faible dans les baies de Panama (1137) et de Guayaquil et réduite presque à rien à Lima (42), serait très forte dans la baie intermédiaire du Chaco. La sécheresse a lieu pendant les mois d'hiver et de printemps, comme aussi à Guayaquil. A Lima, c'est pendant l'été et l'automne. *Régimes* II et IV.

2° AMÉRIQUE MÉRIDIONALE : VERSANT ATLANTIQUE. — La *quantité annuelle*, assez forte sur la côte de Costa-Rica (3282), s'abaisse sur le plateau à San-José (1556mm : 1928). Dans l'isthme de Panama, la quantité, assez forte à Colon (2772), s'abaisse un peu dans l'intérieur à Gamboa (40mm : 2327) (elle est réduite à moins de moitié à Panama).

Sur la côte de Colombie, tantôt forte à Colon et faible à Cartagena (989), elle diminue sur les hauts plateaux, à Santa-Fé de Bogota (2615m : 1097), à Quito (2850mm : 1039). Deux années ont même donné très peu à Caracas (1040m : 731).

La quantité, peu forte à Trinidad (1691), se relève entre l'Orénoque et l'Amazone, dans les Guyanes anglaise et hollandaise, et atteint son maximum à Cayenne (2988). Elle est moins forte aux bouches de l'Amazone, à Para (2092), mais les rares observations faites sur ce fleuve indiquent une augmentation progressive jusques sur les pentes des Andes à la Merced (775m : 3610).

Sur la côte du Brésil, la quantité d'abord assez forte à San-Luiz de

(1) Dans le tableau général des stations (378, dont 133 boréales et 245 australes), l'inversion des saisons entre les deux hémisphères, boréal et austral, ne permet pas d'appliquer à chacune d'elles les noms de l'hémisphère boréal. En 1870, j'avais proposé l'emploi des dénominations latines (*hiems*, etc.) qui auraient eu leur traduction normale dans l'hémisphère boréal et inverse dans l'hémisphère austral. Cet emploi ayant été critiqué et non suivi, je propose aujourd'hui d'inscrire en tête de chaque saison un nom formé de la première syllabe de chacun des mois qui la composent ; il en résulte un mot certainement bizarre, mais facilement compréhensible, qui sera ainsi traduit :

	HÉM. BOR.	HÉM. AUST.
Dé-Ja-Fé :	Hiver.	Été.
Ma-Vri-Ma :	Printemps.	Automne.
Ju-Ju-A :	Été.	Hiver.
Se-Oc-No :	Automne.	Printemps.

Pour l'établissement des régimes et leur figuration, on commencera toujours par la saison froide, la saison la plus chaude étant la troisième. Dans l'hémisphère boréal c'est donc par décembre, et dans l'hémisphère austral par juin. Afin d'avoir des profils comparables, il faut toujours, pour les moyennes, commencer par la saison froide ; mais, pour les profils de chaque année, il faut les établir en commençant par décembre : il n'y a alors de comparables entre eux que ceux d'un même hémisphère.

Maranhao (2470), s'abaisse beaucoup à Fortalezza de Ceara (1492), et, si elle remonte beaucoup à Recife de Pernambuco (2973), elle diminue beaucoup en pénétrant dans l'intérieur à Amaranthe (790), Isabel (1037); dans la vallée du San-Francisco, elle tombe même extrêmement bas à Santa-Anna de Sobradinho (372).

Pour la *répartition annuelle et saisonnale*, sur toute la mer Caraïbe, du Costa-Rica à Trinidad, les mois secs sont ceux de l'hiver et du printemps; l'*hivernage* a lieu normalement pendant l'été et l'automne, ainsi que dans toutes les Antilles et sur les côtes sud-est des États-Unis. Suivant la pluviosité relative des cinq mois, c'est le plus souvent le régime II qui se produit; en remontant les vallées du Cauca et du Magdalena, on rencontre les régimes III et VI jusques sur les plateaux de Bogota et de Quito. Le régime II reparaît à Caracas, mais à Trinidad, par suite de la grande pluviosité de décembre, le régime VII apparaît comme à la Martinique.

Sur les côtes des Guyanes, quoique toujours au nord de l'équateur, un changement complet se produit, la sécheresse arrive pendant l'automne et même, à Cayenne, dès le mois d'août, et l'*hivernage* se produit, inversement, pendant l'hiver et le printemps; on a alors les régimes peu accentués I, VII et VIII. — A partir du delta de l'Amazone, au sud de l'équateur, la même répartition se continue, en donnant alors le régime marin IV (qui est celui des côtes, dans le bassin de la Méditerranée), même dans les stations plus ou moins éloignées des côtes. — En remontant l'Amazone, on passe du régime marin IV de Para au régime demi-marin II de Manaos ou Barra do Rio Negro, et enfin au régime continental normal I, à Yquitos, à la naissance des basses pentes des Andes, et sur celles-ci, à la Merced. Le régime II se montre aussi sur le San-Francisco.

Dans l'océan Atlantique, la zone équatoriale ne possède que l'Ascension, avec une moyenne extrêmement faible (277), donnant le régime IV, de la côte brésilienne, lequel n'existe pas sur la côte africaine. — Les faibles moyennes du Cap-Vert, au nord, et de Sainte-Hélène, au sud, indiquent bien qu'il ne tombe qu'une quantité faible de pluie sur l'Atlantique intertropical.

3° Afrique équatoriale occidentale. — Au nord de l'équateur, en Guinée, la *quantité annuelle*, généralement moyenne, est très forte à Sierra-Leone (4238), Akassa (3666); elle devient énorme dans le Kameroun, à Debundja, où la moyenne de trois années atteint 9406, ce qui est certainement le maximum de la zone équatoriale, lequel est double des quantités les plus fortes des Indes néerlandaises, et presque aussi de la Nouvelle-Guinée. Deux stations anciennes, Saint-Georges d'Elmina (783) et Christiansborg (570), donnent des quantités très faibles, peut-être par suite d'une défectuosité des observations.

Au Congo, sur la côte, la quantité annuelle, très forte à Libreville (2383), diminue rapidement dans le sud, à Banana (766), et surtout à Saint-Paul-de-Loanda (270). En avançant vers l'est, dans l'intérieur, les quantités sont déjà plus fortes, à San-Salvador (968) et à Léopoldville (1385). Elles atteignent de 1500 à 1700 dans l'intérieur, sur presque toute la hauteur de la zone, en avant des plateaux qui portent le Nyanza et le Tanganyika, où les quantités n'atteignent pas toujours 1100.

Pour la *répartition annuelle ou saisonnale*, dans les stations au nord de l'équateur, la partie sèche de l'année est l'hiver, comme sur la côte septentrionale de l'Amérique du Sud, jusqu'aux bouches de l'Orénoque, avec les *régimes* I ou VIII, suivant la pluviosité plus ou moins grande de l'été, par rapport au printemps. Le régime II se montre à Akassa et Fernando-Po, et III ou VI à Christiansborg et le Haut-Kameroun ; Debundja, qui offre le maximum de pluie dans la zone équatoriale, possède le régime normal I. Sur le Haut-Congo, il y a divers régimes, notamment VII à la Nouvelle-Anvers. San Thomé et Libreville offrent le régime III, la partie sèche se trouvant déjà reportée pendant les mois de juin à août, qui sont encore l'été.

Au sud de l'équateur, aux bouches du Congo, comme aussi à Saint-Paul-de-Loanda, c'est pendant ce même trimestre, souvent augmenté de mai et septembre, et formant l'hiver austral, que se trouve la partie sèche de l'année. C'est surtout le régime II qui domine ; mais sur le Congo, le régime I est à Vivi et Bolobo. Dans l'intérieur, sur la Lulua, aux deux tiers de la distance qui sépare la côte du haut bassin du Tanganyika, la sécheresse se produit toujours pendant la même partie de l'année, avec les régimes I et VIII, comme aussi dans ce bassin qui montre les régimes I et II.

4° Afrique équatoriale orientale. — La pluie annuelle y est moins abondante; le pays du Haut-Nil reçoit 1073 à Wadelay, au sud-ouest du massif abyssin, et près du lac Nyanza, 1492 à Mumia's, 1210 à Natete Mango, et même 2398 à Boukoba. Dans le Zanguebar, au sud de l'équateur, la quantité annuelle, bien souvent inférieure à 1000, se relève cependant à Montbasa (1131) et à Zanzibar (1385). Elle est plus faible à Kitopani, près de Bagamoyo (1106), et encore plus à Lindi (830), sur la limite méridionale; mais elle augmente beaucoup en remontant vers le Tanganyika, à Manow (1580^{m} : 2486).

Dans le pays du Haut-Nil, c'est la sécheresse d'hiver avec *régimes* I et aussi III, par l'adjonction d'une seconde sécheresse d'été, qui donne encore le régime VI. Sur la côte, ce sont les régimes IV, autour de Monbasa, et III et II autour de Zanzibar et jusqu'à Lindi.

Dans l'océan Indien, les îles et les stations sont rares; il n'y a que Mahé des Seychelles (2529). Au sud des Lakhadives; Minicoï (1342) se rattache, ainsi que Ceylan, à la presqu'île indienne. A Mahé, la sécheresse se produit pendant les mois de juin à septembre, l'hiver austral, et occasionne le *régime normal* I des mieux caractérisés, lequel est aussi celui de Minicoï, dans l'hémisphère boréal.

5° Asie équatoriale : Hindoustan et Ceylan.—Dans l'ouest, sur la côte de Malabar, *la quantité annuelle* est assez forte, surtout à Kochin (2918), tandis qu'à l'est de Cardamum Hills, prolongement des Ghaut, sur la côte de Coromandel, elle n'atteint que le tiers, et même moins, à Tuticorin (493). Ceylan, qui prolonge cette côte, reçoit des pluies faibles dans le nord, à Mannar (1005), et sur la côte sud-est, à Hambantota (910) ; mais elles sont fortes dans l'intérieur, à Nuwara Eliya (2449) et sur la côte sud-ouest, à Pointe-de-Galle (2323).

Sur la côte de Malabar, la sécheresse arrive avec l'hiver et donne partout le *régime normal* continental I de Bombay. Sur la côte de Coromandel, elle arrive en été et donne le régime maritime IV. Dans l'intérieur, on rencontre les régimes intermédiaires semi-marins II et III, de sorte qu'on a là une reproduction exacte de la France méditerranéenne. A Ceylan, le régime I occupe la partie centrale la plus élevée ; il est entouré, sur divers points, par le régime II. Le régime III, qui occupe ensuite une grande surface, descend à la côte occidentale, de Puttalam à Pointe-de-Galle. Le régime IV, enfin, occupe les côtes nord-ouest, est et sud-est, et donne les quantités annuelles les plus faibles.

6° Asie équatoriale : Presqu'île malaise. — La *quantité annuelle*, moyenne à Nancowry (2843), est un peu plus faible dans la presqu'île. La *répartition saisonnale* est variée ; aussi a-t-on, du nord-ouest au sud-est, tous les régimes précédents : I à Nancowry, II à Pulo-Penang, III à Kwala-Lumpor, et IV à Malacca, Singapore et jusque dans les îles Riouw.

7° Archipel indien : Iles de la Sonde. — **Sumatra**, allongé du nord-ouest au sud-est, est traversé, vers son milieu, par l'équateur. Une bande sud-ouest est montagneuse, tandis que la bande nord-est est formée par de bas plateaux et des plaines. Les stations, au nombre de 37, sont réparties assez irrégulièrement.

Les *quantités annuelles* varient beaucoup, de Padang (4576) à Kota-Radja (1704), deux localités, sur la mer des Indes, où se trouvent les plus pluvieuses. Padang, situé vers le milieu de la longueur de l'île, un peu au sud de l'équateur, est la station la plus pluvieuse de Sumatra, mais elle est dépassée de 89 millimètres par la plus pluvieuse de Java, Alas Petoeng (4605). La station la plus pluvieuse, dans la partie sud-est, est Lahat (3582).

Quant à la *répartition annuelle ou saisonnale*, la partie de l'année la plus sèche est presque toujours juin à septembre ; mais il y a souvent une seconde partie sèche, plus courte, en janvier et février. Aussi, les régimes sont-ils variés ; III et VI dominent sur la côte sud-ouest indienne, tandis que, à Kota-Radja et dans le pays de Medan, c'est le régime IV. Les mois pluvieux restant les mêmes dans la partie sud-est, au sud de l'équateur, c'est alors le régime I, normal inverse, qui y domine.

Dans les îles annexes, les quantités annuelles oscillent autour de 3000 ; les mois les moins pluvieux sont ceux de juillet à septembre, qui occasionnent le régime IV dans les îles Riouw, et le régime normal I à Bangka et dans les îles Billiton.

Java, allongé de l'ouest à l'est, par 7° 1/2 de latitude moyenne australe, compte plus de 130 stations, autant, et plus même, que le reste de l'Archipel néerlandais. Elle peut, en raison de l'uniformité de son climat, être prise comme type pour l'étude de la pluviométrie équatoriale.

Les *quantités annuelles* sont très diverses entre les extrêmes : Alas Petoeng (4605) et Sitoebondo (1083) ; elles sont généralement faibles, entre 1200 et 2000, sur la côte septentrionale de la mer intérieure de Chine, et plus fortes, jusqu'au delà de 4000, dans les parties montagneuses intérieures et sur la côte méridionale de l'océan Indien, où, toutefois, il y a peu de stations. Généralement aussi, la quantité annuelle est plus forte dans les parties occidentale et médiane que dans la partie orientale, où se trouve cependant Alas Petoeng, qui donne la plus forte moyenne. — C'est, parfois, à des distances, à des différences d'altitude peu grandes, que les quantités varient du simple au quadruple ; ainsi, la distance n'est que de 30 kilomètres, entre Probolingo (10^m : 1133) et Alas Petoeng (1040^m : 4605).

Une même *répartition mensuelle ou saisonnale* des parties sèches et pluviales de l'année existe partout, sur les côtes comme dans l'intérieur, au niveau de la mer comme sur les hautes sommités. La sécheresse a lieu, surtout, pendant l'hiver austral, et les plus grandes quantités de pluie tombent pendant l'été austral, ce qui donne le régime normal I. Dans une douzaine de stations, des variations pour le mois le plus pluvieux donnent des régimes différents, mais peu accentués, disséminés dans le régime normal, et ne formant pas des bandes régulières et de position invariable, les unes par rapport aux autres, entre l'intérieur et les côtes, comme dans les zones tempérées. Deux stations, Pamengpok et Parigi, sur la côte méridionale, font une notable exception ; la sécheresse a lieu pendant l'été et l'automne, ce qui occasionne les régimes VIII et VI, par la prépondérance des pluies du printemps austral.

Petites îles de la Sonde. — Elles prolongent la ligne de Java dans l'est, jusques non loin de la Nouvelle-Guinée. Des stations existent dans une partie d'entre elles : Madoera (3), Kangean (1), Bali (2), Lombok (2), Soembawa (1), Timor (1), Letti (1), Tenimber (1). Les *quantités annuelles*, déjà plus faibles dans la partie orientale de Java, à Banjœwangi (1415), se continuent tantôt plus fortes à Negara (1755), tantôt plus faibles à Sisi (881), pour se relever à Sejra (1553), à l'extrémité.

Pour la *répartition dans l'année*, les mois secs sont généralement juillet à octobre ; aussi le régime normal I règne-t-il de Madoera à Timor. Au delà, par suite de la pluviosité plus ou moins grande des autres mois, on trouve les régimes IV à Servaroc et II à Sejra.

8° ARCHIPEL INDIEN, BORNÉO, CÉLÈBES ET ILES MOLUQUES. — **Bornéo.** — Les stations appartiennent à deux catégories, celles au nord de l'équateur, en grande partie anglaises, et celles au sud, toutes hollandaises. Sur la côte nord-ouest, ce sont surtout Labuan et Sarawak, et plus au sud le bassin de Kapocas, qui atteint la mer près de Pontianak ; les *quantités annuelles* dépassent presque toujours 3000 et donnent le *régime* I et le plus souvent l'inverse IV. Dans le nord-est, quelques stations, surtout Sandakan, présentent les mêmes caractères, ainsi que Boeloengan ; mais Butoa-Panggal, plus au sud, offre le régime II. Le sud-est est occupé par le bassin du Basito, qui atteint la mer à Bandjermasin et dans lequel les Hollandais ont établi six stations. La quantité annuelle dépasse peu 2500 et donne le régime I.

Célèbes. — Les stations se répartissent en deux groupes : d'abord celui de la grande presqu'île de Menado, au nord de l'équateur, assez pluvieuse avec le régime IV, sur la côte nord et moins pluvieuse avec les régimes I et VIII, sur le golfe de Tomini. Les stations du sud-ouest, dans la presqu'île de Makasser, donnent de fortes quantités souvent avec le régime I sur la côte occidentale, et des quantités moindres avec le régime inverse IV sur la côte orientale, ainsi qu'à l'île Saleiger, à l'extrémité sud-est.

Moluques. — Les *quantités annuelles*, souvent assez considérables, comme à Amboina (3707), ne sont que moitié à Batjan (1866). La sécheresse qui survient en été occasionne le *régime* IV et quelquefois le régime VII, qui est exclusif dans les îles Kéi et Aroe, où les quantités annuelles dépassent 2500.

9° OCÉANIE : NOUVELLE-GUINÉE ET ARCHIPELS OCÉANIENS. — **Nouvelle-Guinée.** — A cette extrémité de l'archipel indien, des observations sont faites sur les côtes par trois nationalités colonisatrices :

Les Hollandais, au nord-ouest, où Mansiname a une moyenne de 2145 et une sécheresse d'hiver et de printemps qui donne le régime VII.

Les Allemands, dans le nord-est, où une douzaine de stations donnent de 6550 à 1970. La sécheresse, le plus souvent d'hiver et de printemps, donne les régimes I et II. Dans quelques stations, où elle a lieu en été et en automne, le régime IV prévaut.

Les Australiens, dans le sud-est, ont une station très peu pluvieuse, Port Moresby (974), avec sécheresse d'hiver et de printemps donnant le régime IV.

Archipels océaniens. — En continuant, à l'est, dans l'océan Pacifique, on ne trouve plus, dans un tiers de la circonférence terrestre, que quatre points où des observations aient été faites, et encore dans le premier cinquième : le reste, de 80 degrés de longueur, en est complètement dépourvu.

Aux îles Salomon, neuf mois d'observation ont donné 2149 et probablement le régime II.

A l'île Pleasant, deux années à Nauru ont donné une moyenne de 1031,5 avec deux sécheresses caractérisant bien le régime VII.

Au sud des îles Marshall, à Jaluit, près de quatre années ont donné la très forte moyenne de 4491,5. Les mois, tous plus ou moins pluvieux alternativement, donnent le régime VIII, indiquant une sécheresse relative d'été et automne.

Enfin à l'île Malden, au nord de Tahiti, la moyenne de deux années ne donne que 469,4 avec plusieurs sécheresses et une saison relativement pluvieuse, l'été, qui occasionne le régime VII.

En **résumé**, pour la *quantité annuelle*, entre les régions polaires et la zone équatoriale, il y a opposition ; dans les premières, les quantités d'évaporation et de pluie sont faibles, l'exception étant une grande quantité de pluie, comme celle occasionnée par le Gulf-stream. Dans la zone équatoriale, où les quantités d'évaporation et de pluie sont fortes, 1500 à 3000 et 4000, l'exception est une quantité soit très forte, comme au Kameroun, soit faible, comme sur les côtes occidentales de l'Amérique du Sud et de l'Afrique, occasionnées par des causes locales, notamment le relief du sol et la direction des vents terrestres et maritimes par rapport à celui-ci.

La direction des vents doit avoir une grande influence au fond du golfe de Guinée, à son angle nord-est, car c'est à Debundja, au pied des montagnes du Kameroun, qu'on a constaté le maximum pluvial (9406) de la zone (1). C'est probablement aussi à l'influence des vents qu'il faut attri-

(1) C'est aussi près du fond du golfe du Bengale, par 25° de latitude nord, dans l'Assam, que se produit, à l'altitude de 1350 mètres, à Cherra-Poonjee (12,680), le maximum pluvial autour de l'océan Indien et probablement celui de la Terre entière.

buer les si faibles quantités observées au Pérou, à Lima (42), et au Congo portugais, à Saint-Paul-de-Loanda (270).

Dans la Colombie et l'Équateur, la quantité, moitié moindre sur les hauts plateaux de Bogota et de Quito, est probablement due à l'absence fréquente de nuages. Il en est peut-être de même dans l'île de Java, au Tankoeban Prahoe et au Grand-Malawar, dont les quantités sont inférieures à celles de stations beaucoup moins élevées.

Pour la *répartition mensuelle et saisonnale*, la zone équatoriale, où la température moyenne et par suite l'évaporation, à leur maximum, restent à peu près les mêmes pendant toute l'année, la chute de la pluie n'est pas uniforme ; elle est fortement influencée par les vents réguliers dits alizés et surtout par les moussons, qui occasionnent habituellement deux parties, l'une sèche et l'autre pluvieuse, quelquefois quatre alternatives. La division de l'année en quatre parties, analogues aux saisons des zones tempérées, est moins marquée et n'est pas très usitée ; on distingue seulement la période sèche et la période pluvieuse, à laquelle on donne le nom d'*hivernage*, surtout dans le bassin de l'Atlantique. C'est surtout pendant les mois qu'on doit appeler d'été, soit boréal, soit austral, que celui-ci se produit.

Les sécheresses dans la zone équatoriale ont lieu : dans l'hémisphère boréal, pendant l'hiver et aussi l'été, parfois au printemps et très rarement en automne ; dans l'hémisphère austral, c'est pendant l'hiver austral et aussi l'été, parfois au printemps et peu souvent en automne. Il y a donc uniformité, mais en sens inverse, entre les deux hémisphères. Il y a toutefois exception dans les Guyanes, où, malgré leur situation dans l'hémisphère boréal, l'hivernage a lieu en même temps qu'au Brésil, situé au sud de l'équateur.

Le voisinage des océans et surtout des mers intérieures a une grande influence sur la répartition saisonnale de la pluie dans les zones tempérées, tant boréale qu'australe, où il produit des zones de régimes divers qui se succèdent dans le même ordre, de la côte vers l'intérieur, ainsi que je l'ai établi pour l'Europe, l'Algérie, l'Afrique australe, la Jamaïque, l'Amérique du Sud et l'Australie. Il paraît avoir une influence beaucoup moins grande dans la zone équatoriale, où le régime I, essentiellement continental dans les zones tempérées, vient souvent aboutir aux côtes, comme à Java surtout. Cependant la succession régulière des régimes se montre aussi, même dans l'archipel indien.

L'inversion des saisons d'un côté à l'autre de l'équateur occasionne des régimes inverses lorsque les pluies tombent en abondance dans les mêmes mois, comme à Sumatra, où elles donnent, au nord, à Bengkalis, le régime IV, et au sud, à Palembang, le régime I.

(Par nécessité typographique le tableau final de la Nouvelle-Guinée devient le premier.)

NOUVELLE-GUINÉE

STATIONS	LONGITUDE	LATITUDE	ALTITUDE	ANNÉES	ANNÉE	DÉ-JA-FÉ. (Hiver bor.) (Été aust.)	MA-AV-MA (Print. bor.) (Automne aust.)	JU-JU-A (Été bor.) (Hiver aust.)	SE-OC-NO (Automne bor.) (Print. aust.)	JANVIER	FÉVRIER	MARS	AVRIL	MAI	JUIN	JUILLET	AOUT	SEPTEMBRE	OCTOBRE	NOVEMBRE	DÉCEMBRE	RÉGIME
Mansiname	134°07′	1°10′		1888-97 (8²)	2145,0	779,0	614,0	426,0	326,0	255,0	273,0	254,0	205,0	95,0	146,0	126,0	154,0	92,0	106,0	128,0	251,0	VI
Maclay	145°40′	5°24′		1871-72 (2)	2393,6	820,6	379,9	472,0	721,1	383,5	258,5	113,1	130,5	136,3	152,0	159,5	160,5	198,3	227,8	205,0	178,6	I
Gazelles (Presqu'île des)				1893-96 (4)	1880,0	637,0	540,0	346,0	366,0	137,0	203,0	290,0	150,0	100,0	102,0	108,0	136,0	130,0	80,0	150,0	297,0	I
Hatzfeldhafen	145°14′	4°24′	(3)	1886-91 (6)	2741,0	1057,0	751,0	348,0	585,0	408,0	350,0	295,0	371,0	125,0	79,0	179,0	90,0	119,0	159,0	307,0	299,0	I
Maraga				1892-94 (2)	6558,0	1965,0	1762,0	1154,0	1677,0	558,0	742,0	616,0	637,0	509,0	328,0	568,0	258,0	474,0	406,0	797,0	665,0	I
Constantinhafen. . .	145°50′	5°30′		1886-96 (9)	3072,0	1242,0	941,0	311,0	578,0	428,0	415,0	450,0	309,0	182,0	114,0	127,0	70,0	108,0	196,0	274,0	399,0	I
Stephansort.				1892-98 (6)	3247,0	1285,0	965,0	251,0	746,0	491,0	381,0	416,0	332,0	217,0	97,0	78,0	76,0	130,0	185,0	431,0	413,0	I
Herbertshohe				1893-98 (3)	1970,3	595,3	736,0	300,7	338,3	177,3	127,0	358,0	253,3	124,7	55,7	67,3	177,7	129,3	91,0	118,0	291,0	II
Fr. Willemshafen . .				1892-98 (7)	3772,0	1072,0	1241,0	549,0	910,0	331,0	341,0	395,0	496,0	350,0	184,0	179,0	186,0	160,0	296,0	454,0	400,0	II
Jomba				1892-94 (1½)	5591,0	1449,0	1510,0	1225,0	1407,0	321,0	495,0	425,0	380,0	705,0	589,0	356,0	280,0	462,0	431,0	514,0	633,0	II
Erimahafen				1891-98 (6)	3237,0	1125,0	1126,0	353,0	631,0	391,0	397,0	444,0	397,0	285,0	106,0	123,0	124,0	82,0	170,0	381,0	337,0	II
Finschhafen.	147°50′	6°30′		1886-90 (5)	2730,0	258,0	538,0	1240,0	690,0	75,0	94,0	124,0	148,0	270,0	298,0	477,0	465,0	310,0	222,0	167,0	91,0	IV
Simbang				1894-98 (4²)	4003,0	295,0	1081,0	1900,0	1257,0	99,0	97,0	184,0	362,0	535,0	647,0	598,0	655,0	450,0	392,0	415,0	199,0	IV
Tami.				1896-98 (3)	6550,0	780,0	1757,0	2249,0	1755,0	233,0	207,0	431,0	625,0	701,0	819,0	737,0	693,0	449,0	672,0	634,0	349,0	IV
Sattelberg.				1894-98 (4½)	4500,0	457,0	967,0	1909,0	1197,0	114,0	102,0	105,0	367,0	495,0	640,0	671,0	658,0	545,0	390,0	262,0	241,0	IV
Dogura	148°00′	0°00′		1892-93 (1½)	2422,6	807,4	821,4	389,4	404,4	472,9	221,2	421,6	152,6	247,2	212,6	89,0	86,9	88,4	132,1	183,9	113,0	II
Port-Moresby	147°10′	9°23′		1875-96 (5)	974,0	291,1	402,8	177,0	104,1	129,8	110,0	122,7	132,5	147,6	35,7	78,0	63,3	55,0	22,5	23,0	53,3	IV

STATIONS	LONGITUDE	LATITUDE	ALTITUDE	ANNÉES	ANNÉE	DÉ-JA-FÉ (Hiver bor.) (Été aust.)	MA-AV-MA (Print. bor.) (Automne aust.)	JN-JU-A (Été bor.) (Hiver aust.)	SE-OC-NO (Automne bor.) (Print. aust.)	JANVIER	FÉVRIER	MARS	AVRIL	MAI	JUIN	JUILLET	AOÛT	SEPTEMBRE	OCTOBRE	NOVEMBRE	DÉCEMBRE	RÉGIME
Ile Naos (*Panama*)	79°32′	8°55′	3m	1881-88 (6, [10])	1137,4	103,9	174,9	346,3	510,3	16,6	1,1	6,0	26,7	142,3	116,4	109,2	120,7	181,3	164,9	164,1	88,2	II
Ile Taboga	79°33′	8°48′		1861-66 (4)	1310,5	220,4	141,4	453,2	489,7	3,0	0,0	0,0	20,5	120,9	155,4	117,0	180,8	186,2	186,2	1017,3	217,4	IV
Buenaventura	76°55′	3°50′	5m	1881-82 (0, [10])	5726,7	1189,9	1158,2	1871,2	1507,4	574,8	151,1	495,3	—	662,9	629,2	579,1	662,9	—	450,8	1056,6	464,0	II
Guayaquil	79°55′	2°10′	7m	1895-98 (1, [5])	1179,5	493,2	655,4	31,0	—	250,5	186,4	177,9	360,5	117,0	—	31,0	0,0	—	—	—	47,3	IV
Lima (*Pérou*)	77°01′	12°04′	158m	1893-97 (4, [8])	42,0	0,9	1,8	23,9	15,4	0,4	0,0	0,2	0,4	1,2	4,8	7,6	11,5	10,0	3,6	1,2	0,5	IV
S. Jose (*Costa-Rica*)	84°00′	9°14′	1.556m	1866-80 (15)	1672,0	62,0	285,0	638,0	687,0	22,0	5,0	24,0	44,0	217,0	208,0	208,0	222,0	209,0	260,0	122,0	35,0	II
—	—	—	—	1888-95 (8)	1927,7	51,3	293,0	759,5	828,0	5,7	3,0	12,4	27,5	254,0	280,2	211,0	268,3	361,4	338,1	122,5	41,7	II
Tres Rios	83°59′	9°56′	1.250m	1889-95 (6)	2041,0	42,7	473,2	659,0	866,0	0,0	0,0	8,5	49,2	416,0	245,5	172,3	241,2	290,7	439,1	136,8	42,7	II
Limon	83°03′	10°00′	4m	1865-95 (2, [9])	3282,3	1125,9	485,9	1075,5	595,0	494,8	117,8	132,8	166,9	186,2	181,1	544,0	350,4	185,0	117,2	292,8	513,3	II
Aspinwall (*Colombie*)	79°53′	9°23′	2m	1862-74 (11, [9])	3071,3	386,8	414,9	1102,3	1167,3	100,8	34,1	31,6	99,4	283,9	342,9	384,7	374,7	297,6	311,0	558,7	251,9	II
Colon	79°55′	9°22′		1881-88 (7)	2772,9	326,9	334,9	1001,6	1109,5	37,8	17,5	18,7	78,0	238,2	312,9	351,0	337,7	313,1	270,7	525,7	271,6	II
Gamboa	79°40′	9°07′	40m	1881-88 (7)	2326,6	200,2	388,4	763,5	974,5	13,1	12,3	9,5	68,7	310,2	186,3	222,2	355,0	305,8	327,0	341,7	174,8	II
Cartagena	75°40′	10°20′		1887-97 (6, [7])	988,9	76,1	131,2	305,5	476,1	0,0	0,0	2,0	15,2	114,0	141,2	64,1	100,2	144,6	241,2	90,3	76,1	II
Porto Berrio	74°28′	6°22′	165m	1880-85 (4, [6])	2383,5	104,2	817,5	551,8	820,0	207,6	48,5	168,0	288,2	360,7	252,3	105,1	224,4	233,6	356,0	190,4	94,9	III
Santa Anna	74°30′	6°00′	1.000m	1838-42 (5)	1920,0	403,0	465,0	292,0	760,0	150,0	88,0	123,6	170,0	172,0	82,0	100,0	110,0	220,0	260,0	280,0	165,0	III
Marmato	76°20′	2°30′	1.426m	1833-47 (15)	2080,0	431,0	635,0	344,0	679,0	107,0	143,0	158,0	213,0	264,0	176,0	68,0	100,0	189,0	221,0	269,0	181,0	III
Quito	78°46′	0°14′	2.850m	1864-96 (4, [10])	1069,1	273,3	404,5	116,6	274,7	82,2	98,9	114,7	177,3	112,5	33,6	26,7	56,3	62,3	116,5	105,9	92,2	VI
Bogota	74°14′	4°35′	2.645m	1837-84 (10, [4])	1096,7	197,9	377,2	174,7	346,9	50,0	72,4	86,5	175,5	115,2	64,0	67,1	43,6	42,9	175,2	128,8	75,5	VI
La Baja	72°15′	7°00′	2.353m	1837-42 (6)	1342,0	197,0	523,0	175,0	447,0	58,0	66,0	98,0	255,0	170,0	77,0	37,0	61,0	107,0	223,0	117,0	73,0	VI
Caracas (*Venezuela*)	66°55′	10°31′	1.040m	1860-69 (3)	731,3	21,8	100,5	295,8	313,2	4,0	10,3	9,7	30,0	60,8	97,2	104,3	94,3	136,2	118,5	58,5	7,5	II
Trinidad	61°34′	10°39′	5m	1862-80 (19)	1690,6	236,3	176,9	720,6	556,9	76,0	48,3	47,8	47,0	82,1	196,6	237,5	286,5	216,4	175,2	164,6	112,0	VII
Demerara (*Guianes*)	58°11′	6°50′	11m	1846-80 (29, [6])	2150,2	576,3	505,5	732,5	275,9	176,5	122,9	143,2	147,8	274,5	313,7	241,2	177,6	64,8	62,3	148,8	276,9	VII
Paramaribo	55°09′	5°49′		1864-88 (23, [4])	2304,5	657,1	731,5	646,4	269,5	244,3	172,2	201,1	223,0	306,5	279,4	215,0	152,0	74,4	69,6	125,5	240,6	VIII
Burnside Coronie	56°23′	5°58′		1889-96 (8)	1892,6	507,3	610,9	613,1	161,3	169,5	148,8	184,5	176,8	249,6	219,7	189,3	204,1	50,0	40,6	70,7	189,0	I
Catharina Sophia	56°47′	5°48′		1856-60 (5)	2006,6	531,9	613,4	600,9	260,4	257,4	74,0	190,6	185,9	246,9	273,1	210,9	116,9	61,4	72,0	127,0	200,5	VIII
Rustenburg				1861-65 (3, [8])	2472,3	877,1	618,3	716,5	260,2	320,8	207,2	132,0	130,7	355,6	330,2	257,3	129,0	84,7	62,8	112,7	270,1	VII
Cayenne	57°07′	4°56′		1789-80 (37, [10])	2088,2	950,5	1249,4	606,1	182,2	358,7	322,7	388,3	381,6	479,5	371,9	166,9	67,3	27,8	34,1	120,3	269,1	VIII
La Merced (*Pérou*)	75°30′	11°05′	775m	1896 (1)	3610,0	1185,0	1094,0	439,0	892,0	365,0	472,0	321,0	419,0	354,0	57,0	187,0	195,0	243,0	248,0	401,0	348,0	I

STATIONS	LONGITUDE	LATITUDE	ALTITUDE	ANNÉES	ANNÉE	DÉ-JA-FÉ	MA-AV-MA	JN-JU-A	SE-OC-NO	JANVIER	FÉVRIER	MARS	AVRIL	MAI	JUIN	JUILLET	AOÛT	SEPTEMBRE	OCTOBRE	NOVEMBRE	DÉCEMBRE	RÉGIME
Iquitos (*Brésil*)	73°08′	3°44′	95m	1871-73 (1, [9])	2633,7	801,3	739,8	473,5	619,1	250,9	250,5	310,7	165,3	253,8	189,3	166,9	117,3	221,0	184,2	213,9	290,0	I
Manaos	59°59′	3°08′		1872-75 (4)	2340,3	780,3	805,7	321,2	343,1	250,7	263,1	319,5	309,5	206,7	189,3	71,1	60,8	44,5	104,0	194,0	266,5	II
Para	48°37′	1°27′		1788-96 (3)	2101,6	622,2	960,1	360,5	158,8	196,7	321,6	383,0	353,2	243,9	159,2	75,2	126,1	15,9	65,2	47,7	104,4	IV
S. Luiz Maranhao	45°01′	2°31′		récente (2)	2470,2	343,7	1852,6	208,4	5,4	82,0	237,5	1040,2	435,9	376,5	196,0	37,5	35,0	5,4	0	0	23,2	IV
Amaranthe	43°09′	0°13′		1883 (1)	790,0	409,6	371,2	0,0	69,2	219,0	100,8	234,4	81,4	55,4	0	0	0	0	13,2	56,0	80,8	I
Fortalezza	38°31′	3°44′	14m	1849-76 (28)	1491,5	307,2	941,8	201,7	41,4	68,6	200,0	291,0	372,6	276,8	137,5	48,9	15,3	12,7	14,3	14,4	38,6	IV
Recife	34°54′	8°04′	3m	1842-79 (8)	2972,7	313,5	805,6	1625,6	228,1	109,8	151,9	150,3	277,3	378,7	586,4	718,4	320,1	178,1	29,6	28,9	51,8	IV
Victoria	35°37′	8°09′	161m	1876-84 (7)	1050,5	169,5	382,6	416,8	81,6	85,5	56,2	101,1	156,2	125,3	142,8	170,2	103,8	48,8	10,9	21,9	28,8	IV
Isabel	35°42′	8°43′	161m	1876-82 (6, [6])	1037,0	108,6	415,4	424,4	88,6	36,1	46,6	77,7	144,7	193,0	144,8	153,7	124,9	49,9	19,2	19,5	25,0	IV
S. Anna & Sobradinho	40°11′	10°30′		1884-86 (3, [6])	371,8	139,9	163,7	7,8	60,4	77,3	40,3	148,3	10,7	4,7	7,3	0,5	0,0	11,8	37,8	10,8	22,3	IV
Ascension (*Atlant.*)	14°20′	8°08′		1854-55 (2)	277,0	16,5	125,0	87,0	47,9	6,5	1,5	8,5	57,8	59,2	13,3	32,0	41,7	17,7	14,2	16,0	8,5	IV
Sierra-Leone	13°18′	8°30′	224m	1874-88 (14, [3])	4237,5	59,0	488,5	2363,7	1326,3	13,5	7,4	24,4	135,0	328,5	540,5	897,6	925,0	826,5	367,7	132,1	38,1	I
S.G. d'Elmina (*Guinée*)	4°20′	4°05′	18m	1860-62 (3)	782,8	86,4	318,4	240,2	137,8	1,4	48,6	47,8	82,3	188,3	170,8	42,9	26,5	23,0	60,4	54,4	30,4	VIII
Bismarckburg	0°34′	8°12′	710m	1888-91 (3, [1])	1443,4	116,4	389,6	476,1	461,3	41,9	30,1	88,2	133,2	168,2	196,6	150,5	129,0	276,8	156,8	28,2	35,4	I
Amedjove	0°29′	6°50′	770m	1894-96 (3)	1611,0	157,0	506,0	486,0	462,0	10,0	103,0	122,0	168,0	216,0	215,0	150,0	121,0	179,0	203,0	80,0	44,0	VIII
Misahohe	0°38′	6°39′	460m	1890-94 (3, [10])	1675,7	162,0	438,3	658,2	417,2	38,6	65,4	104,1	178,4	155,8	249,6	182,4	226,2	134,8	199,5	82,9	60,0	I
Aburi				1883-93 (9)	1325,4	175,5	448,3	357,6	344,0	63,1	61,3	113,8	136,9	197,6	184,4	105,6	67,6	93,1	159,3	91,6	51,1	VIII
Christiansborg	0°10′	5°30′	20m	1829-42 ( )	575,4	94,6	328,1	78,1	79,6	26,6	55,3	37,3	142,6	143,2	50,8	10,2	17,1	44,1	18,1	17,4	12,7	VI
Porto Novo	2°05′	6°11′		1895-97 (2)	926,0	117,5	391,0	168,1	250,0	42,1	75,4	85,2	69,5	236,3	100,8	44,2	17,1	52,0	153,4	44,6	0,0	VI
Akassa	6°20′	4°20′		1887-90 (3, [3])	3666,4	597,3	917,4	962,9	1388,8	65,8	165,0	255,5	218,9	443,0	472,6	255,8	234,5	490,4	628,4	270,0	165,6	II
Fernando-Po	8°52′	3°46′	30m	1860-63 (4)	2557,0	146,0	658,0	724,0	1034,0	25,5	93,0	239,7	210,0	213,0	277,0	162,0	282,5	420,8	391,7	226,5	27,7	II
Kameroon	9°42′	4°02′	12m	1885-97 (8, [1])	4019,6	194,2	770,2	1034,3	1120,9	41,2	79,4	204,0	432,3	331,9	512,3	752,0	670,0	483,9	504,3	132,7	73,6	I
Debundja	9°00′	4°08′	5m	1895-97 (3)	9406,0	758,0	1585,0	3850,0	3213,0	258,0	283,0	356,0	399,0	830,0	1524,0	1308,0	1018,0	1562,0	1058,0	593,0	217,0	I
Buea	9°16′	4°09′		1896-97 (1, [9])	3554,0	91,0	541,0	1111,5	910,5	8,0	65,0	75,0	234,0	232,0	256,0	378,5	477,0	516,5	294,0	100,0	18,0	I
Baliburg	10°40′	6°40′	1.340m	1891-92 (2)	2745,3	190,6	865,0	727,3	962,4	59,1	85,0	329,5	294,0	241,5	261,0	263,2	203,1	420,0	418,0	124,4	46,5	III
Yaunde	12°20′	3°40′	770m	1890 (1)	1417,0	103,0	487,0	150,0	677,0	15,0	85,0	134,0	162,0	191,0	126,0	16,0	8,0	289,0	242,0	146,0	3,0	III
S. Thomé	6°37′	0°18′	690m	1885-94 (10)	2613,0	645,8	830,4	118,7	1019,0	210,0	180,1	331,7	322,8	175,8	34,2	25,2	59,3	185,4	523,6	309,3	255,7	III
—	6°42′	0°20′	5m	1872-86 (12)	1090,3	291,5	481,7	28,3	288,8	90,7	115,5	180,4	137,5	163,8	18,3	0,5	9,5	20,9	122,2	145,7	85,3	VI
Libreville (*Congo*)	9°32′	0°23′		1809-83 (5, [10])	2383,0	589,0	839,0	32,0	923,0	156,0	225,0	350,0	361,0	128,0	7,0	4,0	21,0	96,0	379,0	448,0	208,0	III
Sibange	9°35′	0°25′	90m	1880-85 (3)	1984,8	466,7	685,3	20,3	812,0	121,2	173,3	293,7	249,2	142,4	10,3	0,3	9,7	38,7	152,9	320,4	172,2	III
Lambarene	10°24′	0°35′		1893-95 (1)	1269,7	209,4	204,2	21,6	774,5	94,9	—	164,3	—	169,9	15,5	2,0	4,1	49,3	396,2	329,0	114,6	III
Eshiras	10°41′	0°33′		1896-97 (2)	2295,3	875,3	780,9	2,4	546,7	281,1	304,0	452,3	237,9	90,7	0,0	0,0	2,4	43,9	193,7	309,1	290,2	I
Loango	11°51′	4°38′		1895-97 (2, [3])	1416,6	654,2	325,6	0,4	436,4	220,2	204,0	175,3	105,1	45,2	0,0	0,3	0,1	17,7	140,8	277,9	170,0	I

STATIONS	LONGITUDE	LATITUDE	ALTITUDE	ANNÉES	ANNÉE	DÉ-JA-FÉ (Hiver bor.) (Été aust.)	MA-AV-MA (Print. bor.) (Automne aust.)	JU-JU-A (Été bor.) (Hiver aust.)	SE-OC-NO (Automne bor.) (Print. aust.)	JANVIER	FÉVRIER	MARS	AVRIL	MAI	JUIN	JUILLET	AOUT	SEPTEMBRE	OCTOBRE	NOVEMBRE	DÉCEMBRE	RÉGIME
Chiuchoxo	12°35′	5°09′		1874-76 (2,7)	1081,0	484,0	342,0	5,0	250,0	311,0	120,0	186,0	102,0	54,0	0,0	0,0	5,0	8,0	24,0	218,0	53,0	I
Congo da Lemba	12°28′	5°15′	100m	1892-94 (2)	456,3	91,3	256,8	0,0	108,2	23,9	32,0	91,0	122,1	43,7	0,0	0,0	0,0	2,5	31,9	73,8	35,4	III
Punta da Lenha	12°46′	5°57′	5m	1882-85 (2,6)	634,7	215,7	237,7	0,4	180,9	60,0	78,7	93,3	117,5	26,9	0,0	0,1	0,4	17,7	48,7	114,5	77,0	II
Banana	12°27′	6°02′		1890-95 (4,8)	756,4	259,4	299,7	3,8	193,5	52,8	57,6	95,2	156,4	48,1	0,6	1,0	2,2	3,1	39,8	150,6	149,0	II
S. Paul de Loanda	13°07′	8°49′	59m	1880-91 (12)	270,1	68,0	171,3	0,5	30,3	10,0	40,2	57,5	102,9	10,9	0,0	0,0	0,5	1,0	4,3	25,0	17,8	II
Vivi	13°49′	5°40′	106m	1880-83 (2)	1006,2	347,1	346,5	0,4	312,2	99,6	67,4	102,3	194,7	49,5	0,0	0,4	0.0	0,9	74,6	236,7	180,1	I
S. Salvador	14°53′	6°17′	559m	1883-88 (5)	967,7	257,1	452,5	7,5	250,6	62,5	88,8	143,6	245,2	63,7	5,7	0,8	1,0	1,9	91,8	154,9	105,8	II
Bolobo	16°13′	2°10′		1891-95 (3,5)	1645,9	606,9	430,8	71,2	537,0	132,3	213,1	132,6	153,8	144,4	4,6	0,6	66,0	100,8	187,5	248,7	261,5	I
Brazzaville	15°21′	4°17′	330m	1892-95 (1,5)	1454,3	458,8	419,5	7,8	568,7	63,3	82,1	137,8	163,2	118,5	7,0	0,0	0,8	27,4	139,1	402,2	312,9	VIII
Léopoldville	15°11′	4°20′	325m	1886-94 (1,5)	1385,4	445,2	494,6	1,4	445,2	156,3	123,7	187,2	213,2	94,2	—	0,3	1,1	78,2	130,4	236,6	165,2	II
Kimuenza	15°22′	4°29′	478m	1894-98 (3,9)	1241,6	438,9	523,7	0,0	279,0	101,5	152,7	176,0	211,7	136,0	0,0	0,0	9,0	10,0	75,0	194,0	184,7	II
Nlle Anvers	19°09′	1°36′		1890-91 (1,10)	1704,5	439,1	401,8	476,0	391,6	104,0	88,4	103,5	141,0	157,3	150,2	150,8	160,0	158,9	167,9	64,8	236,7	VII
Mobaye	21°32′	5°19′	400m	1896-98 (1,7)	1645,5	70,0	374,0	594,5	607,0	4,0	44,0	100,0	145,0	129,0	243,0	120,0	231,5	271,5	212,0	123,5	22,0	II
Yakoma	22°30′	4°08′	237m	1894 (0,9)	1438,5	70,0	206,5	551,0	521,0	20,0	40,0	54,5	52,0	190,0	207,0	126,0	218,0	251,0	102,0	168,0	10,0	I
Basoko	23°29′	1°14′		1893-95 (1,5)	1497,0	259,5	367,2	460,6	409,7	55,4	93,4	123,9	154,5	88,8	187,5	159,9	113,2	171,0	85,2	153,5	110,7	I
Lussambo	23°28′	4°57′	420m	1896-97 (0,10)	1677,2	650,3	455,5	53,2	519,1	209,5	190,5	216,0	140,0	99,5	—	—	52,3	156,5	149,3	213,3	250,3	I
Luluabourg	22°50′	5°56′	620m	1885-87 ( )	1543,9	489,0	433,0	69,9	552,0	182,5	138,4	201,3	154,2	77,5	3,7	3,0	63,2	164,4	167,0	220,6	168,1	VIII
Mussunzes (Tanganika)	20°00′	4°00′	800m	1881-82 (1,2)	1119,5	247,0	567,0	20,0	285,5	—	—	102,0	265,0	200,0	0,0	10,5	9,5	20,0	45,5	220,0	247,0	III
Tabora	33°03′	5°01′	1.340m	1893-95 (2,8)	821,0	382,0	327,0	11,0	101,0	155,0	126,0	158,0	146,0	23,0	11,0	0,0	0,0	24,0	1,0	76,0	101,0	I
Kakoma	32°35′	5°40′	1.120m	1881-82 (1,2)	1100,0	429,0	420,0	0,0	73,0	115,0	190,0	203,0	114,0	13,0	0,0	0,0	0,0	0,0	0,0	73,0	124,0	I
Fwambo	31°43′	8°53′	1.620m	1889-90 (0,10)	895,1	409,2	485,9	0,0	0,0	169,1	86,4	282,9	203,0	0,0	0,0	0,0	0,0	0,0	—	—	154,7	I
Lado (Haut-Nil)	4°55′	4°05′		1881-84 (1,7)	947,7	1,5	249,5	497,7	199,0	0,0	0,0	27,0	135,5	87,0	151,0	218,0	128,7	122,5	56,5	20,0	1,5	I
Wadelay	32°30′	2°45′	675m	1885-88 (3,5)	1073,0	90,0	330,0	309,0	344,0	37,0	23,0	129,0	81,0	120,0	81,0	105,0	123,0	92,0	162,0	80,0	30,0	III
Natete Mango	32°46′	0°20′	1.300m	1876-83 (8)	1210,0	205,0	444,0	230,0	331,0	60,0	111,0	114,0	195,0	135,0	76,0	81,0	73,0	99,0	133,0	99,0	34,0	VI
Unyoro			1.083m	1861-62 (1)	1324,0	240,1	426,1	196,0	452,2	86,5	92,0	100,0	190,6	135,5	14,0	106,4	76,2	71,2	218,4	162,0	70,6	VI
Boukoba	31°53′	1°10′	1.200m	1894-95 (1)	2398,0	1312,0	1671,0	82,0	333,0	88,0	129,0	200,0	751,0	720,0	8,0	14,0	00,0	38,0	98,0	197,0	95,0	II
Mumia's	34°43′	0°20′	1.220m	1896-97 (1)	1492,0	151,0	392,0	406,0	453,0	90,0	20,0	106,0	101,0	185,0	156,0	170,0	170,0	130,0	117,0	206,0	41,0	I
Machako (Zanguebar)	37°18′	1°31′	1.645m	1893-96 (3)	947,0	178,0	403,0	16,0	350,0	8,0	37,0	147,0	215,0	41,0	12,0	2,0	2,0	1,0	34,0	315,0	131,0	III
Fort Smith	36°54′	1°40′	1950m	1893-96 (3)	1260,0	272,0	643,0	112,0	242,0	20,0	85,0	198,0	274,0	171,0	63,0	27,0	22,0	62,0	31,0	140,0	167,0	II
Kibouezi	37°55′	2°25′	920m	1893-96 (3,2)	742,0	183,0	231,0	2,0	326,0	10,0	35,0	121,0	95,0	15,0	0,0	0,0	2,0	2,0	6,0	318,0	138,0	VI
Lamou	40°54′	2°16′		1890-96 (3,4)	752,0	27,0	554,0	109,0	62,0	3,0	8,0	43,0	146,0	365,0	61,0	20,0	19,0	19,0	26,0	17,0	16,0	IV
Magarini	40°06′	3°05′		1893-95 (2,2)	942,0	81,0	464,0	219,0	178,0	7,0	4,0	87,0	179,0	198,0	130,0	55,0	34,0	10,0	11,0	157,0	70,0	IV
Malindi	40°07′	3°13′		1891-96 (5,2)	925,0	59,0	487,0	212,0	167,0	9,0	4,0	28,0	160,0	301,0	115,0	68,0	29,0	25,0	65,0	77,0	46,0	IV
Takoourgou	38°53′	3°41′		1892-96 (4,3)	858,0	30,0	520,0	179,0	129,0	15,0	5,0	105,0	100,0	313,0	106,0	46,0	27,0	56,0	17,0	56,0	10,0	IV
Mbonngou	39°30′	3°40′		1891-95 (1,9)	704,0	83,0	341,0	78,0	202,0	51,0	32,0	120,0	97,0	115,0	37,0	26,0	15,0	10,0	122,0	61,0	—	IV
Monbasa	39°43′	4°04′		1875-96 (8,3)	1131,0	81,0	559,0	278,0	213,0	15,0	20,0	60,0	158,0	341,0	101,0	79,0	98,0	52,0	68,0	95,0	46,0	IV
Chonyou	39°22′	4°30′		1893-95 (2,7)	1419,0	229,0	612,0	328,0	250,0	115,0	32,0	109,0	228,0	275,0	189,0	87,0	52,0	6,0	10,0	234,0	82,0	IV
Tanga	39°06′	5°04′		1892-97 (4,4)	1587,0	180,0	662,0	203,0	542,0	64,0	61,0	118,0	238,0	306,0	40,0	69,0	94,0	115,0	47,0	380,0	55,0	IV
Lewa	38°46′	5°19′	245m	1893-97 (3,3)	1516,0	154,0	675,0	183,0	504,0	32,0	40,0	111,0	281,0	283,0	63,0	49,0	71,0	60,0	102,0	330,0	82,0	III
Zanzibar	39°30′	6°28′		1874-84 (10)	1385,5	326,4	635,5	141,2	282,4	67,6	122,4	103,6	322,1	209,8	29,5	62,9	48,8	32,3	86,5	100,6	136,4	III
Kitopani	38°52′	6°26′		1892-97 (5,3)	1106,0	219,4	561,2	93,9	211,5	123,5	41,1	141,6	262,8	156,8	21,9	34,4	37,0	37,0	23,1	151,4	74,8	II
Dar-es-Salam	39°15′	6°49′		1893-97 (3,10)	1177,0	240,0	601,0	70,0	286,0	87,0	80,0	111,0	289,0	201,0	19,0	19,0	32,0	42,0	54,0	170,0	78,0	III
Manew	33°50′	0°10′	1.580m	1893-94 (2,5)	2400,0	650,0	1501,5	203,5	51,0	224,5	181,5	335,5	705,5	480,5	41,5	152,0	10,0	3,0	8,3	39,7	244,3	IV
Wangemennshohe	34°01′	9°19′	880m	1892-93 (1,2)	1188,0	636,5	508,0	22,5	21,0	235,0	233,0	155,5	257,5	95,0	5,0	14,5	3,0	0,0	1,0	20,0	108,5	VII
Kilwa	39°25′	8°44′	18m	1891-92 (1,2)	1160,4	435,4	633,6	35,8	54,6	170,7	166,4	167,3	415,6	50,7	1,6	33,7	0,5	10,5	4,7	39,4	98,3	II
Lindi	39°44′	10°00′		1891-92 (1,6)	830,0	288,9	438,1	20,4	76,6	72,8	53,7	271,3	142,2	24,6	0,0	5,7	20,7	20,7	31,5	24,4	162,4	II
Mahé (Seychelles)	55°34′	4°37′		1876-97 (17,6)	2529,4	1020,3	689,0	261,1	559,0	388,8	316,3	309,9	213,2	165,9	128,0	65,5	67,6	122,9	181,1	255,0	315,2	I
Minicoï (Lakhadives)	73°06′	8°17′		1887-89 (2)	1342,3	149,8	343,4	552,9	296,2	8,1	0,0	9,6	32,5	211,3	281,2	116,8	154,9	104,1	170,2	121,9	141,7	I
Kochin (Hindoustan)	76°13′	9°58′	6m	1842-83 (32)	2917,6	96,3	498,9	1681,4	646,0	26,2	20,1	52,7	113,3	327,9	780,9	574,5	317,0	236,7	290,1	119,2	50,0	I
Alapah (Allepy)	76°21′	9°30′	9m	1842-46 (5)	2876,4	104,9	802,4	1260,5	579,6	49,1	30,7	108,5	86,6	607,8	660,9	371,6	23,0	135,1	305,3	132,2	85,1	I
Kollam (Quilon)	76°33′	8°53′	9m	1842-46 (5)	1928,9	74,9	549,3	870,0	434,7	23,9	8,4	50,3	79,7	419,3	454,7	280,4	154,9	84,8	251,0	98,0	42,6	I
Trevandrum	76°55′	8°29′		1842-49 (8)	1762,4	125,2	425,8	646,0	565,4	27,4	5,1	55,7	91,9	278,2	356,4	200,9	88,7	106,9	262,9	105,0	92,7	I
Madura	78°06′	9°55′		1853-83 (23)	896,5	83,6	141,8	197,6	473,5	20,3	11,5	16,5	56,2	69,1	38,6	40,4	118,6	111,6	225,5	136,4	51,8	II
Pasumali	78°10′	9°50′		1846-83 (30)	874,4	87,8	158,4	192,3	435,9	20,5	12,5	20,3	58,9	79,2	24,4	58,2	109,7	107,2	200,2	128,5	54,8	II
Shencottah	78°07′	9°17′		1842-46 (5)	995,0	134,6	227,5	249,9	383,0	40,1	10,7	50,6	66,2	110,7	134,4	86,6	28,0	42,4	192,8	147,8	83,8	II
Variur (Vanrior)	77°36′	8°09′		1842-46 (5)	626,3	117,2	139,7	80,9	288,5	22,9	11,0	27,9	10,4	101,4	53,8	24,6	2,5	13,5	166,8	108,2	83,3	III
Cap Comorin	77°35′	8°05′		1843-46 (4)	708,4	78,0	156,1	140,9	333,4	0,0	0,0	23,4	19,1	113,6	113,8	18,0	9,1	10,4	222,7	100,3	71,1	III
Pallamcottah	77°43′	8°43′		1842-46 (5)	535,0	143,8	126,4	7,9	256,9	33,8	23,4	38,9	26,7	60,8	7,1	0,8	0,0	20,7	123,7	106,5	86,6	IV
Tuticorin	78°18′	8°57′	13m	1863-83 (21)	493,1	104,9	81,4	18,0	288,8	31,3	15,7	22,1	35,4	23,9	3,3	5,3	9,4	12,7	86,4	180,7	57,9	IV
Tinevelly	77°40′	8°43′		1863-83 (21)	726,2	136,1	130,0	30,8	420,3	35,8	25,6	40,1	48,5	41,4	17,6	7,8	14,4	22,1	154,2	244,0	74,7	IV

STATIONS	LONGITUDE	LATITUDE	ALTITUDE	ANNÉES	ANNÉE	DÉC.-JA.-FÉ. (Hiver bor.) (Été aust.)	MA-AVRIL-MAI (Print. bor.) (Automne aust.)	JU-JU-A (Été bor.) (Hiver aust.)	SE-OC-NO (Automne bor.) (Print. aust.)	JANVIER	FÉVRIER	MARS	AVRIL	MAI	JUIN	JUILLET	AOUT	SEPTEMBRE	OCTOBRE	NOVEMBRE	DÉCEMBRE	RÉGIME
Jaffna (*Ceylan*) . . .	79°30'	9°40'		1871-95 (25)	1198,5	343,1	135,0	73,2	647,2	56,4	32,5	26,4	53,5	55,1	25,6	17,0	30,0	65,0	237,8	344,4	254,2	IV
Manaar.	79°51'	8°57'		1870-95 (21)	1004,7	305,0	190,7	40,4	468,0	63,5	40,4	46,5	71,3	72,9	19,8	6,1	15,0	21,3	195,4	251,3	201,7	IV
Anuradhapura. . . .	80°22'	8°22'		1870-95 (21)	1383,9	319,0	390,9	120,4	553,0	62,3	34,3	68,8	221,5	100,6	30,8	25,2	55,4	77,7	189,5	285,8	223,0	III
Puttalam	79°40'	8°03'		1870-95 (21)	1127,0	242,2	325,1	76,7	484,0	42,4	30,4	72,1	154,7	98,3	43,4	11,5	20,8	26,9	187,5	270,2	163,4	III
Colombo	79°50'	6°58'		1870-95 (21)	2229,9	285,9	739,2	428,3	786,5	73,2	48,1	125,3	279,2	334,7	194,0	128,0	105,7	138,0	333,7	314,8	164,6	III
Ratnapura	80°24'	6°42'		1870-90 (21)	3782,0	455,1	1005,3	1140,2	1182,3	121,1	111,3	211,6	298,2	505,5	509,0	299,5	331,7	350,6	435,2	307,5	222,7	II
Galle	80°12'	6°01'		1870-90 (21)	2323,1	353,2	662,5	475,8	831,6	109,0	80,8	120,2	242,0	299,7	203,7	138,7	133,4	194,8	330,1	297,7	163,4	III
Kandy	80°35'	7°18'		1870-95 (21)	2131,1	409,4	443,2	561,4	717,1	122,4	64,0	78,5	184,0	180,1	226,9	185,4	149,1	148,9	284,7	283,5	223,0	II
Nuwara Eliya . . .	80°42'	7°10'		1870-90 (21)	2449,3	397,1	439,2	900,2	712,8	124,0	57,2	74,5	158,0	206,7	363,6	315,8	220,8	225,1	261,4	226,3	215,9	I
Trincomalee	81°14'	8°35'		1870-90 (21)	1525,8	529,3	137,7	211,5	817,3	133,6	53,3	30,7	44,5	62,5	44,2	50,3	117,0	111,0	213,6	322,1	342,4	IV
Batticaloa.	81°40'	7°42'		1870-90 (21)	1468,9	653,3	159,8	124,7	531,1	180,1	88,0	77,5	36,6	45,7	31,0	23,4	70,3	78,2	145,8	307,1	300,2	IV
Hambantota. . . .	81°07'	6°09'		1870-90 (21)	909,8	239,6	204,1	125,0	341,1	78,7	39,8	53,5	53,9	96,7	55,9	36,1	33,0	57,4	120,9	162,8	122,1	IV
Nancowry (*Malaisie*).	93°30'	8°00'	41m	1873-80 (13,?)	2612,7	471,4	493,1	941,8	936,4	77,2	92,1	49,3	126,5	317,3	325,3	323,9	292,6	272,3	340,2	323,9	302,1	I
Pulo-Penang . . .	100°20'	5°24'		1833-86 (4)	2097,4	257,3	431,4	623,4	785,6	84,8	65,8	134,1	182,9	114,4	180,0	174,0	260,4	247,7	314,2	223,7	100,7	II
Kwala-Lumpor . . .				1879-84 (6)	2315,1	659,3	695,2	294,5	696,1	208,8	193,2	180,5	250,7	264,0	47,7	90,8	156,2	170,0	261,4	264,7	257,3	III
Malacca.	102°21'	2°14'		1828-88 (2)	2505,5	656,1	613,3	608,1	628,0	254,0	160,8	245,9	119,6	244,8	207,8	167,1	233,2	212,6	201,2	184,2	241,3	IV
Singapore.	103°51'	1°17'		1869-90 (21,?)	2236,0	618,7	467,0	498,8	625,5	191,0	167,8	138,2	156,5	172,2	151,1	154,2	193,5	184,2	193,7	245,0	250,9	IV
Kotaradja (*Sumatra S-O*)	95°20'	5°32'		1879-95 (17)	1764,6	403,0	341,0	316,0	584,0	151,0	79,0	84,0	116,0	144,0	82,0	111,0	123,0	185,0	190,0	209,0	213,0	IV
Singkel.	97°45'	2°17'		1879-95 (17)	4362,0	972,0	1145,0	1014,0	1131,0	285,0	271,0	372,0	406,0	367,0	385,0	291,0	388,0	426,0	512,8	490,0	416,0	III
Siboga	98°40'	1°44'		1879-95 (17)	4571,0	1114,0	1169,0	885,0	1403,0	333,0	315,0	432,0	390,0	347,0	289,0	274,0	322,0	362,0	536,0	505,0	406,0	III
Nias Gden, Sitoli . .	97°37'	1°58'		1890-95 (5,?)	3321,0	733,0	701,0	879,0	958,0	223,0	169,0	211,0	269,0	221,0	231,0	305,0	343,0	233,0	367,0	358,0	341,0	IV
Padang Sidempoean .	99°15'	1°23'	283m	1879-95 (17)	2231,0	693,0	553,0	331,0	651,0	222,0	188,0	216,0	187,0	150,0	119,0	81,0	134,0	138,0	278,0	235,0	283,0	IV
Kota Nopan	99°40'	0°37'	433m	1882-95 (14)	2262,0	568,0	636,0	404,6	654,0	186,0	141,0	209,0	253,0	174,0	121,0	94,0	189,6	150,0	285,0	213,0	241,0	III
Rau.	100°03'	0°32'	295m	1879-89 (9)	2111,0	584,0	628,0	305,0	504,0	199,0	160,0	196,0	246,0	184,0	97,0	67,0	141,0	141,0	204,0	240,0	210,0	VI
Ajer Bangies. . . .	99°25'	0°13'		1885-95 (10)	3025,0	716,0	831,0	612,0	816,0	192,0	155,0	276,0	346,0	209,0	203,0	179,0	230,0	250,0	230,0	336,0	369,0	III
Pajakombo	100°47'	0°15'	512m	1879-95 (17)	2496,0	783,0	644,0	425,0	643,0	266,0	220,0	249,0	232,0	163,0	130,0	102,0	193,0	168,0	243,0	232,0	303,0	I
Fort de Kock . . .	100°28'	0°21'	927m	1879-95 (17)	2400,0	650,0	749,0	425,0	639,0	228,0	178,0	261,0	274,0	211,0	147,0	99,0	179,0	159,0	259,0	221,0	244,0	II
Padang Pandjang . .	100°30'	0°30'	786m	1879-95 (17)	3841,0	1169,0	879,0	662,0	1129,0	360,0	205,0	305,0	332,0	244,0	188,0	182,0	292,0	333,0	375,0	421,0	514,0	I
Solok.	100°40'	0°48'	370m	1879-95 (17)	2380,0	748,0	626,0	341,0	615,0	285,0	223,0	248,0	211,0	160,0	118,0	82,0	141,0	134,0	253,0	228,0	240,0	I
Loeboe Selasi . . .	100°08'	0°57'	1.000m	1880-95 (16)	3366,0	879,0	772,0	600,0	1115,0	286,0	200,0	272,0	263,0	237,0	194,0	174,0	232,0	313,0	400,0	402,0	393,0	VIII
Padang.	100°25'	0°58'		1879-95 (17)	4576,0	1045,0	1007,0	1043,0	1481,0	314,0	247,0	310,0	353,0	344,0	376,0	312,0	355,0	400,0	546,0	536,0	484,0	VIII
Loeboe Sampier. . .	100°58'	1°20'	700m	1885-95 (11)	3328,0	1081,0	911,0	512,0	824,0	405,0	268,0	356,0	331,0	224,0	146,0	163,0	203,0	257,0	275,0	202,0	403,0	I
Benkoelen.	102°14'	3°47'		1879-95 (17)	3335,0	913,0	813,0	655,0	954,0	315,0	219,0	288,0	263,0	262,0	233,0	181,0	241,0	240,0	361,0	344,0	349,0	VIII
Telok Betong . . .	105°10'	5°20'		1879-95 (17)	2094,0	758,0	577,0	340,0	449,0	209,0	205,0	205,0	183,0	129,0	123,0	92,0	125,0	140,0	134,0	145,0	224,0	I
Edi (*Sumatra N.-E.*).	97°40'	4°53'		1880-95 (16)	1984,0	746,0	220,0	368,0	651,0	216,0	91,0	40,0	70,0	101,0	116,0	93,0	150,0	131,0	207,0	313,0	439,0	IV
Lima Pooloe. . . .	99°19'	4°47'		1881-88 (5)	1739,0	292,0	353,0	447,0	657,0	70,0	58,0	77,0	186,0	140,0	138,0	124,0	185,0	187,0	275,0	185,0	164,0	II
Bolidan.	99°08'	4°32'		1881-89 (6)	1783,0	405,0	358,0	393,0	627,0	131,0	63,0	67,0	125,0	166,0	126,0	108,0	159,0	201,0	252,0	174,0	241,0	IV
Gedong Djohor . . .	98°41'	4°20'	30m	1884-95 (12)	2242,0	480,0	473,0	504,0	785,0	125,0	109,0	118,0	161,0	194,0	162,0	115,0	227,0	244,0	270,0	271,0	246,0	IV
Tinbang Langkat . .	98°27'	4°27'	30m	1884-95 (12)	2573,0	509,0	512,0	574,0	978,0	152,0	113,0	113,0	165,0	234,0	169,0	158,0	247,0	293,0	343,0	342,0	244,0	II
Tandem.	98°31'	4°23'	30m	1884-95 (12)	2141,0	380,0	392,0	547,0	813,0	87,0	89,0	77,0	147,0	168,0	156,0	155,0	236,0	261,0	279,0	273,0	213,0	II
Serowaij	98°10'	4°18'	9m	1883-95 (13)	1966,0	537,0	351,0	437,0	644,0	187,0	81,0	87,0	144,0	120,0	118,0	104,0	213,0	165,0	217,0	260,0	269,0	IV
Pankalan Siatas. . .	98°11'	4°09'		1880-86 (7)	2317,0	538,0	374,0	538,0	897,0	209,0	47,0	61,0	126,0	187,0	165,0	149,0	224,0	322,0	259,0	316,0	282,0	IV
Tandem Hilir. . . .	98°29'	3°44'	30m	1884-95 (12)	2103,0	398,0	391,0	517,0	797,0	94,0	94,0	68,0	166,0	157,0	156,0	143,0	218,0	262,0	265,0	270,0	210,0	IV
Medan Pootri . . .	98°41'	3°35'	14m	1879-95 (17)	2015,0	425,0	412,0	447,0	731,0	120,0	98,0	91,0	131,0	188,0	126,0	119,0	202,0	239,0	246,0	246,0	201,0	IV
Medan (Deli). . . .	98°44'	3°35'	14m	1879-95 (17)	2047,0	439,0	423,0	442,0	748,0	132,0	90,0	97,0	183,0	193,0	120,0	119,0	203,0	239,0	249,0	255,0	208,0	IV
Bekalla.	98°38'	3°30'		1879-95 (17)	2724,0	563,0	612,0	606,0	943,0	193,0	131,0	152,0	186,0	274,0	162,0	140,0	295,0	295,0	304,0	344,0	239,0	III
Kisaran.				1888-92 (5)	2062,0	310,0	432,0	577,0	753,0	117,0	82,0	86,0	143,0	193,0	121,0	190,0	257,0	222,0	282,0	249,0	111,0	II
Bengkalis.	102°00'	1°28'		1880-95 (16)	2650,0	621,0	601,0	460,0	908,0	151,0	143,0	190,0	253,0	216,0	142,0	146,0	172,0	267,0	283,0	358,0	327,0	VI
Ringat	102°44'	0°23'	20m	1888-95 (7?)	2256,0	503,0	631,0	381,0	651,0	217,0	141,0	226,0	234,0	171,0	135,0	117,0	129,0	168,0	265,0	278,0	235,0	VI
Djambi	103°36'	1°35'		1879-95 (17)	2516,0	714,0	734,0	385,0	683,0	216,0	215,0	277,0	263,0	192,0	128,0	119,0	138,0	187,0	221,0	275,0	283,0	II
Tobing-Tinggi . . .	103°04'	3°30'	120m	1879-95 (17)	3206,0	1117,0	923,0	473,0	693,0	450,0	315,0	371,0	335,0	217,0	142,0	124,0	207,0	180,0	234,0	270,0	352,0	I
Bandar	103°22'	4°05'		1879-95 (17)	3070,0	941,0	917,0	470,0	783,0	329,0	274,0	344,0	332,0	241,0	176,0	143,0	160,0	195,0	226,0	312,0	338,0	I
Lahat.	103°31'	3°48'	100m	1879-95 (17)	3582,0	1376,0	1061,0	417,0	728,0	483,0	326,0	459,0	363,0	239,0	145,0	116,0	156,0	177,0	202,0	349,0	457,0	I
Palembang	104°53'	2°50'	6m	1879-95 (17)	2745,0	992,0	789,0	365,0	680,0	283,0	274,0	310,0	282,0	197,0	146,0	103,0	116,0	136,0	221,0	322,0	345,0	I
Tandj. Pinang (*Riouw*)	104°25'	0°56'	3m	1879-95 (17)	2084,0	757,0	750,0	655,0	822,0	258,0	121,0	217,0	275,0	258,0	213,0	189,0	253,0	212,0	325,0	285,0	376,0	IV
T. Boeton (*Lingga*). .	104°30'	0°13'		1888-95 (8)	3439,0	701,0	893,0	948,0	832,0	368,0	116,0	258,0	269,0	306,0	305,0	345,0	298,0	231,0	290,0	311,0	282,0	IV
Muntok (*Bangka*) . .	105°09'	2°03'		1879-95 (17)	3071,0	1236,0	730,0	374,0	741,0	423,0	261,0	334,0	231,0	185,0	126,0	108,0	140,0	132,0	209,0	370,0	552,0	I
T. Pandang (*Billiton*)	107°33'	2°45'		1879-95 (17)	2703,0	771,0	709,0	553,0	760,0	261,0	124,0	218,0	246,0	215,0	206,0	173,0	172,0	178,0	290,0	322,0	387,0	I
Booding.	107°50'	2°40'		1880-95 (16)	3371,0	957,0	921,0	501,0	802,0	330,0	169,0	272,0	343,0	306,0	235,0	196,0	160,0	153,0	240,0	409,0	458,0	I
Manggar.	108°10'	2°52'		1880-95 (16)	2570,0	782,0	739,0	520,0	529,0	256,0	208,0	278,0	184,0	277,0	195,0	174,0	151,0	100,0	157,0	272,0	318,0	I
Dendang	107°48'	3°05'		1880-95 (16)	2615,0	755,0	749,0	521,0	620,0	261,0	177,0	265,0	233,0	253,0	200,0	181,0	131,0	110,0	209,0	292,0	317,0	I

STATIONS	LONGITUDE	LATITUDE	ALTITUDE	ANNÉES	ANNÉE	DÉ-JA-FÉ (Hiver bor.) (Été aust.)	MA-AV-MA (Print. bor.) (Automne aust.)	JU-JU-A (Été bor.) (Hiver aust.)	SE-OC-NO (Automne bor.) (Print. aust.)	JANVIER	FÉVRIER	MARS	AVRIL	MAI	JUIN	JUILLET	AOUT	SEPTEMBRE	OCTOBRE	NOVEMBRE	DÉCEMBRE	RÉGIME
Java, St-Paul. (*Java O*)	105°03'	6°45'	40m	1889-95 (10)	3478,0	1291,0	752,0	617,0	818,0	433,0	384,0	313,0	228,0	211,0	235,0	216,0	166,0	140,0	314,0	364,0	474,0	I
Anjer	105°54'	6°03'		1879-83 (5)	2101,0	893,0	421,0	352,0	393,0	371,0	143,0	402,0	148,0	181,0	187,0	100,0	65,0	107,0	121,0	165,0	379,0	VII
Serang	106°08'	6°07'	31m	1879-95 (17)	1904,0	781,0	433,0	282,0	408,0	274,0	252,0	207,0	122,0	104,0	99,0	79,0	104,0	80,0	133,0	186,0	255,0	I
Edam	106°50'	5°56'		1890-95 (6)	1848,0	1092,0	346,0	233,0	172,0	533,0	330,0	152,0	125,0	69,0	90,0	84,0	50,0	31,0	50,0	91,0	229,0	VII
Tangerang	106°40'	6°10'	10m	1879-95 (17)	1846,0	834,0	437,0	223,0	347,0	316,0	294,0	203,0	125,0	109,0	101,0	74,0	48,0	70,6	115,0	162,0	224,0	I
Onrust	106°46'	6°01'		1879-88 (9[1])	1843,0	915,0	465,0	231,0	232,0	385,0	300,0	304,0	83,0	78,0	108,0	57,0	66,0	77,0	63,0	92,0	230,0	I
Batavia	106°50'	6°11'	7m	1866-90 (25)	1802,0	906,0	406,0	184,0	306,0	356,0	317,0	204,0	117,0	85,0	88,0	57,0	39,0	76,0	108,0	122,0	233,0	I
Meester Cornelis	106°51'	6°13'	14m	1879-95 (17)	1849,0	827,0	480,0	211,0	331,0	350,0	276,0	213,0	164,0	103,0	99,0	76,0	36,0	63,0	115,0	153,0	201,0	I
Pasar Mingo	106°48'	6°16'	35m	1879-95 (17)	2438,0	948,0	729,0	281,0	520,0	480,0	208,0	298,0	212,0	179,0	113,0	108,0	60,0	112,0	172,0	236,0	270,0	I
Depok	106°51'	6°24'	92m	1879-95 (17)	3067,0	907,0	851,0	480,0	769,0	371,0	305,0	311,0	302,0	238,0	176,0	146,0	158,0	198,0	260,0	311,0	201,0	I
Bodjong Gedeh	106°50'	6°28'	140m	1879-95 (17)	3757,0	1087,0	1049,0	609,0	1012,0	404,0	354,0	393,0	390,0	266,0	188,0	171,0	250,0	285,0	322,0	405,0	329,0	I
Buitenzorg	106°47'	6°36'	265m	1879-95 (17)	4427,0	1253,0	1242,0	778,0	1154,0	476,0	407,0	455,0	428,0	359,0	282,0	263,0	233,0	362,0	415,0	377,0	370,0	I
Tjikoppo	106°55'	6°40'	600m	1880-95 (16)	3397,0	1228,0	914,0	459,0	796,0	498,0	403,0	384,0	328,0	202,0	171,0	144,0	144,0	208,0	245,0	343,0	327,0	I
Tji Seureuh	107°01'	6°41'	1.150m	1883-95 (12[1])	3417,0	1004,0	1044,0	488,0	881,0	301,0	356,0	408,0	377,0	259,0	182,0	164,0	142,0	226,0	254,0	401,0	347,0	II
Sindanglaja	107°04'	6°43'	1.074m	1879-95 (17)	3905,0	1204,0	1125,0	563,0	953,0	429,0	420,0	435,0	407,0	283,0	245,0	174,0	144,0	242,0	285,0	426,0	415,0	I
Tjiandjoer	107°08'	6°49'	470m	1879-95 (17)	2559,0	757,0	715,0	352,0	735,0	268,0	232,0	297,0	245,0	173,0	110,0	116,0	117,0	173,0	247,0	315,0	257,0	I
Sinagar	106°50'	6°50'	514m	1880-95 (16)	3193,0	901,0	946,0	493,0	853,0	301,0	268,0	315,0	358,0	273,0	205,0	143,0	145,0	144,0	317,0	392,0	332,0	II
Pasir Telagawarna	107°01'	7°01'	1.000m	1883-95 (13)	3748,0	1283,0	1157,0	423,0	885,0	399,0	346,0	450,0	422,0	285,0	171,0	117,0	135,0	158,0	247,0	480,0	538,0	I
Poerwakarta	107°26'	6°33'	76m	1879-95 (17)	2854,0	1005,0	887,0	342,0	620,0	391,0	323,0	368,0	305,0	214,0	185,0	91,0	66,0	114,0	197,0	309,0	291,0	I
Soekawana	107°38'	6°45'	1.543m	1879-95 (17)	2932,0	992,0	894,0	346,0	700,0	360,0	335,0	377,0	336,0	181,0	145,0	110,0	91,0	119,0	193,0	388,0	297,0	I
Bandeng	107°36'	6°55'	714m	1880-95 (16)	1789,0	549,0	573,0	193,0	474,0	191,0	159,0	245,0	208,0	120,0	93,0	62,0	38,0	77,0	143,0	254,0	199,0	II
Djatinangor	107°47'	6°54'	756m	1879-95 (17)	1913,0	733,0	494,0	199,0	400,0	233,0	211,0	250,0	193,0	138,0	114,0	54,0	31,0	52,0	98,0	250,0	289,0	I
Soemedang	107°57'	6°50'	442m	1879-95 (17)	3094,0	1115,0	1044,0	330,0	605,0	359,0	370,0	431,0	382,0	232,0	196,0	83,0	51,0	71,0	142,0	392,0	386,0	I
Daoelat	107°58'	7°01'	800m	1881-95 (15)	1942,0	851,0	593,0	141,0	357,0	269,0	292,0	275,0	183,0	135,0	77,0	41,0	23,0	34,0	86,0	237,0	290,0	I
Tangkoeban Prahoe			2.111m	1861-63 (2[2])	3717,3	1176,8	1064,5	475,9	1000,1	361,5	295,5	341,0	496,0	227,6	167,0	169,6	139,3	249,8	401,8	348,5	519,8	I
Tjinjiroean	107°36'	7°10'	1.568m	1880-95 (16)	3037,0	1102,0	929,0	315,0	691,0	408,0	324,0	409,0	317,0	203,0	151,0	94,0	70,0	125,0	199,0	367,0	370,0	I
Argasiri	107°42'	7°09'	1.570m	1886-90 (5)	2914,0	778,0	884,0	412,0	690,0	377,0	228,0	416,0	238,0	230,0	231,0	98,0	83,0	115,0	223,0	352,0	373,0	I
Gr. Malawar			2.330m	1860-63 (4)	3043,0	1045,8	788,1	326,7	882,4	330,8	351,0	335,0	234,7	218,4	114,1	100,9	111,7	204,0	339,6	338,8	364,0	I
Indragiri	107°17'	7°07'	1.470m	1884-95 (10)	3522,0	1159,0	1130,0	393,0	840,0	381,0	322,0	473,0	399,0	258,0	191,0	114,0	88,0	150,0	233,0	457,0	456,0	I
Telaga Patengang	107°25'	7°10'	1.556m	1880-95 (16)	4053,0	1461,0	1247,0	428,0	917,0	507,0	440,0	535,0	434,0	278,0	213,0	129,0	86,0	153,0	287,0	477,0	514,0	I
Kawah Tji Widei	107°26'	7°11'	1.052m	1880-95 (16)	3569,0	1153,0	1134,0	442,0	840,0	415,0	333,0	456,0	393,0	285,0	223,0	125,0	94,0	140,0	274,0	426,0	405,0	I
Daradjat I.	107°47'	7°12'	1.643m	1885-95 (11)	2673,0	904,0	780,0	308,0	591,0	373,0	281,0	385,0	214,0	181,0	159,0	88,0	61,0	95,0	165,0	331,0	340,0	I
Waspada	107°50'	7°18'	1.570m	1881-95 (15)	2283,0	794,0	706,0	264,0	519,0	324,0	210,0	286,0	243,0	177,0	125,0	92,0	47,0	85,0	153,0	281,0	260,0	I
Pameungpok	107°26'	7°58'	10m	1887-95 (9)	2780,0	643,0	606,0	590,0	950,0	223,0	162,0	208,0	189,0	209,0	251,0	254,0	85,0	231,0	375,0	344,0	258,0	VIII
Indramajoe	108°19'	6°20'	3m	1884-95 (12)	1587,0	703,0	418,0	154,0	222,0	315,0	264,0	155,0	158,0	105,0	80,0	55,0	19,0	40,0	62,0	120,0	214,0	I
Bangu Doewa	108°19'	6°28'	15m	1879-95 (17)	2062,0	1001,0	567,0	189,0	305,0	314,0	289,0	250,0	190,0	127,0	109,0	45,0	35,0	42,0	55,0	208,0	401,0	I
Cheribon	108°34'	6°43'		1884-95 (12)	2318,0	1150,0	703,0	211,0	254,0	411,0	354,0	384,0	206,0	113,0	122,0	64,0	25,0	33,0	53,0	168,0	385,0	I
Tedja Magdalengka	108°21'	6°48'	540m	1882-95 (14)	4461,0	2219,0	1318,0	374,0	550,0	811,0	746,0	575,0	448,0	295,0	201,0	131,0	42,0	48,0	139,0	363,0	662,0	I
Mangonredja	108°08'	7°22'		1890-95 (6)	3511,0	957,0	971,0	631,0	964,0	333,0	252,0	377,0	294,0	300,0	264,0	203,0	153,0	183,0	425,0	356,0	372,0	VI
Tasikmalaja	108°13'	7°19'	350m	1885-95 (9)	3766,0	1190,0	1190,0	525,0	852,0	349,0	401,0	549,0	333,0	317,0	220,0	161,0	144,0	159,0	327,0	366,0	440,0	II
Manondjaja	108°20'	7°20'	247m	1879-95 (17)	3071,0	1057,0	836,0	533,0	645,0	340,0	361,0	333,0	236,0	267,0	263,0	167,0	103,0	106,0	220,0	319,0	356,0	I
Parigi	108°30'	7°42'		1888-95 (8)	3081,0	567,0	736,0	1194,0	1484,0	178,0	116,0	270,0	237,0	229,0	391,0	489,0	314,0	296,0	717,0	471,0	273,0	VI
Tegal (*Java cent.*)	109°08'	6°51'		1879-95 (17)	1602,0	868,0	430,0	189,0	205,0	318,0	285,0	224,0	121,0	85,0	97,0	54,0	38,0	41,0	44,0	120,0	265,0	I
Djatibarang	109°04'	6°58'	25m	1879-95 (17)	2244,0	1089,0	500,0	227,0	338,0	391,0	372,0	304,0	160,0	126,0	100,0	82,0	45,0	61,0	122,0	155,0	326,0	I
Boekoewringin	109°08'	6°59'	39m	1879-95 (17)	2446,0	1183,0	643,0	263,0	357,0	412,0	435,0	304,0	189,0	150,0	136,0	73,0	54,0	65,0	100,0	192,0	336,0	I
Dandjar Dawa				1883-95 (11)	1904,0	1052,0	445,0	193,0	214,0	396,0	382,0	180,0	147,0	118,0	91,0	55,0	47,0	39,0	58,0	117,0	274,0	I
Pekalongan	109°40'	6°53'		1879-95 (17)	2172,0	1151,0	490,0	265,0	266,0	473,0	371,0	246,0	142,0	102,0	113,0	76,0	76,0	53,0	96,0	117,0	307,0	I
Karangkobar	109°45'	7°17'	1.023m	1885-95 (11)	4275,0	1620,0	1127,0	592,0	1086,0	553,0	455,0	482,0	334,0	311,0	184,0	92,0	116,0	170,0	350,0	566,0	612,0	I
Bandjar Negara	109°42'	7°23'	289m	1886-95 (10)	3876,0	1375,0	1236,0	365,0	900,0	460,0	356,0	572,0	346,0	318,0	163,0	100,0	102,0	81,0	307,0	512,0	559,0	I
Gombong	109°30'	7°36'	22m	1880-95 (16)	3435,0	1236,0	876,0	333,0	989,0	413,0	337,0	393,0	252,0	231,0	184,0	94,0	55,0	75,0	400,0	514,0	487,0	I
Klampak	109°24'	7°27'	35m	1879-85 (6[1])	3201,1	1123,8	841,1	467,1	469,1	335,2	317,8	362,8	257,7	220,6	211,5	175,8	79,8	83,1	192,7	403,3	470,8	I
Banjoemas	109°17'	7°32'	10m	1879-95 (17)	3036,0	1017,0	816,0	357,0	846,0	337,0	254,0	346,0	264,0	206,0	150,0	121,0	86,0	84,0	309,0	453,0	426,0	I
Tjilatjap	109°06'	7°44'		1879-95 (17)	3883,0	943,0	900,0	867,0	1164,0	321,0	236,0	345,0	274,0	290,0	361,0	306,0	200,0	200,0	443,0	521,0	386,0	VIII
Kendal	110°11'	6°55'		1880-95 (16)	1871,0	956,0	471,0	162,0	282,0	412,0	331,0	216,0	157,0	98,0	68,0	48,0	46,0	50,0	111,0	121,0	213,0	I
Samarang	110°30'	6°57'	6m	1879-95 (17)	2247,0	1081,0	580,0	235,0	425,0	400,0	300,0	244,0	206,0	130,0	91,0	84,0	60,0	96,0	141,0	188,0	281,0	I
Tjandi	110°25'	6°58'		1888-95 (8)	1972,0	819,0	552,0	262,0	309,0	296,0	278,0	237,0	186,0	129,0	89,0	119,0	54,0	61,0	119,0	129,0	275,0	I
Pelantoengan	109°50'	7°06'	693m	1879-95 (17)	4517,0	1788,0	1389,0	499,0	841,0	613,0	615,0	606,0	463,0	320,0	244,0	152,0	103,0	134,0	243,0	464,0	560,0	I
Kesrock	109°58'	7°08'	870m	1879-85 (6[1])	4145,0	1682,0	1334,0	394,0	735,0	542,0	574,0	586,0	460,0	288,0	189,0	154,0	51,0	74,0	189,0	472,0	566,0	I
Ngareanak	110°12'	7°05'	320m	1880-95 (16)	3030,0	1279,0	914,0	296,0	541,0	451,0	394,0	385,0	311,0	218,0	150,0	96,0	50,0	71,0	156,0	314,0	434,0	I
Œnarang	110°23'	7°08'	313m	1879-95 (17)	3873,0	1830,0	1072,0	369,0	596,0	604,0	673,0	451,0	345,0	276,0	100,0	161,0	108,0	93,0	181,0	322,0	559,0	I
Tlogo	110°28'	7°16'	468m	1880-95 (16)	2416,0	911,0	806,0	248,0	441,0	335,0	267,0	327,0	267,0	222,0	117,0	81,0	50,0	49,0	142,0	250,0	309,0	I

STATIONS	LONGITUDE	LATITUDE	ALTITUDE	ANNÉES	ANNÉE	DÊ-JA-FÊ (Hiver bor.) (Été aust.)	MA-VRI-MA (Print. bor.) (Automne aust.)	JU-JU-A (Été bor.) (Hiver aust.)	SÊ-OC-NO (Automne bor.) (Print. aust.)	JANVIER	FÉVRIER	MARS	AVRIL	MAI	JUIN	JUILLET	AOÛT	SEPTEMBRE	OCTOBRE	NOVEMBRE	DÉCEMBRE	RÉGIME
Gelas	110°31′	7°16′	375m	1880-95 (16)	2469,0	957,0	793,0	229,0	490,0	338,0	292,0	351,0	255,0	187,0	117,0	74,0	38,0	53,0	150,0	287,0	327,0	I
Wilhem I.	110°24′	7°16′	476m	1879-95 (17)	2113,0	782,0	700,0	244,0	387,0	272,0	258,0	286,0	238,0	176,0	115,0	83,0	46,0	58,0	115,0	214,0	252,0	I
Banjoe Biroe	110°24′	7°18′	470m	1880-95 (16)	2218,0	860,0	793,0	203,0	362,0	330,0	261,0	335,0	268,0	190,0	108,0	60,0	35,0	48,0	106,0	208,0	269,0	I
Temanggoeng	110°10′	7°19′	585m	1881-95 (15)	2236,0	938,0	604,0	166,0	438,0	341,0	302,0	317,0	248,0	120,0	70,0	55,0	41,0	62,0	154,0	222,0	295,0	I
Magelang	110°13′	7°29′	380m	1879-95 (17)	3020,0	1225,0	924,0	282,0	580,0	445,0	387,0	470,0	249,0	205,0	149,0	78,0	55,0	62,0	162,0	305,0	393,0	I
Salatiga	110°30′	7°20′	580m	1879-95 (17)	2479,0	998,0	823,0	244,0	414,0	352,0	325,0	372,0	277,0	174,0	126,0	82,0	36,0	45,0	127,0	242,0	321,0	I
Bojolali	110°35′	7°32′	390m	1879-95 (17)	2825,0	1202,0	894,0	242,0	397,0	521,0	440,0	433,0	246,0	215,0	132,0	75,0	35,0	40,0	108,0	240,0	322,0	I
Klaten	110°36′	7°42′	211m	1879-95 (17)	1987,0	824,0	648,0	174,0	341,0	328,0	250,0	312,0	199,0	137,0	93,0	42,0	39,0	42,0	77,0	222,0	237,0	I
Djokjakarta	110°21′	7°48′	113m	1879-95 (17)	2186,0	938,0	656,0	201,0	391,0	380,0	263,0	331,0	188,0	137,0	116,0	52,0	33,0	31,0	99,0	261,0	295,0	I
Kedong Kebo	110°02′	7°41′	45m	1879-95 (17)	2575,0	1042,0	735,0	244,0	554,0	380,0	278,0	352,0	246,0	137,0	140,0	59,0	45,0	50,0	153,0	351,0	384,0	I
Koedoes	110°50′	6°48′	25m	1881-95 (15)	2241,0	1328,0	526,0	102,0	285,0	544,0	408,0	286,0	143,0	97,0	48,0	36,0	18,0	36,0	85,0	164,0	376,0	I
Pati	111°01′	6°45′	17m	1880-95 (16)	1566,0	799,0	425,0	134,0	208,0	304,0	219,0	201,0	118,0	106,0	60,0	48,0	17,0	37,0	50,0	121,0	276,0	I
Rembang	111°20′	6°45′		1879-95 (17)	1427,0	673,0	384,0	163,0	216,0	203,0	217,0	178,0	107,0	99,0	115,0	29,0	19,0	25,0	53,0	138,0	193,0	I
Toedoer	111°33′	6°51′	125m	1885-95 (11)	1639,0	738,0	519,0	141,0	265,0	258,0	230,0	253,0	148,0	114,0	84,0	45,0	12,0	31,0	68,0	166,0	250,0	I
Soerakarta	110°49′	7°34′	92m	1879-95 (17)	2129,0	807,0	648,0	206,0	380,0	361,0	296,0	317,0	208,0	123,0	106,0	60,0	40,0	50,0	104,0	226,0	240,0	I
Ngavi	111°26′	7°24′	62m	1879-95 (17)	2150,0	773,0	707,0	192,0	473,0	263,0	259,0	319,0	235,0	153,0	89,0	62,0	41,0	55,0	139,0	279,0	251,0	I
Madioen	111°31′	7°37′	67m	1879-95 (17)	1870,0	787,0	612,0	167,0	305,0	308,0	245,0	254,0	212,0	146,0	94,0	45,0	27,0	23,0	67,0	215,0	234,0	I
Patjitan	111°05′	8°12′		1880-95 (16)	2500,0	1061,0	572,0	252,0	615,0	409,0	294,0	266,0	160,0	146,0	150,0	65,0	37,0	48,0	205,0	362,0	358,0	I
Toeban (*Java E.*)	112°05′	6°52′		1879-95 (17)	1322,0	651,,	366,0	117,0	188,0	234,0	205,0	174,0	123,0	69,0	68,0	36,0	13,0	25,0	39,0	124,0	212,0	I
Bodjonegoro	111°54′	7°07′	58m	1879-95 (17)	1812,0	796,0	574,0	134,0	308,0	259,0	289,0	292,0	170,0	112,0	84,0	32,0	18,0	47,0	79,0	182,0	248,0	I
Kediri	112°00′	7°48′	64m	1879-95 (17)	1790,0	842,0	587,0	136,0	225,0	314,0	282,0	277,0	167,0	143,0	86,0	34,0	16,0	15,0	60,0	150,0	226,0	I
Blitar	112°09′	8°06′	164m	1879-95 (17)	2007,0	854,0	613,0	217,0	322,0	319,0	240,0	258,0	196,0	159,0	140,0	48,0	29,0	26,0	106,0	190,0	276,0	I
Grissee	112°39′	7°10′		1879-95 (17)	1026,0	876,0	450,0	970,0	203,0	322,0	263,0	225,0	141,0	84,0	50,0	31,0	7,0	16,0	38,0	149,0	291,0	I
Soerabaya	112°44′	7°14′	7 kil.	1879-95 (17)	1701,0	832,0	527,0	144,0	198,0	314,0	267,0	246,0	172,0	100,0	85,0	47,0	12,0	10,0	48,0	140,0	251,0	I
— Oedjung	112°44′	7°12′		1885-95 (11)	1460,0	745,0	425,0	92,0	198,0	265,0	251,0	207,0	141,0	77,0	61,0	26,0	5,0	9,0	51,0	138,0	229,0	I
Sido Ardjo	112°44′	7°26′	6m	1880-95 (16)	1984,0	977,0	725,0	126,0	150,0	355,0	373,0	339,0	249,0	137,0	81,0	39,0	4,0	0,0	42,0	114,0	249,0	I
Modjokerto	112°25′	7°28′	29m	1879-95 (17)	1886,0	974,0	552,0	130,0	224,0	373,0	371,0	301,0	143,0	108,0	92,0	28,0	16,0	13,0	47,0	164,0	230,0	I
Land Wonosari	112°35′	7°45′	1.040m	1885-95 (11)	2619,0	1183,0	785,0	209,0	442,0	416,0	420,0	333,0	242,0	210,0	113,0	60,0	36,0	44,0	92,0	306,0	347,0	I
Malang	112°38′	7°57′	360m	1879-95 (17)	2014,0	935,0	549,0	164,0	366,0	328,0	301,0	258,0	166,0	125,0	84,0	54,0	26,0	29,0	123,0	214,0	306,0	I
Land Limburg	112°39′	8°11′	300m	1881-95 (15)	2213,0	1007,0	600,0	180,0	324,0	326,0	280,0	353,0	206,0	131,0	115,0	56,0	18,0	36,0	70,0	218,0	392,0	I
Pasoeroean	112°56′	7°38′	4m	1879-95 (17)	1253,0	649,0	424,0	96,0	84,0	212,0	273,0	196,0	140,0	88,0	62,0	28,0	6,0	4,0	13,0	67,0	164,0	I
Soeknpoera	113°03′	7°53′	900m	1885-95 (11)	3223,0	1324,0	1266,0	239,0	394,0	475,0	474,0	538,0	408,0	320,0	148,0	78,0	13,0	18,0	89,0	289,0	375,0	I
Adjoong	113°52′	8°08′	400m	1879-95 (17)	2292,0	1058,0	617,0	193,0	424,0	379,0	345,0	278,0	191,0	148,0	103,0	59,0	31,0	46,0	117,0	261,0	334,0	I
Kajoe Enak	113°01′	8°04′	941m	1886-95 (10)	4448,0	1269,0	1216,0	835,0	1128,0	426,0	387,0	487,0	402,0	327,0	336,0	221,0	278,0	300,0	498,0	321,0	456,0	I
Alas Petoang	113°07′	8°01′	1.040m	1885-95 (11)	4086,0	1529,0	1137,0	721,0	1218,0	561,0	415,0	457,0	310,0	370,0	277,0	169,0	275,0	297,0	530,0	391,0	553,0	I
Soember Moedjoer	113°14′	8°08′	600m	1888-95 (8)	3372,0	1031,0	669,0	709,0	873,0	361,0	349,0	261,0	211,0	197,0	318,0	245,0	236,0	308,0	350,0	215,0	321,0	I
Loemadjang	113°14′	8°07′	54m	1879-95 (17)	2315,0	968,0	579,0	201,0	509,0	320,0	268,0	260,0	177,0	133,0	146,0	81,0	34,0	51,0	160,0	298,0	369,0	I
Poeger	113°31′	8°23′		1886-95 (10)	1501,0	657,0	404,0	116,0	324,0	217,0	182,0	202,0	117,0	85,0	66,0	37,0	13,0	60,0	62,0	202,0	258,0	I
Probolinggo	113°13′	7°44′	10m	1879-95 (17)	1190,0	589,0	333,0	70,0	99,0	224,0	209,0	158,0	104,0	71,0	47,0	21,0	11,0	7,0	10,0	82,0	156,0	I
Pekalen	113°18′	7°46′	95m	1884-95 (12)	1746,0	835,0	544,0	133,0	234,0	308,0	298,0	262,0	146,0	136,0	54,0	57,0	22,0	22,0	55,0	157,0	229,0	I
Kraksoen	113°24′	7°46′	5m	1881-95 (15)	1329,0	693,0	425,0	620,0	149,0	277,0	223,0	300,0	70,0	55,0	35,0	26,0	1,0	4,0	31,0	114,0	193,0	I
Besoeki	113°41′	7°43′	2m	1879-95 (17)	1295,0	800,0	341,0	87,0	67,0	307,0	314,0	190,0	87,0	64,0	52,0	30,0	5,0	2,0	9,0	56,0	179,0	VII
Sitoebondo	114°02′	7°41′	80m	1879-95 (17)	1085,0	663,0	274,0	62,0	86,0	252,0	211,0	153,0	66,0	55,0	38,0	18,0	6,0	5,0	28,0	53,0	200,0	I
Djember	113°44′	8°09′	80m	1888-95 (8)	2718,0	1061,0	777,0	288,0	587,0	363,0	357,0	306,0	211,0	200,0	128,0	98,0	62,0	78,0	175,0	339,0	231,0	I
Maesan (Bondovoso)	113°50′	8°00′	370m	1879-86 (8)	2527,0	1320,0	672,0	120,0	415,0	459,0	401,0	377,0	169,0	126,0	71,0	24,0	25,0	32,0	122,0	261,0	379,0	I
Pantjoer	114°04′	7°58′	1.000m	1886-95 (10)	2354,0	1016,0	806,0	161,0	371,0	349,0	323,0	379,0	225,0	202,0	97,0	46,0	18,0	42,0	48,0	281,0	344,0	I
Banjoewangi	114°23′	8°13′	5m	1879-95 (17)	1415,0	586,0	398,0	257,0	204,0	192,0	192,0	138,0	104,0	126,0	117,0	77,0	63,0	68,0	66,0	70,0	202,0	VII
Rogodjampi	114°24′	8°24′		1857-58 (2)	1725,5	772,5	412,5	103,5	437,0	203,0	384,5	229,5	99,5	83,5	27,0	28,0	48,5	91,5	102,5	153,0	185,0	I
Bangkalan (*Madoera*)	112°44′	7°02′	5m	1879-95 (17)	1010,0	742,0	647,0	242,0	279,0	250,0	226,0	212,0	250,0	185,0	126,0	76,0	40,0	42,0	82,0	155,0	266,0	I
Pamakasan	113°30′	7°10′		1879-95 (17)	1665,0	730,0	567,0	167,0	211,0	251,0	239,0	229,0	202,0	126,0	104,0	48,0	15,0	11,0	30,0	170,0	240,0	I
Soemenap	113°54′	7°03′		1879-95 (17)	1609,0	803,0	559,0	178,0	150,0	254,0	282,0	234,0	192,0	133,0	115,0	56,0	7,0	5,0	39,0	115,0	267,0	VII
Kangean	114°21′	6°55′		1894-98 (5)	2050,0	1063,0	557,0	94,0	336,0	392,0	252,0	222,0	236,0	99,0	41,0	48,0	5,0	25,0	74,0	237,0	419,0	I
Negara (*Bali*)	114°39′	8°20′	3m	1884-96 (13)	1755,0	583,0	454,0	243,0	475,0	181,0	185,0	160,0	166,0	119,0	122,0	65,0	66,0	92,0	176,0	207,0	217,0	I
Boeleleng	115°03′	8°07′	206m	1884-95 (12)	1170,0	616,0	410,0	59,0	85,0	210,0	224,0	198,0	127,0	85,0	46,0	13,0	0,0	2,0	10,0	73,0	176,0	I
Ampenan (*Lombok*)	116°03′	9°33′		1895-02 (3,7)	1314,8	608,6	245,3	126,7	244,2	195,7	219,7	129,3	84,0	32,0	20,0	102,5	4,2	3,0	91,2	150,0	283,2	I
Sisi	116°38′	8°44′		1895-98 (3,7)	881,4	496,7	246,3	60,8	77,6	203,0	178,7	117,0	94,3	35,0	8,8	59,2	1,8	3,2	6,2	68,2	115,0	I
Bima (*Soembawa*)	118°40′	8°22′	2m	1881-95 (14,8)	1201,0	574,0	404,0	57,0	166,0	196,0	185,0	190,0	153,0	61,0	40,0	17,0	0,0	11,0	28,0	127,0	193,0	I
Koepang (*Timor*)	123°34′	10°10′	15m	1879-95 (16)	1507,0	1092,0	300,0	17,0	108,0	423,0	404,0	193,0	60,0	47,0	10,0	4,0	3,0	1,0	12,0	85,0	265,0	I
Servaroe (*Letti*)	127°32′	8°12′		1888-95 (8)	1370,0	398,0	701,0	207,0	104,0	162,0	83,0	164,0	286,0	251,0	157,0	41,0	9,0	11,0	31,0	62,0	153,0	IV
Sejra (*Tenimber*)	131°06′	7°40′		1888-95 (7)	1553,0	618,0	630,0	118,0	178,0	223,0	164,0	253,0	214,0	172,0	92,0	15,0	11,0	6,0	66,0	106,0	231,0	II

STATIONS	LONGITUDE	LATITUDE	ALTITUDE	ANNÉES	ANNÉE	DÉ-JA-FÉ (Hiver bor.) (Été aust.)	MA-AV-MA (Print. bor.) (Automne aust.)	JU-JU-A (Été bor.) (Hiver aust.)	SE-OC-N (Automne bor.) (Print. aust.)	JANVIER	FÉVRIER	MARS	AVRIL	MAI	JUIN	JUILLET	AOUT	SEPTEMBRE	OCTOBRE	NOVEMBRE	DÉCEMBRE	RÉGIME
Papar (*Bornéo*)	109°20′	6°24′		1886-90 (2,⁸)	3304,0	521,2	614,3	1153,2	1016,2	227,5	125,0	111,0	170,7	331,7	430,5	311,7	411,0	372,0	333,5	310,7	168,7	I
Gaya				1887-90 (2,⁴)	3058,5	393,5	605,0	1010,2	1049,2	220,2	71,4	109,9	197,2	298,5	264,0	310,2	436,0	277,9	311,2	460,1	101,9	II
Labuan				1855-58 (4)	3179,3	825,8	733,3	768,1	852,1	177,3	212,1	233,9	226,7	273,8	201,5	333,7	232,9	199,6	394,7	257,8	436,4	IV
Sarawak				1879-87 (7)	3026,4	636,5	768,0	1132,3	1089,6	245,6	86,9	157,0	205,0	406,0	407,7	252,0	472,6	318,3	357,3	414,0	304,0	I
Kuching	110°08′	1°28′		1876-88 (8)	4183,1	1925,4	813,7	631,5	812,5	712,3	634,5	345,6	232,1	236,0	221,2	162,4	247,9	188,2	265,2	360,1	578,0	IV
Sambas	109°20′	1°24′		1890-95 (6)	2924,0	887,0	612,0	616,0	809,0	395,0	145,0	247,0	202,0	183,0	229,0	141,0	246,0	138,0	351,0	320,0	347,0	IV
Sinkawang	108°59′	0°55′		1879-95 (17)	3478,0	1084,0	658,0	671,0	1065,0	370,0	211,0	212,0	233,0	213,0	204,0	166,0	301,0	195,0	432,0	436,0	404,0	IV
Pontianak	109°20′	0°02′		1879-95 (17)	3231,0	810,0	728,0	639,0	1051,0	262,0	179,0	250,0	230,0	248,0	231,0	171,0	237,0	206,0	447,0	398,0	360,0	IV
Sintang	111°32′	0°07′		1879-95 (17)	3797,0	994,0	949,0	828,0	1026,0	347,0	283,0	343,0	314,0	292,0	272,0	229,0	327,0	261,0	403,0	362,0	364,0	IV
Kudat		7°		1882-90 (5,⁸)	2573,1	1059,8	400,6	458,9	653,8	335,8	178,0	226,1	60,0	103,4	160,5	153,0	145,4	122,1	240,9	321,7	546,0	IV
Banguey				1886-87 (1,⁹)	3161,5	726,0	623,0	824,5	988,0	171,5	104,5	307,5	130,5	185,0	236,5	151,5	436,5	169,0	458,0	361,0	450,0	IV
Sandakan	118°	6°		1879-87 (8,⁵)	3164,0	1271,0	424,0	569,0	900,0	537,0	218,0	161,0	106,0	157,0	231,0	162,0	176,0	250,0	245,0	405,0	516,0	IV
Silam		5°		1883-87 (4,⁷)	2242,0	651,0	307,0	535,0	659,0	220,0	111,0	84,0	83,0	230,0	255,0	149,0	131,0	236,0	151,0	272,0	320,0	IV
Boeloengan	117°20′	2°46′		1893-96 (4)	3782,5	1131,1	901,6	651,5	1088,3	524,7	287,7	388,2	218,2	295,2	198,2	190,5	253,8	403,0	343,5	341,8	318,7	IV
Butoa-Panggal	117°05′	0°35′		1890-95 (5,⁵)	2044,0	552,0	602,0	428,0	462,0	226,0	126,0	184,0	222,0	196,0	122,0	130,0	176,0	108,0	184,0	170,0	200,0	II
Mocara Teweh	114°43′	0°55′		1884-95 (12)	2971,0	878,0	882,0	516,0	695,0	287,0	295,0	312,0	321,0	249,0	207,0	148,0	161,0	159,0	223,0	313,0	296,0	II
Boentok	114°30′	1°15′		1881-95 (15)	2879,0	931,0	919,0	304,0	635,0	308,0	272,0	345,0	311,0	263,0	163,0	108,0	123,0	118,0	186,0	331,0	351,0	I
Amoentai	115°10′	2°15′		1879-95 (17)	2525,0	922,0	798,0	352,0	453,0	310,0	287,0	363,0	225,0	210,0	154,0	113,0	85,0	79,0	124,0	250,0	325,0	I
Barabei	115°16′	2°17′		1879-95 (17)	2709,0	930,0	799,0	443,0	537,0	275,0	305,0	300,0	258,0	241,0	205,0	111,0	127,0	88,0	100,0	280,0	350,0	I
Pengaron	115°15′	3°15′		1879-95 (17)	2623,0	950,0	804,0	398,0	471,0	334,0	289,0	345,0	217,0	242,0	178,0	111,0	109,0	80,0	140,0	242,0	327,0	I
Bandjermasin	114°30′	3°19′		1879-95 (17)	2487,0	933,0	707,0	395,0	452,0	315,0	303,0	313,0	221,0	173,0	170,0	112,0	113,0	87,0	144,0	221,0	315,0	I
Tontoli (*Célèbes*)	120°53′	1°00′	2ᵐ	1881-95 (14,¹)	2606,0	709,0	505,0	804,0	588,0	263,0	200,0	178,0	130,0	197,0	310,0	243,0	251,0	185,0	226,0	177,0	246,0	VII
Kwandang	122°50′	1°10′		1881-95 (14,⁵)	2283,0	761,0	546,0	462,0	514,0	234,0	247,0	181,0	167,0	198,0	191,0	127,0	144,0	81,0	170,0	253,0	280,0	IV
Menado	124°50′	1°30′	4ᵐ	1879-95 (17)	2713,0	1233,0	643,0	425,0	412,0	478,0	337,0	271,0	205,0	167,0	179,0	125,0	121,0	82,0	125,0	205,0	418,0	II
Kema	125°04′	1°22′		1882-95 (13,⁶)	1495,0	434,0	433,0	333,0	295,0	145,0	139,0	149,0	160,0	124,0	156,0	89,0	88,0	60,0	75,0	160,0	150,0	VIII
Land Masarang	124°52′	1°20′	900ᵐ	1881-95 (14,⁴)	2448,0	705,0	729,0	484,0	520,0	285,0	215,0	224,0	256,0	249,0	228,0	135,0	121,0	108,0	182,0	230,0	205,0	IV
Kalej Londej	124°47′	1°08′	892ᵐ	1888-95 (8)	2777,0	653,0	917,0	632,0	575,0	278,0	152,0	268,0	362,0	287,0	244,0	194,0	194,0	107,0	185,0	283,0	223,0	VIII
Gorontalo	123°15′	0°30′		1881-95 (14,¹)	1234,0	308,0	330,0	351,0	236,0	103,0	80,0	95,0	138,0	100,0	145,0	88,0	118,0	40,0	70,0	117,0	119,0	I
Limboto	123°05′	0°40′		1881-95 (14,⁵)	1408,0	422,0	440,0	279,0	267,0	137,0	97,0	132,0	179,0	129,0	101,0	88,0	90,0	47,0	79,0	141,0	188,0	I
Donggala	119°41′	0°40′		1893-96 (4)	1542,1	695,3	271,9	349,5	225,4	342,0	200,3	123,7	62,0	86,2	138,0	88,0	123,5	55,0	63,2	107,2	153,0	VII
Segeri	119°30′	4°38′	3ᵐ	1881-95 (14,⁶)	3593,0	1912,0	858,9	258,0	565,0	710,0	463,0	398,0	244,0	216,0	137,0	93,0	28,0	53,0	125,0	387,0	730,0	I
Pankadjene	119°32′	4°51′	3ᵐ	1879-95 (17)	3753,0	2184,0	829,0	267,0	473,0	876,0	548,0	420,0	235,0	174,0	165,0	80,0	22,0	35,0	110,0	728,0	760,0	I
Tjamba	119°45′	5°00′	300ᵐ	1881-95 (14,⁶)	2565,0	1242,0	645,0	345,0	333,0	516,0	348,0	261,0	207,0	177,0	168,0	124,0	53,0	31,0	82,0	220,0	378,0	VII
Makasser	119°24′	5°08′	2ᵐ	1879-95 (17)	3012,0	1921,0	653,0	184,0	254,0	744,0	514,0	422,0	130,0	101,0	120,0	51,0	13,0	18,0	47,0	189,0	663,0	I
Alloe	119°37′	5°38′	3ᵐ	1881-95 (14,⁷)	2137,0	1311,0	427,0	168,0	231,0	457,0	402,0	242,0	95,0	90,0	97,0	50,0	21,0	12,0	54,0	165,0	452,0	I
Bonthain	119°55′	5°33′	1ᵐ	1881-95 (14,⁰)	1286,0	335,0	405,0	399,0	147,0	145,0	97,0	110,0	125,0	170,0	187,0	159,0	53,0	31,0	41,0	75,0	93,0	IV
Bikeroe	120°08′	5°12′	245ᵐ	1881-95 (13)	3102,0	846,0	1051,0	901,0	304,0	321,0	276,0	306,0	301,0	444,0	407,0	372,0	122,0	58,0	60,0	186,0	249,0	IV
Kadjang	120°23′	5°27′	8ᵐ	1881-95 (13,⁶)	1572,0	599,0	521,0	257,0	195,0	239,0	120,0	159,0	198,0	164,0	167,0	80,0	10,0	16,0	31,0	148,0	240,0	VII
Balang Nipa	120°14′	5°07′	3ᵐ	1879-95 (17)	2451,0	366,0	800,0	957,0	238,0	129,0	118,0	130,0	299,0	461,0	441,0	382,0	134,0	52,0	105,0	81,0	119,0	IV
Saleijer	120°27′	6°16′	2ᵐ	1881-95 (14,⁰)	2453,0	485,0	990,0	783,0	195,0	147,0	163,0	168,0	281,0	541,0	395,0	312,0	76,0	46,9	51,0	98,0	175,0	IV
Taroena (*Sangi*)	125°30′	3°42′		1896-98 (2,7)	4170,0	1648,0	817,0	848,0	857,0	634,0	455,0	272,0	142,0	403,0	250,0	307,0	201,0	213,0	259,0	385,0	650,0	IV
Lirong (*Talaoer*)	126°42′	3°54′		1897-98 (2)	3197,0	756,0	548,0	1228,0	665,0	186,0	180,0	176,0	125,0	247,0	358,0	590,0	280,0	242,0	171,0	252,0	300,0	VII
Ternate (*Tern.*)	127°22′	0°17′	3ᵐ	1879-95 (17)	9948,0	606,0	640,0	400,0	401,0	100,0	201,0	100,0	202,0	220,0	220,0	137,0	120,0	103,0	107,0	211,0	236,0	IV
Batjan (*Batj*)	127°25′	5°38′		1887-95 (9)	1806,0	487,0	503,0	547,0	329,0	177,0	123,0	164,0	211,0	128,0	179,0	151,0	217,0	101,0	104,0	124,0	187,0	IV
Kajeli (*Boeroe*)	127°13′	3°30′		1881-95 (15)	1913,0	635,0	527,0	578,0	173,0	227,0	216,0	227,0	157,0	143,0	242,0	190,0	146,0	52,0	60,0	61,0	198,0	VII
Wahaai (*Ceram*)	129°30′	2°50′		1881-95 (15)	2258,0	968,0	667,0	313,0	310,0	280,0	476,0	293,0	234,0	140,0	106,0	113,0	94,0	98,0	107,0	110,0	212,0	VII
Amahei	129°0′	3°20′		1881-95 (15)	2938,0	337,0	580,0	1409,0	616,0	127,0	101,0	121,0	191,0	274,0	424,0	537,0	538,0	241,0	174,0	101,0	109,0	IV
Amboina (*Amb*)	128°10′	3°42′		1879-95 (17)	3707,0	405,0	900,0	1806,0	536,0	153,0	110,0	132,0	271,0	407,0	675,0	681,0	510,0	227,0	185,0	124,0	142,0	IV
Hitoelama	128°15′	3°22′		1882-95 (14)	2372,0	448,0	634,0	970,0	320,0	151,0	157,0	137,0	225,0	272,0	401,0	328,0	241,0	117,0	105,0	98,0	140,0	IV
Saparoea (*Sap*)	128°45′	3°41′		1882-95 (14)	3650,0	343,0	826,0	1934,0	547,0	103,0	105,0	108,0	267,0	451,0	708,0	699,0	527,0	240,0	217,0	90,0	135,0	IV
Neira (*Banda*)	129°53′	4°32′		1879-95 (17)	2993,0	706,0	988,0	883,0	416,0	269,0	179,0	224,0	350,0	405,0	502,0	251,0	130,0	153,0	129,0	134,0	258,0	IV
Toeal (*Kei*)	132°45′	5°34′	2ᵐ	1886-95 (8)	2774,0	919,0	794,0	514,0	344,0	324,0	245,0	360,0	226,0	208,0	227,0	227,0	60,0	47,0	91,0	206,0	350,0	VII
Dobo (*Aroe*)	134°20′	5°46′		1887-96 (3,⁴)	2589,0	819,0	692,0	649,0	420,0	315,0	284,0	242,0	257,0	193,0	161,0	315,0	173,0	124,0	91,0	214,0	220,0	VII
Iles de l'Océan Pacifique.																						
Iles Salomon	160°	9°		1882-84 (2,⁴)	2149,4	—	483,6	960,9	704,9	—	—	—	225,3	258,3	243,0	331,7	385,6	331,5	373,4	—	—	IV
Pleasant I. Nauru	166°58′	0°26′	8ᵐ	1893-95 (2)	1031,5	547,0	127,0	234,5	123,0	213,0	232,0	68,1	5,5	53,5	109,0	46,5	79,0	45,0	14,0	64,0	102,0	VII
I. Marshall, Jaluit	169°40′	5°55′	3ᵐ	1892-94 (3,¹⁰)	4491,5	1034,7	1326,2	1133,9	997,0	290,5	300,4	455,3	358,8	512,7	396,1	392,3	345,5	342,0	293,2	362,4	443,8	VIII
Ile Malden	154°58′	4°02′		1866-69 (1,⁸)	409,4	278,2	55,7	71,3	59,7	170,4	61,4	36,0	4,9	14,2	3,0	46,2	22,1	4,1	39,4	16,2	46,4	VII

M. GARRIGOU-LAGRANGE
Secrétaire général de la Société Gay-Lussac, à Limoges.

SUR LE CALCUL DES ANOMALIES ET SUR SON APPLICATION A L'ÉTUDE DES GRANDS MOUVEMENTS DE L'ATMOSPHÈRE ET A LA PRÉVISION DU TEMPS

[551.15]

— *Séance du 6 août* —

Dans diverses communications faites depuis plus de deux ans déjà, tant à la Société météorologique de France qu'à l'Académie des sciences, j'ai posé les principes sur lesquels repose le calcul des anomalies, dont on trouvera plus loin le développement et les premières applications. J'ai indiqué notamment que l'anomalie de la pression barométrique en un point du globe à un moment donné était liée par des équations du premier degré aux anomalies des autres points, estimées soit pour le même temps, soit pour des temps antérieurs. D'où découlent deux ordres de recherches distinctes, qui conduisent le premier à la connaissance de la circulation générale et des situations qui la caractérisent à un instant donné, le second à une solution du problème de la prévision du temps, aussi exacte que le permet l'état actuel de nos connaissances.

Malheureusement je n'avais point trouvé, lors de ces premières communications, le moyen de résoudre pratiquement les systèmes d'équations, toujours très compliqués, auxquels on est conduit par ce calcul, en telle sorte qu'il n'était encore que difficilement intelligible et d'une application fort laborieuse. Mais ayant en ces derniers temps rencontré une voie par où il me semble qu'on peut assez aisément résoudre ces systèmes, en quelque nombre qu'y soient les inconnues, je ne vois rien qui puisse s'opposer désormais à ce qu'on fasse application de cette nouvelle méthode dans un grand nombre de problèmes de la philosophie naturelle. Car, bien que je n'aie parlé jusqu'alors que des services qu'on en peut attendre dans l'étude des mouvements barométriques, on comprend assez et l'on verra mieux par la suite qu'elle peut être appliquée en toute science d'observation, où, après avoir noté les diverses valeurs, simultanées ou successives, de certains phénomènes, on se propose de déterminer les rapports qui sont entre ces valeurs.

Il y a lieu cependant de faire ici certaine réserve, en ce sens que tous les phénomènes naturels ne se prêtent pas à ce calcul avec la même facilité et, bien que j'espère montrer plus tard qu'on y en peut introduire beaucoup qui y semblent au premier abord étrangers, je ne veux pour l'instant parler que de ceux qui y entrent naturellement. Or, ils doivent à cet effet satisfaire à deux conditions, à savoir, premièrement, qu'ils soient continus, c'est-à-dire qu'entre deux valeurs données, ils passent par toutes les valeurs intermédiaires; deuxièmement, que les valeurs particulières qu'ils prennent oscillent autour d'une valeur moyenne et n'en diffèrent que d'une faible quantité, telle que l'on puisse dans les calculs négliger, sans erreur sensible et tout au moins dans une première approximation, les carrés et les puissances supérieures de ces écarts ou anomalies, ainsi que leurs produits 2 à 2, 3 à 3..... n à n.

Théorème général

Lorsque divers phénomènes, continus et supposés dépendant les uns des autres, présentent des anomalies suffisamment faibles pour qu'on en puisse négliger les carrés et les puissances supérieures, ainsi que les divers produits, ces phénomènes sont liés entre eux par des systèmes d'équations, qui sont du premier degré tant à l'égard des éléments qu'à l'égard des inconnues qui y entrent, et la résolution de ces équations, par la méthode des moindres carrés ou par toute autre analogue, donne les valeurs de ces phénomènes avec un degré d'approximation et de probabilité en rapport avec le nombre de ces éléments et de ces inconnues.

Étant donnés divers phénomènes satisfaisant aux conditions précédentes, soit l'un d'eux, dont les diverses valeurs observées sont :

$$H \quad H_1 \quad H_2 \quad H_3 \ldots\ldots \quad H_n$$

supposé dépendant des autres dont les valeurs corrélatives sont :

$$\begin{matrix} A & A_1 & A_2 & A_3 \ldots\ldots & A_n \\ B & B_1 & B_2 & B_3 \ldots\ldots & B_n \\ C & C_1 & C_2 & C_3 \ldots\ldots & C_n \\ \text{Etc.} \end{matrix}$$

Soient, en outre, M_h, M_a, M_b, M_c, etc., les valeurs moyennes de ces divers phénomènes, telles que :

$$M_h = \frac{H + H_1 + H_2 \ldots\ldots + H_n}{n+1}$$

$$M_a = \frac{A + A_1 + A_2 \ldots\ldots + A_n}{n+1}$$

$$M_b = \frac{B + B_1 + B_2 \ldots\ldots + B_n}{n+1}$$

Etc.

et soient enfin :

$$\begin{matrix} h & h_1 & h_2 & h_3 \ldots\ldots & h_n \\ a & a_1 & a_2 & a_3 \ldots\ldots & a_n \\ b & b_1 & b_2 & b_3 \ldots\ldots & b_n \end{matrix}$$

Etc.

les anomalies des diverses valeurs précédentes ou leurs écarts à la moyenne correspondante, en telle sorte qu'on ait :

$$\begin{matrix} H = M_h \pm h & H_1 = M_h \pm h_1 & H_2 = M_h \pm h_2 \\ A = M_a \pm a & A_1 = M_a \pm a_1 & A_2 = M_a \pm a_2 \end{matrix}$$

Etc.

Je dis qu'on peut poser :

$$\left.\begin{matrix} h = ax + by + cz + \ldots\ldots \\ h_1 = a_1x + b_1y + c_1z + \ldots\ldots \\ h_2 = a_2x + b_2y + c_2z + \ldots\ldots \end{matrix}\right\} (1)$$

Etc.

en telle façon que la solution des équations (1) donne immédiatement la valeur des anomalies du phénomène considéré en fonction des anomalies des autres.

Pour le démontrer, considérons d'abord les deux phénomènes H et A, supposés dépendant l'un de l'autre et tels que l'on ait :

$$H = f(A)$$

La fonction f (A) est inconnue, mais comme les phénomènes sont continus, on peut la développer en fonction des puissances croissantes de B et poser les équations :

$$\begin{matrix} H = P + A\alpha + A^2\beta + A^3\gamma + \ldots\ldots \\ H_1 = P + A_1\alpha + A_1^2\beta + A_1^3\gamma + \ldots\ldots \\ H_2 = P + A_2\alpha + A_2^2\beta + A_2^3\gamma + \ldots\ldots \end{matrix}$$

Etc.

qui, avec un nombre suffisant de valeurs de H et de A, permettent de déterminer α, β, γ, etc., entre certaines limites.

De même, et pour les mêmes raisons, en faisant intervenir les autres phénomènes $BB_1 \ldots CC_1 \ldots$ etc., et en posant :

$$H = f(ABC\ldots)$$

nous pourrons développer $f(ABC\ldots)$ en fonction des puissances croissantes de A, de B, de C, etc., et en outre en fonction des produits 2 à 2, 3 à 3..., n à n des puissances croissantes de A, B, C, etc., en telle façon que l'on ait :

$$\left.\begin{array}{l} H = P + A\alpha + A^2\beta + A^3\gamma + \ldots + B\alpha_1 + B^2\beta_1 + B^3\gamma_1 + \ldots \\ \quad + AB\alpha' + BC\beta' + AC\gamma' + \ldots + ABC\alpha'' + \ldots + B^2C\alpha''' \\ \quad + \ldots\ldots + A^m B^n C^p \alpha_u + \ldots \text{etc.} \\ H_1 = P + A_1\alpha + A_1^2\beta + A_1^3\gamma + \ldots\ldots \\ \quad + \text{etc.} \\ H_2 = P + A_2\alpha + A_2^2\beta + A_3^3\gamma + \ldots\ldots \\ \quad + \text{etc.} \\ \text{Etc.} \end{array}\right\} \quad (2)$$

Remplaçons dès lors dans les équations (2) $H\, H_1\, H_2 \ldots A\, A_1\, A_2 \ldots B\, B_1\, B_2$, etc., par leurs valeurs données plus haut $M_h \pm h$, $M_a \pm a$, $M_b \pm b$, etc., et développons chaque terme des seconds membres, il viendra, pour le terme général des puissances de A, B, C, etc., en observant que, d'après la deuxième des conditions précédemment dites, nous pouvons négliger sans erreur sensible le carré et les puissances supérieures de b :

$$B^m \beta_m = (\mu + \nu b)\beta_m$$

μ et ν étant constants pour tous les termes semblables $B_1^m\beta_m$, $B_2^m\beta_m$, etc.

Quant au terme général des produits des anomalies les unes par les autres, on aura, toutes réductions faites :

$$A^m B^n C^p \alpha_u = (\omega + \rho a + \rho' b + \rho'' c + \ldots\ldots)\alpha_u$$

ω, ρ, ρ', ρ'', etc., étant constants pour tous les termes semblables.

Réunissant dès lors ensemble les termes constants, les termes en $a, a_1, a_2 \ldots b, b_1, b_2 \ldots c, c_1, c_2 \ldots$, etc., il viendra, P, Q, R, etc., étant constants :

$$\left.\begin{array}{l} M_h \pm h \;\; = P + QX + RY + \ldots \;\; + ax + by + cz + \ldots \\ M_h \pm h_1 = P + QX + RY + \ldots \;\; + a_1x + b_1y + c_1z + \ldots \\ M_h \pm h_2 = P + QX + RY + \ldots \;\; + a_2x + b_2y + c_2z + \ldots \end{array}\right\} \quad (3)$$

Faisant la somme de ces équations, membre à membre, divisant cette somme par $(n + 1)$, le nombre des équations, et retranchant l'équation résultante de chacune des équations (3), également membre à membre, après avoir observé que $\sum(\pm h) = 0$, $\sum(\pm a) = 0$, $\sum(\pm b) = 0$, etc., il viendra finalement :

$$\begin{aligned} h &= ax + by + cz + \dots \\ h_1 &= a_1x + b_1y + c_1z + \dots \\ h_2 &= a_2x + b_2y + c_2z + \dots \end{aligned}$$

Etc.

qui sont précisément les équations (1).

Pour déterminer divers phénomènes en fonction les uns des autres, il suffit donc de connaître les anomalies qu'ils présentent en un certain nombre, aussi grand que possible, de circonstances semblables et de lier entre elles ces anomalies par les équations que nous venons d'établir.

Il y a lieu dès lors : 1° de déterminer les divers phénomènes que l'on veut comparer ; 2° d'établir les équations de relation entre leurs anomalies, et 3° de résoudre ces équations.

I

On conçoit assez que l'on ne saurait poser de règles générales pour déterminer les phénomènes dont on veut introduire les valeurs dans le calcul. Leur choix dépendra tout à la fois de la nature des recherches entreprises et surtout des éléments dont on pourra disposer. Et pour ne parler ici que de la météorologie, puisque ce calcul a été imaginé pour y recevoir ses premières applications, la double condition que nous nous sommes imposée limite le champ des investigations et met en relief deux éléments principaux, la pression barométrique et la température, qui remplissent autant qu'on puisse le désirer cette double condition. C'est donc leur étude qui nous occupera tout d'abord, après avoir observé que l'on peut se proposer de déterminer l'anomalie de pression ou de température en un point donné, à un moment donné, soit en fonction des anomalies de pression ou de température au même point, à des époques antérieures, soit en fonction des anomalies simultanées observées en divers autres points plus ou moins éloignés du premier.

II

Ayant choisi les éléments à comparer, on dresse un tableau de leurs valeurs corrélatives aux époques déterminées ; on calcule la moyenne de ces valeurs pour chaque élément et on détermine l'écart à cette moyenne de chaque valeur particulière. On a ainsi les valeurs des anomalies qui entrent directement dans les équations précédemment dites.

Si ces équations étaient en nombre égal à celui des inconnues, il n'y aurait plus qu'à les résoudre. Mais il n'en est pas ainsi d'ordinaire et leur nombre est généralement bien supérieur, de telle sorte qu'il importe tout d'abord de le réduire. Ce genre de difficultés n'est d'ailleurs point nouveau ; il se présente en diverses rencontres dans les sciences d'observation et l'on connaît les procédés qui ont été employés pour le résoudre et notamment la méthode des moindres carrés. C'est par cette méthode ou par toute autre analogue et, s'il se peut, plus simple, que l'on parviendra à établir les équations définitives, d'où l'on déduira les valeurs les plus probables des inconnues.

III

Soient donc m équations du premier degré à m inconnues. De toutes les méthodes usitées pour arriver à leur solution, aucune, pour peu que m soit grand, ne nous a paru pouvoir être employée pratiquement, non seulement en raison de la longueur des calculs qu'elles imposent, mais surtout parce que, dans le cas d'équations incompatibles ou indéterminées, ce qui est toujours à craindre pour des phénomènes complexes qui dépendent intimement les uns des autres, elles aboutissent à des impossibilités qui ne se révèlent qu'à la fin des opérations.

Nous avons donc été amené à chercher une nouvelle voie par où l'on put aller plus simplement et plus sûrement à la connaissance des inconnues. D'une façon générale cette nouvelle méthode consiste à transformer le système d'équations proposées en un autre plus facile à résoudre et dont les inconnues soient liées aux anciennes par des relations simples.

Soient par exemple les équations :

$$\left.\begin{aligned} h &= ax + by + cz + dt + \ldots\ldots \\ h_1 &= a_1x + b_1y + c_1z + d_1t + \ldots\ldots \\ h_2 &= a_2x + b_2y + c_2z + d_2t + \ldots\ldots \\ h_3 &= a_3x + b_3y + c_3z + d_3t + \ldots\ldots \\ &\text{Etc.} \end{aligned}\right\} (1)$$

Posons :

$$\begin{aligned} b' &= b - \alpha a \\ b'_1 &= b_1 - \alpha a_1 \\ b'_2 &= b_2 - \alpha a_2 \\ &\text{Etc.} \end{aligned}$$

Avec la condition : $b - \alpha a = 0,$ d'où $\alpha = \dfrac{b}{a},$

posons ensuite :

$$
\begin{aligned}
c' &= c - \alpha_1 a - \beta_1 b' \\
c'_1 &= c_1 - \alpha_1 a_1 - \beta_1 b'_1 \\
c'_2 &= c_2 - \alpha_1 a_2 - \beta_1 b'_2
\end{aligned}
$$

Etc.

Avec les conditions :

$$
\begin{aligned}
c - \alpha_1 a - \beta_1 b' &= 0 \\
c_1 - \alpha_1 a_1 - \beta_1 b'_1 &= 0
\end{aligned}
$$

d'où $$\alpha_1 = \frac{c}{a} \qquad \beta_1 = \frac{c_1 - \frac{c}{a} a_1}{b'_1}$$

et ainsi de suite :

$$d' = d - \alpha_2 a - \beta_2 b' - \gamma_2 c'$$

Etc.

nous arriverons au système d'équation suivant :

$$
\left.
\begin{aligned}
h &= a x' \\
h_1 &= a_1 x' + b'_1 y' \\
h_2 &= a_2 x' + b'_2 y' + c'_2 z' \\
h_3 &= a_3 x' + b'_3 y' + c'_3 z' + d'_3 t'
\end{aligned}
\right\} (2)
$$

Etc.

qui sont aisées à résoudre, puisque l'on a mis immédiatement :

$$x' = \frac{h}{a}$$

$$y' = \frac{h_1 - a_1 \frac{h}{a}}{b'_1}$$

Etc.

D'autre part, les nouvelles inconnues x', y', z', t' ... sont liées aux anciennes x, y, z, t ... par des relations simples qui seraient, par exemple, si nous nous arrêtions aux quatre premières :

$$
\left.
\begin{aligned}
t &= t' \\
z &= z' - \gamma_2 t \\
y &= y' - \beta_1 z - \beta_2 t \\
x &= x' - \alpha y - \alpha_1 z - \alpha_2 t
\end{aligned}
\right\} (3)
$$

Ce procédé, qui permet d'arriver par étapes à la solution des équations proposées, astreint sans doute à des calculs longs et pénibles, qu'il convient de disposer avec beaucoup d'ordre et de méthode. Il nous a cependant paru plus aisément praticable que ceux employés jusqu'alors et il a sur eux l'inappréciable avantage de prévenir au cours des opérations des cas d'impossibilité qui peuvent se produire. Il résulte, en effet, des relations (3) que, si les inconnues x, y, z, t... se présentent sous la forme $\frac{m}{0}$ ou $\frac{0}{0}$, il en sera de même des inconnues x', y', z', t'... et réciproquement. Or, pour ces dernières, cela ne peut être que si l'une des quantités b'_1, c'_2, d'_3, etc., s'annule, auquel cas on sera immédiatement averti que les équations proposées sont incompatibles ou indéterminées et qu'il importe d'en établir de nouvelles, ou de faire subir aux anciennes les transformations convenables.

Applications.

J'ai cherché, comme première application de ce nouveau calcul, à déterminer les anomalies des actions que le soleil et la lune exercent sur la masse atmosphérique. Mes études antérieures m'avaient, en effet, montré que, pour la lune notamment, ces actions, bien qu'incontestables, présentent, d'une année ou d'une lunaison à l'autre, des variations trop considérables pour qu'on pût déduire quelques résultats pratiques de leurs moyennes générales, et qu'il devenait nécessaire de considérer ces actions dans les rapports qu'elles ont avec les diverses situations atmosphériques qui les accompagnent ou les précèdent.

Parmi les travaux, longs et minutieux, où j'ai été ainsi conduit, je citerai le suivant, qui donnera quelque idée des opérations effectuées. J'ai choisi huit stations, dont les observations caractérisent assez exactement la circulation atmosphérique à la surface de l'Europe ; ce sont Catherinbourg et Astrakan, donnant les pressions sibériennes dans leurs rapports avec l'Europe, représentée surtout par les stations d'Haparanda, de Paris et d'Alger, puis un point en Islande et un aux Açores, et enfin une dernière station, entre les deux précédentes, soit par 55° de latitude nord et 30° de longitude ouest de Paris.

J'ai ensuite, pour la période de seize années (1876-1892), déterminé les anomalies de pression, en ces huit points, pour chaque saison, par des moyennes trimestrielles, et pour chaque phase de la lune, par des moyennes hebdomadaires, et j'ai établi les équations qui relient les anomalies d'une saison ou d'une phase à celle des saisons ou des phases précédentes. L'action solaire m'a ainsi fourni 56 systèmes d'équations, comprenant chacun 16 équations à 8 inconnues, soit 448 inconnues à déterminer, et l'action lunaire, 128 systèmes, de 45 équations à 8 inconnues chacun, et, par suite, 1.024 inconnues.

Après avoir réduit chacun de ces systèmes à ne renfermer plus que 8 équations à 8 inconnues, je les ai résolus par la méthode précédemment exposée et j'ai déterminé toutes les inconnues qui se réfèrent à l'action solaire, et la plus grande partie de celles qui ont trait à l'influence de la lune.

Afin de donner quelque idée des résultats obtenus, je citerai comme exemple les relations qui lient un hiver donné à l'automne et à l'hiver précédents. Soient :

a l'anomalie de pression, en hiver,		à Catherinbourg.
b	—	à Astrakan.
c	—	à Haparanda.
d	—	à Paris.
e	—	à Alger.
f	—	en Islande.
g	—	par 55° N — 30° W.
h	—	aux Açores.

Soient, en outre :

$a_1\ b_1\ c_1 \ldots$ les anomalies, aux mêmes stations,		pour le printemps.
$a_2\ b_2\ c_2 \ldots$	—	pour l'été.
$a_3\ b_3\ c_3 \ldots$	—	pour l'automne.
$a_4\ b_4\ c_4 \ldots$	—	pour l'hiver suivant.

On obtient, en comparant un hiver donné à l'hiver ou à l'automne précédent :

I. — *Relations entre un hiver donné et l'hiver précédent.*

$$a_4 = +0,22a - 0,44b + 0,10c + 0,42d - 0,58e - 0,58f + 0,77g - 0,50h,$$
$$b_4 = +0,04a + 0,27b + 0,15c + 0,13d - 0,40e - 0,13f + 0,47g - 0,23h,$$
$$c_4 = +0,15a - 0,25b - 0,21c + 0,45d - 0,40e - 0,27f + 0,38g - 0,03h,$$
$$d_4 = -1,00a - 0,27b + 0,82c - 1,10d + 1,03e + 0,72f - 0,60g + 1,14h,$$
$$e_4 = -0,55a + 0,11b - 0,07c - 0,46d - 0,26e + 0,07f - 0,23g + 0,23h,$$
$$f_4 = +1,06a + 0,56b - 1,17c + 0,60d - 0,60e - 1,26f + 0,60g - 2,36h,$$
$$g_4 = -0,48a + 0,63b - 0,92c - 1,21d + 0,78e + 0,42f - 1,02g + 0,61h,$$
$$h_4 = -1,27a - 0,14b + 0,98c - 0,84d + 0,80e + 0,90f - 0,29g + 1,52h.$$

II. — *Relations entre un hiver donné et l'automne précédent.*

$$a_4 = +0,53a_3 - 0,05b_3 + 0,62c_3 + 0,43d_3 - 1,70e_3 - 0,10f_3 + 0,18g_3 - 1,00h_3,$$
$$b_4 = -0,90a_3 + 0,73b_3 + 1,20c_3 + 0,71d_3 - 0,84e_3 + 0,20f_3 + 1,03g_3 + 0,23h_3,$$
$$c_4 = +0,35a_3 + 0,42b_3 + 0,97c_3 + 0,17d_3 - 0,35e_3 + 0,32f_3 + 0,51g_3 - 0,68h_3,$$
$$d_4 = +0,46a_3 + 0,01b_3 + 0,15c_3 - 0,02d_3 + 1,84e_3 - 0,88f_3 + 0,42g_3 - 2,27h_3,$$
$$e_4 = +0,20a_3 + 0,26b_3 + 0,13c_3 + 0,04d_3 + 0,48e_3 - 0,56f_3 + 0,21g_3 - 1,27h_3,$$
$$f_4 = -0,20a_3 - 2,04b_3 - 1,77c_3 + 1,10d_3 - 2,07e_3 + 1,77f_3 - 2,07g_3 + 3,78h_3,$$
$$g_4 = -1,00a_3 - 1,40b_3 - 1,27c_3 + 1,14d_3 - 1,66e_3 + 0,13f_3 - 1,30g_3 + 2,37h_3,$$
$$h_4 = -0,05a_3 - 0,10b_3 + 0,56c_3 + 0,83d_3 - 0,66e_3 - 0,03f_3 - 0,55g_3 + 0,09h_3.$$

Bien que ces relations n'aient été établies que sur une période relativement courte de seize années et pour huit stations seulement, déterminant à peine une partie trop restreinte de l'hémisphère boréal, on ne peut laisser d'être frappé de l'accord qui existe entre les valeurs des anomalies observées pour chacun des hivers 1876-92, et les valeurs calculées à l'aide des relations ci-dessus, en prenant la moyenne de celles que fournissent, séparément, l'hiver et l'automne. On en jugera par les trois hivers 1878-79, 1883-84 et 1884-85, dont nous donnons ci-dessous les anomalies calculées et observées.

ANOMALIES DE PRESSION

Observées pour trois hivers (1878-79, 1883-84 et 1884-85) et calculées d'après les anomalies de l'hiver et de l'automne précédents.

	1878-79		1883-84		1884-85	
	calculées	observées	calculées	observées	calculées	observées
	mm	mm	mm	mm	mm	mm
Catherinbourg. . . .	5,8	4,5	— 3,5	— 2,8	1,6	1,5
Astrakan	— 3,7	— 3,2	— 1,8	— 2,0	3,9	3,8
Haparanda	3,1	2,5	— 2,5	— 3.1	3,2	2,2
Paris	— 4,3	— 6,3	2,1	3,1	— 0,1	— 1,3
Alger.	— 2,8	— 4,0	1,1	2,3	— 1,0	— 1,0
Islande	3,8	2,8	— 5.1	— 6,0	— 3,9	— 2,3
55° N. — 30° W. . .	— 5,0	— 3,6	— 1,7	— 1,0	— 4,1	— 2,4
Açores	6,8	5,4	1,3	1,3	— 0,4	— 0,7

L'accord est assez satisfaisant pour que nous ayons quelque assurance d'avoir ainsi déterminé les relations les plus probables entre les anomalies d'une saison et celles des saisons antérieures, eu égard au nombre restreint d'années et de stations sur lesquelles a porté ce premier travail.

L'étude de l'action lunaire fournit, de son côté, des résultats dont on se rendra suffisamment compte par les relations qui lient, pour quelques-uns des points considérés, les anomalies d'une phase ou d'une période à celles des périodes antérieures.

Soient, par exemple, en hiver :

m l'anomalie de pression, à l'équilune ascendante, à Catherinbourg.
n — — à Astrakan.
p — — à Haparanda.
q — — à Paris.
r — — à Alger.
s — — en Islande.
t — — par 55° N. — 30° W.
v — — aux Açores.

Soient, en outre :

$m_1\, n_1\, p_1 \ldots$ les anomalies, aux mêmes stations, au lunistice boréal.
$m_2\, n_2\, p_2 \ldots$ — — à l'équilune descendante.
$m_3\, n_3\, p_3 \ldots$ — — au lunistice austral.

On aura, pour Haparanda, Paris, Alger, l'Islande et les Açores :

Relations entre les anomalies de la pression d'une période lunaire à la suivante, en hiver.

A HAPARANDA.

$$\begin{aligned}
p_1 &= +\overset{mm}{0{,}33}m +\overset{mm}{0{,}23}n +\overset{mm}{0{,}18}p +\overset{mm}{0{,}12}q +\overset{mm}{0{,}30}r -\overset{mm}{0{,}45}s +\overset{mm}{0{,}24}t -\overset{mm}{0{,}04}v,\\
p_2 &= +0{,}40m_1 - 0{,}20n_1 + 1{,}09p_1 + 0{,}14q_1 + 0{,}05r_1 - 0{,}43s_1 + 0{,}24t_1 - 0{,}33v_1,\\
p_3 &= -0{,}17m_2 + 0{,}37n_2 + 0{,}22p_2 - 0{,}36q_2 - 0{,}26r_2 - 0{,}10s_2 - 0{,}16t_2 + 0{,}41v_2,\\
p &= +0{,}12m_3 - 0{,}12n_3 + 0{,}46p_3 - 0{,}12q_3 - 0{,}14r_3 - 0{,}01s_3 - 0{,}05t_3 + 0.02v_3.
\end{aligned}$$

A PARIS.

$$\begin{aligned}
q_1 &= +\overset{mm}{0{,}55}m +\overset{mm}{0{,}12}n -\overset{mm}{0{,}11}p +\overset{mm}{0{,}17}q -\overset{mm}{0{,}16}r -\overset{mm}{0{,}06}s -\overset{mm}{0{,}32}t +\overset{mm}{0{,}10}v,\\
q_2 &= -0{,}07m_1 - 0{,}05n_1 + 0{,}21p_1 + 0{,}30q_1 - 0{,}22r_1 + 0{,}15s_1 - 0{,}49t_1 + 0{,}48v_1,\\
q_3 &= -0{,}43m_2 - 0{,}33n_2 - 0{,}07p_2 + 1{,}23q_2 + 0{,}52r_2 + 0{,}30s_2 + 0{,}09t_2 - 0{,}41v_2,\\
q &= +0{,}06m_3 - 0{,}01n_3 - 0{,}40p_3 - 0{,}04q_3 + 0{,}12r_3 + 0{,}82s_3 + 0{,}20t_3 + 0{,}10v_3.
\end{aligned}$$

A ALGER.

$$\begin{aligned}
r_1 &= -\overset{mm}{0{,}73}m +\overset{mm}{0{,}03}n -\overset{mm}{0{,}05}p +\overset{mm}{0{,}34}q +\overset{mm}{0{,}70}r -\overset{mm}{1{,}00}s +\overset{mm}{0{,}97}t +\overset{mm}{0{,}25}v,\\
r_2 &= -0{,}15m_1 + 0{,}28n_1 - 1{,}20p_1 + 0{,}22q_1 + 0{,}46r_1 - 0{,}50s_1 + 0{,}40t_1 - 0{,}11v_1,\\
r_3 &= -0{,}63m_2 + 0{,}68n_2 - 0{,}41p_2 - 1{,}20q_2 - 0{,}41r_2 - 0{,}30s_2 + 0{,}00t_2 + 1{,}04v_2,\\
r &= -1{,}07m_3 - 0{,}18n_3 - 0{,}38p_3 + 0{,}22q_3 + 0{,}04r_3 + 0{,}03s_3 + 0{,}18t_3 - 0{,}65v_3.
\end{aligned}$$

EN ISLANDE.

$$\begin{aligned}
s_1 &= -\overset{mm}{0{,}43}m -\overset{mm}{0{,}06}n -\overset{mm}{0{,}02}p +\overset{mm}{0{,}02}q -\overset{mm}{0{,}12}r +\overset{mm}{0{,}11}s +\overset{mm}{0{,}21}t -\overset{mm}{0{,}03}v,\\
s_2 &= +0{,}00m_1 - 0{,}09n_1 + 0{,}09p_1 - 0{,}21q_1 - 0{,}25r_1 + 0{,}92s_1 + 0{,}24t_1 + 0{,}43v_1,\\
s_3 &= +0{,}28m_2 - 0{,}36n_2 + 0{,}10p_2 + 0{,}66q_2 + 0{,}36r_2 + 0{,}54s_2 + 0{,}27t_2 - 0{,}35v_2,\\
s &= +0{,}00m_3 + 0{,}08n_3 + 0{,}02p_3 - 0{,}40q_3 - 0{,}45r_3 + 1{,}44s_3 + 0{,}35t_3 - 0{,}16v_3.
\end{aligned}$$

AUX AÇORES.

$$\begin{aligned}
v_1 &= -\overset{mm}{0{,}19}m +\overset{mm}{0{,}61}n +\overset{mm}{0{,}27}p +\overset{mm}{0{,}13}q -\overset{mm}{0{,}37}r -\overset{mm}{0{,}88}s +\overset{mm}{0{,}17}t +\overset{mm}{0{,}60}v,\\
v_2 &= +0{,}60m_1 - 0{,}27n_1 + 1{,}05p_1 - 0{,}13q_1 - 0{,}15r_1 + 0{,}60s_1 + 0{,}36t_1 + 0{,}40v_1,\\
v_3 &= +1{,}20m_2 - 0{,}80n_2 + 0{,}28p_2 + 1{,}32q_2 + 0{,}84r_2 + 0{,}48s_2 + 0{,}72t_2 - 0{,}36v_2,\\
v &= +0{,}29m_3 + 0{,}09n_3 - 0{,}34p_3 - 0{,}34q_3 - 0{,}62r_3 + 1{,}68s_3 + 0{,}86t_3 + 0{,}43v_3.
\end{aligned}$$

Les autres stations donnant des résultats analogues, nous nous bornerons, en attendant une publication plus complète, aux relations précédentes qui suffisent à montrer qu'à une même situation, suivant la période lunaire qu'elle occupe, succède dans la période suivante une situation absolument différente.

A quoi j'ajouterai que l'action lunaire, déduite de ces relations, se manifeste presque toujours et partout par une onde simple, présentant au cours d'une lunaison un seul maximum et un seul minimum, de la forme de celle que présentent les moyennes générales, et enfin que les influences particulières dues aux diverses anomalies donnent naissance à des ondes d'une amplitude considérable, même dans les stations où les moyennes générales ne manifestent qu'une influence très faible.

CONCLUSIONS

Ces premiers travaux, effectués sur des moyennes trimestrielles ou hebdomadaires, en outre de l'importance qu'ils peuvent avoir pour établir dans diverses circonstances les lois de l'action luni-solaire, sont encore très utiles en ce sens qu'ils permettent de fixer la valeur du système et d'en vérifier plus aisément les conclusions. Mais il convient d'observer que ces moyennes, à côté de l'avantage qu'elles ont de réduire l'amplitude de variabilité des anomalies, présentent le grave inconvénient de masquer la réalité des phénomènes et par suite d'amener quelque incertitude dans les résultats, en groupant des situations souvent très différentes, qui peuvent donner à des saisons dissemblables une même physionomie. C'est donc dans l'étude des situations journalières que l'on doit tenter la véritable application de la nouvelle méthode. Il est vrai que la question se complique ici, en raison de la variabilité plus grande des éléments et du nombre plus considérable de situations et de phénomènes qu'on est obligé d'introduire dans le calcul. Toutefois et sans vouloir insister sur les essais déjà entrepris dans cette voie et encore trop incomplets, je puis dire que je n'ai encore rien trouvé qui paraisse y faire obstacle.

Mais quelle que soit l'application que l'on veuille tenter de ce calcul et quel que soit aussi le point de perfection où l'on espère le porter, il importe que l'on ne perde point de vue qu'il ne pourra jamais fournir, ainsi que je l'ai répété plusieurs fois, que les valeurs les plus probables et les plus approchées possible des valeurs réelles. Sous cette réserve, il me paraît qu'en l'état actuel de nos connaissances il ne saurait guère y avoir de voie plus sûre et plus courte, pour mettre en œuvre les innombrables documents recueillis par la patience des observateurs et pour suivre de saison à saison, de semaine en semaine et de jour en jour, les changements qui surviennent en l'état de l'atmosphère.

Et pour en revenir à des notions plus générales, comme on a pu voir par ce qui précède que le calcul dont nous parlons a pour dernier effet, en exprimant un phénomène en fonction de divers autres, de déterminer la part que chacun de ces derniers prend dans la formation de la valeur du premier, on y doit reconnaître une véritable méthode de différentiation, susceptible de suppléer, en une certaine mesure, dans les sciences d'observation, aux méthodes plus exactes qui n'y sauraient être appliquées. Et de là résultent divers avantages qui n'échapperont point à ceux qui ont quelque habitude des procédés du calcul différentiel ou de l'expérimentation dans les sciences mathématiques et physiques. Je me bornerai à ce sujet à remarquer qu'on doit y voir notamment la possibilité d'introduire dans les calculs, non plus seulement les valeurs réellement observées de certains phénomènes naturels, mais encore des valeurs en quelque sorte factices et imaginées en vue de donner à ces phénomènes une physionomie particulière. C'est ainsi par exemple qu'en météorologie, au lieu de se borner à la simple considération des formes observées et de tenter d'en déduire de pénibles inductions, la nouvelle méthode permettra de créer de toutes pièces des types répondant à certaines conditions que l'on se posera d'avance ; en telle sorte qu'en résumé cette méthode semble ouvrir devant nous deux voies, la première, d'une utilité pratique plus immédiate, conduisant à déterminer la physionomie d'une situation d'après les situations antérieures, la seconde, plus importante en théorie dans la recherche des lois générales, permettant de faire varier à notre gré les conditions d'existence de certains phénomènes naturels, qui échappent à toute tentative expérimentale.

M. COSSMANN,

Ingénieur chef des services techniques de l'Exploitation à la Compagnie du Chemin de fer du Nord.

OBSERVATIONS SUR QUELQUES COQUILLES CRÉTACIQUES RECUEILLIES EN FRANCE. — LA FAUNULE D'ORGON (Bouches-du-Rhône) [546(44)]

3e article, précédé d'une

NOTE SUR LE CALCAIRE A ORBITOLINES D'ORGON

PAR

M. Edm. PELLAT

Membre et ancien Président de la Société géologique de France.

— *Séance du 8 août* —

Les petits Gastropodes, décrits ci-après par M. Cossmann, proviennent d'un calcaire blanc, très dur, d'aspect oolithique, rempli d'Orbitolines (*Orbitolina discoidea* Albin Gras, et *Orbitolina conoidea* du même auteur).

Cet intéressant horizon fossilifère a été découvert et soigneusement exploré par un zélé collectionneur d'Orgon, M. Provençal, qui a bien voulu l'indiquer à M. Curet et à moi-même.

La couche d'Orbitolines est abordable à 2 kilomètres environ au sud d'Orgon, dans l'escarpement presque partout abrupt que borde la Durance, et le long duquel passent le chemin de fer, un canal et un chemin. Elle appartient au Barrémien et est supérieure à des marnes calcaires à *Toxaster retusus* et à des calcaires à silex (hauteriviens ou peut-être déjà barrémiens) que l'on rencontre à peu de distance, plus au sud, en approchant de la chapelle Saint-André. Immédiatement sous la couche à Orbitolines, on observe des calcaires jaunâtres avec lits de calcaire blanc pulvérulent contenant de très nombreux radioles de *Pseudocidaris clunifera*, des fragments de Pentacrines et d'Astéries. Bien au-dessus, en se rapprochant d'Orgon, on arrive aux calcaires à rudistes (*Agria*) et à *Nerinea gigantea*, encore barrémiens. La série des calcaires d'Orgon est terminée par les calcaires blancs crayeux (type de l'Urgonien de d'Orbigny) à *Requienia ammonia, Toucasia carinata, Matheronia gryphoides, Monopleura trilobata* et autres *Monopleura*, etc., etc. C'est le gisement des Ptérocères décrits par M. Cossmann dans son troisième article sur des coquilles crétaciques (Assoc. fr., Congrès de Boulogne, 1899, p. 396).

Il est admis que ces calcaires supérieurs d'Orgon appartiennent à l'Aptien inférieur, et que le terme Urgonien ne doit plus être employé que pour désigner un facies à rudistes, un facies récifal du Barrémien et même de l'Aptien. J'ai déjà montré que le massif Urgonien d'Orgon est plus complexe qu'on ne le pensait (*Bull. soc. géol. de Fr.*, 3e sér., t. XIX, 1892).

DESCRIPTION DES ESPÈCES

Ovactæonina urgonensis, Cossm. (*Pl. I, fig. 13*).

(*Essais de Paléoc. comparée*, 1895, p. 147, pl. VI, *fig. 25*.)

Taille petite; forme étroite, fusoïde; spire allongée, pointue, à galbe un peu conoïdal; six à huit tours plans, dont la hauteur égale à peu près les trois cinquièmes de la largeur, séparés par des sutures bien marquées, que borde une très étroite rampe spirale. Dernier tour peu supérieur aux deux tiers de la hauteur de la coquille, cylindracé en arrière; ovale atténué à la base, dont la surface est trop usée pour qu'on y aperçoive aucune trace de stries spirales.

Dimensions. — Hauteur : 5 millimètres; diamètre : 1mm 3/4.

Observations. — L'échantillon ci-dessus décrit répond exactement à la diagnose que j'ai donnée de cette espèce, dans la première livraison de mes *Essais de Paléoconchologie comparée*; pas plus que ce dernier, il ne montre de stries basales, de sorte que le classement dans le Genre *Ovactæonina* en est encore un peu incertain. Toutefois, comme je l'ai précédemment fait remarquer, c'est une coquille qui a exactement la forme des *Actæonina* sans en atteindre la grande taille; or, on sait que ce dernier genre n'a pas franchi les limites du Système jurassique, tandis qu'il existe des *Ovactæonina* bien caractérisés, depuis le Sinémurien jusqu'à la partie supérieure du Système crétacique; ce sont ces considérations qui ont principalement dicté ma détermination.

Un échantillon à ouverture mutilée, plésiotype *(Pl. I, fig. 13).*, coll. Pellat.

TROCHACTÆON BOUTILLIERI, Cossm. *(Pl. I, fig. 1-3).*

(*Essais de Paléoc. comparée*, 1895, p. 149, pl. VI, *fig. 18, 19.*)

Taille petite; forme étroite, cylindrique; spire courte, à sommet mucroné, à galbe à peu près conique; trois ou quatre tours très étroits, légèrement convexes, séparés par des sutures linéaires; leur accroissement n'est pas toujours régulier. Dernier tour lisse, formant presque toute la coquille, cylindracé au milieu, ovale en arrière, déclive et atténué à la base; ouverture très étroite, à peine dilatée du côté antérieur; labre mince, presque droit, subéchancré en arrière; columelle munie de deux plis antérieurs, le troisième non visible.

Dimensions. — Longueur : 7 millimètres; diamètre : 3 millimètres; ouverture : 6^{mm} 1/4.

Observations. — Lorsque j'ai décrit cette espèce, dans la première livraison de mes *Essais*, j'avais principalement pour but de faire ressortir l'ancienneté du Genre *Trochactæon*, et l'existence de formes plus cylindriques que le type *(T. Renauxianus)*, établissant, en quelque sorte, une transition entre les *Cylindrites* jurassiques et les *Actæonella* crétaciques. La communication, qui m'a été faite, de nouveaux échantillons de cette petite coquille, confirme mes conclusions antérieures; pas plus que leurs devanciers, ceux-ci ne montrent de troisième pli columellaire, mais il y en a certainement deux, très rapprochés et peu obliques, de sorte qu'il n'est pas possible de classer cette espèce dans le Genre *Cylindrites*, dont la columelle porte une bande calleuse avec un renflement pliciforme et médian. A part cette différence, — capitale, il est vrai, — elle ressemble plus à un *Cylindrites* qu'à un *Trochactæon*.

Il ne m'a pas été possible de vérifier si l'embryon est hétérostrophe; toutefois, quand le sommet de la coquille n'est pas trop usé, on constate qu'il est mucroné, et le nucléus devait probablement être dévié.

Six échantillons; plésiotypes *(Pl. I, fig. 1-3)*, coll. Pellat. Deux échantillons, dont l'un type, coll. Boutillier; coll. Curet.

TORNATINA *(Retusa)* JACCARDI, Pict. et Camp. *(Pl. I, fig. 4-6).*

1862. *Bulla (Tornatina) Jaccardi*, P. et C. *Terr. Crét.. Sainte-Croix* p. 176, pl. IX, fig. 6 à 8.

1900. *Retusa Jaccardi*, Peron. *Et. pal. terr. Yonne*, p. 52, pl. II, f. 8.

Taille moyenne; forme cylindracée, atténuée à ses deux extrémités, tronquée au sommet; dernier tour enveloppant, formant toute la hauteur de la coquille, caréné à la périphérie de la cuvette étroite, formée par l'enroulement de la spire. Surface lisse au milieu, ornée, à la partie inférieure, de plis d'accroissement un peu sinueux, très serrés, rétrocurrents sur la carène périphérique; sur la base, du côté antérieur, on distingue des sillons spiraux, plus serrés et plus profonds, à mesure qu'ils se rapprochent du bord columellaire. Ouverture très étroite en arrière, à peine dilatée en avant ; labre presque vertical ; columelle courte, un peu excavée, formant un petit bec tronqué à son extrémité antérieure ; bord columellaire calleux, hermétiquement appliqué sur la base.

Dimensions. — Longueur : 10mm 1/2 ; diamètre : 4 millimètres.

Rapports et différence. — Cette espèce est très voisine de *R. urgonensis* Pict. et Camp., et comme elle a été décrite, par Pictet et Campiche, d'après des échantillons provenant du Valanginien, on serait plutôt tenté de rapporter les individus d'Orgon à *R. urgonensis*, qui est une espèce franchement urgonienne ; mais ils présentent bien les caractères particuliers de *R. Jaccardi*, c'est-à-dire que les plis axiaux de la partie inférieure du dernier tour sont plus fins, plus serrés, plus incurvés que ceux de *R. urgonensis* ; en outre, il existe, en avant, des sillons spiraux, sur la base, qui manquent complètement chez l'autre espèce. Toutefois, il faut que la surface de la coquille soit très fraîche, pour qu'on puisse distinguer ces caractères d'ornementation, qui ne sont visibles que sur l'un de nos plésiotypes. Aussi, je conçois très bien qu'en citant cette espèce dans le Néocomien de l'Yonne, M. Peron y ait réuni *Tornatina urgonensis*, avec un point de doute.

Un échantillon très frais *(Pl. I, fig. 4-6)*, coll. Curet ; quatre autres individus *(Pl. I, fig. 4-6)*, coll. Pellat.

TORNATINA *(Retusa)* PERONI, *nov. sp.* *(Pl. I, fig. 12)*.

1895. *Retusa tenuistriata*, Cossm. *Essais de Pal. comp.* I, p. 151, pl. VI, fig. 30.

Taille assez petite ; forme cylindracée, atténuée en avant ; spire tronquée, aplatie, un peu creusée au sommet, composée de quatre tours étroits, obscurément guillochés ; dernier tour formant toute la hauteur de la coquille, obtusément caréné à la périphérie inférieure, cylindroconique du côté antérieur ; surface du plésiotype trop usée pour qu'il soit possible d'y apercevoir les fines stries spirales qui caractérisent l'espèce ; ouverture étroite, à bords parallèles.

Dimensions. — Longueur : 5mm 1/2 ; diamètre : 2 millimètres.

Rapports et différences. — L'échantillon d'Orgon a bien le galbe de celui de Vassy, que j'ai, dans la première livraison de mes *Essais de Paléoc. comp.*, rapporté *R. tenuistriata* Cotteau ; l'ornementation en est d'ailleurs si délicate qu'il n'est pas surprenant qu'elle ait disparu sur un individu à surface usée. Cette espèce se distingue aisément de *R. Jaccardi* et de *R. urgonensis* : non seulement par sa forme plus cylindrique en arrière, et par sa spire aplatie, au lieu de la cuvette qui caractérise les deux autres espèces, mais encore par l'absence complète de plis axiaux sur la région postérieure du dernier tour. L'échantillon d'Orgon paraît avoir les tours ornés de petits plis d'accroissement curvilignes, dont je n'avais pas constaté l'existence sur celui de Vassy ; toutefois, je ne puis être absolument affirmatif à cet égard. En tous cas, conformément aux observations que M. Peron a faites dans ses « Études pal. sur les terr. de l'Yonne » 1900, p. 50, l'espèce de Vassy et d'Orgon est bien distincte de la forme néocomienne, que Cotteau a désignée sous le nom *Bulla tenuistriata*, et dont la spire ne forme pas une cuvette au sommet. J'ai donc donné à l'espèce barrémienne le nom de notre savant confrère, qui a très heureusement éclairci ce point obscur.

Un seul individu (*Pl. I, fig. 12*), coll. Pellat.

BULLA ? CURETI, *nov. sp.* (*Pl. I, fig. 10, 11*).

Taille petite ; forme globuleuse, courte, ellipsoïdale, un peu aplatie au sommet ; spire peu visible, dans une cuvette apicale peu profonde et d'un très petit diamètre ; dernier tour formant toute la coquille, ovale-arrondi en arrière, légèrement atténué en avant ; surface entièrement lisse. Ouverture très étroite, à peine dilatée en avant ; columelle paraissant lisse et excavée.

Dimensions. — Hauteur : 7mm 1/2 ; diamètre : 5 millimètres.

Rapports et différences. — Bien qu'aucun des deux échantillons que je connais de cette espèce, n'ait l'ouverture intacte en avant, je crois bien que leur columelle ne porte pas de trace de pli, ni de renflement ; de sorte que je suis obligé de les placer dans le Genre *Bulla*, quoique leur sommet, moins étroitement perforé et plus aplati que cela n'a généralement lieu chez les véritables *Bulla*, laisse apercevoir l'enroulement de la spire. Les deux espèces néocomiennes, que j'ai signalées ou décrites dans la première livraison de mes *Essais de Pal. comp.*, se distinguent immédiatement de notre nouvelle coquille, non seulement par leur perforation apicale beaucoup plus étroite, moins aplatie sur les bords, mais encore par leur forme ventrue au milieu, un peu plus atténuée en arrière.

Quoi qu'il en soit, si la découverte d'individus, à ouverture mieux conservée, confirmait le classement de cette espèce dans le Genre *Bulla*, cela aurait, en même temps, l'avantage de combler une lacune dans la phylogénie de ce Genre qui, d'après la liste de répartition stratigraphique, que j'ai donnée dans l'ouvrage précité (p. 91), est représenté par une espèce dans chacun des étages compris entre le Charmouthien et le Néocomien inclus, puis par des formes presque certaines dans l'Aptien et le Cénomanien, et ainsi de suite, jusqu'à l'époque actuelle. Son existence, vérifiée dans le Barrémien compléterait le maillon absent de cette chaîne ininterrompue.

Un individu-type (*Pl. I, fig. 10*), coll. Curet ; un autre plésiotype de plus petite taille (*Pl. I, fig. 11*), coll. Pellat ; quatre échantillons, coll. Cossmann (donnés par M. Provençal).

SULCOACTÆON OVOIDEUS, Cossm. (*Pl. I, fig. 20, 21*).

(*Essais de Paléoc. comparée*, 1895, p. 154, pl. VI, fig. 28, 29.)

Taille petite ; forme ovoïdo-globuleuse ; spire courte, obtuse au sommet ; protoconque à nucléus un peu dévié, paraissant hétérostrophe ; quatre tours un peu convexes, séparés par de profondes sutures, croissant rapidement, dont la hauteur dépasse la moitié de la largeur. Dernier tour ovale, ventru, peu atténué à la base, orné de sillons réguliers, assez serrés, équidistants sur toute la surface ; ouverture assez large, subéchancrée à son extrémité antérieure.

Dimensions. — Hauteur : 6 millimètres ; diamètre : 3mm 1/2.

Observations. — Le classement de cette espèce dans le Genre *Sulcoactæon* Cossm. ne paraît pas douteux, bien qu'on n'y distingue pas de bourrelet basal ;

l'échantillon-type, décrit en 1845, dans la première livraison de mes *Essais de Paléoc. comparée*, a l'ouverture mieux conservée que les deux plésiotypes ci-dessus décrits, qui ont, d'ailleurs, exactement le même galbe et la même ornementation ; cette ouverture forme bien le bec caractéristique du Genre en question.

Rapports et différences. — J'ai précédemment comparé mon espèce avec la figure que d'Orbigny a donnée de son *Act. Astieranus*, dans la *Paléontologie française*, et j'ai indiqué que ce dernier paraît plus allongé que l'espèce d'Orgon. On peut encore rapprocher celle-ci d'*Actæon icaunensis* Pict. et Camp., du Valanginien de Sainte-Croix, qui a les tours étagés par une rampe, à la partie inférieure, et une forme plus globuleuse.

Deux échantillons plésiotypes *(Pl. I, fig. 20, 21)*, coll. Curet ; trois individus, parmi lesquels le type, coll. Boutillier ; un autre échantillon, coll. Pellat ; autre échantillon douteux, coll. Cossmann.

Cerithiella Cureti, *nov. sp.* *(Pl. I, fig. 25-27)*.

Taille très petite ; forme assez courte, ovoïdo-conique ; six ou sept tours étroits, croissant très lentement, à peu près plans, séparés par des sutures linéaires ou à peine bordées au-dessus, et ornés, presque au milieu de leur hauteur, d'une petite dépression spirale ou d'une rainure obsolète ; aucune trace de plis axiaux. Dernier tour un peu supérieur à la moitié de la hauteur totale, ovale arrondi à la base, qui est un peu excavée vers le cou ; ouverture courte, assez étroite, terminée en avant par un bec canaliculé ; columelle droite, coudée à son extrémité antérieure, vers le bec.

Dimensions. — Longueur : 4 millimètres ; diamètre : 1^{mm} 1/2.

Rapports et différences. — Il est extrêmement intéressant de constater que ce Genre, qu'on croyait limité au Système jurassique, a vécu également pendant la période crétacique ; d'après le tableau de répartition stratigraphique, que j'ai publié à la page 79 de la première livraison de mes *Essais de Paléoconchologie comparée*, les derniers représentants de *Cerithiella* sont indiqués à l'Étage Portlandien, où ils sont rares ; il est probable qu'il en existe aussi dans le Néocomien, mais qu'on les a confondus avec de petites Actéonines.

Quoi qu'il en soit, l'espèce que je viens de décrire ci-dessus a presque le galbe de *C. Sowerbyi* Morr. et Lyc., du Bathonien, quoiqu'avec une spire plus courte et une forme plus ovale ; elle porte une rainure spirale à l'instar de *C. unilineata* Sow., du Bathonien ; mais elle est beaucoup moins ventrue que cette dernière espèce, et ses tours sont plus étroits, plus nombreux. Je ne la compare pas à toutes les formes qui, ayant le même galbe, s'en distinguent par des plis axiaux, puisque sa surface paraît lisse.

Quatre échantillons bien caractérisés ; les types *(Pl. I, fig. 25, 26)* coll. Curet. Trois échantillons *(fig. 27)* coll. Pellat ; un échantillon, coll. Cossmann (donné par M. Provençal).

Itieria *(Campichia)* Pellati, *nov sp.* *(Pl. I, fig. 7-9)*.

Taille petite ; forme ventrue, comme une petite cloche ; spire courte, tronquée, quoique le sommet en soit proboscidiforme ; tours nombreux et très étroits, les premiers formant une petite pointe saillante, les suivants enroulés presque dans le plan de la troncature du dernier tour, qui est anguleux à la périphérie inférieure, à galbe conoïdal, atténué tout à fait en avant. Ouverture très étroite, à bords presque parallèles ; columelle courte, un peu excavée ; trois plis espacés et transverses, peu obliques, les deux antérieurs sur la région excavée de la columelle, le troisième plus épais, plus écarté, se prolongeant moins loin en dehors de l'ouverture, sur la région pariétale.

Dimensions. — Hauteur : 8 millimètres ; diamètre : 5 millimètres.

Observations. — Le Sous-Genre *Campichia*, que j'ai proposé, en 1896, dans la seconde livraison de mes *Essais de Paléoconchologie comparée*, et qui est intermédiaire entre *Itieria* et *Itruvia*, aussi bien au point de vue de sa forme qu'au point de vue stratigraphique, est spécial au Terrain dit « Urgonien » : il n'est donc pas étonnant qu'on en trouve des échantillons à Orgon. J'avais d'abord rapporté ces échantillons au Genre *Trochactæon*, quoique leur forme ventrue ne ressemble guère à celle de *T. Boutillieri*, du même gisement ; mais j'étais guidé par l'analogie de leur galbe avec celui de quelques *Trochactæon* turoniens, et notamment de *T. giganteus* Sow. *sp.*, dont ils paraissent être une réduction minuscule ; toutefois, leur plication pariétale n'autorise pas un tel rapprochement, et, au contraire, Pictet précise bien, dans sa diagnose des formes urgoniennes que j'ai dénommées *Campichia*, qu'il y a des plis pariétaux, pouvant se multiplier jusqu'à quatre. Comme c'est le cas de tous les échantillons d'Orgon, il n'y a pas à hésiter sur cette détermination générique, que confirme d'ailleurs le souvenir que j'ai conservé des individus de Bellegarde, qui m'ont été communiqués par M. de Loriol, il y a quatre ans, quand je les ai fait figurer à l'appui de ma diagnose générique.

Rapports et différences. — Notre espèce a exactement la même forme extérieure que les deux espèces décrites par Pictet et Campiche, dans leur *Monographie des Fossiles crétacés de Sainte-Croix.* Toutefois, comme elle présente à la fois les caractères de ces deux espèces, je suis contraint d'en proposer une troisième, bien que je conserve la conviction qu'il n'y a, en tout, qu'une seule et même espèce : c'est la conséquence de la multiplication antérieure des espèces, à moins que de réunir les deux formes séparées par ces auteurs et de négliger complètement les différences capitales qu'ils avaient cru y voir. En effet, nos fossiles d'Orgon montrent, quel que soit leur état de développement, une saillie proboscidiforme au sommet de la spire, qui est tronquée sur le reste de son enroulement, jusqu'à la périphérie de son dernier tour ; or, c'est exactement le caractère indiqué pour *C. umbonata*, tandis que *C. truncata* a la spire excavée, sans aucun nucléus saillant au milieu, d'après la figure donnée par Pictet, et aussi d'après les types que j'ai eus autrefois sous les yeux. D'autre part, les échantillons d'Orgon ont tous des plis pariétaux, visibles parce que leur dernier tour est généralement mutilé, et qui reproduisent exactement la disposition de ceux de *C. truncata*, tandis que *C. umbonata* est décrit et figuré comme n'ayant qu'une seule torsion antérieure de la columelle. Il m'est donc impossible, à moins que de méconnaître absolument les caractères différentiels, sur lesquels a insisté Pictet, de rapporter les individus d'Orgon, soit à l'une, soit à l'autre des deux espèces de Bellegarde ; de sorte que je suis nécessairement amené à en proposer une troisième, qui ne disparaîtrait que s'il était ultérieurement prouvé que *C. truncata*, bien conservé, a une spire un peu saillante au fond de l'excavation, et que *C. umbonata* a deux plis columellaires, et des plis pariétaux que recouvrait le dernier tour du type figuré.

Un échantillon-type *(Pl. I, fig. 8)*, coll. Pellat; deux plésiotypes *(Pl. I, fig. 7 et 9)*, coll. Curet; un fragment, ma collection.

TURRITELLA PROVENÇALI, *nov. sp.* *(Pl. I, fig. 22, 23)*.

Taille petite; forme étroite, allongée, subulée; tours nombreux, étroits, dont la hauteur dépasse à peine la moitié de la largeur, d'abord un peu convexes, puis presque plans, quand la coquille est adulte, séparés par des sutures linéaires et peu visibles, ornés de quatre filets spiraux, très obsolètes, subgranuleux, inégalement répartis sur la surface de chaque tour, et entremêlés de fines stries, visibles seulement avec un fort grossissement. Dernier tour court, portant deux filets peu saillants à la périphérie de la base, qui est arrondie, un peu déclive, ornée d'un troisième filet, ainsi que de stries concentriques et d'accroissement à peine perceptibles; ouverture ovale, arrondie et un peu versante en avant; labre sinueux, autant qu'on en peut juger d'après quelques traces d'accroissements.

Dimensions. — Longueur probable: 25 à 28 millimètres; diamètre : 4^{mm} 1/2.

Rapports et différences. — Il n'existe qu'une espèce, dans le Valanginien de Sainte-Croix, qu'on peut rapprocher de celle-ci : c'est *T. Jaccardi* Pict. et Camp.; mais outre que sa taille est trois fois plus grande, son ornementation est plus fine et ses tours ont un profil arqué au milieu, au lieu du galbe à peu près plan que présentent les tours de *T. Provençali*. Quant à *T. Dupiniana*, d'Orb., du Néocomien inférieur de Marolles (Aube), c'est une coquille à tours plus convexes que ceux de la nôtre, à sutures très enfoncées, avec des côtes spirales plus saillantes, et dont la base est plus excavée. A ce dernier point de vue, la convexité de la base de notre espèce laisse quelques doutes sur son classement générique, quoique son ornementation et le rudiment d'ouverture de l'un de nos échantillons ressemblent assez aux caractères des Turritelles : ce n'est certainement pas un *Cerithidæ*, car il n'y a pas trace de canal à l'extrémité antérieure.

Trois échantillons, dont deux types *(Pl. I, fig. 22, 23)*, coll. Cossmann (donnée par M. Provençal); trois échantillons, coll. Curet.

PSEUDOMELANIA LEPTOMORPHA, *nov. sp.* *(Pl. I, fig. 14-16)*.

Taille petite; forme svelte et allongée, eulimoïde; spire subulée, pointue au sommet; environ dix tours presque plans, à peine renflés en avant, dont la hauteur dépasse la moitié de la largeur, séparés par des sutures linéaires et peu visibles; surface entièrement lisse. Dernier tour à peu près égal au tiers de la hauteur totale, faiblement déprimé en arrière, subcylindracé au milieu, ovale à la base qui est courte et imperforée; ouverture peu élevée, semilunaire, anguleuse en arrière, arrondie et légèrement versante à son extrémité antérieure; labre peu sinueux, bord collumellaire un peu calleux.

Dimensions. — Longueur : 10 millimètres; diamètre : 2^{mm} 1/4.

Rapports et différences. — Je ne connais, dans le Crétacé inférieur, qu'une seule espèce qu'on puisse comparer à celle-ci : c'est *Eulima albensis*, de Marolles, décrit par d'Orbigny dans la *Paléontogie française*; toutefois, l'espèce néocomienne paraît plus aciculée que la nôtre, et ses sutures sont tracées plus obliquement sur la figure; d'Orbigny la compare à *E. subulata*, des terrains tertiaires supérieurs. Ni l'une ni l'autre n'appartiennent évidemment au Genre *Eulima*, qui est caractérisé par un labre convexe et par une surface vernissée; quoique ce soient des coquilles d'une taille bien inférieure à la moyenne des espèces de *Pseudomelania*, et que leur ouverture ne soit pas suffisamment dégagée pour qu'on puisse affirmer qu'elles présentent bien tous les caractères de ce Genre, je suis d'avis de les y rapporter provisoirement, attendu qu'elles ne s'en écartent pas assez pour qu'on puisse les classer dans une nouvelle subdivision. D'autre part, le genre triasique *Euchrysalis* (auquel on rapportait à tort *Eulima amphora*, espèce turonienne pour laquelle M. Popovici Hatzeg a récemment proposé le nom *Trajanella)* s'écarte de nos coquilles infracrétaciques par le galbe pupoïde de sa spire, et par la forme encore plus courte et moins ovale de son ouverture.

Six échantillons, un peu variables; les types *(Pl. I, fig 14-16)*, coll. Pellat. Deux échantillons, coll. Curet.

PSEUDOMELANIA URGONENSIS, *nov. sp. (Pl. I, fig. 17-19)*.

Taille petite; forme conique, un peu évasée en avant; spire assez courte, à galbe conique; tours un peu convexes, dont la hauteur égale les deux tiers de la largeur, séparés par des sutures peu profondes et déprimées; surface entièrement lisse. Dernier tour élevé, égal aux deux cinquièmes de la longueur totale, ovale, arrondi à la base qui est obliquement atténuée et imperforée; ouverture ovale, semilunaire, rétrécie en arrière, ovale et versante en avant, bord columellaire calleux.

Dimensions. — Longueur : 8mm 1/2; diamètre : 2mm 1/2.

Rapports et différences. — Il est facile de séparer les échantillons de cette espèce, quand ils sont mélangés avec ceux de *P. leptomorpha :* ils ont, en effet, une forme plus évasée en avant, non eulimoïde; en outre, leur dernier tour est beaucoup plus élevé, plus arrondi à la base; enfin l'ouverture est plus versante en avant, et son bord columellaire est plus calleux. Je ne connais aucun autre *Pseudomelania* crétacique dont on puisse rapprocher *P. urgonensis*; les trois espèces néocomiennes, décrites par Pictet et Campiche, et provenant du Valanginien ou du Hauterivien, sont beaucoup plus grandes, plus ventrues ou plus allongées; celles que d'Orbigny a indiquées, par une seule phrase, dans son *Prodrome*, sont également des formes multispirées; quant aux coquilles du Crétacé supérieur, qu'on classe provisoirement dans le Genre *Pseudomelania*, il n'est pas bien certain qu'elles appartiennent réellement à ce Genre, Il résulte de là que les deux espèces urgoniennes, qui paraissent être les derniers représentants de *Pseudomelania*, en marqueraient la dégénérescence phylogénétique, par leur petite taille, comparée aux dimensions de certains géants du Système jurassique.

Cinq échantillons; les types *(Pl. I, fig. 17-19)*, coll. Pellat. Un seul échantillon, coll. Curet; cinq échantillons, coll. Cossmann (donnés par M. Provençal).

AMBERLEYA CURETI, *nov. sp. (Pl. I, fig. 24)*.

Taille petite; forme turbinée, courte, conique; quatre ou cinq tours assez convexes, séparés par des sutures profondes et canaliculées, ornés de quatre filets spiraux et de petites costules obliques, peu distantes, ne dépassant pas l'angle antérieur qui limite, sur chaque tour, la rainure suturale. Dernier tour grand, égal aux deux cinquièmes de la hauteur totale, quand on le mesure du côté du dos, subanguleux à la périphérie de la base, parfois variqueux, avec de fines lamelles d'accroissement dans les intervalles des filets; sur la base, qui est un peu convexe, les filets sont plus serrés, et les costules cessent.

Dimensions. — Hauteur : 7mm 1/2 : diamètre : 5mm 1/2.

Rapports et différences. — Cette espèce ne m'est connue que par un seul échantillon dont la face dorsale est seule conservée; néanmoins je l'ai décrit parce qu'il me paraît présenter tous les caractères de forme et d'ornementation du Genre *Amberleya*; pour confirmer cette détermination, il faudrait en connaître l'ouverture. *A. Cureti* a une certaine analogie avec la coquille urgonienne de Morteau, que Pictet et Campiche ont nommée *Turbo dubisiensis*; mais, outre que sa taille est plus petite, il s'en distingue par ses sutures canaliculées, par sa base moins convexe, subanguleuse à la périphérie, par les varices de son dernier tour. On peut encore le rapprocher d'*A. pyramidalis* d'Arch., du Bathonien, quoiqu'il s'en distingue par le galbe de ses tours, qui n'ont pas de rampe postérieure.

Un seul échantillon-type (*Pl. I, fig. 24*), coll. Curet.

STRAPAROLLUS PELLATI, *nov. sp.* (*Pl. I, fig. 11, 15 et 20*).

Taille très petite; forme planorbulaire, également aplatie sur les deux faces; spire sans aucune saillie; quatre tours étroits, croissant rapidement, se recouvrant partiellement, entièrement lisses, à sutures à peine visibles. Dernier tour formant presque toute la coquille, arrondi à la périphérie, peu convexe à la base qui paraît imperforée, à cause de l'enroulement interne des tours au même niveau. Ouverture un peu ovale, déprimée, simplement en contact avec l'avant-dernier tour.

Dimensions. — Diamètre : 4 millimètres; épaisseur : 1mm 1/2.

Rapports et différences. — Cette petite coquille a l'apparence de certains Planorbes tertiaires; elle se distingue, à première vue, par sa base plate, de *S. Dupinianus* d'Orb., du Néocomien de l'Aube, qui a la région ombilicale subcarénée et un peu creusée; la figure de la *Paléontologie française* indique, en outre, des stries d'accroissement tout à fait droites, qu'on n'aperçoit pas sur nos échantillons d'Orgon; il est vrai que ces derniers sont, comme la plupart de ceux du même gisement, dans le même état mat que si on les avait fait macérer dans un acide, pour les dégager de leur gangue; les stries y sont rarement visibles, et les ornements de la surface ne se conservent que quand ils font une réelle saillie.

Six échantillons (*Pl. II, fig. 11, 15 et 20*); coll. Pellat; deux autres individus, coll. Cossmann.

NERITOPSIS PELLATI, *nov. sp.* (*Pl. I, fig. 28*).

Taille petite; forme globuleuse, assez haute, peu évasée; spire courte, déprimée, presque sans saillie; sommet obtus, en goutte de suif; trois tours croissant très rapidement, séparés par une suture canaliculée, d'abord lisses, le dernier seul orné, formant à lui seul à peu près toute la coquille, anguleux en arrière: la région comprise entre cet angle et le bourrelet qui borde la rainure suturale, est un peu excavée et ornée de costules obliques, crénelées par deux filets spiraux; ces costules forment des nodosités saillantes sur l'angle périphérique, et cessent subitement un peu au-dessus de cet angle; toute la surface dorsale du dernier tour porte des filets spiraux, assez rapprochés, granuleux, plus obsolètes sur la base qui est arrondie. Ouverture circulaire.

Dimensions. — Hauteur : 7 millimètres; grand diamètre : 8 millimètres; petit diamètre : 5^{mm} 1/2.

Rapports et différences. — On ne peut comparer cette espèce à *N. Robineausiana* d'Orb. et à *N. Lorioli*, Pict. et Camp., qui sont des espèces néocomiennes fortement treillissées, avec des nodules à l'intersection de ce réseau; d'Orbigny indique brièvement, dans le *Prodrome*, deux espèces urgoniennes d'Escragnolles (Var) qui ne paraissent pas répondre à notre diagnose. Pour trouver des formes analogues à *N. Pellati*, il faut remonter jusqu'au Callovien, où le gisement de Montreuil-Bellay contient une espèce *(N. Guerrei*, Heb. et Desl.), dont certaines variétés ressemblent à la nôtre, quoique les côtes persistent sur tout le dernier tour.

Unique *(Pl. I, fig. 28)*, coll. Pellat.

Pileolus urgonensis, Pict. et Camp. *(Pl. II, fig. 1-3)*.

1861. — *P. urgonensis*, P. et C. *Desc. foss. Ste-Croix*, II, p. 412, pl. LXXVI, f. 7.

Taille très petite; forme patelloïde, conique, surbaissée; sommet un peu infléchi en arrière du milieu de la longueur; profil dorsal convexe en avant et incurvé du côté le plus court. Surface ornée d'environ douze côtes rayonnantes, saillantes, festonnant le contour, avec des costules intermédiaires plus fines, visibles sur les échantillons fraîchement conservés. Face inférieure ovale, bombée en arrière, excavée du côté de la fente de l'ouverture, qui est étroite et courte.

Dimensions. — Longueur : 5 millimètres; largeur : 4 millimètres; hauteur : 2^{mm} 1/2.

Rapports et différences. — Comme l'a indiqué Pictet, cette espèce se distingue de celle du Rauracien *(P. costatus*, d'Orb.), et aussi de celle du Bathonien (*P. plicatus*, Sow.), par sa forme plus surbaissée, par son sommet incurvé en arrière; l'ouverture est un peu plus petite et la callosité collumellaire est plus bombée. D'autre part, les côtes de *P. urgonensis* sont moins nombreuses que chez P. *costatus*, et il porte des costules intermédiaires qui manquent chez *P. plicatus*. La présence de cette forme et de la suivante, à l'étage Barrémien, est un fait intéressant; toutefois, il y a lieu de remarquer que d'Orbigny a signalé, dans le *Prodrome*, une espèce lisse, qui aurait encore vécu dans le Cénomanien de Saint-Calais, et qui formerait ainsi le lien d'enchaînement entre les *Pileolus* secondaires et les *Tomostoma* du Tertiaire parisien, bien distincts par leur forme ovale et par leur sommet spiral.

Plésiotypes : deux échantillons *(Pl. II, fig. 1 et* 3), coll. Pellat; deux individus, dont l'un figuré du côté de l'ouverture *(fig. 2)*, coll. Cossmann.

Pileolus michaillensis, Pict. et Camp. *(Pl. II, fig. 4-6).*

1861. — *P. michaillensis*, P. et C. *Desc. foss. Sainte-Croix*, II, p. 413, pl. LXXVI, fig. 8.

Taille petite ; forme conique, assez haute, à base arrondie, à sommet situé en arrière, non réfléchi, formant un petit bouton lisse et obtus ; profil convexe en avant du sommet, et presque vertical en arrière. Surface ornée d'environ quinze côtes rayonnantes, à peu près égales entre elles, sans costules intercalaires, portant de petites granulations squamuleuses et très serrées ; elles forment, sur le contour de la coquille, de petits festons saillants. Face buccale aplatie vers les contours, un peu bombée sur la région columellaire ; ouverture étroite et courte, située aux deux cinquièmes de la longueur, c'est-à-dire assez près du centre.

Dimensions. — Longueur : 3mm1/2 ; Largeur : 3 millimètres ; hauteur : 2mm1/2.

Rapports et différences. — Outre que cette coquille est beaucoup plus élevée et plus conique que la précédente, moins patelloïde, elle s'en distingue, en outre, par son ornementation composée de costules granuleuses, sans costules intermédiaires ; d'autre part, son ouverture presque centrale, le peu d'étendue de la callosité columellaire, contribuent également à donner à sa face buccale un aspect différent, que n'avait pu étudier Pictet, à cause de l'état de conservation de ses échantillons. Dans le Rauracien, *P. Moreanus* d'Orb., qui a presque la même ornementation, parait se distinguer par son sommet plus central.

Plésiotypes : deux échantillons *(Pl. II, fig. 4, 5)*, coll. Pellat ; un individu *(fig. 6)*, coll. Cossmann.

Phasianella Provençali, *nov. sp. (Pl. II, fig. 7, 8).*

Taille petite ; forme un peu ventrue, peu allongée ; spire assez courte, à galbe conique, pointue au sommet ; environ cinq tours convexes, dont la hauteur ne dépasse guère les trois cinquièmes de la largeur, séparés par des sutures linéaires et peu profondes, ornés de cinq sillons spiraux, bien visibles et inéquidistants, ceux du bas plus serrés qu'en avant. Dernier tour presque égal aux deux tiers de la hauteur totale, arrondi, rapidement atténué à la base, sur laquelle les sillons spiraux disparaissent ou deviennent très obsolètes. Ouverture semilunaire ; labre obliquement incliné à gauche de l'axe, du côté antérieur.

Dimensions. — Hauteur : 6 millimètres ; diamètre : 3 millimètres.

Rapports et différences. — Les Phasianelles crétaciques sont peu nombreuses et généralement à l'état de moules, dont la détermination générique est des plus douteuses ; cependant d'Orbigny en a décrit quelques-unes, de petite taille, auxquelles on peut comparer celle-ci : *P. neocomiensis* est plus conoïde, ses tours sont séparés par des sutures plus marquées, et sa surface est lisse, d'après la *Paléontologie française* ; *P. ervyna*, de l'Albien, qui est également strié, a des sillons plus serrés, sa spire est moins pointue et son diamètre est plus grand, relativement à sa hauteur ; enfin *P. ovula*, qui est simplement désigné dans le *Prodrome*, est une espèce albienne assez renflée avec de fines stries spirales.

On voit donc que notre coquille urgonienne s'écarte de ce que l'on connait actuellement ; l'obliquité de son labre paraît confirmer son classement dans le Genre *Phasianella.*

Unique *(Pl. II, fig. 7, 8)*, coll. Curet.

Ataphrus reductus, *nov. sp. (Pl. II, fig. 16-19 et 21).*

Taille très petite ; forme déprimée, comme une pilule écrasée ; spire très courte et à peine saillante, à sommet tout à fait obtus ; quatre tours croissant rapidement, à sutures à peine distinctes, à surface entièrement lisse ; dernier tour très grand, formant en hauteur presque toute la coquille, arrondi à la périphérie, à base un peu déprimée et subombiliquée au centre. Ouverture circulaire, à péristome un peu épais ; labre obliquement incliné à gauche de l'axe, du côté antérieur ; bord columellaire calleux, divisé par une rainure bien visible, quoique obsolète, caréné du côté de la région ombilicale.

Dimensions. — Hauteur : 2 millimètres ; grand diamètre : $3^{mm}1/2$; petit diamètre : $2^{mm}1/2$.

Observations. — Cette petite coquille paraît être la réduction microscopique d'*Ataphrus ovulatus* Héb. et Desl., du Callovien de Montreuil-Bellay, ou d'une forme encore plus déprimée. Je ne vois aucun *Ataphrus* parmi les nombreux *Turbo* décrits dans la faune crétacique d'Europe ; il semblerait donc qu'en s'éteignant dans l'étage Barrémien, ce Genre Jurassique n'y soit plus représenté que par des individus d'une taille bien inférieure à celle de ses ancêtres. Le galbe général de la coquille, l'existence incontestée d'une rainure labiale, le test lisse, ne me permettent pas de douter que les échantillons d'Orgon appartiennent bien au Genre *Ataphrus* Gabb.

Quatre individus *(Pl. II, fig. 16, 17, 19, 21)*, coll. Pellat ; un autre échantillon plésiotype *(fig. 18)*, coll. Curet ; deux individus, coll. Cossmann.

Collonia (?) Cureti, *nov. sp. (Pl. II, fig. 23-25).*

Taille petite ; forme turbinée, médiocrement globuleuse ; spire courte, à sommet obtus, à galbe conique ; quatre tours un peu convexes, séparés par des sutures linéaires, sillonnés dans le sens spiral ; dernier tour grand, formant les quatre cinquièmes au moins de la hauteur de la coquille, un peu déprimé ou faiblement excavé au-dessus de la suture, à profil arrondi, orné de neuf ou dix cordonnets spiraux jusqu'à la périphérie de la base, obtusément granuleux, décroissant d'arrière en avant ; base arrondie, plus finement sillonnée que le dernier tour, perforée au centre d'un ombilic médiocre, que circonscrit un chapelet de crénelures formées par de courtes rainures rayonnantes ; ouverture arrondie, à labre un peu oblique.

Dimensions. — Hauteur : $4^{mm}1/2$; diamètre : 6 millimètres.

Observations. — Il y a une réelle analogie entre cette petite coquille et certaines formes éocéniques du groupe *Cirsochilus*, qui ont aussi un bourrelet ombical crénelé, mais dont l'ouverture porte une varice au labre, tandis que *C. Cureti* n'en a aucune trace. Le type du Genre *Collonia (C. marginata)*, dans l'Éocène, a aussi un bourrelet de perles autour de l'ombilic ; mais le péristome est plus épais que ne semble l'être celui de nos échantillons urgoniens, et la surface est simplement sillonnée, sans granulations.

Quatre individus, dont trois types *(Pl. II, fig. 23-25)*, coll. Curet; deux échantillons, coll. Pellat ; deux autres douteux, coll. Cossmann.

SOLARIELLA PELLATI, *nov. sp. (Pl. II. fig. 22).*

Taille très petite ; forme conique, turbinée ; spire un peu élevée, subétagée, obtuse au sommet; quatre tours bianguleux, avec une rampe excavée à la partie inférieure, et un bourrelet obsolète au-dessus de la suture ; l'angle qui limite la rampe est aux deux cinquièmes de la hauteur de chaque tour, l'autre angle est tout à fait contigu à la suture antérieure, et il n'est bien visible qu'à la périphérie de la base ; surface trop usée pour qu'on puisse en distinguer l'ornementation ; base un peu convexe, ombiliquée au centre ; ouverture polygonale, ne reposant sur la base que par une faible portion de son contour.

Dimensions. — Hauteur : 2mm1/2 ; diamètre : 2mm1/2.

Observations. — Je ne puis comparer cette petite coquille qu'à certaines formes éocéniques, qui ont été classées dans le Genre *Solariella* ; l'état de conservation des fossiles avec test, dans les terrains crétaciques, explique que ceux de petite taille, tels que le sont généralement les *Solariella*, soient introuvables à la plupart des étages ; sans cette particularité, il est probable qu'on trouverait plus d'affinités entre la faune du Crétacé et celle du Tertiaire.

Unique *(Pl. II, fig. 22)*, coll. Pellat.

TROCHUS PROVENÇALI, *nov. sp. (Pl. II, fig. 9-10).*

Taille très petite ; forme trapue, légèrement conoïdale ; spire courte, dont l'évasement diminue un peu, à mesure que la coquille devient adulte ; quatre ou cinq tours convexes en avant, déprimés en arrière, séparés par des sutures peu visibles, ornés, sur la région antérieure, de nodosités obsolètes et confluentes, que traversent quelques filets spiraux, persistant sur la rampe excavée qui est au-dessus de la suture. Dernier tour égal à la moitié au moins de la longueur totale, arrondi à la périphérie de la base, qui est lisse et excavée en entonnoir très évasé, sans aucune trace apparente d'ombilic au centre. Ouverture très surbaissée, à labre extrêmement oblique.

Dimensions. — Hauteur : 2mm1/2 ; diamètre : 2 millimètres.

Rapports et différences. — Il existe, d'après Pictet et Campiche, dans les calcaires urgoniens de Michaille, en Suisse, une espèce (*T. frumentum*) qui a presque le même galbe que celle-ci, mais dont les tours sont plans et lisses, et dont la face ombilicale est plane. Pour trouver une ornementation analogue, il faut remonter jusqu'au Tertiaire parisien, et encore les coquilles dont il s'agit ont une face ombilicale bien différente de celle de *T. Provençali*, qui, à ce point de vue, rappelle le Genre *Infundibulum* Montfort.

Unique *(Pl. II, fig. 9, 10)*, coll. Cossmann (donné par M. Provençal).

EXPLICATION DES PLANCHES

Planche I

Fig. 1-3. TROCHACTÆON BOUTILLIERI, Cossm. . . . . grossi 3 fois.
— 4-6. TORNATINA *(Retusa)* JACCARDI, Pict. et Camp. . . grossi 2 fois.
— 7-9. ITIERIA *(Campichia)* PELLATI, Cossm. . . . . . . grossi 3 fois.
— 10-11. BULLA (?) CURETI, Cossm. . . . . grossi 3 et 6 fois.
— 12. TORNATINA *(Retusa)* PERONI, Cossm. . . . . . . grossi 3 fois.
— 13. OVACTÆONINA URGONENSIS, Cossm. . . . . grossi 3 fois.
— 14-16. PSEUDOMELANIA LEPTOMORPHA, Cossm. . . . . . grossi 2 fois.
— 17-19. PSEUDOMELANIA URGONENSIS, Cossm. . . . . . . grossi 3 et 2 fois.
— 20-21. SULCOACTÆON OVOIDEUS, Cossm. . . . . grossi 3 fois.
— 22-23. TURRITELLA PROVENÇALI, Cossm. . . . . grossi 2 fois.
— 24. AMBERLEYA CURETI, Cossm. . . . . grossi 3 fois.
— 25-27. CERITHIELLA CURETI, Cossm. . . . . grossi 6 fois.
— 28. NERITOPSIS PELLATI, Cossm. . . . . grossi 3 fois.

Planche II

Fig. 1-3. PILEOLUS URGONENSIS, Pict. et Camp. . . . . . grossi 3 et 6 fois.
— 4-6. PILEOLUS MICHAILLENSIS, Pict. et Camp. . . . . . grossi 3 et 6 fois.
— 7-8. PHASIANELLA PROVENÇALI, Cossm. . . . . grossi 6 fois.
— 9-10. TROCHUS PROVENÇALI, Cossm. . . . . grossi 6 fois.
— 11-15 et 20. STRAPAROLLUS PELLATI, Cossm. . . . . . grossi 6 fois.
— 16-19 et 21. ATAPHRUS REDUCTUS, Cossm. . . . . grossi 6 fois.
— 22. SOLARIELLA PELLATI, Cossm. . . . . grossi 6 fois.
— 23-25. COLLONIA CURETI, Cossm. . . . . grossi 6 fois.

M. Stanislas MEUNIER

Professeur de Géologie au Muséum d'Histoire naturelle.

RECHERCHES STRATIGRAPHIQUES ET EXPÉRIMENTALES SUR LA SÉDIMENTATION SOUTERRAINE [551.7]

— *Séance du 3 août* —

Parmi les modes de sédimentation d'où dérivent les couches constitutives du sol, il en est un qui n'a pas, selon moi, appelé suffisamment l'attention et auquel il faut cependant rattacher, comme à une cause originelle, une série de formations intéressantes par leurs caractères géologiques, et souvent précieuses par leur valeur industrielle. Ce procédé se réalise dans la masse de terrains déjà constitués et par le jeu des eaux de circulation qui enlèvent certains éléments du sol et groupent les résidus sous une forme nouvelle. Il s'est accompli dans maintes localités, concentrant souvent des matériaux exploitables et donnant un moyen, très digne d'attention, de diagnostiquer le faciès continental pour diverses époques, relativement auxquelles on était jusqu'ici fort dépourvu à cet égard.

Avant de décrire, en peu de mots, le phénomène dont il s'agit, il paraît tout à fait indispensable de faire disparaître un malentendu que j'ai déjà eu à combattre dans des circonstances analogues. Certaines personnes, en effet, qui n'ont pas suffisamment réfléchi, refusent la qualité sédimentaire à ces résidus d'une dénudation souterraine. Il est cependant bien aisé de faire sentir que les conditions essentielles en sont identiques à celles qui accompagnent une sédimentation ordinaire. Par exemple, nous allons voir que l'attaque souterraine de la craie blanche par des eaux d'infiltration peut donner lieu, à une distance plus ou moins grande de la surface du sol, à 10, 15, 20 mètres et au delà, à une couche de sable quartzeux. Je dis que ce sable résulte d'une sédimentation tout aussi nette que celle qui donne lieu, au sable de la plage de Dieppe par la dénudation marine de la falaise crayeuse. Des deux parts, en effet, la matière siliceuse est contenue dans la roche qui subit la dénudation, associée à une masse bien plus volumineuse de matériaux différents ; des deux parts, l'agent de sédimentation, qui est la mer dans un cas et l'eau souterraine dans l'autre, se borne à soustraire les matériaux délayables ou solubles. Il n'y a pas de différence essentielle et l'on peut s'étonner qu'un géologue comme M. J. Cornet, président de la Société de géologie de Belgique, ait professé une opinion différente (1).

Ceci étant posé, il importe beaucoup de montrer que la sédimentation souterraine prend dans la nature une dimension bien supérieure à celle qu'on serait tout d'abord porté à lui attribuer. Pour fixer les idées à ce sujet, je crois utile de commencer par la description d'une coupe que j'ai pu étudier avec détail aux environs de Mortagne, dans le département de l'Orne.

Au-dessous de la terre végétale se présentent, dans cette région, des argiles que tout le monde est d'accord pour considérer comme un résultat de la décalcification de la craie sous l'influence des eaux météoriques : c'est l'argile à silex si constante sur tous les sols crayeux et relativement à laquelle je n'ai que peu de chose à ajouter. C'est une terre ocreuse tachée par places de parties blanchâtres. Son grain est fort grossier, fort irrégulier. Elle donne, par la dessication, des mottes résistantes.

(1) *Annales de la Société géologique de Belgique*, t. XXVII, p. LXIX, 1900.

On y rencontre en abondance des rognons de silex de toutes les tailles, depuis quelques centimètres cubes jusqu'à plusieurs fois le volume de la tête ; ils méritent une mention, à cause des conclusions dont leurs caractères sont susceptibles au sujet même du mode de formation et de l'origine du terrain qui les contient.

Rappelons tout d'abord qu'on est très frappé de leurs formes qui sont exactement celles des rognons de silex qu'on peut extraire des bancs de craie blanche, à Meudon, par exemple, et pour citer une localité connue de tout le monde. Ces formes, à contours arrondis, mais très capricieuses, et souvent très branchues, excluent évidemment toute idée de charriage ou de transport par les eaux à longue distance. La craie blanche n'existant pas dans la région, on est forcément conduit à admettre que l'argile et le silex qu'elle contient représentent le résidu laissé sur place par la dissolution d'assises crayeuses qui existaient au point considéré, dans un passé géologique et dont la disparition progressive a amené de très profondes modifications dans le relief primitif du pays.

D'un autre côté, ces silex, tout branchus qu'ils soient restés, ont subi, depuis leur concrétion première, de très intenses modifications et on constate qu'ils sont devenus poreux et légers par la dissolution de toute leur portion hydratée : les eaux d'infiltration les ont *épuisés* en même temps qu'elles emportaient la portion calcaire du sol.

D'ailleurs, l'intensité de l'épuisement varie d'un rognon de silex à un autre, et le fait s'explique de lui-même par la différence de composition de ces concrétions, les unes possédant une proportion de silice anhydre plus grande que les autres, ainsi que le démontre l'analyse.

Cette couche atteint, en certains points, une épaisseur supérieure à 2 mètres; elle est par place plus ocreuse que dans le type décrit, et cela tient à la pénétration, dans le sol, de limons ferrugineux fournis par la surface et entraînés par les eaux météoriques. Sa limite inférieure est parfaitement réglée et oblique par rapport à la surface du sol, laquelle n'est pas très éloignée d'être horizontale.

Au-dessous, se présente une autre argile qui peut avoir jusqu'à $3^{m},15$ d'épaisseur et qui se distingue tout d'abord par sa nuance plus claire, presque blanche, qui annonce l'absence presque complète de l'oxyde de fer. Elle est assez fortement mélangée de sable où brillent des paillettes micacées. De gros silex se montrent de toutes parts avec les formes des rognons de la craie et souvent traversés de fissures planes qui les débitent en fragments plus ou moins anguleux. Ils sont très inégalement épuisés par le procédé déjà indiqué et quelquefois ils le sont d'une façon tellement complète qu'ils sont presque méconnaissables et qu'on pourrait les confondre, une fois brisés, avec l'argile qui les emballe. Certains d'entre eux sont devenus presque friables et se transforment très facilement en une poussière entièrement formée de silice anhydre, abandonnant fort peu de son poids à la lessive bouillante de potasse. J'en ai examiné des lames minces au microscope et j'y ai reconnu la présence de vestiges fossiles et spécialement des tests de *Biloculina.*

Cette argile à silex blanche n'est pas partout recouverte par l'argile ocreuse ; en quelques régions elle fait la surface du sol ; comme elle, elle résulte évidemment d'un lavage sur place, et sans aucun charriage, d'un massif crayeux dont toute la substance calcaire a été extraite en même temps que toute la substance hydro-siliceuse.

Plus bas que les deux niveaux d'argile à silex, ocreuse ou blanche, qui viennent d'être mentionnés, nous avons distingué un lit de 2 mètres et plus d'épaisseur d'une argile sans silex et qui, çà et là, est remarquable par sa blancheur et sa pureté qui en font une véritable *terre de pipe.* Sa cassure est crayeuse et montre de divers côtés de très petits grains de quartz et de rares paillettes de mica. Le lit passe, en certains endroits, à une argile rosée plus ou moins foncée.

La liaison de cette formation de terre de pipe avec les lits précédents, l'absence totale de tout élément soluble dans sa masse, conduisent à la regarder sans hésitation comme un produit de dissection subi par une masse crayeuse non silicifère et qui gisait au-dessous de la craie à silex. On remarquera que, s'il en est réellement ainsi (et c'est ce que nous allons démontrer), cette argile sans silex, plus profonde que les argiles à silex, est d'âge moins ancien. Elle n'a pu se constituer petit à petit par décalcification, qu'après la décalcification des masses superposées, et cela est un point qui va prendre encore plus de signification par la suite de ces études.

Dans les coupes que j'ai relevées, on reconnaît que les assises d'argile déjà décrites sont partout supportées par des couches sableuses que nous allons énumérer. Remarquons tout de suite que, dans le pays, les couches turoniennes en place se signalent par des horizons de craies plus ou moins argileuses et marneuses, et par des niveaux de craies sableuses ou micacées : l'opinion que les sables comme les argiles sont des produits de lavage souterrain en sera fortement appuyée ; quelques détails suffiront pour le démontrer.

Les sables sur lesquels reposent les argiles précédentes sont parfois d'une blancheur parfaite ; en d'autres points, plus ou moins jaunâtres, çà et là ocreux ou même cimentés en grès ferrugineux plus ou moins durs et imperméables *(grison).* Le sable blanc peut atteindre et dépasser 4 mètres de puissance ; il est riche en paillettes de mica, on y trouve 13 à 15 0/0 d'argile blanche en mélange très intime, mais toute trace de calcaire y fait absolument défaut. Dans les points où il est coloré, le sable est mélangé d'une proportion d'argile qui peut s'élever à près de 50 0/0.

Une particularité qui le rend spécialement intéressant, c'est qu'il renferme des fossiles en certaines régions. A première vue, cette circonstance peut sembler incompatible avec l'idée déjà exprimée que ce sable résulte d'une décalcification souterraine ; mais la difficulté disparaît dès qu'on a constaté que les tests de mollusques dont il s'agit sont entièrement silicifiés et ont pu, par conséquent, résister sans peine aux agents de dissolution qui ont fait disparaître tous les éléments calcaires du sous-sol.

En venant d'en haut, un premier niveau fossilifère est caractérisé par l'abondance des coquilles d'*Ostrea columba* de la variété *gigas*, qui est propre aux assises turoniennes. Ces coquilles sont remarquables par plusieurs caractères. D'abord, on voit tout de suite qu'elles sont comme corrodées et ont perdu beaucoup de leurs dimensions originelles. Une fois lavées et surtout pendant qu'elles sont encore humides, elles sont translucides comme de la calcédoine. A leur surface se montrent, en très grand nombre, ces concrétions spéciales qui, depuis bien longtemps, ont été désignées sous le nom d'*Orbicules siliceuses*. Ce sont comme des disques de silex à zones concentriques, quelquefois conjuguées et enveloppées à deux, à trois ou à un plus grand nombre, dans de nouvelles lignes qui forment un nouveau système autour des autres. En outre, l'épaisseur des valves est quelquefois évidée, les deux épidermes interne et externe ayant seuls persisté, et alors l'intervalle qui les sépare est fréquemment converti en véritables géodes où se dressent de petits cristaux de quartz de formes variées. Ces coquilles silicifiées sont, d'ailleurs, très fragiles, et il a dû arriver à beaucoup d'entre elles de se réduire en une poussière qu'on a dû nécessairement prendre pour un sable charrié par les anciennes eaux, tandis que son origine est, comme on le voit, essentiellement différente. Évidemment, ces sables renfermant par places les débris de l'*Ostrea columba*, sont des résidus de la décalcification souterraine d'assises crayeuses dépendant de l'époque turonienne. Leur séparation comme assise distincte, c'est-à-dire leur constitution à l'état de sédiment, est de date moins ancienne que celle de l'isolement des argiles qui les couronnent et il faut les comprendre dans les assises de production postérieure à la dernière émersion de la région. C'est un point sur lequel on ne saurait trop insister, car tout le monde n'est pas disposé à l'accepter sans discussion. Même, comme on l'a vu plus haut, un géologue distingué, M. Cornet, actuellement président de la Société géologique belge, a contesté formellement que des formations de ce genre puissent être considérées comme représentant des terrains vraiment stratifiés. Suivant lui, de simples résidus de dissolution de la craie ne sauraient mériter cette appellation. Je persiste à croire que, quand on aura impartialement réfléchi à cette très intéressante question, on reconnaîtra que ces objections n'ont aucune portée sérieuse.

Il suffit, pour faire la lumière sur ce point, de comparer l'état des choses que nous venons de décrire avec ce que présente une localité où la mer vient battre le pied d'une falaise de craie. Dans les deux cas, la roche crayeuse est détruite et sa portion calcaire lui est arrachée, emportée, à Mortagne, à l'état de dissolution, à Dieppe ou au Havre à l'état de limon fin suspendu dans les flots; dans les deux cas, les portions non calcaires sont abandonnées, non pas sur place, mais dans un lieu peu éloigné : descendues peu à peu à Mortagne sur un certain nombre de mètres, entraînées horizontalement à Dieppe, un peu plus loin ; dans les deux cas enfin, ce résidu, qui consiste en débris siliceux et quartzeux, est groupé de façon à constituer des assises nouvelles dont l'âge n'est évidemment point celui de la craie, mais bien celui de leur isolement. Il faut vraiment se refuser à toute philosophie de la science pour méconnaitre cette intime analogie.

Quoi qu'il en soit, au-dessous des sables à *Ostrea*, on en trouve d'autres de 3 à 4 mètres de puissance, jaunes ou rougeâtres, et qui m'ont procuré quelques tests beaucoup plus rares que les précédents d'*Inoceramus problematicus* silicifiés et parfaitement reconnaissables. On répéterait à leur égard tout ce qui a été dit tout à l'heure pour les formations superposées, et ces sables viennent, en conséquence, confirmer à leur tour la doctrine de la sédimentation souterraine et la renforcer, en augmentant de toute leur épaisseur la puissance des assises qui lui sont dues.

En présence de semblables faits, dont les conséquences seront facilement mises en valeur tout à l'heure, il a semblé indiqué d'apporter à la théorie le contrôle et l'appui de la méthode expérimentale, et les essais auxquels je me suis livré dans cette voie, dans mon laboratoire du Muséum, m'ont fourni des résultats parmi lesquels je citerai quelques exemples.

Le vase adopté dans une série d'essais a été l'éprouvette à pied, dite aussi éprouvette à dessécher, et qui permet le renouvellement facile des substances réagissantes : j'en ai obturé l'étranglement inférieur avec un tampon peu pressé et très perméable d'amiante à longues fibres qui fait un filtre parfait, retenant toutes les particules solides et ne laissant passer que les liquides. Sur ce tampon j'ai placé plusieurs centimètres d'une poussière obtenue en mélangeant des poids égaux de carbonate de chaux précipité et de fer oxydulé naturel passé au tamis très fin. Cette poussière, d'un gris très clair, est destinée à représenter une couche de calcaire capable de laisser un résidu, très facilement visible à cause de sa couleur noire, par le fait de sa dissolution. Il faut prendre de grandes précautions pour disposer cette poudre dans l'éprouvette : si on la met sèche, on constate que l'addition d'eau nécessaire à l'humecter produit de graves désordres en provoquant l'expulsion de l'air interposé. D'un autre côté, si on la délaye avant de l'introduire, les deux éléments, pourvus de densités extrêmement inégales, tendent à se séparer l'un de l'autre. On s'en tire avec beaucoup de patience : avec un tube de papier roulé, on dispose d'abord sur l'amiante une couche très mince du mélange qu'on humecte avec quelques gouttes d'eau apportées avec une très fine pipette dans l'axe du vase. Les petits déplacements locaux ne dérangent point le pourtour, et c'est le fait essentiel. Une deuxième couche sur la première, puis une troisième et, ainsi de suite, en allant très progressivement, on arrive à faire une colonne de 3 ou 4 centimètres de mélange dont on a soin de faire la surface supérieure absolument régulière.

Cela fait, on dispose par-dessus une colonne semblable de carbonate de chaux mélangée de grains de quartz de grosseur convenable, puis on peut remettre une nouvelle épaisseur du mélange n° 1 à fer oxydulé. On achève de remplir l'éprouvette avec du sable quartzeux pas trop fin, destiné à maintenir par son poids les substances sous-jacentes.

C'est alors qu'on remplace peu à peu le liquide, qui filtre très lentement, au travers de toute la colonne, par de l'eau aiguisée d'une très faible quantité d'acide chlorhydrique ou de tout autre acide : dans plusieurs cas, j'ai fait usage d'eau de seltz, mais on rencontre alors des difficultés spéciales à cause des incrustations calcaires qui tendent à se faire dans les régions inférieures. Dès que le liquide acidulé, qui s'est également réparti dans le sable inerte de la surface, arrive au contact du mélange calcifère, il détermine la production d'un très fin filet noir de fer oxydulé débarrassé du carbonate de chaux qui le dissimulait. Ce filet, qui n'est qu'une très faible fraction de l'épaisseur du mélange primitif, grossit peu à peu, et en même temps le sable superposé s'affaisse tout doucement et dégage d'autant le goulot de l'éprouvette.

Si l'on continue d'arroser le sable de temps en temps avec de l'eau acidulée et alternativement avec de l'eau seule pour faire écouler le chlorure de calcium qui tend à rester dans le sable, alors on voit le petit lit noir qui s'épaissit progressivement, mais de la façon la plus régulière, en restant horizontal et d'épaisseur égale et en provoquant le tassement lent du sable superposé qui le maintient.

Bientôt toute la couche de mélange est privée ainsi de la totalité de son carbonate de chaux et réduite à un niveau entièrement noir qui n'a que le sixième ou le huitième de l'épaisseur primitive de la substance dont il est extrait. Malgré la résistance pour ainsi dire instinctive qu'on a à reconnaître à un semblable lit le caractère de formation stratifiée, il est indiscutable qu'il ne se distingue, par aucun trait essentiel de sa production, des sédiments proprement dits. On voit avec quelle perfection il reproduit les caractères des couches mentionnées tout à l'heure dans le sous-sol de Mortagne et comment, par conséquent, il en éclaire l'histoire d'une manière décisive. Ce lit noir ne peut pas être confondu avec la couche gris-clair d'où il dérive : il est de formation très postérieure. La couche grise était antérieure (ou géologiquement plus ancienne) à la masse des sables dont on l'avait recouverte dans l'éprouvette, et, au moment de ce recouvrement, le lit noir que nous venons de produire n'existait pas ; il est donc plus récent que ce qui est au-dessus de lui et l'on se tromperait si, voulant recomposer l'histoire du remplissage de l'éprouvette, on pensait qu'il a été déposé dans ce vase avant le sable supérieur ; tout ceci est à avoir bien présent à l'esprit quand on se trouve en face des coupes naturelles, et les répétitions dans un semblable sujet ne sont aucunement inutiles.

Une fois ce lit noir bien constitué comme il vient d'être dit, il reste loisible de continuer l'expérience, c'est-à-dire de verser de nouveau de l'eau aiguisée d'acide. On constate alors l'attaque par en haut du mélange de carbonate de chaux et de grains quartzeux et l'isolement progressif de ceux-ci sous forme d'un lit très régulier qui tranche également par son apparence avec la masse blanche sur laquelle il repose et avec le lit noir qui le recouvre. Rien n'est plus facile que d'épaissir peu à peu ce lit jusqu'à la décalcification complète de la couche dont il est le résidu insoluble, et, comme il est bien plus mince qu'elle, sa production s'accompagne d'un tassement général de toutes les substances superposées. Ce tassement, d'ailleurs, se fait si lentement et si régulièrement (si insensiblement on pourrait dire), que le parallélisme des lits n'est aucunement altéré et qu'on ne s'imaginerait jamais que l'ordre de production de ceux-ci est l'inverse exact de l'ordre de superposition. Cependant, le tassement dont il s'agit a dégagé le haut de l'éprouvette de près de 10 centimètres qui restent vides et nous donnent une miniature de l'abaissement possible de la surface du sol comme contre-coup de la dénudation souterraine.

L'expérience continuant, l'isolement complet du lit de sable quartzeux est suivi de l'attaque du mélange inférieur de calcaire et de fer oxydulé, et, par conséquent, de l'apparition d'un nouveau lit noir aussi visible que le premier. Dès lors, on voit que le même mécanisme pourrait être mis en œuvre indéfiniment et que des strates de plus en plus récentes pourraient s'isoler les unes à la suite des autres, sous un système déjà formé.

Après avoir ainsi montré la réalité de la sédimentation souterraine, son autonomie si l'on peut dire, parmi les divers procédés de constitution des couches du sol, il y aurait à faire voir qu'elle a une grande importance en intervenant dans des phénomènes variés et de dimensions considérables. Sans épuiser le sujet, il suffira de montrer ici qu'elle a déterminé maintes fois la concentration de substances dont l'exploitation est, de son fait, devenue rémunératrice, c'est-à-dire qu'elle a déterminé la constitution de véritables gîtes minéraux.

Un exemple spécialement frappant dans cette direction concerne l'isolement des lits de nodules phosphatés exploités, dans tant de régions, au milieu des couches du gault et qui, dans les Ardennes, ont reçu le nom populaire et typique de *coquins*. L'examen attentif du gisement de ces lits démontre qu'ils proviennent d'une concentration opérée verticalement aux dépens de formations dont la plus grande partie a été soustraite par le mécanisme qui nous occupe ; en d'autres termes, par des conditions générales qui coïncident avec celles qui, en plusieurs localités, comme en Picardie, dans le sud de l'Angleterre et aux environs de Mons, ont déterminé la concentration des sables phosphatés à la surface supérieure des craies brunes de différents âges.

Et, puisque cet exemple est venu comme de lui-même sous notre plume, ajoutons à son sujet que les expériences de laboratoire permettent de reproduire artificiellement, de la manière la plus complète, les poches à phosphate dans des conditions qui éclairent d'une façon très décisive l'histoire de ces curieuses formations. Sans y insister pour le moment et pour ne pas dépasser la place qui nous est accordée, nous nous bornerons à mentionner ici, comme exemple très digne de figurer à côté des précédents, la concentration de ces lits si singuliers de l'infralias et de quelques autres niveaux jurassiques et qui, sous le nom anglais de *bone beds*, sont exploités si activement pour les besoins agricoles. Bien des lits de sables, de galets ou d'autres matériaux insolubles dans des situations très variées peuvent aussi être rattachés à la même genèse générale.

Parmi les applications les plus larges de la notion maintenant acquise de la sédimentation souterraine, il en est une qui ne peut manquer de séduire les esprits philosophiques par son caractère de généralité. C'est celle qu'on peut en faire à la détermination du régime continental auquel, à des époques quelconques, certaines couches du sol ont pu être soumises.

Tout d'abord, on peut rappeler la difficulté qui se présente d'habitude quand on se propose de déterminer le faciès continental de formations un peu anciennes. Elle est si grande, qu'elle a conduit l'un de nos géologues les plus illustres, Constant Prévost, à contester l'existence de couches qui, après avoir été exondées un temps plus ou moins long, aient pu redevenir des fonds de mer aptes à recevoir des sédimentations nouvelles. Dans son étude sur les *Submersions itératives des continents actuels* (1), il insiste sur les caractères de la surface du sol soumis à l'activité subaérienne, et il constate qu'on ne retrouve rien qui les rappelle dans l'épaisseur de l'édifice stratifié.

Mais on doit remarquer ici que l'invasion par la mer d'une région continentale doit, le plus souvent, s'accompagner d'un *écroutement* superficiel dont l'effet le plus immédiat est de faire disparaître les traits morphologiques dont il s'agit. Il y a un arasement ordinaire et souvent même une

(1) Le vrai titre de ce travail est : *Les Continents actuels ont-ils été à plusieurs reprises submergés par la mer ?* Il a été lu à l'Académie des Sciences dans ses séances des 18 juin et 2 juillet 1827.

destruction intéressant quelques mètres et qui auraient dû faire réfléchir. Le phénomène est même si intense en bien des points, qu'il doit nécessairement faire disparaître toute trace du régime continental, et c'est, par exemple, ce qui a nécessairement lieu dans les régions où les progrès de la mer se font comme en haute Normandie, en Picardie, dans le Boulonnais et ailleurs, au prix de la destruction de falaises de hauteur considérable. Il est clair que, dans le bassin redevenu, marin, les sédiments actuels se déposent sur des roches fraîchement décapées et qu'entre les unes et les autres il n'y a aucune place pour le moindre vestige du régime continental intermédiaire.

Mais, en écartant ces circonstances et en nous en tenant au cas très fréquent où la mer a dû envahir des terres basses ou peu élevées, nous voyons par les faits qui constituent le sujet même du présent mémoire que plusieurs mètres en profondeur (10, 15, 20 mètres et plus) ont pu subir, du voisinage de la surface exondée, des contre-coups qui leur ont exprimé des traits tout à fait particuliers. Si l'on retrouve ceux-ci, comme dans le Berry, on sera autorisé à y voir des preuves que le régime continental s'est exercé dans le pays à un moment plus ou moins facile à préciser, mais qui, dans certains cas, pourra être déterminé au moins dans certaines limites.

Supposons, par exemple, que, comme la chose a lieu dans plus d'une région, les lits de *bone beds* du terrain infraliasique soient surmontés de sables ou de grès par-dessus lesquels se développe une série marine, telle que celle du Sinémurien, nous serons autorisés à penser qu'entre l'époque où se sont accumulés les débris qui font la richesse de la « couche à ossements » et celle où la mer nourrissait dans le même point les gryphées arquées, le sol avait subi un exhaussement qui l'avait porté au-dessus des flots et qu'il s'était trouvé soumis pendant un laps de temps plus ou moins long à l'action des eaux météoriques : en d'autres termes, qu'antérieurement à l'invasion de la mer sinémurienne la région avait été continentale. En remettant à plus tard de développer ce point qui mérite des détails précis, ceci suffit pour faire pressentir la collaboration des considérations nouvelles à la paléogéographie, jusqu'ici si aléatoire.

Il convient, d'ailleurs, de remarquer qu'en certaines circonstances il ne faudrait pas repousser les conclusions que je viens de formuler, par ce seul fait que des couches qui doivent être regardées comme devant leur gisement à des phénomènes profonds de décalcification seraient cependant pourvues d'une quantité plus ou moins notable de calcaire. Il s'en faut, en effet, de beaucoup que la sédimentation souterraine soit toujours exclusivement mécanique. Souvent elle admet des éléments d'origine chimique, et nous en avions des exemples à Mortagne même, soit par des grès dits *grignards* qui ont été cimentés sur place par l'oxyde de fer, soit par les concrétions siliceuses, orbicules et autres, qui jouent un si grand rôle dans la production de certains sables. Il est évident que, de la même façon, du calcaire peut être apporté par les eaux dans des couches qui, précédemment et à la faveur de conditions différentes, ont subi une décalcification plus ou moins complète. Il nous serait facile d'en citer au besoin des exemples évidents.

Quoi qu'il en soit, ce qui précède suffit, je crois, pour justifier, parmi les processus variés d'où peuvent dériver les couches constitutives du sol, l'admission de la *Sédimentation souterraine* et pour prévoir que sa considération, jusqu'ici à peu près méconnue, ouvrira des horizons nouveaux à la géologie générale. C'est le but que je m'étais proposé d'atteindre.

MM. Félix REGNAULT et Léon JAMMES

ÉTUDES SUR LES PUITS FOSSILIFÈRES DES GROTTES [560(44.78)]

PUITS DE PEYREIGNES (HAUTES-PYRÉNÉES)

— *Séance du 3 août* —

Le *puits de Peyreignes* constitue l'une des trois grandes cavités ouvertes dans le massif de Gargas. Ce dernier se compose de trois monticules calcaires, moutonnés par l'effort glaciaire et creusés, chacun, d'une cavité. L'un de ces monticules renferme la *grotte de Gargas*, l'autre contient la *grotte de Tibiran*, le troisième abrite le *puits de Peyreignes*.

Nous avons présenté aux Congrès de l'Association française pour l'avancement des Sciences plusieurs notes sur les grottes de Gargas et de Tibiran (1). Nous complétons, aujourd'hui, ces notes par des observations sur le puits de Peyreignes.

Ce dernier tire son origine des mêmes phénomènes qui ont donné naissance aux grottes de Gargas et de Tibiran. Un fait commun de la genèse de ces trois cavités réside dans la *délamination verticale* du calcaire qui les renferme. L'agrandissement des premières fissures issues de cette délamination a donné lieu à la formation de divers puits d'une assez

(1) *Félix Regnault.* — Foyers paléolithiques de la grotte de Gargas. Congrès de Bordeaux 1895.
Félix Regnault. — Sépultures dans la grotte supérieure de Gargas. Congrès de Bordeaux 1895.
Félix Regnault et Léon Jammes. — Études sur les puits fossilifères des grottes. Congrès de Nantes 1898.

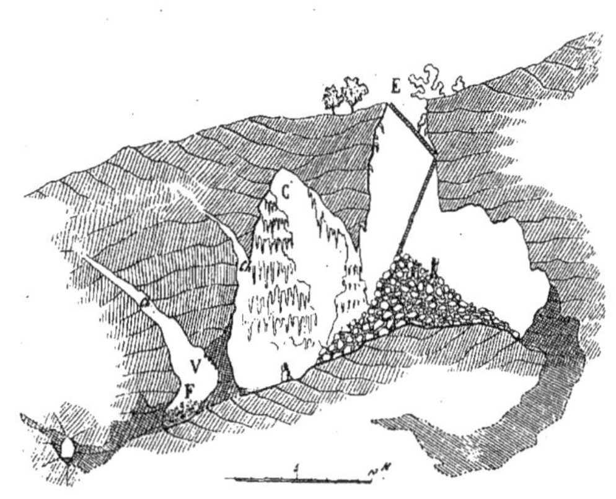

FIG. 1.

Coupe verticale du puits de Peyreignes, pratiquée suivant la direction AB, indiquée sur la figure 2. (E, orifice du puits. Pour l'explication des autres lettres, consulter le texte).

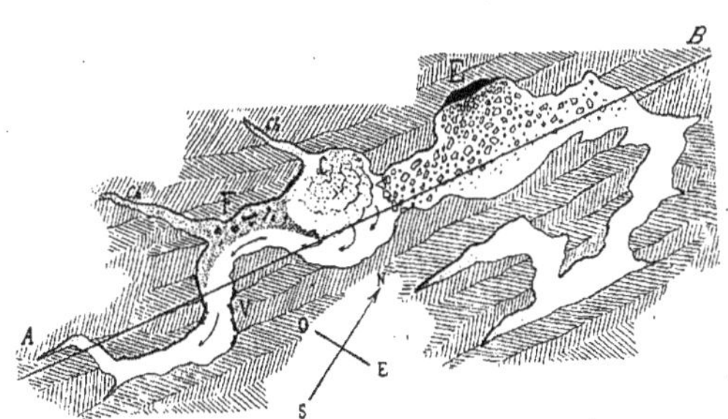

FIG. 2.

Plan horizontal du puits de Peyreignes. (Pour l'explication des lettres, consulter le texte).

grande profondeur et d'un accès difficile (oubliettes de Gargas; puits de Tibiran).

Le puits de Peyreignes, tout entier, est fait de l'un de ces puits. Son unique orifice est ouvert horizontalement, au ras du sol. Il est long de 4 mètres environ et large, au plus, de 70 centimètres. La cavité du puits s'enfonce à pic, au-dessous de l'orifice. Sa portion principale est comparable à la cavité d'une bouteille placée dans sa position normale. Au col de la bouteille correspond l'entrée de la grotte. Au fond, relevé intérieurement, correspond un cône composé de matériaux divers, venus de l'extérieur à des dates récentes. Enfin, sur les côtés et au bas de la bouteille seraient abouchés deux longs diverticules, diamétralement opposés. Ces derniers s'insinuent dans la masse calcaire et suivent, en se contournant, l'un la direction S.-O., l'autre la direction N.-E. *(fig. 1 et 2)*.

La distance qui sépare l'orifice extérieur du sommet du cône d'éboulis est, actuellement, de 9 mètres. Cette distance a été plus grande, autrefois. Or, malgré la diminution de profondeur causée par l'adjonction incessante de matériaux externes au cône d'éboulis, l'entrée et la sortie du puits de Peyreignes sont impraticables sans l'emploi d'engins spéciaux. Il paraît donc certain que le puits de Peyreignes n'a jamais pu être habité par les animaux.

Toutefois, les diverticules inférieurs du puits contiennent une certaine quantité d'ossements quaternaires. Une tranchée pratiquée dans le couloir S.-O. (F, F, *fig. 1 et 2)* nous a permis de reconnaître l'existence d'une couche d'argile recouverte par une mince assise de déblais. L'argile était compacte, dépourvue de corps étrangers et renfermait des ossements disjoints et incomplets d'*Ours des cavernes* (grande et petite races) et de *Loups*. L'assise de déblais contenait quelques ossements récents de Chiens, de Renards, de Brebis.

Non loin de ce gisement, on peut observer, avec facilité, la présence d'un second gisement dont la disposition est fort intéressante (V, V, *fig. 1 et 2)*. Sur la voûte et sur les parois du boyau, des os d'*Ours* et de *Loups* sont cimentés par les stalactites. Des paquets d'argile accompagnent ces os et forment avec eux des amas bréchoïdes fixés dans les anfractuosités de la roche.

Les particularités qui viennent d'être exposées touchant l'architecture du puits de Peyreignes et les dépôts qu'elle renferme permettent d'apprécier d'une façon assez nette les phénomènes qui se sont succédé pour donner à ce puits son facies actuel.

L'état de l'orifice d'entrée oblige à rejeter l'hypothèse de toute fréquentation volontaire de la grotte par les animaux.

L'absence de squelettes complets dans les couches argileuses du sous-sol et l'éparpillement des os de ces couches permettent de repousser, dans la recherche du mode ordinaire d'apport de ces os, l'idée d'une chute d'animaux entiers au fond du puits et de leur ensevelissement sur place par l'argile (oubliettes de Gargas).

L'élévation de la grotte de Peyreignes au-dessus des vallées avoisinantes oblige, aussi, à renoncer à l'idée d'inondations de la grotte par les eaux grossies de ces vallées et, par conséquent, d'un apport des animaux par ces mêmes eaux.

Dans ces conditions, il est nécessaire d'admettre que les ossements que nous avons rencontrés dans le puits de Peyreignes ont dû y arriver presque toujours isolés et conduits par les eaux de ruissellement à la suite des fortes pluies ou des fontes de glaces ou de neiges; exceptionnellement groupés, par exemple, à la suite de chutes accidentelles d'animaux dans l'orifice du puits.

D'autre part, le remplissage argileux du puits s'est réalisé aux dépens des terres avoisinantes. On peut voir, à côté des gisements fossilifères de Peyreignes, les cheminées étroites qui ont conduit l'argile en ces endroits *(Ch, Ch, Ch, Ch, fig. 1 et 2).*

Le mélange des os et de la matière argileuse s'est effectué sur place peu à peu, jusqu'au moment où le boyau a été comblé. De ce comblement témoignent les ossements encore fixés à la voûte.

Plus récemment, des écoulements d'eau ont déblayé, peu à peu, une partie du puits. Il est facile de retrouver les canaux d'amenée des courants qui ont produit ces ultimes érosions (C, C, *fig. 1 et 2).* Ces courants ont entraîné les débris sur les pentes déclives, laissant, fixés à la voûte, les ossements que nous y avons trouvés, cimentés, dans les anfractuosités des parois, par les concrétions stalactitiques.

Nous avons décrit, ailleurs, des phénomènes analogues de remaniement à propos des grottes de Gargas et de Tibiran.

L'intérêt principal qu'offre le puits de Peyreignes réside dans le mode de dépôt de la faune qu'elle renferme. C'est uniquement à cause de ce mode que nous avons cru intéressant de signaler nos fouilles.

M. Gustave F. DOLLFUS

à Paris.

STRUCTURE DU BASSIN DE PARIS [55(44-36)

— *Seance du 4 août* —

Engagé depuis une vingtaine d'années dans l'étude de la structure géologique du bassin de Paris, question qui est appelée en discussion par le programme de la section géologique, je ne puis me dispenser d'en dire quelques mots. Il s'en faut cependant que j'en considère comme résolus tous les problèmes, mais beaucoup a été fait pour leur avancement et j'aurai jalonné une étape, si, exposant ce qui a été fait, je montre ce qui reste à faire.

Les couches minéralogiquement très diverses qui constituent le bassin géologique dont Paris est à peu près le centre ne sont point horizontales, elles sont ondulées, elles plongent pour se relever bientôt après formant une série de rides dont les axes nommés anticlinaux sont orientés du N.-O. au S.-E.; on compte une vingtaine de ces lignes de points hauts séparés par autant de dépressions synclinales entre les Ardennes et le Perche.

Au fond, l'allure de disposition de toutes les assises, la question de dénudation restant à part, est comme si les Ardennes et le Perche s'étaient géographiquement rapprochés, ou comme si le sol tertiaire et crétacé situé entre ces massifs très résistants de terrains primaires plus élevés s'était affaissé.

Mais comment, à quel moment, ce vaste phénomène de contraction s'est-il produit ? C'est ici que la question devient épineuse et susceptible de diverses interprétations.

Les géologues qui ont autrefois étudié le pays de Bray, qui est parmi les accidents anticlinaux les mieux caractérisés du bassin, ont placé ce mouvement les uns à la fin de l'éocène moyen, les autres à l'époque de l'éocène supérieur. En 1880 j'ai démontré par l'étude de prolongement du Bray que la série tout entière du bassin de Paris avait été affectée et que le mouvement de plissement était postérieur au calcaire de Beauce. Ultérieurement j'ai reporté cette date à la fin du dépôt des sables granitiques de Lozère et de la Sologne.

D'autre part, l'examen de l'épaisseur relative des couches sur une grande étendue me faisait reconnaître que l'emplacement de leur puissance maximum coïncide en général avec la situation géographique des synclinaux, ce qui m'avait donné à penser, en 1890, que le mouvement de plissement avait été continu, que les plis amorcés dès l'époque crétacée avaient dû aller en s'accentuant pendant toute la durée du tertiaire.

Depuis peu de temps M. Munier Chalmas a exposé une vue nouvelle intéressante, il pense que les phénomènes de plissements ont pu être irréguliers et discontinus. Que la mer a pu, à diverses époques, raviner les anticlinaux déjà formés, que les flots de l'époque de Bracheux, du calcaire grossier, des sables moyens, par exemple, ont attaqué les plis déjà soulevés de telle sorte que la tectonique parisienne serait constituée par une série de plissements et de ravinements alternatifs.

Mais cette théorie ingénieuse se heurte à diverses difficultés, on devrait trouver dans le bassin de Paris à chaque instant des discordances angulaires, des lacunes, des ravinements profonds, or il n'en est pas ainsi; comme l'a fait remarquer M. Marcel Bertrand, la succession stratigraphique est normale et continue dans la plus grande partie du bassin de Paris, les ravinements n'ont qu'une très faible amplitude et les discordances angulaires sont rares et à peine sensibles, elles peuvent s'expliquer par des stratifications obliques littorales.

On comprend après ces détails que la question à mes yeux ne soit pas résolue; ce que nous savons de positif c'est que les couches du bassin de Paris sont plissées et que ce plissement a affecté les assises du miocène inférieur, peut-être même toutes les couches du bassin se sont tassées et contractées à une époque encore plus récente. Nous savons que les points — les plus profonds et ceux les plus saillants — ont généralement persisté à la même place comme s'il s'agissait d'un tassement *continu* très lent circonscrit suivant des lignes de fosses permanentes.

D'autre part, l'existence de ravinements marins successifs ayant décapé les crêtes anticlinales plusieurs fois reparues à la même place, n'entraine pas l'évidence d'un phénomène de soulèvement discontinu, car ces événements se sont passés à la périphérie du bassin, dans des régions généralement dénudées aujourd'hui et n'ayant laissé jusqu'ici que des traces contestables.

Une autre question reste à examiner, c'est de savoir si tous les plis sont du même âge, s'ils se sont tous formés dans les mêmes conditions, or rien n'autorise jusqu'ici à séparer leur fortune, on n'a trouvé aucune différence entre les divers plis tertiaires, mais il y a lieu de rappeler que dans les terrains anciens périphériques les couches de la Neustrie avaient déjà subi deux ordres de plissements parallèles bien plus anciens, très discordants, l'un d'âge cambrien ayant affecté le précambrien, l'autre d'âge triasique ayant affecté les couches carbonifères du Nord, de l'Ouest et de l'Est.

Comme limite géographique, le système des plis transversaux de l'Europe occidentale s'arrête au Nord à un horst ou massif résistant qu'on peut désigner sous le nom de Plateau du Brabant et qui commence vers le milieu de l'Irlande, traverse le Pays de Galles, passe au nord de Londres, sous la mer du Nord, sous la Belgique et dépasse en partie la région du Rhin. Vers le sud le relèvement du Perche dont j'ai parlé n'est qu'un incident de la marche de ces plis, celui qui limite géographiquement le bassin de Paris, et il peut être désigné comme axe du Merlerault; on retrouve des plissements identiques dans le bassin de la Loire, en Vendée, dans le Poitou, la Charente, la Gironde, les Landes, le Béarn et une partie des plis pyrénéens obéissent au même ordre d'influence; c'est contre la Meseta ibérique qu'ils s'arrêtent comme seuil au Sud.

Tous ces plis débutent à l'Ouest, à l'océan Atlantique, aussi bien dans le sud de l'Irlande qu'en Bretagne ou dans les Charentes. Vers l'Est ils paraissent s'arrêter au Rhin inférieur, à la Moselle, ils meurent à l'Argonne. Dans la région de la Bourgogne et du Morvan ils sont coupés par un régime de failles nord-sud très net qui constitue un système tectonique tout autre, le Plateau central marque une interruption dans nos observations, mais les plis se retrouvent au sud dans la Dordogne où ils sont arrêtés par la Montagne Noire et les petites Pyrénées de l'Ariège, il y a là tout un système oriental différent très compliqué où plusieurs directions s'entrecroisent.

M. Marcel Bertrand dans une carte ou il a figuré les lignes directrices de la stratigraphie française a supposé que les plissements NO.-SE. se relevaient dans la moitié Est de la France en une sorte de **V** immense et que les accidents N.-S. n'étaient que la continuation des accidents O.-E. déviés brusquement, mais cette hypothèse séduisante ne peut être admise; dans leurs détails les accidents de l'Ouest sont sans analogie avec ceux de l'Est et l'on peut trouver, dans le Morvan par exemple, la prolongation des plis de l'Ouest jusqu'au cœur de la région faillée de l'Est en pleine indépendance. Une étude que je viens de faire de la région de contact des deux systèmes m'a montré que les failles étaient un peu plus anciennes que les plis. Le dernier terrain affecté par les failles nord-sud qui sont d'ordre brusque est le calcaire de Beauce, tandis que les sables de la Sologne plus récents ont été affectés par le régime des plis Est-Ouest qui est d'ordre continu, progressif. Les accidents de l'Est sont d'âge miocène inférieur aussi bien en Auvergne que dans la Côte-d'Or, tandis que les plissements de l'Ouest se sont prolongés jusqu'au pliocène exerçant leur action jusque dans la région faillée.

M. F. KERFORNE

Préparateur de Géologie et de Minéralogie à l'Université de Rennes.

CLASSIFICATION DES ASSISES GOTHLANDIENNES DU MASSIF ARMORICAIN (1)

[55(44.1)]

— *Séance du 4 août* —

Les premiers auteurs qui ont étudié le Gothlandien dans le massif armoricain y ont reconnu, au-dessus de grès azoïques, sans fossiles, la présence de deux niveaux : le premier ampélitique, le second constitué par des schistes avec nodules tantôt silico-argileux, tantôt calcaires. La faune de ces niveaux semblait peu différente ; beaucoup de leurs déterminations de graptolites sont du reste manifestement erronées, si bien par exemple que le *Monograptus priodon Br.* paraissait occuper un niveau supérieur au *Monograptus colonus Barr.*, que le *Monograptus Nilssoni Barr* se trouvait avec le *Diplograptus palmeus Barr.*, etc.

Le travail le plus récent et le plus important qui vient ensuite est le Mémoire de M. Barrois sur la distribution des Graptolites en France (2), M. Barrois y reconnaît la présence d'un niveau inférieur représenté par les Phtanites de l'Anjou avec intercalations locales d'Ampélites ; il se distingue nettement des couches supérieures par sa faune que caractérisent le genre *Rastrites* et la présence du *Monograptus lobiferus M. Coy.*

Au-dessus, M. Barrois distingue un second niveau ampélitique contenant les fossiles suivants :

Monograptus crassus Lapw.	*Monograptus galaensis* Lapw.
— *Halli* Barr.	— *riccartonensis* Lapw.
— *priodon* Br.	— *vomerinus* Nich.
— *jaculum* Lapw.	— *continens* Törnq.
— *convolutus var. spiralis* Gein.	*Diplograptus palmeus* Barr.
— *colonus* Barr.	*Cephalograptus folium* His.
	Retiolites Geinitzi Bar.

Les Ampélites de Poligné seraient un peu inférieures à celles d'Andouillé

(1) Ce travail a été fait au laboratoire de géologie de l'Université de Rennes, dirigé par M. Seunes. Les recherches sur le terrain m'ont été grandement facilitées par les subventions généreuses de l'Association française pour l'Avancement des Sciences.

(2) Ch. Barrois, 1892. An. Soc. Géol. Nord, t. XX, p. 75.

à cause de la présence du genre *Diplograptus* et du genre *Cephalograptus* qui n'existent pas dans les autres localités.

Dans un troisième niveau, l'auteur range toutes les couches situées entre le Dévonien et les Ampélites et encore ce niveau ne se distinguerait-il que par sa superposition évidente au premier ; il contiendrait :

Monograptus priodon Br.	*Monograptus vomerinus* Nich.
— *Hisingeri* Carr.	— *jaculum* Lapw.
— *colonus* Barr.	

Il appartiendrait encore au Wenlock et rien en Bretagne ne représenterait jusqu'ici l'étage de Ludlow (1).

Mes recherches dans le Massif armoricain m'ont permis de compléter cette classification, de la modifier et de reconnaître un plus grand nombre de zones ; je vais les passer successivement en revue.

I. — Avec M. Barrois, il faut placer à la partie inférieure une première zone, celles des Phtanites de l'Anjou ; elle ne se trouve que dans la partie méridionale du Massif. La faune en est la suivante d'après M. Barrois :

Monograptus convolutus var. spiralis Gein.	*Monograptus cyphus* Lapw.
— *crenularis* Lapw.	— *sp. cf. teunis* Portl.
— *lobiferus* M'Coy *var typa* Lapw.	— *crispus* Lapw.
— — *var. millepedia* M'Coy.	— *Clingani* Carr.
— — *var. Nicoli* Harkn.	*Climacograptus scalaris* Linn., *var. normalis* Lapw.
— *sublobiferus* Barrois.	*Cephalograptus folium* His.
— *Sedgwicki* Portl.	*Diplograptus Hughesi* Nich.
	Rastrites peregrinus Barr.
	— *Linnæi* Barr.

Elle correspond aux *Schistes à Rastrites* de Scandinavie et au *Llandovery* anglais.

II. — Dans une seconde zone se placent les Ampélites de Poligné (2) qui avaient été réunies aux autres Ampélites à cause de la présence de *Monograptus priodon Br.* En étudiant les espèces de ce gisement, j'ai reconnu qu'il fallait rapporter au *Mon. densus Perner*, le *Mon. priodon Auctorum.* Dans cette zone se trouvent les espèces suivantes :

Monograptus densus Perner.	*Cephalograptus folium* His.
— *exiguus* Nich.	*Diplograptus palmeus* Barr.
— *continens* Törnq.	

(1) Ch. Barrois, *loc. cit.*, p. 170.

(2) Ces Ampélites sont intercalées dans des grès sans fossiles ; il en est de même de celles d'Andouillé, (III). Le facies gréseux, plus ou moins développé suivant les localités, existe toujours à la base du Gothlandien de Bretagne.

M. Barrois cite de plus dans cette localité *Mon. crassus Lapw.*

Cette faune est supérieure à la précédente, mais elle appartient encore au niveau des *Schistes à Rastrites* de Scandinavie ; elle correspond, comme l'a reconnu M. Barrois, au *Tarannon* anglais.

III. — Dans une troisième zone viennent se placer les schistes ampéliteux d'Andouillé, La Ménardais, etc., contenant :

Monograptus Jækéli Pern.	*Retiolites Geinitzi* Barr.
— *riccartonensis* Lapw.	

Les calcaires ampéliteux de Feuguerolles (Calvados), qui contiennent *Mon. Jœkeli* et *Retiolites Geinitzi*, doivent être placés à ce niveau ; il n'est plus possible de les considérer comme supérieurs aux *Schistes à Mon. colonus ;* on n'a du reste aucune succession de niveaux bien nette dans cette localité. La plus grande richesse de la faune des mollusques peut s'expliquer par la présence du calcaire. Cette zone comme la suivante correspondrait au Wenlock.

IV. — Dans une quatrième zone se placent les Ampélites du Finistère contenant :

Cyrtograptus.	*Monograptus riccartonensis* Lapw.
Monograptus priodon Br.	— *dubius Süess.*
— *vomerinus*, Nich.	

Réunie à la troisième, avec laquelle elle paraît du reste avoir plusieurs espèces communes, elle représente dans le Massif armoricain le *Wenlock* d'Angleterre, les *Schistes à Cyrtograptus* de Scandinavie, etc.

V. — Viennent ensuite, dans le Finistère, des schistes ampélitoïdes avec rares nodules au sommet. Ils contiennent :

Monograptus colonus Barr.	*Orthoceras.*
— *Nilssoni* Barr.	*Aptychopsis primus* Barr.
Hyolithes simplex Barr.	*Bolbozoe anomala* Barr.
Cardiola interrupta Sow.	*Spirorbis Lewisi* Sow.
Cardiola migrans Barr.	

Cette zone paraît être également représentée à Princé (Ille-et-Vilaine) et à Neuvillette (Sarthe) (1).

La présence de *Mon. colonus Barr.* et de *Mon. Nilssoni Barr.*, l'abondance des *Cardiola*, l'absence de *Mon. priodon Br.*, me la font réunir à l'étage de *Ludlow*. Elle correspond aux *Cardiola-Schiefer* à *Mon. colonus Barr.* et

(1) D. Œhlert, 1882. Notes géol. Mayenne, p. 45.

Mon. Nilssoni Barr. de Scanie (1), à la zone à *Mon. Nilssoni Barr.* d'Angleterre (2), etc.

VI. — Au-dessus on trouve généralement des schistes argileux, facilement décomposables, avec nodules silico-pyriteux et bancs de quartzite. Ils contiennent :

Monograptus Salweyi, Lapw	*Cardiola migrans* Barr.
Bolbozoe anomala Barr.	*Mytilus esuriens* Barr.
— *bohemica* Barr.	*Avicula glabra* Münst.
Entomis migrans Barr.	*Dualina socialis* Barr.
Cardiola interrupta Sow.	*Rhynchonella minerva* Barr.
Cardiola gibbosa Barr.	*Orthoceras*, etc.

Ce niveau est en général plus épais que le précédent ; comme lui il appartient au Ludlow.

VII. — Ce niveau est généralement formé de schistes et quartzites avec nodules (sphéroïdes) de calcaire noir ; ces nodules sont souvent très volumineux. J'ai trouvé (dans le Finistère) :

Monograptus ultimus Pern.	*Cardiola extrêma* Barr.
— *clavulus*, Pern.	*Mytilus esuriens* Barr.
Cardiola bohemica Barr.	*Dualina robusta* Barr.
— *cf. virgula* Barr.	*Dualina secunda* Barr.
— *interrupta* Sow.	*Maminka tenax* Barr.
— *migrans* Barr.	*Diaphorostoma* ?
— *gibbosa* Barr.	*Orthoceras* nombreux, *etc.*

Cette zone correspond à e^2 de Bohême par ses graptolites. Les nombreux lamellibranches qu'on y trouve sont du reste tous de e^2. Il me paraît probable que les schistes à nodules calcaires de Saint-Jean-sur-Erve, de Briassé, de Saint-Sauveur-le-Vicomte, etc., devront être rangés à ce niveau.

VIII. — Au-dessus viennent des schistes et quartzites très peu fossilifères et difficiles à distinguer de ceux de la base du Dévonien. Dans le Finistère, ils contiennent des nodules aplatis, silico-calcaires ou formés d'un calcaire bleuâtre. On y observe même des petits bancs calcaires lenticulaires, effilés à leurs extrémités, quelquefois décalcifiés et prenant alors l'aspect de grauwacques. J'y ai trouvé :

Bolbozoe bohemica Barr.	*Modiolopsis senilis* (?), Barr.
Orthoceras cf. originale Barr.	*Hemicardium elevatum* Barr.
Posidonomya eugyra Barr.	*Lingula cf. Lewisi* Sow.
Goniophora reluctans Barr.	

(1) S.-A. Tüllberg, 1883. Zeit d. D. Geol. Gesell. t. XXXV, p. 223.
(2) Lapworth, 1880. Ann. a. Mag. of nat. history, vol. V.

Cette zone, comme les trois précédentes, appartient au *Ludlow ;* sa faune la sépare nettement du Dévonien avec lequel on pourrait la confondre par son facies.

La division en zones graptolitiques que j'ai proposée, permet des comparaisons étroites avec les autres régions gothlandiennes ; elles cadrent parfaitement en effet avec les successions reconnues ailleurs ; en particulier avec celles de Bohême, autant qu'on peut en juger par le travail de M. le Docteur J. Perner (1), dont les conclusions ne sont pas encore publiées ; avec les zones d'Angleterre de M. Lapworth (2) ; avec celles de Scandinavie de M. Tüllberg (3) et de M. Törnquist (4).

La découverte en Bretagne d'assises gothlandiennes supérieures au *Wenlock* présente d'autant plus d'intérêt qu'elle vient appuyer l'hypothèse d'une sédimentation continue, du Gothlandien au Dévonien, dans le massif armoricain, hypothèse qui repose sur des faits stratigraphiques observés par M. D.-P. OEhlert dans la Mayenne et ensuite par nous dans le Finistère.

Ces niveaux graptolitiques ne sont pas également répandus dans le Massif armoricain ; leur répartition semble indiquer, comme du reste la présence si générale de couches plus détritiques à la base, une transgression de la mer gothlandienne se faisant de l'est ou plutôt du sud-est, vers le nord et vers l'ouest. La première zone n'a été reconnue en effet que dans le sud du massif, la seconde ne paraît pas dépasser beaucoup Poligné (sud de Rennes) ; dans le Finistère enfin, le Gothlandien semble ne commencer qu'avec la quatrième zone ; mais, depuis ce moment, la mer gothlandienne paraît avoir recouvert uniformément tout le Massif.

Cette transgression a apporté en Bretagne une faune à affinités bohêmes très accusées, bien différente de la faune ibéro-lusitanienne qui y régnait à l'époque ordovicienne.

(1) J. Perner, 1895-99. Étude sur les grapt. de Bohême.
(2) Lapworth, 1880, Ann. and Mag. of nat. hist., vol V, p. 358.
(3) Tüllberg, 1883, Zeit. d. d. Geol. Gesell., t. XXXV, p. 223.
(4) Törnquist, 1891, Lunds Univ. Anskrift, vol. XXVIII.

M. Adrien GUÉBHARD
Agrégé de physique des Facultés de Médecine.
ET
M. Louis LAURENT
Docteur ès sciences.

SUR QUELQUES GISEMENTS NOUVEAUX DE VÉGÉTAUX TERTIAIRES DANS LE SUD-EST DE LA PROVENCE [561 : 551. 78. (44.9)]

— *Séance du 4 août 1900* —

I

Description des gisements, par A. Guébhard

Au cours de mes explorations géologiques, presque quotidiennement répétées depuis de longues années sur la feuille de Nice S.-O et ses voisines, j'ai eu l'occasion de découvrir un certain nombre de gisements nouveaux de végétaux tertiaires, sur lesquels, en dernier lieu, voulut bien fixer son intérêt un paléobotaniste que venait de signaler à l'attention du monde savant une monographie superbe sur la *Flore fossile des calcaires de Célas*, M. Louis Laurent. Fort heureux de laisser au spécialiste le soin d'exposer les premiers résultats botaniques d'une étude qui semble pleine de promesses, je me bornerai à énoncer avec précision les indications topographiques et stratigraphiques relatives aux gisements.

A. — *Argiles ligniteuses de Saint-Vallier-de-Thiey (A.-M.)*

L'un de ces dépôts était sous ma main depuis des années, sans que j'en eusse soupçonné d'abord l'existence, puis tout l'intérêt.

Ce n'est qu'en 1896 qu'on me signala, tout près de ma résidence de Saint-Vallier-de-Thiey (A.-M), centre de toutes mes excursions, un petit banc de lignite situé dans le *Vallon de la Combe*, au lieu dit *Couosta di Maureou*, à quelque dix mètres au-dessus du gué du sentier de *La Moulière* (exactement, au pied de la parcelle cadastrale n° 612 du quartier de *La Croix*, propriété Émile Laugier), avec quelques affleurements un peu plus haut, dans les affouillements mêmes du lit, souvent à sec, du ravin. Je le citai presque aussitôt dans mon *Étude géologique sur la commune de Mons (Var)* (1), en indiquant même l'importance que lui donnait sa position stratigraphique, entre l'Éocène supérieur à *Num. striata, Rotulina spirulæa, Orbitoides sella*, etc., et ce remarquable *Poudingue supérieur de Sainte-Luce*, d'abord regardé comme éocène, puis comme oligocène, mais qu'une trouvaille ancienne d'huîtres cf. *O. crassissima*, et une autre plus récente de galets à *Nystia Duchasteli*, suivant celle de nombreux galets à *Planorbis pseudoammonius*, font de plus en plus présumer identique à celui qui, dans son prolongement cartographique, au nord de Tourrettes-sur-Loup (A.-M) surmonte la mollasse burdigalienne et représente, pour le moins, de l'Helvétien (2).

Mais cette question toute spéciale, encore à trancher, de l'âge du Poudingue, n'apparaissait alors que comme très incidente par rapport à d'autres plus urgentes et ce n'est qu'en la voyant, en ces derniers temps, renaître avec une sorte d'acuité, de côtés divers, que je me rappelai l'importance que pouvait avoir, comme repère inférieur, ce petit banc subordonné, de 4 centimètres de lignite, dans lequel je me mis immédiatement à pratiquer des fouilles systématiques. Malheureusement, les trop rares empreintes de feuilles que j'ai pu extraire des minces lits noirâtres incomplètement charbonnés qui strient parallèlement, en plongeant tous de 45° vers le Sud (3), la masse encaissante d'argile verte, finement micacée, ne se prêtent à aucune détermination sûre, et le lignite lui-même, très compacte à l'état humide, mais tout feuilleté par dessiccation, ne m'a guère livré, comme restes végétaux, que trois ou quatre types de graines, dont un seul abondamment répété, et, comme coquilles, des silhouettes écrasées de grandes Limnées méconnaissables, et de petits *Ancylus*, *Sphærium* et Planorbes en cor de chasse, trop déformés.

Cependant, celle-là même d'entre les graines qui, à Saint-Vallier, foisonne, m'avait semblé présenter une certaine analogie avec une autre, observée, à l'état beaucoup moins commun, assez loin de là, dans un lignite à côté duquel j'avais également passé, tout en le remarquant, sans y trop prendre garde, et sur lequel mon attention fut réattirée, en août 1899, par un jeune ingénieur en quête de charbonnages, M. Charles Pellegrin.

(1) *Bull. de la Soc. d'Ét. scient. de Draguignan* t. XX, p. 225-319, 2 pl. (1897).

(2) Cf. B. S. G. F. (3) XXVIII, 323 (23 avril 1900).

(3) Ce plongement, opposé à celui des bancs qui forment au Sud l'autre versant de la colline du *Puas*, montre bien le passage, par l'échancrure supérieure de celle-ci, du synclinal E.-O qui recoupe, en dessous de la *Fontaine des Prés*, le synclinal N.-S. de *Castela*, à un endroit où se voit, dans le lit même du vallon, le contact direct, sans argiles, ni lignites, et par conséquent la transgressivité, malgré l'apparente concordance des bancs, du Poudingue avec le Nummulitique. Ensemble qui dessine le curieux « synclinal cruciforme de Saint-Vallier-de-Thiey » sur lequel j'attirai d'abord l'attention, lors du Congrès de l'Afas à Marseille. (Afas, XXII, 207. — 1891.)

B. — *Lignites et argiles à végétaux de La Roque-Esclapon (Var).*

Pas plus mentionnés sur la feuille de Castellane que sur ma carte de Mons, les lignites de la Roque-Esclapon (Var) étaient cependant cités déjà, mais comme crétacés, par de Villeneuve-Flayosc (1).

« Dans la partie nord du bassin de La Roque, un système de calcaires friables bitumineux se superpose à la craie et se fond avec elle d'une manière insensible; dans ces couches bitumineuses existe une couche de lignite accompagnée de Cyclades et Potamides et autres coquilles qui marquent le passage de l'eau salée à l'eau douce, absolument comme dans le dépôt crétacé supérieur du Colombier, à La Cadière. »

Doublier et Panescorse, dans un *Prodrome* d'histoire naturelle du Var imprimé en 1853, citent également « le lignite commun, très brillant, *avec succin* » de La Roque-Esclapon.

L'un et l'autre avaient évidemment en vue l'affleurement qui se trouve tout de suite au nord du village, dans l'affouillement du ruisseau qui longe la *Montée de Rudelle*, et où des bancs calcaires et argileux, à fossiles saumâtres, relevés presque verticalement, du Nord-Est au Sud-Ouest pressent contre l'isthme cénomanien qui relie à la bordure du grand bassin de La Roque le petit dôme jurassique d'*Aco-d'Aubert* un banc de charbon assez compacte pour qu'aucune trace végétale n'y soit plus visible. Je n'y ai pas davantage trouvé bitume ni succin; mais, dans les fossiles voisins, M. Depéret, l'éminent doyen de la Faculté des sciences de l'Université de Lyon, — que je ne saurais trop remercier de l'obligeance empressée avec laquelle il a bien voulu suppléer à mon insuffisance paléontologique en ces questions de Tertiaire provençal, — a reconnu *Striatella muricata* Wood., *Sphærium plantarum* Saporta, *Hydrobia Dubuissoni* Brouillet, *Limnæa longiscata* Brongn., tous fossiles infra-tongriens, qu'il paraît d'autant plus difficile de séparer du lignite que celui-ci en montre lui-même des traces assez abondantes.

Le contact avec le Crétacé n'est point, d'ailleurs, à la *Montée de Rudelle*, immédiat; cela ressort clairement du relevé suivant que j'ai fait des couches, de haut en bas, en dessous du Poudingue :

1° Banc gris dur à empreintes vacuolaires de fossiles;
2° Calcaire crayeux, marneux, délitescent, sans fossiles;
3° Calcaire en plaquettes à Striatelles, *Sphærium*, etc.;
4° Argile grise compacte à grandes Limnées, Striatelles, etc;
5° Lignite compacte;
6° Agglomérat grumeleux à ciment blanc, rempli de grains de quartz avec quelques *O. columba minima*, à l'état roulé;
7° Poudingue grossier, à ciment blanc, galets presque tous crétacés;

(1) *Description géologique et minéralogique du Var*, p. 187 (1856).

8° Banc de calcaire blanc tendre avec silex en plaquettes brun clair;
9° Le même, un peu crayeux;
10° Calcaire jaune argileux cénomanien.

Il semble bien que le calcaire à silex et le calcaire crayeux de cette coupe, que l'on revoit tous deux ailleurs, au haut du vallon des *Chaumettes*, commune de La Bastide, soient ici les représentants de l'horizon, toujours siliceux, des calcaires à *Pl. pseudoammonius*, dont j'ai retrouvé la trace en divers points de la bordure accidentée du bassin lacustre, aux environs de La Bastide (1). Et cela rapprocherait encore, comme âge, le lignite des calcaires oligocènes voisins.

Il est vrai que, sur la route même de La Bastide au *Logis du Pin*, au passage du *Vallon des Escarénètes* (exactement, parcelle cadastrale 215 du quartier de *Coste-Bonne*), on voit, directement en contact avec le Cénomanien bien caractérisé, un autre lignite qui semblerait justifier et m'avait fait d'abord partager l'appréciation de de Villeneuve, ainsi que l'atteste la légende de la Carte ci-après. Très différent d'aspect de celui de la *Montée de Rudelle*, il est tout imprégné de gypse aciculaire, translucide, souvent maclé, et de petits grains de pyrite. Mais, en examinant bien les grès auxquels il est entremêlé, j'ai fini par y trouver aussi des traces de fossiles qui, quoique plus franchement marins (il y a une petite *Ostrea* cf. *cyathula*), ont encore paru à M. Depéret être de l'Infra-tongrien, très analogue à celui dont il a donné une superbe coupe près de Barrême (Basses-Alpes).

Voilà bien des présomptions pour en arriver à donner le même âge au remarquable gisement de *Blacouas* (commune de La Roque), d'où j'ai extrait toute une flore argilo-ligniteuse, plus abondante, il est vrai, que variée, qui a fait plus particulièrement l'objet des études de M. Laurent. L'affleurement est situé à l'endroit même où se contourne vers le nord, après avoir traversé le groupe de maisons d'*Aco d'Aubert*, le sentier de *Ribargier* (exactement entre les parcelles cadastrales 149 et 281 du quartier de *Blacouas*, commune de La Roque-Esclapon). Ce ne parait être qu'un placage superficiel, convexe, en forme d'écaille d'oignon, sur l'extrémité bombée occidentale du dôme jurassique-crétacé d'*Aco-d'Aubert*. L'érosion ayant mis au jour une bande en forme de parabole gauchie à sommet situé peu au-dessus du chemin, à branches deux fois recoupées par celui-ci et plusieurs fois masquées par des déblais, l'on s'explique les réapparitions et disparitions multiples du banc charbonneux, dont il est presque impossible de vérifier les véritables rapports, dans ce point convulsé, d'où l'on voit converger, nombreux, en face d'un îlot central, dans le bassin polysynclinal encore peu élargi, des plis profonds descendus des hautes montagnes encadrantes. Quoi qu'il en soit, le lignite est immé-

(1) V. B. S. G. F. (3), XXVIII, 323 (1900).

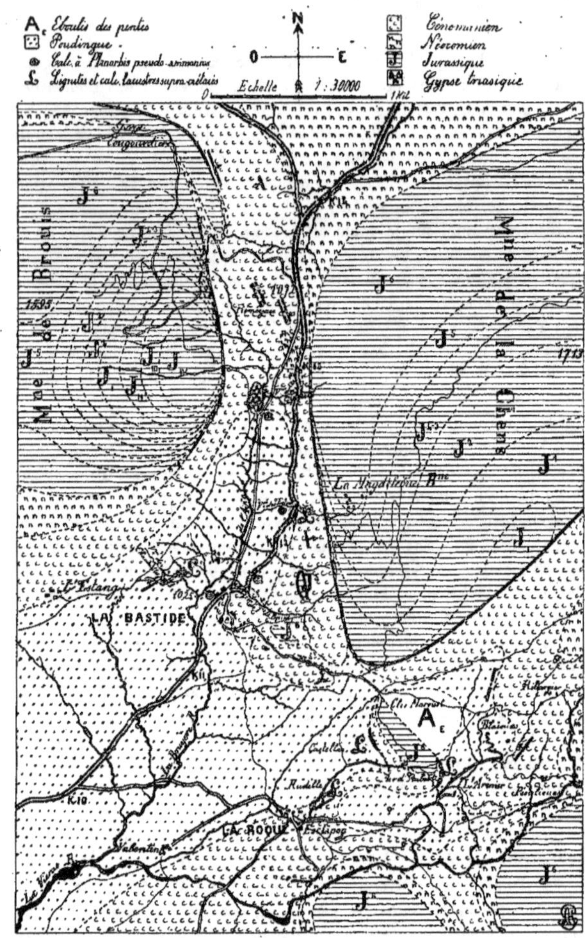

Plan géologique de la Gorge de La Bastide (Var).

diatement contigu à une argile qui, noircie d'abord elle-même de traces organiques, se montre, à quelques décimètres plus loin, d'un gris clair, d'une pâte extrêmement compacte et difficile à casser au marteau, même à l'état sec, mais qui, à l'air, se délite d'elle-même en petits fragments sur lesquels apparaissent des empreintes à contour très net, de feuilles diverses. Après plusieurs journées de fouille, je suis arrivé à réunir quelques échantillons suffisamment caractérisés pour servir de matériaux à M. Laurent. Enfin, en épluchant patiemment les veines du charbon les plus contiguës à l'argile (les autres, plus compactes, ne donnent rien), j'ai pu en retirer quelques graines, beaucoup moins abondantes qu'à Saint-Vallier, mais suffisamment analogues pour me faire pencher vers une assimilation qui serait grosse de conséquences. En effet, dans d'autres veines du charbon, les traces blanches de coquilles écrasées, quoique directement indéterminables, rappellent tout à fait les fossiles infra-tongriens de la *Montée de Rudelle*, et un petit banc calcaire de 4 centimètres à peine, tout voisin, se montre absolument criblé d'empreintes de petits gastropodes et de *Sphærium* qui semblent bien les mêmes, malgré la différence de la gangue, plus jaunâtre et moins dure (1), que ceux de là-bas.

En somme, voilà toute une ceinture saumâtre à la base du très remarquable Poudingue qui, partout, depuis Tourrettes-sur-Loup jusqu'à La Roque, occupe la même position supérieure au centre des bassins tertiaires, avec le même aspect stratigraphique, cartographique, et même, dans la limite des influences locales, minéralogique. Si la base de ce Poudingue est reconnue infra-tongrienne, comme, d'autre part, à Tourettes-sur-Loup, il nous apparaît incontestablement comme supra-helvétien, pourquoi donc nous refuserions-nous à le regarder partout comme tel, surtout dans les régions dont l'émersion totale, dès l'époque nummulitique, est attestée par l'absence de tous dépôts autres que les calcaires lacustres à *Pl. pseudoammonius*, et le caractère côtier, à l'époque oligocène, par la variété des dépôts saumâtres, jamais franchement marins? Et pourquoi nous obstinerions-nous à le retenir de force, sinon dans l'Éocène, à quoi il a bien fallu renoncer, mais même dans l'Oligocène, à quoi je ne m'étais résolu que par timidité, dans mon travail sur *Mons*, en réagissant contre des prévisions que je ne croyais voir ni si vite, ni si bien renforcées?

(1) Il n'y a rien de bien surprenant à ce que des dépôts de nature saumâtre présentent, dans un cercle de quelques kilomètres à peine, des caractères minéralogiques différents. Nous avons vu que celui de la route de La Bastide était purement sablo-gréseux; ceux de Rudelle et de Blacouas, argilo-calcaires, mais différemment. Enfin, un quatrième, que j'ai découvert sans qu'il m'eût été signalé, sous la barre de *Castelas* (commune de La Roque), est accompagné d'un petit lit d'argile feuilletée toute couverte d'empreintes en relief du *Sphærium plantarum* Saporta.

C. — *Travertins de San Peiré de Roquefort (A.-M.).*

C'est toujours en dessous de ce Poudingue, et même, me figurai-je d'abord, à l'état de galets en provenant, que je trouvai, en 1899, au quartier de Saint-Pierre *(San Peiré)* de Roquefort (A.-M.), des travertins extrêmement durs contenant des empreintes indiscutables de feuilles. C'était au bord même de la partie de l'ancienne route déclassée du plan de Roquefort à Villeneuve-Loubet, à 100 mètres environ à l'est de la vieille borne kilométrique n° 15, au sommet du petit arc vers le sud que décrit la route avant d'aborder en plein, par une rapide descente, le gros massif éruptif des Labradorites (1). Remarquant que tout le petit mur qui borde la route est fait de ce même travertin, je compris qu'il ne pouvait s'agir d'un simple élément accidentel du Poudingue, mais d'un horizon spécial subordonné, tenant à peu près la même place, au-dessus du Nummulitique, que les Labradorites voisines. D'ailleurs, un peu plus à l'est, au point culminant dit *l'Aire de Boulle*, tout près de la bifurcation de l'ancienne et de la nouvelle route, on retrouve de très gros blocs du même travertin, tout traversés d'empreintes tubulées de joncs qui font aussitôt penser aux joncs silicifiés, anciennement connus, de la localité, relativement proche, de La Gaude (2). Mais ceux-ci, avec leur accompagnement de sables versicolores et de fréquentes poches de manganèse, ont toujours été considérés comme l'extrême base de l'Éocène de la région, et représentés par cette même désignation e_v que la feuille de Castellane attribue précisément aux Poudingues dont j'ai démontré l'âge certainement postérieur à l'Infra-tongrien. Ici, les sables bigarrés et le Poudingue sont tous deux représentés, pêle-mêle avec les travertins, dans un de ces brouillages comme on en trouve trop souvent en ces parages de plissement ultra-serré, traversés, sur une largeur de 2 kilomètres à peine, d'au moins six synclinaux reconnus. C'est donc par induction seulement, et sous réserve de toutes constatations ultérieures, que j'ai provisoirement séparé ce gisement travertineux des francs silex de Saint-Jeannet, pour tendre à le rapprocher plutôt stratigraphiquement des autres gisements très différents précédemment cités.

D. — *Argiles infra-labradoritiques de Biot (A.-M.).*

Qui sait, d'ailleurs, si l'affleurement des travertins en marge des Labradorites n'aurait pas quelque rapport avec un gisement d'argiles gréseuses

(1) J'ai appris récemment que ces travertins avaient été remarqués déjà anciennement par M. Léon Pellegrin, le très distingué ingénieur des ponts et chaussées de Grasse, à qui il semble que rien n'ait échappé de tout ce qui touche à la géologie de l'arrondissement. Nous avons vu que son fils suivait d'ores et déjà dignement ses traces.

(2) B. S. G. F., Réunion extraordinaire de 1877, p. 55.

lignitifères franchement inférieur, que j'ai eu le bonheur de découvrir en plein massif éruptif ?

A l'extrême limite nord de la commune de Biot (A.-M.), le long *Vallon de Saint-Julien* (1) aboutit à une sorte de chute de 6 à 8 mètres, formée par la superposition d'un gros banc massif de labradorite à une argile verte très compacte et de nature à fournir, m'a-t-on dit, de la chaux hydraulique, qui, déjà bien plus bas, commence à former le lit du vallon, et à marquer un peu partout l'horizon d'émergence des petites sources qui, seules, font pénétrer quelques bandes de cultures au milieu du sol brûlé des forêts de chênes verts.

Quelques rares petits bivalves entrevus m'avaient fait présumer pour l'argile une origine marine (2), lorsque d'infimes traces charbonneuses, une vague apparence de contour de feuille mirent mon attention en éveil et peu à peu m'amenèrent, après une longue recherche infructueuse, à un gisement qui, après deux visites seulement, ne m'a certainement pas dit son dernier mot.

Remontant, à l'Ouest, un petit affluent inférieur à la chute en question, je fus conduit, en passant auprès d'une sourcette toute gracieuse, jusqu'au-dessus de la fourche supérieure de ce petit ravin qui, lui-même, traverse en chute la barre supérieure du magma éruptif. Et là (3), dans des murs récents, je remarquai des blocs tout effrités en menus morceaux, qui, par leur apparente compacité, avaient dû tromper les constructeurs, puis, à l'action de l'air et de la gelée, étaient tombés en mille fragments délitescents. Or un grand nombre de ces fragments portaient des empreintes de feuilles, et ce sont ceux là seuls que j'ai pu envoyer à M. Laurent, car c'est en vain qu'à une récente visite nouvelle j'ai voulu me faire accompagner par un homme pour piocher la veine : ce n'était pas le propriétaire même du terrain, et après de vaines recherches pour retrouver la provenance exacte des blocs effrités, dans la coupe ébouleuse que fournit la cascade du petit ravin, j'ai dû me rabattre sur le butin antérieurement préparé par la nature et remettre à une autre fois une recherche plus approfondie, me contentant d'avoir noté la superposition des couches à végétaux à l'argile compacte du grand vallon, et la présence, sous un lit tout couvert d'empreintes de longues feuilles clypéiformes entrecroisées et de grosses tiges fibreuses aplaties, d'un horizon ligniteux parsemé de *Sphærium* et autres bivalves minuscules, puis une couche gréseuse assez grossière où sont mêlés aux grains de quartz hyalin de nombreux petits fossiles d'eau

(1) Improprement appelé *Vallon de l'Aspre* dans ma note B. S. G. F. (3) XXVI, 409 (1900).

(2) Un seul de ces fossiles, assez bien conservé, est une Térébratuline dont la vue a immédiatement rappelé à M. Depéret la *T. tenuistriata* Leym. de l'Éocène supérieur, mais avec de petites différences dans la costulation, qui semblent indiquer une espèce plus récente.

(3) Parcelle 83 de la section C du cadastre de Biot, quartier de Saint-Julien.

douce, souvent intacts, mais d'une extraction difficile. De ceux-ci viendront, peut-être, les précisions attendues. Mais, dès à présent, sur les végétaux que je lui ai envoyés, M. Laurent a pu juger de l'analogie de cette flore avec celle de La Roque, rapprochement que je n'aurais osé espérer autrement que par le cadre commun de cette énumération, faite au hasard des mes recherches.

Y aura-t-il réellement un synchronisme à établir entre ces quatre gisements si éloignés et si divers ? L'âge des Labradorites elles-mêmes, dont la contemporanéité avec les argiles à plantes qu'elles recouvrent est attestée par la fréquente inclusion, dans l'argile même, de fragments variés de la roche éruptive, l'âge des Labradorites, qu'on savait supérieures à l'Éocène, mais qu'on a toujours dites inférieures à la mollasse (1), deviendra-t-il, du moins, comme nos lignites, franchement oligocène ? On voit comment, dans la nature, tout s'enchaîne, et comment du plus petit fait, consciencieusement observé, peuvent sortir souvent les conséquences les plus lointaines.

Trop absorbé, jusqu'à présent, par les seuls problèmes de structure, sans lesquels ne peut être établie une carte géologique honnête, j'avais trop négligé ces broutilles d'observation, dont je ne prenais que juste ce qui se rapportait à mon but prochain. Encouragé maintenant par la précieuse collaboration de M. L. Laurent, stimulé par le mystère des questions posées et intéressé par le rapport direct des solutions attendues avec le plan général que je poursuis, je m'efforcerai de remplir de mieux en mieux ce rôle d' « observateur consciencieux » que, seul, je revendique, et qui, grâce au concours bienveillant que je rencontre auprès des savants les plus autorisés en chaque branche, me permettra peut-être, en laissant à ceux-ci tout le mérite, de faire encore, comme aujourd'hui, la vulgaire besogne par où il faut bien commencer, de ramasseur de matériaux et de coupes.

P.-S. — M. Laurent ayant fait état, par suite d'un malentendu, d'un bloc de tuf récent, et non tertiaire, tout pétri d'empreintes végétales, trouvé au-dessous de la coquette chapelle de *Saint-Jean-de-Siagne*, près du vieux pont de la route de Saint-Vallier à Castellane, que suivit, avec toute sa troupe, Napoléon au retour de l'île d'Elbe, j'ajoute quelques mots à ce sujet.

Ce tuf forme là, et plus bas encore, au lieu dit l'*Aire d'Anselme*, à un niveau bien supérieur au cours actuel de la rivière, des terrasses en bancs assez étendus pour donner lieu à une exploitation intermittente. Le dépôt remonte certainement à l'époque où formaient barrage en travers du cours de la rivière, d'abord les bancs jurassiques supportant le syn-

(1) B. S. G. F. (3) V, 38. — 1877.

clinal de Saint-Vallier-de-Thiey, puis, plus bas, un froncement retombant de la lèvre inférieure du même synclinal (1), par-dessus lequel la rivière devait se précipiter en une chute de plus de 40 mètres de haut, à l'endroit dit aujourd'hui *Ponadieu (Pouont natiéu*, pont naturel, et non *Pont-à-Dieu*, comme dit l'État-Major) à cause du tunnel qu'ont fini par percer à sa base les mêmes eaux qui surchargeaient la face aval, et le dos d'âne supérieur, de toute une superstructure de tufs, aujourd'hui à sec, comme ceux des rives des anciens lacs d'amont. L'observation de M. Laurent semble bien confirmer qu'il s'agit d'un phénomène de date relativement récente.

II

Étude botanique, par L. Laurent

Un nom est inséparable du Sud-Est français quand on parle de paléobotanique, c'est celui de de Saporta. Ce savant a, d'une façon merveilleuse, illustré les différentes flores qui se trouvent dans les couches tertiaires si intéressantes de cette région, et ses ouvrages resteront comme des monuments impérissables. Les gisements de Saint-Zacharie et des calcaires marneux littoraux de la vallée de l'Huveaune, les gypses d'Aix, les calcaires d'Armissan, les lignites de Manosque et les argiles de Marseille, lui ont tour à tour livré les restes de la végétation enfouie dans leur sein, depuis ces époques reculées; et si parfois dans les données générales établies peut-être prématurément, quelques erreurs stratigraphiques se sont glissées, chaque flore en elle-même reste comme une entité saisissante, dont les déterminations ont été établies sur les bases inébranlables d'une observation minutieuse jointe à un sens critique éclairé.

Toutefois, la matière était loin d'être épuisée et si certains gisements semblent, par la multiplicité même des échantillons, avoir livré tous leurs secrets, il en est d'autres où il y a encore beaucoup à glaner, enfin le champ des découvertes s'agrandit de jour en jour et d'autres points viennent à leur tour nous livrer des richesses inconnues.

Quand toutes ces données, jointes à la stratigraphie et à la paléontologie animale, seront venues fixer d'une façon définitive l'âge des principaux gisements, alors les conclusions que le botaniste pourra tirer de l'enchaînement de ces flores si riches, seront de la plus haute importance, au point de vue de la dispersion du règne végétal dans le temps et dans l'espace.

Car il ne faut pas se le dissimuler, si l'étude d'une flore en particulier présente un intérêt réel et captivant, l'étude des rapports qui existent entre

(1) Voir, à ce sujet, plan et coupes dans *La Nature*, XLVIII, 235 (1897) et *Club Alpin français, S*[on] *des A.-M.* (1890).

plusieurs flores, est le but vers lequel on doit tendre, but vraiment riche en résultats féconds.

Mais, hâtons-nous de le dire, la plus grande circonspection doit être observée, et il ne faudrait pas conclure d'une manière trop hâtive du particulier au général. Il faut tout d'abord posséder un assez grand nombre de bons échantillons, il faut ensuite distinguer parmi eux les différents éléments qui sont juxtaposés.

Par l'étude approfondie et comparative des restes fossiles avec les végétaux encore existants qui n'en sont que les descendants plus ou moins reculés, on parviendra à établir les principes généraux de la botanique fossile. C'est en bannissant les idées *a priori* que les maîtres français ont fait entrer cette science dans la voie vraiment rationnelle.

Mais, pour ce faire, il faut des matériaux dans un état irréprochable de conservation, plus nombreux ils seront, et plus nombreuses aussi seront les chances de succès.

Nous avons fait connaître, l'année dernière, la riche flore de Célas que l'on peut rapporter à la limite de l'Éocène et de l'Oligocène et dont nous avons donné la description dans le *Bulletin des Annales du Muséum de Marseille.* Dans ces derniers temps, grâce à l'obligeance de notre savant confrère et ami M. le docteur Guébhard, nous avons eu sous les yeux les empreintes de plantes de quelques gisements nouveaux du Sud-Est de la Provence, qu'il a découverts.

Sauf pour l'un d'eux, celui de La Roque-Esclapon, le nombre des empreintes n'est pas, à la vérité, considérable; mais le nombre même de certains organes indéterminables sur les plaques, indique qu'il faudra seulement un heureux hasard, pour amener la découverte d'empreintes susceptibles de fournir les matériaux d'une étude des plus intéressantes.

On peut toutefois, dès aujourd'hui, se réjouir de ces découvertes car elles permettront de compléter les données déjà si importantes accumulées sur notre région par de Saporta et nous sommes heureux de voir nos humbles travaux venir se ranger à la suite des œuvres du maître.

Par la connaissance des flores d'Armissan et de Célas nous touchons à la région qui avoisine le plateau central. Il nous est maintenant donné de soulever le voile du côté de l'est et de compléter ainsi l'histoire de la botanique de cette région de la basse Provence aux temps tertiaires.

Cette région si intéressante au point de vue de l'histoire des végétaux actuels, le sera bien davantage, quand les données relatives aux siècles passés viendront jeter leur lumière sur la dispersion du règne végétal dans ce coin si merveilleux et si particulier de notre France.

Les flores dont nous avons entrepris l'étude et dont la présente note n'est qu'un simple avant-propos, mais un avant-propos gros d'espérances, proviennent de gisements divers et sont empreintes sur des roches différentes.

Nous nous occuperons uniquement de l'étude botanique de ces restes, car leur nombre est encore trop restreint pour qu'ils puissent être de quelque secours au point de vue du classement de ces couches dans l'échelle des terrains. Nous ferons pourtant une exception en ce qui concerne le gisement de La Roque, où les restes nombreux et bien conservés nous ont permis de tenter quelques assimilations. Mais il faut pourtant ne leur reconnaître qu'un portée relative (pour le moment du moins) en attendant que les découvertes futures, qui ne peuvent manquer d'être fructueuses, viennent nous fixer définitivement en apportant à nos appréciations de nouvelles bases.

Nous les étudierons dans l'ordre suivant :

Lignites de Saint-Vallier-de-Thiey (A.-M.) ; argiles et lignites de La Roque-Esclapon (Var) ; travertins de Saint-Pierre (San Peiré) de Roquefort (A.-M.) ; grès interstratifiés dans les labradorites de Biot (A.-M.). Nous y adjoindrons quelques empreintes des tufs des Arcs-sur-Argens qui présentent une grande ressemblance avec ceux de Saint-Jean-de-Liagne.

A. — *Lignites de Saint-Vallier-de-Thiey* (A.-M.)

De ce gisement, nous ne possédons pas grand'chose et pourtant il semble destiné, par l'abondance même des débris indéterminables qu'on y rencontre, à livrer tôt ou tard les secrets de la végétation qui jadis a peuplé la contrée.

C'est avec une monotonie presque désespérante, peut-on dire, qu'on rencontre les fossiles aplatis dont nous figurons quelques exemplaires. Les uns sont empreints sur la roche même, les autres peuvent facilement se détacher, et permettent de les examiner plus facilement.

A côté des empreintes plissées d'une façon irrégulière, s'en trouvent d'autres sur la nature desquelles on peut se faire une opinion plus certaine. Dans l'argile ligniteuse, on trouve des corps de quatre à cinq millimètres de diamètre pourvus d'une coque très fine qui se brise facilement à mesure que l'argile se dessèche ; on ne retrouve alors que le moulage interne. Pourtant l'une d'elles était conservée dans son ensemble et nous l'avons reproduite (*fig. 1*). Une autre, moins bien conservée, mais présentant une coque lisse, brisée, a été dessinée (*fig. 3*). On voit nettement, sur le dessin que nous nous sommes efforcé de rendre avec une exactitude aussi scrupuleuse que possible, les lignes de cassures qui se produisent dans tout corps dur, soumis à une compression. Enfin, dans la figure 2, nous avons représenté une graine qui nous a paru d'autant plus intéressante qu'on voit la coque convertie en charbon, en train de s'écailler, ces lambeaux de coque grisâtres tranchent d'une façon très nette sur l'endosperme(?) également transformé en charbon, qui s'y trouve renfermé.

Ce sont des graines ovales à testa dur et pourvues à une de leurs extrémités d'un petit organe fort difficile à distinguer sur les échantillons que nous avons eus sous les yeux.

Dans la nature actuelle nous trouvons des graines analogues dans les *Nymphæa* (1) (*N. alba L.*). Une variété, le *Nymphæa alba* var. *oocarpa*, dont nous possédons des échantillons (herbier de Saporta) sont absolument semblables aux graines fossiles, elles possèdent une forme identique, une coque lisse et dure et des dimensions semblables.

Au point de vue de la comparaison avec les espèces fossiles, nous cite-

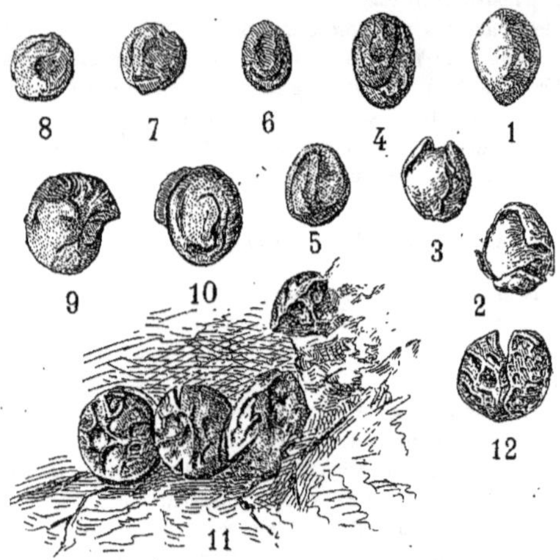

FIG. 1-5. — Graines de Nymphæa (Saint-Vallier) (gross. 3 diamètres).
— 6-8. — Carpolithes de Saint-Vallier (gross. 3 diamètres).
— 9-10. — Carpolithes de La Roque (gross. 3 diamètres).
— 11-12. — Fruits des lignites de Saint-Vallier (grandeur naturelle).

rons *Nymphæa Charpentieri* Heer (2) ; « ces graines présentent aussi avec » celles du *Nymphæa alba*, dit Heer, une grande ressemblance au point » de vue de la forme et de la dimension. »

Les lignites de Bovey-Tracey renferment aussi des graines de *Nymphæa* qu'il rapporte à une espèce distincte *N. Doris* (Bovey-Tracey, pl. XIX, *fig. 32-37*) et qui pourrait, d'après Schimper, n'être autre que le *N. Charpentieri* (la figure 37 peut-être).

(1) PLANCHON. — *Monographie des Nymphæacées*, Ann. Sc. nat. 1853, t. XIX, p. 31.
(2) HEER. — *Flore tert. helv.*, vol. III, p. 195, t. CLV, fig. 20 et 20 c.

Dans ce même gisement, nous trouvons encore un petit organe qu'Heer désigne sous le nom de *Carpolithes lividus;* celui figuré en 31, t. XX, *loc. cit.*, se rapproche beaucoup de la graine de Saint-Vallier.

Parmi les empreintes que nous figurons, il en est une *(fig. 5)*, qui présente les plus grandes analogies avec *Nymphæa polyrhiza* Sap. (1), que l'on rencontre dans les couches de Saint-Jean-de-Garguier, Fenestrelle, Saint-Zacharie. La figure grossie qu'en donne de Saporta est identique à la nôtre.

Quant aux autres petites graines (fig. 6-8) que l'on trouve en si grande abondance dans certaines couches, elles sont rondes ou elliptiques et présentent un aspect chiffonné ; l'enveloppe devait être résistante sans pourtant être dure.

On peut les comparer à de petites baies rondes à l'état frais et dont la surface se plisse quand elles se dessèchent.

Nous retrouvons les mêmes organes dans les lignites de La Roque *(fig. 9* et *10)* où certains ont conservé une enveloppe charbonneuse qui s'écaille avec la plus grande facilité. Au fond ces organes ne présentent absolument rien de caractéristique.

Qui plus est, la comparaison avec les espèces fossiles connues sous le nom de carpolithes ne peut donner que des résultats négatifs; car d'une part les organes dénommés carpolithes ont laissé dans l'esprit des auteurs des doutes sérieux, et d'autre part, les dessins qu'on trouve dans les flores fossiles sont tous trop imparfaits pour qu'une assimilation puisse être tentée sur des indications aussi peu précises.

Les mêmes lignites nous ont permis de dessiner les curieux fossiles que nous reproduisons *(fig. 11 et 12)* et sur la nature desquels nous sommes encore bien peu fixé. Ils sont empreints sur un lignite argilo-sableux, contenant de nombreuses paillettes de mica. Sur une plaque *(fig. 11)* on en voit quatre dont trois se recouvrent mutuellement, sur une autre s'en trouve un seul merveilleusement conservé *(fig. 12)* que nous avons dessiné très exactement. Cet organe était complètement détaché et était seulement retenu par un point qui dessine un petit triangle plus foncé. Nous avons pu examiner les deux faces et les deux contre-empreintes. La figure est de grandeur naturelle, et l'épaisseur est à peine de un millimètre et demi à deux millimètres. La surface est fortement aréolée ; plus accentuées au centre qu'à la périphérie, ces aréoles paraissent plutôt résulter de la dessiccation de l'organe et de la rétraction de la paroi que d'un état originairement tel. Des ridements analogues s'observent sur certains fruits, ceux de *Zizyphus* ou de *Rhamnus*, par exemple, mais hâtons-nous de dire qu'il ne faudrait pas donner à cette comparaison une portée plus considérable.

(1) *Ann. Sc. nat.*, série 5, t. III, p. 116, pl. VII, fig. 3.

L'enveloppe extérieure paraît avoir eu une consistance ferme, spéciale, que les allemands désignent d'un terme très juste *(lederartig)*.

Ces curieux organes portent sur leur bord des déchirures analogues à celles qui se produisent sur un corps sphérique quand on le comprime.

Quelle opinion pouvons-nous donc nous faire sur ce fossile? L'absence totale de corps résistant à l'intérieur (car nous avons pu en séparer un en deux parties) pouvait tout d'abord faire éliminer l'idée qu'on avait affaire à un fruit baie, ou drupe. Mais on peut toutefois penser que le noyau a été chassé par compression et est sorti par une fente dont ces organes sont sillonnés. Mais comment alors expliquer que les quatre échantillons que nous possédons soient dans le même cas? et qu'on ne retrouve pas à côté du fruit le noyau expulsé? On peut penser que celui-ci s'est dégagé pendant le transport ou durant la macération de l'organe dans l'eau. En tout cas nous aurions affaire à un fruit à calice caduc, et ce qui nous confirme dans notre opinion, c'est la présence sur la figure 12. d'un petit rudiment d'organe à la partie inférieure, rappelant assez bien un sépale qui serait resté là attaché par hasard. Toutefois, en l'absence complète de feuilles qui pourraient nous mettre sur la voie, et en l'absence aussi de caractères définis, nous préférons signaler ce curieux fossile avec l'espérance que des découvertes nouvelles nous permettront de lui donner dans l'avenir une signification plus exacte.

Dans ce même gisement nous avons constaté certainement la présence d'une fougère (*Asplenium?*), mais le débris est si imparfait et sa conservation si mauvaise, qu'il nous est impossible de préciser davantage notre détermination.

B. — *Gisement de La Roque-Esclapon* (Var).

Le gisement de La Roque-Esclapon (1) est celui qui a livré aux patientes recherches de M. Guébhard la moisson la plus fructueuse, et c'est aussi celui pour lequel l'étude des plantes fossiles nous donne les renseignements les plus intéressants au point de vue de la fixation de l'âge des dépôts.

L'association que nous avons sous les yeux est composée de formes maigres et la plupart dentées. Les types les plus répandus sont les *Cinnamomum* et les *Myrica*, et si chacune des espèces qui composent cette association n'est point caractéristique d'un étage, l'ensemble indiquerait que nous avons affaire à un dépôt ancien dans la série oligocène.

La fougère que nous rencontrons se retrouve dans les couches de Célas où nous l'avons signalée, directement superposée aux *Paléotherium*. Il existe aussi à La Roque un involucre de charme parfaitement caractérisé et que nous assimilons au *Carpinus cuspidata* que de Saporta a indiqué à Saint-

(1) *Bulletin de la Société géologique de France*, série 3, t. XXVIII, 1900, p. 324.

Zacharie, dont une partie des couches à végétaux appartient selon toute vraisemblance à la limite des étages éocènes et oligocènes.

Le *Myrica (M. Banksiæfolia* Ung.) se rencontre à Célas et la flore de Saint-Zacharie en renferme une grande quantité, sinon de semblables, tout au moins de similaires.

La présence exclusive du *Cinnamomum lanceolatum* dans les couches de La Roque est très significative, et nous nous contenterons de rappeler ici l'appréciation de de Saporta qui a fait de ce genre une étude spéciale, à cause de sa fréquence dans les différentes couches du sud-est. « Le *C. polymorphum*, dit cet auteur, ne se montre dans la zone française méridionale, qu'à la fin du tongrien à Armissan où il est encore assez rare. Il est précédé par le *C. lanceolatum dont l'importance diminue à mesure que celle de son congénère augmente*. En sorte que dans la végétation de Manosque, les deux espèces acquièrent une importance à peu près égale. »

Citons encore une feuille de *Quercus* appartenant au type des *Quercus (Pasania) asiatiques* et qui n'ont pas été encore signalés dans le sud-est français.

Enfin une Zantoxylée et un Saule, *S. angusta*, qui est le précurseur de celui que nous rencontrons dans la mollasse suisse et dans les couches aquitaniennes de Manosque.

Mais si ce que nous connaissons de cette flore nous permet de la rapporter au *Sannoisien*, il ne faut pas non plus oublier que nous ne connaissons d'elle que des lambeaux bien faibles et que certaines empreintes, par leur rareté même, nous indiquent que l'avenir nous réserve des découvertes qui viendront jeter un jour nouveau sur cet important gisement.

Nous connaissons quelques débris de légumineuses, un fragment d'aiguille de pin et une seule empreinte de conifère qui, quoique dans un état bien imparfait de conservation, atteste par sa seule présence la possibilité de découvertes très riches dans l'avenir.

Pteris *(fig. 13)*.

Le fragment de fougère que nous avons représenté, ne peut, à notre avis, pour le moment, être susceptible d'une détermination plus précise. Tout le monde sait combien les frondes de fougères sont sujettes au polymorphisme. Dès lors, en présence d'un débris aussi incomplet, nous ne saurions le rattacher pas plus au *Pteris eocenica* (Gardn. et Ett.), dont les pinnules sont décurrentes sur le rachis (caractère qui fait défaut), qu'au *Pteris pinnæformis* Heer ou au *Pteris parschlugiana* Ung. qui se distinguent l'un de l'autre par la dentelure. Pourtant nous serions tenté de le rapprocher de la dernière

Fig. 13. Pteris sp. (Réduction 1/4).

espèce, qui possède des dents sur toute la longueur des pinnules; notre fragment représentant selon toute apparence une terminaison inférieure.

CARPINUS CUSPIDATA Sap. *(fig. 14).*

Saporta, Mém. de la Soc. géol. de France. Mém. 9, suite, page 40. *Pl. VIII, fig. 7-16,*

Ann. Sc. nat., série 4, t. XIX, page 50. *Pl. V, fig. 7.*

Le gisement de La Roque, si intéressant à tous égards, contient une bractée fructifère de charme que nous reproduisons, elle est nettement pédicellée, assez trapue et très inégalement développée. Elle ne présente aucune trace de lobes à la partie inférieure, et son bord est garni de dents acérées, assez nombreuses d'un côté, réduites de l'autre. A chaque dent aboutit une nervure émanée de la principale qui est forte. Au bas on distingue la place de la graine. Cet involucre a conservé d'une façon remarquable le caractère foliaire, et c'est à proprement parler une feuille mal formée et rabougrie, mise au service de la fonction de reproduction.

FIG. 14. Carpinus cuspidata. (Réduct. 1/4)

Le charme de La Roque présente avec le *C. duinensis* (Scop.) et le *C. orientalis* (Lam.) une singulière ressemblance, celui-ci habite l'Europe méridionale, la Carniole, l'Istrie, la Roumélie, le Caucase, l'Asie centrale. Ses involucres ou bractées fructifères, sont inégalement développés, incisés, dentés et portent sur le bord des dents très acérées.

Nous avons hésité à réunir le *Carpinus* de la Roque au *Carpinus cuspidata* de de Saporta. En effet, dans la description que cet auteur donne de ces involucres avec dessins à l'appui, il dit : « Involucris fructiferis obliquis ovalis vel *orbicularibus* acute incisis *palmatinerviis* »; mais ailleurs, dans le Mémoire sur les recherches au sujet du niveau aquitanien de Manosque, il figure (*Pl. VIII, fig. 16*), un involucre provenant de Saint-Zacharie, qu'il rapporte avec *vraisemblance* à la même espèce. C'est pourquoi nous laissons sous la même rubrique le *Carpinus* de La Roque tout en indiquant les différences qui existent, et qui, si elles s'accentuaient encore, imposeraient un autre rapprochement avec un charme décrit par Kovats dans le Miocène supérieur de Tallya et d'Heiligen-Kreuz sous le nom de *C. Neilrechii*, dont ceux de La Roque et de Saint-Zacharie ne seraient que les précurseurs.

Enfin pour achever la filiation dans le temps de la forme du *C. orientalis*, signalons encore le *C. orientalis pliocenica* de Sap. dans les cinérites du Cantal et celui des tufs quaternaires de Toscane.

Ce type se serait ainsi perpétué depuis l'Éocène supérieur jusqu'à nos jours, sans changements bien notables.

QUERCUS FURCINERVIS Ung. (*fig. 15*)

C'est avec une grande satisfaction que nous avons rencontré ce type dans le gisement de La Roque, car à notre connaissance, il n'a jamais été signalé dans le sud-est. Il est bien certain qu'avec un unique échantillon aussi mutilé, et étant donné le polymorphisme des organes foliaires dans ce groupe, la désignation spécifique laisse toujours quelques doutes.

Et tout d'abord ce fossile nous paraît devoir prendre place plutôt parmi les chênes que parmi les châtaigniers, bien que la ressemblance des organes foliaires soit grande dans ces deux groupes dont la transition se fait par les types anciens des *Pasania* et *Castanopsis*. L'étroitesse de la feuille ne peut guère entrer en ligne de compte, la forme des dents dans l'empreinte fossile diffère notablement de celle qu'on observe dans les *Castanea* et en particulier dans le *C. vulgaris* Lam. Celles-ci, au lieu d'être acérées droites, comme on le voit sur la figure, sont plus ou moins renflées à la base et se terminent par une pointe beaucoup plus longue, généralement déjetée en dehors. Les nervures secondaires pénètrent, chez le châtaignier, directement dans les dents tandis que, sur le fossile, le sinus est entouré par une sorte de bifurcation de la nervure ; au point où la branche montante se détache de la secondaire, celle-ci subit une légère inflexion. Enfin le réseau tertiaire au lieu d'être formé la plupart du temps par une série d'anastomoses simples, comme dans l'espèce fossile, est formé dans *Castanea* par des nervures entourant des espaces pentagonaux alternants. Qui plus est, la partie du réseau tertiaire qui avoisine la principale est très sensiblement différente comme dessin ; au lieu de s'appuyer d'un côté sur la nervure secondaire, et de l'autre sur la primaire, en formant un arc à concavité inférieure il s'étaie fréquemment sur une anastomose incomplète qui s'échappe de la principale pour se terminer rapidement au milieu du réseau.

En un mot, l'examen minutieux de tous les détails ne semble pas autoriser un rapprochement que semblerait au premier abord indiquer une ressemblance générale. Cette première impression ne serait certes pas à négliger, s'il n'existait un groupe présentant un aspect analogue, et analogue aussi quant aux détails du réseau. Ces types sont cantonnés de nos jours dans la partie orientale de l'ancien continent, et ont été largement représentés dans l'Europe tertiaire, nous voulons parler de ces chênes asiatiques appartenant aux *Pasania*. Nous rencontrons là des formes qui répondent mieux pour les détails à l'espèce fossile, surtout en ce qui touche à la pénétration des nervures dans les dents et aux détails du réseau veineux. Nous citerons en particulier, *Quercus dealbata* (Wall.) (*Pasania dealbata*, Hook), et un autre sans nom spécifique, que nous avons sous les yeux, provenant de l'herbier du Muséum de Paris et rapporté des Indes par Jacquemont.

Le *Quercus turbinata* (Bl.) est également une bonne espèce de comparaison, bien que les dents diffèrent un peu et que la forme soit plus trapue.

Au point de vue des espèces fossiles, on a tantôt pulvérisé les espèces, les basant sur des caractères parfois insignifiants, et quelquefois, en rapprochant plusieurs exemplaires de gisements différents, présentant des variations notables, on est arrivé à ranger sous la même rubrique des feuilles qui n'ont entre elles que de vagues ressemblances. Tel est le cas pour le *Q. furcinervis* Ung.

Qui plus est, malgré tout le soin qu'on peut mettre dans les comparaisons entre les figures données par les auteurs, l'insuffisance presque constante des détails dans le réseau veineux arrête le plus souvent, et la forme du contour, criterium pourtant très imparfait, est la seule raison que beaucoup d'auteurs anciens ont invoquée pour justifier un rapprochement souvent inexact, fondé qu'il était sur des bases aussi peu solides. « Le *Quercus furcinervis* de Rossmässler, dit Schimper, diffère de celui de Unger par la base obtuse et par des dents marginales acérées, elle pourrait bien appartenir au *Castanea atavia* Ung. de Sotzka ». et à ce titre, elle s'éloignerait de notre type, qui diffère de ce dernier autant par la forme des dents que par la terminaison des nervures secondaires.

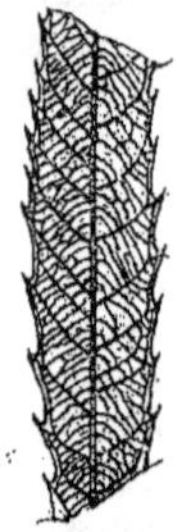

FIG. 15. Quercus furcinervis. (Réduction 1/4).

Parmi les exemplaires de *Q. furcinervis* figurés dans les flores fossiles, on remarque dans la flore tertiaire hélvétique de Heer, vol. II, t. LXXVII, fig. 17, une feuille très incomplète et qui paraît être du même type que celle également figurée vol. III, tab. CLI, qui reproduit parfaitement le type de La Roque. A citer également comme un échantillon tout à fait identique celui figuré par Heer dans *Sachs-Thuring. Braunkohlenformation*, page 18, t. IX, fig. 4 *bis*.

Celui signalé par Sismonda dans le Piémont, pourrait bien être le même; la feuille de Bilin, t. XVI, fig. 11-12, semble aussi appartenir à la même espèce; celle de Coumi, t. IV, fig. 18, est si imparfaite qu'on ne peut rien affirmer à son sujet.

Quant au *Quercus drymeja*, répandu à profusion dans l'Europe tertiaire, sauf dans le sud-est français où il n'a pas été encore signalé, il représente un type bien net, à nervures secondaires beaucoup plus ascendantes, craspedodromes à feuilles dentées seulement à la partie inférieure.

Enfin nous ne saurions terminer cette esquisse sans signaler la ressemblance que notre feuille présente avec certains *Dryophyllum* figurés par de Saporta et Marion dans l'Éocène de Gelinden et par Crié sous le nom de

Myrica aemula (*pars*), dans l'ouest de la France et ressemblant beaucoup aux types asiatiques.

Quoiqu'il en soit, nous espérons que des découvertes subséquentes viendront nous fournir des matériaux nouveaux, afin de trancher cette fort intéressante question. Le débris que nous figurons, parfaitement conservé, présente, avons-nous dit au début, des caractères quelque peu ambigus. Il se rattache d'un côté aux *Dryophyllum* anciens, et donne la main, de l'autre côté, à ce groupe ambigu des *Cupulifères*, qui sont limite entre les chênes proprement dits et les *Castanea*.

Cinnamomum lanceolatum Heer (*fig. 16*)

Heer Flore tertiaire suisse, *Unger* (Daphnogene lanceolatum) Sotzka Courni, *Ettingshausen* Monte promina, *Saporta* Armissan, Manosque, bassin de Marseille, *abbé Bouley* Gergovie Pourchères.

Le genre *Cinnamomum* est un genre très abondant, dans les dépôts du Tertiaire moyen et on peut même dire qu'il y a peu de flores qui n'en contiennent quelques spécimens. De Saporta l'a rencontré partout dans les stations qu'il a explorées dans le sud-est français; et, dans les argiles de Marseille, c'est à profusion qu'on le trouve.

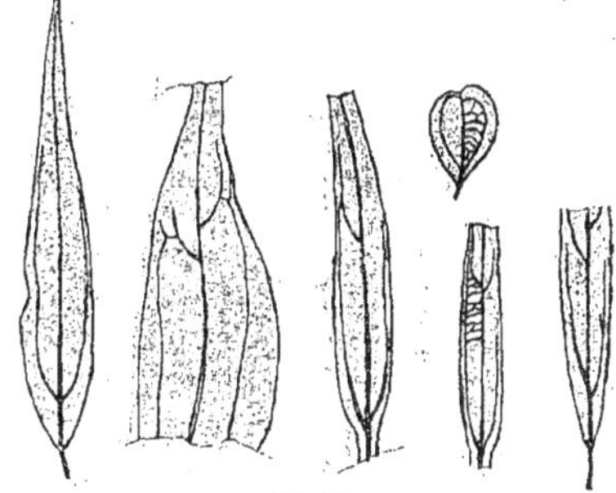

Fig. 16.
Cinnamomum lanceolatum (réduction 1/4).

Les feuilles du *C. lanceolatum* de La Roque se rapprochent beaucoup de celles de Sotzka et aussi de quelques spécimens de Manosque, bien que nos échantillons soient encore plus allongés et présentent une constriction plus marquée à la base. Cette espèce précédée par le *C. sezannense* (Watt) que l'on rencontre dans les tufs de Sézanne et dans les marnes de Gélinden, apparaît avec ses caractères pendant l'Éocène supérieur, prolonge son existence à travers le Tongrien, et le Miocène, jusqu'au Pliocène qu'elle ne semble pourtant pas atteindre (de Saporta). Cette espèce excessivement répandue dans le gisement de La Roque paraît, jusqu'à présent du moins, exclure les autres types fossiles.

Dans la nature actuelle, elle paraît être l'ancêtre du *C. pedunculatum* var. *angustifolia*, rapporté par le Dr Henry de Chine, auquel de Saporta trouve des caractères suffisamment tranchés pour en faire une espèce nouvelle *C. Henrici* Sap. (1).

MYRICA BANKSIAEFOLIA Ung. (*fig. 17*)

Armissan, Hœring, Sotzka, Monod, Hohe Rhonen, Coumi, Célas, Gergovie, etc.

Ce *Myrica* appartient à la section des *Dryandroïdes* (Heer, Ettingshausen) et possède des feuilles linéaires ou lancéolées dentées sur les bords, à dents espacées acuminées à leurs deux extrémités, pourvues de nervures secondaires émises à angle droit et repliées en arceaux le long des bords.

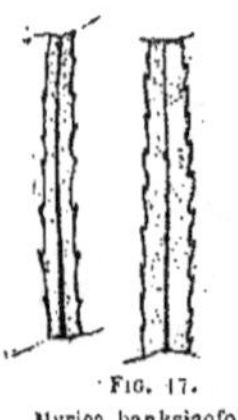

FIG. 17.
Myrica banksiaefolia.
(Réduction 1/4).

On sait à combien de discussions, engagées parmi les auteurs les plus éminents, ces organes polymorphes ont donné naissance. Il est incontestable que beaucoup de ces feuilles, qu'on a déjà tirées de ces genres douteux, protéiformes, pour les ranger sous la dénomination beaucoup plus rationnelle de *Myrica*, auraient besoin d'être revisées. Malheureusement, la tâche est impossible, les descriptions données par les auteurs sont insuffisantes et eux-mêmes finissent par réunir, en émettant des doutes sur leur distinction, des organes qu'ils avaient tout d'abord séparés. Ainsi Unger dit qu'il est difficile de distinguer le *M. banksiæfoia* du *Myrica heringiana* d'autant qu'il existe des formes de passage. Il semble donc logique de faire preuve, en face de ces organes, d'un esprit de synthèse plutôt que d'analyse, sans toutefois réunir entre elles des feuilles qui diffèrent quant au dessin du réseau veineux.

Dans la nature actuelle ce type se rattache au *Myrica alifornica* Cham et Schloecht et au *Myrica cerifera* L.

CARPOLITHES (*fig. 9 et 10*)

Nous rencontrons dans le gisement de La Roque les mêmes fruits que nous avons déjà signalés dans les lignites de Saint-Vallier-de-Thiey. Nous avons figuré sur ses deux faces un exemplaire qui nous a présenté certaines particularités intéressantes. On voit en effet que ces organes sont entourés par une enveloppe résistante dont on retrouve les débris. D'autre part, lorsqu'on fend les plaques d'argile qui contiennent ces fossiles, il arrive fréquemment qu'elles se séparent en deux, chaque plaque emportant avec

(1) *Origine de plantes cultivées*, p. 227.

elle une moitié. Nous croyons avoir affaire à des graines décortiquées pour la plupart à cotylédons gorgés de matières de réserve, mais en l'absence de documents plus caractéristiques, nous ne saurions rien affirmer de plus. L'avenir seul décidera.

SALIX ANGUSTA A. BR. (*fig. 18₁*)

Eriz, Hohe-Rhonen, Cereste, Gergovie, Parschlug, Gunzburg.

La forme générale de cette feuille est étroite, le bord entier présente quelques légères ondulations, la base atténuée sur le pétiole est relativement large et le limbe s'y termine d'une façon plus brusque que dans la plupart des laurinées. Les nervures secondaires s'échappent de la principale sous un angle assez ouvert, puis se recourbent et montent le long de la marge en formant une série d'arceaux.

Par la forme de la base, l'agencement des nervures secondaires et l'ordonnance du réseau veineux, nous reconnaissons dans cet organe une feuille ayant appartenu à un *salix*.

Les affinités de cette feuille avec l'espèce fossile sont celles que nous avons signalées au début, puisque nous la rangeons sous le même nom. Quant aux saules actuellement vivants, il se rattache à ceux qui habitent de nos jours la région méditerranéenne, notamment au *Salix aomophylla* Boiss, originaire du Kurdistan.

FIG. 18.
1° Salix angusta. (Réduction 1/4).
2° Zanthoxylon esclaponi. (Réduction 1/4).

ZANTHOXYLON ESCLAPONI *nov. sp.* (*fig. 18₂*)

Nous croyons pouvoir attribuer au genre *Zanthoxylon* un organe assez bien conservé dont nous ne possédons qu'un seul échantillon. C'est une foliole ayant appartenu d'une manière certaine à une feuille pennée ; nous n'avons pu voir (l'empreinte étant mutilée à la base) si elle était oui ou non munie d'un pétiole. La partie inférieure est très inégale et les bords sont eux-mêmes inégalement dentés ; tandis que le bord présentant la plus forte courbure porte jusqu'au bas des dents, l'autre en est rapidement dépourvu, mais il est à remarquer que sur l'un comme sur l'autre les dents vont en s'atténuant graduellement vers la base. Nous avions tout d'abord pensé à une feuille de Saint-Zacharie (1) qui offre une grande

(1) *Ann. Sc. nat.*, série 5, t. IV, p. 354, tab. 11, *fig.* 7.

ressemblance avec celle de La Roque et que de Saporta, après l'avoir désignée sous le nom de *Zanthoxylon falcatum* a réunie à l'*Ailantus oxycarpa*, de Manosque (1). De Saporta dit que les feuilles de l'*Ailantus oxycarpa* ressemblent d'une manière frappante à l'*Ailantus malabarica* D. C. Comme forme certainement, mais tandis que l'un est à bord entier, l'autre est à bord denté et, qui plus est, le fruit de Manosque qui, dans l'esprit de cet auteur, a facilité le rapprochement de la foliole, ne présente pas avec la samare de l'ailante vivant une identité absolue et même en diffère assez. Sans vouloir changer, sur l'observation de simples figures, le groupement proposé par de Saporta, nous nous contenterons, après avoir fait remarquer la ressemblance de la feuille de Saint-Zacharie et de celle de La Roque, de donner les raisons pour lesquelles nous faisons rentrer notre échantillon dans le genre *Zanthoxylon*.

La différence essentielle réside dans la dentelure et elle nous paraît décisive. Sur tous les échantillons d'ailante que nous avons pu examiner, les dents sont plus fortes dans le bas que dans le haut de la feuille qui en est dépourvue la plupart du temps. C'est le contraire dans les genres *Rhus* et *Zanthoxylon*, ceux-ci ont constamment le sommet de la feuille fortement denté et la denticulation va en s'atténuant à mesure qu'on se rapproche de la base. Dans le genre *Rhus*, l'aspect est différent, les folioles sont plus trapues et les dents sont toujours beaucoup plus aiguës, elles se terminent brusquement vers le bas ; tandis que dans les *Zanthoxylon* les dents saillantes au sommet s'atténuent à la base et deviennent de plus en plus obtuses, presque glandulaires, *elles arrivent jusqu'au bas de la feuille sur le côté le plus convexe tandis qu'elles disparaissent sur l'autre.* Tous ces caractères nous les retrouvons dans l'empreinte fossile et même (caractère plus significatif), le fossile présente à l'angle des dents, comme nous le constatons dans le genre vivant, de petites glandes. Il est évident que ce caractère qui ne se présente pas d'une manière absolument nette, mais qui est pourtant visible, sur l'empreinte que nous possédons, deviendrait absolument définitif si de nouvelles découvertes nous mettaient en possession d'exemplaires mieux conservés. Enfin, la nervation est peu visible sur la roche et il en est de même dans l'espèce vivante. Toutes ces raisons nous paraissent suffisantes pour maintenir cette feuille dans le genre *Zanthoxylon*, quoi qu'il advienne, du reste, du rapprochement que de Saporta a proposé pour la feuille de Saint-Zacharie.

Enfin nous trouvons dans ce gisement de petits organes que l'on peut rapporter selon toute probabilité à la famille des légumineuses, si abondamment répandue dans toute la région à l'époque tertiaire.

(1) *Ann. Sc. nat.*, série 5, t. VIII, p. 113, tab. 14, *fig. 3.*

C. — *Gisement de San-Peiré-de-Roquefort.*

Ce gisement comporte uniquement des travertins très durs, qui laissent voir un certain nombre d'empreintes que nous allons passer en revue.

Nous avons constaté la présence d'un chaton mâle d'amentacée très probablement un *Corylus*, des débris de feuilles que l'on peut attribuer à un *Punica*, tant l'ordonnance des nervures secondaires est semblable dans l'empreinte fossile et dans la feuille actuelle, enfin une belle empreinte de *palmier flabelliforme*. Les palmiers n'ont cessé d'habiter nos régions depuis le commencement de l'époque tertiaire jusqu'à l'époque actuelle, puisque tout récemment encore le *chamærops* se trouvait à l'état sauvage dans quelques vallées des Alpes-Maritimes (de Saporta) et tout le monde sait que cette famille possède de nombreux représentants qui mûrissent leurs fruits sur le littoral de la Méditerranée.

A quel genre devons-nous rapporter le fossile de San-Peiré ? Il semblerait que ce devrait être à un *Chamærops*. Mais en l'absence de l'insertion de l'éventail sur le rachis, nous ne saurions admettre pour cette empreinte une détermination plus précise, d'autant qu'avec des échantillons complets il est déjà difficile d'indiquer exactement le groupe auquel on a affaire.

On peut néanmoins bien augurer des nouvelles découvertes auxquelles ces dépôts donneront lieu, car au moyen de moulages nous parviendrons peut-être à reconstituer les organes délicats et caractéristiques de la flore de cette contrée.

D. — *Gisement des Labradorites de Biot.*

Les grès argileux interstratifiés dans les labradorites de Biot ont fourni à M. Guébhard une assez grande quantité d'empreintes.

Malheureusement le grain de la roche est trop grossier pour conserver les fines nervures et les empreintes se réduisent souvent à la forme générale et à quelques nervures, qui plus est la roche toujours friable se débite en petits fragments et les empreintes sont toujours extrêmement tronquées.

Néanmoins, nous avons pu reconnaître d'une manière certaine la présence du *Myrica banksiæfolia* et du *Cinnamomum lanceolatum*.

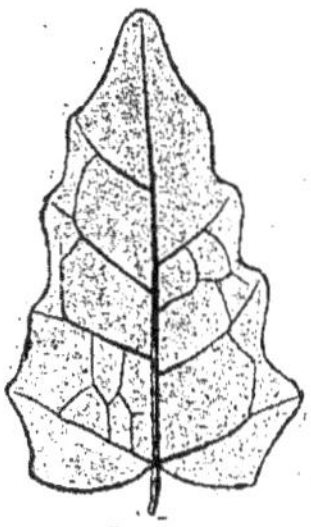

Fig. 19. Thomasia sp. (Réduction 1/4)

Nous avons également représenté *(fig. 19)* une feuille bien conservée qui appartient au groupe de Malvacées. C'est un organe pétiolé à base cordiforme et à bords fortement ondulés simulant des dents obtuses. Du point d'insertion du limbe sur le pétiole, partent deux nervures, et à chaque lobe aboutit également une nervure secondaire. Nous trouvons des organes absolument analogues dans certaines malvacées, en particulier dans le genre *Thomasia*. Un *Ruizia* (*R. lobata* Cav.) de Bourbon, tout en possédant des feuilles un peu plus allongées, se rapprocherait aussi beaucoup du fossile.

Enfin citons dans ce gisement des feuilles rubanées de monocotylédones en grande abondance mais absolument indéterminables.

E. — *Tuf de Saint-Jean-de-Siagne.*

A l'envoi de M. Guébhard était joint un bloc de tuf calcaire, provenant de Saint-Jean-de-Siagne (commune de Saint-Vallier-de-Thiey), où on l'exploite en carrière non loin du vieux pont de l'ancienne route de Castellane.

Dans ce tuf de surface qui empâte un grand nombre de coquilles (Helix), se trouvent de nombreuses empreintes de saules la plupart tronquées et dont nous figurons une feuille malheureusement incomplète (*fig. 20*).

Salix pedicellata (Desf.) *fossilis* (nobis). — Ce saule se rattache à la section des *Capræa* ou saules marceaux et reproduit à l'époque du dépôt du tuf le type du *Salix pedicellata* auquel nous le rattachons. Nous possédons un bel échantillon de *S. pedicellata* (Desf. *Fl. Atl.* 2, p. 362) indigène de nos jours en Sicile, Calabre, Andalousie, provenant des gorges de la Chiffa, en Algérie, où notre regretté maître et ami Marion l'avait récolté au bord de cours d'eau. Anderson, auteur de la *Monographie des Salicinées*, dans le Prodrome, dit au sujet de sa ressemblance avec le *S. canariensis* : « *Eodem modo quo S. canariensis, cui insuper ita similis, ut, difficillime distinguatur.* » Ce dernier habite les îles Canaries et Madère et on sait du reste au point de vue de la flore combien ces régions ont d'analogie, quant aux formes végétales, avec les époques qui nous ont immédiatement précédés.

FIG. 20.
Salix pedicellata fossilis.
(Réduction 1/4).

L'identité entre l'espèce fossile et l'espèce actuelle ne saurait être méconnue. Les feuilles sont grandes, amples, à nervures saillantes, caractère qu'il ne faut pas dédaigner, puisque les tufs nous permettent d'apprécier la saillie du réseau veineux ; le bord est entier ou à peine ondulé ; les nervures secondaires s'échappent de la principale sous un angle qui est assez ouvert et qui se conserve tel jusqu'au bord de la feuille ; celui-ci est un peu plus obtus dans l'espèce actuelle que dans la plante fossile ; la réunion à la marge s'opère par une série d'arceaux, de nombreuses nervures incomplètes s'échappent de la principale et viennent finir dans le réseau tertiaire qui est composé de veinules obliques.

On ne saurait passer sous silence la ressemblance qui existe avec le *S. cinerea* L. (sp. pl. 1449), mais ce rapprochement est moins vraisemblable que le précédent car à l'habitat beaucoup plus septentrional de l'espèce viennent s'ajouter certaines différences dans la forme, la disposition et l'angle d'émergence des nervures secondaires. Les premiers types que l'on connaisse de cette section remontent à la période miocène et leur ancêtre est peut-être le *Salix macrophylla* signalé par Heer dans la molasse suisse.

F. — *Gisement des Arcs-sur-Argens* (Var).

Bien que ce gisement soit connu, nous avons figuré deux empreintes en provenant, à cause de l'analogie qu'elles présentent avec celles de Saint-Jean-de-Siagne. Ces tufs ont été déposés en amas très considérables dans la plupart des vallées par des eaux fortement calcaires provenant de sources qui subsistent encore, mais dont la teneur en sel a diminué à tel point qu'il y a plutôt actuellement dissolution des anciens dépôts que continuation de leur formation. L'étendue de ces îlots, leur disposition en masse discontinue paraissent devoir les faire considérer comme relativement anciens (Explication de la carte géologique. Feuille de Draguignan). Nous avons dessiné deux feuilles en provenant, une rapportée à l'*Acer campestre* L. (*fig.* 21_1), l'autre au *Populus nigra* L. (*fig.* 21_2). Ces dépôts comme ceux de Saint-Jean-de-Siagne peuvent par la suite, grâce aux moulages, donner des résultats extrêmement intéressants.

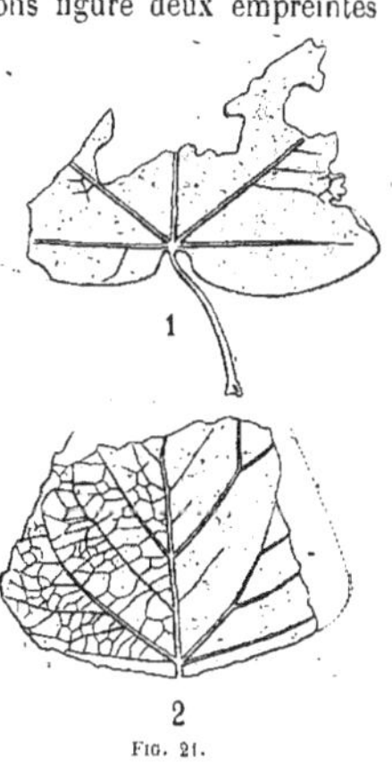

FIG. 21.
1° Acer campestre; 2° Populus nigra.
(Réduction 1/4).

M. A. GUÉBHARD

Agrégé de physique des Facultés de Médecine.

LES PROBLÈMES TECTONIQUES DE LA COMMUNE D'ESCRAGNOLLES (A.-M).

[55 (44.95)]

— *Séance du 4 août* —

S'il fut jamais localité célèbre dans les annales de la Paléontologie crétacée, c'est assurément la commune d'Escragnolles (Alpes-Maritimes) (1), avec sa dépendance, la *Collette de Clars* (2), dont le nom se retrouve, à l'infini répété, dans tous les musées du monde entier, sur les étiquettes des superbes fossiles néocomiens et albiens que récoltait, souvent fort loin à la ronde, le regretté collecteur Mirapel.

La visite de ces lieux privilégiés est restée le pèlerinage obligatoire de tout géologue en tournée dans le Midi, et c'est, sans doute, parce qu'on les supposait trop connus, qu'on les a laissés en marge du programme des excursions du Congrès international de 1900. Mais, à cause de cela même, et plus est grand le nombre des savants éminents qui ont passé par là, plus on est obligé de remarquer l'absence de tout document spécialement tectonique ou même cartographique un peu détaillé sur un pays aussi intéressant (3). Faut-il croire qu'hypnotisés par la recherche absorbante des

(1) Avant l'annexion de Nice à la France et la réunion de tout l'arrondissement de Grasse au nouveau département des Alpes-Maritimes, les communes d'Escragnolles, Saint-Vallier-de-Thiey, etc., faisaient partie du département du Var, comme toutes celles qui se trouvaient à l'ouest de l'ancien fleuve-frontière, devenu totalement étranger au département qui a gardé son nom.

(2) La *Collette de Clars*, avec son célèbre gisement de Gault, située sur la route nationale n° 85, à quelques mètres en deçà de la borne kilométrique n° 14, à l'ouest d'Escragnolles, à l'altitude de 1.078 mètres, ne doit pas être confondue avec la *Collette d'Escragnolles*, située sur la même route, du côté opposé, à la cote 1.041, et dont la petite tranchée, marquée exactement par la borne kilométrique 18, montre une coupe fossilifère très nette du Barrémien seul, sans le Gault, qui, quoique sans doute présent, n'est guère visible non plus dans les deux ravins néocomiens, également fossilifères, dits de *Saint-Martin*, et de *Germo Gambello*, descendant l'un à l'est, l'autre à l'ouest.

(3) On peut citer cependant, pour mémoire, une figuration rudimentaire, avec les données primitives de l'époque (1841), dans l'angle sud-ouest de la carte au 3/400.000 de la région de Castellane qui accompagne la belle monographie des Bélemnites des Basses-Alpes, par Duval-Jouve.

En 1894, M. Ph. Zürcher, président de la Réunion extraordinaire de la Société géologique, à Castellane, clôturant la session, annonça, sans la montrer, une *carte géologique d'Escragnolles*; mais cette carte n'a jamais été publiée. Dans le fascicule spécial du compte rendu de la Réunion extraordinaire a bien paru, à la suite d'une savante étude paléontologique et stratigraphique de M. W. Kilian, faite, pour partie, sur des matériaux que je lui avais communiqués, une planche de coupes de M. Zürcher, mais dont le caractère de généralité très grande, étendue à toute une région, était plutôt de nature, dans sa largeur d'interprétation, à faire oublier qu'à trancher les nombreuses difficultés de détail réellement observables sur le terrain.

fossiles, les moins coquillards d'entre les géologues se soient laissé entraîner au fond des ravins tentateurs jusqu'à perdre de vue tous les larges horizons? Ou bien que, trop rapides passants, ils aient fui, effrayés devant l'espèce de chaos qui, sur la lisière même de la zone fossilifère, régulièrement stratifiée, fait voir le Cénomanien par-dessous le Néocomien, quasi concordant, et, un peu plus loin, tout un bombement jurassique, de Callovien et d'Oxfordien, également fossilifères, dominant, au-dessus d'une petite source, le Crétacé, et, au milieu de tout cela, des traces saisissables, pour de bons yeux, du Poudingue tertiaire, qu'on ne retrouve, en bancs un peu notables, au sud, qu'à des altitudes bien inférieures?

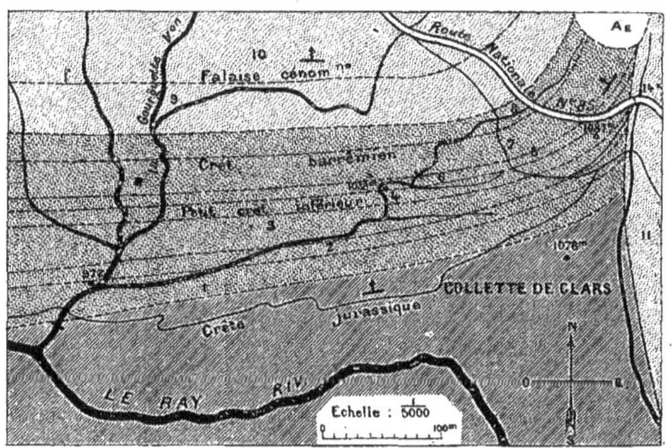

FIG. 1.

Plan géologique détaillé de la *Collette de Clars.*

J8-6. — Tithonique supérieur.
1. — Calc. marn. à *Trig. caudata, Pholadomya elongata*, etc.
2. — Calc. à grands céphalopodes.
3. — Argile à petits spatangues.
4. — Calc. à grands céphalopodes et *Echinosp. gibbosus.*
5-6. — Alternance de marnes et de calc., avec banc glauconieux fossilifère (6) vers la base.
7. — Calc. jaunes ou glauc. à *Desm. difficile* et céphalopodes déroulés.
8. — Gault.
9. — Glauconie argilo-sableuse.
10. — Alternance de marnes noires et calcaires rubigineux.
11. — Calc. cénom. à *O. columba.*

Les chiffres sont placés exactement aux points les plus favorables à la récolte des fossiles ou à l'observation du terrain.

En vérité, tel fut bien mon cas lors de mes « pèlerinages » à moi, dont le premier n'est pas proche, puisqu'il remonte à 1866, et me permit, grâce au peu d'exigence de l'excellent Mirapel, d'emporter à bon compte de superbes fossiles du Gault, que jamais, depuis, je n'ai pu ramasser entiers moi-même. Mais on en trouvait bien d'autres, et les heures pas-

Coupes relevées à la *Collette de Clars*.

Par Duval-Jouve (1840)	Mèt.	Par l'Auteur (1868)	Mèt.	Par l'Auteur (1891)	Mèt.	Remarques d'après les communications de M. Kilian.
Calcaires et marnes à *Gryph. columba*. .	15					
Marnes et calcaires .	3					
Calcaires à *G. columba*, crochet strié. .	2					
Marnes séparées de 2 en 2 mètres par des calcaires ocreux .	30					
Marnes sans calcaires.	10					
Marnes noires et calcaires chloriteux .	6					
Couches arénacées ou grésiformes, remplies de fossiles. .	1	Gault.		Gault ossilifère . . .	1	
		Calcaire blanc avec *A, difficilis*, abondant vers la 4e strate . .	1	Calcaire d'abord glauconieux, fossilifère, puis blanc, marneux et de nouveau chloriteux à *Desmoceras difficile* . .		L'ensemble des calcaires supérieurs, y compris les calcaires chloriteux, semble, à lui seul, représenter ici tout le Barrémien.
		Calc. blanc avec chlorite, surtout vers les 7e et 8e strates.	1			
		Calcaire blanc moins fossilifère.				
		Marnes vert-noirâtres, puis bleues, à Bel. plates, coupées de bancs calcaires chloriteux, dont un, vers le tiers infr, presque gréseux, rempli de grandes ammonites, bélemnites, etc.		Marnes bleues coupées de calcaires rubigineux	6	Tout le reste serait de l'Hauterivien, jusques et y compris le banc oolithique ferrugineux actuellement invisible à Clars, mais retrouvé, avec de magnifiques ammonites hauteriviennes (*Hopl. Leopoldi, H. castellanensis*, etc.), curieuses formes nouvelles de *Hopl.*, à Bargème (Var).
				Marne bleue coupée de 3 en 3 mètres de bancs calcaires. .	9	
				Lit glauconieux et marne bleue . . .	2	
		Bancs calcaires compactes, jaunes et bleus.		Calcaire marneux bleu et jaune, à spatangues	1	
				Banc glauconieux . .	1	
				Calcaire en miches, à grands gastropodes.	2	
		Épaisseur notable d'argiles sans calcaires.		Argile jaune à petits spatangues	6	
		Couche oolithique ferrugineuse.	1,50			
		Calcaire compacte schisteux, jaune et bleu, avec nombreux fossiles.		Banc dur à grandes ammonites (*Hopl. radiatus*, etc.) . . .	1	Le banc à petites Exogyres, où abondent aussi *Trigonia caudata* et *Pholadomya elongata* pourrait représenter la partie supérieure du Valanginien. Cependant, M. Kilian a reconnu en abondance un *Hoplites* de l'Hauterivien de Crimée, *H. Inostranzewi* Karak., qui est ici caractéristique de cette couche.
				Calcaire marneux délitescent à Exogyres.	1	
		Calcaire jurassique .		Calcaire jurassique .		

saient si vite, à ces récoltes miraculeuses, que tout au plus prenait-on le temps (et encore, comme corollaire indispensable au classement), de noter, avec une sincérité naïve qui en fait aujourd'hui le seul prix, des coupes dont une, du 7 octobre 1868, a pris rétrospectivement un certain intérêt, à cause de la mention d'une couche oolithique ferrugineuse alors très visible, et, depuis, totalement disparue. Cette coupe complétait, d'ailleurs, pour l'époque, celle de Duval-Jouve, arrêtée à mi-côte, et mérite, à titre de document comparatif, d'être citée à côté d'une autre, du 8 novembre 1891, mieux détaillée et repérée topographiquement (voir ci-contre) :

On voit que, dans la coupe la plus récente, la couche des oolithes ferrugineuses a totalement disparu. Et, en effet, dès 1888, lors d'une course faite en commun avec M. Renevier, nous en cherchions en vain des traces. Depuis lors, je me suis appliqué à retrouver tout au moins les causes de cette disparition. Elle est due tout simplement à la construction d'un mur au bas de la planche cultivée que forment les argiles inférieures désignées dans ma dernière coupe comme *argiles à petits spatangues (fig. 1)*. Ce mur, en bordure de la rive gauche du ravin nord-sud de la *Gourguette*, juste au-dessus de son confluent orthogonal avec le ravin d'est qui sépare du banc à exogyres les argiles, en relevant les terres en ce point et s'opposant aux ravinements qui mettaient à nu le sous-sol, a complètement caché cette couche, dont la position est cependant repérée indéniablement dans le lit même de la Gourguette, par une tache de rouille et par le rougissement ferrugineux de tous les cailloux, à la place exacte où j'avais noté l'oolithe.

Si j'insiste un peu sur ce détail, c'est qu'en de nombreux endroits ont été observées, depuis, des oolithes analogues, souvent très riches en fossiles, tandis que je n'avais récolté, à Clars, mais en abondance, qu'une grande Térébratule, dont le paquet, malheureusement, se trouve aujourd'hui perdu au musée de Lausanne, où il a été, paraît-il, à cause de son aspect minéralogique, confondu avec l'oolithe jurassique de Normandie, sans qu'il m'ait été jamais possible de réparer l'erreur, vu l'omission qui fut faite de la mention d'origine.

Mais, encore une fois, dans ces observations de détail, comme dans la rédaction du petit plan-guide que je donne ci-dessus *(fig. 1)*, et dans la collecte de fossiles qui, depuis longtemps concentrés, avec tout mon Crétacé de la région, et aussi tout mon Jurassique, entre les mains de M. Kilian, lui fourniront bien, un jour, je l'espère, l'objet d'une de ces magistrales études auxquelles il nous a habitués, — dans tout cela passait inabordé le grave problème de structure, dont il est plus que probable, à la vérité, que m'eût à moi-même échappé longtemps la solution, si je l'avais voulu chercher sur place.

En réalité, ce n'est que par mes études volontairement limitées à toutes les régions voisines, alors qu'on pouvait encore espérer, pour Escragnolles, la carte annoncée par M. Zürcher, c'est par mes explorations circulaires, dans un large rayon, tout autour de la Collette de Clars, c'est notamment par mes relevés minutieux de toute la commune de Mons (Var) (1) que, brusquement, et de loin, sans même la chercher, la lumière s'est faite. Mons m'a livré Escragnolles, et la Colle (de Mons) la Collette (de Clars).

De Mons, en effet (810 mètres), remonte vers le nord un synclinal crétacé, qui, après s'être croisé orthogonalement, au lieu dit *les Aubarèdes*,

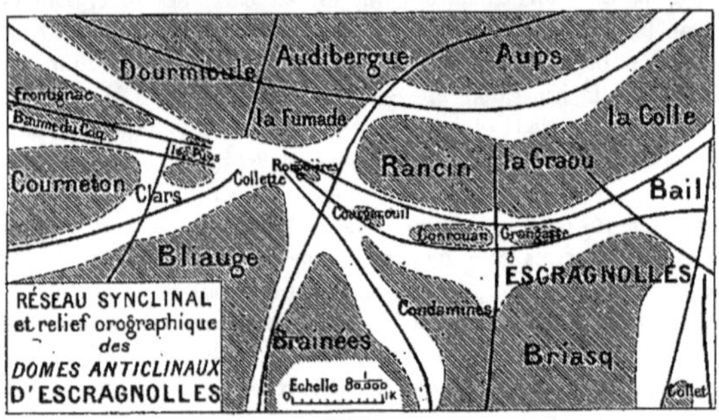

Fig. 2.

avec le prolongement lointain du synclinal de Saint-Vallier, objet de mes premières études (2), s'élève, en bordure orientale de la montagne de *Bliauge*, jusqu'au col de *La Colle* (1000 mètres environ), pour redescendre de là, brusquement, jusqu'au vallon du *Ray* (850 mètres), qu'il domine par une étroite languette ébouleuse de Crétacé et de Poudingue enserrés entre les bancs redressés du Tithonique, à l'est, et la haute discontinuité jurassique de la barre de Bliauge, à l'ouest.

Or, si, de La Colle de Mons, on suit le mouvement du pli vers le nord (3), on arrive juste au dos, vers l'est, de la Collette de Clars.

(1) *Bull. Soc. Ét. Sc. de Draguignan*, XX, 225-319, carte en couleurs et pl. de coupes (1897).

(2) *Assoc. franc. pour l'av. des sc.*, XXIII (2), 407, carte en couleurs et planche de coupes (1894).

(3) Je dis « le mouvement » et non « la direction », car le schéma des plis *(fig. 2)* fait voir comme prolongement le pli du Beiraou, et fait arriver au dos de la Collette un pli perpendiculaire. Mais il s'agit là d'une figuration purement géométrique et c'est un fait bien connu que, dans la réalité des phénomènes physiques, toutes les fois que se produit un croisement orthogonal (on en a un exemple vulgaire dans la fusion par le sommet des courbes hyperboliques de réflexion d'un barreau de fenêtre sur le ménisque d'encre d'une plume qu'on tourne entre les doigts), ce sont les branches contiguës et non les branches opposées de la croix qui se rattachent naturellement à une même courbe. Dans notre cas particulier, le petit lambeau de Poudingue de la route nationale montre qu'il en est de même pour la branche de la Colle et celle de la Collette.

Et l'on voit qu'à cette place, s'il a, ce petit synclinal, coupé comme au couteau le puissant anticlinal de Bliauge, de même il arrête net, en le rejetant vers le nord, dans le sens de sa propre marche, le synclinal ouest-est du *Vallon de Clars*, et le force à converger avec lui-même, pour donner passage à sa propre remontée, sur moins d'un demi-kilomètre de longueur, à près de 1100 mètres d'altitude, où se fait obliquement la confluence, autour d'un cap anticlinal résiduel, fortement abimé sur son flanc est, mais parfaitement intact du côté de l'ouest, — qui est précisément la *Collette de Clars*.

Et tandis que le synclinal de Mons, comme pour bien attester, jusque dans ce soubresaut final, la persistance de son individualité curviligne, a déposé, comme signature, à quelques mètres au-dessus de la route, dans le petit ravinement le plus voisin de l'extrémité est du pont qui porte la plaque de nivellement, un minuscule lambeau de poudingue gréseux, unique représentant du Tertiaire dans toute la commune, il semble que le promontoire anticlinal pris entre lui et l'extrémité recourbée du synclinal de Clars ait, pour venger l'entame brutale de son flanc oriental et préserver aussi la régularité indérangée de son précieux fardeau crétacé (1), à son tour déversé son Tithonique, d'abord, en dessous de la vieille route, puis son Néocomien, seul subsistant, au bord de la nouvelle, sur le malencontreux Cénomanien gêneur, qui étale, en bas, au-dessus du confluent des deux ravins descendus de la route, la solidité de ses bancs supérieurs les plus calcaires, avec une teinte jaune foncée, presque brune, une structure chagrinée, presque oolithique, et une abondance d'inclusions siliceuses, qui m'occasionna, à une fin de journée insuffisamment claire, une fâcheuse confusion avec l'oolithe brune du Bajocien.

Quoi qu'il en soit, cette interprétation tectonique de la Collette de Clars, comme fin d'un anticlinal épointé entre deux synclinaux convergents, prévue de loin, soigneusement vérifiée de près, s'éclaire encore d'un jour nouveau quand, à l'observation des deux plis efficients, on joint un coup d'œil d'ensemble sur toute la région circonvoisine. La carte au 1/80.000 *(Pl. II)* le fait bien ressortir à cause de ses couleurs : vers ce même point où nous venons de voir confluer nos deux synclinaux de Clars et de Mons, au pied de la grande barre transversale de l'*Audibergue*, arrivent de tous côtés, en convergeant de même, nombre d'autres plis, trois de l'ouest, trois de l'est, qui, avec notre précédent couple, dessinent une véritable patte d'oie, une demi-étoile complète, qui deviendrait, peut-être bien, une étoile entière, par une analyse plus minutieuse des plissottements juras-

(1) Le banc glauconieux le plus fossilifère du Gault est amené juste au bord sud de la route, à l'extrémité ouest de la petite tranchée.

siques du versant nord (*Hubac)* (1) de la longue montagne de l'Audibergue (2).

Et si on leur en ajoute un autre, arrivé, un peu excentriquement, des hauteurs de Bliauge pour former la gorge même des Bastides de Clars; et si l'on songe que chacun de ces plis a son individualité dûment constatée, jusque bien loin en dehors des limites de cette carte, sur des dizaines et dizaines de kilomètres de longueur, avec des intensités attestées souvent par les plus notables déversements; peut-on imaginer ce qu'a dû être, au voisinage du point de congruence synclinale, c'est-à-dire de déclin subit des anticlinaux, de plongeon final, sous le Crétacé, du Jurassique à la fois comprimé et déprimé, la résistance à la disparition de toute l'ossature saillante, la « lutte pour la vie » des anticlinaux mourants?

Des débris du combat la terre est toute jonchée. Sous des amoncellements d'éboulis disparaissent, au grand dam de l'observateur, les affleurements caractéristiques, et ce ne fut assurément pas gaie besogne que de parcourir, comme je m'y astreignis, toutes ces rivières de pierres, pour en délimiter soit les contours, soit les lacunes, soit les reliefs accidentés (3).

Mais aussi, quelle agréable surprise, quand, en réunissant tous les points relevés sur les plans cadastraux au 1/5.000, j'obtins des contours qui, bien loin de découper capricieusement les autres et de se superposer arbitrairement à ceux qu'ils masquent, au contraire épousent avec une régularité merveilleuse la systématisation des lignes, en bravant autant qu'elles — et c'est là ce qui semble le plus paradoxal — la vulgaire ligne de niveau orographique, qui, dans nos régions — je le constate de plus en plus — semble avoir presque toujours obéi plutôt que commandé à la ligne de niveau géologique!

La planche II, scrupuleuse réduction lithographique de mes levers cadastraux, fait bien ressortir ce fait, dont je fus le premier surpris,

(1) Le mot *hubac*, en Provençal, opposé à celui d'*adrech*, est le terme générique de tous les versants de montagne qui ne regardent pas le soleil. La carte de l'État-Major, prenant la partie pour le tout, et un nom cadastral de quartier pour celui de toute une chaine, a baptisé *Montagne de l'Hubac* la crête anticlinale qui double, au nord, l'Audibergue, en correspondance avec beaucoup d'autres qu'on peut suivre fort loin, à l'est, jusqu'au delà de Coursegoules. Le vrai nom de la montagne est, à cause de ses hêtres, le *Faouria (Fagus)*.

(2) Ces plissottements sont surtout bien visibles dans la coupure qui domine, à l'ouest, la source du *Beiraou*. D'autre part, quand on monte le sentier de la *Combe d'Andon* pour traverser la baisse médiane de l'Audibergue, on voit se dessiner, à l'ouest, deux mouvements anticlinaux distincts. Mais je n'ai pu encore explorer suffisamment cette partie de la chaine, malgré de nombreuses journées consacrées à parcourir toute la partie orientale (de son vrai nom l'*Aups*, — l'Alpe) dont le versant nord montre assez nettement le passage d'une large ondulation synclinale venue de l'est, des plateaux de Calern, pour mourir dans une petite échancrure de la crête, juste au-dessus du Beiraou.

(3) Pour l'une d'elles, du moins, un autre problème se posait : d'où pouvaient bien provenir les très nombreux fragments d'oolithe bajocienne observables jusque fort en dessous des *Galants*, alors que nulle part, au-dessus, ne leur était connue une provenance conforme aux lois de la pesanteur? Ayant dû tôt renoncer à la fâcheuse confusion que cela m'avait fait faire avec du Crétacé, il fallut chercher ailleurs, et, en remontant le courant (de 800 mètres, hélas! jusqu'à près de 1400), je finis par trouver le Bajocien, au plus haut du ravin du *Béiral*, dans la barre même de l'Audibergue, au pied de laquelle d'heureuses trouvailles de fossiles cénomaniens m'avaient, lors d'autres visites, distrait de ce détail.

bien loin d'y avoir apporté le moindre artifice ou parti pris. Ces éboulis dissimulateurs sont devenus des témoins éloquents, en suivant, comme ligne de plus grande pente, tantôt la perpendiculaire à l'axe synclinal, tantôt l'axe lui-même, et en se comportant, dans ce dernier cas, au point de vue graphique, exactement comme aurait fait un niveau supérieur qui aurait participé à tous les mouvements orotectoniques en concordance avec tous les autres, ou comme le contour, anciennement horizontal, d'une mer de pierres niveleuse.

Mais d'autres témoins encore plus importants se peuvent trouver, attestant, ceux-là, les efforts de survie, ou, très littéralement, de *ré-surrection* des anticlinaux à l'approche du point fatal. Mieux que les éboulis et les brèches, au milieu des unes et des autres, de petits dômes jurassiques, plus ou moins déversés et rompus vers le sud, mais bien lités vers le nord, viennent, au milieu de la confusion synclinale, jalonner *in extremis* les mouvements anticlinaux, telles certaines îles au milieu des mers actuelles, et par un mécanisme certainement analogue, mais bien moins local et causalement mieux justifié, que ces résurgences centrales des effondrements simples, terrestres ou lunaires, sur lesquels insiste beaucoup, dans un récent article plein d'intérêt de la *Revue scientifique*, M. A. Souleyre (1).

J'avais déjà, dans le temps, attribué ce rôle de relai anticlinal, à un îlot jurassique, observable au nord de *La Roque-Esclapon* (Var) au milieu du bassin de confluence d'un grand nombre de synclinaux divers (2). Et plus j'observe ce genre d'accidents, très fréquemment noté, plus je m'éloigne de la trop facile hypothèse, trop facilement appliquée à toute apparition singulière de niveaux inférieurs au milieu de niveaux plus récents, de « paquet de recouvrement », pour en venir à une interprétation qui donnerait comme un pendant inverse à ces sortes de « jalons synclinaux » qui furent la première constatation originale de mes observations d'apprenti tectonicien sans le savoir (3).

D'un côté nous voyons de minuscules lambeaux bréchoïdes de dépôts récents, généralement de Poudingue, perdus, en alignements caractéristiques, au milieu du Jurassique souvent très inférieur, avec, presque toujours, un encadrement rudimentaire de bancs témoins des niveaux intermédiaires ; reste évident de l'arasement, après décortication du Jurassique supérieur décollé, des lèvres resserrées de vastes synclinaux déversés et étirés, dont la pénétration rentrante, arrêtée aux bancs résistants du Jurassique inférieur, aurait enfermé, par froncements locaux, en des sortes de poches reculées, les portions friables des niveaux supérieurs non expulsées ou réduites à néant par la gigantesque pression de la mâchoire refermée.

(1) *De l'avenir des pays désertiques*, Rev. Sc. (L) XLV, 548 (1900).

(2) B. S. G. F. (3), XXVII, 595. — 1899.

(3) *Ass. franc. av. des sc.*, XXIII, 407, Caen, 1894.

Pourquoi ne verrait-on pas, aussi, à l'inverse — en négatif, pour ainsi dire — et par un processus encore plus facile à concevoir, l'axe anticlinal, au voisinage des points de butée qui l'arrêtent en longueur, s'onduler dans le sens vertical, comme une tige mi-flexible appuyée par un de ses bouts et poussée par l'autre, de façon à repercer par soubresauts plus ou moins discontinus, mais toujours en alignements caractéristiques, la croûte superficielle déchirée? Et la place tout indiquée de ces réapparitions de petits dômes isolés, ne sera-t-elle pas justement là où ont dû se rencontrer en opposition, ou simplement se croiser en interférences, les efforts les plus multiples et les plus divers?

Quoi qu'il en soit, ne voulant plus laisser aucune prise aux objections théoriques qui pourraient être faites à ces vues abstraites et m'en référant toujours à la seule étude des faits, je me suis imposé de consacrer individuellement à chacun des îlots des environs d'Escragnolles autant de journées qu'il en pouvait falloir pour lever, dans la limite du possible, jusqu'aux moindres doutes. J'avoue que ceux-ci, pour moi-même, étaient réels, étant donnée l'incontestable autorité du très savant confrère qui les avait suscités, et le caractère déconcertant de certaines apparences observables notamment autour des deux éminences de *Conrouan* et *Grangasse* qui dominent directement, au nord, le village. En effet, dans le ravin même qui les sépare et qui fournit au pays sa source, on peut suivre incontestablement le Cénomanien dans des positions où il semble bien former au Jurassique un substratum pénétrant. La même chose s'observe à l'extrémité est de Grangasse où le Cénomanien remonte assez haut vers le nord. Mais là, justement, si on le suit partout sous les éboulis, on finit par le retrouver à des altitudes supérieures à la crête supérieure elle-même du Jurassique de l'éminence qui serait censée le recouvrir, ce qui, pour commencer, exclut absolument l'hypothèse d'une nappe enracinée, avancée par dessus le Crétacé, et ne laisse de place qu'à l'hypothèse du « paquet tombé » et glissé plus bas. Or, si l'on parcourt la crête en question, l'on est frappé de la régularité de la stratification oxfordienne, à peine plongeante au nord et laissant voir sa brisure anticlinale de brusque recourbement vertical au sud (*fig. 3*, premier plan). Comment se figurer le détachement d'une seule pièce de cette croûte jurassique de la masse anticlinale, qui montre, en bordure de la ligne de discontinuité réellement observable, une voûte simple parfaitement régulière, sans aucun déversement, avec les bancs du Bajocien au centre, nullement rompus, mais doucement plongeants vers le sud? Si une portion superficielle de la voûte avait glissé en avant sur son noyau, elle serait venue s'enfoncer dans la masse molle du Crétacé en piquant de l'avant, presque verticalement, et, tout au plus, se renversant. Mais il est impossible de concevoir mécaniquement comment elle aurait pu venir se poser, comme on le voit, bien tranquillement à plat, plutôt relevée vers le sud. Et puis comment tout cela sans se briser? Or, le front seul est rompu, et, par places, laisse voir, presque verticaux, des bancs de niveaux supérieurs qui, évidemment, bien loin de recouvrir le Crétacé, le limitent dans le sens horizontal, et l'empêchent de pénétrer bien profondément sous le flanc à peine étiré, et dressé plutôt que renversé, de l'anticlinal secondaire, dont le monticule, parallèle à l'anticlinal principal, représente le noyau, et la crête le flanc supérieur en position bien normale.

Tout cela est encore bien plus visible tout autour de Conrouan. Et si, de l'extrémité occidentale de Grangasse on regarde en face la coupure produite par le vallon perpendiculaire, on voit admirablement, comme l'atteste

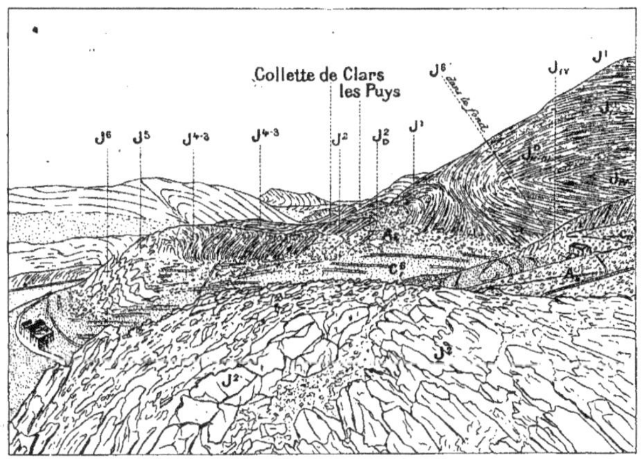

Fig. 3.
Vue géologique de Conrouan prise de Grangasse.

la figure 3, directement tracée sur une épreuve photographique : 1° La voûte à noyau bajocien de l'anticlinal principal tout à fait normal de *La Colle de Rancin*, laissant retomber doucement ses bancs vers le sud ; 2° au pied de ceux-ci, une véritable rigole synclinale, qui semble les continuer, et qui, vérification faite sur place, est constituée par des bancs oxfordiens ; 3° ces bancs oxfordiens, d'abord plaqués sur des dolomies calloviennes avec plongement d'environ 45° au sud, se relevant pour regarder un moment le nord, puis repiquant brusquement en anticlinal, vers le sud, pour supporter l'enceinte préhistorique qui a certainement, malgré son appellation chrétienne de *Mounjoun*, donné son nom au quartier : *Camp rouman*; 4° ces mêmes bancs, presque verticalement, au sud, doublés de tous les niveaux supérieurs, pour former mur derrière le Cénomanien qui vient, aux pieds, suivant la règle constante du pays, buter presque horizontalement contre la discontinuité presque verticale du pli-faille pas même déversé. Tout cela est visible, tangible et la verticalité du mur de front excluant à elle seule la possibilité d'une pénétration inférieure du Crétacé fait bien voir là un anticlinal indépendant, parallèle à la voûte du Rancin et simplement séparé de celui-ci par une discontinuité, ici presque nulle, et qui ne s'accentue vers l'ouest qu'au fur et à mesure de la torsion de l'anticlinal, faille oblique plongeant vers le sud plutôt que vers le nord, entre le Bajocien et l'Oxfordien, par étirement superficiel de quelques bancs seulement, décollés du noyau central, bancs dont les débris forment aujourd'hui les éboulis qui remplissent la partie inférieure du synclinal, exactement jalonné, à l'ouest, par une apparition de Crétacé, à une altitude tout à fait invraisemblable pour un recouvrement.

Mais, alors, comment expliquer les apparentes pénétrations du Cénomanien dans la coupure perpendiculaire qui divise en deux toute la profondeur du pli? C'était assurément là l'objection la plus grave, et cependant elle me semble levée d'une part par l'observation, au fond même de la coupure, contre la ligne de discontinuité bajocienne, d'un placage assez notable de calcaire blanc tithonique, et d'autre part, par le contournement vers le nord, au-dessus et derrière l'auberge même, du retombement vertical des bancs de front.

Évidemment, la coupure est due à un mouvement synclinal orthogonal, dont on lit la trace affaiblie au plus haut du vallon de *Carlette*, sur la crête même de la montagne et qui a produit dans l'anticlinal secondaire un petit froncement local, une rentrée des lignes de front, à parois naturellement discontinues, qui a égrené en chapelet, coupé en deux dômes isolés la protubérance supplémentaire qui avait surgi dans le brusque élargissement du synclinal du Thiey.

Dans l'alignement de ces deux petits dômes, artificiellement allongés par des accumulations d'une grosse brèche, qu'il faut une certaine attention pour en distinguer, se voit à l'est, au lieu dit *les Saveous*, une autre éminence moindre, toute formée, celle-là, d'éboulis et de brèche, c'est-à-dire réellement de paquets et morceaux tombés ; puis à l'ouest, toujours dans l'alignement, quoique en contre-bas, une autre saillie anormale, au-dessus de la bastide des *Longs*, supportant la bergerie de *Courgenouil*. Ici encore le doute était légitime, car, au pied de la petite barre, en partie formée de grosse brèche, se voyait la prolongation du Néocomien de la base du grand synclinal, et, au-dessus, le Cénomanien perçant souvent les éboulis.

Mais comment expliquer alors la grosse masse de Tithonique, placée entre deux, dans le prolongement de la petite barre, sur la rive droite du vallon, qui la coupe en cascade, masse ayant Crétacé dessus et dessous, et très régulièrement litée à sa partie supérieure ? C'est à un détail minuscule que j'ai dû la certitude finale d'avoir affaire à un monticule, non pas recouvrant, mais plutôt recouvert. A l'extrémité orientale de l'éminence de Courgenouil se voient, à la limite du grand plateau cultivé, quelques gros blocs presque verticaux de calcaire à silex kiméridgien, et *sur* ceux-ci, une petite encoche de labour. Or, dans la terre de ce champ de quelques mètres carrés se reconnaît bien vite l'argile cénomanienne. Comment celle-ci serait-elle arrivée, et surtout comment serait-elle maintenue *sur* le Kiméridgien, si celui-ci était là *per descensum* et non *per ascensum ?*

Impossible, d'ailleurs, de penser ici à une portion détachée de l'anticlinal septentrional, qui montre, au-dessus de la route nationale, la fermeture périclinale bien complète de son Jurassique sans lacunes avec tout son revêtement superficiel bien intact (1), ne s'entre-bâillant que très progressivement vers l'est, pour laisser poindre, en plongement régulier vers le sud, son noyau interne nullement entamé.

Et puis, enfin, tout se tient : les grains du chapelet que nous venons de détailler forment orographiquement et tectoniquement une chaîne, dont le dernier anneau, qu'il nous reste à décrire, est de beaucoup le plus important : c'est la haute éminence des *Rouguières* que contourne, après le passage du Beiral, et avant d'arriver à La Colette, la grande route, au bord de laquelle se trouve, au kilomètre 14,7, le remarquable gisement de fossiles oxfordiens que je citais, en 1895, comme unique, avant de connaître les superbes richesses du versant nord du Cheiron, près Bezaudun (A.-M.).

Cette éminence est limitée, elle aussi, au sud, par une *barre*, dont les abondants éboulis laissent paraître, par places, le Cénomanien, et même, au bord de la route, un petit suintement d'eau, bien permanent, signalé par un saule. Si l'on examine avec soin la direction de la barre, on constate immédiatement qu'elle va correspondre, en ligne directe, à celle de Courgenouil. Sa crête est formée par du Callovien, très bien lité, qui se prolonge à l'ouest en plongeant doucement vers le nord-est, jusqu'en bordure du sentier, vieille route, de Castellane. Mais à l'endroit même où celui-ci se détache, en montant, de la route actuelle (kilomètre 14,8) on le voit, après avoir traversé des éboulis à bayures crétacées, longer de vrais bancs oxfordiens plongeant vers le sud-ouest, presque sans fossiles, tandis que, tout près, plaqués périclinalement sur l'extrémité orientale du dôme callovien, les bancs fossilifères presque verticaux marquent un plongement opposé. Il y a donc, là, marque visible du passage d'un synclinal dirigé bien exactement vers le point de convergence de tous les autres ; et comme le pied de

(1) On voit même, au-dessus de la maisonnette du cantonnier, au kilomètre 15, sur la rive droite du Beiral, les curieux bancs marneux jaunâtres, avec intercalations de marnes vertes, de la partie la plus supérieure du Tithonique, dont l'un, tout criblé de trous cylindroïdes, empreintes vacuolaires de grandes nérinées, a été souvent pris à tort, notamment sur le chemin de Saint-Martin, près de Bail, pour un témoin d'ancien rivage, rongé par les lithophages.

la barre des Rouguières ne peut correspondre qu'au pied de la barre de Courgenouil, c'est-à-dire au synclinal inférieur — le synclinal principal — d'Escragnolles, il est évident que la rigole supérieure des Rouguières ne peut correspondre qu'à un synclinal supérieur, c'est-à-dire justement au synclinal discuté, le synclinal supérieur d'Escragnolles, lequel a eu le soin, d'ailleurs, de jalonner inférieurement sa traversée du Beiral, au gué de la vieille route, par un lambeau de Crétacé visible sous les éboulis, au nord de la grosse masse de Tithonique, bien distincte de celle du bord de la route, dont on voit au kilomètre 15, les grands bancs verticaux se recourber périclinalement dans une direction qui ne va nullement rejoindre le massif de Courgenouil, mais bien la limite supérieure du synclinal de Conrouan.

Que l'on regarde, sans parti pris, la carte (Pl. II), représentation fidèle du terrain, et les coupes superposables (Pl. II) rigoureusement conformes aux pendages, affleurements et reliefs observés ; et que l'on dise si cet alignement d'accidents jurassiques peut être un effet du hasard, et si, pour adopter la vague explication des recouvrements qui deviendrait ainsi, sans souci des impossibilités de provenance, le commode *tarte à la crème* de toutes les difficultés géologiques, il faut rejeter cette preuve matérielle qu'apporte *a posteriori* la rigole synclinale des *Rouguières* et tout l'enchaînement des observations qui m'ont amené à dédoubler, sur la partie finale de son parcours, correspondant au redressement normal de son anticlinal de bordure et à la fin périclinale régulière de celui-ci, le grand synclinal venu du haut du Thiey à Escragnolles après recoupement du synclinal de Siagne (1).

Qu'on regarde ensuite le terrain, au simple point de vue orographique, et qu'on dise si mes tracés géologiques ne donnent pas la clef complètement des moindres accidents visibles de la topographie (2).

Après cela, il serait superflu d'insister sur celui de ces accidents, qui, au-dessus du kilomètre 13, à l'est des bastides de Clars, fait faire à la route un détour vers le sud. C'est, sans aucun doute possible, le prolongement tectonique de l'anticlinal de *Frontignac*, venant se rencontrer là avec celui de *Courneton*, qui, semblant complètement disparu par la retombée périclinale que contourne, à mi-côte, la route de Mons et que lui impose le

(1) En pendant à ce dédoublement, on trouve, à l'ouest, le triplement du synclinal du *Mouncgoun*, séparé de celui de *Valferrière* que longe la route nationale actuelle par un dôme allongé de Jurassique supérieur qui est lui-même divisé en deux par un autre synclinal dont on voit l'amorce derrière la maison du cantonnier, près du K. 12, et la fin près de l'*Embut* (gouffre) de la *Clue de Séranon*, au pied d'une petite résurgence jurassique, qui, pour n'être ni aussi importante ni aussi discontinue que celles dont nous avons parlé, n'en a pas moins une signification tout identique.

(2) Après qu'avaient été écrites ces lignes, j'ai cru trouver, dans l'étude minutieuse d'un petit accident de discontinuité, qui, près de la *Chapelle de Saint-Martin*, a fait surplomber le Néocomien par le Tithonique, comme la cause probable du dédoublement du synclinal d'Escragnolles, qui ne serait qu'une prolongation d'action à travers la petite gorge, reconnue synclinale, du profond pli E.-O. arrêté par la montagne de Briasq, qui, dans le *Vallon de Nans*, a enfoncé du Poudingue tertiaire en plein Infralias.

débouché d'un synclinal venu de Bliauge, se prolonge en réalité, comme honteusement, par une sorte de bas éperon tithonique, qui forme d'abord une petite *barre* entre la bastide supérieure et le groupe des maisons inférieures, puis une languette amincie en couteau qui vient, à la hauteur du kilomètre 12,6, couper en deux le Cénomanien du dessous de la route et y introduire toute une bande fossilifère de Hauterivien inférieur.

Quand on explore le petit plateau supérieur, on trouve encore la trace du synclinal Médian de Frontignac, sous forme de Tithonique, etc., au milieu d'un Oxfordien, assez voisin de celui qui paraît à la base de la barre de l'Audibergue, pour qu'on puisse se demander s'ils ne seraient point, pardessous les éboulis — mais aussi par-dessous, et non par-dessus, le Crétacé, prolongement réel ou théorique de celui du *Mounegoun*, — en continuité par une courbure synclinale sans rupture, à qui serait due la gorge assez large que suit le vieux sentier de Castellane. Question assez secondaire, à la vérité, et qui, pas plus facile à résoudre ici qu'à propos du Callovien des Rouguières, ne saurait altérer en quoi que ce soit les conclusions auxquelles nous avons été amené, ni importer même aux tracés de la carte, du moment où le figuré réel des contours des terrains d'éboulis vient dispenser de trancher l'incertitude relative aux terrains qu'ils ont masqués.

En résumé, deux problèmes importants se posaient, au point de vue de la tectonique, sur le territoire d'Escragnolles : le premier, relatif à la structure de la fameuse *Collette de Clars*, s'est trouvé résolu sans la moindre difficulté, et, je le crois, définitivement. Restait le problème des sous-chaînes de monticules, avant-poste parallèle de beaucoup d'anticlinaux importants de la région. Sur ce problème-là, peut-être ne serai-je point arrivé à convaincre ceux qui, n'ayant pas vu les lieux, ne pourront faire autrement que de juger, sur le papier, d'après leurs idées préconçues, ou ceux qui, n'ayant vu les lieux que trop vite, ou à travers le prisme des systèmes, n'auront point pris garde aux détails qui, sans parti pris, m'ont, pour ainsi dire, fait toucher du doigt l'impossibilité, l'irréalité de l'hypothèse du recouvrement par nappe, enracinée ou non.

Mais, après tout, que j'aie, sur ce point spécial, tort ou raison, que le synclinal d'Escragnolles soit simple et recouvert, ou double et scindé, une chose n'en restera pas moins à l'acquis de cette localité, qui n'en avait pas besoin pour sa gloire : un exemple tout à fait remarquable de congruence palmaire et de fasciation homocentrique de plis synclinaux, autour d'un point très voisin de la Collette de Clars.

J'avais déjà, lors de la confection de ma carte géologique de Saint-Vallier de Thiey (1), été frappé de voir converger vers un certain point de *Mauvans*, un grand nombre de plis, dont plusieurs, pour cela, se contour-

(1) *Afas, loco citato.*

naient nettement en terminaison de spirale, autour d'un assez large dôme anticlinal qui leur faisait obstacle. De même, à Clars, on voit les plis se contourner autour des obstacles pour arriver à se confondre. Mais que dirait-on d'un centre vers lequel concourraient, avec une précision géométrique, et plusieurs, absolument rectilignes, plus de vingt plis caractérisés? Ce point existe, et a dû à sa singularité géologique de devenir une curiosité naturelle, le *Saut-du-Loup* des touristes, près de Courmes (A.-M.). Sans doute aurai-je l'occasion d'en reparler. Mais d'ores et déjà le nombre ne se compte plus des cas, plus ou moins compliqués, d'étoilements de plis, qui simplifient et éclaircissent du jour même de la vérité des tracés dont, autrement, saute aux yeux l'air pas naturel. L'existence, anciennement connue, des systèmes de fractures rayonnantes aurait dû faire prévoir les plissements radiés : ce m'est un véritable bonheur d'avoir trouvé des exemples si remarquables à citer d'un fait qui ne doit certainement pas être rare, mais sur lequel il paraît bien que n'avait pas encore été attirée assez catégoriquement l'attention.

M. L. GENTIL

Chargé de conférences à la Sorbonne.

RÉSUMÉ STRATIGRAPHIQUE SUR LE BASSIN DE LA TAFNA [551.7(65)]

TERRAINS PRIMAIRES ET SECONDAIRES

— *Séance du 4 août* —

Le bassin de la Tafna, qui s'étend à l'ouest d'Oran jusqu'au delà de la frontière marocaine, offre, au point de vue géologique, le plus vif intérêt; d'abord par la diversité des terrains qui prennent part à sa structure, puis par les éruptions volcaniques qui se sont succédé à diverses époques et ont laissé des vestiges assez importants.

Je désire, dans cette courte note, fixer de la façon la plus sommaire mes principaux résultats stratigraphiques sur les terrains primaires et secondaires de cette partie de l'Oranie (1).

I. — Terrains primaires.

Nous comprendrons dans les terrains primaires les *Schistes des Traras* et les *Poudingues de Beni-Menir*.

(1) Dans l'énumération qui va suivre, une part des faits observés doit être accordée à nos devanciers parmi lesquels nous pouvons citer Rozet, Ville, Pomel, MM. Pouyanne, Bleicher, Baills, Parran, Peron, Ficheur, Curie et Flamand, Doumergue, Pallary, etc. Nous nous bornerons à citer ici les noms de ces savants, dont les travaux seront discutés avec soin dans un travail détaillé sur la région qui nous occupe.

1° *Schistes des Traras.* — Un ensemble de schistes argileux, satinés, intercalés de quartzites blancs ou colorés en rose et rouge par de l'oxyde de fer. Cet ensemble a une puissance considérable, plus de mille mètres d'épaisseur. Il comprend plusieurs étages géologiques. Mais, l'âge de ces schistes, désignés sous le nom de *Schistes des Traras*, est indéterminé faute de documents paléontologiques. On n'a pu y trouver trace de fossiles et mes efforts personnels n'ont pas été plus favorisés que ceux de mes devanciers. Leur ancienneté a été remarquée depuis longtemps par suite de leur antériorité par rapport au Jurassique inférieur, dans le massif des Traras.

Pomel a rapproché avec doute cet ensemble de schistes et de quartzites, par suite d'analogies pétrographiques, du Silurien. La seule notion que nous ayons pu acquérir dans nos recherches est la superposition du Trias, ce qui place avec certitude dans les terrains primaires ces schistes anciens.

Les Schistes des Traras sont surtout développés dans le massif des Traras dont ils forment le noyau principal.

Ils affleurent ensuite aux environs de Beni-Saf, au Djebel Skouna, et le long de la côte jusqu'à la Grande Aouaria (Cap Oulhassa), puis réapparaissent, plus dans l'est, aux Djebel Sidi Kacem, Djebel Touïla. Tous ces témoins isolés marquent l'emplacement d'une chaîne ancienne démantelée.

Enfin ces schistes jalonnent les crêtes de la petite chaîne côtière — le Sahel d'Oran — qui s'étend depuis le cap Figalo jusqu'à Oran. Ils se montrent notamment dans les Djebel Gonneït et Djebel Haouïssi, au-dessus de la Mersa Madar, et à l'extrémité de cette colline, dans le Merdjadjou, le Djebel Santon, et enfin le Santa-Cruz qui domine la ville d'Oran.

J'ai trouvé des termes de comparaison dans la province d'Alger, dans le massif des Zaccars de Miliana. Les schistes anciens s'y présentent avec le même faciès et réapparaissent un peu à l'ouest au pied du Djebel Douï de Duperré.

M. Ficheur a signalé des schistes analogues dans le massif de l'Atlas de Blida (Schistes de la Chiffa).

2° *Poudingues des Beni-Menir.* — Les Schistes des Traras sont surmontés, à l'ouest du massif de ce nom, entre Nemours et Nedroma, par des conglomérats grossiers désignés par Pomel sous le nom de *Poudingues des Beni-Menir*. Ces conglomérats sont, en ce point, surtout formés aux dépens d'une bosse de granite qui a traversé, en les métamorphisant, les Schistes des Traras et dont l'âge d'éruption est ainsi compris entre le dépôt des schistes et quartzites anciens et celui des Poudingues des Beni-Menir.

Ces conglomérats présentent, à la base de la formation, des blocs très gros et passent insensiblement à des grès grossiers, de plus en plus fins, intercalés d'argiles colorées.

Les Poudingues des Beni-Menir sont recouverts par le Lias calcaire, ce qui leur avait fait attribuer un âge triasique (?) ou permien (?).

Il faut désormais exclure ces conglomérats de la série triasique, car le Trias est représenté en plusieurs points, dans l'Oranie, par des gypses, des calcaires, des cargneules, etc., dont nous parlerons un peu plus loin. D'autre part, nous avons constaté, en un point de la vallée du Feïd el Ateuch (affluent rive gauche de la Tafna) un petit lambeau de ces poudingues antérieur au Trias gypseux.

Ils sont donc encore d'âge primaire.

M. Ficheur pense qu'on pourrait les rapprocher des Poudingues du Var d'âge *permien*. En ce cas les Poudingues des Beni-Menir termineraient la série des terrains primaires (1).

En dehors du développement important de ces terrains dans les Beni-Menir, nous avons observé, dans notre région, le pointement très exigu du Kef el Golea, dans la vallée du Feïd el Ateuch, et enfin l'affleurement qui se montre au cap Falcon, entre la Pointe Coralès et le phare. Cet affleurement, signalé par Pomel et assimilé par lui aux Poudingues des Beni-Menir, montre une succession plus complète encore de poudingues à galets quartzeux, de grès quartziteux et de schistes argileux violacés.

Comme terme de comparaison M. Ficheur a observé, dans le massif d'Arzew, à la Montagne des Lions, la puissante formation des poudingues du Djebel Kahar surmontés, comme au cap Falcon, de quartzites et de schistes argileux colorés.

Enfin j'ai découvert dans la province d'Alger, dans le massif des Zaccars de Miliana, d'une part, dans le massif du Djebel Douï de Duperré, de l'autre, un très important développement du même terrain avec le même faciès lithologique de poudingues à galets quartzeux, grès quartziteux et schistes colorés. C'est dans le Zaccar Chergui et dans le Djebel Douï, entre Duperré et les Beni Zougzoug, que ce terrain offre les plus belles coupes. Dans le Zaccar Chergui il est surmonté par le Trias gypseux et le Lias; dans le Djebel Douï, par le Lias seulement.

II. — Terrains secondaires.

Les terrains secondaires se montrent assez développés dans le bassin de la Tafna. On y observe une succession d'assises parmi lesquelles les unes sont bien datées par des fossiles tandis que d'autres sont très pauvres ou

(1) Cette assimilation est fort possible. On ne peut s'empêcher, cependant, de voir dans ces conglomérats, situés sur le prolongement de la chaine du Rif, la similitude possible de conglomérats de composition analogue et superposés en concordance à des schistes et calcaires à *Orthis*, *Orthoceras* *Bronteus*, dans la province de Tetouan, au Maroc; si l'on s'en rapporte, du moins, à la description géologique de cette dernière région faite en 1847 par Coquand. Ce savant classe les conglomérats rouges de Tétouan dans le Dévonien.

totalement dépourvues de débris organisés. Je me suis efforcé, en ce dernier cas, de resserrer les limites d'âge de ces couches non fossilifères par des observations stratigraphiques multiples et par des assimilations avec d'autres régions plus privilégiées.

Nous distinguerons parmi ces terrains secondaires des terrains triasiques, jurassiques et crétacés.

A. — Terrains triasiques. — Le Trias est représenté, en divers points, par des gypses salifères, des calcaires, des cargneules, des marnes bariolées. C'est le faciès gypseux du Trias de la Provence, des Pyrénées, de l'Espagne.

L'existence du Trias en Algérie a d'abord été démontrée dans la province de Constantine. Nous l'avons ensuite mise en relief dans l'Oranie. Je n'ai pas eu la chance d'y trouver de fossiles, mais leur situation stratigraphique d'une part, leur similitude complète avec le Trias de la province de Constantine qui renferme des fossiles caractéristiques *(Myophories)*, de l'autre, ne peuvent laisser aucun doute.

Ce terrain se montre en affleurements quelquefois très exigus.

Il se rencontre un peu partout dans le bassin de la Tafna, notamment dans la vallée du Feïd el Ateuch et de l'Oued Lemba, au sud du Djebel Skouna (région de Béni-Saf), puis à Aïn-Tellout, aux environs de Temouchent, en plusieurs points de la chaîne du Tessala.

Enfin dans le Sahel d'Oran, à El Ançor, non loin de Sainte-Clotilde, aux Bains-de-la-Reine, dans le Santa-Cruz d'Oran, etc.

Les affleurements triasiques se montrent fréquemment dans une situation stratigraphique anormale. En un seul point, dans la vallée du Feïd el Ateuch, nous avons eu la chance de rencontrer les successions suivantes, de bas en haut :

Schistes des Traras, Trias gypseux, Lias et, d'autre part, Poudingues des Beni-Menir, Trias gypseux, Lias.

Le Trias gypseux est souvent traversé par des filons de roche éruptive verte (*ophite*) qui se montre un peu partout, notamment aux Bains-de-la-Reine, près d'Oran.

Le rôle du Trias de l'Oranie est des plus importants. C'est à la présence des nombreux pointements de ce niveau salifère qu'est due la salure de certains oueds et de certains chotts, et par suite l'existence des terrains salés qui jouent un rôle si néfaste au point de vue agricole. C'est ainsi par exemple que la salure de la Grande Sebkha résulte indiscutablement du lavage d'affleurements de gypses salifères triasiques, du massif du Djebel Tessala, par les oueds qui descendent de cette chaîne vers la plaine. Les eaux saumâtres qui s'accumulent ainsi dans cette immense cuvette fermée subissent, en été, une évaporation rapide, et laissent le sol imprégné de leurs produits salins.

Une autre particularité des affleurements triasiques consiste dans la relation étroite de ces affleurements avec certaines sources thermominérales chlorurées sodiques. Ces sources doivent leur composition saline au lavage en profondeur des sédiments du Trias gypseux. C'est l'analogue des sources salées très connues des Pyrénées; celles de Dax, de Salies de Béarn, etc., qui sont classées sous le nom de *sources triasiques*.

Un exemple remarquable de ces sources se trouve aux Bains-de-la-Reine près d'Oran. Il est indiscutable, en ce point, que les eaux chaudes, salées, qu'on y a aménagées empruntent leur sel à des sédiments triasiques dont nous avons constaté la présence et sont absolument indépendantes, malgré leur extrême voisinage, des eaux de la mer, dont la composition saline est toute différente.

B. — TERRAINS JURASSIQUES. — Nous avons séparé plusieurs horizons stratigraphiques dans les terrains jurassiques du bassin de la Tafna.

I. — *Infra-Lias* (?). — Il conviendrait, peut-être, de placer dans l'Infra-Lias une partie de ce que nous avons classé dans le Trias. Les calcaires en plaquettes associés au gypse rappellent les calcaires fissiles de Soukahras (Constantine) avec bivalves et ces derniers pourraient bien appartenir à un horizon plus élevé que le Trias. Mais leur âge infra-liasique est tout à fait hypothétique.

De plus, dans le massif des Traras, le Lias débute souvent par un conglomérat rouge, ferrugineux, renfermant des cailloux de quartzites et de schistes du terrain sous-jacent.

Il est possible qu'on ait là un niveau représentant l'Infra-Lias.

Malheureusement l'absence complète de documents paléontologiques ne permet pas de décider de cette question.

Nous espérons que de nouvelles recherches amèneront la découverte de fossiles qui permettront de déterminer l'Infra-Lias, qui doit vraisemblablement exister dans le bassin de la Tafna.

II. — *Lias.* — Le Lias peut se subdiviser en deux parties :

a) La partie inférieure est constituée par une assise calcaire ou dolomitique dont la puissance dépasse souvent 100 mètres. Cette assise est toujours compacte, sans stratification bien marquée. On y rencontre quelquefois des traces d'ammonites ou de brachiopodes, d'acéphales, etc., indéterminables.

Cette partie inférieure du Lias représente le Lias inférieur et le Lias moyen. Sa composition pétrographique varie depuis le calcaire presque pur jusqu'à la dolomie grenue inattaquable aux acides, à froid.

Le substratum de ce terrain est le plus souvent constitué par les Schistes et quartzites primaires; dans les Beni-Menir et au cap Falcon, ce sont les Poudingues des Beni-Menir. Enfin, dans la vallée de Feïd el Ateuch, le Lias inférieur repose sur le Trias gypseux.

Cette partie inférieure et moyenne du Lias accompagne presque partout les Schistes et quartzites primaires. Elle atteint son maximum de développement et de puissance dans le massif des Traras, où elle forme les crêtes rocheuses des Djebel Sidi Sefiane, Djebel Gorine, Djebel Tadjera, etc...

En se déplaçant vers l'est, on constate que le Lias inférieur et moyen devient dolomitique.

Déjà, sur la rive droite de la Tafna, aux environs de Beni-Saf, dans le petit massif de Djebel Skouna, dans l'Aouaria, le calcaire liasique se montre magnésien. Les analyses nombreuses de ce calcaire (qui renferme le minerai de fer) faites au laboratoire de la mine de Beni-Saf accusent toujours la présence de la magnésie (1).

Si l'on se reporte encore plus vers l'est, ce calcaire compact se charge de plus en plus de magnésie. Il est déjà très magnésien à Madagre et, si l'on suit les affleurements de ce terrain, tout le long de la crête du Sahel d'Oran, on arrive au Santa-Cruz, où il est représenté par une dolomie compacte, inattaquable à froid par les acides. C'est la roche bleuâtre, brune à la surface, qui forme les crêtes du Djebel-Merdjadjou et le piton du Santa-Cruz.

b) Le Lias inférieur et moyen est le plus souvent surmonté de calcaires en bancs assez minces, intercalés de lits un peu marneux. Ces calcaires forment des dalles de un à plusieurs décimètres d'épaisseur et montrent nettement leur stratification. Ils se distinguent ainsi des calcaires compacts qu'ils surmontent.

Ces *calcaires en dalles* renferment, en certains points, une riche faune de céphalopodes qui caractérise le *Lias supérieur (Toarcien).*

Dans le massif des Traras, notamment aux environs du marché des Beni-Ouarsous (Souk-el-Arba), des gisements de fossiles de ce niveau ont été découverts, il y a déjà longtemps, et plusieurs espèces ont été signalées par mes devanciers, surtout par M. le docteur Bleicher. Je me suis efforcé de réunir la plus grande quantité de matériaux possible de ces gisements. Ces matériaux, déterminés au Laboratoire de géologie de la Sorbonne, m'ont permis de dresser la liste suivante :

Phylloceras subnilsoni Kilian.
Phylloceras cf. *Argelliezi* Reynès.
Phylloceras cf. *Partschi* Stur.
Phylloceras sp.
Phylloceras indet.
Hildoceras bifrons Brug.
Hildoceras Levisoni Simpson.
Hildoceras connectens Haug.

(1) Ces analyses m'ont été obligeamment communiquées par M. Angelvy, ingénieur, chef d'exploitation de la mine.

Hildoceras cf. *Frantzi* Reynès.
Hildoceras boreale Seebach.
Hildoceras aff. *serpentinum* Reinecke.
Hildoceras nov. sp.
Harpoceras cumulatum Hyatt.
Harpoceras cf. *cumulatum* Hyatt.
Harpoceras discoides Zieten.
Harpoceras sp. indet.
Harpoceras nov. sp. aff. *Boscense* Reynès.
Harpoceras cornacaldense Tausch.
Harpoceras (*Grammoceras*) *Sæmanni* Oppel.
Harpoceras (*Grammoceras*) cf. *Sæmanni* Oppel.
Harpoceras sp. indet. du groupe de *H. fallaciosum* Bayle.
Harpoceras nov. sp.
Harpoceras indet.
Hammatoceras? insigne Zieten.
Lillia (*Haugia*) *Bayani* Dumortier.
Lillia Erbaensis Hauer.
Lillia Mercatii Hauer.
Lillia cf. *comensis* Buch.
Lillia sp. indet.
Cœloceras (*Peronoceras*) *subarmatum* Young et Bird.
Cœloceras (*Peronoceras*) *subarmatum* var. *fibulatum* d'Orb.
Cœloceras (*Peronoceras*) cf. *subarmatum*, Young et Bird.
Cœloceras Holandrei d'Orb.
Cœloceras cf. *crassum* Phil.
Cœloceras sp. indet.
Lytoceras nov. sp. aff. *veliferum* Menegh.
Lytoceras sp. indet.
Ammonites nov. gen., nov. sp.
Belemnites indet.
Trigonia nov. sp. aff. *formosa* Lycett.
Terebratula cf. *punctata* Sow.
Rynchonella cf. *Rosenbuschi* Haas.

Cette faune représente le Lias supérieur ; c'est la *zone à Hildoceras bifrons* de la partie moyenne du Toarcien. La proportion des Phylloceras y est singulièrement faible. C'est ainsi que dans un lot de 691 échantillons nous avons séparé :

	480	échantillons indéterminables,
	96	Hildoceras,
	5	Phylloceras,
	6	Lytoceras,
	104	divers.
TOTAL. . .	691	

Cette proportion de Phylloceras est très faible si l'on compare ce gisement aux autres de la région méditerranéenne, surtout à ceux de l'Apennin et de la Lombardie.

Les espèces de beaucoup dominantes sont : *Hildoceras bifrons* et *Hildoceras Levisoni*, qui caractérisent notre gisement. Ces deux espèces se distinguent parfois difficilement et sont impossibles à bien séparer à cause des formes de passage abondantes entre les deux formes caractéristiques. Un caractère encore distinctif du gisement toarcien des Traras consiste dans l'association assez curieuse de *Trigonies*.

Le Lias supérieur se distingue facilement dans le massif des Traras, où il surmonte presque partout le Lias inférieur et moyen, plus compact.

En se déplaçant vers l'est, il est souvent plus difficile à séparer ; il paraît même, en certains points, complètement absent. Nous avons pu le distinguer notamment dans le Djebel Skouna et à l'extrémité de la petite chaîne cotière du Sahel d'Oran, dans le Santa-Cruz. On reconnait, en effet, malgré un métamorphisme dynamique, les calcaires en dalles, intercalés de schistes argileux, en divers points de cette montagne; dans le ravin de l'ardoisière, au-dessous du marabout du Santa-Cruz, etc. Malgré mes recherches, je n'ai pu confirmer par des fossiles l'âge toarcien que nous attribuons à ce calcaire du Santa-Cruz, mais leur situation par rapport à la dolomie compacte, et la continuité parfaite que nous avons pu établir depuis le massif du Traras jusqu'à Oran, ne laissent guère de doute à cet égard.

2° *Callovien.* — Les calcaires en dalles du Lias supérieur sont surmontés, en plusieurs points, dans le massif des Traras, et notamment dans les Beni-Ouarsous, par des argiles marneuses dures, conchoïdes, parfois pétries de petits acéphales du genre *Posidonomya.* Ces marnes, assez peu puissantes, sont quelquefois farcies de ces petites coquilles qui ne se montrent, le plus souvent, qu'à l'état d'empreintes et écrasées. Malgré cela, leur détermination ne peut laisser de doute, c'est la *Posidonomya alpina* Gras.

Ce fossile caractérise, dans le Sud-Est de la France, les couches dites à posidonies, attribuées au *Callovien.*

Les posidonies des marnes des Traras sont rarement accompagnées d'autres débris, lesquels, d'ailleurs, sont mal conservés. Nous avons pu reconnaître un *Peltoceras* du groupe de *P. caprinum* Qu.

Le même horizon stratigraphique se retrouve dans l'est, dans le Santa-Cruz. La *Posidonomya alpina* a déjà été signalée dans cette montagne. Nous l'avons retrouvée en plusieurs points. Nous sommes même arrivés, après de longs tâtonnements, à séparer plusieurs bandes de *Schistes à posidonies*, parfois lardés de cette coquille. Ces schistes sont représentés en un point — mais là peu fossilifères — par les schistes bleuâtres du ravin de l'ardoisière.

Les couches à posidonies se présentent, dans le Santa-Cruz, dans la même situation stratigraphique que dans les Traras ; mais là les marnes ont été fortement comprimées, laminées et transformées en schistes qui ont même donné lieu à des recherches d'ardoise. Malgré leur déformation, par écrasement, un certain nombre d'exemplaires de Posidonies du Santa-Cruz sont déterminables et se rapportent, comme celles des Traras, à la *Posidonomya alpina* Gras.

D'ailleurs, les schistes à posidonies du Santa-Cruz se trouvent dans une situation stratigraphique identique à celle des marnes à posidonies des Beni-Ouarsous ; ils surmontent les calcaires en dalles du ravin de l'ardoisière, etc.

La présence de la *Posidonomya alpina* dans les schistes de l'ardoisière confirme ainsi, par la situation de ces schistes, la détermination de Lias supérieur attribuée aux calcaires en dalles du Santa-Cruz.

3° *Oxfordien.* — Les schistes à posidonies du Santa-Cruz sont directement surmontés par une formation assez épaisse de schistes et quartzites bruns, surtout développés sous le bois des Planteurs. Grâce au dévouement de M. Doumergue, nous avons pu exhumer de ces couches une faune qui, bien qu'en assez mauvais état de conservation, nous a permis une détermination précise de cet horizon.

L'étude des échantillons recueillis, faite au Laboratoire de géologie de la Sorbonne, m'a permis de reconnaître :

Cardioceras cordatum Sow.
Phylloceras Kudernatschi Hau.
Phylloceras tortisulcatum d'Orb.
Patoceras (Ancyloceras) cf. *niortense* d'Orb.
Harpoceras du groupe de *H. rauracum* Mayer.
Aspidoceras du groupe de *A. perarmatum* Sow.
Peltoceras du groupe de *P. torosum* Oppel.
Perisphinctes du groupe de *P. curvicosta* Oppel.
Perisphinctes du groupe de *P. rota* Waagen.

Un grand nombre de *Perisphinctes* indéterminables.

Cette faune caractérise bien, dans son ensemble (malgré la détermination seulement approchée de la plupart des espèces déformées), l'étage oxfordien.

Les schistes oxfordiens des Planteurs se poursuivent sur le flanc occidental du Santa-Cruz, notamment au-dessus du village de Sainte-Clotilde, où nous avons recueilli, avec M. Doumergue, la même faune.

Dans le massif des Traras, les marnes à posidonies sont surmontées d'une formation d'argiles schisteuses alternant avec des bancs de grès quartziteux brunâtres qui rappellent beaucoup, *par leur faciès*, les schistes et quartzites oxfordiens du Santa-Cruz. Malgré des recherches patientes, je n'ai pu y découvrir qu'un fragment d'ammonite du genre Phylloceras, qui n'indique rien sur l'âge de ces argiles. M. E. Ficheur, qui les a examinées, croit devoir les placer à la base de la série crétacée, dans le Néocomien. La détermination du savant professeur d'Alger est basée sur des analogies de faciès, par comparaison avec d'autres régions algériennes. Je ne vois pas, pour ma part, la différence pétrographique qui existe entre ce terrain des Traras et les argiles oxfordiennes du Santa-Cruz. La similitude de ces deux terrains nous paraît, à ce point de vue, des plus nettes. Mais ce qui nous engage, encore plus, à rapprocher les argiles des Traras de celles du Santa-Cruz, c'est leur situation stratigraphique. La succession Lias inférieur et moyen, Lias supérieur, Schistes à posidonies et Oxfordien du massif du Santa-Cruz se reproduit identiquement dans les Beni-Ouarsous.

Nous nous empressons d'ajouter, d'ailleurs, que nous n'émettons là que des présomptions et que nous classons *provisoirement* dans l'Oxfordien les Schistes et quartzites bruns des Traras jusqu'à preuve *paléontologique* du contraire.

Kiméridgien? — A Lalla Marnia affleure, au milieu des alluvions caillouteuses de la plaine, un terrain formé de bancs de grès siliceux alternant avec des argiles schisteuses de couleur verte ou lie de vin. Son épaisseur visible dépasse 100 mètres.

Cette formation a été classée par Pomel dans son « Groupe corallien ». Elle renferme, en outre, quelques lentilles calcaires qui m'ont donné une faune riche en polypiers, avec oursins réguliers, des brachiopodes, etc., parmi lesquels se trouvent :

Cidaris florigemma Phil.
Cidaris cervicalis Ag.
Hemicidaris crenularis Lk.
Diplocidaris gigantea Des.
Pseudocidaris Thurmanni Ag.
Rhabdocidaris caprimontana.
Glypticus hieroglyphicus Goldf.
Encrinus sp.
Apiocrinus sp.
Mytilus sp.
Cyclostrea (G. vois. de *Plicatula*) sp.
Ismenia pectunculus var. *intercostatus* Quenst.
Disculina disculus Desl.
Terebratula sp.
Terebratella reticulata Smith.
Rhynchonella sp.
Zeilleria sp.
Polypiers.

Cette faune renferme des espèces qui ont une grande extension verticale (de l'Argovien au Portlandien). Elle offre des analogies avec celle du Calcaire récifal de Nattheim (Souabe) (1).

Elle appartient donc à un niveau assez élevé, probablement au Kiméridgien.

Tithonique supérieur. — 1° Le Tithonique supérieur est probablement représenté dans la chaîne du Tessala, mais je n'ai pu le séparer, faute de documents paléontologiques suffisants.

Au-dessous d'une série d'argiles intercalées de lits de grès et renfermant une riche faune d'ammonites ferrugineuses de l'Hauterivien et du Barrémien se montre, à Arlal, une assise assez puissante d'argiles dans lesquelles j'ai recueilli *Hoplites calisto* d'Orb. du Tithonique supérieur du S.-E. de la France.

2° Les argiles et grès berriasiens de Lamoricière qui rappellent, par leur faciès, les argiles d'Arlal renferment également quelques formes du Tithonique supérieur remaniées. Ce sont : *Hoplites* cf. *Privasensis*, *Perisphinctes* du groupe du *P. transitorius*, *Hoplites* indét. (forme tithonique).

(1) Je dois à l'extrême obligeance de M. le Dr Seguin une partie des matériaux qui m'ont permis de donner cette liste.

Berriasien. — Ville et après lui Pomel ont décrit à Lamoricière, sur la bordure du massif jurassique de Tlemcen, des argiles renfermant une riche faune d'ammonites, que Ville a placée dans le Crétacé inférieur. Pomel considère les argiles de Lamoricière comme représentant le Néocomien (Hauterivien) ; mais ces argiles renferment, à l'état remanié, une faune remarquable de céphalopodes ayant les plus grandes affinités avec celles de Berrias. Ces espèces berriasiennes proviennent, d'après ce dernier savant, d'un gisement inconnu.

J'ai eu l'occasion d'étudier ce point remarquable, situé sur le bord méridional du bassin de la Tafna, par suite des fouilles que j'ai dû pratiquer pour l'exhumation des restes d'un vertébré que j'ai découvert à ce niveau. J'ai ainsi recueilli moi-même d'abondants matériaux qui ont été étudiés dans le laboratoire de M. Munier-Chalmas à la Sorbonne (1). La liste en est assez longue. Je la résume ici.

Hoplites Boissieri Pict.
H. aff. *Boissieri* Pict.
H. *Boissieri* forme de passage à *H. Occitanicus* Pict.
H. *Occitanicus* Pict.
H. *Pouyannei* Pom. sp.
H. *Smielensis* Pom. sp.
H. *Zianidia* Pom. sp.
H. *Isaris* Pom. sp. (*H. pexiptychus* Uhl.)
H. *Breveti* Pom. sp.
H. *Telloutensis* Pom. sp.
H. cf. *privasensis* Pict. sp.
H. aff. *privasensis* Pict. sp.
H. *Malbosi* Pict. sp.
H. *Malbosi* Pict. sp. var.
Hoplites sp. cf. *H. calistoides* Behr.
H. sp. cf. *H. actinensis* Canavari.
Phylloceras du gr. de *Ph. Calypso* d'Orb.
Ph. sp. gr. du *Ph. serum* Zittel. (*Velledæ* Michel. in Pom).
Holcostephanus (ou Hoplites) *kasbensis* Pom.
Holcostephanus Negreli Math.
Holc. altavensis Pom. (esp. vois. de *H. Negreli* Math.)
Holc. du gr. de *H. mirus* Retowski (conservé avec son ouverture).
Holc. nov. sp.
Lytoceras Liebigi Oppel.
L. honnorati d'Orb. (*municipale* Oppel).
Perisphinctes du gr. de *Per. transitorius.*
Haploceras Grasi d'Orb. sp.
Belemnites Orbignyanus Duval.
Bel. latus Blainv.
Nautilus neocomiensis d'Orb.
Collyrites Malbosi de Loriol.
Ostrea Couloni Defr.
Toxaster africanus Coq.
Toxaster grasanus var. *lata* de Loriol.
Toxaster indet.
Holectypus macropygus Agass.
Brachiopodes.
Polypiers.

J'ai, en outre, découvert dans ces argiles les débris d'un vertébré que j'ai exhumé avec soin et dont j'ai recueilli la plus grande partie des vertèbres, la tête, des dents : le tout était assez fortement engagé dans un lit gréseux intercalé dans les argiles.

C'est un Crocodilien à vertèbres amphicèles de la section des Brévirostres et de la famille des Goniopholidés. Ses vertèbres rappellent le genre *Goniopholis* Owen, du Wealdien d'Angleterre et de l'Allemagne du

(1) Je dois remercier, à ce sujet, M. Kilian, de l'Université de Grenoble, pour l'extrême obligeance avec laquelle il m'a donné de précieux renseignements sur cette faune.

Nord. L'intérêt de cette découverte est d'autant plus grand que le genre Goniopholis n'est pas connu en dehors de la région wealdienne.

Il semble intéressant de retrouver ce Crocodilien dans le bassin de la Méditerranée, où il n'a pas encore été signalé.

La faune des mollusques de Lamoricière, par certaines espèces, comme *Ostrea Couloni*, *Belemnites latus*, etc., avait fait attribuer ces argiles au Néocomien ; les ammonites berriasiennes qui s'y montrent pour la plupart en fragments repris, proviendraient du niveau sous-jacent.

Mais les fouilles que j'ai dû pratiquer pour l'extraction du Goniopholis m'ont permis de retirer de l'argile et *bien en place* les mêmes espèces du Berrias. C'est ainsi que j'ai recueilli :

Hoplites isaris Pom. *H. pexiptychus* d'Orb. sp.
H. du gr. de *H. privasensis* Pict. sp.
H. sp. cf. *calistoides* Behr.
Holcostephanus cf. *mirus* Retowski.

etc., lesquelles sont berriasiennes au même titre que les faunes remaniées. L'une d'elles même (*H. isaris* Pom.) se trouve, à la fois, remaniée et non remaniée.

Les fossiles berriasiens ont été remaniés à un niveau un peu plus élevé du même étage.

Ce phénomène est très connu dans le Sud-Est de la France, dans l'Isère, la Drôme, l'Ardèche.

D'ailleurs, les espèces comme *O. Couloni*, *Bel. latus*, qui ont fait attribuer aux argiles de Lamoricière l'âge néocomien, ont une trop grande extension verticale pour caractériser ce niveau.

La présence des bancs de grès, des Brachiopodes, Polypiers, Echinides, indiquent le voisinage assez proche de la côte.

TERRAINS CRÉTACÉS. — Le Crétacé est assez développé dans le bassin de la Tafna, mais il est malheureusement rarement fossilifère.

Néocomien. — Le Néocomien est représenté dans la chaîne du Tessala par des argiles fossilifères en quelques points, surtout dans les environs d'Arlal.

Les argiles d'Arlal ont été classées par Pomel dans le Néocomien. Ce savant caractérisait ce terrain par les Bélemnites plates, *Ammonites rouyanus*, etc.

Une étude détaillée de ces argiles montre que l'on a, en cet endroit, la succession de plusieurs horizons.

Les argiles d'Arlal sont un peu schisteuses, verdâtres ; elles montrent des lits de grès bruns intercalés, et rappellent identiquement le faciès des argiles berriasiennes de Lamoricière. Ces argiles se succèdent d'une façon régulière sur plus de 150 mètres. Elles sont fossilifères sur une trentaine de mètres.

Les assises les plus inférieures à peu près dépourvues de fossiles m'ont donné de rares espèces du Tithonique supérieur qui paraît ainsi représenté sur une trentaine de mètres d'épaisseur.

Puis, une série à peu près également épaisse renfermant une succession de faunes d'ammonites ferrugineuses, des Bélemnites plates, etc. L'étude de ces faunes révèle l'existence du Néocomien et du Barrémien.

L'étage *Valanginien* ne paraît pas représenté, du moins n'ai-je recueilli aucune forme permettant de le caractériser.

Par contre, l'*Hauterivien* est représenté par la faune suivante qui, quoique faible en espèces, est très riche en échantillons :

Aptychus angulicostatus Pict. et de Loriol.
Holcostephanus hispanicus Mallada.
Holc. sp. cf. *stephanophorus* Math.
Haploceras Grasi d'Orb. sp.
Desmoceras cf. Neumayri Haug sp.
Duvalia dilatata d'Orb. sp.
Duvalia sp.
Lucina sculpta Phil.
Collyrites sp.

L'*Aptychus angulicostatus* pullule en certains points.

Cette faune est celle de l'Hauterivien en Andalousie, de la Drôme, etc. Elle a été signalée dans la province de Constantine par M. Blayac, au Dj. Djaffa.

J'ai recueilli en plusieurs autres points la même faune, notamment entre Arlal et Aïn-Temouchent.

Barrémien. — A la faune néocomienne succède, dans les argiles d'Arlal, une faune d'ammonites ferrugineuses, assez riche, qui caractérise le Barrémien.

Je puis citer :

Lytoceras aff. *crebrisulcatum* Uhlig.
Lytoceras sp.
Phylloceras Serum Oppel.
Phylloceras Rouyanum d'Orb.
Phylloceras infundibulum d'Orb.
— *Paquieri* Sayn.
Desmoceras difficile d'Orb.
Desmoceras gr. du *difficile* d'Orb.
Desmoceras (Sonneratia) Grossouvrei Nicklès.
Desmoceras (—) du gr. de *Grossouvrei* Nick.
Desmoceras Nabdalsa Coq.
— *strettostoma* Uhlig.
Desmoceras cassidoides Uhlig.
Desmoceras Blayaci Kilian.
— *vocontium* Lory et Sayn.
— *Gouxi* Sayn.
— *Angladei* Sayn.
Pulchellia compressissima d'Orb.
Puchellia Sauvageaui Hermite.
Pulchellia (Heintzia) provincialis d'Orb. sp.
Pulchellia aff. *Ouachensis* Coq.
Silesites Seranonis d'Orb.
Silesites jeune sp.
Silesites ? sp.
Holcodiscus alcoyensis Nicklès.
— *diverse-costatus* Coq.
— *Gastaldii* d'Orb.

Holcodiscus metamorphicus Coq.
— *Sophonisba* Coq.
— aff. *intermedius* d'Orb.
Puzosia nov. sp.
Leptoceras Cirtæ Coq.
Ptychoceras læve Matheron.
Macroscaphites striatisulcatus d'Orb.
— *Ficheuri* Sayn.
Duvalia Grasi Duv.
Hibolites sp.

Cette faune a un cachet nettement barrémien. Les espèces assez nombreuses de Pulchellia et d'Holcodiscus ne laissent pas de doutes à cet égard. Elle est plus particulièrement remarquable par ses Holcodiscus et se rapproche, à ce point de vue, de la belle faune signalée par M. Blayac au Djebel Taya (Constantine).

La faune barrémienne d'Arlal a encore des affinités avec celle du Djebel Ouach, près de Constantine, de la Querola (Alicante).

D'autres points du Tessala offrent des ammonites barrémiennes généralement en succession directe aux assises hauteriviennes citées plus haut.

Aptien et Gault. — Les argiles à faune barrémienne d'Arlal sont surmontées d'une série d'assises argileuses puis d'argiles avec nombreuses intercalations de lits de grès dans lesquels je n'ai pas trouvé de fossiles.

Les premières représentent très probablement l'Aptien, les deuxièmes le Gault.

La même succession se répète à l'extrémité occidentale de la chaîne du Tessala, dans les « Gorges de la Tafna ». Il y a là une succession d'assises anciennement englobées sous le nom de Terrain de Tahouaret et où j'ai découvert une Crassatelle qui appartient, d'après M. Munier-Chalmas, à l'Aptien et au Gault ; j'ai, en outre, recueilli, après des recherches patientes, un bivalve assez mal conservé qui rappelle *Inoceramus concentricus* Park. du Gault.

Dans la partie orientale de la chaîne du Tessala ces deux étages paraissent encore très bien représentés surtout dans le Djebel Bou-Hanech, mais je n'ai pu y découvrir les moindres traces de débris organisés.

Cénomanien. — Le Cénomanien est constitué par des lits ou bancs de calcaires marneux gris avec silex noirs intercalés de lits de marne dure de même couleur. Ce terrain se montre dans la vallée de Feïd el Ateuch, entre la chaîne du Tessala (Sebaa-Chimlek) et la chaîne du Skouna. Il recouvre là des lambeaux triasiques. J'y ai recueilli des tronçons de Bélemnites et des Ammonites du G. *Schlœnbachia* qui caractérise le Gault supérieur ou le Cénomanien inférieur. D'autre part, ce terrain rappelle le Cénomanien du Tell algérien, identique de faciès à celui du massif de Miliana, de l'Atlas de Blida, de la Kabylie, etc.

Ce terrain présente un plus fort développement dans l'est de la chaîne du Tessala, au Djebel Bou Hanech, etc., en superposition directe aux argiles et grès du Gault.

Sénonien. — Enfin, les marno-calcaires du Sénonien sont recouverts par des argiles schisteuses avec petits lits ou gros rognons de calcaire. Je n'ai jamais, malgré mon attention, pu y découvrir de fossiles, mais ces argiles rappellent identiquement les argiles schisteuses du Sénonien qui se montrent dans tout le Tell de l'Algérie, notamment dans le massif de Miliana, de Blida, la Kabylie, etc.

Le Sénonien est surtout développé dans le bassin de la Tafna, sur la bordure du massif des Traras, dans la vallée de Feïd el Ateuch, de la chaîne du Tessala (1).

M. le Dr C. GERBER

Professeur suppléant à l'École de Médecine à Marseille.

SUR LE DIMORPHISME SEXUEL DES FLEURS DU ROMARIN (ROSMARINUS OFFICINALIS L.)

[581.4]

— *Séance du 8 août* —

Les labiées ont leur androcée conformé suivant deux types bien distincts : les unes ont, en effet, quatre étamines, tandis que les autres n'en ont que deux. Les espèces à quatre étamines ont été étudiées au point de vue du dimorphisme sexuel par Darwin surtout, et l'on sait quelles intéressantes observations le savant naturaliste anglais a faites sur le thym en particulier, observations qui lui ont permis d'établir l'existence de deux sortes de fleurs : les unes hermaphrodites, les autres, plus petites, femelles.

Nous nous sommes demandé s'il ne serait pas possible d'observer, dans les labiées à deux étamines, des faits de même ordre. Le romarin est vivace et fleurit presque toute l'année ; il y avait par suite bien des chances pour que les agents physiques (température, état hygrométrique, etc.) influent d'une façon plus sensible sur sa fleur, que sur celle d'une plante annuelle fleurissant à un moment bien déterminé de l'année. Si nous ajoutons que le romarin abonde aux environs de Marseille, nous aurons donné les raisons pour lesquelles nous nous sommes adressé de préférence à cette plante.

Une fleur normale de romarin présente deux étamines à filet très long, terminé par une demi-anthère, laquelle est située bien au-dessus de la gorge

(1) La stratigraphie des terrains tertiaires du bassin de la Tafna sera résumée dans une note ultérieure.

de la corolle, au niveau du stigmate. Ces étamines sont portées par une corolle bien développée et largement ouverte.

Dans les derniers jours de l'hiver, en mars 1900, nous rencontrâmes un grand nombre de pieds de romarin présentant des fleurs à corolle beaucoup plus petite que dans les fleurs normales (environ deux fois), bien moins ouvertes, et chez lesquelles l'extrémité stigmatique du pistil n'était pas accompagnée des deux masses jaunes anthériques que nous avions l'habitude de rencontrer chez les fleurs à grande corolle. En regardant de près, on distinguait, sortant à peine de la gorge, les deux anthères plus ou moins atrophiées portées par un filet extrêmement court. Nous avons représenté *(fig. 1)* la partie supérieure d'une fleur semblable, fendue et à moitié étalée. Pour juger de la différence d'aspect existant entre cette fleur femelle et la fleur normale, il suffit de comparer cette figure à la figure 2, représentant la partie supérieure fendue et à moitié étalée d'une fleur ordinaire. A côté de ces fleurs à deux étamines très réduites, nous en avons trouvé quelques-unes, rares en vérité, chez lesquelles une seule étamine était atrophiée, la seconde portant comme dans les fleurs normales sa demi-anthère à l'extrémité d'un très long filet. La figure 3 représente une semblable fleur. On voit que la corolle est intermédiaire comme dimensions à celle des fleurs ordinaires et à celle des fleurs aux deux étamines réduites.

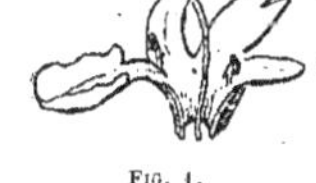

FIG. 1.
Fleur anormale de romarin (gr. lin. 2/1).

FIG. 2.
Partie supérieure d'une fleur normale de romarin (gr. lin. 2/1).

FIG. 3.
Fleur normale de romarin (gr. lin. 2/1).

Nous trouvons donc bien dans le romarin, type à deux étamines incomplètes, les mêmes phénomènes de dimorphisme sexuel que dans le thym, type à quatre étamines, certaines fleurs, petites, pouvant être considérées comme femelles, tandis que les autres, grandes, sont hermaphrodites.

Quelle est la cause de ce dimorphisme sexuel ? Certes, cette question est grave, et nous n'avons pas la prétention de la résoudre. Cependant, nous ne pouvons pas résister au désir de présenter les quelques observations que nous avons faites cette année, car cela nous permettra d'attirer l'attention sur un des *facteurs contribuant peut-être à la formation d'un état gynodioïque chez les espèces dont les étamines sont portées par la corolle.* Ces observations sont les suivantes :

1° Le plus souvent, toutes les fleurs du même pied de romarin sont : ou à grande corolle et hermaphrodites, ou à petite corolle et femelles.

2° Les pieds à fleurs femelles se trouvent, de préférence, à une certaine altitude, sur les pentes élevées des collines protégées contre le soleil et exposées aux vents froids du nord-ouest (mistral).

3° Les pieds à fleurs hermaphrodites, beaucoup plus abondants que les premiers, se rencontrent de préférence dans les régions moins élevées : au fond des vallons ou sur les flancs abrités du mistral et exposés au soleil des collines peu hautes.

4° Un grand nombre de pieds qui, aux derniers jours de l'hiver, alors que nous sortions d'une période de froid assez vif, avaient présenté des fleurs petites, femelles, nous ont offert, en été, un mélange de fleurs hermaphrodites et de fleurs femelles.

Ces observations nous autorisent à admettre l'hypothèse que les différences de température jouent peut-être un rôle important dans la constitution du dimorphisme sexuel des fleurs du romarin, et cela d'autant plus qu'aucune des principales théories présentées pour expliquer ce dimorphisme chez les labiées à quatre étamines ne nous semble pouvoir s'appliquer au cas du romarin. Voici, en effet, ce que Hermann Müller dit au sujet du *Glechoma hederacea* L. :

Dagegen kann man sich die Kleinblumigen, weiblichen Stöcke sehr wohl aut folgende Art entstanden denken :

Von verschiedenen an demselben Standorte wachsenden Blüthen derselben Pflanzenart werden von anfliegenden Insekten. diejenigen, welche die augenfälligsten Blüthen haben, zuerst besucht, sind daher die Blüthen einiger Stöcke, vielleicht wegen mangelhafterer Ernährung derselben, kleiner als die der anderen, so werden sie durchschnittlich zuletzt besucht. Wenn daher die Pflanze so reichlichen Insektenbesuch an sich lockt, dass Fremdfestäubung durch proterandrische Dichogamie völlig gesichert, Sichselbstbestäubung dagegen völlig nutzlos geworden ist, so sind die Staubgefässe der zuletzt besuchten, kleinblumigen Stöcke für die Befruchtung der Pflanzen völlig nutzlos, und da die Ersparung nutzloser Organe für jedes organische Wesen von Vortheil ist, so kann natürliche Auslese das völlige Verkümmern der Staubgefässe der kleinblumigeren Stöcke bewirken (1).

On voit donc que, pour cet habile observateur, primitivement, il y a eu diminution dans les dimensions de certaines corolles, sans altération des étamines. Les insectes, attirés par les fleurs les plus voyantes, n'allaient butiner les fleurs à petite corolle qu'après s'être chargés de pollen pendant de nombreuses visites antérieures sur les grandes fleurs. La fécondation de ces petites fleurs étant ainsi assurée par un pollen étranger, l'autofécondation devenait inutile pour elles, d'où inutilité de leurs étamines, qui ont

(1) *Die Befruchtung der Blumen durch Insekten*, p. 319.

avorté par sélection naturelle. Malheureusement, les insectes visiteurs sont très rares, à la fin de l'hiver, au moment de la grande apparition des fleurs femelles de romarin et si, autrefois comme aujourd'hui, ces petites fleurs ont été précoces, il est peu probable qu'elles aient reçu de fréquentes visites.

Certes, pareille objection ne peut pas être faite à la théorie de Hildebrand, laquelle explique par la protérandrie des fleurs hermaphrodites la formation des pieds à fleurs femelles plus petites. En effet, comme l'a si bien dit Hermann Müller (1), la théorie de Hildebrand repose sur l'enchaînement des faits suivants : Il n'y à aucun stigmate mûr à l'époque où les premières fleurs d'une plante protérandre ouvrent les loges de leurs anthères ; les étamines fonctionnent donc en pure perte et, comme la disparition d'un organe inutile est un avantage pour l'individu, les étamines des fleurs les plus précoces d'une plante protérandre peuvent avorter par sélection naturelle. Mais, cette théorie, très bonne pour expliquer l'abondance des fleurs femelles de la fin de l'hiver, ne peut pas s'appliquer à celles qui apparaissent, mélangées aux fleurs hermaphrodites, au cours de l'été. Reste la théorie que Darwin donne au sujet de *Thymus Serpyllum* L., et de *Satureia hortensis* L. Ayant observé que les pieds femelles de ces deux plantes donnent beaucoup plus de graines que les pieds hermaphrodites, il en conclut que « l'augmentation de la fécondité semble être la cause probable de la formation et de la séparation des sexes (2) ». Il nous a été impossible de vérifier si, chez le romarin, les pieds femelles sont plus féconds que les pieds hermaphrodites ; mais, en prenant à maintes reprises un même nombre des deux sortes de fleurs, nous avons constaté constamment que les fleurs hermaphrodites donnaient toujours plus de graines que les fleurs femelles ; aussi sommes-nous plutôt porté à penser que *la production des fleurs femelles est due, chez le romarin, aux conditions défectueuses auxquelles est soumise la plante à un certain moment et que, parmi ces conditions, le froid joue un grand rôle. Ce serait, en un mot, une sorte de castration* a frigore *frappant les étamines ; le froid agirait, dans le bouton floral très jeune, en contrariant la croissance de la corolle et des étamines qui en sont une dépendance, alors que le pistil, mieux protégé, ne souffrirait en aucune façon.*

Quelle que soit la cause du dimorphisme des fleurs de romarin, il reste acquis que cette plante, tout comme le lierre terrestre, le serpolet, la sarriette et quelques autres labiées à quatre étamines, présente deux sortes de fleurs : *des fleurs femelles petites et des fleurs hermaphrodites deux fois plus grandes, portées le plus souvent sur des pieds différents ; en un mot, le romarin est gynodioïque, ou du moins, tend à le devenir.*

(1) *Die Befruchtung der Blumen durch Insekten*, p. 326.

(2) *Des différentes formes de fleurs*. Trad., p. 311.

Il nous a été donné d'observer, sur les fleurs de romarin, une seconde sorte d'anomalie qui peut jeter un certain jour sur la façon dont s'est constituée la fleur de cette labiée et sur la nature des diverses parties formant l'étamine du romarin.

On sait que chacune des deux étamines de la plante dont nons parlons, se compose d'une région mince, effilée présentant très près de sa base un petit éperon, tandis que son extrémité supérieure supporte une demi-anthère. Certaines fleurs de romarin nous ont offert, sur une de leurs deux étamines, la seconde moitié d'anthère qui manque ordinairement. Nous avons représenté dans les figures 4 et 5, la partie supérieure ouverte

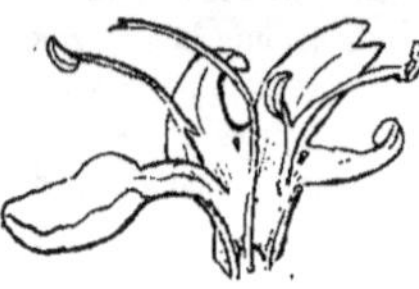

FIG. 4.
Partie supérieure d'une fleur anormale de romarin (gr. lin. 2/1).

FIG. 5.
Partie supérieure d'une fleur anormale de romarin (gr. lin. 2/1).

de deux de ces fleurs. Si l'on compare, dans ces deux figures, l'étamine anormale à l'étamine normale, on voit que la première ne présente plus d'éperon. On est donc porté à penser que l'éperon est devenu un connectif terminé par une demi-anthère ; mais, comme cette dernière est attachée beaucoup plus haut que l'éperon de l'étamine normale, on est obligé d'admettre que cet éperon s'est déplacé en se transformant ; il est remonté jusqu'au milieu de la partie effilée de l'étamine dans la fleur représentée fig. 4, et jusqu'à son extrémité supérieure dans la fleur représentée fig. 5. Il nous est, par suite, difficile de considérer toute la région de l'étamine normale, comprise entre l'éperon et l'anthère, comme un connectif semblable à celui des sauges, portant une loge d'anthère fertile seulement à son extrémité supérieure, son extrémité inférieure n'étant autre que l'éperon, tandis que le filet serait réduit à la portion de l'étamine comprise entre son insertion sur la corolle et cet éperon. Pour nous, le support tout entier de la moitié d'anthère des fleurs ordinaires doit être considéré comme le filet, duquel se détachent, à deux hauteurs différentes, les loges anthériques avec leur connectif, connectif et loge correspondante étant d'autant plus atrophiés qu'ils se séparent du filet plus près de la base.

Quoi qu'il en soit de cette hypothèse, il est hors de doute que les fleurs anormales représentées fig. 4 et 5 ne sont autre chose qu'un retour incomplet vers un état antérieur; l'ancêtre du romarin possédait donc deux étamines entières. Nous ferons remarquer que ces fleurs anormales ont une corolle dont les dimensions sont les mêmes que les fleurs hermaphrodites ordinaires. Cela a une certaine importance. Si, en effet, comme le pense Hermann Müller, la diminution dans les dimensions de la corolle a précédé l'atrophie des étamines des petites fleurs femelles de labiées, cette diminution doit déjà se rencontrer chez les fleurs ordinaires de romarin, puisque ces fleurs ont des étamines réduites, par rapport aux fleurs ancestrales à deux étamines entières. Par suite, on devrait constater, dans les fleurs représentées fig. 4 et 5, une corolle plus grande que dans les fleurs ordinaires *(fig. 2)*, ce qui n'est pas.

D'autre part, ces fleurs anormales ne sont jamais qu'en très petit nombre, disséminées çà et là au milieu d'une très grande quantité de fleurs ordinaires. Nous ne pouvons donc pas, ici, pour expliquer leur formation, invoquer des variations de température, de composition chimique du sol ou d'humidité.

D'où provient le romarin ? — On rencontre presque toujours, à la place des deux étamines supérolatérales des labiées à quatre étamines, dans la fleur du romarin, deux petites proéminences en forme de marteau à manche très court, que nous sommes obligé de considérer comme deux staminodes, puisque dans les sauges, type à évolution parallèle, ces deux proéminences deviennent parfois deux étamines. Autant que nous sachions, on n'a jamais constaté, pour les deux staminodes de la fleur de romarin, le retour à l'état d'étamines fertiles ; l'atrophie des deux étamines latéro-supérieures paraît donc beaucoup plus ancienne, parce que plus fixée, que la transformation d'une des demi-anthères de chaque étamine inférieure en éperon. Cela nous amène à croire que le romarin provient d'une labiée ancestrale à quatre étamines ayant chacune deux demi-anthères séparées par un connectif court ; par l'avortement des deux étamines supérolatérales, est né un type à deux étamines complètes voisin du genre actuel *Monarda* ; puis les deux demi-anthères de chacune des deux étamines restantes se sont écartées par élargissement du connectif, si bien qu'elles se sont trouvées portées aux deux extrémités d'une fourche dont le manche constituait le filet. Ce type relativement récent réapparaît plus ou moins complet, de temps en temps *(fig. 5)* ; puis, des deux moitiés du connectif, l'une s'est séparée du filet plutôt que l'autre et a subi un raccourcissement *(fig. 4)* ; enfin, la séparation de cette moitié du connectif se faisant de plus en plus vers la base du filet, il en est résulté un raccourcissement de plus en plus fort de ce connectif et une atrophie de plus en plus grande de la demi-anthère correspondante ; finalement, il n'est plus resté qu'un éperon, dernier vestige de la demi-étamine avortée, tandis que l'autre loge d'anthère restait aussi active, à l'extrémité du filet toujours aussi long. Tel est le type actuel hermaphrodite à grandes fleurs.

Toutes ces modifications successives se sont produites lentement, dans toutes les fleurs, par le développement normal et lent d'une tendance que les labiées présentent à devenir femelles (1).

Cette tendance s'est brusquement exagérée, probablement sous l'action du froid, chez certaines fleurs de romarin qui ont vu les deux étamines incomplètes diminuer considérablement de longueur et la demi-anthère de chaque étamine devenir de plus en plus petite et rabougrie. Cette tendance à l'atrophie des organes a frappé en même temps la corolle des mêmes fleurs ; elle est devenue deux fois plus petite, d'où la formation de deux types : fleurs femelles à petite corolle et fleurs hermaphrodites à grande corolle.

Il suffit de comparer les étamines atrophiées du type femelle (*fig. 6*) aux staminodes supérieurs de la fleur de romarin (*fig. 7*), pour voir qu'il reste

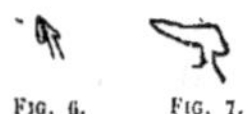

FIG. 6. FIG. 7.

FIG. 6. — Étamine atrophiée d'une fleur femelle (gr. lin. 2/1).
FIG. 7. — Staminode supérieur des fleurs de romarin (gr. lin. 8/1).

peu de chose à faire pour que, dans la fleur femelle, les quatre étamines de la labiée primitive (nous pourrions même dire les cinq) soient réduites à l'état de staminodes ; à ce moment, la gynodiœcie sera établie aussi solidement chez le romarin, dont la fleur hermaphrodite possède deux demi-étamines, qu'elle se trouve l'être chez le thym à fleur hermaphrodite possédant quatre étamines complètes.

M. Edmond GAIN.

Maître de conférences à la Faculté des Sciences de Nancy.

SUR LES GRAINES DE L'ÉPOQUE MÉROVINGIENNE [581.3(44.01)]

— Séance du 3 août —

Les traités de botanique les plus autorisés et les plus récemment publiés en France admettent ordinairement que les graines gardent parfois leur pouvoir germinatif pendant des périodes de treize à seize siècles. Cette

(1) Le type labiée à quatre étamines d'où nous somme parti, a été lui-même précédé d'un type à cinq étamines, par suite moins femelle, comme le prouve l'existence d'un staminode supérieur chez quelques labiées.

assertion est appuyée sur un travail relatant les germinations qui ont été obtenues vers 1835 à l'aide de graines récoltées dans des tombeaux de l'époque mérovingienne.

Cette note a pour but d'établir que les expériences, admises comme exactes par les auteurs, n'ont pas été réalisées dans des conditions scientifiques telles qu'elles doivent entraîner la conviction.

Le mémoire qui a vulgarisé les expériences relatives aux graines antiques (1) est dû à Ch. Des Moulins, ancien président de la Société Linéenne de Bordeaux

Les auteurs des expériences faites en France n'ont pas tous publié leurs résultats, de sorte que c'est le mémoire précédent qui est toujours cité à propos de ce sujet; nous le discutons ici spécialement.

Il mentionne quatre localités seulement qui ont fourni, avant 1846, des exemples connus de la germination des graines anciennes : La Monzie (1835), Saint-Lazare (1835), Coudes (1840), Maiden-Castle (1834).

Depuis cette époque existe-t-il des expériences authentiques et publiées, relatives à des germinations obtenues à l'aide de graines d'une ancienneté comparable? Nous n'en connaissons pas, et cependant, les découvertes de tombes antiques ont été nombreuses depuis cinquante ans. A la suite de l'affirmation de Des Moulins, l'attention a été attirée sur ces possibilités de germination, et il est vraisemblable qu'un certain nombre d'essais suivis d'insuccès ont pu être faits. Cette simple note gagnerait en utilité, si elle pouvait décider quelques botanistes à publier le résultat de leurs expériences, ou à en entreprendre de nouvelles.

D'ailleurs, une série de nouvelles expériences négatives n'auraient qu'une valeur relative. Il est évident, en effet, qu'une seule expérience qui aurait été bien faite suffirait ici à établir la possibilité d'une germination, quand bien même on ne réussirait plus à en réaliser une seconde pour la confirmer.

C'est sans doute l'opinion de ceux qui ont une tendance à admettre définitivement comme classiques les exemples cités par Des Moulins.

On voit qu'il importe beaucoup de soumettre ces expériences à une critique rigoureuse ; d'autant plus que les résultats indiqués ne semblent pas avoir été confirmés depuis par d'autres.

Trois cas peuvent se présenter :

Premier cas. — Ces expériences sont d'authenticité et de valeur scientifique suffisantes pour être admises. Dans ce cas, elles pourront longtemps subsister, quels que soient les effets concluant différemment qui pourront venir à la suite.

(1) DES MOULINS. — *Documents relatifs à la faculté germinatrice conservée par quelques graines antiques.* 1 br. Juillet 1846 ;
Actes de la Soc. Linn. de Bordeaux. Avril 1835.

Deuxième cas. — Ces expériences sont d'une authenticité très discutable. Il suffira évidemment de faire des expériences plus rigoureusement conduites pour que le résultat nouveau puisse les atteindre et même les annuler ou les confirmer. Le manque d'authenticité suffisante pourra même, moralement, les annuler auprès de certains esprits.

Troisième cas. — Les expériences sont viciées d'une façon évidente et ne méritent aucune créance. Dans ce cas, elles seraient très dangereuses, puisqu'elles entraveraient la solution réelle de la question du pouvoir germinatif et de la longévité des graines, questions physiologiques importantes encore à l'étude.

C'est surtout cette dernière considération qui nous amène à poser la question d'authenticité et à solliciter des contradicteurs. A notre époque, où la biologie cellulaire est à l'ordre du jour, il semble qu'il y a un certain intérêt philosophique à chercher d'une façon définitive si la cellule, à l'état de vie ralentie, avec ou sans période de suspension d'activité, peut, après douze ou treize siècles, repasser à la vie active.

Il est permis de remarquer, d'ailleurs, qu'actuellement l'idée qu'on se fait de la chimie et de la mécanique cellulaires cadre assez peu avec la possibilité d'un tel réveil germinatif. Il n'existe aucun phénomène connu d'enkystement cellulaire ou de reviviscence qui puisse approcher, comme durée, de celui qui est ici en cause (1).

Dépôt des graines trouvées à La Monzie-Saint-Martin (Dordogne). — Les tombeaux ouverts en 1834 avaient plus de douze siècles d'ancienneté. Il y avait trois types de sépultures. Les tombes en pierre, d'une seule pièce, ne renfermaient point de graines.

Deux autres types de tombes faites avec quatorze briques renfermaient des graines. Les trois briques du fond du cercueil reposaient sur du ciment; à l'endroit de la tête du squelette, on a trouvé un trou rond, en forme de godet, ménagé dans le ciment. Ce trou contenait deux poignées de graines sur lesquelles reposait l'occiput du squelette. Le dépôt de graines affectant le même dispositif dans diverses tombes, il y a lieu d'admettre que des graines de l'époque mérovingienne ont été déposées au moment des inhumations. Il faudra seulement remarquer que ces tombeaux en briques sans rebord ont pu être visités par des rongeurs... insectes..., de sorte que quelques graines étrangères au dépôt mérovingien ont pu venir s'y ajouter. Les graines de chaque tombeau n'ont pas été séparées, ni comparées, en vue de vérifier leur nature. On n'a pas expérimenté sur des lots différents.

(1) M. Maquenne vient de publier après que ces lignes étaient rédigées, un article sur la germination (*Annales agro.* 7, 1900). Les conclusions intéressent la question de longévité des graines, mais ne sont pas définitives.

Intermédiaires. — M. l'abbé Audierne, archéologue, appelé par M. de Marcillac, propriétaire du terrain, assista à l'ouverture d'un tombeau en briques que les ouvriers avaient dégagé.

« *Il recueillit* (1) *avec soin toutes les graines qui se trouvaient dans la tombe*, tant en-dessus qu'au-dessous de la brique qui supportait la tête du mort. »

On voit que la récolte n'a pas consisté seulement dans le paquet de graines sur lequel reposait la tête.

L'abbé Audierne n'a rien écrit; il a raconté la chose à Des Moulins, qui mentionne encore les détails suivants :

« Les graines *paraissaient* appartenir à des végétaux différents, mais, faute d'avoir à sa portée quelqu'un qui pût les déterminer, M. Audierne se proposa de les conserver jusqu'à ce qu'il se présentât une occasion favorable. Au bout de deux jours, un grand nombre de ces graines commençaient à germer dans le papier dont il les avait enveloppées. Il décida donc de les faire semer immédiatement dans deux pots à fleurs et dans une plate-bande du jardin de M. Rousseau, pépiniériste à Bergerac. Plusieurs mois après, M. Audierne revint à Bergerac et trouva un grand nombre de graines levées et quelques pieds en fleurs et en fruits. »

Il est singulier qu'on ne puisse pas affirmer s'il y avait plusieurs types de graines et quel en était le nombre. Ce fait important aurait pu être vérifié par la suite, et l'on aurait pu comparer les graines récoltées dans l'expérience précédente avec le reste des graines trouvées. Il en restait, car M. Jouannet, de Bordeaux, en a donné, par la suite, à un contemporain, M. Brard, pour répéter l'expérience. On n'a pas confronté le lot des graines de semis et les graines récoltées.

On peut, en outre, appeler l'attention sur ce fait que *des graines sèches, conservées avec soin dans du papier, ne peuvent pas germer*.

Or, les graines mérovingiennes étaient évidemment sèches puisqu'elles s'étaient conservées depuis des siècles. Comment expliquer cette germination de graines humides. Nous croyons que le tombeau était resté ouvert un peu avant la récolte des graines. On peut craindre que des graines étrangères aient été poussées dans le tombeau par le vent ou par accident. Ces graines étrangères pourraient bien être celles qui ont germé dans le papier, et ne provenaient pas, en réalité, du lot de graines mérovingiennes, M. Audierne ayant récolté « toutes les graines qui se trouvaient dans la tombe ». Si cette hypothèse n'était pas exacte, il faudrait admettre que les graines mérovingiennes ont été humectées accidentellement après la récolte, et on peut se demander encore si les soins et la surveillance ont été suffisants pour empêcher toute addition frauduleuse ou accidentelle de quelques

(1) Des Moulins, *Loc. cit.*

autres graines. On peut craindre, en outre, de n'avoir, dans le texte de Des Moulins, que des renseignements approchés ou incomplets sur les causes d'erreurs qui ont pu survenir entre le moment de la trouvaille et le moment de la germination.

D'autre part, l'expérience de semis a été des moins précises et aussi peu démonstrative que possible. Des graines en germination et des graines non germées, toutes de noms inconnus, ont été semées dans de la terre de jardin qui, peut-être, renfermait déjà ces graines. Plusieurs plantes ont poussé à cet endroit et, plusieurs mois après, on a reconnu leurs noms à leurs fleurs. On en déduit le nom des graines antiques.

Il me semble qu'on peut résumer la critique de cette expérience de la façon suivante en faisant deux objections :

1° Il n'est pas certain que les graines sur lesquelles on a constaté une germination soient des graines mérovingiennes; accidentellement, des graines modernes ayant pu s'adjoindre aux vraies graines mérovingiennes qui ont été recueillies. Cette hypothèse semble être la réalité;

2° Si l'on admet que le lot des graines mérovingiennes n'a pas reçu d'apport étranger accidentel, une cause d'erreur subsiste, mais le fait de germination serait acquis.

A. On n'a pas déterminé le nom des graines récoltées et on n'est pas certain que les plantes obtenues sur sol de jardin soient issues des graines germées, semées.

B. Étant donnée la nature des trois plantes obtenues : *Lupuline*, *Centaurée*, *Héliotrope*, on peut faire remarquer que les graines de ces espèces sont fréquentes dans les sols cultivés. On peut ajouter, en outre, que ces espèces n'ont jamais été signalées par les archéologues comme ayant figuré dans des tombeaux (1). Et, cependant, le nombre est considérable des graines authentiques qui, ailleurs, ont toujours été reconnues sans l'aide d'une expérience de germination. L'association de ces trois graines dans les sépultures n'a pas été non plus expliquée.

C. L'expérience ici rappelée n'a pas été admise comme authentique par des contemporains tels que Aug. Pyr. de Candolle. Ce qui fait qu'elle est encore prise en considération aujourd'hui, c'est que l'expérience a été faite une seconde fois, à la même époque, par P. Brard, et qu'elle a donné un résultat presque semblable (Lupuline et Héliotrope ont germé, on n'a pas obtenu de Bleuet).

Cette seconde expérience a présenté un caractère nouveau. L'expérimentateur a fait bouillir pendant deux heures le sol où il a semé ses graines. Ce mode d'opération semble avoir fixé la conviction des lecteurs du mémoire relatif à ces germinations. Il est facile de voir que, malgré cette

(1) G. Buschan. — Vorgeschichtliche Botanik der Cultur und Nutzpflanzen der alten Welt auf Grund prähistorischer Funde.

précaution, l'expérience ne répond pas à la première objection. Si, en effet, les graines récoltées comprenaient des graines mérovingiennes additionnées de graines d'origine récente, ces dernières se retrouvent dans l'expérience de M. Brard comme dans l'expérience de M. Rousseau, M. Brard n'ayant pas vérifié non plus quels étaient les divers types semés et si tous ont donné des plantes.

L'expérience de Brard ne répond pas non plus à la seconde objection. L'ébullition de la terre d'ensemencement pendant deux heures avait-elle assuré la destruction de toutes les graines qui pouvaient se trouver mélangées à la terre? Personnellement nous ne le croyons pas. Dans des expériences de stérilisation de terre de jardin, il nous est arrivé de constater que des graines peuvent conserver leur pouvoir germinatif après avoir supporté pendant deux heures la température d'ébullition de l'eau.

Il nous a paru que les résultats de ces expériences varient beaucoup suivant les lots de graines, âge de récolte, ancienneté de dessiccation. Mais, nous sommes d'autant plus certain de cette affirmation, qu'elle est corroborée par des expériences analogues, inédites, de M. Schribaux, qui est parvenu à obtenir des germinations avec des graines de trèfle qui avaient subi une ébullition de huit heures (1). Ainsi l'expérience de M. Brard n'apporte pas un fait nouveau imposant la conviction.

Je rappelle que Des Moulins lui-même a reconnu (p. 7) « que les expériences de M. Audierne n'ont pas été faites avec toutes les précautions susceptibles d'établir irrécusablement leur authenticité. »

Ces expériences, peu précises, de germination de graines antiques semblent, en outre, incompatibles avec les expériences faites avec toutes les garanties désirables par Alphonse de Candolle. Cet auteur a mis à germer 368 espèces de graines âgées seulement de quinze ans et conservées avec beaucoup de soins en vue de cette destination.

Or, 17 espèces seules manifestèrent leur pouvoir germinatif et dans de faibles proportions.

Si nous cherchons dans la liste des essais quelques renseignements sur les espèces ou les familles signalées par Des Moulins, *Centaurée*, (composée), *Lupuline* (Légumineuse), *Héliotrope* (Borraginée), nous voyons ce qui suit :

Sur 45 Composées mises en expériences par de Candolle, dont 3 Centaurées *(C. atropurpurea, C. dealbata, C. sempervirens)*, 3 *Artemisia* et 3 *Pyrethum*, aucune n'a germé.

Sur 4 Borraginées et 4 Euphorbiacées, aucune n'a germé.

Sur 30 Labiées, une seule (*Nepeta*) a germé.

Il est vrai que, sur les 45 Légumineuses, 9 ont germé, et parmi elles un

(1) On peut voir le graphique manuscrit de cette expérience à l'Exposition universelle (Palais de l'Enseignement, Laboratoire d'agriculture de l'Institut agronomique).

Medicago ; mais, sur 12 *Trifolium*, 2 seulement ont manifesté leur pouvoir germinatif.

Les essais sur les Scrofulariées, Ombellifères, Caryophyllées, Crucifères, Graminées, ont porté sur dix espèces de chaque famille et n'ont donné aucune germination.

Quelques expériences récentes faites par M. Ed. Bonnet, avec des graines de l'herbier de Tournefort, confirment ces résultats.

Si des graines, conservées dans de très bonnes conditions, ont donné si peu de germination après quinze ans d'âge, il est vraisemblable que la condition de conservation dans des tombeaux, où la putréfaction a réduit des cadavres humains à l'état de squelette, a dû produire des effets au moins analogues. Cette perte rapide de pouvoir germinatif de 351 espèces végétales, après quinze années seulement, semble donner quelques indications sur la loi de disparition de celui-ci.

Nous ne signalons ici que pour mémoire le fait cité par Boisduval (1) dans une causerie à la Société Botanique de France et rapporté par Duchartre, qui lui a donné une certaine publicité dans son *Traité de Botanique*. L'auteur « a recueilli à une grande profondeur, lors des fouilles dans le sol de la Cité, à Paris, une certaine quantité de terre qu'il a placée sous une cloche de verre, et il a vu se développer diverses plantes, notamment : *Mercurialis annua, Urtica urens, Juncus bufonius* ». On voit que rien ne démontre l'antiquité de ces graines qui, d'ailleurs, peuvent provenir des éboulis qui se produisent dans toutes les fouilles, car la terre des villes les renferme ordinairement. Cette observation ne peut donc pas être rapprochée de celles qui concernent les graines des sépultures.

Il semble donc permis de refuser aux expériences des graines de La Monzie l'authenticité que des botanistes leur accordent encore.

D'autre part, la lecture du compte rendu de l'autre expérience faite par Brard, avec les graines du tombeau de Saint-Lazare, montre assez que cette dernière expérience n'a guère de valeur. L'expérimentateur a ramassé des graines parmi les débris d'une verrerie brisée tombée sur de la terre argileuse remuée. Après le semis, on a constaté que de la Mercuriale a poussé sur la terre arrosée.

L'expérience faite avec les graines de Coudes (Auvergne) n'est racontée que très insuffisamment et sans détails (2). Elle prête à toutes les suspicions.

Quant à celle de Maiden-Castle, elle n'est connue que par une mention de quelques lignes dans un journal anglais de 1836 (3).

(1) *Bull. Soc. Bot. de Fr.*, 1860, p. 301, et Duchartre : *Traité de Botanique*.

(2) De Caumont. — *Cours d'Antiquités monumentales*, t. VI, p. 245. 1841.
Les plantes obtenues sur terre de jardin ont été le *Romarin* et la *Camomille*.

(3) *L'Hermès*, n° 41, 21 septembre 1836, p. 169, 2e colonne.
Ces graines provenaient de la *cavité ventrale* d'un squelette humain.
On aurait obtenu des *framboisiers* en semant ces graines.
Nous regrettons de manquer de renseignements sur cette expérience.

Dans l'intérêt scientifique de la question de la germination des graines anciennes, il semble donc utile de formuler la conclusion suivante :

Quelle que soit l'opinion qu'on puisse avoir sur la théorie du pouvoir germinatif des graines, et sur la durée de celui-ci, *il n'y a pas actuellement d'expérience authentique, scientifiquement conduite, qui permette d'affirmer que les graines mérovingiennes ont pu germer après plus de douze siècles de conservation.*

Si l'on admet cette façon de voir, on peut se demander quelle est l'expérience ayant de l'authencité qui accuse chez les graines le plus long pouvoir germinatif connu.

A notre connaissance, c'est l'expérience faite par Desfontaines, professeur au Muséum. Il aurait obtenu, comme on le sait, en 1807, la germination d'un *Phaseolus* de l'herbier de Tournefort, cent ans environ après le dépôt de la plante dans l'herbier. M. Edmond Bonnet a retrouvé et nous a montré la trace de cette expérience mentionnée dans l'herbier de Tournefort. Desfontaines a écrit de sa main sur l'un des feuillets : « Ce haricot a germé après plus de cent ans. » L'expérience a été tentée à nouveau sans succès au Muséum avec deux graines du même haricot dans ces dernières années. Il ne semble pas que Desfontaines ait publié un compte rendu de son expérience. Si on manque de base pour en discuter la rigueur, il semble cependant que cette expérience puisse être admise. Elle sera, d'ailleurs, facile à vérifier par des expériences ultérieures.

Mlle Marguerite BELEZE

à Montfort-l'Amaury.

LISTE DES MOUSSES ET DES HÉPATIQUES DE LA FORÊT DE RAMBOUILLET ET DES ENVIRONS DE MONTFORT-L'AMAURY (Seine-et-Oise).

[588.2 + 588.3]

— *Séance du 3 août* —

Climacium dedroides. W. et M. — Bord des étangs des Morues (1) et du Roi (F. de R.) (2). Commun, mais toujours stérile.

Hypnum aduncum. Hedw. Tourbière du Maupas (Saint-Léger). F. de R. (Stérile) * (3).

(1) Dit aussi de la *Porte-Baudet.*

(2) F. de R. et Mt., sont les abréviations de Forêt de Rambouillet et de Montfort-l'Amaury, centres principaux, auxquels correspondent les autres localités.

(3) Les plantes marquées d'un * ont été trouvées par M. E. Jeanpert, le savant botaniste de la région parisienne.

H. Cupressiforme. L. — Talus herbeux, route des Pleins-Vaux aux étangs de Hollande. (F. de R.). Fertile. 20 avril 1894. — Troncs d'arbres, par terre : Méré, Galluis et Mt., etc.

H. piliferum. Schreb. — Troncs d'arbre, par terre, pied des murs. Commun dans toute la région; fertile. 8 avril 1875.

H. lutescens. Huds. — Talus du « *Chemin-Creux-de-Blûche* », à Mt. 20 mars 1894. Assez rare.

H. sericeum. L. — Troncs d'arbres, rochers, environs de Mt. et F. de R.; fertile. 18 février 1874. Commun.

H. Stöcksii. Turn. — Talus herbeux : « *Chemin-Creux-de-Blûche* », à Mt. Route du Grand-Maître, près Hollande (F. de R.); fertile. 10 mars 1891. Assez commun.

H. rutabulum. L. — Par terre. *Galluis*, les « *Capucins* », à Mt. Carrefour de la Croix-de-Villepair (F. de R.); fertile. Mars-avril 1876. Commun.

H. prælungum. B. E. — Talus de l'Ermitage, à Mt.; fertile. 26 février 1874. Assez commun.

H. illecebrum. Schw. — Talus, route de Saint-Léger, à Mt. Stérile * et assez rare.

H. splendens. Hedw. Talus, à Saint-Nicolas, près Mt. Stérile. Assez rare.

H. triquetrum. L. — *Saint-Nicolas*, près Mt. Route des Longues-Mares (F. de R.). Stérile, assez commun.

H. squarrosum. B. E. — Par terre; Méré, Saint-Nicolas, Mare Chantreuil, près Mt. 9 février 1874. Fertile, mais pas tous les ans.

H. Polyganum! Schp. — « *Mares-Moussues* », plaine de Mt. Fertile. 17 mai 1891. Rare. Talus à Mt. 4 mai 1890; fertile.

H. glareosum. B. E. — Bords de l'étang des Morues. — Fossés, route de Saint-Léger à Mt. 26 mars 1891. * Rare.

H. tenellum. Dicks. — Rochers, rocailles à Mt. 26 février 1874; fertile et assez commun.

H. riparium. L. — « *Saut-de-Loup* » de la Mormaire et parois de citernes à ciel ouvert et à moitié vides aux Quatre-Piliers (Les Haisettes), près Mt. Stérile et rare.

H. cuspidatum. L. — Vieux troncs d'arbres, par terre; commun dans toute la région; fertile, février 1873.

H. albicans. Neck. — *Chemin-Creux-de-Blûche*; route de Saint-Léger à Mt. Stérile et assez rare.

H. stramineum. Dick. — Tourbière du Maupas (Saint-Léger). F. de R. Stérile et rare.

H. Serpens. L. — Rochers ombragés à Mt. Fertile, février 1878. — Commun.

H. striatum. Sckreb. — *Chemin-Creux-de-Blûche*, à Mt. 30 mars 1891; fertile.

H. confertum. B. E. — Sur les pierres; *Chemin-Creux-de-Blûche*, près Mt.; talus, route Belsédène, près les Morues (F. de R.). Avril 1894; fertile et assez rare.

H. murale. Hedw. — Rochers ombragés à Mt. 14 février 1878. Commun, stérile.

H. purum. L. — Commun dans toute la région; fertile. 10 mars 1874.

H. bryoides. L. — Mêmes localités, dates et observations.

Thyidium abietinum. B. E. — (Idem).

Neckera complanata. B. E. — Ponts, route Mounereau. 25 mars 1894. * fertile. — Prairies du Maupas (Saint-Léger). Rare.

Fontinalis antipyretica. L. — Citerne aux Quatre-Piliers. Fertile. 3 septembre 1889. Rigoles, route des Fonds (F. de R.). Stérile et assez commun aux deux localités.

Polytrichum piliferum. Schr. — Vieux murs de la « *Brèche-des-Champs* », à Mt. Février 1874. (Plante de couleur *pourpre vif*, fraîche.) Fertile et rare.

P. juniperinum. Hedw. — Landes de bruyère. Mare-Chantreuil, près Mt. Route des Fonds, les « *Brûlins* », poteau de Hollande, le « *Maupas* », Saint-Léger (F. de R.). 29 mai ; fertile, commun.

P. commune. L. — Bruyères au « *Maupas* » (F. de R.). 29 mai 1891. Fertile et assez rare.

P. subrotundum. Hedw. — Montrôti, près Mt. 30 mai ; les « *Brûlins* », 6 mars 1890; fertile, commun.

P. formosum. Hedw. — *Sp. nov.* — Talus du carrefour de la Rotonde (F. de R.). 18 avril 1896 ; fertile et rare.

Pogonatum nanum. P. B. — Talus herbeux du carrefour du poteau des Deux-Châteaux. Fertile ♀. 29 mars 1896. Routes Monnereau. 9 octobre 1891, de la Verrerie à l'étang de la Tour. 14 novembre 1891. — « *Chemin-Creux-de-Blâche* », Mares-Moussues ; plaine de Mt. Fertile ♂, avril 1894. Très commun.

Atrichum angustatum. B. E. — Talus de la route de Saint-Léger à Mt. 25 avril 1894; fertile ? *.

A. undulatum. Hedw. — Bois autour de la Croix de Villepair; route Monnereau. 11 mars 1891. Mare-Chantreuil, près Mt. Fertile et assez commun.

Leucobryum glaucum. Hep. — Bois de *Pinus sylvestris*, de Grosrouvres et Mare-Chantreuil, près Mt. Carrefour du Sycomore (F. de R.). Stérile et commun.

Diphyscium foliosum. Mohr. — Talus de l'étang des Morues et carrefour du poteau des Deux-Châteaux. 26 mars 1894 * et 16 février 1895 ; fertile, très rare.

Tetraphis pellucida. Hedw. — Talus ; carrefour des Mares-Gauthiers. 24 mars 1896 ; fertile et assez commun.

Aulacomnium palustre? Schw. — « *Mares-Moussues* » (plaine de Mt.) et tourbière du « *Maupas* » (Saint-Léger). F. de R. Stérile et rare.

Bryum capillare. L. — Murs de la vieille porte du château des Mesnuls, près Mt. 13 février 1896 ; fertile, rare.

B. argenteum. L. — Vieux murs. Méré et Mt. Février-mai 1874 ; fertile et assez commun.

B. Pseudo-triquetrum. Schw. — Tourbières. «*Mares-Moussues* », plaine de Mt., et Maupas (F. de R.). Stérile et assez commun.

B. cæspititium. L. — Parc anglais des Capucins à Mt. 11 avril 1899 ; fertile et assez commun.

B. albicans. Brid. — Route de Saint-Léger à Mt. (F. de R.) 25 mars 1894 *.

B. rubrum. L. — Par terre et vieux murs ; Méré, Galluis et Mt. Stérile et assez commun.

Mnium punctatum. L. — Talus herbeux, ombragés. Mare-Chantreuil, près Mt. 20 mars 1888; rarement fertile, mais commun.

M. undulatum. Neck. — Talus de l'Ermitage à Mt. ; commun, mais stérile.

M. hornum. L. — Bois autour de l'étang des Morues et route Montavale (F. de R.). 23 février 1897 ; fertile et assez commun.

Philonotis montana. Brid. — Rigoles de la Tourbière du Maupas (Saint-Léger). F. de R. 19 mai 1891.

Bartramia pomiformis. Hedw. — Talus herbeux. Bois de la Mare-Chantreuil, près Mt. Autour de l'étang des Morues (F. de R.). 20 mars 1874; fertile et assez rare.

Funaria hygrometrica. Hedw. — Bruyères humides près les Morues; poteau de la Rotonde et toutes les anciennes places à charbon de toute la région. Talus et vieux toits de chaumes, à Mt. Mars-mai ; très commun et toujours fertile.

Splachnum ampullaceum. L. — Sur les bouses de vaches ; tourbière du *Maupas* (Saint-Léger), F. de R. 19 mai et 15 juillet 1891 ; fertile et assez rare.

Physcomitrium pyriforme. Brid. — Prairies tourbeuses entre Galluis et Mt. 26 mars 1875 ; fertile et assez rare.

Encalypta streptocarpa. Hedw. — Mortier de la Citerne de la Muette (F. de R.) et Ponts-Quentins (petits ponts de la Rigole de l' « *Étang-Rompu* »), même forêt, stérile et assez commun.

E. vulgaris. Hedw. — Vieux murs, Méré, Galluis, les Mesnuls et Mt. Saint-Léger (F. de R.) ; toujours fertile et commun.

Orthotrichum Lyellii. H. et T. — Troncs d'arbres, à Mt. 20 avril 1894; fertile et assez commun.

O. anomalum. Hedw. — Parc anglais des Capucins, à Mt. 10 avril 1888 ; fertile et assez rare.

O. leiocarpum. B. E. Sur un arbre, à Mt. ; stérile et rare.

Grimmia apocarpa. Hedw. — Vieux murs ; Méré, Galluis, les Mesnuls et Mt. Gambaiseuil et Saint-Léger (F. de R.). Février-avril 1874, fertile ; commun.

G. orbicularis ! B. E. — Mortier de chaux du parapet de la première chaussée des étangs de Hollande (F. de R.). 10 ! mars ! 1891 ! Fertile et rare.

G. pulvinata. Sm. — Mêmes localités et dates et aussi Méré, Galluis et Mt Commun et fertile.

Racomitrium canescens. Brid. — Parapet de l'étang de la Tour. (F. de R.). Stérile, commun.

R. ericoides. Brid. — Saint-Léger (F. de R.). Stérile. *.

R. Lanuginosus. Brid. — Mêmes localités et observations.

Barbula ambigua. B. E. — Talus à Gaudigny, près Mt. 22 janvier 1896 ; fertile et assez rare.

B. muralis. Hedw. — Vieux ; Méré, Galluis, les Mesnuls et Mt. Parapet des étangs de Hollande (F. de R.) ; mars 1891 ; fertile et assez commun.

B. lævipila. Brid. — Écorce de *Populus fastigiata.* Desf. et talus à Gaudigny à Mt. 22 janvier 1876 ; fertile et assez commun.

B. subulata. Hedw. — Chemins creux, talus, vieux murs, troncs d'arbres, rochers, toits de chaume de toute la région ; fertile.

B. inermis. Bruch. — Talus sablonneux ; bois du Lieutel, près Mt. 24 mars 1897 ; fertile, assez rare.

B. convoluta. Hedw. — Talu de Gaudigny à Mt. 22. janvier 1896. — Bois des Morues. (F. de R.) 6 mars 1879 ; fertile et assez commun.

B. ruralis. Hedw. — Par terre, vieux murs, toits de chaume, rochers de toute la région ; février-mars ; fertile.

B. vinealis. Brid. — Vieux murs et talus humides du parc anglais des Capucins à Mt. 16 avril 1889 ; fertile et commun.

— Forme nouvelle. — Vieux murs du château des Mesnuls, près Mt. 13 février 1896 ; fertile, rare.

B. fallax. Hedw. — Par terre, vieux murs, toits de chaume de toute la région ; février-avril ; fertile.

B. unguicula. Hedw. — Mêmes observations et dates.

Leptotrichum pallidum. Slpe. — Coupes des petits bois à Méré et à Mt. Avril-mai ; fertile et rare.

Dicranum undulatum. B. E. — Carrefours des poteaux de la Rotonde et d Chêne-Montavale. Landes du Maupas (F. de R.). Stérile et rare.

D. spurium. Hedw. — Bois de *Pins* des Fontaines-Blanches (F. de R.). Stérile *.

D. scoparium. Hedw. — Talus ombragés, landes de bruyères et bois de Pins de toute la région ; toujours fertile. — Mars-mai.

D. heteromalla. Schp. — Routes herbeuses de la Verrerie à la plaine de Bulliou (F. de R.). 15 décembre 1891 ; fertile, assez commun.

Fissidens bryoides. Hedw. — Talus, « *Chemin-Creux-de-Blûche* » à Mt. ; 17 janvier 1896 ; fertile, assez commun.

Pottia carifolia. Ehrh. — Talus sablonneux ; bois du Lieutel, près Mt. 24 juin 1896 ; fertile et rare.

P. lanceolata. Müll. — Vieux murs ; Méré et Mt ; Gambayseuil et Saint-Léger. (F. de R.) 4 avril 1876, fertile et commun.

P. truncata. B. E. — Vieux murs, par terre, talus de toute la région ; bords de l'étang de Saint-Hubert (F. de R.). 29 octobre 1894 ; fertile.

— var. *intermedia.* — Talus à Saint-Léger (F. de R.). 25 mars 1894. * Fertile.

Weissia viridula. Brid. — Talus siliceux, bois de la Mare-Chautreuil, près Mt. 18 février 1877. Fertile et commun.

Phascum muticum. Schrad. — Talus à Saint-Léger, et à Gambayseuil (F. de R.) 20 mars 1895. Mare-Chautreuil, près Mt. Assez commun.

P. subulatum. L. — Talus humides ; carrefour du poteau des Deux-Châteaux. (F. de R.) 5 mars 1896 ; fertile et assez rare.

Sphagnum cymbifolium. Ehrh. — Tourbière du Maupas (Saint-Léger.) F. de R. 15 juillet 1891. Fertile, commun.

S. cuspidatum. Erh. — Mêmes localité et date, mais stérile.

S. molluscum. Bruck. — Idem et aussi mares de Villepair, fossés, route du Champ Mauduit à l'Étang-Neuf (F. de R.) ; fertile. 16 août 1889. Commun.

S. acutifolium. Herh. — Tourbière du Maupas et fossés de la route du Champ-Mauduit (F. de R.) Stérile, commun.

— var. : *rubellum.* — D'un rouge superbe à l'état frais. Mêmes localités et observations.

HÉPATIQUES

Lophocolea bidentata. Nees. Talus humides; « *Chemin-Creux-de-Blûche* à Mt. Stérile et commun.

Jungermaunia crenulata. Sm. — Talus entre Hollande et Villepair et à Gambaiseuil (F. de R.). 14 mars 1896; fertile et assez commun.

J. albicans. L. — Talus argileux ; route des Fonds aux Mesnuls (F. de R. 29 février 1896 ; fertile et assez commun.

J. exsecta. Shm. — Talus, près de la route des Barillets (sous *Pinus sylvestris)* (F. de R.). Stérile *.

J. incisa. Schrad. — Par terre ; route Belsédène, près l'étang des Morues (F. de R.). Stérile et assez rare.

J. inflata. Huds. — Rigoles de la tourbière du Maupas (Saint-Léger. F. de R.) Stérile ; assez commun.

J. ventricosa. Dicks. — Carrefour de l'Entonnoir et Saint-Léger (F. de R.). 25 mars 1894 *; fertile.

J. bicrenata. Lindl. — Talus sablonneux; poteau des Deux-Châteaux (F. de R.). 5 mars 1896 ; fertile ; assez commun.

Lochlæna lanceolata. L. — Talus herbeux : Hermitage et Méré, près Mt. Route des Fonds aux Mesnuls (F. de R.). Sur *Peltigera canina.* Hoffme. — Stérile et très commun.

Chiloscyphus polyanthus. Corda. — Rigoles de la tourbière du Maupas (F. de R.). Stérile, assez commun.

Radula complanata. Dum. —Vieux troncs d'arbres de toute la région ; 4 mars 1876 ; fertile.

Frullania dilatata. Dum. — Mêmes observations et date.

Fossombronia pusilla. Dum. — Talus du « *Chemin-Creux-de-Blûche* » à Mt. 6 mars 1887 ; fertile et rare.

Marchantia polymorpha. L. — Rue Droite à Mt. 19 mai 1891. Fertile et peu constant, à cause du désherbage annuel.

Fegatella conica. Hoffm. — Source du ruisseau du Colombier à Méré, près Mt. Stérile, rare.

Reboulia hemisphærica. Raddi. — Talus humides, ombragés. « *Chemin-Creux-de Blûche.* » 5 mai 1887 ; fertile, assez rare.

Pellia epiphylla. Corda. — Vieux murs humides. Rigoles du parc des Capucins à Mt. Stérile, assez commun.

P. calycina. Nees. — Rigoles de la tourbière du Maupas (F. de R.); stérile, assez commun.

Aneura pinguis. — Talus humides ; parc des Capucins à Mt. Stérile et assez commun.

Riccia crystallina. L. — Sur vase desséchée; bords des étangs des Morues, de Hollande, de Coupe-Gorge (F. de R.). Mai-juillet ; stérile, commun.

M. Henri JODIN

Préparateur de Botanique à l'Université de Paris.

STRUCTURE ASYMÉTRIQUE DU PÉTIOLE DES FEUILLES COMPOSÉES PRIVÉES DE CERTAINES FOLIOLES A L'ÉTAT JEUNE (1) (581.22)

— *Séance du 4 août* —

Les feuilles de *Robinia Pseudacacia* sont assez connues pour qu'il soit inutile de les décrire longuement. Rappelons seulement qu'elles possèdent un pétiole assez allongé, généralement rectiligne et qui porte latéralement deux rangées de folioles; ces dernières sont en moyenne de chaque côté

(1) Travail fait au laboratoire de Biologie végétale de Fontainebleau dirigé par M. Gaston Bonnier.

au nombre de six à douze. Elles s'insèrent sur le pétiole par l'intermédiaire de pétiolules symétriques. En outre, une foliole impaire, dite terminale, s'insère par son pétiolule sur l'extrémité du pétiole de la feuille.

La feuille est donc absolument symétrique. Nous allons examiner ce qui se passe chez la jeune feuille si on la mutile de façon à la rendre asymétrique. Pour cela, vers la région moyenne de cette feuille nous sectionnerons le pétiole (*a*, *fig. 1*); nous aurons ainsi une feuille dont le nombre des folioles sera réduit, par exemple, à trois, de chaque côté; enlevons une des folioles de la paire terminale, celle de gauche par exemple (*b*, *fig. 1*), quand on regarde la feuille par sa face supérieure; il restera trois folioles d'un côté et deux de l'autre, l'asymétrie sera évidente.

FIG. 1.
Jeune feuille de *Robinia* sectionnée suivant les traits *a* et *b*.

Abandonnons l'expérience pendant environ trois semaines, et au bout de ce temps, observons ce qui s'est passé : la feuille a atteint sa taille définitive et semble être redevenue symétrique (*fig. 2*). Pour peu que l'on observe attentivement, on voit que le pétiole s'est incurvé vers son extrémité, du côté opposé à la foliole qui reste, et par suite, le pétiolule de cette foliole a également changé de direction; en effet, au lieu d'être comme primitivement parallèle aux pétiolules du même côté, il s'est placé dans le prolongement du pétiole, la foliole correspondante prenant dès lors la situation et l'aspect d'une foliole terminale.

FIG. 2.
La même feuille ayant atteint son développement normal.

Faisons maintenant une coupe dans le pétiole, vers la région où il commence à s'incurver, c'est-à-dire au-dessous de la foliole devenue terminale : nous allons pouvoir noter des modifications anatomiques intéressantes (*fig. 3*).

Ce qui nous frappe au premier abord, c'est que le pétiole est devenu asymétrique; il est beaucoup moins développé du côté de la foliole qui a été enlevée. La coupe transversale présente sur ses bords un certain nombre de dépressions très accusées qui font totalement défaut dans la coupe du pétiole normal (*fig. 4*). Ces dépressions sont dues à autant de sillons longitudinaux qu'il est très facile de voir même à l'œil

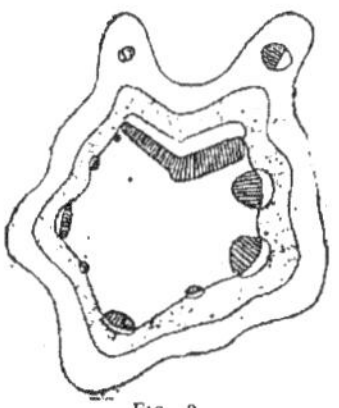

FIG. 3.
Coupe de pétiole de *Robinia* suivant la ligne *mn* de la fig. 4.

nu, sur la partie terminale du pétiole de la feuille mutilée, et qui n'existent pas sur le pétiole de la feuille normale.

A l'asymétrie extérieure correspond une asymétrie anatomique. Le sclérenchyme péricyclique qui forme un anneau continu autour du cercle des faisceaux libéro-ligneux est très développé sur la moitié droite de la coupe, c'est-à-dire dans la moitié qui correspond à la foliole devenue terminale, tandis que dans l'autre moitié, il est beaucoup plus mince. Les faisceaux libéro-ligneux qui doivent se rendre à cette foliole se sont seuls développés; les autres se sont arrêtés dans leur développement. En résumé, il y a atrophie presque complète du système vasculaire destiné à la partie de la feuille qui a été enlevée, et faible développement du tissu de soutien correspondant.

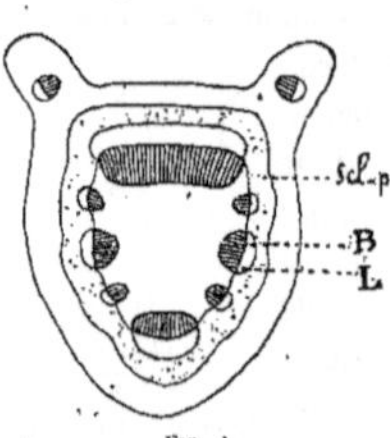

Fig. 4.
Coupe de pétiole normal de *Robinia* (schéma). — *Sch*-p, parenchyme; B, bois; L, liber.

On peut renouveler cette expérience sous différentes formes, qui chaque fois, donnent les mêmes résultats au point de vue anatomique.

Nous pouvons, par exemple, chez une jeune feuille de *Robinia* supprimer toutes les folioles du même côté *(fig. 5)*. Après ce que nous avons déjà observé, il est facile de prévoir ce qui se passera : les faisceaux qui correspondent aux folioles supprimées, devenus inutiles, s'arrêtent dans leur développement; ceux du côté opposé, correspondant aux folioles laissées, seuls continuent à s'accroître; cette inégalité de développement se traduit extérieurement par une incurvation latérale du pétiole qui prend la forme d'un arc à convexité dirigée du côté des folioles subsistant. Anatomiquement, nous pourrons noter une asymétrie analogue à celle que nous avons observée dans le cas précédent.

Fig. 5.
Feuille de *Robinia* dont les folioles ont été toutes enlevés à l'état jeune.

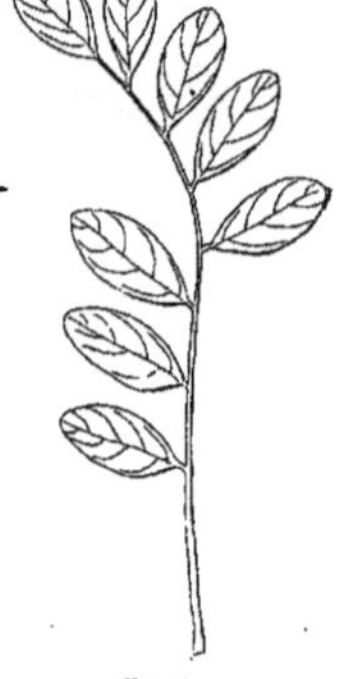

Fig. 6.
Feuille de *Robinia* dont les folioles ont été enlevés moitié d'un côté, moitié de l'autre à l'état jeune.

Nous pouvons encore, dans la moitié inférieure de la feuille, enlever les folioles d'un des côtés, celui de droite par exemple, et dans la moitié supérieure, supprimer les folioles de l'autre côté. Dans ce cas, le pétiole s'incurve en S, de façon que les folioles restantes soient insérées sur le côté convexe de ce pétiole *(fig. 6)*.

Des expériences de ce genre répétées sur les feuilles d'*Ailantus glandulosa* et de *Sophora* ont toujours donné les mêmes résultats. Elles montrent qu'il existe dans la feuille les mêmes liens entre le développement du système vasculaire et celui des folioles, que, dans la tige, entre le développement du système vasculaire et celui des feuilles. Elles montrent aussi qu'il existe entre les divers faisceaux une grande indépendance, qu'ils ont leur fonctionnement propre, leur développement autonome, variable suivant les conditions dans lesquelles ils se trouvent placés, et que les substances nutritives qui concourent au développement d'un faisceau et lui arrivent des tissus qu'il irrigue, se répandent peu dans le sens perpendiculaire pour passer d'un faisceau à un autre.

M. Henri COUPIN

Docteur ès sciences, Préparateur à la Sorbonne.

SUR LA TOXICITÉ COMPARÉE DE DIVERS COMPOSÉS MÉTALLIQUES A L'ÉGARD DES VÉGÉTAUX SUPÉRIEURS (1)

[581.21]

— *Séance du 6 août* —

L'étude de l'influence des poisons sur les êtres vivants a déjà tenté un grand nombre de biologistes; poussée assez loin pour les animaux, puis, dans ces dernières années, pour les microorganismes, elle a été, pour ainsi dire, totalement négligée pour les plantes supérieures. C'est ce qui m'a engagé à entreprendre les recherches consignées dans le présent travail et qui seront bientôt suivies par d'autres analogues.

Mon travail est relatif à un seul point de l'étude des poisons, ceux-ci étant exclusivement des composés métalliques. Je me suis proposé surtout de trouver des chiffres me permettant de comparer la toxicité de ces composés non seulement entre eux, mais encore avec n'importe quels autres corps de la chimie minérale ou organique; la même méthode me permettait de voir les relations de la toxicité des composés avec leur constitution chimique.

(1) Travail fait au laboratoire de botanique de la Sorbonne, dirigé par M. Gaston Bonnier.

Dans les livres classiques, et même les mémoires originaux, on trouve des phrases dans le genre de celle-ci : « Le potassium est utile aux plantes; le sodium leur est indifférent ; le lithium leur est nuisible. » Cette manière de s'exprimer est absolument incorrecte, car, ainsi qu'on le verra plus loin, tous les composés du potassium deviennent nuisibles quand leur concentration est suffisamment grande. De même les sels de sodium sont toxiques à une dose suffisamment forte et les sels de lithium deviennent indifférents à une dilution poussée suffisamment loin.

Pour chaque corps, en effet, on trouve presque toujours :

1° Des doses tuant les végétaux *(doses toxiques)* ;

2° Des doses ne tuant pas les végétaux, mais les rendant plus ou moins malades *(doses nuisibles)* ;

3° Des doses ne tuant pas les végétaux et ne les rendant pas malades *(doses indifférentes)*.

Pour comparer l'action des différents corps entre eux, on peut comparer ces trois groupes dans chacun d'eux. Laissant à d'autres travailleurs l'étude des doses n° 2 *(nuisibles)* et n° 3 *(indifférentes)*, je me suis attaché à l'étude exclusive des doses n° 1, c'est-à-dire des *doses toxiques*.

Ces dernières sont en nombre en quelque sorte indéfini et, pour établir des comparaisons, il était essentiel d'en choisir une spécialement. J'ai choisi la dose toxique minima, dose qui correspond à ce que j'appelle l'*équivalent toxique* et qui est ainsi défini :

L'équivalent toxique d'une substance est la quantité minima de cette substance qui, dissoute dans 100 parties d'eau distillée, tue la plante considérée.

La dose correspondant à l'équivalent toxique est unique et facile à constater ; elle a donc toutes les qualités réquises pour faire des comparaisons.

Celles-ci peuvent se faire de trois façons principales :

a) Comparaison de l'équivalent toxique d'un même composé pour différentes plantes.

b) Comparaison de l'équivalent toxique d'un même composé pour une même plante prise à différents états de développement ou mise dans des conditions différentes.

c) Comparaison des équivalents toxiques de divers composés pour une même plante, prise toujours à un même état de développement et placée toujours dans des conditions identiques.

Laissant encore de côté les comparaisons *(a)* et *(b)*, je me suis attaché exclusivement à la comparaison *(c)* qui, au point de vue chimique, est évidemment la plus intéressante.

J'ai ainsi restreint le problème le plus possible et lui ai donné en même temps une précision, sinon mathématique, du moins suffisante pour l'objet que je poursuivais. Bien que la méthode fût simple et le problème en apparence peu étendu, les résultats ont été fort longs à obtenir, les composés étudiés dans ce mémoire représentant au bas mot près de 10.000 cultures dans autant de solutions titrées.

MÉTHODE. — Comme plante de comparaison, j'ai choisi le *blé de Bordeaux* dont les germinations présentent de nombreux avantages : 1° la germination se fait très vite ; 2° les radicelles qui naissent forment une sorte de crampon qui s'accroche bien au support ; 3° la germination continue normalement, même quand la semence est submergée en partie (ce qui arrive souvent dans les expériences) ; 4° la plantule est très sensible aux poisons et, par ses racines qui sont en quelque sorte rongées et sa partie aérienne qui jaunit et se dessèche, on se rend bien compte de sa mort (1).

Voici ma manière de procéder :

1° On trempe les semences vingt-quatre heures dans l'eau distillée.

2° On les étale en une couche unique au fond d'une assiette creuse, on les éloignant un peu les unes des autres et en ne laissant qu'une très petite couche d'eau, insuffisante à les recouvrir (2). On place sur cette assiette, une autre assiette creuse de même dimension et retournée ; il est bon de mouiller ses parois de manière à avoir une atmosphère bien saturée.

3° Les jours suivants on surveille les germinations et si la réserve d'eau du fond s'est épuisée, on la remplace.

4° Au bout de quatre ou cinq jours ordinairement on a des germinations dont la partie aérienne a de trois à quatre centimères et la partie radiculaire comprend trois radicelles de mêmes dimensions. Elles sont dès lors bonnes à employer.

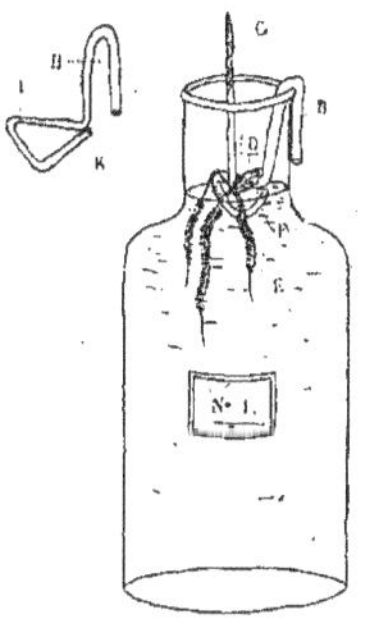

FIG. 1.
Dispositif pour cultiver une plantule dans une solution empoisonnée. A, solution dosée ; B, crochet en verre ; C, plantule de blé ; D, semence ; F, partie horizontale du crochet en verre ; E, racines du blé ; HIK, crochet en verre.

5° On prépare d'autre part une série de flacons à cols droits de 125 centimètres cubes et dans chacun desquels on verse des solutions titrées de la même substance. A chacun des goulots on attache un crochet en verre pendant à l'intérieur et sur la partie horizontale de celui-ci on dépose une germination. On aspire, avec une pipette, le liquide en surplus de manière que la semence affleure juste à la surface de l'eau *(fig. 1)*.

(1) Les pois et les haricots pourrissent, le lupin éclate dans sa région hypocotylée, le maïs et le ricin sont beaucoup trop longs à germer, de même que la fève.

(2) On voit que j'ai rejeté, pour obtenir des germinations, l'emploi du papier à filtrer, presque généralement utilisé. J'obtiens ainsi des plantules absolument intactes, les radicelles ni les poils absorbants ne pouvant s'attacher à l'assiette et, par suite, se briser.

6° On laisse les choses dans le même état et on arrête l'expérience huit jours après. On note ce qui s'est passé pour chacune de ses plantules et on conserve celles-ci dans un herbier en les numérotant. Supposons que nous ayons fait des solutions à 1, 2, 3, 4, 5, 6, 7, 8, 9, 10 0/0 et que les plantules soient bien mortes dans les solutions à 5 0/0 et suivantes. Il est bien évident que l'équivalent toxique est compris entre 4 0/0 et 5 0/0. Nous faisons donc à nouveau une série de solutions à 4,1 0/0, 4,2 0/0, 4,3 0/0, 4,4 0/0, 4,5 0/0, et ainsi de suite jusqu'à ce que nous obtenions un chiffre suffisamment détaillé pour l'équivalent toxique.

Pour faciliter le langage courant, j'ai adopté une échelle de toxicité ainsi définie :

On dit qu'un corps est :	Lorsque son équivalent toxique est:
Très faiblement toxique . .	*Supérieur à 2.*
Faiblement toxique. . . .	*Compris entre 2 et 1.*
Moyennement toxique . . .	*Compris entre 1 et 0,40.*
Très toxique	*Compris entre 0,40 et 0,25.*
Fortement toxique. . . .	*Compris entre 0,25 et 0,10.*
Très fortement toxique . .	*Compris entre 0,10 et 0,01.*
Éminemment toxique . . .	*Inférieur à 0,01.*

Nécessité d'employer de l'eau parfaitement distillée dans les cultures aqueuses. — Malgré les travaux d'un certain nombre de botanistes (Lœw, C. Aschoff, Nœgeli, N. Schulz, Frank, E. Schultze, Dassonville, etc.), la question de savoir si les plantes peuvent pousser normalement dans de l'eau distillée n'est pas encore résolue. Les uns, en effet, disent oui. Les autres prétendent que non. Et parmi ces derniers, on peut reconnaître deux camps : le premier met la non-croissance des plantes sur le compte d'une matière toxique contenue dans l'eau distillée ; le second l'attribue au manque de sels nutritifs.

Étant données ces divergences d'opinion, j'ai cru devoir reprendre les expériences de mes devanciers en m'entourant de certaines précautions auxquelles ils n'avaient pas pensé ; j'en ai fait aussi de nouvelles et je crois que maintenant la question peut être considérée comme résolue d'une manière définitive.

Mes expériences ont été faites tantôt avec de l'eau distillée du commerce, tantôt avec de l'eau distillée faite par moi dans un alambic *entièrement en verre*. Suivant les cas, je recueillais dans une série de flacons tout ce qui passait à la distillation, ou bien je rejetais le premier et le dernier tiers distillés, pour ne conserver que le tiers moyen, le plus pur.

D'autre part, je faisais gonfler des graines dans de l'eau redistillée et les mettais à germer dans une atmosphère humide. Lorsque les racines avaient atteint environ un centimètre, je plaçais les germinations sur un *crochet en verre*, de telle façon que les racines venaient plonger dans l'eau contenue dans le flacon sur le col duquel le crochet était fixé. Le flacon était au préalable rincé à plusieurs eaux redistillées.

Voici quelques-unes des expériences :

1° On prend trois litres d'eau distillée du commerce et on la distille dans un appareil en verre. On recueille successivement toutes les parties qui distillent et on obtient ainsi quinze flacons où l'on met les jeunes germinations de blé. L'expérience a duré du 5 octobre au 30 septembre 1899. Toutes les germinations sont identiques à celles de la figure 2, A, c'est-à-dire qu'elles sont magnifiques, avec des radicelles de près de 20 centimètres de longueur et une partie aérienne constituée par quatre longues feuilles.

2° Des germinations du même âge que les précédentes sont mises en même temps dans de l'eau distillée du commerce. Tous les flacons donnent des germinations identiques à celles de la figure 2, A'. La partie aérienne est assez bien développée, quoique moins que celle de la série précédente, mais les racines sont considérablement atrophiées, n'ayant pas plus de 1 à 2 centimètres de longueur.

L'eau distillée du commerce est donc très nuisible au blé.

FIG. 2.

Cultures comparées dans l'eau distillée du commerce et dans l'eau distillée à l'alambic de verre. — Racines dans l'eau redistillée : A, blé ; B, maïs ; D, pois ; E, ricin. — Racines dans l'eau distillée du commerce : A', blé ; B', maïs ; D', pois ; E', ricin ; F, racines de lupin blanc dans de l'eau redistillée dans laquelle on a mis une épingle.

3° On distille à l'alambic de verre trois litres d'eau de source et on recueille quinze flacons d'eau, dans chacun desquels on met à germer des graines de lupin blanc. L'expérience ayant duré du 10 octobre au 14 novembre, on obtient des plantules bien développées avec une racine de 10 centimètres de longueur, pourvue sur les côtés d'une trentaine de radicelles dont les dimensions varient de 5 centimètres à 1 centimètre.

4° On fait germer en même temps que dans l'expérience précédente, des graines de lupin blanc dans de l'eau de source. Les germinations ne sont guère plus développées que celles de (3°) : la gemmule est seulement un peu plus étalée et la racine principale a environ 20 centimètres de longueur.

5° Des germinations de lupin blanc dans de l'eau distillée du commerce faites en même temps que (3°) et (4°), donnent une partie aérienne plus développée ; une racine principale de 5 centimètres de longueur, mais de longues radicelles.

6° Des germinations de lupin blanc dans de l'eau distillée à l'alambic de verre et obtenue avec de l'eau distillée du commerce, donne une partie aérienne bien développée et une racine de 15 centimètres de longueur.

L'eau distillée du commerce est donc nuisible au lupin blanc, mais proportionnellement moins que chez le blé.

7° Les fèves poussent presque aussi bien dans l'eau distillée du commerce que dans l'eau redistillée à l'alambic de verre.

8° Le maïs reste atrophié dans l'eau distillée du commerce *(fig. 2, B')* et pousse très bien dans l'eau redistillée à l'alambic de verre *(fig. 2, B)*.

9° Les racines du pois restent atrophiées dans l'eau distillée du commerce *(fig. 2, D')* et s'allongent beaucoup dans l'eau redistillée dans l'alambic de verre *(fig. 2, D)*.

10° Les racines du ricin ne s'allongent pas dans l'eau distillée du commerce *(fig. 2, E')* et croissent normalement dans l'eau redistillée à l'alambic de verre *(fig. 2, E)*.

11° Dans les expériences précédentes, on n'a employé que de l'eau distillée une seule fois, ou plus exactement deux fois, puisque l'eau mise dans l'alambic de verre était de l'eau distillée du commerce. On peut se demander si, réellement, cette eau est parfaitement distillée et ne contient pas encore quelques sels. Pour répondre à cette objection, j'ai distillé quatre fois de suite la même eau, en éliminant chaque fois la première eau qui passait et en arrêtant la distillation bien avant que toute l'eau soit évaporée. Chaque fois, on prélevait un échantillon, puis on mettait dans chacun d'eux une germination de blé.

Toutes les germinations se sont admirablement développées, c'est-à-dire avec des racines démesurément longues.

La conclusion très nette qui se dégage de toutes ces expériences est que :

1° Les germinations (surtout leurs racines) ne poussent pas ou poussent mal dans l'eau distillée du commerce ;

2° Les germinations poussent admirablement dans l'eau distillée à l'alambic de verre.

On voit, en outre, que la *toxicité de l'eau distillée du commerce n'est pas la même avec toutes les plantes ;* très forte pour le blé, elle l'est beaucoup moins pour le pois et surtout le lupin. Enfin, elle ne paraît avoir aucun effet nocif sur la fève.

Maintenant, il y a lieu de se demander pourquoi les germinations poussent mal dans l'eau distillée du commerce. Ce n'est évidemment pas par manque de matières nutritives puisque l'eau redistillée qui en provient n'en contient pas plus et suffit à faire pousser des racines de plus de vingt centimètres de long.

L'effet nocif de l'eau distillée du commerce est assurément dû à la toxicité des sels produits aux dépens des parois de l'alambic dont elle provient. Or, étant donné : 1° la constitution des alambics, qui sont presque entièrement en cuivre; 2° la toxicité bien connue des sels de cuivre à l'égard des plantes, il est certain que c'est à ceux-ci que l'eau doit sa nocivité.

J'ai pu, d'ailleurs, vérifier expérimentalement cette toxicité des sels de cuivre qui est vraiment merveilleuse. J'ai fait des dissolutions extrêmement diluées de sulfate de cuivre, et j'ai reconnu qu'il suffisait d'une solution à 1/700 000 000 pour entraver la croissance des racines.

Cette même toxicité explique pourquoi certains expérimentateurs n'ont pas obtenu de germinations, même en prenant de l'eau distillée avec soin par eux, — et cela plusieurs fois — dans un alambic de verre. La raison en est simple : c'est que ces botanistes fixaient leurs graines à des bouchons flottant à la surface de l'eau, *au moyen d'épingles*. Or, celles-ci renferment du cuivre qui ne tardait pas à être attaqué par l'eau distillée et à donner une solution très toxique, plus toxique même que l'eau distillée du commerce. Si, en effet, ainsi que je l'ai fait, on place une ou deux épingles dans un flacon à germinations contenant soit du blé, soit du lupin, la croissance de la racine s'arrête immédiatement : les racines du blé restent courtes, tandis que celles du lupin prennent un aspect coralliforme (*fig.* 2, F) dont la vue seule indique que l'on a affaire à une production pathologique (1).

De tout ceci résultent deux conclusions pratiques pour ceux qui voudront faire des recherches de physiologie sur les plantes : 1° n'employer que de l'eau distillée à l'alambic de verre (2) ; 2° n'employer, pour les germinations dans les solutions nutritives, que des supports en verre.

Résultats.

J'ai déjà publié, en différents recueils, les résultats obtenus avec divers composés métalliques. Je me contenterai de reproduire ici, — sans commentaires — les chiffres obtenus pour les équivalents toxiques des métaux

(1) On a une preuve indirecte, que c'est bien le sel de cuivre qui est en cause ici, dans le fait suivant : nous venons de voir que le sulfate de cuivre ne devient indifférent au blé qu'à la dose de 1/700 000 000. Or, pour le lupin, la dose indifférente est de 1/20 000 000. Donc le lupin est beaucoup plus résistant au cuivre que le blé. Or, dans l'eau distillée du commerce, ces diverses plantes, ainsi que nous l'avons vu précédemment se comportent tel qu'on pouvait le prévoir d'après ce que nous venons de dire : les racines du blé ne s'accroissent pas, tandis que celles du lupin y poussent beaucoup, quoique cependant moins bien que dans l'eau redistillée à l'alambic de verre.

(2) Lorsque l'on désire avoir une solution nutritive, par exemple de la liqueur de Knop, il semble que l'emploi de l'eau distillée du commerce n'apporte pas de troubles graves dans la croissance des plantes, soit que, par des décompositions chimiques, le sel de cuivre soit mis hors d'état de nuire, soit que, les plantes, mieux nourries, puissent résister à la présence de ces très petites quantités de substance nuisible.

suivants : Sodium, Potassium, Ammonium, Calcium, Baryum, Strontium, Cuivre, Chrome.

Sodium (1).

NOM DU COMPOSÉ	ÉQUIVALENT TOXIQUE	NOM DU COMPOSÉ	ÉQUIVALENT TOXIQUE
Chlorure de sodium	1,8	Chlorate de sodium	0,0058
Bromure de sodium	1,2	Borate de sodium	1,1
Iodure de sodium	0,05	Chromate de sodium	0,125
Fluorure de sodium	0,14	Bichromate de sodium	0,0064
Azotate de sodium	1,7	Cyanure de sodium	0,018
Carbonate de sodium	1,1	Oxalate neutre de sodium	0,125
Bicarbonate de sodium	0,6	Acétate de sodium	0,31
Phosphate de sodium	1,5	Arséniate de sodium	0,2
Sulfate de sodium	0,8	Arsénite de sodium	0,03
Sulfite de sodium	0,5	Alun de sodium	3,4
Hyposulfite de sodium	0,7		

Potassium (2).

NOM DU COMPOSÉ	ÉQUIVALENT TOXIQUE	NOM DU COMPOSÉ	ÉQUIVALENT TOXIQUE
Chlorure de potassium	1,9	Cyanure de potassium	0,061
Bromure de potassium	0,1	Oxalate neutre de potassium	0,25
Iodure de potassium	0,05	Cyanoferrure de potassium	0,25
Fluorure de potassium	0,09	Cyanoferride de potassium	0,25
Azotate de potassium	3	Sulfocyanure de potassium	0,9
Carbonate de potassium	1,7	Perchlorate de potassium	0,2
Phosphate de potassium	6	Oxalate acide de potassium	0,0033
Sulfate de potassium	2,3	Permanganate de potassium	1
Chlorate de potassium	0,02	Alun de fer	1,45
Chromate de potassium	0,0625	Alun de potasse	2,1
Bichromate de potassium	0,03125	Alun de chrome	1,132

Ammonium (3).

NOM DU COMPOSÉ	ÉQUIVALENT TOXIQUE	NOM DU COMPOSÉ	ÉQUIVALENT TOXIQUE
Chlorure d'ammonium	1,6	Sulfate d'ammonium	2,5
Bromure d'ammonium	1	Chromate d'ammonium	0,0625
Iodure d'ammonium	0,33	Bichromate d'ammonium	0,025
Fluorure d'ammonium	0,04	Oxalate neutre d'ammonium	0,125
Azotate d'ammonium	3,9	Sulfocyanure d'ammonium	0,34
Carbonate d'ammonium	0,3	Alun d'ammoniaque	3
Phosphate d'ammonium	0,4		

(1) *Revue générale de botanique*, 1900.
(2) *Revue générale de botanique*, 1900.
(3) *Revue générale de botanique*, 1900.

Calcium (1).

NOM DU COMPOSÉ	ÉQUIVALENT TOXIQUE	NOM DU COMPOSÉ	ÉQUIVALENT TOXIQUE
Bromure de calcium	3	Azotate de calcium	4
Chlorure de calcium	1,85	Acétate de calcium	1,25
Iodure de calcium	0,31	Phosphate de calcium	2,5

Strontium (2).

NOM DU COMPOSÉ	ÉQUIVALENT TOXIQUE	NOM DU COMPOSÉ	ÉQUIVALENT TOXIQUE
Bromure de strontium	2	Iodure de strontium	0,093
Chlorure de strontium	1,50	Azotate de strontium	3,5

Baryum (3).

NOM DU COMPOSÉ	ÉQUIVALENT TOXIQUE	NOM DU COMPOSÉ	ÉQUIVALENT TOXIQUE
Bromure de baryum	0,62	Azotate de baryum	0,185
Chlorure de baryum	0,235	Chlorate de baryum	0,0038
Iodure de baryum	0,019	Acétate de baryum	0,156

Chrome (4).

NOM DU COMPOSÉ	ÉQUIVALENT TOXIQUE	NOM DU COMPOSÉ	ÉQUIVALENT TOXIQUE
Alun de chrome	1,142	Chromate de sodium	0,125
Sulfate de chrome	0,5	Bichromate de sodium	0,0064
Acide chromique	0,00595	Chromate d'ammonium	0,0625
Chromate de potassium	0,0625	Bichromate d'ammonium	0,025
Bichromate de potassium	0,03125		

Cuivre (5).

NOM DU COMPOSÉ	ÉQUIVALENT TOXIQUE	NOM DU COMPOSÉ	ÉQUIVALENT TOXIQUE
Bibromure de cuivre	0,004875	Acétate de cuivre	0,005714
Bichlorure de cuivre	0,005000	Nitrate de cuivre	0,006102
Sulfate de cuivre	0,005555		

(1) Comptes rendus de l'Académie des sciences, 1900.
(2) Comptes rendus de l'Académie des sciences, 1900.
(3) Comptes rendus de l'Académie des sciences, 1900.
(4) Comptes rendus de l'Académie des sciences, 1898.
(5) Comptes rendus de l'Académie des sciences, 1898.

Voici maintenant les chiffres — encore inédits — que j'ai obtenus pour les composés du magnésium, du zinc, du cadmium, du manganèse, de l'aluminium et du lithium.

Magnésium (Poids atomique = 24).

NOM DU COMPOSÉ	ÉQUIVALENT TOXIQUE	NOM DU COMPOSÉ	ÉQUIVALENT TOXIQUE
Chlorure de magnésium . .	0,80	Carbonate de magnésium. .	0
Sulfate de magnésium . . .	0,98	Acétate de magnésium . . .	0,62
Sulfite de magnésium . . .	0,26	Iodure de magnésium . . .	0,277

A part le carbonate de magnésium, dont la non-toxicité s'explique facilement par sa très faible solubilité, les composés du magnésium sont *ou moyennement toxiques* (acétate, sulfate, chlorure) *ou très toxiques* (iodure et sulfite).

Zinc (Poids atomique = 66).

NOM DU COMPOSÉ	ÉQUIVALENT TOXIQUE	NOM DU COMPOSÉ	ÉQUIVALENT TOXIQUE
Chlorure de zinc (1)	0,30	Nitrate de zinc	0,31
Bromure de zinc.	0,39	Sulfate de zinc	0,12
Iodure de zinc.	0,07		

Les composés du zinc sont *ou très toxiques* (bromure, chlorure, nitrate), *ou fortement toxiques* (sulfate) *ou très fortement toxiques* (iodure).

Cadmium (Poids atomique = 112).

NOM DU COMPOSÉ	ÉQUIVALENT TOXIQUE	NOM DU COMPOSÉ	ÉQUIVALENT TOXIQUE
Chlorure de cadmium . . .	0,1	Azotate de cadmium. . . .	0,0015
Bromure de cadmium . . .	0,2	Sulfate de cadmium	0,025
Iodure de cadmium (2). . .	0,013	Acétate de cadmium. . . .	0,013

Les composés du cadmium sont *ou fortement toxiques* (chlorure, bromure, iodure) *ou très fortement toxiques* (sulfate, acétate) *ou éminemment toxiques* (nitrate).

Comparaison de la toxicité des composés du magnésium, du zinc et du cadmium. — Les composés du magnésium, du zinc et du cadmium présentent entre eux une grande analogie, il est intéressant de comparer leur toxicité à l'égard des végétaux supérieurs. Il suffit de jeter les yeux sur les

(1) Le chlorure de zinc est fortement antiseptique et employé comme tel dans la grande désinfection. Il est aussi très caustique pour les animaux.

(2) L'iodure de cadmium est très fortement antiseptique.

courbes de ces toxicités *(fig. 3)*, pour voir qu'elles sont superposées, et ceci, précisément dans le même ordre que la valeur du poids atomique du métal. Autrement dit, *les composés homologues du magnésium, du zinc et du cadmium sont d'autant plus toxiques que le poids atomique du métal est plus élevé.*

Rappelons que nous avons trouvé une loi identique pour trois composés également très analogues : le calcium, le baryum et le strontium.

Si maintenant *nous comparons la toxicité relative du magnésium, du zinc et du cadmium pour les animaux et pour les plantes, nous verrons qu'elle est identique :* on sait, en effet que, autant qu'il est permis de conclure des quelques expériences déjà faites, que la toxicité pour les animaux augmente du magnésium au zinc, puis au cadmium ; c'est exactement ce que nous avons trouvé pour les plantes.

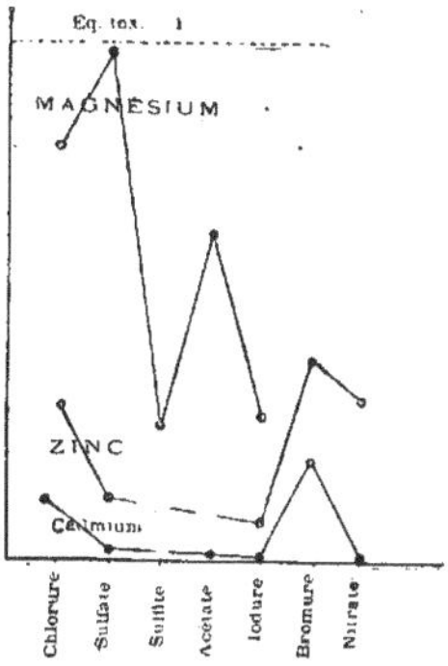

Fig. 3.

Lithium (Poids atomique = 7).

Le lithium, quoique voisin des métaux alcalins, se rapproche beaucoup du magnésium.

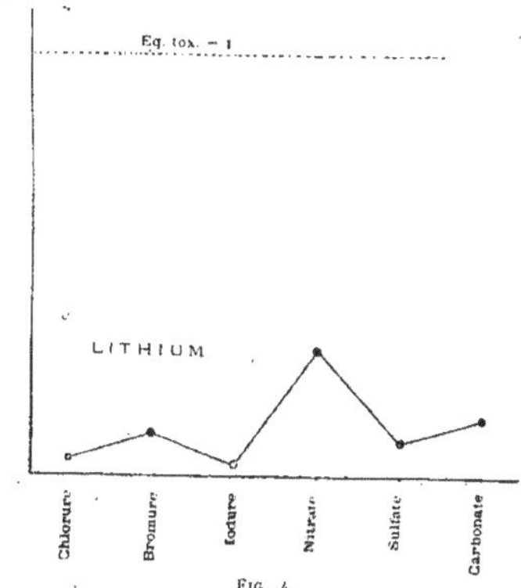

Fig. 4.

Il existe à l'état de silicate dans le lépidolithe et quelques autres minéraux ; on le trouve aussi dans l'eau de mer et un grand nombre d'eaux minérales.

On sait depuis longtemps que ses composés sont toxiques pour les plantes, mais on n'avait pas encore déterminé dans quelle mesure. Le tableau suivant le fera connaître.

NOM DU COMPOSÉ	ÉQUIVALENT TOXIQUE	NOM DU COMPOSÉ	ÉQUIVALENT TOXIQUE
Chlorure de lithium	0.04	Azotate de lithium	0,3
Bromure de lithium	0,10	Carbonate de lithium	0,14
Iodure de lithium	0,03	Sulfate de lithium	0,08

Les chiffres qui précèdent montrent les faits suivants :

1° Les composés du lithium *(fig. 4)* sont ou *très toxiques* (azotate), ou *fortement toxiques* (bromure, carbonate), ou *très fortement toxiques* (chlorure, iodure, sulfate).

2° Contrairement à ce qui a lieu pour les autres composés alcalins, les équivalents toxiques des composés du lithium sont peu éloignés les uns des autres.

Manganèse (Poids atomique = 55).

NOM DU COMPOSÉ	ÉQUIVALENT TOXIQUE	NOM DU COMPOSÉ	ÉQUIVALENT TOXIQUE
Chlorure de manganèse	0,89	Sulfate de manganèse	1,9
Carbonate de manganèse	0	Acétate de manganèse	0,9
Nitrate de manganèse	1,4	Permanganate de potasse (1)	1

A part le carbonate, dont la non-toxicité s'explique très facilement par sa très faible solubilité, les composés du manganèse *(fig. 5)* sont ou *fai-*

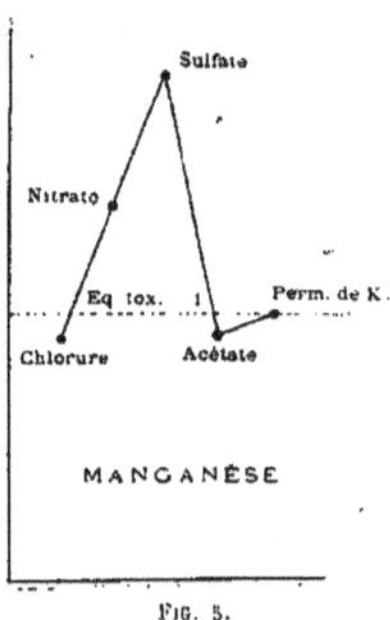

Fig. 5.

blement toxiques (nitrate, sulfate, permanganate), ou *moyennement toxiques* (chlorure, acétate).

(1) La faible toxicité du permanganate de potasse s'explique peut-être par ce fait qu'il se décompose facilement.

Aluminium (Poids atomique = 27).

NOM DU COMPOSÉ	ÉQUIVALENT TOXIQUE	NOM DU COMPOSÉ	ÉQUIVALENT TOXIQUE
Nitrate d'aluminium. . . .	2,5	Chlorure d'aluminium . . .	1,3
Sulfate d'aluminium. . . .	1,5		

Les composés de l'aluminium ont une toxicité peu élevée (*fig. 6*), puis-

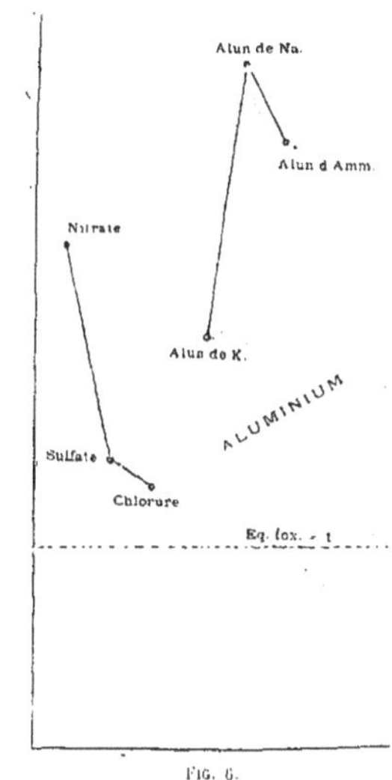

FIG. 6.

qu'ils sont ou *faiblement toxiques* (sulfate, chlorure), ou même *très faiblement toxiques* (nitrate).

NOM DU COMPOSÉ	ÉQUIVALENT TOXIQUE	NOM DU COMPOSÉ	ÉQUIVALENT TOXIQUE
Alun de potasse.	2,1	Alun d'ammoniaque. . . .	3
Alun de soude.	3,4		

Les aluns à base d'aluminium sont donc tous *très faiblement toxiques*. Rappelons à ce propos que l'alun de fer et l'alun de chrome sont tous deux faiblement toxiques.

Qu'il me soit permis, en terminant, de remercier l'Association de la subvention qu'elle a bien voulu m'accorder pour m'aider dans ces recherches.

M. Aug. CHEVALIER

Licencié ès-sciences naturelles,
Chargé de l'exploration botanique de l'Afrique occidentale française.

UNE NOUVELLE PLANTE A SUCRE DE L'AFRIQUE FRANÇAISE CENTRALE

[633(65)]

(*Panicum Burgu*, Aug. Chev.)

— *Séance du 4 août 1900* —

LES PANICUM UTILISABLES

Les Panics sont des graminées très répandues dans les régions tropicales du monde entier et quelques espèces s'avancent assez loin vers le nord ou le sud dans les zones tempérées des deux hémisphères.

Dans l'Afrique tropicale les nombreuses espèces de *Panicum* constituent fréquemment dans les plaines et les vallées des formations analogues aux prairies et jachères où entrent en Europe, les *Poa*, les *Agrostis*, etc.

Plusieurs Panicum sont de la plus grande utilité à l'homme, leurs graines riches en amidon et en substances quaternaires pouvant être substituées aux céréales habituelles des pays chauds : *Andropogon Sorghum* (mil), *Pennisetum typhoideum* (petit mil), *Oryza sativa* (riz), *Zea Maïs* (maïs), *Eleusine Coracana*, *Poa abyssinica*, *Paspalum affine*.

Quelques espèces sont cultivées au même titre que ces céréales et dans beaucoup de pays constituent la base de l'alimentation indigène. Ces espèces sont :

Panicum miliaceum L. répandu dans presque toutes les régions chaudes du globe et cultivé jusqu'en Europe ; il en est de même du *P. italicum ;*

P. maximum Jacq. ou Herbe de Guinée, spontané en Afrique occidentale et cultivé en grand dans l'Amérique du Sud et dans les Indes orientales ;

P. esculentum Al. Braun, se cultive au Japon ;

P. frumentaceum Roxb., se cultive en grand dans les Indes orientales et la Chine où on le nomme *Pëi-dre* ;

P. longiflorum (Hook?) Franchet! petite plante bien connue au Soudan sous le nom de *Fonio* pour les semoules et les couscous qu'elle sert à fabriquer, est ensemencée par les indigènes de la Haute-Gambie, de la Haute-Casamance, de la Guinée française, du Fouta-Djalon, du pays de

Samory et de presque toute la boucle du Niger ainsi que nous l'avons constaté au cours de notre voyage.

L'espèce qui fait l'objet de cette note est moins connue que le *Fonio* et les précédentes. Son emploi comme céréale alimentaire est moins général, mais elle mérite d'attirer l'attention par son abondance et par la richesse en sucre de ses tiges qui en feront peut-être une plante d'avenir du centre de l'Afrique.

HISTORIQUE

Le *Panicum Burgu* est connu des Noirs des différentes agglomérations des bords du Niger sous les noms de *Birgou, Borgou, Bourou, Bourcou,* qui ne sont que des variations phonétiques du nom de *Bourgou* que lui donnent les Bambaras et sous lequel le désignent les quelques Européens qui résident dans la région depuis l'occupation française.

Les Djennonkés et les Sonrays de Tombouctou l'appellent *Koundou,* et les Maures *El-Bergou.*

Le Bourgou a été mentionné pour la première fois dans la relation du voyage de René Caillé (1).

Cet illustre explorateur l'aperçut le 8 avril 1828 au village de Tircy, sur le Niger, entre le lac Debo et Tombouctou :

« Je vis dans les marais environnants beaucoup de nègres occupés à récolter une grande herbe qui ne croît que dans les lieux marécageux : ils nomment cette plante *Kondou*; ils la font sécher au soleil, puis la passent légèrement à la flamme pour brûler les feuilles ; ils ne réservent que les tiges ; ils en font de gros paquets qu'ils emportent sur leur tête jusque dans leur habitation ; je vis aussi plusieurs ânes qui en étaient chargés. Je demandai à mes compagnons quel usage on faisait de cette herbe : ils me dirent qu'étant bien lavée par les femmes et séchée, on la réduit en poudre aussi fine que possible ; ainsi réduite on la met dans un grand vase en terre fait exprès, avec de petits trous au fond ; on jette par dessus de l'eau chaude, en filtrant l'eau emporte tout le suc de la plante ; ce suc est très sucré ; l'eau prend une couleur violette un peu claire. Cette boisson est très estimée des naturels qui la savourent avec plaisir ; mais elle produit l'effet d'un purgatif pour les personnes qui n'y sont pas habituées et elle conserve presque toujours un petit goût de fumée qui la rend désagréable à boire. Les mohométans se permettent sans scrupule d'en faire usage ; les Maures en boivent aussi, mais ils la coupent toujours avec du lait aigre.

(1) Dans la relation du *Voyage d'Hornemann,* il est question d'une canne à sucre qui serait commune sur les bords d'un fleuve venant du Darfour et se rendant dans un grand lac avoisinant le Fiddri et le Baguirmi. Malgré le peu de précision de ces indications, il s'agit probablement du Tchad et la plante serait vraisemblablement le Bourgou. (*Voyage de Hornemann,* trad. franc., 1803, p. 251).

» La tige du Kondou est grosse comme un roseau, longue de huit à dix pieds, et rampante; les feuilles sont étroites et longues de six à sept pouces; elles ont les bords dentelés en scie. Les rives du Dhioliba en sont couvertes. Les Dirimans et quelques Foulahs habitants de Tircy vinrent nous vendre cette boisson (1)... »

Dans son voyage de 1849 à 1855, Barth retrouve le *Bourgou* dans la région de Tombouctou :

« Dans le bassin de Sarayamo, le Niger est encombré d'une graminée appelée *Byrgou* qui forme le principal fourrage pour les chevaux et le bétail. Les indigènes en tirent même une boisson sucrée nommée *Menschou* et une sorte de mauvais sucre ou plutôt de sirop (2). » Plus loin le même voyageur ajoute :

P. 133 « On prépare à Kabarah beaucoup d'hydromel avec le Byrgou. »

Quelques années plus tard Henri Duveyrier mentionnait parmi les plantes indéterminées rencontrées par lui dans le Sahara un roseau à sucre croissant autour des mares et nommé *El-Bergou* par les Arabes, *Ekaywod* par les Touaregs (3). Ce roseau est probablement la même plante que celle du Niger.

Depuis l'occupation française de Tombouctou en 1893, nos connaissances géographiques et historiques sur la région se sont considérablement accrues, mais aucun fait nouveau concernant le *Bourgou* n'a été relaté. M. le commandant Hourst a seulement figuré sur sa belle carte du cours du Niger, les principales prairies aquatiques qu'il rencontra pendant sa descente du fleuve en 1896. Plusieurs prairies de Bourgou sont indiquées, principalement dans les feuilles de Sambo, de Kagha, de Goungounbéri, de Minkiri, etc.

Telles étaient nos connaissances sur cette remarquable plante jusqu'à l'année dernière.

Après avoir été chargé de l'exploration botanique du Soudan français par M. le général de Trentinian et avoir passé plusieurs mois dans les régions nigériennes où abonde le *Bourgou*, nous faisions parvenir au gouvernement de la colonie des renseignements complémentaires publiés en 1899 par le *Bulletin du Comité de l'Afrique française* et par la *Feuille de renseignements de l'Office colonial*.

Depuis notre retour nous avons entrepris sur cette plante les recherches exposées dans cette notice.

(1) R. CAILLÉ. — *Voyage à Tombouctou et Jenné*, de 1824 à 1828, t. II, p. 270.

(2) H. BARTH. — *Voyages et découvertes dans l'Afrique septentrionale et centrale* (Paris, 1860) t. III, p. 322.

(3) H. DUVEYRIER. — *Les Touaregs du Nord*, Paris, 1864.

Aspect et végétation du Bourgou

Le *Bourgou* est une herbe aquatique, se développant au moment de l'inondation, par colonies abondantes, et dont les chaumes, pressés les uns contre les autres, couvrent parfois des milliers d'hectares sans interruption, durant l'hivernage et le commencement de la saison sèche.

Nous avons passé tout le mois de septembre 1899 à travers ces prairies aquatiques du Niger, au moment de la pleine période des hautes eaux, sur le chaland *Lieutenant-Bunas*, mis bienveillamment à notre disposition par M. le colonel Vimard, lieutenant-gouverneur par intérim du Soudan, pour poursuivre nos recherches sur cette plante.

Nous avons visité successivement : l'Issa-Ber, contourné en grande partie les rives du lac Débo, notamment l'entrée du Bara-Issa, longé ensuite une partie de la province de Bourgou, traversé à deux reprises le marigot de Kouakourou qui réunit le Niger à Djenné, remonté le Bani jusqu'à San ; enfin nous avons suivi le Niger à travers les mêmes prairies, jusqu'à Koulikoro, point d'attache de la flottille du Niger.

Le chaland, poussé à la perche par quelques indigènes, traversait ces prairies en écartant les herbes et en laissant un étroit sillage qui se refermait très rapidement derrière nous.

Le soir, chaque fois que c'était possible, nous atterrissions sur des îlots où s'élevaient habituellement quelques cases de pêcheurs Bozos. Il était, d'ailleurs, impossible d'y prendre le moindre repos, dévorés que nous étions par des myriades de moustiques, qui produisent, dès que le soleil est couché, un bourdonnement ininterrompu et dont les larves trouvent un terrain très propre à leur développement dans les marais à *Bourgou*.

Les prairies de Bourgou sont fréquemment broutées par les hippopotames et les lamantins. Les crocodiles, quoique très abondants dans le lit du Niger, ne s'y aventurent pas et les poissons y sont rares. En revanche de nombreux névroptères, quelques lépidoptères et coléoptères voltigent constamment sur ces graminées et sur les fleurs assez éclatantes de quelques légumineuses aquatiques qui vivent parmi. Parfois des vols d'acridiens, attirés par l'aspect verdoyant, ou ayant besoin de se reposer pendant la traversée du fleuve, s'abattent sur ces prairies et un grand nombre tombent entre les tiges et se noient.

Ces immenses prairies aquatiques de l'Afrique centrale ont frappé tous les voyageurs qui y ont pénétré. Dans le haut Nil, elles sont surtout constituées, d'après Schweinfurth par *Saccharum spontaneum* L. et par *Vossia procera* Wall. ; au Congo, par *Vossia procera* Wall., selon Dybowski (d'après les indications contenues dans l'Herbier du Muséum de Paris) ; autour du lac Tchad, Barth mentionne une graminée appelée *Kreb* ou

Prairies du Bourgou, dans le Niger moyen, entre le lac Débo et Tombouctou.

Kascha dont les graines servent à l'alimentation des habitants du Bornou, du Baghirmi et du Wadaï, et qui nous paraît être, d'après cette particularité, *Panicum pyramidale* Lamk. dont les graines appelées *Lingui* (bambara) se mangent aussi en Sénégambie et au Soudan français.

Les prairies du Niger et des lacs de la région de Tombouctou sont surtout constituées par le *Bourgou* et par le *Panicum pyramidale* Lamk, espèces voisines et croissant souvent ensemble, quoique d'aspect bien différent.

Les premières touffes de *Bourgou* apparaissent dans le Niger et dans son grand affluent le Bani, en juin, lorsque les eaux provenant des pluies du sud, affluent vers le nord et font déborder le Niger avant qu'il ait atteint le lac Débo, qui comme on sait, lui sert de régulateur. En même temps, les nombreuses ramifications du fleuve asséchées, au moins en partie, pendant quelques mois de l'année, se couvrent également de *Bourgou* à mesure que l'eau s'y répand. Le développement des prairies suit la marche de l'inondation; aussi elles apparaissent longtemps après dans la région de Tombouctou, la crue, comme l'on sait, s'y faisant sentir environ deux ou trois mois plus tard, lorsque le lac Débo et les dépressions avec lesquelles il est en communication se sont remplis.

Les nouvelles plantes apparaissent dès que l'eau envahit le sol. Dans les endroits où l'humidité s'est conservée toute l'année, ce sont les rhizomes rampants restés dans la vase qui émettent de jeunes pousses à la façon du *Glyceria aquatica* Wahl. des mares d'Europe; dans les endroits asséchés depuis longtemps, ce sont les graines seulement qui produisent de nouvelles plantes. Au début, la vitesse de la croissance est plus rapide que la montée de l'eau de telle sorte que les tiges émergent rapidement et dépassent le niveau de l'eau. A mesure que celui-ci monte, les feuilles anciennes submergées jaunissent et se détruisent. En même temps les nœuds inférieurs de la plante produisent des couronnes de racines adventives entièrement couvertes de radicelles. Quelques nœuds émettent aussi des rameaux qui restent enfermés dans les gaines des feuilles sur un long parcours et après leur sortie viennent épaissir encore davantage la prairie.

Au 10 juillet, les chaumes de *Bourgou* des environs du lac Débo n'avaient encore que 2 pieds de hauteur et s'élevaient de 1 décimètre seulement au-dessus des eaux.

Au 10 septembre, ces chaumes avaient atteint environ 2 mètres de hauteur, dépassant le niveau de l'eau de 50 à 80 centimètres et la plupart des inflorescences étaient en fleurs.

La taille et la vigueur du *Bourgou* sont d'ailleurs très variables, suivant la profondeur des eaux et la richesse du sol. En certains endroits, ils peuvent atteindre 3 mètres de hauteur; mais leur tige, au moment de la floraison, c'est-à-dire à l'époque des hautes eaux, ne dépasse pas 1 mètre au-dessus du niveau.

Distribution géographique

Dans le Soudan occidental, le *Bourgou* ne se trouve qu'en petite quantité au sud du 13e degré de lat. N. C'est seulement à partir de Ségou dans le Niger, et de San dans le Bani, qu'il devient commun.

On le rencontre dans les marigots qui pendant l'hivernage mettent en communication les deux fleuves avant leur confluence de Mopti : marigots du Sarro, du Pondory, de Kouakourou, etc. Il se retrouve en grande quantité dans les branches qui réunissent sur la rive gauche le bras principal au lac Débo : marigots de Diafarabé, de Diaka, de Murale, de Kakagnoun, etc., formant un immense labyrinthe aquatique pendant l'inondation, labyrinthe qui n'est guère qu'une vaste prairie de *Bourgou*, les quelques îlots non inondés étant presque entièrement occupés par les villages et leurs cultures.

Il est très abondant dans le lac Débo et dans les nombreuses dépressions qui s'y abouchent.

Il se trouve tout le long du fleuve après sa sortie, dans la branche principale ou Issa-Ber, ainsi que dans les bras latéraux Bara-Issa, Koli-Koli, etc.

Nous l'avons rencontré abondamment dans le lac de Sumpi, dans l'emplacement asséché des lacs Télé et Fati, ainsi que dans les marigots qui les font communiquer entre eux et dans le marigot de Goundam qui les réunit au Niger près de Tombouctou.

Il nous a paru très rare sur les bords du grand lac Faguibine; en revanche, il est commun dans les mares des Daouna.

Il est très répandu dans le Kissou et les pays de rizières des environs de Tombouctou, notamment dans l'Aribinda.

Sur la rive droite, Barth l'a rencontré dans le bassin de Sarayamo (Sareyamou, sur la carte Guy) et il existe vraisemblablement dans les mares du sommet de la Boucle, au pays touareg de la Confédération Irréganaten.

Enfin, au-delà de Tombouctou, on le rencontre en très grande abondance, d'après les renseignements qui nous ont été donnés par les officiers de la colonne expéditionnaire de Gao et par notre ami Baillaud, tout le long du fleuve, notamment à Rhergo, à Bamba, à Ansongo. Il se raréfierait seulement à partir des premières rapides, à Fafa.

En résumé, on voit que le *Bourgou* est partout abondant dans la région d'inondation du Niger et le centre où il paraît le plus répandu et le plus facilement exploitable est le lac Débo, qui, comme l'on sait, est aussi le centre et le régulateur de l'inondation de ce grand fleuve et qui a pu être à une époque ancienne l'embouchure du fleuve, s'il a réellement existé dans la région de Tombouctou une mer intérieure, comme tendent à le prouver les observations géologiques que nous avons faites dans le pays, au cours de notre exploration.

Le *Bourgou* existe aussi probablement dans le Sénégal ; mais il doit y être relativement rare (1), le régime du fleuve qui ne s'épand pas en large inondation comme le Niger ne lui convenant pas. On y rencontre, au contraire, des espèces voisines, à chaume plus grêle et inexploitables décrites plus loin.

Au sud-est de Tombouctou, le *Bourgou* serait également commun dans les marigots et les mares et s'étendrait jusqu'au lac Tchad d'après les renseignements obtenus d'un indigène du Bornou. C'est probablement lui qui constitue, au moins en partie, les prairies aquatiques du Tchad, signalées par tous les voyageurs qui ont vu les rives de ce lac. Il y serait associé, comme dans le Niger, au *Panicum pyramidale*.

Il existe dans le Nil Blanc (Herbier du Muséum), où il a été recueilli, en 1840, par la mission d'Arnaud chargée d'aller reconnaître les sources du Nil.

Il se rencontre aussi au Congo français. Nous avons reconnu cette plante dans une graminée recueillie par M. le Dr Viancin dans le Haut-Oubangui en 1895 et envoyés au Muséum. Elle est tout à fait identique à la plante de Tombouctou.

Enfin, il faut rapporter au *Panicum Burgu* des échantillons recueillis par Jacques de Brazza et Thollon dans le Congo et l'Ogoué, quoiqu'ils présentent de légères différences avec la plante du Niger.

DESCRIPTION DE LA PLANTE (Pl. V)

La base de la tige du *Bourgou* est ordinairement vivace et transformée en rhizome d'où naissent, aux nœuds, des racines fibreuses. La partie non enterrée est genouillée à sa base, munie également, à ses nœuds, de couronnes de racines adventives (8 à 15 par nœud), grêles, longues de 8 à 20 centimètres, entièrement couvertes de radicelles. Ces racines sont situées sur la partie submergée dont les feuilles sont détruites et le chaume grêle. Plus haut, il s'épaissit, atteint la grosseur d'un doigt ; ses nœuds, rougeâtres, sont couverts de longues soies qui atteignent 15 milimètres de long. Toutes les parties submergées de la plante sont rubescentes. Dans le tiers supérieur submergé, les chaumes sont encore en partie visibles, ainsi que les nœuds, les gaines foliaires ne couvrant pas encore toute la tige. Les bords de ces gaînes foliaires submergées présentent quelques longs poils à leur sommet. A cet endroit, elles s'écartent un peu de la tige et offrent en dedans une ligule formée de longs cils raides. En dehors, existe un anneau rougeâtre, marquant la naissance du limbe. Celui-ci est d'abord étroit et fortement canaliculé, large seulement de 6 millimètres. A sa sortie de l'eau, il s'élargit, devient plan et présente l'aspect et la largeur des feuilles aériennes, mais il demeure plus court.

(1) Nous venons de reconnaître le *Panicum Burgu* parmi des graminées que nous avions recueillies en décembre 1898 à Kaédi, moyen Sénégal. (*Note ajoutée pendant l'impression.*)

Les nœuds sont écartés de 15 à 20 centimètres. Sur la partie aérienne il existe de 4 à 6 feuilles, dont les gaines rougeâtres ou vertes, cachent entièrement la tige et offrent ordinairement quelques poils sur leurs bords, surtout au sommet. Toutes présentent habituellement des ligules de cils, sauf la supérieure. Le limbe, d'autant plus long qu'il s'insère plus bas, a de 30 à 60 centimètres de longueur. Il est un peu rétréci et canaliculé à sa base. Sa largeur moyenne est de 15 à 20 millimètres dans la moitié inférieure et va ensuite en se rétrécissant graduellement pour se terminer en longue pointe. Il offre une large nervure blanchâtre striée, large de 5 millimètres à la base, saillante en dessous. Il existe, à droite et à gauche de chaque côté, cinq nervures secondaires séparées par de fines nervilles parallèles. Ces nervures secondaires sont couvertes de très fines pointes parallèles, rudes, qui rendent les feuilles très scabres, surtout en dessous et sur les bords. Elles sont d'un vert foncé.

L'inflorescence est une panicule unilatérale vert pâle, ayant de 15 à 30 centimètres de long à axes anguleux présentant sur les angles de très fines soies scabres.

Axes secondaires au nombre d'une vingtaine, penchés, de 4 à 5 centimètres de long en moyenne, mais les inférieurs pouvant atteindre jusqu'à 15 centimètres, ainsi que le terminal. Chacun porte de 20 à 50 épillets unilatéraux, isolés le long de l'axe ou groupés par paquets de 2 à 4 et le recouvrant jusqu'à sa base. Épillets hermaphrodites lancéolés, longs de 4 millimètres (non compris l'arête), formés d'une fleur stérile et d'une fleur hermaphrodite. Glumes très inégales, l'inférieure plus grande, ovale-lancéolée, à 3 ou 5 nervures ciliées, la médiane se prolongeant en une courte pointe scabre.

La glumelle inférieure de la fleur stérile est lancéolée, bordée au sommet de cils raides et se prolonge en une longue arête scabre et un peu tordue. La glumelle supérieure est scarieuse et petite.

Les deux glumelles de la fleur fertile sont presque égales et luisantes.

Il existe dans chaque fleur trois étamines à longues anthères jaunes. L'ovaire est surmonté de deux longs stigmates plumeux violacés.

Le caryopse mûr nous est inconnu.

AFFINITÉS BOTANIQUES DU BOURGOU

Ainsi qu'il est facile de s'en rendre compte par la description précédente, le *Bourgou* est un *Panicum* appartenant à la section *Echinochloa* P. Beauv., caractérisé surtout, comme l'on sait, par ses épis, composés, unilatéraux et alternes le long de l'axe de l'inflorescence. Cette section comprend le *Panicum Crus-galli* L. duquel notre plante est très distincte ; elle se rapproche au contraire beaucoup du *Panicum scabrum* Lamk. Après étude des différentes formes africaines voisines, nous avons été amené à les réunir comme sous-espèces d'un groupe *P. scabrum*, ayant la plante de Lamark pour type. Nous les distinguons par les caractères suivants :

PANICUM SCABRUM

Diffère de *P. Crus-galli* par les souches ordinairement vivaces, les tiges coudées à la base, cylindriques, hautes de 1 à 3 mètres ; les feuilles, très scabres, au moins sur les bords; les nœuds inférieurs des tiges munis de racines quand elles sont submergées, les nœuds moyens ordinairement couverts de poils; les ligules des feuilles moyennes constituées ordinairement par de très nombreux cils raides. Épillets plus gros que dans *P. Crus-galli*, longs de 4 à 5 millimètres non compris l'arête, larges de 2 millimètres à 2 mm, 5. Rachis secondaires ordinairement dépourvus de touffes de longs poils à la naissance des pédicelles qui portent les épillets.

Ce groupe comprend les sous-espèces suivantes :

P. scabrum Lamk. Tabl. encycl. et méthod. Bot. t. I (texte) p. 171 (1791); Steudel p. 47. Tiges grêles, hautes de 60 centimètres à 1 mètre, feuilles d'un vert-glauque (d'après Lamark), étroites, très scabres sur les deux faces, présentant parfois de véritables petits mamelons rugueux à la base et sur les bords. Les épis secondaires, longs de 25 à 35 millimètres, ont leur axe muni de quelques soies et de poils courts; ils sont espacés au nombre de 4 à 6. Les glumes sont couvertes de longs cils raides et la glumelle de la fleur stérile porte une arête de 8 à 12 millimètres très scabre et, sur ses nervures latérales, des cils raides, longs de 1 millimètre à 1mm, 5, tuberculeux à leur base.

P. oryzetorum (s.-sp. nov.).

Tiges très grêles, hautes de 1 mètre environ; nœuds des tiges glabres, noirâtres; ligules nulles; feuilles très étroites, vertes, scabres seulement sur les bords. Épis secondaires peu nombreux, de 4 à 8, longs de 2 à 4 centimètres; rachis secondaires pubescents, mais sans longues soies; fleurs pubescentes avec des cils blancs petits sur les glumes et la grande glumelle assez longuement aristée.

Sénégal, pays de Galam, probablement environs de Bakel « en septembre et octobre, dans les cultures de riz » (*Houdelot*, 1837, n° 300).

P. stagninum (Retz, Obs. V, p. 17; Steudel, p. 47).

Chaume haut de 1 mètre environ, de la grosseur d'une plume d'oie; feuilles vertes, assez étroites, presque lisses, à bords scabres; gaines un peu velues; ligules constitués par de longs cils. Épis secondaires espacés, fleurs ciliées aristées (arête de 10 ou 15 millimètres).

Égypte : Damiette (Sieber), Le Caire (Delile).

P. Lelievrei (s.-sp. nov.).

Chaumes rameux, élevés de 1 à 2 mètres, de la grosseur du petit doigt, velus sur les nœuds inférieurs; feuilles larges de 1 à 2 centimètres, vertes, plus ou moins canaliculées, à nervure étroite, lisses, scabres seulement sur les bords, avec des ligules constituées par de nombreux cils; panicule robuste, à rachis secondaires glabrescents; glumes et glumelles avec des poils répartis sur toute la surface, ceux des nervures plus longs, mais ne formant pas cils; arête courte (de 5 à 8 millimètres de long).

Sénégal, probablement environs de Saint-Louis (*Lelièvre*, Herb. Mus.).

— var. *leiostachyum*, P. Crus-Galli, var. *leiostachyum* Franch. *Contrib. Fl. Congo*, in *Bull. Soc. d'Autun*, 1895, p. 348.

Rameaux des panicules rapprochés, formant une panicule compacte; glumes presque glabres, munies seulement de poils très courts et de quelques cils grêles sur les nervures; glumelle simplement acuminée ou très courtement aristée.

Congo français : bords du Fernand-Vaz, en fleurs avril 1894 (*H. Lecomte*, Herb. mus.).

P. Burgu (s.-sp. nov.).

Chaumes robustes de la grosseur du doigt; feuilles vertes larges de 15 à 20 millimètres, très scabres, surtout en dessous et sur les bords, avec une très large nervure médiane blanchâtre; ligules constituées par des cils longs; panicules très fournies; glumes ciliées, glabres en dehors des nervures; glumelle longuement aristée (arête de 8 à 12 millimètres de long); rachis des épis secondaires glabres ou offrant de très fines arêtes serrées, scabres, ayant au plus un demi-millimètre de long.

Sénégal : environs de Kaédi et de Bakel sur le Sénégal moyen.

Soudan occidental : Niger moyen, spécialement dans la région de Tombouctou ! Région du Nil Blanc (*Arnaud*, 1840, Herb. Mus.); Haut-Oubangui (*Dr Viancin*, 1893, Herb. Mus.); Congo et Ogoué (*J. de Brazza* et *Thollon*).

— var. *Francheti*, P. Crus-galli, var. maximum Franch., *loc. cit.*, p. 347. — Glumes très hispides; rachis des épis secondaires hérissés de longues soies; arêtes longues.

Congo français : Brazzaville, janvier 1885, en fruits presque mûrs (*Thollon*, nº 388, Herb. Mus.).

— var. *submuticum*, P. Crus-galli L. var. β submuticum Franch., *loc. cit.*, p. 347. — Quelques longues soies sur les rachis des épis secondaires; arêtes des glumelles inférieures courtes, longues seulement de 1 à 3 millimètres.

Congo belge : bancs de sable dans le fleuve Congo à Kwamouth, juillet 1888. (*Fr. Hens.* nº 176, Herb. Mus.).

Observation. — La plante de Loango (*H. Lecomte*), rattachée à cette variété par Franchet, se rapporte au *P. pyramidale* Lamk.

USAGES DU BOURGOU

De toutes les plantes spontanées aux environs de Tombouctou, c'est incontestablement le *Bourgou* qui rend les plus grands services aux habitants de cette région.

Il n'est pas une partie de la plante qui ne puisse être utilisée.

La paille verte est d'un usage général pour l'alimentation des troupeaux de vaches et de moutons, qui constituent la richesse principale de la région de Tombouctou. Les Touaregs prétendent pourtant qu'elle ne vaut rien pour la nourriture des chameaux : c'est elle qui serait cause, disent-ils, de leur mort, qui survient très vite quand on les laisse pâturer trop longtemps dans la vallée du Niger. Coupé à l'état jeune et séché, le *Bourgou* constitue un foin excellent pour l'alimentation des chevaux, et on l'emploie pour cet usage dans tous nos postes du Niger moyen. L'une des principales raisons qui ont déterminé le gouvernement du Soudan à fixer

Ségou comme point d'attache aux spahis soudanais a été l'abondance de ce fourrage dans la région.

Les feuilles de *Bourgou*, pourries par suite d'un long séjour dans l'eau, sont employées sous le nom de *Dési* par les Bozos pour calfater les pirogues du Niger, constituées seulement par des planches grossières réunies par des feuilles de *Dafou (Hibiscus cannabinus* Guill. et Perr.). On obstrue tous les interstices avec ce *Dési*, enfoncé avec une lame de fer, et les embarcations ainsi préparées peuvent rester longtemps sur le fleuve sans prendre l'eau.

En brûlant les feuilles sèches et en lessivant les cendres, on obtient, par évaporation, des sels alcalins qui servent à fabriquer le savon indigène et sont employés comme mordants dans la préparation de l'indigo du pays.

Les tiges sèches peuvent être employées pour couvrir les cases ou constituer les palissades qui entourent les villages peuls du nord du Soudan. Cependant, on leur préfère habituellement les chaumes plus solides fournis par les mils ou diverses graminées de la brousse. Enfin, les graines, appelées *Horri*, recueillies à maturité par les femmes et les enfants, en même temps que celles du *Panicum pyramidale* Lamk., qui croît parmi, sont employées aux mêmes usages que celles du *Fonio (Panicum longiflorum)*. On les mange crues, ou cuites en semoule, ou pilées et préparées en couscous. Les Touaregs en sont, dit-on, très friands et cette graine constitue un important appoint à la nourriture, durant les années où le mil ou le riz viennent à manquer, par suite de la sécheresse ou des ravages des sauterelles.

Mais c'est surtout comme plante à sucre que le *Bourgou* est connu et utilisé autour de Tombouctou. Nous avons déjà vu plus haut comment d'après René Caillé, les indigènes opéraient pour en extraire le sirop. Nous avons pu recueillir dans le pays quelques indications complémentaires et faire quelques expériences qui complètent ces renseignements.

Les cannes de *Bourgou* sont fauchées au mois d'avril lorsque l'inondation est retirée. Ces cannes, débarrassées de leurs feuilles, sont mises à sécher et conservées dans les cases. Au moment de leur emploi, on les réduit en petits fragments ayant au plus 1 centimètre de long. On les écrase le plus possible, de manière que l'eau puisse bien pénétrer les tissus saccharifères. Ces fragments sont ensuite placés dans des paniers fabriqués habituellement avec des fibres de feuilles de *Doum (Hyphæne thebaica)*. On y verse de l'eau chaude ou froide, et l'on tend en dessous de grands vases en terre *(canaris)*. Le sirop épais coule goutte à goutte et vient s'y réunir. Cette liqueur constitue le *Koundou-hari* (eau de *Koundou*), boisson habituelle des musulmans de Tombouctou. Elle doit être bue fraîche, car elle fermente très vite. Elle valait au marché de Tombouctou, lors de notre passage dans cette ville, environ 50 centimes les 15 litres. Le *niondolo*, sorte de bière de mil fabriquée par les femmes des tirailleurs bambaras, se vendait 50 centimes le litre.

Le *Koundou-hari* est un liquide un peu épais, couleur caramel foncé. Outre son goût sucré, il a un arrière-goût âcre, très désagréable pour ceux qui n'y sont pas habitués. Aussi, cette boisson, même fermentée, est-elle délaissée de tous les étrangers, Européens et noirs.

Si l'on concentre par la chaleur le *Koundou-hari*, on obtient une substance brune, épaisse, assez analogue au miel, mais de couleur plus foncée et possédant aussi un arrière-goût âcre fort désagréable. Ce produit est une mélasse très impure, nommée *Katou* par les indigènes. Le *Katou* se vend sur le marché de Tombouctou par petites parts qu'on découpe comme le nougat. Les enfants en sont très friands; mais il est surtout utilisé pour fabriquer diverses pâtisseries indigènes et en particulier les *Alouala*, sortes de berlingots du pays.

Exposé à l'air, le *Koundou-hari* fermente très rapidement, sous l'action des *Saccharomyces*, qui vivent à l'état spontané sur les cannes. En trois jours, la transformation du sucre de canne en alcool est complète, et la liqueur s'est déjà en partie acidifiée, la fermentation acétique commençant de très bonne heure. Dès le quatrième jour, la liqueur se couvre d'un voile épais, constitué par ce dernier ferment. Au bout de cinq à six jours, la transformation en acide acétique est achevée. Nous avons obtenu ainsi un vinaigre, qui, sans être bien remarquable, a pu cependant être utilisé à Tombouctou.

En stérilisant le *Koundou-hari* par l'ébullition, aussitôt après sa préparation, et le laissant ensuite exposé à l'air, on diminue la vitesse de la fermentation alcoolique et la boisson aigrit avant même que la transformation de tout le sucre soit terminée.

Enfin, si l'on met les fragments de tissus saccharifères du *Bourgou* dans des bouteilles, de manière à les remplir sans tassement, et si l'on bouche ensuite ces bouteilles, après avoir versé de l'eau qui comble les vides, et les avoir ensemencées avec un peu de levure de bière, il se produit, dès le deuxième jour, une fermentation abondante, et les bouchons partent s'ils ne sont solidement assujettis. Le troisième jour, en débouchant et en décantant, on obtient une liqueur pétillante, de couleur blonde, rappelant celle du cidre et assez agréable à boire. En filtrant ce liquide et le transvasant dans des bouteilles qu'on cachetait aussitôt remplies, nous avons réussi à conserver cette boisson une année tout entière, sans qu'elle s'altérât beaucoup.

Le liquide qui a été présenté à la section de botanique du Congrès de l'AFAS a tout à fait la couleur et le goût des cidres de fin de saison ayant durci, et il est très probable qu'avec des moyens moins primitifs on eût obtenu de meilleurs résultats. Nous insistons sur ces faits, si simples qu'ils paraissent. Tous les Européens qui ont pénétré suffisamment loin dans nos possessions d'Afrique savent combien il serait important de pouvoir arriver à fabriquer sur place une boisson hygiénique et agréable, les difficultés de ravitaillement par la côte devant durer longtemps encore.

Enfin, à la même époque, M. le capitaine d'artillerie de marine Haïs, en faisant fermenter avec de l'eau la paille de *Bourgou* réduite en fragments dans une cuve, a obtenu par pression un jus qui, distillé dans un alambic fabriqué avec de simples morceaux de fer blanc soudés bout à bout, a donné un alcool assez pur. En résumé, il résulte de l'exposé précédent, qu'outre ses multiples usages indigènes, le *Bourgou* peut fournir :

1° Du *sucre*, dont on trouverait l'écoulement sur place, ce produit étant très apprécié des musulmans de l'Afrique centrale;

2° De *l'alcool*, qui, comme producteur d'énergie, est précieux dans ces régions lointaines dépourvues de combustibles minéraux;

3° Enfin peut-être en obtiendra-t-on une *boisson hygiénique* qui permettrait à l'Européen de suppléer à la mauvaise qualité générale des eaux du pays de Tombouctou.

Il eût été important de joindre à cette étude la composition de la paille de *Bourgou*, et notamment sa teneur en sucre de canne. Malheureusement, les matériaux que nous avions rapportés pour ces recherches ont subi un séjour trop prolongé dans l'eau et se sont, en outre, altérés pendant le voyage. Force nous est d'attendre l'envoi de cannes en meilleur état que nous avons demandées à la colonie.

PLANCHE V.

1 à 9 inclus et 11 à 16 inclus, *Panicum Burgu*; 10, *P. scabrum*.

1. Panicule de *Panicum Burgu*. — 2, 3, 4, 5. Gaine de la feuille, ligule et base du limbe. — 6. Fragment du limbe vu en dessous. — 7. Section d'une tige au-dessus d'un nœud, montrant deux jeunes tiges nées à l'intérieur de la gaine (figure schématique). — 8. Section du limbe au-dessus de la ligule (figure schématique). — 9. Un rameau de la panicule du *Panicum Burgu*. — 10. Un épillet de *Panicum scabrum* Lamk. (d'après l'échantillon authentique). — 11, 12. Deux épillets de *Panicum Burgu*. — 13. Glume externe. — 14. Glume interne. — 15. Glumelle externe de la fleur fertile. — 16. Glumelle interne de la fleur fertile.

Note ajoutée pendant l'impression. — Nous avons reçu, pendant que cette note était à l'impression, de M. A. de Bat, capitaine de cavalerie hors cadres, adjoint au commandant du territoire militaire de Tombouctou, une lettre qui nous donne quelques renseignements complémentaires très intéressants.

M. de Bat évalue la superficie entièrement recouverte de *Bourgou* à 250.000 hectares. D'autres personnes, un peu enthousiastes il est vrai, portent cette étendue à la superficie de 2 degrés géographiques carrés. Il estime que l'exploitation de ce produit par les Européens ne lèserait pas les intérêts des indigènes, qui n'en utilisent qu'une faible partie (à peine la moitié).

La cueillette de la paille, qui sert de fourrage, se fait dès septembre, mais les cannes ne sont récoltées qu'en mars et avril. On en fait des bottes qu'on entasse en meules près des cases pour les utiliser au fur et à mesure des besoins. Pour briser les tiges, on les écrase avec des sortes de fléaux. Outre les divers emplois indiqués ci-dessus, on peut ajouter le suivant : on consomme fréquemment, dans la région de Tombouctou, le *Deli-Katou*, sorte de gâteau constitué par un mélange de *Katou*, de gomme et de piment.

Une société commerciale étudie en ce moment le moyen d'utiliser l'alcool de *Bourgou* pour produire la force motrice nécessaire pour assurer la navigation sur le Niger moyen. (Le 20 février 1901.)

M. le Dr Ed. BONNET

à Paris.

VÉGÉTAUX ANTIQUES DU MUSÉE ÉGYPTIEN DE FLORENCE [581.32]

— *Séance du 9 août* —

Le Musée Égyptien de Florence possède une assez belle collection de végétaux antiques que j'ai pu facilement examiner, il y a trois ans, grâce à l'obligeance des directeurs MM. L. Milani et G. Pellegrini.

On peut attribuer à ces végétaux trois provenances différentes : les premiers ont été recueillis, de 1828 à 1829, par Rosellini pendant une exploration accomplie de concert avec Champollion ; ce sont les plus nombreux et les plus importants, car ils ont été décrits, trente ans plus tard, par A. M. Migliarini dans une brochure intitulée : *Indication succincte des monuments égyptiens du Musée de Florence* (1) et c'est d'après les noms spécifiques de ce catalogue, que M. V. Loret a enregistré les plantes de Florence dans sa *Flore Pharaonique* (2) ; or, Migliarini n'était nullement botaniste et plusieurs de ses déterminations sont erronées ; d'autre part, certaines identifications, consignées dans ce même catalogue, dénotent quelques connaissances de la flore orientale et me font penser que Migliarini a eu un collaborateur anonyme ; ce collaborateur aurait-il été Parlatore, alors directeur de l'herbier et du jardin grand ducal ? Je n'oserais l'affirmer sauf pour un seul échantillon que Parlatore cite lui-même dans sa monographie des Cotonniers ; enfin plusieurs plantes de l'époque pharaonique ne

(1) Imp. Barbera, Bianchi et Cie, Florence 1859. Il existe aussi une édition italienne.

(2) Paris 1892, deuxième édition.

sont connues que par l'unique échantillon de Florence. Il n'était donc pas sans intérêt de soumettre à un nouveau contrôle toute la collection; malheureusement les recherches y sont assez pénibles parce que le Musée égyptien a été complètement remanié il y a quelques années, en vue de la rédaction d'un nouveau catalogue dont le premier volume seul a paru et, les directeurs actuels n'ont pu, malgré leur évidente bonne volonté, m'être d'aucun secours, parce qu'ils s'occupent uniquement d'archéologie étrusque ou romaine; la détermination spécifique rencontre en outre d'autres difficultés : l'insuffisance de certains échantillons, jointe à la nécessité d'en respecter l'intégrité; par suite de ces circonstances défavorables, ma revision est donc demeurée forcément incomplète, je me décide néanmoins à en publier les résultats sans attendre davantage l'occasion peut-être lointaine de pouvoir la compléter.

Ipomæa caïrica Webb (1). Sous le n° 2167, Migliarini décrit une caisse de momie de l'époque grecque « sur le pourtour de laquelle il y a une plante tracée à coups de pinceau grossiers, qu'on peut cependant reconnaître pour appartenir au *Convolvulus caïricus* », puis, quelques lignes plus loin, il rapporte en variété à ce même convolvulus le *Dolichos Lablab* L.; sans insister sur cette singulière confusion, je dirai seulement que l'assimilation proposée par Migliarini est inadmissible; la peinture en question représente une plante grimpante, munie de vrilles et de feuilles sagittées, mais dépourvue de fleurs et de fruits; elle rappelle assez bien le port de l'*Ipomæa Sagittata* Poir., mais cette espèce ne croît pas en Égypte; peut-être l'artiste a-t-il voulu figurer le *Convolvulus arvensis* L. qui n'est pas rare dans la vallée du Nil; on ne peut, du reste, proposer une détermination précise en raison de l'insuffisance de la figure.

Querculus Æsculus L.; Loret, *Fl. Phar.* p. 45. — Migliarini mentionne à la p. 72 de son *Indication succincte* « une guirlande composée de feuilles de *Quercus Æsculus* mêlées à celles du Saule d'Égypte, *Salix Safsaf* Forsk »; bien que je n'aie pu retrouver cette guirlande, je suis persuadé que Migliarini a commis une erreur de détermination; le Q. Æsculus n'existe pas en Égypte, on n'en a pas signalé d'autres spécimens antiques ailleurs qu'au Musée de Florence et, parmi les débris végétaux conservés dans cette collection, je n'ai rien vu qu'on puisse identifier avec le Q. Æsculus; l'arbre, dont les feuilles servaient, le plus souvent avec celles du Saule Safsaf, à tresser des guirlandes funéraires, était *Mimusops Schimperi* Hochst.

(1) Les plantes sont énumérées dans l'ordre et suivant les numéros du Catalogue de Migliarini.

Olea europæa L. et **O. Oleaster** Hoffm. et Lk., Loret, *Fl. Phar.*, p. 58 et 60. — Entre le n° 2466 que Migliarini rapporte fort justement à l'*Olea europæa* L. et le n° 2465 dans lequel il a cru reconnaître l'*Oleaster*, je ne vois pas de différences tranchées ; on sait du reste combien sont faibles les caractères par lesquels on a essayé de séparer spécifiquement ces deux plantes.

Phœnix reclinata Jacq. ; Migliar., *Indic. succ.*, n° 3614. Ainsi que l'avait fort justement pensé Migliarini ou son collaborateur anonyme, les dattes du Musée de Florence n'appartiennent pas au *Phœnix dactylifera* L. tel qu'il nous est connu par les races, assez nombreuses, cultivées dans l'Afrique du Nord ; mais il est tout aussi impossible de les identifier soit avec le *Ph. reclinata* Jacq. (Ph. spinosa Schm. et Tonn.), espèce sauvage largement répandue dans l'Afrique australe et tropicale et dans la vallée du Haut-Nil, soit avec le *Ph. sylvestris* Roxb. des Indes-Orientales ; d'autre part MM. Loret et Poisson, dans leur travail sur *les Végétaux antiques du Musée égyptien du Louvre,* ont décrit (n° 8) le fruit d'un dattier, probablement sauvage, lequel serait très voisin du *Ph. canariensis* Lodd. ; je ne connais les dattes du Louvre que par la description qu'en ont donnée les auteurs précités et je ne puis, par suite, en rapprocher qu'avec beaucoup de réserve les dattes de Florence ; mais, tout en constatant que ces dernières possèdent, comme celles de Paris, un noyau obtus et arrondi aux deux extrémités, j'ai cependant noté de sensibles différences avec le *Ph. canariensis ;* en résumé, je croirais volontiers que les dattes du Musée de Florence appartiennent au *Ph. dactylifera* redevenu sauvage par semis naturel (1), ou encore qu'elles représentent ces fruits avortés par défaut de fécondation que les Arabes nomment dattes-sich ; on sait, du reste, que les anciens Égyptiens ne se faisaient aucun scrupule de réserver, pour les offrandes funéraires, les fruits verts ou avariés.

Scilla pusilla Migliar., *Indic. succ.*, n° 3615 ; Loret, *Fl. Phar.*, p. 40.— « Bulbes de *Scilla pusilla* trouvées sur la poitrine d'une momie de femme ». Il est assez difficile de savoir exactement quelle espèce Migliarini avait en vue, le nom de *pusilla* n'ayant été créé, qu'en 1876, par Baker, pour une scille du Cap ; aurait-il voulu désigner le *Sc. pumilla* Brot. ? C'est peu probable, cette plante étant spéciale au Portugal ; quoi qu'il en soit, les bulbes du Musée de Florence, au nombre de deux, piriformes, avec des tuniques très blanches, les plus extérieures ayant été enlevées, présentent un plateau enduit inférieurement d'une substance noirâtre, d'apparence bitumineuse ;

(1) Ces dattiers sauvages ne sont pas rares sur l'emplacement des anciennes oasis, au voisinage des puits et des lieux de campement ; ils sont nés de noyaux de dattes cultivées, jetés par les voyageurs.

en outre, la plus grosse des deux bulbes porte deux cayeux visibles sous les tuniques ; il est tout d'abord facile de reconnaître qu'elles n'appartiennent à aucun des Scilla ou Urginea croissant spontanément dans l'Afrique septentrionale et qu'elles diffèrent également de toutes les bulbes de liliacées dont on a pu, jusqu'ici, constater l'existence dans l'ancienne Égypte, tandis que par la forme et l'aspect extérieur, ces mêmes bulbes paraissent présenter quelques rapports avec celles du Narcissus Tazetta L., amaryllidée découverte par Flinders Petrie dans la nécropole d'Haouara et reconnue, par MM. Loret et Poisson, parmi les végétaux antiques du Louvre (*op. laud.* n° 11); mais pour affirmer une identité absolue il aurait fallu soumettre à l'examen microscopique des fragments de bulbes et de tuniques, ou au moins comparer les échantillons de Florence avec ceux de Paris, toutes conditions impossibles à réaliser.

Moringa aptera Gærtn.; Loret, *Fl. Phar.*, p. 86. — Sous le n° 3618. Migliarini indique des « gousses de l'arbre Ben et quelques baies (lisez graines) du fruit », d'après cette mention vague et insuffisante quelques égyptologues ont rapporté la plante du Musée de Florence au *M. aptera* Gærtn. alors qu'elle appartient en réalité au *M. pterygosperma* Gærtn.

Lepidium sativum L. ; Migliar., *Indic. succ.*, n° 3624. — Pour cette espèce, largement représentée par des graines mélangées de quelques silicules, la détermination de Migliarini est exacte ; MM. Loret et Poisson ont également reconnu, parmi les végétaux égyptiens du Louvre, une vingtaine de graines de cresson alénois.

Gossypium arboreum L. Migliar. *Indic. succ.* n° 3625 ; Loret *Fl. Phar.* p. 105. — S'il n'est pas douteux que les Égyptiens de l'époque ptolémaïque aient connu l'un des deux cotonniers de l'ancien monde, soit le cotonnier herbacé qu'ils auraient reçu de l'Inde par la Perse, soit celui en arbre qui leur serait arrivé directement de l'Afrique intertropicale, il est beaucoup moins certain que les Égyptiens de l'époque pharaonique aient eu connaissance de ce textile ; la seule preuve qu'on en ait, jusqu'à présent, donnée consiste dans les graines de cotonnier arborescent trouvées par Rosellini dans un tombeau de l'ancienne Thèbes et conservées au Musée de Florence ; quant à l'identification spécifique, elle est due à Parlatore (1) et semble ne devoir laisser prise au doute. Comment donc expliquer que les sujets des Pharaons, connaissant le cotonnier, ne l'aient jamais représenté sur leurs monuments et aient ignoré son emploi, puisque tous les tissus de l'époque pharaonique sont en lin et non en coton ? Cette évidente con-

(1) *Cf. Le specie dei Cotoni*, p. 16.

tradiction n'a pas échappé à la sagacité d'A. de Candolle qui admet alors (1) « que, si les graines trouvées par Rosellini étaient véritablement antiques, elles devaient être une rareté, une exception aux coutumes, peut-être le produit d'un arbre cultivé dans un jardin, ou encore qu'elles pouvaient provenir de la Haute-Égypte ». Il paraît tout d'abord aussi difficile d'admettre une erreur du fait de Parlatore que de récuser l'authenticité de la découverte de Rosellini, puisque cet archéologue affirme que la tombe dans laquelle il a trouvé les graines n'avait jamais été ouverte et qu'il n'a pu conséquemment être victime de la supercherie d'un fellah ; toutefois, je relève dans les auteurs qui ont vu le coton du Musée de Florence quelques dissidences qu'il importe de signaler, c'est ainsi que Parlatore dit *(loc. cit.)* que les échantillons de Rosellini comprenaient des capsules entières et des graines (*semi e cassule intere*) alors que Migliarini *(op. laud.)*, ne mentionne que des graines ce qui était encore parfaitement exact au moment où je visitais la collection ; en outre, le Dr P. Hannard qui, postérieurement à Parlatore, a lui aussi examiné ces mêmes graines, les a identifiées (teste Loret *op. laud)* avec le G. *religiosum* L. lequel est une espèce américaine; or, les deux graines que j'ai pu moi-même étudier avec un soin minutieux, correspondent de tout point à la description que Parlatore donne *(op. laud.* p. 58-59, tab. IV, fig. 10-14) du *G. religiosum* L. ; elles sont, comme dans celui-ci, d'un brun foncé, munies d'une aigrette molle et fine qui s'enlève assez facilement, laissant autour du hile une touffe de soies plus courtes, de couleur fauve et fortement adhérentes ; sur tout le reste de leur surface elles sont nues, c'est-à-dire dépourvues de ce duvet court et tenace qui, d'après Masters, caractérise les cotons de l'ancien monde ; enfin, les cotylédons sont parsemés de nombreuses glandes noires. La conclusion qui me paraît découler des observations précédentes, c'est que Rosellini, malgré ses affirmations, a pu être victime d'une fraude, ou bien que les graines trouvées par lui ont, postérieurement à leur découverte, subi un mélange, une véritable adultération qui leur enlève tout caractère d'authenticité.

Cuminum Cyminum L. — Le vase exposé sous le n° 3628, contiendrait, suivant le catalogue, un mélange de deux graines d'espèces différentes : l'*Apium graveolens* L. et le *Cuminum Cyminum* L. ; cette dernière ombellifère ne serait même représentée qu'à Florence, d'après la Flore de M. Loret (p. 72). La graine de Cumin est tellement caractérisée qu'une erreur de détermination semble tout d'abord impossible, et cependant, je n'ai trouvé ni graines de Cumin, ni graines de céleri dans le vase n° 3628, les semences qui le remplissent sont celles de l'*Ammi copticum* L.

(1) *Origine des pl. cult.*, p. 326.

(Boiss., *Fl. Or.*, II, p. 891) bien reconnaissables à leur surface muriculée et à leurs bandelettes épaissies et obtuses; les diakènes, réunis ou isolés, sont à différents états de développement et mélangés de fragments de tiges ou de pédicelles; quant à d'autres graines confondues avec celles de l'Ammi, s'il s'en trouve réellement, elles doivent être bien peu nombreuses, car elles ont échappé à mon examen.

Acacia sp. — Plusieurs épines blanches, très longues, fines et résistantes, figurent dans la collection (n° 3630), elles paraissent avoir servi d'épingles et Migliarini les attribue à l'*Acacia vera* Willd.; autant que j'ai pu en juger par une comparaison attentive avec des échantillons d'une détermination certaine, cette identification doit être tenue pour extrêmement douteuse; l'arbre qui a fourni ces épines, serait plutôt l'*A. Seyal* Del., toutefois, on ne peut rien affirmer sans l'examen histologique.

Un certain nombre de fruits et de graines mentionnés dans le travail de Migliarini ont été, ainsi que je m'en suis assuré, exactement déterminés; ce sont, pour la plupart, des espèces répandues dans tous les musées égyptiens, telles que : le blé, l'orge, les fruits du Doum (*Hyphœne thebaïca* Mart.), du Sycomore (*Ficus Sycomorus* L.), du *Balanites ægyptiaca* Del., des grenades avortées, des baies de Genévrier (*Juniperus phœnicea* L.), des graines et des aigrettes de *Calotropis procera* R. Br., etc.; pour d'autres plantes, Migliarini a été moins heureux dans ses identifications et quelques-unes sont si manifestement erronées que M. Loret a pu les rectifier sans voir les échantillons, par exemple; *Areca Faufel* Gærtn. (n° 3606) pour *Hyphœne Argun* Mart. (Loret, *op. laud.*, p. 34), *Cordia crenata* Del. (n° 3610) pour *C. Myxa* L. (Loret ,*op. laud.*, p. 63; enfin, parmi les numéros qui ont échappé à mes recherches je citerai :

« N° 3613, noyaux de *Mimusops Elengi* L. »; cette sapotacée de l'Inde n'a jamais existé en Égypte, il s'agit très vraisemblablement du *M. Schimperi* Hochst, ou du *M. Kummel* Hochst. (Cf. Loret, *op laud.*, p. 61).

« N° 1756-52, fleurs de chardon »; je n'ai vu au Musée de Florence qu'une seule Cynonocéphale, le *Centaurea depressa* M. B. (Loret, *op. laud.*, p. 65) et aucun Carduus ou Cirsium.

« N° 2165; caisse funéraire, de l'époque grecque, en bois de Platane oriental »; le *Platanus orientalis* L. ne paraît pas avoir été connu des anciens Égyptiens, M. Loret ne le cite pas dans sa *Flore Pharaonique* et, d'après MM. Ascherson et Schweinfurth (*Illust. Flo. Égypte*, p. 141), il n'est que rarement cultivé dans les jardins d'Alexandrie; l'arbre qui fournissait le bois pour la confection des cercueils était, habituellement, le figuier Sycomore et quelquefois, mais très rarement l'If (*Taxus baccata* L.); (cf. Beauvisage in *Rec. trav. philol. et archéol. égypt. el assyr.* XVIII).

Une deuxième série de végétaux antiques, beaucoup moins importante que la précédente et entrée dans la collection à une date plus récente, provient des fouilles de M. Schiaparelli ; ce sont des graines ou des fruits, sans indication précise d'origine, mais très exactement déterminés et, pour la plupart copieusement représentés : *Rumex dentatus* L. (Loret, *Fl. Phar.* p. 52), *Cicer arietinum* L. (Loret, *op. laud.*, p. 91) et les trois espèces suivantes sur lesquelles je présenterai quelques observations.

Sesamum indicum D. C. ; Loret, *op. laud.*, p. 57. — Un vase plein de capsules, toutes absolument vides de graines; M. Schweinfurth qui a jadis étudié les végétaux recueillis par M. Schiaparelli dans ses fouilles, admet que les capsules de Sésame proviennent « des habitations relativement modernes que les générations ultérieures ont installées dans les caveaux des anciens tombeaux » (cf. *Bull. Inst. égypt.* 1886, p. 264); elles offrent, du reste, à la pression une certaine résistance et ne se brisent que difficilement sous le doigt, tandis que les fragments de végétaux pharaoniques se font remarquer par leur grande fragilité. Il paraît certain que les Assyriens employaient l'huile de Sésame ; les Egyptiens de l'époque grecque connaissaient assurément la plante et son produit, mais de l'existence du Sésame dans l'Égypte pharaonique, on n'a jusqu'ici donné d'autre preuve que les échantillons fort suspects du Musée de Florence.

Cocos nucifera L. — Une belle noix de coco, malheureusement sans aucune indication, figure à côté des plantes précédentes ; est-elle bien authentique ? C'est ce qu'il serait difficile d'affirmer ; il est certain du moins, que le cocotier n'a jamais pu être cultivé en Égypte et que les anciens Égyptiens ne l'ont pas connu. Comme l'a démontré M. Loret (in *Rec. trav. philol. et archéol. Égypt.* et *Assyr.*, II, p. 21, et *Fl. Phar.*, éd. 2, p. 33), le fruit nommé *Qouqou*, dans les inscriptions hiéroglyphiques, est celui de l'*Hpyhœne thebaica* Mart. et les archéologues qui ont voulu l'identifier avec la noix de Coco, ont été trompés par l'assonance des deux mots. Le Cocotier est largement répandu sur les rivages des pays intertropicaux où il a été, du reste, propagé par la culture et probablement aussi par des semis naturels (transport de la noix de coco par les courants marins), mais on ignore sa véritable patrie ; cependant on peut, avec A. de Candolle (*Orig. pl. cult.* p. 350), admettre l'origine indienne comme la plus probable ; enfin, comme l'a fait remarquer l'auteur précité (*op. laud.*, p. 349), « les anciens Grecs et Égyptiens, malgré leurs rapports avec l'Inde et Ceylan, n'ont eu connaissance de la noix de Coco que tardivement, comme d'une curiosité indienne ». Il ne serait donc pas impossible que le coco de Florence provienne d'une nécropole grecque, toutefois, cette supposition demanderait à être confirmée par de nouvelles découvertes.

Linum humile Mill. ; Loret, *Fl. Phar.*, p. 106). — L'existence, dans la collection de Florence, de nombreuses capsules de cette plante me fournit l'occasion de compléter et de rectifier un passage de la Notice que j'ai consacrée, il y a quelques années, aux végétaux du Musée Égyptien de Turin (1) ; dans cette dernière collection, le lin est représenté non plus par des capsules, mais par un paquet de fibres tillées que j'ai eu le tort de rapporter à une espèce de Lolium, d'après un fragment communiqué par feu le prof. Fabretti ; le débris de rachis sur lequel j'avais surtout appuyé ma détermination provenait d'une introduction accidentelle et très vraisemblablement récente.

Un dernier groupe de végétaux exposé dans les vitrines du Musée de Florence, provient d'une distribution faite par le service des antiquités du Gouvernement khédivial à la suite des découvertes de Deïr-el-Bahari ; ces spécimens, préparés et déterminés par M. Schweinfurth, ont fait l'objet de plusieurs mémoires publiés (2) par ce savant et, pour cette raison, je m'abstiendrai d'en parler.

M. Paul PARMENTIER

Chargé de cours à la Faculté des Sciences de Besançon.

RECHERCHES SUR LES GLANDES PÉTIOLAIRES DE QUELQUES AMYGDALÉES

[581.4 : 583.37]

— *Séance du 9 août* —

On remarque, sur le pétiole des *Cerasus avium*, *C. Padus*, *C. vulgaris*, *Prunus Brigantiaca* et *P. domestica*, une ou plusieurs paires de glandes situées ordinairement à la base du limbe ou en contact avec lui ; ces glandes sont parfois au nombre de six paires sur *Cerasus Padus*, tandis que, sur *Prunus laurocerasus*, elles n'existent que sur le limbe, au voisinage de la nervure médiane. La disposition souvent régulière de ces appareils sur le pétiole de feuilles simples et appartenant à des espèces très rapprochées anatomiquement des ROSACÉES, où les feuilles sont ordinairement composées, évoque l'idée que ces glandes sont peut-être l'indice d'anciennes folioles disparues à la suite d'une longue adaptation initiale

(1) In *Nuov. Giorn. Bot.*, nuov. ser. II, p. 26.

(2) In *Bull. Inst. Égypt.* 1883, 1885 et 1886 ; *Rev. Scient.* 21 juill. 1883, et ap. Engler, *Bot. Jahrbück.* 1886.

ou d'autres influences et dont il ne resterait que la glande terminant la nervure médiane.

Dans cette hypothèse, les Amygdalées constitueraient une famille dérivée des Rosacées. On va voir que cette interprétation n'est pas inadmissible et qu'au contraire elle se trouve confirmée par l'anatomie.

Fig. 1.

Si l'on pratique des coupes en séries dans chaque paire de glandes successives de *Cerasus Padus*, par exemple, on constate les faits suivants : A la base du pétiole, l'arc libéro-ligneux, ouvert en haut, se compose d'un faisceau médian puissant, normalement orienté et d'une paire de faisceaux latéro-supérieurs qui terminent en quelque sorte les branches de l'arc (*fig. 1*, fll.). A mesure que l'on se rapproche de la première paire inférieure de glandes, on voit ces faisceaux latéro-supérieurs se diviser pour constituer une ou deux paires nouvelles de dimensions plus faibles. Puis, dans la région médiane d'une glande, les faisceaux terminaux, les plus voisins des ailes du pétiole, émettent des trachées qui se ramifient et se dirigent dans la glande (*fig. 2*, tr.). Enfin, au-dessus de cette

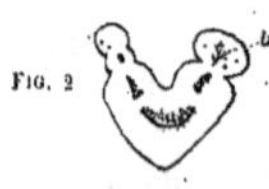

Fig. 2

Fig. 3.

Fig. 4.

Fig. 5.

Fig. 1 à 5. Cerasus Padus.

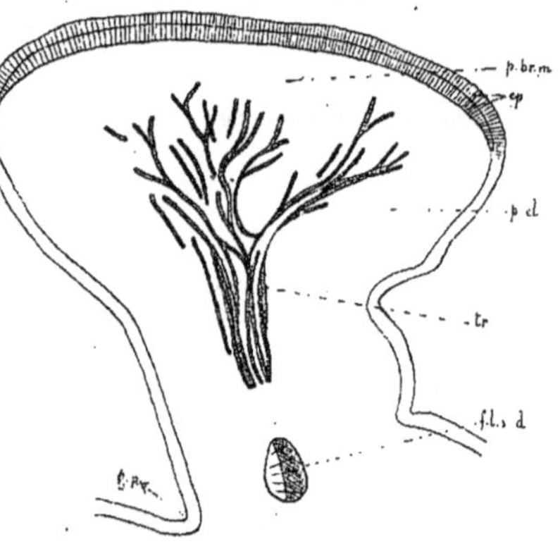

Fig. 6. — Cerasus vulgaris.

dernière, on est ramené au point de départ, c'est-à-dire aux faisceaux constitutifs de l'arc vasculaire de la base du pétiole (*fig. 3*). Cet arc se maintient jusqu'au voisinage de la paire immédiatement supérieure (*fig. 4*); puis recommence à diviser ses faisceaux latéro-supérieurs, comme il vient d'être dit, dans la deuxième paire de glandes (*fig. 5*), ainsi que dans les paires suivantes si elles existent.

Cette dissociation du système libéro-ligneux ne s'effectue pas autrement dans les feuilles composées à folioles latérales des Rosacées, etc. Elle est de règle constante chez les autres espèces étudiées par moi (*fig. 6 et 7*).

On m'objectera sans doute que fréquemment les glandes n'affectent pas une disposition régulièrement géminée sur le pétiole, tandis qu'il n'en

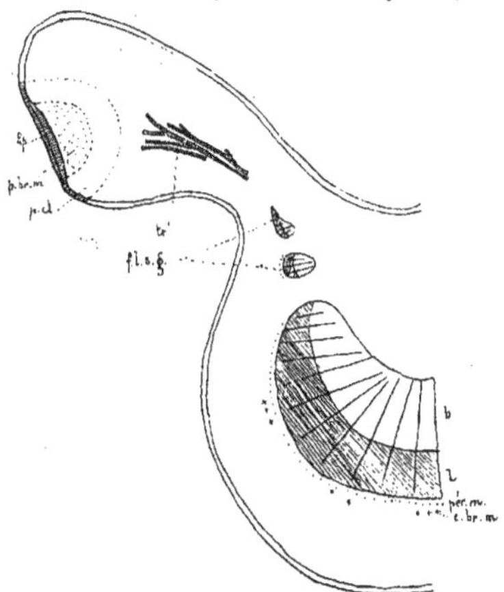

FIG. 7. — Prunus Brigantiaca.

serait pas de même des folioles latérales d'une feuille composée. Cette objection est loin d'être irréfutable si l'on veut bien ne voir en ces glandes que des parties intrinsèques, en quelque sorte infinitésimales, des folioles.

Une preuve nouvelle m'est fournie par l'étude du développement de la feuille de ces Amygdalées.

Considérons les feuilles très jeunes d'un *Cerasus Padus*, alors qu'elles sont encore enfermées dans le bourgeon (*fig. 8*). A cet état de dévelop-

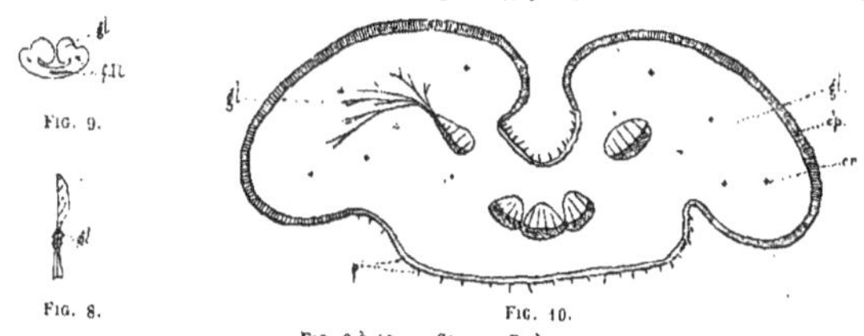

FIG. 9. FIG. 8. FIG. 10.

FIG. 8 à 10. — Cerasus Padus.

pement, le limbe est très court, tandis que les stipules temporaires sont beaucoup plus grandes, et les paires de glandes (*fig. 8*, gl.; les stipules ont été enlevées) sont régulièrement disposées et très rapprochées. Ces glandes sont même très grosses par rapport au reste du pétiole, vu en coupe transversale (*fig.* 9, gl.). A ce stade de développement et au niveau d'une paire de glandes, l'arc libéro-ligneux se compose de trois faisceaux rapprochés vers le centre de l'organe et de deux autres faisceaux latéro-supérieurs (*fig.* 10, fls.) ; ce sont ces derniers qui fournissent les trachées glandulaires (tr.).

Si maintenant l'on examine attentivement les feuilles, peu de temps après l'épanouissement du bourgeon, on distingue alors facilement une glande à l'extrémité terminale de la nervure médiane et une autre à la pointe de chacune des nombreuses dents du pourtour du limbe. Cette glande terminale (*fig.* 11) offre sensiblement, dans ses caractères essentiels, la même structure que celles du pétiole. Il ne saurait, d'ailleurs, en être autrement, étant donnée sa position.

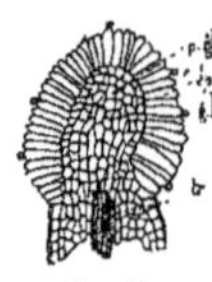

Fig. 11.
Cerasus vulgaris.

MM. Reinke (1), Poulsen (2) et G. Bonnier (3) ont étendu leurs très intéressantes recherches sur les nectaires aux Amygdalées. Ils ont décrit la structure et les fonctions des glandes foliaires (nectaires) de plusieurs espèces, mais sans se préoccuper des questions étrangères à la nature de leurs recherches. Les faisceaux vasculaires signalés par eux dans ces appareils offraient déjà par leur existence une particularité qui permettait de les assimiler *a priori* à des nectaires où la présence d'un faisceau vasculaire est plus fréquente que son absence. Tandis qu'en ce qui concerne les glandes proprement dites, les divers appareils sécréteurs, je ne sache pas que l'on ait jamais signalé dans leur masse l'existence de faisceau vasculaire. On a trouvé des vaisseaux dans les poils du *Drosera;* ce caractère, joint à d'autres, a même amené certains botanistes à voir dans ces organes tout autre chose que des poils glandulifères et à les considérer comme des *tentacules*.

Le botaniste italien Licopoli présente aussi, dans un mémoire intéressant (4), plusieurs poils et appareils glanduleux tirés des Saxifragacées et d'autres familles, comme étant pourvus de faisceau vasculaire. Mon sympathique collègue, M. Thouvenin, ne mentionne pas ces faisceaux dans son remarquable travail sur les Saxifragacées (5). Lors même que des trachées existeraient, leur présence n'infirmerait pas l'interprétation que me suggère l'étude des glandes pétiolaires des Amygdalées, attendu

(1) Reinke : *Beitrage zur der an Laubblättern,* etc. — (Pringsheim, *Jahrb. für wiss. Bot.*, Bd. X, p. 119-178).

(2) Poulsen : *Om nogle Trikomer og Nectarier* (*Videnskabe meddelelser fra den natur. For. i Kjöbenh.*, 1875. Copenhague).

(3) G. Bonnier : *Les Nectaires, étude critique, anatomique et physiologique* (Thèse, Paris, 1879).

(4) G. Licopoli : *Gli stomi e le glandole nelle piante* (Napoli, 1879).

(5) M. Thouvenin : *Recherches sur la structure des Saxifragacées* (Thèse ; Paris, 1890).

qu'aucun des appareils glanduleux dont parle Licopoli ne leur est comparable, soit par la structure, soit par la position.

Les glandes que l'on rencontre vers la base de la foliole et toujours à l'*extrémité des nervures* secondaires, chez *Ailantus glandulosa*, sont parfaitement comparables à celle qui se trouve à l'extrémité de la nervure médiane des jeunes feuilles de quelques Amygdalées. Cependant aucun faisceau vasculaire ne pénètre dans leur masse (1).

Si enfin on porte son attention sur les glandes du Laurier-cerise *(Prunus laurocerasus)*, on ne rencontre plus de vaisseaux en rapport immédiat avec elles *(fig. 12)*. Cependant la structure de ces glandes est bien la même que celle étudiée sur les autres espèces du même groupe. J'ai examiné de nombreuses feuilles de cette plante et jamais je n'ai trouvé de faisceau trachéen intéressant nettement ces glandes, malgré leur voisinage de la nervure médiane.

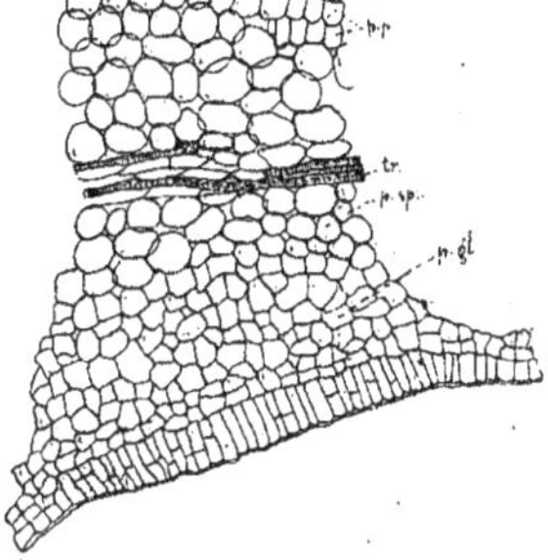

FIG. 12. — Prunus laurocerasus.

Cette remarque m'autorise à dire, dans ce cas particulier, que l'action d'une glande ne se répercute sur les faisceaux libéroligneux qu'autant que cette glande est en rapport immédiat avec ces faisceaux. Tel est le cas fourni par la glande située à l'extrémité de la nervure médiane ou par celles qui terminent les dents du limbe.

On peut encore objecter que les glandes pétiolaires n'existent ordinairement que dans la moitié supérieure du pétiole. A cette remarque je répondrai qu'il est des feuilles de *Cerasus Padus*, par exemple, dont le pétiole est pourvu de glandes sur toute sa longueur et que, dans le cas contraire, ces glandes vont en s'atténuant du sommet du pétiole vers la base, de sorte que les plus inférieures sont parfois si petites qu'on peut les considérer comme des glandes rudimentaires. Il n'est donc pas impossible que, dans ce second cas, les glandes aient disparu sur une certaine longueur du pétiole, pour devenir persistantes dans sa région supérieure et même ne se rencontrer que sur le limbe, au contact de la nervure médiane *(Prunus laurocerasus)*.

L'hypothèse qui consiste à considérer les glandes pétiolaires des Amygda-

(1) LUCET : *De la foliole et des glandes de l'Ailantus glandulosa*. Desf. (*In* C. R. de l'*AFAS* ; Rouen. 1883).

lées comme étant l'expression apparente d'un souvenir ancestral de folioles disparues présente donc une grande apparence de vérité.

Il est intéressant de voir maintenant si ces petits appareils sont réellement des nectaires ou des glandes ordinaires qui, dans ce cas particulier, seraient des massifs sécréteurs.

M. Belzung les appelle des nectaires (1) et dit que, dans les nectaires de la feuille du Laurier-cerise, la sécrétion des principes osmotiques (sucre...) continue encore à se produire après dix-sept lavages, sans que la proportion de sucre diminue sensiblement dans le liquide émis.

De son côté, M. G. Bonnier (2) dit que « M. Reinke a décrit les substances sucrées qui se produisent dans les renflements vasculaires du pétiole chez le *Prunus avium*, le *Ricinus sanguineus*. Je me suis assuré, dans ces deux cas, dit M. Bonnier, de la présence de la saccharose et du glucose dans ces tissus, au moment où ils sont développés. Lorsque la feuille a atteint sa croissance complète, les nectaires sont en général flétris et les sucres qu'ils contenaient sont en majeure partie retournés à la plante. En certaines circonstances, ils peuvent émettre des gouttelettes sucrées au dehors. J'ai observé les Hyménoptères (en particulier les Abeilles et les Fourmis) qui recueillaient ce liquide sucré sur les nectaires du pétiole de *Prunus avium*, *P. mahaleb* et *P. domestica* ».

L'existence des sucres dans les renflements pétiolaires des Amygdalées est temporaire, en effet, comme le dit M. Bonnier. J'ai pu le constater sur les espèces précitées, à l'aide des réactions ordinaires. On ne trouve plus trace de sucre sur des feuilles fraîches ayant atteint leurs dimensions normales, à plus forte raison sur des feuilles identiques conservées dans l'alcool pendant quelque temps. Mais j'ai toujours obtenu, avec ces divers échantillons, une forte réaction de tanin. Ce principe, que l'on peut rapprocher des glucosides, est abondant non seulement dans les cellules épidermiques des glandes et le parenchyme subérifié sous-jacent, mais encore dans les trois ou quatre assises sus-endodermiques des faisceaux libéro-

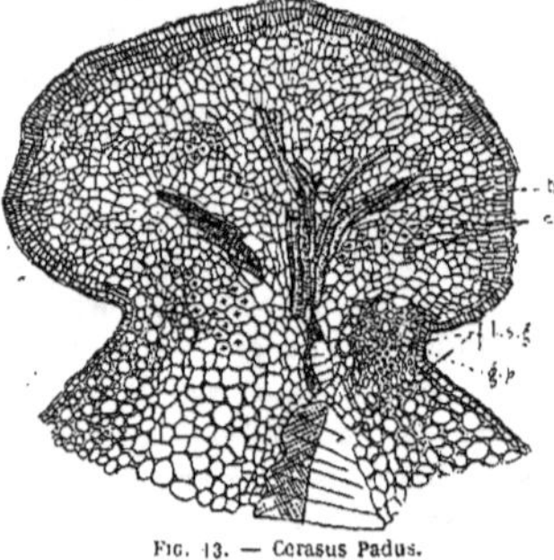

Fig. 13. — Cerasus Padus.

(1) Belzung : *Anatomie et physiologie végétales*, p. 307, fig. 429 ; Félix Alcan, 1900.
— — — — p. 564.

(2) G. Bonnier : *Op. cit.*, p. 93.

ligneux du pétiole, ainsi que la partie libérienne des rayons médullaires de ces mêmes faisceaux.

La glande apicale de la feuille à l'état jeune sécrète également, sous forme de gouttelettes, des principes sucrés (*fig. 11*, gh.).

Les renflements pétiolaires des Amygdalées ne sont donc pas des nectaires proprement dits. Il est plus logique de les considérer comme des nectaires dans leur jeunesse, puis comme des massifs pseudo-glanduleux renfermant du tanin lorsque la feuille est adulte. Ils ne se flétrissent pas,

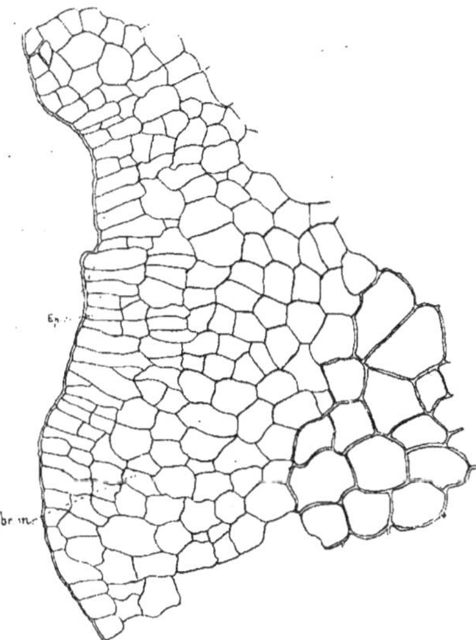

FIG. 14. — Prunus Brigantiaca.

comme le pense M. Bonnier, mais conservent leur turgescence et leur intégrité de développement pendant toute la vie de la feuille.

L'épiderme de ces appareils est ordinairement continu, sans exfoliation; ses cellules sont très grandes et fréquemment divisées en deux, rarement en trois parties inégales, ce qui donne à ce tissu l'aspect composé. Il ne renferme aucun stomate (*fig. 13* et *14*). Des cristaux d'oxalate de calcium, surtout des oursins, sont particulièrement abondants au voisinage du faisceau trachéen des glandes, tandis qu'à d'autres niveaux du pétiole ils sont beaucoup moins nombreux et plus uniformément répartis. Le parenchyme conjonctif de la glande est constitué par des cellules plus ou moins polygonales, larges, incolores ou brun marron, non ou très peu méatiques, à parois peu épaisses et subérifiées dans les 4-5 assises périphériques, plus épaisses au centre. Ce parenchyme est remplacé, dans les régions du pétiole supérieures ou inférieures aux glandes, par un massif collenchymateux sous-épidermique et par un chlorenchyme plus ou moins lacuneux (*Cerasus avium*, *C. vulgaris*, etc.).

En résumé, je pense que les renflements pétiolaires des Amygdalées sont des traces de folioles latérales disparues par un phénomène de régression, que ces renflements sont des nectaires durant leur jeunesse et des massifs pseudo-glanduleux riches en tanin à l'époque où les feuilles ont acquis leur développement normal.

(Institut botanique de Besançon, juillet 1900.)

LÉGENDE DES FIGURES

Fll. — Faisceaux libéro-ligneux.
Tr. — Trachées.
Flsg. — Faisceau latéro-supérieur gauche.
Flsd. — Faisceau latéro-supérieur droit.
G. p. — Gouttière du pétiole.
P. br. m. — Parenchyme brun marron.
P. cl. — Parenchyme clair.
P. gl. — Parenchyme glanduleux.
Chl. — Chlorenchyme.
Més. — Mésophylle.
Gl. — Glande.
Ép. — Épiderme.
Ép. s. et ép. in. — Épidermes supérieur et inférieur.
P. sp. — Parenchyme spongieux.
P. p. — Parenchyme en palissades.
C. br. m. — Cellules endodermiques brun marron.
Pér. m. — Périderme mécanique.
P. — Poils.
L. — Liber.
B. — Bois.

M. le Dr Paul VUILLEMIN

Professeur à la Faculté de Médecine de l'Université de Nancy.

DÉVELOPPEMENT DES AZYGOSPORES CHEZ LES ENTOMOPHTHORÉES

[589:229]

— Séance du 9 août —

I

Les champignons de la famille des Entomophthorées ont deux sortes d'organes reproducteurs : des conidies qui assurent une multiplication rapide et des spores durables ou chronispores qui survivent à l'appareil végétatif dans les conditions défavorables à la vie active.

Les chronispores offrent une grande uniformité dans leur apparence extérieure : ce sont des corps sphériques, munis d'une légère saillie au point d'insertion, protégés par une puissante membrane. Celle-ci se compose d'une épispore assez mince, lisse ou plus rarement échinulée, et d'une endospore épaisse, de consistance cartilagineuse. La plupart des spores durables résultent de l'association de deux thalles, de deux rameaux ou au moins de deux cellules. Ce sont donc des zygotes ou zygospores. Il en est d'autres dans la formation desquelles n'intervient aucune apparence de conjugaison. Mais comme elles ne diffèrent pas des précédentes par leur aspect définitif, on les considère comme équivalentes des zygospores et, pour marquer à la fois leur homologie et leur genèse spéciale, on les nomme azygospores.

Nous savons peu de chose sur la nature intime des phénomènes qui président à la formation des zygospores et des azygospores. L'évolution des noyaux a été suivie dans une seule espèce, le *Basidiobolus ranarum*, objet d'une belle monographie d'Eidam.

Mais cette espèce est aberrante dans la famille des Entomophthorées. Tandis que les autres représentants de la famille présentent un protoplasme multinucléé et continu, son thalle est régulièrement cloisonné en compartiments dont chacun contient un noyau unique. Raciborski attache assez d'importance à cette structure cellulaire typique pour retrancher le genre *Basidiobolus* de la famille des Entomophthorées et pour le transporter du groupe des Phycomycètes dans celui des Archimycètes.

L'opinion de Raciborski échappe à toute discussion si l'on convient, par définition, d'appeler Archimycètes les Champignons à structure cellulaire pure, Phycomycètes ceux où les noyaux sont multiples. Mais cette convention, légitime en elle-même, ne saurait masquer l'affinité révélée par les caractères généraux du thalle, de l'appareil conidien et même des zygospores.

La divergence qui sépare en apparence la structure cellulaire d'un *Basidiobolus* de la structure multinucléée d'un *Empusa* s'amoindrit à son tour, si l'on considère la structure intermédiaire que j'ai signalée chez l'*Entomophthora glœospora*, que Cavara a retrouvée récemment chez l'*E. Delpiniana*. Ici la conidie contient un seul noyau comme celle du *Basidiobolus*; les noyaux du thalle, il est vrai, ne sont pas isolés par des cloisons ; cependant ils sont volumineux, régulièrement espacés, et marquent clairement le domaine de chaque énergide.

Au point de vue cytologique, l'*E. glœospora* (ainsi que l'*E. Delpiniana*) forme un trait d'union entre les *Basidiobolus* et les *Empusa;* il nous montre par quelle gradation la structure cellulaire s'est altérée dans la série des Entomophthorées pour passer à la structure multinucléée. Cette dernière apparaît alors comme un dérivé phylogénétique de la première : c'est ce qui m'a depuis longtemps suggéré l'idée de la nommer une structure apocytique.

Ceci posé, nous interpréterons les vues de Raciborski en disant que la famille des Entomophthorées chevauche sur les Archimycètes et les Phycomycètes, qu'elle prend ses racines dans le premier groupe au niveau des *Basidiobolus*; franchit la frontière au niveau des *Entomophthora glœospora* et *Delpiniana* pour s'épanouir en pleins Phycomycètes au niveau des *Empusa*. Les détails publiés par Cavara sur la structure de l'*Empusa muscæ*, détails que j'ai pleinement vérifiés, montrent clairement ce dernier stade de l'évolution apocytique des appareils végétatif et conidien des Entomophthorées.

L'affinité des trois genres d'Entomophthorées connus au point de vue cytologique ressort, non de l'uniformité des caractères, mais de leur enchaînement. On aurait commis une grave erreur, si l'on avait voulu conclure de la structure cytologique d'un *Basidiobolus* à celle d'un *Empusa* ou d'un *Entomophthora*. De même nous n'avons aucun droit de conclure de l'évolution des zygotes du *Basidiobolus* à celle des autres genres. Nous pouvons même nous attendre à trouver des différences d'une espèce à l'autre; mais l'enchaînement qui relie les structures de l'appareil végétatif nous permet de prévoir qu'il existe aussi des liens de filiation entre les modes d'évolution des zygotes les plus divers en apparence.

Le développement des zygospores et des azygospores chez les Entomophthorées mérite donc d'être étudié; les moindres faits de cet ordre peuvent prendre de l'importance, en raison de l'intérêt qui s'attache à la connaissance complète d'un groupe nodal, où l'évolution se laisse, pour ainsi dire, prendre sur le fait, et, à un point de vue général, en raison des rapports de ces faits avec la question controversée de la fécondation chez les Phycomycètes. Ces considérations nous engagent à faire connaître une observation déjà ancienne concernant les azygospores de l'*Entomophthora glœospora*, bien que les circonstances ne nous aient pas jusqu'ici permis de la répéter et de la compléter.

L'*E. glœospora* est fréquent, à l'arrière-saison, dans le corps des *Mycetophila* fixés aux Champignons les plus divers (*Tricholoma*, *Lactarius*, *Russula*, *etc.*). En 1894, j'ai rencontré de nombreuses azygospores de ce parasite dans des conditions qui permettent d'en suivre aisément le développement. Elles abondent dans les points du corps de l'insecte dont la nourriture est insuffisante : sous la cuticule, dans les yeux, surtout dans les pattes, dont le tégument emprisonne, comme dans une gaine étroite et rigide, les filaments mycéliens qui s'y sont engagés.

Si l'on détache un article d'une patte d'un *Mycetophila* tué par le parasite, on a parfois la chance de trouver des azygospores mûres, entassées au sommet et toute la série des formes plus jeunes, en se rapprochant de la racine du membre. A ce point même s'échappent librement des filaments porteurs de conidies. L'influence du milieu confiné sur la substitution des azygospores aux spores aériennes se révèle ainsi d'une façon frappante.

Les tubes mycéliens engagés dans les pattes émettent de courtes ramifications qui se renflent aussitôt; ils se dilatent aussi sur leur trajet même : en sorte que les azygospores sont terminales, latérales ou intercalaires (*fig.* 1-3, Pl. VI). Les restes non transformés des filaments sont assez fugaces.

Les premiers stades du développement des azygospores ont été suivis par Cavara chez l'*E. Delpiniana*, espèce voisine de la nôtre par sa constitution cytologique. Rappelons d'abord la description du savant italien. Cavara applique le nom d'azygospores à deux organes probablement différents. Les uns sont des renflements intercalaires dans lesquels on ne distingue pas de noyaux individualisés, mais des granulations chromatiques occupant les nœuds d'un réseau protoplasmique. Les autres, plus nombreux, ressemblent aux azygospores de l'*E. glœospora;* ils se forment de la manière suivante :

Un filament se renfle à l'extrémité en une ampoule piriforme atteignant jusqu'à 35 et 40 μ dans son plus grand diamètre. L'énorme cellule terminale s'isole du filament par une cloison transversale. Le noyau, unique et central au début, se divise en deux, puis en quatre, six, huit, peut-être davantage. La membrane reste toujours mince.

Cavara a vu une dizaine de semblables organes ; il pense avec raison qu'aucun n'avait pris ses caractères définitifs. Il suppose qu'il s'agit, dans ce cas plutôt que dans celui des renflements intercalaires, des stades initiaux d'une formation acrogène d'azygospore ; mais il n'ose décider si cette formation présente un caractère de dégénérescence ou si elle a été interrompue pour une cause indéterminée. Malgré l'insuffisance des matériaux dont il disposait, Cavara avait exactement apprécié la nature des renflements terminaux de l'*E. Delpiniana;* en lisant sa description, je ne pouvais hésiter à les identifier avec les azygospores que j'avais vues chez l'*E. glœospora*. Seulement Cavara n'avait rencontré que les stades les plus jeunes de ces organes.

Je vais donc reprendre l'évolution des azygospores de l'*E. glœospora* au point où s'arrêtent les observations de mon savant collègue sur l'*E. Delpiniana*. L'ampoule se renfle, de façon à atteindre rapidement sa taille définitive qui est, en général, voisine de 35 μ, mais peut descendre à 24 μ ou s'élever à 41 μ de diamètre. On rencontre parfois deux ou trois noyaux dans des articles intercalaires à peine renflés en fuseau ; mais dans la règle la division du noyau ne commence qu'à la fin de la période de dilatation comme dans le cas de Cavara. Quatre bipartitions successives donnent seize noyaux. Certaines divisions peuvent manquer et le nombre maximum descend à quinze, quatorze, douze et même moins. Exceptionnellement j'ai compté dix-sept et dix-huit *(fig. 7)* noyaux dans quelques ampoules, ce qui indique la possibilité d'une cinquième bipartition. Jusqu'à ce moment, la membrane de l'ampoule est restée mince, tout en différant de celle des filaments végétatifs par sa différenciation nette en épispore et en endospore *(fig. 4 à 7)*.

Le stade de division, observé seul et à ses débuts par Cavara, n'est, dans la formation de l'azygospore, qu'une période préliminaire ; il est suivi d'un stade de fusion qui ramène les noyaux à l'unité.

Au second stade, les noyaux se rapprochent, s'accolent deux à deux et donnent huit couples disséminés dans tout le protoplasma. Les deux noyaux de chaque couple se pénètrent et se confondent en un seul ; cette fusion n'est pas nécessairement simultanée et l'on observe divers degrés dans un même élément. Ce phénomène se renouvelle dans les éléments à huit noyaux, en sorte que le nombre des noyaux s'abaisse successivement jusqu'à deux. Pendant toute la durée de la double série des divisions et des fusions, les noyaux varient peu de volume : les diamètres de 3 μ,5 à 5 μ s'observent à tous les âges.

Avant de m'occuper des deux derniers noyaux et de la fusion finale, je dois dire comment les degrés à huit, quatre, deux noyaux du stade de fusion se distinguent des degrés équivalents du stade de division. Deux indices concordants nous renseignent à cet égard.

Le premier est tiré de la position des éléments rangés suivant leur âge dans l'intérieur d'une patte de *Mycetophila*. Un exemple fixera les idées sur le parti que l'on peut tirer de ce premier indice. Dans un article de patte contenant cinquante-six azygospores, les huit premières avaient de neuf à seize noyaux, les quatre suivantes six, les trois d'après cinq et quatre ; la seizième deux, la dix-huitième trois noyaux bien colorés ; la dix-septième et toutes les dernières étaient mûres et imperméables aux réactifs colorants. Cette indication, on le conçoit, n'est qu'approximative, même pour marquer le sens général des phénomènes.

Le second indice, concordant avec le précédent, mais bien plus démonstratif en lui-même, est fourni par l'épaississement de l'endospore qui, restée mince pendant le stade de division, augmente à mesure que les noyaux se fusionnent. Les mensurations suivantes en témoignent. Dans une ampoule à seize noyaux, la membrane mesurait environ 0 μ, 5 ; l'épaisseur atteint 0 μ,75 dans une ampoule à dix noyaux dont la plupart rapprochés par paires ; elle dépasse 1 μ dans un élément à huit noyaux ; elle a 1 μ,6 dans un à quatre noyaux, 2 μ, 8 dans un autre qui a trois noyaux dont deux contigus. L'épaisseur définitive de 4 μ à 5 μ 6 est réalisée quand il reste deux noyaux.

Les deux derniers noyaux, au moment où ils viennent de se constituer, sont pareils à ceux dont ils procèdent : ils mesurent également de 4μ à 4μ,5 en moyenne ; ils ont la même structure (réseau chromatique et nucléole) et fixent également le vert de méthyle.

A dater de ce moment, l'évolution de l'azygospore entre dans une phase nouvelle. Des gouttes réfringentes d'aspect oléagineux, qui ont pu faire leur apparition dès le début de la période de fusion *(fig. 7)*, grandissent *(fig. 10)*, puis se réunissent en une grosse masse centrale qui refoule à la périphérie la matière vivante ; celle-ci forme enfin une couche mince, réticulée, appliquée comme une mosaïque à la surface interne de l'endospore *(fig. 9-11)*. Dans cette masse, les noyaux se comportent de deux manières différentes selon que leur fusion est immédiate ou différée.

1° *Fusion immédiate.* — Dès que les gouttes graisseuses apparaissent, les noyaux se rapprochent sans changer d'aspect ni de dimensions et se fusionnent, comme leurs générateurs, en un noyau identique aux précédents avant que le protoplasma ait été refoulé à la périphérie. La dernière fusion ne diffère pas des précédentes. Cette fusion immédiate s'observe dans les pattes de *Mycetophila* dans les éléments qui suivent ceux à quatre et à deux noyaux ; on y voit des azygospores à deux noyaux accolés et d'autres à noyau unique se colorant bien *(fig. 12)*.

2° *Fusion différée.* — Les deux noyaux restent distincts dans la couche pariétale du protoplasme ; ils se colorent faiblement ou restent tout à fait incolores. Ce changement de coloration n'est pas imputable à une altération des noyaux, car leurs contours et leur structure ont gardé toute leur netteté ; nous l'attribuons à une modification de la membrane, devenue imperméable aux colorants aqueux, tout en laissant pénétrer l'alcool absolu qui nous avait servi de fixatif. Dans ce cas les noyaux ont changé de forme et de dimensions : ils offrent à l'observateur une surface bien plus grande que les précédents. Ce changement d'aspect résulte d'un aplatissement du noyau contre la paroi, car l'épaisseur descend à 2μ,8 et 2μ,5, tandis que la longueur atteint 9 et même 12μ *(fig. 9 à 11)*.

Dans plusieurs azygospores, un seul des noyaux offrait l'apparence d'un fuseau couché sur la paroi ; l'autre, encore suspendu dans les mailles du réseau cytoplasmique à l'intérieur de l'azygospore, etait resté circulaire ou à peine elliptique, mais mesurait déjà de 5,5 à 7μ de diamètre. Nous pensons que la différence si frappante des noyaux résulte, d'une part, d'un degré inégal d'aplatissement qu'ils ont subi au moment de l'observation, d'autre part de la position qui montre de face ou de profil leur corps lenticulaire. En tout cas ils sont identiques par leur origine et nous n'avons aucun motif pour soupçonner la moindre différence d'organisation ou de propriétés entre les deux noyaux.

La fusion définitive est probablement différée jusqu'à la germination quand les deux derniers noyaux ne se sont pas rejoints avant la constitution de la structure de repos. Cependant ce cas est exceptionnel, car dans beaucoup d'azygospores mûres on ne voit qu'un seul noyau.

En résumé une azygospore d'*Entomophthora glœospora* procède, sauf de légères modifications de détail, d'une série de quatre bipartitions suivie d'une série égale de fusions nucléaires. Le point de départ est une cellule végétative typique, uninucléée; le point d'arrivée est une cellule quiescente également typique et uninucléée.

II

L'azygospore de l'*Entomophthora glœospora* résulte d'une succession de phénomènes dont nous ne retrouvons l'équivalent exact dans l'évolution d'aucun champignon. L'histoire des Phycomycètes nous fournira pourtant des données qui aideront à en comprendre la signification.

Adressons-nous d'abord au *Basidiobolus ranarum*, la seule Entomophthorée où l'évolution des noyaux soit connue dans les spores durables, aussi bien que dans l'appareil végétatif et les conidies.

Les cellules végétatives sont uninucléées dans les conditions habituelles. Cependant on trouve çà et là, dans les vieilles cultures, des cellules à noyaux multiples. Raciborski a précisé, par d'ingénieuses expériences, les condition d'apparition de cette structure apocytique. Il prend une culture dans la solution normale de peptone et la transporte dans une solution de glycérine à 10 0/0, additionnée de peptone à 1 0/0 et de glycose à 1 0/0. Une température de 30° centigrades assure une croissance plus rapide que la température ambiante. Dans ces conditions les cellules vont présenter des aspects variés : les unes se divisent comme d'habitude et donnent des cellules rondes de taille normale ; d'autres prennent une croissance excessive, atteignant souvent jusqu'à 60 μ de diamètre ; leurs noyaux se divisent et entre les noyaux apparaissent des cloisons d'une finesse extrême. Cependant les cellules-filles ne s'arrondissent pas, mais constituent les segments d'une boule qui a la forme de la cellule-mère. Ensuite, dans la même culture, on constate une proportion croissante de cellules bien plus grandes que les autres, dont les noyaux se divisent plusieurs fois sans qu'il apparaisse de cloisons. Les noyaux, au nombre de deux à vingt, sont, soit disséminés dans le protoplasme pariétal, soit accumulés en amas serrés. Les cellules géantes, quoique munies de noyaux nés par mitoses régulières, sont incapables de développement et périssent en peu de temps.

Il ressort clairement de cette description que, conformément à l'interprétation de Raciborski, les cellules multinucléées sont des éléments abortifs, des produits pathologiques ou monstrueux dus à une nutrition défectueuse et non, comme chez l'*Entomophthora glœospora*, la première phase du développement d'un organe conservateur. Ce n'est donc point cette structure accidentellement apocytique que nous pourrons comparer au produit des divisions nucléaires qui, chez notre espèce, sont le prélude de la formation des azygospores. Cavara arrive à la même conclusion au sujet de l'*Entomophthora Delpiniana*, bien qu'il n'ait observé dans cette espèce, ni les fusions nucléaires consécutives à la division répétée, ni l'épaississement de la membrane de l'azygospore.

Le développement des zygospores de *Basidiobolus* a été fixé dans ses traits essentiels dans le beau mémoire d'Eidam. Les gamètes se constituent aux dépens de deux articles consécutifs d'un filament ordinaire. Un article se renfle, l'autre demeure cylindrique, mais tous deux se divisent; l'une des cellules-filles devient un appendice stérile, l'autre est une cellule reproductrice.

Les cellules reproductrices fonctionnent généralement comme gamètes et donnent un zygote comme produit de leur fusion. Un début de différenciation sexuelle se révèle dans ce fait que le protoplasme de la cellule cylindrique passe dans la cellule renflée.

Cependant, ce sont encore des gamètes facultatifs. Eidam n'avait pas observé la fusion des noyaux rapprochés dans la cellule renflée ; d'après cet auteur, ils se dissocieraient tous les deux dans le cytoplasme pour se reconstituer indépendamment au moment de la germination. L'opinion d'Eidam n'a pas été confirmée. Chmielewsky constate l'union des noyaux une quinzaine de jours après la pénétration du noyau mâle. Raciborski abrège ce délai et le réduit à trois jours en soumettant les jeunes zygotes à la dessiccation. Mais si la caryogamie est accélérée par certaines influences de milieu, elle est entravée par des influences inverses : Raciborski a réussi à l'ajourner indéfiniment en offrant aux jeunes zygotes une nourriture abondante ; dans ces conditions, les deux noyaux contenus dans la cellule renflée et protégée par une membrane épaissie restent indépendants durant toute la période de repos et passent séparément dans le filament germe.

L'apogamie est plus apparente encore, quand les deux cellules reproductrices restent indépendantes et donnent deux demi-zygotes, l'un cylindrique, l'autre renflé, sans qu'aucune communication se soit établie entre elles. Ce cas extrême a été observé aussi par Raciborski.

La signification de la cellule abortive est diversement appréciée. Par son origine elle est l'équivalent de la cellule reproductrice, du gamète facultatif; mais elle ne fonctionne jamais comme un gamète ou comme une cellule reproductrice. A ce double titre elle rappelle les globules polaires. Cependant sa séparation n'empêche pas la cellule reproductrice de continuer son évolution même en l'absence d'une conjugaison ultérieure ; on ne saurait donc l'envisager comme une division réductrice exigeant comme compensation l'intervention d'un second gamète. Dans les demi-zygotes de Raciborski, la cellule stérile a été séparée, tandis que dans les œufs d'animaux (*Ascaris* selon Boveri, *Artemia* selon Brauer) la rétention d'un globule polaire compense le défaut de fécondation.

Pour Hartog, les segments du filament de *Basidiobolus* sont des progamètes, les deux cellules issues de leur division sont deux gamètes, l'un apte à fonctionner, l'autre abortif. Cette opinion repose sur un fait incontestable et sur une hypothèse. Les deux cellules sont sœurs ; mais l'équivalence génétique n'entraîne pas nécessairement l'équivalence morphologique ; deux cellules sœurs peuvent être les initiales de deux lignées divergentes. Hartog attribue à la cellule stérile la valeur d'une gamète potentiel, mais cette supposition ne repose pas sur une preuve directe, comme dans le cas des globules polaires d'*Ascaris* et d'*Artemia*. Pour ne rien préjuger, nous substituerons le terme de gamétophore à celui de progamète et nous dirons que le gamétophore du *Basidiobolus* donne un gamète facultatif et une cellule indifférente.

Sous le nom d'*Empusa rhizospora*, Roland Thaxter a décrit une Entomophthorée dont les zygospores sont revêtues de filaments radiciformes, en continuité avec le mycélium persistant. Le parasite, qui s'attaque aux Phryganes dans les lieux marécageux, risquerait d'être entraîné aux époques des crues, s'il n'était solidement amarré grâce à cette disposition spéciale. Les filaments radiciformes naissent des gamétophores vers la même période et au même niveau que les cellules indifférentes du *Basidiobolus* ; ils ont la même valeur morphologique, autant qu'on peut en juger en l'absence de toute donnée cytologique.

La cellule indifférente des *Basidiobolus* tient donc la place d'un organe assez développé chez l'*Empusa rhizospora* pour assurer à l'œuf une protection effective. Le gamétophore des Entomophthorées donne ainsi un élément reproducteur et un élément protecteur, en d'autres termes, une ébauche de fruit.

D'autres Phycomycètes offrent une différenciation analogue des produits des gamétophores. Chez les Mucorinées, la destinée des noyaux dans les sphères embryonnaires n'a pas été élucidée. Les belles recherches de Maurice Léger laissent seulement soupçonner que les nombreux noyaux des branches copulatrices (gamétophores) fonctionnent, les uns comme gamètes, les autres comme enveloppe protectrice ou fruit.

La distinction entre le fruit et les gamètes est bien établie chez quelques Péronosporées. Ces dernières, toutefois, se distinguent des Entomophthorées par une différenciation sexuelle qui retentit profondément sur l'organisation des gamétophores. Ceux-ci sont généralement appelés oogone et anthéridie ou pollinide ; nous préférons les termes plus généraux de gonophore et d'androphore qui n'impliquent pas des homologies problématiques.

Il ressort des dernières observations de Wager sur le *Peronospora parasitica*, que tous les noyaux du gonophore, sans exception, restent dans le périplasme au moment où la partie centrale devient le gonoplasme. Au centre du gonoplasme apparaît alors une masse dense, à contour tantôt circulaire, tantôt irrégulier, regardée par Swingle comme un organe ou organoïde défini de la cellule, mais qui ne paraît pas être autre chose qu'une condensation de protoplasme granuleux. Cette substance se colore aisément et pourrait en imposer pour un noyau, surtout dans les exemplaires faiblement colorés. Plusieurs noyaux du périplasme s'allongent de manière à disposer leur grand axe dans sa direction ; l'un d'eux se détachant vient se loger en son centre et constituer le noyau femelle. Dans la fécondation, le noyau mâle livré par l'androphore suivra la même direction. La masse centrale paraît donc exercer une attraction sur les noyaux ; pour cette raison, Stevens l'a nommée cénocentre, marquant ainsi ses analogies avec les centrosomes sans affirmer une homologie.

L'oosphère, dont Wager a si bien élucidé la genèse, ne peut plus être considérée comme une portion différenciée de l'oogone : c'est un organe nouveau né dans le gonophore et à ses dépens, bien différent des portions plus ou moins condensées du réseau plasmatique observées aux stades antérieurs. Abstraction faite de sa qualité de gamète ou d'organe sexuel, c'est une cellule qui a bourgeonné dans un syncytium. Sur plus d'un point, les caractères du bourgeonnement concordent avec ceux que l'on observe chez les Champignons bourgeonnants par excellence. Les bourgeons de levure définissent leur forme, reçoivent leur cytoplasme avant que le noyau qui leur est destiné ait commencé son exode. Chez le *Saccharomyces granulatus*, nous avons observé dans le bourgeon une différenciation rappelant le cénocentre de Stevens. Au moment où la division du noyau s'effectue dans la cellule-mère, on voit au centre du bourgeon une masse opaque, colorée en rouge par le bleu de toluidine, bien distincte du cytoplasme vacuolaire qui l'entoure.

Le bourgeon qui deviendra l'oosphère des Péronosporées est enveloppé de toutes parts par le protoplasme multinucléé dont il procède ; sa matrice est une collection d'énergides incomplètement individualisées, non séparées par des cloisons cellulaires. Tandis qu'un bourgeon ordinaire garde un point d'attache défini sur une cellule-mère, la cellule nouvelle qui naît d'une collectivité indivise apparaît avec des connexions multiples sans attache définie. Elle garde, d'ailleurs, avec la masse apocytique destinée à la nourrir, puis à la protéger, les mêmes rapports qu'un asque au milieu des cellules d'un périthèce clos ou d'un sclérote. Telle est, effectivement, la valeur respective que nous assignons à l'oosphère et au périplasme : celui-ci est une portion de thalle apocytique transformée en organe protecteur de l'oosphère, c'est un fruit apocytique.

Le rameau androphore n'est pas chargé, comme le rameau gonophore, d'assurer la nourriture et la protection de la nouvelle génération ; aussi reste-t-il grêle et ses noyaux se multiplient peu (Wager) ou point (Berlese). La multiplicité de ses noyaux n'est que la continuation de la structure du thalle apocytique.

En résumé, chez le *Peronospora parasitica*, deux cellules se séparent du thalle apocytique et se comportent comme cellules sexuelles en ce sens que l'une déverse son contenu dans l'autre et que les deux noyaux se fusionnent.

Les descriptions des autres auteurs s'écartent plus ou moins de celle de Wager. Chez le *Cystopus Portulacæ* étudié par Berlese, l'oosphère se séparerait du périplasme par étapes successives. Tout d'abord elle apparaîtrait sous forme d'une masse plasmatique plus dense et plus riche en noyaux au centre qu'à la périphérie ; plus tard l'oosphère céderait ses noyaux, à l'exception d'un seul, au périplasme. Nous sommes d'autant moins portés à séparer ce type de celui de Wager, que ce dernier observateur avait d'abord donné des descriptions analogues. A la longue il a pénétré dans l'intimité du phénomène masqué par les transformations superficielles du gonophore. Quoi qu'il en soit, le noyau de l'oosphère, une fois constitué, s'unit à un noyau cédé par l'androphore ; Berlese et Wager sont d'accord sur ce point. Cette fusion paraît amener un doublement du nombre des chromosomes dans l'œuf et dans les noyaux qui en dérivent jusqu'à la germination.

Cependant, comme le remarque Wager, le processus de la fécondation chez les Péronosporées, n'est pas nécessairement le même dans tous les genres ni dans toutes les espèces d'un même genre. En dehors de la fusion binucléaire décrite précédemment, des fusions nucléaires multiples ont été signalées par Stevens chez le *Cystopus Bliti*, une fusion collective l'a été par Fisch chez le *Pythium*.

La fusion multiple de Stevens n'est qu'une fusion binucléaire s'opérant simultanément dans plusieurs énergides ; elle diffère du cas typique en ce que les bourgeons sexuels issus des gamétophores apocytiques deviennent eux-mêmes multinucléés. Comme dans le type habituel, l'oosphère est une masse protoplasmique issue de la partie centrale du gonophore et primitivement dépourvue de noyaux. Tandis que la plupart des noyaux restent en dehors de la limite de l'oosphère et se divisent en plein périplasme, une cinquantaine vient se ranger sur la ligne séparatrice, y subit une mitose en s'orientant de manière à partager les noyaux-filles entre le bourgeon central et le périplasme. Le rameau androphore est chargé de répondre aux besoins multiples de ce gynécée, et Stevens pense que chaque noyau femelle reçoit un noyau mâle. Il nous semble difficile de démontrer que chaque couple est réellement formé d'un noyau issu de chaque branche. Sauf cette réserve, le type de Stevens se réduit aisément au précédent ; il était même prévu par la description de Wager puisque, dans le cas typique, si un seul noyau franchit la limite, plusieurs autres semblent influencés par le cénocentre, puisqu'ils s'orientent dans sa direction.

Le cas de Stevens se laisse donc interpréter comme une simple variante du type habituel de fusion binucléaire. Le cas de Fisch se rapporte plutôt à un type substitutif. Dans le *Pythium* étudié par Fisch, tous les noyaux du gonophore s'unissent successivement pour constituer le noyau définitif. Alors il n'y a pas d'oosphère séparée de la masse indifférente du gonophore. Celui-ci s'organise directement en organe reproducteur, à peu près comme un sclérote qui germe sans produire d'asques. Le fruit a remplacé le germe qu'il devait protéger ; l'endocaryogamie dont il est le siège ramène l'apocyte à la structure cellulaire qui marque le début d'une nouvelle évolution et en même temps donne aux noyaux fusionnés une force nouvelle, susceptible, suivant les idées d'Hartog, de rendre la fécondation superflue.

Les spores conservatrices des Saprolégniées sont formées dans des organes ressemblant extérieurement à ceux des Péronosporées, au point qu'il est difficile de leur refuser une signification équivalente. Le renflement gonophore (oogone des auteurs) renferme aussi des noyaux multiples au début ; mais l'apocyte, au lieu d'engendrer une cellule centrale ou oosphère, se divise en plusieurs masses semblables. Chacune de ces masses correspond, non pas à l'oosphère des Péronosporées, mais à une portion du fruit : c'est un méricarpe. Finalement chaque méricarpe apocytique ne contient plus qu'un noyau.

Pour expliquer cette réduction numérique, Trow et Hartog invoquent des procédés différents : pour Trow tous les noyaux moins un disparaissent par voie de digestion intra-cellulaire, pour Hartog le nombre se réduit à l'unité par fusion collective. Nous n'avons pas à discuter les faits dont chaque observateur nous garantit l'exactitude ; mais nous pouvons faire ressortir de ces données contradictoires une conséquence commune : c'est que ni Trow ni Hartog n'ont constaté, chez les Saprolégniées, l'apparition d'une cellule nouvelle se séparant de la masse apocytique du gonophore. L'oosphère différenciée que Wager à découverte chez les Péronosporées, n'a pas été observée chez les Saprolégniées.

Comme chez le *Pythium* d'après Fisch, le fruit, affranchi de son rôle de tissu protecteur et nourricier, va assumer pour lui-même les fonctions conservatrices. Pour cela il commence par se transformer en une ou plusieurs cellules uninucléées qui se substitueront à l'œuf et hériteront de ses fonctions. Les sphères oviformes des Saprolégniées ne sont donc pas des oosphères ; ce sont morphologiquement des méricarpes sans œuf, physiologiquement des œufs cénogénétiques.

Ces œufs substitutifs sont susceptibles de se développer sans apport d'un noyau mâle. L'androphore fait souvent défaut ; quand il existe, il n'émet pas oujours de tubes copulateurs pénétrant dans le renflement gonophore ; enfin le passage du noyau mâle dans les sphères oviformes n'est pas admis sans conteste. En tout cas la fécondation est superflue, au moins dans la majorité des cas. Ici encore on est en droit d'invoquer l'action compensatrice de l'endocaryogamie.

III

Ces données comparatives nous permettent de mieux comprendre les phénomènes qui aboutissent à la constitution des azygospores de l'*Entomophthora glœospora*. Le gamétophore, homologue de la cellule renflée du *Basidiobolus*, du gonophore des Péronosporées et des Saprolégniées, non seulement n'entre pas en rapport avec un autre gamétophore, mais ne produit pas de gamète. C'est de l'apogamie au second degré.

Les divisions nucléaires du premier stade ressemblent à celles qui s'accomplissent dans le gonophore des Péronosporées, avant le bourgeonnement central qui constitue l'oosphère. Comme dans cette famille, elles ont pour effet d'augmenter le volume du fruit.

La fusion collective des noyaux remplace la fécondation, comme les auteurs l'indiquent chez le *Pythium* et les Saprolégniées. Il est assez surprenant que les fusions successives n'augmentent pas notablement la masse de chaque noyau. Le noyau définitif, semblable aux précédents, est bien moins riche en chromatine que la somme des seize noyaux dont il procède. S'il n'y a pas eu d'élimination visible de noyaux entiers ou de fragments de noyaux, il est donc certain que le noyau définitif, en se constituant aux dépens de plusieurs noyaux, a perdu une certaine quantité de substance chromatique. Il a sans doute gardé la meilleure part. Comme les noyaux sexuels, les produits de cette élaboration complexe sont des noyaux épurés, régénérés.

L'union des deux derniers noyaux ressemble à une union sexuelle. Nous avons vu qu'elle s'opère plus ou moins rapidement. Les mêmes variations s'observent chez le *Basidiobolus*, d'après Chmielewsky et Raciborski. Chez les Péronosporées, d'après Wager, l'union est immédiate chez telle espèce, différée chez telle autre. Quand elle est immédiate (*Cystopus candidus*) elle est suivie de divisions répétées donnant trente-deux noyaux avant que le zygote soit entré dans la phase de repos. Berlese dit qu'il en est de même chez le *Cystopus Portulacæ*, le *Peronospora Ficariæ* et le *Peronospora parasitica*. Pour la dernière espèce, Wager arrive à un résultat différent ;

la rapidité de la fusion varierait donc dans une même espèce comme chez le *Basidiobolus* et l'*Entomophthora*. Chez le *Peronospora parasitica* observé par Wager, la membrane du zygote commence à s'épaissir avant que les noyaux soient arrivés au contact, et elle atteint son épaisseur définitive au moment où la fusion s'achève ; dans ce cas le noyau ne se divise pas et l'organe reste uninucléé jusqu'à la germination.

L'épaississement de la membrane accompagne l'endocaryogamie comme il accompagne la fécondation dans les groupes voisins. La membrane protectrice appartient, soit à l'œuf, soit au fruit. Celle du *Basidiobolus* est indépendante du fruit abortif, elle est le produit des gamètes. Chez les Péronosporées le périplasme, c'est-à-dire le fruit, participe à l'épaississement de la membrane de l'oospore et donne un tégument spécial comparé par Berlese à la périnie des Hydroptéridées. La membrane même du gonophore (oogone) prend souvent un épaississement propre, dont l'importance est en raison inverse de la différenciation de la périnie. Il est donc naturel qu'en l'absence de gamète, la membrane protectrice soit entièrement reportée autour du fruit.

En résumé, les organes sexuels des Phycomycètes ont pour éléments fondamentaux des gamétophores d'où procèdent des gamètes (avec ou sans différenciation sexuelle) et des fruits. Dans le type archaïque où les cellules sont bien individualisées *(Basidiobolus)*, les gamètes sont suffisament protégés par la membrane cellulaire et le fruit est abortif. Dans le type habituel apocytique, les gamètes ont parfois la constitution cellulaire normale (cellules sexuelles de *Peronospora parasitica)*; plus souvent ils cessent de s'individualiser dans la masse apocytique du gamétophore. Le fruit apocytique entier *(Pythium)* ou fragmenté (Saprolégniées) se substitue au zygote comme organe conservateur. L'endocaryogamie du fruit remplace la conjugaison des gamètes égaux ou sexuellement différenciés. Les azygospores de l'*Entomophthora glœospora* offrent un bel exemple de cette apogamie compensée par l'endocaryogamie.

Ouvrages cités.

A.-M. Berlese. — *Ueber die Befruchtung und Entwickelung der Oosphäre bei den Peronosporeen. (Jahr. f. wiss. Bot.* XXXI. 1898).

Fr. Cavara. — *Osservazioni citologiche sulle Entomophthoreæ. (Nuovo Giornale bot. ital. — Nuova serie* IV. Ottobre 1899).

W. Chmielewsky. — *Zur Frage über die Kopulation der Kerne beim Geschlechtsprozess der Pilze.* (Odessa 1888.)

E. Eidam. — *Basidiobolus, eine neue Gattung der Entomophthoraceen. (Cohn's Beiträge zur Biol. d. Pflanzen* IV. 1887.)

Fisch. — *Ueber das Verhalten der Zellkerne in fusionirenden Pilzzellen. (Botan. Centralbl.* XXIV.)

Hartog. — *Some problems of Reproduction. (Quart. Journ. Micr. Sc.* XXVIII,

1891.) — *Sur les phénomènes de reproduction.* (*Année biologique.* I. 1895.) — *Grundzüge der Vererbungstheorie.* (*Biologisches Centralbl.* XVIII. 1898.) — *On the Cytology... of the Saprolegniacae.* (*Transact. of the Royal Irish Academy,* XXX, 1895.) — *The alleged fertilisation in Saprolegnieæ.* (*Ann. of. Bot.* XIII. 1899. Avec mention des travaux antérieurs de l'auteur sur les Saprolégniées).

MAURICE LÉGER. — *Recherches sur la structure des Mucorinées.* (Thèse sc. Paris, 1895. Avec mention des travaux antérieurs de l'auteur et de Dangeard.)

M. RACIBORSKI. — *Ueber den Einfluss äusserer Bedingungen auf die Wachsthumsweise des Basidiobolus ranarum.* (*Flora.* LXXXII, 1896. — *Parasitische Algen und Pilze Java's.* (Batavia, 1900.)

STEVENS. — *The compound Oosphere of* ALBUGO BLITI. (*Bot. Gaz.* XXVIII. 1899.)

SWINGLE. — *Two new Organs of the Plants Cell.* (*Bot. Gaz.* XXVII 1898.)

R. THAXTER. — *The Entomophthoreæ of the United States.* (*Memoirs of the Boston Soc. of. Nat. History* IV. 1888.)

TROW. — *The Karyology of Saprolegnia.* (*Ann. of Bot.* IX, 1895.) — *Observ. on the Biology and Cytology of a new Variety of Achlya americana.* (*Ann. of Bot.* XIII, 1899.)

P. VUILLEMIN. — *Études biologiques sur les Champignons.* (*Bull. soc. sc.* Nancy, 1887). — *Développement des azygospores des Entomophthorées.* (*C. R. Acad. Sc.* 1900.)

P. VUILLEMIN et E. LEGRAIN. *Sur un cas de Saccharomycose humaine.* (*Arch. Paras.* III, 1900.)

H. WAGER. — *On the structure and reproduction of. Cystopus candidus.* (*Ann. of Bot.* X, 1896). — *The sexuality of the Fungi.* (Ibid. XIII, 1899). — *On the Fertilization of Peronospora parasitica.* (Ibid. XIV, 1900.)

EXPLICATION DE LA PLANCHE VI.

Développement des azygospores de l'*Entomophthora glœospora.*

Toutes les figures ont été dessinées à la chambre claire au grossissement de 2.300 diam., sauf la fig. 12 au grossissement de 650.

FIG. 1. Renflement terminal isolé.
— 2. Renflement subterminal.
— 3. Renflement intercalaire nucléé et renflement terminal vide.
— 4 à 7. Stades de croissance du renflement et de multiplication des noyaux. L'endospore, bien distincte, ne s'épaissit pas encore. Protoplasme presque homogène, finement granuleux au stade à quatre noyaux *(fig. 4)*, finement réticulé au stade à douze noyaux *(fig. 6)*. On ne l'a pas représenté au stade à dix-huit noyaux *(fig. 7)*, afin de montrer les gouttes réfringentes qui se réuniront ensuite en une vacuole centrale.

FIG. 8. Stade de réduction. Retour à douze noyaux comme dans la fig. 6. Mais l'endospore est déjà épaissie et le protoplasme refoulé vers la périphérie en un réseau grossier.

FIG. 9 et 11. Azygospores avec les deux derniers noyaux aplatis. La fig. 9 montre l'aspect réticulé de la surface, dû à des îlots saillants de protoplasme séparés par des sillons. Les fig. 10 et 11 montrent le même aspect en coupe optique. Dans la fig. 10, l'intérieur de l'azygospore contient des gouttes réfringentes plus grosses que dans la fig. 7, mais encore distinctes ; dans la fig. 11 les gouttes se sont réunies en une masse centrale.

FIG. 12. Une série d'azygospores prises vers le milieu d'un article de patte de *Mycetophila*. On voit de bas en haut divers stades de la période de fusion nucléaire.

N. B. — Chaque figure représente tous les noyaux contenus dans une azygospore. Ceux qui sont dans un plan profond ont été ombrés d'une teinte plate.

M. le Dr M. H. ARNAUD

à Montpellier.

LE LAURIER-CERISE EST-IL UNE AMYGDALÉE ? [583.37]

— *Séance du 9 août* —

Je réponds « non » sans hésiter. Et je vais justifier mon opinion par l'examen de toutes les parties de la plante.

Le *laurier-cerise (Lauro-cerasus, Prunus lauro-cerasus)* est un arbuste toujours vert, à feuilles *coriaces*, persistantes.

A première vue, l'aspect des parties vertes et de l'ensemble de la plante ne dispose pas à considérer celle-ci comme une *Rosacée*, et spécialement comme une *Amygdalée*.

Il est évident que cette première impression n'est pas infaillible et ne suffit pas. Mais on aperçoit déjà dans les *feuilles* un signe important, auquel les observateurs n'ont pas accordé, jusqu'à présent, l'attention qu'il mérite, et qui ne permet guère d'hésiter dans le déclassement du *laurier-cerise :* c'est la *disposition de la courbe dorsale de la côte des feuilles.*

Dans les *Rosacées* en général, cette courbe affecte, de la base au sommet, une forme *concave-convexe*, et il en résulte que la pointe de la feuille *(p, fig. 1)* regarde plus ou moins en haut, à moins qu'elle ne soit déviée par une cause quelconque (vent, obstacle, poids de la feuille). Dans le *lauro-*

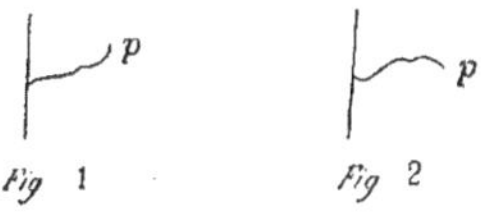

cerasus, la courbure de la *côte* des feuilles est, au contraire, *convexe-concave*, de sorte que la pointe des feuilles *(p', fig. 2)* regarde manifestement en bas, dès le début de son apparition.

Mentionnons maintenant deux particularités, peut-être un peu accessoires, dans la portion florale de la plante.

1° L'*inflorescence*, dans le *lauro-cerasus*, est une *grappe allongée à courts pédoncules floraux*. Cette disposition, rare dans les *Rosacées*, ne s'observe jamais dans les *Amygdalées* (du moins dans celles qui sont connues de moi).

2° Les *fleurs* du *laurier-cerise* sont *polygames*. Il y a des arbustes, en assez grand nombre, sur lesquels je n'ai pu trouver que des fleurs mâles : l'*ovaire* y apparaît, mais il reste invariablement rudimentaire, stérile. Pareil fait ne se rencontre pas, ordinairement, dans les *Rosacées*, spécialement dans les *Amygdalées*.

J'en viens à l'examen des diverses-parties de la fleur (1).

Passons rapidement sur le *calice*. Il est quelque peu différent dans le *lauro-cerasus* et les *Amygdalées ;* mais la dissemblance la plus remarquable se trouve dans la *corolle*.

Les *pétales* ont en effet, dans le *laurier-cerise*, une forme inverse de celle qu'ils présentent dans les *Rosacées*, comme on l'aperçoit déjà dans le *bouton :* la *ligne dorsale* (de la base au sommet) est visiblement *concave-convexe* dans les *Rosacées (fig. 3)*; elle est *convexe-concave* dans le *lauro-cerasus*,

Fig 3 Fig 4

de façon que chaque *pétale* a la forme d'un *petit pavillon* ou d'un *éteignoir* en pointe *(p', fig. 4)* destinée à devenir supérieure, tandis que les bords de l'éteignoir sont sensiblement inférieurs à cette pointe.

J'insiste particulièrement là-dessus ; car il en résulte que, à part le nombre des *pétales*, la *corolle* du *lauro-cerasus* n'a rien de commun avec les corolles rosacées; elle présente, au contraire, de réelles et profondes analogies de forme avec celle de plantes voisines des *Myrtacées*, telles que les *Ruta*, les *Lagerstrœmia*, etc., et celle des *Myrtacées* elles-mêmes.

Ne nous arrêtons pas sur les *étamines*, bien qu'encore ici j'aperçoive, dans la conformation, des différences avec les *Rosacées* en général, des ressemblances avec les *Myrtacées*. Le *gynécée* est bien plus caractéristique.

(1) Je considère la prétendue fleur des *Rosacées* non comme une simple *fleur*, mais comme une *inflorescence*. dans laquelle le *calice* et la *corolle apparents* sont la *préinvolucre* et l'*involucre ;* les prétendus *pétales* ne sont que des *bractées colorées*. Chaque fleur mâle est représentée par une *étamine* isolée et l'*inflorescence* se termine ou non par une ou plusieurs fleurs femelles, réduites au seul *gynécée*. Je ne poursuivrai pas ici la démonstration de ce fait, admis déjà, généralement, pour les *Euphorbes*, et que je crois vrai aussi pour les *Myrtacées* et d'autres plantes analogues, à nombreuses étamines, et, de plus, pour le *laurier-cerise*. Comme il n'y a pas, de ce chef, différence entre les *Rosacées* et le *lauro-cerasus*, je me bornerai à cette mention, et je me servirai, dans cette note, des expressions communément employées.

L'*ovaire*, infère, est libre dans le *lauro-cerasus* comme dans les *Amygdalées ;* mais dans la fleur du *lauro-cerasus*, il y a deux foyers primitifs de formation ovarique, il y a *deux carpelles*, dont un, il est vrai, avorte ordinairement (et peut-être toujours), avant sa fécondation ; il n'y en a qu'un dans les *Amygdalées*. — D'autre part, dans ces dernières plantes, le carpelle unique contient souvent *deux ovules*, tandis qu'il n'y en a qu'un par carpelle dans le *lauro-cerasus ;* et, comme un des carpelles du *lauro-cerasus* se développe seul, il n'y a, en définitive, qu'une graine dans le fruit du *laurier-cerise*, tandis qu'il y en a deux (sauf avortement) dans le fruit des *Amygdalées*.

Le *style* des *Amygdalées* se détache de toutes pièces, et assez rapidement tandis que, pour celui du *lauro-cerasus*, l'extrémité de la base, soudée, persiste jusque dans le fruit mûr.

On voit donc qu'il y a dans les pistils des *Amydalées* et du *laurier-cerise* des différences constitutives profondes. La forme extérieure n'est pas moins dissemblable. En effet, la courbure constante du *lauro-cerasus* est *convexe-concave*, tandis que celle des *Rosacées* est *concave-convexe*.

Ces différences de forme se maintiennent dans les *fruits*.

Le *fruit* du *lauro-cerasus* est arrondi dès la base ; à partir du *réceptacle*, il se courbe directement en *convexité dorsale* constante, jusqu'au voisinage du sommet, où on observe une petite concavité au niveau de la soudure persistante du *style* avec l'*ovaire (fig. 5)*. — Inversement, le fruit des *Amygdalées* présente, immédiatement au-dessus du *réceptacle*, une *concavité dorsale*, par suite de laquelle le contour du fruit est ramené au-dessous

Fig 5 Fig 6

du niveau horizontal du *réceptacle ;* après quoi la *convexité dorsale* apparaît et persiste jusqu'au sommet du *fruit*, dépourvu de tout vestige du *style (fig. 6)*.

Je dois signaler une dernière particularité différentielle ; elle concerne l'*ovule* et la *graine*.

Dans le *lauro-cerasus*, l'*ovule* présente *de très bonne heure* deux couches concentriques *glaireuses-charnues* bien distinctes, *facilement séparables ;* il est, au contraire, impossible d'effectuer cette séparation *au même moment* dans les *Amygdalées* en général ; et il est facile de se convaincre, en suivant le développement de l'*ovule* du *laurier-cerise*, que la couche du centre est constituée essentiellement par l'*embryon* avec les *cotylédons*, et devient l'*amande*, tandis que la couche périphérique est constituée par l'*endosperme*, joint à la membrane d'enveloppe de la *graine*.

Je ne crois pas que de plus amples développements soient nécessaires : le *lauro-cerasus* n'est ni un *Prunus*, ni un *Cerasus*, ni même une *Amygdalée*.

Il n'est même pas une *Rosacée*, car parmi les *Rosacées*, il n'a quelques points de ressemblance qu'avec les *Amygdalées*; il n'a rien de commun avec les autres *Rosacées*, pas même la *corolle rosacée*, qui est leur signe distinctif par excellence.

Le *lauro-cerasus* se rapproche beaucoup des *Myrtacées*. Mais à cause de ses feuilles alternes, non manifestement glanduleuses, stipulées, de son ovaire à deux ovules seulement, dont un seul est fécondé et se développe en graine, de la forme toute particulière de sa corolle, de son ovaire libre, etc., je ne crois pas devoir considérer le *laurier-cerise* comme une *Myrtacée*; et je propose, *pour le moment*, d'en faire une petite famille à part, celle des *Laurocérasées*. L'avenir nous apprendra si le *laurier-cerise* est seul de son type, ou si d'autres plantes méritent de prendre place avec lui dans une même famille.

M. Émile BRUMPT

Préparateur à la Faculté de Médecine de Paris.

REPRODUCTION DES HIRUDINÉES. — EXISTENCE D'UN TISSU DE CONDUCTION SPÉCIAL ET D'AIRES COPULATRICES CHEZ LES ICHTHYOBDELLIDES [591.16 : 595]

— *Séance du 4 août* —

Nous allons étudier, dans ce mémoire, les phénomènes qui accompagnent la fécondation, et la structure des organes sexuels des Ichthyobdellides. Il est aujourd'hui bien établi que, chez les Hirudinées dépourvues de pénis (1), la fécondation se fait par injection de sperme à travers les téguments au moyen de spermatophores. Dans le cas le plus habituel (Glossosiphonides) le spermatophore est déposé en un point quelconque, et le sperme, mis en liberté dans les lacunes cœlomiques, ou accumulé en petites masses dans ces dernières, arrive en partie au contact des ovaires qu'il

(1) Les Gnathobdellides sont toutes pourvues d'un pénis; les Herpobdelles en sont dépourvues. Parmi les Rhipichobdellides, seules, les Lophobdellides (*Lophobdella* Poirier et de Rochebrune, *Pseudobranchellion* Apathy et l'*Hemiclepsis tesselata* Müller), en possèdent un et font exception.

traverse, le reste est absorbé par les organes phagocytaires de Kovalevsky (organes ciliés de Bolsius). Chez les Herpobdellides, le spermatophore n'est pas déposé et abandonné comme dans le cas précédent, il unit les deux individus pendant toute la durée de l'accouplement et ne sert que de canule d'injection (1). Le sperme chevauchant entre les faisceaux musculaires arrive en grandes masses autour des ovaires qu'il pénètre sur toute leur surface ; une faible partie passe dans les lacunes où elle est phagocytée peu à peu par les organes déjà nommés.

Les spermatophores ne sont cependant pas toujours déposés en des points quelconques ; la fonction de l'accouplement subit, même dans les groupes que nous venons d'examiner, des modifications spécifiques et individuelles. La *Glossosiphonia heteroclita* (Linné) dépose toujours ses spermatophores au voisinage des orifices génitaux de l'individu fécondé. Le professeur Kovalevsky a décrit tout récemment une localisation encore plus curieuse chez l'*Helobdella algira* (Moq.-Tand.) : suivant cet auteur, il existe, de chaque côté de l'orifice femelle, une petite dépression au fond de laquelle sont déposés les spermatophores ; ces dépressions seraient même mises en communication avec la cavité générale par plusieurs petits canaux grêles. Le savant professeur pense néanmoins que des recherches ultérieures seront nécessaires pour établir ce dernier point. J'ai examiné un assez grand nombre d'exemplaires de cette même espèce récoltés soit avant, soit après la ponte, et je n'ai vu que deux fois les dépressions dont parle Kovalevsky : avec l'orifice mâle et l'orifice femelle, elles donnaient assez l'apparence d'un trèfle à quatre folioles, mais je puis affirmer l'ab-

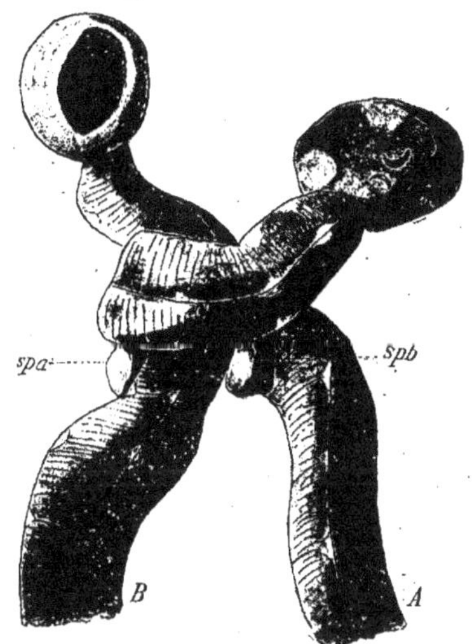

Fig. 1.
Accouplement de *Piscicola geometra*. Les deux exemplaires se trouvent ainsi enlacés pendant plusieurs heures et recouvrent chacun un spermatophore sur l'aire copulatrice.

(1) Brandes.

sence complète d'orifices à ce niveau. Les dépressions elles-mêmes ne sont produites que par l'absence totale de couche musculaire en ces points, la cavité générale n'étant séparée de l'extérieur que par l'épithélium doublé d'une mince couche conjonctive sous-jacente, disposition qui permet au sperme d'être injecté plus facilement.

En dehors de ce perfectionnement progressif s'établissant dans les différentes espèces, l'accouplement subit des modifications individuelles très intéressantes. Les spermatophores, qui dans les premiers accouplements sont déposés au hasard, sont fixés, surtout chez les Herpobdelles, dans les accouplements suivants, presque exclusivement sur la région clitellienne. Une variété géante de *Glossosiphonia complanata* (Linné), dépose même toujours son spermatophore au voisinage de l'orifice femelle, et, fait unique chez les Glossosiphonides, les deux individus restent enlacés longtemps encore après l'accouplement *(fig. 1)*.

La *Piscicola geometra* (Linné) présente un exemple très net de cette localisation. Le spermatophore est déposé pendant l'accouplement sur une zone spéciale dépourvue de pigment, à laquelle je donnerai le nom d'*aire copulatrice*. C'est une région (*fig. 2)* très limitée, de forme losangique, placée au-dessous de l'orifice femelle et nettement visible chez tous les individus au moment de la reproduction et même longtemps après elle, mais je ne saurais dire actuellement si elle existe toujours. En étudiant sur des coupes le mode de pénétration du sperme dans les tissus, je fus fort étonné de trouver non pas une simple injection intracœlomique comme chez les Glossosiphonides ou une injection violente avec effraction comme chez les Herpobdelles, mais des tissus d'aspect particulier infiltrés de spermatozoïdes s'y étant introduits activement, un peu aidés peut-être par la faible élasticité du spermatophore.

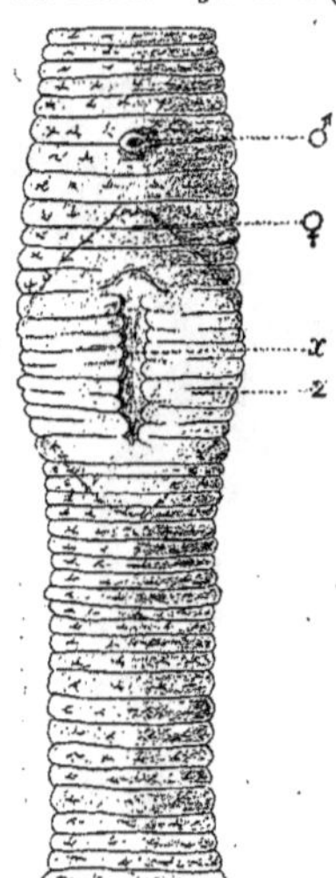

Fig. 2.
Face ventrale de *Piscicola geometra* au moment de la reproduction ; ♂, orifice mâle ; ♀, orifice ♀ ; z, aire copulatrice présentant au milieu un sillon x.

En étudiant toute la série de coupes, je vis que ce tissu se continuait, de chaque côté, par un canal à parois bien distinctes conduisant dans l'ovaire. C'est à ce tissu que je donnerai le nom de *tissu vecteur*. Je fis alors une étude comparée de toutes mes coupes d'Ichthyobdellides et en m'aidant de dissections faites sous l'excellente loupe stéréoscopique de Zeiss. Je n'eus pas de peine à me convaincre que son existence, sous une forme plus ou moins modifiée, est presque générale chez tous ces Vers.

Avant d'étudier ce tissu dans les différents genres, nous allons l'examiner en détail chez la *Piscicola geometra*. On l'aperçoit très facilement en disséquant l'animal (*fig. 3, lc*). Il forme une masse elliptique à grand axe longitudinal; en certains points, il devient très difficile à séparer de l'ovaire, avec lequel il contracte parfois de solides adhérences; il a, d'ailleurs, la même couleur que ce dernier et ne s'en distingue que par ses granulations plus fines. Ses limites supérieure et inférieure ne sont pas très nettes; il se confond avec les tissus ambiants.

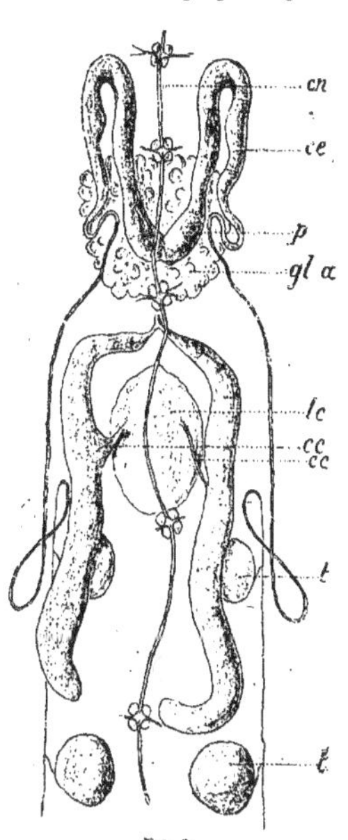

FIG. 3.

Organes génitaux de *Piscicola geometra*; *t*, testicule; *ce*, canal éjaculateur; *p*, portion terminale; *gl a*, glandes secrétant le spermatophore; *cn*, chaîne nerveuse; *lc*, tissu vecteur placé au-dessous de l'aire copulatrice; *cc*, canaux vecteurs portant des sacs ovariens.

Sur la coupe (*fig. 4*), le tissu vecteur se montre constitué non pas par des éléments histologiques spéciaux, mais par une simple accumulation de cellules conjonctives à des stades différents de développement. On y rencontre de grosses cellules vacuolées accolées les unes aux autres et, entre celles-ci, des traînées de cellules à noyau plus petit. Ces éléments sont disposés immédiatement au-dessus de la couche musculaire circulaire et sont divisés en plusieurs champs par les muscles longitudinaux et dorso-ventraux; ils sont limités, du côté de la cavité générale, par une assise continue de cellules identiques, comme dimensions, aux grosses cellules du tissu vecteur, mais renfermant un protoplasme grenu et non vacuolé. Cette enveloppe recouvre également les parois de l'ovaire, où elle est constituée d'éléments identiques.

L'ovaire entre en rapport avec ce tissu par deux diverticules, l'un droit, l'autre gauche. Ces diverticules sont tantôt longs et grêles (*fig. 3*), tantôt épais et courts (*fig. 3, cc*, du côté gauche).

En sacrifiant des animaux, isolés depuis longtemps, à des intervalles de plus en plus éloignés du moment de la fécondation, on peut suivre pas à pas le mécanisme de la fécondation.

Pendant l'accouplement, le spermatophore, placé sur l'aire copulatrice, ne tarde pas à évacuer son contenu à la surface de l'épiderme. Les faisceaux de spermatozoïdes s'insinuent alors entre les cellules épidermiques, quand

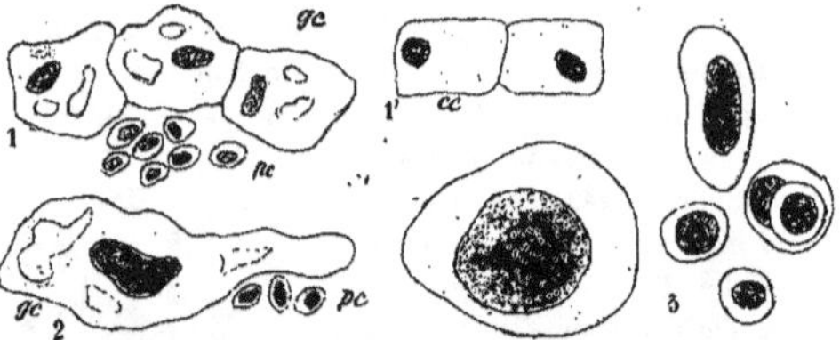

FIG. 4.

Éléments constituant le tissu vecteur : 1, chez *Piscicola geometra*; *gc*, grandes cellules; *pc*, petites cellules; 1', cellules de la membrane limitante de la même espèce; 2, chez *Branchellion torpedinis*; *gc* et *pc*, d°; 3, chez *Acanthobdella peledina*. Ces diverses cellules ont été dessinées à la chambre claire à l'immersion, sur la figure elles ont été réduites et sont grossies de 680 diamètres.

celles-ci n'ont pas été détruites pendant l'accouplement, passent entre les couches musculaires et arrivent ainsi dans le tissu vecteur où ils s'accu-

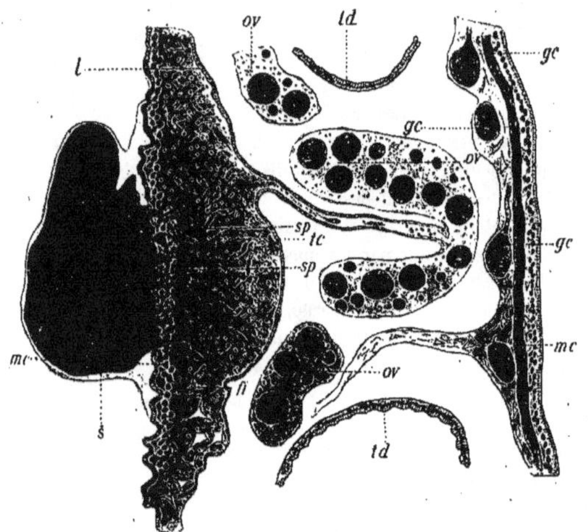

FIG. 5.

Coupe sagittale paramédiane de *Piscicola geometra* passant par l'un des canaux vecteurs chez un individu fécondé depuis vingt-quatre heures; *s*, spermatophore renfermant encore beaucoup de sperme *sp*, faisceaux de spermatozoïdes s'insinuant dans le tissu vecteur *tc*.

mulent *(fig. 5)*. Quelques heures plus tard, les spermatozoïdes se sont localisés en grande partie à la périphérie du tissu au-dessous de la couche cellulaire limitante, *l*, qui les empêche d'aller dans le cœlome. Vingt-quatre heures après l'accouplement, on trouve un grand nombre de spermatozoïdes dans l'ovaire et dans le canal vecteur auquel ils sont arrivés en suivant la couche cellulaire limitante. On retrouve des spermatozoïdes tout à fait normaux dans le tissu vecteur plus d'un mois après le dernier accouplement.

Dans l'ovaire, les spermatozoïdes se trouvent en contact avec des follicules ovulaires à tous les stades de développement et aussi avec un grand nombre de cellules de petites dimensions autour desquelles ils s'enchevêtrent. Je ne pense pas que ces cellules en renferment à leur intérieur; en tous cas, je ne pense pas qu'elles les phagocytent, car je n'ai jamais vu de spermatozoïdes tronqués comme on les voit dans les cellules de l'organe phagocytaire.

Nos études ont porté sur les Ichthyobdellides suivantes :

Pontobdella muricata (Linné, 1758).
Branchellion torpedinis Savigny, 1820.
Cystobranchus fasciatus (Kollar, 1842).
— *respirans* (Troschel 1850).
— *mammillatus*(Malm,1860).
Trachelobdella lubrica (Grube, 1840).
— *lophii* (Van Beneden et Hesse, 1864).
Trachelobdella nodulifera (Malm, 1860).
— *n. sp.*
Piscicola geometra (Linné, 1758).
Platybdella scorpi (Fabricius, avant 1850).
— *soleae* (Kröyer, avant 1860).
Acanthobdella peledina Grube, 1851.

Beaucoup d'exemplaires de ces différents Vers provenaient de la superbe collection que le professeur R. Blanchard a bien voulu me confier; les autres ont été récoltés par moi en différentes localités.

L'étude des espèces ci-dessus nommées va nous montrer la formation progressive du tissu vecteur et sa différenciation extrême dans certains cas. Dans une espèce, il n'est définitivement constitué que chez l'individu adulte capable de copuler. Des variations considérables séparent des individus d'un même genre (Trachelobdelles, Cystobranches), tandis que des convergences curieuses rapprochent des individus de genres bien différents (Acanthobdelle, Cystobranche, Trachelobdelle, Piscicole).

Nous étudierons ces diverses Ichthyobdellides dans quatre groupes.

Dans le premier formé par *Platybdella soleae* et *Trachelobdella lubrica*, il n'existe aucun rudiment de tissu vecteur, c'est un groupe de passage vers les Glossosiphonides

Dans le second, nous placerons *Platybdella scorpi* et *Pontobdella muricata;* nous assistons, chez ces espèces, à la formation d'un tissu particulier constitué par une hypertrophie des parois conjonctives de l'ovaire; ce tissu tient en réserve des quantités considérables de spermatozoïdes.

Imaginons maintenant que ce nouveau tissu, tout en conservant ses rapports avec l'ovaire, s'approche de l'épiderme au-dessous de l'orifice femelle : il se produira, au point d'adhérence, une dépression épidermique au-dessous de laquelle le tissu conjonctif s'accumulera et nous aurons ainsi le troisième groupe dont le type est *Piscicola geometra ;* nous lui joindrons *Cystobranchus fasciatus*, *Cystobranchus respirans*, *Trachelobdella n. sp.* et *Acanthobdella peledina.*

Supposons encore que ce tissu vecteur, au lieu de contracter des adhérences avec l'épiderme en arrière de l'orifice femelle, vienne se fixer un peu en arrière de l'orifice mâle, que, d'autre part, une invagination se produise donnant ainsi naissance à la volumineuse *bourse* de certaines Ichthyobdelles, nous aurons réalisé le type qui s'observe dans *Cystobranchus mammillatus*, *Callobdella lophii* et *Callobdella nodulifera.* Chez ces espèces, le tissu vecteur débouche par deux canaux ou deux brides sur la partie postérieure de la bourse, dépendant des organes mâles, et la fécondation a lieu, fait unique dans la série animale, par introduction de sperme dans l'appareil mâle (1) de l'individu fécondé; on conçoit que, dans ce cas, la fécondation, si elle est réciproque, ne peut être simultanée.

Enfin, *Branchellion torpedinis* reste isolé dans un cinquième groupe dont il est jusqu'à présent le seul représentant ; il possède une aire copulatrice avec un tissu vecteur sous-jacent répondant au type habituel; mais ce tissu ne conduit pas le sperme du lieu où il est déposé jusque dans l'ovaire à l'aide de ligaments ou de canaux ; il l'emmagasine et le distribue peu à peu dans la cavité générale, où les spermatozoïdes peuvent atteindre l'ovaire facilement. Le nom de tissu vecteur semble être ici en défaut, puisqu'ici ce tissu ne fait que tenir en réserve les spermatozoïdes ; nous maintiendrons néanmoins ce nom et nous admettrons que le Branchellion perd la structure complexe qu'il avait et qui le rapprochait peut-être de la Piscicole, ou bien encore qu'il différencie un tissu vecteur dont le point de départ, au lieu d'être ovarien, comme dans le cas général, serait, au contraire, cutané. Ce sont des points obscurs que l'organogénie aurait bien des chances d'élucider.

Pour ne pas être exposé à des redites inutiles, nous allons donner succinctement la structure générale des organes génitaux des Ichthyobdelles.

Les organes mâles se composent d'un certain nombre de paires de testicules arrondis situés segmentairement. Ils déversent leur contenu, par de courts *canaux efférents*, dans les *canaux déférents*, chez lesquels on peut distinguer deux portions : le premier segment, très grêle et de calibre régulier, chemine entre les muscles ; il prend le nom de *canal éjaculateur* et constitue alors la seconde portion dès qu'il devient libre dans la cavité générale. Dans la majorité des espèces, on peut distinguer dans le canal éjaculateur : 1° une portion initiale qui fait suite au canal

(1) Nous verrons plus loin pourquoi je n'emploie pas le mot d'orifice mâle.

déférent commun ; elle est parfois très longue et généralement remplie de sperme, c'est le *réservoir séminal* ; 2° en avant de cette région le canal se modifie : l'assise épithéliale simple qui le tapissait se transforme en une assise glandulaire plus ou moins développée, qui déverse sa sécrétion dans la lumière du canal ; elle est comparable à ce que l'on trouve chez les Glossosiphonides et que Withman a appelé *portion glandulaire* chez *Placobdella plana* ; 3° enfin le canal éjaculateur se termine par une portion renflée, séparée de la précédente par un anneau rétréci formant souvent un véritable sphincter. C'est elle que nous désignerons dans ces notes sous le nom de *portion terminale* ; elle est toujours très bien limitée. Les deux canaux homologues se réunissent ensuite en un canal commun (*portion commune*) tout à fait rudimentaire dans certaines espèces (Pontobdelle), tandis qu'il est extrêmement développé chez d'autres espèces où les deux canaux se soudent presque dès leur origine. Ces considérations anatomiques ont une très grande influence sur la forme du spermatophore et permettent de prévoir la structure que ceux-ci doivent avoir chez les espèces où ils n'ont pas encore été décrits. Dans les portions terminales et dans la portion commune débouchent un grand nombre de glandes ; d'après la distribution de ces glandes, on peut distinguer trois types. Dans le premier cas, toutes les glandes sont contenues en dedans de la couche musculaire qui limite ces organes (*Pontobdella muricata, Acanthobdella peledina, Platybdella scorpi, Branchellion torpedinis*) ; dans le second, une partie des glandes a émigré, de sorte que l'on a des glandes internes et des glandes externes formant des glandes annexes (*Trachelobdella lophii*) ; enfin, dans le dernier cas, toutes les glandes ont émigré ; elles forment de volumineuses glandes annexes externes, et la portion terminale de leurs conduits seule se trouve en dedans de la couche musculaire ; entre ces conduits se trouvent des cellules déformées qui ne sont autres que les cellules de l'épithélium des canaux déférents transformées ici en cellules de soutien (*Trachelobdella lubrica, Platybdella soleae, Cystobranchus respirans, Piscicola geometra*) (1).

Enfin, il existe chez toutes les Ichthyobdellides, comme chez toutes les Hirudinées dépourvues de pénis, une invagination de l'épiderme au fond de laquelle débouche la portion commune des canaux déférents dont l'orifice constitue le véritable orifice mâle. Nous maintiendrons à cette partie, comme Johansson, la dénomination de bourse. C'est une partie qui peut être extrêmement développée ou tout à fait rudimentaire, mais qui, dans tous les cas, est tapissée d'un épithélium simple non glandulaire, qui est de l'épiderme légèrement modifié par sa position ou les nouvelles fonctions qu'il a à remplir.

(1) Johansson a déjà signalé les glandes du premier et du troisième type.

Cette partie étant homologue de la *bourse de la verge*, le véritable orifice mâle se trouve au point de jonction des deux canaux déférents ou à l'extrémité de la portion commune quand celle-ci existe ; la bourse n'entre pas dans la structure typique des organes mâles. L'étude du développement du pénis, chez la seule Glossosiphonide qui en soit pourvue, l'*Hemiclepsis tesselata*, conduit facilement à cette conception. Cette bourse des Ichthyobdellides est homologue de celle qui, chez les Gnathobdellides, renferme le pénis, ses fonctions seules sont différentes et son développement extrême dans certaines espèces est en rapport avec des particularités de l'accouplement.

Nous allons examiner successivement les différents groupes que nous avons distingués précédemment.

Premier Groupe. — Ni aire copulatrice ni tissu vecteur.

Platybdella soleae. — Les organes mâles se composent de cinq paires de testicules volumineux occupant tout l'espace laissé libre par les cœcums stomacaux et les volumineuses glandes clitelliennes disséminées dans le parenchyme du corps. Les canaux éjaculateurs forment des replis nombreux et sont accolés aux ovaires. Les portions terminales pourvues de glandes externes débouchent directement dans une bourse musculeuse, étroite, fréquemment évaginée et simulant alors un pénis. Le spermatophore est inconnu. Les organes femelles se composent de deux ovaires globuleux situés en avant de la première paire de testicules, ils se continuent par deux oviductes grêles et sinueux qui se réunissent sur la ligne médiane, un anneau plus loin que l'orifice mâle. Le clitellum est formé par quatre ou cinq anneaux dédoublés ; l'orifice mâle se trouve au milieu du deuxième, l'orifice femelle entre le troisième et le quatrième. C'est sur cette région, peu marquée extérieurement, que débouchent toutes les glandes clitelliennes qui serviront à la production du cocon. Au-dessous de l'orifice femelle, les lacunes hypodermiques sont plus développées que dans les autres régions ; elles contiennent de nombreux faisceaux de spermatozoïdes. Il n'existe pas de tissu vecteur spécialisé et la pénétration doit se faire sur toute la surface ovarienne.

Trachelobdella lubrica. — Cette espèce possède six paires de testicules. La seule particularité que présentent les canaux déférents consiste en ce fait qu'il existe, dans la portion glandulaire, des glandes dont les longs ductules, au lieu de déverser toute leur sécrétion dans la région où elles se trouvent, franchissent le sphincter et se terminent dans les portions terminales et commune, cette dernière étant particulièrement développée. A l'exclusion de ces glandes, il n'existe que des glandes externes formant de petites masses lobées, les unes à sécrétion fortement colorée de jaune par l'acide picrique, les autres à sécrétion non colorée qui débouchent, suivant le type général, près du point de jonction de la portion commune avec la bourse. La bourse est cylindrique, musculeuse, et environ une fois et demie plus longue que la portion commune. Je n'ai eu l'occasion d'examiner qu'un seul spermatophore ; son mauvais état ne me permet pas de le décrire en détail ; néanmoins, il présentait une grande ressemblance avec celui de la Piscicole, sa portion médiane renflée répondant à la portion commune des canaux déférents, les petites saillies latérales (cornes) aux deux portions terminales.

Les ovaires globuleux s'étendent en arrière jusqu'à la seconde paire de testicules, ils se réunissent en avant en un court canal à parois musculaires épaisses; ils sont libres dans la cavité générale et ne présentent, en aucun point, d'ébauche de tissu vecteur. Comme tous les exemplaires que j'ai étudiés avaient été fixés longtemps après la ponte, je n'ai pas vu par quel mécanisme se fait la pénétration dans les ovaires. Le spermatophore est déposé entre les orifices sexuels pendant l'accouplement, de sorte que la pénétration doit se faire en ce point; il n'existe à ce niveau aucune modification des tissus.

DEUXIÈME GROUPE. — Il existe un tissu vecteur, mais il n'y a pas d'aire copulatrice.

Platybdella scorpi. — Cette espèce n'a que cinq paires de testicules. Les portions terminales des canaux déférents sont très développées, mais ne renferment que des glandes internes; elles s'unissent en une portion commune courte qui débouche dans une bourse faiblement développée. Le spermatophore est inconnu. Les organes femelles se composent de deux sacs allongés se réunissant à une faible distance de l'orifice externe. C'est dans cette espèce que nous voyons apparaître le tissu vecteur qui occupe tout le côté ventral de la portion antérieure de l'ovaire; ce tissu est toujours infiltré de faisceaux de spermatozoïdes et contracte des adhérences solides avec les tissus situés au-dessous de l'orifice femelle. On trouve également quelques spermatozoïdes égarés dans les divers tissus du clitellum.

Le clitellum, comme chez toutes les Ichthyobdellides, est, en général, mal limité extérieurement. Il se compose de cinq ou six anneaux dédoublés et ne présente pas d'aire copulatrice.

Pontobdella muricata (fig. 6). — Les organes génitaux mâles de cette espèce ne sont bien connus que depuis les recherches de Dutilleul; nous avons vérifié l'exactitude de la description donnée par cet auteur. Les six paires de testicules déversent leur contenu dans un canal déférent grêle qui longe le sinus latéral.

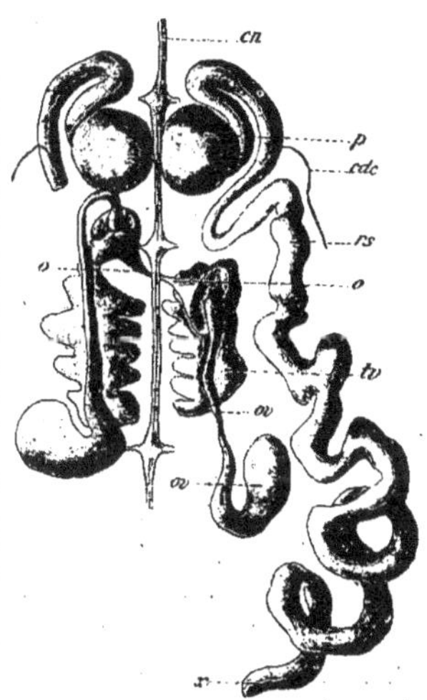

FIG. 6.

Organes génitaux de *Pontobdella muricata*; *cdc*, canal déférent commun s'accolant à la partie supérieure du reservoir séminal, *rs*, et se continuant avec lui au point *x*; *p*, portion terminale du canal éjaculateur; *ov*, *ov*, sac ovarien; *tv*, tissu vecteur; *o*, *o*, les deux oviductes qui aboutissent à l'orifice femelle.

Le canal éjaculateur se compose d'une première portion très grêle se dirigeant en arrière et d'un vaste réservoir séminal enroulé en spirale autour des organes femelles ; comme ces deux portions sont de volumes très différents et que la première se trouve dans l'épaisse couche musculo-conjonctive de la seconde, on croyait que le canal déférent commun débouchait directement dans la portion terminale et que le réservoir séminal n'était qu'une glande annexe ou encore une vésicule séminale. Au réservoir séminal fait suite une portion glandulaire qui est séparée par un étranglement de la portion terminale renfermant exclusivement des glandes internes. La portion commune est tout à fait rudimentaire, et la bourse est représentée par une très petite dépression.

Le spermatophore, comme il était facile de le prévoir d'après la forme des organes qui le produisent, se compose de deux cornes très longues et d'une portion basale commune tout à fait rudimentaire. Fraîchement déposé, il est d'un blanc éclatant ; une fois vidé, il perd sa blancheur et se réduit à un petit corps de 2 millimètres de long (*fig. 7*). Les spermatophores sont quelquefois si adhérents aux téguments, qu'il n'est pas rare d'arracher un lambeau d'épiderme si l'on veut les enlever violemment.

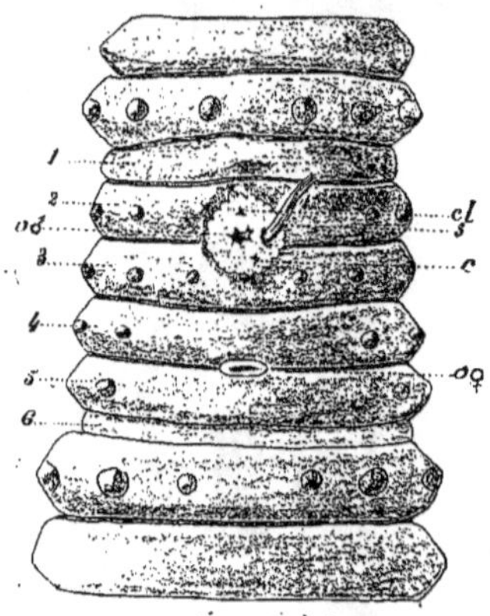

FIG. 7.

Clitellum de *Pontobdella muricata* : 1-6, anneaux du clitellum ; *s*, spermatophore vidé fixé sur le pourtour de l'orifice mâle ; *c*, *cl*, cicatrices laissées par la chute d'autres spermatophores.

Les organes femelles se composent de deux ovaires de petites dimensions, très aplatis, difficiles à dégager des organes mâles, pourvus chacun d'un oviducte grêle. Avant d'aboutir à l'orifice femelle, l'oviducte se jette dans une masse infundibuliforme constituée par un tissu vacuolaire rempli de sperme qui constitue le lobe antérieur du tissu vecteur, qui est ici considérablement développé, puisqu'il est cinq ou six fois plus volumineux que l'ovaire lui-même. C'est cette masse qui a été désignée par Dutilleul sous le nom de *glandes accessoires*.

Chez *Pontobdella*, nous voyons donc le tissu vecteur nettement individualisé ; il conserve toujours ses relations avec l'ovaire à la partie antérieure, mais il en est complètement séparé à la partie postérieure. Il présente plusieurs brides anastomotiques avec le tissu conjonctif ; mais, comme les spermatophores sont déposés généralement au voisinage de l'orifice femelle, la pénétration se fait surtout par le lobe antérieur. Il est fréquent de rencontrer des spermatophores sur les points les plus variés du corps ; le sperme injecté de cette façon forme des masses floconneuses dans les lacunes et doit pénétrer peu à peu par la surface du tissu vecteur.

Notons, pour finir, que la Pontobdelle est la seule Ichthyobdellide connue jusqu'à présent qui possède des organes phagocytaires identiques à ceux des Glossosiphonides. Au moment de la reproduction, ils sont toujours remplis de spermatozoïdes qui sont détruits par les cellules de ces organes. Bournel a certainement vu ces spermatozoïdes, mais, peu préparé à y voir ces éléments qui, d'ailleurs, sont souvent altérés, il les prit pour des filaments de fibrine coagulée ou encore pour des végétaux parasites.

TROISIÈME GROUPE. — Les espèces qui vont suivre sont caractérisées par une aire copulatrice visible à l'extérieur et la présence de tissu vecteur.

Piscicola geometra. — Elle possède six paires de testicules. La portion glandulaire des canaux déférents est bien développée et séparée par un sphincter très net de la portion terminale rudimentaire; la portion commune est vaste et possède, ainsi que la portion terminale, un grand nombre de glandes volumineuses qui sont toutes externes. Ces glandes sont très différentes les unes des autres et ont des réactions spéciales suivant les points où elles aboutissent. J'ai découvert, chez cette espèce, que les cellules de soutien placées entre les conduits glandulaires qui débouchent sur la paroi postérieure de la région commune sont ciliées. Elles sont bien différentes comme structure des cellules ciliées qui forment un revêtement continu dans la bourse de Herpobdelles.

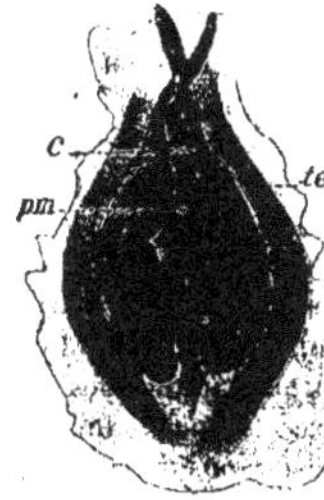

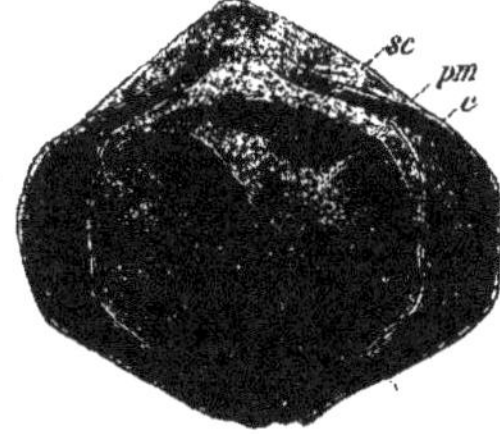

FIG. 8.

Spermatophores de *Piscicola geometra.* — Celui de gauche est vu en place sur l'aire copulatrice *té* environ huit heures après la copulation, celui de droite a été légèrement aplati par le couvre-objet, il était tombé spontanément de l'animal vingt-quatre heures après l'accouplement; *pm*, partie médiane correspondant à la portion commune des canaux éjaculateurs; *c*, cornes correspondant aux portions terminales; *sc*, sécrétion des glandes c de la partie commune qui font adhérer les spermatophores sur les téguments.

FIG. 9.

Organes génitaux de *Cystobranchus respirans* : *t*, testicule; *cd*, canal déférent commun; *rs*, réservoir séminal; *p*, portion terminale du canal éjaculateur; *b*, bourse; *o*, orifice femelle; *lc*, lobes de tissu vecteur.

Le spermatophore de la Piscicole (*fig. 8*) est globuleux et peut atteindre un millimètre à un millimètre et demi de diamètre. Il est mou et ne se vide pas spontanément quand on l'examine sous le microscope, comme le font ceux des Glossosiphonides qui possèdent des parois épaisses et élastiques. Quand on les sépare de l'animal, ils restent remplis de sperme, tandis qu'ils diminuent considérablement de volume quand ils restent sur l'aire copulatrice. Leur partie médiane correspond à la portion commune des canaux éjaculateurs, leurs saillies latérales (cornes) aux portions terminales. Les ovaires volumineux mamelonnés, à parois conjonctives extrêmement minces, musculeux sur certains points, envoient deux diverticules de dimensions variables au tissu vecteur sous-jacent.

Le clitellum est bien net au moment de la ponte, mais je ne saurai pas le limiter exactement. Il commence vraisemblablement à quatre ou cinq anneaux au-dessus de l'orifice mâle et descend à un nombre à peu près égal d'anneaux au-dessous de l'orifice femelle. L'orifice mâle généralement béant est facile à voir ; je n'en dirai pas autant de l'orifice femelle qui se trouve placé trois anneaux plus bas et que je n'ai vu que sur quelques exemplaires exceptionnels. Immédiatement au-dessous de ce dernier orifice commence l'aire copulatrice occupant environ onze anneaux et sur le milieu de laquelle se trouve un sillon longitudinal bordé par deux lèvres volumineuses chez certains exemplaires ; c'est sur elle qu'est déposé le spermatophore. J'ai toujours observé cette disposition chez les animaux étudiés vivants ou fixés au moment de la reproduction et même un mois après la ponte.

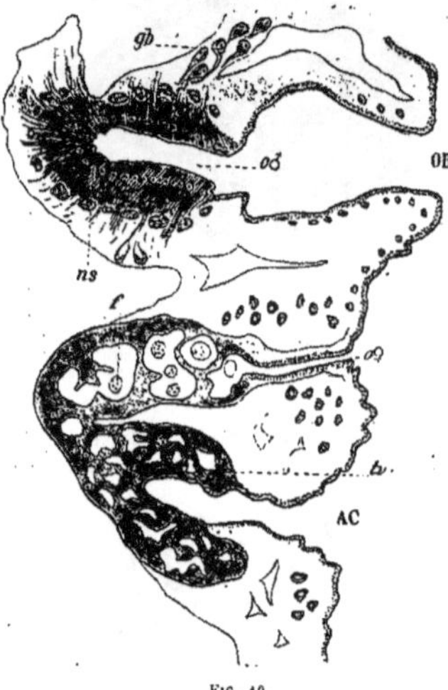

Fig. 10.

Coupe sagittale médiane de *Cystobranchus respirans* : AC, aire copulatrice ; *f*, follicule ovulaire se trouvant dans l'oviducte ; *gb*, glandes du type *b* sécrétant la paroi du spermatophore et débouchant entre les cellules de soutien dont on voit les noyaux en *ns* ; *o*, ♂ orifice mâle proprement dit s'ouvrant dans la bourse dont l'orifice externe OB est considéré comme orifice mâle ; *o*, ♀ orifice femelle ; *tv*, tissu vecteur communiquant largement avec la paroi ovarienne.

Callobdella n. sp.?... — Cette espèce exotique, qui sera décrite prochainement, se rapproche beaucoup de la Piscicole ; l'aire copulatrice est bien développée et un peu plus déprimée que dans l'espèce précédente. Spermatophore inconnu.

Cystobranchus respirans (*fig. 9*). — Il existe six paires de testicules. Les portions terminales des canaux déférents ainsi que leur portion commune bien développées sont pourvues de glandes externes. La bourse est courte et spacieuse. Cette espèce possède des réservoirs séminaux volumineux en forme d'U et situés sur les côtés des ovaires, en avant de la première paire de testicules. C'est une différence anatomique importante qui distingue cette espèce de la suivante. Le spermatophore est inconnu.

Les deux ovaires en forme de massue se réunissent en avant par un canal extrêmement grêle aboutissant à l'orifice femelle, situé un peu en arrière de l'orifice mâle et très difficile à voir extérieurement. Un peu avant leur jonction, chaque masse ovarique émet un lobe court qui va se réunir avec celui du côté opposé, au-dessous de la chaîne nerveuse. Ils adhèrent intimement avec les téguments à ce niveau et le point de leur réunion est marqué extérieurement par une aire copulatrice très déprimée, qui jusqu'à présent avait été considérée comme le véritable orifice femelle. Le tissu vecteur ainsi constitué possède la structure habituelle *(fig. 10)*.

Le clitellum est difficile à limiter par le simple examen externe. Il est constitué anatomiquement par la région où débouchent les glandes qui sécrètent le cocon. A un examen superficiel, on ne voit que l'orifice mâle béant, et une

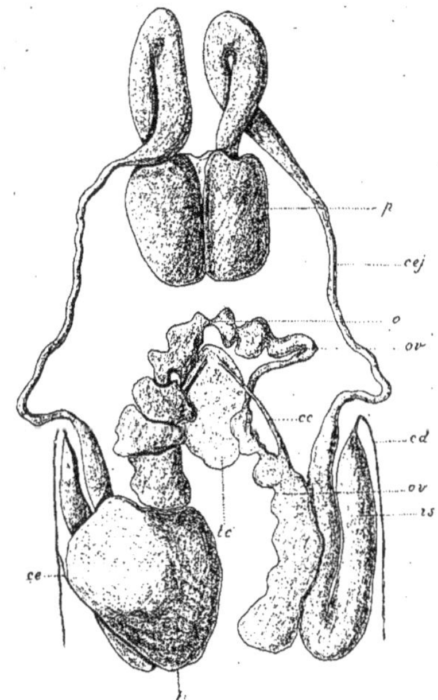

FIG. 11.

Organes génitaux de *Cystobranchus fasciatus* : *ce*, canal afférent provenant du testicule *t* et se jetant dans le canal déférent commun *cd* ; *rs*, réservoir séminal ; *cej*, canal éjaculateur ; *p*, portion terminale de ce même canal ; *ov*, sac ovarien, celui de droite a été disséqué pour montrer ses rapports avec *cc* le canal vecteur qui aboutit sur la masse de tissu vecteur *tc* placée au-dessous de l'aire copulatrice.

dépression plus considérable située en arrière et constituant l'aire copulatrice. L'orifice femelle, très difficile à voir, se trouve situé entre ces deux régions.

Cystobranchus fasciatus (fig. 11). — Présente des dispositions identiques à l'espèce précédente ; il n'en diffère que par les rapports de la première paire de testicules avec le réservoir séminal dans la concavité duquel elle se trouve logée. D'autre part, l'ovaire, au lieu d'émettre un lobe volumineux de tissu vecteur se rendant au niveau de l'aire copulatrice, est réuni à cette dernière par une petite bride déliée et résistante.

Acanthobdella peledina (fig. 12) — Cette espèce a été l'objet d'une étude très complète du professeur Kovalevsky. Il n'existe qu'une paire de testicules : ce sont

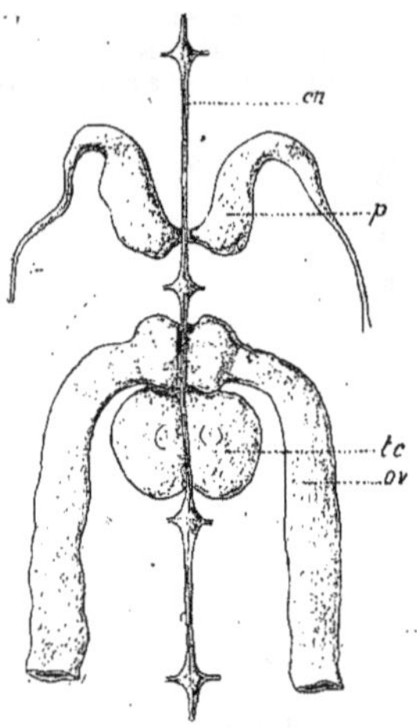

FIG. 12.
Organes sexuels d'*Acanthobdella peledina* : *ov*, sac ovarien ; *tc*, tissu vecteur ; *p*, portion terminale des canaux éjaculateurs ; *cn*, chaîne nerveuse.

des sacs allongés qui s'étendent sur les parties latérales du corps et dépassent légèrement en avant l'orifice mâle. Ils déversent leur contenu dans des canaux éjaculateurs peu développés. La portion glandulaire ne semble pas représentée; la portion terminale possède des glandes internes et des cellules de soutien très nombreuses. Enfin la portion commune est pourvue de glandes internes un peu plus volumineuses et débouche presque directement à l'extérieur *(fig. 13)*, la petite dépression épidermique homologue de la bourse des autres Ichthyobdellides étant trop peu développée pour mériter ce nom.

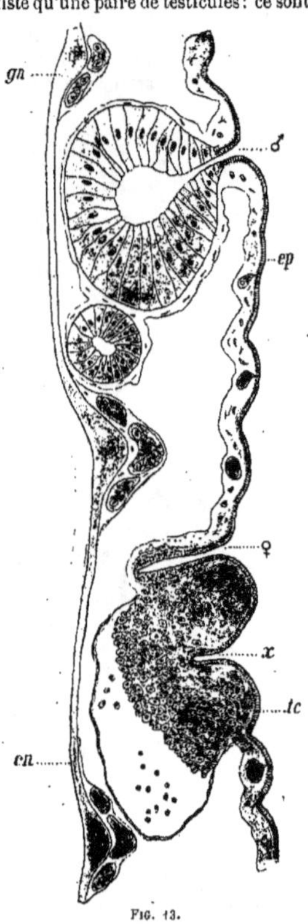

FIG. 13.
Coupe sagittale médiane d'*Achantobdella peledina* : *gn*, ganglion nerveux ; *cn*, chaîne nerveuse ; ♂, orifice mâle ; ♀, orifice femelle au-dessous duquel se trouve en *x* la dépression de l'aire copulatrice ; *tc*, tissu vecteur se continuant avec la paroi postérieure de l'oviducte.

Les deux ovaires se présentent sous forme de deux cordons aplatis, accolés au tube digestif autour duquel ils s'enroulent légèrement. Ils se réunissent juste au point où ils débouchent à l'extérieur. En arrière de leur point d'union, on aperçoit une masse bilobée, d'une teinte légèrement différente, qui se confond intimement avec eux. Cette masse n'est autre que le tissu vecteur ; elle est marquée extérieurement par une dépression profonde constituant l'aire copulatrice.

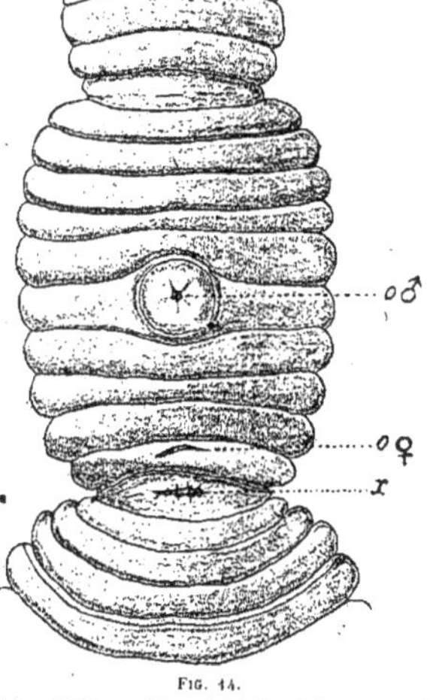

FIG. 14.
Région clitellienne d'*Acanthobdella peledina* vue par la face ventrale ; o♂, orifice mâle ; o♀, orifice femelle ; x, dépression épidermique homologue de l'aire copulatrice de *Piscicola geometra*.

J'ai représenté sur la figure 14 l'aspect d'un grand exemplaire du lac Onéga qui m'a été envoyé, ainsi que d'autres Hirudinées de cette région, par M. Linko, de Saint-Pétersbourg ; comme je n'ai trouvé cette disposition que chez un seul exemplaire, je ne saurai dire si les deux étranglements supérieur et inférieur limitent le clitellum. L'orifice mâle est très net, circulaire et entouré d'un bourrelet saillant ; l'orifice femelle situé quatre anneaux plus bas se présente sous forme d'une fente transversale. Sur l'anneau suivant se trouve une dépression considérable simulant un orifice désigné par Grube, qui le découvrit, sous le nom d'orifice énigmatique. Ce faux orifice n'est qu'une dépression correspondant au tissu vecteur ; c'est l'aire copulatrice. Les exemplaires que j'ai étudiés n'avaient pas été fécondés, de sorte que je n'ai pas trouvé de spermatozoïdes dans le tissu vecteur ; mais la structure et les relations de ce tissu ne me laissent aucun doute à cet égard.

QUATRIÈME GROUPE. — Dans les espèces que nous allons étudier maintenant, le tissu vecteur est hautement différencié ; au lieu d'acquérir, comme dans le groupe précédent, des relations avec une aire copulatrice placée au-dessous de l'orifice femelle, il entre en rapport en un ou deux points de la bourse dépendant de l'appareil mâle. Dans le cas particulier de *Trachelobdella nodulifera*, les dépressions au niveau desquelles aboutit le tissu vecteur méritent le nom d'aires copulatrices, car on aperçoit souvent des spermatophores fixés à ce niveau.

Trachelobdella nodulifera. — Cette espèce a été l'objet d'une étude très intéressante de la part de Johansson ; nous n'avons rien à ajouter à la description qu'il en donne, si ce n'est sur un petit point que nous avons éclairci grâce à nos recherches sur les espèces voisines. Les organes mâles se composent de six paires de testicules. Les canaux éjaculateurs ne présentent rien de particulier, leur partie terminale est bien développée et possède, ainsi que la partie commune, des glandes situées à l'intérieur de la couche musculaire circulaire. La partie commune s'ouvre dans une bourse volumineuse possédant à sa partie postérieure un petit organe musculeux qui joue peut-être le rôle de ventouse ou d'organe d'adhésion pendant l'accouplement. Non loin de l'orifice externe, on trouve dans la bourse deux petites dépressions, l'une à droite, l'autre à gauche, qui correspondent à des organes fibreux remplis de faisceaux de spermatozoïdes. Ces organes, désignés par Johansson sous le nom de *vésicules séminales*, s'anastomosent en avant et en arrière de l'oviducte commun ; j'ai constaté que ces prolongements fibreux remplis de spermatozoïdes vont se perdre en arrière sur les tissus de l'ovaire auxquels ils apportent les éléments fécondateurs ; les prétendues vésicules séminales ne sont donc autre chose que du tissu vecteur.

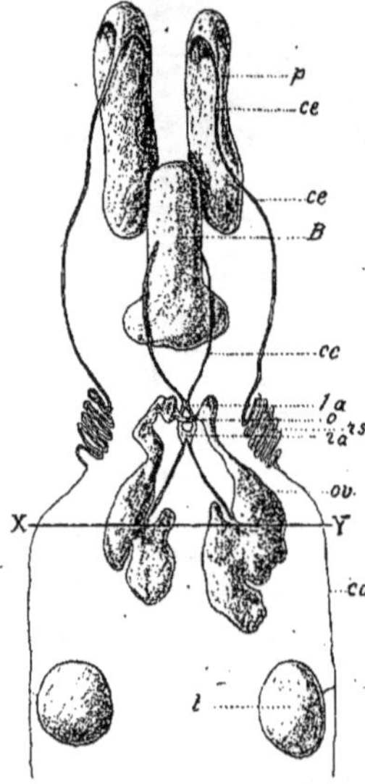

Fig. 15.

Organes génitaux de *Trachelobdella lophii* : *t*, testicule ; *cd*, canal déférent commun ; *rs*, reservoir séminal ; *ce*, canal éjaculateur ; *p*, portion terminale de ce même canal entourée de glandes très intimement accolées ; B, bourse ; *cc*, canaux vecteurs ; 1*a* et 2*a*, première et seconde anastomose ; *o*, point de jonction des deux oviductes ; XY, ligne suivant laquelle a été pratiquée la coupe au point où les canaux vecteurs viennent aboutir sur le sac ovarien.

Une question se pose ici : d'où viennent ces spermatozoïdes ? sont-ils du même individu, et dans ce cas il y aurait autofécondation, ou bien proviennent-ils d'un autre individu ? Nous pouvons affirmer que le sperme provient d'un autre individu, pour deux raisons : la première, c'est que le sperme d'un individu, retenu dans les canaux éjaculateurs par la sécrétion des parties glandulaires et des portions communes, ne peut pas descendre dans la bourse, même à la suite des fixations les plus énergiques (liquides bouillants) ; la seconde, qui est beaucoup plus probante, c'est que l'on trouve fréquemment des spermatozoïdes en place chez les animaux qui ont leur bourse évaginée. Il est très commun, en effet, de trouver, dans les collections, des animaux de cette espèce avec la bourse évaginée. Cet organe présente dans ces conditions à la portion tout à fait terminale, un orifice qui est le véritable orifice mâle, c'est-à-dire le point où les deux canaux déférents réunis débouchent dans la bourse, au-dessous de lui le petit organe musculeux à fibres rayonnantes dont nous avons parlé plus haut, enfin, tout à fait à sa base, deux petites dépressions pourvues d'un bourrelet annulaire qui sont les aires copulatrices. Olsson décrivit, partant du centre de ces dépressions, des petits organes cylindriques à base renflée ; il les prit pour des cirrhes dépendant des organes mâles. Johansson reconnut que ces prétendus cirrhes étaient des spermatophores. J'ai été assez heureux pour en trouver fixés sur l'aire copulatrice ; ce sont des filaments étroits ayant à peine un millimètre de longueur une fois vidés. Ils se composent de deux tubes étroits accolés (cornes) correspondant aux portions terminales et d'une partie basale très rudimentaire correspondant à la portion commune. Comment s'effectue le dépôt de ces spermatophores? L'accouplement n'a malheureusement jamais été décrit, de sorte que l'on ne peut faire que des hypothèses à cet égard. La grande bourse évaginée remplit-elle les fonctions d'un pénis et pénètre-t-elle dans la bourse de l'individu fécondé pour aller déposer les spermatophores au point voulu ? C'est un fait possible, mais il aurait besoin d'être soutenu par une observation directe.

Les ovaires sont globuleux ; les brides de tissu vecteur se fixent sur lui au point où il se continue avec l'oviducte.

Le clitellum se compose de six anneaux dédoublés ; l'orifice mâle se trouve entre le troisième et le quatrième, l'orifice femelle entre le quatrième et le cinquième.

Trachelobdella lophii (*fig. 15*). — Possède les mêmes dispositions générales que l'espèce précédente ; elle présente cependant une structure histologique toute spéciale, car elle possède à la fois des glandes internes et des glandes externes dans la portion terminale des canaux éjaculateurs. L'organe musculaire du fond de la bourse existe également et la disposition de ses muscles radiaux rappelle un peu la structure d'une ventouse ; ses fonctions sont jusqu'à présent tout à fait énigmatiques. Les deux brides du tissu vecteur sont ici beaucoup plus grêles que dans l'espèce précédente et elles prennent naissance vers le milieu de la bourse, à droite et à gauche également.

La figure 16 représente la coupe transversale d'une Callobdelle suivant 1 *xy*,

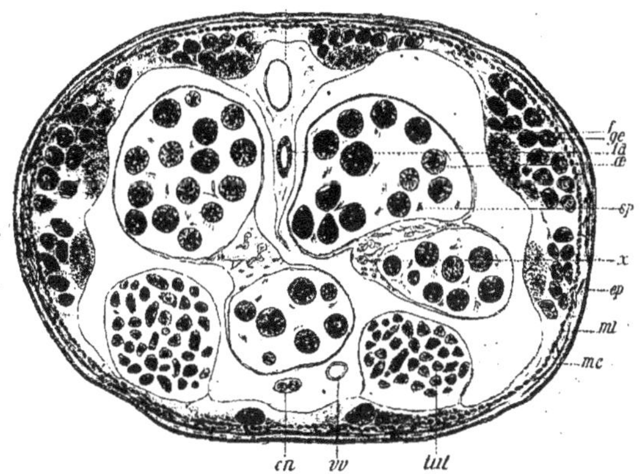

FIG. 16.

Coupe transversale de *Trachelobdella ophii* passant par la ligne XY de la fig. 15 ; *td*, tube digestif ; *vd*, vaisseau dorsal ; *vv*, vaisseau ventral ; *cn*, chaine nerveuse ; *tut*, testicule ; *ep*, épiderme ; *mc*, muscles circulaires ; *ml*, muscles longitudinaux ; *œ*, follicules ovulaires contenus dans les sacs ovariens ; *sp*, spermatozoïdes libres dans ces mêmes sacs ; *x*, point où les canaux vecteurs aboutissent sur la paroi ovarienne.

au niveau même où le tissu vecteur se perd dans les tissus pariétaux de l'ovaire. La figure 17 représente la portion *x* (de la *fig. 16*) agrandie ; elle montre les lacunes du tissu vecteur remplies de spermatozoïdes et s'ouvrant par des pertuis plus ou moins considérables à l'intérieur de l'ovaire.

Le spermatophore n'a pas encore été décrit, mais on trouve, dans la bourse,

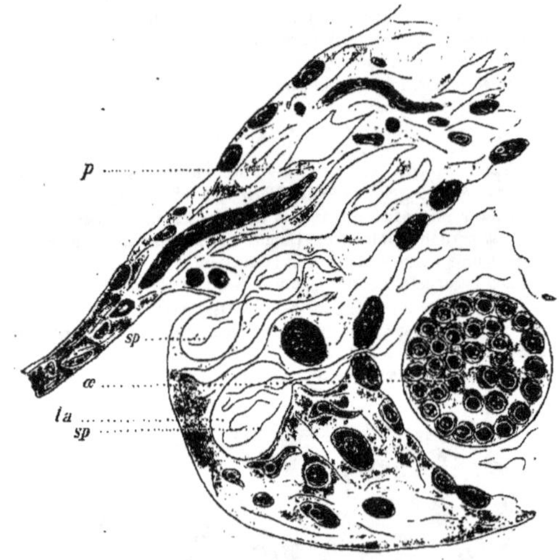

Fig. 17.

Point x de la fig. 16 fortement grossi; *p*, paroi des sacs ovariens; *œ*, follicule ovulaire; *sp*, spermatozoïdes se trouvant dans les lacunes *la* du tissu vecteur et se jetant dans la cavité ovarienne autour des follicules.

des amas de spermatozoïdes qui, peu à peu, pénètrent dans les brides de tissu vecteur.

Cystobranchus mammillatus (*fig. 18*). — On trouve chez cette espèce six paires de testicules; les canaux éjaculateurs, peu développés, sont continués par les portions terminales renflées qui ne possèdent que des glandes internes. La portion commune est courte et s'ouvre dans la bourse volumineuse, renforcée à sa partie antérieure par une couche musculaire, et présentant, à sa partie postérieure, une dépression à laquelle correspond un bulbe conjonctif d'où se détachent les deux petits ligaments de tissu vecteur. Sur des coupes sagittales (*fig. 19*), on aperçoit très bien le passage du sperme contenu en grande quantité dans la bourse, jusqu'au bout de ces ligaments extrêmement grêles qui aboutissent aux ovaires. Dans les deux exemplaires que j'ai étudiés sur des coupes, la bourse était remplie de sperme, et comme je n'ai pas vu de spermatophores, je pense que ceux-ci sont déposés sur l'orifice mâle, et le sperme déversé ensuite simplement dans la cavité volumineuse qui lui fait suite. C'est encore un point que l'observation des animaux vivants pourrait seule élucider. Le spermatophore est inconnu.

Les ovaires sont deux cordons aplatis qui se réunissent ensemble au point où ils débouchent au dehors. Le tissu vecteur vient se fixer sur eux à la jonction de leur tiers postérieur avec le tiers moyen.

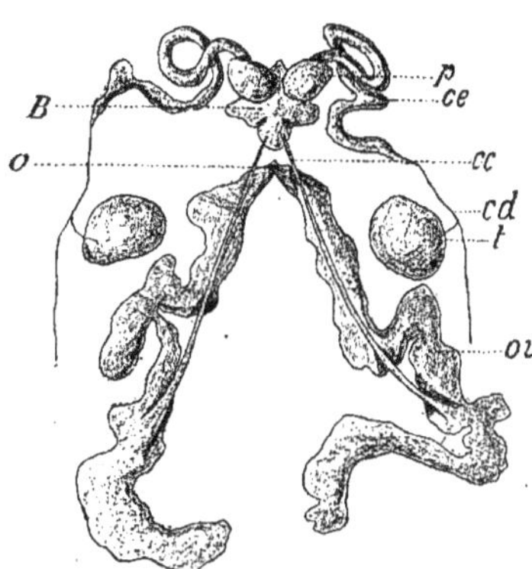

FIG. 18.
Organes génitaux de *Cystobranchus mammillatus* : *t*, testicule ; *cd*, canal déférent commun ; *cè*, canal éjaculateur ; *p*, portion terminale ; B, bourse avec sa petite saillie médiane et postérieure sur laquelle aboutissent les deux brides de tissu vecteur *cc* ; *o*, orifice femelle ; *ov*, sac ovarien droit.

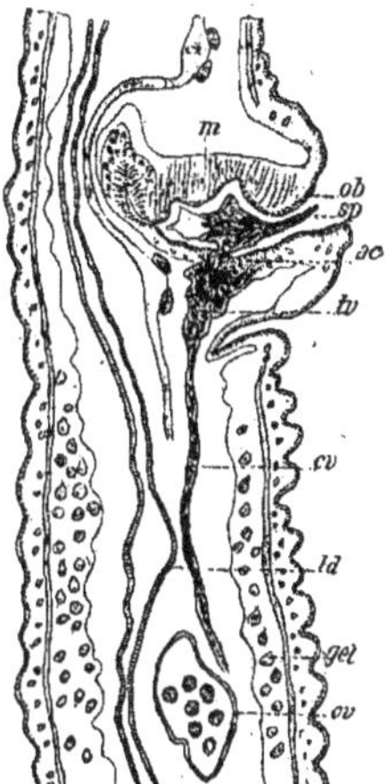

FIG. 19.
Coupe sagittale médiane de *Cystobranchus mammillatus* : *ob*, orifice de la bourse dans laquelle a été déposé le sperme *sp* qui s'achemine peu à peu jusqu'à l'ovaire *ov* par l'intermédiaire du tissu vecteur *tv* ; *ac*, aire copulatrice ; *td*, tube digestif ; *gcl*, glandes clitelliennes ; *m*, muscles renforçant la paroi antérieure de la bourse.

CINQUIÈME GROUPE. — Il existe une aire copulatrice.

Branchellion torpedinis (fig. 20). — Comme nous l'avons exposé plus haut, le Branchellion mérite de former un groupe à part dont les affinités sont assez difficiles à fixer. Les organes mâles se composent de cinq paires de testicules, d'un canal éjaculateur très court et fortement renflé, d'une part, par le sperme qui s'y accumule, et, d'autre part, par la sécrétion très abondante de la portion glandulaire. Les deux portions terminales sont pourvues d'une grande quantité de glandes servant à la formation du spermatophore et présentant, suivant les points où on les observe, des réactions différentes. La portion commune est assez faiblement développée. La bourse présente des culs-de-sac latéraux et s'évagine assez facilement ; les culs-de-sac prennent alors un aspect de cornes tout à fait caractéristique. Les organes femelles sont d'une très grande simplicité. Les deux ovaires flottent librement dans la cavité générale; les deux oviductes étroits qui leur font suite se jettent dans une petite vésicule qui débouche au dehors. J'ai toujours trouvé cette vésicule vide sur mes coupes, je pense qu'elle doit jouer un rôle au moment de la ponte.

Je n'ai pas eu l'occasion de voir les limites exactes du clitellum sur les nombreux exemplaires que j'ai eus entre les mains ; cette région s'invagine dans le corps proprement dit, qui la recouvre à la façon d'un prépuce. L'orifice mâle se voit facilement, mais l'orifice femelle, de dimensions moindres, est caché par ce repli. En examinant des coupes sagittales (*fig. 21*) et transversales d'animaux fixés au moment de la reproduction, on observe, au-dessous de l'orifice femelle, une masse cellulaire infiltrée de spermatozoïdes ; elle s'étend latéralement, un peu au-dessus du niveau des sinus latéraux, et, inférieurement, jusqu'au bord libre préputial. L'épithélium qui recouvre ce tissu perd sa structure cylindrique et devient tout à fait pavimenteux. La structure histologique est identique à celle du tissu vecteur de la Piscicole ; il est toujours infiltré de spermatozoïdes ; il en diffère cependant par ce fait qu'au lieu d'être limité bien nettement du côté de la cavité générale, il se continue avec les tissus placés au-dessus de lui. Les spermatozoïdes qui sont accumulés passent peu à peu, par l'intermédiaire de

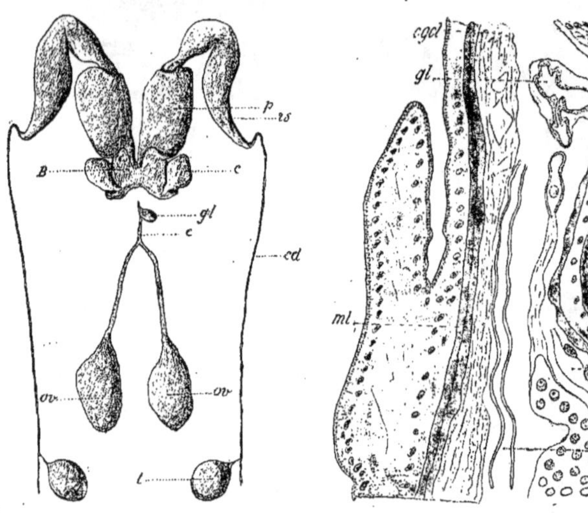

Fig. 20.

Organes génitaux de *Branchellion torpedinis* : *t*, testicule ; *cd*, canal déférent commun ; *rs*, réservoir séminal ; *p*, portion terminale des canaux éjaculateurs ; B, bourse et *c*, les diverticules latéraux qui en s'évaginant prennent la forme de cornes ; *ov*, sacs ovariens ; *c*, oviducte aboutissant dans la petite vésicule *gl*.

Fig. 21.

Coupe sagittale médiane de *Branchellion torpedinis* : *o*♂, orifice mâl *o*♀, orifice femelle et *gl*, le petit cul-de-sac qui lui fait suite *tv*. tissu vecteur placé au-dessous de l'aire copulatrice qui s'éten dans le repli préputial *pr* ; *sm*, ganglion nerveux ; *ml*, muscl longitudinaux accolés aux conduits excréteurs des glandes clitel liennes *cgcl*.

différents prolongements fibreux, jusque dans la cavité générale où ils atteignent les ovaires qu'ils pénètrent, probablement, par leur périphérie. C'est, comme on le voit, un tissu tout à fait homologue du tissu vecteur des autres Ichthyobdellides, mais qui n'a plus d'analogie physiologique, puisqu'il n'a pas de relations directes avec l'ovaire.

Dans un cas, j'ai vu, sur un exemplaire d'Algérie, le tissu vecteur situé autour de l'orifice mâle et relié par un prolongement à une petite accumulation de ce tissu placée au-dessous de l'orifice femelle. Cette disposition anormale est peut-être l'indice d'une régression ; c'est ce que des études embryogéniques pourront peut-être résoudre.

Quelles conclusions pourrons-nous tirer de ce long exposé et quels sont les avantages qui pourront en résulter pour la phylogénie ou la morphologie? La valeur phylogénétique de ces faits est absolument nulle, car les caractères tirés de la reproduction, et que nous avons vus subir de si grandes modifications spécifiques, ont été évidemment acquis secondairement et fixés par la sélection.

La morphologie profitera un peu plus de ces connaissances nouvelles, car la présence ou l'absence d'aire copulatrice et de tissu vecteur permettra de distinguer facilement certaines espèces de Trachelobdelles et de Cystobranches dont la détermination, surtout celle des animaux conservés, est toujours assez délicate. D'un autre côté, ce travail a une portée un peu différente. Le groupe des Hirudinées est une preuve éclatante des erreurs ou, en tous cas, des mauvaises interprétations qui sont imputables à la logique. Il était si facile d'expliquer la reproduction de ces animaux hermaphrodites possédant, l'un au-dessous de l'autre, les deux orifices sexuels. Le rapprochement des orifices correspondants de deux individus suffisait, puis tout était dit. L'absence de pénis, dans un grand nombre d'espèces, ne rebutait même pas les anatomistes qui imaginaient des organes copulateurs éversibles, bicornes, ou encore des orifices mâles, se fixant à la façon d'une ventouse, sur l'orifice femelle de l'individu fécondé, et accomplissant ainsi les fonctions qui leur incombaient. Or, tout cela n'était que pure hypothèse ; la logique jetait un voile épais sur la réalité des choses. Ce voile avait bien été soulevé, à quelques reprises, par plusieurs observateurs; mais, étonnés eux-mêmes par les faits qu'ils voyaient et aveuglés par la logique qui bornait leur initiative, ils n'osaient les interpréter, et se mettaient d'accord avec leurs idées préconçues, en les considérant comme anormaux. C'est C.-O. Whitmann qui, le premier, a eu le mérite de jeter au loin les hypothèses classiques et de voir un peu les phénomènes en face. C'est un pareil exemple qu'il faudra toujours suivre dans les sciences naturelles. Le naturaliste ne doit jamais s'étonner de l'étrangeté des phénomènes qu'il observe ; il doit considérer la nature vivante le plus possible, sans parti pris, et s'aider ensuite des ressources que la science moderne lui procure, grâce à ses instruments perfectionnés, en lui facilitant si grandement les dissections fines et les recherches histologiques.

BIBLIOGRAPHIE

1. Blanchard (R.). Hirudinées de l'Italie continentale et insulaire. *Bolletino dei Mus. di Zool. ed Anat. comp. della R. Un. di Torino*, IX, 1894.
2. Bourne (G.). Contribution to the anatomy of the Hirudinea. *Quarterly Journ. of Micros. Sc.*, XXIV, p. 419-508, pl. XXIV-XXXIV, 1884.

3. Brandes (G.). Die Begattung von *Nephelis*. *Halle'scher zeit. für Natur.*, XXII, p. 122-124, 1899.
4. Brumpt (E.). De l'accouplement chez les Hirudinées. *Bulletin de la Soc. Zool. de France*, XXIV, p. 221-238, 1899.
5. — De la fécondation par voie hypodermique chez les Hirudinées. *Comptes rendus des séances de la Soc. de Biol.*, février 1900.
6. — Reproduction des Hirudinées. — Recherches expérimentales sur la fécondation. *Bulletin de la Soc. Zool. de France*. XXV, p. 90-93, 1900.
7. Dutilleul. Sur l'appareil génital de *Pontobdella*. *Bull. Sc. du Nord*, VIII, p. 349-354, 1885.
8. — Recherches anatomiques et histologiques sur la *Pontobdella muricata*. *Assoc. franc. Avanc. des Sciences, Congrès de Nancy*, XV, 1888.
9. Grube. Anneliden. *Middendorff's Sibirische Reise*, II, 1851.
10. Johansson. Bidrag till kännedomen om Sveriges Ichthyobdelliden. Upsala, 1896.
11. Kovalevski (A.). Étude sur l'anatomie de l'*Acanthobdella peledina*. *Bull. Acad. Saint-Pétersbourg*, V, p. 263-274, 7 fig., 1896.
12. Leydig (F.). Zur Anatomie von *Piscicola geometrica* mit theilweiser vergleichung anderer einheimischer Hirudineen. *Zeit. für Wiss. Zool.*, I, 1849.
13. — Anatomisches ueber *Branchellion* und *Pontobdella*. *Zeit. für Wiss. Zool.*, IV, 1851.
14. Olsson. Bidrag till Skandinaviens Helminthfauna, I, *Vet. Akad. Handl.*, 1876.
15. Poirier et T. de Rochebrune. Sur un type nouveau de la classe des Hirudinées (*Lophobdella Quatrefagesi*). *Comptes rend. Acad. Sc.*, XCVIII, 1884.
16. Quatrefages (A. de). Études sur les types inférieurs de l'embranchement des Annelés. Mémoire sur le Branchellion de d'Orbigny. *Annales des Sc. Nat.*; *Zool.* (3), XVII, 1852.
17. Troschel (F.) *Piscicola respirans*. *Arch. für Natur.*, XVI, p. 17-26, 1850.
18. Vaillant (L.). Contribution à l'étude anatomique du genre Pontobdelle. *Annales des Sc. nat., Zool.* (5), XXIII, 1870.
19. Whitman (C.-O.). Spermatophores as a means of hypodermic impregnation. *Journal of Morph.*, IV, p. 361-406, pl. XIV, 1890.

M. Armand VIRÉ

Attaché au Muséum de Paris.

LES SPHÆROMIENS DES CAVERNES ET L'ORIGINE DE LA FAUNE SOUTERRAINE

— *Séance du 4 août* —

Depuis quelques années, la connaissance de la faune souterraine française a fait un grand pas. Nombre d'espèces nouvelles ont été recueillies, et parmi celles-ci quatre Sphæromidés répartis en deux genres nouveaux, le genre *Sphæromides* Dollfus, composé d'une espèce, le *Sphæromides Raymondi* Dollfus et le genre *Cæcosphæroma* Dollfus, composé de trois espèces : *Cæcosphæroma Virei* Dollfus, *C. burgundum* Dollfus et *C. Faucheri* Dollfus et Viré.

Ces espèces sont remarquables au double point de vue de leur habitat et de leur morphologie, et elles nous apportent, en outre, des documents nouveaux sur l'origine d'une partie de la faune souterraine.

Habitat. — Ces animaux ont été rencontrés dans diverses grottes de France. Le *C. Virei* fut récolté par nous dans la belle grotte de Baume-les-Messieurs (Jura), en 1895; le *C. burgundum* provient de la rivière souterraine de la Douix, près de Darcey (Côte-d'Or) où il a été récolté par M. H. Galimard, préparateur à la Faculté des Sciences de Lyon; le *C. Faucheri* a été trouvé en 1900 par M. Paul Faucher, dans un puits artificiel à Levesque près de Sauve (Gard). Enfin le *Sphæromides Raymondi* a été capturé dans la rivière souterraine de la Dragonnière dans le cañon de l'Ardèche, par M. le docteur Paul Raymond, agrégé à la Faculté de médecine de Montpellier.

Tous ces animaux vivent donc dans l'eau douce.

Or, à l'heure actuelle, tous les Sphæromidés connus sont des êtres essentiellement marins. Une seule espèce vit dans les eaux saumâtres ou remonte les fleuves, le *Sphæroma fossarum* Leach.

Morphologie. — Nous ne redonnerons pas ici la diagnose de ces espèces, nous bornant à quelques considérations générales sur leur morphologie. Les segments de la tête et du thorax ne présentent rien d'essentiellement diffèrent de ce que l'on constate sur les espèces lucicoles voisines. Mais le pléon et le telson s'en éloignent beaucoup plus.

Chez les *Cæcosphæroma*, ces deux parties du corps sont soudées comme dans les *Sphæroma* typiques, mais cependant moins complètement. On remarque nettement la présence d'un ou deux sillons partant de la partie tergale et qui s'exagèrent jusqu'à devenir une véritable articulation à la partie abdominale.

Quant au *Sphæromides*, ce phénomène est encore plus exagéré, puisque l'on trouve le pléon formé de cinq articles parfaits et mobiles les uns sur les autres, en sorte que l'animal ressemble, en général, beaucoup plus à une *Æga* qu'à un *Sphæroma*, et que l'on serait fort embarrassé pour le classer si les organes buccaux n'étaient des organes identiques à ceux des *Sphæroma*.

Donc la coalescence entre le pléon et le telson n'existe pas ou est incomplète.

C'est là un caractère tout archaïque qui rapproche évidemment ces animaux d'un *Sphæroma* très ancien, dont la paléontologie ne nous a pas encore livré l'original, mais qui n'a pas manqué d'exister.

Ainsi, l'habitation dans les eaux douces et la morphologie nous font supposer déjà, à elles seules, que nous sommes en présence d'espèces très anciennes incomplètement arrivées au terme de leur évolution et restées telles qu'elles devaient être dans des périodes géologiques antérieures.

Origine de ces espèces. — La cause de ce fait doit être recherchée dans la vie souterraine.

Lorsqu'un animal du dehors se trouve introduit dans une caverne, il s'y modifie lentement et s'adapte à son nouveau milieu. Des exemples de ce fait nous sont fournis journellement par l'étude du monde des cavernes. Certaines cavités souterraines d'origine récente (catacombes de Paris, anciennes carrières, etc.) sont peuplées d'une faune en voie de transformation, et l'on y trouve tous les intermédiaires entre les animaux normaux du dehors et les espèces les plus franchement adaptées à la vie souterraine. Je n'insisterai pas ici sur ces faits, non plus que sur l'expérimentation directe entreprise au laboratoire des Catacombes du Muséum (1). Ces recherches nous permettent de rattacher les animaux des cavernes aux animaux actuels du dehors, et de nous en faire suivre toute la filiation.

Mais, précisément pour les Sphæromiens qui nous occupent et pour quelques autres animaux (*Proteus anguineus*, *Typhlomolge Rathbuni*, *Niphargus*, *Proœga Virei*), aucun de ces termes de passages n'a été ren-

(1) Voir A. Viré : *La Faune souterraine de France*, Paris, Baillière, 1900.

contré, et force nous est de rechercher l'origine de ces formes en dehors de la faune qui peuple à l'heure actuelle nos continents.

Nous ne nous occuperons ici que des Sphæromiens. Ces animaux paraissent être originairement plutôt des formes marines que des formes d'eau douce. Les fossiles que nous connaissons (*Eosphæroma*) sont des animaux marins ou tout au plus lagunaires. Les probabilités sont donc en faveur d'une origine marine de nos Sphæromiens.

Or, si nous jetons les yeux sur une carte géologique de la France, nous constatons un fait assez singulier et qui nous donne une indication, à défaut de certitude, sur l'époque à laquelle ces animaux ont dû s'acclimater dans nos cavernes.

Les quatre rivières souterraines dans lesquelles ont eu lieu les récoltes se trouvent toutes au voisinage immédiat (5 à 15 kilomètres) des formations tertiaires marines ou lagunaires. Quoi d'impossible alors à ce que certaines espèces marines aient pu remonter les cours d'eau descendant des continents d'alors (formations crétacées et jurassiques)? Quelques-uns d'entre eux, comme nous le voyons faire encore aujourd'hui à l'*Artemisia*, ont pu s'acclimater aux eaux douces, remonter les fleuves et pénétrer jusque dans leur sources souterraines.

Ils ont trouvé là des conditions de milieu particulières; l'obscurité constante a produit chez elles les mêmes phénomènes que nous observons à l'heure actuelle (dépigmentation, cécité, hypertrophie de l'ouïe, du tact et de l'odorat, phénomènes qui précisément atteignent chez elles leur maximum et concourent avec les autres pour leur faire attribuer une origine ancienne).

Mais, pour le reste des fonctions vitales, ces animaux ont trouvé un milieu beaucoup plus constant qu'à la surface du sol; les conditions de température et de nourriture notamment ont dû fort peu varier, ce qui expliquerait d'une façon très simple les caractères archaïques de ces espèces; sous l'influence d'un milieu constant, elles se sont, pour ainsi dire, cristallisées, nous conservant, à travers les âges, les formes générales qu'elles présentaient lors de leur introduction sous terre.

L'époque de cette introduction est-elle, comme pourrait le faire supposer l'état des mers tertiaires, l'époque tertiaire? est-elle plus ancienne? C'est ce qu'il nous est impossible de dire encore à l'heure actuelle.

Tout ce que l'on peut affirmer, c'est que ces espèces sont maintenant sans analogues dans nos continents et qu'elles ne peuvent être que des témoins de faunes géologiques disparues.

On en peut donc conclure que la faune souterraine actuelle est en majorité composée d'espèces actuelles qui se modifient encore sur place tous les jours, comme on le sait maintenant d'une façon certaine, mais aussi d'une petite quantité d'espèces qui sont des restes des faunes géologiques disparues sans qu'on puisse encore trop préjuger de l'âge de ces faunes (1).

Qu'il me soit permis, en terminant, de remercier très vivement les chercheurs qui ont bien voulu mettre à notre disposition leurs récoltes et, tout en nous permettant de les étudier, enrichir d'espèces tout particulièrement précieuses les collections du Muséum d'histoire naturelle de Paris.

M. A. CERTES

Inspecteur général honoraire des Finances.
Ancien Président de la Société zoologique de France à Paris.

COLORABILITÉ ÉLECTIVE, « INTRA VITAM », DES FILAMENTS SPORIFÈRES DU SPIROBACILLUS GIGAS (CERT.) ET DE DIVERS MICROORGANISMES D'EAU DOUCE ET D'EAU DE MER PAR CERTAINES COULEURS D'ANILINE. [578-9]

— Séance du 6 août. —

La note insérée dans la première partie de ce compte rendu ne fait que résumer une communication adressée le 2 juillet 1900 à l'Académie des Sciences, au sujet des phénomènes de coloration différenciée qui se produisent dans les filaments du *Spirobacillus gigas* lorsque l'on soumet cet organisme *vivant* à l'action d'une solution de bleu de méthylène.

A ceux qui n'ont pas été témoins de mes expériences (2), la planche VII donnera une idée très exacte de ces curieux phénomènes de coloration élective, ce qui ne saurait me dispenser d'entrer dans quelques détails, au risque de me répéter.

Le *Sp. gig* — on le verra plus loin — n'est pas le seul microbe qui se

(1) Le nombre des individus paraît jusqu'ici fort restreint. Le *Cæcosphæroma Virei* est représenté par 4 individus (récoltes A. Viré, 1895); le *C. Faucheri* compte 4 individus (récoltes P. Faucher, 1900); le *C. burgundum*, le plus abondant jusqu'ici, a fourni 24 individus (récoltes Galimard, 1898-1900); enfin, le *Sphæromides Raymondi* n'est représenté que par un unique individu (récoltes du docteur Paul Raymond, 1896).

Je n'ai pas mentionné dans cette étude un très curieux animal qui vient d'être découvert (1900), en Autriche, par M. le docteur A. Valle, sous-directeur du Musée de Trieste. Cette grande forme (deux exemplaires de 4 centimètres de long), d'après les caractères de ses organes buccaux, paraît être une *Æga*, quoique ses formes extérieures la rapprochent du *Sphæromides Raymondi*. L'aimable docteur Valle a bien voulu nous la dédier sous le nom de *Proæga Virei*; nous lui laisserons le plaisir de la faire connaître au monde scientifique.

(2) Des préparations démonstratives d'individus vivants colorés par le bleu de méthylène et le rouge Congo ont été placées sous les yeux des membres de la section. Ces expériences avaient déjà été faites, devant la Société Zoologique de France dans sa séance du 26 juin précédent.

colore *intra vitam* par le bleu de méthylène, mais, à raison de ses grandes dimensions il se prête à l'observation beaucoup mieux qu'aucun autre.

Non déroulé, il peut atteindre 150 μ à 160 μ. La largeur des spires varie de 4 μ à 6 μ et leur nombre de 2 à 20, 40, 100; j'ai même rencontré des individus ayant 130 à 140 tours de spires; la longueur de l'un d'eux dépassait 400 μ. Avec cet organisme que je n'ai rencontré jusqu'ici que dans les cultures des sédiments desséchés, obligeamment rapportés d'Aden, d'Obock et de Djibouti par le Dr Jousseaume, de 1889 à 1893, la difficulté n'est pas de constater les phénomènes, à des grossissements relativement faibles, mais d'obtenir des cultures. Le *Sp. gig.* est saisonnier; il ne pousse guère, du moins sous notre climat, que de juin à septembre et je n'ai pas encore pu l'obtenir en hiver, même à l'étuve. Enfin, les sédiments desséchés ne sont pas indéfiniment revivifiables. Ceux dont j'ai réussi les cultures en dernier lieu, avaient été recueillis par le Dr Jousseaume à Ambado dans la baie de Tadjoura, pendant l'hiver de 1892-1893, Au mois de juillet dernier, qui a été particulièrement chaud, les individus sporulés apparaissaient dans les cultures (1) dans les trois ou quatre jours qui suivaient l'éclosion des premiers *Sp. gig.* Leur nombre, rapidement ascendant pendant une dizaine de jours, va ensuite en diminuant, et il arrive fréquemment que l'on n'en rencontre plus dans les vieilles cultures alors qu'il s'y trouve encore des individus sans spores qui restent incolores, si on les place dans la solution colorée. Ces derniers organismes ne tardent pas eux-mêmes à disparaître sans que jamais jusqu'ici j'aie réussi à revivifier les cultures épuisées qui renferment cependant des milliers de spores (2). Ces spores légèrement ovoïdes sont réfringentes et disposées sans règle fixe dans l'intérieur des filaments où elles font hernie. Elles sont relativement grosses, très visibles, et ne peuvent à aucun moment être confondues avec les grains colorés qu'à de forts grossissements on aperçoit, mais assez rarement, dans les filaments traités par le réactif colorant.

Lorsque les cultures sont suffisamment mûres, on trouve simultanément dans les préparations au bleu de méthylène, comme le montre la pl. VII, fig. 2: 1° en petit nombre, des individus tout à fait incolores, 1 ; 2° en plus grand nombre, des individus entièrement colorés, 2 ; 3° de nombreux individus présentant des anneaux colorés juxtaposés à des anneaux

(1) Ces cultures sont faites en versant simplement sur les sédiments desséchés de l'eau distillée tantôt pure, tantôt additionnée au 1/3 d'eau de mer stérilisée. Tous les essais faits pour obtenir des cultures pures ont échoué. Elles renferment toujours diverses espèces de microbes et d'infusoires qui survivent longtemps aux *Sp. gig.*, dont l'existence ne dépasse guère une vingtaine de jours.

(2) Je dois noter cependant que j'ai réussi tout à fait exceptionnellement à revivifier, après dessication préalable, une de ces cultures épuisées. Cette culture avait été préparée avec une eau de mare des environs de Paris fort riche en organismes variés : infusoires, copépodes, mollusques, annélides, turbellariées, hydres d'eau douce, etc..., en vue de rechercher s'il n'existerait pas une forme parasitaire du *Sp. gig.* Le compte rendu de ces expériences, qui ne se rattachent pas directement à mon sujet, trouvera place ailleurs.

incolores, groupés de la manière la plus variée, sans règle fixe apparente, 3 ; 4° enfin des individus sporifères, 4 ; ayant les uns plus de spores que d'anneaux, d'autres quelques spores seulement, mais localisées à une des extrémités du filament. Ces spores, bien que leur réfringence n'ait pas entièrement disparu, sont en règle générale plus colorées que le filament qui les porte. Exceptionnellement on rencontre des segments tout à fait incolores munis de spores colorées; plus exceptionnellement encore, une ou deux spores incolores au milieu de spores colorées.

En résumé, les cultures traversent trois périodes distinctes. Dans la première, qui est la plus courte, les *Sp.* se multiplient exclusivement par fissiparité et ne se colorent pas *intra vitam* par le bleu de méthylène, ou se colorent en entier, en petit nombre. Dans la seconde période qui coïncide avec l'apparition des individus sporulés, les individus non colorés sont l'exception ; on n'en rencontre pour ainsi dire plus et les phénomènes de coloration différenciée signalés ci-dessus se produisent. Dans la troisième période, alors que la culture s'épuise, que les filaments des individus sporulés se résorbent, et que les spores mises en liberté et qui ne sont pas mobiles se déposent en petits amas au fond des récipients, les rares *Sp. gig.* qui survivent ne se colorent plus. Il semble donc bien qu'il y a corrélation entre la colorabilité des filaments et la formation des spores. Comme je le prévoyais dans la communication adressée, en 1886, au Congrès de Nancy, tout se passe comme si la matière chromatique, d'abord diffuse, s'était condensée pour former les spores.

Les bleus de méthylène dont j'ai fait usage sont : les bleus chimiquement purs de Grübler et de Höchst qui sont les mieux définis mais les plus toxiques, deux bleus qui m'ont été remis il y a près de vingt ans, l'un par M. Bardy, le chimiste bien connu, l'autre par le regretté professeur Cienkowski qui l'avait apporté de Berlin, un bleu B X de la manufacture de Geigy à Bâle, enfin le bleu d'Erlich qui est peut-être celui dont le maniement est le plus sûr et le plus facile. Ces expériences, en effet, sont délicates et ne réussissent qu'à la double condition d'user de réactifs bien déterminés, en solution très faible et, j'insiste sur ce point, de choisir le moment où les individus sporulés commencement à apparaître dans les cultures.

Les nombreux essais que j'ai tentés avec d'autres matières colorantes du protoplasma vivant ne m'ont pas donné de résultats aussi nets. Placés dans une solution, même forte, de rouge Congo, les *Sp. gig.* ne se colorent qu'exceptionnellement et à la longue. Leur mobilité qui se maintient plus de vingt-quatre heures avec le bleu de méthylène, disparaît rapidement avec le rouge Congo ; mais la coloration, comme ont pu le constater sur mes préparations les membres présents à la séance du 6 août, ne porte que sur quelques anneaux isolés ; ce sont presque toujours des anneaux nettement sporifères, bien que les spores elles-mêmes ne se colorent que faiblement.

Avec les solutions de Wohlschwartz, les spores se colorent plus nettement et plus fortement, mais la survie des organismes est de peu de durée et les différenciations bien nettes sont assez rares.

L'hématoxyline, le dahlia 170 (Poirrier) le vert acide (Poirrier), la malachite Grün ne donnent que des résultats infidèles.

La survie des organismes est très longue avec le neutral Roth et le bleu de diphénylamine. Dans une solution même forte de ce bleu, ils continuent à évoluer et, après un temps plus ou moins long, on y rencontre presque toujours des individus incolores porteurs de spores colorées.

Notons enfin qu'avec tous ces réactifs — le neutral Roth excepté — les filaments tués se colorent en entier. « Les affinités chimiques du protoplasma ne sont donc pas les mêmes pendant la vie et après la mort », comme je l'écrivais déjà en 1882 (1), et ces affinités varient non seulement suivant les espèces, mais comme on vient de le voir, dans la même espèce, suivant la période du développement.

Les microbes dont j'ai obtenu la coloration, et en particulier la coloration des spores *intra vitam*, sont nombreux. Je citais, au Congrès de Nancy, en 1886, les microbes de l'intestin des batraciens *(Pl. VIII, fig. 11)*; il faut y ajouter ceux de l'eau d'huître, beaucoup de microbes de la panse des ruminants et une foule de bactériacées d'eau douce et d'eau de mer ; mais, à côté des espèces qui se colorent, il en est toujours qui ne se colorent pas, du moins avec le même réactif. C'est ainsi, par exemple, que dans les cultures des sédiments d'Aden et d'Obock, on trouve, à côté de *Sp. gig.* et de petits vibrions en virgule qui, bien que fortement colorés par le bleu de méthylène, continuent à tourner rapidement sur leur pointe, d'autres microbes, mobiles aussi, dont les uns se colorent et les autres ne se colorent pas *(Pl. VII, fig. 2, 5)*.

L'intérêt qu'il y aurait à répéter ces expériences sur des microbes bien définis, et notamment sur les bactéries pathogènes qui forment des spores, ne m'a pas échappé. Je me réserve d'y revenir lorsque les expériences que je fais dans cet ordre d'idées seront plus complètes et plus nombreuses.

Comme le Professeur Henneguy l'écrivait en 1898, dans l'*Intermédiaire des biologistes* (2) : « Le déterminisme expérimental des colorations *intra vitam* est loin d'être fixé. C'est ce qui explique, ajoutait-il, les résultats contradictoires obtenus par les biologistes qui ont abordé cette question. » Tout en estimant que certains résultats sont définitivement acquis — la

(1) *Analyse micrographique des eaux*, par A. Certes (Association française pour l'Avancement des Sciences : Congrès de La Rochelle, 1882, avec planches).

(2) *Colorabilité du protoplasma vivant* : L'intermédiaire des biologistes, n° 9, 5 mars 1898, p. 200.

colorabilité du noyau et celle des spores, par exemple — je m'associe à cette conclusion et je ne me dissimule pas qu'il y a encore beaucoup à faire avant de pouvoir présenter les méthodes de coloration *intra vitam* comme des méthodes sûres et vraiment scientifiques.

En ce qui touche la colorabilité du noyau, certains auteurs l'ont contestée. Henneguy lui-même, qui a repris récemment ces expériences, écrit (1) : « Quant au noyau, sauf chez *Nyctotherus*, *Balantidium* et *Opalina*, où il prend très rapidement une teinte brune foncée (avec le brun Bismarck), il ne se colore généralement pas chez les autres infusoires. » Les observations de Prowasek et de Przesmycki (1897), avec le neutral Roth, celles de Danilewski (1891) sur les actinies, avec le bleu de méthylène, expériences citées par Henneguy, vont à l'encontre d'une conclusion aussi radicale. Pour ma part, j'ai constaté récemment encore, la coloration par le neutral Roth, du noyau en chapelet du *Stentor cæruleus*, celle du noyau de certaines espèces d'*Oxytriches* par le rouge Congo, et des multiples noyaux de l'*Opalina ranarum* par le neutral Roth et le bleu d'Erlich. Quant aux résultats positifs que m'a donnés, depuis quinze ans (2), l'emploi du violet dahlia 170 (Poirrier), du vert acide (Poirrier) et de la malachite Grün, je ne puis que les confirmer et me référer aux figures 3 à 9 de la planche VII ci-jointe. On y remarquera même cette particularité que dans les *Balantidium* traités par la malachite Grün, le nucléole reste incolore, tandis qu'il se colore avec le dahlia 170 *(fig. 3* et *5)*.

La figure 1 *(Pl. VII)*, représentant, à quelques minutes d'intervalle, des amibes en mouvement, avec noyau coloré, l'une par le vert acide, l'autre par le violet Dahlia, est encore plus probante ; mais, ces faits constatés, il n'en est pas moins vrai que toutes les amibes ne se colorent pas avec la même netteté, et que dans une même culture additionnée de malachite Grün, à dose faible, où la plupart des organismes restaient bien vivants, le noyau des *Chilodons*, des *Lacrymaria*, des *Spirotomum* et d'un acinétien : *Sphærophrya magna*, étaient bien colorés, tandis que celui des *Stentors*, des *Paramæcium aurelia*, des *Glaucoma scintillans*, et même — ce qui est exceptionnel — de diverses *Oxytriches*, restait incolore ; le cytoplasma lui-même de ces infusoires était coloré. En répétant ultérieurement cette expérience, j'ai constaté que le noyau fragmenté de *Paramecies* qui venaient de traverser une période de conjugaison, se colorait. Ce n'est donc pas tant la méthode elle-même que l'insuffisance de nos connaissances dans ces matières difficiles, qui serait à incriminer.

Il n'est pas inutile de signaler certains mécomptes qui tiennent à d'autres causes. Dans une note présentée à la Société de Biologie, avec planches à

(1) *Loc. cit.*, p. 199.

(2) *De l'emploi des matières colorantes dans l'étude physiologique et histologique des infusoires vivants*, par A. Cortes (*Société de Biologie*, Comptes rendus hebdomadaires, 12 mars 1885).

l'appui, dans la séance du 17 avril 1886 (1), et dans une communication que j'ai faite, la même année, au Congrès de Nancy, je signalais, ainsi qu'il suit, l'effet du bleu C 2 B de Poirrier, sur le pédoncule des *Vorticelles* :

« J'avais observé, lors de mes précédentes expériences, qu'en général le pédoncule contractile des *Vorticelles* ne se colorait pas, ou que, lorsqu'il se colorait par suite d'une affinité plus grande avec la matière colorante employée, il se colorait totalement et mourait. Dans ce dernier cas, l'animalcule ne tarde pas à se détacher ; il reprend une vie errante, traînant parfois à sa suite un moignon inerte du pédoncule plus ou moins coloré. »

» En poursuivant ces essais, j'ai cependant rencontré un bleu Poirrier (C 2 B) qui, tout en ayant une action élective bien marquée sur le pédoncule de certaines espèces, ne lui enlève pas sa contractilité. Ce n'est qu'au bout de plusieurs jours que ces vorticelles se détachent ; elles forment alors, à la surface du liquide, de petites colonies munies d'un pédoncule rudimentaire. Quoi qu'il en soit, il reste acquis que le bleu C 2 B n'est toxique qu'à la longue pour le pédoncule de certaines espèces, notamment *Vorticella putrinum*, *V. microstoma*, qui sont communes dans l'eau où l'on a mis tremper, depuis plusieurs jours, des tiges de fleurs. »

» Le pédoncule, on le sait, se compose d'une gaîne et d'un filament central. La coloration met, en outre en évidence un liquide qui isole le filament et remplit la gaîne ; c'est lui seul qui se colore, comme le montrent les dessins que je fais passer sous vos yeux (2). »

Le filament bien vivant reste incolore, et il n'y a de coloré, dans le corps de la vorticelle, que les vacuoles stomacales dans lesquelles s'accumulent les particules ingérées par l'animalcule à l'aide de son tourbillon ciliaire. Lorsque le filament se colore — ce qui ne se produisait qu'à la longue, dans les expériences dont je rends compte — il se fractionne ; le pédoncule perd sa contractibilité en deçà des solutions de continuité, et finalement, la vorticelle se détache dans les conditions ci-dessus décrites (3).

J'ai reconnu depuis, que le liquide intra-cellulaire visqueux qui entoure et protège le filament central, exsude à l'extrémité du pédoncule, et que c'est lui qui fixe la vorticelle à son support *(Pl. IX, fig. 3)*. Si cette particularité intéressante n'a pas été vue plus tôt, c'est que le point d'attache du pédoncule disparaît dans les zooglées de bactéries qui lui servent généralement de support (*fig. 2)*, et que cet exsudat ne devient visible que lorsqu'il est coloré.

Ces expériences de coloration du pédoncule des vorticelles par le bleu

(1) *De l'emploi des matières colorantes dans l'étude physiologique et histologique des infusoires vivants*, par A. Certes, 2e note (*Société de Biologie*, Comptes rendus hebdomadaires, 17 avril 1886).

(2) Ce sont ces planches que je publie aujourd'hui.

(3) Je dois noter, cependant, que des pédoncules colorés et abandonnés par leur zooïde, continuent à se détendre et à se contracter pendant quelque temps, mais d'une façon intermittente et anormale.

C 2 B, qui réussissaient habituellement en 1886, ne réussissent plus aujourd'hui (1). Pourquoi? Il y a un intérêt scientifique certain à en déterminer la cause. Je me suis aperçu en 1896, que les solutions, même fortes, de bleu C 2 B ne coloraient plus que les vacuoles stomacales et l'exsudat du point d'attache, et que si, à la longue, la coloration du pédoncule se produit, elle envahit et tue immédiatement le filament central, ce qui entraîne la mise en liberté du zooïde. Nous sommes donc loin de ces colonies à pédoncules colorés et rétractiles que je conservais bien vivantes, *in situ*, non pas seulement pendant des heures, mais souvent pendant plusieurs jours. C'est en 1885 que j'ai reçu, de la maison Poirrier, l'échantillon qui a servi depuis, à toutes mes expériences. Les autres conditions restant les mêmes, il faut donc admettre que les propriétés de ce bleu C 2 B se sont modifiées avec le temps, quelque soin que j'aie pris de le conserver à sec, à l'abri de la lumière et des brusques variations de température.

Le bleu C 4 B (nouveau) qui remplace, dans la série de Poirrier, le bleu C 2 B, n'a pas les actions électives du bleu de 1885 ; les autres matières colorantes dont j'ai fait également l'essai : bleu de diphénylamine, bleu de méthylène, méthylblau, rouge Congo, etc., ne m'ont donné que des résultats passagers et infidèles. Doit-on s'étonner de ces mécomptes et en conclure que de nouveaux essais sont inutiles? Je ne le pense pas. Qui ne sait, par exemple, que la méthode de l'or ménage de fâcheuses surprises aux histologistes qui y ont recours, et ne peut-on espérer que les progrès de la chimie des matières colorantes mettront tôt ou tard à la disposition des biologistes, des réactifs mieux définis et plus sûrs?

Je rappelle, en passant, que le bleu de diphénylamine (2) et le bleu de méthylène, même en solutions fortes, sont très peu toxiques pour les infusoires et pour la plupart des organismes microscopiques d'eau douce et d'eau de mer. Leur action est nulle sur le cytoplasma et ne se fait sentir que sur les vacuoles stomacales dont on peut suivre les réactions alcalines ou acides, ainsi que le montrent les figures 2, 4 et 10 de la planche VIII.

C'est encore avec le bleu de méthylène que l'on provoque les différenciations les plus nettes dans les organismes microscopiques marins. Larves d'hydraires, larves naupliennes, petits crustacés et petits annélides, rotateurs, turbellariées, péridiniens et beaucoup d'autres infusoires ciliés et flagellés se colorent rapidement et, néanmoins, continuent à vivre des journées entières, surtout si l'on a soin, après coloration, de les remettre dans l'eau de mer pure. Le neutral Roth, avec lequel on obtient également des différenciations bien nettes, se dissout beaucoup moins facilement dans

(1) Je relève, dans mes notes de laboratoire, que j'ai néanmoins réussi à colorer, en 1899, une admirable colonie de *Zoothamnium* dont la vitalité s'est maintenue, à la chambre humide, pendant plus de vingt-quatre heures.

(2) *Société de Biologie*, *loc. cit.*, p. 200 et 202, 1885.

l'eau de mer. La solution ne se conserve pas et il faut toujours la filtrer au moment de s'en servir.

Parmi ces différenciations, celles qui se produisent dans l'endoplasma des Diatomées — notamment *Nitzchia* et *Grammatophora* — ne sont pas les moins suggestives et paraissent être sous la dépendance des phénomènes de la reproduction. Il s'agit, bien entendu, de Diatomées vivantes et mobiles, et ici encore, ce n'est qu'après la mort des organismes que la coloration se généralise et devient confuse. Fait à noter, le mucilage qui enveloppe et réunit en colonies beaucoup de diatomées, se colore d'une manière intense par le bleu de méthylène.

Je dois ajouter que R. Lauterborn a déjà signalé la propriété du bleu de méthylène de colorer *intra vitam*, en rouge violet, certains éléments du protaplasme des Diatomées (1).

EXPLICATION DES PLANCHES VII, VIII ET IX

Les dessins ont été tous faits à la chambre claire (2).
Dans toutes les figures les lettres suivantes ont la même signification :

n, noyau.	*b*, bouche.
nuc, nucléole.	*vc*, vacuole contractile.
nd, noyaux multiples répandus dans le parenchyme.	*vcs*, vacuoles alimentaires.
a, amas nucléaire.	*fr*, frange exodermique.
	sp, spores.

Pl. VII. Fig. 1, 1 et 1^a. Une *Amibe* en mouvement, noyau coloré par le vert acide de Poirrier.

2, 2^a, 2^b, 2^c, 2^d. Une *Amibe* en mouvement, noyau coloré par le violet dahlia 170 de Poirrier $\frac{600}{1}$.

Les vacuoles contractiles sont incolores.

Pl. VII. Fig. 2. — *Spirobacillus gigas* coloré par le bleu de méthylène, $\frac{800}{1}$.

1. Individus non colorés.
2. Individus entièrement colorés.
3. Individus colorés avec élection de la matière colorante sur un certain nombre d'anneaux.
4. Individus sporifères.
5. { Vibrions en virgule mobiles et colorés.
   { Autres microbes mobiles ou immobiles incolores.

(1) *Untersuchungen über Bau, Kerntheilung und Bewegung der Diatomeen*, Leipzig, 1896, — d'après l'analyse qui a été donnée de cet important travail dans l'*Année biologique* du professeur Yves Delage, 1896. Paris 1898.

(2) Dans la note présentée à l'Académie des Sciences, le 2 juillet 1900, l'auteur a donné, à titre d'exemples, pour un certain nombre d'individus, le nombre et la situation exacte des anneaux incolores et des anneaux colorés. La plupart de ces individus ont été dessinés et figurés dans cette planche.

Planches VIII et IX. — *Infusoires colorés vivants.*

Ces planches, présentées au Congrès de Nancy, en 1886, n'avaient pas encore été publiées.

Planche VIII :

1. *Hexamita inflata.* — Violet dahlia 170, $\frac{800}{1}$.

2. *Paramecia Aurelia.* — Bleu de diphénylamine. Pas de coloration du noyau, ni des vacuoles contractiles. Coloration des vacuoles alimentaires. Les bols alimentaires se décolorent peu à peu pendant la digestion, ce qui serait l'indice d'une réaction alcaline. Les *trichocystes* de certains individus — non figurés — sont parfois colorés de façon très nette. Ces individus avaient été soumis à un séjour prolongé dans la solution colorante.

3. *Balantidium entozoon.* — Malachite Grün. Noyau coloré ; nucléole incolore.

4. *Idem.* — Bleu de diphénylamine. Pas d'autre coloration que celle des vacuoles alimentaires.

5. *Idem.* — Violet dahlia 170. Noyau et nucléole colorés.

6. *Nyctotherus cordiformis.* — Vert acide. Noyau coloré et teinte générale.

7. *Opalina ranarum.* — Malachite Grün.

Observer que ces organismes ont une cuticule continue.

8. *Idem.* — Violet dahlia 170.

9. *Idem.* — Jeune individu présentant à la partie postérieure du corps un amas nucléaire plus coloré. Violet dahlia 170.

10. *Trichomonas Batrachorum.* — Bleu de diphénylamine. Les bacilles ingérés sont seuls colorés.

11. Divers microbes de l'intestin du *Bufo vulgaris.* — Bleu C 2 B. Les uns colorés, les autres incolores, d'autres enfin avec spores colorées.

Planche IX :

1. *Actinophrys sol.* — Bleu C 2 B.

La grosse vacuole teintée en bleu plus clair, paraît être une vacuole alimentaire qui va être expulsée.

2. *Vorticella putrinum.* — Bleu C 2 B.

2ᵇ. Individu se détachant de son pédoncule.

2ᶜ. Individu se rétractant.

Pédoncules rétractiles fortement colorés. Nombreuses vacuoles alimentaires colorées.

3. *Vorticella microstoma.* — Bleu C 2 B, $\frac{800}{1}$.

3ᵃ. Individu en voie de reproduction fissipare.

f, filament central incolore. *l*, liquide interstitiel coloré. *i*, exsudat de ce liquide coloré. *m*, manchon incolore recouvrant, dans cette espèce, l'extrémité du pédoncule coloré. — Nombreuses vacuoles alimentaires et colorées.

Les détails du péristome n'ont pas été dessinés.

M. le Dr F. LALESQUE

Président de la Société scientifique d'Arcachon.

LES RESSOURCES DE LA STATION ZOOLOGIQUE D'ARCACHON [591.9]

— *Séance du 6 août* —

Fondée en 1863, par le fait de l'initiative privée, la Société scientifique et Station zoologique d'Arcachon a eu pour but de faciliter l'étude des sciences naturelles, en même temps que celle de l'océanographie et de l'aquiculture marine.

Elle a d'ailleurs été le point de départ de créations similaires ayant acquis aujourd'hui une grande célébrité. Paul Bert, qui avait aidé à sa création, écrivait, en 1867, que la Station zoologique d'Arcachon était le premier établissement scientifique de cet ordre. « Ainsi, disait-il, est ouvert aux savants un établissement scientifique qui n'a son analogue nulle part en Europe ; un établissement d'utilité publique, de l'ordre de ceux dont, dans d'autres branches, la création incombe à l'État. »

Ainsi, longtemps avant la création des célèbres stations zoologiques, si largement dotées, des côtes de France ou de l'Étranger, une petite Société locale de province *mettait gratuitement* à la disposition de la science de précieux moyens d'investigations et donnait, malgré la modicité de ses ressources, des sujets d'études, de premier ordre, aux naturalistes.

Si la Station zoologique d'Arcachon, œuvre d'initiative privée, a connu des jours difficiles, elle est aujourd'hui en plein essor ; si elle n'a pas eu la fortune rapide des stations si richement dotées, dont nous parlions, elle représente la seule station privée, ayant trente-sept ans d'existence et qui, mieux est, possède aujourd'hui une installation et des ressources qui, plus largement utilisées, lui permettraient de tenir un rang des plus honorables.

Laboratoire et Annexes. — Les laboratoires sont au nombre de six, tous indépendants les uns des autres. Dans chacun d'eux, on a, sous la main, par un ingénieux système de canalisation, le gaz, l'eau douce, l'eau de mer. — Au sujet de cet aménagement, M. F. Bernard, pouvait écrire, dans *la Nature*, en 1887 : « C'est là une innovation qui, à ma connaissance, n'a pas été réalisée encore dans les laboratoires officiels ». — Ils sont largement éclairés par de grandes baies vitrées.

Quatre de ces laboratoires sont en façade sur le bassin, orientés au nord. Les trois premiers mesurent une superficie de 15 mètres carrés; le quatrième en a 20. Ce dernier est occupé toute l'année par M. le professeur Jolyet, directeur de la Station.

Les deux autres laboratoires, beaucoup plus spacieux, sont orientés au midi et regardent le jardin de l'établissement. Ils ont été aménagés d'une façon toute spéciale : l'un en vue des recherches d'océanographie, l'autre en vue d'études physiologiques.

A l'origine, les travailleurs devaient se munir de leurs instruments. A l'heure actuelle, la Station possède : trois microscopes, dont un grand modèle; trois microtomes, dont le modèle Henneguy, permettant de pousser les coupes jusqu'au 1000e de millimètre; un appareil à dissection, modèle de Lacaze-Duthiers; une grande pompe à mercure pour l'analyse des gaz du sang; deux grands appareils enregistreurs de Marey; myographes; cardiographes; balances de précision; un appareil à traîneau Du Bois Reymond; signal électrique de Marcel Deprez; chronographe et diapason interrupteur; électromètre capillaire de Lippmann, avec un trépied support et vis de déplacement de l'électromètre; une boussole de Widemann; une étuve de Roux; une étuve (bain de Raplis pour les inclusions); piles électriques; capsule de platine, etc.

Tel est l'outillage scientifique de première nécessité et d'un gros prix de revient, auquel il faut ajouter deux boites de réactifs, la verrerie usuelle, des fours à combustion intense, etc., le tout *mis gratuitement* à l'entière disposition des travailleurs.

Les annexes comportent : 1° *La salle de dissection*, grande pièce carrée, largement éclairée par un vitrage, en haut, sert à la dissection des cétacés et autres animaux de grande taille, ou bien pour les démonstrations d'ensemble. Elle est munie d'une large table en marbre. Un robinet supérieur assure un écoulement d'eau constant; 2° *Deux chambres de logement*, meublées, contenant trois lits. Elles sont gracieusement mises à la disposition des travailleurs pour lesquels les frais de séjour en ville pourraient être une trop lourde charge, ou dont les expériences nécessitent une surveillance constante. Le service en est assuré par la gardienne de l'établissement moyennant la somme fixe de sept francs par mois. Sauf l'éclairage et le chauffage, la Station fournit draps, couvertures, serviettes; 3° *Annexe de Guethary*. La Société scientifique d'Arcachon avait compris, depuis longtemps, l'importance de se procurer avec rapidité les animaux qu'on rencontre sur les autres grèves. Grâce à la générosité de l'un de ses membres, M. Durègne, la Société a installé une petite annexe des laboratoires à Guethary. Un marin y est attaché. On y peut travailler sur place, ou bien encore, en une demi-journée, recevoir, à Arcachon, les animaux les plus variés et les y conserver; 4° *Chambre à photographie*; 5° Un *Observatoire météoro-*

logique installé et placé sous la surveillance immédiate de la Commission météorologique de la Gironde; 6° *Les Laboratoires de l'Université de Bordeaux.* Par suite d'une convention récente, la Station zoologique d'Arcachon, sans rien perdre de son indépendance, de son caractère essentiellement privé, a été annexée à l'Université de Bordeaux. En vertu de cette convention, deux nouveaux laboratoires sont à la veille d'être aménagés.

Musée, Bibliothèque. — Le musée, où sont déposées au fur et à mesure les trouvailles faites dans la région, possède une des plus riches collections conchyologiques locales de province. Les échantillons, dus pour la plupart aux dragages d'Alexandre Lafont, facilitent singulièrement les déterminations et indiquent les lieux de recherches. Le musée donne autant que possible, par des exemplaires sûrement déterminés, le résumé complet de la faune et de la flore locale. Citons, comme principal objet d'attraction, un crâne de *Ziphius cavirostris* (Cuvier), trouvé dans le Bassin et seul exemplaire connu de cette espèce rarissime qui ait été recueilli sur les côtes de l'Atlantique (Fischer). L'histoire de l'huître fossile et moderne occupe un point important du musée.

La bibliothèque occupe une pièce fort spacieuse, largement éclairée. Un peu négligée, à l'origine, devant les exigences du service des laboratoires, elle s'est considérablement enrichie depuis quelques années, et plus particulièrement des ouvrages de détermination. Les périodiques français et étrangers, relatifs à la biologie, sont fort nombreux. Un catalogue, en partie double, permet facilement toutes les recherches bibliographiques, sans perte de temps.

Service des pêches. — L'outillage de la Station est, sur ce point, tout particulièrement remarquable. La petite pêche se pratique, dans le Bassin, à l'aide d'un bateau, l'*Hippocampe*, propriété de la Société, manœuvré par les deux marins attachés à l'établissement. Mais ce n'est pas tout. « Que penserait-on d'une station qui aurait à sa disposition cinq bateaux à vapeur, occupés à draguer jour et nuit, en pleine mer, jusqu'à 80 brasses, et dont l'un rapporterait chaque jour le produit de la pêche de tous les autres? » C'est ce qui est réalisé, depuis plus de quinze ans, par notre Station, grâce à l'extrême bienveillance de la Société des pêcheries de l'Océan. Bien plus, tout travailleur inscrit au laboratoire peut être embarqué, sur la demande du président ou du directeur de la Station, assister à la grande pêche au chalut et recueillir ainsi une foule d'échantillons rares, intéressants; toujours frais. « C'est là, dit M. Greevel, il faut en convenir, un avantage extrêmement précieux pour les biologistes qui désirent recueillir sur place et préparer eux-mêmes leurs matériaux d'étude. J'ai eu l'année dernière, à deux reprises différentes, l'occasion de jouir de cet heureux privilège : la première fois, accompagné de plus de cent élèves de la Faculté des sciences, la seconde, en tout petit comité. »

A ce service général des pêches, est annexé celui des expéditions et vente d'animaux pour études. Ce service, depuis quelques années, est plus particulièrement actif. C'est la preuve que les laboratoires, les divers centres scientifiques, tant français qu'étrangers, trouvent chez nous, dans notre faune, dans notre système d'expédition, des auxiliaires utiles et précieux, en même temps que des avantages réels. Grâce aux bénéfices que nous réalisons sur ces ventes, nous pouvons étendre nos services généraux, bien que nos prix de vente soient de beaucoup inférieurs à ceux des stations similaires, celle de Naples, par exemple, le modèle du genre.

PUBLICATIONS. — La liste des ouvrages sortis de la Station zoologique d'Arcachon est déjà longue. Mais, depuis 1896, la Station publie, chaque année, un important fascicule, *Travaux des laboratoires*, contenant soit *in extenso*, soit résumé, les travaux poursuivis dans les laboratoires. Chaque fascicule contient des planches hors texte, des photogravures dans le texte. Dans chacun d'eux, on trouve, en supplément, la liste, par date, de tous les travaux sortis de la Station.

Toutes nos ressources sont gratuitement mises à l'entière disposition des travailleurs. En retour, ils s'engagent à mentionner, dans leurs travaux, le nom de la Station et à nous fournir soit un mémoire, soit une note de ces travaux, pour le fascicule annuel.

M. de NABIAS

Professeur à la Faculté de Médecine de Bordeaux.

NOUVELLES RECHERCHES SUR LE SYSTÈME NERVEUX DES GASTÉROPODES PULMONÉS AQUATIQUES. CERVEAU DES PLANORBES (PLANORBIS CORNEUS) [591.78 : 594.3]

— *Séance du 6 août* —

Dans un travail antérieur sur le système nerveux des Gastéropodes pulmonés aquatiques (1), nous avons étudié d'une manière spéciale le cerveau d'un pulmoné dextre, *Limnœa stagnalis*. Il nous a semblé qu'il

(1) B. DE NABIAS. — Recherches sur le système nerveux des Gastéropodes pulmonés aquatiques. Cerveau des Limnées (*Limnœa stagnalis*) (In *Travaux des laboratoires de la Société scientifique et Station zoologique d'Arcachon*, 1899, et Société Linnéenne de Bordeaux, 1899).

serait intéressant, pour avoir une idée d'ensemble du type cérébral chez ces animaux, d'étudier aussi un pulmoné sénestre. Nous avons choisi *Planorbis corneus.*

Les Planorbes ressemblant moins aux Limnées que les Physes, nous devions saisir plus nettement chez ces animaux les différences de structure cérébrale qui pouvaient exister entre les pulmonés dextres et les pulmonés senestres. D'un autre côté, le Planorbe corné, espèce de grande taille, devait se prêter à une étude facile du système nerveux.

Ainsi que nous l'avons démontré par la reproduction photographique, le cerveau des Limnées est un organe différencié. Il présente des régions distinctes qui ne permettent pas de le confondre avec les autres ganglions constitutifs du système nerveux : ganglions du stomato-gastrique, ganglions du centre asymétrique et ganglions pédieux.

Ces régions, entrevues par de Lacaze-Duthiers (1) en 1872 et infirmées par Böhmig (2) en 1883, ont été désignées par nous sous les noms de *procérébron, deutocérébron, noyau accessoire et éminence sensorielle.*

Nous avons recherché si ces mêmes régions existaient dans le cerveau des Planorbes. Leur présence devait, selon nos prévisions, caractériser essentiellement le type cérébral des Gastéropodes pulmonés aquatiques. Notre espérauce n'a pas été déçue.

Le cerveau des Planorbes n'a été étudié jusqu'ici, à notre connaissance, que par M. de Lacaze-Duthiers (3), qui s'exprime ainsi à ce sujet : « Des lobules existent ici comme dans les Limnées, mais le rapprochement des deux moitiés latérales est très grand et rend l'observation moins facile. »

M. de Lacaze-Duthiers s'est borné en quelque sorte à signaler l'existence des lobules dans le cerveau des Planorbes ; il ne s'est point appesanti sur leur étude. Pour faire la topographie cérébrale réelle, comme dans les cas de ce genre, il était nécessaire de pratiquer des coupes microscopiques sériées et de faire ensuite, en les superposant, la reconstitution du cerveau.

Ce qui frappe au premier abord dans l'examen microscopique du cerveau des Planorbes, c'est sa grande ressemblance avec celui des Limnées.

Les *figures 1, 2, 3 et 4 (Pl. X)* montrent l'organisation cérébrale de *Planorbis corneus.* On y voit facilement les mêmes régions fondamentales que celles que nous avons indiquées dans le cerveau de *Limnœa stagnalis*, savoir : le *procérébron, Pr* ; le *deutocérébron, De* ; le *noyau accessoire, Na*, et l'*éminence sensorielle, Es.*

De même que chez les Limnées, le procérébron est un lobule commissural. Il est constitué par un amas dense de petites cellules de même

(1) H. de Lacaze-Duthiers. — Du système nerveux des Mollusques gastéropodes pulmonés aquatiques et d'un nouvel organe d'innervation (*Archives de zoologie expérimentale*, t. I, 1872).

(2) L. Böhmig. — Beitrage zur Kenntniss des Centralnervensystems einiger pulmonaten Gasteropoden (*Helix pomatia und Limnæa stagnalis*. Leipzig, 1883).

(3) H. de Lacaze-Duthiers, *loc. cit.*

taille, *cellules chromatiques monopolaires*, formant comme un demi-manchon ou comme une sorte de bouclier à la partie postérieure de la commissure transverse sus-œsophagienne. Mais ici, la commissure, comme la représente la *figure 1*, est entièrement recouverte par ces cellules. Plus petites que chez les Limnées, ces cellules paraissent tassées les unes contre les autres, de manière à former un bloc absolument opaque (*fig. 1*, *Pr*). Toutefois, par l'action du chloroforme, on peut provoquer la rétraction des prolongements et du corps cellulaire, de manière à créer des intervalles, des espaces clairs dans la névroglie, ce qui permet d'apercevoir par surcroît, dans l'épaisseur du procérébron, un pigment brunâtre qui n'aurait pu être autrement décelé. Dans la *figure 2*, qui représente une coupe horizontale plus profonde que celle de la *figure 1*, la commissure sus-œsophagienne, *Ct*, reste à découvert dans sa partie antérieure, mais en arrière elle est encore en contact à droite et à gauche avec un amas dense des cellules du procérébron (*Pr*).

Le deutocérébron, *De (fig. 1 et 2)*, qui constitue la majeure partie du ganglion cérébroïde, présente une structure comparable à celle des autres ganglions du collier œsophagien *(fig. 3, Gv)*. Les *cellules ganglionnaires*, de taille inégale, sont plus grosses à la périphérie que vers le centre. Leurs prolongements avec les collatérales de division se dirigent en rayonnant vers la trame centrale du ganglion (*substance ponctuée de Leydig*) où ils décrivent généralement des anses avant de se jeter dans les nerfs. Ces prolongements ne sont jamais entourés de myéline dans le ganglion ou dans les nerfs ; ils sont simplement recouverts par la trame névroglique incolore dont les noyaux, facilement colorables, permettre surtout d'en suivre les contours.

Le noyau accessoire, *Na*, nettement visible dans les *figures 1 et 2*, est constitué par des cellules identiques à celles du procérébron. L'amas dense qu'elles forment a sensiblement le même aspect que celui des Limnées que nous avons comparé à un sorte de calotte hémisphérique recouvrant la partie postérieure du lobe cérébro-viscéral.

L'éminence sensorielle (*fig. 2, 3 et 4*) *Es*, représente l'organe décrit par M. de Lacaze-Duthiers sous le nom de lobule de la sensibilité spéciale. A l'extrémité conique de cette éminence, on voit aussi, comme chez les Limnées, une dépression circulaire, sorte de cratère ou fossette, bordée de cellules bipolaires à prolongement central. Sur le pourtour et à la base de l'éminence sensorielle se trouvent des cellules monopolaires du type ganglionnaire dont les cylindraxes gagnent le cerveau vers le point d'émergence du nerf tentaculaire.

Dans notre étude sur le cerveau de *Limnæa stagnalis*, nous avons expliqué pourquoi nous avons donné à cet organe le nom d'éminence sensorielle au lieu de lui conserver celui de lobule de la sensibilité spéciale donné par de Lacaze-Duthiers, c'est parce que sous le même nom on a désigné le procérébron des pulmonés terrestres. Les apparences anatomiques permettaient de faire ce rappochement. Ce n'est que par des recherches histologiques qu'on a pu se rendre compte des différences existant entre des lobules de même nom et qu'on a pu voir, chose inattendue, que l'éminence sensorielle des Gastéropodes aquatiques n'existe pas sur le cerveau des pulmonés terrestres, qui n'en sont pas moins pourvus des nerfs optiques, acoustiques et tentaculaires (1). »

Tels sont sommairement les résultats fournis par l'étude anatomique interne du cerveau des Planorbes. Si, en même temps que la topographie cérébrale, on étudie les nerfs qui partent du cerveau de ces animaux, on trouve chez les Planorbes comme chez les Limnées quatre nerfs postérieurs et quatre nerfs antérieurs. Ce sont :

1° Nerfs postérieurs : le nerf acoustique, le nerf optique, le nerf tentaculaire et le nerf de la nuque ;

2° Nerfs antérieurs ; le nerf fronto-labial postérieur, le nerf labial inférieur, le connectif stomato-gastrique et le nerf pénial impair.

Chez les Planorbes, qui sont des pulmonés senestres, le nerf pénial (*np*, *fig. 3*) est situé à gauche, au lieu d'être situé à droite comme chez les Limnées, qui sont des pulmonés dextres. Notre attention devait être portée du côté de ce nerf pour savoir si sa présence dans le ganglion cérébroïde gauche seulement n'était pas une cause d'asymétrie cérébrale. Pas plus que chez les Limnées, la symétrie cérébrale n'est troublée par le nerf pénial, sans doute parce que ses fibres constitutives émanent surtout du connectif cérébro-pédieux. Cette symétrie, bien qu'elle soit moins évidente que chez les pulmonés terrestres, peut aller, comme chez ces derniers, jusqu'à la cellule elle-même.

En résumé, il existe une ressemblance presque parfaite entre le cerveau des Planorbes et celui des Limnées. Sans les caractères propres du procérébron, indiqués plus haut, un esprit non prévenu pourrait facilement les confondre. Il est intéressant de remarquer que, chez les Pulmonés terrestres, c'est également par les caractères du procérébron que se distinguent le mieux les cerveaux des genres *Helix*, *Arion*, *Zonites et Limax*.

Viallannes (2), qui a publié plusieurs mémoires importants sur le cerveau des Articulés, a pu donner l'idée qu'une grande variabilité existait pour le système nerveux comme pour d'autres systèmes organiques chez des animaux d'un même groupe. Il a écrit, en effet :

« Quand on étudie le cerveau d'une manière comparative dans les différents groupes d'insectes, on reconnaît que cet organe présente d'un

(1) B. DE NABIAS. *loc. cit.*

(2) H. VIALLANNES. — Études histologiques et organologiques sur les centres nerveux des animaux articulés, 6e mémoire (*Annales des sciences naturelles*, 7 série, t. XIV, p. 435. 1893).

type à l'autre des différences de structure considérables. Je ne crois rien exagérer et donner de celles-ci une idée exacte en disant que le cerveau de la guêpe diffère de celui de la sauterelle autant que le cerveau de l'homme diffère de celui de la grenouille. »

Nos études montrent, au contraire, que si le cerveau est l'organe le plus hautement différencié, c'est aussi celui qui varie le moins d'un type à l'autre quand ces types sont voisins. C'est ainsi que l'étude de la topographie cérébrale interne ne permet pour ainsi dire pas, du moins chez les Gastéropodes pulmonés, de saisir de différences entre les espèces d'un même genre. Aussi devra-t-on tenir pour fondamentaux, à notre avis, les caractères fournis par cet ordre de recherches pour fixer le degré de parenté d'êtres dont la place respective est encore indécise dans l'échelle zoologique.

INDEX BIBLIOGRAPHIQUE

L. Böhmig. — Beiträge zur Kenntniss des Centralnervensystems einiger pulmonaten Gasteropoden (*Helix pomatia und Limnæa stagnalis*. Leipzig, 1883).

H. de Lacaze-Duthiers. — Du système nerveux des Mollusques gastéropodes pulmonés aquatiques et d'un nouvel organe d'innervation (*Arch. de Zoologie expérimentale*, t. I, 1872).

B. de Nabias. — Recherches histologiques et organologiques sur les centres nerveux des Gastéropodes (thèse pour le doctorat ès sciences, Paris, 1894, et *Actes de la Société Linnéenne de Bordeaux*, vol. XLIX).

B. de Nabias. — Sur quelques points de la structure du cerveau des Pulmonés terrestres; symétrie et fixité des neurones (*Bulletin de la Station zoologique d'Arcachon*, 1898).

B. de Nabias. — Recherches sur le système nerveux des Gastéropodes pulmonés aquatiques. Cerveau des Limnées (*Limnæa stagnalis*) (*Bulletin de la Station zoologique* d'*Arcachon* et Société linnéenne de Bordeaux 1879).

H. Viallannes. — Études histologiques et organologiques sur les centres nerveux des Articulés, 6e mémoire (*Annales des Sciences naturelles; zoologie*, 7e série, t. XIV, 1893).

M. Paul PALLARY

à Eckmuhl (Oran).

TROISIÈME CONTRIBUTION A L'ÉTUDE DE LA FAUNE MALACOLOGIQUE DU NORD-OUEST DE L'AFRIQUE (1) [591.9 : 594(65)]

— *Séance du 8 août* —

Leucochroa octinella, Bourguignat variété *rugosa*, Pallary.

Cette variété diffère de *L. octinella*, que l'on trouve à Saint-Denis-du-Sig, par sa surface très chagrinée et sa carène excavée en gouttière. Ces différences sont assez tranchées pour permettre, à la rigueur, d'élever cette variété au rang d'espèce.

Comme tous les Leucochroa, cette variété présente de nombreuses variations; nous figurons une forme haute, conique, et une autre très déprimée. Mais on peut encore citer des exemplaires franchement ombiliqués, d'autres de petite taille, d'autres, au contraire, très grands.

Cette jolie variété se trouve sur les falaises entre Nemours et Honaï, sur une zone de 6 à 8 kilomètres parallèle au rivage, c'est-à-dire sur la limite septentrionale des Traras,

Helix (Euparypha) *pisana*, Müller variété *subplanata*, Pallary.

La variété *subplanata* diffère de l'*Helix pisana* par son avant-dernier et son dernier tour carénés, sa spire déprimée et sa bouche plus allongée : c'est une forme intermédiaire entre cette espèce et l'*H. planata*, Chemnitz.

Cette variété a été trouvée sur la plage de Camerata, près de Beni-Saf ; mais, comme nous ne l'avons point retrouvée dans les localités voisines, nous supposons qu'elle provient du centre marocain, d'où elle aurait été charriée par une rivière jusqu'à la côte, comme nous l'avons indiqué pour les Hélices bidentées. (V. *Deux. contr.*, p. 55.)

Helix (Campylaea) *schlaerotricha*, B. variété *depressa*, Pallary.

Letourneux est le premier qui a découvert cette belle espèce dans le Chabet-el-Akra. Elle a été décrite, en 1870, par Bourguignat dans ses *Mollusques nouveaux*, 11e décade, n° 106, p. 15, pl. 1, fig. 1 à 4. On ne connaissait point auparavant de représentant du groupe des Campylées en Algérie, et jusqu'à ce jour on n'en a point signalé dans d'autres localités du nord de l'Afrique.

(1) Cette contribution fait suite aux travaux suivants : *Description de quelques nouvelles espèces d'Hélices du département d'Oran*, AFAS, 1896, II, p. 478. — *Première contribution à l'étude de la faune mal. du nord-ouest de l'Afrique*, AFAS, 1898, II, p. 550-563. — *Deuxième contribution*, etc. Journ. de conchyol., avril 1898, p. 49 à 170.

La variété que nous décrivons aujourd'hui provient aussi du Chabet-el-Akra. Elle nous a été donnée par le regretté Hagenmüller comme étant la forme typique de l'espèce. Mais le rapprochement que nous en avons fait avec les figures originales de Bourguignat nous a démontré que cette forme était bien distincte et pouvait être séparée du type.

La variété *depressa* diffère donc du type par sa forme plus déprimée, ses tours supérieurs plus bombés, séparés par une suture profonde. La bouche est moins haute et plus longue, et enfin son ombilic est bien plus ouvert. Dans le type, « l'ombilic est très étroit, ressemblant à une simple perforation ».

Helix (Xerophila) *Jugurthae*, Pallary.

Xérophile à test mince, à spire assez élevée, à sommet brun clair ; six tours s'enroulant rapidement et régulièrement, le dernier descendant à peine. — Coloration semblable à celle des *Helix Reboudi*, B. et *dolomitica*, Debeaux, mais plus claire, comme si la coquille était atteinte d'albinisme. Ouverture ovale, plus longue que haute, tranchante, très peu oblique, bordée intérieurement par un callus blanc, bord columellaire très concave. Ombilic médiocrement ouvert, bordé faiblement par le dernier tour.

Dimensions : longueur, 12mm 1/2 14 millimètres ; largeur, 11mm 1/2-12mm 1/2 ; hauteur, 9mm 1/2-10mm 1/2. — Habite Constantine.

J'ai vu cette espèce pour la première fois dans la collection Joly sous la mention manuscrite de *Helix virgata*, var. *constantinensis* Nevill. Je l'ai reçue depuis de M. John Ponsonby, de Londres, et Le Mesle en avait recueilli des exemplaires (que j'ai vus au Muséum) au dj. Youçef, près de Sétif.

Je n'ai pu me résoudre à adopter l'opinion de Nevill, parce que l'*H. Jugurthae* ne peut être rapproché de l'*H. virgata* ; l'espèce anglaise diffère sous trop de rapports pour considérer la forme algérienne comme simple variété. D'autre part, nous n'aurions pu conserver non plus le nom de *constantinensis*, parce que ce nom a été déjà employé pour une autre Hélice bien connue (*H. constantinæ*).

Helix (Xerophila) *Reboudi* B.

Conformément aux décisions des congrès internationaux de zoologie de Paris (1889) et de Moscou (1892), nous écrivons les noms d'espèces dédiées à des personnes « par l'addition d'un simple *i* au nom exact et complet de la personne à laquelle on dédie ». Nous corrigeons donc les anciennes appellations : *Reboudiana, Lallementiana*... pour écrire plus correctement : *Reboudi* et *Lallementi*.

Dans nos publications antérieures, nous avons signalé l'existence de denticules dans plusieurs espèces du nord de l'Afrique : *Helix pisana, subdentata, acompsia, mesquiniana*. Nous devons encore ajouter à cette liste l'*H. Reboudi*, B., dont nous avons trouvé un exemplaire de la variété *major*, muni d'une dent à la partie inférieure de l'ouverture. (Cet exemplaire a été donné au Musée zoologique de Turin.)

Dans la même localité (polygone d'artillerie d'Oran), où nous avons récolté cet exemplaire denté, nous avons découvert un sujet senestre de l'*H. Reboudi* : cette anomalie n'ayant jamais été signalée dans cette espèce, nous avons cru devoir la faire figurer.

Helix (Xerophila) *subsphaerita*, Debeaux.

Nous possédons de cette espèce un exemplaire provenant de la forêt de Louza, près Prudon, qui présente également la particularité d'être muni d'une dent sur le bord inférieur de l'ouverture.

Helix (Xerophila) *Mortilleti*, Pallary.

Notre espèce est fort bien représentée dans Terver : *Catal. des Moll. terr. et fluv. obs. dans les poss. fr. du N. de l'Afrique*, pl. 3, fig. 11 à 16, sous le nom de *Helix albella*.

Helix (Xerophila) *trarensis*, Pallary.

Coquille déprimée, faiblement conique, test mince finement strié. Coloration d'un brun foncé avec traces de bandes au-dessous. Spire peu élevée, conoïde; apex petit, brillant, six tours faiblement convexes se développent lentement; suture bordée par un liséré strié. Dernier tour non descendant, fortement caréné, ainsi que l'avant-dernier. Ouverture allongée comme dans l'*H. depressula*, faiblement inclinée à droite. Péristome mince, tranchant. Bord columellaire très oblique. Ombilic large, profond.

Dimensions : longueur, 10mm 1/2 ; largeur, 9 millimètres ; hauteur, 5 millimètres.

Habitat. : Rar-el-Maden, dans les Traras.

Cette petite Xérophile doit être rapprochée de l'*Helix Nyeli*, Mittre des îles Baléares, dont elle diffère par sa partie inférieure moins ventrue, ses stries plus accusées, sa suture mieux marquée, et enfin par son labre non infléchi.

C'est la première fois qu'une Hélice de ce groupe est signalée dans le nord de l'Afrique.

Helix (Macularia) *Kebiriana*, Pallary.

Cette espèce a été mentionnée et figurée par M. Kobelt, en 1899, dans son *Iconographie*, VIII, p. 42, pl. 223, fig. 1423.

Helix (Macularia) *Flattersi*, Ancey.

Il faut ajouter à la bibliographie de cette espèce : Kobelt, 1899, *Iconographie*, VIII, p. 42, pl. 223, fig. 1422.

Helix (Macularia) *Bailloni*, Debeaux.

M. Kobelt, in *Narchr, der deust. Malak. Gesellsch*, n° 7, 1887, p. 123-124, donne la diagnose de cette espèce et conclut que c'est une forme du groupe de l'*Helix Juilleti*. M. Westerlund, dans sa *Fauna palearctica*, genre *Helix*, p. 425-426, place cette espèce près de l'*Helix Wagneri*. Ces deux rapprochements ne sont pas exacts ; l'*H. Bailloni* est une petite forme de la série de la *punica* caractérisée par ses tours convexes et sa spire très déprimée. Cette belle espèce, découverte pour la première fois dans le sud oranais, entre Tiout et Moghrar, a été trouvée par M. Philippe Thomas, à Aïn-el-Bey, dans le département de Constantine. L'exemplaire que nous possédons mesure : longueur, 24-25 ; largeur, 20-21 ; hauteur, 13 millimètres. Il ne diffère du type que par sa spire un peu plus élevée et sa bouche plus large, plus exactement circulaire.

Le groupe de l'*Helix punica* n'avait pas encore été signalé dans l'ouest algérien, mais il est bien représenté dans les montagnes du sud du Maroc (*H. rerayana*, Mousson, *takredica*, B. *alcyone*, Kobelt, etc.).

Helix (Pomatia) *aspersa*, Müller variété *chottica*, Pallary.

Cette variété est bien caractérisée par sa taille moyenne, sa forme très globuleuse et surtout son test épais. L'ouverture est plus circulaire que dans toutes les autres variétés.

Nous devons la connaissance de cette variété à M. le docteur Séguin, qui l'a recueillie à Aïn-Sfissifa, à la lisière sud du Chott-el-Chergui.

Ferussacia yeffriana, Pallary.

Ce qui caractérise cette espèce, c'est son bord externe déjeté en avant plus que dans aucune autre Férussacie. La forme la plus voisine est *F. gracilenta*, Morelet, mais notre espèce s'en distingue par sa taille plus grande, sa forme plus ventrue, sa lamelle aperturale supérieure à peine indiquée, et surtout par l'avance de son péristome.

Dans la *F. yeffriana* comme dans la *F. gracilenta*, les tours supérieurs sont tantôt enroulés régulièrement ou présentent une déviation sensible à l'avant-dernier tour.

Dimensions : hauteur, 9^{mm} 1/2 ; diamètre, 3^{mm} 1/4. — Habitat : Oran, dans les ravins frais du massif du dj. Yeffri.

Cyclostoma (Leonia) *mamillare*, Lamarck, variété *parva*, Pallary.

Variété de très petite taille : 12-14 millimètres de hauteur ; le type mesurant 17 millimètres. (V. *Les Cyclostomes du N.-O. de l'Afrique*, in F. d. J. N., déc. 1898.) — Elle est assez commune sur les versants du dj. Santo, au-dessus de Saint-André de Mers-el-Kébir.

Neritina mauretanica, Pallary.

Les Néritines du nord-ouest de l'Afrique signalées jusqu'à ce jour sont les *N. numidica*, Recluz ; *fluviatilis*, L.; *baetica*, Lamarck ; *Maresi*, B.; *maroccana*, Paladilhe, et *tingitana*, Pallary. La *N. numidica* se trouve dans les sources du littoral et assez rarement à l'intérieur de tout le Magreb. La *N. fluviatilis*, ou plutôt une de ses nombreuses variétés, n'a encore été rencontrée qu'aux environs d'Alger et dans le sud tunisien. Nous ne connaissons pas de station bien authentique du *N. baetica* : celles que nous avons pu voir étaient soit des *N. numidica*, soit la *N. mauretanica*; la *N. Maresi* est une espèce du sud qui n'a encore été signalée que d'Aïn-Kadra ; la *N. maroccana* a été découverte par M. Bleicher, à Mekinès. Enfin la *N. tingitana* est une forme commune dans le nord du Maroc.

Les *N. numidica*, *baetica* et *tingitana* appartiennent à un même groupe. On peut classer ensemble les *N. maroccana*, *Maresi* et la nouvelle espèce que nous signalons aujourd'hui.

La *N. mauretanica* est une forme globuleuse, à spire élevée et qui est intermédiaire comme taille entre les *N. baetica* et *Velascoi*. On différenciera aisément la *mauretanica* : de la *baetica*, par sa taille plus forte, sa spire plus haute, son opercule coloré en orange (celui de la *baetica* est blanc); — de la *Velascoi*, Graells du sud de l'Espagne, par sa taille plus petite, son ouverture moins large et son sommet plus saillant.

La *N. mauretanica* est excessivement commune dans l'Aïn-Fekan et dans le ruisseau qui en découle. Le capitaine Mayran l'avait récolté en 1856 et l'avait expédié à Gassies, qui l'a signalé sous le nom de *N. baetica* (*Descr. coq. Mayran*, p. 10).

Les variétés de coloration de cette espèce sont aussi nombreuses que dans la *N. fluviatilis*; nous avons observé les coloris suivants (le type étant d'un brun foncé unicolore) : *tesselata*, points blancs sur fond coloré; *zebra*, zébrures blanches sur fond noir; *lutea*, d'un beau jaune clair unicolore, etc.

EXPLICATION DE LA PLANCHE XI

1. *Leucochroa octinella*, var. *rugosa* (forme élevée). — 2. *Id.* (forme déprimée). — 3. *Helix aspersa*, var. *chottica*. — 4. *H. pisana*, var. *subplanata*. — 5-6. *H. Jugurthae*. — 7-8. *H. trarensis*. — 9-10. *H. schlaerotricha*, var. *depressa*. — 11-12. *Neritina mauretanica*, type. — 13-14. *Id.*, var. *tessellata*. — 15. *Ferussacia Yeffriana*. — 16-17-18. *Id.*, grossie 2 fois. — 19. *H. Reboudi*, var. *major-dentata*. — 20. *H. Reboudi*, ex. senestre.

M. Paul GOURRET

Sous-directeur de la station zoologique d'Endoume.

SUR LA FAUNE CARCINOLOGIQUE DE L'ÉTANG DE BERRE [591.9 : 595.36(44.91)]

— *Séance du 8 août* —

Dans un aperçu sommaire sur l'étang de Berre (1), le regretté professeur A.-F. Marion a signalé, en 1891, comme représentant faune carcinologique, les dix espèces suivantes :

Dias longiremis, *Tisbe ensiformis*, *Temora longicornis* vel *finmarchica*, *Sphæroma serratum*, *Idothea tricuspidata*, *Crangon vulgaris* var. *maculosus*, *Palæmonetes varians*, *Pirimela denticulata*, *Pilumnus hirtellus* et *Carcinus mœnas*.

A cette liste j'ai ajouté, en 1897 (2), les types suivants :

Orchestia littorea.
Gammarus marinus.
Gammarus locusta.
Ligia italica.
Cerapus abditus.
Palæmon rectirostris vel *adspersus*.
Homarus vulgaris.
Palinurus vulgaris.
Portunus arcuatus.

(1) Marion, *Physionomie zoologique du départ. des Bouches-du-Rhône*, Assoc. Franç. Avanc. Sciences, XXe session, 1891.

(2) Gourret, *Étangs saumâtres du Midi de la France*, Ann. Musée. Marseille, tom. V, mém. 1.

Il y a encore, en compagnie des Orchesties, l'*Armadillo vulgaris* et le *Porcellio scaber*, un *Notodelphis* commensal d'*Ascidiella cristata*, ainsi que *Dias bifilosus*, *Tanaïs vittatus* et *Amphithoe picta*.

Plusieurs de ces Crustacés donnent lieu à quelques remarques intéressantes qui font l'objet de la présente note.

TEMORA LONGICORNIS Müller.

Syn. : *T. finmarchica* Claus.

Ces Temora se montrent par véritables nuées dans l'étang à toutes les saisons. Leurs bandes ne semblent pas diminuées par les grands froids. Alors que les Acalèphes ont disparu et que les eaux sont à + 2 ou + 3° c. seulement, on les voit encore aux passes qui reçoivent les apports de la haute mer par Caronte, dans des points où l'eau reste sous cette influence à + 5 ou 6 degrés. D'ailleurs, les rigueurs de l'hiver ne seraient pas les plus graves causes de disparition pour ce Crustacé qui sait, dans la Baltique et la mer du Nord, résister aux intempéries. Les Poissons (Athérines, Mélettes, Anchois et Sardines) les déciment, sans cependant arriver à diminuer leurs bandes qui se recomposent pendant la mauvaise saison, durant l'absence des poissons précités. En hiver, comme au printemps, les compagnies de Temora sont, en effet, aussi épaisses qu'en été.

Les mâles, quoique moins nombreux que les femelles, sont facilement rencontrés dans le produit de chaque coup de filet fin. Ils sont reconnaissables immédiatement à leur plus petite taille et à leur forme plus grêle, puis à leur abdomen composé de deux articles de plus que celui de la femelle, à leur antenne du côté droit et à d'autres détails des pattes que Claus a parfaitement mis en lumière soit dans sa première publication (*Die Frei Lebenden Copepoden*), soit dans un mémoire plus récent (*Neue Beiträge zur Kennt. der Copepoden, in Arb. aus d. zool. Inst. der Univers. Wien*). Il n'y a véritablement aucune différence appréciable entre les individus de l'étang de Berre et ceux de la mer du Nord.

Les Temora de Berre sont intéressants par ce fait qu'ils présentent tous de très petites dimensions et, par cette particularité, ils s'écartent nettement des *T. longicornis* pêchés en mer, aussi bien dans la mer du Nord que dans le golfe de Marseille même (1). Cette observation est à rapprocher de celles faites par Giesbrecht à Kiel et de Nordgviot en Finlande, qui ont montré que, dans la Baltique, le *T. longicornis*, comme beaucoup d'autres Copépodes marins, était de taille très réduite et d'autant plus qu'on s'avance vers le fond de cette mer intérieure.

(1) Gourret, *Considérations sur la Faune pélagique*, Ann. Musée Marseille, t. II, mém. 2, 1884, p. 47.

DIAS LONGIREMIS, Lilj.

Les *Dias longiremis* sont abondants dans l'étang de Berre, bien qu'ils puissent quelquefois échapper à l'attention de l'observateur. Ils vivent, en effet, mêlés aux bandes de *Temora longicornis* et s'y dérobent presque à la vue, étant plus petits et moins colorés encore que leurs compagnons. Peuvent-ils de la même manière se soustraire plus qu'eux aux poissons qui les poursuivent? La chose n'est pas improbable, car je n'ai guère rencontré que des Temora dans l'estomac des Sardines, des Anchois, des Mélettes et des Athérines.

On peut remarquer encore que les Dias ont plus de résistance vitale que les Temora. Lorsqu'on garde, en effet, en captivité dans un vase de faible volume le produit d'une pêche pélagique, les Copépodes résistent bien quatre ou cinq jours, puis meurent. Les Temora disparaissent les premiers et, à ce moment, le triage s'étant fait naturellement, on ne pêche plus dans le vase que des Dias qui persistent plusieurs jours encore en parfait état.

Les individus de l'étang de Berre sont absolument identiques aux figures données par Claus. Je les ai rencontrés aussi nombreux en mars qu'en mai et août.

DIAS BIFILOSUS, Giesbrecht.

Aux Temora se trouvent associés quelques autres exemplaires du genre Dias et se rapportant à *D. bifilosus* de la mer Baltique. Cette espèce qui n'a pas encore été signalée, je crois, de la Méditerranée, est représentée par des mâles et des femelles, celles-ci en quantité relativement plus grande.

TISBE ENSIFORMIS, Claus.

Ce petit Copépode est très fréquent dans l'étang de Berre où on le trouve nageant au milieu des Cystoseires de la côte; souvent il est mêlé aux Temora qui sont plus actifs pélagiques que lui, mais seulement près du rivage. Lorsque la surface est agitée, on le voit encore dans les anses abritées; il est alors en assez grande bande.

Les individus de Berre sont bien identiques à ceux figurés par Claus et ils portent, comme ceux de Messine, des bouquets de Vorticelliens fixés les uns en avant du corps, les autres au commencement de l'abdomen. Ces Vorticelliens, remarquables par les cils rigides qui surmontent leur urne, cils indépendants de la couronne vibratile, n'ont pas été très heureusement figurés par le zoologiste de Vienne.

Le *Tisbe ensiformis* existe également dans le golfe de Marseille (1), mais il y est rare relativement aux bandes qu'il forme dans l'étang et on ne le trouve que dans le voisinage du port, particulièrement dans les eaux grasses, impures et saumâtres de la calanque du vallon des Auffes.

Armadillo vulgaris, Latreille.

Au milieu des nombreuses Orchesties *(O. Mediterranea)* qui sautent ou se dissimulent sur les plages recouvertes par des débris de Zostères que chasse incessamment la vague, on rencontre assez souvent des *Armadillo vulgaris* qui, comme elles, font partie de la faune littorale émergée de l'étang de Berre.

Ces Isopodes sont associés à *Porcellio scaber* Leach et à *Ligia italica*, celle-ci, moins cantonnée et se rencontrant sur la plupart des roches émergées du rivage.

Amphithoe picta, Rathke.

Cet Amphipode, qui est bien une forme de la mer Noire, avec laquelle l'étang de Berre offre tant de points fauniques semblables, se trouve sur les Zostères, par quatre mètres de profondeur, aux environs de la Mède.

Crangon vulgaris var. maculosus.

Cette espèce, que les pêcheurs de l'étang recherchent comme amorce sous le nom de *Cambaro fouessen*, se prend en masse durant l'automne et l'hiver (d'octobre à fin février), au moment de la reproduction et lorsque les Zostères ont perdu leurs frondes, tandis qu'il leur est difficile de s'en procurer au printemps et en été. Le même fait, d'ailleurs, se présente pour les Palœmons aussi bien dans le golfe de Marseille que dans l'étang. Il est probable que de mars en septembre, après l'éclosion des œufs, les Crangons se cachent entre les rhizomes des Zostères en fouillant la vase et restent ainsi envasés, alors qu'au moment de la reproduction ils prennent des habitudes plus vagabondes.

Les Crangons de l'étang se rapportent à la forme de la mer Noire signalée par Rathke. Ce Macroure ne paraît pas exister sur la côte méditerranéenne et, bien que le *Crangon vulgaris* ait été cité, il convient de douter de son existence.

Les femelles portent leurs œufs d'une couleur grise peu apparente, en janvier et en février. Les larves éclosent normalement la nuit, suivant la

(1) Gourret, *Annales Musée Marseille*, 1884.

règle ordinaire (1). Sur leur corps sont distribuées des taches pigmentaires jaune verdâtre avec quelques ramifications d'un violet vineux. Ces larves sont relativement très grandes, puisqu'elles mesurent 2^{mm},67. Elles nagent

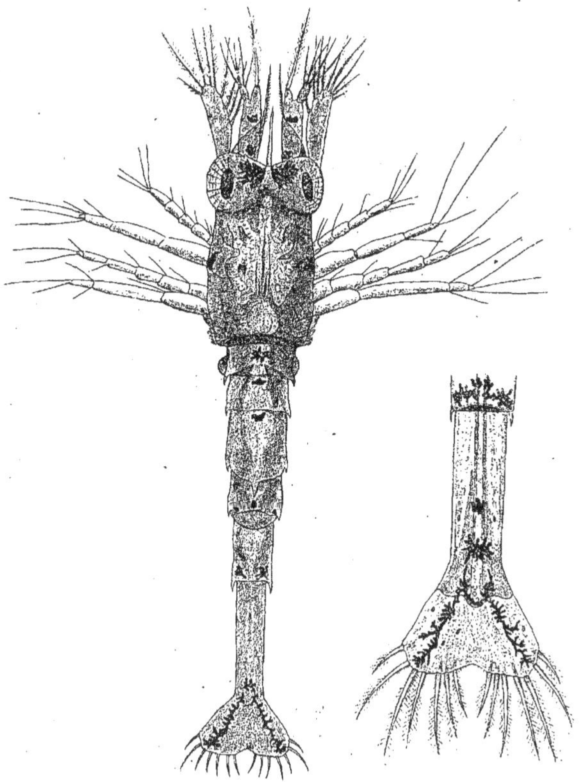

Fig. 1. Fig. 1 A.

Larve de Crangon vulgaris var. maculosus.

dans une position verticale, s'élevant dans l'eau par l'effet du battement continu des pattes-mâchoires de la première paire qui s'agitent sans cesse

(1) Gourret, *Ann. Musée Marseille*, tom. II, mém. 2, p. 14.

auprès de la bouche, servant ainsi non seulement à la natation habituelle, mais encore à la préhension des aliments. Quelquefois, elles s'agitent plus rapidement, bondissant à l'aide de la détente de leur long abdomen.

Pilumnus hirtellus.

Les espèces de Pilumnus de nos côtes sont très difficiles à distinguer les unes des autres. Les différences indiquées entre *P. spinifer* et *P. hirtellus* semblent, dans les livres, d'une distinction aisée, mais en réalité, dans le *P. spinifer* lui-même, le bord supérieur de l'orbite n'est pas fortement armé et cette particularité, en conséquence, ne suffit pas pour le distinguer de l'*hirtellus*.

Celui-ci cependant se montre, quoique très affiné, avec un facies particulier : il est plus plat, son céphalothorax étant bien moins bombé et plus large que long, ce qui lui donne une apparence déjà bien différente du *spinifer*. De plus, la carapace est bien plus lisse et enfin les mains des deux pattes absolument dénudées et lisses. Ce caractère est le meilleur à citer. Il est bien indiqué dans la figure de Bell; mais il faut pourtant remarquer que, dans ce dessin, la grosse pince est représentée à gauche et non à droite, ce qui est le contraire dans les individus de Berre et, je crois, dans la plupart des cas. C'est donc à l'*hirtellus* que je rapporte l'espèce de l'étang. J'ai pu me convaincre qu'il y a identité complète entre mes exemplaires et ceux de l'Océan, et je puis avancer que l'*hirtellus*, signalé à Sébastopol et à Odessa comme dans l'étang de Berre, est l'espèce atlantique qui ne se montre guère dans la Méditerranée que dans les stations où l'eau est impure ou saumâtre, dans le voisinage des ports, dans les estuaires et les étangs salés.

M. le Dr J. RIVIÈRE

Médecin-major, à Poitiers.

RECHERCHES PRÉHISTORIQUES AUX ENVIRONS DE TUYEN-QUANG LES TROGLODYTES DE BINH-CA [571.51]

— *Séance du 3 août* —

Nos recherches ont porté principalement sur le sous-sol des grottes et des niches creusées dans le calcaire marmoréen qui avoisine la Rivière-Claire, non loin du village de Binh-Ca.

Au point de vue stratigraphique, les fouilles pratiquées couche par couche ont successivement mis à jour :

1° Le limon décalcifié. On y distingue deux lits : vers la base du lit supérieur nous avons rencontré un foyer des premières époques du fer ; le lit inférieur est riche en coquilles ;

2° Une sorte de lœss riche en incrustations calcaires et d'épaisseur variable ;

3° Le dépôt archéologique. Les divers objets pêle-mêle au sein d'une terre brune, riche en matières organiques ;

4° Couche d'argile ferrugineuse bigarrée. Le fer à l'état pisolithique ;

5° Brèche et roche encaissante.

L'inventaire du dépôt a fait reconnaître les industries associées de la pierre polie, de l'os façonné, de la poterie et du bronze.

La pierre polie se présente tantôt sous l'aspect de ciseaux ou d'erminettes, tantôt sous la forme curieuse de polissoirs dont la surface utile a été polie en tronc de pyramide à faces légèrement convexes. Ces spécimens sont caractéristiques de la station.

La poterie a tous les caractères de la poterie de l'époque du bronze ; on y a reconnu soit le procédé du panier (Dr Capitan), soit le simple travail de l'ébauchoir. A noter des fragments de statuettes. Le grain de la pâte est des plus grossiers ; il s'y trouve des fragments de quartz et la teinte charbonneuse des parties centrales révèle une cuisson imparfaite.

L'industrie du bronze comprend des fragments de minerai, des lingots minuscules, une sorte de rasoir, des pointes de flèche à pédoncule et ailerons, un lot de hameçons. La proportion de l'étain, d'après les analyses de M. le pharmacien-major Ricard, varie de 12 à 6 0/0.

Citons, pour mémoire, de nombreux outils ou ornements en schiste, jade, etc., toute une collection d'os perforés (apophyses épineuses de poisson) ou aiguisés en pointe de flèche, etc.

L'absence de silex, conséquence de l'absence des terrains tertiaires ou secondaires, explique l'état rudimentaire de la taille par éclatement, laquelle ne servait guère qu'à dégrossir les pièces destinées au polissage. A défaut de silex, les naturels de Binh-Ca employaient diverses roches : quartzite, phtanite, obsidienne, jadéite, et surtout une sorte de pétrosilex verdâtre.

La station de Binh-Ca est manifestement contemporaine des stations du Cambodge et de l'Indo-Chine étudiées par Noulet, Fuchs, Corre et Hamy.

L'absence du fer, qui est leur caractère commun, les reporte tout au moins à une date bien antérieure à la civilisation khmérienne.

Les divers fossiles : coquilles et os de vertébrés, sont en bonnes mains et seront décrits s'ils en valent la peine.

M. J.-B. DELORT

A Saint-Claude (Jura)

A TRAVERS L'ANCIENNE SÉQUANIE. — ÉTUDES ANTHROPOLOGIQUES DANS L'AIN ET LE JURA [571(44.44 + 47)]

— *Séance du 3 août* —

Obligé, pour des raisons particulières, de suspendre momentanément mes publications, j'ai consacré les fonds qui m'avaient été accordés à cet effet par notre Association, à parcourir la partie adjacente de l'Ain et du Jura, et voici le résultat de mes excursions.

A Martignat (Ain), sur la rive gauche de l'Ange, existent des mottes tumulaires non fouillées, et plus haut, dans les bois, les ruines *d'un dolmen* dont on a enlevé la table de recouvrement, mais dont les *pieds-droits* sont encore debout.

Une autre remarque pour le Jura et que j'ai l'honneur de signaler à la *Commission des monuments mégalithiques*, c'est que, généralement, ce qui est cité ici comme mégalithe ne porte pas trace d'un travail humain : ce sont de simples blocs légendaires.

Ainsi, tout près d'Arinthod (arrondissement de Lons-le-Saunier), deux *menhirs* et un *dolmen* étaient signalés par le Guide Joanne.

Pour le premier menhir, je ne me suis nullement dérangé, le géographe précité portant cette mention suffisante : *Menhir naturel* dit l'Homme de Pierre.

Curieux de voir les deux autres monuments, j'ai trouvé qu'ils étaient non moins *naturels*, ce qu'avait oublié de dire mon fameux Guide. C'est grand dommage, car je les trouve admirablement baptisés. Oyez plutôt : Dolmen de la Pierre Enon, Menhir de la Chaise à Dieu.

Le prétendu dolmen n'est autre qu'un énorme bloc de calcaire de 8 mètres de côté, détaché de la roche voisine depuis un temps immémorial. Un historien du pays, Rousset, raconte qu'au XVIIIe siècle ce fameux bloc était entouré de quatre autres pierres coniques formant carré, et il ajoute gravement « que ce monument était desservi par un collège de *druidesses* ». Passons à *la Chaise à Dieu*, au fond du même vallon de *Vogna*.

Ce délicieux vallon, arrosé par un mince filet d'eau, est terminé au Sud en hémicycle dont des roches à pic forment les parois, s'élevant jusqu'à la hauteur d'une plate-forme de 100 mètres.

L'une de ces hautes roches déchiquetées en falaises se trouve terminée par un retrait naturel formant siège, auquel on accède par la plate-forme supérieure.

Le petit sentier qui conduit à ce point enchanteur dénote que, depuis longtemps, la curiosité populaire s'est portée en cet endroit, d'où la vue à pic sur le vallon n'est pas sans exciter de vives émotions, surtout si l'on s'aventure sur la fameuse *Cathedra*. — J'avoue que je n'en ai pas eu le courage.

L'historien précité veut qu'anciennement les juges aient rendu la justice de ces hauteurs vertigineuses, qui évoqueraient le souvenir des *Gorsedden* du Cornouailles, lieux élevés — le plus souvent au sommet des rochers — du haut desquels les druides rendaient leurs oracles.

Au *Moulin Lacroix*, près de Saint-Claude, se trouve une autre pierre légendaire : *La Pierre qui vire*. Encore un énorme bloc détaché de la roche voisine et qui, depuis des siècles, sert d'épouvantail aux esprits pusillanimes.

Une autre contrée de l'Ancienne Séquanie, où le culte des rochers semble avoir été très florissant, c'est celle qui a formé les communes de Lect et Vouglans, sur les rives escarpées de l'Ain. Là se trouvent signalés une *allée couverte* et un *cromlech*. D'autres soucis nous ont fait remettre à une époque ultérieure le désir de les visiter.

La section de Vauglans avait pour nous d'autres *attirances*, c'est le pays des tumulus, et nous n'avons pu résister au plaisir de l'enlèvement de l'un d'eux. Ce qui nous a valu la récolte de trois paires de bracelets en bronze du commencement de l'âge du fer, dont nous avons communiqué la photographie au Congrès de Paris.

NOTA. — Les traces d'oxydation, empreintes sur le bracelet du milieu, décèlent le contact d'un objet en fer échappé jusqu'ici à nos recherches.

M. BOSTEAUX-PARIS

Maire de Cernay-lès-Reims.

RÉSULTATS DE FOUILLES DANS DES CIMETIÈRES ET DES TOMBES DU DÉPARTEMENT DE LA MARNE [571.9(44.32)]

— *Séance du 4 août* —

DÉCOUVERTE ET FOUILLES DU CIMETIÈRE GAULOIS MARNIEN DU MONT DE LA FOURCHE, TERRITOIRE DE LAVANNES

Le 15 octobre 1899, j'explorai à nouveau le territoire de la commune de Lavannes, qui m'avait déjà donné les années précédentes un groupe de sépultures gauloises au lieu dit le mont Jovis, accompagné de M. Cousin Hanrat, ancien adjoint de cette localité et auteur de plusieurs monographies. Nos investigations s'arrêtèrent au lieu dit le mont de la Fourche, situé à l'est du terroir, entre les chemins de Warmeriville et d'Heutrégiville à Lavannes.

Le mont de la Fourche porte la cote 124 sur la carte de l'État-major, il forme le faîte de partage de la vallée de la Suippes d'avec la vallée de la Vesle; de ce point on domine au sud le mont Sapinois, traversé par la route romaine de Reims à Trèves; au nord, le mont de la Sorcière, traversé par la route de Reims à Rethel, et à l'ouest le mont de Berru.

Au sommet du mont de la Fourche, nous remarquons, avec M. Cousin, une grande dépression formant cuvette; cette cuvette était remplie de terre noire et contenait des débris de poterie des époques gallo-romaine et franque, ainsi que des vestiges de substruction en pierre.

Vu l'orientation de cette colline inclinée vers l'ouest, je jugeai la situation propice pour l'emplacement d'un cimetière gaulois, attendu que de nombreux foyers d'habitation de cette époque se remarquent sur le versant nord-ouest du mont de la Fourche jusqu'au ru ou ruisseau de Lavannes, qui va se jeter dans la Suippes, à l'est, près de Warmeriville.

Les sondages me donnèrent raison et me firent mettre à découvert vingt-trois tombes gauloises de la belle époque dite marnienne, desquelles nous avons sorti comme mobilier quarante vases de belles formes en terre de différentes couleurs et très bien conservés; une partie de ces vases sont peints en couleur violacée surchargée de dessins en noir représentant des spirales d'un très joli effet d'ornementation.

Trois torques à tampons artistement ciselés, dont un à figurines humaines, ont été recueillis ; ces torques sont exposés au palais du Trocadéro, à l'exposition de la Société de l'École d'Anthropologie, avec une partie de mes découvertes précédentes.

Ces tombes m'ont donné également des fibules, des bracelets et quelques armes.

DESCRIPTION DU MOBILIER DES TOMBES

Fouille du 15 octobre 1899.

Première tombe. — Violée jusque la ceinture, mobilier, deux vases.

Deuxième tombe. — Sépulture de femme, mobilier, deux fibules, un bracelet creux, trois vases.

Troisième tombe. — Sépulture de femme, mobilier, une fibule, deux bracelets, trois vases.

Quatrième tombe. — Sépulture d'homme, mobilier, une épée, un rasoir, quatre anneaux creux, trois vases.

Fouille du 22 octobre.

Cinquième tombe. — Sépulture de femme, un torque en bronze à tampons orné de figurines encadré dans des enroulements en relief une fibule en bronze, deux fibules en fer et six vases.

Sixième tombe. — Sépulture de guerrier, mobilier, une épée en fer avec entrée du fourreau en bronze, une lance, deux vases intacts et un vase brisé.

Septième tombe. — Sépulture violée, un anneau en bronze resté.

Huitième tombe. — Sépulture de femme, une fibule en bronze, une fibule en fer et trois vases.

Neuvième tombe. — Sépulture de femme, un torque à tampons en bronze artistement orné de spirales en S à fort relief un bracelet ajouré au bras gauche, quatre fibules en bronze et deux vases.

Fouille du 28 octobre.

Dixième tombe. — Sépulture de femme, mobilier, un torque à tampons en bronze orné de spirales en fort relief, un bracelet ajouré au bras gauche, une fibule en bronze et quatre vases.

Onzième tombe. — Sépulture contenant deux vases intacts, deux vases brisés et une fibule en fer.

Douzième tombe. — Sépulture contenant trois vases intacts, dont un grand en terre violette, et une jatte.

Fouille du 4 novembre.

Treizième tombe. — Sépulture d'homme, mobilier, un couteau, deux vases.

Quatorzième tombe. — Sépulture d'homme, mobilier, trois vases.

Quinzième tombe. — Sépulture d'homme, mobilier, trois vases.

Fouille du 15 novembre.

Seizième tombe. — Sépulture de guerrier, deux squelettes superposés; le squelette de dessus avait pour mobilier un bracelet en bronze et trois vases; le squelette de dessous avait trois lances en fer près de la tête, une épée en fer au côté droit, deux anneaux en bronze, un anneau et une fibule en fer, et trois vases au côté gauche.

Dix-septième tombe. — Tombe double superposée, le squelette de dessus avait deux vases; le squelette de dessous avait une lance à ses pieds et trois vases.

Dix-huitième tombe. — Sépulture contenant deux vases.

Dix-neuvième tombe. — Sépulture contenant trois vases.

Vingtième tombe. — Sépulture contenant deux vases.

Fouille du 6 janvier 1900.

Vingt et unième tombe. — Sépulture violée contenant les débris d'un grand vase violacé portant trace d'ornementation en spirale peint en noir, un anneau en bronze avait été laissé dans la fosse.

Vingt-deuxième tombe. — Sépulture contenant deux vases en terre noire.

Vingt-troisième tombe. — Sépulture de guerrier contenant en mobilier une épée en fer avec fourreau, une lance, une bague en argent à l'annulaire de la main droite (il est excessivement rare de rencontrer des bijoux en argent de cette époque), et trois vases.

Toutes ces tombes avaient la même orientation, le squelette regardant le soleil levant avec une légère variante, suivant probablement l'époque du solstice au moment de l'inhumation.

La profondeur des tombes varie de 1 mètre à $1^{m},50$, et plus les tombes étaient riches en mobilier, plus la terre était fine et noire.

Le fond des fosses se trouvait souvent rainé d'une rigole en gouttière creusée dans la craie le long des parois, et correspondant à un petit fossé plus profond aux pieds du squelette; c'était probablement pour l'assainissement de la fosse contre l'eau des pluies.

FOUILLE D'UNE TOMBE GAULOISE A CERNAY-LÈS-REIMS

Je vous présente également le résultat d'une fouille de tombe gauloise faite par moi, le 15 janvier 1900, au cimetière des Barmonts, à Cernay. Cette sépulture se trouvait dans le milieu d'un chemin; le squelette, enterré à une profondeur de $1^{m},50$, avait pour mobilier un torque en bronze à tampons ornés de jolies spirales à fort relief, l'anneau du torque est également orné de six écussons affrontés, entrelacés par des torsades en relief en S du plus joli effet.

Ce squelette portait également deux bracelets en bronze et une fibule également en bronze, plus deux vases à ses pieds; ces parures sont également à l'exposition de la Société d'Anthropologie au Trocadéro.

FOUILLES AU CIMETIÈRE DU TERRAGE, A PROSNES

Le 10 mars 1900, sur le territoire de Prosnes, au lieu dit le Terrage, nous avons encore, avec mon fils, découvert dix tombes dans le cimetière déjà tant exploré ; ce cimetière n'était pas riche en objets de parure ; nous y avons cependant recueilli trois fibules en bronze d'assez belle facture gauloise marnienne, une dizaine de vases que nous y avons recueilli aussi sont assez jolis au point de vue de l'ornementation. Une tombe entre autres, celle d'un guerrier, avait 2m,50 de profondeur sur 2 mètres de largeur ; cette fosse, creusée dans la craie, était murée tout autour en blocailles de meulière de Verzy.

Le squelette possédait, comme mobilier, une épée avec son fourreau en fer, auquel adhérait encore une énorme bélière, une lance était à ses pieds, ainsi que des mandibules de bouclier sur le bassin, deux vases se trouvaient également à son côté gauche.

M. l'Abbé HERMET

Curé de l'Hospitalet (Aveyron).

STATUES-MENHIRS DE L'AVEYRON ET DU TARN [571.94(44.75)]

(DEUXIÈME SÉRIE)

— *Séance du 8 août* —

Les Statues-menhirs, quoique d'apparition assez récente, ne sont pas tout à fait inconnues dans le monde archéologique. Malgré les ombres mystérieuses dont elles demeurent encore enveloppées, elles sont, je le crois du moins, une manifestation intéressante de l'art le plus primitif de la sculpture et méritent de prendre rang après les bas-reliefs des grottes de la Marne et les trois pierres sculptées du Gard.

Dans un premier essai publié en 1892 dans les *Mémoires de la Société des lettres, sciences et arts de l'Aveyron* (1), et en tirage à part (2), j'ai décrit et figuré quatre pierres antiques, taillées sur toutes leurs faces, et représen-

(1) Tome XIV.

(2) *Sculptures préhistoriques* dans les deux cantons de Saint-Affrique et de Saint-Sernin ; 22 pages + 4 planches. Rodez, Carrère, 1892 (épuisé).

tant de la façon la plus barbare un personnage quelconque, pierres découvertes dans les deux cantons de Saint-Affrique et de Saint-Sernin (Aveyron).

Ce sont les quatre statues-menhirs de Saint-Sernin, de Pousthomy (nos 1 et 2) et des Maurels qui ont été envoyées au musée de Rodez et dont le moulage figure au Musée national de Saint-Germain et à l'exposition du Trocadéro.

L'an dernier, j'ai publié dans le *Bulletin archéologique* six nouvelles statues-menhirs, identiques aux premières, trouvées dans l'Aveyron et dans le Tarn.

Ce sont, pour l'Aveyron, les statues-menhirs :
1° du Mas-Capelier ;
2° de Serre-Grand ;
3° de Nougras.

Et, pour le Tarn, celles :
1° de Puech-Réal ;
2° de Lacaune ;
3° des Vidals.

La publication de cette double série d'antiques monuments m'a attiré les félicitations et les encouragements d'un grand nombre d'archéologues éminents, de la France et de l'étranger.

Stimulé par ces précieux encouragements, j'ai poursuivi le cours de mes patientes recherches, qui ne sont pas demeurées sans résultat.

Je suis tout heureux de pouvoir vous annoncer aujourd'hui que la fin de l'année 1899 et la première moitié de l'an 1900 ont amené la découverte de six autres statues-menhirs, dont une a pris place à l'exposition du Trocadéro, section des monuments mégalithiques, à côté de ses sœurs aînées, du Mas-Capelier, de Serre-Grand et de Puech-Réal.

Les dernières venues sont, en effet, les véritables sœurs des premières ; elles sont incontestablement du même pays, de la même époque, du même type et du même style que leurs devancières.

Quatre d'entre elles sont originaires de l'Aveyron et deux du Tarn.

§ I. — Statues-menhirs de l'Aveyron

Les quatre statues-menhirs trouvées dans l'Aveyron sont celles :
1° de la Rafinie, commune de Martrin, canton de Saint-Sernin ;
2° de Saint-Julien, commune et canton de Belmont ;
3°-4° du Mas-d'Azaïs, commune de Montlaur, canton de Belmont.

I. — *Statue-menhir de la Rafinie.*

Commune de Martrin, canton de Saint-Sernin.

Le canton de Saint-Sernin-sur-Rance est particulièrement riche en statues-menhirs. Il nous avait fourni celle de Saint-Sernin, qui est la plus belle de toutes, ainsi que les pierres jumelles de Pousthomy (1), et voici qu'il nous en procure maintenant une quatrième, la statue-menhir de la Rafinie, commune de Martrin.

Enfouie dans la terre ou le sable au milieu du ruisseau de la Rafinie, à 20 mètres au-dessous d'une cascade et à 100 mètres environ des ruines du vieux château de Castelsarrazin, elle fut mise à découvert accidentellement par une forte crue du torrent de la Rafinie, qui se déverse dans la petite rivière de Gossille, affluent du Rance.

Un jeune homme du hameau de Cayla, le sieur Alvernhe, ayant aperçu cette pierre, fut frappé des curieuses sculptures dont elle était couverte; il la recueillit; malheureusement il ne la traita pas avec tout le soin qu'elle méritait. Après l'avoir partagée en deux, il abandonna dans le ruisseau la partie inférieure qui n'était pas sculptée et ne conserva que la partie supérieure qu'il transporta au Cayla, dans sa maison d'habitation, pour en faire un contre-cœur de cheminée.

Sous l'action délétère du feu, cette pierre se brisa en plusieurs éclats et une partie des sculptures disparut pour toujours.

Fig. 1.

Aujourd'hui, on n'aperçoit sur la face antérieure *(fig. 1)* que le visage dont le pourtour est bien marqué, mais où l'on ne distingue ni les yeux, ni le nez, ni la bouche (2). Ce simulacre de visage est encadré par cinq bourrelets semi-circulaires assez saillants, qui représentent les plis d'un

(1) Voir *Sculptures préhistoriques* dans les deux cantons de Saint-Affrique et de Saint-Sernin (p. 3 et 7).

(2) La partie située au-dessus de la cassure subsiste seule aujourd'hui.

manteau ou cinq colliers concentriques. La face postérieure moins endommagée, présente deux omoplates en forme de crosse, d'où naissent les bras tracés en relief sur l'épaisseur de la pierre et une longue chevelure qui descend jusqu'à la ceinture (*fig. 1 bis*).

Fig. 1 *bis*.

Avant toute dégradation, les sculptures de la partie antérieure étaient beaucoup plus complètes : on y distinguait les avant-bras posés à plat et horizontalement sur le ventre, les deux mains avec leurs doigts en forme de dents de peigne, les deux seins et, sur la poitrine, un objet en forme de Y, ce qu'on appellerait un *pairle* en langage héraldique, analogue à celui que l'on remarque sur la statue de Saint-Sernin et sur celle du Mas-Capelier.

On s'en fera une idée exacte par l'inspection du croquis ci-joint, tracé par le sieur Alvernhe, et dont l'exactitude m'a été certifiée par M. L. Reynès, instituteur au Cayla, à l'obligeance duquel je suis redevable de la découverte de ce monument (*fig. 1*).

Malgré les mutilations et détériorations successives survenues à cette pierre, ce qui en reste suffit pour la faire classer indubitablement parmi les statues-menhirs et l'identifier avec celle de Saint-Sernin.

Cette pierre est en grès rouge permien de la contrée ; elle mesure 60 centimètres de long et 50 centimètres de large ; primitivement, elle avait $1^{m},20$ ou $1^{m},30$ de hauteur.

II. — *Statue-menhir de Saint-Julien.*

Commune et canton de Belmont (Aveyron).

Du canton de Saint-Sernin, passons au canton voisin de Belmont, sur le territoire duquel nous avions découvert les deux statues-menhirs de Serre-Grand et de Nougras (1), et où nous avons trouvé récemment trois autres monuments semblables :

La statue-menhir de Saint-Julien et celles du Mas-d'Azaïs.

Saint-Julien est une ferme de la commune de Belmont, située à 3 kilomètres de cette dernière localité, sur la route qui va rejoindre, au Petit-Saint-Jean, la route nationale d'Albi à Saint-Affrique. C'est à 200 mètres de cette ferme, dans la direction du levant, sur le bord d'un ruisseau et parmi d'autres pierres provenant de la démolition d'un mur de soutènement qu'a été trouvée la statue-menhir de Saint-Julien (2).

Elle est en grès rouge du pays et mesure $0^{m},80$ sur $0^{m},60$; elle a forme générale des autres statues-menhirs.

Ceinture ornée de quelques stries, jambes très courtes *(fig. 2)*; orteils presque aussi longs que les jambes; bras obliques, visage sur lequel on

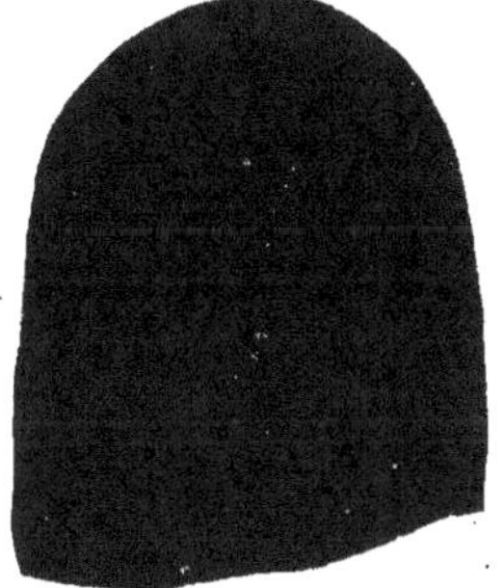

FIG. 2.

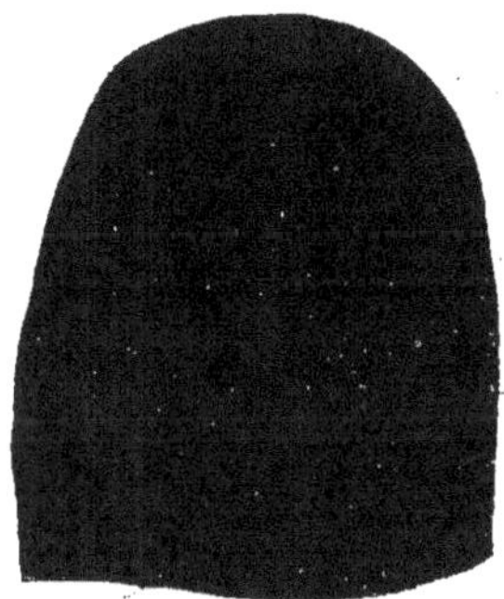

FIG. 2 *bis*.

distingue les yeux bombés, le nez et trois stries transversales, comme dans la statue de Saint-Sernin, et encadrée de bourrelets circulaires figurant un manteau ou un collier, une sorte de pendeloque, deux seins placés au-dessous des deux mains, tels sont les traits distinctifs de cette pierre.

(1) Voir : *Statues-menhirs de l'Aveyron et du Tarn* (p. 8 et 33), et le *Bulletin archéologique*, 1888, 3e livraison (p. 505 et 530).

(2) Elle m'a été indiquée par le jeune Bec, de Saint-Sernin, élève de rhétorique au petit séminaire de Belmont.

Au dos *(fig. 2 bis)*, on remarque seulement la ceinture, les omoplates en forme de crosse et la chevelure descendant vers la ceinture.

La pierre paraît avoir été brisée au-dessous des pieds.

Statues-menhirs du Mas d'Azaïs.

Commune de Montlaur (Aveyron).

Deux autres statues-menhirs ont été trouvées fortuitement dans le canton de Belmont et dans la commune de Montlaur, à proximité du Mas-d'Azaïs, sur la rive droite du Dourdou, entre le canal d'irrigation et la rivière, à peu près à égale distance de Camarès et de Montlaur.

Comme la plupart des pierres similaires, elles étaient ensevelies dans la terre, et c'est par hasard qu'un cultivateur (1) les a rencontrées en labourant.

L'une d'elles a été brisée et tous les fragments ont été dispersés avant que j'aie pu les recueillir.

La seconde *(fig. 3 et 3 bis)*, qui était à quelques mètres de la première,

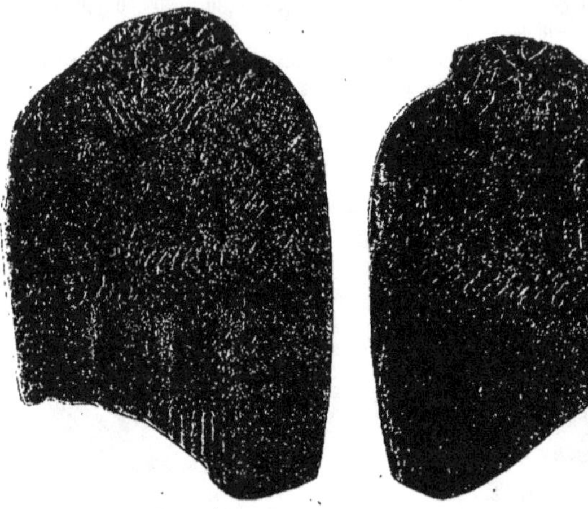

Fig. 3. Fig. 3 bis.

a été conservée et elle figure à l'exposition du Trocadéro, section des monuments mégalithiques.

Voici ses dimensions :

Longueur, $1^m,12$; largeur, $0^m,75$; épaisseur, $0^m,11$.

Le sommet de la pierre ayant été rayé en tout sens par le soc de la

(1) M. Mazel, fermier au Mas-d'Azaïs.

charrue, il n'est pas possible d'y reconnaître les traits du visage; mais, en revanche, tous les autres motifs de sculpture sont très apparents : ce sont trois rangées de colliers encadrant le visage *(fig. 3)*, les mains, les seins, les bras obliques, la ceinture en feuille de fougère, les jambes et les orteils, sauf les orteils du pied droit, enlevés par une cassure de la pierre. Au dos *(fig. 3 bis)*, on distingue la ceinture, les omoplates, qui, au lieu d'être arrondis en forme de volute, comme dans les autres statues, sont pliés à angle droit en forme d'équerre *(fig. 3 bis)*. Entre les deux épaules, une plate-bande, formée par deux traits parallèles, descend verticalement presque jusqu'à la ceinture. C'est la représentation de la chevelure; on ne peut guère en douter, si on compare ce dessin avec le dessin analogue de la statue de la Rafinie et de celle de Saint-Julien.

§ II. — STATUES-MENHIRS DU TARN.

Vous venez d'entendre la description rapide des quatre statues-menhirs récemment découvertes dans l'Aveyron.

Passons au département du Tarn, qui est impatient de nous montrer, lui aussi, des monuments similaires.

Dans une double excursion archéologico-préhistorique entreprise en 1897 dans les cantons de Lacaune et de Murat, j'avais rencontré, dans le premier, la statue-menhir des Vidals au pied du pic de Montalet, et la pierre plantée de Lacaune (1), qui est un énorme menhir anthropomorphe aux dessins presque entièrement effacés. Aux environs de Murat, mon attention s'était portée sur plusieurs mégalithes qui semblaient taillés de main d'homme, mais sur lesquels je n'aperçus aucune trace de sculpture.

Cette année, nouvelle exploration du canton de Murat, où j'ai eu la satisfaction de découvrir les deux statues-menhirs dont je vais parler, celle des Arribats et celle de Rieuviel.

I. — *Statue-menhir des Arribats.*

Commune et canton de Murat.

Cette antique sculpture a été trouvée fortuitement dans la terre par le sieur Roques, près du hameau des Arribats, dans le champ du Devès, à droite du chemin qui conduit à Labessière.

M. l'abbé Gautrand, curé de Labessière, bien connu dans le diocèse d'Albi par ses études d'histoire locale, l'a recueillie dans le jardin de son presbytère et a fait pratiquer des fouilles sur 4 mètres carrés jusqu'à une profondeur de $1^{m},50$, mais ses recherches sont demeurées sans résultat.

(1) *Statues-menhirs de l'Aveyron et du Tarn* (p. 17, 21, 29 et 30), et *Bulletin archéologique*, 1898, 3e livraison (p. 514, 518, 526 et 527).

C'est une dalle en grès rouge permien, provenant des carrières de la Maurelle, dans l'Aveyron, mesurant $1^m,05$ de long sur $0^m,65$ de large et $0^m,20$ d'épaisseur. Le dos, légèrement bombé et rayé en tout sens par la pioche ou la charrue, n'offre aucune apparence de dessin régulier. Mais la face, qui est plane, présente des sculptures semblables à celles de toutes les statues-menhirs *(fig. 4)*. Ce qu'il y a de plus visible, ce sont les deux yeux formés par deux trous, la ceinture sans ornementation, les jambes et les pieds aux orteils rectilignes. Au-dessus de la ceinture, et parallèles à celle-ci, deux plates-bandes, à peine saillantes, représentent ou les mains, ou une deuxième ceinture ; point de nez ni de bouche ; sous le visage, trois bourrelets semi-circulaires représentent une draperie ou des colliers.

Fig. 4.

On y remarque aussi un objet composé d'un anneau et d'une languette, qui est la reproduction exacte de celui qui se trouve sur les statues-menhirs des Maurels, de Pousthomy, de Puech-Réal, des Vidals.

Mais il est curieux d'observer qu'au lieu d'être placé sur l'estomac entre les deux mains, et d'être supporté par un baudrier, ce motif est posé obliquement sur le cou, l'anneau à côté de la joue, et la pointe inclinée de droite à gauche, brochant sur les plis des colliers concentriques (1).

A côté de la joue gauche, faisant pendant à l'anneau précédent, un petit cercle évidé, représente assez vraisemblablement le sein gauche.

II. — *Statue-menhir de Rieuviel.*

Commune du Moulin-Mage, canton de Murat (Tarn).

M. le curé de Labessière, qui m'avait signalé la statue-menhir des Arribats, m'en a indiqué une seconde sur la commune du Moulin-Mage, près du hameau de Rieuviel (2).

C'est un bloc de granit compact qui sert de passerelle sur un ruisseau

(1) On serait tenté de voir la reproduction du même motif sur l'estomac, mais posé horizontalement au-dessus de la ceinture.

(2) Rieuviel faisait naguère partie de la commune de Cabanes-et-Barre, mais par suite de la récente division de cette commune, Rieuviel se trouve aujourd'hui situé dans la commune du Moulin-Mage, nouvellement formée.

le long du chemin allant de Rieuviel à Cabannes. Il se trouve environ à 1 kilomètre et demi au nord de la statue des Vidals, dont il est séparé par la belle plaine de Leucate.

Une seule face est sculptée, celle qui est tournée en bas et qui n'a pas été détériorée par les pieds des passants. C'est la reproduction exacte des autres statues-menhirs : les pieds, les mains, la ceinture, figure sans bouche, baudrier supportant un large anneau et une languette. Les seins ne sont pas indiqués, non plus que les plis du vêtement; la ceinture n'est pas ornementée.

Dimensions : longueur, $1^{m},80$; largeur, 1 mètre ; épaisseur, $0^{m},30$.

§ III. — Un fait nouveau.

Voilà donc six nouvelles statues-menhirs qui, dans l'espace d'une année, viennent augmenter la série des onze précédemment publiées et porter à dix-sept le nombre de ces curieux monuments, douze pour l'Aveyron, cinq pour le Tarn; deux ont disparu, quinze sont conservées.

Mais, si intéressantes qu'elles soient, les récentes découvertes de cette année apportent-elles *un fait nouveau* qui permette de résoudre le mystérieux problème de leur âge et de leur destination ?

Je constate avec tristesse que les statues de la Rafinie, de Saint-Julien, des Arribats et de Rieuviel ne nous apprennent rien de nouveau.

Mais vous serez heureux de savoir que la statue-menhir du Mas-d'Azaïs (commune de Montlaur, canton de Belmont) apporte avec elle un élément nouveau qui mérite de fixer notre attention, parce que, s'il ne dissipe pas toutes les ombres, du moins il fait faire un grand pas à la question.

J'ai toujours soutenu que la forme de ces pierres prouvait qu'à l'origine elles étaient plantées comme des menhirs. Or, la statue du Mas-d'Azaïs confirme pleinement mon hypothèse. En effet, au lieu d'être couchée comme les pierres similaires, celle-ci était debout, elle était plantée en terre dans sa position primitive. Non seulement elle était debout, mais, circonstance plus importante, elle était *debout sur un tombeau*. Pour débarrasser le champ de cette pierre gênante pour les labours profonds, on a creusé tout autour à $1^{m},50$ de profondeur, et à ce niveau on a trouvé un tombeau de $1^{m},50$ de long, sur 50 centimètres de large et 40 ou 50 centimètres de profondeur; les parois en étaient formées par quatre dalles peu épaisses. J'ignore s'il y avait une dalle supérieure formant couvercle. A l'intérieur de ce tombeau il y avait, mêlés à une terre noirâtre, quelques ossements qui sont tombés en poussière au contact de l'air.

Cette sépulture accompagnant la statue-menhir, tel est le *fait nouveau* que j'ai à signaler.

Vous allez tout de suite me poser une question capitale : Dans ce tombeau y avait-il un mobilier funéraire ? A cette question palpitante d'intérêt je suis obligé de répondre que j'ai l'immense regret de n'avoir pas été présent à cette exhumation, pour vérifier minutieusement le contenu du tombeau. Mais le sieur Mazel, auteur de la découverte, homme intelligent et observateur, m'a affirmé qu'il avait examiné soigneusement le contenu du tombeau et qu'il n'y avait remarqué aucun objet soit en pierre, soit en métal.

Nous sommes donc privés de ces éléments, qui permettraient d'attribuer cette sépulture et la statue qui l'accompagne à un âge plutôt qu'à un autre. Cependant il est bon de constater que cette statue-menhir, quoique étant posée debout, était complètement enfoncée dans la terre et que le niveau du sol dépassait de 25 ou 30 centimètres le sommet de la pierre; qu'elle était au milieu d'une large plaine sans pente sensible; que son ensevelissement n'a pu se produire qu'à la longue par suite de l'exhaussement lent et progressif du niveau du sol. Combien de siècles a-t-il fallu pour produire cette élévation? Je laisse aux géologues le soin de résoudre ce problème.

En présence du fait nouveau que je viens de signaler, doit-on conclure que toutes les statues-menhirs du Tarn et de l'Aveyron étaient placées sur des tombeaux et nous révèlent un rite funéraire en vigueur chez les peuplades primitives qui habitaient le pays qui forme aujourd'hui les cantons de Saint-Affrique, de Saint-Sernin, de Belmont, de Lacaune, de Murat et de la Salvetat?

On peut le conjecturer avec vraisemblance (1), mais on ne peut pas l'affirmer avec certitude. Une prudente réserve s'impose jusqu'à ce que de nouvelles découvertes nous permettent de formuler une thèse générale.

On pourrait encore soulever d'autres questions auxquelles j'ai fait allusion dans mes deux premiers mémoires. Je m'en abstiendrai pour n'être pas trop long et pour me tenir dans mon rôle de chercheur et d'observateur, laissant aux maîtres éminents les discussions auxquelles mes découvertes peuvent donner lieu.

(1) Les briques trouvées à côté de la statue de Puech-Réal sont peut-être un indice en ce sens. (Voir mon mémoire publié dans le *Bulletin archéologique*, 1898, 3e livraison.)

Prince Paul POUTIATIN

A Saint-Pétersbourg.

VARIANTE DES CONSTRUCTIONS MÉGALITHIQUES EN RUSSIE DU NORD [571.9 (47)]

— *Séance du 8 août* —

La communication de M. Adrien de Mortillet : « Les monuments mégalithiques en France, » m'a donné l'idée de vous parler des vestiges de cette culture en Russie. D'où vient-elle? C'est encore à élucider, d'autant plus qu'elle est d'une date plus récente, si on peut dire une dernière étape dans son évolution. A-t-elle été apportée par les Normands ou quelque autre peuple? — c'est difficile à dire — plutôt par les Normands. Les vestiges mégalithiques russes peuvent se diviser en cinq catégories :

1° Sépultures dolméniques;

2° Sépultures cromlechs;

3° Sépultures dans des parallélogrammes;

4° Tumulus (kourganes) cerclés à la surface de terre par des pierres;

5° Pierres à cupules et pierres à facettes.

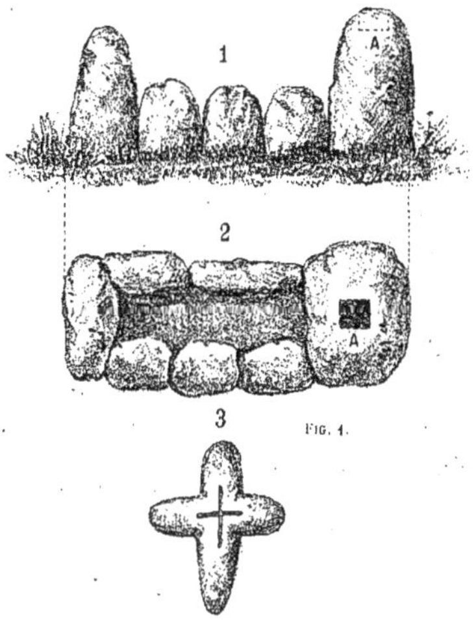

1
A
2
A
FIG. 1.
3
FIG. 2.

Sépulture dolménique. — 1. Vue latérale; A. Ouverture où on posait une croix; 3. Forme d'une croix.

1° Parlons des *premières sépultures dolméniques*... Ces sépultures sont entourées par des pierres beaucoup moins grandes qu'en France : elles forment un parallélogramme régulier (*fig. 1* et *2*). A la tête un monolithe plus grand, au pied moins grand. Ce qui les distingue absolument des dolmens français, c'est qu'ils n'ont pas de toiture. Les vieux croyants (raskolnik) russes ont longtemps employé cette méthode d'enterrement. Même on faisait une ouverture *A* à la pierre posée à la tête pour y mettre une croix. Dans la dalle principale des dolmens du Caucase et de la Crimée est une ouverture percée de part en part, ce qui les distingue des sépultures dolméniques du Nord et ils ont aussi des toitures, qui, comme je l'ai dit, n'existent pas au Nord. Dans les plus anciennes, on mettait aux pieds un vase en argile grossière à laquelle sont mêlées des parcelles de quartz. Ces vases étaient remplis ou de charbon ou d'os d'animaux domestiques calcinés. (Exemples : sépulture dolménique à « Podlipié » près de Bologoie, et à « Gridino », gouvernement de Novgorod).

2° *Sépultures cromlechs.* — Ces sépultures consistent en un enterrement au milieu de cercles de pierres d'une assez petite grandeur (*fig. 3*). Les os des défunts ont été mis dans un désordre difficile à comprendre. On ne sait pas si les défunts étaient enterrés dans une position accroupie, ou si cette posture résulte d'autres causes peut-être accidentelles. (Exemple : sépulture « Voronzovo » près du « Vichni-Volotchok », gouvernement Twer).

FIG. 3. — Sépulture à cromlech.

3° *Sépultures à parallélogramme*, ou autrement cages (kletki). — Dans la place citée précédemment, il y avait trois méthodes d'enterrements : tumulus, cromlechs et cages. La méthode pour déposer les morts était la suivante (*fig. 4*) : ils ont été mis dans un parallélogramme par trois, couchés sur le côté droit; aucun inventaire mortuaire n'y était, comme chez les autres cités ci-dessus. Exception pour les sories riches en fer provenant des forges dites catalanes.

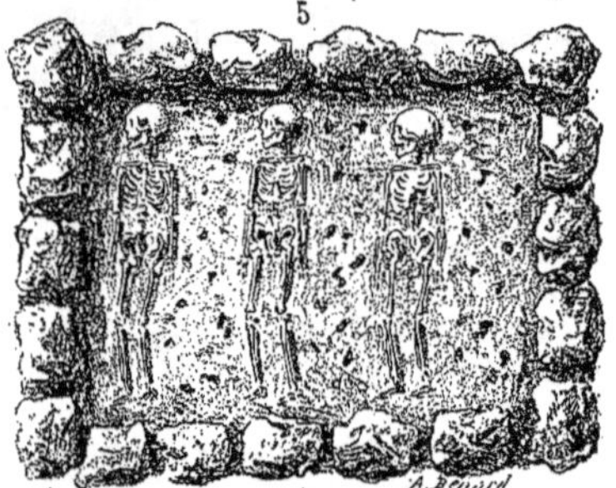

FIG. 4. — Sépulture à parallélogramme.

4° *Tumulus entouré à la surface du sol par un rond de pierres.* — Sont très connus en Russie ; ils sont pour la plupart à incinération et « slaves ». Presque toujours on y trouve au fond une couche de sable blanc de rivière, et plus haut une couche noire, probablement du gazon brûlé.

5° Comme exemple des *pierres à cupules* on peut en citer une qui a été envoyée par moi au Musée de l'Empereur Alexandre III, à Moscou. Elle est dans la salle des fresques préhistoriques, peintes par notre célèbre peintre Wasnézœff. Voilà, en quelques mots, quelle a été l'évolution dans notre pays des constructions mégalithiques dont l'usage a persisté jusque pendant l'époque chrétienne, les tombeaux d'alors rappelant l'architecture dolménique.

M. Arthur DEBRUGE

A Aumale (Algérie).

STATIONS PRÉHISTORIQUES DES ENVIRONS D'AUMALE (ALGÉRIE) [571(65)]

— Séance du 8 août —

Aumale est situé dans le département d'Alger, en plein Atlas, au pied de la haute montagne du Dirah; tout autour, ce ne sont que des gorges inaccessibles où d'un torrent on tombe immédiatement dans un autre torrent.

Les cours d'eau y sont nombreux et on peut assez facilement remonter à leurs sources, qui sourdent presque toutes, au pied du dj. Dirah.

Les terres nues sont rares autour d'Aumale : la majeure partie des terrains est occupée par une brousse épaisse, soit par du diss ou de l'alfa, soit enfin par des pâturages. Les points qui, par leur position, pourraient peut-être, le plus donner sont masqués par les broussailles et ne permettent aucune recherche.

Les quelques stations préhistoriques déterminées dans un rayon de dix kilomètres environ autour de la ville sont presque toutes situées dans des labours au voisinage des oueds ou des sources.

Ces stations sont au nombre d'une quinzaine; nous allons mentionner les plus importantes :

ANCIEN CIMETIÈRE. — A quelques centaines de mètres d'Aumale, au confluent de l'oued Lekal, et de l'oued el Habib au lieu dit « Ancien cimetière », est une station assez importante qui nous a donné des lames, nucleus, burins, grattoirs et une flèche à pédoncule légèrement brisée.

ABATTOIR. — A 1 kilomètre d'Aumale, sur l'ancienne route de Bouïra, en face de l'abattoir, auprès de la ferme Sésini « Prieur », le long de l'oued Lekal, est une station assez étendue livrée depuis longtemps à la culture. On y trouve des débris nombreux : lames droites et courbes, quelques burins, grattoirs, nucleus et une superbe pointe à dos retaillé.

CAMPAGNE PARÈS. — A 4 kilomètres environ d'Aumale en allant vers l'est du Dirah, ferme Achouche, entre l'oued El Mongari et le chemin rural n° 9, nous avons découvert une superbe station qui nous a livré de nombreux burins complets, remarquables par leur petitesse, des lames, nucleus, retouchoirs, grattoirs de bois, de flèches, lames courbes retouchées sur un des côtés l'autre restant tranchant. Cet outillage n'est pas rare en Algérie, où il caractérise le néolithique ancien d'après les recherches de M. Pallary, dans les cavernes d'Oran.

Ferme Clausson. — A 7 kilomètres d'Aumale, à l'est et au pied du Dirah, auprès des sources de l'oued el Mongari, tout autour de la ferme Clausson nous avons récolté, dans une autre station, des burins, de petits silex à dos retaillé comme ceux de la station précédente, quelques lames et, parmi, une pointe de grosse flèche en silex calcédonieux.

La Cascade. — A près de 2 kilomètres d'Aumale, en remontant l'oued Hammam un peu en dessous de la Cascade, auprès de la ferme Chamot, nous avons recueilli une pointe en feuille de laurier, une grosse flèche en silex translucide grossièrement pédonculée, un grattoir et enfin un fragment de silex qui nous a paru appartenir à une hachette plate. Malheureusement, le fragment que nous possédons n'est pas suffisant pour se prononcer catégoriquement. Contrairement à ce que l'on observe en France, les outils en silex *poli* sont très rares (pour ne pas dire tout à fait inconnus) en Algérie.

La Pépinière. — Entre l'oued Saïdan et l'oued Merloum, à 1 kilomètre environ d'Aumale, au pied de la montagne faisant face à la pépinière, dans le terrain Delpy, nous avons récolté de nombreuses lames minuscules, des nuclei, grattoirs de bois, flèche à tranchant transversal, ainsi que quelques autres outils qu'il est difficile de nommer.

Pont des Gorges. — A 7 kilomètres d'Aumale, sur la route nationale d'Alger, le long de l'oued Lekal, auprès de la bifurcation du chemin rural 29, derrière le café Gobby, nous avons observé une belle station qui nous a livré une perle en terre cuite et une trentaine de burins, lames droites et courbes, nucléus, grattoirs, perçoirs et autres.

Guelt-el-Zerga. — A 9 kilomètres d'Aumale, le long de l'oued Lekal et du chemin rural n° 24, tout près de la ferme Roman Pouget, dans le terrain d'une femme indigène, à la jonction d'un oued avec l'oued Lekal les silex ne sont pas rares, car nous avons rapporté de là des burins, des lames droites et courbes, nucleus et autres. Nous nous proposons de faire quelques fouilles sur ce point où nous supposons qu'il y a des sépultures anciennes.

La Smala. — A 1.500 mètres d'Aumale, à gauche de l'ancienne route de Bouïra, entre les jardins de Sidi Bel Kacem et l'ancien pénitencier, dans la campagne Beaudoux-Gervais, nous avons relevé des ruines romaines et, dans le voisinage, des silex taillés : burins, pointes à dos retaillé, flèches pédonculées, grattoirs, lames, nucleus, perçoirs et enfin un tronçon de hache polie en dolérite, de forme cylindrique.

La Smaida. — A 8, 9, 10 kilomètres d'Aumale, entre les différentes fermes Bordier, un peu partout, à l'aventure, sont quelques petites stations d'où nous avons rapporté un percuteur, des grattoirs, lames, burins, ébauche de javelot à double pointe, une flèche à pédoncule et à crans.

Ces diverses stations se trouvent à gauche de la vieille route d'Aumale à Bouïra en se dirigeant vers cette dernière localité.

L'industrie si uniforme de ces diverses stations doit être comparée à celle que M. Adrien de Mortillet a nommée *tardenoisienne*. Cette industrie est caractérisée par la petitesse de l'outillage et la plupart des paléthnologues sont d'accord pour la considérer comme étant du néolithique ancien. On la trouve très répandue dans l'ouest de l'Algérie et dans le sud de l'Espagne, où elle a été bien étudiée par MM. Pallary et Siret. Il est très probable que cette industrie s'étend davantage vers l'est où l'on a signalé des gisements en Tunisie, Égypte et Indes.

M. Félix REGNAULT

A Toulouse.

FOYERS DE L'ÉPOQUE QUATERNAIRE DANS LA GROTTE DE GARGAS (HAUTES-PYRÉNÉES)

[571.93]

— *Séance du 8 août* —

En 1895, au Congrès de Bordeaux, je signalais, de l'entrée de la grotte de Gargas (Hautes-Pyrénées), la présence d'une tribu de chasseurs qui, par les débris de son industrie primitive, et la faune recueillie dans les foyers, remonte à la plus haute antiquité. Depuis cette époque, continuant mes fouilles, j'ai pu recueillir un plus grand nombre de documents qui répondent à la première question proposée au Congrès de Paris.

D'après la coupe publiée dans les *Mémoires de l'Association Française*, je rappellerai qu'il existe une couche de terre et de débris récents reposant sur un plancher stalagmitique très dur, d'une épaisseur de $0^m,40$ à $0^m,50$, recouvrant les entrées de la caverne. Sous ce plancher stalagmitique s'étendent les couches des foyers non remaniés, véritables charniers, où sont accumulés des débris de toute sorte, silex, quartzites, ossements calcinés et cassés, ayant servi aux repas des chasseurs qui fréquentaient l'entrée de la caverne.

Silex. — En 1895, je signalais, parmi les rares éclats de silex taillés, deux pointes moustériennes très caractérisées. Les silex recueillis depuis sont d'une taille très primitive, c'est l'éclat enlevé du nucleus presque sans retouches, et qui a été utilisé tel quel. Ces éclats sont assez rares; quelques lames légèrement retouchées sur les bords font exception à l'ensemble des pièces.

Quartzites. — J'ai l'honneur de soumettre au Congrès la photographie des principaux cailloux taillés de main d'homme, recueillis dans les foyers de Gargas parmi les ossements d'animaux, les silex et les rares poinçons en os.

Le n° 1, comme les autres, a été façonné dans un galet de quartzite roulé très dur. Il se tient commodément à la main, et présente sur un côté, de part et d'autre, des éclats formant une arête tranchante. C'est bien le type de l'instrument destiné à briser les gros os (dimensions : $0^m,11$ sur $0^m,09$).

Le n° 2 est une sorte de *disque* à arêtes vives (dim. : $0^m,10$ sur $0^m,11$).

Le n° 3 est un éclat très tranchant sur les bords, offrant à la base deux éclats qui permettent de tenir avec le pouce et l'index très solidement en main *ce grattoir* destiné probablement à trancher, râcler et scier (dim. : $0^m,06$ sur $0^m,07$).

Le n° 4 est un gros éclat retouché largement sur les bords. C'est le seul instrument qui soit en calcaire noir très dur (dim. : $0^m,16$ sur 0,13).

Le n° 5 quartzite en forme de feuille de laurier avec pointe, retouché principalement d'un seul côté, offre l'aspect des instruments chelléens les plus primitifs (dim. : $0^m,14$ sur $0^m,09$).

Tous ces quartzites sont enduits, en partie, de la terre noire des foyers avec incrustations stalagmitiques, semblable à celle des ossements avec lesquels ils étaient en contact.

Os travaillés. — Ce sont des poinçons lisses fabriqués avec des éclats ou des fragments de côtes appointés. Pas d'ornementation ; l'extrémité de l'os a été affutée en pointe et constitue un travail très primitif. J'ai recueilli deux dents de cheval perforées, fragments de colliers ou pendeloques.

Faune. — La couche à foyers renferme une grande quantité d'ossements cassés intentionnellement et très fragmentés. Un grand nombre sont fendus longitudinalement, les os calcinés ne sont pas rares ; enfin quelques os presque entiers ont pu être conservés. Les pièces que j'ai pu déterminer ont donné les espèces suivantes :

Le grand ours des cavernes. — Le petit ours. — Un grand bœuf, abondant. — Un grand cerf, abondant. — Le cheval, abondant. — Le renne, très rare, quelques dents, un fragment de maxillaire inférieure avec deux dents.

Le docteur Garrigou qui, le premier, a signalé ces foyers dans la grotte de Gargas, n'hésite pas à les rapporter à l'âge du Renne. (Monographie de Bagnères-de-Luchon, t. I, p. 203, 18..).

L'étude de ces dépôts et d'un grand nombre de pièces recueillies dans différentes fouilles me paraît devoir faire remonter l'âge de ces foyers à une période antérieure, et ils correspondent par la taille rudimentaire des silex et des quartzites, par les débris de l'industrie de l'os et la faune qu'ils renferment, à la période la plus primitive, la plus ancienne de l'habitation de nos cavernes pyrénéennes.

M. P.-Auguste CONIL

A Sainte-Foy-la-Grande (Gironde).

SUR LE PASSAGE DU PALÉOLITHIQUE AU NÉOLITHIQUE. STATION CAMPIGNIENNE DU RALE (GIRONDE) [571(44.71)]

— *Séance du 8 août* —

La station atelier du Râle est située au nord-ouest du village de même nom, sur le flanc de la colline de Saint-André, à une altitude de 50 mètres environ au-dessus du niveau de la mer. Elle côtoie la route de la Roquille au Pont-de-la-Beauze, qui, en cet endroit, borde le Bréjou ou Ruisseau-des-Sandeaux. Une partie des terres avoisinantes n'étant pas défrichées, sa superficie ne peut être délimitée exactement ; on peut cependant regarder le chiffre de 4.500 mètres carrés comme approximatif.

Géologie. — Au point de vue géologique, les assises constitutives du sous-sol appartiennent à l'ère tertiaire, étage tongrien.

Les couches visibles sur les lieux sont les suivantes en partant de la base :

1° Mollasse du fronsadais à *Xiphodon gracile*, sur laquelle coule le Bréjou;

2° Calcaire lacustre, contenant à sa partie inférieure des bancs de silex, et passant par endroits à une meulière très vacuolaire qui sert à l'empierrement des routes;

3° Calcaire à Astéries. Cette dernière couche, ravinée presque partout, est observable de loin en loin, sous forme de minces lentilles, à Saint-André notamment. Vient ensuite l'assise pleistocène, constituée par une sorte de limon noirâtre, empâtant des blocs de calcaire et de silex originaires de la couche de calcaire lacustre n° 2.

Industrie. — Les différents outils que l'on rencontre à fleur de terre, sont éclatés dans des blocs de silex d'eau calcédonieux douce, blanchâtres, parfois translucides, d'apparence cireuse ou cornée, rubanés souvent de rose; et provenant de la couche n° 2. Ces blocs, à la suite du ravinement de la vallée, ont été empâtés dans les couches pleistocènes, d'où les ouvriers préhistoriques les ont facilement extraits.

C'est à cette abondance de matière première qu'est due la grande extension de la taille du silex dans la région.

Une particularité caractéristique de ce gisement, c'est que tous les silex qui en proviennent sont totalement dépourvus de patine; cela, toutefois, n'enlève rien à leur intérêt, ni ne saurait faire douter de leur authenticité, qui est irréfutablement démontrée par les incrustations ferrugineuses qui mordent leur surface.

Tranchets. — Le plus commun et en même temps le plus caractéristique des outils de la station est le tranchet. Tantôt il est retaillé sur les deux faces; d'autres fois, il est simplement formé par un éclat plus ou moins tringulaire, dont le bulbe de percussion initial constitue l'une des faces, tandis que l'autre est ordinairement fruste jusqu'à sa rencontre avec le conchoïde transversal qui, à sa jonction avec le bulbe précédent, détermine le tranchant de l'outil. A cette dernière forme se rattachent des tranchets à tranchant en demi-cercle d'apparence assez élégante.

Pics. — Les pics, rares à trouver, sont très grossièrement éclatés, parfois même ils sont constitués par un simple rognon de silex dont une extrémité seule est taillée.

Racloirs, Grattoirs, Tranchoirs. — On retrouve, dans la station, la plupart des formes paléolithiques de racloirs et de grattoirs, ainsi que des grattoirs discoïdes se rapprochant de ceux de l'époque néolithique. Parmi les formes paléolithiques, on remarque des grattoirs et surtout des racloirs de type moustérien, des racloirs tranchoirs en demi-cercle, à dos large, qui ont une certaine analogie avec certains racloirs du moustier, quoiqu'ils soient retaillés sur les deux faces. Il existe aussi de larges lames racloir ou scie de type moustérien. Parmi les autres formes paléolithiques, on peut citer de très rares grattoirs solutréens et magdaléniens.

Burins. — Les burins ne sont pas rares. Les plus communs sont les burins de type moustérien, ainsi que les pointes burin. Viennent ensuite les becs-de-perroquet et les petites pointes burin de taille magdalénienne.

Pointes. — On remarque tout particulièrement des pointes de type moustérien, ainsi que de petites pointes à dos abattu, ayant une certaine analogie avec des pointes similaires de provenance néolithique, trouvées au gisement de Saint-Nazaire près le Fleix (Dordogne). On observe aussi toute une série d'autre pointes, type de lames à dos abattu.

Couteaux. — Certains sont d'apparence moustérienne, d'autres magdalénienne; la plupart sont de formes indéterminées et présentent parfois des retouches sur leurs bords.

Perçoirs. — Les perçoirs n'ont rien de caractéristique; la majorité se rapprochent des perçoirs du moustier.

Éclats. — Les éclats fortuits sont extrêmement abondants, certains d'entre eux ont leurs bords ébréchés par l'usage.

Nuclei, percuteurs, enclumes. — Les percuteurs, ordinairement éclatés à grandes facettes, affectent des formes diverses; ils se tiennent commodément à la main.

Les enclumes, ou pièces que je considère comme telles, sont des blocs volumineux à base plane et à surface couverte d'étoilures. Quant aux nucléi, ils n'ont rien de particulier; certains cependant présentent de beaux conchoïdes minces et allongés qui dénotent une certaine adresse de la part de l'ouvrier qui les a éclatés.

Poterie. — Les fragments de poterie sont introuvables; je n'ai pu en recueillir qu'un seul fragment assez grossier et de couleur noirâtre.

Cette sommaire description ne peut laisser de doute sur le caractère de transition de la station; il est seulement regrettable que le manque de fossiles ne nous permette pas de contrôler paléontologiquement nos recherches.

M. AVENEAU DE LA GRANCIÈRE

A Vannes.

EXPLORATIONS ARCHÉOLOGIQUES DANS LE CENTRE DE LA BRETAGNE-ARMORIQUE — CANTONS DE CLÉGUÉREC, PONTIVY ET BAUD (MORBIHAN) —

[571.(44.1)]

— *Séance du 8 août* —

Le centre de la Bretagne, la région de Pontivy particulièrement, n'a pas été exploré. C'est à peine si quelques coups de pioche ont été donnés plutôt dans le but de découvrir des trésors. Les fouilles que nous y avons pratiquées ces dernières années ont amené des résultats satisfaisants, que nous n'attendions pas. Pour les relater complètement, il faudrait presque un volume. Certaines d'entre elles sont, du reste, déjà publiées, et les autres le seront ultérieurement dans différents recueils spéciaux. Nous n'avons même pas l'intention de les énumérer maintenant, nous réservant de le faire dans un travail complet, lorsque nous aurons achevé l'exploration que nous nous sommes proposé de faire.

Nos recherches se sont étendues sur tout l'arrondissement de Pontivy, mais celles dont nous donnerons un bref *compte rendu* aujourd'hui ont porté tout spécialement sur le territoire de douze communes, appartenant aux cantons de Cléguerec, de Pontivy et de Baud, couvrant environ 36.391 hectares.

Elles embrassent l'époque préhistorique entière jusqu'à la période romaine inclusivement. Nous avons aussi cru bien faire en étudiant quelques monuments intéressants des premiers temps du moyen âge.

En examinant la carte du département du Morbihan, on verra que le champ de nos dernières investigations s'étend, du nord au sud, sur un parcours de vingt-neuf kilomètres, et, de l'est à l'ouest, sur un parcours de quinze kilomètres, en ayant pour limite au nord le département des Côtes-du-Nord et le Blavet canalisé, à l'est, le Blavet, au sud et à l'ouest, le cours de la petite rivière La Sarre.

Voici, brièvement exposés, les résultats de nos explorations sur le territoire des douze communes dont nous avons parlé et qui, en les inscrivant par ordre alphabétique sont : Bieuzy, Cléguérec, Guern, Le Sourn, Malguénac, Melrand, Pontivy, Saint-Aignan, Sainte-Brigitte, Séglien, Silfiac et Stival.

ÉPOQUE NÉOLITHIQUE

Trois *dolmens*, deux à Cléguérec et un à Bieuzy (1). — L'un de ces monuments est absolument remarquable : vingt-sept mètres de longueur ; divisé en plusieurs compartiments. Ce dolmen est unique en son genre et mérite l'attention.

Comme mobilier ces sépultures ont donné des poteries néolithiques, des silex, des haches, du charbon et des cendres.

Onze *menhirs*, répartis ainsi : un à Cléguérec (2), quatre à Malguénac, un à Silfiac, un à Pontivy, trois à Guern, un à Bieuzy. — Plusieurs de ces menhirs sont élevés et très intéressants.

A leur pied nous avons recueillis : des poteries, des silex, des galets parfois avec cupules, des cendres et du charbon (3).

Trois *pierres à bassins* dont l'une avec cupules. Deux à Malguénac (4), une à Guern.

Cachettes de haches et trouvailles isolées de haches ou objets divers : Dans les communes de Cléguérec (vingt haches en diorite et chloromélanite), de Silfiac, de Pontivy, de Malguénac, de Guern, de Melrand (plusieurs en fibrolithe) et Bieuzy. — La matière la plus répandue est la *diorite*.

ÉPOQUE DU BRONZE

Vingt-deux *tumulus*, principalement dans les communes de Cléguérec, Silfiac, Malguénac, Guern et Melrand. — C'est à Melrand où nous avons fouillé le tumulus à enceinte semi-circulaire avec chambre sépulcrale centrale de *Saint-Fiacre*. C'est l'un des plus beaux monuments de l'époque du bronze exploré à ce jour.

Il nous a donné un mobilier remarquable. Le mobilier ordinaire des autres tumulus se compose de vases à quatre anses, de poignards à lame souvent plate et triangulaire, ornée parfois de filets en creux, avec emmanchement en bois et rivets. Dans l'enveloppe des tumulus et dans le voisinage des chambres presque toujours nous avons recueilli des poteries brisées intentionnellement, des fragments de meules à concasser le grain, des cendres et du charbon. Incinération partout.

Nous avons reconnu et exploré deux *villages* bien caractérisés par les poteries recueillies et par l'appareil des murs. L'un, le plus considérable, à Melrand, et l'autre au Sourn (5).

Toutes les communes visitées ont donné des *trouvailles de bronze* ou des

(1) Depuis la lecture de ce *compte rendu* nous avons exploré un très intéressant *dolmen* à Malguénac (Haches, lames de silex,, vases apodes et caliciformes, os travaillés, débris d'ossements, charbon). Ce nouveau dolmen porte le nombre à quatre.

(2) Deux nouveaux *menhirs* à Cléguérec.

(3) Toujours depuis la lecture de ce compte rendu nous avons exploré un *cromlec'h* avec alignements à Malguénac, et un autre petit *cromlec'h* à Guern.

(4) Trois nouvelles *pierres à bassins* à Malguénac, dont deux avec cupules et sculptures.

(5) Deux nouveaux *villages*, l'un à Guern, l'autre à Malguénac, avec nombreuses petites sépultures (tombelles) dans le voisinage. D'après les poteries nous croyons qu'ils remontent à la fin de l'époque du bronze.

cachettes de fondeur plus ou moins considérables, la plupart se rapportant au type Larnaudien. Les plus importantes, tant par le nombre que par la rareté ou la finesse des objets, ont été faites à Malguénac, Guern, Melrand et Bieuzy.

ÉPOQUE DU FER

Trois sépultures : deux *grottes sépulcrales artificielles à chambres souterraines* à Cléguérec et à Melrand (1); un *tumulus à enceinte circulaire*, avec petits caveaux au centre, à Silfiac. Mobilier : vases caractéristiques de l'époque du fer remplis d'ossements incinérés, fragments de poteries, clous en fer avec tête plate en bronze, cendres et charbon.

Ces trois sépultures appartiennent, croyons-nous, à la période de transition ou au premier âge du fer, l'*hallstattien*.

Plusieurs découvertes fortuites de vases, généralement de grande taille, rencontrés isolément, remplis d'ossements incinérés, particulièrement à Malguénac où nous en avons recueilli quatre.

Ces vases remontent à une époque postérieure aux précédentes sépultures, mais certainement antérieure à la période romaine.

ÉPOQUES INDÉTERMINÉES ANTÉRIEURES A L'ÉPOQUE ROMAINE

Nous avons exploré huit *camps* ou *enceintes fortifiées* dont nous n'osons préciser l'âge. Toutefois nous sommes portés à croire que quelques-uns de ces retranchements remontent à l'époque du bronze. Les poteries que nous y avons recueillies, certains indices semblent confirmer cette manière de voir. Ils sont répartis ainsi : deux à Cléguérec, un à Saint-Aignan, trois à Séglien, un à Malguénac, un à Melrand.

Nous avons étudié sept *menhirs* ou *colonnes cylindriques*, quatre à Séglien et trois à Guern. — Nous nous proposons, dans une étude spéciale, d'examiner l'époque à laquelle peuvent remonter les différentes colonnes plus ou moins cylindriques observées au cours de nos explorations. Tout ce que nous pouvons dire c'est qu'elles ne sont pas à coup sûr, comme le pensent plusieurs archéologues, des bornes milliaires, ces dernières absolument dissemblables de forme.

ÉPOQUE ROMAINE

Nous avons reconnu dans cinq communes, Cléguérec, Malguénac, Guern, Bieuzy et Melrand, des substructions, parfois considérables, remontant à l'époque romaine, et tout particulièrement, comme offrant le plus d'intérêt, un *bain* à Melrand et une *villa* à Malguénac. L'exploration de ces différents centres romains nous a donné tout le mobilier ordinaire, sauf la poterie dite *samienne*, recueillie seulement à Bieuzy. — Sépultures gallo-romaines à Cléguérec. Les *trouvailles* consistent dans une *statuette* découverte à Cléguérec, deux autres à Bieuzy, des *médailles* à Pontivy et à Bieuzy, des *armes* et fragments d'armes à Bieuzy.

Plusieurs *voies romaines* sillonnent les communes que nous avons explorées, et la grande voie de Rennes à Carhaix traverse, parfaitement conservée sur ce parcours, les communes de Bieuzy, de Melrand et de Guern.

(1) Nous avons fouillé depuis une autre fort belle *grotte sépulcrale artificielle* à Melrand.

ÉPOQUE MÉROVINGIENNE

Un *cercueil* en granit, renflé vers le milieu, avec son couvercle à Cléguérec.

Cinq *lerch's*, un à Cléguérec, un à Stival, deux à Malguénac et un à Melrand.

Deux *retranchements avec substructions* paraissant remonter à cette époque, l'un à Saint-Aignan, l'autre à Bieuzy.

Nous avons reconnu des traces certaines et anciennes de *forges* presque toujours au milieu de petites enceintes fortifiées, principalement dans la forêt de Quénécan ou le voisinage, sur les communes de Sainte-Brigitte et de Saint-Aignan. Au milieu de scories innombrables, nous avons recueilli des fragments de poteries grossières et des cailloux roulés ayant souvent subi l'action du feu. Nous nous proposons d'étudier ces stations. Il est utile de dire qu'on trouve une grande quantité de minerai de fer dans cette région.

Nous avons visité deux *grottes naturelles* à Bieuzy, et une caverne entièrement *creusée dans le roc* à Melrand. Elles sont affectées au culte, des chapelles les avoisinent ; il nous a été impossible d'y pratiquer des fouilles. Nous comptons cependant revoir ces grottes et en étudier les environs.

Signalons aussi deux *pierres sonnantes* à Bieuzy.

Une multitude de *chapelles* ont été élevées sur le territoire que nous avons exploré. Certaines communes en possèdent huit ou neuf, sans parler de l'église paroissiale. Toutes, sans exception, sont accompagnées, dans le voisinage, d'une fontaine, parfois de deux, et, dans plusieurs cas ont été bâties sur la source même. Le culte voué à ces fontaines remonte, croyons-nous, aux temps préhistoriques. Certaines d'entre elles sont l'objet de pratiques particulières. Dans quelques chapelles on conserve encore précieusement le *Maël Beniguet* ou *Massue sacrée* (1), dont l'origine semble remonter également aux temps préhistoriques, ainsi que des *Colliers-Talismans* ou *Gougad-Paterœnneu* en pierres de différentes natures (agate, opale, cornaline, lapis-lazuli, cristal de roche, turquoise, calaïs) taillées parfois remarquablement, et en pâte de verre finement décorée (2). Ces colliers, ou pour mieux dire ces grains de collier, qui autrefois étaient très répandus dans les communes que nous avons explorées, deviennent très rares aujourd'hui et — ce qu'il faut bien retenir — ont toujours été introuvables dans les régions avoisinant celle bien déterminée où on les rencontre.

A noter aussi que les *fusaïoles en plomb* (3) se rencontrent à peu près dans la même région que les colliers-talismans, c'est-à-dire plus particulièrement dans le Morbihan entre la petite rivière du Scorff et la Vilaine.

(1) Aveneau de la Grancière, *La Massue sacrée* ou *Er Maël Beniguet.* — Association Bretonne, 1899.

(2) Aveneau de la Grancière, *Les parures préhistoriques et antiques en grains d'enfilage et les colliers-talismans celto-armoricains.* Paris, Leroux, 1897.

(3) Aveneau de la Grancière. — *Les Rouelles gauloises et les fusaïoles en plomb du Morbihan.* — Association Bretonne, 1898.

Voici brièvement résumé le *compte rendu* que nous nous proposions de donner au *Congrès*. Nous n'avons pas parlé à dessein des explorations que nous avons faites en dehors des communes que nous avons nommées, préférant nous limiter à un territoire déterminé.

Que ressort-il de ces explorations ? — La preuve de plus en plus évidente de l'existence d'une civilisation particulière, appartenant à l'époque du bronze, civilisation qu'on retrouve toujours en avançant vers l'ouest dans la presqu'île armoricaine et qui a été si bien étudiée, dans la région des montagnes d'Arrhées, par M. du Chatellier, notre distingué collègue.

L'observation que ce savant fait en parlant de ses recherches dans la région du Huelgoat peut s'appliquer à la région dont nous nous occupons : nous retrouvons des traces bien plus sensibles et plus nombreuses de l'époque du bronze que celles de l'époque néolithique représentée par quelques monuments plus spécialement groupés dans le voisinage de la forêt de Quénécan.

Nous l'avons dit, les tumulus de l'*époque du bronze* que nous avons explorés étaient tous, sans exception, à *incinération*. Il en est de même pour les sépultures de l'*époque du fer*. Il nous a été impossible de reconnaître le mode de sépulture des dolmens que nous avons fouillés.

Nous ne parlerons pas du mode de construction des tumulus de l'époque du bronze. Ils sont nombreux (1), et, dans tous les cas, on ne saurait trop le répéter, seul le mobilier date une sépulture. Malgré nos recherches, plusieurs monuments ont dû nous échapper. Nous n'avons pas la prétention de les avoir tous découverts, et peut-être un jour, nous l'espérons même, trouverons-nous le moyen d'augmenter les listes des monuments du territoire que nous avons visité. Dès maintenant, en vue d'un travail plus complet, nous préparons la carte de la région explorée.

(1) AVENEAU DE LA GRANCIÈRE, *Quelques observations sur l'âge du bronze en Bretagne-Armorique. — Les monuments et les dépôts de bronze.* — Association française. *Congrès de Nantes*, 1898, p. 602.

M. Paul PALLARY

A Eckmühl-Oran.

QUATRIÈME CATALOGUE DES STATIONS PRÉHISTORIQUES DU DÉPARTEMENT D'ORAN

[571,(65)]

— *Séance du 8 août* —

Nous avons déjà publié trois catalogues du préhistorique dans le département d'Oran. Le premier date de 1891 (Congrès de Marseille), le second date de 1893 (Besançon), le troisième est de 1896 (Carthage). Celui que nous donnons aujourd'hui complète et rectifie sur certains points les trois premiers.

Toutes les corrections aux catalogues antérieurs sont mentionnées ci-après en *lettres italiques*; il suffira donc de rectifier ces indications et d'intercaler alphabétiquement les localités nouvelles pour avoir le dictionnaire complet des lieux habités aux époques anciennes connues jusqu'à ce jour.

Pour les noms de localités, l'orthographe officielle a été adoptée. Mais chaque fois que l'orthographe officielle n'était pas la transcription exacte de l'appellation indigène, cette dernière a été inscrite entre parenthèses.

Nous avons adopté aussi les abréviations suivantes :

(E.-M. 50 m.), (E.-M. 400 m.), (E.-M. 800 m.) pour : Cartes de l'État-major (Dépôt de la Guerre — Département d'Oran) aux 50.000e, 400.000e (feuille nord) et 800.000e.

(Flle 127) = Feuille 127. Indique le numéro de la feuille de la carte au 50.000e. Pour le Sud Oranais les indications cartographiques se rapportent à la carte du Sud Oranais au 400.000e = (S.-O., 400e) en quatre feuilles du dépôt de la Guerre.

(Auc. ment.) = Aucune mention sur les cartes aux 400 et 800.000e pour les régions où la carte au 50.000e n'a pas encore été levée.

Un nom de localité non suivi d'abréviations indique que cette localité est portée sur les deux cartes (E.-M. 400 m.) et (E.-M. 800 m.).

Un nom suivi d'une des trois abréviations veut dire que ce nom se trouve sur la carte mentionnée.

∎ Caverne, grotte ou abri. — ⌓ Tumulus. — S. T. Silex taillés. — ✡ Station. — ♦ Atelier. — R. B. Ruines berbères. — R. G. Rocher gravé (surtout pour le Sud oranais). Le terme + suivant un de ces signes signifie : plusieurs.

Nous avons adopté, pour chaque localité, une série de quatre numéros. Le n° 1 fixe la position de la localité. Le n° 2 indique la nature de la découverte et son âge. Le n° 3 mentionne l'auteur et la date de la découverte. Le n° 4 donne les indications bibliographiques nécessaires.

ARRONDISSEMENT D'ORAN

AÏN KERRANINE. — 1. (F^lle 126). Entre Canastel et Krichtel, à 16 kil. N.-E. d'Oran. — 2. ✡ à 1 kil. avant d'arriver à la ferme Augé, sur le sentier même, dans un terreau noir durci (lames en silex et coquilles marines), — autre ✡ à la source. — 3. M. Pallary, juin 1897.

ARBAL. — 1. (F^lle 181). (Catal. 1891, 1893). — 2 ♦ à 450 m. au N.-O. de la gare et à 50 mètres à droite du kil. 19,5 sur un petit mamelon. — 3. M. Doumergue, 1898. — 4. *Contr. au préh. du département d'Oran* in *AFAS* 1898, vol. II, p. 574-575.

ARLAL. — 1. (F^lle 240). A 14^km,5 S. d'Aïn Temouchent. — 2. S. T. dans le bled Tazourtine au N. d'Arlal entre les cotes 506, 632 et le village. — 3. M. Pallary, 1897.

2. S. T. au-dessous du village, au S. au sommet du mamelon d'où sort la source (Aïn Arlal), dans une terre rouge. — 3. M. Gentil, 1898.

BOU-SFER. — 1, (F^lle 153). A 22 km. O. d'Oran. — 2. S. T. près du point limite des communes de Bou-Sfer et d'El ançor, au lieu dit « le Caroubier ». — 3. M. Aug. Michaud, 1896.

EL GADA. — 1. (F^lle 182). Dans la commune mixte de Saint-Lucien. — 2. S. T. et quartzites dans la forêt. — 3. M. Doumergue. — 4. *AFAS*, 1898, vol. II, p. 576.

ILES HABIBAS. — 1. (F^lle 152). A 11 kilomètres N.-O. du cap Sigale. — 2. ✡ dans la grande île, sous le phare. — 3. M. Gentil, janvier 1897.

KLÉBER. — 1. (F^lle 127). A 34 kilomètres N.-E. d'Oran, voie ferrée. — 2. S. T. dans la propriété Chespine, près de la croix de la Mission sur le côté droit de la traverse qui conduit à Saint-Cloud. — 3. M. Aug. Michaud, 1897.

LA MARE D'EAU. — 1. (F^lle 182). A 40 kilomètres S. E. d'Oran, voie ferrée. — 2. ✡ sur la rive gauche de l'O. Ougasse en avant de l'embouchure du Ch^t le Djouar, au point où le sentier contourne l'éperon montagneux de la rive droite. — 3. M. Doumergue. — 4. *AFAS* 1898, t. II, p. 576.

LA SÉNIA. — 1. (F^lle 153). A 6 kilomètres S.-E. d'Oran (v. Cat. 1891). — 2. S. T. au milieu de la daya Morselli. — Hache plate polie en calcaire noir. — 3. M. Doumergue, juin 1896. — 4. *AFAS* 1898, vol. II, p. 575.

LES ANDALOUSES. — 1. (F^lle 152). A 21 kilomètres O. d'Oran. — 2. S. T. dans le domaine des Andalouses sur la rive droite du ravin des bananiers. — 3. M. Auguste Michaud, 1896.

LES SALINES D'ARZEW (El Mellaha). — 1. F^lle 154. — 2. S. T. sur la rive N.-E. du lac, sur le bord du chemin qui le longe, à gauche des points 89-181. — 3. M. Péquignot, février 1898.

MISSERGHIN. — 1. (F^lle 153) (v. cat. 1893). — 2. ▲* dans le Chabet el berout au voisinage du fort romain. — 3. M. Pallary 1898.

ORAN. — 1. (F^lle 153). — 2. Couche archéologique provenant d'un abris éboulé dans le ravin de Noiseux, à 400 mètres en amont de la grande grotte. — 3. M. Doumergue. — 4. *AFAS*, 1898, t. II, p. 575-576.

OUED MALAH. — 1. (F^lle 182). A 90 kilomètres S.-E. d'Oran v. f. — 2. ▲ dans le Dj. ed Djir sous la Koubba de S. A. E. K. au point 256. — 3. M. Pallary, 1898.

Ouggaz. — 1. (F^{lle} 182). A 46 kilomètres S.-E. d'Oran, v. f. — 2. S. T. et quartzites sur le plateau du Télégraphe dans le dj. Aoud Sma. — 3. M. Doumergue. — 4. *AFAS*, 1898, t. II, p. 576.

Rio Salado. — 1. (F^{lle} 179). Au sud du cap Figalo près de l'embouchure du Rio Salado. — 2. ⌓ (djahel) près de la haouita de S^{i} Mouley Ahmed, sur la rive gauche. — ⌓ sur la rive droite à la cote 89 près et au N. du douar Bezaïna. — ⌓ à l'O. du même douar à la cote 30. — 3. M. Pallary 1898.

Saint-Leu. — 1. (F^{lle} 127) (V. cat. 1891). — 2. ✡ autour de la source, au bas du village, sur le côté droit de la route d'Arzew à la Macta. — 3. M. Doumergue, 1899.

Sidi-Aissi. — 1. (F^{lle} 153). A 7 kilomètres N. de Misserghin. — 2. Sur la rive gauche du ravin de Bir Sidi Daho (ou puits romain) entre le coude du chemin qui va à ben Aïssi et le confluent, sur un coteau ⌓ très bien conservé. — ▲$^{+}$ « Rar el Mebedou' » sur la rive gauche du Chabet Mebdour. — 3. M. Pallary, avril 1897.

ARRONDISSEMENT DE MASCARA

Kralfallah. — 1. (S.-O. 400e F^{lle} 2 : Khalfallah). A 43 kil. 5 S. de Saïda par la v. f. — 2. S. T. — 3. M. Doumergue. — 4. *AFAS* 1898, t. II, p. 580.

Saida. — 1. (V. cat. 1891, 1893, 1896). — 2. ▲ éboulée du camp d'A. E. K. — 3. M. Doumergue. — 4. *AFAS* 1898, t. II, p. 580.

Tafaraoua. — 1. (S.-O. 400e F^{lle} 2). A 34 kil. 5 S. de Saïda v. f. — 2. S. T. — 3. M. Doumergue. — 4. *AFAS* 1898, t. II, p. 581.

Tifrit. — 1. (V. cat. 1893 et 1896). — 2. ✡ vers le 18e kilomètre de la route de Saïda à Tifrit. — ✡ vers le 22e kilomètre dans un large bas-fond. — ✡ vers le 24e kilomètre, là où le ruisseau d'Aïn Mana coupe la route. — 3. M. Doumergue, 1894. — 4. *AFAS* 1898, t. II, p. 578-580.

ARRONDISSEMENT DE BEL ABBÈS

Bedeau. — 1. (V. cat. 1891). — 2. S. T. à l'O. de la voie ferrée, en allant sur Raz el Mâ, à 4 ou 5 kilomètres de Bedeau. — ⌓$^{+}$ vers le 4e kilomètre de la route de Bedeau au dj. Beguira. — ✡ au col du dj. Beguira. — ✡ au N. de Bedeau auprès de la grande tranchée de la voie ferrée. — 3. M. Doumergue. — 4. *AFAS* 1898, t. II, p. 577.

Daya. — (V. cat. 1891, 1893, 1896). — 2. ⌓$^{+}$ aux environs d'Aïn bou Touego, au N.-E. — ✡ dans la même région. — Fragment de herminette au S. du bou Touega. — 3. M. Doumergue. — 4. *AFAS* 1898, t. II, p. 578.

Lauriers roses. — 1. (F^{lle} 210). (V. cat. 1891). — 2. ⌓^{2} sur le Hamam Seroudj, l'un à la côte 517, l'autre à la côte 580. — 3. M. Doumergue. — 4. *AFAS* 1898, t. II, p. 575.

Oued-Sba. — 1. (E. M. 400e O. Sebba). Cette rivière coupe la route de Bedeau à Daya. — 2. ✡ aux abords de la route de Daya. — ⌓$^{+}$ dans la forêt, presque sur la lisière, à 2 kilomètres environ du pont. — ✡ au cimetière du marabout Sidi Aïssa Lahmar. — 3. M. Doumergue. — 4. *AFAS* 1898, t. II, p. 577.

Parmentier (Aïn el Hadjar). — 1. (F^{lle} 240). A 19 kilomètres S.-O. de Sidi bel Abbès. — 2. — S. T. à 3 kilomètres N.-O. du village, dans une terre rouge. — 3. M. Gentil, octobre 1898.

ARRONDISSEMENT DE TLEMCEN

Beni Saf. — 1. (Flle 208), (v. cat. 1891). — 2. ✡ de pêche au confluent de l'O. bou Kourdan et de l'O. M'guenni, sous le marabout de Si Ahmed. — 3. M. Ad. Koch.

Daya Fert. — 1. (S.-O. 400e Flle 1 : Daït el Ferdh). — 2. S. T. dans la daya autour d'El Aouedj. — 3. M. Doumergue. — 4. *AFAS* 1898, t. II, p. 576.

Dj. Mekaidou. — 1. (S.-O. 400e Flle 1). — Au N. d'El Aricha. 2. ✡ au 3e kilomètre environ du sentier qui va du poste au nord vers la plaine. — ✡ sur le coteau situé sur la droite du ravin. — 3. M. Doumergue. — 4. *AFAS* 1898, t. II, p. 577.

Dj. Sidi el Aabed. — 1. (S.-O. 400e, Flle 1). A 18 kilomètres à l'O. d'El Aricha, sur la frontière. — 2. S. T. dans le djebel. — 3. M. Doumergue. — 4. *AFAS* 1898, t. II, p. 577.

Lalla-Marnia. — 1. (Flle 269). Sur la route de Tlemcen à Nemours. — 2. ⁺ au pont de la Mouilah, sur la rive gauche près de Hamman Cheikh. — 3. M. Pallary 1899.

Montagnac (Remchi). — 1. (Flle 239), (v. cat. 1896). — 4. M. Boule. *Ét. paléont. et arch. sur la st. pal. du lac Kârar* in *Anthropologie*, t. XI, 1900.

Nédromah. — 1. (Flles 269 et 238). — 2. « Mezoudj » sur la rive gauche de l'O. Sefra à 15 kilomètres environ N.-E. de Nédromah chez les Souhalia. — A 2 kilomètres N.-O. de la grotte de Mezoudj : ⁺ de Taïma sur la rive gauche de l'O. Taïma (qui continue l'O. Sefra). — 3. M. Pallary 1899.

Nemours (Djama Ghazaouat). — 1. (Flle 238). — 2. S. T. dans les dunes près du phare de Nemours. — ⁺ dans la vallée de l'O. Ghazouanah (O. el Mersa), sur la rive droite en amont du tombeau des braves. — 3. M. Pallary, 1899.

Sebdou. — 1. (V. cat. 1896). — 2. artificielle du pont de la route de Tlemcen, sur la Tafna. — 4. M. Doumergue, *Contr. au préhist. de la prov. d'Oran* in *AFAS* 1898, t. II, p. 576.

1. Chez les Ouled Ouriech, dans la vallée de Sebdou. — 2. R. B. et ⁺ (djahels) près du marabout de Sidi el Tahor. — 3. M. Mac Carthy, 1850. — 3. *Revue de l'Orient*, mai 1851 p. 281.

Taerziza. — 1. (S.-O. 400e, Flle 1). — (V. cat. 1891). Entre Raz el Mâ el El Aricha. — 3. *AFAS*, 1898, t. II, p. 577.

SUD-ORANAIS

Aïn Korima. — 1. (S.-O. 400e, Flle 4 : El Korima). Sur la route de Géryville à El Abiod Sidi Cheikh, à 59 kil. 5 de Géryville. — 2. S. T. sur les hauteurs autour du puits. — non loin du puits sur la route d'El Abiod. — S. T. après Korima en allant sur Arba Tahtani. — 3. M. Doumergue. — 4. *AFAS* 1898, t. II, p. 582.

Aïn Mekteur. — 1. (S.-O. 400e, Flle 2). A 12 kilomètres N.-E. de Géryville. — 2. S. T. autour de la source. — 3. M. Doumergue. — 4. *AFAS* 1898, t. II, p. 582.

Aïn Mrirès. — 1. (S.-O. 400e, Flle 2). Sur la route de Géryville à El Abiod Sidi Cheikh à 5 kilomètres S. de Géryville. — 2. S. T. — Hache chelléenne non loin du ruisseau. — 3. M. Doumergue. — 4. *AFAS* 1898, t. II, p. 582.

Aïn Sfissifa. — 1. (S.-O. 400e, Flle 2 : Sfissifa). Entre Kralfallah et Géryville sur le bord S. du Chott Chergui. — 2. S. T. autour de la source avec fragments d'œufs d'autruche. — 3. M. Doumergue. — 4. *AFAS* 1898, v. II, p. 580-581.

Arba Tahtani. — 1. (S-O. 400e, Flle 4). A 80 kilomètres S.-O. de Géryville. — 2. ✡ coupée par la route d'El Abiod ; à côté du Ksar. — ✡ sur les coteaux qui bordent la rive droite de l'Oued. — ⌂+ au kilomètre 87 et dans la plaine qui est au pied du Teniet Ziar. — 3. M. Doumergue. — 4. *AFAS* 1898, t. II, p. 582.

Ain Zian. — (S.-O. 400e, Flle 4). Sur la route de Géryville à El Abiod Sidi Cheikh, à 33 kilomètres S. de Géryville. — 2. S. T. au-dessus de la source. — 3. M. Doumergue. — 4. *AFAS* 1898, t. II, p. 582.

Bou Ktoub. — 1. (S.-O. 400e, Flle 2 : Bou Guethoub). A 13 kilomètres S. du Kreider, v. f. — 2. S. T. rares. — 3. M. Doumergue. — 4. *AFAS* 1898, t. II. p. 581.

Dj. Ksel. — 1. (S.-O. 400e, Flle 2 : dj. Kessel). A 25 kilomètres environ E. de Géryville, à 4 kilomètres O. de Stetten. — 2. S. T. autour d'Aïn el Amba (S.-O. 400e : A. el Anbà). — 3. M. Doumergue. — 4. *AFAS* 1898, t. II, p. 582.

El Abiod Sidi Cheikh. — 1. (S.-O. 400e, Flle 4). A 101 kilomètres S.-E. de Géryville. — 2. S. T. au N.-O. et à 500 mètres du bordj. — Coup de poing en grès dans la même station. — ✡ dans les dunes, sur les hamada. — 3. M. Doumergue. — 4. *AFAS* 1898, t. II, p. 583.

El Aricha. — 1. (V. cat. 1891, 1893, 1896). — 2. S. T. dans la plaine. — S. T. dans le lit de la dépression qui s'étend au S. de la redoute. — S. T. abondants à la butte du champ de tir. — ✡ au Mergueb, sur la route de Mechera el Harchaia entre le 4e et le 5e kilomètre sur le bord du Garet er rema. — 3. M. Doumergue. — 4. *AFAS* 1898, t. II, p. 577.

El Kreider. — 1. (V. cat. 1893). — 4. *AFAS* 1898, t. II, p. 581.

El May. — 1. (S.-O. 400e, Flle 2). A 35 kilomètres environ S.-E. de Kralfallah. — 2. S. T. à 3 kilomètres avant El May aux abords de la route. — 3. M. Doumergue. — 4. *AFAS* 1898, t. II, p. 580.

Found d'El May. — 1. (S.-O. 400e; Flle 2 : auc. ment.). Avant d'arriver dans le Chott el Chergui, en allant de Tafaraoua à Sfissifa est un défilé. — 2. ▲+ artificielles du type de R'iran de Sebdou à la sortie de ce défilé. — S. T. aux alentours. — 3. M. Doumergue. — 4. *AFAS* 1898, t. II, p. 580.

Géryville. — 1. (S.-O. 400e, Flle 2). — 2. S. T. près du pont des Gorges et dans les alluvions de la vallée. — ✡ sur la route du dj. bou Derga après la pépinière et coup de poing. — 3. M. Doumergue. — 4. *AFAS* 1898, t. II, p. 581.

Kef el Ahmar. — 1. (S.-O. 400e, Flle 2). Sur la route de Bou Ktoub à Géryville, sur la lisière S. du Chott ech Chegui. — 2. S. T. autour du caravansérail. — 3. M. Doumergue. — 4. *AFAS* 1898, t. II, p. 581.

Petit Khadra ! — 1. (S.-O. 400e, Flle 2 : Khadra). Sources abondantes à 7 kilomètres au S. de Sfissifa sur la route de Géryville. — 2. R. B. à 5 kilomètres de Sfissifa, sur le bord de la route. — S. T. avec débris de poterie et pectoncles. — 3. M. Doumergue. — 4. *AFAS* 1898, t. II, p. 581.

Sidi el Hadj ben Amer. — 1. (S.-O. 400e, Flle 4). Sur la route de Géryville à El Abiod Sidi Cheikh à 5 kilomètres au S. d'Aïn Zian et à 3 kilomètres de la route. — 2. S. T. communs aux environs de Sidi el Hadj ben Amer. — S. T. très abondants sur le plateau qui, dominant le village, s'étend au S.-E. — 3. M. Doumergue. — 4. *AFAS* 1898, t. II, p. 582.

Stitten. — 1. (S.-O., Flle 2). A 30 kilomètres environ E. de Géryville.

— 2. S. T. rares autour du Ksar. — 3. M. Doumergue. — 4. *AFAS* 1898, t. II, p. 582.

Zouireg. — 1. (S.-O. 400c, Fle 2 ; auc. ment.). Sur la route de Bou Ktoub à Géryville. — 2. S. T. autour du caravansérail. — 3. M. Doumergue. — 4. *AFAS* 1898, t. II, p. 581.

En 1896 le total des stations préhistoriques dans le département d'Oran se montait à 524, le présent catalogue en ajoute 83, ce qui porte à 607 le nombre actuel des stations signalées dans l'Ouest algérien. Le tableau suivant indique la répartition de ces stations dans les arrondissements d'après leur âge probable.

	ARRONDISSEMENTS DE						TOTAL
	Oran	Mostaganem	Mascara	Bel-Abbès	Tlemcen	Sud oranais	
Chelléen en place	»	1	2	»	1	1	5
Chelléen à la surface	1	3	5	»	1	3	13
Moustiérien en place	3	3	3	»	»	»	9
Moustiérien à la surface	1	»	2	»	»	1	4
Stations néolithiques	22	7	18	2	5	20	74
Haches polies isolées	3	4	9	4	9	5	34
Stations non classées	34	20	26	20	11	21	132
Tumulus	16	7	16	10	7	7	63
Autres tombeaux	»	7	15	5	2	»	29
Ruines berbères	6	86	103	6	6	5	212
Rochers gravés	»	3	»	»	»	29	32

M. le Dr Samuel BERNHEIM

à Paris.

LES TROUBLES GASTRIQUES PRÉCOCES DE LA PHTISIE

[616.33 : 616.995]

— *Séance du 3 août* —

Nous avons eu l'occasion d'observer ces phénomènes dyspeptiques chez un grand nombre de sujets, à une époque prétuberculeuse où l'on ne pouvait même pas encore soupçonner l'infection tuberculeuse, et où il était en tout cas impossible d'établir cliniquement une localisation tuberculeuse. Nous avons vu, d'autre part, très fréquemment des malades, qui étaient soignés depuis de longs mois pour une affection gastrique et chez lesquels ces troubles gastriques n'étaient que le prélude d'une phtisie pulmonaire dont ils marquaient l'existence. Enfin, il existe un lien si étroit entre la curabilité de la phtisie et la suralimentation, entre l'état de l'estomac et l'avenir du malade qu'il nous semble utile de reproduire cette étude, qui, en somme, est encore bien obscure malgré les nombreuses hypothèses émises par les auteurs sur ce sujet.

Peter, dans une de ses cliniques, a dit : « Il faut entourer l'estomac des phtisiques de soins pieux ». Et la raison de cette sollicitude nous est donnée par cet autre aphorisme que Daremberg place au début de son livre sur le traitement de la phtisie pulmonaire. « L'estomac est la place forte des phtisiques. »

Et c'est précisément parce que cette place forte capitule un jour que la tuberculose précipite son évolution. Il y a plus encore. Si la défense opposée par cette place forte n'était pas à un moment donné de la vie d'un individu, pour des raisons que nous chercherons à éclaircir, amoindrie et compromise, si elle était efficace et active ainsi que cela arrive chez l'homme sain, dont les fonctions digestives sont intactes, il est plus que probable que la tuberculose ne ferait pas son apparition. Si la dyspepsie prétuberculeuse que nous nous proposons d'étudier ici, n'est souvent que l'effet d'une tuberculisation déjà constituée, mais latente localement et qui ne se manifeste que par un syndrôme gastrique — il n'en est pas moins vrai que la fonction digestive perturbée contribue ou accélère la déchéance organique, que la place forte s'abandonne au moment où l'économie aurait besoin de toutes ses défenses, et que, somme toute, par un fâcheux retard des phénomènes physiologiques, la dyspepsie prétuberculeuse précipite la tuberculose ou la prépare.

D'ailleurs, et c'est une division qu'il importe d'établir nettement au début de ce travail, les troubles gastriques peuvent se montrer à toutes les périodes de la phtisie pulmonaire. C'est ce que tous les auteurs ont eu l'occasion d'observer et c'est ce qui a été maintes fois décrit par la plupart des phtisiologues. Pour mieux classer ces accidents, nous décrirons avec Marfan une dyspepsie prétuberculeuse, antérieure à toute lésion pulmonaire constatable, et à laquelle on donne le nom significatif de syndrôme gastrique initial.

Puis, une dyspepsie pulmonaire, la *dyspepsie commune des phtisiques*, qui garde habituellement les mêmes caractères, au commencement et à la fin de la maladie ; plus accusée seulement est la période terminale, et qui n'est souvent qu'une continuation de la dyspepsie prétuberculeuse.

Enfin, la terminaison de la tuberculose par troubles gastriques, dite *gastrite terminale des phtisiques*.

De cette division, sans doute un peu artificielle — puisque les périodes qu'elle reconnaît se confondent souvent et que les syndrômes sur lesquels elle repose se pénètrent et souvent se confondent — mais nécessaire cependant et pour l'exposition méthodique des faits, et de leurs caractères cliniques, nous retiendrons surtout qu'à toutes les périodes de la tuberculose pulmonaire les troubles gastriques rentrent dans le cortège de la séméiotique bacillaire, qu'ils sont susceptibles de se montrer avec des caractères différents aux étapes classiques de la maladie, mais que de beaucoup les plus intéressants sont ceux qui marquent l'extrême début de la maladie, de l'envahissement de l'organisme par le bacille et ses toxines, dyspepsie tuberculeuse de la majorité des auteurs, syndrôme gastrique initial.

Ce sont ces troubles gastriques que nous allons étudier chez les phtisiques et dont le haut intérêt, évident déjà en soi, ressortira plus nettement encore, nous l'espérons — et en ce qui concerne le diagnostic rapide de l'invasion bacillaire et au point de vue de la thérapeutique rationnelle — des considérations qui vont suivre.

***

Description des troubles gastriques précoces de la tuberculose. — Quelle est donc l'histoire clinique de la dyspepsie prétuberculeuse? — Il convient tout d'abord de lui donner une description détaillée et précise.

Voici ce qu'on observe chez un grand nombre de malades tout à fait au début de la tuberculose :

Troubles de l'appétit, sensations douloureuses qui suivent l'ingestion des aliments, excitations, régurgations acides et pyrosis, toux gastrique, vomissements ; état de la langue et constipation, inertie et dilatation de l'estomac.

Le plus fréquent de ces troubles, celui qui est constant, puisque nous l'avons trouvé chez la plupart de nos malades et que, sur vingt-trois phtisiques, Marfan l'a noté vingt-trois fois, est la perturbation de l'appétit.

1° *Appétit.* — L'appétit, au début de la phtisie, n'est pas encore aboli ; il est seulement diminué ; il est surtout irrégulier et capricieux : c'est là son caractère dominant. Irrégulier : le malade mange bien un jour et sans raison, sans motif apparent, ne mange pas le lendemain. Capricieux : il aura du plaisir à prendre certains aliments, surtout les liqueurs, les mets acides ou sucrés et n'aura aucun goût pour certains autres, par exemple pour la viande et les matières grasses ;

2° *Gastralgie post-digestive.* — La digestion, chez le phtisique, même au début encore insoupçonné de son mal, est accompagnée de sensations douloureuses, de malaises qui doivent attirer l'attention d'un clinicien expérimenté.

Souvent, il s'agit d'une tension, d'une lourdeur de l'épigastre survenant une heure environ après le repas. Souvent aussi, la sensation peut être réellement douloureuse et prendre la forme d'une « crampe d'estomac ». Marfan rapporte l'observation d'un malade qui souffrait longtemps de l'estomac avant d'avoir sa première hémoptysie : la douleur siégeait au creux de l'épigastre et s'irradiait vers l'hypocondre gauche ; en même temps, il y avait du météorisme, des éructations et des gaz, et ces troubles duraient environ deux heures et demie.

Ces sensations douloureuses, ces véritables crises gastralgiques sont certainement parmi les plus précoces des gastralgies prétuberculeuses.

Quénu a rapporté quelques observations où cette douleur épigastrique *post cibum* avait nettement précédé l'éclosion de la phtisie. Andral avait dit de son côté : « Au milieu de la société la plus parfaite, un individu ressent une douleur très vive de la région épigastrique ; bientôt surviennent des nausées et des vomissements : la soif est intense ; mais en même temps les symptômes d'une simple bronchite se déclarent et après les signes gastriques se sont amendés, la toux persiste, les hémoptisies surviennent. »

Notons, en outre, que le repas est souvent pour le prétuberculeux l'occasion de dyspnée qu'on s'explique mal et d'une oppression qui n'est en rapport ni avec l'auscultation du cœur ni avec celle du poumon.

3° *Flatulences, éructations, etc.* — A côté de cette douleur épigastrique, on peut observer des flatulences, des éructations, des régurgitations acides, du pyrosis, ce que les malades appellent « des aigreurs. »

Ces symptômes ont assurément leur valeur mais outre qu'ils sont inconstants et qu'on peut les rencontrer dans tout autre chose que dans une tuberculose incipiente, ils s'effacent devant l'importance d'une autre symptôme qu'on a appelé la toux gastrique.

4° *La toux gastrique.* — Que faut-il entendre par ce terme ? On l'a diversement interprété.

Pujol, de Castres, Beauvais disaient qu'il y avait toux gastrique quand la toux suivait l'ingestion des aliments et semblait causée par leur contact avec la muqueuse gastrique.

Trousseau, au contraire, définissait la toux gastrique, une toux qui survient dans les affections stomacales, en dehors de toute lésion des voies respiratoires.

Quoi qu'il en soit, cliniquement, la toux gastrique se présente sous forme de quintes qui suivent l'ingestion des aliments et semble provoquée, comme le supposaient les premiers auteurs ci-dessus, par leur contact avec la muqueuse de l'estomac.

Ces quintes sont assez pénibles et violentes pour provoquer des vomissements.

5° *Les vomissements.* — Le vomissement alimentaire, chez le phtisique, a de bonne heure frappé les observateurs. Le phtisique, ou celui qui doit le devenir, vomit rarement à jeûn ; ce n'est guère qu'après le repas, et surtout le repas du soir qu'il est pris de vomissements. Le phtisique vomit sans qu'il tousse, et à cette période précoce il tousse « de l'estomac ».

Ingestion des aliments, toux gastrique, vomissements alimentaires, ainsi s'enchaînent et se succèdent les troubles gastriques. « Vous verrez, disait Peter, des tuberculeux qui toussent parce qu'ils ont mangé et qui vomissent parce qu'ils toussent. » Peter note encore que la toux gastrique ne s'accompagne pas en général de sensation nauséeuse — mais que le vomissement existe souvent avec des palpitations cardiaques.

Germain Sée observe que les matières rendues sont presque toujours des aliments non digérés.

« Rien n'est exceptionnel, dit Marfan, au début de la phtisie, comme les vomissements pituiteux, glaireux, muqueux, survenant soit le matin, soit à un autre moment de la journée. Quénu n'en a observé qu'un exemple authentique et moi-même je n'ai pu rencontrer qu'un cas probant. »

Qu'il nous soit permis, en dépit de l'autorité de ces excellentes observations, de contester cette dernière remarque. Nous avons souvent rencontré chez les phtisiques, au début même de leur bacillose, le vomissement pituitaire, la « pituita » matinale des alcooliques et des fêtards. Et c'est précisément chez les tuberculeux éthyliques qu'on la rencontre presque exclusivement, mais aussi presque constamment.

La toux gastrique et les vomissements qu'elle entraîne sont (on le comprend sans peine) du pronostic le plus fâcheux. C'est en vain que le tuberculeux, ou celui qui n'est encore que bacillisable, lutte contre sa dénutrition progressive : il se débat dans un cercle vicieux : il mange pour compenser ses dépenses; mais il augmente sa toux et la toux entraîne les régurgitations alimentaires. Fâcheuse association de phénomènes morbides !

6° *État de la langue.* — Relativement à l'état de la langue, Marfan déclare que « la langue des phtisiques qui présentent le syndrôme gastrique est toujours nette et humide : c'est un caractère négatif mais qui peut acquérir une très grande importance au point de vue du diagnostic. »

Rectifions, en ce qui nous concerne, cette affirmation : nous avons souvent rencontré chez le gastralgique prétuberculeux la langue saburrale du dyspeptique ordinaire. On ne peut fonder un diagnostic sur une différence qui fait souvent défaut.

7° *Constipation.* — Plus important est le signe qui se tire de la fréquence et de l'état des selles. Ordinairement, au début de la tuberculose, il y a constipation. C'est à peu près la règle chez la femme, mais beaucoup moins fréquente chez l'homme ; souvent même celui-ci a de la diarrhée.

8° *Fièvre.* — Au point de vue de la fièvre, il n'existe, dit Marfan, aucune corrélation entre la fièvre et le syndrôme gastrique initial ; tel phtisique qui qui présente le syndrôme gastrique est apyrétique ; tel autre est fébricitant et n'a point les troubles gastriques.

Lassègue insistait sur cette dernière particularité : « Tout patient qui a la fièvre le soir, qui a la langue nette et humide, qui mange de très bon appétit, est un phtisique. »

9° *État de l'estomac.* — Qu'est l'estomac, au cours de ces troubles fonctionnels ? que révèle son exploration physique ?

Il est, au moment de la digestion, distendu par des gaz. La percussion montre que la sonorité stomacale a un timbre assez aigu, et que l'estomac a souvent dépassé ses limites normales : il est à la fois distendu et dilaté.

La palpation montre qu'il est dilaté, c'est-à-dire qu'il se vide mal, qu'il est inerte, et qu'à jeûn, il contient des matières ; on y perçoit facilement le bruit de clapotage. MM. Audhoui, Bouchard, Le Gendre remarquent que :

1° Si le bruit de clapotage est perçu à jeûn au-dessus d'une ligne allant de l'ombilic au rebord des fausses côtes gauches (ligne de Bouchard) et non au-dessous, on doit conclure que l'estomac n'est pas dilaté mais inerte, puisqu'il n'a pas complètement expulsé son contenu à travers le pylore.

2° Si à jeûn le bruit de clapotage est perçu au-dessous de la ligne de Bouchard, non seulement il est inerte, mais il est dilaté.

Inertie, dilatation, deux degrés d'un même état qui font partie du syndrôme gastrique initial.

Apparition et évolution du syndrôme gastrique initial. — Quelle est la date d'apparition de ce syndrôme, et comment évolue-t-il, au cours de la tuberculose confirmée ?

Le Dr Hayem a fait porter, à ce sujet, son observation sur 80 gastrophtisiques ; il les divise en deux catégories : une catégorie de 32 malades gastropathes chez qui la tuberculose pulmonaire n'était encore qu'imminente et une catégorie de 48 malades nettement tuberculeux au moment de l'examen gastrique.

Dans 21 des cas de la première catégorie, la tuberculose pulmonaire est restée douteuse ou peu accusée. Une dizaine d'entre eux présentaient des signes localisés et limités, d'un caractère peu précis, ne s'accompagnant pas de bacilles dans les crachats ; le traitement antidyspeptique les débarrassa de ces symptômes pulmonaires. Dans 11 cas, la tuberculose, qui n'existait pas au moment de la première observation, s'est affirmée postérieurement.

Parmi les 21 malades de la première catégorie, 11 étaient atteints de gastrite à forme hyperpeptique — 10, de la forme hypopeptique, allant deux fois jusqu'à l'apepsie absolue ou presque absolue.

Des 11 malades devenus tuberculeux, 3 étaient hyperpeptiques, et 2 d'entre eux avaient présenté des signes d'ulcère stomacal, 8 étaient hypopeptiques, et quatre fois l'hypopepsie allait jusqu'à l'apepsie...

Ces chiffres indiquent simplement que la gastropatie précédant la tuberculose peut avoir une forme symptomatologique quelconque. Si elle se révèle plus fréquemment par de l'hypopepsie, cela tient à ce que l'affection stomacale est, en général, très ancienne quand elle vient à se compliquer de tuberculose pulmonaire. Et de même quand on recherche les causes de cette gastropathie, on voit que l'étiologie en est banale ; c'est celle de la gastrite chronique ordinaire...

Le second groupe de cas, constitué par les malades déjà nettement tuberculeux au moment du premier examen, comprend 48 observations : 15 fois les malades étaient hyperpeptiques, et l'un d'eux avait un ulcère stomacal ; 33 fois, le type clinique était celui de l'hypopepsie, et 12 fois cette hypopepsie allait presque jusqu'à l'apepsie.

Quelle est la date d'apparition des phénomènes gastriques par rapport aux symptômes pulmonaires ?

La statistique précédente de Hayem montre qu'elle est des plus variables et que les rapports d'antécédents et de conséquents entre les deux ordres de symptômes peuvent se trouver intervertis.

Cependant, selon Marfan, en règle générale, le syndrôme gastrique initial apparaît en même temps que les premiers phénomènes annonçant la localisation pulmonaire (toux, hémoptysie). Parfois, il la précède. Louis, Andral, Bourdon l'auraient souvent observé. Mais, dit Quénu, « le malade ne fait souvent dater la toux que du jour où elle est devenue quinteuse et suivie de l'expulsion de crachats, laissant dans l'ombre une période de toux sèche, parfois de plusieurs mois de durée. » — Ce qui réduit de beaucoup le nombre des gastropathes vraiment prétuberculeux, la gastrite étant, dans ces cas rares, le *primum movens* de l'infection tuberculeuse, ou tout au moins sa première manifestation.

Une fois constituée que devient la gastropathie, au cours de la tuberculose ? La plupart des auteurs ont observé que dans la majorité de ces cas, le syndrôme initial s'atténue, disparaît de lui-même, à mesure que la lésion pulmonaire suit son cours. Souvent, en effet, la dyspepsie est nettement prétuberculeuse, au moins apparemment. Le malade a d'abord l'appétit diminué, irrégulier et capricieux; puis il tousse après ses repas, vomit, a des renvois acides, et tout cela en un temps où les signes sthétoscopiques sont inappréciables. Puis, quand ceux-ci apparaissent et s'accusent, quand on perçoit des craquements, des râles sous-crépitants, tous les signes d'une désintégration pulmonaire, il est curieux de voir le syndrôme gastrique disparaître. On dirait qu'il y a balancement entre les deux ordres de phénomènes.

Toutefois, il faut se garder d'être trop rigoureux dans les conclusions de cette nature. La dyspepsie, les troubles gastriques évoluant parallèlement à la tuberculose pulmonaire ne sont pas rares. Ajoutons que, dans ces cas, l'évolution de la maladie est généralement trop rapide pour permettre de distinguer entre les troubles gastriques du début, du milieu et de la fin de la tuberculose — ce qui fait qu'on confond gastrite terminale, dyspepsie ordinaire du tuberculeux et dyspepsie prétuberculeuse.

On peut donc poser en thèse générale que dans la phtisie commune, qui débute cliniquement si souvent par des symptômes gastriques d'apparence assez banale, ceux-ci s'atténuent tandis que l'état pulmonaire s'aggrave, pour revêtir une nouvelle forme aiguë (gastrite terminale des phtisiques) à l'ultime période de la fonte pulmonaire. Une fois établie, la dyspepsie commune suit assez bien les fluctuations de la maladie, s'améliorant avec elle, devenant plus intense quand le mal fait des progrès. A certains moments, elle disparaît pour revenir ensuite; dans les derniers temps, elle ne manque presque jamais, et elle s'exagère beaucoup quand apparaissent les signes de la gastrite terminale.

Nature et pathogénie des troubles gastriques prétuberculeux. — Quelle est la nature, quel est le mécanisme — quels sont à la fois le substratum et la pathogénie de ces troubles gastriques prétuberculeux ou de la tuberculose initiale?

Ici, il importe de rappeler la distinction que nous avons signalée dans les pages précédentes.

La plupart du temps, troubles gastriques et tuberculose pulmonaire sont contemporains au début. Phénomènes stomacaux, phénomènes pulmonaires apparaissent de compagnie; mais il est des cas où l'apparition de signes sthétoscopiques tuberculeux est précédée de troubles gastriques cliniquement caractérisés par une gastralgie *post cibum*, par des crises de douleurs gastriques que nous avons décrites comme les plus caractéristiques du syndrôme gastrique prétuberculeux. Si donc cliniquement la dyspepsie commune des phtisiques (dyspepsie contemporaine de tuberculose) et le syndrôme initial des tuberculeux (véritable dyspepsie prétuberculeuse de Bourdon) se peuvent distinguer grâce aux crises gastralgiques *post cibum*, symptôme parfois unique, en tout cas prédominant toujours de la dyspepsie prétuberculeuse — bien mieux encore, vont se différencier ces deux ordres de gastropathies à la faveur de la physiologie pathologique et de la pathogénie.

C'est que leur nature et leur mécanisme sont fort différents.

Pour Marfan, le syndrôme gastrique, non pas initial mais total, autrement dit la dyspepsie commune des phtisiques, est sous la dépendance de deux éléments principaux.

a) L'inertie stomacale avec ou sans dilatation ;

b) Une légère insuffisance de secrétion du suc gastrique ; troubles de la motricité, trouble du chimisme gastrique — à cela se réduit l'étiologie essentielle de la gastropathie tuberculeuse commune.

La motricité est toujours affaiblie ; il y a ordinairement hypochlorhydrie — telle est la formule qui, pour Marfan, résume la substratum de la dispepsie vulgaire et phtisique.

Voilà quel mécanisme en rend compte.

Diverses hypothèses sont possibles.

a) Y a-t-il lésion stomacale ? Non, répond toujours l'anatomie pathologique.

b) L'insuffisance motrice et sécrétoire de l'estomac est-elle sous la dépendance de la fièvre ?

Hildebrand l'affirme, et cet auteur croit que l'hypopepsie suit les fluctuations de la fièvre. Les faits contredisent cette hypothèse. On rencontre des phtisiques fébricitants avec un suc gastrique normal et une digestion régulière. La fièvre des phtisiques est peut être la seule qui ne puisse pas troubler la sécrétion gastrique. Nous avons cité le mot de Lassègue : Un malade qui mange bien, qui digère, et qui a de la fièvre, est un phtisique. « Tous les praticiens n'ont-ils pas remarqué que certains phtisiques, alors même qu'ils ont la fièvre depuis plusieurs semaines, quelques fois depuis plusieurs mois, supportent une alimentation intensive que des individus bien portants digéreraient avec peine... La tolérance gastrique est vraiment surprenante dans bien des cas, et me semble que la tuberculose pulmonaire au début est de toutes les maladies organiques graves, celle dont l'influence sur les phénomènes digestifs est le moins prononcée. » (Hayem).

Conclusion : les troubles gastriques de la tuberculose sont indépendants de la fièvre.

c) Sont-ils sous l'unique dépendance d'une irritation du nerf pneumogastrique ?

Marfan, dans un examen serré de cette question, se demande alors par quel mécanisme. Il y voit deux hypothèses possibles, invoquées par les partisans de la théorie.

1° Il y aurait, dit-on, une sympathie nerveuse manifeste entre l'estomac et le poumon : toute lésion de l'un entraîne au minimum un trouble fonctionnel de l'autre.

Réponse : — « Rien, ni dans la physiologie, ni dans la pathologie, n'autorise une opinion aussi exclusive. La physiologie se borne à montrer que l'irritation de certaines parties du vague provoque le vomissement : on est bien loin d'avoir démontré que l'excitation du pneumogastrique a une influence sur la sécrétion du suc gastrique et peut entraîner l'inertie de l'estomac. Quant à la pathologie, elle montre un fait considérable, c'est que cette prétendue sympathie entre le poumon et l'estomac n'existe guère que dans la phtisie et qu'elle ne se manifeste pour ainsi dire jamais dans les autres affections pulmonaires. » (Marfan).

2° Seconde hypothèse invoquée par les partisans de l'irritation du pneumogastrique :

Le vague serait comprimé par des ganglions tuberculeux du médiastin : d'où troubles gastriques, vomissements, toux gastrique, etc.

Réponse : — Cette compression, loin d'être la règle, est l'exception. L'autopsie le prouve ; l'explication ne vaut donc qu'à titre d'exception. Elle est insuffisante presque toujours.

d) Une seule explication reste possible : la dyspepsie des tuberculeux est l'effet et non la cause de la tuberculisation. Il est de la dyspepsie comme de l'aménorrhée des tuberculeux : « Chez la femme, dit Laënnec, les règles se suppriment presque toujours peu de temps après l'établissement de la maladie et quelquefois même avant qu'aucun signe annonce encore la phtisie. Dans ces derniers cas, le vulgaire et même les médecins appliquent l'axiome, *post hoc, ergo propter hoc,* et attribuent la maladie à la suppression des règles qui n'est cependant qu'un effet du développement des tubercules dans les poumons. »

On a remarqué aussi que la dyspepsie des phtisiques est d'autant plus accusée que le malade présente à un plus haut degré les signes de l'anémie dite tuberculeuse ; c'est qu'il y a rapport de cause à effet entre ces trois termes : bacillose, anémie, dyspepsie, la cause initiale étant la toxi-infection bacillaire.

La dyspepsie des phtisiques est une dyspepsie toxique.

On peut reproduire de toutes pièces ces troubles gastriques en injectant de la tuberculine à des cobayes ou à des lapins qui ne sont pas tuberculisés. Chez les animaux qu'on a tuberculisés, on observe également, dès les premiers jours de l'inoculation, certains troubles dyspeptiques.

Que produit cette intoxication? Les deux éléments étiologistes que nous avons reconnus à la dyspepsie des tuberculeux ; l'inertie gastrique et l'insuffisance du suc gastrique, l'hypochloro-pepsie, éléments qui suffisent à expliquer la majorité des symptômes que nous avons décrits, parmi les troubles gastriques des phtisiques.

Quant à la toux gastrique et au vomissement, en peut reconnaître, avec les partisans d'une théorie, que nous avons réfutée dans son ensemble, qu'ils sont dus à l'irritabilité anormale du vague qui a sur son trajet deux organes qui souffrent : le poumon et l'estomac.

Telles sont la nature et la pathogénie de la dyspepsie commune des phtisiques.

Voyons celles de la dyspepsie prétuberculeuse.

Selon Hayem, il n'y a plus insuffisance, mais exagération de suc gastrique ; la dyspepsie prétuberculeuse avec gastralgie *post cibum* est hyperpeptique, hyperchlorhydrique.

L'appétit peut être conservé ou même augmenté ; il y a des douleurs épigastriques au moment de la digestion, toux gastrique, vomissements alimentaires, dilatation de l'estomac.

Conclusion : il y a un syndrôme gastrique prodromique de la phtisie qui répond à l'hyperchlorhydrie et diffère de la dyspepsie commune qui est hypochlorhydrique. Celle-ci peut, d'ailleurs, dans le cours de la tuberculose, remplacer la première.

Quelle est la pathogénie de cette hyperchlorhydrie prétuberculeuse?

Deux explications sont possibles.

a : L'hyperchlorhydrie est une toxi-infection bacillaire, les toxines du bacille étant un excitant de la sécrétion gastrique.

b : L'hyperchlorhydrie et la phtisie coexistent : simple coïncidence, ou mieux l'hyperchlorhydrie appelle l'infection bacillaire, l'hyperacidité des humeurs étant favorable à l'invasion microbienne (Charrin) par diminution des défenses de l'organisme.

Les deux explications sont vraisemblables. Peut-être le double mécanisme s'en réalise-t-il suivant la variété des cas.

Importance diagnostique et pronostique des troubles gastriques. — La dyspepsie prétuberculeuse n'est donc pas un syndrôme gastrique isolé, sans relation avec la tuberculose encore latente dont il est parfois l'unique et précoce manifestation. On comprend dès lors son importance au point de vue du diagnostic rapide de l'infection bacillaire.

Toutes les fois qu'on se trouve en présence d'un adulte qui accuse des troubles gastriques, que ces troubles ne cèdent pas à une médication spéciale, toutes les fois qu'il y a dyspepsie rebelle avec amaigrissement même inappréciable, on doit songer à la tuberculose et instituer un traitement prophylactique de la bacillose, sans autres signes que ceux qui viennent du syndrôme gastrique.

Parfois, l'anémie tuberculeuse initiale, les troubles gastriques qui l'accompagnent donnent à la tuberculose qui commence une forme spéciale, à laquelle Germain Sée donnait le nom de phtisie dyspeptique. « Rien n'est plus trompeur, dit Marfan, que les formes clinique visées par cette dénomination. En effet, l'état anémique, les troubles dyspeptiques étant très marqués, il se peut que les signes indicateurs d'une lésion pulmonaire soient au contraire fort peu accusés : il se peut que le malade ne tousse que très légèrement, que les signes sthétoscopiques soient pour ainsi dire insaisissables. Alors, surtout s'il s'agit d'une femme, on fera inévitablement le diagnostic de chlorose avec troubles gastriques. En réalité, il s'agit d'un début de tuberculose. »

Quels seront donc les éléments d'un diagnostic, sinon de certitude, au moins de probabilité de distance?

Si la dénutrition est déjà profonde, que l'amaigrissement ait été progressif et rapide, si surtout cette déchéance paraît inexplicable et en dehors de toute proportion avec l'intensité des phénomènes gastriques, si une dyspepsie localement bénigne, sans lésions appréciables, sans perturbations gastriques considérables, paraît avoir seule provoqué cette dénutrition, tenez pour suspecte cette dyspepsie : quelque chose se cache derrière.

Le vomissement, parmi les signes dont se compose le syndrôme gastrique initial, est certainement l'un des meilleurs. « Aucun des symptômes, dit Pidoux, qu'on appelle généraux ou rationnels, n'a, à nos yeux, une valeur aussi positive. Je ne sais s'il m'a trompé une seule fois dans le diagnostic de la phtisie pulmonaire, toutes les fois que l'ensemble des caractères me laissait dans l'incertitude et ne me permettait pas d'affirmer l'existence de tubercules. »

La toux gastrique et les vomissements suffisent pour poser le diagnostic de la tuberculose. « Un individu qui tousse après avoir mangé, qui vomit après avoir toussé, est presque à coup sûr un phtisique. »

Si la toux gastrique et le vomissement viennent à manquer au tableau clinique de la dyspepsie prétuberculeuse, la valeur diagnostique de celle-ci est moins imposante, et la certitude plus difficile. On peut, cependant, poser un diagnostic de probabilité tuberculeuse chez tout individu au facies terreux, qui a des troubles de l'appétit et de la digestion, accompagnés d'un amaigrissement rapide. On peut, du reste, dans les cas de doute préciser le diagnostic par la séro-réaction d'Arloing ou par l'épreuve de la tuberculine.

Enfin, notons encore une fois qu'il n'est pas rare de voir les troubles gastriques s'atténuer avec l'apparition des signes pulmonaires.

Est-il besoin maintenant de déclarer que la phtisie qui débute par des troubles gastriques, qui compromet dès l'abord l'intégrité de la fonction digestive, se présente sous les plus fâcheux augures? Le professeur Jaccoud dit à ce sujet : « Les désordres gastriques augmentent les déperditions organiques; ils entravent l'alimentation réparatrice qui est un des moyens essentiels du traitement, et ils contraignent à laisser de côté certains agents thérapeutiques dont l'utilité est réelle, l'arsenic, l'huile de foie de morue, la créosote par exemple. Tant que dure cette phase, le temps est perdu pour le traitement de la maladie, il est plus que perdu, c'est un temps nuisible en raison de la spoliation que subit le patient. »

* * *

Traitement. — Quel sera maintenant le traitement de la dyspepsie prétuberculeuse?

Tout d'abord on ne peut donner une formule générale de thérapeutique qui comprenne tous les cas de phtisie gastrique. Les troubles gastriques, moins que tous autres, se prêtent au rigorisme d'une formule invariable. Il va de soi, par exemple, que la dyspepsie hypochlorhydrique, l'insuffisance de la sécrétion gastrique ne se soignera pas comme la dyspepsie hyperacide qui constitue souvent le symptôme initial de la tuberculose. L'analyse du suc gastrique sera l'indication essentielle qui dominera tout le traitement.

Tout au plus peut-on donner quelques indications générales.

L'anémie prétuberculeuse étant souvent la source des troubles gastriques, et cause par elle-même de l'atonie générale en même temps que de l'atonie et de l'inertie gastrique, le traitement étiologique paraît être de soigner avant tout l'anémie prétuberculeuse.

Et ce traitement sera moins médical qu'hygiénique, empruntera moins de secours de l'arsenal pharmaceutique qu'aux préceptes rationnels d'une saine hygiène et d'une diététique appropriée.

Le repos d'abord, le repos surtout qui est le plus merveilleux sédatif de toute fonction perturbée, le repos qui répare et économise, le repos qui régularise et comme tel est le premier article du code de tout phtisique surtout de celui qui entre dans la phtisie avec des troubles gastriques. Et cette cure de repos se fera en plein air, selon les cas de préférence à la mer, dans la montagne ou dans la vallée ; il y aura lieu dans ce choix, de tenir compte d'une infinité de facteurs que nous ne pouvons même énumérer, mais au premier desquels nous placerons l'état nerveux, le degré de l'irritabilité propre à chaque malade.

La cure d'air, d'ailleurs — on ne le dit pas assez — peut se faire et se bien faire partout. Là où il n'y a pas agglomération humaine, là où les journées sont belles, le ciel pur, la nuit pas trop humide, c'est-à-dire à peu près partout dans notre France, on pourrait, on devrait faire sa cure d'air.

Enfin, la triade hygiéno-diététique du phtisique n'est complète que par la cure d'alimentation. C'est la plus difficile chez le dyspeptique, candidat de la tuberculose, mais c'est peut-être la plus importante, car elle réclamera toute la sagacité, tout le savoir-faire du médecin. Nous avons eu le soin de le faire remarquer au début de cette étude : l'anorexie n'est jamais complète au début de la tuberculose ; l'appétit est simplement diminué : il est irrégulier et capricieux surtout. Il faudra savoir profiter de ses caprices pour le ramener à son taux normal et lui rendre peu à peu, au moyen de toute une diplomatie culinaire, sa régularité, sans qu'il s'en doute pour ainsi dire, sans le violenter et sans que l'estomac se cabre.

Parlerons-nous des médicaments nombreux qu'on a proposés contre les divers symptômes de la dyspepsie prétuberculeuse, chaque trouble ayant reçu sa thérapeutique spéciale ?

C'est ainsi pour lutter contre l'anémie, si Trousseau et G. Sée ont proscrit absolument le fer, Bucquoy et Audhoui recommandent l'arsenic.

Contre l'inertie gastrique, Gueneau de Mussy prescrivait les amers, Pidoux et Fonssagrives la noix vomique.

A l'insuffisance de la sécrétion gastrique, Trousseau et Peter opposaient l'acide chlorhydrique à la dose de deux gouttes après le repas, Gueneau de Mussy l'associant à la pepsine prise avant le repas.

La gastralgie *post cibum*, les crises douloureuses de la digestion étaient combattues par Peter au moyen d'un vésicatoire épigastrique, par Bretonneau au moyen de topiques belladonnés. Gubler, Ferrand ont administré contre les vomissements le bromure de potassium, l'aconit, les valérianates, les injections de morphine, les badigeonnages pharyngés à la cocaïne, etc... Peter préconise l'absorption d'une ou deux gouttes de laudanum dans une petite cuillerée d'eau ; Lasègue l'eau chloroformée, etc., etc.

Mais ce sont là détails de thérapeutique qui, s'ils ont leur importance, peuvent varier avec chaque cas particulier et doivent céder le pas à la cure d'air, de repos et d'alimentation dont ils ne seront que les adjuvants exceptionnels, puisque, dans la plupart des cas, les troubles gastriques, qui ne sont que la résultante d'une intoxication bacillaire, se calment et disparaissent sous l'influence bienfaisante de cette cure hygiéno-diététique bien appliquée.

M. le Dr Ch. FAGUET

de Périgueux,
ancien Chef de clinique chirurgicale à la Faculté de médecine de Bordeaux.

TRAITEMENT DES GANGRÈNES LIMITÉES DANS L'ÉTRANGLEMENT HERNIAIRE PAR LE PROCÉDÉ DE L'« ENFOUISSEMENT » OU DE L'INVAGINATION LATÉRALE PARTIELLE

[617.25 : 616.34]

— *Séance du 3 août* —

L'importance et le nombre des déterminations à prendre dans le cours d'une opération de hernie étranglée font que ce point de la pratique chirurgicale est des plus difficiles et des plus épineux. La variété des cas est telle que l'on peut dire, sans crainte d'exagération, qu'il n'y a pas deux kélotomies qui se ressemblent, et quel que soit le nombre de hernies étranglées qu'un chirurgien ait observé dans sa carrière, il n'en est pas une qui ne lui ait présenté quelque enseignement utile, quelque particularité imprévue et toujours importante.

Ces considérations m'ont décidé à résumer la ligne de conduite à suivre en présence d'une hernie gangrenée. Je laisserai de côté tout ce qui concerne l'étranglement herniaire, cette question ayant été maintes fois très clairement exposée, et tout récemment encore par M. le docteur V. Pauchet (1), d'Amiens, dans la *Revue internationale de médecine et de chirurgie.*

Il n'est pas possible non plus, dans les limites de ce travail, d'entrer dans une longue discussion sur la valeur comparative des divers procédés opératoires qui ont été conseillés, et dont quelques-uns demandent une grande habileté chirurgicale, une instrumentation spéciale, des aides nombreux, etc... Je veux seulement attirer l'attention sur une méthode — *l'invagination latérale partielle*, appelée encore l'*enfouissement* — à laquelle on ne songe pas assez souvent et qui, cependant, me paraît applicable à la plupart des cas. Cette méthode est, à mon avis, destinée à devenir la méthode de choix et la plus employée, tandis que les autres procédés — anus contre nature, entérectomie et entérorrhaphie — doivent être des procédés de nécessité et d'exception.

J'ajoute aussi que c'est la méthode dont les indications se présentent le plus souvent, que c'est la plus simple, qu'elle est à la portée de tous les

(1) V. PAUCHET. — *Rev. int. de méd. et de chir.*, 25 octobre 1899.

praticiens et qu'enfin elle est réalisable dans tous les milieux, même ceux qui paraissent le moins appropriés aux interventions chirurgicales : par tous ces titres elle appartient à la chirurgie d'urgence.

HISTORIQUE

Le procédé de l'invagination des parois de l'intestin dans le traitement des hernies gangrenées est déjà ancien, et il est vraisemblable qu'il a dû être employé depuis fort longtemps pour les perforations intestinales de causes variées, tant il est simple et logique. Il serait superflu d'insister sur l'historique de la question, mais il est utile de rappeler que c'est Daviers, chirurgien de l'Hôtel-Dieu d'Angers, qui, en 1867, pratiqua pour la première fois l'enfouissement de la plaque de gangrène par des points de suture. Son observation est rapportée en détails dans la thèse de M. le docteur Pissot (1).

MM. Bœckel (2), de Strasbourg, en 1875, Dayot (3) en 1891, et Lindner (4), en Allemagne, eurent recours à ce procédé et publièrent leurs cas.

Toutefois, cette méthode ne paraît pas s'être généralisée, et MM. Martinet (5), de Sainte-Foy-la-Grande, et Th. Piéchaud (6), de Bordeaux, ont le grand mérite de l'avoir remise en lumière. M. Guinard en a étendu les indications en créant le procédé de l'*invagination circulaire totale.*

On trouvera dans le rapport de M. Chaput (7), à la Société de chirurgie, et dans l'excellente thèse de M. le docteur L. Gröll (8), faite sous l'inspiration de M. Guinard, tous les points importants de la question. Ce dernier travail, qui est une étude fort complète du *Traitement des hernies gangrenées par l'invagination partielle et totale des parois de l'intestin,* renferme les observations de MM. Guinard, Albarran, Peyrot. Enfin, plus récemment, M. le docteur E. Arin (9) a consacré, lui aussi, sa thèse à ce même sujet : on y trouvera cités les cas de MM. L. Beurnier, E. Vignard.

Personnellement (10), j'ai eu recours trois fois à cette méthode, qui m'a donné de bons résultats.

TECHNIQUE OPÉRATOIRE

A. — INSTRUMENTS, etc. — Les instruments et les pièces à pansement nécessaires sont ceux que le chirurgien doit avoir sous la main pour toute opération de hernie ; en voici l'énumération :

1° *Instruments.* — Rasoir, bistouri droit, bistouri boutonné, douze

(1) PISSOT. — Thèse de Paris, 1870.

(2) BŒCKEL. — *Gazette médicale de Strasbourg*, 1874, n° 5.

(3) DAYOT. — *In* Tostivint, thèse de Lyon, 1891. *Lyon médical,* novembre 1891.

(4) LINDNER. — *Berliner klinische Wochenschrift,* 16 mars 1891.

(5) MARTINET. — *Bulletins de la Société de chirurgie de Paris,* rapport de M. Chaput, 1894, tome XX, page 246.

(6) T. PIÉCHAUD. — *Bulletins de la Société de chirurgie de Paris,* 24 janvier 1894.

(7) CHAPUT. — *Société de chirurgie de Paris,* 1894.

(8) L. GRÖLL. — *Traitement des hernies gangrenées par l'invagination partielle et totale des parois de l'intestin,* thèse de Paris, 1895.

(9) E. ARIN. — *Traitement des gangrènes limitées dans l'étranglement herniaire par le procédé de l'enfouissement,* thèse de Paris, 1899.

(10) CH. FAGUET. — *Congrès de l'Association française pour l'avancement des sciences,* Paris, 3 août 1900.

pinces hémostatiques, sonde cannelée, ciseaux droits, ciseaux courbes, deux écarteurs de Farabeuf, pince à disséquer, pince à griffes, aiguille de Reverdin ordinaire, aiguille fine de Reverdin.

2° *Ligatures, sutures et drainage.* — Trois flacons de catgut nos 0, 1 et 2 ; vingt crins de Florence ; un drain en caoutchouc rouge vulcanisé, stérilisé, correspondant au n° 18 ou 20 de la filière française et mesurant environ 15 centimètres de longueur.

3° *Pièces à pansement.* — 250 grammes de coton hydrophile antiseptique (salicylé ou phéniqué), 125 grammes de coton cardé, compresses-éponges, gaze au salol ou à l'iodoforme, bandes de tarlatane.

Solutions antiseptiques : acide phénique à 2 0/0 ou sublimé à 0gr,50 0/00, etc.; — poudre d'iodoforme, ou de salol ou de glutol.

Eau bouillie; éther sulfurique, 45 grammes; alcool à 90°, 150 grammes.

B. — Anesthésie. — On aura recours à l'anesthésie générale — éther ou chloroforme — quand le malade sera jeune, vigoureux, indemne d'affections du cœur ou des voies respiratoires, et qu'on pourra avoir à sa disposition un aide — docteur — qui ne s'occupera de rien autre chose au cours de l'opération.

Mais, suivant le conseil de M. Lejars (1), si on est seul, si on a affaire à un sujet âgé, déprimé, la cocaïne deviendra une précieuse ressource : une fois la région « préparée », on injectera en traînée, tout le long de la future ligne d'incision, quatre ou cinq seringues de Pravaz de la solution au centième ; on fera l'injection dans l'épaisseur du derme et l'apparition d'une crête blanchâtre démontrera que l'on est bien dans la « bonne couche » ; une autre seringue sera poussée dans le tissu cellulaire sous-cutané, et on gardera près de soi l'instrument et le liquide pour renouveler les piqûres, s'il y a lieu, dans les tissus profonds, dans le plan aponévrotique et autour du sac : douze à quinze seringues de la solution au centième peuvent être impunément injectées ; elles suffiront et au delà.

Enfin, dans les cas — très rares d'ailleurs — où on aurait à redouter des accidents par l'emploi de la cocaïne, on pourrait avoir recours à la nirvanine (solution à 2 à 5 0/0) qui, tout en possédant un pouvoir anesthésique égal à celui de la cocaïne, n'a pas les inconvénients de ce dernier médicament (2).

C. — Antisepsie. — La région opératoire est aseptisée par la méthode classique, et dans un article récent, M. le docteur V. Pauchet, d'Amiens (3),

(1) F. Lejars. — *Traité de chirurgie d'urgence*, première édition, Paris, 1889, p. 524.
(2) Boisseau. — *Thèse de Bordeaux*, 1899. — Braquehaye, XIIIe, Congrès international des sciences médicales, Paris, août 1900.
(3) V. Pauchet. — *Rev. int. de méd. et de chir.*, 10 mai 1899.

a montré comment on peut arriver en chirurgie d'urgence à une asepsie suffisante. Je me bornerai à rappeler seulement que l'iode est un des meilleurs moyens de désinfection. C'est ainsi qu'on pourra, à l'exemple de Mickulicz (1), pour se garantir de l'infection par la peau dans les plaies à réunion immédiate, badigeonner le champ opératoire avec de la teinture d'iode *avant* l'opération, et pour l'asepsie des ongles, tremper le bout des doigts dans la teinture d'iode.

De même, M. Quénu (2) préconise, après divers lavages antiseptiques des mains, des instillations de teinture d'iode sous les ongles. Rydygier (3) conseille aussi, comme temps terminal du nettoyage des mains, l'essuyage avec de la gaze iodoformée, imbibée de sublimé. Enfin, K. Brunner (4), dans ses recherches sur l'asepsie et l'antisepsie des plaies opératoires, a montré que l'iode en solution saturée dans l'alcool à 50 0/0, constitue le meilleur désinfectant connu.

D. — Opération. — On procède à la kélotomie comme dans les cas ordinaires, et je n'ai pas à décrire ici la technique de cette opération. Toutefois, il n'est pas inutile de dire que toute kélotomie doit se faire à « ciel ouvert ». — « Non, on ne fait plus le débridement « à l'aveugle », au doigt : on incise largement la paroi inguinale et le sac, *on voit ce qu'on fait, tout ce qu'on fait* » (Lejars). C'est là un sage conseil qu'il est utile de suivre dans toute kélotomie et surtout quand on a quelque raison de croire que les parois intestinales ont perdu de leur vitalité, et par suite de leur résistance.

Après avoir incisé le sac herniaire, évacué le liquide qu'il contient, en évitant avec soin de le répandre dans le champ opératoire, fait un lavage (5) avec une solution antiseptique faible et chaude du sac et de son contenu, on procède au débridement qui sera toujours large, et à l'examen du contenu herniaire.

L'épiploon, s'il y en a, est lié et réséqué. Il est toujours indiqué de réséquer l'épiploon qui a baigné dans le liquide infecté du sac ; en raison même de sa constitution anatomique, il est *pratiquement* impossible d'en obtenir une désinfection suffisante ; en le réduisant on s'expose, comme danger immédiat, à l'ensemencement de la grande cavité péritonéale par

(1) Mickulicz. — *De l'asepsie chirurgicale*, *Semaine médicale*, 1898, p. 173.

(2) Quénu. — De l'asepsie opératoire (analyse d'un travail de M. Mickulicz), *Revue de chirurgie*, mars 1898.

(3) Rydygier. — *Wien klin. Woschensch*, 3 novembre 1898.

(4) Brunner. — *Semaine médicale* 1898, p. 208 et 475 et 1899, p. 227.

(5) L'évacuation du liquide et le lavage du sac et de son contenu *avant de débrider l'anneau* sont indispensables, car on sait que le liquide du sac herniaire constitue un bouillon de culture qui est souvent ensemencé de germes pathogènes dès les premières heures de l'étranglement. Ce fait a été mis en évidence par les recherches de M. Nepveu en 1867, et 1875, et confirmé par celles de M. Clado en 1889 *(Congrès Français de Chirurgie)*.

les germes du sac herniaire, — à la péritonite, — et ultérieurement à la reproduction de la hernie.

L'intestin est ensuite attiré et soigneusement examiné, surtout au niveau du point correspondant au collet du sac. S'il existe (1) *des entamures de la séreuse*, fissurée, décollée, pelurée quelquefois sur une zone de quelques centimètres et mettant à nu la tunique musculaire bien rouge et bien vivante, — ou même certaines *éraillures*, au niveau du collet ou sur la continuité de l'anse (résultats trop fréquents des brutales manœuvres du taxis) *qui intéressent la séreuse et la tunique musculaire*, et au fond desquelles la face externe de la muqueuse apparaît refoulée en capuchon, — ou des plaques de gangrène limitées — ou des perforations complètes des parois de l'intestin : TOUT CELA EST RÉPARABLE avec du soin, mais tous ces points faibles doivent être remis en état avant de réduire.

La ligne de conduite indiquée est la suivante :

1° Si la séreuse (2) est détruite en quelque point, il ne faut pas hésiter à « enfouir » la petite surface dépouillée sous une suture d'adossement. Il est tout aussi nécessaire de réunir les fissures mésentériques et avec tout le soin possible pour ne pas intéresser les vaisseaux voisins.

2° Si les lésions sont plus profondes, s'il y a des perforations limitées, des plaques de sphacèle ou même des points suspects, il faut avoir recours à L'INVAGINATION LATÉRALE PARTIELLE. On procède à ce temps opératoire de la façon suivante d'après M. Martinet :

« Une sonde cannelée pressant sur la partie malade, la déprime vers l'intérieur de l'intestin. Une suture continue au catgut réunit au-dessus d'elle, sur toute la longueur, la surface péritonéale demeurée relativement saine qui la borde. L'escarre se trouve ainsi incluse dans la cavité de l'intestin chargé de l'éliminer. » Ainsi « enfouie » la plaque sphacélée s'élimine dans la cavité intestinale « à couvert ».

Le surjet séro-musculaire devra toujours commencer un peu au delà de la plaque à recouvrir, et finir aussi à distance suffisante de l'autre extrémité, pour que l'adossement soit large et complet de toutes parts.

Enfin, pour assurer la coaptation parfaite des deux surfaces séro-séreuses adossées, il faut, ainsi que l'a dit M. Chaput, faire un second surjet ou quelques points séparés en dehors de la première ligne de sutures. Ce sont des « sutures de sûreté ».

S'il existe plusieurs points de gangrène limitée, on devra procéder à

(1) F. LEJARS, *loc. cit.* p. 531.

(2) « De toute façon, il est mauvais de réintégrer dans le ventre un intestin déshabillé de sa séreuse ne fût-ce que sur une zone étroite : même si la paroi a conservé une suffisante épaisseur pour que toute perforation ultérieure soit improbable, ces surfaces dénudées deviennent le point de départ inévitable d'adhérences, de plicatures, de coudures, de désordres fonctionnels ultérieurs. » (F. LEJARS, *loc. cit.* p. 531.)

l'enfouissement de chacun d'eux. Il est indispensable de réparer, avant de réduire, tous les points malades.

Quand cette « reprise intestinale » est terminée, et après un dernier examen minutieux de l'intestin, on fait un lavage à l'eau bouillie chaude, on éponge le liquide resté en excès, on *réduit l'intestin, avec douceur*, comme *s'il était sain*, et on termine l'opération par la cure radicale.

Dans les cas où le champ opératoire aurait pu être infecté au cours de l'intervention, et notamment par le liquide du sac, il sera prudent de placer un drain en caoutchouc rouge vulcanisé dans l'angle inférieur de la plaie pendant quelques jours.

Les suites opératoires sont ordinairement simples, et tout se passe comme si l'intestin n'avait pas perdu de sa résistance. Il est indispensable toutefois de soumettre le malade à une diète absolue : on ne lui permettra pendant les premières quarante-huit heures que quelques cuillerées de champagne glacé pour étancher sa soif, puis ultérieurement du lait. En même temps, il est bon, à mon avis, d'administrer de l'opium. — Extrait thébaïque 1 centigramme par pilule ; une pilule toutes les deux heures sauf sommeil — afin d'immobiliser l'intestin et de donner un peu de repos au malade.

Si tout se passe normalement, le pansement est défait le quatrième ou le cinquième jour pour supprimer le drain, s'il y a lieu ; — dans le cas contraire on ne touche au pansement que vers le dixième jour et on enlève les points de suture. Enfin, il sera prudent de ne pas laisser lever le malade avant le vingtième jour ; à partir de cette époque, on lui permettra de reprendre peu à peu ses occupations, en lui indiquant les précautions que doivent prendre les personnes qui ont subi la cure chirurgicale d'une hernie.

OBSERVATIONS

Les trois cas suivants que j'ai opérés à l'hôpital Saint-André de Bordeaux, pendant que j'avais l'honneur d'être chef de clinique dans le service de mon maître, M. le professeur Lanelongue, viennent plaider en faveur de cette méthode.

Dans deux cas, mon intervention a été suivie d'une guérison rapide et définitive ; dans le troisième cas, la mort est survenue le cinquième jour après l'opération et l'autopsie a montré l'existence d'une péritonite purulente généralisée, due à une perforation intestinale qui avait passé inaperçue au cours de l'acte chirurgical. La nécropsie a également permis de constater que la plaque de sphacèle « enfouie » était en grande partie éliminée, et que les sutures faites à son niveau pour l'inclure dans la cavité intestinale avaient parfaitement tenu. L'adossement séro-séreux était complet — il y avait déjà des adhérences suffisantes — et il ne s'était fait en ce point aucun suintement du contenu intestinal dans la cavité péritonéale. Ce cas malheureux est très instructif, et me paraît avoir toute l'importance d'une observation clinique confirmée par l'expérimentation. Il a permis, en effet, de suivre les plaques limitées de gangrène herniaire dans leur évolution et de voir, par comparaison et sur un même sujet, d'une part la marche du processus pathologique abandonné à lui-même, et d'autre part la réparation rapide qui suit l'invagination latérale partielle.

Enfin, cet insuccès, loin de diminuer la valeur du procédé de l'« enfouissement », vient, au contraire, en faire ressortir tous les avantages ; mais il montre aussi combien est important d'examiner avec soin toute l'anse herniée et la nécessité qu'il y a de faire une « reprise » sur tous les points dont la vitalité semble douteuse.

Voici ces trois observations :

Obs. I. — *Entérocèle crurale gauche étranglée ; deux plaques de sphacèle sur l'anse herniée. — Invagination latérale partielle ; réduction de l'intestin ; cure radicale. — Guérison.*

Amélie E..., 42 ans, lisseuse à Saint-Christoly (Gironde), entre, le 19 octobre 1894, à l'hôpital Saint-André dans le service de mon maître, M. le professeur Lanelongue, salle VIII, lit n° 10, pour des accidents herniaires. Aucune particularité dans ses antécédents héréditaires. Son frère a une hernie inguinale facilement maintenue par un bandage.

Antécédents personnels. — Cette malade a toujours eu une excellente santé. Premières règles à l'âge de douze ans, normales ; pas de grossesse. C'est à l'âge de dix-huit ans, en se baignant, qu'elle s'aperçut par hasard, de l'existence d'une petite hernie au niveau de la région crurale gauche. Pendant huit ans, Amélie E... n'eut aucun accident, mais à cette époque, elle ne sait pour quelle cause, sa hernie augmenta de volume et fut le siège de violentes coliques. Un médecin appelé put, par le taxis, réduire l'intestin hernié, et conseilla l'application d'un bandage. Malgré ces précautions, la hernie devint plus grosse et plus difficilement réductible. Enfin, le 15 octobre 1893, cette femme éprouva en soulevant de lourds fardeaux de linge, une très vive douleur dans la région crurale gauche, exactement au niveau de sa hernie brusquement devenue plus volumineuse. Elle dut interrompre immédiatement ses occupations et se mettre au lit. Dès ce moment, il y eut suppression absolue de l'émission des gaz et des matières fécales par l'anus. Dans la soirée, vers onze heures, des vomissements alimentaires, puis bilieux commencèrent à se manifester. Les tentatives de réduction faites par la malade, restèrent infructueuses et ne firent qu'augmenter l'intensité des douleurs. Pendant les journées des 16, 17 et 18 octobre, les symptômes ci-dessus indiqués s'aggravèrent. Les vomissements devinrent fécaloïdes dans la matinée du 18 octobre. Ce ne fut que ce jour-là que M. le Dr L... (de Bégadan) fut appelé à donner ses soins. Après avoir reconnu l'existence d'un étranglement herniaire, il essaya de pratiquer le taxis. Les manœuvres de taxis furent faites, sans anesthésie, pendent une demi-heure environ, elles furent très douloureuses et restèrent sans succès. Le lendemain, 19 octobre, Amélie E... se décide, sur les conseils de son médecin, à se faire transporter à Bordeaux pour entrer à l'hopital Saint-André, où elle arrive à six heures du soir.

État actuel (19 octobre). — A ce moment l'état général est mauvais; le facies est grippé; les extrémités sont légèrement cyanosées, les urines rares. Le pouls petit, filiforme, bat cent vingt pulsations par minute. Les vomissements fécaloïdes n'ont pas cessé depuis leur apparition ; seules les douleurs abdominales sont moins vives qu'au début des accidents.

Examinant alors la région crurale gauche, je constate tous les signes d'une entérocèle étranglée. Le volume de la tumeur herniaire est à peu près égal à celui d'un œuf de dinde : elle est dure, plus particulièrement au niveau de son pédicule. Il existe de la matité à la percussion superficielle; mais en déprimant un peu les tissus on obtient de la sonorité. L'abdomen est météorisé et on voit se dessiner sous la paroi abdominale, les anses intestinales distendues par les gaz. L'exploration des autres régions herniaires est négative.

En présence de ces signes, je propose une intervention chirurgicale immédiate qui est acceptée par la malade.

Opération. — Précautions antiseptiques, tampon vaginal d'ouate iodoformée. Cathétérisme, etc. — Anesthésie chloroformique. — Incision de six centimètres environ suivant le plus grand diamètre de la tumeur et parallèlement à l'arcade de Fallope ; légère teinte ecchymotique du tissu cellulaire sous-cutané. Le sac ouvert laisse écouler une certaine quantité de liquide séro-sanguinolent. Les parois du sac sont fixées à l'aide de pinces à forcipressure. Le contenu herniaire est uniquement constitué par une anse de l'intestin grêle de teinte noirâtre, recouverte de quelques fausses membranes peu adhérentes.

L'étranglement très serré est débridé sur le doigt à l'aide du bistouri de Cooper en bas et en dedans, au niveau du ligament de Gimbernat. L'intestin est attiré au dehors et soigneusement examiné : je reconnais alors l'existence de deux plaques de teinte grisâtre, flasques, siégeant l'une au niveau du collet, l'autre sur le bord libre de l'intestin vers le milieu de l'anse herniée. La première a l'étendue d'une pièce de cinquante centimes ; la seconde, celle d'une lentille. — Elles sont séparées par une portion de tissus paraissant relativement sains. A leur niveau, la piqûre de l'intestin ne provoque pas le plus petit écoulement sanguin. Les autres parties de l'anse herniée se modifient avantageusement après le débridement : elles se contractent, la circulation s'y rétablit peu à peu et par suite leur coloration noirâtre tend à s'affaiblir dans sa teinte ; seules les deux plaques grisâtres signalées ci-dessus ne subissent aucune modification. Je fais alors un grand lavage de tout le champ opératoire avec de la liqueur de Van Swieten très étendue d'eau filtrée et bouillie chaude et je procède à l'égard des deux plaques de sphacèle, non douteuses mais limitées, en suivant les conseils de MM. Martinet et T. Piéchaud. Pressant sur la partie malade à l'aide d'une sonde cannelée, je la déprime vers l'intérieur de l'intestin. Un premier étage de sutures continues au catgut en surjet avec points d'arrêt réunit, au-dessus de chacune des deux plaques et sur toute leur longueur, la surface péritonéale demeurée saine, qui les borde. Un second étage de sutures séro-séreuses fait immédiatement au-dessus, à trois millimètres environ du premier, et de la même façon, assure le contact séro-séreux sur une surface assez étendue. Les fils de suture sont passés parallèlement à l'anse de l'intestin.

L'escarre se trouve ainsi incluse dans la cavité de l'intestin chargé de l'éliminer.

L'anse herniée est ensuite réduite dans la cavité abdominale, le sac est isolé, attiré en bas, lié et réséqué. Cure radicale par le procédé de M. Lucas-Championnière. Durée de l'opération trente-cinq minutes.

20 octobre. — Il s'est produit dans la nuit une abondante débâcle; le pouls est régulier et bat cent pulsations à la minute; le ventre est souple et non douloureux ; le facies est moins grippé. Il n'y a pas eu de vomissements depuis l'opération. La malade a uriné spontanément. Diète absolue. — Extrait thébaïque : je prescris pendant les trois premiers jours dix centigr. en dix pilules (une pilule toutes les deux heures) ; quelques fragments de glace.

Les 23-24-25 octobre l'amélioration se maintient et s'augmente de jour en jour; quelques cuillerées de lait glacé et du vin de Champagne sont permises et bien tolérées. L'alimentation liquide est maintenue jusqu'au douzième jour.

Réunion de la plaie « per primam »; aucun incident fâcheux n'est venu troubler la convalescence de cette malade qui, guérie, a quitté l'hôpital le 10 novembre 1894.

31 mai 1895. — M. le docteur L... a bien voulu revoir la malade ces jours derniers; la guérison se maintient complète et définitive sans bandage; aucun trouble du côté de l'appareil digestif.

OBS. II. — *Entérocèle crurale droite étranglée : deux plaques de gangrène ; l'une est traitée par le procédé de l'invagination, l'autre passe inaperçue. — Mort. — Autopsie.*

Veuve L..., Jeanne, cinquante ans, exerçant la profession de cuisinière, est envoyée à l'hôpital Saint-André le 14 février 1895 à quatre heures du soir, par M. le docteur Davezac, pour des accidents d'étranglement herniaire ; elle est placée salle VIII, lit n° 23.

Antécédents héréditaires. — Pas de hernieux dans sa famille. Cette femme, dans les *antécédents personnels* de laquelle nous ne relevons aucune particularité, a constaté pour la première fois, il y a trois ans, l'existence de sa hernie à l'occasion d'un violent effort. La tumeur herniaire, peu volumineuse, fut facilement réduite, mais Mme L..., en dépit des conseils qu'elle avait reçus, ne porta son bandage que d'une façon très irrégulière.

Malgré cette négligence, il ne s'était, depuis cette époque, produit aucun accident, lorsque le 11 février, dans l'après-midi, à l'occasion de quintes de toux provoquées par une bronchite grippale, cette malade vit sa hernie augmenter de volume et devenir douloureuse et irréductible. M. le docteur Davezac, appelé deux jours après le début des accidents, put constater tous les signes de l'étranglement herniaire (entérocèle crurale droite du volume d'un œuf de dinde) et pratiqua dans la soirée du 13 février des tentatives de taxis sans anesthésie. Ces manœuvres, qui furent faites avec la plus grande douceur et peu prolongées, restèrent sans succès. Mme L... malgré les conseils de M. Davezac, ne se décida à entrer à l'hôpital pour une intervention chirurgicale, que le lendemain, 14 février, à quatre heures et demie de l'après-midi. Pendant ce temps, les signes de l'étranglement s'étaient aggravés ; la suppression de l'émission des matières fécales et des gaz par le rectum était restée absolue, les vomissements alimentaires et bilieux étaient devenus fécaloïdes, la sécrétion urinaire s'était à peu près arrêtée, l'état général était devenu très mauvais.

État actuel (14 février, 5 heures du soir). — C'est dans ces circonstances que je fus appelé à donner mes soins à la malade immédiatement après son entrée à l'hôpital Saint-André. Mon examen ne fit que confirmer les signes indiqués ci-dessus, et en présence de cet étranglement herniaire, je procède aussitôt à l'intervention chirurgicale avec l'assistance de MM. G. Fieux et Delmas, internes du service.

Le choroforme est confié à M. Mongie, externe.

Opération. — Incision suivant le plus grand axe de la tumeur herniaire. A l'ouverture du sac, il s'échappe un liquide séro-sanguinolent et quelques petits caillots. Je peux constater que la hernie est uniquement constituée par une anse de l'intestin grêle, très congestionnée, presque noire et présentant en un point, sur son bord libre, une plaque de teinte grisâtre, feuille morte et flasque, de l'étendue d'une pièce de cinquante centimes. Débridement en bas et en dedans. L'intestin examiné avec soin paraît relativement sain, exception faite pour la plaque de sphacèle déjà indiquée et que je traite par le procédé de l'invagination latérale partielle ou de l' « enfouissement ».

Lavage du champ opératoire avec une solution de sublimé très étendue. — Réduction. — Cure radicale.

Durée de l'opération trente-deux minutes.

15 février. — L'état général s'est peu modifié ; rétention d'urine ; le cathétérisme permet de retirer six cents grammes d'urine normale, pas d'albuminurie, pas de sucre. Extrait thébaïque : dix centigrammes. — Température : matin, 38° 1 ; soir, 38° 4.

16 février. — Débâcle abondante, diarrhéique; l'abdomen est souple mais il est douloureux au niveau de la fosse iliaque droite. Pouls, 104 p. Température : matin, 38° ; soir, 38° 4.

17 février. — Facies altéré ; deux vomissements verdâtres ; même état de l'abdomen. Urine six cent cinquante grammes ; selles diarrhéiques.

Température : matin, 36° 2 ; soir, 38° 8.

18 février. — Aggravation très considérable de l'état général. Pouls, 120 p., petit, irrégulier. Pas de vomissements ; sueurs abondantes. Injections hypodermiques de caféine.

Température : matin, 38° 4 ; soir, 39° 2.

19 février. — Mort à 6 heures du matin.

20 février. — *Nécropsie.* A l'ouverture de l'abdomen, je constate une péritonite purulente presque généralisée et siégeant surtout dans l'hypocondre droit. L'anse intestinale étranglée est facilement retrouvée et examinée en détail : les sutures faites au niveau de la plaque de sphacèle incomplètement éliminée, ont parfaitement tenu, et il n'a pu se faire en ce point aucune filtration du contenu intestinal ; mais au-dessus de cette première plaque et à une distance de quatre centimètres environ, il existe une perforation des parois de l'intestin. Cette perforation qui a l'étendue d'une lentille paraît avoir été produite très vraisemblablement par un point de sphacèle qui a passé inaperçu au cours de l'opération. Tous les viscères présentent un degré de congestion très accusée ; granulations tuberculeuses au sommet du poumon droit.

Obs. III. — *Entérocèle crurale gauche étranglée ; gangrène limitée de l'anse herniaire. — Invagination. Réduction. Cure radicale. Guérison.*

Maria A..., trente ans, blanchisseuse, entrée le 5 août 1895, salle VIII, lit n° 12.

Sa mère avait une hernie crurale droite.

Personnellement, Maria A... n'a jamais été malade, si ce n'est à la suite d'une fausse couche de six mois qu'elle fit à l'âge de vingt ans.

Il y a cinq ans, cette malade s'est aperçue par hasard qu'elle avait une hernie crurale gauche du volume d'un œuf de poule. Cette hernie facilement réductible fut maintenue par un bandage qu'elle a porté jusqu'au mois de juin 1895. N'ayant jamais souffert, elle ne jugea pas à propos de le renouveler.

Le 1er août 1895, à dix heures du matin, Maria A... traînait une brouette lourdement chargée de linge mouillé, lorsqu'elle sentit sortir brusquement sa hernie. Immédiatement se manifestèrent tous les signes de l'étranglement herniaire. Ce n'est que le surlendemain, 3 août, qu'elle fit appeler son médecin, M. le docteur V..., qui pratiqua le taxis, pendant un quart d'heure environ, sans anesthésie. Cette manœuvre resta sans succès.

Le 5 août dans la matinée, les vomissements devinrent fécaloïdes, et la malade se décida enfin à se laisser transporter à l'hôpital Saint-André.

État actuel. (5 août, 4 heures du soir). — L'état général est à ce moment très mauvais, et tout fait pressentir de la gangrène herniaire.

Opération. — J'interviens immédiatement avec l'assistance de MM. G. Fieux, de Boucaud et Hervé. Le sac est rempli de liquide séro-sanguinolent fétide. L'intestin, — une anse de l'intestin grêle — constitue à lui seul tout le contenu herniaire.

Lavage du sac herniaire ; — je libère l'anneau crural qui, quoique assez large, forme un étranglement très serré ; l'intestin est ensuite attiré et soigneusement exploré et je constate l'existence de trois plaques de sphacèle dont l'étendue varie entre une pièce de vingt à cinquante centimes, et séparées par des portions intestinales qui paraissent saines. L'une de ces plaques se déchire pendant l'exploration, et laisse écouler du liquide intestinal.

Après un nouveau lavage, je traite chacune des plaques par l'invagination latérale partielle, à l'aide de deux plans de suture en surjet avec du catgut fin, en ayant soin de faire un point d'arrêt après chaque point de suture.

Je réduis ensuite l'intestin dans la cavité abdominale, et pratique la suture de l'anneau crural.

Par mesure de précaution, je laisse un petit drain dans l'angle inférieur de la plaie, et je prescris de l'extrait thébaïque pendant deux jours.

Suites opératoires normales ; débâcle dans la nuit du 5 au 6 août.

12 août. — Il y a un peu de suppuration superficielle.

29 août. — La malade guérie quitte l'hôpital Saint-André.

En juin 1896, j'ai revu Maria A..., sa guérison se maintient parfaite.

M. Stéphane LEDUC

Professeur à l'École de Médecine de Nantes.

DE L'UTILITÉ ET DE LA FORME DU TRAITEMENT SPÉCIFIQUE DE L'ATAXIE LOCOMOTRICE. [616.85]

— *Séance du 3 août 1900.* —

L'origine syphilitique de l'ataxie locomotrice n'est aujourd'hui plus guère contestée, on retrouve la syphilis avérée dans le passé de presque tous les ataxiques, mais on prétend que l'ataxie locomotrice n'est pas influencée par le traitement antisyphilitique, on en a fait un groupe à part, une affection parasyphilitique à laquelle on attribue hypothétiquement une origine toxique.

Les faits que nous avons observés nous ont conduit à considérer l'ataxie locomotrice comme parfaitement susceptible d'être modifiée par le traitement antisyphilitique, d'être guérie si l'on sait assez tôt la reconnaître et instituer le traitement convenable. Si ce traitement est institué plus tard, il produit toujours une rétrocession de la maladie, suivie d'un arrêt ou d'un ralentissement de sa marche ultérieure. Le traitement spécifique, sans action sur un foyer de nécrobiose produit par une hémorragie cérébrale consécutive à une artérite syphilitique, aurait guéri l'artérite et empêché la nécrobiose, s'il avait été institué assez tôt ; il en est de même pour les lésions de l'ataxie, le traitement ne peut reconstituer les éléments nerveux détruits, il empêchera leur destruction si le médecin sait l'instituer assez tôt ; et, s'il est appliqué plus tard, il réparera ce qui est réparable et arrêtera les progrès du mal.

Notre opinion s'est formée par les observations suivantes :

Obs. 1. — M. H., cafetier, âgé de 47 ans, a eu en 1886, un chancre induré, suivi de roséole, de plaques muqueuses dans la bouche et la gorge et de chute des cheveux. Il s'est soigné pendant quatre mois environ avec des pilules et du sirop de Gibert, en 1892 il a commencé à sentir des douleurs lui partant du dos et parcourant les membres comme des éclairs, puis a senti le dessous de ses pieds engourdi, il ne savait pas quand ses pieds portaient à terre et était obligé de les regarder pour marcher, la marche lui devint impossible le soir, à cause, dit-il, des étourdissements, et parce qu'il ne savait pas où étaient ses pieds ; il fut alors contraint d'abandonner la profession d'encaisseur qu'il exerçait tout en tenant son café ; il avait dès le début consulté son médecin habituel qui lui fit prendre de l'iodure de potassium à la dose de quatre grammes par jour mais sans aucun résultat. Lorsque je vois le malade pour la première fois en 1894, il ne quitte pas le lit depuis six semaines ; sa maladie a suivi un marche régulièrement progressive depuis le début. Les réflexes rotuliens ont entièrement disparu, le malade peut encore se tenir debout, mais ne peut marcher, il jette ses jambes de tous côtés, les yeux fermés il lui est impossible de se tenir debout, invité à toucher le bout de mon index son doigt fait cinq à six fois le tour avant de l'atteindre, il a perdu le réflexe lumineux, souffre encore de douleurs fulgurantes. Je fais injecter chaque jour dans les muscles de la fesse, deux grammes de la solution suivante :

Sublimé	0 gr. 20 centigrammes.
Chlorure de sodium recristallisé .	1 gramme.
Eau distillée	20 grammes.

Un mieux notable se manifeste aussitôt, quinze jours après le début du traitement le malade peut descendre dans son café ; il a continué son traitement pendant trois semaines, puis s'est reposé quinze jours ; l'a repris pendant quinze jours, et, depuis, l'a repris toutes les fois qu'il lui a semblé sentir la maladie se ranimer. Actuellement, six ans après l'institution du traitement, le malade a toujours perdu ses réflexes rotuliens, il a toujours quelques douleurs fulgurantes, mais il marche très bien, même la nuit et mène une vie très active.

Obs. II. — M. G., 32 ans, remplit des fonctions qui l'obligent à beaucoup marcher. Depuis dix-huit mois il éprouve des douleurs fulgurantes, et la marche lui est devenue très pénible, ses jambes s'accrochent, il tombe et ne peut sortir le soir sans être accompagné ; je suis appelé en consultation près de lui pour des crises gastriques extrêmement intenses, douleurs affreuses, vomissements, défaillance et syncope, il ne peut guère s'alimenter, son état général est très mauvais. Ses mouvements sont manifestement ataxiques, il présente les symptômes de Romberg de Westphall et d'Argyll Robertson. Étant soldat, il a été coupé à la joue par le barbier, à la suite de cette coupure il lui est venu une plaie, les glandes sous-maxillaires et cervicales ont enflé, il a eu une éruption sur le corps, mal à la gorge, ses cheveux sont tombés et cependant la nature de son affection a été méconnue, il n'a suivi aucun traitement. Son médecin a essayé de lui donner de l'iodure de potassium mais son estomac ne le tolère point. Pendant quinze jours on injecte au malade deux centigrammes de la solution de sublimé dans les muscles fessiers, puis on institue un traitement tonique, après un repos de douze jours on reprend les injections de sublimé que l'on continue ainsi pendant six mois avec des alternatives de repos. Sous l'influence de ce traitement le malade recouvre ses facultés de locomotion, ses crises gastriques disparaissent, son état général devient bon, et depuis cinq ans il continue à exercer ses fatigantes fonctions avec facilité, en conservant toute l'amélioration acquise. Il ne lui reste que la perte du réflexe rotulien et quelques douleurs fulgurantes.

Obs. III. — M. P., notaire, a eu, à l'âge de 19 ans, un chancre induré, suivi d'une légère roséole et d'angines passagères, il s'est soigné pendant six mois avec du sirop de Gibert, en 1896, M. P. éprouve des douleurs fulgurantes dans les membres, la sensation de coton sous les pieds, sa marche devient incertaine et difficile surtout le soir, il présente d'ailleurs le symptôme de Romberg, et les réflexes rotuliens ont disparu ; il est soumis au traitement par les injections intra-musculaires de sublimé et tous les accidents disparaissent, les réflexes mêmes reviennent et depuis 1896 M. P., qui reprend son traitement de temps en temps, ne présente plus aucun symptôme.

Obs. IV. — M. L., âgé de 44 ans, a eu, à l'âge de 29 ans, une syphilis avérée, il s'est soigné pendant six mois seulement. En juin 1895, il ressent les premières douleurs fulgurantes et éprouve les premiers symptômes de l'ataxie ; il consulte à Paris, presque tous les médecins célèbres et choisit parmi les ordonnances, il prend de l'iodure de potassium jusqu'à huit grammes par jour sans aucun résultat, la maladie progresse avec une grande rapidité, il prend du protoiodure d'hydrargyre à haute dose sans obtenir aucun effet. Nous le voyons au mois de novembre, l'ataxie est telle qu'il ne peut se tenir debout, il ne peut porter les aliments à sa bouche qu'avec difficulté se frappant le visage avant d'y parvenir. Il est sujet à de fréquentes crises laryngées avec cornage et asphyxie, les battements du cœur sont très intermittents, la respiration irrégulière, il existe une dyspnée très pénible, le malade a une paralysie du muscle droit externe du côté gauche. Nous le soumettons aux injections intramusculaires de sublimé, quatre centigrammes par jour pendant trois semaines, avec un traitement tonique, puis le malade se repose pour reprendre ensuite le traitement. Sous cette influence, les crises laryngées, la paralysie du droit externe, l'arythmie cardiaque, les irrégularités de la respiration, la dyspnée disparaissent, le malade peut écrire, la station et la marche ne s'améliorent guère. L'état du malade est resté ensuite sans changement jusqu'au milieu de l'année 1900, où il a succombé subitement.

Nous avons dans nos notes beaucoup d'autres cas analogues, mais il est inutile de multiplier les observations, cela ne saurait fortifier les conclusions qui découlent des faits positifs précédents.

Les préparations de mercure et l'iodure de potassium, pris par la bouche, semblent n'exercer qu'une action nulle ou bien faible sur l'ataxie locomotrice.

Le sublimé en injections intramusculaires exerce toujours au contraire une action bienfaisante.

L'obstacle au traitement par les injections intramusculaires de sublimé vient de ce que celui-ci coagule l'albumine du muscle, cause ainsi une douleur persistante, et de l'empâtement œdémateux. L'addition au sublimé au $\frac{1}{100}$ de 4 0/0 de chlorure de sodium empêche à peu près complètement cette coagulation, et le traitement est toujours très bien supporté.

Si l'ataxie est reconnue et traitée par les injections intramusculaires de sublimé, dès l'apparition des premiers symptômes, la maladie se guérit complètement.

Lorsque l'ataxie est déjà avancée, les injections intramusculaires de sublimé font rétrocéder certains symptômes et arrêtent la marche de la maladie.

Ce sont surtout les cas de syphilis insuffisamment traités au début, cas légers, méconnus ou négligés, qui produisent l'ataxie locomotrice.

M. E.-M. ROHR

Vétérinaire en 1er au 17e d'Artillerie.

STOMATITE ÉRYTHÉMATEUSE ET ÉRYSIPÈLE DE LA FACE CHEZ LE CHEVAL, DÉTERMINÉS PAR LES CHENILLES PROCESSIONNAIRES (BOMBYX OU CNETHOCAMPA PROCESSIONNEA.) [616.31 : 636.1]

— *Séance du 3 août* —

Pendant le séjour au camp de Fontainebleau pour les écoles à feu, en juin 1898, on constatait sur tous les arbres une invasion exceptionnelle de ces lépidoptères connus sous le nom de chenilles processionnaires, étudiées depuis longtemps déjà par Réaumur (1786). Ces chenilles possèdent des poils très fins, à peine visibles, qui sont imprégnés d'acide formique probablement mélangé à une enzyme et jouissant de propriété urticante.

Nous en avons constaté les effets sur un certain nombre de nos chevaux installés à la corde et presque tous les hommes en ont souffert.

Nos malades se présentaient avec une tuméfaction chaude et douloureuse de la partie inférieure de la tête, entièrement semblable aux manifestations de l'anasarque. Sous la main on a la sensation des élevures confluentes de l'urticaire.

Les muqueuses des lèvres, du palois, des incisives, des joues, de la face inférieure de la langue étaient tuméfiées, rougeâtres et douloureuses ; la pituitaire présentait de nombreux points rouges réunis par places ; la salivation était intense.

Ces manifestations cutanées, d'une durée de cinq à six jours, se rencontraient aussi partout où la peau est fine et moins protégée par les poils : sous les cuisses, au grasset, autour des oreilles, des yeux, etc.

Ces accidents ont été particulièrement communs au début de l'installation du camp, alors que les fourrages n'étaient pas abrités ; plus tard, se doutant de la cause, on évita de placer le foin sous les arbres.

La présence des chenilles dans le foin n'est pas absolument nécessaire ; il suffit que ces fourrages soient à proximité des nids, pour être envahis par les poils ou fragments des poils.

Ces petits poils des chenilles, imperceptibles, se disséminent facilement chez l'homme, même sur les régions recouvertes par les vêtements, ainsi que nous avons pu en juger nous-mêmes.

En nous appuyant sur un arbre, la main derrière le dos, nous éprouvions aussitôt une sensation spéciale, qui nous fit songer que nous devions toucher ces chenilles. Nous ressentimes alors une douleur cuisante et toutes les manifestations de l'urticaire; le lendemain, le bras gauche en entier subissait le même sort; des poils avaient pénétré dans la manche. Le prurit, très tenace, empêchait tout sommeil, et nous n'obtenions un certain calme qu'après un lavage au crésyl, des parties affectées, sur lesquelles nous répandions de la poudre de talc, mélangée au salicylate de bismuth.

Ce qui facilitait surtout la dissémination sur un grand espace — puisque les hommes qui couchaient sous les tentes présentaient, en une nuit, de l'urticaire sur tout le corps — fut la façon dont on tuait ces chenilles, en les brûlant avec de la paille. Toutes n'étaient pas entièrement carbonisées, et les poils, seulement desséchés, étaient plus facilement emportés par le vent et pénétraient partout sous la tente, dans les draps, etc. Le mieux serait certainement de les balayer de haut en bas des arbres dans une fosse et de recouvrir les chenilles de terre pour les écraser ensuite.

M. E.-M. ROHR

Vétérinaire en 1er au 17e d'Artillerie.

PASTEURELLOSE ÉQUINE ACCOMPAGNÉE DE TROIS ÉTAPES D'ACCIDENTS PARALYTIQUES SÉPARÉS PAR DES INTERVALLES DE SANTÉ APPARENTE

[616.31 : 636.1]

— *Séance du 3 août* —

Obs. — Lors d'une épidémie de pasteurellose (coccobacille typhique de Lignières, genre Pasteurella) qui sévissait en 1896-97, sur les chevaux du régiment, parmi lesquels 176 furent atteints ; le cheval Hauban, cinq ans, était contaminé vers la fin de l'épizootie, le 28 janvier 1897.

La forme de la maladie à symptômes dénotant une infection générale, était surtout aiguë, il n'y avait pas cette exagération fébrile de la forme hyperpyrétique. Le ptosis était incomplet, la conjonctive avait une coloration franchement truite-saumonée. Le pouls, petit, vite, serré, était néanmoins assez perceptible. On remarquait un pouls veineux récurrent, indiquant un gêne de la circulation cardiaque, les battements du cœur étaient rapides et le choc palpitant. La respiration était accélérée sans dyspnée accusée.

Au cours de la maladie, aucune localisation bien nette n'avait été constatée sur les poumons. Le poumon droit paraissait atteint le premier jour, puis le lendemain tout redevenait normal.

Les reins étaient plutôt affectés, ils étaient voussés, les membres postérieurs fléchis. En mouvement, le train postérieur vacille, les pieds rasent le sol. Le sang prélevé aseptiquement dans la jugulaire le deuxième jour de la maladie permit à M. Lignières de reconnaître le coccobacille.

Le tracé thermique fut le suivant (*fig. 1*) :

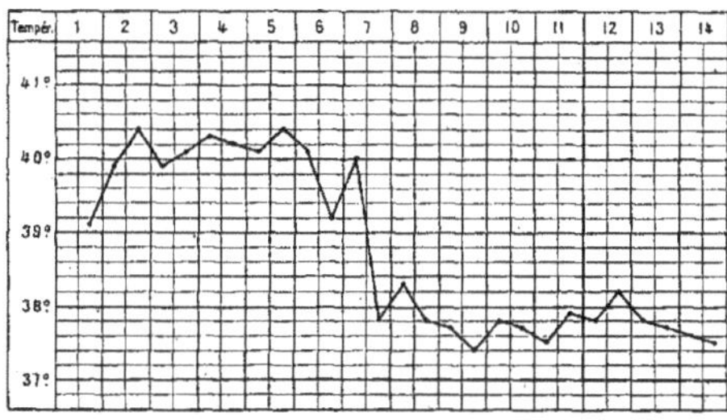

FIG. 1.

Le stade de fastigium, d'une durée de quatre jours, est assez régulier, variant entre 39°9 et 40°4, la défervescence est brusque.

Le malade, qui présentait une gêne du train postérieur le 1er février, marche mieux le lendemain, et le surlendemain presque aisément ; la convalescence fut courte. Ce cheval était un de ceux chez lesquels les sécrétions de la peau avaient été tellement exagérées, que nous dûmes le faire tondre au cours de la convalescence. Hauban reprit son service le 25 février.

Neuf mois après, le 30 novembre, nous sommes appelés à le voir dans son écurie comme incapable de faire aucun mouvement. La face est crispée, les naseaux convulsivement dilatés ; on remarque des frémissements des muscles de la croupe. Très péniblement, nous l'amenons jusqu'à l'infirmerie ; l'arrière-train vacille d'un côté à l'autre ; le membre postérieur gauche est traîné ; il fléchit sous le poids du corps en arrivant à l'appui. Les membres antérieurs sont complètement engagés sous le centre de gravité, le gauche dénote une certaine gêne. Le malade continue cependant à se maintenir debout dans son box.

Bien que la motilité soit abolie, la sensibilité persiste ; les piqûres de la croupe et des cuisses ne déterminent pas la contraction des muscles de la région, mais le cheval tourne brusquement la tête, indiquant ainsi qu'il a été impressionné. Cette sensibilité est moindre, cependant, lorsqu'on touche le membre gauche.

Le diagnostic « congestion de la moelle » est facile. On traite immédiatement par une saignée abondante, les enveloppements froids et humides du train postérieur, la pilocarpine en injections sous-cutanées, la dose classique d'aloès, les diurétiques salins continués les jours suivants.

La fièvre de réaction est peu appréciable : le 30 novembre, 38°,5 ; le 1er décembre, 38° ; le 2, 37° ; le 3, 37°,3 ; le 4, 37°, 6. Les battements du cœur sont assez nombreux le premier jour et le pouls plus fort ; l'appétit est conservé. Le lendemain du traitement, dès la première heure, une amélioration sensible est déjà manifeste ; trois jours après, le 4, toute gêne avait presque entièrement disparu. Cette congestion s'était donc terminée par une délitescence rapide.

Le 10 janvier, quatre semaines environ après avoit été remis en service, Hauban nous est présenté à la visite pour inappétence. Son aspect général montre plutôt un certain affaissement ; une injection sous-cutanée d'azotate de pilocarpine lui est faite immédiatement.

Le lendemain matin, nous constatons une déviation complète à droite de la lèvre supérieure, de la commissure inférieure du naseau gauche et du bout du nez ; la paupière de ce côté ne se ferme plus, les larmes s'écoulent, la lèvre inférieure est flasque et pendante, déviée à droite, il y a ptyalisme, la salive n'est pas déglutie, la préhension des aliments est très difficile. La langue est légèrement pendante et insensible, la sensibilité des lèvres subsiste.

Il s'agit d'une paralysie certaine du facial gauche et probable de l'hypoglosse.

Le traitement fut le suivant : Légère friction vésicante sur la joue gauche, iodure de potassium à l'intérieur, injections sous-cutanées d'arséniate de strychnine, barbotages à la farine d'orge.

Dès le cinquième jour, l'amélioration est sensible, la préhension des aliments est plus facile, le malade commence à manger son avoine.

Aucune fièvre n'a été enregistrée ; les 11 et 12 janvier seulement, la température était de 38°,2 et 38°,1, les températures matinales étaient normales, 37°,5.

A la sortie de l'infirmerie, le 29 janvier, la déviation du bout du nez est encore accentuée, mais tous les autres symptômes ont disparu en partie. Cette déviation, moins marquée cependant, persiste encore actuellement, sans espoir de guérison complète. L'état général est bon, l'alimentation se fait sans difficulté appréciable. Ausculté plusieurs fois au point de vue des manifestations du côté du cœur, nous n'avons relevé aucun signe anormal.

Pathogénie. — L'observation précédente nous paraît importante à plusieurs points de vue. C'est en somme un cas de Pasteurellose accompagné de trois étapes d'accidents paralytiques, séparés par des intervalles de santé apparente.

I. — Doit-on attribuer ces accidents paralytiques à des lésions périphériques portant sur les filets nerveux, ou bien à des lésions centrales de l'axe cérébro-spinal ?

Dans ce dernier cas, la lésion aurait été plus spécialement localisée sur les cellules des cornes antérieures et sur leurs prolongements bulbaires (noyau du facial), puisque là motilité seule a été intéressée. En pathologie humaine, les accidents paralytiques consécutifs au infections, bien que systématisés, soit à la motilité, soit à la sensibilité, s'accompagnent de lésions névritiques et sont, pour ce motif, rapportés cliniquement à des névrites périphériques.

Toutefois, il arrive quelquefois que l'autopsie révèle, non pas des lésions des nerfs, mais des lésions centrales. Grâce aux nouvelles méthodes de coloration employées en anatomie pathologique, on a découvert des lésions centrales associées aux lésions névritiques, alors que ces dernières lésions seules auraient été constatées autrefois. Il en résulte que la plupart des névro-pathologistes pensent actuellement que les névrites périphériques ne sont pas primitives, mais plutôt consécutives à une lésion de l'axe gris médullaire; la dégénérescence du nerf serait secondaire à celle de la cellule nerveuse médullaire, qui serait son centre trophique. Cette opinion est d'ailleurs en concordance avec les expériences anciennes de Waller sur la section des racines nerveuses. (G. Colin, *Physiologie comparée*, p. 193.)

En résumé, notre observation éveille l'idée de lésions portant à la fois sur l'axe gris médullaire (cellules des cornes antérieures, noyau du facial) et sur les nerfs périphériques.

II. — Les paralysies successives, bien qu'à intervalles assez longs, peuvent être rationnellement rapportées à la Pasteurellose.

En médecine vétérinaire, la dourine donne l'exemple d'accidents médullaires, survenant de un à trois ans après que l'évolution de la maladie paraît enrayée (1), de même en ce qui concerne la dourine expérimentale du chien (2).

En pathologie humaine, les paralysies post-infectieuses se manifestent en général peu après l'infection, et cependant on observe de nombreuses exceptions.

Dans la diphtérie, la paralysie du voile du palais apparaît quelquefois deux mois après l'angine ; cette paralysie du voile du palais se montre alors que l'on croyait le sujet complètement guéri depuis plusieurs semaines ; elle est souvent suivie de paralysies atteignant les membres supérieurs ou inférieurs. Dans la syphilis, des accidents paralytiques surviennent parfois en pleine santé, plusieurs années après le chancre.

Les accidents paralytiques des infections sont donc, dans certaines maladies, des accidents à longue portée apparaissant lorsqu'on croyait la guérison solidement établie. L'expérimentation a rapporté quelques éclaircissements sur la pathogénie de ces troubles nerveux consécutifs à des infections. De nombreux observateurs les ont constatés comme accidents éloignés provenant d'infections avec des staphylocoques, streptocoques, coli-bacilles. Harvin les a signalés à la suite d'injections de toxiques pyocyaniques ; Roux et Yersin, à la suite d'injections de toxique diphtéritique. Ces accidents sont constatés parfois très longtemps à la suite des inoculations.

Thoinot et Moisselin, dans leur étude sur les localisations médullaires des maladies infectieuses (*Revue de médecine*, 1894), en injectant à des lapins des cultures de coli-bacille, ont déterminé des paralysies longtemps après l'inoculation ; dans ces cas, la paralysie survient au bout de six mois, pendant lesquels l'animal n'avait présenté aucun symptôme mor-

(1) Nocard et Leclainche, *Maladies microbiennes*, 2e édition, p. 848.
(2) Nocard et Leclainche, *Maladies microbiennes*, 2e édition, p. 852.

bide ; la moelle était virulente et contenait le coli-bacille. Dans la dourine, le foyer hémorragique, qui correspond à la paraplégie, est également virulent (Nocard et Leclainche, *Maladies microbiennes*, 2e édition, p. 852).

Il est donc expérimentalement prouvé que des germes infectieux ou leurs toxines peuvent, après une première atteinte, sommeiller dans l'organisme sans provoquer le moindre trouble, puis tout à coup se réveiller par une manifestation nerveuse plus ou moins grave.

Toutes ces données expérimentales viennent appuyer la nature infectieuse des symptômes paralytiques observés chez le cheval Hauban et permettent de les rattacher à la Pasteurellose dont il fut atteint.

M. ROHR

Vétérinaire en 1er au 17e d'artillerie.

RELATION D'UN CAS DE TUBERCULOSE ABDOMINALE CHEZ LE CHEVAL

[616.995 : 636]

— *Séance du 8 août* —

Obs. — La jument Poirée, 9 ans, 1m,58, noir mal teint, appartenait à un gendarme qui l'avait achetée en 1893. Cette jument provenait de la Hollande et, comme beaucoup de chevaux de cette origine, était décousue dans son ensemble, possédant au plus haut point le tempérament caractéristique, mou et délicat.

Commémoratifs. — Poirée était d'ordinaire en assez bon état. On sait de quels soins le gendarme entoure sa monture, aussi assurait-elle au début un assez bon service régulier et peu fatigant, bien que nécessitant presque constamment l'usage de l'éperon. Au commencement de 1896, on dut niveler les dents en raison de l'inappétence. Comme la jument s'essoufflait assez facilement, elle fut traitée à l'acide arsénieux. Elle se remit, mais revint plusieurs fois pour le même motif, surtout au cours de l'année 1897.

Ces indispositions furent bénignes jusqu'au moment de la cause occasionnelle; lors des manœuvres de septembre 1897, et en particulier de la grande revue terminale, où elle fut surmenée toute la journée.

L'appétit devient alors capricieux et l'état général laissait à désirer. Elle séjourna deux fois à l'infirmerie, du 1er au 10 novembre et du 7 au 25 décembre, le traitement fut assez favorable.

Enfin, le 4 février 1898, nous dûmes la reprendre dans nos écuries; mais cette fois, toutes les médications furent inutiles, et la malade succombait le 15.

Symptômes. — L'amaigrissement et la faiblesse débutent au commencement d'octobre 1897, malgré l'appétit souvent bon, l'augmentation de la ration et le choix des denrées. Entre temps, la jument présente une diarrhée fétide qu'on arrête par un traitement approprié ; les toniques, les injections de strychnine ne lui furent pas ménagés.

En décembre, nouvelle crise, nouvelle amélioration mais de peu de durée. En examinant les grands appareils, on ne constate aucune lésion qui puisse expliquer ces désordres.

Vers la fin de janvier, l'amaigrissement est de plus en plus rapide ; la jument s'essouffle au moindre effort, s'arrête et bat du flanc, la tête est étendue sur l'encolure ; elle refuse d'avancer, les muqueuses sont pâles. La température présente des exaspérations irrégulières de 1° à 1° 5.

En raison de l'allure générale des symptômes, et en nous inspirant de faits analogues présentés par des chevaux ayant eu des tumeurs abdominales de nature gourmeuse, le diagnostic fut leucocythémie déterminée par une tumeur abdominale probable ; un certificat concluant à la réforme est ainsi motivé. Quelques jours après survient une polyurie exagérée ; l'urine est épaisse, jaunâtre, nécessitant un renouvellement journalier de litière ; c'est l'urine d'autophage, dont la conséquence est la consomption de l'organisme. On ne constate ni toux, ni jetage, mais à la palpation, les ganglions prescapulaires sont légèrement hypertrophiés. Une diarrhée colliquative rebelle à tout traitement apparait, les excréments liquides sont foncés, d'odeur infecte. L'état des ganglions prescapulaires et la polyurie abondante nous permettaient d'établir le diagnostic tuberculose, confirmé par la tumeur des ganglions sous-lombaires.

Autopsie. — L'ouverture de la cavité abdominale laisse voir deux énormes tumeurs. L'une, formée aux dépens des ganglions sous-lombaires, est une masse irrégulière, bosselée, dure, pesant 3 kil. 500, à ramifications multiples le long des troncs mésentériques ; l'aspect est celui d'une pieuvre munie de ses tentacules. La seconde, située au niveau du bord concave de l'intestin grêle, offre le même aspect, elle pèse 950 grammes. Leur coupe montre de nombreux foyers caséeux à bords festonnés et rougeâtres, à surface de 1 centimètre environ, englobés dans des travées de tissu fibreux, blanchâtre, qui n'est autre que le tissu ganglionnaire transformé.

L'intestin grêle est rougeâtre sur une grande longueur. Sa muqueuse présente des ulcérations isolées en certains points, confluentes en d'autres et formant de larges plaies circulaires siégeant au niveau des plaques de Peyer.

Le foie, friable, est légèrement hypertrophié, il en est de même de la rate, mais aucune tumeur n'est constatée. La plèvre et les poumons sont sains. Seuls les ganglions préscapulaires sont atteints ; ils sont assez volumineux et caséeux au centre. Un fragment de la tumeur la plus volumineuse, envoyé à M. Lesage, répétiteur à l'école d'Alfort, et présenté à M. le professeur Nocard, est trouvé farci de bacilles de Koch, confirmant le diagnostic de tuberculose abdominale. Il est assez probable que si la mort était arrivée plus tardivement, le poumon, à son tour, aurait été atteint, ainsi que semblent l'indiquer les lésions des ganglions préscapulaires.

Étiologie. — Quelle pouvait être l'origine de cette tuberculose ?

D'après les renseignements fournis par le gendarme, sur six chevaux importés de Hollande et achetés au même marchand à la même époque, deux seraient morts dans des conditions identiques.

Un des premiers cas de tuberculose relaté par M. Trasbot (*Archives vétéri-*

naires, 1884, p. 922) concernait également un cheval hollandais importé à l'âge de cinq ans et appelé à un service de luxe très peu fatigant, à peine suffisant comme exercice hygiénique; c'est pourquoi ce cheval fut peu indisposé jusqu'en 1883, époque à laquelle il fut attelé avec un autre au manège d'une machine à battre ; « plus ardent que son compagnon, il se fatiguait beaucoup, devenait ruisselant de sueur... et respirait une atmosphère chargée de poussière ». M. le professeur Trasbot termine ainsi sa relation : « Le cheval était-il tuberculeux en venant de Hollande? Sa maladie a-t-elle sommeillé jusqu'au moment où une cause occasionnelle, le service de la machine à battre, lui a donné le coup de fouet qui a précipité la marche et fait prendre à la phtisie la forme galopante? Tout cela est possible, mais ne saurait être affirmé. » Nous présenterons les mêmes questions, mais, en raison de ce nouveau cas et des renseignements obtenus, nous nous permettrons une conclusion plus affirmative.

On sait que la transmission de la tuberculose de la vache au cheval a été établie par plusieurs observations (Robert Rodert) (1) et que, d'autre part, la tuberculose bovine est fréquente en Hollande. Schmid cite même, pour certains districts, une proportion de 20 0/0.

Si on ajoute que dans ce pays le jeune cheval, à tempérament lymphatique déjà favorable à l'infection, cohabite d'ordinaire avec les vaches ou dans un voisinage immédiat, on n'aura pas lieu d'être étonné que la tuberculose soit plus souvent constatée sur les chevaux de cette origine.

M. le Dr LE GRIX

à Paris.

LES PARASUBLUXATIONS SCAPULO-HUMÉRALES

— *Séance du 3 août* —

J'entends par parasubluxation, en général, certain déplacement intraarticulaire dans les rapports normaux de deux ou plusieurs surfaces articulaires, déplacement réel, stable, sans être suffisant pour qu'il y ait subluxation, ou luxation.

C'est le premier degré vers une subluxation, comme la subluxation a été considérée jusqu'à présent comme le premier degré de la luxation.

(1) Nocard et Leclainche, *Maladies microbiennes*, 2e édition, p. 623.

Ce déplacement peut se produire dans toutes les articulations énarthrosiques, dépourvues surtout de ligament intraarticulaire.

Les parasubluxations scapulo-humérales, envisagées ici spécialement, consistent en un déplacement intraarticulaire, en latéralité, peu considérable (2 à 3 millimètres) en avant ou en arrière, de la tête humérale hémisphérique dans la cavité glénoïde scapulaire, élargie et plus cupuleuse par le bourrelet glénoïdien, déplacement, ou glissement entraînant les trochanters ou tubérosités en sens inverse : tête en avant, tubérosités en arrière ; tête en arrière, tubérosités en avant et en dehors. C'est une sorte de déviation.

On distingue ainsi une parasubluxation supinative, en avant ou coracoïdienne, et une parasubluxation pronative en arrière ou acromio-épineuse.

Historique. — C'est en 1885 que mon attention fut attirée sur cette affection nouvelle. Un fait remarquable de ce genre se produisit plusieurs fois sur une même personne dans l'espace de quelques mois.

Le sujet féminin, âgé de quinze ans, grand, lymphatique, aux muscles flasques et atones, était pris soudain, soit au lit, soit debout, à la suite d'un mouvement, d'une douleur plus ou moins vive dans l'épaule gauche vers le milieu du deltoïde, et s'irradiant vers la tête le long du bord externe du trapèze, et vers le bras et la main. L'attitude devenait celle d'une fracture de la clavicule. Les mouvements du bras se faisaient bien, en arrière incomplètement, car la main ne pouvait être portée derrière le dos. Pronation incomplète, supination douloureuse, circumduction limitée, élévation bornée à l'horizontale.

Jamais le sujet n'avait eu de luxation, de fracture, de contusion, de paralysie infantile, etc.

On le frictionnait, on lui tirait sur le bras et parfois la douleur cessait rapidement. La malade se sentait guérie. Parfois ce n'était qu'après deux ou trois jours de tentatives, de manœuvres que l'état normal était recouvré. Je la guéris instantanément trois ou quatre fois. En avançant en âge, le cas ne se reproduisit plus.

Par deux ou trois fois très rapprochées, même affection se représenta. Cela me donna à penser. J'ai observé et mûri ces faits pendant quinze années.

Les auteurs consultés, sans être muets sur le sujet, l'envisageaient autrement, et différaient beaucoup de vues sur le traitement, comme on va le voir.

Jarjavay, en 1867, dans la *Gazette hebdomadaire*, avait décrit la luxation du tendon de la longue portion du biceps brachial avec certains signes, correspondant assez à ceux que j'observais.

S. Duplay, en 1872, dans les *Archives de médecine* (novembre), croit avoir trouvé la solution dans la périarthrite scapulo-humérale aiguë et chronique, et signale la douleur au niveau de l'apophyse coracoïde se répercutant le long du bras.

Berne, en 1889, dans l'*Union médicale* (juillet), donne le traitement des périarthrites scapulo-humérales, c'est-à-dire les mouvements actifs et passifs dans tous les sens, comme Duplay. Ils guérissaient ainsi quelquefois, mais au petit bonheur.

Norström, de Stockholm, en 1891, dans son Traité du Massage étudie et résume bien l'état de la question des scapulalgies, qu'il avoue être encore très obscures, mal connues.

Norström cite Wretlind parlant d'une sorte de fausse ankylose de l'épaule qui ne serait que l'inflammation de la bourse séreuse sous-acromiale, et sous-deltoïdienne de Duplay, pour l'auteur suédois.

Il signale, p. 265-266, des raideurs après luxations, ankyloses, etc., avec sensibilité d'un centimètre carré entre la clavicule et l'acromion que Wretlind n'explique pas, et qu'il traite par des mouvements énergiques.

Norström rapporte lui-même quelques observations intéressantes de scapulalgies qui me semblent n'être que des parasubluxations pour la plupart. p. 268-270.

Brunon, 1er mars 1893, dans la *Normandie médicale*, décrit des déviations imputées à de la paralysie douloureuse des enfants. *Journal des Praticiens*, p. 182-1893.

Une observation du Dr Bernhardt, *in Berlin. klinisch*, *Wochensch.*, 8 janvier 1894, intitulée « Paralysie localisée des sus scapulaires droits », mérite d'être rapportée : « Homme ,28 ans, se plaignait de douleur dans l'épaule droite, exacerbée dans les mouvements, siégeant au-dessous de l'acromion. Élévation du bras impossible malgré les muscles riches. Léger abaissement de l'omoplate, écartement du bord spinal d'un demi à 1 centimètre de plus qu'à gauche. Dépression légère comparée au-dessous de l'omoplate. Région sous-épineuse enfoncée, les muscles semblent manquer; les autres muscles normaux. Le deltoïde bien conservé, et malgré cela l'élévation ne peut se faire jusqu'à l'horizontale. Au delà, il dévie en avant ou en arrière, en même temps que l'effort du deltoïde semble surmonter cet effort. Avant de le voir arriver à la verticale, on perçoit un ressaut. Au repos, le bras s'abaisse comme luxé en avant, la rotation en dehors ne peut se faire. Pas de difficulté pour écrire, comme Duchenne l'a indiqué, mais difficulté à tirer l'aiguille. »

J'ai tenu à citer ces faits et ces sources que j'engage à revoir, pour montrer l'incertitude d'interprétation de faits qui me paraissent rentrer dans l'étude que je veux donner.

Lorsque j'aurai montré le déplacement, tout deviendra compréhensible, net et précis.

Pour ne pas trop allonger cette communication, je ne citerai aucune des nombreuses observations de ma clientèle civile et de ma clinique. Ces faits bien et longtemps observés m'ont permis cette description qui suit et l'interprétation que je donne de ces affections, si différentes en apparence, et unes en réalité.

Anatomie. — Il m'est nécessaire de dire un mot de l'articulation de l'épaule.

Vous savez que les surfaces articulaires dépendent d'une part de l'omoplate et de l'autre de la tête humérale. La cavité glénoïde élargie par le bourrelet glénoïdien offre une surface regardant en dehors et légèrement en haut, surtout vers la partie inférieure plus large, de forme ovalaire. Elle est encroûtée de cartilage et tapissée d'une synoviale comme la tête humérale à laquelle elle correspond. Celle-ci trop volumineuse pour la cavité est arrondie en quart de sphère, dont l'axe se dirige en dedans, et en bas, faisant environ 45° avec l'axe du corps.

Ces deux surfaces sont enfermées dans une capsule tapissée en dedans d'une synoviale. Le col huméral, prolongeant l'axe sphérique, se perd rapidement dans une masse osseuse, volumineuse, divisée en deux parties appelées tubérosités, la grande externe, la petite antérieure, séparées entre elles par une gouttière verticale où glisse le tendon de la longue portion du biceps, pour contourner avec la capsule la tête articulaire et former une sorte de ligament intraarticulaire, ici, véritablement suspenseur, dont l'insertion supérieure se fait au-dessus de la glène.

Une voûte ostéofibreuse coraco-acromiale occupée par un tissu lâche matelassé complète en haut cette articulation dans laquelle se meut très librement l'humérus, fixé à l'omoplate solidement :

1° Par le tendon bicipital suspenseur et applicateur, et ses accessoires la capsule autour, le deltoïde en dehors, le triceps en arrière, le coraco-brachial et coraco-bicipital en avant ;

2° Par les muscles sus et sous-épineux et petit rond en arrière ;

3° Par le sous-scapulaire en avant, venant s'insérer en dehors, les trois premiers à la grosse tubérosité, le dernier à la petite tubérosité après avoir contourné en dedans la tête humérale et la capsule. Ces trois puissances musculaires maintiennent en équilibre dans la cavité glénoïde la tête humérale très mobile. Ce sont les muscles que j'appellerai volontiers gardiens du momentum, comme on dit en mécanique. Les muscles sus-épineux, sous-épineux et petit rond peuvent être dénommés muscles supinateurs articulaires huméraux, et le sous-scapulaire, l'antagoniste physiologique, muscle pronateur articulaire huméral.

Les muscles grand pectoral, grand dorsal et grand rond qui viennent s'insérer au fond et sur les lèvres de la gouttière bicipitale, sont des agents d'action.

Les mouvements de cette articulation sont nombreux : la tête appliquée dans la cavité glénoïde, peut rouler sur elle-même et s'élever de bas en haut en permettant l'inclinaison des tubérosités en avant ou en arrière, dans la pronation ou la supination du bras, l'adduction et l'abduction. L'élévation se fait, grâce au transport de bas en haut sous la voûte acromiale de la tête et la circumduction se trouve résumer tous ses mouvements amplifiés encore par ceux de l'omoplate solidaire des grands mouvements.

Les muscles du momentum permettent de porter la tête humérale de bas en haut verticalement, et le roulement sur place ou suivant cet axe vertical, sans jamais faire que normalement la tête s'avance en avant ou en arrière de cet axe, sous peine d'être déplacée. C'est donc à la surprise, ou à la défaite vive de ces muscles qu'est due la parasubluxation. La tête et le col se couchent, pour ainsi dire, dans l'articulation, avec une tendance à prendre la direction parallèle des muscles du momentum correspondant. Ce qui explique le peu de tendance à la réduction spontanée par la seule force musculaire. C'est donc sur cette particularité que repose cette affection, la possibilité à la tête articulaire de glisser en avant ou en arrière de l'axe vertical de la cavité glénoïde, et de s'y maintenir sans tendance à se replacer naturellement. Ce glissement est favorisé par les muscles gardiens du momentum, formant attache et sangle à la tête humérale dans la cavité glénoïde.

Voici le mécanisme de production : le bras dans la position anatomique forme à son attache scapulaire articulée un levier dont la tête humérale forme le point d'appui sur l'axe de la cavité glénoïde dont le tendon long du biceps, inséré au-dessus de la cavité articulaire, après une légère réflexion de dehors en dedans, forme la résistance, et vice versâ, suivant la fonction, et dont l'humérus et le bras forment la puissance, si l'on pratique des mouvements passifs.

La tête humérale se maintient en équilibre, par les masses musculaires sus-scapulaires postérieures, et sous-scapulaires antérieures, qui empêchent le chavirement en avant ou en arrière.

Or, que les muscles gardiens du momentum viennent à être partiellement ou totalement parésiés, rhumatisés, contusionnés, forcés, surpris en repos physiologique, à la suite d'une névralgie, d'une douleur, d'un choc, d'une luxation, d'un tiraillement, etc., ces muscles non seulement laissent facilement l'humérus s'incliner en avant et en arrière physiologiquement, et même pathologiquement, mais favorisent le glissement de la tête humérale légèrement en avant ou en arrière, s'il survient la moindre puissance tiraillant le tendon suspenseur, qui n'aura plus l'auxiliaire solidaire indispensable des gardiens latéraux du momentum.

Il suffira, pour ce glissement en avant, d'une rotation supinative brachiale, et pour le glissement en arrière d'une pronation.

Le glissement opéré, une des masses musculaires devient tendue du côté du glissement, et l'autre relâchée par suite du déplacement des points d'attache. Ainsi, dans la parasubluxation antérieure, le sous-scapulaire est allongé, les sus, sous-épineux, et petit rond relâchés, et le tendon bicipital saillant dans sa gouttière du côté de la lèvre antérieure. Dans la parasubluxation postérieure le sous-scapulaire est relâché, et la masse sous et sus-épineuse tendue.

On conçoit, alors, que la tête humérale, ainsi couchée en tendance de parallélisme de direction avec la puissance du muscle tendu et actif, sans correctif opposé possible, ne puisse se redresser seule dans l'axe de la cavité glénoïde, et, au contraire, affermit le déplacement, jusqu'à un degré plus ou moins voisin de la subluxation.

Avec cette disposition pathologique persistante, on conçoit qu'il existe des troubles fonctionnels précis, et à la longue des modifications dans toutes les parties constituantes de l'articulation jusqu'à la périarthrite de Duplay.

L'articulation semble peu souffrir par arthrite, adhérences, épanchements synoviaux, etc.

Lorsque les rayons X furent découverts, j'espérais avoir des preuves irréfutables de cette affection, qu'on serait tenté de considérer comme une vue de l'esprit. Or, les radiographies ne donnent rien.

Mais, la preuve convaincante, outre les symptômes rationnels et précis, repose sur l'efficacité du traitement, c'est-à-dire la réduction du déplacement, qui guérit sur l'heure l'affection récente, améliore toujours, et souvent guérit en peu de temps l'affection ancienne.

Étiologie. — J'ai observé plus d'une trentaine de cas, depuis quinze ans, à ma clinique et en ville. Ils sont relativement fréquents, comme le dit Duplay des périarthrites scapulo-humérales. L'adolescence de quinze à vingt-cinq ans, et la vieillesse débile à partir de soixante ans y sont plus sujettes. Certaines professions dans l'âge mûr y prédisposent l'homme, ainsi que le rhumatisme, les névralgies, et les douleurs de l'épaule. La femme n'en est pas exempte, ni les jeunes filles lymphatiques, anémiées, sans muscles et sans force.

Le déplacement peut être spontané ou provoqué. Il ne se produit spontanément que chez les jeunes sujets aux muscles atones, quelquefois en dormant sur l'épaule, ou en se retournant dans le lit en roulant; dans certains mouvements, comme celui de passer le bras étendu sur le dossier d'une chaise, d'abandonner ensuite le bras à son propre poids, en lui imprimant quelques balancements ; si on passe le bras derrière le dos ou la nuque, après un récent déplacement réduit, c'est-à-dire dans toute abduction supinative, ou pronative, étendue et subite ; à la suite d'une luxation à réduction retardée; après une fracture ou luxation articulaires à réduction incomplète, ou après mouvements trop hâtifs, par suite de parésie, contusions, etc., de certaines masses musculaires sus ou sous-scapulaires.

La cause la plus fréquente est le tiraillement produit soudainement sur le bras mort, au moment où on ne s'y attend pas, ainsi, chez les cochers surélevés des grands omnibus lourds, dont les chevaux s'abattent brusquement, ou chez un cavalier dont le cheval arrache soudain le bras, d'un allongement de tête, ou pendant qu'il franchit un obstacle, chez les personnes courant après un omnibus ou une voiture, et l'atteignant à peine du bout des doigts, ou descendant en marche et traînées, et souvent tiraillées, ou encore si l'omnibus en arrêt ou au pas force tout à coup l'allure, entraînant le piéton qui tient le porte-main, etc.

Le choc direct provoque rarement la parasubluxation. Il faut des conditions particulières favorables, une douleur antérieure, un rhumatisme des muscles du momentum, et une pression spéciale qui ramène en avant, ou refoule en arrière les trochanters, sans toucher notablement à l'acromion.

Symptomatologie. — Les symptômes diffèrent selon la parasubluxation supinative, ou pronative, selon sa forme récente ou ancienne.

Quand la tête humérale est parasubluxée en supination, on constate les phénomènes suivants :

Si le cas est récent, le malade déshabillé présente une épaule montée, élargie d'avant et arrière, le sillon coracoïdien, ou sillon interpectoro-deltoïdien plus plein, la tête légèrement inclinée du côté malade, l'avant-bras généralement plié et ramené sur le thorax. En arrière on voit les creux sus et sous-épineux très nets, surtout si avec le pouce on fait une pression tendant à porter en avant toute la tête humérale; le bord supérieur du trapèze est plus saillant. C'est la forme générale d'une supination exagérée et persistante. La palpation permet de constater que le creux coracoïdien est rempli par un corps dur sphérique, plus saillant, qui est la tête humérale. La pression donne une sensation très douloureuse et résistante, en outre les creux sus et sous-épineux se laissent plus déprimer; une autre douleur à la pression et la constatation d'un cordon longitudinal suivant la gouttière bicipitale manquent rarement. L'aisselle ne révèle rien d'anormal, sauf moins d'accès et d'ampleur.

Les fonctions sont nettement troublées : le blessé porte difficilement la main à la tête, touche à peine l'oreille correspondante, et ne peut parvenir à la nuque, malgré des tentatives hésitantes, gênantes et vaines. Passer la main derrière le dos est impossible. L'adduction se limite à toucher la clavicule opposée, l'abduction souffre parfois moins de modifications, la circumduction est bornée, la pronation très imparfaite, la supination moindre, l'élévation limitée à peine à l'horizontale, et l'ensemble des mouvements pénibles.

Les mouvements articulaires proprement dits sont remplacés en partie par des mouvements de l'ensemble de l'épaule.

Les commémoratifs signalent, en dehors de la douleur à la pression, nettement localisée à l'insertion du sous-scapulaire dans l'espace intracoracoïdien sur la capsule articulaire et la petite tubérosité, une douleur spontanée, au moment de la production de la lésion. Quelquefois cette douleur de toute la région a été peu accusée, non remarquée, ou attribuée au trauma, s'il y en a eu. Parfois c'est une angoisse si vive qu'elle peut aller jusqu'à la syncope ou au vomissement. Elle a duré quelques instants, a reparu plus vague, plus supportable, surtout la nuit, sans être provoquée. Plus tard, elle devient une sorte d'engourdissement, de poids lourd, s'irradiant vers le cou, ou vers le coude et le petit doigt. C'est le symptôme le plus pénible de l'affection, avec la difficulté de porter la main derrière la tête et derrière le dos. S'il n'y a pas eu de douleur au début, elle survient toujours dans la suite.

Si l'affection est ancienne, passée inaperçue, non réduite par des mouvements actifs, à ces signes généralement constants viennent s'en ajouter d'autres.

La douleur persiste spontanée, ou provoquée, s'atténue peut-être, mais s'étend, s'irradie en haut, en bas, restant toujours locale à la pression, quoique diminuée.

Les mouvements deviennent plus difficiles, moins étendus, et une sorte de raideur articulaire instinctive s'installe, et les fonctions se font en masse plutôt avec les muscles moteurs du scapulum. Les muscles propres de l'articulation ne fonctionnant plus s'atrophient, leurs tendons glissent de plus en plus mal dans les gouttières, la périarthrite de Duplay se développe. Le malade ne peut se peigner ni s'habiller seul que par stratagème.

Les sujets diathésiques font souvent de l'arthrite chronique, des adhérences synoviales. Tous sont des impotents.

La parasubluxation acromiale, c'est-à-dire qui couche en pronation la tête humérale, beaucoup plus rare, ce me semble, offre quelques signes particuliers : la douleur est plus vague, plus dorsale, n'existe pas, ou peu en avant, mais plus nette le long du tendon bicipital. Le deltoïde paraît plus charnu, saillant en dehors, le creux coracoïdien n'est pas rempli, comme précédemment. Le bras reste en pronation forcée, la supination presque nulle. Le bras ne peut être passé facilement derrière la nuque, un peu mieux derrière le dos. La douleur du moignon s'irradie jusqu'à la saignée, et au petit doigt.

La réduction se fait quelquefois spontanément, ou au moindre mouvement provoqué, sinon les mêmes complications que plus haut peuvent s'établir.

Diagnostic. — Jusqu'ici, on a toujours pris cette affection pour du rhumatisme chronique, pour de l'arthrite tuberculeuse, pour des douleurs rhumatismales, musculaires, névralgiques, scapulalgiques, pour des paralysies deltoïdiennes, circonflexe, sus ou sous-scapulaires, pour une luxation du tendon bicipital, ou sa ténosite, pour une inflammation de la bourse séreuse sous-acromiale, ou sous-deltoïdienne, pour de la périarthrite depuis Duplay, etc.

Or, la plupart de ces affections ont la parasubluxation au début, qui, négligée, ou méconnue, développe tout le cortège pathologique ci-contre. Avec les symptômes distinctifs, nets et précis, énoncés, il sera facile aux chirurgiens, avertis de la possibilité d'une telle affection, de la déceler, de la traiter à sa base par une réduction appropriée et des plus simples.

Pronostic. — Le pronostic en général devient très favorable, si on rend à l'articulation ses mouvements normaux et aux muscles leurs fonctions, et cela d'autant plus rapidement, avant les complications. Chez les sujets diathésiques, il faut toujours être réservé et prévoir une arthrite compromettant l'avenir.

Traitement. — Le traitement consiste avant tout dans la réduction, ou le rétablissement des surfaces articulaires dans leurs rapports normaux.

Il s'agit, dans l'espèce, de redresser par la force la tête humérale, couchée en pronation, ou en supination dans la cavité glénoïde.

Pour ce fait, le blessé est assis sur une chaise, ou à la rigueur se tient debout, l'épaule de préférence recouverte simplement par la chemise. Le chirurgien se place en arrière et en dehors du côté malade. La main correspondante saisit le bras malade au pli du coude, opère une légère traction, facile, en bas et en dehors, en relevant lentement le membre vers l'horizontale, et en imprimant une rapide circumduction et pronation à l'humérus, s'il s'agit d'une parasubluxation supinative, au contraire, une circumduction supinative, s'il s'agit d'une parasubluxation pronative, tandis que l'autre main, empoignant solidement l'épaule, les quatre doigts en avant, et le pouce en arrière, fait la contre-extension, et s'efforce de faciliter le redressement de la tête dans sa position d'équilibre normal.

Le blessé éprouve une certaine angoisse de peu de durée, qu'une petite friction atténue.

Il suffit alors de procéder à l'immobilisation relative du bras, pour éviter le retour du déplacement, d'autant plus facile que ce déplacement aura d'ancienneté, et que les muscles n'auront pas encore recouvré leurs moyens.

A cet effet, je passe soit au-dessus, soit au-dessous des vêtements une bande de toile large de quatre doigts et longue de $1^m,50$, en forme de collier à deux chefs descendant jusqu'au niveau de l'ombilic, le chef le plus long contourne le bras en brassard, et fait ensuite le tour du thorax en arrière pour revenir se joindre à l'autre chef en avant. De la sorte l'avant-bras est libre, peut se mouvoir, et se reposer, en se pliant, et en passant la main ou le pouce dans le bas du collier de l'écharpe.

Inutile de chloroformer, sauf s'il y avait de nombreuses adhérences.

L'affection est-elle récente ? La guérison s'obtient sur-le-champ ; il suffit d'avoir la précaution d'attacher le bras deux ou trois jours au plus.

L'affection est-elle ancienne ? La guérison, moins rapide, sera parfaite dans la majeure partie des cas, et même très satisfaisante, dans les cas désespérés et réputés incurables. Il faut garder l'écharpe une semaine.

Permettez-moi un avis général en terminant. Il ne faut jamais négliger de faire des mouvements passifs dans toute douleur articulaire. Ces mouvements normaux exagérés rétablissent souvent des incoordinations de surfaces insoupçonnées ou insoupçonnables. C'est là parfois le secret du succès des empiriques.

M. J. GAUBE (du Gers),

à Paris.

L'IODOBENZOYLIODURE DE MAGNÉSIUM, SPÉCIFIQUE DES MALADIES BACTÉRIENNES DE L'HOMME. — DE QUELQUES ANGINES A ASSOCIATION BACTÉRIENNE SANS BACILLES DIPHTÉRIQUES. [616-96]

— *Séance du 4 août* —

I

Nous en sommes arrivé, aujourd'hui, dans nos études de minéralogie biologique (voir : *Cours de minéralogie biologique*, Librairie Maloine), à la recherche de la *spécificité* de minéralisation des éléments cellulaires divers qui constituent les êtres animés. Veut-on un exemple de spécificité de minéralisation ? Je citerai le *magnésium* dont j'ai étudié tout particulièrement l'action dans la formation de la graine des graminées et aussi dans la formation des graines animales. (Voir : *Théorie minérale de l'évolution et de la nutrition de la cellule animale.*) La famille des graminées est l'une des plus nombreuses du règne végétal ; si l'on vient à supprimer le magnésium à une graminée quelconque, cette graminée ne porte point de graines ou les graines qu'elle porte sont flasques et rudimentaires ; admettons, par la pensée, que l'on soustraie le magnésium à toutes les graminées simultanément, les graminées s'éteindront par défaut de reproduction ; c'est que le magnésium est le métal *spécifique* de la reproduction, comme je l'ai démontré, il y a bientôt dix ans. (Congrès de Pau, 1892.)

La minéralorie biologique nous démontre que l'iode n'entre jamais (A. Gautier) dans la constitution des bactériacées. Si l'analyse nous enseigne que les bactériacées ne contiennent point d'iode, et si, pour cette raison, l'expérience nous démontre que l'iode détruit ou modifie la vie des bactériacées pathogènes, au point d'annihiler leurs mortelles actions, quoi de plus naturel, de plus raisonnable que de chercher dans l'iode le *spécifique* des maladies bactériennes ! L'iode, qui est un métal *biodynamique* pour certaines plastides végétales, animales et humaines, est un métal *abiodynamique* pour les bactériacées. Il n'y a donc rien de chimérique à vouloir compromettre toute une classe particulière de végétaux dans leurs œuvres vives, en s'appuyant sur l'analyse minérale de leur propre substance.

Nous avons trouvé une combinaison abiodynamique pour les bactéries pathogènes dans un sel iodé, multiple, dans l'*Iodobenzoyliodure de magnésium*. (Voir : *la Médecine moderne*, numéro du 7 mars 1900.) L'iodobenzoyliodure de magnésium s'emploie en injections hypodermiques, sous forme de *soluté* ; les injections de soluté sont absolument *inoffensives*, *indolores*.

Il paraît hors de doute, d'après les observations recueillies un peu partout, en France, dans plusieurs pays d'Europe, notamment en Espagne, par le Dr Vidal-Puchals, de Valence, que l'iodobenzoyliodure de magnésium est le *spécifique* de la *grippe infectieuse*, de la *broncho-pneumonie*, du *charbon*, de l'*érysipèle*, de la *diphtérie simple* ou *toxique*, de la *fièvre typhoïde*, de la *coli-bacillose*, de l'*anthrax*, des *piqûres anatomiques*, du *rhumatisme articulaire aigu franc ;* du *rhumatisme sub-aigu à streptocoques*, de l'*entérite infectieuse des enfants* (Dr Bompard), du *choléra*, etc.

II

Je désire, en ce moment, appeler l'attention des médecins sur l'action de l'iodobenzoyliodure de magnésium dans les angines à association bactérienne, sans bacilles diphtériques, dans les angines où dominent tantôt les staphylocoques accompagnés de streptocoques, où dominent tantôt les streptocoques accompagnés de rares staphylocoques ; ces dernières angines sont de beaucoup les plus graves. La plupart des malades atteints de ces sortes d'angines sont préventivement injectés avec le sérum antidiphtérique avant tout examen microbiologique des produits d'exsudat, ce qui n'est point sans inconvénient comme je l'ai constaté tout récemment encore;

l'excuse à cette pratique se trouve dans l'insuffisance des signes cliniques qui ne permettent pas de distinguer sûrement une angine couenneuse non diphtérique d'une angine couenneuse diphtérique.

J'ai vu, récemment, un certain nombre d'angines à association bactérienne, mais j'ai tout particulièrement observé une petite épidémie d'angines streptococciques qui a frappé toute une famille.

La première atteinte est une fillette de sept ans. L'enfant est fébricitante, abattue ; sa mère aperçoit quelques taches blanches sur les amygdales : elle fait examiner son enfant par un médecin qui prescrit un traitement local approprié ; les taches blanches situées sur les amygdales s'atténuent, mais vers la fin du troisième jour, l'enfant commence à tousser rauque ; la respiration devient sonore, sifflante ; l'enfant est prise d'accès de suffocation qui terrifient les parents ; je suis appelé près de l'enfant, je pratique immédiatement une injection de 4 centimètres cubes de soluté ; il est dix heures du matin ; vers la fin de la journée, la toux est moins rauque ; la nuit suivante est meilleure ; la faible épaisseur des exsudats amygdaliens m'empêche d'en recueillir pour un examen bactériologique.

Le lendemain matin, comme je venais de pratiquer une deuxième injection de 4 centimètres cubes de soluté, l'enfant expulse, à la suite d'un accès de toux, un débris de fausse membrane trachéale dont l'examen bactériologique, fait par le Dr Barlerin, donne les résultats suivants : Après un séjour de vingt-quatre heures à l'étuve, à une température constante de 37° C., les tubes de sérum gélatinisé ensemencés, présentèrent, à l'œil nu, de nombreuses colonies formées de fines granulations ; colorées avec une solution hydro-alcoolique de violet de gentiane, et portées sur le microscope, ces colonies paraissent composées, à peu près exclusivement de streptocoques accompagnés de quelques staphylocoques ; les préparations ne contiennent point de bacilles de Klebs-Lœffler.

Soixante-douze heures après la deuxième injection de soluté l'enfant était guérie.

Voilà un cas d'angine pseudo-membraneuse, un cas de croup grave sans bacille diphtérique. Malgré l'isolement de cette enfant, malgré toutes mes recommandations, la petite malade a infecté la nourrice de sa jeune sœur. La jeune femme habite Paris pour la première fois ; elle est âgée de 21 ans ; elle est d'une constitution plutôt délicate ; température 39° C. ; les deux régions parotidiennes sont considérablement tuméfiées ; le voile du palais, les piliers, les amygdales, la face postérieure du pharynx sont recouverts d'un exsudat pseudo-membraneux épais, grisâtre, très adhérent ; je pratique une injection de 6 centimètres cubes de soluté ; je recueille des débris pseudo-membrameux qui sont ensemencés et examinés par le Dr Barlerin ; les préparations présentent de nombreuses colonies de streptocoques à peu près purs, sans bacilles diphtériques.

J'ai démontré (voir : *Cours de minéralogie biologique*) que le milieu humoral des nourrices était un milieu de culture très propice au développement des colonies bactériennes à cause de son alcalinité ; en effet, pendant la lactation, les bases alcalines se trouvent dans l'organisme relativement plus abondantes à cause de la grande déperdition de chaux par le lait ; je n'ai donc pas été surpris, qu'en dehors de toute autre cause, le mal revêtît dans ce cas, un caractère exceptionnel de gravité, gravité accrue par des badigeonnages intempestifs dans la gorge. Les fausses membranes commencèrent à se détacher dès le quatrième jour et le neuvième jour la malade était guérie. J'ai pratiqué chez cette malade trois injections de soluté ; une de 6 centimètres cubes le premier jour ; une de 4 centimètres cubes 36 heures après la première, et une de 4 centimètres cubes 24 heures après la deuxième.

Le traitement local a consisté exclusivement en des pulvérisations d'eau boriquée à 4 0/0 et bouillie. Les angines à staphylocoques blancs guérissent généralement en 48 heures par une seule injection de 4 centimètres cubes de soluté ; voici la plus récente de mes observations : R., 18 ans, est pris le 19 juillet d'un frisson intense, de courbature, de céphalalgie violente, de mal à la gorge ; les amygdales sont parsemées, le 20 au matin, de points blancs pseudo-membraneux ; les ganglions préparotidiens sont volumineux et douloureux au toucher ; température 38° 8 ; je pratique une injection de 4 centimètres cubes de soluté ; le lendemain le malade se sent mieux et le surlendemain il est guéri ; des fragments de fausse membrane ensemencés produisent de nombreuses colonies à gros grains composées d'après le Dr Barlerin qui les a examinées, de rares streptocoques et de très nombreux *staphylococcus pyogenes albus*, sans bacilles diphtériques.

Nous concluerons en disant que l'iodobenzoyliodure de magnésium, *spécifique* des maladies bactériennes, en général, doit être injecté au début des angines, *quelle qu'en soit la nature*, et parce que son action est curative et rapide, et parce que les injections d'iodobenzoyliodure de magnésium ne sont jamais suivies d'accidents.

M. VIDAL PUCHALS

à Valence (Espagne).

L'IODOBENZOYLIODURE DE MAGNÉSIUM DANS LA THÉRAPEUTIQUE INFANTILE

[618. 9]

— *Séance du 4 août* —

Je viens fixer l'attention du Congrès, si l'on veut bien me le permettre, sur un nouveau produit de l'investigation chimique et bactériologique française, parisienne même, qui a donné, dans mes mains, de surprenants résultats.

Presque tous mes confrères de Valence sont déjà d'accord, pour reconnaître la vérité de la grande découverte du médecin minéralogiste gascon et rangent, avec moi, l'iodobenzoyliodure de magnésium, comme antizymotique et désinfectant interne, sur le même plan que le mercure et la quinine sinon au-dessus à cause de l'étendue de son action. Je ne vous ferai point de théorie ; je ne vous citerai que des faits pratiques. L'iodobenzoyliodure de magnésium s'emploie par la voie hypodermique sous la forme d'un *soluté* contenant (au dire de l'auteur) un centigramme d'iode, cent soixante-huit cent millièmes de magnésium et vingt-cinq cent millièmes de benzoyle, par centimètre cube ; le soluté se trouve, dans le commerce, en ampoules stérilisées de la contenance de *quatre centimètres cubes* chacune ; il faut, naturellement, briser un de leurs bouts pour remplir la seringue.

Impressionné par la découverte annoncée je me suis mis en relation avec son auteur que je n'avais pas l'honneur de connaître personnellement jusqu'aujourd'hui et je m'empressai d'employer le soluté d'abord chez un de mes enfants qui guérit rapidement et ensuite dans ma clientèle. Les résultats ont été la guérison rapide de près d'une centaine de malades, de tous âges, mais particulièrement d'enfants, atteints d'infections diverses ; je soigne plus spécialement les maladies de l'enfance ; les injections de soluté ont été inutiles dans deux cas de méningite tuberculeuse et dans un cas de tuberculose généralisée chez une petite fille de quatre ans arrivée au dernier période de la cachexie et de la septicemie tuberculeuses.

Parmi les malades que j'ai soignés par les injections de soluté exclusivement se trouvent *des fièvres à coli-bacille, typhoïdes ; des broncho-pneumonies ; des pneumonies franches* dont une chez une jeune fille de douze ans,

(T. A. = 41° ; délire, fuliginosités, etc.); *des rhumatismes polyarticulaires aigus ; des érysipèles ; des grippes ; des adénites ; un croup grave*, et, dernièrement, deux cas de *tuberculose pulmonaire*, l'une chez une petite fille de quatre ans, l'autre chez un enfant de trois ans ;

Obs. — Chez ce dernier, la maladie datait de quatre mois ; il avait commencé par avoir un *impetigo* généralisé, après quoi, selon la famille et le médecin traitant, il se mit à tousser, à perdre l'appétit, à avoir de la fièvre vespérale, des sueurs ; l'enfant maigrit ; les forces et la gaîté disparaissent ; quand je me suis chargé du petit malade, le 12 mai, il venait de séjourner, sans profit, pendant trois semaines à la campagne ; il était squelettique, pâle, dyspnéique : couché, il ne pouvait respirer d'autre façon qu'avec un oreiller mis sous son dos, la tête pendante ; la peau était pâle, sèche, squameuse ; le pouls battait 140 ; la respiration précipitée ; à l'auscultation, râles sous-crépitants au sommet gauche ; diminution considérable du murmure respiratoire depuis le mamelon, en avant, depuis la fosse sus-épineuse, en arrière jusqu'à la base ; je pensai à un épanchement pleurétique, mais, malgré la matité et l'obscurité du bruit respiratoire, les vibrations vocales étaient augmentées ; les espaces intercostaux étaient déprimés. Le petit malade avait les pieds enflés et aussi un peu le visage ; les urines étaient rares et sédimenteuses ; les selles étaient diarrhéiques, mais peu abondantes ; l'enfant ne mangeait rien ; température axillaire, le soir, 38° 5 ; le tableau précédent indique suffisamment la gravité de mon pronostic. J'employai la méthode du Dr Gaube ; je reminéralisai ce pauvre organisme avec le lacto-phosphate de chaux ; je le tonifiai avec du lait, de l'extrait de viande peptonisé, du cognac et de la glycérine ; contre l'infection j'employai exclusivement les injections sous-cutanées de soluté d'iodobenzoyliodure de magnésium à la dose d'un centimètre cube tous les quatre ou cinq jours d'abord, puis tous les huit jours. A mon grand étonnement, à l'étonnement du médecin ordinaire, et de la famille du petit malade, dès la quatrième injection, l'appétit reparut, les selles devinrent régulières, l'œdème des pieds disparut en même temps que diminuaient la dyspnée et la fièvre ; on sentait l'état local s'améliorer de jour en jour ; les urines devinrent abondantes et l'enfant quittait son lit après trois semaines de traitement ; il continua à manger, à engraisser, reprit avec ses forces l'enjouement et la gaîté propres à son âge.

Quand j'ai laissé mon petit malade, au bout de deux mois de traitement, il ne toussait plus ; les signes thoraciques avaient disparu, son embonpoint et sa coloration étaient superbes ; on avait pratiqué douze injections ; l'enfant était guéri. Je regrette de n'avoir point pesé le petit malade tant il était maigre quand je le vis pour la première fois ; j'aurais voulu aussi faire l'examen microscopique des exsudats pulmonaires, mais l'enfant qui toussait beaucoup ne crachait point. En revanche nous avons observé et soigné par le soluté une femme adulte, affectée de tuberculose pulmonaire et dont l'examen bactériologique des crachats a été pratiqué par le Dr Perron, de Genève, établi à Valence ; il a été pratiqué trois examens des crachats à quinze jours d'intervalle l'un de l'autre ; le premier examen révélait de 25 à 30 bacilles de Koch sur le champ du microscope ; le deuxième examen de 6 à 18 ; le troisième examen 0.

Nous pouvons conclure, je pense, que nous sommes en possession d'un *antidote* de l'infection *bactérienne* et, qu'avec de la sagesse on peut arriver à empêcher les lésions irréparables de l'organisme ; je félicite la science française représentée de nouveau par un savant qui vient d'ouvrir, sans doute, une nouvelle voie d'expérimentation à la physiologie pathologique et à la thérapeutique.

M. L. JOLLY

à Paris.

PROPHYLAXIE DE LA TUBERCULOSE [614.44 : 616.995]

— *Séance du 4 août* —

La tuberculose a pris depuis quelques années une extension telle, qu'elle devient aujourd'hui un véritable péril national. Aussi, l'étude du traitement préventif et curatif de ce fléau est-elle à l'ordre du jour dans toutes les sociétés savantes.

La tuberculose est une maladie microbienne contagieuse, mais dans des conditions spéciales bien déterminées, c'est-à-dire quand le sujet est dans un état de prédisposition, de réceptivité particulière. En d'autres termes, la contagion tuberculeuse exige un terrain approprié.

Le premier point à établir consiste à déterminer avec précision l'état pathologique de l'organisme qui le met en état de receptivité tuberculeuse.

Le second point, c'est de caractériser les modifications que fait subir à l'organisme le bacille de Koch.

COMMENT SE PRODUIT LA PRÉDISPOSITION AUX MALADIES INFECTIEUSES EN GÉNÉRAL ET A LA TUBERCULOSE EN PARTICULIER

Suivant l'expression de Virchow : *C'est dans l'étude des propriétés de la cellule que l'on découvre les lois fondamentales de la vie et dans ses altérations les lois de la maladie.*

Par les études que nous poursuivons depuis bientôt trente ans sur les fonctions des phosphates chez les êtres vivants, nous avons démontré que des phosphates minéraux se rencontrent dans tous les tissus organisés des êtres vivants ; qu'ils ne s'y trouvent pas à l'état d'impuretés, comme on l'a prétendu pendant longtemps ; qu'ils s'y trouvent sous deux états très différents :

1° A l'état passif, immobilisés dans la constitution physique des éléments anatomiques de tous les tissus ;

2° A l'état actif, mobiles, stimulants vitaux, condensés dans le plasma vivant de chaque cellule.

Que si, d'une part, aucune cellule ne peut s'organiser si elle n'a à sa disposition des phosphates d'espèces déterminées ; d'autre part, aussi, son activité vitale est proportionnelle à la richesse phosphatée protoplasmique. Toute prolifération cellulaire occasionnée par la croissance des individus exige une large provision d'espèces phosphatées; toute activité fonctionnelle se traduit par une élimination phosphatée proportionnelle.

Il résulte de ces faits que la richesse phosphatée alimentaire a une très grande importance; or, non seulement on ne s'en est guère préoccupé jusqu'à ce jour; mais il y a plus, nous avons démontré dans un travail récent (1) que, sous prétexte de perfectionnements, de progrès, on est arrivé à déphosphatiser de plus en plus nos principaux aliments : le pain, la viande, les légumes.

Par la transformation des procédés de meunerie, dans le but d'avoir une farine donnant un pain plus blanc, les quatre cinquièmes de l'acide phosphorique contenu dans le blé sont perdus pour l'alimentation de l'homme.

Par les méthodes d'engraissement rapide des animaux de boucherie qui consistent à les immobiliser ; si l'on a une chair plus tendre, plus savoureuse, elle est peu minéralisée ; parce que l'immobilité n'est pas favorable à l'assimilation.

Enfin, par la culture intensive des légumes autour des villes ; au moyen d'engrais azotés en excès et d'arrosages extrêmement abondants, on obtient une croissance rapide mais d'une pauvreté minérale extrême.

(1) *Étude sur l'alimentation actuelle envisagée comme cause d'affaiblissement de la race française, de la fréquence de l'anémie et des maladies nerveuses.*

Nous avons établi que c'est à cette déphosphatisation alimentaire qu'il faut attribuer la fréquence de plus en plus grande de l'anémie et des maladies nerveuses.

Cet affaiblissement général de la race française par l'appauvrissement phosphaté minéral de nos principaux aliments est, pour nous, la première cause de la prédisposition à la tuberculose.

La science s'est enrichie dans ces dernières années de nombreux documents éclairant d'un jour tout spécial la nutrition cellulaire des tissus humains. Les savants français y ont participé par une très large part; nous sommes heureux de le reconnaître. Les diverses publications des professeurs A. Gautier et Charrin, nous fournissent tous les éléments qui nous permettent d'élucider, d'une manière rigoureusement scientifique, l'important problème des transformations nutritives et vitales intérieures qui engendrent les prédispositions toujours croissantes à la tuberculose.

Chaque cellule constituant nos divers tissus reçoit du sang des principes nutritifs identiques, qui se fixent dans les espaces intercellulaires. Au moyen de diastases qu'elles sécrètent; elles transforment, pour les rendre assimilables, les matériaux qui doivent servir à réparer leur dépenses, fonctionnelles ou servir à leur accroissement. Ces cellules exigent des conditions toujours identiques de leurs milieux physiologiques pour accomplir leurs fonctions digestives. Or, il existe des causes extrêmement nombreuses et variées qui peuvent altérer ces digestions intercellulaires.

Dans ces conditions, il se forme des poisons qui contribuent à accroître l'altération digestive et vitale et à la rendre définitive au bout d'un temps relativement court. D'autres poisons, d'origines très diverses, peuvent également être introduits par le sang dans les espaces intercellulaires et contribuer à leur altération digestive et vitale. Nous citerons les poisons provenant d'aliments avariés, d'aliments sains ayant subi des digestions gastro-intestinales défectueuses, de maladies microbiennes antérieures, etc.

Toutes ces altérations nutritives histologiques se traduisent de trois manières :

1° Les principes nutritifs, rendus inassimilables par les digestions intercellulaires défectueuses, ne peuvent compenser intégralement les dépenses de l'activité fonctionnelle, d'où amaigrissement;

2° Les poisons créés par les digestions intercellulaires défectueuses continues généralisent l'intoxication de l'organisme et tendent à perpétuer l'altération vitale;

3° Enfin, ces altérations nutritives cellulaires produisent l'affaiblissement de l'énergie vitale et créent la prédisposition à la tuberculose.

Par les détails dans lesquels nous sommes entré, nous avons voulu établir que la prédisposition à la tuberculose est amenée par deux causes qui additionnent leurs effets ; à savoir : l'insuffisante minéralisation de nos aliments et l'intoxication de l'organisme.

En résumé, le prédisposé à la tuberculose est un déphosphatisé, intoxiqué.

HÉRÉDITÉ. — PRÉDISPOSITION CHEZ L'ENFANT. — LYMPHATISME.

En introduisant la notion de la cellule dans la pathogénie des maladies, leur transmission par l'hérédité devient facile à concevoir. Le mode vital altéré des cellules mères est transmis aux cellules filles. Celles-ci, comme leurs mères, créent des poisons ; de sorte que les sujets prédisposés par hérédité sont aussi des intoxiqués.

Toutes les affections chroniques qui ont pour effet de pervertir la nutrition des éléments anatomiques, ont pour résultat de créer par hérédité des intoxiqués qui sont naturellement des prédisposés. Nous devons ajouter, toutefois, pour rester dans la note rigoureusement exacte, que les altérations imprimées aux éléments cellulaires sont très variables comme intensité. Il en résulte donc que le degré d'intoxication et la prédisposition, par conséquent, sont aussi plus ou moins grands.

On constate que le plus grand nombre des modes variés d'altérations constitutionnelles se manifestent chez les enfants sous la forme du *lymphatisme*. Il a été constaté que, chez les enfants lymphatiques, la toxicité des urines est en raison directe du degré d'altération de leur constitution. Il est donc bien certain que l'état lymphatique morbide des enfants est entretenu et perpétué par cette production continue de toxines. On comprend alors pourquoi un grand nombre de maladies infectieuses spéciales à l'enfance deviennent de plus en plus fréquentes.

INFECTION TUBERCULEUSE.

Nous n'envisageons ici que ce qui se passe dans l'organisme lorsqu'il vient d'être infecté par le bacille de Koch, Or, il est parfaitement établi aujourd'hui que, dans toute infection microbienne, les microbes produisent d'abondantes toxines ; que celles-ci, diffusées par le sang dans tous les tissus, contribuent à en faire créer d'autres par les éléments anatomiques de chaque tissu et à aggraver ainsi la dénutrition histologique générale, c'est-à-dire à augmenter l'amaigrissement. Aussi a-t-on émis cet aphorisme qui est rigoureusement exact : *les microbes ne tuent pas ; ils empoisonnent.*

Il ressort donc des faits rigoureusement établis, que le prédisposé à la tuberculose est un intoxiqué ; que l'infecté tuberculeux est aussi un intoxiqué, mais à un degré plus intense. Il y a donc similitude d'état dans les deux cas ; c'est le point sur lequel nous attirons spécialement l'attention. Il est d'une importance capitale au point de vue du traitement.

ÉVOLUTION TUBERCULEUSE. — INFECTION SECONDAIRE.

L'évolution tuberculeuse s'effectue en trois phases :

La première période est celle dans laquelle on ne trouve pas le bacille spécifique. La maladie est latente ; c'est la phase fermée. Deux faits très importants doivent cependant attirer l'attention, savoir : un amaigrissement marqué qu'accusent les malades et la production d'un état anémique spécial, résultant non pas de l'hypoglobulie, mais d'une altération des globules rouges qui donne au sang une couleur de rancio et aux malades un teint de cire vierge vieillie.

Ces deux symptômes sont l'indication d'un état général d'intoxication et de dénutrition puissantes. Il importe peu que les toxines soient d'origine microbienne, produites par des microbes invisibles ou de toute autre origine ; le traitement devant être le même dans les deux cas et pouvant être formulé par anticipation avec les plus grands avantages.

Dans la deuxième phase, la tuberculose est ouverte. On trouve le bacille spécifique dans les crachats ; ils sont mis à nu par l'ulcération des tubercules et rejetés avec le mucus bronchique. Par la mise en liberté des bacilles, l'infection se généralise, l'intoxication et l'amaigrissement s'accentuent encore.

Dans la troisième phase, le bacille de Koch disparaît, il a épuisé et intoxiqué le terrain, il ne peut plus y vivre. Il est remplacé par les cocci pyogènes ; c'est une infection secondaire. Par la destruction purulente l'état consomptif s'aggrave toujours.

TRAITEMENT PRÉVENTIF ET CURATIF.

Le traitement préventif peut se résumer en deux mots : *fortifier*, *purifier*. Pour le traitement curatif il faut en ajouter un troisième : *aseptiser*.

Par *fortifier*, nous entendons qu'il faut administrer, à titre complémentaire de l'alimentation, des phosphates minéraux dont les espèces varient selon l'âge des malades et leur état. Toutes les indications sont données dans notre ouvrage : LES PHOSPHATES. Elles ont été contrôlées par une vaste expérimentation.

Par *purifier*, nous voulons dire qu'il faut, non seulement détruire tous les produits toxiques qui altèrent les digestions et la vitalité cellulaires ; mais encore faire obstacle à la création de nouvelles toxines et aider ainsi les éléments anatomiques à reprendre leur mode vital normal.

L'iode métalloïde est l'agent thérapeutique qui jouit au plus haut degré de cette propriété, à la condition de pouvoir l'employer à dose suffisamment élevée, après avoir neutralisé son action caustique sur l'appareil gastro-intestinal.

C'est en corrigeant les constitutions lymphatiques des enfants, au moyen d'un traitement iodé et phosphaté prolongé pendant plusieurs années, que l'on refera des générations robustes et réfractaires aux infections microbiennes. L'expérimentation l'a prouvé.

Ce même traitement iodé et phosphaté est aussi le traitement curatif. Seulement, tandis que dans le traitement préventif ce sont les agents phosphatés qui seront prédominants dans la plupart des cas, dans le traitement curatif, au contraire, c'est l'iode qui sera donné à dose élevée.

Indépendamment de ses propriétés antitoxiques énergiques, l'iode est encore anti-microbien puissant dans la propostion de 1 pour 5.000. Il a donc aussi la propriété d'*aseptiser* l'organisme dans la mesure du possible.

En 1889, à ce même congrès de l'Association Française, nous avons présenté une note sur l'iode métalloïde appliqué au traitement préventif et curatif de la tuberculose ; faisant ressortir son action fortement anti-microbienne et sa propriété modificatrice du terrain. A cette époque on ignorait que la prédisposition était le résultat d'une intoxication et que, dans l'infection, cette même intoxication était considérablement augmentée. L'action antitoxique de l'iode était connue.

De 1891 à 1898, nous avons appliqué cette méthode de traitement en collaboration avec le Dr Cadier à un très grand nombre de malades de l'hôpital de Villepinte. Les observations ont été relevées avec le plus grand soin et plusieurs notes sur ce sujet ont été présentées à la Société de médecine et de chirurgie pratiques.

Nous avons expérimenté de préférence sur trois catégories de malades : 1° Les suspectes, amaigries et anémiées, chez lesquelles l'auscultation ne donnait aucune indication ; 2° les tuberculeuses du 1er degré ; 3° les tuberculeuses du 2e degré. Nous avons essayé aussi chez quelques malades du 3e degré. Nous n'avons obtenu chez elles que quelques améliorations probablement momentanées, car nous n'avons pu les suivre que pendant très peu de temps. Une seule, cliente du Dr Mauduit et notre voisine, a obtenu une survie de onze années. Elle était en traitement avant 1889.

Depuis 1899 nous avons cessé nos expériences avec le Dr Cadier, parce que nous sommes maintenant trop éloigné de la clinique de Villepinte. Nous continuons cependant à revoir nos anciennes malades de temps à autre.

CONCLUSIONS.

Dans quelques jours, nous aurons des malades en observation depuis neuf années ; voici les résultats que nous avons obtenus :

Chez nos malades suspectes, il n'y a eu aucune manifestation tuberculeuse.

Nos malades du premier et du second degré ne présentent plus, depuis longtemps, aucun symptôme spécial et elles continuent à jouir d'une santé excellente.

MM. NICLOT et BRAUN

Médecins-majors, répétiteur et surveillant à l'École du service de santé militaire.

DE LA VIRULENCE, QUANT A LA TUBERCULOSE EN PARTICULIER, DES POUSSIÈRES D'HOPITAL

[614.7 : 616.995

— *Séance du 4 août* —

L'étiologie et la prophylaxie de la tuberculose ont, dans les dernières années, attribué un rôle très important, prépondérant même, aux poussières bacillifères.

L'infection des locaux par la tuberculose est incriminée de longue date ; l'idée a pris à notre époque une précision plus scientifique. On a décrit en nombre des épidémies de logement, de bureau, de bibliothèque ; la statistique montre les professions sédentaires, l'infirmier civil et l'infirmier militaire, dans la plupart des armées, sacrifiant largement à la maladie ; le gardien de la paix trouverait la contagion dans le poste de police contaminé ; enfin, les cas intérieurs hospitaliers ont, depuis longtemps, appelé la discussion.

L'art vétérinaire, armé de la tuberculine, est encore plus affirmatif : dans certaine étable, Moussu, Nocard et Blanc tiennent pour décisive l'observation faite chez les bovidés, le porc, le chien, le mouton, l'âne même.

Le mode pathogénique serait simple : l'inhalation, plus rarement toute autre inoculation, cutanée par exemple, de poussières virulentes en feraient tous les frais.

Le laboratoire, dès les premières recherches expérimentales sur la tuberculose, s'attachait au sujet. Depuis Villemin jusqu'à Cornet, le dispositif est le même : de la ouate, un tapis reçoivent des échantillons de produits bacillifères, et sur le produit desséché, secoué, l'animal mis en expérience est ordinairement infecté.

Le crachat liquide pulvérisé (Tappeiner) est non moins nocif : le garçon du laboratoire lui-même se tuberculise.

Mais ce sont là poussières artificielles, et pour ainsi parler, de fantaisie.

Williams, Celli et Guarnieri, Wehde, Baumgarten, avec les particules en suspension dans l'air, n'obtiennent guère que des résultats négatifs : Cadéac et Mallet n'ont que deux inoculations positives sur douze : plus tard, cependant, Strauss rencontrera volontiers le germe vivant dans les fosses nasales.

Opérant sur les murs de prison, d'hôpital, Cornet obtient 128 succès sur 392 essais. Ce travail a le plus fort retentissement et nous vivons encore sur la foi de ces triomphantes données.

Mais Kustermann, dans les mêmes conditions, avant comme après désinfection, fait des recherches infructueuses.

Kirchner, en 1895, étudiant les murs, les parquets, les meubles d'hôpital, ne réussit à produire la tuberculose que chez un cobaye, et dans ce cas les produits avaient été recueillis sur une table de nuit où reposait un crachoir souvent souillé à son pourtour.

Lalesque, d'Arcachon, et Rivière, de Bordeaux, en 1895, après désinfection au sublimé de chambres de malades, inoculent 78 cobayes ; 57 survivent, pas un n'est tuberculeux.

En 1898, Carlo Mazza, après battage d'un divan d'un café de Turin, sur 15 animaux, n'a qu'un résultat positif.

En 1898, Möller, au sanatorium de Gorbersdorf, après de nombreuses recherches, ne rencontre que deux fois le bacille.

Rappelons enfin, en terminant ce court exposé historique, que Flügge et son école ont contredit en partie les expériences de Cornet et opposé la théorie de la projection liquide des crachats en particules mêmes, à la théorie des poussières sèches.

En somme, la poussière virulente atteindrait surtout le poumon réceptif : dans la rue, en chemin de fer, dans tous les établissements publics ou collectifs, à la caserne, à l'hôpital.

Dans les casernes, la question a été jugée par le mémoire fondamental de M. le médecin inspecteur Kelsch et de MM. Boisson et Braün : le soldat à la chambrée n'inhale guère le bacille.

A l'hôpital, la solution semble moins évidente, l'expérimentation hésitante.

Les sociétés savantes ont discuté à plusieurs reprises l'authenticité des cas intérieurs si souvent invoqués.

Pour Debove, il faudrait, vérification préjudicielle, tuberculiner tous les entrants avant de rien pouvoir conclure.

A la Société de médecine de Berlin, Lazarus n'a jamais fait d'observation positive.

Si à l'Hôtel-Dieu, d'après Letulle, 80 0/0 des Augustines, en vingt-quatre ans, ont disparu par la phtisie, Fürbringer, en douze ans, à

Friedrichshain, sur 708 sœurs, en perd 13 tuberculeuses, dont 6 ont des antécédents héréditaires et 6 des antécédents personnels. Les tuberculeux ont passé dans les salles, pendant ce temps, par milliers.

L'hôpital Desgenettes, à Lyon, où nous avons recueilli notre matériel d'observation, doit, si nous en croyons son passé, répondre à cette « imprégnation ancestrale des murs » dont parlait récemment Letulle.

Nous avons étudié comparativement les salles de médecine et de chirurgie où la population de malades est le plus dense et le plus mobile : deux salles symétriques, au premier et au deuxième étages, appartiennent, au Deuxième blessés, et au Premier fiévreux. Une petite salle de médecine, sous-officiers, a été jointe.

Pour la salle de fiévreux, les sortants par mois, au cours de l'année, de janvier à juillet, réformes et congés pour tuberculose ou bronchite suspecte, ont été : 3, 2, 5, 1, 4, 7, 4 ; la salle a 56 lits. Toute l'année il y a eu des tuberculoses ouvertes : ces malades sont munis à la fois de crachoirs réglementaires et de modèles de poche.

Nous n'avons pu recueillir le mouvement exact pour la salle de blessés, cependant nous y avons vu des tuberculoses ouvertes.

Le prélèvement s'est ainsi opéré : des tubes stériles bouchés à la ouate, une spatule en cuivre, flambée, du papier stérile permettent, avec grattage direct sur les lits, les meubles, avec secousse des ressorts de sommiers, de faire la récolte ; sur le sol, le simple balayage ; sur les murs, la mie de pain complètent cette technique élémentaire.

La poussière est d'aspect différent suivant sa provenance : par terre, sur les lits, elle est souvent floconneuse, contenant une poudre fine, grasse, dans des masses feutrées ; sur les aspérités, les corniches, elle est très ténue.

Nous ne donnons pas le détail des lits, des meubles, que nous réservons pour un travail ultérieur.

Cette poussière est versée dans un mortier, avec de l'eau stérilisée et mélangée au pilon ; puis la préparation semi-fluide est inoculée dans le péritoine du cobaye, à la dose, suivant le cas, de 5 à 10 centimètres cubes.

Nous avons fait construire un petit trocart court, large, dont la flamme présente une tranche oblique, elliptique, qui ne lèse pas l'intestin.

Avant l'emploi de ce trocart, les fins trocarts s'obstruaient sans cesse. Nous avons essayé l'emploi de capsules de gélatine, introduites par laparotomie ; la technique est laborieuse et la mortalité de l'animal énorme (6 sur 6). En somme nous avons inoculé 104 cobayes, provenant des lits les plus suspects — 3 cobayes environ par lit — des murs, des planchers, du mobilier. Ont servi à ces expériences, quant aux poussières brutes, 66 sujets pour la médecine et 20 pour la chirurgie ; la mortalité des premiers jours a été de 43 et de 15 ; la mie de pain frottée sur les murs, chez 13 individus de la première catégorie et 5 de la seconde, a donné une mortalité de 6 et de 3.

L'autopsie de cette première série de cobayes morts spontanément, montre d'une façon générale les lésions suivantes :

Il n'y a pas eu de perforation intestinale. Dans trois cas la canule a rétrocédé par un mouvement de l'animal, et il y a décollement gangréneux sous-cutané.

Dans les autres cas la mort est le fait d'une péritonite suraiguë, avec exsudats divers, agglutination des anses, magmas de poussière dans différentes régions de la cavité péritoniale. Chez la plupart nous n'avons pas cherché à poursuivre les espèces pathogènes.

La tuberculose n'a pas été rencontrée.

Les autres cobayes ont été sacrifiés de deux mois à quinze jours après l'inoculation. La plupart sont gras, en excellent état, il y a quelques anses agglutinées dans le flanc droit, au point de pénétration du trocart; les poussières ont diffusé jusque sous la plèvre; mais il n'y en a plus de libres dans la cavité abdominale.

Parmi les cobayes sacrifiés, 4 ont seuls dû être discutés : chez 3 il ne s'agissait que de suppurations banales, non spécifiques.

Un cobaye a présenté une fistule lombaire, des ganglions mésentériques abcédés, avec pus ne contenant pas le bacille; mais la paroi pyogénique montre des cellules géantes et des follicules; il n'a pu être fait de réinoculation.

Le lit correspondant occupé très longtemps par un tuberculeux, n'avait pas subi de désinfection : deux lits étaient dans ce cas; mais cette désinfection qui consiste, pour la partie métallique, en un nettoiement mécanique incomplet, suivi d'une pulvérisation antiseptique, au départ des malades, ne paraît avoir atténué en rien la virulence générale des poussières; le sublimé ne se retrouvait pas d'ailleurs chimiquement dans plusieurs échantillons

Il convient d'ajouter que la poussière n'a pas d'action bacillicide évidente, car une menue parcelle de crachat spécifique mêlée à celle-ci, chez un témoin, a fourni l'évolution classique de lésions richement bacillifères.

On peut résumer les principales de ces données dans les conclusions suivantes :

Dans les conditions où nous nous sommes placés, c'est-à-dire avec les poussières des salles d'un hôpital militaire, vieux et depuis longtemps occupé, la tuberculose n'a pu être obtenue par inoculation intrapéritonéale du cobaye : il n'y a eu qu'un résultat douteux en médecine.

En revanche, en dehors de la tuberculose, la virulence immédiate de ces poussières est considérable : il suffit de comparer le chiffre des déchets subis avec les poussières des casernes (33,60 0/0 au lieu de 64,42 0/0) la technique ayant été presque identique.

Il ne paraît pas y avoir de grosse différence à ce point de vue entre le service de chirurgie et celui de médecine; la différence serait plutôt à l'avantage de ce dernier (62 et 72 0/0).

M. E. MAUREL

Chargé de cours à l'Université de Toulouse.

SUR LA DIARRHÉE EXPÉRIMENTALE DE SURALIMENTATION

[616.34]

— *Séance du 6 août* —

Plusieurs fois déjà depuis quelques années et notamment au Congrès de Médecine de Montpellier, en 1898, j'ai appelé l'attention du monde médical sur la nécessité de distinguer la *suralimentation* de la *surnutrition*.

La *suralimentation* est constituée par l'ingestion d'une quantité d'aliments dépassant le pouvoir fonctionnel de nos organes digestifs. La *surnutrition*, au contraire, est constituée par la pénétration dans le torrent circulatoire d'une quantité d'aliments qui dépasse les besoins de l'économie.

La suralimentation, disais-je à Montpellier, est fonction de l'état des organes digestifs, tandis que la surnutrition est fonction des besoins de l'organisme.

Quelques mots d'explication feront, je pense, mieux saisir ces différences, et montreront la nécessité d'adopter les deux expressions destinées à les consacrer.

La suralimentation et la surnutrition ne sont nullement liées l'une à l'autre. Ce sont là deux états distincts; chacun d'eux peut exister sans l'autre.

Il y a *suralimentation*, je l'ai dit, quand la quantité d'aliments ingérés est trop considérable pour qu'ils soient digérés par les organes digestifs, vu l'état de ces organes.

La suralimentation peut être *réelle* ou *relative*. Elle est *réelle* quand la quantité d'aliments est assez considérable pour ne pas être digérée, même par des organes digestifs normaux. Tels sont les faits expérimentaux dont je vais parler dans quelques instants.

La suralimentation est *relative*, au contraire, quand certains organes digestifs sont en état d'insuffisance fonctionnelle. Dans ces cas, la quantité d'aliments ingérés ne serait pas trop considérable pour des organes normaux ; elle l'est seulement pour des organes affaiblis, et constitue pour eux une véritable suralimentation.

La suralimentation peut aussi n'être que *partielle*. Elle peut n'exister que pour une catégorie d'aliments, tels que les azotés, les graisses, les hydrates de carbone.

Ces suralimentations partielles dépendent le plus souvent de certaines dispositions naturelles ou acquises. Quelques peuples, comme ceux du Nord, font un usage relativement abondant des corps gras. D'autres, tels que ceux des pays chauds, usent plus spécialement des féculents ; d'autres enfin, les populations de nos grands centres, donnent la préférence aux substances azotées. Ce que je viens de dire des peuples, et des grandes agglomérations, peut également se dire de chacun en particulier. Les habitudes peuvent perfectionner certains organes digestifs ou en laisser atrophier certains autres.

Il me paraît incontestable que l'usage fréquent et abondant des corps gras doit favoriser le développement des organes digestifs destinés à émulsionner ou à saponifier ces substances. Il en est de même des féculents et des substances azotées. Je l'ai souvent constaté en clinique et je l'ai retrouvé expérimentalement.

En clinique, lorsque des malades ont fait pendant longtemps un usage presque exclusif de la viande, on constate que chez eux ces aliments sont, au moins pendant un certain temps, mieux digérés que les autres. Les glandes destinées à la digestion des amylacés se sont atrophiées. Ces derniers aliments, dont l'usage s'impose parfois, sont, au début, mal acceptés par les organes digestifs. Il faut un certain temps et beaucoup de constance de la part des malades pour refaire l'éducation de ces organes. Ceci s'applique aussi bien au plan musculaire du tube digestif, qu'à une partie quelconque de ses organes glandulaires.

Dans des expériences faites en même temps que celles dont je vais rendre compte, j'ai vu un cobaye qui depuis plusieurs mois était habitué à être nourri avec parties égales de blé et de carottes, être atteint de diarrhée, quand j'ai doublé les carottes en diminuant le blé d'une manière proportionnelle ; et, par contre, la diarrhée a disparu quand je suis revenu au régime primitif. Et cependant le cobaye est un herbivore, plus qu'un granivore. Il s'agissait ici d'une disposition acquise. Je suis convaincu qu'en procédant graduellement, je serais arrivé facilement à l'alimenter d'une manière exclusive avec de l'herbe.

Un autre cobaye a eu rapidement de la diarrhée, en joignant à sa nourriture (blé et carottes), de 15 à 20 grammes de viande par jour. Cette viande était pourtant, au moins au début, mangée avec plaisir par l'animal.

Enfin, un hérisson nourri depuis plusieurs mois avec le muscle du cheval, a eu des vomissements et de la lientérie après avoir ingéré un repas du même poids que les autres jours, mais composé en parties égales avec du muscle et du tissu adipeux du même animal. Ces troubles digestifs ont disparu dès le lendemain en revenant à l'alimentation ordinaire.

L'exercice modéré, soutenu et gradué d'un système glandulaire des organes digestifs, perfectionne ce système glandulaire, et, au contraire, le manque d'exercice, l'inaction le rendent moins actif, l'atrophient.

C'est là une loi dont il faut tenir grand compte dans l'hygiène des organes digestifs, et dans le traitement des maladies qui en dépendent.

La *suralimentation*, outre qu'elle peut être *réelle* ou *relative*, peut donc aussi être *partielle* et porter soit sur le plan musculaire, soit sur une quelconque des trois digestions, celles des azotés, des graisses ou des féculents.

La *surnutrition* peut, elle aussi, être *réelle* ou *relative*. Elle est *réelle* quand la quantité d'aliments introduits dans le torrent circulatoire dépasse les besoins d'un organisme, celui-ci ayant des dépenses normales. Elle n'est que *relative* lorsque la surabondance d'aliments absorbés n'est que supérieure à une dépense moindre qu'à l'état normal.

Lorsqu'un organisme est exceptionnellement condamné au repos, ou qu'il se trouve placé dans une température plus élevée, il peut y avoir surnutrition, si la quantité d'aliments absorbés reste la même pendant le repos que pendant le temps d'activité, et pendant la saison chaude que pendant la saison froide.

La surnutrition peut également être *partielle*. La surabondance des aliments pénétrant dans le torrent circulatoire peut porter d'une manière exclusive sur une qualité d'aliments, les azotés, les corps gras ou les sucres. On sait que théoriquement les azotés peuvent remplacer les deux autres, que ces deux autres catégories se remplacent réciproquement et que jusque dans une certaine proportion ils peuvent remplacer les azotés ; mais il est évident que ces substitutions ne peuvent se faire sans inconvénient que dans une certaine mesure ; et que ce n'est pas impunément que d'une manière prolongée l'organisme subit une quelconque de ces surnutritions partielles.

Ces quelques considérations ne doivent laisser aucun doute sur la nécessité de distinguer ces deux états, la suralimentation et la surnutrition : car, ainsi qu'on a pu le voir, non seulement ils sont distincts l'un de l'autre, mais le plus souvent ils sont même opposés. La suralimentation ainsi comprise devient, en effet, inséparable des troubles digestifs et ceux-ci coïncident rarement, au moins pendant longtemps, avec une pénétration trop abondante de produits digérés dans la circulation. Ils conduisent plutôt à une alimentation insuffisante.

Ces deux expressions étant expliquées, et la nécessité de leur introduction dans le langage médical étant admise, je vais résumer les expériences que j'ai faites sur la suralimentation et en tirer quelques conséquences théoriques et pratiques.

EXPÉRIENCES FAITES SUR LE COBAYE

Expérience n° 1.

Cette expérience a été faite sur un cobaye qui vivait depuis plusieurs mois dans le laboratoire ; et qui m'avait servi à faire des recherches sur l'influence des saisons sur les dépenses de l'organisme. A ce titre, cet animal était pesé tous les matins ainsi que ses aliments. Ceux-ci étaient constitués par du blé et des carottes ; et, comme il s'agissait d'un animal adulte, ils étaient donnés en quantité seulement suffisante pour le maintenir à son poids initial.

Du 30 septembre 1899, au 4 octobre inclus, ce cobaye, dont le poids moyen est de 713 grammes, reçoit par jour en moyenne 27 grammes de blé et 28 grammes de carottes. Pendant ce temps ses crottes sont naturelles.

Le 5 octobre, je commence la suralimentation. Le blé et les carottes sont donnés en plus grandes quantités ; et en déduisant ce qui reste, l'animal, du 5 au 10 inclusivement, absorbe en moyenne 41 grammes de blé et 38 grammes de carottes. Mais dès le 7 ses crottes deviennent molles et le 10 elles ne sont plus moulées. Il s'agit réellement de selles diarrhéiques.

Cependant sous l'influence de l'augmentation des aliments le poids moyen, pendant ces cinq jours, s'élève à 753 grammes, soit une augmentation de 40 grammes.

Je tiens à faire remarquer que l'alimentation n'a pas changé de nature. L'animal n'a pris, comme précédemment, que du blé et des carottes.

A partir du 10, je reviens aux quantités que l'animal recevait avant, en restant même au-dessous, soit 25 grammes de blé et 24 grammes de carottes. Sous l'influence de cette alimentation, les selles s'améliorent et le 14 elles sont normales. Le poids moyen de cette période est tombé à 740 grammes. Il a donc suffi de diminuer l'alimentation pour qu'en quelques jours l'intestin ait repris l'intégrité de ses fonctions.

Expérience n° 2.

Du 15 au 19 octobre, l'animal reçoit un régime qui, vu l'abaissement de température qui s'est produit depuis quinze jours, doit être porté en moyenne à 29 grammes de blé, et 29 grammes de carottes.

Pendant cette période les crottes restent dures et le poids moyen est de 757 grammes. La guérison s'est donc maintenue. Ce que voyant, le 20 je recommence la suralimentation avec 37 grammes de blé et 35 grammes de carottes. Le poids moyen s'élève à 777 grammes, mais dans la nuit du 22 au 23 les selles sont franchement diarrhéiques.

Le matin du 23, je reviens à une alimentation un peu inférieure à celle qui existait avant, avec 27 grammes de blé et 28 grammes de carottes. Sous l'influence de ce nouveau régime, les selles s'améliorent et le 29 les crottes sont dures et le restent d'une manière définitive.

Tableau résumant les expériences 1 et 2.

DATES	RÉGIME	BLÉ par JOUR	CAROTTES par JOUR	POIDS MOYEN	ÉTAT DES SELLES
		Grammes.	Grammes.	Grammes.	
Du 30 septembre au 4 octobre 1899.	Régime ordinaire.	27	28	713	Crottes normales.
Du 5 au 10 octobre	Suralimentation.	41	38	753	Crottes molles le 7, diarrhée le 10.
Du 10 au 14 octobre	Régime inférieur à la ration d'entretien.	25	24	740	Crottes dures le 14.
Du 15 au 19 octobre	Régime ordinaire.	29	29	753	Crottes normales.
Du 20 au 22 octobre	Suralimentation.	37	35	777	Diarrhée le 22.
Du 23 au 30 octobre	Régime inférieur à la ration d'entretien.	27	28	778	Crottes dures le 29.

Ainsi dans l'espace d'un mois, du 30 septembre au 30 octobre, sans changer la nature des aliments, j'ai pu donner deux fois la diarrhée à cet animal, et la faire disparaître deux fois, par une simple augmentation ou une simple diminution de ces mêmes aliments.

Je dois ajouter que depuis de longs mois, quand j'ai commencé ces expériences, cet animal était soumis à mon observation, qu'il avait la même nourriture, et qu'il n'avait jamais eu même des crottes molles.

EXPÉRIENCES FAITES SUR LE HÉRISSON.

Les expériences suivantes ne me paraissent pas moins démonstratives. Elles ont été faites sur des hérissons nourris d'une manière exclusive avec de la viande de cheval.

Ces expériences ont été faites sur trois animaux différents. Tous les trois étaient dans le laboratoire depuis un certain temps, soumis à la même nourriture; et comme le cobaye précédent, ils étaient pesés tous les jours pour les mêmes recherches.

Expérience n° 3.

Du 26 août au 4 septembre 1899 inclusivement, ce hérisson dont le poids moyen est de 689 grammes, mange d'une manière régulière 60 grammes de viande par jour.

Le 5 septembre, je porte la viande à 70 grammes, et cette quantité est maintenue jusqu'au 15; les selles n'étaient qu'un peu plus molles. Mais le 16 je porte la viande à 80 grammes et dès la nuit du 17 au 18, je constate de la diarrhée, qui se maintient pendant plusieurs jours, mais qui disparaît rapidement en ramenant la viande à 60 grammes. Le poids moyen pendant la période de suralimentation s'était élevé à 722 grammes.

DATES	RÉGIME	VIANDE par JOUR	POIDS MOYEN	ÉTAT DES SELLES
		Grammes.	Grammes.	
Du 26 août au 4 septembre 1899. . .	Régime ordinaire .	60	689	Selles normales.
Du 4 au 15 septembre.	Suralimentation. .	70	722	Selles un peu molles.
Du 16 au 18 septembre.	Suralimentation. .	80	?	Selles diarrhéiques le 18.
Du 19 au 22 septembre.	Régime inférieur à la ration.	60	?	Selles normales le 22.

Expérience n° 4.

Après quelques jours de repos, je recommence la même expérience sur le même animal.

Du 21 au 29 octobre 1899 inclusivement, l'animal dont le poids moyen est de 874 grammes, reçoit en moyenne 81 grammes de viande de cheval; et ses crottes restent normales.

Le 30 octobre, je commence la suralimentation et jusqu'au 3 novembre inclusivement, il recoit en moyenne par jour 102 grammes de viande. Dès le 1er novembre, les selles deviennent molles et le 3 la diarrhée est complète. Du 4 au 10, il mange 91 grammes par jour. Les selles commencent à s'améliorer, mais du 9 au 10 il y a une rechute.

Ce que voyant, le 11 novembre, je ramène la viande à 70 grammes, c'est-à-dire au-dessous de la quantité qu'il recevait en commençant l'expérience (81 grammes). A partir de ce moment, les selles s'améliorent rapidement, et dès le 16 leur consistance est normale. Elle le reste jusqu'au 19, moment où je suspends l'expérience. Le poids de l'animal qui était de 874 grammes avant la suralimentation, s'est élevé à 900, pendant les cinq jours qu'a duré celle-ci. Malgré les selles molles, il s'est élevé à 932 grammes pendant les sept jours de la première partie du traitement; et n'est retombé qu'à 924 grammes pendant le traitement qui a donné la guérison complète.

Résumé de l'expérience n° 4.

DATES	RÉGIME	VIANDE par JOUR	POIDS MOYEN	ÉTAT DES SELLES
		Grammes.	Grammes.	
Du 21 au 29 octobre 1899	Régime ordinaire .	81	874	Crottes normales.
Du 30 octobre au 3 novembre. . . .	Suralimentation. .	102	900	Diarrhée le 3 novembre.
Du 4 au 10 novembre.	Diminution du régime.	91	932	Selles molles.
Du 11 au 19 novembre.	Régime au-dessous de la ration d'entretien.	70	924	Selles normales le 19.

Expérience n° 5.

Cette expérience a été faite sur un autre hérisson du poids de 635 grammes, nourri comme le précédent, d'une manière exclusive et depuis longtemps, avec de la viande de cheval.

Du 13 octobre 1899 au 17, cet animal reçoit 70 grammes de viande pour un poids de 635 grammes et ses crottes sont normales.

Le 18 octobre, je commence la suralimentation en portant la viande à 90 grammes. Dès le 21, les selles sont molles, le 22 et le 23 elles sont franchement diarrhéiques, et le 24 elles deviennent lientériques. Des fragments de viande se retrouvent presque intacts dans les selles. En outre, ces dernières sont très fétides.

Le 25, je commence à diminuer la viande, mais en la ramenant seulement au au poids primitif, 69 grammes par jour en moyenne. Les selles restent lientériques et fétides. Ce que voyant, le 1er novembre, je ramène la viande à une moyenne de 56 grammes par jour. Sous l'influence de cette diminution, les selles s'améliorent lentement. Elles ne sont plus ni lientériques ni fétides, mais elles restent molles.

Le 9, je ramène alors la viande à 42 grammes seulement et dès le 21, les selles sont presque normales. Elles le sont tout à fait le 13; et elles le restent jusqu'au 16, jour où l'expérience est suspendue.

Quant au poids de l'animal, de 635 grammes au début, il s'est élevé à 653 grammes, malgré la diarrhée pendant la suralimentation; il est resté le même, 655 grammes, pendant la première diminution de la viande, et il était de 645 grammes à la fin de l'expérience.

Résumé de l'expérience n° 5.

DATES	RÉGIME	VIANDE par JOUR	POIDS MOYEN	ÉTAT DES SELLES
		Grammes.	Grammes.	
Du 13 au 17 octobre 1899	Ration d'entretien.	70	635	Crottes normales.
Du 18 au 24 octobre.	Suralimentation. .	90	653	Diarrhée le 21, lientérie le 24.
Du 25 au 31 octobre.	Ration d'entretien.	69	655	Persistance de la diarrhée fétide.
Du 1er au 4 novembre.	Ration inférieure à la ration d'entretien	56	651	Amélioration, crottes molles non fétides.
Du 9 au 16 novembre.	Nouvelle diminution de l'alimentation	42	645	Crottes normales le 14.

Expérience n° 6.

Cette expérience a été faite sur un petit hérisson.

Du 21 octobre 1899 au 29 inclusivement, cet animal dont le poids moyen est de 299 grammes, reçoit 51 grammes de viande par jour. Les crottes sont normales.

Le 30 octobre, je commence la suralimentation ; et jusqu'au 3 novembre inclusivement, il absorbe en moyenne 80 grammes de viande.

La diarrhée apparait dans la nuit du 2 au 3.

Dès le 4, je diminue considérablement la viande, de telle manière que du 4 au 17, la moyenne est réduite à 32 grammes par jour. Cependant, pendant plusieurs jours encore après ce régime, les selles restent lientériques, puis seulement diarrhéiques. Le 10 l'amélioration est sensible, mais ce n'est que le 15 que les selles sont normales.

La suralimentation dans cette expérience a dépassé les précédentes. La viande de 51 grammes a été portée à 80 grammes, elle a même été portée à 100 grammes pendant quelques jours, aussi l'atteinte a-t-elle été plus grave, et la guérison a-t-elle été plus difficile à obtenir.

Cette gravité de l'atteinte se retrouve également dans la marche du poids de l'animal. Ce poids était de 299 grammes au début. Sous l'influence de l'ingestion de cette grande quantité de viande, il n'a fait que baisser, contrairement à ce que nous avons vu précédemment pendant les périodes de suralimentation. Il est tombé à 285 grammes, puis pendant le traitement à 260 grammes. Et cependant il s'agit ici d'un animal en pleine période de croissance.

Résumé de l'expérience n° 6.

DATES	RÉGIME	VIANDE par JOUR	POIDS MOYEN	ÉTAT DES SELLES
		Grammes.	Grammes.	
Du 21 au 29 octobre 1899. . . .	Ration d'entretien.	51	299	Crottes normales.
Du 30 octobre au 3 novembre. . . .	Suralimentation. .	80	285	Diarrhée le 1er, lientérie le 3.
Du 4 au 17 novembre.	Ration inférieure à celle d'entretien.	32	260	Crottes normales dès le 13.

Dans ces quatre expériences faites sur le hérisson, de même que dans les deux premières faites sur le cobaye, il a donc suffi d'augmenter la quantité de viande ingérée pour donner la diarrhée à l'animal; et il a toujours suffi de ramener la quantité du même aliment un peu au-dessous de sa ration habituelle pour permettre à l'intestin de reprendre ses fonctions.

Conclusions. — *Nos conclusions seront donc les suivantes :*

1° Chez des animaux dont l'alimentation est bien réglée, il suffit d'augmenter les aliments d'un cinquième à un tiers sans modifier leur nature pour produire des troubles digestifs et notamment la diarrhée.

2° Par contre, il suffit de ramener l'alimentation de la même quantité au-dessous de la ration d'entretien, sans changer ces aliments, pour permettre aux organes digestifs de reprendre l'intégrité de leurs fonctions.

M. E. MAUREL

Chargé de cours à l'Université de Toulouse.

DU ROLE DE LA SURALIMENTATION DANS LA PRODUCTION DES DIARRHÉES DE LA SAISON CHAUDE ET DES PAYS CHAUDS [616.34(616.988]

— *Séance du 6 août* —

Dans la communication précédente, je viens de démontrer expérimentalement que chez des animaux recevant d'une manière exacte leur ration d'entretien, il suffit d'augmenter cette ration d'un cinquième à un tiers, sans même modifier la nature des aliments pour produire la diarrhée dans quelques jours. Ces mêmes troubles digestifs ont été obtenus chez des herbivores recevant une alimentation purement végétale et chez des carnivores nourris d'une manière exclusive avec de la viande ; et, je le répète, sans modifier la nature de leur alimentation. J'ai montré également, qu'après avoir produit la diarrhée, l'état du tube digestif s'aggravait si l'on continuait à suralimenter l'animal. On voyait alors apparaître et la fétidité des selles et la lientérie.

Enfin, fait d'une importance capitale, ces expériences ont aussi démontré qu'il a toujours suffi de ramener les aliments sensiblement au-dessous de la ration d'entretien, sans que leur nature fût changée, pour que, dans quelques jours, le tube digestif reprît ses fonctions dans toute leur intégrité.

Ainsi, même chez les animaux dont les organes digestifs semblent pourtant devoir être plus résistants que ceux de l'homme, il a toujours suffi d'une suralimentation relativement faible, pouvant ne pas dépasser un cinquième de la ration d'entretien, pour produire des troubles digestifs. Et qu'on le remarque, pour produire cette suralimentation, il n'a pas été nécessaire de recourir au gavage ou à un procédé quelconque d'alimentation forcée. Il a suffi de mettre à la disposition de l'animal une quantité d'aliments dépassant d'une manière suffisante sa ration d'entretien. Cette quantité plus grande d'aliments, quantité nuisible, puisqu'elle a produit des troubles digestifs dans quelques jours, a donc été prise librement. C'est librement, obéissant seulement à son appétit, que l'animal s'est suralimenté. Il se trouvait tout à fait et seulement dans les conditions de l'homme mis en présence d'une table savoureuse et abondante.

Devant ces faits expérimentaux dont les résultats ont toujours été les mêmes, que devient la légende de la sobriété des animaux si souvent invoquée par ceux qui, confiants dans ce qu'ils appellent la *Nature*, conseillent de les imiter en prenant, comme eux, l'appétit comme seul guide de leur alimentation? La vérité est que les animaux se suralimentent quand ils en trouvent les moyens; et que, pour eux comme pour l'homme, l'alimentation doit être réglée *scientifiquement*.

Une alimentation insuffisante ou surabondante est rapidement suivie de troubles soit généraux, soit digestifs. L'appétit, l'instinct, ne constituent que des guides absolument trompeurs.

Telles sont donc d'abord les conclusions de ma première communication, et les conséquences logiques qui en découlent. Or, ces recherches exposées, je passe à d'autres.

Dans plusieurs séries d'expériences faites également sur le cobaye et le hérisson, c'est-à dire sur des herbivores et des carnivores, expériences ayant porté sur plusieurs de ces animaux et ayant duré, dans leur ensemble, environ vingt mois, j'ai constaté quelle influence considérable a la température ambiante sur les dépenses de l'organisme (1).

Dans ces expériences, les animaux ainsi que leurs aliments ont été pesés tous les jours ; et chaque jour également j'ai pris les températures ambiantes maxima et minima. Puis, les aliments ont été transformés en calories ; et celles-ci calculées par kilogramme d'animal.

Or, en procédant ainsi, et de plus, en tenant compte, pour apprécier la ration d'entretien de l'augmentation, ou de la diminution des animaux, je suis arrivé d'une manière constante à ces résultats :

1° Que les dépenses de l'organisme sont d'autant plus élevées que la température ambiante est plus basse.

2° Qu'il suffit d'une différence mensuelle moyenne de 2 degrés de cette température ambiante, pour que cette faible différence se retrouve d'une manière proportionnelle dans les dépenses de l'organisme.

3° Enfin qu'il suffit d'une différence de température mensuelle moyenne de 15 degrés pour que les dépenses de l'organisme varient du simple au double.

Le tableau suivant, résumant les expériences faites sur des cobayes et sur des hérissons, tous adultes, rendra ces faits aussi évidents que possible.

(1) Société de Biologie, 25 février, 23 mars, 23 décembre 1899 et 5 mai 1900.
Archives médicales de Toulouse, décembre 1899, 15 mars, 1er et 15 avril, 1er mai, 1er septembre 1900.
Languedoc médico-chirurgical 10 et 25 janvier et 10 février 1900.

Tableau donnant le nombre de calories dépensées par ces animaux, par kilogramme d'animal et par jour (Moyennes du mois).

TEMPÉRATURE PAR 4 DEGRÉS	COBAYES			HÉRISSONS			
	1re expérience	2e expérience	Moyenne	1re expérience	2e expérience	3e expérience	Moyenne
	Calories	Calories	Calories	Calories	Calories	Calories	Calories
De + 6 à 10	251,0	160.0	205,5	»	»	»	»
De + 10 à 14.	170,5	160.5	165,5	167,0	158,0	»	162,5
De + 14 à 18.	139,5	148,0	143,7	138.0	146,0	»	142,0
De + 18 à 22.	119,5	127,5	123,5	136,5	118,0	110,5	121,7
De + 22 à 26.	99,5	104,0	101,7	124,0	98,0	97,5	106,5
De + 26 à 30.	88,0	»	88,0	»	»	»	»

Ainsi donc, d'une part, il suffit d'augmenter la ration d'entretien d'un cinquième à un tiers pour produire des troubles digestifs dans quelques jours ;.

Et d'autre part, la variation de température due aux saisons dans nos climats, même en vivant d'une manière constante dans un appartement, ce qui diminue sensiblement les écarts de la température, suffisent pour faire varier les dépenses de l'organisme du simple au double.

Du rapprochement des résultats généraux de ces deux séries d'expériences découlent donc les réflexions suivantes :

1° En conservant pendant l'été la même ration que pendant l'hiver, cette ration est deux fois supérieure aux besoins de l'organisme.

2° Si dans ces conditions la totalité de cette ration était digérée et absorbée, elle créerait la surnutrition telle que je l'ai définie, et notamment sa première conséquence, la pléthore.

3° Mais comme les besoins de l'organisme sont considérablement diminués lorsque la température ambiante s'élève, les différents réflexes, notamment le réflexe cutané réglant les sécrétions digestives, sollicitent moins ces dernières, et la quantité d'aliments qui était digérée facilement pendant l'hiver devient de la suralimentation en été.

4° Cette suralimentation, ou en d'autres termes, cette surcharge des organes digestifs, ce surmenage de ces organes, de même que chez les animaux de nos expériences, doit conduire forcément à des troubles digestifs et à la diarrhée. Nous avons vu, en effet, qu'il suffit d'une augmentation d'un cinquième à un tiers pour produire ces troubles ; or ici le surcroît d'aliments peut aller jusqu'au double ! Je sais bien, qu'au moins après un certain temps, l'alimentation est diminuée, mais je ne crois pas qu'elle le soit dans une si grande proportion. Du reste, quand elle l'est d'une manière aussi marquée, c'est que déjà l'intestin subit l'influence de la suralimentation : les troubles digestifs ont commencé.

Ces considérations surtout d'ordre expérimental, une fois données, faisons-en l'application à la clinique.

Je vais considérer deux cas, selon que l'élévation de la température est due aux *saisons* ou aux *climats*.

Je terminerai par quelques considérations théoriques.

Influence des saisons. — Comme on l'a vu par le tableau précédent, les écarts de température dans nos appartements peuvent dépasser 25 degrés. Or ces différences s'accentuent encore davantage à l'air libre, même si l'on se base sur les températures à l'ombre, et à plus forte raison si l'on fait entrer en ligne de compte les températures au soleil. Ces dernières atteignent tout au plus une moyenne de 10 degrés pendant nos hivers et, au contraire, dépassent une moyenne de 40 degrés pendant nos étés. C'est donc une différence de 30 degrés, c'est-à-dire double de celle qui suffit pour diminuer les dépenses de moitié.

Pour des organismes vivant dans ces conditions, les dépenses de l'été seraient donc quatre fois moindres que pendant l'hiver. Mais l'homme atténue ces grands écarts de la température ambiante d'abord par l'habitation qui, à elle seule, même dans les appartements sans feu, les diminue de moitié, et ensuite par les vêtements, qui plus chauds pendant l'hiver diminuent davantage la radiation cutanée. Aussi, quand, dans mes expériences sur les dépenses de l'organisme pendant les diverses saisons, j'ai apprécié celles de l'homme, suis-je arrivé à ce résultat que, chez lui, les dépenses de l'été ne sont guère inférieures à celles de l'hiver que d'un tiers. Ces dépenses, en effet, évaluées en calories, s'élèvent par kilogramme à 32 cal. 500 pendant l'été, à 38 calories pendant les saisons intermédiaires et à 43 cal. 350 pendant l'hiver (1).

Mais, quoique l'influence des variations de température dues aux saisons soit ainsi notablement modifiée et quoique ces modifications de la température extérieure se fassent graduellement en passant par les saisons intermédiaires, les différences dans les dépenses de l'organisme, on le voit, n'en restent pas moins encore des plus sensibles.

(1) *Étude sur la ration d'entretien*, Académie des Sciences de Toulouse, décembre 1890.

Aussi les troubles digestifs que j'ai observés chez mes animaux sont-ils fréquents chez nous pendant les chaleurs de l'été. On sait, en effet, que c'est là l'époque des maldigestions, des indigestions stomacales et intestinales, des entérites et aussi des embarras gastriques. Parfois même, lorsque les fortes chaleurs se prolongent, surtout dans notre Midi, voit-on apparaître la dysenterie et les affections hépatiques, toutes affections qui rapprochent en ce moment la pathologie de nos climats de celle des pays chauds. Or, tous ces troubles des organes digestifs, j'en suis convaincu, ont pour cause principale la suralimentation relative due à l'élévation de la température.

J'accorde volontiers qu'il faut également faire intervenir les changements dans les vêtements et dans le genre d'alimentation. Mais ces influences ne me paraissent jouer qu'un rôle secondaire.

Les vêtements plus légers que nous adoptons pendant l'été, j'en conviens, nous préservent moins contre les variations de température, et cela d'autant plus, d'abord que ces variations sont plus étendues pendant l'été que pendant l'hiver et ensuite que l'évaporation de la sueur les rend plus sensibles à l'organisme.

J'accorde également que dans l'étiologie de ces troubles digestifs une part revient au changement dans la nature des aliments. Le printemps nous apporte les légumes frais et l'été y joint les fruits. Or, j'ai pu produire la diarrhée chez mes animaux, je l'ai dit, en modifiant seulement la nature des aliments, tout en laissant à leur ensemble la même valeur en calories. Les divers organes glandulaires et musculaires de l'intestin, comme tous les autres, se perfectionnent par un exercice régulier et gradué; et, au contraire, ils s'atrophient par un repos trop prolongé. Il est donc logique de penser que lorsque l'alimentation a été constituée surtout par des azotés et des corps gras pendant l'hiver, l'activité des organes glandulaires destinés à la digestion des féculents soit diminuée, et que l'apport d'une grande quantité de ces derniers les trouve au moins au début au-dessous de leur tâche.

Il se pourrait même que le système nerveux de l'intestin fût péniblement impressionné par le contact d'aliments dont il a perdu l'habitude.

J'admets toutes ces influences, mais tout en me paraissant réelles, je ne puis les considérer que comme secondaires. Elles ne constituent pour moi, au moins le plus souvent, que des conditions adjuvantes, le rôle le plus important restant toujours à l'influence qui a suffi à elle seule pour produire la diarrhée chez nos animaux : la suralimentation relative. Examinons donc cette dernière condition avec soin.

Quand il s'agit d'apprécier la valeur d'un aliment, le plus souvent on ne tient compte que de sa richesse en azote. Même dans des travaux inspirés par un esprit véritablement scientifique, ce n'est fréquemment que par ce côté que l'on envisage la question. Or, si la physiologie nous apprend qu'il est indispensable que l'organisme reçoive une quantité d'aliments azotés pour la réparation des tissus usés, cette même physiologie nous apprend aussi que la plus grande partie de nos aliments est destinée à faire du calorique et que, pour cette partie, il y a tout avantage à la composer avec des substances amylacées ou des corps gras. Les substances azotées utilisées pour produire du calorique (1), en effet, sont transformées en substances ternaires avant d'être brûlées, et par suite de la non-utilisation d'une partie de ces éléments qui s'éliminent surtout sous forme d'urée, le gramme de ces substances ne donne que 5 calories environ, tandis que les substances amylacées en donnent 4 et les graisses 9 (2). Or voyons si les légumes et les fruits dont on use si largement pendant l'été, sont aussi dépourvus de toute action nutritive qu'on semble le croire.

Principaux fruits de l'été.

NOMS DES FRUITS	SUBSTANCES		QUANTITÉ pour une ration	NOMBRE de calories pour la ration	AUTEURS DES ANALYSES
	Azotées Pour 100 gr. de ces fruits	Amidon cellulose Pour 100 gr. de ces fruits (1)			
	Grammes	Grammes	Gramm.		
Raisins	0,60	29.6	100	121.4	Kœnig. Cité par Munck et Ewald, p. 173, 176.
Figues (fraîches)	2,66	30 (?)	100	133.300	*Id.* *Id.*
Pêches.	0,60	17.2	100	71.800	Richet. Art. aliment. p. 381.
Abricots. . . .	0,50	15.3	100	63.700	*Id.* *Id.*
Cerises.	0,70	17.0	100	71.500	Kœnig. Cité par Munck et Ewald.
Groseilles . . .	0,47	10.85	100	45.750	Moleschott. Cité par Rochard, p. 258.
Prunes	0,40	8.70	100	36.80	Kœnig. Cité par Munck et Ewald.
Fraises	0,50	10.29	100	43.66	Moleschott. Cité par Richet, art. aliment.
Melon.	1,00	6.6	100	31.4	Richet. Article aliment, p. 381.

(1) Les matières grasses sont en si petite quantité dans ces fruits que je n'en ai pas tenu compte.

(1) Influence du régime sur l'excrétion de l'urée. *Archives de médecine expérimentale*, janvier 1900. Des origines de l'urée, utilisation de son dosage. Société de médecine de Toulouse, 1er et 15 mai 1900.

(2) Je pense en outre que l'emploi des azotés pour produire du calorique n'est pas sans danger pour l'organisme. Voir : Influence d'une alimentation fortement azotée sur le volume du foie. Société d'Histoire naturelle de Toulouse, avril 1900.

Principaux légumes de l'été.

NOM DES LÉGUMES	SUBSTANCES Azotées Pour 100 gr. de ces légumes	Sucrées, Cellulose (1) Pour 100 gr. de ces légumes	grasses	QUANTITÉ pour une ration (2)	NOMBRE total de calories (3) de la ration	AUTEURS DES ANALYSES
	Grammes	Grammes	Gram.	Gram.	Calories	
Fèves sèches. .	25,3	56,4	1,7	100	367,4	Richet. Article aliment, page 379.
Petits pois. . .	6,4	13,9	0,5	100	92,1	Munck et Ewald. Traité de diététique, p. 172
Pommes de terre	2	21,3	0,2	100	97	*Id.* *Id.* *Id.* p. 168
Haricots verts .	2,7	7,8	0,1	100	45,6	*Id.* *Id.* *Id.* p. 172
Choux (de Milan) .	3,3	6,0	0,7	100	46,8	Richet. Article aliment, p. 380.
Champignon (Bolet). .	3,6	4,2	0,2	100	36,6	*Id.* *Id.* p. 381
Concombre. . .	1	2,9	0,1	100	27,5	Munck et Ewald. Traité de diététique, p. 172

(1) J'ai réuni dans cette colonne toutes les substances hydrocarbonés, y compris la cellulose, autres que les graisses.
(2) Pratiquement 100 grammes correspondent à la quantité prise à chaque repas.
(3) Les calories ont été calculées en multipliant les azotes par 5, les amylacées par 4 et les graines par 9.
(4) Je n'ai pas trouvé l'analyse de la fève verte. J'estime que sa richesse doit être diminuée d'un quart à un tiers environ. Même à l'état frais, ce légume constitue donc encore un aliment très riche.

Comme on le voit par ces deux tableaux, les légumes et les fruits qui forment une partie importante de notre alimentation pendant l'été sont loin d'être dépourvus de toute action nutritive. Il est vrai que la plupart d'entre eux, surtout parmi les fruits, sont pauvres en substances azotées, mais la richesse de quelques-uns d'entre eux se relève fortement par leur teneur en substances amylacées, et par conséquent par leur pouvoir calorifique. Pour qu'on puisse s'en rendre mieux compte, je donne ici la composition des viandes de boucherie, celle des principales volailles et celle de quelques poissons, auxquels j'ai joint les deux principaux mollusques et un crustacé. De plus, pour chacun de ces aliments, j'ai calculé le nombre de calories qu'il donne pour le même poids que les légumes et les fruits.

Principales viandes de boucherie.

NOMS des ANIMAUX		SUBSTANCES Azotées	SUBSTANCES Graisses	QUANTITÉ pour une ration	NOMBRE de calories pour la ration	AUTEURS DES ANALYSES
		Grammes	Grammes	Grammes	Calories	
Bœuf	très gras	17,0	29,0	100	346,0	Kœnig. Cité par Richet, Aliments, p. 376.
	demi-gras	21,0	5,0	100	150,0	*Id.* *Id.* *Id.*
	maigre	21,0	2,0	100	123,0	*Id.* *Id.* *Id.*
Veau	gras	19,0	7,0	100	158,0	Kœnig. Cité par Richet. Aliments, p. 376.
	maigre	20,0	1,0	100	109,0	*Id.* *Id.* *Id.*
Mouton	gras	14,8	36,4	100	401,6	Kœnig. Munck et Ewald, p. 136.
	maigre	17,1	5,8	100	137,7	*Id.* *Id.* *Id.*
Porc	gras	14,4	37,3	100	407,7	Kœnig. Munck et Ewald, p. 136.
	maigre	19,9	6,8	100	160,7	*Id.* *Id.* *Id.*

Principales volailles.

NOMS des VOLAILLES	SUBSTANCES Azotées	SUBSTANCES Graisses	QUANTITÉ pour une ration	CALORIES de la ration	AUTEURS DES ANALYSES
	Grammes	Grammes	Grammes	Calories	
Poulet	19,7	1,4	100	111,1	Munck et Ewald. Traité de diététique, p. 136.
Dindon (demi-gras)	25,0	8,0	100	197,0	Richet. Aliment, p. 376.
Oie grasse	15,0	45,0	100	480,0	*Id.* *Id.* *Id.*
Pigeon	20,0	1,0	100	109,0	Munck et Ewald. Traité de diététique, p. 136
Volailles de basse-cour en général	22,0	1,0	100	119,0	*Id.* *Id.* *Id.* p. 594.

Poissons, mollusques et crustacés.

NOMS des POISSONS	SUBSTANCES Azotées	Graisses	QUANTITÉ pour une ration	CALORIES de la ration	AUTEURS DES ANALYSES
	Grammes	Grammes	Grammes	Calories	
Morue (salée). .	23,73	0,40	100	122,250	Dujardin-Beaumetz, p. 298.
Maquereau (frais)	15,59	16,41	100	225,640	*Id.* *Id.*
Sole	14,50	1,40	100	85,100	A. Gautier, p. 786 *(Traité de chimie)*.
Brochet	12,98	0,15	100	66,250	Dujardin-Beaumetz, p. 298.
Carpe	22, 0	1, 0	100	119,600	Richet. Article aliment, p. 377.
Huîtres.	14, 0	1,50	100	83,500	Payen. Hygiène de Rochard.
Moules.	21,72	2,42	100	80,380	Payen. Hygiène de Rochard.
Homard	16, 0	0,50	100	84, 50	Richet. Art. aliment, p. 377.

Or, les résultats de cette comparaison sont saisissants.

Pour les viandes de boucherie, si nous éliminons les viandes grasses, qui l'emportent de beaucoup sur les légumes et les fruits par leur valeur calorifique, on voit que la plupart des viandes maigres, à poids égal, ne donnent guère qu'un nombre de calories double.

Il en est de même pour les volailles et à plus forte raison pour les poissons, les mollusques et les crustacés. Quelques légumes, tels que les fèves, la pomme de terre, les petits pois, et quelques fruits tels que le raisin, la figue, la pêche et la cerise, donnent un nombre de calories presque égal.

On voit donc combien est grande l'erreur qui fait considérer ces aliments, comme sans valeur. Le fait n'est vrai que relativement aux azotés ; mais, je l'ai dit, ce n'est là qu'un côté de la question. Beaucoup de ces aliments acquièrent, au contraire, au point de vue de la calorification, une importance presque égale à celle des viandes maigres, de la volaille et des poissons.

Je dois ajouter, en outre, que dans la comparaison que je viens de faire, j'ai supposé que les légumes et les fruits n'étaient pris qu'en quantité égale à celle des viandes de boucherie, des volailles ou des poissons. Or, pratiquement, je suis bien loin de la vérité. En réalité, surtout les fruits, sont pris en bien plus grande quantité, et souvent de plusieurs à la fois. De sorte que, la quantité compensant la valeur nutritive, on arrive à ce résultat que l'alimentation de l'été, telle qu'elle est prise le plus souvent, est aussi riche que celle des autres saisons.

J'ai insisté sur cette richesse nutritive des légumes frais et des fruits, parce que c'est là un fait qui me paraît ignoré du public et peut-être même pas assez connu d'une partie du corps médical.

De tout ce qui précède, il résulte donc :

1° Que, quoique la nature de l'alimentation soit changée pendant la saison chaude, sa valeur nutritive reste peu inférieure à celle des autres saisons ;

2° Que, par conséquent, vu la diminution des dépenses due à l'élévation de la température, cette alimentation devient de la suralimentation relative ;

3° Que cette suralimentation relative doit, ainsi que mes expériences l'ont démontré, pouvoir suffire à elle seule à produire des troubles digestifs, et que si elle n'est pas toujours la seule en cause elle n'en reste pas moins, pour la majorité des cas, l'influence prépondérante.

Dans ce qui précède, je me suis occupé d'une manière exclusive des troubles digestifs survenant chez l'adulte ou l'adolescent, pour lesquels on a pu faire intervenir, à côté de la suralimentation relative, d'autres influences, telles que le changement d'aliments. Mais les mêmes raisons ne sauraient être invoquées quand il s'agit du *nourrisson.*

On sait combien les affections intestinales sont chez lui nombreuses et graves pendant les chaleurs de l'été : diarrhée, entérite aiguë et chronique, choléra infantile même. Or, je ne trouve ici pas d'autre influence qui puisse être incriminée.

Cette influence se fait d'autant mieux sentir chez les nourrissons, que presque tous, même parmi ceux dont l'hygiène semble le mieux surveillée, sont suralimentés. La presque totalité des nourrissons, en effet, et je parle même de ceux qui sont élevés au sein, ont des selles très peu consistantes. Ceux qui ont des selles moulées sont rares et les parents s'en inquiètent, considérant cet état comme anormal.

Or, je tiens à le dire, l'enfant, comme l'adulte, doit avoir des selles moulées et toute selle qui n'a pas cette consistance indique un trouble dans les fonctions digestives. Les selles pâteuses, crémeuses, de même, du reste, que les régurgitations de lait, indiquent au moins des troubles fonctionnels de l'estomac ou de l'intestin, et presque toujours un état maladif dû à la suralimentation. Grâce à la tolérance considérable des organes digestifs, ces derniers, malgré cette surcharge alimentaire, celle-ci restant, du reste, dans une certaine limite, assurent la nutrition de l'enfant ; et il peut encore augmenter de poids, comme nous l'avons vu chez mes animaux.

Mais qu'une élévation de la température vienne diminuer les dépenses de l'organisme et augmenter la suralimentation, et l'on voit alors les troubles digestifs revêtir toute leur intensité. De même que dans mes expériences, après ces diarrhées, ces vomissements, qui ne sont que des indigestions stomacales ou intestinales, arrivent l'altération du contenu intestinal, la fétidité des selles, et en même temps l'inflammation de ces organes, qui, en diminuant l'absorption, porte rapidement une atteinte des plus sérieuses à l'organisme.

Chez le nourrisson, je le répète, on ne peut invoquer le changement d'aliment : il était au lait et il reste au lait. Il ne peut s'agir que d'une question de quantité, et comme la quantité n'est pas augmentée, il ne peut s'agir également que d'une augmentation relative.

Ces faits sont de tous points comparables avec mes expériences ; et la ressemblance s'accentue encore davantage à propos du traitement.

Pour guérir les animaux, je me suis contenté de diminuer la quantité des aliments sans les modifier ; et depuis des années je ne traite pas autrement les troubles digestifs du nourrisson. Je me contente, tout en le laissant au lait, de diminuer la quantité qu'il en prend. La chose est facile, s'il est nourri au biberon. Dès le premier jour, je diminue la quantité de moitié ou même des trois quarts, sans ajouter aucun médicament à son traitement.

Seulement dans ce cas, pour ne pas trop abaisser la quantité de liquide, je coupe le lait avec une décoction ou simplement avec de l'eau bouillie. Je maintiens cette quantité de lait jusqu'à ce que les selles soient devenues moulées et j'augmente ensuite graduellement le lait en diminuant proportionnellement l'eau dont il était additionné.

Si l'enfant est nourri au sein, je veille à ce qu'il tète régulièrement toutes les trois heures, en sautant une tétée pendant la nuit ; mais, de plus, je diminue la durée de chaque tétée. Si l'enfant restait au sein 15 minutes, je le fais enlever après 10, 8 minutes, selon l'état de ses selles et leur fréquence. Les tétées sont d'autant plus courtes que l'état est plus grave. De plus, pour donner une quantité d'eau suffisante pour assurer l'élimination des produits usés, j'ajoute à l'alimentation au sein une décoction quelconque en quantité suffisante pour atteindre approximativement avec le lait 100 centimètres cubes par kilogrammes de poids.

Depuis bien longtemps, je le répète, je ne traite pas autrement les troubles digestifs des enfants. Or, ce n'est que bien rarement que j'ai dû avoir recours aux divers agents thérapeutiques préconisés dans ces cas. Dans l'immense majorité des cas, le dosage de l'alimentation suffit. On ne saurait trouver une preuve plus convaincante de la véritable cause de ces troubles digestifs.

Influence des pays chauds.

Dans la zone intertropicale l'influence des saisons est peu marquée. Les moyennes mensuelles ne diffèrent que de quelques degrés. On peut en juger par les chiffres suivants qui concernent la Guyane : de 1846 à 1852, la moyenne mensuelle la plus élevée a été celle du mois d'octobre avec 27°,75, et la plus basse, du mois de février avec 26°,12. La différence a donc été de 1°63. Pour les années 1862 et 1863 cette différence est un peu plus marquée, mais elle ne dépasse guère 3 degrés. En 1862, la température mensuelle moyenne la plus élevée a été en août de 29°,6 et la plus basse de 26°,2 en février. En 1865, la température mensuelle moyenne la plus élevée a été de 27°,8 en octobre et la plus basse de 25°,1 en mai. Enfin, en 1875, la température mensuelle moyenne a été de 27°,39 en septembre et la plus basse de 25°,61 en janvier.

En Guinée, par une latitude à peu près semblable à celle de la Guyane, les résultats sont les mêmes. D'après Borius les températures moyennes pendant trois années sont les suivantes : hiver 27°,9, printemps 28°,9 ; été, 26°.4, automne, 27°,1. Soit seulement une différence de 2°,5.

A la Guadeloupe, quoique placée déjà vers le 16° de latitude nord, les écarts ne sont pas plus sensibles. La moyenne pour la saison froide est de 25°,1 et celle de la saison chaude 27°,1.

Enfin, il en est de même en Cochinchine dont le chef-lieu est placé vers 10° de latitude nord. La température mensuelle moyenne la plus élevée d'après Le Roy de Méricourt et Layet, est celle du mois d'avril avec 30 degrés et la plus basse celle de décembre avec 25°,50.

Ainsi donc, dans la zone intertropicale les variations de température dues aux saisons, surtout près de l'équateur, sont négligeables.

Il en est de même, au moins dans les terres basses, des variations nycthémérales. Elles sont également bien moins accentuées que dans nos climats.

A la Guyane, en 1875, la température a été prise cinq fois par jour : à 6 heures et 10 heures du matin, à 1 heure, 4 heures et 10 heures du soir. Or les moyennes de ces heures pour toute l'année sont les suivantes. Je les donne dans le même ordre que ci-dessus : 24°,56 — 27°,07 — 27°.91 — 27°,08 — 25°.70, soit en tout une différence de 3°,35, entre 6 heures du matin et 1 heure de l'après-midi (1).

En Cochinchine, les variations sont un peu plus grandes. Elles atteignent 13 degrés en janvier, 15 degrés en mars et 16 degrés en février. Mais elles ne dépassent pas 5 à 6 degrés en septembre, juillet et août.

(1) Article Guyane du *Dictionnaire encyclopédique*. — Dr Maurel.

Dans les hauteurs les variations nycthémérales augmentent, la température du jour atteint presque celle des parties basses et la température de la nuit descend beaucoup plus bas.

En s'en tenant aux températures moyennes on estime qu'il y a un abaissement de 1 degré par 100 mètres. C'est ainsi qu'à la Guadeloupe la température annuelle moyenne du camp Jacob, placé entre 500 et 600 mètres, est de 21°,5. Mais cet abaissement de la température moyenne est dû plus à celui de la température minima que de la température maxima, cette dernière n'étant que de peu inférieure à celle des régions moins élevées.

Ainsi, des chiffres que je viens de donner, il résulte que dans les pays intertropicaux les variations nycthémérales sont peu marquées, et que celles qui dépendent des saisons le sont encore moins. Mais, par contre, ces chiffres nous montrent d'abord le rapport qu'il y a entre la température constante de ces pays avec celle de nos étés, et aussi la différence qui existe entre leur température et celle de nos hivers.

Les températures mensuelles moyennes des terres basses des pays intertropicaux, et ces terres sont les plus étendues, ne descendent pas au-dessous de 25 degrés; et ces températures, bien entendu, sont prises à l'ombre. Or, mêmes prises dans ces conditions, elles diffèrent de celles de nos climats par plus de 15°. D'où nous devons conclure que de ce chef, les dépenses de l'organisme, toutes autres conditions égales d'ailleurs, doivent être dans ces pays, inférieures d'un tiers à ce qu'elles sont pendant nos hivers. Mais, de plus, cette température de 28 degrés est la température mensuelle moyenne minima. La maxima s'élève à 28 degrés et à 30 degrés. Enfin, j'y reviens, ce ne sont là que les températures recueillies à l'ombre; et au soleil, auquel on est toujours plus ou moins exposé, la moyenne dépasse 45 degrés dans toutes les saisons.

Aussi quand, pendant mon séjour dans ces pays, j'ai calculé mes dépenses ou celles des indigènes, je suis arrivé à des chiffres encore inférieurs à ceux de nos étés. Le nombre de calories, au lieu d'être de 32 par kilogramme, n'a été que de 27, c'est-à-dire une diminution d'un cinquième pour l'été, et presque des deux cinquièmes pour l'hiver.

Nous sommes donc conduits à cette conclusion forcée, que dans la zone intertropicale l'alimentation doit être inférieure même à celle de nos étés. Or, il suffit d'avoir passé quelques jours dans nos colonies, surtout dans celles qui sont récentes, pour constater combien l'on tient peu compte de ces indications. Dans ces colonies, et j'ai en ce moment en vue surtout la Cochinchine et le Tonkin, « l'Européen n'a qu'une préoccupation : combattre l'anémie; et, dominé par cette pensée, il mange plus, beaucoup plus même que dans les pays tempérés; j'ai souvent été frappé de la quantité considérable d'aliments qu'absorbent les Européens dans les restaurants de Saïgon. J'y ai souvent vu prendre successivement les dix plats de la carte.

Jusqu'au moins il y a dix ans, cette erreur n'était pas seulement celle des Européens livrés à eux-mêmes, mais aussi celle de l'administration. Le principal souci des chefs de corps et notamment ceux des troupes, était d'assurer à ces dernières une alimentation riche, abondante et variée. Et grâce à la modicité du prix des vivres, grâce aussi à l'augmentation des dépenses prévues par l'État, ce but était constamment atteint.

Aussi est-ce dans ces colonies que, plus que dans toutes les autres, sévissent les troubles des organes digestifs, troubles dont la diarrhée dite de Cochinchine est une des formes les plus fréquentes.

On peut se convaincre facilement, quand on étudie cette affection sur place et qu'on remonte à son début, qu'elle a toujours pour point de départ des indigestions intestinales.

L'arrivant en Cochinchine a son appétit surexcité par tout ce qui l'entoure : la vie à terre avec ses incidents, après la vie monotone du bord, les vivres à discrétion après avoir été rationné, l'attrait des fruits et des légumes nouveaux, l'aisance que donne une solde supérieure à celle de France, enfin les infractions à l'hygiène résultant des politesses que l'on doit accepter et rendre. C'est sous ces influences multiples que j'ai vu, je le répète, les arrivants faire honneur successivement aux huit ou dix plats des meilleurs restaurants. Aussi, dans ces conditions, même pour des organes digestifs robustes, les troubles ne tardent-ils pas à apparaître.

J'ai fait l'expérience suivante :

En 1885, me trouvant à Saïgon, je pesai, dès leur arrivée, cinquante hommes appartenant à l'artillerie de marine, dont la table était particulièrement abondante, et je continuai à les peser de nouveau chaque semaine.

Or, les résultats furent des plus concluants.

Pendant la première quinzaine tous augmentèrent de poids. Les organes digestifs de ces jeunes gens, en général vigoureux, résistèrent; il y avait de la surnutrition. Mais à partir de la troisième semaine, quelques-uns furent pris de diarrhée, due au climat, ou d'embarras gastrique ; et leur poids resta stationnaire ou diminua. Après un mois, le nombre de ceux dont le poids continuait à augmenter, se réduisit à quelques-uns, et enfin après deux mois, sauf deux ou trois, tous présentaient déjà des troubles digestifs et leur poids, loin d'augmenter, commença à diminuer.

Après une journée pendant laquelle l'appétit n'a rien laissé à désirer, l'homme se couche et après un peu d'agitation, il s'endort d'un sommeil profond. Mais dans la seconde partie de la nuit, entre 4 et 5 heures, il est éveillé par un besoin impérieux d'aller à la selle. Aucun retard ne lui est permis. Il se précipite aux lieux d'aisances, et il a une selle diarrhéique abondante, après laquelle, tout à fait soulagé, il peut même se rendormir.

La journée est bonne, et les camarades, auxquels il fait part de son état, le rassurent : c'est la *diarrhée d'acclimatement.*

Le lendemain et les jours suivants, la même selle se reproduit avec les mêmes caractères, et cependant l'appétit persiste ou n'est que peu modifié. S'il est diminué, ce sera une excellente excuse pour user des apéritifs. Si, déjà, le malade en usait, il les augmentera. Mais, peu à peu, cette selle du matin est suivie de quelques autres dans la matinée, puis dans l'après-midi ; et après un certain temps la diarrhée chronique est ainsi établie.

Que s'est-il passé ? Les organes digestifs ont pendant les premiers jours résisté à ce surcroît d'aliments ; ils les ont digérés et comme les recettes dépassaient les dépenses de l'organisme, comme chez mes animaux, le poids du sujet a augmenté. Mais après un certain temps, huit jours, quinze jours, un mois, le surmenage des organes digestifs a produit son effet. Les liquides digestifs ont été insuffisants, il s'est produit une véritable indigestion intestinale. Puis celle-ci s'est répétée, et après quelque temps sous l'influence des altérations des aliments, à l'indigestion a succédé l'inflammation de l'intestin.

Parfois, c'est l'estomac qui devient le premier insuffisant, et nous assistons alors au début à des dyspepsies et aux embarras gastriques dont un purgatif et surtout la diète ont facilement raison.

Mais que la suralimentation fasse sentir ses effets sur l'estomac ou sur l'intestin, la cause reste la même.

J'avais observé les mêmes faits quelques années avant à la Guadeloupe.

Arrivé dans cette colonie en 1881, je me proposai d'étudier l'anémie tropicale qui semblait être en ce moment l'affection dominant toute la pathologie des tropiques. Je pris donc quelques hommes d'infanterie de marine dès leur arrivée, et d'autres étant arrivés à des époques différentes je fis leur hématimétrie. Je pensais voir ainsi la richesse globulaire diminuer peu à peu, et pouvoir suivre cette affection d'une manière complète, en même temps qu'en pénétrer le mécanisme intime. Or ce ne fut pas sans surprise que je constatai que le nombre de leurs globules, loin de diminuer, ne faisait qu'augmenter. Cette augmentation, du reste, allait du début du séjour croissant jusqu'à ce qu'elle fut arrêtée par des troubles digestifs. Chez quelques-uns, je vis des indigestions intestinales, et des diarrhées, comme chez les artilleurs de Saïgon ; et chez la plupart des embarras gastriques fébriles, auxquels on a conservé plus spécialement le nom, un peu oublié dans la métropole, de fièvre inflammatoire. Mon attention ainsi éveillée sur ce point, je pus m'assurer que les hommes qui sont atteints par ces embarras gastriques fébriles ont pour la plupart une richesse globulaire excessive ; si bien que dans ma pensée j'en arrivai à considérer cet état pléthorique comme la cause la plus puissante de ces affections. Ce ne fut, du reste, qu'après ces troubles digestifs, se répétant sous différentes formes et se localisant tantôt sur l'estomac et tantôt sur l'intestin, que j'ai vu les hommes présenter de l'anémie. De sorte que j'arrivai, en dernière analyse, à cette conclusion, que l'anémie tropicale essentielle est fort rare ; et que si les anémies sont nombreuses dans les pays chauds, c'est que dans l'immense majorité des cas elles sont consécutives soit à des troubles digestifs, soit à des troubles généraux assez souvent dus à la suralimentation.

L'importance considérable que prend cette dernière dans la production de ces troubles, outre les faits expérimentaux qui servent de point de départ à cette étude, est appuyée par les faits cliniques suivants : à la Guadeloupe, comme à la Guyane, il y a une population de couleur nombreuse. Cette population, surtout la moins riche, a une alimentation presque exclusivement végétale, c'est-à-dire relativement peu nourrissante. Elle vit de légumes, de fruits et d'un peu de morue ou de poisson frais. Or, dans cette population les troubles digestifs sont fort rares.

Ce n'est pas là, du reste, une question de race. Je puis en donner les preuves suivantes : les gens de couleur qui suivent l'alimentation riche des Européens présentent les mêmes troubles digestifs qu'eux ; et, au contraire, les familles européennes créoles qui pour la plupart ont adopté le régime des gens de couleur en sont exemptes.

La même répartition de ces affections se retrouve dans la population annamite. On connaît la sobriété de cette population. Elle vit d'un peu de riz ne dépassant pas 300 à 400 grammes, et de moins de 200 grammes de poisson. Sa ration est comprise de 1.800 à 2.000 calories. Or chez elle, les troubles digestifs sont fort rares. Ils sont, au contraire, fréquents chez ceux d'entre eux qui étant domestiques suivent le régime des Européens.

Dans nos colonies de l'Extrême-Orient nous n'avons pas encore de familles européennes créoles s'étant inspirées du régime annamite. Mais je puis citer mon exemple. J'ai pu y passer deux ans, y mener une existence de grandes fatigues physiques qui excluait toute précaution d'hygiène, et grâce à une alimentation très peu riche, ramenée, je l'ai dit, au-dessous de 30 calories par kilogramme, je n'ai jamais eu le moindre trouble digestif.

Ainsi ce premier point se dégage donc de ce qui précède, c'est que ces troubles digestifs existent chez ceux qui ont une alimentation riche, et que ceux qui ont une alimentation pauvre ne les présentent pas. C'est là déjà, on en conviendra, une considération qui plaide fortement en faveur de l'opinion que je défends : mais, de plus, je puis donner la preuve suivante.

Tous ces troubles digestifs, dyspepsie, embarras gastriques, diarrhées, entérites et même entéro-colites chroniques guérissent par le dosage de l'alimentation et ne guérissent jamais sans lui. S'il s'agit de dyspepsie, mettez le malade au régime lacté exclusif, à une dose insuffisante ne dépassant pas un litre, et vous verrez dans quelques jours, moins d'une semaine, ces troubles être très amendés et s'améliorer ensuite rapidement. Une fois leur disparition obtenue, donnez un régime quelconque, à la condition qu'il ne dépasse pas 30 calories par kilogramme, les fonctions digestives se maintiendront dans toute leur intégrité.

Il en est de même, s'il s'agit de la diarrhée à une époque où elle ne représente encore qu'une série d'indigestions intestinales. Il suffira du lait et du dosage de l'alimentation. Si déjà il y a de l'entérite, il est nécessaire de commencer par l'ipéca à la brésilienne; s'il s'agit d'embarras gastriques fébriles, les vomitifs et les purgatifs, et parfois encore les émissions sanguines, seront indiqués. Mais pour toutes ces affections, le fond du traitement n'en reste pas moins la diminution de l'alimentation. C'est elle qui sera le moyen curatif le plus efficace et aussi le meilleur moyen préventif pour éviter leur retour.

Réflexions.

I

Nous avons vu dans les expériences précédentes qu'il a suffi d'augmenter l'alimentation pour provoquer la diarrhée, et que cette diarrhée, en se prolongeant pendant cinq à six jours, a pu arriver jusqu'à la lientérie. Or, il me paraît difficile d'admettre que dans ces cas, après les troubles fonctionnels qui ont marqué le début, il n'y a pas eu un peu d'entérite. A l'indigestion intestinale a sûrement succédé l'inflammation. Or, et c'est sur ce point que je veux insister, il me paraît impossible, dans ces cas, de faire intervenir d'autres microbes que ceux qui vivent habituellement dans l'intestin pour expliquer cette inflammation.

L'hypothèse contraire ne se discute même pas. J'ai produit la diarrhée six fois; les six fois, elle a suivi de quelques jours seulement la suralimentation. Elle ne s'était jamais produite avant et elle ne s'est plus reproduite après. Comment admettre que pour les six fois il y ait une coïncidence entre la suralimentation et l'introduction fortuite d'un microbe pathogène, surtout quand on sait que la nature des aliments n'a pas été changée?

Pour ces diarrhées expérimentales et les entérites qui en ont été les conséquences, tout au moins, cette conclusion est forcée, qu'elles sont dues aux microbes autochthones; et, de plus, déjà nous pouvons tirer cette autre conclusion : la possibilité d'une étiologie semblable dans le domaine de la pathologie humaine.

Du reste, nous retrouvons des conditions absolument comparables à celles de nos expériences, dans la diarrhée des nourrissons alimentés au sein.

Pour eux comme pour les animaux, la nature de l'aliment ne change pas On ne peut invoquer que son exagération. Or, de nouveau ici, il me paraît difficile de faire intervenir d'autres microbes que ceux qui sont ses hôtes habituels.

Quant aux diarrhées estivales et à celles des pays chauds chez l'adulte, les conditions qui président à leur apparition sont plus complexes. Les aliments sont plus variés, et on peut, dans certains cas, incriminer quelques-uns d'entre eux. Cependant, ce fait général n'en subsiste pas moins, c'est que ces affections marchent de pair avec la suralimentation et que, quelle que soit la nature des aliments, ils restent inoffensifs s'ils ne sont pas pris en trop grande quantité. De sorte que, tenant compte d'une part de ce fait général et d'autre part de la possibilité indiscutable de la production de la diarrhée par les microbes autochthones, j'arrive à cette conclusion qu'il est probable qu'au moins, un certain nombre de ces diarrhées de l'été et même de celles des pays chauds, apparaissent sans le concours d'aucun microbe étranger.

Pour tous ces cas, j'admettrai donc, comme hypothèse, que sous l'influence des modifications que subit le milieu intestinal, la virulence des microbes habituels de l'intestin est augmentée, ou bien que l'énergie de leurs adversaires, les leucocytes, est diminuée ; et que, sous l'influence d'une de ces modifications, ces microbes deviennent pathogènes jusqu'à ce que le milieu ait repris sa composition normale.

C'est du reste, on le sait, à la même conclusion que je suis arrivé dans mes recherches sur la nature des inflammations mercurielles des muqueuses; et pour ces cas, je crois en avoir donné des preuves au-dessus de toute contestation. Je les résume rapidement (1).

Il suffit d'injecter au lapin, par la voie sous-cutanée, du bichlorure de mercure à la dose de 5 milligrammes à 1 centigramme par kilogramme de poids pour voir apparaître du coryza et de l'entéro-colite. Cette entéro-colite, si l'on répète l'injection, donne bientôt de véritables selles muco-sanguinolentes de dysenterie. Or, il paraît difficile d'admettre, de même que dans les cas de diarrhées expérimentales, que la pénétration de microbes pathogènes pouvant produire l'entéro-colite, se soit faite par l'intestin en même temps que le bichlorure de mercure était injecté par la voie sous-cutanée. La logique, sans en fournir l'explication, conduit donc déjà à cette conclusion que l'inflammation de l'intestin et de la muqueuse pituitaire qui succède à l'injection sous-cutanée du bichlorure de mercure est due aux microbes vivant en permanence dans l'intestin et dans les fosses nasales. Mais, de plus, dans mes recherches sur ces inflammations, mes investigations sont allées plus loin.

(1) *Recherches sur l'inflammation mercurielle des muqueuses*. Doin. Paris, 1894.

J'ai cultivé ces microbes des fosses nasales et de l'intestin du lapin, j'ai constaté qu'ils peuvent se développer dans un milieu contenant le bichlorure jusqu'au titre de 1/20.000 environ. Or, tandis que ce titre n'entrave pas la reproduction de ces microbes, les leucocytes du lapin perdent de leur énergie dès le titre de 1/80.000.

Dès que la quantité de mercure introduite dans l'organisme est suffisante pour constituer une solution à 1/80.000, l'énergie des leucocytes du lapin est donc diminuée, tandis qu'il faut arriver à une quantité quatre fois plus forte, 1/20.000, pour que la reproduction des microbes le soit. Dès lors, cette hypothèse se présente tout naturellement à l'esprit que la cause de l'inflammation réside dans la diminution de la résistance des leucocytes.

La considération suivante vient, du reste, plaider en faveur de cette hypothèse. La quantité de bichlorure de mercure nécessaire pour produire le coryza et la diarrhée chez le lapin, je l'ai dit, varie de 5 milligrammes à 1 centigramme par kilogramme, ce qui met les leucocytes de cet animal sensiblement dans une solution de 1/60.000 à 1/30.000, quantité qui, je viens de le dire, est suffisante pour diminuer l'activité des leucocytes, et insuffisante pour nuire à la reproduction des microbes.

Cette concordance entre la quantité de bichlorure nécessaire pour diminuer l'activité des leucocytes du lapin et celle qui est suffisante pour produire chez lui le coryza et la diarrhée me paraît des plus convaincantes. Mais voici qui doit enlever tous les doutes, s'il en reste.

Après avoir cultivé ces microbes, je les inocule dans le tissu cellulaire sous-cutané, d'une part à des lapins sains, et d'autre part à des lapins mercuriélisés à 0 gr. 01 par kilogramme de poids ; et tandis que cette inoculation reste sans résultat sur les lapins sains, elle produit de véritables abcès chez ceux qui sont mercuriélisés, en même temps, du reste, que ces derniers présentent du coryza et de la diarrhée.

Sous la même influence, celle de la diminution de l'activité des leucocytes, ces mêmes microbes sont devenus pathogènes en même temps et dans l'intestin, sur la pituitaire et dans le tissu cellulaire sous-cutané. Je dois ajouter que des cultures faites avec le pus de ces abcès m'ont redonné les microbes qui avaient servi à l'inoculation. Ces microbes de l'intestin étaient donc devenus pyogènes.

Dans le domaine biologique, je connais peu de faits mieux établis.

J'en conclus donc :

1° Que dans la suralimentation expérimentale, de même qu'après les injections sous-cutanées de bichlorure de mercure, l'inflammation de l'intestin est due aux microbes autochthones.

2° Et comme conséquence forcée que dans certaines conditions données, ces microbes peuvent suffire pour produire cette inflammation.

Conclusions.

Les conclusions que je veux tirer de cette longue étude sur les troubles digestifs, et notamment sur la diarrhée si fréquente pendant les étés des pays tempérés et en toute saison dans les pays chauds, sont relatives à l'*étiologie*, au *traitement* et à la *nature* de ces affections. Je puis les résumer ainsi :

A) Relativement à l'étiologie :

1° La suralimentation relative due à l'élévation de la températre pendant que la ration reste sensiblement la même, entre pour une part importante dans la production des troubles digestifs que l'on observe chez l'adulte pendant la saison chaude. Tels sont : les dyspepsies, les embarras gastriques, les entérites et les entéro-colites.

2° L'influence de la même cause paraît encore plus marquéee pour la production des mêmes affections chez le nourrisson élevé au sein, en ce sens qu'on ne peut, pour lui, faire intervenir le changement dans la nature des aliments.

3° Enfin, la même influence me paraît jouer également un rôle des plus importants dans la production des mêmes troubles digestifs que l'on observe dans les pays chauds.

B) Relativement au traitement :

1° Dès lors cette autre conclusion d'ordre tout à fait pratique s'impose : que l'alimentation doit être diminuée au fur et à mesure que la température s'élève.

2° Que, par conséquent, la diminution de la ration pendant l'été de nos climats et surtout dans les pays chauds, s'impose comme le moyen le plus efficace contre ces affections.

3° Que la diminution de l'alimentation au-dessous de la ration d'entretien s'impose également dans le traitement de ces affections.

Dans beaucoup de cas ce dosage de l'alimentation à lui seul peut suffire ; mais même lorsque des agents thérapeutiques doivent être employés, il n'en reste pas moins une partie indispensable du traitement.

C) Relativement à la nature :

1° Que les conditions dans lesquelles se produisent ces affections conduisent à cette conclusion qu'il est possible que des microorganismes spécifiques interviennent dans la production de certaines diarrhées de la saison chaude et des pays chauds, mais qu'il est logique de conclure que pour la production de certaines d'entre elles les microorganismes autochthones sont suffisants.

M. CAUTRU

à Paris.

PRONOSTIC ET TRAITEMENT DE LA TUBERCULOSE PULMONAIRE, BASÉS SUR L'ANALYSE DU SUC GASTRIQUE ET L'EXAMEN DE L'ACIDITÉ URINAIRE

[616.995 : 616.076]

— *Séance du 6 août* —

Depuis les intéressants travaux de M. Marfan et les recherches de chimie gastrique de M. Hayem, le rôle que joue l'estomac dans l'évolution de la tuberculose pulmonaire est bien connu. On sait qu'il existe des troubles et des lésions gastriques à toutes les périodes de la maladie : syndrôme initial (caprices de l'appétit, toux gastrique, vomissements), coïncidant soit avec l'hyperchlorhydrie, soit avec l'hyperpepsie chloro-organique ; symptômes de la période d'état (anorexie, dilatation et ses conséquences), accompagnant une hyperpepsie plus ou moins intense. Enfin, période terminale, apeptique avec intolérance gastrique, diarrhée, etc.

Depuis un certain nombre d'années, j'ai pu suivre parmi les dyspeptiques que j'ai eus à soigner, une assez grande quantité de tuberculeux et j'ai pu contrôler ce fait que, à toutes les périodes de la tuberculose, le pronostic de cette maladie pouvait être basé sur l'analyse du suc gastrique. Tel malade atteint de lésions pulmonaires avancées, du deuxième degré par exemple, mais dont le chimisme gastrique est resté bon, a de grandes chances de guérir ou du moins de prolonger son existence dans un état de santé relativement normal. Tel autre atteint de lésions minimes, mais d'une apepsie plus ou moins absolue, est voué à une mort certaine. Lorsque même les lésions rétrocèdent, que l'état général devient meilleur et fait espérer une guérison, le pronostic reste fatal si l'amélioration du chimisme ne coïncide pas avec celle de l'état pulmonaire.

J'ai observé à ce sujet deux malades entre autres, des plus intéressantes.

Obs. I. — Femme de 41 ans, atteinte d'une lésion du premier degré au sommet gauche, dilatée, ne digérant rien et souffrant de crises gastriques d'une extrême violence. Le chimisme, le 5 mai 1893, est celui d'une apeptique :

$$A = 34 \quad HCl = 0.$$

Les massages et le régime l'améliorent rapidement, le 12 mai, elle a gagné 3 livres.

Le 7 juin, les crises gastriques ont disparu ; mais le chimisme est toujours le même : HCl = 0.

En septembre la malade mange de tout ; les lésions pulmonaires n'ont pas augmenté.

En janvier 1894, sa santé est parfaite, les digestions normales, l'analyse indique :

$$A = 0,055 \quad H = 0 \quad C = 0,067 \quad T = 0,317$$

$$F = 0,240 \quad \alpha = 0,71 \quad \frac{T}{F} = 1,30$$

L'été suivant, poussée de bronchite, tuberculose à marche aiguë, mort.

L'amélioration n'avait porté que sur les éléments moteur, circulatoire et nerveux de l'estomac, la gastrite étant trop avancée pour pouvoir rétrocéder. Les lésions pulmonaires avaient repris leur activité quand l'intestin, qui chez les apeptiques remplace l'estomac (Hayem), avait failli à sa tâche.

Obs. II. — Chez une jeune fille de 22 ans, que je vis en mai 1894, atteinte de lésions du deuxième degré, des deux sommets, avec entérite muco-membraneuse, amaigrissement (103 au lieu de 124 livres), anorexie complète, l'amélioration se fit rapidement sentir : le 3 août elle avait regagné 18 livres, mais jamais le HCl libre ne reparut dans le suc gastrique ; le 4 octobre 1894 son chimisme était :

$$A = 57 \quad H = 0 \quad C = 34 \quad T = 291,$$

$$F = 257 \quad \alpha = 167 \quad \frac{T}{F} = 1,13.$$

Malgré une amélioration notable de l'état local et des symptômes généraux, je portai un pronostic fatal qui se réalisait un an après, la malade ayant eu certainement une survie, grâce au traitement, mais n'ayant pu guérir à cause de son mauvais état gastrique.

A côté de ces cas malheureux, il en est heureusement de meilleurs, et j'en rapporterai un certain nombre.

Mais afin de procéder avec méthode et pour ne rien omettre, je vais suivre dans cette étude du pronostic et du traitement de la tuberculose pulmonaire basés sur l'état gastrique, l'évolution de la maladie elle-même et la prendre dans ses différentes phases.

Avant d'aller plus loin et pour la compréhension de certains passages de ce travail je dois dire deux mots d'une méthode ou plutôt d'une interprétation nouvelle d'analyse d'urine qui me rend de grands services depuis trois ans que je l'emploie et dont j'ai parlé à la séance de la Société de Thérapeutique du 9 mai 1900. Il s'agit de l'étude de l'acidité de l'urine à jeun, de celle qui est la moins influencée par les repas. M. Joulie, pharmacien des hôpitaux en retraite, a établi que cette acidité est comprise entre 4 et 5 0/0 de l'excédent de densité de l'urine sur l'eau et que la richesse normale en acide phosphorique doit être de 11 à 11,5 0/0 de ce même excédent.

Je n'ai pas à décrire ici le procédé ni à interpréter les faits (1). Qu'il me suffise de conclure de mes recherches, que dans le plus grand nombre des cas de maladies chroniques, dans la tuberculose en particlier, l'urine est hypoacide. Au début de cette affection il y a quelquefois phosphaturie, toujours hypophosphatie à la fin, le malade ayant perdu la plus grande partie de ses phosphates. Ces notions de l'hypoacidité et de la phosphaturie sont de la plus haute importance chez les phtisiques ; j'y reviendrai à la fin de ce travail.

Voyons donc maintenant l'état gastrique des tuberculeux aux différentes phases de leur maladie.

1° *Période prétuberculeuse.* — Dans certains cas l'estomac commence et on a remarqué que l'éclosion de la tuberculose pouvait être précédée de dyspepsie chloro-organique (Hayem), d'hyperchlorhydrie (G. Sée).

S'il s'agit de la dyspepsie chloro-organique, la plus fréquente en effet, le traitement par le massage abdominal donne de merveilleux résultats. J'ai observé un grand nombre de cas de ce genre chez des jeunes gens prédisposés à la tuberculose et je n'ai eu qu'à me louer de ce mode de traitement. Cette variété de dyspepsie est liée au début, quand il n'y a pas encore gastrite, à des troubles vaso-moteurs vite dissipés par le massage dont le rôle est d'activer la circulation abdominale. J'en ai parlé longuement dans ma thèse et dans diverses communications, entre autres au Congrès de Moscou 1897 ; je ne m'y arrêterai donc pas ici.

La variété hyperchlorhydrique se rencontre surtout chez les nerveux, souvent neurasthéniques, et leur hyperchlorhydrie est d'origine centrale. Comment deviennent-ils tuberculeux? Un certain nombre de théories ont été mises en avant (Klemperer, Bouchard, Marfan) (2).

Pour ma part, je pense, après avoir remarqué que tous les hyperchlorhydriques sont hypoacides urinaires (urine à jeun), que c'est cette hypoacidité générale qui prédispose le sujet à devenir tuberculeux par affaiblissement du terrain devenu propice à l'éclosion du bacille.

Les arthritiques rhumatisants et goutteux qui, on le sait, deviennent rarement tuberculeux, sont peut-être protégés de cette maladie par leur hyperacidité générale, fréquente chez eux, au moins pendant la première partie de leur existence.

Le massage abdominal est en général contre-indiqué chez les hyperchlorhydriques et c'est au système nerveux qu'il faut s'adresser. Du reste, dans cette période prétuberculeuse, les indications de traitement gastrique sont

(1) Voir les nos de mars, avril, mai, juin et juillet du *Bulletin général de Thérapeutique.*

(2) *Nouvelles recherches sur les troubles et les lésions gastriques dans la phtisie pulmonaire* (Congrès de la Tuberculose, 1891), MARFAN.

les mêmes que celles dont j'ai parlé ailleurs, pour le traitement des dyspepsies en général.

2° *Période du début.* — Les troubles de cette période si bien décrits par M. Marfan sont caractérisés par une série de symptômes, accompagnant un affaiblissement de la motricité et compliqués au bout d'un certain temps par de la dilatation stomacale. L'hypochlorhydrie avec augmentation des fermentations anormales est le trouble chimique le plus fréquent. A cette période la gastrite n'existe pas ou peu. M. Marfan pense d'ailleurs qu'il s'agit d'une dyspepsie toxique d'autant plus caractérisée que le malade présente à un plus haut degré les signes de l'anémie tuberculeuse due à l'empoisonnement par les toxines. Ce qui ferait croire qu'il n'existe pas de gastrite c'est que le chimisme stomacal, quand le malade doit guérir de sa tuberculose, s'améliore en même temps que les symptômes gastriques fonctionnels : l'appétit revient, la tension épigastrique, les renvois acides, la toux et les vomissements dus à l'irritabilité du nerf pneumo-gastrique disparaissent. Dans la plupart des cas, la guérison est lente à obtenir et il est bon de savoir que le retour du chimisme normal se produit quelquefois longtemps après la disparition complète des troubles fonctionnels et des lésions pulmonaires. Ceci a de l'importance au point de vue du pronostic et du traitement, car on ne doit pas abandonner l'estomac trop tôt chez un tuberculeux guéri et on doit toujours craindre une rechute tant que l'estomac n'est pas absolument normal.

Obs. III. — J'ai observé, en juillet 1892, un jeune homme de 18 ans, ayant l'appétit capricieux, l'estomac dilaté, des ballonnements, des renvois acides après les repas, quelquefois de la diarrhée, l'état général mauvais, amaigrissement, un travail physique ou intellectuel à peu près impossible. Au sommet gauche il y avait de la submatité, des râles sibilants, de l'expiration prolongée et saccadée.

L'analyse du suc gastrique donna les résultats suivants :

A = 145 C = 131 F = 211
H = 0 T = 350 α = 110.

(Winter, 1er juillet 1892.)

On mit le malade au régime, au massage de l'abdomen avec électrisation faradique externe; on lui fit quelques lavages d'estomac, et une amélioration sensible ne tarda pas à se produire.

Le 23 octobre 1892, l'analyse du suc gastrique donnait les résultats suivants :

A = 170 C = 143 F = 211
H = 18 T = 350 α = 106

Le malade continua à s'améliorer, les symptômes gastriques disparurent, ainsi que les lésions pulmonaires, mais ce ne fut qu'en avril 1898 que le chimisme stomacal redevint à peu près normal :

$$A = 243 \quad C = 197 \quad F = 142$$
$$H = 36 \quad T = 375 \quad \alpha = 101$$

On ne s'est jamais occupé de la lésion pulmonaire dont la rétrocession a suivi l'amélioration des fonctions digestives. Aujourd'hui, ce malade est d'une santé parfaite.

Obs. IV. — Je vois de temps à autre, depuis cinq ans, une jeune fille dont la mère est atteinte d'une tuberculose laryngée. Lorsque je vis pour la première fois cette jeune fille, âgée alors de 16 ans, elle avait tous les phénomènes gastriques et pulmonaires d'une tuberculose au début : respiration rude, expiration prolongée, submatité des sommets, estomac très dilaté, atonie intestinale, amaigrissement, anorexie, etc.

L'analyse du suc gastrique révèle une hyperpepsie chloro-organique avec fermentations anormales :

$$A = 203 \quad C = 175 \quad F = 142 \quad \frac{T}{F} = 2,38$$
$$H = 22 \quad T = 339 \quad \alpha = 103$$

(12 mai 1895, Winter.)

Quelques lavages, des massages de l'abdomen, un régime reconstituant amenèrent une amélioration rapide et une apparence de guérison absolue qui se maintint environ un an. Alors les mêmes symptômes reparurent et disparurent par la même médication.

Fin 1897, rechute plus grave ; les poumons sont normaux, mais l'amaigrissement devient inquiétant, l'anorexie est absolue et l'estomac se dilate à nouveau.

Le 17 janvier 1898 l'analyse donne :

$$A = 176 \quad H = 0 \quad C = 156 \quad F = 146 \quad \alpha = 112 \quad \frac{T}{F} = 2,06$$

(Winter.)

A ce moment la malade allait déjà mieux, le traitement ayant été repris, mais cependant on constate l'absence d'acide chlorhydrique libre. Depuis cette époque jusqu'aujourd'hui (juillet 1900), la malade a joui d'une santé parfaite. En ce moment elle esquisse une nouvelle rechute.

Cette observation me paraît des plus intéressantes, elle nous montre une jeune fille constamment menacée d'une tuberculose pulmonaire et qui ne se maintient en équilibre que grâce aux soins constants dont on entoure l'estomac. La gastrite paraît, malgré tout, évoluer et le pronostic est sombre pour l'avenir. Je pourrais citer un certain nombre d'exemples semblables aux deux que je viens de rapporter, mais pour ne pas prolonger cette communication passons maintenant à la période d'état de la tuberculose.

3° *Période d'état. — Tuberculose confirmée.* — Ainsi que M. Marfan l'a remarqué, les symptômes du côté de l'estomac, à la période de ramollissement pulmonaire, diffèrent de ceux du début de la maladie, il y anorexie complète, nausées et vomissements avec ou sans toux gastrique, douleur à l'épigastre, dilatation de l'estomac, peu ou point de renvois acides. Les lésions anatomiques sont caractérisées par une gastrite avec infiltrations interstitielles auxquelles succède l'altération de l'appareil glandulaire.

On comprend qu'à cette période la guérison complète soit impossible, il ne peut être question que de l'arrêt de la maladie et les soins du côté de l'estomac devront être constants. Le chimisme stomacal passe bien vite à l'hypopepsie, qui, d'ailleurs, s'améliore comme nous l'avons dit plus haut, en même temps que les symptômes gastriques et pulmonaires. Cette hypopepsie a pu, d'ailleurs, être précédée d'une phase plus ou moins longue d'hyperpepsie chloro-organique comme on vient de le voir dans l'observation précédente, ou d'hyperchlorhydrie dont j'ai rapporté dans ma thèse un cas des plus intéressants recueilli dans le service de M. Hayem et que je vais rappeler ici en quelques mots.

Obs. V. — Il s'agit d'un infirmier âgé de 46 ans, alcoolique et tabagique, qui fut pris, en juin 1893, d'une entérite avec diarrhée profuse (15 à 20 selles par jour), en même temps que se déclarait une toux légère et un peu de matité des sommets. Le 28 juin 1893, le tubage donne les résultats suivants :

$$A = 212 \quad C = 160 \quad F = 164$$
$$H = 92 \quad T = 416 \quad \alpha = 75$$

En septembre 1893, le malade est pris de crises gastriques d'une extrême violence, qui ne cèdent qu'à la morphine.

Le 2 novembre, une nouvelle analyse donne les résultats suivants :

$$A = 44 \quad C = 11 \quad F = 239$$
$$H = 0 \quad T = 248 \quad \alpha = 400$$

Comme on le voit, la gastrite a rapidement évolué à l'hypopepsie. Le malade a maigri de 20 kilogrammes et au sommet gauche, on constate des signes très nets de tuberculose pulmonaires.

Je commence alors les massages de l'abdomen. Le premier procure, le jour même, un grand soulagement au malade. La crise gastrique qu'il avait tous les jours depuis le début de la maladie, apparaît, en effet, plus tard et est moins forte qu'à l'ordinaire ; dans la journée le malade a trois heures d'un sommeil calme, ce qui ne lui était pas arrivé depuis le début de la maladie.

Le 19 novembre, la diarrhée a disparu, les crises ont diminué de fréquence et d'intensité, le malade a gagné 2 kilogrammes, il commence à manger de la viande, du pain, tandis qu'avant il ne pouvait digérer un litre de lait dans les vingt-quatre heures.

Le 4 décembre l'amélioration continue, le malade mange, et boit trois litres de lait par jour, il a une selle régulière et moulée. Les lésions tuberculeuses sont à peine appréciables. Le massage abdominal a été continué tous les jours depuis le 2 novembre.

Une analyse du suc gastrique donne les résultats suivants :

$$A = 114 \quad C = 84 \quad F = 240$$
$$H = 11 \quad R = 330 \quad \alpha = 123$$

Depuis le début du massage, la quantité des urines a augmenté d'une façon notable, oscillant de trois à quatre litres en vingt-quatre heures.

Le malade se sentant bien est sorti de l'hôpital et je n'ai pu le suivre depuis. On voit encore dans cette observation, l'amélioration parallèle du chimisme stomacal et des lésions pulmonaires.

Obs. VI. — Chez un autre malade, âgé de 40 ans, avec un commencement de ramollissement des sommets et ayant des crises gastriques d'une extrême violence, l'acide chlorhydrique libre remonte de 7 à 62, du 10 février au 6 novembre 1897, à la suite de plusieurs séries de massages de l'abdomen, en même temps que les crises gastriques disparaissent et que s'améliorent les symptômes pulmonaires.

Obs. VII. — Le 5 mai 1899, je suis consulté par une dame de 30 ans ayant eu déjà une pleurésie, en 1898, et ayant, lorsque je la vois, des lésions très nettes au sommet gauche.

L'appétit a disparu, la malade peut à grand'peine digérer les œufs et un peu de lait, — amaigrissement notable.

L'analyse du suc gastrique révèle une apepsie complète :

$$A = 0 \quad C = 29 \quad F = 277$$
$$H = 0 \quad T = 307 \quad \alpha = 0$$

Je fis faire en même temps l'analyse de l'urine à jeun qui indiqua une forte hypoacidité (2,44 au lieu de 4,55), avec densité exagérée (1,030) et phosphaturie (12,84 au lieu de 11,17) (chiffres de M. Joulie).

Je lui fis chaque jour un massage abdominal contre l'atonie du tube digestif ; je fis des piqûres d'huile phosphorée contre l'asthénie générale et je constatai rapidement une amélioration des symptômes gastriques. Trois mois après la malade avait regagné 18 livres, mangeait comme tout le monde, et les lésions pulmonaires avaient presque complètement disparu. Aujourd'hui la malade est très bien portante. Il m'a été impossible de refaire de nouvelles analyses du suc gastrique, mais il est certain que son chimisme stomacal a dû s'améliorer, puisque la malade digère tout ce qu'elle veut.

Quant à l'acidité urinaire, elle s'est rapprochée de la normale ; elle est à 3,36, le 16 juin.

4° *Période terminale.* — Les symptômes gastriques de cette période terminale sont caractérisés par une anorexie absolue, une langue rouge vif et souvent de la diarrhée due à la gastro-entérite. La gastrite a continué son évolution et abouti à l'hypopepsie et l'apepsie quelquefois complète.

Cet état gastrique, qui accompagne la fin de la maladie pulmonaire, peut également, comme je l'ai dit au début de ce travail, coïncider avec la première ou la seconde période de la tuberculose. J'ai cité, en effet, au début de ce travail l'exemple de deux apeptiques ayant des lésions pulmonaires relativement peu avancées, mais dont la terminaison fut fatale, les fonctions glandulaires de l'estomac n'ayant pu se rétablir. Comme on l'a vu, la dilatation soignée par le massage s'améliore, l'appétit revient, la diarrhée de l'entérite peut même disparaître, le poids de la malade augmente, etc., mais cette amélioration, si considérable qu'elle soit, a un terme, et le tube digestif cessant à la longue de fonctionner, les lésions pulmonaires font des progrès rapides et l'issue fatale ne tarde pas à se produire.

Dans un certain nombre de cas, au contraire, la gastrite est encore peu avancée au moment de la période des cavernes. On peut obtenir alors, par un traitement approprié, une amélioration considérable des fonctions gastriques et un arrêt des lésions pulmonaires. Les tuberculeux qui guérissent, même à cette période, et il y en a, ne le font que grâce à un estomac robuste ou qui peut le redevenir.

Lorsque cette troisième période pulmonaire coïncide avec la gastrite terminale, il est incontestable que la thérapeutique n'a plus grand'chose à faire. On pourra soutenir les malades à l'aide de képhir, de viande pulpée, de poudres alimentaires, etc., mais un traitement actif, le massage, en particulier, qui donne dans les autres périodes de si bons résultats, n'est plus d'aucune utilité et peut même être nuisible, car, fait comme il devrait l'être pour agir sur la dilatation stomacale et l'atonie intestinale, il épuiserait les malades et ne ferait qu'activer leurs lésions pulmonaires et la cachexie.

Pour nous résumer, disons donc que : 1° le pronostic de la tuberculose est en grande partie basé sur l'état des voies digestives ; 2° l'amélioration du chimisme stomacal coïncide avec l'amélioration des symptômes pulmonaires, et la guérison de la tuberculose ne peut être obtenue et rester durable que si l'estomac fonctionne d'une façon régulière ; 3° le traitement des dyspepsies chez les tuberculeux, par le massage, a les mêmes indications et contre-indications que celles que j'ai décrites ailleurs pour les dyspepsies en général, c'est-à-dire qu'il est contre-indiqué dans les cas d'hyperchlorhydrie d'origine nerveuse et indiqué surtout dans l'hyperpepsie chloro-organique, qui accompagne si souvent ou précède le début de la tuberculose. Il fait disparaître les crises gastriques, si fréquentes dans cette forme, supprime les fermentations intestinales, en activant la digestion et régularise la circulation générale, pouvant amener, par ce moyen, la décongestion du sommet des poumons. La congestion de ces organes est, en effet, de même nature que celle de la muqueuse gastrique. C'est sur elle que vient se greffer la tuberculose, qui n'est dans la plupart des cas, que secondaire à la dite congestion.

Le massage rend aussi de très grands services dans l'hypopepsie et l'apepsie. S'il ne rétablit pas toujours le fonctionnement régulier glandulaire, il agit d'une façon efficace sur l'élément moteur, faisant disparaître pour un temps plus ou moins long la dilatation et facilitant la besogne de l'intestin qui supplée au travail chimique incomplet de l'estomac. En outre de son action directe sur l'intestin et ses glandes, il régularise et augmente les sécrétions hépatique et pancréatique, et amène la suppression de la diarrhée des tuberculeux, due dans le plupart des cas à l'atonie intestinale et au fonctionnement incomplet du foie et du pancréas.

Je n'ai dit, dans le courant de ce travail, que quelques mots, en passant, de l'acidité urinaire des tuberculeux. Je veux cependant exposer sur ce sujet des notions nouvelles qui font l'objet, depuis quelque temps de recherches, que je compte compléter plus tard lorsqu'un plus grand nombre de cas m'auront permis d'en tirer les conclusions que j'entrevois, au point de vue de la pathogénie, du pronostic et du traitement de la tuberculose.

D'une façon générale je puis déjà affirmer que tous les tuberculeux ont des urines hypoacides. Cette hypoacidité doit toujors être recherchée sur l'urine émise à jeun. Elle est la preuve véritable d'une diminution des éléments acides normaux du sang (phosphate acide de soude et de chaux, acide carbonique), et d'autant plus prononcée que la maladie est plus grave et plus près de sa période terminale.

Parfois, au début surtout de la maladie, à la phase gastrique des fermentations (dyspepsie chloro-organique), l'acidité paraît se rapprocher de la normale, mais cette fausse acidité disparaît vite par un traitement approprié : 1° le massage abdominal qui active la digestion; 2° l'usage de l'acide phosphorique avant et pendant les repas ; 3° l'emploi d'un alcalin insoluble une à deux heures après les repas.

Alors la véritable hypoacidité apparaît et même les urines peuvent devenir momentanément alcalines. — Quel est le rôle de cette hypoacidité ?

Je crois pouvoir, en matière de conclusion de ce travail, dire que : 1° au point de vue *pathogénique*, je considère cette hypoacidité comme cause de la maladie par le mécanisme suivant : alimentation insuffisante en acide phosphorique et en phosphates assimilables (1), soit par un mauvais choix d'aliments, soit par anorexie, soit par travail incomplet de l'estomac ;

(1) Joulie, *loc. cit. Les phosphates, leurs fonctions dans les êtres vivants*, par Jolly, 1897.

hypoacidité consécutive ; insolubilité des phosphates qui deviennent neutres, et phosphaturie, — affaiblissement général et éclosion du bacille sur un terrain devenu propice.

2° Au point de vue *pronostic*, je pense que l'examen des urines peut donner de précieuses indications. Lorsque l'acidité est basse et qu'il y a hypophosphatie, c'est-à-dire lorsque les phosphates ont été en grande partie éliminés, le pronostic est sérieux naturellement, l'état général étant très altéré. S'il se remonte par le traitement, en même temps que l'état gastrique s'améliore, le pronostic est moins sombre. C'est ce qui se passe souvent aux premières périodes de la tuberculose, mais à la dernière il est presque impossible de remonter, pour longtemps du moins, l'acidité, les malades ne supportant pas toujours ni la médication acide, ni une alimentation suffisante. Les bons effets de la viande crue à hautes doses préconisée de tout temps et surtout dernièrement sont dus à la quantié d'acide phosphorique et de phosphate assimilables qu'elle contient.

3° Au point de vue *du traitement*, j'ai déjà dit que l'examen des urines combiné, quand on le peut, à l'examen gastrique est indispensable pour faire un traitement raisonné.

L'*hypoacidité* sera combattue par des doses d'acide phosphorique officinal à 36,4 0/0, variant de 10 à 100 gouttes par jour, prises par fractions dans l'intervalle et au moment des repas dans de l'eau, ou toute autre boisson.

S'il est mal supporté, on peut le remplacer par le phosphate acide de chaux à la dose de 3 à 10 grammes en 24 heures.

L'hypophosphatie sera traitée par le phosphate de soude pris matin et soir à la dose de 2 à 5 grammes, ou en piqûre sous-cutanée.

Il faudra surveiller la densité urinaire qu'il est facile de régulariser en augmentant ou en diminuant les boissons.

J'ai dit plus haut que le massage abdominal active la digestion et par conséquent l'assimilation et peut contribuer pour une large part à remonter la nutrition générale et par conséquent l'acidité urinaire.

M. BARNAY

à Paris.

NÉCESSITÉ DE SUBSTITUER, DANS LA THÉRAPEUTIQUE, LES PRINCIPES ACTIFS AUX SUBSTANCES D'OU ILS SONT RETIRÉS. — OPPORTUNITÉ D'ÉTABLIR UN FORMULAIRE UNIFORME DES SUBSTANCES ACTIVES, BASÉ SUR LA DOSE MOYENNE QUOTIDIENNE DE CHACUNE D'ELLES. [615.5]

— *Séance du 6 août* —

§ I.

Bichat disait avec raison de la thérapeutique : « De toutes les sciences, c'est elle où se jugent le mieux les travers de l'esprit humain. Que dis-je ? Ce n'est pas une science, pour un esprit méthodique, c'est un ensemble d'idées inexactes, de formules aussi bizarrement conçues que fastidieusement assemblées. »

Fonssagrives n'était pas moins sévère pour la thérapeutique de son temps. « Les droguiers surabondent sans profit, disait-il. L'histoire de l'aloès est un exemple entre mille de l'état peu avancé de la thérapeutique. Voilà un médicament dont l'utilité est affirmée par l'expérience de tous les praticiens et de tous les jours. Eh bien, dans chaque point de son histoire, on ne trouve qu'obscurité, lacunes, contradictions, *une action physiologique incomplètement étudiée*, des idées préconçues à la place de faits, des dénégations systématiques, des assertions sans preuves; *beaucoup de formules et peu d'indications*. Une mémoire surchargée ne connait, ni ne digère tout cela. *Il faut remettre à l'étude tous nos médicaments, à commencer par les plus usuels, ceux que, sans paradoxe, on peut dire les moins connus.* »

La thérapeutique contemporaine mérite-t-elle toujours les reproches que Bichat et Fonssagrives faisaient à celle de leur temps ? La réponse n'est pas douteuse, et pour quelques progrès accomplis, combien plus restent encore à réaliser !

Ne continuons-nous pas de prescrire par habitude, par routine, parce que nos devanciers et nos maîtres agissaient ainsi, une foule de médicaments *dont nous ignorons les formules bizarres*, composée des éléments les plus hétéroclites ! Qui d'entre nous n'a ordonné le baume tranquille ? Y en a-t-il un parmi nous, qui pourrait donner la formule exacte de mémoire des dix-neuf substances qui entrent dans sa composition ? C'est, je le veux bien, un médicament d'ordre secondaire réservé à l'usage externe, mais il me serait facile d'en citer cent autres, dont les formules sont aussi compliquées, aussi baroques, et que nous continuons à prescrire sans les connaître.

Ne pensez-vous pas qu'il serait nécessaire de réagir contre cela et d'entrer résolument dans la voie des médicaments simples, à action bien étudiée, bien connue, à composition bien définie? Il me semble difficile de ne pas avoir votre assentiment unanime sur ce point; mais ce qui serait plus précieux, ce serait que cet assentiment ne fût pas *platonique* et se traduisît en *actes*; en un mot, que vos prescriptions se mettent d'accord avec ce principe.

Il y a particulièrement toute une catégorie de médicaments pour lesquels cette modification de l'ancienne pharmacopée s'impose au praticien qui veut réellement faire de la thérapeutique scientifique. Ce sont les principes actifs retirés du règne végétal. Les exemples de cette nécessité sont trop nombreux et trop faciles pour ne pas entraîner la conviction.

Prenons l'opium par exemple. Seize pages du texte compact du formulaire de Bouchardat, sont consacrées à décrire, *non pas toutes*, mais une petite partie des formes sous lesquelles on l'emploie : poudre, pilules, potions, extraits secs ou gommeux, teinture, vins, vinaigre, mixtures, gouttes, élixirs, etc. Chacune de ces préparations comporte un dosage différent de l'opium, additionné d'autres substances les plus variées, avec des dosages différents! Comment, dans ce chaos, le praticien pourrait-il s'y reconnaître et savoir la dose de substance active qu'il emploie?

En les prescrivant, il *va à l'aventure, il tire au jugé* si l'on peut ainsi dire; ajoutez à cela que l'opium lui-même, comme tous les médicaments bruts, varie à l'infini dans sa teneur en principes actifs, et vous serez convaincu, j'espère, qu'employer cette pharmacopée, c'est prescrire « à l'aveuglette ». En effet, ce qui est vrai pour l'opium l'est pour l'aloès, le colchique, le quinquina, l'aconit, la digitale; la digitale surtout, que l'on prescrit journellement et qui, arme à deux tranchants, fait au moins autant de mal que de bien et continuera de faire de même jusqu'au jour où l'on se décidera à l'abandonner, pour n'employer que son principe actif : la digitaline *cristallisée chloroformique*. J'ai, pour cette substance, la satisfaction de me trouver en communion d'idées avec le Dr Joanin, de Paris, chargé par le Congrès international de Médecine de faire un rapport sur la digitale et ses principes actifs. Il a noté dans ce rapport « les difficultés qu'il y a pour le praticien à faire bénéficier son malade des avantages que la théorie lui a enseignés » et il en dénonce la raison dans « l'emploi de préparations défectueuses, la variabilité extrême de composition des digitales, variabilité en rapport avec le lieu, l'époque de la récolte, le séchage et les falsifications possibles de la plante ». Il n'énumère même qu'un petit nombre des causes de cette variabilité, comme vous allez voir.

L'activité de la digitale varie non seulement en effet d'espèce à espèce, mais aussi de lieu d'origine à lieu d'origine, de terrain à terrain, d'exposition à exposition, de plante à plante, et même de feuilles à feuilles sur la même plante, vous savez tous cela.

Vous voyez déjà qu'il est impossible, en prescrivant la digitale, de remplir toutes les conditions nécessaires à une unité d'action. Vous allez le voir encore mieux !

Pour avoir une digitale douée d'une action uniforme, il faudrait que *tous* les pharmaciens fissent provision d'une même digitale : la digitale pourprée, de même origine et du même terrain, de même exposition et de plantes aussi semblables que possibles, comme âge et développement, et choisies par une personne experte en la matière, ce qui est impossible évidemment.

Mais cette digitale pour conserver son unité d'action doit remplir encore d'autres conditions dont voici quelques-unes :

Les feuilles utilisées doivent être des feuilles de seconde année.

Elles doivent être privées de leurs nervures.

Elles doivent avoir poussé au soleil et séché à l'ombre.

Elles doivent avoir séché rapidement.

Elles ne doivent pas avoir séjourné trop longtemps en pharmacie, etc.

Dites-moi, est-il possible d'espérer que ces conditions soient jamais toutes réalisées ? Or, comme toutes sont d'importance capitale, il en résulte que jamais vous n'aurez deux fois le même degré d'activité avec la même dose de digitale, il serait puéril d'y compter.

Mais ce n'est pas tout encore, à ces inconvénients venant de la plante elle-même s'ajoutent ceux résultant de l'infinie variété de préparations à base de digitale, usitées en thérapeutique : teintures, extraits, potions, sirops, pilules, vins, etc., chacun contient des quantités différentes de digitale, de sorte que la plus prodigieuse mémoire s'y perdrait ! Voyez, après cela, si l'on peut prescrire la digitale et ses préparations avec quelque sécurité et quelque espoir de succès ! Aussi, ne faut-il pas s'étonner des controverses auxquelles elle a donné et donne encore lieu. Il ne peut en être autrement, puisqu'on oublie de se mettre d'accord avant tout sur les termes du problème, c'est-à-dire sur le principe actif, objet de la discussion.

Il est enfin un dernier point sur lequel il est utile d'insister pour bien faire saisir toute l'inconséquence qu'il y a à prescrire les plantes elles-mêmes, au lieu de leurs principes actifs, et c'est encore la digitale qui nous servira d'exemple puisque nous parlons d'elle.

Si vous la prescrivez en nature : poudre ou pilules, vous chargez l'estomac de se débrouiller et d'en retirer lui-même les principes qui sont utiles à l'individu. Il vous répond souvent en vous la rendant, et toujours il montre pour elle la plus grande répugnance. Si vous la donnez en solution aqueuse ou en infusion, seuls les principes solubles dans l'eau sont absorbés.

Donnée sous forme de teinture, de vin ou tout autre véhicule alcoolique, seuls les principes solubles dans l'alcool sont utilisés. Dans l'un et l'autre cas, le malade a pris une dose quelconque de digitaléine, de digitine, de digitonine ou de digitoxine, mais pas, ou presque pas, de digitaline vraie.

Au lieu de cela, si vous donnez à votre malade de la digitaline cristallisée chloroformique, vous lui donnez un médicament toujours le même, bien défini dans sa composition et son action, et vous vous mettez à l'abri des mécomptes, des surprises et des accidents.

Or, ce qui est vrai de l'opium, de la digitale, l'est de la plupart des plantes médicinales douées d'une activité un peu considérable : l'hyoscine a une action différente de l'hyosciamine avec laquelle elle existe dans la jusquiame; l'hydrastinine agit tout différemment de l'hydrastine qui l'accompagne dans l'hydrastis canadensis, etc., etc. Donc, en donnant la plante en nature, vous donnez des principes non seulement mal dosés, mais différents et parfois contradictoires.

Vous aurai-je convaincu, Messieurs, de la nécessité d'abandonner les matières premières pour n'employer que les substances actives qu'elles contiennent? Je l'espère, car la chose est aussi normale, aussi logique que l'emploi de l'or comme monnaie, au lieu du minerai grossier et de richesse variable d'où il est retiré.

J'espère mieux que cela! J'espère que, vous ayant convaincus, vous emporterez d'ici la ferme volonté de renoncer à la vieille pharmacopée pour n'employer que des principes définis de composition fixe, d'actions physiologique et thérapeutique connues; les seuls avec lesquels il soit possible de faire de la vraie, de la bonne thérapeutique, de la thérapeutique scientifique et de précision, si je puis m'exprimer ainsi.

§ II.

Un des principaux obstacles à l'emploi des principes actifs eux-mêmes, en thérapeutique, réside dans la crainte qu'ont beaucoup de médecins de leur activité, ainsi que le constate et le regrette le Pr François Franck, et par conséquent la nécessité de connaître et de se rappeler de façon précise, les doses actives de chacun d'eux.

Pour supprimer cette appréhension fort légitime en soi, il y aurait, semble-t-il, un moyen très simple qui supprimerait toute cause d'hésitation ou d'erreurs.

Prenons, par exemple, les médicaments donnés sous forme de granules. Au lieu de divisions par milligrammes ou centigrammes, par exemple, ce qui ne dit rien quant à la dose quotidienne ordinaire, ne vaudrait-il pas mieux établir un formulaire uniforme, sorte de code des substances actives où l'en prendrait pour base du calcul la dose moyenne de chacune d'elles, dose que l'on diviserait par 6 je suppose, ou tout autre chiffre, 10,12 par exemple, de telle sorte qu'au lieu de prescrire, par exemple, X granules à un milligramme d'une substance donnée, on n'aurait pas à se préoccuper de la quantité de médicament actif qui constitue la dose moyenne de chaque substance; on n'aurait qu'à en prescrire 6 pour donner la dose moyenne d'un jour, étant donné que ce chiffre correspond à la dose moyenne que l'on peut donner en un jour de chacun de ces médicaments. Si l'on avait des raisons de dépasser ou de ne pas atteindre cette dose moyenne, on en prescrirait quelques-uns de plus ou de moins que 6, sachant sans effort de calcul que chaque unité correspond à un sixième de la dose moyenne en plus ou en moins. On éviterait ainsi un travail de mémoire considérable, et les inconvénients ou dangers résultant d'une défaillance de mémoire. Cette méthode pourrait du reste s'appliquer à presque toutes les substances actives de la matière médicale sous leurs diverses formes.

Je soumets cette idée pour ce qu'elle vaut, mais je suis persuadé qu'en simplifiant les choses on éviterait un travail cérébral inutile, en supprimant du même coup toute chance d'erreur; on rendrait service au malade et au médecin et celui-ci s'habituerait bien plus facilement et plus vite à prescrire des substances actives au lieu de matières premières qui, si elles lui assurent une sécurité relative, lui ménagent également de nombreux insuccès et d'incessants mécomptes.

M. BARNAY

à Paris.

TRAITEMENT DES COXALGIES, DES FRACTURES, DE LA COLONNE VERTÉBRALE ET DES MEMBRES INFÉRIEURS, DES LUXATIONS CONGÉNITALES DE LA HANCHE; REDRESSEMENT DES GIBBOSITÉS POTTIQUES. LIT ORTHOPÉDIQUE DU Dr BONNEFOY MODIFIÉ. [617-92]

— *Séance du 6 août* —

Quelle que soit la cause de la coxalgie, et de quelque façon que l'on envisage son traitement, il est certains points sur lesquels les chirurgiens ont toujours été d'accord. La nécessité de l'immobilisation de l'extension et de contre-extension sont de ce nombre, et, pour obtenir ce résultat, on a imaginé les appareils les plus variés sans arriver, croyons-nous, à un résultat aussi complet qu'avec l'appareil qui est sous vos yeux.

Je dois dire avant tout que je n'en suis pas l'inventeur. Il a été imaginé et construit par le Dr Bonnefoy de Roanne, mort depuis. Ma part de paternité consiste en diverses additions et quelques simplifications du mécanisme. A l'Exposition de 1889 il a obtenu une médaille de bronze.

Tout d'abord, cet appareil (*fig. 1*) qu'on place à volonté sur des roues (les nouveaux ont un dispositif spécial dans ce but) permet de sortir les malades chaque jour, *sans déranger en rien les membres en traitement*, de les promener, de les laisser séjourner au grand air autant que le permet la température. Ce sont là de sérieux avantages pour prévenir l'ennui, l'anémie et ses conséquences fort importantes chez les malades trop longtemps gardés au lit et à la chambre.

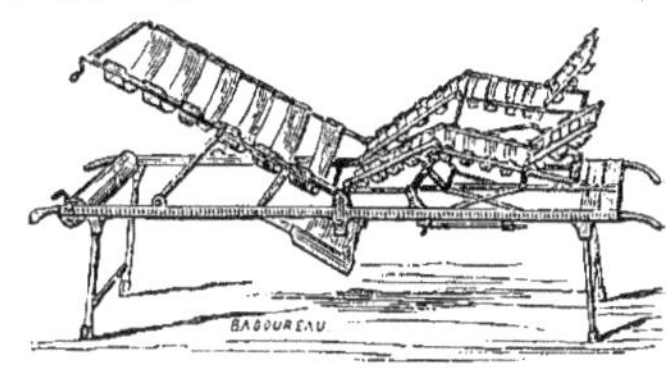

Fig. 1.

Les articulations de ce lit permettent *également sans déranger la partie malade*, de faire prendre au patient toutes les positions utiles, pour dormir, boire, manger, écrire. Il évite donc au besoin, d'interrompre ses études, ce qui a une assez grande importance.

Enfin, par suite d'un dispositif spécial, il permet sans dérangement et sans difficulté de satisfaire tous les besoins naturels.

Ceci est pour les points secondaires du traitement. Les points principaux, je l'ai dit, sont d'assurer l'immobilisation de la partie malade et d'en faire l'extension et la contre-extension mieux que tous les autres appareils existant jusqu'à ce jour. Mais étant données ses multiples articulations, il serait long et difficile de vous les décrire successivement. Vous comprendrez mieux et plus vite ses avantages en le voyant manœuvrer devant vous.

Vous voyez d'abord comment le dossier s'élève et s'abaisse graduellement sans que le sujet ait à faire aucun mouvement par lui-même (*fig. 2*). Le buste de celui-ci est maintenu sur ce dossier par des sangles faciles à mettre et à enlever et peut au besoin y être assujetti plus étroitement par des coussins latéraux. De mêmes bandes et coussins serviront à fixer les membres inférieurs dans les jambières de l'appareil.

L'appareil étant mis à la longueur exacte du membre à soigner, ce que permet une clef qui commande une tige d'extension graduée et le malade étant fixé par bandes et coussins, on fait prendre aux membres, au moyen d'une autre clef et d'un autre mouvement, une position demi-fléchie qui fixe solidement le jarret entre la partie de l'appareil correspondant à la jambe. Alors en reprenant la clef de la tige d'extension vous obtenez par une seule manœuvre l'extension et la contre-extension et vous pouvez juger de leur importance puisque cette tige est graduée. On peut ainsi chaque jour augmenter celles-ci par un ou plusieurs tours de clefs.

En combinant les divers mouvements dont est susceptible l'appareil, on

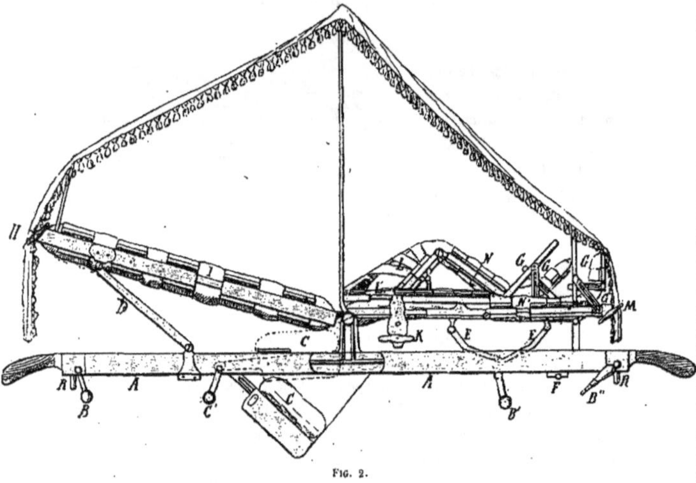

Fig. 2.

peut obtenir une élévation considérable du membre malade si on le désire et une flexion pouvant aller presque jusqu'à l'angle droit.

Les manœuvres du dossier s'opèrent sans que l'extension soit en rien modifiée, elle se continue aussi bien dans la position demi-assise qu'horizontale.

Les malades traités par cet appareil ne conservent ni raccourcissement ni ankyloses s'ils ont commencé de bonne heure le traitement.

J'ajouterai quelques mots pour indiquer le parti que l'on tire de cet appareil pour réduire les fractures et luxations. La réduction s'opère par la simple manœuvre des clefs, le chirurgien n'ayant qu'à guider les fragments jusqu'à affrontement correct.

En laissant le malade dans l'appareil une fois la fracture réduite, on peut facilement et sans risque de déplacer les fragments faire toutes les manœuvres de massage et autres qui seront jugées nécessaires. Si la fracture est compliquée de plaie, celle-ci, restant sous l'œil du chirurgien, peut, sans aucun risque pour le déplacement de la fracture, être soignée et suivie d'aussi près qu'il est nécessaire.

Pour la luxation congénitale de la hanche, grâce à un séjour prolongé dans l'appareil, on peut obtenir la formation d'un rudiment de nouvelle cavité articulaire et le Dr Bonnefoy a de la sorte obtenu plusieurs succès très remarquables. Les résultats acquis étaient maintenus et consolidés par une ceinture de cuir moulé, placée autour des hanches, les premiers temps après que les malades avaient quitté l'appareil.

Son mécanisme se prête également au redressement brusque ou progressif des gibbosités pottiques; mais, sur ce point, je me borne à le signaler au passage à ceux que cela pourrait intéresser.

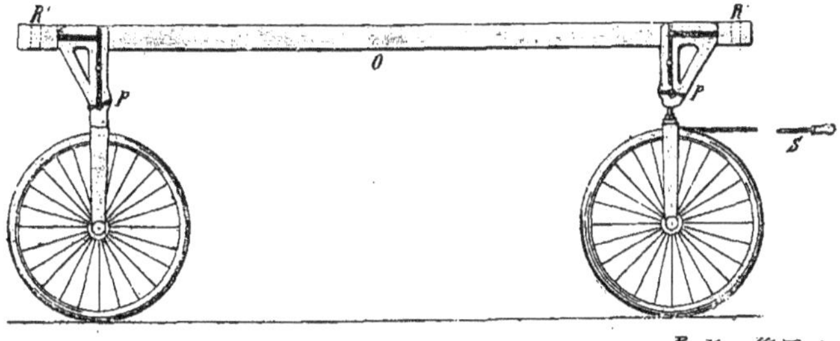

FIG. 3.

Vous le voyez, cet appareil destiné primitivement au seul traitement de la coxalgie comporte de nombreuses autres applications : toutes les fractures, luxations, arthrites, etc., de la colonne vertébrale et des membres inférieurs sont de son domaine. Il facilite singulièrement dans tous ces cas la tâche du chirurgien.

M. G. PERRIER

Maître de conférences à la Faculté des Sciences de Rennes.

SUR L'ALIMENTATION PAR VOIE SOUS-CUTANÉE [612.388]

— *Séance du 6 août* —

L'alimentation par voie sous-cutanée présente, au point de vue clinique, un intérêt considérable.

En effet, si les matières albuminoïdes, les hydrates de carbone et les graisses introduites sous la peau, étaient facilement assimilées, il serait alors possible par cette méthode de prolonger la vie de sujets atteints de cancer de l'œsophage ou de l'estomac, sujets voués jusqu'à présent et dans un laps de temps très court, à une mort certaine par inanition.

Ce mode d'alimentation serait également d'un grand secours pendant la période de cicatrisation et de réparation chez les individus ayant subi une opération sur les voies digestives, et dans certaines maladies nerveuses où on ne peut alimenter les malades.

La thérapeutique a déjà à sa disposition les lavements nutritifs, mais parfois ces lavements sont rejetés ou difficilement absorbés, et même dans quelques cas ils causent une véritable inflammation de la muqueuse rectale. Le procédé n'est donc pas toujours applicable ; c'est alors que la voie sous-cutanée pourrait être utilement mise à contribution.

Les premières recherches sur l'alimentation par voie sous-cutanée datent de 1869 ; elles furent faites par Mentzel et Perko (1).

Plus tard, Karst (2), Kruegg (3), Withaker (4) et Pick (5) expérimentèrent sur des chats, des chiens, des lapins, etc., et même sur l'homme, avec diverses substances, lait, huile d'olive, huile d'amande, huile de foie de morue, sang défibriné, etc. Parmi ces auteurs, les uns obtinrent des résultats encourageants, les autres aucuns résultats appréciables. Aussi, von Leube (6) reprit-il la question en 1895. Il passa en revue les recherches de

(1) Mentzel et Perko. — *Wiener med. Wochenschr*, 1869, n° 3.
(2) Karst. — *Berliner klin. Wochenschr*, 1875, n° 34.
(3) Krueg. — *Wiener med. Wochenschr*, 1875, n° 34.
(4) Withaker. — *The Clinic*, 1876.
(5) Pick. — *Deutsche med. Wochenschr*, 1879, n° 3.
(6) Von Leube. — *Ueber subcutane Ernährung. Verhandlungen des XIII Congresses für innere Medicin in München* 1895-5418.

ses prédécesseurs, il en fit de nouvelles et il conclut que les peptones et les albumines passent dans les urines sans aucun profit pour l'organisme, que les albuminates alcalins et les syntonines passent dans le sang et ont une certaine action, mais leur stérilisation ne peut avoir lieu sans coagulation, inconvénient qui s'oppose à leur emploi.

Blum (1), pour obvier à cet inconvénient, proposa, en 1896, une substance albuminoïde qu'il appela *protogène*, et qu'il prépara en soumettant la sérine et l'ovalbumine à l'action de la formaldéhyde.

Von Leube, qui expérimenta ce produit, constata qu'injecté sous la peau il provoque un malaise général et des abcès.

Voit (2), Koll (3), à l'étranger, Mariani (4), en France firent de nouvelles expériences. Leube enfin résuma la question dans un mémoire paru en 1898 (5). Il conclut de toutes les expériences faites que les graisses seules sont assimilées et utilisées par l'organisme.

Le sujet ne semblait cependant pas épuisé aux yeux de M. le professeur Bouchard, et c'est sur ses conseils que j'ai entrepris l'an dernier les recherches qui font l'objet de cette communication.

Je me suis borné à l'étude relative aux matières grasses et en particulier à l'huile d'olive. L'animal en expérience était le lapin. La quantité d'huile injectée chaque jour était suffisante pour fournir au sujet le nombre de calories qu'il perdait en 24 heures. (5^{cmc} par kilogramme et par 24 heures.)

Les injections étaient pratiquées chaque jour, à la même heure et dans les meilleures conditions d'asepsie possibles, sur des animaux adultes comparables, c'est-à-dire de poids à peu près semblables (environ 2.000 grammes) et soumis à la diète hydrique.

L'urine des 24 heures, recueillie avec soin, était analysée chaque jour, et on y dosait principalement l'azote total dont on rapportait la quantité éliminée au kilogramme d'animal.

La quantité d'azote total éliminée par kilogramme corporel était ensuite comparée à celle fournie par un lapin témoin soumis à la diète hydrique, mais ne recevant pas d'huile. Je me contenterai d'indiquer dans cette note les résultats obtenus, le détail des expériences fera partie d'un mémoire ultérieur et complet.

Les animaux témoins ont vécu 8 à 9 jours. Leur perte totale de poids a été de 784 grammes en moyenne, soit 40 0/0 environ du poids initial.

(1) BLUM. — *Protogen, eine neue Klasse von lolichen ungerinnbaren Albuminsubstanzen. Berliner klin. Wochenschr*, 1896, n° 27.

(2) F. VOIT. — *Deutsches Archiv f. Klin. Med. Bd.* LVIII, S. 521-1897.

(3) KOLL. — *Die subcutane Fetternährung Habilitationschrift Würzburg*, 1897.

(4) MARIANI. — Thèse de Médecine, Paris, 1897.

(5) VON LEUBE. — *Ueber künstliche Ernährung. Handbuch der Ernährungstherapie von E. von Leyden*, 1808.

L'azote total augmente le premier jour de jeûne, puis diminue les jours suivants pour augmenter à nouveau jusqu'à la mort.

Par 24 heures et par kilogramme l'animal élimine en moyenne *1gr, 125 d'azote total*.

Les animaux ayant reçu de l'huile d'olive en injections sous-cutanées vivent de 11 à 12 jours. Ils présentent donc sur les témoins une survie de 1/3 environ.

Leur poids diminue constamment et la mort ne survient qu'après une perte moyenne de 44 0/0 du poids initial.

La perte n'étant que de 40 0/0 chez les témoins, on est porté à admettre que les injections d'huile permettent à l'animal d'utiliser une plus grande partie de l'albumine de ses tissus.

L'élimination de l'azote urinaire total diminue dès le premier jour, puis elle augmente peu à peu jusqu'à la mort.

Le taux moyen est plus élevé qu'à l'état normal, mais plus bas qu'à l'état d'inanition.

La quantité éliminée par kilogramme et par 24 heures est en moyenne $0^{gr},952$.

Les injections d'huile permettent donc aux animaux d'économiser $1^{gr},125 - 0^{gr},952 = 0^{gr},173$ d'azote total, et par suite une partie de l'albumine de leurs tissus. Or, le nombre de calories perdues journellement est le même chez les animaux témoins et chez ceux recevant de l'huile, puisqu'ils ont été choisis aussi identiques que possible et sont placés dans les mêmes conditions ; il est donc de toute nécessité que le lapin en expérience *utilise*, pour compenser la perte de calories résultant de l'économie d'albumine, l'huile injectée dans son tissu cellulaire sous-cutané.

Si l'on admet avec Rubner, von Moorden, Voit, Bouchard, etc., etc., le principe de l'isodynamie des aliments, il est facile de calculer la quantité d'huile utilisée par le lapin.

Les $0^{gr},173$ d'azote économisé correspondent en effet à $0,173 \times 6,737 = 1^{gr},185$ d'albumine fournissant : $4,1 \times 1,155 = 4$ cal. 73. Or, ce même nombre de calories pouvant être obtenu avec $\frac{4 \text{ cal. } 73}{9,3} = 0,508$ ou $\frac{0,508}{0,91} = 0^{cc},56$ d'huile d'olive, le 1/5 environ du volume injecté ($2^{cc},5$ par 24 heures et par kilogramme) a été *utilisé* par l'animal.

En résumé, on peut donc conclure que :

Les lapins soumis à la diète hydrique assimilent et *utilisent* en petite quantité, environ $0^{cc},5$ par kilogramme corporel et par 24 heures, l'huile d'olive qu'on injecte dans leur tissu cellulaire sous-cutané.

Une partie, faible il est vrai, de l'albumine des tissus est économisée par le fait même de l'utilisation de la matière grasse.

Les résultats fournis par cette méthode des injections sous-cutanées, au point de vue de l'alimentation ne sont peut-être pas très satisfaisants jusqu'ici. Néanmoins, la durée de la vie des lapins injectés est supérieure de 2 à 3 jours à celle des animaux ne recevant pas d'huile, soit une survie de 1/3.

J'ai entrepris une nouvelle série d'expériences sur le chien. Elles semblent jusqu'ici beaucoup plus concluantes que chez le lapin. L'huile injectée se dissémine beaucoup mieux dans tous les tissus et se collectionne, en moins grande quantité, sous le ventre de l'animal, en des poches formées par la distension du tissu cellulaire sous-cutané.

M. le Dr F. JOUIN

à Paris.

OVAIRES ET GLANDE THYROIDE [611.65: 611.44]

— *Séance du 6 août* —

L'action décongestionnante de la glande thyroïde et des extraits thyroïdiens sur les organes génitaux est aujourd'hui admise par tous les auteurs qui ont étudié sérieusement la question.

Nous ne venons donc pas analyser en cette communication des faits longuement exposés dans nos travaux antérieurs, et particulièrement dans le mémoire que nous avons présenté au Congrès de l'Association pour l'Avancement des Sciences réuni à Tunis. (1)

De même, personne ne conteste maintenant l'action congestionnante de l'ovaire et des extraits ovariens sur la matrice. *Propter solum ovarium mulier est quod est*, est un axiome vieux comme la physiologie de l'organe. Il est vrai que l'effet des extraits ovariens sur l'utérus et sur l'organisme est de connaissance récente. C'est à Brown-Séquard lui même que nous en devons la première idée. Suivant ses indications ou plutôt, s'appuyant sur les données générales établies par le génial physiologiste, de nombreux cliniciens étudièrent et démontrèrent la possibilité de suppléer à l'absence ou simplement à l'insuffisance des ovaires en donnant aux malades de l'extrait des glandes. Nous apportâmes nous-même notre pierre à

(1) Du traitement des fibromes de l'utérus par la médication thyroïdienne.

cet édifice. Aujourd'hui la question est jugée et les plus sceptiques en thérapeutique combattent les accidents de la ménopause naturelle ou artificielle en donnant aux malades des extraits de substance ovarienne.

Faut-il donc en conclure que rien de nouveau ne paraît plus devoir être dit sur le sujet?

Raisonner de cette façon serait commettre une grave erreur. Une question de thérapeutique n'est jamais épuisée. Ne trouve-t-on pas tous les ans des modifications à apporter au traitement de la fièvre paludéenne par le sulfate de quinine, de la syphilis par le mercure? Et cependant quelles données thérapeutiques plus précises pouvons-nous désirer que celles qui concernent ces deux médicaments?

Notre attention et nos recherches scientifiques étant attirées très particulièrement du côté de ces questions d'opothérapie, nous venons en cette communication exposer quelques particularités cliniques, nouvelles pensons-nous, en tous cas certainement inédites jusqu'à ce jour.

Elles porteront sur quatre principaux points :

1° Tout le monde admet, disons-nous, l'action décongestionnante de la glande thyroïde sur les organes génitaux. Par contre on sait moins que les congestions utérines et ovariennes, que les fibromes même sont parfois la conséquence d'une maladie ou simplement d'une insuffisance de développement de la glande thyroïdienne.

Et pourtant, cette vérité clinique découle pour ainsi dire logiquement de la précédente proposition. Nous avons pu constater le fait dans maintes circonstances.

Des femmes, d'ailleurs saines, vivant d'une façon normale, en dehors de toute excitation sexuelle, quelques-unes vierges même, étaient tourmentées de congestions utérines, avec toutes les conséquences physiques et morales de ces congestions que rien ne pouvait expliquer. Chez ces malades, la glande thyroïde était incomplètement développée. Un organe important manquait au bon fonctionnement de la mécanique humaine, ou du moins était inférieur à sa tâche. Aussi suffisait-il de suppléer à l'action de cet organe en donnant, quelques jours avant les règles, un peu d'extrait thyroïdien pour calmer la malade et la faire entrer dans sa vie physiologique normale.

De même, nous avons vu souvent des femmes atteintes d'une véritable anémie sexuelle caractérisée par une frigidité complète, par la suppression ou l'insuffisance des règles, qui étaient simplement atteintes de congestion thyroïdienne, de développement exagéré de la glande du cou. Si le phénomène est purement local on améliore les fonctions sexuelles en faisant de la révulsion sur la région thyroïdienne. Le plus souvent il dépend malheureusement d'une maladie générale qu'il faut savoir reconnaître et combattre. N'est-ce pas ce que l'on observe particulièrement au début du mal de Basedow?

2° Maintenant cette double action congestionnante et décongestionnante de la glande thyroïde sur les organes génitaux n'est évidemment qu'exceptionnelle.

Le plus souvent, la cause des deux états (congestion et anémie pelvienne) doit être cherchée dans la région génitale elle-même. Or le centre physiologique et pathologique de cette région est certainement l'ovaire. Un ovaire hypertrophié congestionne l'utérus. Un ovaire atrophié détermine l'atrophie de la matrice, ou tout au moins sa déchéance fonctionnelle.

Il importe de savoir faire ce diagnostic étiologique sur lequel nous n'insistons pas ici car ce serait sortir des limites que nous avons assignées à notre communication. Il est d'ailleurs relativement facile.

3° De ces deux précédentes données résulte une loi thérapeutique très simple en théorie mais assez difficile à appliquer.

La glande thyroïde est-elle insuffisante? Donnez à la malade de l'extrait thyroïdien. La glande thyroïde présente-t-elle de l'hypertrophie, un fonctionnement exagéré? Si vous ne pouvez agir directement sur elle, combattez son action nocive en faisant prendre à la malade de la substance ovarienne.

De même si vous ne pouvez agir directement et efficacement sur des ovaires congestionnés, calmez la malade en lui administrant de la substance thyroïdienne. Mais que votre thérapeutique soit toujours étiologique si vous la voulez efficace. En procédant de cette façon l'on trouvera dans l'opothérapie des agents d'une puissance considérable et qui nous ont permis, quant à nous, d'opérer des cures absolument merveilleuses et inespérées, particulièrement dans les cas de corps fibreux.

4° Mais il importe de procéder toujours en suivant l'indication étiologique et la chose est parfois plus compliquée qu'on ne le suppose.

Prenons un cas simple. Une femme sous l'influence des causes locales, multiples suivant nous, qui déterminent les fibromes, présente au moment de sa ménopause des hémorragies et un développement rapide de corps fibreux. Nous lui donnons de l'extrait thyroïdien. L'hémorragie disparaît, la ménopause survient ; mais la tumeur reste. A ce moment nous conseillons volontiers l'extrait ovarien. Non seulement en effet il donne de la vigueur à l'organisme, mais il rend aux organes génitaux une activité circulatoire sur laquelle les extraits thyroïdiens pourront avoir ultérieurement prise.

Une autre malade présente une atrophie ovarienne avec suppression complète des règles, et développement d'un corps fibreux considérable. (Le fait s'est présenté deux fois à notre observation.)

Nous lui donnons de la substance thyroïdienne qui agit sur le fibrome mais qui détermine les phénomènes d'hyperthyroïdation. Pour combattre ce phénomène nous n'avons qu'un agent, l'extrait d'ovaire que nous administrons consécutivement et quelquefois même simultanément.

C'est ainsi que nous faisons vivre depuis cinq ans d'une façon sinon satisfaisante du moins possible, une femme de Saint-Étienne, condamnée à une mort prochaine par les premiers chirurgiens du monde, et dont l'état s'est plutôt amélioré depuis que nous la traitons.

C'est ainsi que nous avons pu observer chez une autre malade également déclarée inopérable, une transformation kystique de son corps fibreux, la mettre en état de subir l'opération de l'hystérectomie et obtenir de celle-ci une guérison complète et définitive.

M. LINON

Médecin principal de 1re classe, Médecin chef de l'Hôpital militaire de Toulouse.

L'APPENDICITE DANS LA GARNISON DE TOULOUSE DU 12 MARS 1897 AU 1er AOUT 1900 [617.55333.2]

— *Séance du 8 août* —

L'appendicite est une affection qui, depuis plusieurs années, a été l'objet de travaux innombrables et qui cependant a été mise à l'ordre du jour du Congrès de l'Association Française pour l'Avancement des Sciences, en ce qui concerne plus spécialement son Étiologie et sa Pathogénie.

Cela prouve qu'il reste encore bien des questions à élucider dans cette affection qui est un véritable Protée au point de vue clinique.

Nous avons eu l'occasion d'en observer un certain nombre de cas à l'Hôpital militaire de Toulouse. Nous ne relaterons pas in-extenso ces observations, mais il nous a paru que les conditions du milieu dans lequel elles se sont produites pourraient offrir un certain intérêt au point de vue spécial qui préoccupe le Congrès.

Etiologie. — L'appendicite est reconnue comme une maladie de l'enfance, plus rare chez l'adulte. A ce titre, elle doit être fréquente dans l'Armée car nos soldats sont tous tributaires des maladies de l'enfance : Rougeole, Scarlatine, Oreillons, etc, qui nous donnent un contingent annuel de malades très considérable. En est-il de même pour l'appendicite? Les faits vont nous répondre.

Du 12 mars 1897 au 1er août 1900, nous avons relevé tous les cas d'appendicite qui se sont produits dans la garnison de Toulouse et qui ont été traités à l'Hôpital militaire, soit dans le service chirurgical qui nous est confié, soit dans les services de médecine.

Pour une garnison dont l'effectif total est de 6.500 hommes environ et l'effectif moyen des présents de 5.300, le nombre de cas d'appendicite est de dix-huit pendant une période de trois ans et quatre mois (quarante mois) qui se répartit ainsi : trois en 1897, sept en 1898, six en 1899, deux en 1900.

Au point de vue du grade des malades atteints, nous trouvons : un lieutenant âgé de vingt-cinq ans, trois sous-officiers dont deux rengagés et quinze soldats ayant plus d'un an de service pour la plupart.

Cette affection a atteint des militaires de toutes armes : soit de l'infanterie, soit de l'artillerie. Nous trouvons trois malades pour chacun des deux régiments d'infanterie, dix malades pour les deux régiments d'artillerie, un pour les commis et ouvriers d'administration et un pour la compagnie d'ouvriers d'artillerie. Le contingent des malades de l'artillerie est un peu plus élevé, mais on ne peut pas cependant établir une différence réelle d'après la nature du service.

Il n'y a pas non plus à incriminer le genre d'occupation, car nous trouvons des cas répartis à toutes les périodes de l'année, aussi bien pendant les mois d'exercices de l'hiver que pendant les grandes manœuvres de l'automne.

Il semble toutefois qu'il y a peut-être un plus grand nombre de cas pendant la période d'hiver et au commencement du printemps, coïncidant avec l'évolution des fièvres éruptives et de la grippe à Toulouse, que pendant les périodes estivale et automnale qui correspondent habituellement avec le développement de la fièvre typhoïde dans notre garnison. (Soit onze cas de décembre en mai et sept de juin à novembre.)

L'invasion a été le plus souvent assez brusque et est survenue à des heures irrégulières, soit avant, soit après le repas, au repos ou en marche, voire même pendant le sommeil.

En résumé, l'influence de l'alimentation, du climat, de la nature des exercices ou des maladies régnantes, ne paraît pas avoir une action réelle sur l'apparition de l'appendicite. Nous ne pouvons citer qu'un seul malade qui a été atteint pendant l'évolution de l'infection grippale. C'est celui qui est inscrit sous le n° 7 de nos observations. Il avait présenté de l'obstruction intestinale. Nous ajouterons un malade qui était atteint d'uréthrite depuis quinze jours. (Voir obs. n° 4.)

Au point de vue de l'influence constitutionnelle, il n'y a rien à signaler. Tous nos malades présentaient les apparences d'une belle constitution à l'exception d'un seul, le n° 14, qui était assez chétif et malingre. Il fut opéré le lendemain de son entrée à l'hôpital, trente-six heures après les premiers accidents et les suites opératoires furent excellentes. L'un de nos opérés, (obs. 12), le maréchal des logis M..., paraissait particulièrement robuste. Il fut opéré tardivement et l'on trouva un vaste foyer dans le petit bassin qui guérit cependant assez facilement par le drainage et sans éventration. Ce sous-officier fut chargé de fonctions spéciales à l'infirmerie pour n'avoir plus à monter à cheval. Il est menacé actuellement d'une infection tuberculeuse. Est-ce le milieu où il a vécu depuis deux ans qui est en cause ou bien la diminution de la force de résistance post-opératoire ? Peut-être l'un et l'autre de ces facteurs doivent-ils être incriminés ; cependant il y a lieu de noter qu'au moment de sa sortie de l'hôpital (quatre mois après l'opération) il avait repris une physionomie très satisfaisante.

Les corps étrangers ont été signalés comme cause fréquente d'appendicite : nous avons rencontré une fois un corps étranger (un haricot), chez le malade n° 4, opéré *in extremis* qui présentait un foyer stercoral à droite avec une péritonite généralisée. L'aggravation des accidents semble avoir coïncidé avec la perforation de l'appendice et l'infection du foyer péri-appendiculaire par des matières fécales.

Dans l'observation 8, un coprolithe a été amené à l'extérieur par le lavage de la cavité purulente.

Dans l'observation 10, de petits fragments de matières fécales, durs, résistants, sortaient par l'ulcération de l'appendice dans le foyer péri-appendiculaire, sans avoir une forme spéciale.

Enfin chez l'opéré n° 13, on a trouvé à l'autopsie un calcul fécal dans l'appendice près de son point d'origine au cœcum.

En somme sur nos six opérés, on a trouvé une fois un corps étranger, deux fois des coprolithes et une fois des fragments irréguliers de matières fécales durcies.

Chez les deux autres opérés, le n° 9 et le n° 14, l'appendice était absolument libre.

Pathogénie. — Dans sa magistrale leçon sur l'appendicite (*Revue de Chirurgie*, numéro du 10 janvier 1900) M. le Professeur Terrier fait de l'appendicite une maladie infectieuse. Il n'accepte que sous bénéfice d'inventaire la théorie de MM. Talamon et Dieulafoy sur l'augmentation et la virulence des microbes enfermés dans l'appendice transformé en vase clos par un corps étranger. Il s'appuie sur les expériences de Klecki, cité si souvent, pour établir que le vase clos n'entraîne pas une virulence plus grande de bactéries, car elles sont détruites par leurs toxines. C'est seulement quand les parois sont pathologiquement modifiées que la migration des bactéries intra-intestinales peut se faire à travers la paroi intestinale, d'où naissance d'une péritonite septique souvent mortelle. Pour lui, dans l'appendicite, le rôle principal est dû aux parois qui sont altérés dès le début de l'affection, plus particulièrement la muqueuse.

Cette altération serait produite sous une influence générale par la circulation (Jalaguier) ou bien sous une influence locale due aux nombreuses bactéries encore mal déterminées de l'intestin (Brun et Jalaguier) par infection des éléments clos et du tissu réticulaire de l'organe. Cette inflammation établie, les tuniques intestinales sont alors perméables aux bactéries intestinales qui provoquent les accidents infectieux du côté du péritoine et du reste de l'organisme.

Nous devons nous incliner devant la haute autorité du maître. Toutefois, nous poserons la question suivante : pourquoi, quand il existe des corps étrangers ou coprolithes, n'admettrait-on pas la production de l'inflammation par l'irritation mécanique sur la muqueuse appendiculaire?

Si nous restions dans les limites qui semblent imposées par le programme du Congrès, notre rôle serait terminé et nos observations, trop peu nombreuses, n'apporteraient guère de nouveaux éléments à la question encore si obscure de l'étiologie et de la pathogénie de l'appendicite.

En présentant nos observations, c'est simplement une indication que nous avons voulu fournir pour mettre en relief l'intérêt que comporteront à l'avenir les relevés de même nature dans de nombreuses garnisons.

Mais pour le moment nos observations suffisent, cependant, pour tirer des conclusions à un autre point de vue que nous croyons utile de signaler.

Dans les nombreuses discussions qui, sur l'appendicite, ont eu lieu depuis deux ans dans les diverses Sociétés savantes, plus particulièrement à l'Académie de Médecine et à la Société de Chirurgie, deux camps s'étaient formés. D'un côté les interventionnistes qui avaient accepté la formule de M. le professeur Dieulafoy «opérer toujours»; de l'autre ceux qui n'acceptaient l'opération que dans les cas graves et qui la réservaient de préférence pour les interventions à froid.

Mais depuis l'intervention de M. Peyrot et l'amende honorable de M. Ricard, à la séance du 22 mars 1899 de la Société de Chirurgie, le nombre des interventionnistes est devenu légion.

M. le médecin inspecteur Chauvel, et M. le professeur Delorme, à la suite de leurs communications à l'Académie de Médecine ou à la Société de Chirurgie, se sont ralliés, avec quelques réserves, à l'opinion de ceux qui acceptaient l'opération dans l'appendicite aiguë, malgré de nombreux cas de guérison sans intervention qu'ils ont signalés.

Mais M. le professeur Terrier, dans sa brillante leçon citée plus haut, nous semble avoir mis la question au point. Il a démontré que, souvent, les causes de l'infection étaient dues à des microbes pathogènes mal définis, coli-bacilles et streptocoques, et qu'il était impossible, dès le début, de prévoir la gravité de l'attaque en cours. Il a signalé les associations microbiennes avec des microbes anaérobies qui, avec des apparences assez inoffensives au début, peuvent provoquer très rapidement des accidents formidables de collapsus et des accidents d'intoxication à forme foudroyante.

Pour lui, le microbe anaérobie provoque le sphacèle de l'appendice avec toutes ses conséquences. Parmi nos six opérés, nous avons eu deux cas où nous avons trouvé l'appendice absolument sphacélé ; et cependant l'opération avait été pratiquée, chez l'un, quarante-huit heures et chez l'autre soixante-douze heures après le début des accidents. Dans l'un et l'autre cas, un vaste gâteau épiploïque enflammé avait séquestré l'appendice et formé une barrière provisoire à l'infection. Mais que serait-il advenu, si on n'était pas intervenu ? Le résultat malheureux des deux opérations faites *in extremis* dans les observations n° 4 et n° 13, nous l'indique suffisamment, surtout cette dernière qui est particulièrement instructive. Le sous-officier, eu égard au peu d'importance des symptômes, ne croyait pas à la gravité de l'affection : il ne s'est fait porter malade que le septième jour, et après son entrée à l'hôpital il a encore refusé l'opération pendant quatre jours. L'intervention chirurgicale n'a pas permis de découvrir l'appendice noyé dans des masses d'adhérence très résistantes, mais elle a permis de mettre à jour et de drainer un foyer péri-appendiculaire très important.

L'état général du malade semblait parfait après l'opération. Toutefois il a succombé trente-six heures après, malgré tout ce qu'on a pu faire, à la suite d'une crise de collapsus par intoxication.

Le dernier opéré met en relief le bénéfice de l'intervention précoce. Il avait présenté une première atteinte légère trois mois auparavant. Dès le début des accidents il se présentait au médecin major du régiment qui, très édifié sur les dangers de tout retard, nous l'envoyait d'urgence à l'hôpital : nous procédions à l'opération vingt-quatre heures après le début. Il y avait déjà des adhérences péri-cœcales et péri-appendiculaires, mais elles étaient faciles à dégager et nous réséquions l'appendice sans difficulté. Il ne présentait pas de corps étrangers, mais il y avait déjà un point de sphacèle à l'extrémité libre. Cette intervention au début de la période aiguë était aussi facile que dans une opération à froid, et nous pouvions nous permettre de faire une réunion sans drainage.

Depuis ce dernier opéré, il y a eu deux nouveaux cas d'appendicite qui ont guéri sans intervention et qui portent à douze, sur dix-huit, les cas non opérés et tous guéris. L'affection paraissait légère dès le début et les malades sauf un n'avaient pas eu d'atteintes antérieures ; mais, il faut bien le dire, la non-intervention a été provoquée par l'influence de l'entourage.

Nous résumerons notre pensée en disant que malgré les nombreux cas de guérison de l'appendicite sans intervention, nous estimons, avec M. le professeur Terrier :

1° Que l'appendicite est une maladie à répétition, dont les récidives sont habituellement de plus en plus graves ;

2° Que, si le diagnostic est ordinairement facile, la pathogénie en est toujours obscure et ne permet pas d'établir au début, le plus ou moins de gravité de l'affection en cours ;

3° Qu'il y a intérêt à opérer dès le début, surtout si c'est une récidive, pour prévenir quelquefois des accidents formidables et irréparables par une intervention trop tardive ;

4° Que l'intervention dès le début de l'attaque aiguë prévient, non seulement les accidents, mais encore rend l'opération facile et assure la guérison définitive par l'extirpation assurée de l'appendice.

OBSERVATIONS

Obs. 1. — *D...de, 2e Cr Cr, 18e d'artillerie, entré le 12 mars 1897; non opéré, guérison; sorti le 9 avril 1897.* — Pérityphlite (boudin), vingt-huit jours de traitement ; a fait son service ; pas de récidive.

Obs. 2. — *G...ol., 2e soldat, 126e d'infanterie, entré le 17 mars 1897; non opéré, guérison; sorti le 17 avril 1897.* — Pérityphlite, trente-huit jours de traitement; a fait son service; pas de récidive.

Obs. 3. — *B...me, 2e soldat, 17e section de commis et ouvriers, entré le 11 août 1897 ; non opéré, guérison; sorti le 16 septembre 1897.* — Appendicite, trente-six jours de traitement; a fait son service; pas de récidive.

Obs. 4. — *L...ne, 2e Cr Cr, 23e d'artillerie, entré le 31 mars 1898; opéré (haricot); décès, le 6 avril 1898.* — Atteint d'uréthrite aiguë.

Était en traitement à l'infirmerie depuis quinze jours.

Se plaint depuis quatre jours de douleurs dans le ventre avec constipation ; purgatif salin le 30 mars, quatre selles liquides, fièvre et agitation le soir. Le lendemain 31, le médecin du corps trouve une tumeur dans la fosse illiaque droite; le soir température 39°, vomissements; envoyé d'urgence à l'hôpital le sixième jour. Le lendemain de l'entrée il y avait eu émission de gaz et amélioration de l'état général. Cependant, la fièvre persistait entre 37°8 et 38°5, pouls assez bon 90 au maximum. Le sixième jour de l'entrée, au matin, vomissements, pouls petit, température 38°. L'opération est faite *in extremis* à 1 heure de l'après-midi ; pouls 160, facies grippé. On trouve un foyer stercoral isolé à droite avec haricot qui sort au lavage, et péritonite généralisée ; intestin libre, mais liquide louche, purulent ; opération très courte; mort dix heures après l'opération dans le collapsus.

Obs. 5. — *D...rs, 2e Cr St 23e d'artillerie; entré le 21 août 1898; non opéré, guérison; sorti le 7 septembre 1898.* — Appendicite, dix-sept jours de traitement; a fait son service; pas de récidive.

Obs. 6. — *V... de, maréchal des logis, 23e d'artillerie; entré le 15 septembre 1898; non opéré, guérison; sorti le 12 octobre 1898.* — Première atteinte en 1896; récidive deux ans après, invasion brusque à la manœuvre. Ce sous-officier ne va à la visite qu'au bout de quarante-huit heures. Huit mois après (mai 1899), nouvel examen, douleur à la pression. Octobre 1899, nouvel examen, il n'y a plus rien; fait son service depuis.

Obs. 7. — *M...el, 2e Cr St, 23e d'artillerie; entré le 28 septembre 1898; non opéré, guérison; sorti le 25 décembre 1898.* — Un an de service; employé de commerce, délicat, pas de constipation habituelle; entré trente-six heures après le début de l'indisposition; purgé la veille de l'entrée; facies légèrement grippé, ballonnement général du ventre, pas d'émission de gaz, pas de tumeur, pas de matité; lavement électrique contre obstruction; vomissements avec lombric avant le lavement qui donne légère selle; pouls 90, température 38°. On décide l'opération pour le lendemain. Débâcle complète dans la nuit; le lendemain pouls excellent; huit jours après on trouve une tumeur allongée au point de Mac-Burney; sorti le 25 décembre après vingt-huit jours de traitement; a repris son service, pas de récidive.

Obs. 8. — *M...in, maréchal des logis, 23e d'artillerie; entré le 8 décembre 1898; opéré (coprolithe), guérison; sorti le 9 avril 1899.* — 22 ans, trois jours d'invasion, accidents brusques une heure après une collation. Ce sous-officier a une constitution vigoureuse; constipation fréquente, douleur à hauteur de la vésicule du foie (urine: urobiline, indican et albumine). L'opération est pratiquée le quatorzième jour après l'entrée, abcès du petit bassin ouvert *a posteriori*. La première incision avait mis à jour le cœcum sans lésion apparente et sans trouver l'appendice. Le lavage du foyer a amené un coprolithe; sérum artificiel; sorti par convalescence; quatorze mois après, bronchite suspecte; en observation, pas d'éventration, porte une ceinture abdominale.

Obs. 9. — *M...od, musicien, 83e d'infanterie; entré le 28 décembre 1898, opéré, guérison; sorti le 9 avril 1899.* — Entré le deuxième jour du début, vingt-quatre heures après la première visite du médecin-major; constipation, rétention de gaz, douleurs à droite, ballonnements, vomissements au début. Au moment de l'opération température 37°3, pouls 90 petit, faible, facies grippé, pas de selles, pas de gaz, pas d'urine. Opéré le troisième jour du début : épiploïte, résection de 250 grammes d'épiploon. Au-dessous appendice noirâtre sphacélé; contact de plusieurs anses intestinales, avec le foyer ; lavage à l'eau salée de la cavité séreuse, drainage ; a repris son service.

Obs. 10. — *V...er, 2e ouvrier, 2e Cie d'ouvriers ; entré le 8 janvier 1899, opéré (matières fécales), guérison ; sorti le 12 mars 1899.* — 22 ans ; malade depuis vingt-quatre heures ; début brusque ; entérite ancienne, température 37°5, pouls 90, facies abdominale, teinte ictérique, pas de constipation, douleurs à droite, vomissements, etc. Opéré trente-six heures après l'entrée, le troisième jour du début avec température 36°9, pouls 104. Gâteau d'agglutination, pus infect, odeur fécaloïde ; une anse d'intestin grêle se fait jour dans la plaie avec le liquide louche de la grande cavité péritonéale. On dégage du gâteau épiploïque, l'appendice brunâtre (7 centimètres), sphacélé et ulcéré à l'extrémité libre d'où sort la matière fécale. Lavage de la grande cavité péritonéale à l'eau salée bouillie, guérison rapide. Cicatrice très belle. On n'a pas fait porter de ceinture ; l'éventration, qui semblait impossible au moment de l'envoi en convalescence, a entraîné la réforme.

Obs. 11. — *G...ze, 2e soldat 83e d'infanterie ; entré le 1er février 1899 ; non opéré, guérison ; sorti le 26 février 1899.* — Pérityphlite, vingt-cinq jours de traitement, a fait son service, pas de récidive.

Obs. 12. — *E...ne, 2e Cr Cr, 23e d'artillerie ; entré le 10 mai 1899, non opéré, guérison.* — Deuxième atteinte ; début très net ; entré vingt-quatre heures après ; pouls bon d'habitude ; facies abdominal, température 37°, pouls 64, petit. Résolution rapide ; sort le vingt-unième jour, pouls 56 ; reprend son service ; pas de récidive.

Obs. 13. — *F...de, sergent, 126e d'infanterie ; entré le 31 mai 1899, opéré (calcul stercoral), décès.* — Sous-officier rengagé, 31 ans, n'a voulu entrer à l'hôpital que le septième jour. Début : violentes coliques à la suite d'une purge, persistance des douleurs avec nausées et hoquet ; nouvelle purgation avec selles le troisième jour ; persistance des douleurs qui l'empêchent de continuer son service. A l'entrée, facies abdominal, teinte sub-ictérique accusée, douleur et tumeur à droite (point de Mac-Burney), résistance de la paroi, température 37°,6, pouls 72 assez plein ; refuse l'opération ; urobiline. Le lendemain même état ; le pouls (80) a faibli, température 37°,1 ; même refus. Ce n'est que le quatrième jour de l'entrée que ce sous-officier accepte l'opération, vu l'aggravation des symptômes ; tendance à l'adynamie, température 36°,5, pouls 90 ; le facies pâlit, la tumeur plus accusée, est apparente à l'œil nu. Incision de Roux sur la tumeur. On tombe sur des anses intestinales agglutinées qu'on ne peut décoller. On referme le péritoine et on va chercher plus en arrière, pour agir *a poste-*

riori; nouvelles adhérences épaisses que l'on traverse. On pénètre dans le petit bassin où on ne trouve pas de collection. L'épiploon sort en haut vers la région retro-cœcale. Il est réséqué pour mieux explorer. On ne trouve pas l'appendice, mais le doigt pénètre dans un foyer purulent vers le tiers moyen de l'incision; 250 grammes de pus infect. Drainage avec gros drains de 17 centimètres. Réparation de la paroi. Le soir température 37°,4, pouls 84; champagne; une injection de sérum, 300 grammes. État général très satisfaisant. A 4 heures du matin, crise d'asystolie, refroidissement, nausées, hoquet, douleurs nouvelles, teinte ictérique des téguments. Injection de sérum à 8 heures du matin : amélioration très notable, température 37°,1, pouls 80 plein et régulier; nouvelle crise de collapsus dans l'après-midi : température 34°, refroidissement général, dyspnée, pouls imperceptible, ballonnement et douleurs vives de la région hypo-gastrique. Malgré tout ce qu'on peut faire, le malade succombe à 8 heures du soir dans l'adynamie et le coma.

Autopsie : Incision, laparatomie-médiane. Le tube à drainage est dirigé transversalement de dehors en dedans dans une cavité formée par des adhérences et passant au-devant de la vessie. La paroi supérieure de cette cavité est formée par de l'épiploon enflammé et adhérant au colon ascendant; la paroi externe, par une gangue épaisse de fausses membranes, adhérant à la paroi abdominale et à travers lesquelles on sent une tumeur allongée qui semble se continuer avec le colon. Une dissection très laborieuse permet de constater que c'est l'appendice dans lequel on trouve un calcul stercoral (haricot) à la partie supérieure avec deux ulcérations à ce niveau. Foie cirrhotique et ictérique, adhérences pleurales, caillots fibrineux au cœur.

OBS. 14. — *C...rs, 2e soldat, 126e d'infanterie; entré le 28 juillet 1899, opéré, guérison; sorti le 11 octobre 1899.* — Début brusque, avait eu une première atteinte trois mois auparavant; il est envoyé à l'hôpital vingt-quatre heures après le début des accidents. Au moment où il est vu pour la première fois à l'entrée, facies pâle, souffreteux. Pas d'ictère; douleur fosse illiaque droite avec défense de la paroi abdominale, dure, résistante; température 37°,2, pouls plein régulier 100. Il est opéré le lendemain matin, c'est-à-dire soixante heures après le début des accidents. Le diagnostic très ferme : température 37°,8, pouls 98, a faibli. Incision de Roux 12 centimètres. On arrive facilement sur le cœcum; légères adhérences au péritoine pariétal que l'on décolle facilement. L'appendice se trouve en arrière et en dehors du cœcum. Il est engagé dans des adhérences à la paroi abdominale; décortication avec le doigt jusqu'à son insertion cœcale; ligature au catgut, en chaîne, de l'appendice et de son meso. Excision, désinfection du moignon, qui est enfoui dans la séreuse cœcale; pas de drainage; appendice 7 centimètres de longueur; un point de sphacèle à son extrémité libre. Le soir température 39°,3, pouls 108. Le lendemain plus de fièvre ; les fils sont enlevés au premier pansement le dixième jour ; extravasation de sérosité ; guérison rapide ; sort par convalescence ; a fait son service depuis.

Obs. 15. — *F...es, 2e Cr St, 18e d'artillerie; entre le 19 août 1899, non opéré, guérison; sorti le 2 septembre 1899.* — Début brusque en pleine santé, avait eu une première atteinte huit mois auparavant. Diagnostic très net avec douleurs vives au point de Mac-Burney ; température 37°,3, pouls 74; urobiline dans les urines ; amélioration sensible au troisième jour ; a repris son service; pas de récidive.

Obs. 16. — *B...et. 2e Cr St, 23e d'artillerie; entré le 23 mai 1900; non opéré, guérison; sorti le 10 juin 1900.* — Invasion brusque pendant le sommeil, en coup de pistolet; première atteinte; entré à l'hôpital le troisième jour; localisation de la douleur au point de Mac-Burney; température 37°, pouls 55; amélioration rapide; parti en convalescence.

Obs. 17. — *D...ac, caporal, 83e d'infanterie; entré le 9 juin 1900; non opéré, guérison; sorti le 30 juin 1900.* — Invasion brusque avec douleurs très violentes au moment de se rendre aux exercices de tir; diarrhée; entré à l'hôpital le troisième jour avec empâtement et douleur au point de Mac-Burney; teinte sub-ictérique des téguments; amélioration rapide; parti en convalescence.

Obs. 18. — *X..., lieutenant; non opéré, guérison.* — M. le lieutenant X... a été atteint brusquement pendant une manœuvre aux écoles à feu du Camp-du-Ger. Traité à l'hôpital de Tarbes, les accidents graves au début se sont améliorés assez rapidement; a repris son service; pas de récidive.

M. E. REGNAULT

Président du Tribunal civil de Joigny, agriculteur à la Folie,
par Saint-Sauveur-en-Puisaye (Yonne).

CULTURES DE HAUT RENDEMENT AUTRES QUE CELLES DE PRODUITS RICHES

[633]

— *Séance du 4 août* —

Les végétaux cultivés à l'aide de matières premières tirées naturellement de l'atmosphère et du sol ou fournies par l'engrais sont par unité de poids plus ou moins riches en principes nutritifs bruts et digestibles, et leur rendement par hectare est, toutes choses égales d'ailleurs, proportionnel à leur faculté spéciale ou pour ainsi dire personnelle de développement. Une notable différence existe encore entre eux relativement à la durée de leur évolution comme à leur prix de revient, ainsi qu'aux résidus de végétation et d'alimentation. De sorte que la question de savoir « l'intérêt qu'il peut y avoir à propager les cultures de haut rendement autres que celles de produits riches » peut se résoudre, quant à la production fourragère notamment, en un calcul pour les deux catégories de plantes du quantum de matière utile pour l'animal et le sol :

de la récolte normale,
des résidus de végétation,
des résidus d'alimentation;

l'occupation de la terre et le coût du produit terminant la comparaison.

Nous classerons donc préalablement les plantes en prenant pour type la teneur du trèfle rouge en matière azotée et matière sèche. Cette légumineuse, dont l'éloge n'est plus à faire, couvre le sol moins longtemps que le sainfoin et la luzerne, et, quoiqu'un peu moins riche en principes utiles, se prête mieux que celles-ci à l'introduction dans les assolements à court terme. Les rendements supposés sont ceux d'une bonne culture ordinaire sur une terre perméable et d'une moyenne fertilité. Ce sont d'ailleurs, sauf pour le trèfle, ceux que personnellement nous obtenons.

L'inspection du tableau A, dressé à l'aide des tables de Wolff (éd. Grandeau, III), nous renseigne de suite sur la richesse comparée des récoltes visées. Le trèfle rouge n'arrive que troisième, après le colza d'hiver et la betterave qui le surpassent en protéine digestible de 375 et 317 kilogrammes par hectare; il ne prime lui-même la vesce velue avec seigle et le maïs précoce que de 5 et 25 kilogrammes.

TABLEAU A. — Matière azotée par hectare en kilogrammes.

NATURE DES RÉCOLTES	RENDEMENT PAR HECTARE	MATIÈRE AZOTÉE 0/00 kilogrammes vert	MATIÈRE AZOTÉE PAR HECTARE	MATIÈRE AZOTÉE DIGESTIBLE 0/00 kilogrammes vert	MATIÈRE AZOTÉE DIGESTIBLE PAR HECTARE	DIFFÉRENCE EN MATIÈRE AZOTÉE digestible sur trèfle rouge
	kilogr.	kilogr.	kilogr.	kilogr.	kilogr.	kilogr.
Trèfle rouge : 2 coupes (pleine floraison)	25.000	30	750	17	425	
Colza d'hiver (en fleur)	50.000	28	1.400	20	1.000	+ 575
Maïs précoce	40.000	17	680	10	400	— 25
Betteraves fourragères-racines	50.000	11	550	11	550	
— collets et feuilles	16.000	19	304	12	192	
			854		742	+ 317
Vesce velue et seigle	30.000	23	690	14	420	— 5

La supériorité des récoltes ci-dessus, à l'exception de la vesce velue avec seigle inférieure de 150 kilogrammes, s'affirme plus encore quant à la teneur en matière sèche digestible, laquelle, ainsi qu'il appert du tableau B suivant, dépasse celle du trèfle rouge de 1.450 à 3.764 kilogrammes par hectare.

La matière sèche brute qui dans le colza, la betterave et le maïs est en excédent de 2.150, 2.620 et 2.860 kilogrammes par hectare, n'est pas non plus à négliger; elle contribue à une plus grande fabrication de fumier et d'humus si nécessaire à la végétation. Le fumier obtenu (M. S × 2) présentera en effet les différences suivantes :

	Kilogrammes.
Vesce velue	9.000
Trèfle rouge	9.800
Colza	14.100
Betteraves	15.040
Maïs	15.520

Ainsi donc, à ne considérer les plantes ci-dessus que séparément, le doute n'est plus permis; moins riches par unité de poids en matière azotée comme en matière sèche, leur rendement normal plus considérable les place à un rang plus élevé; et de ce chef, sans abandonner ou réduire celle du trèfle là où elle est possible matériellement et économiquement, leur culture doit être encouragée.

TABLEAU B. — Matière sèche par hectare en kilogrammes.

NATURE DES RÉCOLTES	RENDEMENT PAR HECTARE	MATIÈRE SÈCHE 0/00 kilogrammes vert	MATIÈRE SÈCHE PAR HECTARE	MATIÈRE SÈCHE DIGESTIBLE 0/00 kilogrammes vert	MATIÈRE SÈCHE DIGESTIBLE PAR HECTARE	DIFFÉRENCE EN MATIÈRE SÈCHE digestible sur trèfle rouge
	kilogr.	kilogr.	kilogr.	kilogr.	kilogr.	kilogr.
Trèfle rouge : 2 coupes (pleine floraison)	25.000	196	4.900	108	2.700	
Colza d'hiver (en fleur)	50.000	141	7.050	83	4.150	+ 1.450
Maïs précoce	40.000	194	7.760	111	4.440	+ 1.740
Betteraves fourragères-racines	50.000	120	6.000	112	5.600	
— colletset feuilles	16.000	95	1.520	54	864	
			7.520		6.464	+ 3.764
Vesce velue et seigle	30.000	150	4.500	85	2.550	— 150

Nous disons sans abandonner ou réduire la culture du trèfle, plante accumulatrice d'azote atmosphérique reconnue par la science, et dont les racines et radicelles ainsi que les appareils d'absorption représentent des poids et surfaces considérables. MM. Muntz et Girard (*Engrais*, I, 48 et 53) ont en effet trouvé pour les seules radicelles ou chevelu un poids à l'état sec et par hectare de 948 kilogrammes, 5 et une surface de 53.960 mètres carrés sur une profondeur de 1^{m},25. Le docteur Weiske a obtenu sur un trèfle d'un an et sur 0^{m},26 de profondeur 9.976^{kg},2 de résidus et racines également à l'état sec (*Journal agr. prat.*, 1892, I, 82) et dosant 214 kil. 6 d'azote.

Dans ces conditions et devant cette proportion considérable d'azote probablement emprunté pour la plus grande partie à l'atmosphère, il serait imprudent de négliger une plante si heureusement douée, quand elle n'a pas à redouter la nature du sol ou le climat.

Reste un point important à examiner : celui du temps de végétation. Or, en ne tenant compte que de la période dans laquelle il végète seul, après l'enlèvement de la céréale qui l'a abrité, le trèfle rouge avec ses deux coupes occupe le sol pendant 13 à 14 mois, alors que les plantes ci-dessus n'exigent pour leur complet développement que de 4 à 8 mois environ suivant l'espèce. La rente du sol, souvent fort élevée, pèse donc tout entière sur le trèfle seul, ainsi que les frais divers afférents à la sole, et grève d'autant son prix de revient, alors que les plantes à évolution rapide peuvent facilement être groupées à deux et même à trois, suivant climat et se partager la rente comme les frais généraux de la culture.

TABLEAU C. — Matière azotée par hectare en kilogrammes.

DEUX CULTURES PAR HECTARE

	NATURE DES RÉCOLTES	RENDEMENT PAR HECTARE	MATIÈRE AZOTÉE 0/00 kilogrammes vert	MATIÈRE AZOTÉE PAR HECTARE	MATIÈRE AZOTÉE DIGESTIBLE 0/00 kilogrammes vert	MATIÈRE AZOTÉE DIGESTIBLE PAR HECTARE	MATIÈRE AZOTÉE DIGESTIBLE en excédent sur trèfle rouge
		kilogr.	kilogr.	kilogr.	kilogr.	kilogr.	kilogr.
	Trèfle rouge : 2 coupes. . . .	25.000	30	750	17	425	
1re sole.	Colza d'hiver	50.000	28	1.400	20	1.000	
	Betteraves fourragères-racines.	50.000	11	550	11	550	
	— collets et feuilles.	16.000	19	304	12	192	
		116.000		2.254		1.742	+ 1.317
3e sole.	Vesce velue et seigle. . . .	30.000	23	690	14	420	
	Moha vert de Californie (en fleur).	20.000	31	620	18	360	
		50.000		1.310		780	+ 355

Et c'est *ici* surtout qu'apparaissent les résultats favorables des récoltes de haut rendement et leur supériorité sur notre fourrage-type.

Le tableau C nous montre en effet ce que peuvent produire (et ce que nous obtenons personnellement) en matière azotée digestible le colza d'hiver et la betterave, la vesce velue avec seigle et le moha, cultivés successivement sur les première et troisième soles de l'assolement quadriennal suivant :

1	2	3	4
1 Colza d'hiver 2 Betteraves	Blé d'hiver	Vesce velue et seigle Moha	Blé d'hiver

C'est un excédent sur le trèfle rouge de 1.317 et 355 kilogrammes correspondant à 210 et 56 kilogrammes d'azote, extraits ou ramenés pour le colza surtout des profondeurs extrêmes du sous-sol, sans préjudice de celui que la pratique affirme venir de l'atmosphère.

La matière azotée brute totale des deux soles $\frac{2254 + 1310}{6,25} = 570$ kilogrammes azote, et équivaut à 38 tonnes de foin à 15 0/00 soit 19 tonnes par hectare. C'est en outre, rien que pour les deux cultures hivernales, une production fourragère de 80 tonnes presque entièrement soustraite à l'influence de la sécheresse et de nature à régulariser l'entretien du bétail.

TABLEAU D. — Matière sèche par hectare en kilogrammes.

DEUX CULTURES PAR HECTARE

	NATURE DES RÉCOLTES	RENDEMENT PAR HECTARE	MATIÈRE SÈCHE 0/00 kilogrammes vert	MATIÈRE SÈCHE PAR HECTARE	MATIÈRE SÈCHE DIGESTIBLE 0/00 kilogrammes vert	MATIÈRE SÈCHE DIGESTIBLE PAR HECTARE	MATIÈRE SÈCHE DIGESTIBLE en excédent sur trèfle rouge
		kilogr.	kilogr.	kilogr.	kilogr.	kilogr.	kilogr.
	Trèfle rouge : 2 coupes.	25.000	196	4.900	108	2.700	
1re sole.	Colza d'hiver	50.000	141	7.050	83	4.150	
	Betteraves fourragères-racines.	50.000	120	6.000	112	5.600	
	— collets et feuilles.	16.000	95	1.520	54	854	
		116.000		14.570		10.604	+ 7.904
3e sole.	Vesce velue et seigle. . . .	30.000	150	4.500	85	2.550	
	Moha vert de Californie (en fleur).	20.000	250	5.000	139	2.780	
		50.000		9.500		5.330	+ 2.630

Le tableau D accuse plus encore la différence entre le trèfle et les groupements ci-dessus; au lieu de 2.700 kilogrammes de matière sèche digestible fournie par le trèfle, les première et troisième soles en produisent 10.604 et 5.330 kilogrammes, soit une augmentation de 7.904 et 2.630 kilogrammes.

La matière sèche totale de chacune des deux soles 14.570 et 9.500 kilogrammes surpasse celle du trèfle 4.900 kilogrammes de 9.670 et 4.600 kilogrammes, et donne une idée de la restitution possible et de la matière humique qu'elle met à la disposition des récoltes ultérieures activées au surplus, quant aux céréales, par une addition d'acide phosphorique.

C'est donc bien d'une culture intensive des fourrages de haut rendement qu'il s'agit ici ; sans irrigation, sans eaux d'égout, les 11.600 kilogrammes et 50.000 kilogrammes des première et troisième soles, moyenne 83.000 kilogrammes, représentent une production végétale qui égale et même surpasse en poids normal les plus réputées des productions permanentes (70.500 kilogrammes vert en moyenne et 16.000 kilogrammes foin. — M. Hérisson, *Irrig. vallée du Pô)*, telles que les prairies de Craigentinny (Edimbourg) ou même les marcites milanaises, qui ne doivent leurs coupes nombreuses et abondantes qu'à leur climat spécial, à d'énormes fumures annuelles (50 tonnes fumier par hectare) et à la richesse des eaux constamment employées.

Une objection toutefois peut être tirée de la masse même des produits obtenus et de la somme d'engrais exigée pour le maintien et même l'accroissement de la fertilité du sol. Nous répondrons que la paille des deux soles de blé (à 14 0/0 d'eau sur un total de 9.000 kilogrammes, soit à l'état sec 7.740 kilogrammes) jointe aux 24.070 kilogrammes de matière sèche précédemment établie permettra (X, 2) la fabrication de 63.620 kilogrammes de fumier, soit près de 16.000 kilogrammes par hectare et par an, sans compter l'acide phosphorique ajouté; qu'en l'état de la science, qui ne nous a point encore fixés sur la proportion des emprunts faits aux différentes sources par les plantes considérées, il y a lieu de tenir la restitution pour suffisante et d'attendre que la terre elle-même ait parlé avant de l'augmenter.

Nous ajouterons que les résidus de végétation laissés par ces plantes apportent également leur contingent de matière nutritive. Le docteur Weiske a trouvé en effet pour le colza et sur $0^m,26$ seulement de profondeur, un poids à l'état sec de 4.986 kilogrammes contenant 63 kilogrammes d'azote (*loc. cit.*). Le système radiculaire s'étendant à plus de $1^m,75$ (MM. Muntz et Girard, *Engrais*, I, 45) et opérant plus particulièrement à partir de $0^m,75$ de la surface, on peut juger des éléments mobilisés, qu'ils viennent uniquement du sol ou pour partie de l'atmosphère. Les feuilles et collets de la betterave peuvent aussi s'employer comme fumure et 20 tonnes de ces déchets fourniront 60 kilogrammes d'azote avec la potasse et l'acide phosphorique correspondants (*id.* 148). La betterave, le moha et la vesce ne laisseront pas que d'apporter en outre un poids de radicelles appréciable qu'enrichiront les nodosités de la légumineuse. C'est donc un minimum de 123 kilogrammes d'azote du stock naturel ou des fumures antérieures qui retourne directement au sol avec supplément de matière organique, et avec la fumure quadriennalle à 5 kilogrammes d'azote 0/00, une restitution totale de 438 kilogrammes d'azote.

La question du prix de revient est plus délicate; si, toutefois, comme dans notre comptabilité, on fait masse de la rente, du coût des attelages, des frais généraux spéciaux et de la fumure de fonds pour être répartie par quart ou par huitième, selon que la sole comprend une ou deux cultures, et si l'on joint l'épandage, les semences, la semaille et la coupe (0.50 0/00 kilogrammes), on obtient environ les chiffres ci-après :

Trèfle rouge.	13 fr. 46	0/00 kilogrammes	vert.
Moha.	8 fr. 25	—	—
Vesce velue et seigle .	7 fr. »	—	—
Colza d'hiver	3 fr. 55	—	—

la betterave chargée seulement de son huitième de fumure et d'un supplément de 200 francs pour plants et main-d'œuvre, ressortirait elle-même à 6 fr. 88 0/00 kilogrammes.

A noter pour ordre seulement le bénéfice pour la terre d'un travail plus fréquent du sol, alors qu'avec le trèfle elle reste dix-huit mois et même deux ans sans culture.

Conclusions.

I. — La culture du trèfle doit être maintenue dans les assolements. — En cas d'insuccès provenant du sol ou du climat, elle doit être remplacée par une légumineuse hivernale.

II. — Les racines fourragères, les maïs de la jachère verte peuvent et doivent être précédés d'une plante rustique et à évolution rapide qui paralyse, ainsi que les autres cultures d'hiver, l'entraînement des nitrates par les eaux pluviales, et assure, au besoin par l'ensilage, concurremment avec la légumineuse de la rotation et la plante dérobée qui la suit, l'entretien d'un nombreux bétail contre les effets désastreux d'une sécheresse persistante.

M. ROHR

Vétérinaire en 1er au 17e Régiment d'artillerie, Lauréat du Ministère de la Guerre, à La Fère.

LA PRODUCTION CHEVALINE DANS LE DÉPARTEMENT DE L'AISNE

[636.1 (44.34)]

— *Séance du 6 août* —

TOPOGRAPHIE DU DÉPARTEMENT. — RESSOURCES FOURRAGÈRES. — POPULATION CHEVALINE ET IMPORTANCE DE LA PRODUCTION. — GÉNITEURS. — MODE D'ÉLEVAGE. — APTITUDES. — CONCLUSIONS.

Comme toute industrie, la production chevaline suppose un bénéfice à celui qui la pratique, sinon elle disparaît parce que les éléments de cette production deviennent plus rémunérateurs employés dans un autre but. C'est ainsi qu'elle peut diminuer et même être annihilée dans un milieu, serait-il favorable par son climat et son genre de culture.

Pour traiter cette question, on doit donc envisager tout d'abord la dispotion topographique, les ressources fourragères.

Topographie. — La forme générale du département est comparée à celle d'une poire dont la base toucherait au nord à la Belgique et au département du Nord; à l'est, à celui des Ardennes; à l'ouest, à celui de la Somme. La moitié inférieure, terminée en pointe, est bordée à l'est, par le département de la Marne, à l'ouest, par ceux de l'Oise et de Seine-et-Marne.

Vers le nord-est, sont les points les plus élevés, on trouve là les contreforts des Ardennes qui s'abaissent graduellement par la Thiérache, sur l'ouest et le sud, pour se perdre dans une vaste plaine inclinée du nord au sud. Cette plaine, continuation de celle de la Champagne, entre vers le milieu Est et se prolonge au delà de Saint-Quentin, en passant au nord de Laon. Les vallées de la Serre et de l'Oise représentent l'altitude la plus inférieure. Tel est le nord du département.

Le sud a un aspect tout différent, ce sont des plateaux découpés par de profondes vallées, dont l'altitude augmente dans le Soissonnais et devient supérieure vers le Tardenois et la Brie.

Ces plaines, plateaux et vallées laissent prévoir combien, au point de vue géologique, les formations sont variées.

Le terrain crétacé supérieur occupe une grande partie de la région située au nord de Laon ; les craies glauconieuses, marneuses, à silex affleurent en Thiérache, les craies grises et blanches, dans la plaine.

Le terrain tertiaire est au sud de Laon. Les montagnes ont l'argile plastique à leur base et sont constituées en grande partie par les sables de Cuise et les sables nummulites ; elles ont comme couronnement les assises de calcaires grossiers et quelques lambeaux de sable et grès de Beauchamps.

Vers le Tardenois et la Brie, plus au sud, et au fur et à mesure que l'altitude augmente, reposent, sur les sables de Beauchamp, les marnes, gypse et glaises vertes.

Les terrains quaternaires sont représentés par les cailloux roulés, dans les vallées de l'Oise, de la Serre, de la Marne ; les grès calcaires, dans celle de l'Aisne, et le limon, sur les plateaux. Les trois grandes rivières, l'Oise, l'Aisne et la Marne, ont un bassin d'alimentation de roches peu perméables ; comme leur cours est assez sinueux, les débordements sont fréquents et ont pour résultats les atterrissements ou alluvions modernes. La tourbe est en plusieurs points des vallées de la Somme, de la Souche et de l'Ailette.

Les nombreux cours d'eau qui sillonnent le département donnent naissance à des vallées très importantes, constituées en prairies ou pâturages ; telles sont celles de la Somme, de l'Oise, de la Serre, de l'Ailette, de l'Aisne, de la Vesle, de l'Ourcq et de la Marne.

Le sol, à épaisseur variable, se rapproche comme composition de la nature de son sous-sol, argilo-siliceux, formé généralement par le limon des plateaux. Ces terres compactes dans la partie nord-est du département et au sud de Laon, où l'argile domine, sont plus légères dans la plaine et deviennent argilo-calcaires, silico-calcaires, silico-argileuses, vers le milieu Est du département : Neufchatel, Rozoy, Sissonne, puis Saint-Quentin et le Catelet.

Ressources fourragères. — L'étendue du département est de 736.727 hectares, dont 560.000 environ sont en terres labourables et 66.349 en prairies naturelles ou herbages.

On pressent ce qu'est la culture avec ces terrains variés, favorables.

Voici, résumée dans ce tableau, la production fourragère qui nous intéresse :

NATURE DES RÉCOLTES (1898)	NOMBRE D'HECTARES cultivés	PRODUIT d'un HECTARE	PRODUIT TOTAL en QUINTAUX
		H. L.	
Froment	146.608	22.69	3.326.535
Avoine	98.551	31.42	3.096.472
Prairies naturelles et herbages . .	67.329	26.5	1.784.218
Trèfle.	13.105	43.30	568.625
Luzerne.	34.249	50.6	1.732.999
Sainfoin	7.994	37.5	299.775
Autres fourrages.	17.145	33.8	579.501

Les sucreries, nombreuses dans les arrondissements de Laon et de Saint-Quentin, le sont beaucoup moins dans ceux de Soissons, Vervins et Château-Thierry. Partout où elles existent, la betterave et le blé sont les productions exclusives. Les autres régions récoltent l'avoine, les fourrages artificiels, ou ont leurs terres en prairies et herbages.

Les *herbages* étendus dans le nord et surtout le nord-est du département comprennent la plus grande partie de l'arrondissement de Vervins. Les cantons d'Hirson, Le Nouvion, La Capelle et Vervins en sont presque exclusivement constitués; on en rencontre aussi dans ceux de Guise, Aubenton, Sains et Versigny.

A vol d'oiseau, l'aspect de la Thiérache est des plus agréables. L'ensemble est une suite de plateaux entrecoupés de vallées plus ou moins profondes, arrosées par des cours d'eau de peu d'importance, près de leur source. Le tout est une vaste verdure, plantée d'arbres fruitiers, divisée par des haies vives; quelques barrières mobiles, çà et là, permettent de changer les animaux de pâture. Des bovins à l'engrais et des vaches laitières paissent paisiblement. Parfois, quelques poulinières et poulains y prennent leurs ébats, mais trop rarement du côté de La Capelle et du Nouvion, où, depuis l'intallation des laiteries modernes qui fabriquent un beurre supérieur très gouté, les vaches laitières deviennent plus nombreuses. Les plantes appartiennent aux bonnes espèces et sont très favorables à la production du lait, bien que manquant de phosphates dans quelques régions.

La couche de terre végétale, peu épaisse, recouvre un sous-sol argileux assez puissant qui entretient une humidité favorable à la végétation des plateaux et permet, autre avantage, d'installer dans chaque enclos un abreuvoir, qu'on obtient aisément en creusant une tranchée avec rampe jusqu'au niveau d'eau, à $1^{m},50$.

Cette constitution avantageuse lorsqu'il s'agit des didactyles, ne l'est plus autant pour les monodactyles qui, dans leurs mouvements, enlèvent l'herbe fine de ce sol toujours humide, friable, et tendent à transformer ces pâturages en parcours.

Le *foin* récolté n'est pas livré au commerce, mais conservé pour l'entretien des animaux de la ferme durant l'hiver. On l'obtient sur environ un cinquième de la propriété, correspondant le plus souvent à une ou deux pâtures sur lesquelles ont été déversés les engrais et où le bétail n'est amené qu'après le fauchage. A ce foin s'ajoute celui des renuages, composé de touffes d'herbes délaissées par les animaux, là où les excréments sont tombés.

Dans les environs de Vervins, Aubenton et Guise, la nature du terrain diffère : le sol moins argileux, moins humide, plus résistant, supporte mieux le pied des poulinières; quelques champs sont ensemencés en avoine, ce que l'on ne rencontre pas dans les cantons de La Capelle et du Nouvion.

Les vallées, assez nombreuses, donnent un foin très variable. Le meilleur est celui des environs de La Fère ; encore trouve-t-on là, à côté de bons foins formés des meilleures espèces de graminées à tiges assez fines, des foins composés d'espèces peu nutritives, grossières, qui croissent sur des sols marécageux. Celui de la vallée de la Serre est inférieur au précédent : souvent plat, sa composition botanique est trop uniforme. Quelques lots sont propres à la consommation dans la vallée de l'Aisne, mais l'ensemble est plutôt grossier et les joncées communes; le sol est du reste marécageux et parfois tourbeux. Le même foin se rencontre dans les vallées de la Somme, de l'Ailette et de la Souche.

La *luzerne* de très belle qualité, est récoltée partout. Elle est livrée au commerce et produite en quantité dans le Soissonnais, le sud du département et dans les environs de Marle. Cette culture augmente chaque année.

La superficie ensemencée en avoine était de 101.938 hectares en 1887, et faisait classer le département le cinquième de toute la France, après l'Eure-et-Loir, la Marne, la Seine-et-Marne et la Somme. Le rendement assez élevé était de 32^{hl}, 10 à l'hectare en 1886 et de 30^{hl}, 82 en 1887, c'est à ce point de vue une des régions les plus avantagées; il n'en est toutefois plus de même de la valeur qui n'était à cette époque que de 7 fr. 11 l'hectolitre, alors que, dans 77 départements, elle était supérieure. Le poids moyen, variable suivant les années, était de 47^{kg}, 70 en 1886 et 48^{kg}, 22 en 1887.

Le Soissonnais, le sud et l'est du département livrent au commerce, les autres régions ne produisent guère que pour la consommation locale ; quelques grands cultivateurs trouvent même plus avantageux de récolter la betterave à sucre que l'avoine pour leurs chevaux.

C'est à peu d'exception près une avoine blanche ou jaune, les variétés noires et bigarrées sont en moindre quantité et ne se rencontrent que dans l'Est, le Soissonnais et vers le sud, en gagnant sur la Brie. Celles du Soissonnais et des environs de Château-Thierry sont supérieures comme qualité, leur poids est couramment, dans les bonnes années, de 45 à 49 kilogrammes; viennent ensuite les avoines de Marle, plus ordinaires, et celles de Saint-Quentin, légères, pesant 45 à 46 kilogrammes dans les années favorisées.

Ce rapide aperçu nous laisse entrevoir que les régions indiquées pour faire naître le cheval et même l'élever, sont l'arrondissement de Vervins, une partie de la vallée de l'Oise et les environs de Caulaincourt.

Population chevaline et importance de la production. — La population chevaline était en 1898 de 77.013. Elle tend à augmenter légèrement comparativement à l'année 1894, 72.999 chevaux. En 1892 ce nombre était de 81.413, chiffre qui n'a pas été atteint depuis.

21.000 sont reconnus propres à rendre des services dans l'armée en cas de guerre : 11.000 en qualité de chevaux de gros trait, 7.000 pour le trait léger et 3.000 pour la selle.

On se reporte beaucoup sur les bovins qui font les charrois lourds, se nourissent économiquement de pulpes, et, comme vaches laitières dans les pays de pâturages, donnent un rendement plus certain et moins aléatoire. En 15 ans, le nombre des bœufs, taureaux, vaches, génisses et veaux a subi une augmentation de près de 25.000 têtes ainsi réparties proportionnellement : 12 0/0 en plus de bœufs et taureaux, 11 0/0 de vaches et génisses, 88 0/0 de veaux. Une autre preuve réside dans ce que depuis l'année malheureuse de 1892, le bétail est arrivé actuellement à son chiffre normal des bonnes années, alors que les équins sont en nombre inférieur.

On compte 14.881 chevaux âgés de moins de six ans, ainsi répartis par 100 hectares dans chaque arrondissement : Saint-Quentin 37, Vervins 36, Soissons 5 et Chateau-Thierry 5. Il y a 6 à 8 juments par hectare dans les arrondissements de Vervins et de Saint-Quentin, 4 dans celui de Laon et 2 seulement dans les autres. Sur 100 chevaux existant dans le département, on compte 6 entiers, 50 hongres et 44 juments.

Par arrondissement la proportion est la suivante :

ARRONDISSEMENTS	SUR 100 CHEVAUX DE CHAQUE ARRONDISSEMENT IL EXISTE		
	ENTIERS	HONGRES	JUMENTS
Laon	6	51	43
Saint-Quentin	6	47	47
Vervins	9	31	60
Soissons	7	69	24
Château-Thierry	5	67	28

L'arrondissement de Vervins est le plus favorisé, ceux de Saint-Quentin et de Laon ont un tiers de juments de moins que le précédent, ceux de Soissons et Chateau-Thierry deux tiers.

La production chevaline du département a, comme on peut en juger, son importance. Elle est surtout localisée dans la région des pâturages et prairies des arrondissements de Vervins, de Saint-Quentin et Laon.

Partout ailleurs on ne fait naître qu'exceptionnellement, la préférence est donnée à l'élevage du poulain acheté à 18 mois qui rend assez tôt quelques services dans la petite culture; on n'a pas ainsi à nourrir les juments pleines dont la vigueur n'est généralement plus suffisante pour les travaux fatigants.

Géniteurs. — Étalons — Les haras installent chaque année 8 stations d'étalons, 5 dans l'arrondissement de Vervins, 2 à Saint-Quentin et 1 dans l'arrondissement de Laon, à Rozoy-sur-Serre, elles comprennent 42 étalons, dont 1 pur sang, 20 demi-sang et 21 étalons de trait. On compte officiellement 44 étalons approuvés, 14 autorisés et 30 acceptés comme exempts de cornage et de fluxion périodique.

Les étalons des haras sont appréciés. Les deux pur sang, Sirop et Hara-Kiri, ont eu plusieurs produits primés dans les concours. Parmi les bons demi-sang qui se sont imposés, nous citerons en première ligne: Océan, Harpon, Garçonnet et Joas, A citer également un pur sang autorisé: Revolver.

Presque tous les étalons demi-sang sont trotteurs. Les étalons de trait des haras sont percherons et boulonnais.

Les produits de Garçonnet, Harpon et Revolver ont soutenu des courses heureuses avec les trotteurs de M. le duc de Vicence.

Le haras de Caulaincourt détenait des étalons trotteurs anglo-normands, russes et américains, dont les produits arrivèrent avec honneur sur les hippodromes du département, à Saint-Quentin, La Capelle et Laon. Les étalons de trait autorisés et acceptés qui parcourent la région sont des métis de race ou variétés différentes: percherons, boulonnais, belges, normands.

Juments poulinières. — Des 34.797 juments du département, 9.780 sont saillies, soit un peu plus du quart, 1080 sont présentées aux étalons pur-sang ou demi-sang des haras et 900 aux pur sang et demi-sang approuvés ou autorisés, au total, 1980 juments saillies par des étalons ayant du sang; la plupart sont dans les vastes pâturages de la Thiérache, les prairies de la vallée de l'Oise et celle de l'Omignon à Caulaincourt; 7.800 sont destinées au trait et disséminées dans le département chez quelques petits cultivateurs dont les travaux peu fatigants, permettent d'entretenir la poulinière tout en l'utilisant au travail.

Le climat, les pâturages, la production agricole et même le genre de travaux réclamés par l'agriculture font de l'arrondissement de Vervins et des localités de la vallée de l'Oise, un pays favorable à la production du cheval de guerre ; examinons ce que sont les juments de cette région.

La race ardennaise, qui prédominait à une certaine époque, disparut en partie lors des réquisitions et des guerres du Premier Empire, puis fut absorbée par les croisements belges, boulonnais et percherons.

On retrouve encore quelques traces de cette époque chez certains chevaux de petite taille, de robe isabelle ou pie, rappelant le croisement de la jument ardennaise avec les chevaux de la cavalerie russe qui séjourna dans le pays de 1814 à 1815.

Un petit cheval très endurant, facile à nourrir et ayant quelques caractères de l'ardennais, à profil concave, médioligue, se rencontre encore. De vente peu courante, par suite de sa taille, il est conservé dans le pays et suffit aux travaux légers, allant au marché voisin ou chercher le lait deux fois par jour dans les pâtures. La petite taille ne se modifie pas toujours facilement par l'anglo-normand et on rencontre encore dans le métissage des phénomènes d'atavisme qui la ramènent ou qui parfois montrent une sorte d'hérédité prépondérante à ce sujet chez la jument. Nous connaissons un de ces chevaux, genre double poney qui ne dépassera pas 1^m 46, bien qu'il soit le produit d'un mariage consanguin entre le père, demi-sang trotteur des haras ayant 1^m 56 et sa fille de petite taille.

Avant 1880, les juments étaient livrées aux étalons appartenant à des particuliers. L'un d'eux avait un haras assez important comprenant 3 à 4 chevaux de demi-sang, 2 norfolks et des chevaux de trait belges, boulonnais et percherons. Deux anglo-normands laissèrent dans le pays quelques bons produits.

Telle était la variété très hétéroclite de la population chevaline lorsque les haras entreprirent d'en diriger la production.

Des concours hippiques furent organisés ; plus tard, les courses de Saint-Quentin, La Capelle et Laon complétèrent l'élan donné. Plusieurs propriétaires fortunés et éleveurs-amateurs ne regardèrent pas à la dépense pour montrer l'exemple et contribuèrent à développer la bonne impulsion donnée. Ce furent du reste les premiers récompensés et, comme un grand mérite leur revient, nous citerons parmi ceux-ci : MM. Dehon, Charles Blin, Devouge, Launois, Eugène Loncle, etc. etc. Un vétérinaire de Vervins, M. Lapérière, fut un des plus actifs dès la première heure et a toujours continué son dévouement éclairé. Quelques-uns introduisirent des juments anglo normandes de bonne marque, mais la plupart opéraient avec leurs seules ressources. Le bon résultat ne fut pas long à constater ; malheureusement, plusieurs impatients eurent trop vite recours au pur sang, gâtèrent leurs produits et se découragèrent.

Actuellement, beaucoup de poulinières peuvent unir leur influence à celle de l'étalon et, avec le demi-sang, les produits sont assurés; le pur-sang sera un bon croisement, sous condition de n'en user qu'à bon escient, lorsque la conformation irréprochable de la jument et ses origines certaines le permetteront, il faudra opérer en un mot par sélection.

Depuis 15 ans, le progrès est très sensible et les juments classées premières au début des concours hippiques auraient bien de la peine à obtenir actuellement une toute dernière mention un peu honorable. Un temps d'arrêt se manifeste cependant.

Aux différents concours hippiques, on constate plus d'étoffe chez les pouliches et poulains des environs de Guise, ceux de Vervins ont plus de sang, ainsi que l'atteste encore les dernières courses de La Capelle où les 2.000 mètres, au trot monté, ont été franchis en 5' 1" par le cheval de Vervins arrivé premier et en 6' 3" par celui de Guise.

Le plus important haras de l'arrondissement de Saint-Quentin était à Caulaincourt, 75 reproductrices donnaient annuellement de 50 à 60 poulains demi-sang trotteurs.

Les poulinières provenaient de croisement entre les races américaines, russes et trotteurs anglo-normands, les produits, dont beaucoup sont encore dans le pays, se ressentent beaucoup de ce mélange, l'allure est vite, mais peu régulière et la conformation est parfois loin d'être suivie; quelques-uns cependant sont assez réussis, bien vendus ou achetés par la Remonte.

Le cheval de trait produit dans le département n'a de la race picarde que le nom, il représente un mélange inconscient du boulonnais, du flamand et du belge.

Dans le Soissonnais et le sud du département, on élève de préférence; les chevaux sont achetés à dix-mois dans le département ou dans les environs, ce sont des variétés boulonnaises, flamandes, picardes et belges. Avoinés jusqu'à leur complet développement, ils restent dans le pays, ou approvisionnent les marchés de Paris; ceux de robe grise passent souvent par la Beauce pour être perchisés. La plupart des grands agriculteurs intéressés dans les sucreries préfèrent acheter le cheval fait de 5 ans prêt à supporter les durs charrois de la culture betteravière.

Mode d'élevage. — Dans les pâturages de l'arrondissement de Vervins, une partie de la vallée de l'Oise, les poulains sont jour et nuit dehors durant la belle saison, et rentrés vers la fin de l'automne pour l'hiver. Les fourrages, en général assez pauvres en sels calcaires, favorisent peu la précocité; sur les conseils réitérés des vétérinaires, on y remédie par les phosphates comme engrais ou ajoutés aux rations.

L'avoine est souvent donnée avec trop de parcimonie, les personnes compétentes ne cessent cependant de répéter combien est grande l'action d'une bonne alimentation sur la réussite des produits.

L'éducation laisse à désirer, on n'aime pas suffisamment le cheval qu'on rend ombrageux et même méchant en lui parlant durement et en le corrigeant au moindre écart.

Caulaincourt, près de Vermand, possédait il y a quelques années un haras appartenant à M. le duc de Vicence. Les produits sont restés, en grande partie, dans la région, et à ce titre il est utile de rappeler ce que fut cette propriété.

Elle comprend de vastes prairies traversées par un ruisseau, des granges, remises et bâtiments quelconques transformés en sorte d'écuries, un manège non couvert et une piste d'entraînement. Les bas côtés des routes qui aboutissent à la localité servaient aux promenades.

Poulinières et poulains étaient en liberté de 9 heures du matin à 5 heures du soir. Les poulinières vides recevaient par jour 7 litres d'avoine, une botte de foin et la paille de litière; les suitées avaient en plus 3 litres d'avoine et deux fois par semaine un mash composé de son, avoine, graine de lin. Les étalons au repos mangeaient 8 litres d'avoine et 12 litres à l'époque des saillies. Les poulains, sevrés vers 4 ou 5 mois, étaient groupés par 15 ou 20 dans des écuries peu spacieuses et mangeaient environ 5 litres d'avoine; la ration était de 6 litres à un an et de 8 litres à 2 ans; dès le commencement du travail, vers 2 ans et demi, elle était de 10 à 12 litres.

Les chevaux soumis à l'entraînement faisaient en principe chaque jour une promenade au pas de 2 heures et demie et tous les deux jours un temps de trot supplémentaire. Ainsi, lundi, 2 heures et demie de pas; mardi, le trot de 3.000 mètres à une allure progressivement accentuée de vitesse; mercredi, promenade au pas; jeudi, trot de 4.000 mètres, entamés modérément pour terminer à une vive allure. Quinze jours avant les courses, on « ouvre les poumons » en les soumettant le jeudi à un parcours, non plus de 4.000 mètres d'une allure progressive, mais de deux fois 1.500 mètres à toute vitesse. Ces trotteurs étaient remarqués avec juste raison.

Partout ailleurs les soins donnés aux juments en état de gestation sont généralement négligés. Le poulain accompagne sa mère à la pâture de la commune après l'hivernage, là où la vaine pâture est praticable. On élève aussi beaucoup à l'écurie.

Dès l'âge de 2 à 3 ans, les jeunes animaux sont attelés à l'aide d'un collier un peu lourd qui convient cependant pour les travaux assez durs de l'agriculture. Les charrois, généralement pénibles, déterminent des tares avant l'âge de 5 ans.

La nourriture consiste en bon vert donné à discrétion en été; en automne, alors que les travaux sont pénibles et continuels, on ajoute une forte ration de grains; le foin et les fourrages des prairies artificielles sont distribuées en hiver.

Les habitations laissent beaucoup à désirer au point de vue hygiénique et les soins sont assez négligés.

APTITUDES. — Onze cent quatre-vingt produits environ naissent de juments croisées avec le demi-sang ou le pur sang. La plupart sont dans les arrondissements de Vervins et de Saint-Quentin et pourraient être élevés pour l'armée.

En prenant une moyenne annelle des chevaux livrés aux commissions d'achat depuis 10 ans (1882-1891), nous relevons une proportion de 2 chevaux de tête, 3 de réserve, 11 de ligne, 8 de légère et 24 d'artillerie dont 11 de selle, soit au total 48 chevaux. Comparée aux autres départements, l'Aisne tient à ce point de vue le 37e rang.

Les chevaux de Vervins et de La Capelle ont du sang; lors des courses de La Capelle, ils ont mis 1m. 2s. de moins que ceux de Guise à parcourir au trot monté les 2.000 mètres d'épreuve ; le trait léger domine, plusieurs ont assez de branche et de la silhouette pour remonter les officiers d'artillerie, quelques-uns seraient avantageusement classés dans les dragons.

Le travail des champs n'exige pas un cheval lourd et chaque cultivateur a dans sa ferme des chevaux à deux fins qui ont de la vitesse; il n'est pas rare de les voir passer à toute allure, c'est presque une habitude prise pour celui qui est un peu fier de sa modeste écurie.

Ceux de Guise sont plus étoffés et arrivent difficilement à la conformation du cheval de selle, le bon cheval d'artillerie domine, malheureusement les membres ne sont pas toujours en rapport comme ampleur et fermeté avec le corps ; la culture demande plus de gros dans cette région et les produits s'en ressentent.

Les chevaux de Caulaincourt ont beaucoup de sang et sont bien classés dans la ligne et la légère, beaucoup ont la croupe courte et avalée du russe ou celle commune mais puissante de l'américain, les membres sont d'acier, leur allure est extraordinaire mais aux dépens de la régularité, la plupart sont enlevés et levrettés.

Dans les autres régions, on n'élève guère que le cheval de trait.

Transactions commerciales. — Il n'existe pas de marchés aux chevaux proprement dit. Lors des foires annuelles des chefs-lieux de canton, les marchands amènent un nombre assez élevé de chevaux de trait ; les bons chevaux à deux fins n'y paraissent pas ; ceux exposés sont tarés.

Les marchés mensuels qui suivent la sortie des pâturages sont en général les plus importants.

Depuis quelques années, on choisit la veille ou le lendemain des courses, pour mettre en rapport là où elles ont lieu, consommateurs et producteurs. Ces efforts très louables n'ont pas donné grand résultat.

L'achat des bons produits est fait directement par des marchands qui parcourent le pays. Il y a quelques années, beaucoup de chevaux de 3 ans, la plupart de trait léger, d'artillerie, ont été emmenés en Belgique, disait-on, mais plutôt, paraît-il en Allemagne. On choisissait de préférence les primés aux différents concours ; c'était en effet une indication certaine qui montre combien on doit être sobre de ces récompenses qui semblent n'avoir été jusqu'ici qu'un certificat de plus-value et un appel à l'acheteur ; de bonnes pouliches d'avenir ont ainsi disparu l'année même du concours.

Des primes de conservation sont, il est vrai, distribuées, mais probablement jugées insuffisantes, puisqu'elles ne donnent pas le résultat qu'on pouvait en attendre. Les remontes achètent peu, soit parce que les chevaux présentés ne réunissent pas toujours les qualités requises ou que le nombre des achats est par trop limité ; dans ce dernier cas, quelques bons produits restent, ce qui décourage l'éleveur. Il ne faudrait pas en conclure cependant que la production soit absolument inférieure, car souvent les réussis sont vendus avantageusement dans le commerce avant d'avoir été présentés aux commissions.

Conclusions. — Plusieurs régions du département réunissent les conditions désirables pour faire naître et élever le cheval.

La population équine est avantageusement modifiée depuis 15 ans ; les dépenses, assez élevées, de 35 à 40.000 francs, que le département et l'État se sont imposées, ont eu un certain résultat, il serait réellement regrettable de ne pas réagir contre le découragement qui se manifeste depuis quelques années.

Le cheval de guerre est délaissé, ainsi qu'il résulte officiellement de ce passage d'un rapport des comices : « Les primes départementales affectées aux étalons de trait sont décernées suivant les règles établies et sont de la plus grande utilité actuellement, car on paraît revenir à l'élevage du cheval de trait. » La préférence est aussi à la boviculture qui exige moins de soins et dont le rendement est plus certain.

Cette opinion générale que le cheval de remonte est de vente trop aléatoire, n'est pas formulée à la légère, car aujourd'hui l'agriculture a de véritables connaissances en économie rurale et l'esprit de comptabilité lui est acquis.

Les encouragements n'ont pas eu l'influence qu'on en espérait, ils sont insuffisants lorsqu'il s'agit du cheval de selle ; par contre, on récompense le cheval de trait qui est un cheval de commerce, de vente courante et d'un bon rapport. L'entretien des étalons de trait par les haras nous semble aussi une dépense qu'on pourrait éviter ; les sociétés d'agriculture et les départements les surveilleraient fort bien et même plus économiquement en plaçant les étalons en dépôt chez des cultivateurs où ils rendraient des services.

Le cheval propre au service de l'armée, est donc le seul à prendre en tutelle.

Récompenser le résultat en payant largement le cheval réussi, disséminer le plus possible les connaissances techniques de cette production, éviter que l'étranger ou le commerce n'enlève les poulinières d'origine et d'un bon modèle, telles sont les données générales qui assureront l'avenir.

Quant aux moyens d'exécution, il y aurait peu à ajouter aux idées émises dans le rapport de la Commission des Remontes de 1890 qui avait à donner son avis sur les différentes réformes proposées par M. Casimir-Perier.

M. A. LECLÈRE

Ingénieur en chef des Mines, au Mans

EXPLORATION GÉOLOGIQUE DES PROVINCES CHINOISES VOISINES DU TONKIN

[951.3+959.9]

— *Séance du 2 août* —

La mission que j'ai remplie au Tonkin et dans la Chine méridionale, du 5 décembre 1897 au 15 juillet 1899, avait pour objet l'étude des provinces chinoises voisines du Tonkin, au point de vue du trafic que leurs ressources minérales pourraient apporter aux voies ferrées qui doivent prolonger les lignes de l'Indo-Chine.

Le but technique de mon voyage ne pouvait être atteint que par une exploration géologique d'ensemble. Les travaux classiques de M. de Richthofen s'étant arrêtés au Fleuve Bleu, et l'exploration de M. von Loczy n'ayant pas pénétré dans la région comprise entre ce cours d'eau et le Fleuve Rouge, la tâche qui m'incombait devait être une œuvre nouvelle dont je vais essayer de résumer les résultats.

J'indiquerai tout d'abord que pour préciser la position géographique des localités, le lecteur peut se reporter, non seulement au croquis ci-contre, mais aussi à la carte récente du capitaine Friquégnon, publiée par le Service Géographique du Ministère des Colonies.

Renseignements antérieurs. — Pour éviter toute confusion il est nécessaire de rappeler l'état de la question au moment de mon départ de France.

Au point de vue minier, divers explorateurs avaient déjà formulé, sur la valeur économique de la Chine méridionale, des appréciations que mon voyage a pour la plupart confirmées en les expliquant.

L'existence d'importantes richesses minières, qui paraissaient consister

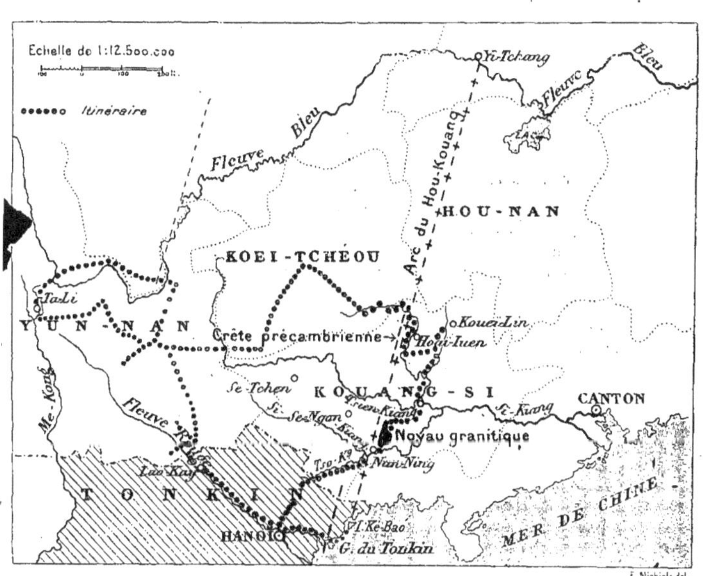

principalement en gisements métallifères exploités déjà depuis très longtemps par les Chinois, a été, je crois, signalée pour la première fois en Europe par le baron F. von Richthofen. On en trouve l'énumération dans une conférence qui a été faite à la Chambre de Commerce de Shang-Haï, par le célèbre géologue allemand, et qui m'a été communiquée par M. Henri Cordier.

Dès les débuts de l'établissement de la France au Tonkin, l'importance minière du Yun-Nan a été de nouveau sigalée par M. Dupuis. Elle a été surtout mise en lumière par M. Rocher. Son livre couronné par l'Académie française, contient une multitude de documents des plus précieux aussi bien sous le rapport historique que sous le rapport minier. Ces documents sont dus à une expérience exceptionnelle acquise pendant un long séjour au Yun-Nan, à la fin de la révolte musulmane. M. Rocher, qui a été le premier consul de France à Mong-Tze, et continue encore ses publications doit à sa parfaite connaissance de la langue et des usages chinois de renseignements d'une authenticité d'autant plus incontestable qu'ils sont exposés tels qu'ils ont été recueillis, sans aucune tendance systématique.

La carte insérée dans le livre de M. Rocher contient de très nombreuses indications des gisements les plus divers. A partir de cette publication, la richesse du Yun-Nan en gîtes minéraux devait donc être considérée comme établie, sa réalité étant d'ailleurs attestée par le passage à travers le Tonkin d'une assez grande quantité d'étain provenant des environs de Mong-Tse.

Après la guerre sino-japonaise, un traité conclu avec la Chine stipula : « que celle-ci pourrait faire appel à des ingénieurs français pour l'exploitation des mines ».

Sur ces entrefaites, la mission lyonnaise, organisée sous le patronage des cinq Chambres de Commerce les plus importantes de France, parcourut la Chine méridionale, d'abord sous la conduite de M. Rocher lui-même, puis sous celle de M. Brenier. Au Yun-Nan, les circonstances ne lui permirent pas d'entreprendre une étude minière d'ensemble. Les gisements dont d'intéressantes monographies ont été publiées par M. Duclos, sont pour la plupart situés au Se-Tchouan et au Kouei-Tcheou, c'est-à-dire dans des régions qui ne pourront entrer qu'en relations lointaines avec le Tonkin.

La mission lyonnaise a été peu favorablement impressionnée par l'état de délabrement et de dépopulation du pays qu'elle a traversé au Yun-Nan. Cet état est la suite de la répression par la Chine de la grande révolte qui a été si bien décrite par M. Rocher. Au point du commerce d'importation et dans l'état actuel des choses, on ne peut évidemment établir aucune équivalence entre la valeur économique du Se-Tchouan et celle du Yun-Nan. L'histoire prouve cependant qu'avant la révolte, cette dernière province était suffisamment prospère. En tous cas la région comprise entre le Fleuve Bleu et le Fleuve Rouge présente pour la France un intérêt prépondérant par ce fait même que toutes ses communications avec l'Océan Pacifique doivent forcément s'établir à travers le Tonkin. J'ajouterai que par un effet spécial du régime chinois, l'aspect désertique qui a souvent impressionné les voyageurs, est précisément particulier aux régions traversées par les mauvaises pistes, qui, sous le nom de routes mandarines, constituent les voies ordinaires de communication. Les régions occupées par les populations indigènes sont à la fois plus peuplées et mieux cultivées. Je ne puis sur ce sujet que renvoyer au premier mémoire que j'ai donné à la Société de Géographie, sur la demande du prince Roland Bonaparte, dans le Bulletin du 15 avril 1900.

Au sujet des richesses minières du Yun-Nan, la Mission Lyonnaise s'est déclarée trop incomplètement éclairée. Elle a signalé que l'étude devait en être reprise. A cet avis, formulé par M. Brenier dans la réception solennelle qui eut lieu à Lyon, M. André Lebon, ministre des Colonies, répondit que le Gouvernement allait envoyer un ingénieur qui serait chargé de résoudre la question. Mon départ pour la Chine venait en effet d'être décidé, sur la demande de M. Hanotaux, ministre des Affaires Étrangères, qui avait jugé nécessaire de fournir à la mission technique dirigée par M. Guillemoto, et chargée de l'étude des tracés de chemins de fer, des renseignements formels sur l'avenir économique des régions qu'ils s'agissait de traverser. Consulté au sujet de notre envoi en Chine, le Gouvernement chinois avait répondu que la Mission française recevrait de lui le meilleur accueil.

Sous le rapport géologique, M. Rocher inclinait à considérer les provinces méridionales de la Chine comme de formation volcanique. Après lui, M. Duclos les présentait comme composées surtout d'un grand nombre de petits bassins isolés, d'âge carboniférien. La mission Doudart de Lagrée, qui les avait autrefois traversées en partie, y annonçait un terrain permien rouge, percé par des massifs calcaires d'âge dévonien. Ce sont ces dernières indications qui ont été reportées par M. von Loczy, sur l'esquisse géologique publiée dans le grand ouvrage qui a réuni les résultats du voyage de M. le comte Bela Szchenyi. Pendant le délai très court qui me fut donné pour préparer mon voyage, mon premier soin fut d'obtenir le concours du Service de la Carte Géologique de France pour le classement de mes observations et la détermination des échantillons que je pourrais rapporter. Il fut convenu que mes résultats seraient examinés par ce Service, sous la direction de M. Michel-Lévy. C'est à la collaboration de MM. Adolphe Carnot, Douvillé, Zeiller, Marcel Bertrand, Lacroix et Cayeux qu'est due la valeur démonstrative de mes conclusions.

Pour éviter toute confusion, je mentionnerai que dès le début de mon voyage, des appréciations légèrement divergentes ont été formulées à l'occasion même de mes premières observations. Elles ont été consignées par MM. Sarran et Monod dans le Bulletin économique de l'Indo-Chine, et dans une récente note à l'Académie, où M. Monod classe comme dévonien le gisement houiller bien connu de Lan-Mou-Tchang, (Kouei-Tcheou) qu'avec M. Douvillé je rapporte au carboniférien.

Je résumerai ici simplement les cinq notes à l'Académie des Sciences qui ont été présentées par M. Michel-Lévy les 22 et 29 janvier, 26 février et 3 décembre 1900.

Itinéraire. — Parti de France le 5 décembre 1897, j'eus la chance de retrouver à Hanoï M. Guillemoto et ses collaborateurs la veille même de leur départ pour la Chine. Je me joignis à eux pour remonter lentement le Fleuve Rouge dans une jonque annamite poussée à la gaffe au milieu des basses eaux. Je commençai sur les bords mêmes du fleuve une étude géologique forcément discontinue, l'exploration suivie ne devant commencer qu'à partir de la frontière chinoise.

J'examinai en passant le gisement houiller de Hien-Bay, étudié antérieurement par M. Beauverie, et maintenant classé comme pliocène par M. Zeiller. Il avait été l'objet d'une tentative d'exploitation suspendue au moment de ma visite.

En débarquant à Lao-Kay, j'ai revu autour du Fleuve Rouge les couches de charbon schisteux connues en cet endroit, presque depuis la conquête; elles ont été autrefois occupées par plusieurs déclarations de périmètre réservé au profit de plusieurs inventeurs. Je les considère comme appartenant à l'horizon inférieur du système carboniférien, soumis aux actions métamorphiques auxquelles sont dues la plupart des roches cristallophylliennes du Tonkin, et dont l'extension en Chine a été depuis longtemps signalée par M. Richthofen.

J'ai ensuite attiré l'attention sur la valeur exceptionnelle du gisement de fer magnétique de Trinh-Thuong, situé en territoire annamite, sur les bords mêmes du Fleuve Rouge et intercalé dans les terrains anciens.

J'entrai ensuite en Chine avec M. le commandant Gosselin, en poursuivant toujours l'itinéraire géologique commencé à Lao-Kay. Nous rejoignîmes à Mong-Tze la mission Guillemoto immobilisée auprès de M. de la Batie par l'hostilité de la population chinoise. Lorsqu'il me fut possible de reprendre mon voyage, j'explorai les environs de cette localité, et je fis notamment une course de huit jours en compagnie de M. Bélard. Agent d'une Société française, cet ingénieur avait été envoyé en Chine avant mon arrivée sous le patronage du Ministère des Affaires Étrangères, et avait été adjoint à la mission Guillemoto. Je lui donnai connaissance de mes observations.

Je visitai ensuite seul la région de Mong-Tze, renfermant de célèbres mines d'étain et des gisements de houille dont l'existence était encore inconnue. Je vins ensuite rejoindre la mission Guillemoto à Yun-Nan-Sen. Après un nouvel arrêt imposé par la saison des pluies, je visitai la région au sud-est de Yun-Nan-Sen, avec le concours de M. Bailly, missionnaire. Je partis ensuite seul pour aller par Tong-Tchouan rejoindre l'ancien itinéraire de Francis Garnier sur la rive gauche du Fleuve Bleu. J'arrivai ainsi à la région déjà explorée au point de vue géologique par M. von Loczy autour de Tali-Fou.

C'est dans cette ville que je rencontrai le vicomte de Vaulserre, qui se disposait à rentrer au Tonkin après être venu en Chine avec M. Bonin, et après avoir effectué seul la difficile exploration topographique du cours du Fleuve Bleu entre Sui-Fou et Ta-Li-Fou. Dès qu'il eut connaissance des premiers résultats de mon voyage, M. de Vaulserre résolut de m'accompagner encore. Il a dressé sans interruption le levé topographique de notre commun itinéraire, pendant sept mois. Ce travail, qui est un élément essentiel pour la valeur de mes observations géologiques, à été publié en France aux frais de son auteur.

Nous sommes revenus à Yun-Nan-Sen en passant par la région des mines de sel. Le Se-Tchouan était alors en pleine révolte contre les étrangers, et les troubles s'étendaient progressivement jusqu'au Yun-Nan et au Kouei-Tcheou. La partie méridionale de cette province, occupée depuis longtemps par les pirates qui ont arrêté le passage de la mission lyonnaise, était toujours impraticable. L'agitation s'étendait aussi jusqu'à quelques étapes de Yun-Nan-Sen. Grâce à l'appui des missionnaires, nous parvînmes cependant à Kouei-Yang en nous maintenant dans les contrées occupées par la population indigène. M. Monod, qui nous avait été envoyé par M. Doumer, fit avec nous le voyage de Yun-Nan-Sen à Kouei-Yang-Sen, et dut revenir ensuite au Tonkin par Tchon-King et le fleuve Bleu.

Nous partîmes de Kouei-Yang sous la protection d'une forte escorte commandée par des mandarins chinois. Aucune route commerciale par voie de terre n'existe dans la région que nous devions parcourir. Les mandarins firent réparer les sentiers indigènes, et nous avançâmes de poste en poste militaire au milieu de la population Miao-Tze, exactement comme je l'avais fait dans la région de Lao-Kay au début de mon voyage. Nous parvînmes ainsi jusqu'à Kouei-Lin, où notre protection fut remise aux soins des autorités de Kouang-Si. Après un court séjour dans cette ville qui, soit dit en passant, est bien située dans un des sites les plus curieux que j'aie jamais rencontrés, nous redescendîmes jusqu'à Nan-Ning-Fou toujours par voie de terre, avec une escorte toujours croissante. Elle s'élevait parfois jusqu'à 250 hommes, et accroissait considérablement les difficultés matérielles du voyage. Déjà les fidèles chrétiens chinois qui nous servaient de domestiques depuis longtemps, et qui étaient acclimatés aux régions élevées, ressentaient comme nous les effets pernicieux du climat du Kouang-Si. Nous fûmes parfois obligés de les faire porter par des indigènes ou des soldats chinois.

A partir de Nan-Ning-Fou la marche devint impraticable, les plus valides de nos hommes continuèrent à cheval jusqu'à Long-Tcheou, et nous nous embarquâmes avec notre encombrante escorte sur trois jonques qui se mirent à remonter la rivière. Pendant treize jours nous eûmes tout le temps d'examiner les escarpements rocheux dont elle est encaissée.

Après avoir reçu de M. Guillien, consul de France à Long-Tcheou, un accueil qui nous a fait renaître à la vie européenne, nous parvînmes jusqu'à Lang-Son, grâce à l'appui de M. Bertrand, escortés ou portés par 50 soldats chinois du maréchal Sou. Nous pûmes les loger à notre tour dans la gare du chemin de fer. Nous fûmes enfin reçus à Hanoï par M. Doumer. M. Dardenne, directeur des Travaux publics du Tonkin, nous donna l'hospitalité la plus amicale, et M. Lefèvre nous conduisit à Hong-Hay et à Ke-Bao avant notre départ pour la France, qui eut lieu le 17 juin 1899.

Résultats géologiques. — En ce qui concerne le rattachement tectonique de la péninsule indo-chinoise avec la Chine centrale, les résultats de notre voyage se résument ainsi qu'il suit :

Malgré son étendue, toute la région comprise entre le Fleuve-Bleu et le Fleuve Rouge n'est qu'une succession de gradins parallèles s'étageant latéralement à la grande zone montagneuse du Mé-Kong. L'arc malais défini par la magistrale synthèse de M. Suess ne traverse pas les régions qu'il m'a été donné d'explorer. Il doit être placé tout entier à l'ouest de Ta-Li-Fou. sa direction dans cette région étant celle du cours thibétain du Fleuve Bleu, prolongeant l'alignement des lacs tectoniques de Ta-Li.

Cette succession de régions tabulaires séparées par des affaissements dirigés N.-N.-E. est découpée au Sud par un système spécial de failles rectangulaires, qui prenant naissance au sud de Ta-Li-Fou, s'accentue progressivement, en réglant le cours du Fleuve-Rouge suivant sa direction principale qui est le Sud-Est. Ce système tonkinois domine dans la région du Delta, où il a été signalé il y a quelques années par M. Jourdy.

La région élevée qui forme le Yun-Nan, le Kouei-Tcheou et le Kouang-Si occidental est limitée vers l'Est par le prolongement de la grande zone d'affaissement de l'Asie orientale. Reconnue jusqu'à I-Tchang par M. von Richthofen, cette zone se continue jusqu'à l'embouchure même du Fleuve Rouge, d'après mes observations, jointes au levé topographique de M. de Vaulserre.

On sait que dans toute son étendue l'empire chinois se divise en deux régions orographiques bien différentes l'une de l'autre.

La région maritime, de faible altitude, est parsemée de collines composées en général des formations sédimentaires les plus récentes. Elle est desservie par un réseau très développé de cours d'eau navigables. Elle est parfois étroite, comme dans le voisinage de la mer d'Okotsk, ou entre Pékin et Moukden. Parfois aussi elle atteint une largeur de plus de 1.000 kilomètres, comme dans le reste de la Mandchourie et en Chine. Elle est séparée d'une région continentale de très haut relief par une série d'escarpements que les grands fleuves traversent en général, mais presque toujours en cessant d'être navigables. Les obstacles opposés au commerce par les voies de terre sont les mêmes qui entravent les relations par les voies fluviales, de sorte que ces escarpements constituent une frontière presque continue entre la Chine maritime et la partie intérieure du continent asiatique. L'influence de cette dénivellation générale est aussi très nette sur le climat et sur la flore.

La cause profonde de cette séparation en deux régions si distinctes consiste dans une grande différence d'altitude de tous les horizons géologiques, que M. Ferdinand von Richthofen a le premier mis en lumière dans son grand ouvrage sur la Chine. M. Suess a ensuite montré l'importance de ce grand mouvement tectonique pour la forme générale du globe, et enfin, dans un mémoire présenté le 18 octobre 1900 à l'Académie des Sciences de Berlin, M. de Richthofen a donné de sa découverte fondamentale un exposé détaillé mais antérieur à la publication complète de nos observations au Kouang-Si méridional.

Dans leur ensemble tous les résultats de mon voyage confirment les vues générales du célèbre géologue allemand d'une manière beaucoup plus précise que les indications antérieures. Les observations nouvelles que nous avons rapportées ont seulement pour résultat d'introduire une simplification dans les relations tectoniques du Tonkin avec le reste de l'Asie, en prolongeant jusqu'au Fleuve Rouge la région qui constitue la Chine continentale.

La série des formations sédimentaires comprend :

1° Le système archéen avec schistes, quartzites et phyllades ;

2° Un système dévonien calcaire et schisteux très fossilifère, comprenant un horizon oolithique en général un peu phosphaté. Un métamorphisme très intense transformant les terrains anciens en roches cristallophylliennes paraît faire souvent disparaître l'horizon dévonien. Je serais assez enclin à lui rapporter les gîtes de fer magnétique de la frontière du Tonkin qui paraissent analogues à ceux qui ont été reconnus au Laos par la mission Doudart de Lagrée ;

3° Une grande formation calcaire avec schistes intercalés, contenant à sa base un horizon du dévonien supérieur et ensuite des horizons nettement carbonifériens, permiens et même triasiques. C'est cette formation marine qui paraît renfermer la plupart des innombrables affleurements houillers de la Chine centrale. L'horizon permien, notamment, paraît exister avec accompagnement de houille (très médiocre en général), jusqu'au Laos et au Siam. A la base du système carboniférien est interstratifié un immense épanchement de mélaphyre labradoritique qui correspond au niveau de diabases signalé par M. von Loczy, et qui sur les bords du Fleuve Bleu forme des massifs d'une structure tantôt basaltique, tantôt vacuolaire. Les produits secondaires de l'épanchement mélaphyrique se rencontrent au même horizon jusqu'au Tonkin. La même roche a été parfaitement décrite par M. Petiton, dans son ouvrage sur la Cochinchine. Cette roche est cuprifère aussi bien en Chine qu'au Tonkin. Elle renferme en nappes quelques-uns des gisements de cuivre natif du Yun-Nan ;

4° Un trias proprement dit, composé d'argiles et de grès bariolés avec cargneules, gypsifère et salifère dans les lambeaux bien conservés. Il renferme l'horizon à Myophoria Szechenyi de M. von Loczy, et s'étend jusqu'au Tonkin ;

5° L'étage rhétien de Ke-Bao et de Hong-Hay, identique d'après les déterminations de M. Zeiller, avec l'horizon mésozoïque reconnu à Tchong-King, par M. von Richthofen ;

6° Des bassins lacustres pliocènes ou miocènes supérieurs, en chapelet le long du Fleuve Rouge et contenant eux aussi des filets de houille ;

7° De très nombreux bassins lacustres quaternaires renfermant au Yun-Nan des lignites et des tufs calcaires à empreintes végétales.

Gisements miniers. — Nous n'envisagerons ici que les ressources minérales qui peuvent être l'objet d'une exploitation très importante. Il existe dans une région aussi étendue, une multitude de gîtes secondaires intéressants pour la population locale, mais que nous ne pouvons pas considérer dès à présent comme capables de fournir des éléments importants de trafic. Quelques-uns d'entre eux, comme le gisement d'arsenic de Ta-Li-Fou ou les filons cobaltifères de Tong-Tchouan, présentent cependant un intérêt immédiat, malgré les difficultés de transport.

Les principales richesses minérales du Yun-Nan consistent :

1° Dans les gisements de houille ;

2° Dans les gisements de cuivre ;

3° Dans les gisements d'étain subordonnés aux gisements de cuivre. Il existe encore au Kouei-Tcheou des gisements de mercure très étendus qui se prolongent jusqu'auprès de Mong-Tze. Mais diverses considérations ne me permettent pas de leur attribuer un avenir bien déterminé.

1° Gisements de houille. — On sait depuis longtemps qu'aucun pays du monde ne renferme d'aussi nombreux affleurements de houille que l'empire chinois. Ils se rencontrent non seulement dans toute la partie centrale, et notamment au Chen-Si, mais encore au Se-Tchouan, au Fou-Lan et même, par exemple, auprès de la ville de Nankin. Il n'y a pas à revenir à cet égard sur la haute valeur démonstrative des travaux de M. de Richthofen.

Jusqu'à ma mission, le Yun-Nan n'était pas compté en Europe parmi les régions pourvues de cette richesse houillère. Il est vrai de dire que les affleurements rencontrés par la mission lyonnaise au Kouei-Tcheou, et que j'ai visités ensuite, ne fournissent réellement qu'une houille cendreuse d'une qualité très inférieure. Mais au Tonkin même, sur le parcours de Hien-Bai à Lao-Kay, les indices de houille sont tellement évidents qu'avant même de pénétrer en Chine je n'ai pas hésité à signaler l'existence probable de ce combustible dans la région. Mes premières indications, reportées dans la presse d'Indo-Chine, dans les premiers mois de 1898, ont été immédiatement combattues par des considérations géologiques. Cependant plusieurs années auparavant, des explorateurs les avaient devancées par des déclarations de périmètres réservés. Malheureusement, des analyses sommaires avaient fait classer comme graphite leurs échantillons de schistes charbonneux. Quelque temps avant mon arrivée, des habitants du pays avaient aussi offert à M. le lieutenant colonel Écorsse de la houille de bonne qualité que M. Sarran a ensuite qualifiée lignite gras. Il m'a suffi de franchir la frontière pour trouver des exploitations chinoises installées sur des affleurements analogues à ceux que j'avais signalés dès le Tonkin. Il y en a même sur les bords du Fleuve Rouge, à Man-Hao, point d'atterrissement de tous les voyageurs qui se rendent à Mong-Tze. J'ai pu les montrer à M. le lieutenant-colonel Gosselin avant d'entreprendre avec lui la célèbre ascension par laquelle on pénètre au Yun-Nan. On en trouve au bord de la route chinoise.

A Mong-Tze, la chaux employée aux constructions est fabriquée sur une petite mine, située à Pa-Che-Kai, à quelques kilomètres du futur tracé du chemin de fer. La houille flambante existe dans le commerce de cette ville. Elle est employée par quelques petits industriels chinois, ainsi que je l'ai constaté dans une simple promenade autour des remparts, faite au mois de mai 1898 avec M. de la Batie, consul de France et le P. de Gorostarzu, missionnaire. Lorsque je suis arrivé à Yun-Nan-Sen, j'ai trouvé la mission Guillemoto installée dans l'auberge chinoise qui avait reçu la mission lyonnaise, et qui renfermait un dépôt de coke.

Il m'est impossible d'entreprendre ici la description des innombrables gisements qui sont disséminés depuis la frontière sino-annamite jusqu'au Fleuve Bleu, où ils se rattachent aux bassins mésozoïques et carbonifériens du Se-Tchouan. Le relevé de mes observations sera publié dans les *Annales des Mines*. Des niveaux houillers fournissant un combustible de qualité très variable sont exploités en une multitude d'endroits par la population chinoise à des horizons géologiques très divers qui sont compris entre le carboniférien inférieur et le rhétien. La houille rhétienne, qui, sans doute par un phénomène local, est dépourvue de matières volatiles sur la côte du Tonkin, est au contraire en Chine très flambante et souvent très pure. On la trouve sur les marchés chinois, dans la région qui sera desservie par la future voie ferrée. Son prix de vente peut être évalué à 10 francs par tonne. La houille carboniférienne, un peu plus cendreuse, mais mi-grasse, de Tou-Tza, localité visitée avant nous par la mission lyonnaise, est tout entière employée sur place à la fabrication du coke qui produit environ 1.500 tonnes par an.

2° Gisements de cuivre. — Les mines de cuivre du Yun-Nan sont exploitées depuis plus de mille ans. Elles sont placées, comme on sait, sous le monopole de la régie impériale chinoise, qui, pour les besoins d'une métallurgie ancienne, au charbon de bois, a fini par détruire toutes les forêts dans les régions minières. La production atteignait environ 6.000 tonnes de cuivre au XVIIe siècle; elle est maintenant restreinte à environ 1.500 tonnes. Tous les gîtes accessibles par l'exploitation minière chinoise peuvent être maintenant considérés comme presque épuisés. On ne peut compter pour l'avenir que sur des gisements profonds qui ne peuvent être exploités que par les méthodes modernes, mais qui, en raison de leur extension, peuvent être encore appelés à devenir la base d'une des productions de cuivre les plus importantes du monde.

3° Gisements d'étain. — Les amas stannifères de la région de Mong-Tze, dont il existe quelques représentants au Tonkin dans la région de Kao-Bang, sont exploités activement par une population minière d'environ 30.000 âmes. Ce sont des gîtes d'une nature tout à fait particulière, produits à des altitudes supérieures à 2.400 mètres par l'expansion dans les calcaires des nombreux filons cuprifères qui se rattachent au système des venues métallifères de la région.

L'étain, fabriqué au charbon de bois, est cependant beaucoup moins pur que celui de la Malaisie. On sait que la production totale est d'environ 1.500 tonnes, dont un millier environ descend par le Fleuve Rouge pour subir un raffinage à Hong-Kong. Les comptes rendus de la mission lyonnaise fournissent à cet égard des renseignements très complets et très intéressants, auxquels je ne puis mieux faire que de renvoyer le lecteur.

J'ajouterai cependant qu'il ne faut pas songer à installer librement l'industrie européenne sur des gisements délaissés en apparence par les Chinois. Tous les gisements, quels qu'ils soient, sont reconnus depuis longtemps et restent légalement à la disposition de la population minière. Une organisation légale nouvelle est nécessaire pour rendre les mines de Chine accessibles à l'industrie moderne, sans léser les droits acquis par la population locale.

En résumé, lorsque par des voies encore obscures, le progrès moderne aura pénétré dans ces régions, il y trouvera des ressources considérables pour le prolongement des voies ferrées de l'Indo-Chine.

M. L. DRAPEYRON

Secrétaire général de la Société de topographie de France, à Paris.

UNE SOCIÉTÉ ALLEMANDE DE GÉOGRAPHIE. — LA SOCIÉTÉ DE GÉOGRAPHIE DE COLOGNE. — SON ORGANISATION (1886-1900) [063.910]

— *Séance du 3 août* —

La Société de géographie de Cologne était encore, l'année dernière, connue d'un nombre très restreint de géographes. Nous ne la connaissions guère nous-mêmes que de nom, lorsque, un mois à peine avant l'ouverture du Congrès international de géographie qui allait se tenir à Berlin (septembre 1899), nous reçûmes, ainsi que tous ceux de nos compatriotes inscrits à ce congrès, une gracieuse invitation de nous arrêter à Cologne en nous rendant dans la capitale de l'empire d'Allemagne. Une séance, disait la circulaire, aurait lieu en l'honneur des congressistes étrangers, et un banquet leur serait offert par la Société à l'issue de cette séance dans le même local. Ajoutons qu'en Allemagne même, elle avait borné son action à Cologne et aux environs; elle entretenait peu de rapports avec ses compatriotes transrhénans.

C'est en 1896 que son nom a figuré pour la première fois dans le compte rendu du *Geographentag* allemand, Congrès national annuel des géographes, parce qu'elle y a envoyé alors seulement un représentant attitré. La session se tenait à Iéna. Or, la Société de géographie de Cologne date des dernières années de l'empereur Guillaume Ier. Le fascicule du *Geographischen Jahrbuch*, qui a pour titre *Geographische Gesellschaften, Zeitschrifte, Kongreso und Austellungen*, et rédigé alors par M. H. Wichmann (1891), la fait naître en 1887, la vingt-troisième des sociétés allemandes de géographie; par contre, ce même fascicule, rédigé par M. Georges Kollm, de Berlin (1896), fixe son apparition à 1884, tandis qu'elle-même, et on peut la croire en cette question, adopte une date intermédiaire, l'année 1886.

Elle s'est développée très lentement. La première des brochures lui attribuait 120 membres; la seconde ne lui en donne plus que 104. Lors de notre passage à Cologne, elle était même tombée au-dessous de 100 membres. Une crise toute récente, postérieure à l'écrit de M. Kollm, l'a, en effet, privée d'une partie de son effectif.

Quand on a sous les yeux ces deux petits écrits, pleins de faits, dont les cadres ont été primitivement fixés par M. H. Wagner, on s'étonne d'ailleurs moins du petit nombre de sociétaires que compte la Société de géographie de Cologne.

Sur vingt-trois associations de cette catégorie que possède l'Allemagne, ou qu'elle possédait avant le remaniement de M. Kollm, le tiers au moins sont aussi déshéritées sous ce rapport. Qu'on en juge :

Sièges de Sociétés.	Effectif en 1891.	Effectif en 1896.
—	—	—
1. Freiberg, en Saxe.	20	20
2. Darmstadt	30	30
3. Cassel	61	35
4. Aschersleben (Saxe pruss.)	55	67
5. Hanovre	65	64
6. Karlsruhe	75	
7. Stettin	120	
8. Lübeck	122	134

Il n'y aura donc de sensiblement plus peuplées que les treize Sociétés de géographie dont les noms suivent :

9. Metz	222	254
10. Dresde.	252	240
11. *Kœnigsberg*.	261	186
12. *Munich*.	265	260
13. Brême.	274	215
14. Greisswalde	280	517
15. Francfort-sur-le-Mein . . .	332	331
16. Iéna.	380	482
17. *Halle*	406	389
18. *Leipzig*.	431	469
19. Hambourg	550	533
20. Stuttgard	612	726
21. Berlin.	1.069	909

M. Kollm enregistre la fondation de la Société de géographie de *Giessen* en 1896 ; il lui reconnaît un effectif de 219 membres, ce qui la classe immédiatement à côté de celle de Metz. Mais on remarquera que, généralement, le nombre des membres des Sociétés de géographie d'Allemagne semble avoir quelque peu décru : on s'en étonnera pour Berlin. Est-ce parce que M. Wichmann confondait sous une rubrique commune les membres effectifs et les membres correspondants? Et que, pour la première fois, M. Kollm les distingue? Il n'y a guère que Greisswalde, Stuttgard et Iéna qui semblent avoir franchement augmenté leur effectif.

Au surplus, ce qui les différencie essentiellement, ce sont leurs revenus, dont nous vous ferons une idée en ajoutant au produit des cotisations de leurs membres le chiffre des subventions qu'elles reçoivent :

		Marks.			Marks.
1.	Berlin	50.695	12.	Halle	2.410
2.	Hambourg	18.450	13.	Greisswalde	2.350
3.	Stuttgart	7.948	14.	Giessen	876
4.	Francfort	5.890	15.	Kœnigsberg	854
5.	Leipzig	4.690	16.	*Cologne*	520 (1)
6.	Dresde	4.438	17.	Hanovre	420
7.	Metz	4.100	18.	Aschersleben	268
8.	Lubeck	3.695	19.	Cassel	100
9.	Brême	3.225	20.	*Darmstadt*	90 (2)
10.	Iéna	3.660	21.	*Freiberg*, en S.	» (3)
11.	Munich	2.760			

M. Kollm constate les décès des Sociétés de géographie de Karlsruhe et de Stettin (4). Il les déplore; la disparition de la première était pour lui tout à fait imprévue, car une brillante session du *Geographentag* avait été tenue en 1887 à Karlsruhe même, sous son patronage ; celle de la seconde laisse sans Société de géographie (5) toute la partie orientale : l'autre oublie Kœnigsberg.

Il a retranché aussi de sa liste comme n'ayant pas le caractère scientifique suffisant : le *Centralverein für Handels geographie* (Berlin), qui compte 3.000 membres, et de nombreuses sections, tant en Allemagne qu'à l'étranger ; il pourrait être justement critiqué en procédant ainsi.

On remarquera que nous avons adopté dans notre tableau un tout autre ordre pour l'énumération des Sociétés de géographie allemandes que MM. Wagner, Wichmann et Kollm ; nous les avons données par nombre croissant de membres. Cette classification convient mieux à notre travail. Nous avons souligné les noms des villes, sièges d'Universités où il existe une Société de géographie.

Cologne, on le sait, ne possède pas d'Université, et c'est là pour elle une circonstance peu favorable comme chef-lieu de Société de géographie scientifique.

L'Université fondée dans ses murs dès 1388, peu d'années après celles de Prague (1348) et de Vienne (1365), a disparu à la fin du XVIIIe siècle.

(1) Nous rectifions plus loin ce chiffre.

(2) Entretenu aux frais du gouvernement.

(3) Pas de chiffre officiel.

(4) *Geographisches Jahrbuch*, 1896, p. 404 : Zwei Gesellschaften haben ihre auflösung vollzogen und auch davon direckt Anzeige gemacht : es sind leider die deutschen Gesellschaften in Stettin und Karlsruhe.

(5) Dies ist um so mehr zu bedauern, als ohnehin die Zahl der geographischen Gesellschaften im nordosten Deutschland geing ist und das badischen Land nunmehr Keine geographische Vereinung Zahlt.

Lors de la réorganisation des Universités dans le royaume de Prusse, c'est Bonn qui était devenue ville universitaire en 1786, qui fut préférée (1817).

Mais, d'autre part, Cologne est une ville très peuplée et qui s'est accrue extraordinairement dans ces dernières années. Elle ne le cède, comme nombre et comme activité, qu'à Berlin, à Hambourg et à Breslau. Elle eût donc pu compter sur une vaste clientèle, et c'est ce qui a déterminé sûrement la fondation de la *Gesellschaft für Erdkunde*, dans les années florissantes de la fin du règne de Guillaume Ier, lorsque s'est déclarée cette expansion économique prodigieuse, à laquelle nous assistons.

Mais elle trouva une rivale qui avait plus de séduction pour l'espoir éminemment pratique des habitants affairés de Cologne. Il s'agit ici de la *Deutsche Kolonialgesellschaft*.

« La *Deutsche Kolonialgesellschaft*, nous écrit une autorité en ces matières, M. Georges Blendel, est la plus importante des Sociétés qui se sont créées en Allemagne depuis que le second empire s'est lancé dans la politique coloniale. Elle cherche surtout (à la différence des autres Sociétés qui sont plutôt des Sociétés de colonisation) à faire de la propagande, à agir sur l'opinion publique, à faire sentir aux Allemands l'importance de la colonisation pour l'avenir économique du pays. Sa fondation remonte à l'année 1887 : elle résulte de la fusion du *Deutscher Kolonialverein* et de la *Gesellschaft für Deutsche Ansiedlung* (Le *Deutscher Kolonialverein* remontait à 1882). Elle a depuis cinq ou six ans surtout fait de grands progrès. Elle compte actuellement près de 300 sections et 30.000 adhérents (chiffre de 1899). Son budget dépasse 100.000 marks. Elle emploie cet argent à organiser des conférences sur des sujets coloniaux. Ses principaux centres d'activité sont Berlin, Hambourg, Leipzig, Dresde, Cologne, Karlsruhe, Hanovre, Magdebourg. Elle publie des brochures et a pour organe une excellente revue hebdomadaire, le *Deutsche Kolonialzeitung* (1). » Toujours est-il que l'*Abteilung Köln der Deutschen Kolonialgesellschaft* prit facilement racine dans la métropole rhénane.

Durant la période de rivalité déclarée, la lutte a été vraiment dommageable à la Société de géographie ; car, au lieu de voir progresser normalement son effectif et d'atteindre, ainsi qu'elle pouvait l'espérer, sans ambition démesurée, le chiffre de Leipzig (469), ou tout au moins de Dresde (240), elle est tombée au-dessous de son point de départ. Avec une cotisation annuelle de 6 marks pour les sociétaires habitant Cologne et de 4 marks pour ceux du dehors, et leurs membres au maximum, ses ressources se réduisaient, avec quelques menus dons, à une somme totale de 776 marks. Elle s'estimait heureuse de pouvoir louer pour chacune de ses dix séances

(1) Lettre de M. G. Blendel à M. L. Drapeyron, du 8 avril 1900.

annuelles, moyennant 10 marks par séance, la salle bleue du Casino Civil, place des Augustins, au centre de la ville, et d'obtenir de la Bibliothèque publique un coin réservé, qu'elle espère voir s'agrandir, par ses achats de cartes et de livres, au premier rang desquels on a inscrit les *Mittheilungen* de Petermann, le *Deutsche Rundchau für Geographie und Statistik* et de la *Geographische Zeitschrift*, de Stettner. Bref, elle n'avait pas d'installation personnelle et permanente. Elle avait à renouveler fréquemment son bureau, et la plupart des membres élus ne se représentaient pas à l'expiration de leur mandat. Au milieu de cette instabilité, elle a dû se féliciter grandement d'avoir trouvé deux secrétaires : le Dr Cüppers et le Dr Blind, qui ont entrepris d'opérer son sauvetage. Le Dr Blind s'est plus particulièrement dévoué à la difficile et longue opération qui réclamera vraisemblablement plusieurs années d'efforts. Après les départs successifs de M. le Dr Klein, de M. le lieutenant-colonel Thomé, il a mis la main sur un excellent président, M. l'oberbauer Jungbecker, sous-directeur des chemins de fer. Il a rapproché les deux Sociétés antagonistes et leur a fait tenir des séances communes dans le local choisi par lui. Les conférences qui, à un certain moment, se faisaient rares, ont reparu, et c'est plus d'une fois la Section coloniale qui a procuré à la Société de géographie un explorateur de mérite et comme orateur et comme membre. C'est ainsi que nous avons eu le plaisir d'être harangués lors de notre banquet, par un jeune et entreprenant voyageur qui revenait de l'Amérique du Sud (1). Dans la même circonstance, nous avons lié connaissance avec un publiciste distingué, c'est un Luxembourgeois, fixé à Cologne, qui avait fini peu de temps auparavant une intéressante tournée à la colonie de Cameroun; c'est comme membre de la Section coloniale qu'il était venu (2).

J'ai déjà parlé ailleurs de cette séance et de ce banquet où la Société de géographie de Cologne nous a reçus d'une façon si courtoise et si confraternelle. Nous avons eu, avant le repas, le discours si élevé du Président Jungbecker et la conférence en français d'un géographe italien, M. Enrico d'Italo Frassi, qui nous a donné un avant-goût du Congrès de Berlin.

Cette union d'une séance très sérieuse et d'un repas, qui en est la suite, où l'on parle de ce qu'on vient d'entendre et aussi des intérêts de la Société, toujours dans le même local, on n'a eu qu'à passer de la salle bleue à la salle rouge, m'a paru une très heureuse innovation de M. le Dr Blind. Elle pourrait être recommandée à celles de nos Sociétés qui offrent la séance et le dîner à des jours et dans des locaux différents : méthodes antitopographiques au premier chef, et qui font perdre du temps, beaucoup de temps; or, le temps, ici, c'est de la science.

(1) M. Küppers Loosen.
(2) M. Müllendorff.

M. Blind qui me semble avoir le génie de l'union, union des Sociétés, union de la conférence, qui ne doit pas excéder une demi-heure, et du repas qui lui succède à 8 heures un quart, a fait ainsi l'union de Cologne et de Bonn. Le professeur docteur Rein, qui enseigne la géographie à l'Université de Bonn, a mis sa science et son activité au service de la Société de géographie de Cologne ; il est venu plusieurs fois faire des conférences très applaudies. Il a très volontiers accepté la mission de représenter ses collègues dans le Comité international de Berlin. Il a pris rang parmi les membres d'honneur de la Société, au nombre desquels figurait déjà M. le baron de Richthofen, lui-même ancien professeur de l'Université de Bonn. En même temps, ce rang était également dévolu à M. le major Weissman, un explorateur de marque ; la Société contribuait au monument de Wolf (*Wolfdenkmal*), à Cameroun. Elle désignait M. Küppers-Loosen au Congrès qui allait s'ouvrir. Elle était, on peut le dire, sauvée par les explorateurs, qui lui rendaient un rôle, une raison d'être, cet espace qui lui manquait. L'année précédente, invitée aux fêtes que célébrait la Société de géographie de Hambourg pour son vingt-cinquième anniversaire, elle avait été obligée de s'abstenir faute d'un représentant. Elle reprenait force et vigueur au contact des Sociétés de géographie de Paris, de Lille, de Rouen, de Genève, de Londres, d'Édimbourg et de la Société de Topographie de France.

Elle a tenu une séance le 5 janvier 1900, dans la salle rouge du Casino Civil, une de ces séances annoncées par tous les journaux de Cologne, à commencer par la célèbre *Gazette*, — où j'étais moi-même appelé et dont les principaux organes géographiques de l'Allemagne ont rendu compte. On y a entendu M. le Dr Hopmann, conseiller de santé (*Tropen-Krankheiten*), et sous le titre *Mitteilungen*, quelques-uns de ces rapports courts mais confiés à des hommes compétents « où doit être résumé d'une manière concise l'état actuel de nos connaissances de telle ou telle partie de la géographie. »

Nous avons été chargé par M. le docteur professeur Blind, le vaillant secrétaire de la Société de géographie de Cologne, de la faire connaître en France des géographes et de la mettre en rapports suivis avec nos Sociétés françaises de géographie, et nous ne pouvions le faire plus utilement que dans la section de géographie du Congrès des Sociétés savantes, réunies à la Sorbonne, et au Congrès de l'Avancement des sciences.

Nous avons l'honneur de vous présenter, à cet effet, deux brochures résumant les travaux de la Société de géographie de Cologne durant deux années, sous ce titre : *Jahresbericht der Gesellschaft für Erdkunde zu Köln* (1896, 1897-1898) (1).

(1) L'annuaire pour 1898-1899 nous est parvenu après notre communication. Nous donnons la liste des conférences qui ont été faites cette année-là.

On y trouve le *Bureau de la Société*, les *Membres d'honneur*, les *Membres* effectifs, divisés en habitants de Cologne et en habitants du dehors; parmi ceux de cette dernière catégorie, nous en trouvons un de Kalk, un de Trèves, un de Dusseldorff, un de Brühl, un d'Emkirchen, un d'Elsdorff, un de Mühlheim, un de Berlin, et un de Constantinople. *Les comptes de l'année précédente* et le *budget de l'année courante*, *l'action de la Société*, où nous avons puisé quelques détails que nous avons donnés plus haut; *l'extension de la Société de géographie*. C'est là que nous la voyons entrer en relations (1897-1898) avec les Sociétés similaires de Francfort, de Dresde, de Stuttgard (Société wurtembergeoise de géographie commerciale), avec la Société d'Iéna (Société thuringienne de géographie), et échanger avec elles ses publications; avec la Branch de Queensland, de la Société royale de géographie d'Australasie, qui lui a adressé pour la première fois son *Proceedings and Transactions*, et avec les Sociétés de géographie de Lima et son Bulletin.

Enfin, on trouve dans le même fascicule le résumé fort bien fait des conférences qui ont eu lieu à la Société :

1° M. l'ingénieur des mines *Büttgenbach* : De l'extraction de l'or; où on en a trouvé;

2° M. l'ingénieur *Dorst* : Nouvelles des mers actiques;

3° M. *Hans Langen* : Une ascension du Cherapi (Java);

4° M. le Dr *Hahn* : Notices sur le sud de l'Amérique;

5° M. l'architecte *Stübben* : La Bosnie et l'Herzégovine sous le gouvernement de l'Autriche;

6° M. le Dr *Blind* : Géographie des chemins de fer;

7° M. le professeur Dr *Cüppers* : Le Développement de l'exploration du Pôle Sud et son état actuel;

8° M. l'oberbauer *Jungbecker* : Géographie de l'Orient;

9° M. le conseiller privé professeur Dr *Rein*, de Bonn : Le Niagara et le courant du Saint-Laurent;

10° L'expédition au Pôle Nord de Nanssen;

11° M. le consul général *Ernst von Hesse-Warteggi* : Chemins de commerce et de trafic en Chine;

12° *M. Hans Leder* (Javernig) : Un tour sur les hauts sommets du Caucase;

13° *M. Karl Harkort Cronenberg* : Alaska;

14° M. le Dr F. *Ritter* : Du tatouage;

15° M. le Dr *Blind* : Le Développement des voies commerciales;

16° Le professeur Dr *Rein* : Transcaspien et Turkestan;

17° M. l'ingénieur Dr *Dorst* : L'expédition en ballon vers le Pôle Nord par Andrée;

18° M. l'oberbauer *Jungbecker* : Le littoral méridional et la Méditerranée;

19° *M. J. Boecken-Nuevtat* : Cuba, le pays et les habitants;

20° M. l'oberbauer *Jungbecker* : La Palestine et sa capitale Jérusalem;

21° M. le Dr *Hats-Charlottenburg* : Voyage à l'Iénissei;

22° M. le professeur Dr *Hahn* : Le caractère des femmes dans l'Hindoustan et en Birmanie;

22° *M. G. Küppers-Loosen :* Voyage en Bolivie et en Colombie ;
23° M. l'ingénieur Dr *Dorst :* Les Barrages du Nil ;
24° M. le professeur Dr *Blind :* Nouvelles recherches sur les glaciers.

On voit combien variés sont les sujets, et qu'ils sont de nature à plaire aux savants et aux commerçants.

M. E.-A. MARTEL

Secrétaire général de la Société de spéléologie, à Paris.

LES RÉCENTES EXPLORATIONS SOUTERRAINES (1884-1900) [551.44]

— *Séance du 3 août* —

A diverses reprises j'ai déjà eu l'occasion, dans les volumes annuels de l'A. F. A. S., d'attirer l'attention sur l'intérêt scientifique, l'utilité pratique et le développement récent des explorations méthodiques, entreprises depuis une quinzaine d'années avec des moyens d'investigation jusqu'alors inusités, dans les cavernes, abîmes et rivières souterraines des différentes régions calcaires de l'Europe (conférences de Paris, 1890; congrès de Besançon, 1893 ; congrès de Carthage, 1896 ; conférences de Paris, 1898).

En ce qui touche mes recherches personnelles, je renverrai à mes ouvrages (*Cévennes*, 1890 ; *Abîmes*, 1894 ; *Irlande*, 1897 ; *Spéléologie*, 1900), et je mentionnerai seulement que les détails de mes onzième, douzième et treizième campagnes (1898, Belgique, Allemagne, Hongrie ; 1899, Alpes françaises et Causses ; 1900, Charente, Dordogne, Causses, Pyrénées) ne sont pas encore entièrement publiés et ne sauraient même être, sous peine de développement excessif, résumés ici. (V. *la Nature*, 4 et 18 février 1899 ; *C. R. Ac. Sc.*, 24 octobre 1898, 11 décembre 1899, 9 juillet 1900 ; *Soc. de géographie*, avril 1899 et janvier 1900.)

Je veux me borner à présenter un sommaire aperçu de ce qui a été fait, dans ces dernières années, par les *spéléologues* dans les divers pays d'Europe et aussi en Amérique, pour accroître nos connaissances sur les phénomènes naturels de l'intérieur de l'écorce terrestre, particulièrement au point de vue géologique et hydrologique. C'est principalement aux publications de la *Société de spéléologie* (Paris, *Mémoires* et *Spelunca* trimestriel), des *Sociétés alpines de Trieste* (Autriche), du *Yorkshire Rambler's*

Club (Angleterre), etc., que j'emprunterai les renseignements suivants. Ils montreront, je l'espère, combien la *science des cavernes* a progressé depuis peu de temps et comment elle a su tenir les promesses que je faisais, en son nom, en 1893, à notre congrès de Besançon.

C'est dans l'ordre géographique qu'il y a lieu de procéder pour cette rapide revue, en commençant par la France.

Département de l'Eure. — L'*Avre* et l'*Iton* souterrains sont question brûlante à cause des travaux effectués pour l'alimentation de Paris.

M. Ferray a donné ici même (congrès de Caen, 1894) les importants résultats de ses recherches et expériences à la fluorescéine sur le cours de l'Iton.

En 1899, une Commission d'ingénieurs et de géologues a été chargée par la ville de Paris d'examiner avec soin les conditions d'alimentation des sources de l'Avre, soit pour rassurer le public contre les griefs de contamination soulevés à ce sujet, soit pour prendre les mesures de précaution nécessaires si ces griefs sont reconnus fondés.

D'autre part, M. F. Brard a publié (*Mém. Soc. des ingénieurs civils de France*, octobre 1899) une *Etude des pertes de l'Avre* (in-8°, 92 p.), où il reprend toute cette grave question et où il conclut que la contamination est probable, mais nullement irrémédiable.

Département de la Côte-d'Or. — M. Clément Drioton, aidé de MM. Maréchal, Mougeot, etc., a étudié dans la Côte-d'Or environ une centaine de cavités (*Mém. Soc. spéléol.*, n° 8, mars 1897) portant les noms locaux de *caves*, *trous*, *creux*, *peuptu*, ou *potu*, ou *poté* (trou). Le ruisseau souterrain de *Bévy* n'a été révélé qu'en 1830 par l'ouverture fortuite d'une excavation survenue après de fortes pluies. La grotte de *Contard*, explorée dès 1833 et très complexe, est un excellent exemple de l'utilisation des cassures du sol par les eaux pour le creusement des cavernes. La source de la *Douix*, à Darcey, n'est praticable, en bateau, que sur 120 mètres d'étendue, mais possède plusieurs galeries servant de trop-pleins aux crues souterraines. Il en est de même également du *Trou-Madame*. D'intéressantes fouilles archéologiques et préhistoriques ont été entreprises aussi par M. Drioton, qui recherche notamment le refuge souterrain de Sabinus et d'Eponine (69 av. J.-C.). De son côté, M. Galimard s'intéresse avec fruit aux souterrains artificiels.

Lorraine. — La grotte de *Nichet*, à Fromelennes (Ardennes), a été explorée et levée en 1895 par M. Watrin, et M. le commandant Brocard a complété par un important travail ce que la *géologie de la Meuse*, de Buvignier (1852), faisait connaître des pertes, grottes et puits de ce département (*Spéléologie de la Meuse* dans *Spelunca*, n° 5, 1896).

Département de la Somme. — Les *souterrains-refuges* de Naours, près Amiens, retrouvés et fouillés depuis 1886 par M. l'abbé Danicourt, curé de Naours, sont les plus importants que l'on connaisse en France et révèlent chaque année des faits, objets ou couloirs nouveaux.

Département de la Dordogne. — La Dordogne possède la deuxième grotte de la France en étendue, celle de *Miremont* ou *Rouffignac* (4.900 mètres ; Bramabiau, Gard, a 6.350 mètres), sans attrait pittoresque d'ailleurs, malgré son gros intérêt géologique et hydrologique.

On m'a signalé dans ce département plusieurs cavités et pertes de rivières, que je me propose de voir le mois prochain.

Mais il faut surtout noter en Périgord la trouvaille des fameuses gravures paléolithiques sur rocs, *à la Mouthe*, par M. É. Rivière, dont il a été si souvent question dans les recueils de l'A. F. A. S., et la publication du premier volume du grand ouvrage de MM. É. Massénat et P. Girod sur les stations paléolithiques de la Vézère (*Laugerie Basse*, Paris, J.-B. Baillière, 1900, in-4°), faisant suite aux *Reliquiæ Aquitanicæ*, de Lartet et Christy.

La Charente a révélé, en 1896, la grotte du *Quéroy*, qu'on prétend vaste et belle, ce que je vais aller contrôler prochainement. M. Chauvet continue toujours avec le même succès ses belles fouilles dans les cavernes et abris de ce département.

Département du Lot. — Le gouffre de *Padirac* (Lot) a été aménagé en 1898 par une Société anonyme ; l'inauguration des travaux a eu lieu le 10 avril 1899 sous la présidence de M. Leygues, ministre de l'Instruction publique ; 8.000 visiteurs s'y sont rendus la première année d'exploitation et chacun peut maintenant y apprécier, sans fatigue et sans danger, l'intérêt et la curiosité d'un abîme d'effondrement de plus de 100 mètres de profondeur et d'une rivière souterraine de plus de 2 kilomètres d'étendue ; un prolongement de 400 mètres y a été découvert, en 1899 et 1900, par MM. l'abbé Albe, Viré, Giraud et moi-même. La longueur totale des ramifications actuellement connues de la caverne est d'environ 2.800 mètres.

L'exploration des profondes *igues* (nom local des abîmes) des hauts plateaux de la Braunhie demeure encore inachevée ; plusieurs dépassent 100 mètres de profondeur. Nombre de grottes et de sources pénétrables sont signalées dans le département comme incomplètement visitées.

Quelques igues des environs de La Bastide-Murat et Montfaucon, explorées par M. l'abbé Albe, n'ont malheureusement présenté qu'un intérêt assez restreint.

Pour la Corrèze, il faut au moins mentionner que MM. Rupin et Phil.

LALANDE ont fait justice de bien des erreurs et exagérations pour plusieurs cavernes de réputation surfaite. Leurs plus heureuses recherches ont été au ruisseau souterrain de l'OEil-de-la-Dou et à l'abîme-grotte de la Fage.

Dans le TARN-ET-GARONNE, la mort prématurée de M. PRADINES a bien tristement interrompu ses méthodiques investigations des *igues* et sources du causse de Limogne. M. le docteur AYMARD compte les reprendre.

CAUSSES ET CÉVENNES. — C'est dans le Causse noir (Lozère et Aveyron) que l'exploration de la grotte de Dargilan (Lozère) fut, en 1888, le signal du développement surprenant pris, depuis lors, en France, par les recherches souterraines de tout ordre.

En 1894 et 1895, M. G. CARRIÈRE fut chargé, à l'occasion d'un procès relatif à la propriété de cette caverne, de dresser le plan géométrique de ses parties accessibles au public ; ces sortes de travaux sont rares et fort coûteux, à cause de leurs extrêmes difficultés d'exécution; il en a été fait de semblables, plus importants encore, à Adelsberg (vers 1890), en Autriche, également à propos d'une contestation, et à Agtelek (en 1887), Hongrie, pour la construction d'un tunnel d'accès dont il sera question ci-après.

Le principal continuateur de mes premières recherches dans les Causses a été, depuis 1890, M. FÉLIX MAZAURIC (de Nîmes), dont je ne puis que mentionner les trois importants mémoires sur le *Spélunque de Dions* (Gard), le *Gardon et son cañon supérieur* (Gard) et *Recherches de 1898 dans l'Hérault, le Gard et l'Ardèche* (*Mém. Soc. spéléol.*, n°s 2, 12 et 18). M. Mazauric étudie principalement l'attrayante question de la dérivation et du desséchement progressif des cours d'eau des pays calcaires par les pertes de leurs fonds et rives fissurées, qui non seulement aboutissent à la formation d'amples cavernes, mais encore concourent à l'approfondissement des *cañons*. Ses observations, dans cet ordre d'idées, sur la rivière souterraine de Bramabiau, le cañon du Gardon, le Chassezac, etc., sont remplies de justesse et d'intérêt. On doit encore à M. Mazauric le plan de toutes les galeries latérales de Bramabiau, de la grotte de Mialet ou de Trabuc (Gard, 2.200 mètres d'étendue), de la Verrière, à Trèves (Gard), ainsi que de nouvelles indications sur les grottes jadis fortifiées ou habitées de la région.

M. le docteur PAUL RAYMOND, en dehors des fouilles préhistoriques et anthropologiques qui lui ont fait connaître notamment un véritable *atelier de taille du silex* dans l'aven de Ronze, a exploré et levé avec soin les jolies rivières souterraines de la Dragonnière et de Midroï, longues respectivement de 400 et 1.100 mètres et tributaires du cañon de l'Ardèche (*Mém. Soc. spéléol.*, n° 10).

Je ne rappelle que pour mémoire mes découvertes (1897) de l'aven Armand (Lozère) et des gouffres de Sauve (Gard) (V. conférences de Paris, 1898).

Une excellente monographie de l'*Hérault aux temps préhistoriques* (Montpellier, 1900, in-8°, 200 p.) est due à la plume autorisée de M. Cazalis de Fondouce, qui, avec une louable modestie, demande maintenant la suppression de l'*âge du cuivre*, jadis proposé par lui-même et qu'il croit devoir rejeter aujourd'hui.

En 1892, M. Arnal et, en 1899, MM. Viré, Cord et Maheu ont exploré une trentaine d'avens des causses Méjean et de Sauveterre (Lozère), atteignant jusqu'à 100 mètres de profondeur, sans qu'aucune trouvaille notable ait récompensé leurs efforts.

Enfin, dès 1889, M. et Mme J. Vallot exploraient avec fruit les grottes et avens des environs de *Lodève* et du *Larzac* (*Annuaire du Club alpin français* pour 1889), la grotte du *Jaur*, à Saint-Pons, etc.

L'investigation du sous-sol des départements de l'Aveyron, Lozère, Gard, Hérault, Ardèche, est encore fort loin de son achèvement ! Il y reste une difficile et superbe besogne pour les spéléologues du xxe siècle !

Pyrénées. — Les grandioses cavernes des Pyrénées, qu'ont rendues célèbres les travaux zoologiques, paléontologiques d'une pléiade de savants toulousains, etc., vrais précurseurs de la spéléologie actuelle, attendent encore leurs investigateurs pour l'hydrologie et surtout pour la descente des abîmes de l'Ariège et des *Clots* du Béarn. Si ce n'est dans les oubliettes de Gargas, violées par M. Regnault, et le grand puits de Lombrive visité par M. Marty, l'échelle de cordes n'a guère fonctionné encore dans les hypogées pyrénéens ; et le téléphone n'a point pénétré jusqu'ici dans leurs gouffres.

La magnifique grotte de *Bétharram*, près Pau, explorée à fond en 1889 et 1890 seulement par MM. Ritter, Campan et Lary, a été rendue accessible jusqu'au fond de son troisième étage en 1899 ; du plan dressé par M. Viré en 1897, il résulte qu'on y connaît actuellement 2.900 mètres de galeries (*Mém. Soc. spél.*, n° 14). C'est donc une des plus vastes en même temps qu'une des plus belles de la France.

Dans les immenses galeries de *Lombrive* (Ariège), j'ai pu constater, en 1896, qu'il doit rester beaucoup de souterrains inconnus parmi les montagnes calcaires des environs, ainsi que des communications à rechercher entre plusieurs cavernes rapprochées l'une de l'autre.

En 1894, les *barrancs* (puits naturels) des Corbières et de l'Aude ont été interrogés par M. L. Martrou (de Sijean) qui ne nous a pas encore fait connaître le détail de ses recherches.

Les *Études d'ethnographie préhistorique* (Mas-d'Azil, Brassempouy) de

M. PIETTE, publiées dans l'*Anthropologie* (1894 à 1899), continuent dignement les précédents travaux du même auteur.

M. É. BELLOC, par des expériences de coloration (1896 et 1897), a coûteusement et vainement essayé d'identifier le point de réapparition des eaux engouffrées dans le *Trou di Toro*, au pied de la Maladetta.

PROVENCE. — Dans les Bouches-du-Rhône, M. FOURNIER a préludé, de 1890 à 1895, à ses grands travaux actuels du Jura (v. ci-après), et nous a fait connaître ainsi (*Mém. spéléol.*, n° 9) *les cavernes des environs de Marseille;* 136 grottes, gouffres (ou *ragagés*) et stations ou abris préhistoriques, ont été l'objet de son examen, notamment la grande *Baume-Loubière*, *les grottes Monnard*, etc. L'exploration des gouffres de *Carpiagne* et du *Garagaï* reste à terminer.

M. A. JANET a mis la plus grande hardiesse à inspecter, quoique pas encore complètement, l'*embut de Caussols*, derrière Grasse (Alpes-Maritimes) ; *en plongeant*, non sans témérité, dans un vrai siphon d'aqueduc, il a réussi à suivre assez loin toute une série de cascades souterraines et à faire les plus remarquables constatations hydrologiques et géologiques.

En 1899, M. J. GAVET (de Nice) a commencé, autour de Nice et de Marseille, l'examen méthodique des cavités restant inconnues ; ses premiers essais ont été relatés surtout dans les journaux locaux ; il faut en attendre, pour l'avenir, de bons résultats.

ALPES FRANÇAISES. — Le Dauphiné souterrain est, en dehors de mes propres recherches, le domaine particulier de M. DÉCOMBAZ (de Pont-en-Royans), qui, depuis 1896, a entrepris l'exploration des grottes, pour la plupart inconnues, du Vercors et de la vallée de la Bourne. Sa principale découverte est celle de *Bournillon* (Isère), jusqu'à présent la plus belle et la plus vaste du Dauphiné ; elle a 1.455 mètres d'étendue, une rivière souterraine, de belles concrétions et un vestibule imposant de près de 100 mètres de hauteur. Les *scialets* (nom local des abîmes) de la *grotte Favot*, *des Fauries* (avec ruisseau souterrain), etc., les sources de *Choranche*, de *Goule-Noire*, de *Gournier*, etc., et surtout l'intérieur si compliqué et si difficile à parcourir de la fontaine intermittente de la *Luire* (Drôme), ont jeté une vive lumière sur les phénomènes d'hydrologie souterraine de toute la région du Royannais et du Vercors (*Mém. spél.*, n°s 13 et 22).

Une exploration complète (et très difficile) et un fort curieux plan des grottes de *Sassenage* (près Grenoble) sont dus à MM. S. et J. FONNÉ (*Revue des Alpes dauphinoises*, février, avril, mai et juin 1900).

Pour ma part, en 1896 et 1899, j'ai exploré plusieurs *scialets* du Vercors, la rivière souterraine du *Brudoux* (forêt de Lente) ; — étudié (avec MM. Martin, Lory et Vésignié) les *chororuns* du Dévoluy dont l'un, *chourun*

Martin, est, avec plus de 310 mètres de profondeur (70 seulement explorés jusqu'à présent) le plus creux que l'on connaisse ; — visité (avec M. Ferrand) les cavernes de la Grande-Chartreuse ; — et repris l'énigmatique question de l'origine de Vaucluse.

Jura. — En France, c'est surtout la région du Jura qui, depuis douze ans, a fourni, après les Causses, les nouveautés les plus importantes et inattendues.

Le véritable initiateur de son exploration souterraine a été (en 1893) le regretté E. Renauld, prématurément enlevé à ses travaux en 1899, à l'âge de vingt-neuf ans ; son travail et son plan de la belle caverne-source de *Baume-les-Messieurs*, près Lons-le-Saunier (*Mém. spél.*, n° 4, juin 1896), méritent une mention toute spéciale, ainsi que ses recherches au *Dessoubre*, au *Lançot*, au *Lison*, aux *Planches*, à *Jeurre*, etc. (*Annuaire du Club alpin* pour 1896.)

Sa succession a été recueillie par M. Fournier, professeur de géologie à l'Université de Besançon, lequel, assisté de ses élèves et de M. Magnin, interroge depuis 1896, avec un savoir égal à son audace, toutes les cavités des alentours de Besançon. Plusieurs années lui seront nécessaires pour achever son enquête scientifique du sous-sol du Jura : déjà il est parvenu à plus de 200 mètres (sans en voir la fin) dans les abîmes (à ruisseau souterrain) de la *grotte du Paradis*, — à plus de 150 mètres, au gouffre (inachevé) de *Lachenau*, — à 115 mètres au *Puits de la Belle-Louise ;* — les rivières souterraines de *Plaisir-Fontaine*, du *Moulin de la Roche*, les grottes de *Poudrey*, des *Caveaux*, etc., ont fourni les plus instructives données (*Mém. Soc. spél.*, n° 21 et 24).

Dans le Jura, nous avons à citer encore les recherches zoologiques et préhistoriques de M. Viré, — les hardies descentes de MM. Chevrot, Bidot, Kuss, Guérillot dans la *Caborne à Fréquent* (avec cascade), au gouffre de *Pierrefeu*, dans l'important réservoir souterrain du *Trou-des-Gangônes*, — les recherches de M. R. Maire dans la Haute-Saône, — les notices de M. Corcelle sur les grottes du Jura méridional.

Enfin, j'ajoute qu'en mai 1899 j'ai sondé les gouffres d'eau du *Creux-Billard* et trouvé une profondeur de 21 mètres à cette partie amont du vase communiquant de la grotte du Lison.

Pour la Belgique, je ne puis que citer mes recherches de 1898 à Han et à Rémouchamps (avec M. Van den Broeck) que je relaterai ailleurs, — les travaux artificiels de M. Gérard à Couvin, près de Marienbourg, qui ont permis de contourner deux siphons de rivière souterraine, — les fouilles préhistoriques de M. Tihon dans la vallée de la Vesdre, continuant celles de Schmerling, — une découverte de grotte à Lustin-lez-Namur, — les explorations de M. de Pierpont dans des *aiguigeois* (pertes) dont nous attendons la description — et les nouvelles investigations de MM. Van den Broeck et Rahir dans la région de la Lesse.

ALLEMAGNE. — Bien que l'Allemagne ait été réellement le berceau de la spéléologie scientifique, grâce aux travaux paléontologiques d'Esper (1774) et de Bückland (1822), dans les classiques cavernes ossifères de Gailenreuth et Muggendorf (Franconie, entre Baireuth, Nuremberg et Bamberg), elle ne saurait plus rivaliser, au point de vue de l'importance et de la beauté de ses grottes, avec l'Autriche-Hongrie, la France, l'Angleterre, la Belgique, voire même l'Espagne. La tournée que j'y ai faite en 1898 m'a fort déçu. La principale de ses cavités naturelles est la *Hermann's Höhle*, près Rübeland dans le Harz, qui a fait l'objet d'un bel ouvrage scientifique de MM. KLOOS ET MULLER, *Die Hermann's Höhle bei Rübeland*, in-4°, Weimar 1889.

Les glacières de l'Erzgebirge ont conduit M. LOHMANN à publier un traité complet sur les glaces souterraines, *Das Höhleneis*, Iéna, 1895.

La SUISSE n'a pas fait connaître encore d'antres de grandes dimensions. Il doit en exister cependant d'importants, restant à découvrir, sur le revers sud-est du Jura, témoin les *Grottes des Fées* à Vallorbe, de *Reclère*, près Porrentruy, du *Nidleloch*, près Soleure, qui ne paraissent pas avoir été jusqu'ici l'objet de descriptions suffisamment exactes.

M. PITTARD (de Genève) a étudié les petites cavernes du *Salève*, et M. F. SCHAR, le *Mondmilchloch* du Pilate (avec ruisseau souterrain), connu depuis 1555.

Ce sont surtout les puits à neige et les glacières naturelles qui présentent en Suisse de l'intérêt : le *Schafloch* (trou aux moutons), est depuis longtemps connu. Mais le plus important groupe de cavités de ce genre se trouve dans les *rochers de Naye*, au-dessus de Montreux (canton de Vaud) ; là M. le PROFESSEUR DUTOIT a commencé, en 1893, l'examen d'une cinquantaine de puits à neige, trous à vent et glacières du plus haut intérêt météorologique (*Mém. Soc. spél.* n° 19); il y a même employé avec succès la dynamite pour forcer certains passages.

L'abri sous roche du *Schweizersbild*, près Schaffhouse, a fourni 14.000 silex paléolithiques et 6.000 néolithiques ; les résultats de ses importantes fouilles figurent (depuis 1898) au nouveau Landes-Muséum de Zurich et sont décrits par M. J. NUESCH, *Das Schweizersbild*, Zurich 1896, t. 35, des *Nouv. Mém. de la Soc. helvét. des sc. natur.*

AUTRICHE. — Le Karst reste toujours la *terre classique des cavernes*, tant par le nombre que par l'étendue et la profondeur de ses grottes et abîmes.

L'exploration de la rivière souterraine de la Recca, à SAINT-CANZIAN-AM-

Karst, a occupé pendant dix ans (1884-1893) MM. Hanke, Marinitsch, Muller et Novak (de Trieste), qui, avec le concours du Club alpin autrichien allemand, s'occupent actuellement de rendre aisément accessible sur toute son étendue (2 kilomètres) le torrent souterrain, sinon le plus long, du moins le plus puissant que l'on connaisse en Europe. Cette extraordinaire localité, avec ses grands gouffres et ses grottes latérales, n'a vraiment pas encore toute la réputation qu'elle mérite.

Il a fallu à M. J. Marinitsch deux années d'efforts (1895 et 1896) pour achever, au péril de sa vie, l'exploration du gouffre de la *Kacna-Jama* (abîme des serpents, près Trieste), commencée en 1891 par le regretté M. A. Hanke ; la Kacna-Jama est un des deux ou trois plus profonds abîmes où l'homme soit descendu jusqu'à présent (305 mètres) ; il aboutit, à 213 mètres sous terre, à un réseau de près de 1.500 mètres de galeries et de puits, en partie ornés de belles concrétions, et en partie utilisés comme trop-pleins par les crues souterraines de la mystérieuse Recca ; le point de sortie de c· tte dernière n'est pas encore bien identifié et l'on conteste encore (moi tout le premier) qu'elle fasse sa réapparition au fameux Timavo, chanté par Virgile.

M. Carl Moser a fait le tableau, au point de vue archéologique et préhistorique, des cavités du Karst *(Der Karst und seine Höhlen*, Trieste, Schimpff, 1899, in 8°).

Je dois rappeler que la grotte d'*Adelsberg*, depuis que j'y ai découvert deux nouveaux kilomètres (en 1893, avec le concours de MM. Kraus, Putick et Kraigher), est devenue la plus longue de toute l'Europe (10 kilomètres d'un seul tenant ; 20 kilomètres avec ses annexes de Piuka-Jama, Cerna-Jama, Planina, etc.).

La Societa alpine delle Giulie (Trieste), par les soins de son secrétaire M. Boegan, reporte sur une carte des environs de Trieste et décrit dans son recueil *(Alpi Giulie)* les cavernes et abîmes du Karst (avec numéros d'ordre) qu'elle explore méthodiquement chaque année ; leur nombre atteint déjà près de 200 et plusieurs gouffres dépassent 200 mètres de profondeur.

De même le Club Touristi Triestini publie (depuis 1896) un périodique mensuel *(Il Tourista)* où MM. Perko, Mertl, Petritsch, Pucalovich, Citter, Konviczka, etc., relatent les plus audacieuses *descensions ;* ils auraient reconnu, dans la *grotta gigante*, la plus vaste salle souterraine connue, 240 mètres de longueur, 132 mètres de largeur, 138 mètres de hauteur.

En Styrie, la Gesellschaft fur Höhlenforschung, à Graz, avait inauguré ses travaux par la tragique aventure du *Lur-Loch* où sept explorateurs furent, du 28 avril au 4 mai 1894, enfermés par une crue subite pendant sept jours et demi et miraculeusemement sauvés par M. Putick. Depuis, elle a mis plus de prudence dans ses recherches, exploré et aménagé plusieurs cavités intéressantes, et elle s'applique surtout à découvrir la communication qui existe entre la caverne absorbante de *Lueg* (Lur-Loch) et la grotte-source de *Peggau* (V. *Mittheil. der Ges. für Hœhlenforschung in Steiermark*, 1er fascic., Graz, 1896).

La Moravie a été, dès 1864, le théâtre des exploits de M. M. Krisz, dont les travaux ont été en quelque sorte le trait d'union entre ceux du célèbre Schmidl (vers 1850) et l'intense renouvellement des recherches commencé à Trieste en 1884 : les fouilles paléontologiques et préhistoriques et les observations géologiques et hydrologiques de M. Krisz à la *Kulna*, à *Byci-Skala*, à *Sloup*, au gouffre de la *Mazocha* (prof. 136 mètres) etc., sont devenues classiques ; l'*Anthropologie* de 1897, n° 5, les a bien résumées ; elles ont été quelque peu accrues ces temps derniers par MM. Koudelka et Trampler.

M. Fugger a produit de remarquables études sur les glacières naturelles des environs de Salzburg (Kolowrath's Höhle) et examine à l'occasion les cavités du Salzkammergut.

M. Crommer a abordé aussi le sujet des cavernes à glace (*Eishöhlen*, Vienne, Lechner, 1899).

Hongrie. — La grotte d'*Agtelek*, près de Kaschau, dans le nord de la Hongrie, sans avoir été l'objet de récentes trouvailles, doit être pourtant mentionnée ici, non seulement à cause de sa grande beauté et de son étendue (8.666 mètres, ce qui la met au second rang en Europe, après Adelsberg), mais aussi à cause du curieux travail dont elle a été l'objet : pour en raccourcir de moitié la trop longue visite (qui demandait quinze à seize heures), M. C. Siegmeth a fait creuser, en 1891, à l'extrémité, un tunnel qui a constitué une sortie artificielle des mieux combinées ; le plan géométrique mentionné ci-dessus (à propos de Dargilan) a été dressé pour cet objet. Ceci est un exemple de plus de l'intérêt universel que la spéléologie (Höhlenkunde) suscite en Autriche-Hongrie, dont en France il faudrait suivre l'exemple.

Aux environs d'Agtelek il reste des puits naturels à explorer ; et la Transylvanie n'a pas livré le secret de ses grottes (*Mém. spél.*, n° 16).

Mentionnons aussi que deux des plus curieuses grottes de l'Europe, la *Bela-Höhle* dans les Tatras (3 kilomètres de développement, 130 mètres d'*ascension* souterraine) et l'immense glacière naturelle de *Dobschau* (près Agtelek), la plus belle et la plus vaste que l'on connaisse, n'ont été respectivement découvertes qu'en 1881 et 1870.

Espagne. — M. Puig y Larraz a donné, en 1896, le catalogue descriptif et raisonné d'environ 1.500 cavernes d'Espagne, des Baléares et des

Canaries (*Cavernas y Simas de España*, Madrid, 1896, 392 p. in-8°). La plupart restent à étudier et à explorer.

M. l'abbé N. Font y Sagué (de Barcelone), que j'avais initié en 1896 aux nouvelles méthodes de la spéléologie, les applique brillamment depuis trois années consécutives aux abîmes et eaux souterraines de la Catalogne : il a réussi à trouver le réservoir inconnu de la *Font d'Armena*, près de Barcelone, et des puits naturels de plus 100 mètres de profondeur ont également reçu sa hardie visite; celui *del Bruch*, incomplètement exploré (jusqu'à 170 mètres de profondeur), promet de conduire à une rivière souterraine tout à fait ignorée. Dans celui de *la Ferla*, M. Font y Sagué s'est arrêté à 150 mètres au sommet d'une salle de 40 mètres de profondeur ! ! !

En 1897, M. Font y Sagué a publié, à Barcelone, un *Catalech espeleologich de Catalunya* (in-8°), qui nomme pour cette province 333 creux, grottes et sources au lieu des 164 cités par M. Puig y Larraz.

Dans les Baléares, des découvertes de merveilleuses grottes, en partie remplies d'eau de mer, et pourvues des plus délicates concrétions, n'ont été effectuées que depuis ma visite de 1896 aux *Cuevas del Drach*, *Victoria*, *du Pirate*, etc. (près Manacor, île de Majorque).

Italie. — M. O. Marinelli, auquel on doit la si curieuse expérience de coloration par la fluorescéine de la pseudo-source de la *Pollaccia*, près Florence (1894), a continué en Sicile, Toscane, Frioul, etc., des recherches sur les phénomènes *karstiques* des régions calcaires de l'Italie ; il a dressé le plan de la caverne de *Villanova*, la plus grande (800 mètres) du Frioul, et il recueille avec un soin curieux les innombrables variétés de dénominations que chaque région applique aux cavernes, abîmes et pertes.

La section de Milan du Club alpin italien, à l'instigation du professeur Salmojraghi, de M. Mariani, etc., vient aussi de s'intéresser à notre sujet. (V. Salmojraghi, *Studio dei fenomeni carsici*, Milan, *Soc. di sci. natur.*, vol. 26, 1896.)

Le professeur A. Tellini a constitué à Udine un *circolo speleologico* qui a entrepris l'enquête souterraine du Frioul (V. A. Tellini, *Peregrinazioni speleologiche nel Friuli*, Udine, 1898-1899), et un autre *circ. speleol.* (la Maddalena) s'est également formé à Bergame.

Deux mémoires de M. Enr. Nicolis (*Idrologia del Veneto Occidentale*, Venise, Ferrari, 1896, et *Circolazione interna... delle acque... della regione Veronese*, in-8°, Verono, Franchini, 1898) s'occupent des *speluga*, *Busi* et glacières des environs de Vérone. Enfin M. P. Bensa vient de consacrer un capital mémoire aux cavernes de la Ligurie (*Bullettin du Club alpin italien* pour 1900).

Péninsule des Balkans. — M. le professeur Cvijic (de Belgrade) n'a fait connaître que depuis 1893, EN SERBIE; de curieuses glacières naturelles, la grande grotte de *Douboca* (percée de part en part, en tunnel ; développement, 1,960 mètres) et de nombreux autres phénomènes karstiques.

EN BULGARIE, MM. H. et K. SCORPIL ont énuméré (*Mém. spél.*, n° 15) les points où se perdent et reparaissent maintes rivières, parmi les calcaires, ainsi que les gouffres et cavernes qui attendent toujours leurs investigateurs.

EN GRÈCE, M. SIDÉRIDÈS a continué les explorations des *Katavothres* (Corfou, plaine de Tripolis, etc.) que j'avais commencées avec lui en 1891, mais n'a malheureusement pas encore publié leurs résultats.

Dans la BOSNIE-HERZÉGOVINE, qu'on pourrait rattacher à l'Autriche, M. APFELBECK étudie la faune souterraine, — et surtout le Gouvernement autrichien a publié le résultat des travaux *officiels* de désobstruction de cavernes et puits, de dessèchement de marais (*polje*) qu'il a fait exécuter par M. BALLIF, à l'instar de ceux qui, dans le Karst d'Istrie et de Carniole, avaient été confiés, depuis 1886, à MM. PUTICK, HRASKY, RIEDEL, etc. (Ph. BALLIF, *Wasserbauten in Bosnien und Hercegovina*, Vienne, Holzhausen, 1896, in-4°). Le Ministère de l'Agriculture de France devrait, dans diverses régions de notre pays, s'inspirer de cet exemple.

ANGLETERRE. — Ma campagne souterraine de 1895 en Irlande et en Angleterre, et particulièrement ma descente du gouffre de *Gaping-Ghyll* (Yorkshire) ont suscité la création du YORKSHIRE RAMBLER'S CLUB et le zèle spéléologique de ses membres : à Gaping-Ghyll même, MM. CALVERT, C. SLINGSBY, GREEN, CUTTRISS, BOOTH, etc., ont pu trouver, grâce à plusieurs expéditions dispendieusement organisées, près d'un kilomètre de galeries donnant issue aux eaux absorbées par le gouffre ; — *Rowten-Pot*, où tombe également une cascade, a été exploré jusqu'à 111 mètres de profondeur ; — *Long-Kin-Hole*, jusqu'à 100 mètres, etc. Le plan de ces messieurs est d'explorer à fond les innombrables cavités et *pots* (abîmes) de la montagne calcaire d'Ingleborough et de passer ensuite aux autres districts caverneux de l'Angleterre. Là aussi le sous-sol est à peu près vierge d'explorations scientifiques, si ce n'est au point de vue préhistorique et archéologique, à peu près épuisé dans le beau livre du professeur BOYD-DAWKINS (*Cave Hunting*, 1874).

ÉTATS-UNIS D'AMÉRIQUE. — Miss L.-A. OWEN vient, depuis quatre ou cinq ans seulement, de signaler l'existence, dans l'ouest des États-Unis, d'immenses cavernes qu'aucun savant n'a inspectées encore : elles auraient, sauf vérification, des myriamètres (?) de développement ; certaines seraient d'anciennes bouches ou évents de geysers (?) morts ou éteints, etc. (États de Dakota, Wyoming, etc.) [V. OWEN (MISS L.-A.), *Cave Regions of the Ozarks and Black Hills*, in-8°, 1898].

M. Hovey, auquel on devait depuis 1882 l'important ouvrage, *Celebrated american caverns* (réédité en 1896 à Cincinnati), a repris avec M. Ellsworth Call l'examen de la fameuse Mammoth-Cave du Kentucky. (Hovey et Ellsw. Call, Louisville, in-8°, 1897). Bien que des considérations d'ordre commercial empêchent l'étude scientifique approfondie de l'immense grotte, et en particulier l'exécution d'un plan exact, ces deux auteurs pensent qu'il faut ramener de 240 kilomètres (chiffre admis jusqu'à présent) à 48 ou 60 kilomètres le développement total de Mammoth-Cave ! Les profondeurs des gouffres et rivières qu'on y rencontre ont été exagérées également.

M. P. M. Van Epps a visité plusieurs cavernes de l'État de New-York. M. H.-C. Mercer se base sur un grand nombre d'études et de fouilles consciencieuses pour affirmer que l'homme paléolithique n'a pas encore été trouvé en Amérique (*Researches on the antiquity of Man in the U. S.*, Boston, Grim and C°, 1897, in-8°).

Enfin, M. E.-S. Balch (de Philadelphie) a mis au point les théories des glacières naturelles, tant d'après ses propres recherches que d'après celles de Browne, Lohmann, Schwalbe, Fugger, Martel, etc., dans son tout récent volume, *Glacières* or *Freezing-Caves* (in-8°, Philadelphie, 1900).

Mexique. — M. Mercer a publié dans *The Hill-Caves of Yucatan* (Philadelphie, Lippincott, 1896, in-8°) le résultat de ses recherches géographiques et ethnographiques dans les *cénotés* ou gouffres d'effondrement du Yucatan : ils communiquent avec les eaux souterraines contenues dans de vastes et admirables cavernes ; on y descend assez facilement et on y trouve les preuves et traces du séjour de populations qui ne sauraient être plus anciennes que les constructeurs des curieux monuments ruinés du Yucatan, vivant en compagnie d'animaux dont les espèces subsistent encore.

Patagonie. — La découverte du *Glossotherium*, *postérieur* (?) aux temps quaternaires dans la *Cueva Eberhardt* a soulevé un débat paléontologique des plus curieux (V. *C. R. Ac. sc.*, 25 sept. et 20 déc. 1889).

Australie. — L'exploration des grottes de *Jenolan* (Nouvelles-Galles du Sud), connues seulement depuis 1841, n'est pas encore achevée. Le plan que vient d'en publier M. O. Trickett (*Guide to the Jenolan caves*, in-8° et grav.) montre qu'elles dépassent 2.500 mètres de développement; leurs concrétions, tunnels naturels, rivières souterraines et abîmes en font une des plus remarquables que l'on connaisse. M. J.-J. Foster en a donné la description en 1890.

Tel est le bilan, extrasommaire, des principales *nouveautés* souterraines depuis une quinzaine d'années. Pour en comprendre l'importance et apprécier l'essor extraordinaire de la *spéléologie* actuelle, il faudrait comparer ce court tableau avec le petit volume *Grottes et cavernes*, publié en 1870 par Badin (Libr. Hachette, bibliothèque des Merveilles), avec le chapitre des cavernes de *la Terre*, de É. Reclus (1867), ou même enfin avec les magistrales Eaux souterraines de M. Daubrée (1887).

La zoologie souterraine s'enrichit des nouvelles données consignées dans les deux ouvrages de M. le professeur Otto Hamann, *Europäische Höhlenfauna*, Iéna, Costenoble, 1896, in-8°, — et de M. A. Viré, *la Faune souterraine de France*, Paris, J.-B. Baillière, in-8°, 1900, qui intéresseront les spécialistes et la doctrine de l'évolution. M. Moniez (de Lille) a examiné la faune de Dargilan, — M. Eug. Simon, l'entomologiste bien connu, celle des cavernes des Philippines et du Transvaal, — M. Carpenter celle de l'Irlande, — M. Gestro celle d'Italie, — M. Apfelbeck celle de Bosnie, — M. Packard celle d'Amérique, etc.

Les recherches sur la vitesse d'écoulement de l'eau sous les glaciers au moyen de la fluorescéine que j'avais entamées en 1897 à la mer de glace de Chamonix ont été exécutées avec un succès complet, en 1898 et 1899, par M. Forel au glacier du Rhône, et par M. et Mme Vallot aux glaciers de Chamonix : ces expériences intéressantes devront être étendues ailleurs; elles peuvent présenter une utilité pratique considérable.

Les recherches de M. l'Ingénieur Delebecque sur les *Lacs français* (Paris, Chamerot, 1898, in-4°) touchent à la spéléologie par les chapitres relatifs aux lacs à écoulement souterrain, — aux sources de fond telles que le *Boubioz*, du lac d'Annecy, etc.

Dans le domaine législatif, il y a lieu de citer l'originale thèse de doctorat de M. G. Cord, *De la propriété spéléologique*, Paris, Rousseau, 1899.

L'avenir ne peut qu'accroître la variété, le nombre et l'intérêt des recherches souterraines de toutes sortes !

M. le baron HULOT

Secrétaire général de la Société de Géographie, à Paris.

L'ŒUVRE DE LA SOCIÉTÉ DE GÉOGRAPHIE

— *Séance du 3 août* —

S'il s'agissait d'examiner ici les questions auxquelles la Société de Géographie s'est intéressée, il faudrait passer en revue la plupart des travaux qui, depuis la Restauration, ont concouru au progrès des sciences géographiques. Le sujet qui nous a été proposé est plus modeste : il consiste à apprécier la part d'initiative qui revient à cette Société dans le développement des associations géographiques et à déterminer les principaux moyens par lesquels se manifeste son activité scientifique.

Fondée le 19 juillet 1821, la Société de Géographie fut reconnue d'utilité publique le 14 décembre 1827. Dans la circulaire lancée le 7 novembre 1821, les fondateurs reconnaissaient que des Sociétés s'étaient déjà constituées en vue de l'exploitation, légitime d'ailleurs, de diverses contrées ; mais que jusqu'alors « aucune association n'avait eu pour but unique la connaissance du globe » (1). Cette circulaire s'adressait « aux hommes éclairés de toute l'Europe » désireux de contribuer « au perfectionnement des sciences géographiques si intimement liées aux autres sciences, au progrès de la civilisation, à l'anéantissement de toutes les haines et de toutes les rivalités ».

Dans un compte rendu à la Commission centrale (Conseil d'administration) pour l'année 1827, son président, M. Jomard, qui fut l'un des signataires de cet appel, revenait en ces termes sur le caractère libéral de la Société : « Un but d'intérêt général, un dessein éminemment patriotique et philanthropique y sert seul de lien à tous les efforts, sans aucun mélange de vues personnelles. »

Berlin (1828), Londres (1830), Saint-Pétersbourg (1845), Leipsick (1861), Dresde (1863), imitèrent l'exemple donné par Paris. Aujourd'hui, la plupart des grandes villes du monde civilisé possèdent des Sociétés analogues qui tiennent des séances, publient leurs travaux, correspondent entre elles et organisent des missions. Sur environ 120 Sociétés de Géographie, une trentaine sont réparties entre la France et ses colonies, plus de 20 fonctionnent en Allemagne, plus de 15 en Angleterre et dans ses colonies, une dizaine dans l'Empire russe. L'Italie, l'Autriche-Hongrie, la Suisse, la Belgique, la Hollande, la Suède, la Norvège, l'Espagne, en comptent plusieurs, le Portugal, le Danemark, la Roumanie et tout récemment la Grèce 1. Il existe 3 Sociétés de Géographie dans le nord de l'Afrique, 6 en Asie, y compris le Japon, 7 dans l'Amérique du Nord, une dizaine dans l'Amérique du Sud, 4 en Australie. Tous ces corps savants ont contribué dans une large mesure à développer les branches du savoir humain qui se rattachent plus ou moins étroitement à l'étude de la Terre. La Société, qui eut l'heureuse fortune d'imprimer cet élan, considère avec quelque fierté le chemin parcouru et les progrès accomplis.

En France, l'action de la Société de Géographie s'est affirmée d'une façon plus directe. C'est ainsi qu'en 1836, un appel fut adressé aux Sociétés

(1) Les Rapports des premiers secrétaires généraux, tels que Roux de Rochelle, de Larenaudière, Jouannin, rendent justice aux travaux géographiques des Sociétés africaines de France et d'Angleterre.

savantes de province pour les déterminer à entreprendre des études de géographie régionale (1).

Après la guerre franco-allemande, la Société agita la question de fonder des sections dans plusieurs départements. L'esprit de décentralisation prévalut ; la Commission centrale jugea « plus favorable au développement de la science de laisser à l'initiative locale le soin de constituer d'autres Sociétés, selon les usages, les ressources, les tendances de chaque milieu ». Elle facilita d'ailleurs cette éclosion et multiplia ses relations avec chaque groupement avant de les relier entre eux par l'organisation de Congrès nationaux (2).

La première session du Congrès des Sociétés françaises de Géographie qui eut lieu à Paris, sous la présidence de l'amiral de La Roncière-Le Noury, en septembre 1878, coïncida avec l'Exposition Universelle et l'inauguration de l'hôtel de la Société. La XXIe session a été tenue dans le même local à l'occasion de l'Exposition de 1900 sous la présidence du général Derrécagaix. Entre ces deux dates, le *Congrès national des Sociétés françaises de Géographie* s'est réuni dans les principales villes de France et à Alger. Ses travaux qui intéressent plus spécialement la géographie de la France et de ses colonies sont consignés dans les « comptes rendus » détaillés, publiés par la société organisatrice.

Le *Congrès International des Sciences géographiques* a pris naissance en Belgique à l'occasion du centenaire de Mercator et, dès le principe, la Société de Géographie y adhéra. Il fut admis qu'il se réunirait tous les cinq ans. La première session a été tenue à Anvers en 1871 ; la deuxième à Paris en 1875, les autres à Venise (1881), Berne (1885), Paris (1889), Londres (1895), et Berlin (1899). Deux fois sur sept, la doyenne des Sociétés de Géographie a eu le privilège d'organiser ces grandes assises et d'honorer les Sociétés étrangères dans la personne de leurs représentants.

Ces indications permettront d'apprécier la part qui revient à la Société de Géographie dans le développement des associations géographiques. Il reste à préciser son objet, ses moyens d'action et les principaux résultats qu'elle a obtenus dans le domaine scientifique.

*
* *

L'article premier des statuts, approuvés par ordonnance royale du 14 décembre 1827, est ainsi libellé : « La Société est instituée pour concourir aux progrès de la Géographie ; elle fait entreprendre des voyages dans les con-

(1) *Bulletin*, t. VIII, p. 340.

(2) Successivement furent fondées les Sociétés de Géographie de Lyon, Marseille, Montpellier, Alger, Oran, Nancy, Rouen, Douai, Bourg, Dijon, Lille, Lorient, Toulouse, etc... (Voir *Notice sur la Société de Géographie*, p. 6. Paris, 1900).

trées inconnues ; elle propose et décerne des prix, établit une correspondance avec les Sociétés savantes, les voyageurs et les géographes ; publie des relations inédites ainsi que des ouvrages, et fait graver des cartes. »

Son objet, c'est la géographie entendue dans son sens le plus large et considérée dans ses rapports avec les autres sciences. La Société s'occupe de géographie générale, régionale ou locale, de géographie historique et d'histoire de la géographie. Elle traite de géographie descriptive, de géographie physique et mathématique, politique et coloniale, économique et commerciale. La géodésie, la topographie, la géologie, la paléontologie, la minéralogie, l'étude des neiges et des glaces, l'hydrologie, l'océanographie, la météorologie, l'histoire naturelle (botanique, anthropologie), l'ethnographie, la linguistique et l'histoire, la statistique et l'économie politique, le commerce et la navigation sont intimement intéressés à ses progrès et servent d'ailleurs de base aux *Instructions générales aux voyageurs* qui furent publiées par les soins de la Société (1).

Dès le principe, la Commission centrale a tenu à donner aux travaux des membres cette élasticité et cette ampleur. Résumant les séances et les publications de ses collègues en 1827, M. de Larenaudière, secrétaire général, parle notamment d'explorations au sujet de Freycinet, de Duperrey, de d'Urville, d'histoire générale des voyages avec Walckenaer, puis, des forces productives et commerciales de l'Angleterre et de la France, à propos de Dupin « qui apprend à son pays tout ce qu'il est, tout ce qu'il vaut, tout ce qu'il pourra valoir ».

L'étude des questions géographiques au point de vue de nos relations commerciales extérieures amena la Société à déléguer, en 1873, un certain nombre de ses membres qui, réunis à un nombre égal de représentants des chambres syndicales, formèrent une commission spéciale constituée trois ans plus tard en Société de Géographie commerciale. Cette commission, devenue autonome, prit un rapide développement, sous l'active impulsion de son secrétaire général, M. Gauthiot.

En facilitant ainsi l'éclosion d'associations géographiques soit à Paris, soit en province, la Société mère n'a pas entendu restreindre son domaine qui demeure tel que l'a défini le titre premier de ses statuts.

« La Société de Géographie, écrivait en 1827 M. Jomard, a cinq principaux moyens d'action par lesquels elle doit influer sur le perfectionnement de la science : les prix offerts, les voyages encouragés, la publication de relations inédites, le recueil périodique et la bibliothèque ouverte aux Sociétaires. » Cette énumération par ordre d'importance est d'autant plus significative que son auteur était président de la Commission centrale

(1) 1 vol. in-12 de 288 p. Paris, Delagrave, 1875.

l'année même où furent approuvés les statuts et qu'il prit pendant quarante ans une part considérable dans la conduite de la Société.

Les Prix. — A l'origine, les prix offerts ne consacraient pas seulement les résultats acquis, mais ils provoquaient des recherches en ouvrant des concours. C'est ainsi que furent proposés dès 1822 une *Description systématique des chaînes de montagnes de l'Europe*, une étude sur *L'origine et les migrations des peuples de l'Océanie*, un travail statistique sur *L'itinéraire de Paris au Havre de Grâce*. En 1823, le comte Orloff fit les frais d'un autre concours qui s'ajoute aux précédents : *L'analyse des ouvrages récemment publiés en Russie sur la Géographie et la statistique*. On pourrait multiplier les exemples et si on prenait la peine de feuilleter les sept tomes du *Recueil de voyages et de mémoires*, in-4, publiés par la Société, on y retrouverait les travaux de plusieurs lauréats, tels que l'ouvrage de M. L. Bruguière sur l'orographie de l'Europe (T. III).

Ainsi conçus, les prix sont à la fois une récompense et un stimulant. En les instituant, la Société exerce trois de ses fonctions principales : elle provoque les voyages et les œuvres d'érudition ; elle signale les résultats obtenus ; elle favorise la publication de relations inédites. Malgré ces avantages, les concours furent délaissés pendant de longues années et les fondateurs de prix se sont contentés d'indiquer les conditions générales mises à l'affectation de telle ou telle médaille. C'est tout récemment, en juillet 1900, que, sur l'initiative du prince Roland Bonaparte, président de la Commission centrale, l'idée fut reprise et limitée à des sujets de géographie ayant principalement pour objet la France et ses colonies (1).

La liste des prix décernés depuis l'origine, a paru dans une *Notice sur la Société de Géographie* publiée en avril 1900. Elle ne comprend pas moins de 305 lauréats. Dans ce nombre, 54 ont obtenu la grande médaille, 46 la médaille d'or, 85 la médaille d'argent offertes par la Société sur son budget. Les autres ont reçus des prix provenant d'une vingtaine de fondations diverses, parmi lesquelles le prix d'Orléans (2.000 francs) réservé « à la découverte la plus utile à l'agriculture, à l'industrie ou à l'humanité » et qui cessa d'être décerné par la Société de Géographie le jour où fut fondée la Société d'Acclimatation ; le prix de l'Impératrice Eugénie (10.000 francs) destiné « à la découverte la plus importante en géographie, ou au travail le plus utile soit à la diffusion des sciences géographiques, soit aux relations commerciales de la France » (2) ; le prix Herbet-Fournet (6.000 francs et une médaille d'or) réservé à un voyageur français dans des conditions à

(1) Le règlement et le programme de ce concours ont paru dans le n° du 15 juillet 1900 de *La Géographie*, Bulletin de la Société, pages 75, 77.

(2) Ce prix annuel fut décerné en 1869 pour la première et dernière fois au comte Ferdinand de Lesseps, qui en abandonna le montant en faveur d'un voyage dans le centre de l'Afrique.

peu près analogues ou à l'auteur du meilleur ouvrage sur la science géographique publié en France dans le courant des deux années précédentes ; le prix P.-F. Fournier (1.300 francs et une médaille spéciale) affecté au meilleur ouvrage de géographie paru dans l'année, carte ou livre ; le prix Ducros-Aubert (1.400 francs environ et une médaille d'or) au voyageur français dont les découvertes, les explorations ou les travaux auront déterminé le plus grand progrès au point de vue de la science et de nos intérêts nationaux. Les autres prix se composent de médailles d'or ou d'argent et parfois d'ouvrages. Ils ont une affectation spéciale et dont plusieurs sont réservés à des Français (prix A. de La Roquette, Auguste Logerot, Erhard, Jomard, J.-B. Morot, Conrad Malte-Brun, A. de Montherot. Ch. Grad, Léon Dewez, Barbié du Bocage, Louise Bourbonnaud, H. Duveyrier, W. Huber, Janssen, Madrolle, Boutroue, de Bizemont, Molteni).

La simple énumération des noms des lauréats remettrait en memoire les pages les plus brillantes de l'exploration au XIXe siècle, en même temps qu'elle attesterait la part de plus en plus considérable qu'ont prise nos compatriotes dans les découvertes géographiques. Pour ne citer que des titulaires de la grande médaille d'or : aux noms de Franklin, de Ross, de Barth, de Livingstone, de Nachtigal, de Stanley, de Nansen se mêlent ceux de René Caillié, Dumont d'Urville, d'Abbadie, Duveyrier, Doudart de La Grée, Francis Garnier, Grandidier, Brazza, Milne-Edwards ; et dans l'ensemble des dix dernières années, les noms de MM. Binger, Bonvalot, Monteil, prince Henri d'Orléans, Foa, Gentil, Marchand. Les travaux géographiques de MM. Vivien de Saint-Martin, Élysée Reclus, Ch. Maunoir et l'œuvre scientifique et nationale du général Galliéni figurent dans ces listes au même rang que les grandes explorations.

En vue d'encourager l'enseignement de la géographie, la Société a institué en 1872, deux prix annuels (livres et cartes) décernés en son nom, au concours général des lycées de Paris, en 1874, un troisième prix pour le Prytanée militaire de La Flèche, et en 1884, un quatrième pour l'école militaire des sous-officiers de Saint-Maixent.

Les Voyages. — Plus heureuses que la Société de Géographie, d'autres associations similaires, largement subventionnées, telles que les Sociétés de Londres et de Saint-Pétersbourg, réussirent à grouper les fonds considérables que nécessite l'organisation d'expéditions scientifiques. Elle a réussi cependant à en patronner un grand nombre, à en subventionner plusieurs et tout récemment à en faire exécuter une à ses frais.

« Réfléchissant sur la grande dépense qu'il nous faudrait risquer en défrayant d'avance un voyageur, écrivait M. Malte-Brun (1), M. Alexandre

(1) T. I, p. 36.

Barbié du Bocage a conçu l'ingénieuse idée de faire d'une relation sur un pays peu connu le sujet d'un prix considérable, prix dans lequel le voyageur trouverait à son retour un commencement d'indemnité pour ses peines. » C'est ainsi que Pacho étudia la Cyrénaïque.

Quant au prix de Tombouctou (9.000 francs) réservé au premier voyageur français qui, en partant du Sénégal, atteindrait la ville mystérieuse, la Société eut d'autant plus de plaisir à l'offrir que ce fut la lecture de son programme qui fortifia chez René Caillié la courageuse résolution de pénétrer au cœur de l'Afrique (1).

Il est d'ailleurs à remarquer que la Société de Géographie n'a jamais cessé de s'intéresser aux missions de pénétration entreprises dans le nord de l'Afrique. En 1855, elle multipliait les démarches auprès des ministères de la Guerre, de la Marine et de l'Agriculture pour obtenir leur contribution à une expédition, chargée d'établir des rapports entre l'Algérie la Sénégambie et l'intérieur de l'Afrique » (2). Plus tard, elle seconda les efforts de Duveyrier et s'occupa des deux missions Flatters. On sait encore avec quelle sollicitude elle soutint et suivit la plupart des explorateurs qui sillonnèrent ou traversèrent tout récemment le Sahara.

« Pour la première fois en 1827, écrit M. Jomard, il nous a été permis de contribuer d'une manière directe aux expéditions d'exploration : quatre voyageurs, membres de la Société de Géographie, se sont présentés à la fois avec un projet de voyage, les uns dans la Colombie, un autre au Chili le dernier au Mexique et à Guatemala. Ils ont sollicité vos instructions et ils ont reçu chacun une série de questions. »

La Société s'est constamment prêtée à ces sortes de consultations. S'il ne lui est plus possible aujourd'hui de discuter en séance devant une assistance trop nombreuse des projets de voyage qu'il importe parfois de ne pas ébruiter, elle n'en reste pas moins à la disposition des explorateurs.

Le reliquat des sommes souscrites pour le prix de Tombouctou et pour le voyage de Le Saint sur le Haut-Nil, le prix de l'Impératrice abandonné par M. de Lesseps et des souscriptions diverses avaient constitué un *fonds des voyages* qui facilita dans une certaine mesure plusieurs missions, entre autres celles du comte de Bizemont dans le Haut-Nil, de l'abbé Desgodins aux limites du Tibet et de la Chine, de Francis Garnier dans le bassin du Yang-tsé-Kiang, de MM. de Compiègne et Marche sur l'Ogöoué, de Dournaux-Duperré vers le massif du Ahaggar, du rabbin Mardochée au Maroc, du capitaine Roudaire et de Duveyrier dans les chotts, de M. de Brazza dans les régions qui devinrent le Congo français.

Ce fonds était épuisé quand le legs René-Henri Dumont permit en 1899 d'y inscrire une rente annuelle de mille francs. Par lui, l'impulsion est

(1) Rapport du 5 décembre 1828, par de Larenaudière, secrétaire général, p. 46.
(2) *Bulletin*, t. IX, 1855, p. 235 ; t. X, 1855, p. 84.

donnée. Il appartient aux amis de la Société de la mettre à même de subventionner les explorateurs et de publier leurs découvertes (1). M. Milne-Edwards insistait l'an dernier sur l'utilité « d'aider un voyageur à résoudre quelque problème important dont il a déjà préparé la solution par des recherches antérieures, ou de publier les documents rapportés d'une expédition ayant révélé des faits nouveaux ». La mort a privé ses collègues de ses avis éclairés, mais il a voulu qu'un dernier souvenir témoignât après sa mort de son attachement à l'œuvre commune.

Si les ressources de la Société ne lui ont pas permis d'organiser et d'équiper une grande mission d'exploration jusqu'à ces dernières années, cette heureuse fortune lui échut en 1898. Elle la doit à la générosité de M. Renoust des Orgeries, qui l'institua sa légataire universelle.

Se conformant aux intentions du testateur, elle organisa, d'accord avec le gouvernement, une mission ayant pour but de relier pacifiquement les possessions françaises de l'Algérie, du Soudan et du Congo. Elle fit choix de M. Fernand Foureau pour la diriger et lui remit avant son départ une somme de deux cent cinquante mille francs. Le commandant Lamy lui fut adjoint. On sait aujourd'hui comment la mission Foureau-Lamy s'est acquittée de sa tâche, traçant à travers le Sahara et par le lac Tchad jusqu'au Congo l'un des plus beaux itinéraires qui puissent être consignés dans les annales des voyages. Malheureusement, le commandant Lamy ne recueillera pas le bénéfice de ce grand effort. Chargé par M. Gentil de poursuivre Rabah avec les forces combinées de trois missions françaises réunies sur les bords du Tchad, il a été mortellement frappé à Kousseri en pleine victoire.

Les Séances. — Il ne suffit pas de faciliter le départ et l'accomplissement d'une mission d'exploration, il faut encore la faire connaître et mettre en relief ses résultats. Les réunions tenues par la Société répondent à ce besoin. Elles se composent des séances de quinzaine, des assemblées générales et des réunions solennelles. Les premières ont pris, depuis la construction de l'hôtel de la Société, une importance croissante. Elles attirent l'attention publique sur les recherches des érudits comme sur les travaux des voyageurs. Vouloir les analyser, serait reprendre l'œuvre de la Société depuis sa fondation.

Au Cirque d'Été, au Trocadéro, à la Sorbonne, ont été organisées des séances extraordinaires, justifiées par l'importance exceptionnelle de certains

(1) Depuis que cette communication a été lue en séance, la Société de Géographie a reçu un legs de 2.000 francs pour le fonds des voyages. Elle le doit à Mme Billet, qui voulut perpétuer ainsi la mémoire de son fils, massacré en 1882 avec la mission Crevaux.

D'autre part, Mme Georges Hachette vient de fonder à la Société, en souvenir de son mari, une bourse de voyage, dont les conditions sont énumérées dans *la Géographie* du 15 avril 1901, p. 351.

voyages; mais aucune salle ne s'adapte mieux à ces réunions que le grand amphithéâtre de la nouvelle Sorbonne.

D'autres solennités ont eu pour objet de commémorer de grands faits et de grandes dates de l'histoire des découvertes; d'honorer la mémoire de navigateurs tels que: Christophe Colomb, de Cook, de Vasco de Gama, et tels aussi que Lapérouse, d'Entrecasteaux, Dumont d'Urville, dont l'œuvre nous touche plus directement.

De même, la Société s'est intéressée à l'érection des monuments en l'honneur de René Caillié, Dumont d'Urville, Francis Garnier, de Quatrefages, etc... A plusieurs reprises, elle a témoigné le désir de voir donner le nom de Duveyrier à une rue de Paris ou à un poste avancé de l'Extrême-Sud algérien. Un vœu analogue vient d'être émis en souvenir du commandant Lamy.

Une association qui a su stimuler le goût des explorations lointaines comme des larges enquêtes scientifiques acquitte encore une dette de reconnaissance en s'intéressant au sort des moins favorisés parmi les vaillants serviteurs de la science et du pays. De là, une série de dispositions prises par la Société et qui ne trouveraient pas place dans cette étude.

Certaines réunions furent encore organisées à différentes reprises dans le but de propager les bonnes doctrines scientifiques dans le champ de la Géographie ou de provoquer des débats intéressants. Ainsi en 1884 et 1885, des conférences payantes furent consacrées *aux rapports de l'Astronomie et de la Géographie*, *à l'écorce terrestre*, *au relief du globe*, *à la formation et au développement du globe terrestre*, *à la distribution générale des minéraux et des animaux*, *aux fonds des mers*, *aux océans*, *aux climats*, *au méridien universel*, *aux races humaines*, *à la conquête du globe*, *aux grandes lignes de navigation et aux chemins de fer*, *aux richesses du globe*. Quelques années plus tard, des discussions scientifiques, qu'un auditoire trop nombreux avait rendues difficiles, furent provoquées dans des groupes d'études se rapportant à la géographie physique et mathématique, à l'ethnographie et à l'histoire naturelle, à la géographie historique et à la géographie économique.

Ces citations nous offrent une nouvelle preuve que la Société, fidèle à son programme, n'a jamais entendu restreindre son cadre et supprimer de ses travaux, telle ou telle branche des sciences géographiques.

Aujourd'hui, elle s'en tient à ses séances de quinzaine, à ses assemblées générales et à ses réceptions solennelles, trouvant avantage à provoquer la discussion au moyen de concours et à traiter dans son *Bulletin* les questions techniques.

Publications. — En énumérant les moyens d'action par lesquels la Société exerce son influence sur le perfectionnement de la science,

M. Jomard assignait la troisième place à la publication des relations inédites et la quatrième au recueil périodique ou *Bulletin*.

Le recueil de voyages et de mémoires constituait la partie savante des publications. Ces sept volumes in-4° contiennent la première édition française des voyages de Marco-Polo (1824) (T. I), des relations inédites de Pacho sur la Cyrénaïque, de curieux voyages dans l'Afrique septentrionale et en Perse, des recherches sur les anciennes populations de l'Amérique (T. II), une étude sur l'orographie de l'Europe avec carte, coupes et tableaux (T. III), des vocabulaires de plusieurs contrées de l'Afrique, les relations de Guillaume de Rubruck sur ses voyages en Orient, une notice sur les anciens voyages en Tartarie, des relations sur l'Égypte et la Terre Sainte (T. IV), la Géographie d'Edrisi traduite de l'arabe, d'après deux manuscrits de la bibliothèque du Roi (T. V et VI), la grammaire et le dictionnaire de la langue berbère, des mémoires sur l'Asie centrale et l'ethnographie de la Perse etc.. (T. VII). D'autres publications se rattachent indirectement à ce recueil quoique faisant l'objet de volumes séparés, telles qu'un programme d'instructions aux navigateurs, les instructions générales aux voyageurs (1875), le guide hygiénique et médical des voyageurs dans l'Afrique intertropicale (1881), exploration du Sahara par les missions Flatters (1882), les fleuves de l'Amérique du sud par Crevaux (1883), les positions géographiques en Afrique par Duveyrier; les brochures relatives aux centenaires de Cook, Lapérouse, Dumont d'Urville, d'Entrecasteaux, les Comptes Rendus des Congrès internationaux des sciences géographiques à Paris en 1875 et en 1889, les Rapports annuels sur les progrès de la Géographie par M. Ch. Maunoir, 1867-1892 (1898), l'album du voyage de M. Marcel Monnier à travers l'Asie, cartes et gravures (en cours de publication) (1).

Le Recueil périodique ou *Bulletin de la Société* n'était, dans la pensée des fondateurs, qu'un « moyen de faire connaître ce qui se passe dans les séances à ceux qui n'usent pas de leur droit d'y assister ». Il ne devait entraîner que peu de frais, « les ressources sociales étant réservées pour la publication des ouvrages savants et des ouvrages utiles » (2).

- Le *Bulletin* ne se confina pas longtemps dans ces étroites limites. En 1832, c'était déjà « un véritable moyen de correspondance entre les membres et leurs confrères éloignés, entre eux et les Sociétés savantes, entre eux, les voyageurs et savants épars sur tous les points du globe » (3).

Toutefois des desiderata furent fréquemment formulés. Nous en trouvons

(1) A cette énumération, il y aura lieu d'ajouter l'an prochain, la publication du récit du voyage et des résultats scientifiques de la Mission Foureau-Lamy.

(2) Notice historique des travaux de la Société de Géographie pendant l'an 1882, par M. Malte-Brun, secrétaire général. *Bulletin* p. 150.

(3) Notice sur les travaux de la Société de Géographie pendant l'année 1832, par M. Alexandre Barbié du Bocage, secrétaire général, *Bulletin* T. XVII, p. 298.

un exemple dans une intéressante discussion, qui s'éleva en 1845, sur les améliorations à apporter au *Bulletin*. Le but visé était de « fournir les nouvelles géographiques de tout le monde, de suivre les travaux des auteurs étrangers, ce qui n'existe pas encore en français ». (*Bulletin* T. III 1845, p. 73.)

En 1882, de mensuel, le *Bulletin* devint trimestriel; il se composa de mémoires inédits ainsi que des rapports sur les prix et sur les progrès des sciences géographiques, remplaçant dans une certaine mesure les *Mémoires*. A côté de ce recueil furent publiés en brochures séparées les *Comptes Rendus* des séances. Ce double organe de la Société fut conservé jusqu'à la fin de 1899, époque à laquelle le *Bulletin*, agrandi et développé, redevint mensuel. Il paraît le 15 de chaque mois sous le nom de *La Géographie, Bulletin de la Société de Géographie*, à la librairie Masson, dans le format grand in-8. La première partie contient les mémoires et les travaux inédits, la seconde le mouvement géographique établi d'après la correspondance des voyageurs et les informations des revues géographiques étrangères; la troisième, la bibliographie; la quatrième, les actes de la Société (procès-verbaux des séances, chronique de la Société), la chronique des Sociétés françaises de Géographie, la liste des ouvrages reçus, le tout accompagné de cartes en noir et en couleurs et de figures dans le texte. Cette revue ainsi comprise, commence la huitième série du *Bulletin*, qui forme un ensemble de 153 volumes, archives géographiques, où sont consignés les travaux de la Société et le mouvement des découvertes. Les rapports des secrétaires généraux se sont succédé d'une façon continue depuis 1822. Trente d'entre eux sont l'œuvre personnelle de M. Charles Maunoir.

Les cartes publiées par les soins de la Commission de publication occupent une large place dans les travaux de la Société. Elles ont été réunies pour la plupart en quatre albums, in-folio. L'un d'eux comprenant les cartes hors texte, parues de 1890 à 1900, figure à l'Exposition universelle en même temps que la troisième édition (1900) de la carte d'Afrique au 10.000.000^e, publiée par la Société chez Barrère.

Il nous a paru curieux de reproduire (Pl. XII) le *fac simile* de la première et de la dernière carte d'une partie de l'Afrique publiées par la Société jusqu'en 1900.

L'étendue du recueil périodique de la Société et le nombre de documents qu'il renferme rendaient indispensable l'établissement de tables générales et analytiques. Celles des quatre premières séries ont été publiées en deux volumes. Deux autres séries avaient été préparées par M. Jackson qui fut archiviste bibliothécaire de 1881 à 1894, et seront publiées prochainement ainsi que la septième série par les soins de son successeur.

Bibliothèque. — Centraliser et cataloguer les productions géographiques, c'est faciliter les recherches et concourir au progrès de la géographie. A ce titre, la création d'une bibliothèque a été l'une des premières préoccupations de la Société. Grâce à ses relations étendues et à son ancienneté, elle a réuni plus de 45.000 volumes ou brochures, plus de 5.000 cartes, 1.100 séries de photographies, 6.000 clichés de croquis et gravures, 3.000 portraits de voyageurs et géographes. Ces collections proviennent, en grande partie, d'envois gracieux faits par les auteurs et les éditeurs.

D'autres moyens d'action s'offrent à la Société, soit qu'il s'agisse d'organiser dans ses salles des expositions de documents géographiques, provenant de voyageurs; soit qu'elle ait à participer aux expositions universelles. A l'Exposition de 1900, elle a été représentée par une exposition décennale (groupe III, classe 14) et une exposition centenale qui ont obtenu un grand prix.

Son activité s'exerce encore dans une série de cas particuliers, lorsque par exemple, il s'agit d'attirer l'attention des pouvoirs publics sur des améliorations à introduire dans les sciences géographiques. En 1838, elle intervint pour stimuler l'exécution du nivellement général de la France et l'établissement d'une carte hydrographique (1). Elle favorisait en 1855, la publication d'un traité de Géographie à l'usage de la jeunesse (2); en 1871, elle sollicitait l'ouverture d'une chaire de quinzaine dans lés lycées, pour l'étude de la géographie.

Le percement de l'isthme de Suez ne pouvait pas laisser la Société indifférente et l'on comprend qu'elle ait accueilli avec la même faveur l'idée du percement de l'isthme de Panama.

Sous l'empire de circonstances diverses, elle confia à des commissions spéciales, nommées par elle, l'étude de questions déterminées. Ce fut le cas pour la fixation des règles de l'orthographe géographique (3), pour la création d'un méridien initial (4) etc...

En 1889, elle obtint du Congrès international des Sciences géographiques un certain nombre de rapports de délégués étrangers sur les travaux des géographes et des explorateurs dans leurs pays respectifs de 1787 à 1887. Il serait désirable que ces résumés de l'œuvre géographique dans le monde au XIXe siècle, fussent généralisés et mis à jour.

Notons enfin, sans multiplier davantage les exemples, que la Société a été appelée, en 1899, à formuler son avis sur la pose des câbles sous-marins desservant les colonies françaises.

Tout en exprimant sa reconnaissance au gouvernement, au conseil municipal de Paris pour l'appui moral et le concours pécuniaire qu'ils lui on

(1) Deuxième série, T. II, p. 340.
(2) V. 1855, 1.10 p. 85.
(3) *Bulletin* 1880, deuxième T. p. 193 et *Comptes rendus* 1886, p. 281.
(4) *Comptes rendus* 1883, p. 1.

prêté aux différentes époques de son existence, la Société peut cependant regretter que des moyens plus puissants ne lui aient pas permis d'élargir davantage le cercle de ses travaux. Issue de l'initiative privée, elle a dû compter jusqu'ici sur le concours désintéressé de ses membres et sur la libéralité de quelques amis des voyages, heureux de participer à une œuvre dont on peut apprécier la portée en considérant le rayonnement de l'exploration française dans le monde.

Les fondateurs de la Société de Géographie lui avaient assigné la mission « de faire progresser la science de son choix en multipliant les chances de la prospérité nationale, comme en frayant les routes de la civilisation ». Cet exposé rapide de son œuvre suffira sans doute à prouver que la Société vise toujours le même but et que la même ambition soutient ses efforts.

M. E.-D. LEVAT

Ingénieur civil des Mines, à Paris.

EN GUYANE FRANÇAISE ; LE CHEMIN DE FER DE CAYENNE AUX PLACERS [656 (88)]

— *Séance du 3 août* —

C'est au cours d'une mission officielle dont j'ai été chargé en 1897, en Guyane française, que j'ai conçu le projet d'y établir un réseau de chemins de fer de pénétration.

Nulle région n'était plus propice à une entreprise de ce genre.

La construction de la voie se trouve facilitée dans ce pays par une conformation géographique peu accidentée ; et l'exploitation est appelée à devenir sous peu de temps considérable, étant données les ressources forestières et surtout minières des régions intérieures de la Colonie.

En fait, dans les pays neufs, il n'y a que deux solutions pour desservir rapidement et économiquement les besoins de l'industrie naissante et développer la richesse : ce sont la navigation sur les fleuves et rivières permettant l'emploi de bateaux à vapeur, et les chemins de fer. Mais en Guyane, cette solution par la navigation est rendue impossible au delà d'une certaine distance des embouchures, par suite de l'orographie générale du pays qui oblige tous les cours d'eau à couler à travers une série de rapides qui les rendent impropres à tout trafic. On ne peut donc envisager ici que la solution par chemins de fer.

Voici, en quelques mots, l'économie de mon projet :

(a) Tracé. — En partant de ce principe que l'industrie aurifère est l'unique ressource actuelle de la colonie et qu'il convient de la développer, je me suis demandé quelle direction il fallait donner au tracé pour desservir la plus grande somme possible de placers. Je me suis arrêté à la ligne *Cayenne-Orapu-Arataïe-Saut Canori*, à cause d'abord de la quantité de riches régions qui se trouvent sur le parcours, ensuite de sa facilité d'exécution, eu égard à son peu de longueur et au nombre restreint des grands ouvrages d'art à construire; et enfin à cause de l'avantage que présente immédiatement l'aboutissement de la voie ferrée à l'Approuague, à un endroit à partir duquel ce fleuve devient parfaitement navigable par steamers à fonds plats, ce qui permet d'étendre à 200 kilomètres dans l'intérieur l'effet utile des voies de transport à bon marché.

Subvention. — Basée sur un minimum de garantie de 4 0/0 au capital jugé nécessaire pour l'entreprise, la subvention annuelle a été fixée à 300.000 francs pour le premier tronçon de 100 kilomètres, le prix de revient du kilomètre étant de 80.000 francs. Elle ne sera payée annuellement au concessionnaire qu'à partir du jour où il aura livré à la circulation ce premier tronçon de 100 kilomètres. Elle n'est pas susceptible d'augmentation, ce qui la distingue d'une *garantie d'intérêt* proprement dite.

Le délai d'exécution est fixé à trois années, et la durée de la concession, comme du fonctionnement de la subvention, à soixante-quinze ans.

Enfin pour faciliter la construction de ce chemin de fer, l'État fait au concessionnaire une cession de quinze cents forçats en cours de peine moyennant une redevance de 50 centimes par homme et par jour.

Tel est, en résumé, le projet que j'ai soumis au Conseil général de la Guyane française au mois de janvier de cette année et qui a été approuvé par cette assemblée à l'unanimité, après plusieurs semaines de discussions fort intéressantes.

Je n'oublierai jamais que j'ai été solidement appuyé pour l'introduction de ma demande de concession, par le gouverneur de la Colonie, M. Mouttet, dont on ne dira jamais assez de bien. S'intéressant avec passion, on peut le dire, au développement d'une Colonie, où il est aimé de tout le monde, il a bien voulu prendre mon projet en considération et, après l'avoir discuté point par point avec moi, le présenter à l'examen du Conseil général.

C'est à son crédit personnel auprès de l'assemblée locale de la Guyane et du Département des Colonies, que je dois d'avoir si bien réussi dans mes premières épreuves. Je pense que l'exécution de ce projet, qui intéresse à la fois la Colonie et la Métropole, ne rencontrera pas de sérieuses difficultés.

* * *

Relief du terrain et régime des eaux. — A son départ de Cayenne, la ligne suit d'abord une vaste formation alluvionnaire, entrecoupée de marécages et de palétuviers qui portent dans le pays le nom générique de *pripris*. Cette région est caractéristique de toute la formation littorale des Guyanes. On la trouve aussitôt après avoir débouché du golfe de Faria, jusques et y compris l'embouchure des Amazones, c'est-à-dire sur plus de 1.500 kilomètres de littoral. Ces dépôts vaseux sont du reste en formation constante, et la profondeur de la mer est si faible, dans ces parages, que les navires sont obligés de se tenir très au large, pour ne pas s'exposer à s'échouer sur des bas-fonds.

Le régime de ces atterrissements est soumis à des variations périodiques qu'on commence à peine à débrouiller, et qui présentent la plus grande importance au point de vue de l'atterrissage dans les ports guyanais. D'immenses bancs de vase molle, dans lesquels la sonde s'enfonce presque sans résistance, flottent, en effet, le long de ces plages basses, où leur présence se signale par ce fait curieux que la mer y est toujours tranquille, même par fortes brises. Il y a là un phénomène d'amortissement des vagues, sur ce fond semi-liquide, qui est bien connu et mis à profit par les caboteurs locaux.

Cette zone littorale a une largeur variable suivant les points où on la considère. Elle est caractérisée par ce fait bien net que le régime des fleuves et rivières y est influencé par la marée, de sorte qu'on peut dire que la zone littorale des *pripris* s'étend depuis la mer jusqu'aux premiers sauts rocheux des fleuves qui la traversent. C'est aussi, comme on le comprend, la limite de la navigation à vapeur.

En Guyane anglaise et en Guyane hollandaise cette zone s'étend sur plus d'une centaine de kilomètres; dans la Guyane française, elle ne dépasse pas 70 kilomètres environ, au droit du fleuve Maroni, où la première cascade porte le nom de *Saut Hermina;* et à Cayenne même elle atteint à peine, en direction rectiligne, une trentaine de kilomètres. Cette diminution tient à ce que l'orographie générale des montagnes du pays est dirigée dans le sens *est-ouest,* tandis que la côte s'infléchit sensiblement vers le sud, au delà du parallèle de Demerara. La capitale Cayenne, elle-même, est bâtie en partie sur un rocher, le fort Cépérou; et des mornes isolés, situés entre Cayenne et la rivière du Tour de l'île, jalonnent l'ossature souterraine. Cette dernière se prolonge même sous la mer par une série d'îlots alignés portant les noms d'*Ilet le Père*, *Ilet la Mer*, les *Deux mamelles*, l'*Enfant perdu*, le *Malingre*, et même, tout au large, l'îlot isolé du *Conné-*

tablè, surmonté d'un phare, qui constitue un précieux atterrissage pour la côte basse des Guyanes.

A cette même chaîne appartient la montagne dite *Table du Mahury*, qui occupe toute la région sud de l'île de Cayenne et qui offre une surface hydrographique suffisante pour servir de réserve à l'alimentation d'eau de la ville de Cayenne, — alimentation, il faut le dire, insuffisante et précaire, en face des besoins sans cesse grandissants de la cité naissante.

Le tracé du chemin de fer traverse cette région sur une longueur d'environ 23 kilomètres. Il rencontre sur ce parcours deux cours d'eau assez importants; dont l'un dit la *Crique fouillée*, qui met en communication la rade de Cayenne avec le fleuve Mahury, exigera un pont mobile permettant aux embarcations qui se livrent au cabotage d'emprunter cette voie sans être obligées de démâter. Pendant toute la durée des raz de marée d'hiver, les petits caboteurs et les embarcations non pontées ont intérêt à éviter le passage dangereux du cap de Bourda et de l'écueil du *Machoiran blanc*, qui ont déjà été la cause de nombreux sinistres. Le deuxième ouvrage d'art de cette section du chemin de fer franchira la rivière dite du *Tour de l'Ile*, sorte de grand marigot de forme sinueuse, qui met en communication la rade de Cayenne et le Mahury, comme la *Crique fouillée* par conséquent, mais qui est beaucoup plus long, et dont le tirant d'eau va en diminuant, par suite des empiétements de la végétation palustre et du manque d'entretien.

La ligne s'engage alors sur les premiers contreforts de la chaîne désignée sur les cartes sous le nom de *Montagnes serpents*, dont l'orographie exacte n'a été relevée qu'à la suite du tracé de reconnaissance que j'ai fait exécuter pour le piquetage de la voie. La ligne de partage des eaux, au droit de la tranchée de prospection ainsi effectuée, se trouve à la cote + 98 au-dessus du niveau de la mer, à une distance de 10.600 mètres du pont du Tour-de-l'Ile, par conséquent à 28.600 mètres de Cayenne.

A partir de là le tracé redescend pour franchir la *Comté*, importante rivière dont le confluent avec l'*Orapu* porte le nom d'*Oyac*, et enfin de *Mahury*, à l'embouchure. La ligne franchit la *Comté* par un pont métallique de 120 mètres, constitué par trois travées de 40 mètres chacune. La hauteur du tablier, au-dessus de l'étiage de la rivière, a été fixée à 12 mètres : ce chiffre a été adopté après une étude approfondie du régime des rivières en Guyane, en particulier de celui de la Comté.

***

Les rivières de Guyane sont caractérisées par des crues subites et parfois énormes, contrairement à l'idée qu'on pourrait se faire *a priori* d'un pays couvert d'un manteau ininterrompu de végétation forestière, considéré généralement comme un volant destiné à retenir les eaux pluviales et à ne les rendre que graduellement au sol. Mais il faut observer qu'on se trouve en Guyane dans des conditions toutes spéciales qui viennent contre-balancer l'influence indéniable de la végétation forestière sur l'écoulement des eaux pluviales.

D'abord l'évaporation par les feuilles, dans un pays comme la Guyane où l'hygromètre se maintient constamment au maximum de saturation, est, on le comprend, infiniment moindre que dans les climats européens, qui servent de terme de comparaison. On admet, en effet, que dans les terrains boisés d'Europe, le rapport des *colatures* à la quantité totale d'eau pluviale tombée varie entre un tiers et un cinquième, suivant la plus ou moins grande siccité du climat considéré. Il y a donc là un élément de disparition de l'eau par évaporation sur les feuilles, élément d'une très grande importance, dont le rôle en Guyane se trouve considérablement atténué par les conditions climatériques locales.

Une autre considération, basée sur la constitution géologique du pays, vient encore agir dans le même sens. La Guyane française a été déjà parcourue par un nombre suffisant d'explorateurs sérieux pour qu'on puisse affirmer que son territoire ne contient pas de formation secondaire ou tertiaire couvrant des espaces appréciables. Il en résulte que l'emmagasinement des eaux dans les couches profondes du terrain, phénomène auquel se prêtent si bien les alternances de terrains sédimentaires perméables et imperméables, fait complètement défaut en Guyane. On ne connaît pas, en effet, dans la colonie de source importante et pérenne, émergeant du sol en donnant naissance à des cours d'eau. C'est là un fait caractéristique qui démontre bien l'absence de réservoirs souterrains emmagasinant les eaux pluviales pendant la saison des pluies, pour les restituer ensuite en temps de sécheresse.

Si on ajoute que l'immense majorité des roches qui constituent le sol guyanais sont des schistes et micaschistes ; que l'ensemble du pays est couvert d'un épais manteau de *latérites ferrugineuses ;* que toutes ces roches sont essentiellement imperméables, — on comprend aisément que la majeure partie des eaux de pluies ne puissent trouver une issue, dès le moment de leur chute, que par les voies naturelles d'écoulement superficiel.

Les pluies ne tombent d'ailleurs pas d'une manière continue en Guyane. Bien que la saison sèche ne soit pas exempte d'une certaine chute d'eau, la majeure partie des 3 mètres, chiffre moyen annuel donné par le pluviomètre, tombe dans un délai relativement court : de Décembre à Juillet.

On conçoit que, dans des conditions pareilles, il faut prévoir pour les ouvrages d'art des sections de débit maximum excessivement larges. J'ai personnellement mesuré, d'une manière indéniable, sur la rivière Comté, en relevant les traces d'inondation dans les maisons habitées, des crues de 8 mètres au-dessus de l'étiage, et ce, en un point où la rivière a encore 70 à 80 mètres de large ; ce qui permet de se faire une idée des énormes débits qu'il faut laisser passer sous les ouvrages d'art pour être à l'abri de toute avarie.

Les mêmes considérations ont guidé le choix du tracé pour le chemin de fer, dans le massif montagneux qui sépare la vallée de la Comté de celle de l'Approuague. J'ai cherché à m'élever, aussitôt après avoir passé le fleuve, sur les contreforts de la crête divisoire, de manière à atteindre la cote moyenne des cols séparant les deux versants et à me maintenir à ce niveau moyen, qui est environ à 150 mètres au-dessus de la mer, pour m'y développer dans le sens général de l'itinéraire. Dans ces conditions on coupe tous les cours d'eau près de leurs sources, ce qui diminue de beaucoup la largeur des ouvrages d'art nécessaires pour les franchir, et évite à la voie les inondations fréquentes auxquelles elle serait exposée si on lui faisait suivre les *thalwegs* des vallées.

L'ensemble de l'orographie guyanaise ne comporte pas de chaîne de montagnes centrale envoyant à droite et à gauche des chaînons secondaires, origines des affluents principaux. On a affaire, somme toute, à un pays très usé par les agents atmosphériques, resté constamment émergé depuis les premières périodes de consolidation de l'écorce terrestre, et qui ne peut guère se comparer, en fait de région familière à chacun de nous, qu'à la Bretagne, dans ses parties granitiques et schisteuses. Je parle bien entendu de la région qui m'est personnellement connue, bien que les voyages de *Brodel*, de *Le Blond*, et dans les temps modernes, de *Crevaux*, ne laissent pas de doute sur la continuation, dans l'intérieur, et jusque dans le versant qui envoie ses eaux dans l'Amazone, de conditions orographiques identiques à celles que je viens de décrire.

***

Après être redescendue dans le bassin de l'Approuague, la ligne rejoindra, à 135 kilomètres de Cayenne, un endroit célèbre déjà dans les itinéraires du siècle dernier, et nommé *Saut Grand Canori*. Voici comment s'exprimait Brodel, Géographe du Roi, dans son voyage d'Octobre 1770, sur le fleuve Appronague :

« La rivière est très belle. Nous n'avons pas trouvé de *saut* le matin. Mais l'après-midi nous sommes arrivés au pied du saut de *Canouri*, dont la perspective est affreuse. C'est quantité de cascades les unes au-dessus des autres, entremêlées de roches qui font sauter et bouillonner les eaux. Ce saut est le plus grand connu dans le Quartier.

» 13 Septembre. Les Indiens sont allés examiner le saut et n'y ont pas trouvé de passage. Ils ont donc transporté le bagage par un chemin d'à peu près 300 toises. Ce travail et les carbets à faire ont absorbé toute la journée.

» 14 Septembre. Il n'y a d'autre moyen de remonter ce saut que de tirer les canots hors de l'eau et de les hisser sur la pente de deux montagnes, pour les relancer dans la rivière quand on est arrivé au-dessus du saut. Les Indiens ont mis depuis 6 heures du matin jusqu'à 3 heures du soir pour trainer le plus léger. Ils n'ont conduit l'autre qu'au tiers du chemin. Je pense qu'il faudra encore la journée de demain avant de pouvoir les relancer à l'eau et de les avoir rechargés.

» 15 Septembre. Les canots étant rechargés, nous nous sommes avancés à quelque distance du saut. Le terrain des deux bords est très bon, et, s'élevant en pente douce, formerait un charmant coup d'œil s'il était *établi* (colonisé). La rivière, large de 20 à 25 toises, est profonde et coule lentement.

« Le saut Canouri a environ 40 à 50 pieds depuis le haut du saut jusqu'au pied. Il est parsemé d'îlets, et en cascades impossibles à remonter. »

J'ai tenu à rapporter cette citation d'une exactitude parfaite même encore aujourd'hui, puisque j'ai trouvé moi-même les lieux identiquement dans le même état, et qu'on fait toujours péniblement franchir les deux croupes montagneuses, aux canots et aux vivres allant dans le haut fleuve en suivant la trace ouverte par Brodel.

La hauteur exacte de la chute est de 18^{m},90, et la longueur totale du canal d'amenée permettant de l'utiliser n'atteint pas 400 mètres. Le débit de la rivière, mesuré aux époques de basses eaux, est d'environ 30 mètres cubes par seconde, correspondant à une force totale théorique de 7.760 chevaux-vapeur.

Il sera intéressant de voir arriver à cet endroit la ligne de chemin de fer qui utilisera, dès le premier jour de son ouverture, et sans attendre son prolongement soit vers la Guyane hollandaise, soit vers le contesté franco-brésilien (1), le vaste bief navigable par chaloupes à vapeur, créé par la chute naturelle du saut Canori.

On reportera ainsi à 200 kilomètres dans l'intérieur la base d'opération des hardis pionniers guyanais qui ont été obligés jusqu'à ce jour de prendre le littoral pour point de départ de leurs investigations à la recherche du métal précieux. Nul ne peut dire quelle sera la rapidité du développement de cette Colonie, si riche à tous les points de vue, dès qu'elle aura été munie de l'instrument de pénétration par excellence en pays nouveau : le chemin de fer.

Et je suis heureux de constater que notre Section de Géographie a été la première à appuyer par un vœu motivé l'exécution du chemin de fer dont je viens d'esquisser les principaux éléments (2).

(1) Devenue province brésilienne depuis la sentence arbitrale prononcée le 6 décembre 1900 à Berne.

(2) Cf. Congrès de Nantes 1898. Vœu émis par les 3e, 4e, 14e et 15e sections réunies.

M. G. BLONDEL

à Paris.

L'EXPANSION MARITIME DE L'ALLEMAGNE [325 (43)]

— *Séance du 4 août* —

Si l'on considère dans son ensemble l'évolution économique de l'Allemagne contemporaine, il n'est pas de fait plus frappant que l'expansion de ce pays dans les contrées d'outre-mer, et l'importance qu'y ont prise les questions maritimes.

L'Allemagne fut longtemps un pays essentiellement terrien. Elle y était prédestinée par sa situation géographique au centre de l'Europe, au point de croisement des diagonales menées à travers cette partie du monde. Les événements fondamentaux de son histoire, ce sont des poussées, essentiellement continentales, de peuple à peuple, des conflits entre les Celtes et les Germains, puis entre les Germains et les Slaves. Au moyen âge et même jusqu'à une époque très rapprochée de nous, l'histoire de l'Allemagne apparaît comme une série de luttes intérieures entre princes et souverains de toute importance et de tout rang. Les événements politiques du XIXe siècle, les guerres de 1864, 1866, 1870 ne se semblent même pas changer cette orientation générale des races germaniques.

Guillaume Ier s'intéressait au surplus fort peu à la marine. C'est en somme depuis dix ans, depuis l'avènement de Guillaume II que les choses ont changé.

La raison fondamentale de ce changement, c'est l'évolution économique contemporaine de l'Allemagne, et spécialement le développement intense de la production dans ce pays (1).

Pendant les premières années qui avaient suivi la guerre de 1870, l'essor économique de l'Allemagne avait été lent. Nos cinq milliards n'avaient même pas servi beaucoup à l'accroître : ils avaient été témérairement engagés dans toutes sortes de spéculations dont l'insuccès avait été néfaste pour toutes les catégories de la population. Cinq ou six ans après la guerre on parlait partout d'un appauvrissement général. L'Allemagne, loin de chercher à se mettre en rapports plus étroits avec les autres peuples, crut

(1) V. mon livre sur l'*Essor industriel et commercial du peuple allemand*, 3e édit. 1900.

alors bien faire de s'entourer de barrières protectrices pour défendre le travail national, pour écarter les produits étrangers, pour assurer à ses propres produits au moins le marché intérieur.

Il sembla un moment que ce fût là toute sa politique. D'expansion outre-mer et de conquêtes coloniales il n'était guère question : nos expéditions de Tunisie et du Tonkin étaient traitées d'absurdités et de folies.

Cet état de choses ne dura guère. Les Allemands ne tardèrent pas à voir combien étaient compliqués les problèmes qui se posaient devant eux. Ils comprirent qu'il leur importait de se mettre en rapports plus étroits avec les grandes nations industrielles. Ils virent surtout que le marché intérieur allait être bientôt saturé et qu'il devenait indispensable de trouver des débouchés au dehors.

« Maintenant que notre industrie a grandi, disait en 1892 le chancelier de Caprivi, il faut nous occuper avant tout de trouver des débouchés. Et il faut distinguer suivant qu'il s'agit de l'Europe ou des pays d'outre-mer. La véritable politique à l'égard de ces derniers est celle qui consiste à obtenir dans les meilleures conditions les matières premières en échange de nos produits manufacturés. »

Cette opposition entre les pays européens et les pays d'outre-mer est très juste. L'essor maritime actuel du commerce maritime allemand a dépendu en grande partie de la politique commerciale des États européens qui, pendant ce dernier quart de siècle — malgré tant d'efforts de rapprochement dans l'ordre intellectuel ou scientifique — ont, dans l'ordre économique, multiplié les barrières et les droits. Les marchés lointains devaient fournir, d'ailleurs, aux produits allemands des débouchés plus favorables que les contrées voisines (et passablement saturées) de la vieille Europe.

Il faut remarquer au surplus que ce sont principalement les industries qui s'alimentent de matières premières empruntées aux régions lointaines qui se sont développées en Allemagne depuis vingt-cinq ans. Or, ces matières premières, c'est par mer qu'on les reçoit : l'Allemagne s'est vue par le développement même de son industrie dans la nécessité de devenir une puissance maritime. Sans doute, elle aurait pu recourir aux navires d'autres puissances. C'est même ce qu'elle fit dans la première phase de son développement industriel. Mais elle ne tarda pas à reconnaître que faire du commerce maritime avec les navires des autres, c'était se réduire à un rôle passif et laisser à des rivaux parfois malintentionnés la part du lion. Elle a voulu avoir sa flotte marchande à elle, et les chiffres suffiraient à prouver dans quelle mesure elle a réussi. Elle peut être fière aujourd'hui de voir que plus de la moitié des navires qui entrent dans ses ports sont des navires allemands.

L'Allemagne semble s'être inspirée des conseils que lui donnait l'économiste Frédéric List : « La mer, c'est la grande artère du monde, c'est le champ de manœuvre des nations, c'est l'endroit où se déploient les forces et l'esprit d'entreprise des divers peuples, c'est le berceau de leur liberté. C'est aussi la mère nourricière qui entretient la vie économique du monde. Ne pas le comprendre, c'est diminuer volontairement le rôle qu'on peut jouer et manquer à la tâche que nous assigne la Providence. Une nation sans marine, c'est comme un oiseau sans ailes, un poisson sans nageoires, un lion sans dents, c'est comme un cavalier qui n'aurait qu'un sabre de bois. Une nation sans vaisseau se réduit au rang d'ilote et de valet dans l'humanité. »

Ces paroles semblent un commentaire anticipé de la phrase que prononçait naguère Guillaume II en inaugurant le port franc de Stettin : *Unsere Zukunft liegt auf dem Wasser*, « notre avenir est sur l'eau ! »

D'après les statistiques du Bureau Veritas qui indique les vapeurs de plus de 100 tonnes et les voiliers de plus de 50, le tonnage de la flotte marchande a, de 1871 à 1897, augmenté de 250 0/0, alors que l'accroissement de la marine marchande du monde entier n'a été pendant cette période que de 138 0/0. Le nombre des vapeurs a passé de 147 (jaugeant 81.994 tonnes) à 1.126 (jaugeant 889.960 tonnes).

L'importation de l'Allemagne par voie de mer a, depuis quinze ans, augmenté de 103 0/0 pour les pays d'outre-mer, et de 90 0/0 pour les pays européens. L'importation par voie de terre n'a crû que de 15 0/0 pendant la même période. Et ce sont surtout les objets fabriqués qui ont recours à la voie maritime : 77 0/0 des tissus de coton, 83 0/0 des produits de la brasserie, 75 0/0 de l'alizarine, 65 0/0 des rails, 60 0/0 des fers, 72 0/0 du ciment, etc., empruntent la voie de mer.

Le seul port de Hambourg possède aujourd'hui 390 navires à vapeur et 295 voiliers jaugeant respectivement 864.421 et 197.000 tonnes. Parmi les voiliers signalons 10 navires à quatre mâts en fer et en acier jaugeant 24.603 tonnes, et 1 navire à cinq mâts, le *Potosi*, le plus grand voilier du monde, jaugeant 3.854 tonnes de registre.

Aussi le commerce maritime de l'Allemagne forme-t-il aujourd'hui plus des deux tiers de tout le commerce extérieur du pays. C'est surtout la flotte marchande ayant son point dans la mer du Nord qui a augmenté depuis 1871 : elle s'est accrue de 306 0/0, tandis que la flotte de la Baltique n'augmentait que de 26,4 0/0.

Le développement de la marine marchande a favorisé puissamment l'industrie des constructions navales, et l'essor des compagnies de navigation.

Il y a aujourd'hui en Allemagne, pays où jadis on ne fabriquait guère de navires (on les achetait en Angleterre), d'immenses chantiers de construction : l'*Actiengesellschaft Weser* à Brême, les chantiers Blohm et Voss, Brandenburg, Janssen et Schmilinsky à Hambourg, les chantiers Germania et Howaldt à Kiel, celui du Vulcan à Bredow près de Stettin, celui de Schichau à Dantzig et Elbing. Il y a en outre des chantiers moindres à Grabow, Flensbourg, Rostock, Lubeck, Vegesack, Geestemünde, Papenburg, Rosslau, etc.

Ces chantiers ont construit aussi des docks flottants métalliques fort utiles pour mettre en cale sèche les navires qui à cause de leur grand tirant d'eau ne peuvent arriver directement dans les bassins de radoub. Chacun de ces docks se compose essentiellement d'un ponton qui porte sur ses deux longs côtés deux caissons latéraux. Le ponton et la partie inférieure des caissons latéraux, jusqu'à hauteur d'un entrepont qui s'y trouve ménagé, servent de réservoirs d'eau et sont munis transversalement et longitudinalement de cloisons étanches. Les pompes sont installées dans un caisson latéral.

Le temps est passé où les armateurs allemands étaient tributaires des chantiers anglais. Aujourd'hui les chantiers allemands exécutent aussi vite et aussi bien, et à meilleur compte. Aussi beaucoup de capitalistes accordent une faveur particulière aux valeurs de transports maritimes, et il s'est formé sur ces valeurs un marché important à Hambourg et à Berlin.

Quant au développement des Compagnies de navigation, il est frappant. Le *Norddeutscher Lloyd* est maintenant devenu la plus grande Compagnie de navigation du monde. Créée en en 1857, elle se contenta d'abord d'organiser des services avec l'Angleterre. C'est en 1866 seulement qu'elle organisa un service hebdomadaire avec les États-Unis. Une impulsion énorme a été donnée à cette Compagnie depuis 1880. Elle a aujourd'hui 26 lignes de navigation pour toutes les régions du monde, et dispose de 95 grands vapeurs et de 141 plus petits, avec un total de 488.000 tonnes de registre. La *Peninsular and Oriental Company* ne lui en oppose que 300.908.

Le plus gros de ses bâtiments est le *Kaiser Wilhelm der Grosse,* qui a 190^{m},50 de long, 20^{m},10 de large et jauge 20.000 tonnes; il file 22 nœuds à l'heure. Jusqu'au 16 juillet dernier, il détenait le record de la vitesse, ayant traversé l'Atlantique en 5 jours, 22 heures, 45 minutes.

La ligne *Hamburg-Amerika,* fondée en 1847, rivalise avec le *Norddeutscher Lloyd.* Elle a 85 navires de haute mer jaugeant 425.043 tonnes, et si l'on ajoutait à ce chiffre 107 bateaux fluviaux on arriverait au total de 541.083 tonnes.

En ce moment même elle fait de grands efforts pour se développer. Son capital actions a été porté récemment à 100 millions de marcs, et une quinzaine de nouveaux navires sont présentement en construction (1).

C'est elle qui a fait construire dernièrement le *Deutschland,* qui dépasse maintenant comme longueur et comme vitesse le *Kaiser Wilhelm der*

(1) Aucune Compagnie au monde n'a un aussi grand nombre de vapeurs à double hélice. Elle en possède 21.

Grosse. Il vient d'effectuer la traversée de l'Atlantique en 5 jours, 15 heures, 46 minutes.

Les procédés par lesquels les deux Compagnies allemandes (qu'il est question de fusionner) sont parvenues à conquérir cette position, méritent d'être notés : le fait le plus frappant est la rapidité avec laquelle elles ont renouvelé leurs flottes dans ces dernières années, toutes deux s'efforçant de se tenir à la hauteur de tous les progrès dans l'art de la construction.

De tous les bateaux que la Compagnie *Hamburg Amerika* possédait en 1886, il n'en reste plus aujourd'hui que trois en service. Le *Lloyd* n'en a que deux de la même époque.

Il convient aussi d'insister sur la transformation qui s'est faite dans les dimensions des navires. Le type du bateau de commerce d'autrefois était un voilier de 400 à 500 tonnes, qui coûtait 50.000 marcs. Et sur ce chiffre, le corps du navire représentait au moins 60 0/0 de la dépense. Le type vers lequel on tend actuellement est un vapeur de 5.000 à 6.000 tonnes, qui coûte environ 12 millions de marcs. Et sur cette somme, la coque ne représente pas plus d'un tiers, tandis qu'il y a près de la moitié pour la machine et les accessoires. On comprend que la construction de semblables navires nécessite d'énormes chantiers de construction et des établissements considérables pour la fabrication des chaudières et machines. L'essor maritime de l'Allemagne a eu un contre-coup profond sur plusieurs industries en Allemagne, sur l'industrie métallurgique en particulier.

Qu'il suffise, pour donner une idée de l'activité des chantiers de constructions allemands, de dire qu'en 1898, tandis qu'en France nous avons construit 41 navires jaugeant 53.483 tonnes, en Allemagne on en a construit 83, jaugeant 136.186 tonnes,

Et ce qu'il y a de plus fâcheux, c'est que nous ne paraissons pas entrer dans la même voie que les Allemands qui résolument abandonnent la navigation à voiles, et ne construisent presque plus (comme navires de haute mer) que des navires à vapeur. Nous continuons même à accorder des primes considérables aux voiliers. Et pourtant, soutenir le navire à voiles contre le navire à vapeur, c'est vraiment comme si on voulait aider les diligences à lutter contre les chemins de fer!

Il importe, au surplus, de remarquer que la substitution de la navigation à vapeur à la navigation à voiles a, au point de vue économique et commercial, une grande importance. Autrefois, le capitaine était fréquemment intéressé dans la valeur de son navire; quelquefois, il était lui-même armateur et travaillait avec l'argent de ses amis. Cette situation s'est modifiée peu à peu et l'exploitation a pris une forme plus capitaliste, surtout parce qu'il a fallu de grosses sommes pour la construction de navires à vapeur d'un tonnage considérable. Les grands armements sont passés aux mains de puissantes sociétés, ils se font dans les grandes villes où le marché du fret s'est concentré. Seuls les petits navires sont aujourd'hui la propriété (au moins pour la plus grande partie) de ceux qui les commandent. La concentration des armements entre les mains de maisons puissantes a eu pour conséquence la diminution du nombre des entreprises de navigation.

Ajoutons que les chantiers allemands travaillent beaucoup pour l'étranger, notamment pour la Chine et le Japon. Cela fournit du travail, et du travail bien rémunéré, à des milliers d'ouvriers. Une statistique récente constate que l'Allemagne emploie aujourd'hui presque autant de fer que l'Angleterre: 7.402.717 tonnes contre 8.769.249.

L'expansion maritime de l'Allemagne ne se manifeste pas seulement par la formation d'une marine marchande considérable, elle se manifeste aussi par la création, plus récente encore, d'une marine de guerre.

Jusqu'en 1870, il n'y avait réellement pas de marine allemande. Il y avait de petites flottes prussienne, mecklembourgeoise, oldenbourgeoise, hanséatique.

A mesure que la marine marchande s'est développée, on a senti plus vivement la nécessité d'avoir aussi une marine de guerre.

La question de l'augmentation de la flotte est depuis trois ou quatre ans à l'ordre du jour dans toutes les classes de la société. Des ligues se sont constituées: la plus importante est le Deutscher Flottenverein qui en dix mois a réuni 130.000 adhérents. L'enthousiasme est tel dans certains cerveaux, qu'on a pu parler d'un vrai « délire naval ».

Nul ne semble plus ardent que Guillaume II : « Comme mon grand-père, s'écriait-il naguère, a travaillé à refaire l'armée, ainsi je travaillerai, sans que rien puisse m'arrêter, à créer une marine, afin qu'elle devienne comparable à l'armée de terre, et permette à l'Empire d'arriver à un degré de puissance qu'il n'a pas encore atteint. »

Un projet de loi, voté il y a deux ans, comportait déjà la construction de 11 navires de ligne, de 5 grands croiseurs, de 17 petits croiseurs, et la dépense prévue devait être de 482 millions de marcs. Mais cela ne parut pas suffisant.

Au mois de juin dernier, à la suite de longues discussions, le gouvernement a obtenu le vote (à une forte majorité) d'une loi nouvelle aux termes de laquelle la flotte devra comprendre en 1920:

38 vaisseaux de ligne,

20 grands croiseurs,

45 petits croiseurs.

C'est le doublement de la flotte de combat actuelle, et la création d'une flotte de réserve qui jusqu'ici n'existait pas.

Les dépenses seront considérables : plus de 900 millions de marcs. Elles seront couvertes, mais en partie seulement, par un emprunt de 769 millions de marcs, car on compte sur une plus-value annuelle de 11 millions de marcs pour la partie des impôts afférente à la marine. Les dépenses prévues se répartiront sur une période de 16 années. Elles iront en grandissant peu à peu de 169 millions de marcs jusqu'à 323 en 1916.

Dès à présent, le nombre de navires en construction, non compris les torpilleurs, est de 27 (contre 73 en Angleterre et 30 en France). Sur ces 27 navires, il y a 7 cuirassés d'un déplacement de 79.020 tonnes. Il y a en outre, en chantier, 14 contre-torpilleurs.

L'Allemagne obéit, dans ces constructions, à la tendance aujourd'hui générale à augmenter le type des unités de combat. En Angleterre, les cuirassés varient entre 14 et 15.000 tonnes. Les cuirassés projetés en Allemagne sont de 11.800 tonnes. La dernière série était de 10.905 (1). Le dernier lancé des croiseurs est de 10.482 tonnes.

Au point de vue *vitesse*, les vaisseaux de ligne actuellement en service, filent de 12 à 18 nœuds ; les grands croiseurs de 13 à 21 1/2 ; les petits croiseurs de 13 à 20.

Cette évolution maritime de l'Allemagne et spécialement la création d'une flotte de guerre dispendieuse, a soulevé d'ardentes polémiques et des critiques passionnées. Elle a trouvé aussi de chauds défenseurs.

Dans un récent article de la *Deutsche Rundschau*, le général Von der Goltz faisait ressortir avec force la nécessité d'une flotte puissante. Il faisait remarquer que l'Allemagne a aujourd'hui 55 millions d'habitants, et n'est en état d'en nourrir que 43. Elle est obligée pour subvenir aux besoins de sa population industrielle, chaque jour croissante (la population augmente de plus de 800.000 habitants chaque année), d'importer pour plus de 2 milliards de denrées alimentaires de toute sorte.

Qu'une guerre surgisse. Quelle serait la situation du pays, si, à défaut d'une flotte qui puisse empêcher le blocus des ports, les navires ennemis pouvaient intercepter à volonté les arrivages qui se font par Brême et Hambourg ?

Ces brèves indications suffiront à donner au moins une idée de la poussée qui se fait aujourd'hui dans le nouvel Empire, et à faire pressentir l'importance d'une transformation qui n'est encore qu'à ses débuts, mais qui vraisemblablement aura pour l'avenir de l'Allemagne, et peut-être de l'Europe entière, une haute importance.

(1) Le plus gros cuirassé allemand actuellement en service, le *Kaiser-Friedrich III*, a un déplacement de 11.000 tonnes.

M. le Dr Fernand DELISLE

à Paris.

LE COL DE NAUROUZE ET LA MONTAGNE NOIRE. — HISTOIRE D'UNE ERREUR EN GÉOGRAPHIE [551 43]

— *Séance du 4 août* —

Dans les ouvrages de Géographie publiés dans la dernière moitié du siècle figurent généralement plusieurs erreurs concernant les rapports de la Montagne Noire avec le col de Naurouze, les collines du Lauraguais ou de Saint-Félix et les Corbières occidentales.

Depuis longtemps déjà, nous avions reconnu ces erreurs, des raisons multiples nous avaient empêché de les signaler.

Il n'est pas dans notre intention de faire ici une énumération complète de tous les ouvrages qui ont propagé ces erreurs, nous n'en citerons que quelques-uns, renvoyant à un travail plus détaillé, cette longue liste.

Dans la *Géographie Universelle*, de Malte-Brun, entièrement refondue par Théophile Lavallée, Paris 1855, 2 vol. in-4°, nous lisons p. 549, t. I, à propos de la division de la ligne de partage des eaux en France, qu'elle se compose :

« 3° Des Cévennes, depuis le col de Naurouze jusqu'au Mont Pilat, etc. Puis, p. 554, il revient sur les hauteurs remarquables entre le col de Naurouze et le Mont Pilat, citant l'altitude du bassin de Saint-Ferréol, 380 mètres, et celle du Pic au-dessus de Sorèze 537, n'ayant pas conscience des altitudes bien plus grandes qui se trouvent dans l'intérieur du massif.

Au tome II, p. 35, il montre son ignorance de la région :

Les Corbières occidentales, dit-il, se terminent par une arête étroite de 20 à 25 kilomètres de longueur, nommée collines de Saint-Félix, qui court entre Castelnaudary et Sorèze, et sert de transition entre le système des Pyrénées et celui des Alpes. C'est dans cette arête que se trouve le col de Naurouze (180 mètres), point de partage du Canal du Midi. Là, entre les sources du Fresquel, affluent de l'Aude, et du Sor, sous-affluent du Tarn, commencent les Montagnes Noires.

Dans le *Dictionnaire de Géographie universelle*, de Vivien de Saint-Martin, Paris, Hachette, 1890, t. IV, nous trouvons ce qui suit :

Noire (Montagne). Chaîne qui fait partie des Cévennes, à leur terme vers le sud-ouest, là où elles vont s'abaissant vers les plaines de Revel qui furent jadis un détroit de la mer, pour se relever ensuite quelque peu sous la forme de collines (côteaux de Saint-Félix) qui s'achèvent au fameux col de Naurouze (189 mètres) ouvert entre Océan et Méditerranée, entre Pyrénées et Cévennes, etc..... La Montagne Noire envoie à l'Aude le Fresquel... etc.

Dans le *Dictionnaire Universel*, de Larousse, t. II, p. 1056, la Montagne Noire

va mourir près d'Avignonnet au point de partage du Canal du Midi,

et dans le tome VIII, p. 821,

le Fresquel naît près de Saint-Félix, Haute-Garonne, etc.

Si nous passons en revue les ouvrages d'Élisée Reclus, de Levasseur, du général Niox et Darsy, de Foncin, les nombreux dictionnaires de Géographie et autres, c'est à quelques variantes d'expressions près, toujours la même chose, et il est permis d'affirmer qu'aucun de ces auteurs n'a une notion précise de la topographie de cette région de l'ancien Languedoc, et qu'ils n'y sont certainement jamais allés, ou que s'ils s'y sont arrêtés, c'était pour aller voir... Carcassonne.

Nous nous efforcerons de montrer rapidement :

1° Que la Montagne Noire ne se termine pas à Naurouze, et la géologie confirmera la vue topographique;

2° Que les collines du Lauraguais ou de Saint-Félix ne sont pas un prolongement de la Montagne Noire et qu'elles en sont nettement distinctes, topographiquement et géologiquement;

3° Que les côteaux de Saint-Félix ne courent pas entre Castelnaudary et Sorèze;

4° Que les Corbières occidentales ne sont pas continuées par les côteaux de Saint-Félix, mais au contraire en sont séparées par le col de Naurouze;

5° Que le pied de la Montagne Noire n'est pas entre les sources du Fresquel et du Sor;

6° Que le Fresquel ne vient pas plus de la Montagne Noire que des environs de Saint-Félix.

A la rigueur, certains géographes sont peut-être excusables s'ils ont fait leurs descriptions d'après certaines cartes d'un usage courant et sur lesquelles il est aisé de constater des erreurs de tracé. Ainsi la carte à $\frac{1}{320.000}$ figure le Fresquel, descendant de la Montagne Noire parce que son cours supérieur au-dessous du côteau de Souilhanels n'est pas relié à la portion supérieure : une coupure de quelques millimètres peut induire en erreur celui qui ne connaît pas le pays.

Sur la carte au $\frac{1}{200.000}$, le cours du Fresquel est aussi incomplet et mal désigné, et sur le versant méridional de la Montagne Noire on lit *Collines de Saint-Félix* et, *en place exacte*, entre le village de Montferrand et celui de Saint-Julia, figure l'indication *Côteaux de Saint-Félix*, fait assez peu explicable.

Il aurait été cependant facile d'éviter pareilles erreurs, et même toutes celles signalées plus haut par la lecture attentive de la carte du Ministère de l'Intérieur à $\frac{1}{100.000}$ ou celle de l'État-Major à $\frac{1}{80.000}$, depuis qu'elles sont devenues d'un emploi courant, parce que, pour cette région du moins, elles donnent exactement le figuré du terrain et les cours d'eau. Mais pour la plupart des auteurs nous croyons que cette excuse n'est pas valable. Ils ont consulté leurs plus proches devanciers et simplement copié ce qu'ils trouvaient sur la question. C'était cependant bien tentant d'aller voir sur place ; le voyage était sans doute trop long.

1° La Montagne Noire forme un massif compact de roches anciennes, différentes de nature, granites, gneiss granulitiques, micaschistes, roches des étages cambrien et archéen, etc., et tout autour de cet ensemble, viennent former ceinture les terrains tertiaire et quaternaire. Le massif principal et le plus occidental de la Montagne Noire, prolongement extrême, d'après les géologues, du grand massif du plateau central, est circonscrit entre la vallée du Thoré au nord, la plaine de Revel à l'ouest, la vallée du Fresquel au sud. Elle se prolonge vers l'est par les collines ou montagnes du Minervois jusqu'à la faille de l'Orb, affluent de l'Aude. Dans la description géologique de la carte de France par Dufrénoy et Élie de Beaumont, il n'est pas question des rapports de la Montagne Noire avec le col de Naurouze et de même dans tous les travaux des géologues qui se sont occupés de cette région. Si on s'est occupé des rapports géologiques de la Montagne Noire avec les massifs méridionaux issus des Pyrénées, c'est du côté des Corbières orientales, confins des départements de l'Aude et de l'Hérault, qu'on a cherché à les établir. Il n'y a qu'à consulter à ce sujet les travaux de d'Archiac, Leymerie, Magnan, etc., etc. On n'a pas cherché du côté des Corbières occidentales à faire le rapprochement.

2° La plaine ou dépression de Revel, qui sépare la Montagne Noire des Côteaux de Saint-Félix, s'étend de l'Agout et du Thoré au nord jusqu'à la vallée du Fresquel au sud. Quand on la parcourt, quel que soit le moyen de locomotion, à partir de l'Agout en suivant le Sor, puis le Laudot qui coulent au fond de la vallée, on monte régulièrement jusqu'à la Rigole du Canal du Midi. De là, jusqu'au Fresquel, on descend une pente sensiblement égale à la première en suivant les bords du ruisseau de Saint-Félix, affluent du Fresquel. Exprimée par les cotes d'altitude cette double pente de la plaine de Revel est la suivante : au confluent du Sor avec l'Agout on se trouve à 155 mètres au-dessus du niveau de la mer, au gué de la Rigole à Coufinals on est à 213 mètres, à 210 mètres au pont de la Rigole sur le ruisseau de Saint-Félix, près de Graissens, et on redescend à 160 mètres au confluent de ce ruisseau avec le Fresquel, au-dessous du côteau de Souilhanels 191 mètres, sur sa rive droite.

Mais ce ressaut au milieu de la plaine de Revel ne peut être considéré comme un col entre les collines de Saint-Félix et la Montagne Noire, à la façon des cols qu'on observe dans les plaines de grande altitude. Il est le résultat des actions des eaux puissantes qui ont creusé cette vaste dépression aux temps quaternaires, enlevant la masse énorme de dépôts tertiaires qui la remplissaient. C'était suivant Magnan (1), l'ancien lit de l'Agout qui allait se déverser dans l'Aude, où il apportait avec le Thoré les eaux sauvages de la Montagne Noire, du Sidobre, des monts de Lacaune et sans doute de glaciers étendus.

3° Les Côteaux ou collines de Saint-Félix ne sont qu'une partie d'une ligne ininterrompue de côtes, dont la véritable dénomination est Collines du Lauraguais, d'après les anciennes cartes. Les collines du Lauraguais vont de l'Agout au nord, au col de Naurouze au sud.

Ce qu'on désigne sous le nom de côteaux de Saint-Félix dans le pays ne comprend guère que les crêtes courant entre Roumens et Saint-Félix-de-Caraman au nord et Naurouze au sud. Certains ouvrages ou cartes les appellent pompeusement « monts de Saint-Félix » et on leur a attribué à tort une altitude de 500 mètres, ce qui est fort exagéré.

Les points les plus élevés sont Montaut (374) et Puylaurens (350) dans la partie nord, et dans la partie sud Saint-Félix (339 mètres).

Il va de soi que ces altitudes sont loin d'atteindre celles des digitations de la Montagne Noire, qui atteint 1.210 mètres au Pic-de-Nore, 1.020 à la forêt de Montaud, etc.

Par rapport au col de Naurouze (190 mètres), le côteau de Montferrand qui le domine est à 284 mètres.

La plaine de Revel ayant une grande largeur de 18 kilomètres et la chaîne des collines étant en grande partie parallèle à la Montagne Noire, il est difficile, quand on connaît le pays, de les considérer comme le prolongement l'une de l'autre.

Enfin, ces collines ne forment pas une chaîne indépendante, elles ne sont que le rebord d'un plateau, le thalweg occidental de la dépression de Revel.

Cet ensemble, vu de points élevés de la Montagne Noire, de la cote 532, sur le Causse au-dessus de Sorèze, par exemple, se prolonge au loin vers l'ouest sous forme de plateaux ondulés, découpés de petites vallées sensiblement parallèles, dont les eaux vont se déverser dans le Girou et

(1) Henri Magnan. — Notice sur le terrain quaternaire de la Montagne Noire entre Castres et Carcassonne et sur l'ancien lit de l'Agout, in *Bulletin de la Société d'histoire naturelle de Toulouse*, 4e année, t. IV, 1870, p. 120 et s.

l'Hers-Mort, affluents de la Garonne, et géologiquement, ces plateaux, dépendant du Toulousain et du Lauraguais, n'ont aucune connexité avec la partie du massif de la Montagne Noire qui nous occupe.

Nous n'avons pas la prétention de présenter comme nôtres, bien que les ayant directement observées, les indications géologiques concernant la région qui nous occupe, nous donnons celles des auteurs de la carte géologique de France et d'autres géologues compétents.

Autour des roches anciennes qui constituent le squelette de la Montagne Noire, on constate, au sud-ouest et au sud, la présence d'assises tertiaires dans la plaine de Revel, grès à Lophiodon d'Issel, affleurements de calcaire nummulitique en terrasses, Danien à faciès lacustre (Bergeron) (1).

Du côté du Toulousain et du Lauraguais, voici comment s'exprime M. Vasseur :

> Les formations mollassiques du Castrais et du pays toulousain se continuent vers le sud en contournant le promontoire constitué par l'extrémité occidentale du massif ancien de la Montagne Noire. Elles s'infléchissent brusquement au sud-est pour pénétrer dans le bassin de Carcassonne. La région comprise dans l'angle nord-est de la feuille de Pamiers, montre ainsi le prolongement des affleurements que nous avons suivis sur la feuille de Toulouse (2).

C'est justement la région de Naurouze. Il ajoute un peu plus loin que

> les mollasses stampiennes constituent la plus grande partie des plateaux au sud du Canal du Midi ; elles se relèvent au sud-est et ne forment plus que la partie supérieure des collines au sud de Villeneuve-la-Comptal et de Fendeille ; par suite des phénomènes d'érosion, elles disparaissent à l'est vers la limite des feuilles de Pamiers et de Carcassonne.

Ainsi donc, le phénomène d'érosion qui a creusé la plaine de Revel et celle qui s'étend au sud de Castelnaudary, faut-il le chercher du côté de Naurouze.

4° Qu'est-ce que le « fameux point de Naurouze » ainsi désigné dans le dictionnaire de Vivien de Saint-Martin ? Quelle est son origine ?

Si on s'en rapporte aux *Leçons de Géographie physique* de M. de Lapparent, on apprend que

> la surrection de la grande chaîne pyrénéenne, se produisant à l'aurore des temps oligocènes, eut pour effet de faire émerger le seuil de Naurouze, et si peu élevée que fût cette barrière du Lauraguais, au sol fangeux, elle a suffi depuis lors à séparer complètement les deux mers (3).

(1) Bergeron. — Étude géologique du massif ancien situé au sud du plateau central. Thèse, Paris, 1889.

(2) *Bulletin des services de la carte géologique de France*, etc., n° 69, t. X, 1898. — C. R. des Collaborateurs pour la campagne de 1898. — M. Vasseur, *Feuille de Pamiers*, p. 68 et s.

(3) A. de Lapparent. — *Leçons de géographie physique*, in-8°, Paris, 1896, p. 400.

Nous ne saurions voir la chose ainsi, surtout après avoir parcouru « le sol fangeux du Lauraguais » sans trop nous y embouer.

Le seuil ou col de Naurouze se trouve à l'ouest du petit village de Ségala, dans la petite vallée qui sépare les collines du Lauraguais du chaînon le plus septentrional des Corbières occidentales. Il a acquis renom et importance parce que c'est là que Riquet découvrit le phénomène de la division des eaux de la fontaine de la Grave, phénomène qui lui donna la solution définitive du problème de la jonction entre l'Atlantique et la Méditerranée par le Canal du Midi ou des Deux-Mers et parce qu'il conduisit à Naurouze les eaux de la Montagne Noire par les rigoles de la montagne et de la plaine.

La cote de la vallée de Naurouze est 190 mètres entre le chemin de fer et le canal du Midi et le bief de l'écluse de l'Océan ; le coteau de Montferrand, fin des collines du Lauraguais, atteint 284 mètres et le contrefort des Corbières au sud, cote du Majoral, 282 mètres. Dans ce défilé, de quelques centaines de mètres de largeur, émerge un ensemble de blocs de poudingues, cote 215 mètres, les pierres de Naurouze, sur lesquelles un monument commémoratif a été élevé en l'honneur de Riquet.

Il y a dans le pays une tradition d'après laquelle le monde finira lorsque les blocs seront arrivés à se toucher.

A leur sujet, Magnan s'est demandé quelle pouvait être leur origine, bloc erratique ou reste d'un îlot dans l'ancien lit de l'Agout. Ce géologue, en attribuant à l'Agout le creusement de la plaine de Revel et de la dépression qui entoure Castelnaudary, conduit à penser que cette même cause a creusé la vallée qui, par Naurouze, met en communication la vallée de l'Aude avec celle de la Garonne pour la vallée de l'Hers-Mort.

L'interprétation donnée par Magnan des faits géologiques peut n'être pas acceptée par tous les géologues, mais elle est séduisante et en parfaite concordance avec l'aspect du pays. Inutile d'insister sur les rapports des Corbières occidentales avec la Montagne Noire après ce que nous en avons dit plus haut rapidement.

5° Le Fresquel naît aux environs de Baraigne (Aude), se dirigeant pendant environ 4 kilomètres sud-est—nord-est, puis il tourne au nord et, après quelques centaines de mètres, reprend la direction nord-ouest—sud-est, entre le chemin de fer et le canal, passe sous ce dernier, en face du moulin de Naurouze, continue ensuite sa route vers l'est, entre La Bastide d'Anjou et le Ségala, côtoie le bord nord du plateau de Castelnaudary, passe sous Ricaud, la Rouhatière, Souilhanels ; là, grossi par les ruisseaux de Saint-Félix et de la Pommarède, il sépare nettement, par sa petite vallée, le pied sud-ouest de la Montagne Noire du plateau de Castelnaudary.

Au-dessous de cette ville, le Treboul lui apporte les eaux du versant nord des Corbières occidentales. Nous avons dit plus haut combien le cours supérieur du Fresquel est mal tracé sur les cartes au $\frac{1}{320.000}$ et au $\frac{1}{200.000}$.

Théophile Lavallée a bizarrement placé l'origine de la Montagne Noire entre les sources du Sor et celles du Fresquel, nous venons de dire d'où il venait exactement, cela suffit à démontrer qu'il n'en descend pas.

Quant au Sor, il prend sa source aux alentours du village d'Arfons, en pleine montagne, à plus de 700 mètres d'altitude et après avoir traversé des gorges profondes, formé la cascade de Malamort, il arrose le village de Durfort, dont il fait marcher les martinets, puis déverse la majeure partie de ses eaux dans la rigole de la plaine pour alimenter le Canal du Midi.

Il faut avoir eu de bien mauvais guides si on a parcouru le pays pour accepter toutes les affirmations des auteurs.

C'est encore à la géologie que nous demanderons la solution de la question de géographie. M. Bergeron, après avoir parlé des plis hercyniens de la Montagne Noire dans le compte rendu des collaborateurs de la carte géologique de France pour la *Feuille de Carcassonne*, ajoute :

Or, le système des plis orientés nord 45° à 50° ouest est très connu sur le bord occidental du plateau occidental du massif central. C'est la direction générale des ridements hercyniens dans la partie occidentale de la France. Il y aurait, dans cette région sud-ouest de la Montagne Noire, passage des deux principales directions des plis hercyniens de l'une à l'autre. *Dans ces conditions, il est bien vraisemblable que la Montagne Noire ne se prolonge pas vers le sud-ouest sous les sédiments tertiaires, mais bien plutôt qu'elle est limitée par une région de plis hercyniens orientés suivant la direction nord 45° à 50° ouest. Ce qui expliquerait comment il y a eu communication facile entre le bassin de l'Aquitaine et la région de la plaine de l'Aude, les plis ayant nécessairement formé des dépressions par lesquelles les eaux ont pu passer d'un bassin dans l'autre.*

Donc, au sud-ouest, la Montagne Noire ne va pas joindre les Corbières occidentales. Au surplus, ce n'est pas de ce côté que les géologues ont cherché à démontrer les rapports de contiguïté. C'est avec les Corbières orientales et les monts du Minervois dans l'est du département de l'Aude.

Nous venons de passer en revue les différents points qu'il s'agissait d'éclaircir et nous y avons nettement répondu, démontrant ainsi la fausseté des indications des ouvrages de géographie. Si nous passions en revue les cartes de géographie, nous y trouverions, avec de nombreuses variantes, les mêmes erreurs et d'autres encore.

Il paraît, d'après les longues recherches bibliographiques auxquelles nous nous sommes livré, que le moment où ces erreurs ont commencé d'avoir cours remonte entre 1836 et 1847.

Nous ne l'avons pu relever sur les ouvrages antérieurs à cette époque et elle n'est pas dans ce qui a été publié du texte de l'*Explication de la carte géologique de France* par Dufrénoy et Élie de Beaumont, alors que sur la feuille n° 6 de la carte terminée en 1840, on lit « les monts de Saint-Félix » d'Arfons jusqu'à la rivière la Clamouze, qui se jette dans l'Aude.

Il y a deux hypothèses à faire au sujet de l'origine de l'erreur qui conduit la Montagne Noire à Naurouze. Ou bien on aura copié dans le *Guide du voyageur sur le Canal du Midi*, etc., par le comte G. de C*** (1), cette phrase erronée : « Les villages d'Avignonnet et de Montferrand le dominent sur les premiers plans de la Montagne Noire », ce qui n'est pas ; ou bien de ce que la rigole du Canal du Midi descend de la Montagne Noire vers Naurouze, sans se rendre compte de son trajet dans la vallée du Laudot, puis à travers la plaine de Revel et le long des côteaux du Lauraguais à partir de Saint-Paulet, un copiste ignorant en aura conclu que montagne et rigole allaient ensemble à Naurouze. Depuis, un copiage toujours le même a propagé cette erreur et d'autres non moins étonnantes. Il était pourtant facile de chercher à corriger la chose.

Nous ne nous étendrons pas davantage sur l'historique de cette erreur depuis la publication du *Guide* du comte G. de C*** (de Caraman) : nous nous bornerons à inviter les géographes à faire le voyage de la Montagne Noire, à aller voir les travaux entrepris par Riquet pour créer l'approvisionnement d'eau du Canal des Deux-Mers et par quelle habile exécution, après avoir capté les eaux du versant méridional méditerranéen de la Montagne Noire, il les dirige sur le versant atlantique ; comment il les utilise et les conduit à Naurouze, où est le bief de partage entre Océan et Méditerranée.

Pour bien voir tout cela, il ne faut pas être pressé, et nous croyons que cette visite de la Montagne Noire et de ses confins, avec la perte du Thoré, près Caucallières, la grotte de Careil (2), près de Sorèze, et tant d'autres sites admirables et curieux, sont tout aussi intéressants que certaines parties de la Suisse et de la Savoie.

(1) G. DE C***. — *Guide du voyageur sur le Canal du Midi et ses embranchements, et sur les canaux, des étangs et de Beaucaire*, par M. le comte G. de C***. Toulouse, in-12, 1836, avec portrait de P. P. Riquet et deux cartes.

(2) On dit Careil ou Caleil. Le caleil est une sorte de lampe munie d'une mèche baignant dans de l'huile ou du suif.

M. J. THOULET

Professeur à la Faculté des Sciences de Nancy.

DE LA CONFECTION DES CARTES LITHOLOGIQUES SOUS-MARINES

[912:551.46]

— *Séance du 4 août* —

Cette confection est basée sur les principes suivants :

1° Recueillir des échantillons complets parce que, seule, la relation exacte, qualitative et quantitative des éléments qui les composent, autorise à tirer de l'étude de ces documents les importantes conclusions qui en dérivent relativement à l'histoire présente et passée du globe terrestre.

2° Établir une classification des divers fonds telle qu'un échantillon sous-marin quelconque étant donné, il devienne possible de le désigner par un nom définissant complètement sa nature et autorisant à le figurer sur une carte par des teintes ou des signes conventionnels.

3° Fixer dans le plus bref délai, un document d'ensemble dont il ne s'agira plus, dans la suite, que de perfectionner les diverses portions par des études indépendantes les unes des autres, dans l'espace comme dans le temps, et cependant toujours concordantes entre elles.

Récolte des échantillons : drague, plomb à cuillers, sondeurs — conservation.

L'analyse *mécanique* des échantillons doit permettre d'établir le nom de l'échantillon et par conséquent sa constitution ; elle doit être très précise et néanmoins très simple, afin de pouvoir être exécutée même par des personnes non spécialistes.

L'analyse *minéralogique* doit permettre de reconnaître et de doser tous les éléments minéraux des fonds.

Il est impossible de donner une méthode générale pour l'analyse *chimique*, le but que l'on se propose d'atteindre étant la solution, par la chimie, de tous les problèmes que la science est susceptible de se poser, afin d'éclairer l'histoire passée, présente et future des fonds marins.

L'analyse *biologique* est destinée à reconnaître et à énumérer soit par eux-mêmes, soit par leurs débris, les êtres ayant vécu au voisinage de ce fond et contribuer ainsi à résoudre le problème capital des rapports existant entre l'être vivant et son milieu ambiant.

L'analyse mécanique s'exécute à l'aide de divers instruments peu compliqués et notamment de tamis gradués, qu'il est facile de se procurer partout et qui permettent d'isoler rapidement selon leurs dimensions et de doser les diverses catégories de minéraux.

C'est sur ce triage que s'appuie la classification des fonds, graviers, sable, vase, argile, etc...

L'analyse minéralogique s'effectue surtout sous le microscope. Le problème, assez délicat, consiste à distinguer entre eux des grains minéraux très petits en modifiant, s'il y a lieu, leurs propriétés, mais sans cependant qu'il soit nécessaire de les isoler — opération presque impossible à cause de leur extrême petitesse — et sans les détruire, parce que dans ce cas et par suite de leur multitude, il ne resterait aucune trace certaine de leur existence.

Je termine en ce moment et publierai très prochainement un mémoire détaillé sur ce sujet. En définitive, il ne faut pas d'opinions personnelles s'appuyant sur de simples impressions, ni de conclusions plus ou moins vagues ; rien que des chiffres, des analyses, une précision complète, une entière rigueur scientifique.

J'ai appliqué ces principes et ces méthodes à la confection des 22 feuilles d'une carte lithologique sous-marine des côtes de France. Étude d'échantillons provenant du golfe de Gascogne, de l'Iroise et de grands fonds de l'Atlantique dont le prince de Monaco a bien voulu me confier l'examen. J'ai dû outiller mon laboratoire pour ce but spécial. Cette œuvre est maintenant achevée. La réunion à Nancy, vers Pâques 1901, des Sociétés savantes, me fournira une précieuse occasion de montrer les appareils dont je me sers et leur fonctionnement.

Mon travail est une entrée en matière, un canevas d'ensemble sur lequel chacun pourra désormais travailler à son tour en pleine indépendance, certain qu'il sera, en quelque endroit que ce soit, à quelque moment que ce soit, que ses efforts viendront remplir une lacune et s'accorderont avec ceux qu'aura accomplis ou qu'accomplira plus tard un autre observateur en quelque autre endroit que ce soit.

Sans m'arrêter ici à l'utilité pratique d'une pareille œuvre (navigation, télégraphie, pêches), il est impossible de méconnaître son immense intérêt scientifique. La géologie stratigraphique n'est que de l'océanographie rétrospective à laquelle on ne se livrera avec fruit qu'autant qu'on connaîtra d'une façon précise l'océanographie actuelle. En Angleterre, en Allemagne, on a déjà soutenu et publié des thèses doctorales d'océanographie. Les expéditions océanographiques se multiplient en Angleterre, en Allemagne, en Suède, en Norvège, en Autriche, en Russie, en Hollande, en Belgique, en Portugal, aux États-Unis. Faut-il citer les expéditions du prince de Monaco? Le créateur de l'océanographie Marsigli, il y a plus de deux siècles exécuta ses recherches sur les côtes de Provence. Aimé, mort à 35 ans, en

1846, fit à Alger de magnifiques découvertes en océanographie. Quand donc, reprenant les glorieuses traditions scientifiques de la marine française de la Restauration et de la monarchie de Juillet, aura lieu la prochaine expédition océanographique sous le pavillon tricolore?

M. J.-F. BLADÉ

BASSE-NAVARRE ET VICOMTÉ DE LABOURD

— *Séance du 4 août* —

Dans le Congrès réuni en 1898, l'*Association Française pour l'Avancement des sciences* a favorablement accueilli ma notice sur la *Vicomté de Soule*, et en a ordonné l'impression. Voici maintenant une autre notice concernant la *Basse-Navarre et la Vicomté de Labourd*. En rapprochant ces deux travaux, on pourra se faire une idée suffisante de la géographie féodale de tout le pays basque français. Mais l'exposé de cette géographie comporte au préalable des notions historiques présentement réduites à un minimum qui laisse en dehors toutes les questions controversées et controversables. Le surplus sera produit ailleurs, et en temps plus opportun. Pour la présente besogne, j'ai tiré souvent parti, mais toujours après contrôle préalable, des recherches de mes devanciers (1). Ainsi, je demeure responsable de mes emprunts, tout comme de ce que je fournis de mon propre chef.

SECTION I

Basse-Navarre.

NOTIONS HISTORIQUES

Pour faire aussi court que possible, je ne veux pas remonter ici plus haut que le XIIIe siècle. A cette époque, le royaume de Navarre s'étendait sur les deux versants d'une portion des Pyrénées. Il se divisait en six

(1) Martin VIZCAY, *Derecho de naturaleza que los naturales de la merindad de San-Jan Pie del Port tienen en los reyes (?) de la Corona de Castilla*; POLVEREL, *Tableau de la constitution du royaume de Navarre*, passim ; YANGUAS Y MIRANDA, — *Diccionario de Antigüedades del reino de Navarra*, passim ; RAYMOND, *Dictionnaire topographique du département des Basses-Pyrénées*, passim ; Abbé HARISTOY *Études historiques sur le Pays basque*, I, 289-396. L'auteur des *Études* confesse avoir tiré bon parti des notes du toujours regretté capitaine Duvoisin.

districts principaux, ou *Merindades*, savoir : Pampelune, Estella, Tudela, Sangüessa, Saint-Jean-Pied-de-Port. Les cinq premières *merindades*, dont je me désintéresse, étaient sises au delà des monts. Je ne retiens que celle qui se trouvait en deça, celle de Saint-Jean-Pied-de-Port, appelée par les Espagnols *Navarra ultra-Puertas*, par les Gascons *Navarra deça-Portes*, et par les Français Basse-Navarre.

En 1512, Ferdinand le Catholique, roi d'Aragon, mari d'Isabelle la Catholique, reine de Castille, enleva à Catherine de Foix, reine de Navarre, et femme de Jean d'Albret, les cinq *merindades* sises au delà des Pyrénées. Ainsi, Catherine de Foix, et ses ayants droit, ne conservèrent plus que la Basse-Navarre, réunie à la Couronne, en même temps que tout le surplus des domaines de Henri IV (1607).

Jusqu'à la Révolution, ses successeurs prirent les titres de rois de France et de Navarre. Au XIXe siècle, Louis XVIII et Charles X firent de même, ce dont s'abstinrent Napoléon Ier, Louis-Philippe Ier et Napoléon III.

GÉOGRAPHIE FÉODALE

Mes devanciers ne s'accordent pas à décrire de façon tout à fait pareille, la Navarre cispyrénéenne ou Basse-Navarre. Voici la description qui me semble préférable :

Pays de Mixe (*Mixia, Amixia*, XIIe siècle, cartul. souvent suspect de l'abbaye de Sorde; *Archidiaconatus de Mixa*, 1227, ch. de l'abbaye de Lahonce; *Mizxa*, 1247, Chambre des Comptes de Navarre; *Misse in Navarra*, 1305; *Myxe* vers 1340, chartes de Navarre; *Mija*, vers 1343, Chambre des Comptes de Navarre; *Micxe*, 1477, contrats d'Ohix). — Ce pays comprenait : Amendeuix, Amorats, Arbérats, Arraute, Aicirits, Béguioz, Béharque, Biscay, Beyrie, Bussunarits, Burtince, Camou-Mixe, Charritte, Galiat, Garris, Ilharre, Labets, Lapiste, Larribar, Masparraute, Oneix, Orègue, Orsanco, Saint-Palais, Sillègue, Somberraute, Succost, Suhart, Semhaute, Ahart-Mixe.

Sur la seule foi des cartulaires des églises cathédrales de Lescar et de Dax, Marca (1) affirme que les pays de Mixe et d'Ostabat furent enlevés à Navarrus, vicomte de Dax, par Gaston IV, vicomte de Béarn (1088-1130). A la mort de Gaston VI, vicomte de Béarn, son fief fut réuni au domaine de la maison de Foix, par le mariage de Marguerite de Béarn, héritière du défunt, avec Roger-Bernard, comte de Foix. François-Phébus II, comte de Foix depuis 1472, devint roi de Navarre en 1480, du chef de sa grand'mère Éléonore. Au décès de ce prince, ses droits passèrent à sa sœur Catherine, qui épousa Jean d'Albret. Ainsi, dans le cas où, conformément au témoi-

(1) Marca, *Hist. de Béarn*, 401-402.

gnage du cartulaire des églises cathédrales de Lescar et de Dax, les pays de Mixe et d'Ostabat auraient été enlevés à Navarrus, vicomte de Dax, par Gaston IV, vicomte de Béarn, ces deux districts n'auraient pu être annexés à la Basse-Navarre qu'à la date où le royaume non encore démembré de ce nom, et la vicomté de Béarn appartinrent aux mêmes princes, c'est-à-dire à dater de 1480. Or, il est prouvé qu'en 1247, Raymond-Arnaud, vicomte de Tartas, fit hommage à Thibaud, roi de Navarre, de *Villanueva, et de Mizxa, e Dostavales*. Autres hommages rendus en 1294, 1319, 1326, par Arnaud-Raymond, Amanien d'Albret, et Guitar, vicomte de Tartas, pour Mixe et Ostabarret. En 1362, nous voyons le roi Charles II, et en 1370 la reine Jeanne de Navarre faire acte d'autorité sur les mêmes terres (1).

Ainsi, les pays de Mixe et d'Ostabat ou d'Ostabarret ne furent pas conquis sur Navarrus, vicomte de Dax, par Gaston IV, vicomte de Béarn, comme l'affirme Marca, sur le témoignage absolument mensonger des cartulaires de Lescar et de Dax, si chers à M. l'abbé Dubarat, docteur ès lettres.

PAYS D'OSTABARRET (*Terra de Ostabarresii*, XIIe siècle, *Ostavales*, 1247, collect. Duchesne, vol. CXIV, folios 161 et 211 ; *Terra de Hostabarezio*, in *Navarra*, 1305, ch. de Navarre, arch. dép. des Basses-Pyrénées, E. 459; *Ostabares*, 1308, collect. Duchesne, vol. CXIV, folio 224 ; *Ostabarrea*, 1312, ch. de Navarre, E. 459; *Hosta-Barisium*, 1351, *Ostabaresium*, 1361, rôles gascons; *Ostabaret* vers 1405, *Nat. de Navarrenx; la terre d'Ostabare*, 1481, ch. du Chapitre de Bayonne). — Certains nomment à tort ce district pays d'Ostabat. C'est le nom d'une localité qui s'y trouvait comprise : *Ostebad*, 1167, cartul. suspect de l'abbaye de Sorde; *Ostavall*, XIIe siècle, collect. Duchesne, vol. CXIV, folio 161 ; *Aussebat*, 1243, rôles gascons; *Ostaballes*, 1383, Chambre des Comptes de Navarre; *Sent-Johan d'Ostabat*, 1469, ch. du Chapitre de Bayonne; *Ostabag*, Hustabat, 1472, Nat. de La Bastide - Villefranche, n° 2, folio 22; *Nostre-Done de l'Espitau d'Ostabat*, 1578, ch. du Chapitre de Bayonne. Le pays d'Ostabarret comprenait : Arhauseer, Arros, Asme, Bunus, Cibits, Hosta, Ibarolle, Juxué, Larceveau, Ostabat, Saint-Just.

J'ai donné plus haut les preuves attestant collectivement que les pays de Mixe et d'Ostabaret ne furent jamais conquis sur Navarrus, vicomte de Dax, par Gaston IV, vicomte de Béarn. Voici encore d'autres preuves concernant spécialement la terre d'Ostabarret. En 1228, Pierre-Arnaud de Luxe se déclare vassal de Sanche VII, dit le Fort, roi de Navarre. En 1383, un autre souverain navarrais, Charles II, prend en sa main la terre du seigneur de Luxe, et en confie la garde au sergent d'armes Pierre-Sanz de Lizarazu (2).

(1) YANGUAS Y MIRANDA, *Diccionario de Antigüedades del reino de Navarra*, II, 330-333.
(2) YANGUAS Y MIRANDA, *Diccionario de Antigüedades del reino de Navarra*, II, 496.

Pays d'Arberoue (*Erberue*, vers 980, charte apocryphe, dite d'Arsius; *Arberoe*, 1080, *Alberoa*, 1120, collect. Duchesne, vol. CXIV, folios 32 et 34; *Vallis Aberoa*, 1186, cart. de Bayonne; *Arberoa*, 1195, bulle d'Urbain II, d'après Marca, *Hist. de Béarn*, 33; *Pays d'Abore*, *Aberoe*, 1501, ch. du Chapitre de Bayonne). — Le pays ou vallée d'Arberoue englobait: Armendaritz, Ayherre, Hélette, Isturits, Méharin, Suhescun, Saint-Esteben, Saint-Martin d'Arberoue. A la suite de ces localités, plusieurs de mes devanciers ajoutent La Bastide-Clairence, tout en laissant cette localité en dehors du pays d'Arberoue.

Mes devanciers prétendent que le pays d'Arberoue fut jadis une vicomté. Le seul texte qu'ils puissent invoquer est fourni par le cartulaire si souvent faux ou suspect de l'abbaye de Sorde: *Vicecomes de Alberda*. Raymond, l'éditeur du cartulaire (1), prétend qu'il faut lire *Arberoa*, qui serait bien notre Arberoue. A la bonne heure. Ainsi, ce vicomte innommé figurerait parmi les témoins d'un acte de dons et échanges fait entre 1120 et 1134, par Guillaume VII, duc de Guienne et de Gascogne, concernant Hinx, Sorde, Missou, Cassaber, Careste, Salinis, Sainte-Suzanne, etc... en faveur de l'abbaye de Sorde. Cet acte affecte la forme d'une notice, autrement dit, d'un résumé de pièce originale ou réputée telle. Notez que, dans la notice, le premier auteur des libéralités confirmées par le duc Guillaume VII serait Charlemagne *(rey Karlo magnus)*. Voilà qui est fait, me semble-t-il, pour augmenter encore la confiance de M. l'abbé Degert, docteur ès lettres, dans le cartulaire de Saint-Jean de Sorde. Et pourtant, l'éditeur du cartulaire, Raymond, déclare que deux diplômes qu'il n'ose reproduire (2) sont l'œuvre d'incontestables faussaires agissant dans l'intérêt des moines pour faire remonter à Charlemagne la fondation de leur abbaye (3).

Inutile d'insister davantage sur de pareilles billevesées. Nous avons la preuve qu'en 1321, les gens d'Arberoue se trouvant en guerre contre ceux de La Bastide-Clairence, furent conciliés, à Saint-Jean-Pied-de-Port, par Ponz de Morentaina, gouverneur pour le roi de Navarre. Nous avons, en outre, les preuves qu'en 1379 et 1435, les souverains navarrais firent acte d'autorité en Arberoue (4). Ce pays ne constitua donc jamais, comme on l'a dit, une vicomté originellement distincte, et annexée plus tard à la Navarre cispyrénéenne. Tout prouve que dès l'origine ledit pays faisait partie de l'État navarrais.

Pays de Cize *(Vallis quæ dicitur Cirsia*, vers 980, charte fausse, dite d'Arsius; *Pors de Sizer*, *Cisre*, XIe siècle, *Chanson de Roland*, chant I, vers 982; *Syzara*, XIIe siècle, Roger Hoveden; Cizia, 1186, *Cisera*, *Cisara*,

(1) Raymond, *Cartulaire de l'abbaye de Saint-Jean de Sorde*, 66-67.
(2) *Bibl. nation.* Baluze, 46, folio 421, fonds latin 12, 697, folio 247.
(3) Raymond, *Cartul. de l'abbaye de Saint-Jean de Sorde*, Introduction, 7.
(4) Yanguas y Miranda, *Diccionario de Antigüedades del reino de Navarra*, I, 43-47.

XIIe siècle, *Ciza*, commencement du XIIIe, *Cizie*, 1253, cartul. de Bayonne, folios 15, 26, 30, 50; *Cisia*, 1390, ch. de Bayonne; *les Pors de Sisaire*, chron. de Saint-Denis). — Le pays de Cize englobait : Ahaxe, Ainhice, Alciette, Bascassan, Béhorléguy, Bussemarits, Bustince, Çaro, Gamarthe, Garatéguy, Iriby, Ispoure, Janits, Jaxu, Lacarre, La Madeleine, Mendibe, Mongélos, Sabale, Saint-Jean-Pied-de-Port, Saint-Jean-le-Vieux, Saint-Michel, Surrasquette, Sorhapuru, Uhart-Cize, Urruty, Utziat.

VALLÉE OU VICOMTÉ DE BAÏGORRY (*Vallis quæ dicitur Bigur*, vers 980, charte fausse, dite d'Arsius; *Beygur*, 1168, collect. Duchesne, vol. CXIV, folio 37 ; Baigur; 1186, cart. de Bayonne ; *Baiguer*, 1302, Chambre des Comptes de Navarre ; *Bayguerr*, 1385, ch. du Chapitre de Bayonne ; *Beygorri*, 1397, not. de Navarrenx ; *Sierra de Vaygurra*, 1446, collect. Duchesne, vol. CXIV, folio 207 ; *Bayguer*, ch. de Navarre, arch. dép. des Basses-Pyrénées, E. 459).— La vicomté de Baïgorry, qui était fort ancienne, comprenait Accous, Anhaux, Arnéguy, Ascarat, Labastide, Ermiette, Irouléguy, Lasse, Leïspars, Orticoren, Sorhouetta, Saint-Étienne de Baïgorry.

VALLÉE D'OSSÈS (*Vallis quæ Ursaxia dicitur*, vers 983, charte fausse, dite d'Arsius ; *Vallis quæ dicitur Orsais*, 1184, *Ossais*, XIIe siècle, ch. du Chapitre de Bayonne, folios 10 et 32 ; *Osses en la Sierra de Vaygurra*, 1446, collect. Duchesne, vol. CXIV, folio 207; *Osses*, *Orza*, 1513, ch. du Chapitre de Pampelune; *Horça*, *Orseys*, *Orça* réform. d'Ossès, arch. dép. des Basses-Pyrénées, E. 687, folio 2 ; *Osses*, 1783, visites du diocèse de Bayonne). — La vallée d'Ossès comprenait Bidarroy, Espélette, Ossès, Saint-Martin-d'Ossès.

N. B. — Dans les descriptions de la Basse-Navarre, certains de mes devanciers classent sous la même rubrique les vallées de Baïgorry et d'Ossès, en y ajoutant Irrissary.

JUSTICES ROYALES. — La Basse-Navarre, comprenant les pays de Cize, Mixe, Arberoue, et les vallées d'Ossès et de Baïgorry, possédait pour chacune de ses parties trois juridictions : 1° l'*alcade mineur* ou *alcade de marché*, qui connaissait en première instance des causes des vilains ; 2° l'*alcade majeur*, jugeant en dernier ressort les appels des sentences rendues entre vilains ; 3° la *Cour du roi*, composée d'un alcade et des *ricos hombres*. Mais toutes ces juridictions disparurent en 1524, date de la création de la chancellerie de Navarre par Henri II d'Albret, roi de Navarre. Cette Cour, théoriquement unie au Parlement de Pau, lors de sa création en 1620, ne lui fut vraiment rattachée qu'en 1624. Elle fut alors remplacée par édit du mois de juin 1624, par le sénéchal de Saint-Palais, supprimé le 10 décembre même année, et définitivement rétabli en 1639 (1).

(1) RAYMOND, *Invent. somm. des Arch. départ. des Basses-Pyrénées*, série B, t. I, *Anciennes juridictions*, p. 10.

Aux XVIIe et XVIIIe siècles, le roi possédait encore, en Basse-Navarre, la justice à tous les degrés, sauf les exceptions qui vont être signalées.

JUSTICE ALIÉNÉE. — Dans le pays de Mixe, Orsanco, aliéné en 1710. Le comte de Luxe disputait, au point de vue purement judiciaire, la souveraineté d'Orsanco au roi de France, ayant droit des rois de Navarre.

JUSTICES ENGAGÉES. — Néant.

HAUTES JUSTICES SEIGNEURIALES. — Dans le pays de Mixe, Camoù-Mixe, baronnie au XVIIIe siècle.

Lantabat, groupé par certains de mes devanciers avec le pays de Mixe et la vallée d'Ostabarret, dans leurs descriptions de la Basse-Navarre, Lantabat était une baronnie au XVIIe siècle.

Luxe, compris par les uns dans le pays de Mixe, les autres dans la vallée d'Ossès. Comté au XVIIe siècle, avec droit de justice souveraine, c'est-à-dire sans appel.

Dans le pays d'Arberoue : Armendaritz (baronnie érigée en 1634), Méharin (vicomté au XVIe siècle).

Dans le pays de Cize :

Ahaxe (déjà baronnie avant 1601), Béhorléguy (baronnie érigée en 1391), Lacarre (déjà baronnie en 1525), Salha (marquisat au XVIIe siècle), Uhart-Cize (marquisat au XVIIe siècle).

La vallée ou vicomté de Baïgorry, ci-dessus décrite, formait une haute justice seigneuriale. Etchaux, qui en faisait d'abord partie, formait une vicomté distincte au XVIIe siècle.

Dans la vallée d'Ossès, Espelette, dont je parlerai dans la notice sur la vicomté de Labourd.

SEIGNEURIES SANS HAUTE JUSTICE. — Voici d'abord pour les pays de Mixe, d'Ostabarret et de Lantabat :

Abbadie (abbaye laïque à Escos), Aguerre (à Asme), Aguerre (à Ostabat), Aguerre (à Behasque), Ahetze, Ametçague, Ainhitzburu (à Beyrie, et maison infançonne de même nom au pays de Mixe, signalée par Martin Bizcay), Amorots, Anguelu, Arbouet (La Salle d'), Arrayn (qui est peut-être Lapiste), Azcombégui (La Salle d'),

Béguios (château détruit et de situation incertaine), Béhasque, Béhaune (prieuré dépendant de l'abbaye de Lahonce), Béreterbide, Berho, Berraute, Beyrie, Bidegain, Bilhain, Bordes, Bunus, Burgaçahar,

Charritte,

Eliçagaray (abbaye laïque à Bunus), Elizagaray (abbaye laïque), Eliceyry, Elizaïtzine, Elizetche, Erdoy,

Garris, Gensanne,

Haramburu, Harambeltz (prieuré), Hozta,

Ibarbeity, Ibarrolle, Ilharre (à Larribar), Ilharre (situation incertaine), Iratze, Iriart, Iribarne, Isale, Ithurondo, Issoste,

Lantabat, Larceveau (La Salle de), Labetz, Laliague, Lannevielle (dite ensuite Lanneneuve), Larramendy, Laxague,

Masparraute, Miramont,

Orègue (La Salle d'), Oxoby, Ostabat,

Pédeluxe, Picassary,

Sainte-Engrace, Sainte-Marie (ou Dona-Maria), Saint-Jayme, Saint-Palais (La Salle de), Sallejusan, Sarhay, Saut, Somberraute, Sorhapuru, Sormendy, Succos (ou Trousse-Caillou), Suhatzy (La Salle de), Suhobieta (ou Cihobiette),

Uhalde (seigneurie d'abord, puis baronnie et marquisat avant 1789, mais sans haute justice).

Dans le pays d'Arberoue, plus La Bastide-Clairence :

Aguerre (à Armendarritz), Aguerre (à Hélette), Aguerre (à Iholdy), Aguerre (à Saint-Martin-d'Arberoue), Apharra, Arraidua (maison infançonne),

Belzunce (vicomté au XVIIIe siècle, mais sans haute justice),

Chapital, Curutcheta,

Elizabelar, Elizetche, Errecart, Etchebarne, Etchebéhère, Etcheberry, Etchegoyen, Etchepare (La Salle d' — à Iholdy), Etchepare (à Saint-Esteben),

La Ferrerie,

Garat, Garra, Garragaztelu, Granja,

Harréguy,

Ichuri (ou Itsuri), Inabaret, Intzauragat, Iribarne,

Londaïts, Lucugain,

Méharin (vicomté sans haute justice), Mendiburu, Mendigorry, Mendilahaxu,

Olce,

Sainte-Marie, Saint-Esteben, Saint-Martin-d'Arberoue, Salaberry, Satharits, Soccobie (maison probablement infançonne), Sorhaburu, Sorhouet, Soritz,

Uhart.

A La Bastide-Clairence se trouvaient les fiefs d'Arrieux, Colomots, Eyharie, Lombart. — Il n'est pas prouvé qu'Etchecon fût une terre noble.

Dans le pays de Cize :

Abbé (maison de l' — à Saint-Jean-Pied-de-Port), Aguerrea, Aincille (La Salle d'), Ainhice (La Salle d'), Ansa (dans la ville de Saint-Jean-Pied-de-Port), Ansa (hors la ville de Saint-Jean-Pied-de-Port), Apat (à Bussunarits), Apat-Ospital (La Salle d'), Apat-Ospital (maison du recteur), Argaba (ou

Argua), Arrocaluz (ou Errocaluz, prieuré à Saint-Michel), Arsoritz (commanderie d'), Ansisála (ou Ancessalle),

Béole, Béréteretche, Béhobetuguibel,

Çaro (La Salle de), Chacon,

Elicetchea (à Ainhice-Mongelos), Elicetchea (à Uhart-Cize), Errecalde, Etcheverry, Etchebers, Etchecoin, Etchepare (La Salle d' —, à Sarrasquette), Etchepare (à Çabalça de Saint-Jean-le-Vieux), Eyrehalde,

Faynzayn, Fleur-de-Lys,

Gamarthe, Ganaberro, Garat (ou Curutchet), Gaztelusarry,

Harriette, Hégoburu,

Indagaratéguy, Ipharre, Irriberry, Irigaray, Irumberry-de-Salaberry, Irunce, Ispoure (La Salle d'), Ithurbide, Ithuriste,

Jauretche,

Larregain, Larrondo, Lescor, Latarza, Laustan, Lécumberry, Libieta, Logras (érigé en marquisat en 1758, sans mention de haute justice), Lohitéguy,

Moustrouja (ou Moustreguia),

Olhonce, Orisson (prieuré avec hôpital),

Perulh,

Saint-Julien, Sainte-Marie, Saint-Martin, Saint-Michel (hôpital, ancienne commanderie, appartenant à l'évêque et au chapitre de Bayonne), Saint-Pée, Saint-Vincent, Salaberry, Sarasquette, Socarro, Suhercun (La Salle de),

Uhart-Cize, Urrutia (deux fiefs de ce nom), Urrus puru (La Salle d').

Dans la vallée ou vicomté de Baygorry:

Ametzague, Anhaux (La Salle d'), Apertéguy, Ascarat (La Salle d'),

Châteauneuf (nom françisé d'Iriberry),

Etchaux (vicomté sans haute justice), Etcheberry,

Iruléguy,

Larragoyen, Larre, Lasse, Leizperr-Jauréguy, Licerasse,

Mocoçail (commanderie appartenant à l'évêque de Bayonne), Mocozais,

Okilamberro,

Sorhouet,

Urdos.

Dans la vallée d'Ossès :

Apalatz, Arrosagaray,

La Châtaigneraie,

Garro,

Harismendy,

Obispo (Casa del—; Martin Bizcay désigne ainsi la maison de l'évêque de Bayonne, à Ossès),

Ospital,

Unhaïzeta (La Salle d'),
Villeneuve,
Viscondutia.

N. B. — Bidarray, commanderie, appartenait à l'évêque de Bayonne. Irissarry était une commanderie de l'Ordre de Malte.

SECTION II

Vicomté de Labourd.

NOTIONS HISTORIQUES

Les recherches sommaires d'Oïhenart (1), et celles du toujours regretté Jules Balasque (2), concernant les vicomtes de Labourd ou Bayonne, me semblent non seulement insuffisantes, mais aussi entachées d'erreurs en ce qui concerne les plus anciens suzerains de ce pays. Toujours pour être aussi bref que possible, je me borne à consigner ici, sans discussion, l'essentiel de la doctrine courante, sous réserve de la discuter dans une autre et meilleure occasion.

Fortun-Sanche, vicomte de Labourd, et son frère Loup-Aner, vivaient au temps de saint Austinde, archevêque d'Auch, c'est-à-dire vers 1060. Le vicomte eut un fils, Ramire-Sanche, qui se donna à l'église de Bayonne, et une fille, Regina Tota, qui hérita de la vicomté de son père.

Regina Tota apporta en dot à son mari Sanche-Garsie la vicomté de Labourd.

Garsie-Sanche, fils de Regina Tota et de Sanche-Garsie, épousa une femme nommée Uraca, dont il eut un fils appelé Bertrand.

Bertrand, fils de Garsie-Sanche, épousa d'abord Tota Orqueyena, et ensuite Ataresa. Voici les noms de ses enfants, sans qu'il soit possible de savoir de quelle union ils naquirent : Pierre-Bertrand, Arnaud-Bertrand, qui succédèrent chacun à leur père, Guillaume-Bertrand, qui devint évêque de Dax. Leur sœur innommée épousa un seigneur innommé de Sault. Bertrand qui apparaît vers 1140, vivait encore en 1170.

Ici, nous sommes déjà sur un terrain historique bien plus solide.

Pierre-Bertrand, succéda à son père Bertrand, et mourut sans postérité.

Arnaud-Bertrand, frère et successeur du précédent, s'étant révolté contre Henri II, roi d'Angleterre, duc de Guienne et de Gascogne, le fils et futur successeur de ce prince, Richard, dit Cœur-de-Lion, vint assiéger Bayonne et s'en empara (1177). Il n'est pas prouvé qu'Arnaud-Bertrand laissa des fils.

(1) Oihenart, *Notitiæ utriusque Vasconiæ*, 544-545.
(2) Balasque, *Etudes historiques sur la ville de Bayonne*, I, ch. II, III, IV, V, VI, p. 31-159, *passim*.

Guillaume de Sault, fils de la sœur de Bertrand, devint vicomte de Labourd, après son oncle. Le roi d'Angleterre ayant gardé Bayonne, qui devint le siège d'une prévôté, Guillaume de Sault transporta sa Cour de justice à Ustarritz, ne porta plus le titre de vicomte de Bayonne, et s'en tint à celui de vicomte de Labourd. Ce seigneur vivait encore en 1193. On le considère généralement comme le dernier vicomte du pays, qui ne tarda pas de passer au pouvoir du roi d'Angleterre, et forma le bailliage de Labourd. Pourtant, des documents visés par Oïhénart, font mention d'un Bertrand, vicomte de Bayonne. Mais il n'en demeure pas moins certain qu'alors, l'autorité du roi d'Angleterre s'exerçait non seulement sur Bayonne, mais aussi sur le bailliage de Labourd. Arnaud de Sault, chef de la maison qui avait possédé la vicomté, mourut après 1249, à Bayonne, dans l'hôpital de Saint-Nicolas (1).

Description de la vicomté de Labourd (*Episcopatus Laburdensis*, vers 980, charte fausse, dite d'Arsius; *Labort*, 1120, collect. Duchesne, vol. CXIV, folio 34 ; *Vallis quæ dicitur Laburdi*, 1186 ; *Labord*, XIIe siècle, cartul. de Bayonne, folios 13 et 32 ; *Labourt*, 1320, carte, rôles gascons). — Au temps de sa plus grande étendue la vicomté de Labourd englobait les communautés ou paroisses suivantes :

Achetze, Ainhoue, Anglet, Arbonne, Ascain,

Bardos, Bassussarry, Bayonne, Biarritz, Bidart, Biriatou, Bouloc, Briscous,

Cambo, Ciboure,

Guétary, Guiche,

Halsou, Hasparren, Hendaye,

Itsatsou,

Jaxou,

Lahonce, Laressore, Louhoussoa,

Macaye, Mendionde, Mouguerre,

Saint-Jean-de-Luz, Saint-Pé-d'Irube, Saint-Pé-sur-Nivelle, Sare, Souraïde,

Urcuit, Urrugne, Ustarrits,

Villefranque,

Justices royales. }
Justices aliénées ou engagées } néant.

Hautes justices seigneuriales. — Arbonne (comprenant Arbonne, Arcomgues, Bassussarry, Itsatsou, Laressore, baronnie au XVIIIe siècle ; Espelette (formait dès le XVIIe siècle une baronnie comprenant Espelette en

(1) Balasque, *Études historiques sur la ville de Bayonne*, 104.

Basse-Navarre, et Anglet, Bonloe, Biarritz, Biriatou en Labourd); Bailliage de Labourd (appartenant à la communauté d'Urrugne, et ne comprenant plus, au XVIIIe siècle, que Urrugne, Hendaye, Mauguerre, Saint-Pé-d'Irube); Lahonce (à l'abbaye de Lahonce, et comprenant Ainhoue, Lahonce, Louhoussoa, Mendionde, Souraïde); Macaye (déjà vicomté au XVIIe siècle), comprenant Macaye en Basse-Navarre, et Ahetze, Bidard, Cambo, Halsou, Jatxou, en Labourd); Saint-Jean-de-Luz (aliénée en 1570 par les chanoines de Bayonne en faveur de la communauté de Saint-Jean-de-Luz et comprenant outre ce bourg Arcain, Cibourre, Briscous, Hasparren, Saint-Pé, Urcuit, — déjà baronnie en 1570.

Seigneuries sans haute justice. — Aguerre, Ainhoue, Arcangues, Arki ou Arquier, Arréguy, Arribeyre, Ascain (La Salle d'), Azantza,

Belay (à Anglet), Belay (à Biarritz), Bérindos (ou Brindos), Berriotz, Beyrie, Bonihort, Biarritz, Boutran, Briscous (La Salle de),

Casenave, Castéra, Curutchague (probablement maison infançonne),

Errecalde (commanderie appartenant à l'évêque et au chapitre de Bayonne), Etchegoyen, Etchemendia (maison infançonne), Etcheverry,

Faldaracon (ou Faldracon),

Gaillardie, Garro (érigé en baronnie l'an 1654, mais sans mention de haute justice), Gaztambidea (maison infançonne), Gazteluberria,

Haïtze, Harader, Haraneder, Harriague (maison infançonne), Hiriberry, Hospital,

Ibaignette, Ibarola (ou Dibarola), Ibustay, Iruber (ou Iburu),

Jolimont (érigé en vicomté tardivement, et sans mention de haute justice), Juncar,

Lamothe, Laralde, Larrondo (maison infançonne), Lissague, Lissalde, Lisseritz-Garro, Lousteau, Luro (ou Lure),

Miotz, Mouguerre.

Olhagaray, Oxonce (ancien prieuré),

Pangadure,

Sainte-Marie (ou Dona-Maria, Saint-Jean, Saint-Martin (ou Don-Martinea), Saint-Pé, Salha, Le Saudan, Silhouette, Sincos, Sorhouet (probablement maison infançonne), Sorhouette, Soubelette (ou Zubelete), Souhy, Urtubie (vicomté au XVIIIe siècle) (1).

(1) Oihenart, *Notit. utr. Vasconiæ*, 544-545; *Almanach historique de la province de Guienne*, de 1760, art. *Sénéchaussée de Bayonne*.
Raymond, *Dict. topogr. du départ. des Basses-Pyrénées*, passim.
Balasque, *Études histor. sur la ville de Bayonne*, passim.
Baron de Cauna, *Armorial des Landes*, II, 153-156.
Abbé Haristoy, *Études histor. sur le pays Basque*, I. 446-332.

Appendice

SUR LA

PORTION MÉRIDIONALE DE LA VALLÉE DE LA BIDASSOA

Il est prouvé que la portion méridionale de la vallée de la Bidassoa, c'est-à-dire celle qui se trouve sur la rive gauche de ce petit fleuve côtier, dépendit d'abord du diocèse espagnol de Pampelune. Elle dut en être distraite vers 778, et alors annexée au nouvel évêché de Bayonne, dans lequel entra aussi une partie de celui de Dax. Sous Philippe II, roi d'Espagne, et vers 1556, le territoire dont s'agit fit retour au diocèse de Pampelune, où il constituait les quatre archiprêtrés suivants.

Archiprêtré de Fontarabie. — Paroisses : Fontarabie, Le Passage, Lezo, Renteria, Oyarzun, Irun.

Archiprêtré de Cinco-Villas. — Paroisses : Lesaca, Yhanci, Aranaz, Echelar, Goyzueta, Arana, Sumbilla, San-Esteban, Gastelu, Oiz, Dona-Maria, Legasa, Navarte, Oyaréguy, Uroz, Iturren, Zubieta, Elgorriaga.

Archiprêtré de Maya. — Paroisses : Erruzu, Arizcun, Elueta, Anix, Ziga, Lecaroz, Arpicuelta, Arrayoz, Oronoz (1).

Au point de vue politique, ledit territoire comprenait les vallées de Baztan et de Lerin, plus les paroisses composant l'archiprêtré de Cinco-Villas. La vallée de Baztan englobait San-Esteban, Ituren, Zubieta, Elgorriaga, Gartelu, Dona-Maria, Oroz, Oiz. En 1723, l'ordre féodal y était représenté par les châteaux (*palacios*) de San-Esteban, Subizar, Oiz, Ituren, Bertiz (2). Toujours au point de vue politique, la vallée de Baztan absorbait Aniz, Arizcun, Arrayoz, Berrueta, Çiga, Elizondo, Eluetea, Errazu, Garzain, Irrurita, Lecaroz, Oronoz. En 1723, cette vallée était constituée, au point de vue féodal, par les châteaux (*palacios*) de Jaurola, Jauréguiçahar, Echaide, Ursua, Apezteguia, Datue, Zozaia, Aroztégui, Iturvide, Bergara, Jauréguizar de Arrayoz, Zubiria, Hualde, Lizagarra, Echeiseque, Arizcun (*palacio viejo de*), Mayora, Egozcue, Echebels, Irrarita, Huarriz, Azpicuelta (3). Je me déclare hors d'état d'expliquer quel était, pour le surplus du territoire dont s'agit, l'ordre féodal. Ce surplus se trouvait en Guipuzcoa, tandis que les vallées de Baztan et de Lerin étaient situées dans la Navarre.

Oïhenart (4) comprend dans le comté carolingien de Vasconie Citérieure

(1) Risco, *La Vasconia*, 234.
(2) Yanguas y Miranda, *Diccionario de antiguëdades del Reyno de Navara, Addiciones*, 242.
(3) Yanguas y Miranda. *Ibid. Addiciones*, 242.
(4) Oïhenart, *Not. utr. Vascon.*, 402-403.

la vallée de Baztan et la portion du Guipuzcoa sise entre le Labourd et Saint-Sébastien. Il faut y ajouter la vallée de Lerin. Ainsi, nous avons un territoire égal à celui qui s'étend sur la rive gauche de la vallée de la Bidassoa.

A l'appui de sa thèse, Oïhenart invoque les arguments suivants :

1° Jusqu'au XIVe siècle, les fors et les actes judiciaires ont été rédigés dans ce pays, non pas en espagnol, mais en gascon ;

2° Ledit territoire, situé partie en Navarre et partie en Guipuzcoa, a longtemps dépendu du diocèse de Bayonne ;

3° Dans une lettre écrite en 851, saint Euloge place la source de l'Arago, qui passe à Pampelune, dans les ports *(in portariis)* de la Gaule (*Galliæ*). Or, la source de l'Arago se trouve au pied des Pyrénées, dans la vallée de Baztan ;

4° La charte dite d'Arsius, et qui daterait de 980 environ, fait mention de Guillaume-Sanche, duc de Gascogne, mais se tait sur les rois qui commandaient alors en Navarre et dans les Asturies.

Écartons sans discussion le quatrième argument, car la charte d'Arsius est fausse. Mais le second et le troisième sont décisifs et montrent bien comment, au point de vue ecclésiastique et politique, le comté de Vasconie Citérieure englobait la portion de la vallée de la Bidassoa sise sur la rive gauche de ce cours d'eau. Quant au premier argument, il n'a pas, ce me semble, autant de portée que le croit Oïhenart. Sans doute, dans le pays dont s'agit, on a rédigé jusqu'au XIVe siècle les fors et les actes judiciaires en gascon et non pas en espagnol, mais il faut considerer qu'en ce pays on parle basque, et que cet idiome n'a jamais eu d'existence officielle. Il en est de même, en deçà des Pyrénées, pour la Soule, la Basse-Navarre et le Labourd. Or, la coutume de Soule, rédigée en 1527, et celle de Basse-Navarre, rédigée vers 1545, sont l'une et l'autre en sous-dialecte béarnais, branche du dialecte gascon. Les textes dont parle Oïhenart sont en sous-dialecte landais, variété bayonnaise, du moins au principal. Mais il faut considérer que le territoire dont s'agit se partageait entre la Navarre et le Guipuzcoa, et que, de plus, il dépendait de l'évêché de Bayonne. Cet état de choses n'était donc pas très favorable à l'adoption de l'espagnol comme langue officielle. Mais je n'entends pas nier pour cela que l'argument d'Oïhenart ait une certaine portée.

Cet érudit affirme, sur la foi de textes authentiques, qu'il exista à une époque ancienne une vicomté de Baztan. Quelle était l'étendue de ce fief? Oïhenart ne le dit pas. Mais du territoire ci-dessus décrit, il faut évidemment distraire la portion sise dans le Guipuzcoa. Restent les vallées de Baztan et de Lérin. J'incline fortement à croire que ladite vicomté comprenait l'une et l'autre, car celle de Lérin ne devint un comté distinct qu'à une époque relativement récente.

Ce comté ne fut, en effet, créé par le roi Charles III qu'en 1425, au profit de sa bâtarde Jeanne, qui épousa Louis de Beaumont. Ledit fief comprenait alors les villages ou localités de Lerin, Eslada, Sada, Cirauqui. Mais les descendants de Louis de Beaumont et de Jeanne l'augmentèrent par diverses acquisitions (1).

M. A. FOURNEAU

Administrateur des Colonies.

MIGRATIONS ET MŒURS DES TRIBUS LOANGOS [572]

— *Séance du 6 août* —

Les tribus loangos ont été certainement parmi les plus intéressantes des races du Bas-Congo. J'écris « ont été », car chaque jour elles vont s'éteignant, abruties par l'alcoolisme et des pratiques dépravées, décimées par la famine, surmenées par l'excessif « portage » auquel les Européens les astreignent et sans lequel, aujourd'hui, elles ne peuvent vivre, incapables qu'elles semblent désormais de s'élever à un autre rôle que celui de bêtes de somme qu'on leur a imposé.

Actuellement, il nous est déjà très difficile de rassembler les légendes, les traditions, les documents et les monuments, témoignages de la migration, de la religion, de l'histoire et de l'organisation politique de ces populations jadis intelligentes, commerçantes, industrieuses au premier chef. Les Loangos furent puissants, prospères, respectés, ce ne sont plus que des brutes ; leur pays fut fertile, il est aujourd'hui inculte et stérile ; leurs villages étaient nombreux, peuplés, ils sont clairsemés, déserts. Il y a quelques années à peine, nous tirions du pays loango, dont les ressources semblaient inépuisables, des milliers de porteurs qui ravitaillaient tout notre centre équatorial, toutes nos expéditions de pénétration ; nous fournissions de main-d'œuvre loango nos différents postes et nos voisines, les colonies étrangères, ne craignaient pas d'y venir chercher et embaucher des centaines d'hommes parmi les meilleurs. A ce régime la région ne tarda pas à s'épuiser et aujourd'hui, bien que le portage soit des plus réduits

(1) Yanguas y Miranda, *Diccionario de Antigüedades del reino de Navarra*, II, 192-195.

à la suite de la construction de la voie ferrée de « Matadi » au « Stanley-Pool », on n'y trouve plus guère que des enfants, des femmes, des vieillards. Les adultes valides, incapables de s'attacher aux travaux de la terre, des plantations, voire même à la récolte des produits indigènes tels que le caoutchouc et l'huile de palme, offrent leurs services aux entreprises qui, en échange d'un travail de brute, leur assurent *à court délai*, l'alcool qui leur est devenu un besoin et le salaire qui leur permet de donner satisfaction à leurs vices. Quelques-uns, véritable corporation, s'emploient

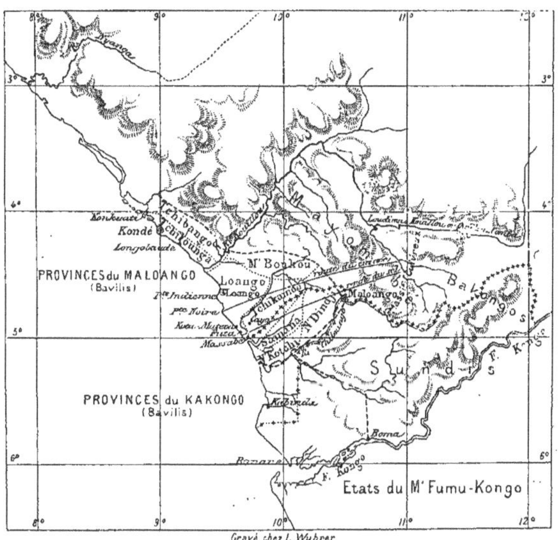

comme « boys », cuisiniers, tailleurs, blanchisseurs. Enfin, il en reste encore qui s'adonnent exclusivement à la pêche, ces derniers forment en quelque sorte une caste spéciale.

..... Tout, dans le sud de notre colonie du Congo français, semble avoir tourné à notre détriment : après la non-réalisation de nos projets de construction de voies de pénétration et de communications rapides entre « Loango » et le « Pool », nous avons vu arriver à « Léopoldville » les locomotives de nos voisins. Alors, logiquement le portage fut abandonné et nous devînmes les tributaires et les premiers clients de nos rivaux économiques immédiats.

Les milliers d'hommes servant à ravitailler chaque année tout l'« hinterland » de notre colonie furent rendus à leur sol et, conséquence naturelle, le commerce local qui vivait du portage s'est déplacé. Depuis, les indigènes s'embauchent en grand nombre chez nos concurrents étrangers dont les circonstances semblent singulièrement favoriser la politique. *Nos* Loangos travaillent aujourd'hui qui à la construction de la voie ferrée de « Boma » à la « Loukoula », qui aux entreprises similaires du gouvernement portugais dans son enclave de « Cabinda », qui à la Compagnie du chemin de fer de « Matadi » au « Stanley-Pool ». Je crains bien par ailleurs que l'état de trouble permanent qui règne dans la région « Bakongo-Bassoundi » ne soit pas fait pour améliorer de longtemps cet état de choses.

Les « Loangos » appartiennent à la famille « Bavili » de la tribu connue sous le nom de « Fiote », de la vieille race « Bantou ». Le mot « Bantou » signifie « homme » et « Fiote » veut dire fils d' « aigle » ou « aiglon ». Les Loangos se disent donc les *aiglons*, les *fils* de l'*Homme*. Ils s'estiment de ce fait d'une race supérieure, ils *planent* au-dessus du commun. Aujourd'hui le mot « Fiote » est devenu par corruption une dénomination courante et désigne communément tous les indigènes de la région maritime du Congo.

Les légendes indigènes insistent sur la supériorité d'origine des Loangos et rapportent que ceux-ci sont aussi fils de la « Lumière ». Leur pays a nom « Bouali », leurs villages s'appellent « Bouala ».

Ce mot est composé de « M'Bou », *la mer* et de « ala », *soleil*, point où le soleil, après sa course, se repose ; « Bouali », pays où les « Fiotes » se sont arrêtés après leur migration.

Quant à la dénomination « Bavili » elle est probablement dérivée des mots « Bantou » et « Vili », *hommes* marchant vers le *nord*.

..... Des traditions recueillies il ressortirait que ceux que l'on appelle les rois du « Kalongo » et du « Loango » étaient vassaux du *Foumou-Kongo* ou *roi* du *Congo*, dont les États s'étendent de « Koukuati » au nord à « Ambrize » au sud.

Le « Foumou-Kongo » aurait envoyé ses deux fils en qualité de « Mani Foumous » ou vice-rois, pour gouverner seize de ses provinces. Ces deux fils avaient nom « Maloango » et « Kakongo ». Leur père les fit accompagner par le « N'Goïo », qui n'est autre que le prêtre de l'*Esprit* et de la *Maternité*.

Ce dernier devait veiller à ce que les « Mani-Foumous » ne dérogeassent jamais à leur haute origine et à ce que leur famille se multipliât sans perdre sa pureté de race. Aussi avait-il été imposé aux fils de « Kakongo » de ne se marier qu'aux filles de « Maloango » et réciproquement.

Tous les lieux où les deux fils du « Foumou-Kongo » séjournèrent pendant leur migration vers le nord furent appelés « N'Kissi-Anci », ce qui veut dire terres sacrées ; on peut ainsi suivre les étapes des deux frères.

Arrivés enfin dans la vaste contrée qu'ils avaient reçu mission d'aller gouverner, « Kakongo » prit le commandement des huit provinces dont « Cabinda » fut la capitale. Quant à « Maloango », poursuivant sa route quelque peu au nord, il prit celui des huit autres provinces dont *Loango* est le centre.

Voici les noms de ces dernières provinces :

Loango. — Chilonga. — Chibango, au nord.

Chiloango. — N'Kotchi, — Samana, au sud.

M'Boukou. — N'Dinji, à l'est.

Les descendants de « Maloango » continuèrent à porter ce nom de « Maloango » qui devint le titre comportant les pouvoirs de vice-roi, de juge suprême et de grand prêtre des provinces du « Loango ». Une véritable féodalité se crée.

En effet, autour du « Maloango » se groupe un corps de princes composé exclusivement des chefs héréditaires.

Ce sont :

1° Le « Mam'bouko », faisant fonctions de premier ministre et chargé des relations extérieures ;

2° Le « Mam'boma », chargé des affaires intérieures ;

3° Le « Mounkaka », premier chef de guerre ;

4° Le « Mafouka », faisant fonctions d'ambassadeur, délégué du « Maloango » ;

5° Le « Massavi » ou grand chambellan, porteur du sceptre et du couteau de commandement du vice-roi ;

6° Viennent ensuite les « Mangovas », chevaliers de petite noblesse et chefs de la terre ;

7° Enfin, les « Mangakas », noblesse d'épée et capitaines de guerre.

Ces corps avaient leur siège à Loango.

Chaque province eut à sa tête un « N'Tékkéli-Foumou » ou petit-fils du roi et qui fut entouré d'un corps en tout semblable à celui que nous venons d'énumérer, quoique d'un degré inférieur...

..... Dans les circonstances graves, critiques, intéressant directement le royaume, le « Mafouka » et le « Massavi », délégués par le « Maloango », se rendent en un lieu déterminé de la province où ils font part à un pertonnage accrédité de la mission qui leur a été confiée. Ce dernier, à son jour, délivre leur message aux chefs des autres provinces et ainsi de suite susqu'à ce que tout le royaume soit informé. Une assemblée générale ou solennelle « palabre » est alors convoquée. Celle-ci est composée de tous les premiers grands et de quelques chefs privilégiés qui sont à Loango les nommés « Machissanga », « M'Pili », « Maloangili », «Mavouma », « Makaïa », « Mabouamongo ».

..... Quand le « Maloango » meurt, le « Mamboma » prend en garde le chapeau du défunt et fait part de la nouvelle à tous les chefs. Il reçoit les avis de tous les « Mambomas » des provinces quant à la succession. La noblesse est alors convoquée, l'héritier au trône est reconnu et il prend immédiatement la dignité de « N'Ganga-M'Voumbou » ou grand prêtre. Ce n'est que plusieurs années plus tard, alors seulement que toutes les palabres pendantes au moment de la mort du « Maloango » ont été réglées et que le corps de ce dernier a été enterré, que le « Mamboma » sacre solennellement le nouveau roi.

En effet, il s'écoule quelquefois plusieurs années avant que l'on procède à l'inhumation du corps du « Maloango » défunt. Ainsi, le dernier roi de « Loango », « Maloango-M'Poati », mort en 1887, au début de l'occupation française, n'était pas encore inhumé en 1897.

Dans la succession des princes, c'est toujours le « Mamboma » qui a la haute main et dont l'avis est prépondérant.

..... Le « Mani-Foumou » (Maloango ou Kakongo) a droit de vie et de mort sur tous les sujets de son royaume, quels qu'ils soient. Chaque « N'Tékkéli-Foumou » a le même droit dans sa province et ses officiers et représentants peuvent appréhender au corps tout individu désigné, là où il se trouve.

Enfin, il existe une dignité plus récente et qui a été créée du jour où les « Blancs » ont pris contact avec les « Bavilis ». C'est le « Piter-Fraïa » ou chef qui commande la plage et qui est chargé des relations avec les Européens. Le « Mani-Foumou » dispose seul de la terre en faveur de ceux qui lui en demandent pour y élever leurs habitations et y faire leurs plantations. En échange, les concessionnaires lui remettent simplement un présent comme sanction de la faveur consentie. Tout en disposant comme il lui convient de la terre, le prince conserve, en outre, le droit d'en expulser celui et ceux auxquels il l'a concédée, mais il ne peut, par ailleurs, aliéner définitivement le domaine, dont, d'après les lois, il reste forcément le propriétaire.

..... Il n'existe aucun impôt régulier, mais on ne peut faire une visite au roi sans lui remettre un cadeau.

..... En cas de détresse publique, de famine, etc., le roi fait appel à son peuple pour subvenir aux besoins généraux. Les chefs prélèvent « *cadeaux* » et marchandises sur leurs vassaux et les remettent au roi. Chaque individu, chaque enfant même a le devoir de prélever sur la succession qu'il sait devoir lui revenir, ce qui lui plaît, et d'en faire don au roi. Quant au chef de famille, il est libre dans ces circonstances, et s'il le juge à propos, de disposer de la totalité de ses biens, fût-ce au détriment de tous les siens.

Enfin, il existe des sociétés secrètes très puissantes dont le grand maître est le « Maloango ». Celui-ci a donné à chaque membre de ces sociétés le droit de s'approprier tout ce qui trouve en dehors des habitations dans les villages qu'ils traversent et dans lesquels ils ont été envoyés en mission.

..... Tout homme ayant tué un tigre, bête dangereuse et malfaisante, a le droit de prendre tout ce qu'il rencontre sur son trajet alors qu'il porte sa victime à la fosse.

..... La tête de tous les animaux tués dans la province appartient au prince.....

En 1887, à la suite de la mort du dernier roi de Loango, « Maloango-M'Poati », les familles de « Maniprati » et de « Kondé », ayant des droits égaux à la succession, se firent la guerre pour l'obtenir. La victoire resta aux « Maniprati ». Leur chef, « Mani-Makosso », prit le bonnet du « N'Ganga-M'Vumbou » ou grand-prêtre. Depuis il exerce la régence, et le jour où « Maloango-M'Poati » sera enterré, il sera sacré solennellement. En 1897, « Maloango-M'Poati » était encore conservé à l'état de momie dans une case fétiche, et les frais considérables qu'entraîneraient ses funérailles suivant les rites avaient, paraît-il, empêché jusqu'à ce jour « Mani-Makosso » d'y procéder.

Lors de la convention passée entre l'Association Internationale Africaine (A. I. A.) et la France, « Mani-Makosso » fut reconnu roi par cette puissance, alors que l'A. I. A. reconnaissait « Kondé », son concurrent et rival.

Les Français omirent de faire sacrer officiellement « Mani-Makosso » et par devant la noblesse assemblée ; aussi les indigènes optèrent-ils qui pour lui, qui pour « Kondé », suivant les pressions subies, les cadeaux faits et leurs intérêts personnels. Aussi le résultat fut que, depuis ce moment, toutes les provinces restèrent indépendantes et du roi et les unes des autres.

Telle était l'anarchie qui régnait que les États du « Maloango » furent partagés entre la France et le Portugal sans qu'une seule protestation s'élevât tant de la part de « Maloango » que de celle de « Kondé ». Désormais d'ailleurs, l'influence de ces derniers devint parfaitement négligeable et les deux familles rivales semblent renoncer à toute prétention à la suite de l'occupation française. Leur autorité, comme celle de tous les princes et chefs, n'est plus guère que nominale et va diminuant chaque jour.

..... Il y a peut-être plus de trois siècles que l'évolution des tribus « Bavilis » est entièrement accomplie. Aujourd'hui, elles disparaissent et s'éteignent sur place et leurs légendes et traditions s'oublient chaque jour.

Jadis, ces populations riches et très commerçantes possédaient de nombreux marchés réputés et connus fort au loin, la plupart sont actuellement délaissés et ruinés. Pour mémoire, je citerai les plus importants :

Dans la province de « Loango » : Zandou.— M'Pili (millet, café, palmes, kola, manioc, copal). — M'Finiou (kola, palmes, manioc). — Matendi. — Kouzenji. — Kondé (café, manioc). — Pauji (millet). — Tchimpaci (café, kola).

Province de N'Kotchi : M'Boukoulibuali. — Kota-Matéva (manioc, palmes). — Tchifounga. — M'Pangala (kola).

Province de Chiloango : Tchéla. — Tchissambo.

Province de N'Dinji : M'Boukou. — Tchimizi (ivoire, café, manioc, copal, fer). — Muabi. — Makola (kola). — N'Tombo.

La liane à caoutchouc est exploitée dans les bassins du « Quillou » et de la Loémé » ; l'huile de palme et l'ivoire dans la région de « Futa » et du lac « Cayo » ; les bois rouges et autres essences dans les bassins de la « Loémé », du « Quillou » et à « Longobonde » et « Koukuati ».

Aujourd'hui l'excessif portage auquel nous avons astreint les indigènes a tout tué et les industries locales, jadis si prospères, n'existent plus guère qu'à l'état de souvenir. Je citerai parmi celles-ci le travail du fer dans la région de « Koukuati » ; la confection des récipients, plats et ustensiles de ménage en bois à « Koukuati », à « Makola », à Hinda », etc.

Les poteries à « Futa, Tchicita », etc.

La confection des nattes à « Loango », au « Quillou », à « Hinda », à « Binga », à « M'Boukou », à M'Pili », etc.

La vannerie à « Longobondé », à « Janga », à « Pointe-Noire », à « Massabe » ; les tissus à « Tchifanga », à « Konde » ; les ivoires sculptés à « Loango », à « M'Boukoulibuali ».

La confection des ustensiles en fer et en cuivre à « Loubou » à « M'Boukoulibuali », à « N'Dinji ».

Enfin, les salines de « Massabe », de « Futa », de « Longobonde » et « Koukuati » étaient jadis célèbres.

... Il ne faut pas oublier par ailleurs que le pays « loango » fut un des centres les plus considérables et les plus importants de la traite des noirs. A « Massabe », à « Pointe Noire » (Porto-Séguro), à « Loango », à « Koukuati » existaient de véritables marchés et dépôts de chair humaine, alimentant de main-d'œuvre les Antilles et l'Amérique du Sud.

Il n'y a pas encore bien longtemps que, en dépit des traités internationaux et des croisières des bâtiments européens, le commerce des négriers florissait envers et malgré tout et tous.

J'ai connu de vieux commerçants étrangers qui avaient dû leur fortune à ce trafic, trafic qui ne cessa complètement que le jour où notre pavillon flotta sur la région. Il en reste d'ailleurs des souvenirs et des vestiges. A « Loango » même on voit encore les villages de la *Martinique*, de la *Gua-*

deloupe et de la *Pointe Indienne*, dont les dénominations sont assez suggestives et disent quels furent leurs origines et le but de leur établissement.

Puis, un fait patent, c'est que la ruine et la décadence des grandes familles loangos datent du jour où la traite fut supprimée. Celles-ci, en effet, servaient d'intermédiaires aux populations sauvages et guerrières de l'intérieur, qui leur fournissaient à vil prix et par milliers les esclaves qu'elles revendaient à gros bénéfices aux négriers européens.

Si l'exportation des individus ne se fait plus, l'esclavage règne toujours néanmoins parmi les tribus indigènes. Il ne faudrait pas prendre d'ailleurs le mot dans le sens tragique que beaucoup d'Européens lui attribuent.

L'esclave, d'origine toujours étrangère, fait néanmoins partie de la famille. Il se marie, fait souche et au bout de deux ou trois générations ses descendants sont traités sensiblement sur le même pied d'égalité que les maîtres. Ils rappellent les affranchis de la famille romaine.

Je n'ai pas à revenir sur les nombreuses études qui ont été faites sur ce sujet, études fort justes et qui ne rappellent en rien la *Case de l'oncle Tom*.

J'avouerai cependant qu'aujourd'hui encore dans le pays loango il est loisible au premier venu d'acheter un esclave à fort bon marché ; une femme nubile ne coûte guère que de 60 à 100 francs en argent.

... Il me souvient avoir écrit, il y a quelques années, que le jour où le portage serait supprimé, l'indigène rendu à son sol lui redonnerait peut-être sa richesse et sa prospérité et ce d'autant plus vite qu'il avait désormais d'impérieux besoins à satisfaire.

Je dois reconnaître aujourd'hui que je m'étais montré optimiste : le portage n'existe plus et l'indigène s'est montré incapable de tout autre effort que celui auquel on l'avait entraîné. La masse complètement abrutie ne peut plus que se soumettre à un travail de bête de somme. Elle n'est plus secouée par quelque velléité de réveil, de fierté, d'indépendance. Son rôle semble définitivement joué dans l'Histoire.

Actuellement suis-je pessimiste dans ma conclusion ? Je le souhaite sans l'espérer.

M. le Colonel Ch. CHAILLÉ-LONG

Membre honoraire de l'Institut Égyptien

UNE PAGE D'HISTOIRE DE LA GÉOGRAPHIE AFRICAINE

— *Séance du 8 août* —

Les historiens ont coutume de citer comme le premier voyage qui ait été fait en Afrique celui du Carthaginois Hannon, envoyé par le Sénat de sa patrie dans le but de coloniser certaines parties de la côte occidentale d'Afrique, voyage connu sous la dénomination de « Périple d'Hannon », et qui fut entrepris six cents ans avant l'ère chrétienne.

Cependant, on a trouvé, il y a une dizaine d'années, une inscription en caractères hiéroglyphiques, sur un tombeau à Assouan, divulguant qu'une exploration avait eu lieu sous la VIe dynastie des Pharaons, soit trente et un siècles avant Jésus-Christ, et non plus six, soit encore cinq mille ans avant cette année 1900. En voici le récit :

« Le roi d'Égypte Mer-en-Ra envoie un de ses officiers nommé Hirchef reconnaître, au sud, le pays d'Amam. Hirchef y va, puis en revient avec une certaine quantité de bois d'ébène, de peaux de léopard, d'encens et de défenses d'éléphants. Il répète ce voyage et rapporte de ces mêmes produits. L'inscription mentionne qu'au retour d'une de ces excursions il remit au roi d'Égypte des présents merveilleux de la part des princes d'Amam, et que parmi ces présents figurait un *Denga* ou Pygmée qui dansait divinement... aussi divinement que le Denga que le dignitaire Urtuti avait ramené du pays de Pount, sous le règne d'Asa de la Ve dynastie. C'était la première fois qu'une créature si extraordinaire était amenée de cet extraordinaire pays d'Amam. Aussi l'inscription ajouta-t-elle : « O dignitaire Hirchef, toi qui as amené d'une contrée bienheureuse un Denga vivant et sain pour danser, pour soulager et pour réjouir le cœur du roi de la Haute et de la Basse-Égypte, sois loué ! »

Il est constant que l'Histoire, tout en accomplissant ses évolutions dans le temps, revient souvent à son point de départ. En d'autres termes, le fait qui s'est accompli à une époque si reculée, va se renouveler cinquante siècles plus tard. En 1875, un autre souverain d'Égypte, et d'une dynastie tout autre, car le monde africain a subi des bouleversements, expédie un de ses officiers dans ce même pays d'Amam, le Soudan d'aujourd'hui, et cet officier en rapporte comme son antique prédécesseur une certaine quantité de bois d'ébène, de peaux de léopard... et une Denga ou Pygmée. Oui, cette fois, c'est un sujet du beau sexe de cette race. Et cette Denga danse devant le vice-roi, sinon divinement comme s'exprimait l'inscription d'il y avait cinq mille ans, du moins avec une agilité, une prestesse qui tenait de la fantasmagorie, et dont le vice-roi fut tellement charmé qu'il ne trouva pas de plus grand honneur à faire à la Denga que de lui donner une place dans son propre harem, sinon aussi peuplé que celui du sage roi Salomon, mais aussi riche en beautés diverses : mingréliennes, géorgiennes, turques et grecques. Et ces beautés suprêmes et qui n'ont qu'un souci, celui de se maintenir belles, furent ravies de la grâce de leur sœur au teint ténébreux, aux formes exiguës et l'adoptèrent comme un joujou vivant. Cet émule du Pharaon Mer-en-Ra était Ismail Pacha, vice-roi d'Égypte, et celui à qui la Destinée avait dévolu le rôle du dignitaire Hirchef n'était autre... que votre serviteur... alors officier supérieur dans l'armée égyptienne.

Le but principal de ces explorations au pays d'Amam ou Soudan, ordonnées par les monarques d'Égypte, était la découverte des sources du Nil, sources autour desquelles étaient nées des légendes mystérieuses, fantastiques, qui avaient séduit l'âme du rêveur égyptien.

La découverte de la race pygmée ne doit être considérée que comme un incident heureux des voyages de Hirchef et de mon propre voyage. Toutefois, il est du plus haut intérêt de la signaler dans une réunion scientifique, puisqu'elle dissipe à jamais un doute ethnographique incrusté dans l'esprit des modernes, ces sceptiques par excellence, et qu'elle nous démontre, nous prouve d'une manière irréfragable combien étaient précises, indéniables les opinions des anciens à l'égard de l'existence de cette race merveilleuse en ce qu'elle est unique dans la planète où nous nous mouvons. Aristote disait : « Des auteurs ont aussi rapporté que la peuplade des Pygmées s'étendait entre les marais qui seraient l'origine du Nil. »

J'ai trouvé la femme Ticki-Ticki ou Denga à l'ouest du Nil, sur les frontières du pays Monboutto, ou la race avait été refoulée sans doute par les tribus plus puissantes qui les avoisinaient, de ces marais du Bahr-el-Ghazal, que des géographes de l'antiquité et que des géographes qui leur succédèrent de siècle en siècle crurent être les sources du Nil.

La femme Ticki-Ticki a été mentionnée par M. de Quatrefages dans son ouvrage *les Pygmées*. Elle est haute de 1^{m},36, elle mesure 173 millimètres d'avant en arrière, 145 transversalement ; son indice céphalique sur le crâne sec ne descend pas au-dessous de 80,23 ; indice moyen des vingt-six crânes des petits nègres de l'ouest examinés par M. Hamy. Les Akkas ramenés par le voyageur italien Miani et la femme Akka ramenée par moi, constituent les seuls spécimens de cette race qui aient été offerts aux regards des membres des Sociétés savantes d'Europe.

La découverte des sources du Nil, ainsi que nous l'apprend une inscription *sur le grand temple de Karnak*, avait préoccupé Thoutmosis Ier, en l'an 1667 avant J.-C., le roi de Perse Cambyse, puis Hérodote, Alexandre le Grand, Strabon, Néron Claudius, Claudius Ptolemaïus, et puis Ibn Haukel, géographe arabe, atteignit Kouka, capitale du Bornou, en 943 de l'ère chrétienne et en fit une description dans un ouvrage intitulé : *Routes et Royaumes*; Edrisi, de Ceuta, au XIIe siècle, fit l'historique de plusieurs royaumes africains inconnus jusqu'alors ; il décrivit le Darfour, les montagnes de la Lune, le Nil et ses sources, s'inspirant de la carte de Claudius Ptolemaïus.

De l'époque du Périple d'Hannon, jusqu'au voyage de Vasco de Gama, en 1497, une période de vingt et un siècles s'est écoulée. Le souvenir des explorations accomplies dans cet intervalle s'est presque entièrement éteint, et le géographe du XIVe siècle ne savait rien, ou que fort peu, de ce qui les concerne.

Le commencement du XVe siècle marque une ère nouvelle d'explorations et de découvertes inaugurée par le prince Henri de Portugal. Les Portugais traversèrent l'Afrique de l'ouest à l'est, et réciproquement. Avant l'année 1500, ils possédaient des indications très précises sur le centre de l'Afrique, et sur les cartes d'alors, le Congo est représenté sortant d'un lac Zaire ou Zambre, pour se jeter dans l'Atlantique. L'expédition de Diego Cam et de Martin Behaim, sous les auspices du roi Henri, fut la première tentative pour trouver le pays fabuleux de Prester Jean et la route qu'on suppose que celui-ci avait prise à travers l'Angola.

Citons ici cet illustre Portugais, Alphonse Albuquerque, surnommé le *Mars Portugais*, qui fut gouverneur des Indes, qui découvrit l'île de Zanzibar en 1503, qui prit les îles Socotra et Aden en 1508, qui rêvait la conquête de l'Égypte ou prétendait la ruiner en détournant le cours du Nil de Khartoum pour le faire passer dans la mer Rouge et qui envoya au roi David un morceau de la vraie croix, insistant pour que ses Abyssins détournassent ce cours. Cette crainte a hanté l'esprit de Méhémet-Aly Pacha, et non sans raison, car Théodoros, négus d'Abyssinie, avait menacé l'Égypte de rejeter le Mareb dans le Barka pour affamer cette contrée et forcer le khédive à crier merci. L'Arioste dans son *Orlando Furioso* a cité cette idée d'Albuquerque dans ces termes :

Si dice l'Soldan re dell' Egitto,
A quel re di tributo é sta suggeto
Perch è in poter di lui dal cammin dritto,
Levare in Nilo e dargli altro ricetto,
E per questo lasciar subito afflitto.
Di fame il cairo e tutto quel distretto
Senapo detto, è dei sudditi suoi,
Gli diciamo Priesto, O Preteianni noi.

Le Père espagnol Paez atteignit les sources du Bahr-el-Azrak en 1618, puis ce fut le tour de l'Anglais Bruce, en 1790. Il convient de citer ici le voyage de l'Arabe Mohammed ben Omar il Tounzy, qui, en 1798, fit cet ouvrage : *Observations sur un voyage à Darfour, suivi d'un vocabulaire de la langue des habitants et remarques concernant le Bahr-el-Abiad ou Nil Blanc.*

L'illustre géographe français Bourgignon d'Anville, né à Paris en 1693, avait dressé, le premier, une carte d'Afrique dans laquelle ne figuraient que les noms et les lieux connus et d'où il écartait les légendes tirées jusqu'à lui des anciennes cartes de la période ptolémaïque ou arabe.

En résumé, les sources du Nil gardèrent inviolablement leur secret jusqu'au milieu du siècle qui vient de s'éteindre.

L'expédition française en Égypte appela l'attention du monde savant sur ces mêmes sources pour tenter d'en résoudre le problème. Le premier acte de Bonaparte, qui eût été un savant s'il n'avait été un guerrier, fut la création de l'Institut Égyptien, lequel créa la célèbre commission chargée des études scientifiques du pays. Plus tard, Méhémet-Aly, s'inspirant de cette tentative française, se livra à la conquête et à l'exploration des régions nilotiques. En l'année 1827, une mission archéologique fut confiée à l'illustre Champollion. Les Français Frédéric Caillaud et Linant de Bellefonds remontèrent le Nil Blanc. C'est Caillaud qui, le premier, redressa les erreurs de Paez et de Bruce. « Le vrai Nil, dit Caillaud, est le fleuve Blanc, dont le cours, très étendu, tire, selon toute probabilité, son origine des montagnes de la Lune. »

Les frères d'Abbadie, Français, firent des reconnaissances sur le Nil Blanc et sur le Nil Bleu en 1837 à 1838. Méhémet-Aly, de 1839 à 1841, expédia à deux reprises des missions à la recherche des sources du Nil ; elles furent confiées à un Français, M. d'Arnaud Bey, qui put arriver jusqu'à Regaf, sis sur le Nil, à 4° 42' au nord. C'était le premier voyage de découverte sur Nil depuis celui qu'avaient accompli les centurions de Néron, qui avaient été arrêtés par le *sudd* dans les régions du Bahr-el-Ghazal.

Les principaux voyages qui suivirent celui d'Arnaud Bey furent ceux de David Livingstone, ceux des capitaines Burton et Speke, de 1858 à 1861. On se souvient que Burton découvrit le lac *Tanganyka* en 1858 et qu'en 1859 Spèke découvrit le lac *Oukéréoué*, qu'il baptisa lors d'une seconde visite en 1862 : *lac Victoria N'Yanza*. En 1864, sir Samuel Baker découvrit le lac *M'Outan N'zigé*, qu'il nomma « Albert Nyanza ». C'est grâce à sir Samuel, à son neveu le lieutenant Baker, et à un officier de la marine française, notre regretté ami le comte de Bizemont, que le redoutable *sudd*, qui avait présenté jusqu'alors une barrière infranchissable, a été franchi et qu'il a été ainsi permis à sir Samuel, le gouverneur du Soudan égyptien pour le khédive, de reculer les frontières de ce pays et de reconnaître le Nil jusqu'à Foueira.

De 1868 à 1874 se sont effectués le voyage remarquable du célèbre Allemand, le docteur Schweinfurth, dans les régions du Bahr-el-Ghazal et dans les Monbouttos, époque à laquelle furent dressées les cartes de la Haute et de la Basse-Égypte par le colonel d'état-major Mircher, de l'armée française, chef de la mission militaire française en Égypte, la carte du Nil de John Manuel, cartographe français distingué, membre de l'Institut Égyptien, qui saisit, le premier, l'Institut de l'importance de la création des communications entre le Haut Nil et le lac Tchad; en 1873, le voyage de Cameron, lieutenant de la marine anglaise, qui traversa l'Afrique de l'est à l'ouest; celui de Gordon et Chaillé-Long, en 1874; celui d'Henri Stanley, en 1875; ceux des capitaines Binger et Trivier, qui traversèrent dans un sens inverse le continent africain. Ces voyages dans le bassin du Nil furent suivis de ceux de Piaggia, Gessi, Junker, Casati, Emin, et encore de Stanley.

L'expédition de ce dernier en 1890, sous prétexte de porter secours à *Emin bey hakim*, dit le fidèle docteur, ne fut, en réalité, entreprise que pour porter à ce dernier la somme considérable dont le British Foreign Office était convenu avec lui... avec cet infidèle officier égyptien..., pour prix de la remise de ces provinces, dont il était le gardien, à la Grande-Bretagne.

Et c'est Gordon, d'ailleurs, qui, dans une lettre qu'il adressa au gouvernement égyptien, signala, le premier, en 1876, l'existence des lacs et des étangs au sud du lac Albert. C'est dans cette même année que Gordon envoya Gessi découvrir la rivière Simliki, qui fait communiquer ces étangs avec le lac Albert. Ces réservoirs n'ont, du reste, qu'une importance tout à fait secondaire, dans ce problème des sources du Nil, qui se trouvent incontestablement dans les réservoirs sis plus au sud.

En 1874, au mois de février, ce même Charles-George Gordon, alors lieutenant-colonel du génie de l'armée anglaise, avait été nommé par le khédive d'Égypte gouverneur général des provinces équatoriales, et le siège de son gouvernement avait été fixé à Gondokoro, sur le Nil, au 5e degré au nord de l'Équateur.

Officier de l'état-major égyptien depuis 1869, et familier avec la langue arabe, j'avais été désigné par le khédive Ismaïl comme chef d'état-major de Gordon à son départ pour Gondokoro.

Les résultats de cette mission militaire et à la fois diplomatique sont consignés dans les *Comptes rendus* de la Société de Géographie de Paris, dans une des séances de laquelle, le 21 juillet 1875, j'ai fait le récit de mes explorations.

En dehors de mes fonctions auprès du gouverneur général, j'avais été chargé par le khédive Ismaïl d'une mission spéciale et secrète ; il s'agissait de Gondokoro, de gagner au plus vite la capitale d'Ouganda, et de tenter de poser les bases d'un traité entre le khédive Ismaïl et le roi M'Tesa. Le souverain de l'Égypte agissait ainsi en vue de prévenir l'expédition qui se préparait à Londres, sous la direction de Stanley, sous le fallacieux prétexte de secourir Livingstone. Cette expédition partit, mais quand elle atteignit cette contrée le 15 avril 1875, il y avait déjà neuf mois que j'avais fait passer le traité tant désiré par Ismaïl. Ce traité, daté du 19 juillet 1874, était le fondement de la note officielle communiquée par le Ministre égyptien aux représentants des puissances étrangères, note annonçant l'annexion des territoires acquis à la couronne khédiviale. En voici la teneur :

D'après les dernières nouvelles parvenues au Caire, Gordon Pacha a définitivement pénétré dans le district de M'Rouli, sur les bords du fleuve Somerset, où, comme on le sait, le colonel Chaillé-Long a essuyé, au mois d'août 1874, l'attaque à laquelle il a si courageusement résisté...

Ainsi s'est accomplie l'annexion à l'Égypte de tous les territoires sis autour des grands lacs Victoria et Albert.

Il m'a été donné ainsi de réaliser le rêve du grand Méhémet Aly Pacha. Cette réalisation éveille en moi un souvenir des plus agréables et me permet de dire à l'exemple d'Eneas dans Virgile :

Forsan et hæc olim meminisse juvabit.

Faisons ressortir sommairement le *statu quo* du problème des sources du Nil en 1874, pour mieux apprécier le résultat acquis aux sciences géographiques à la suite de la mission qui m'avait été confiée :

Entre les tentatives du capitaine Spèke et celles de Sir Samuel Baker, aucune exploration n'est à signaler jusqu'à mon arrivée à Gondokoro. Il suffit pour le prouver, de citer cet extrait du livre de Sir Samuel ;

« Dès que j'eus rencontré les voyageurs Spèke et Grant, ma première impression fut que leur expédition était, par cela même, terminée, et qu'ils avaient découvert les sources du Nil. Mais lorsque je les félicitai de l'honneur qu'ils avaient si noblement acquis, ils me donnèrent avec la plus grande générosité un tracé de leur voyage montrant qu'ils n'avaient pu compléter l'exploration du Nil proprement dit, et qu'une partie très importante de son cours restait encore à déterminer. »

On se rappelle, en effet, que cette lacune laissée par Spèke, et que Sir Samuel espérait combler, donna lieu à maintes hypothèses. Les uns soutenaient que les véritables sources du Nil se trouvaient dans le lac découvert par Baker ; d'autres affirmaient que le lac Victoria versait ses eaux dans l'Océan Indien, etc.

Il m'avait été donné, après avoir fait le traité du 19 juillet 1874, de résoudre ce problème en naviguant, pour la première fois, sur la partie du Nil que Spèke avait été obligé d'abandonner par suite d'une attaque des indigènes qui l'obligea de quitter la rivière. Je m'en rapporte, d'ailleurs, à la lettre suivante que le général Gordon avait voulu adresser d'abord au gouvernement égyptien, puis à la presse. Cette lettre est datée de Massoua (Abyssinie), le 9 décembre 1879 :

Le colonel Chaillé-Long, de l'état-major égyptien, a descendu le Nil depuis e lac Victoria jusqu'à *Nyamyonga* et *Ourondogani*, où le capitaine Spèke fut arrêté dans son voyage, et de là jusqu'à *Mrouli* et ensuite à Foueira, et il a résolu définitivement, au péril de ses jours, la question jusqu'alors indécise de 'identité de la partie qui est entre la rivière située au-dessus de *Yamyongo* et Ourondogani et celle qui coule à Foueira. Entre ces deux points il a découvert le lac Ibrahim.

Pour ceux qui tiennent à savoir comment on est arrivé progressivement à déterminer le cours du Nil, ils auront à reconnaître que la découverte de la première partie est due à Spèke, que celle de la deuxième est due à Baker, et que celle de la troisième, en y adjoignant le lac Ibrahim, est due au colonel Chaillé-Long.

Le lac Ibrahim, qui fut ainsi dénommé par le khédive en l'honneur de son illustre père, Ibrahim Pacha, a changé depuis tant de fois de nom qu'il est très difficile aujourd'hui de lui en assigner un. Il a d'abord été changé en Campêche, ensuite en Codjé, puis en Kioga, en Ghita N'zigué, et finalement en Choga. Cependant, dans une lettre de Sir Rutherford Alcock, alors président de la Société Royale de géographie de Londres, datée du 1er juillet 1881, Sir Rutherford m'informa que des instructions avaient été données au cartographe de la Société pour que la dénomination de lac Ibrahim fût maintenue sur la grande carte de l'Afrique Centrale et pour que la priorité de la découverte me fût reconnue.

Néanmoins, le *Journal de la Société de Géographie de Londres*, dans son numéro du mois d'avril 1899, contient un article émanant du feu capitaine Kirkpatrick de l'armée anglaise, donnant des renseignements intéressants sur ce lac, qu'il mentionne comme une découverte récente et auquel il attribue le nom de Choga. Si le regretté capitaine éprouvait des scrupules à donner à ce lac le nom égyptien d'*Ibrahim*, il ne paraissait pas en général imbu de scrupules puisque sur la même carte il n'hésitait pas à donner à un autre lac qui en fait partie du lac Ibrahim, par le fait, le nom de lac *Salisbury !*

Plaçons ici un résumé sommaire des résultats de la mission militaire et diplomatique dont je fus chargé par le souverain d'Égypte :

1° Le traité stipulé entre l'Égypte et l'Ouganda, en vertu duquel ce dernier pays fut annexé à la couronne khédiviale.

2° La découverte du lac Ibrahim, dit Choga, et la résolution définitive de la question des sources du Nil par la navigation de ce fleuve entre le lac Victoria et Foueira.

3° La reconnaissance de la rivière Saubat et la découverte d'une route par terre, à partir de cette rivière et aboutissant à Gondokoro.

4° L'ouverture d'une route depuis Lado sur le Nil jusqu'à Gebel Baginsi, à l'ouest occupation par postes militaires du pays Makraka-Niam-Niam.

5° Avoir ramené au Caire une femme de la race Akka ou Pygmée, seul spécimen connu, sauf ceux ramenés du Soudan par Miani, voyageur italien.

6° Expédition et prise de possession de la Côte orientale d'Afrique depuis le Socotra, jusqu'à Kismayu, à l'Équateur; reconnaissance de la rivière Juba.

Il serait intéressant de vous dire un mot sur les habitants de ce lac Ibrahim qui sont lotophages, ce lac étant une véritable pépinière de *nymphæ lotus,* ce qui constitue la principale nourriture des naturels.

Homère, dans l'*Odyssée*, cite le lotus comme un fruit délicieux du pays des Lotophages, faisant oublier la patrie aux étrangers qui en goûtaient. C'est une légende dont j'ai été à même de résoudre l'énigme : moi et mes hommes fûmes obligés de nous nourrir de cette plante, et bientôt nous en ressentîmes l'effet. C'est-à-dire qu'un engourdissement s'empara de nos sens à tel point que nous fûmes contraints d'amarrer nos embarcations aux papyrus et de nous livrer aux bras énervants de Morphée, jusqu'à ce que l'influence du narcotique fût dissipée. En disant que le lotophage était en même temps anthropophage, on ne faisait que trop ressortir la signification de cette légende: en un mot *l'anthropophage mangeait le lotophage endormi.*

L'Afrique a été, de tout temps, la terre de la légende et du mystère. Cesserait-elle de l'être?...

Le soir de la séance de la Société de Géographie présidée par le vice-amiral La Roncière Le Noury, arrivé dans ma relation au point ou je joignais mon itinéraire à celui d'un voyageur distingué, M. de Quatrefages, le savant ethnologue, se leva et me demanda avec une émotion qui disait l'intérêt qu'il portait à la question, si dans mes voyages à l'ouest du Nil j'avais vu des êtres possédant l'appendice caudal qu'avaient signalés certains voyageurs? Ma réponse ne laissera aucun doute dans l'esprit de M. de Quatrefages. « J'avais ramené de ce pays plusieurs spécimens inconnus du *genus homo*. Ce n'avait été qu'à mon retour aux bords du Nil que je les avais examinés et mesurés minutieusement. Ils ne possédaient aucun appendice caudal. Mais, ai-je ajouté : il ne serait que trop juste d'ajouter à la décharge de l'auteur de cette histoire, que la route fut longue, qu'on dut la faire à pied, et que, par conséquent, ces gens furent dans l'obligation de s'asseoir fréquemment, ce serait alors ainsi qu'ils auraient fini par user leur queue jusqu'à en faire disparaître toute trace. »

Comme les légendes africaines sont tenaces ! La question que M. de Quatrefages m'avait posée ce jour-là, je l'ai retrouvée récemment au milieu de très intéressants documents qui constituent le dossier de M. d'Arnaud Bey. Dans une lettre datée du mois d'octobre 1849, M. Jomard, membre de l'Institut de France, écrivait à M. d'Arnaud Bey qui, alors, entreprenait pour la troisième fois une expédition à l'effet de découvrir les sources du Nil : « Il n'est question depuis trois mois que d'une prétendue race d'hommes pourvue d'un appendice caudal que M. Decouret aurait vue à la Mecque, et qui habiterait le Fertit : selon lui, cette tribu est nombreuse et s'appelle *Khylan* ou *Ghylan.* »

Dans mes voyages, moi aussi, j'ai entendu des contes fantastiques, d'un peuple par exemple qui avait des oreilles d'éléphant et qui s'en servait comme d'un vêtement. Un soir, assis près d'un piètre feu, je prêtais l'oreille aux propos d'un Arabe qui, si mes souvenirs sont fidèles, était un ancien bourriquier. Il répliquait à un camarade qui trouvait que les mouches du Bahr-el-Ghazal étaient énormes : « Celles-ci ne comptent pour rien, mon frère... il faut voir celles d'Alexandrie!... Les gens s'en servent de montures en guise de baudets!... »

Aussi convient-il d'être sobre en ce qui concerne les Anciens, entre autres Homère, racontant des batailles entre grues et pygmées. N'avons-nous pas lu le récit d'un voyageur moderne plaçant ces mêmes pygmées dans une forêt large de quelques *milliers de kilomètres carrés* et... *mirabile dictu!...* possédant un système de monogamie et jouissant d'une organisation aristocratique remontant à plus de cinquante siècles!...

... Ni les combats entre grues et pygmées, ni les hommes à queue, ni ceux à oreilles d'éléphant, ni les mouches-baudets ne peuvent entrer en comparaison avec cette monogamie et cette aristocratie rapportées par le voyageur contemporain!...

L'Afrique centrale, car c'est surtout le centre africain, le bassin du Nil, qui sollicite actuellement notre attention, peut-elle réellement être considérée comme une conquête sérieuse pour les puissances européennes qui se disputent la place? A-t-on suffisamment prévu les obstacles qui s'opposent à l'exploitation du centre africain? Il faut mettre en première ligne un climat meurtrier, ensuite l'Africain rebelle à tout travail, si ce n'est par la force.

Il me revient en mémoire un incident qui donne une juste appréciation de ce pays : j'avais gagné Foueira à mon retour de ma pénible mission aux grands lacs. J'avais eu, durant les six mois de mon absence, comme alimentation, des patates *(kiyatti)* et des bananes *(mouses)*, et comme agrément une pluie *(matar)* torrentielle et continue. De plus, j'étais en proie à une fièvre intense et je subissais des privations, sans compter les fatigues qui m'avaient littéralement épuisé. Un soir que je me retournais comme un beau diable sur ma couche pour chercher un sommeil récalcitrant, j'entendis la sentinelle qui chantait d'un gosier débordant les avantages trop réels de l'Afrique centrale: *Wallahi! hadi balad el kiyatti oua el mouse oua el matar!* (Par Dieu ! c'est bien le pays des patates, des bananes et de la pluie !)

Je me résume : l'intérieur de l'Afrique est inexploitable, mais en revanche, les côtes ont une valeur réelle. D'ailleurs telle était l'opinion des Phéniciens, des Égyptiens, des Grecs et des Romains.

M. Jean BRUNHES

Professeur de géographie à l'Université de Fribourg (Suisse) et au Collège libre des Sciences sociales de Paris.

LE « BOULEVARD », COMME FAIT DE GÉOGRAPHIE URBAINE [912]

— *Séance du 8 août* —

Les villes sont de plus en plus étudiées comme des faits géographiques : parmi les phénomènes qui affectent la surface du sol, ne sont-ils pas des plus caractéristiques et aussi des plus variés ? Une ville ne doit plus être seulement considérée comme le résultat d'une activité historique plus ou moins ancienne, comme l'expression d'une activité économique plus ou moins complexe, mais encore comme un fait matériel recouvrant d'une certaine manière une portion du sol terrestre ; et l'on doit se préoccuper de bien préciser la physionomie des villes, ainsi regardées comme phénomènes de surface (1) ; cela n'implique pas, — bien au contraire, — qu'on ne doive pas chercher par ailleurs l'explication historique et rationnelle de cette physionomie.

La physionomie d'une ville n'est pas uniquement déterminée par la physionomie des maisons ou des monuments qui la constituent, ni par l'aspect général de leur groupement, mais encore par les caractères très variés de ces espaces laissés libres entre les maisons et qu'on appelle carrefours ou places, — rues ou ruelles, — passages ou impasses, etc.

La *rue urbaine* mérite d'être étudiée comme fait géographique au même

(1) Paul Henriot dans son livre : *Des agglomérations urbaines dans l'Europe contemporaine* (Paris, Berlin, 1897) ne s'est pas du tout placé à ce point de vue. — Au contraire, O. Schlueter, dans un remarquable article : *Bemerkungen zur Siedelungsgeographie* (*Geographische Zeitschrift*, V, 1899, p. 65-84), a très bien indiqué le caractère et l'intérêt géographique de pareilles questions (voir en particulier p. 65 et p. 68).

titre que le chemin proprement dit. Le professeur Ratzel, dans son beau livre de l'*Anthropogéographie*, a consacré tout un chapitre, à la fois géographique et philosophique, aux *Wege* (1) ; ce que Ratzel a fait pour les routes extra-urbaines, qui relient entre elles les agglomérations humaines, on peut le tenter aussi pour les « routes » urbaines ; la multiplicité, la régularité et une certaine physionomie des rues correspondent également à divers degrés du développement de la civilisation ; de même une différenciation précise est le signe d'une évolution progressive : le *carrefour*, par exemple, est un type de « vide » urbain, — intermédiaire de hasard entre la rue proprement dite et la place proprement dite, — et qui tend à coup sûr à disparaître.

Nous voudrions ici nous contenter d'attirer l'attention sur la signification géographique des espaces consacrés à la circulation à travers les villes, et notamment sur le sens de ces voies d'un caractère spécial qu'on appelle en France, dans la plupart des villes, des *boulevards*.

La rue, dans les villes du moyen âge, était rarement rectiligne, et les maisons bordant la rue étaient rarement alignées (2) ; les villes dont certains quartiers ont conservé leurs anciens caractères en fournissent encore aujourd'hui des témoignages vivants : Tolède et Cordoue, Blois et Morlaix, Bruges et Gand, Nüremberg et Ratisbonne, etc.

Le « Boulevard », « Avenue », « Anlage », c'est-à-dire la voie urbaine, plus large, souvent plantée d'arbres, est une caractéristique : *a*) des villes tout à fait modernes, récemment créées (voir en particulier les plans des villes américaines, des villes australiennes, de Johannesburg, et même de villes un peu moins jeunes telles que Berlin, Odessa, Saint-Pétersbourg) ; *b*) ou des parties nouvellement bâties des villes anciennes (nouveaux quartiers du Caire, de Barcelone, de Bruxelles, etc.). Dans les énormes agglomérations actuelles, on éprouve de plus en plus le besoin de tracer et de réserver, dans le damier monotone des rues se coupant à angle droit, quelques voies plus larges qui deviennent les artères maîtresses de la circulation.

Mais le « Boulevard », « Avenue », « Anlage », quoique toujours de création récente, peut avoir une origine plus ancienne, partant un sens historique plus riche et une physionomie géographique plus curieuse.

Si nous jetons par exemple les yeux sur un plan de Paris, nous serons frappés du dessin circulaire et comme enveloppant de cette ligne de boulevards, qui conduit encore aujourd'hui de la Bastille et de l'ancienne porte Saint-Antoine jusqu'à l'ancienne porte Saint-Denis et à l'ancienne

(1) *Anthropogeographie*, II, chap. XVI, p. 525-536 ; et I (2e édit., 1899) *passim*, notamment p. 120.

(2) Pourtant si l'on consulte par exemple le magnifique ouvrage (4 vol. in-fol°) de Braun et Hogenberg : *Civitates orbis terrarum*, on pourrait croire que les rues étaient plus droites et plus régulières qu'elles ne l'étaient en réalité ; mais les plans si nombreux qui sont ainsi réunis sont simplifiés suivant les habitudes du temps.

porte Richelieu : c'est tout simplement le dessin d'une partie de l'enceinte de Paris sous Louis XIV (1).

Les « boulevards » représentent, en effet, très souvent la seule partie des villes anciennes qui ait pu être aisément transformée, sans trop de grandes démolitions, en une voie ou en une série de voies plus larges, c'est-à-dire la ligne des anciens remparts. Ceux-ci, une fois démolis, peuvent ainsi survivre, et ont fréquemment survécu sous la forme d'une « avenue », ou d'une série de grandes rues, d'apparence toute moderne, et dont le tracé seul atteste l'origine historique. Ces traits physionomiques reproduisent, cela va sans dire, avec une exactitude souvent imparfaite, les anciens contours des fortifications; les angles, les zigzags caractéristiques de certains types de remparts ont disparu pour faire place à une direction générale moins compliquée, moins brisée ; mais dans l'ensemble les boulevards soulignent, en persistant sous une forme nouvelle, des traits essentiels d'un passé disparu (Moscou, Cracovie, Prague avec son Graben, Vienne, Milan, Trente, Bruges, Namur, Saragosse, etc.) ; et en France les exemples abondent de grandes et de petites villes ayant aujourd'hui des boulevards sur l'emplacement de leurs anciens remparts : Amiens, Rouen, Chartres, Dijon, Auxerre, Montluçon, etc.; nous signalerons, comme exprimant ce fait géographique d'une manière distinctive entre toutes, la petite ville de Brive (2).

Il serait intéressant d'étudier ce type historique des boulevards dans les différents pays. En Allemagne (3) les types, représentant des stades divers de la substitution, nous ont paru exceptionnellement variés et nombreux.

D'abord certaines villes d'Allemagne, comme les villes que nous citions tout à l'heure, possèdent les vestiges visibles de leurs anciens remparts, traduits dans la ville moderne par une ceinture de rues larges : à Dresde, l'ancienne zone des fortifications est aujourd'hui comme rayée de deux lignes parallèles de grandes voies ; à partir de cette zone circulaire, et en allant du centre vers la périphérie, rayonnent des voies larges toutes droites, *Wettiner Strasse*, *Prager Strasse*, *Grunaer Strasse*, *etc.*, boulevards sans valeur historique, qui s'éloignent en divergeant les uns des autres avec une régularité géométrique jusqu'à ces quartiers neufs, où la rue est dessinée avant qu'on ait bâti, où la rue précède la maison !

Dresde est donc un bon spécimen d'un type ordinaire et qui se ren-

(1) Voir le plan de *Paris à l'avènement de Louis XIV, d'après Gomboust*, 1652, et d'autres plans de Paris à diverses époques, tels que les a heureusement rapprochés M. Paul Dupuy dans l'*Atlas* Vidal-Lablache, cartes 46 *b* et 46 *c*.

(2) Je me propose de reprendre ce sujet et de le traiter ailleurs avec plus d'ampleur ; ce travail plus complet sera naturellement accompagné de plans de villes caractéristiques.

(3) Sur les villes d'Allemagne on trouvera quelques indications utiles dans l'ouvrage illustré : Georg von Below, *Das ælltere deutsche Stædtewesen und Buergertum*, Bielfeld und Leipzig, 1898 (dans la collection : *Monographien zur Weltgeschichte*. vol. VI).

contre fréquemment hors de l'Allemagne. Mais il est beaucoup d'autres villes d'Allemagne qui sont, au point de vue qui nous occupe, assez originales.

Il convient de noter d'ailleurs qu'en général le nom de *boulevard* n'existe pas en Allemagne; c'est un fait singulier, car ce mot est d'origine germanique, et par sa signification étymologique *bollwerk*, il rappelle bien la genèse historique de ce trait géographique des agglomérations modernes (1).

Dans les villes allemandes, sur l'emplacement des remparts, on ne trouve que rarement une rue proprement dite, s'étendant entre deux rangées de maisons, comme à Dresde; mais on trouve plutôt une promenade qui porte d'ailleurs souvent le nom d'*Anlage* ou de *Promenade;* quelquefois, mais beaucoup moins souvent, le nom de cette promenade est celui qui reste plus spécialement employé dans les villes anglaises ou américaines : *Avenue*.

Mais voici où le phénomène devient plus intéressant comme fait géographique : la promenade reste souvent au niveau de l'ancien plancher du chemin de ronde, à 3 ou 4 ou 5 mètres au-dessus du niveau de la ville qu'elle entoure : à Lübeck et à Stargard de Poméranie par exemple, on n'a pas déblayé les anciens remparts et les *Wallstrassen* dominent ces villes.

D'autres fois, et assez souvent, on a conservé sinon le remblai, du moins le fossé des anciennes fortifications. Ce fossé est conservé plus ou moins intégralement à Ratisbonne, à Nüremberg, etc. ; il est en outre accompagné d'une voie qui le borde tantôt vers l'intérieur de la ville et tantôt vers l'extérieur ; enfin la physionomie de ce type de « boulevards » est encore complétée par les murs lorsqu'ils ont été conservés comme à Nüremberg. On voit que ce type se rapproche d'une manière presque parfaite des anciens remparts eux-mêmes; mais il est déjà un « boulevard »; si le type était plus parfait, si le fossé par exemple au lieu d'être à sec et occupé par des cultures maraîchères comme à Nüremberg, était encore rempli d'eau comme les fameux *graben* de l'Oker, à Braunschweig, et s'il n'y avait aucune transformation récente en vue de la circulation, nous ne pourrions plus guère parler d'une forme nouvelle de voie de circulation : nous serions en face de l'ancienne ville historique précieusement conservée; il ne s'agirait plus d'un boulevard, mais d'un rempart ; et cela n'appartiendrait presque plus à notre sujet (2).

(1) C'est même pour cette raison qu'il nous a paru bon de l'adopter comme terme général, englobant tous les termes divers qui servent à désigner un même fait.

(2) Dans l'étude plus détaillée que nous comptons publier, nous aurons soin de distinguer les villes qui ont débordé depuis longtemps leur enceinte et celles qui sont encore renfermées dans leur enceinte comme Braunschweig ; il s'agit, en effet, d'examiner deux cas assez différents : la transformation consciente des remparts accompagnée de la préoccupation que l'on a aujourd'hui de conserver les choses anciennes, et la transformation naturelle telle qu'elle s'est opérée à une époque où l'on n'avait aucun souci de cette nature.

Nous en avons dit assez pour indiquer la différence fondamentale entre les deux types de boulevard : le type généralement rectiligne, et le type ordinairement sinueux, ou plus ou moins complètement circulaire.

En résumé, les « boulevards », ces faits caractéristiques des villes les plus modernes, — au moment où toutes les villes tendent à une certaine uniformité et à une certaine régularité géométriques, — sont parfois aussi des témoins qui représentent aujourd'hui et conserveront pour l'avenir un des traits distinctifs des anciennes villes historiques, je veux dire le dessin des enceintes démolies et des anciens remparts.

M. J. CURIE

Lieutenant-Colonel du génie en retraite, à Versailles.

REPRÉSENTATION PROPORTIONNELLE DANS LES ÉLECTIONS MUNICIPALES

[324.2]

— *Séance du 3 août* —

Pour qu'une Assemblée délibérante puisse être considérée comme représentant réellement une partie ou la totalité de la nation, et qu'elle soit ainsi bien qualifiée pour sauvegarder les intérêts qu'elle a mission de défendre, il faut que les diverses nuances de l'opinion qui partagent le corps des électeurs, se retrouvent dans l'assemblée délibérante avec les mêmes forces relatives que dans le corps des électeurs ; de même que sur une carte topographique on retrouve les diverses portions d'un terrain représentées à une même échelle réduite, ou de même que la photographie représente, en petit, une figure ou un groupe de personnes avec la physionomie qui les fait reconnaître.

Pour qu'il en soit ainsi, il faut que les différents groupes d'électeurs appartenant aux diverses nuances de l'opinion soient représentés proportionnellement à leurs forces respectives dans l'Assemblée à laquelle ils doivent envoyer leurs délégués ou leurs députés.

C'est ce principe, fondé sur les lois immuables de la justice et de l'égalité de tous devant la loi, que l'on désigne du nom de Représentation proportionnelle.

Cette condition sera exactement remplie si tous les élus sont nommés par un même nombre de votants : ce nombre est le chiffre d'élection.

En multipliant ce chiffre d'élection par le nombre des élus, on obtient le nombre de votants strictement nécessaire pour l'élection de ces candidats (1). Ce produit ne sera pas toujours égal au nombre des votants et ne lui sera même égal que très exceptionnellement. Il sera généralement inférieur. Néanmoins, si le chiffre d'élection est donné, même arbitrairement, le nombre des élus en résultera nécessairement, par une simple division pour chacun des partis en présence ; et il y aura un reste toujours inférieur, pour chaque parti, au chiffre d'élection et qui représentera un certain nombre de voix perdues.

On verra plus loin comment nous proposons de réduire ce nombre de voix perdues à être au plus égal à deux fois le chiffre d'élection ou même à ce chiffre seul pour l'ensemble de l'élection. Comme il n'y a aucune nécessité à ce que le nombre des élus soit exactement égal à un nombre donné, il n'y a aucun inconvénient à ce qu'il puisse varier dans des limites raisonnables, de manière qu'à une augmentation ou à une diminution du nombre des votants corresponde une augmentation ou une diminution du nombre des élus, ce qui aura pour effet d'accorder, en quelque sorte, une prime d'encouragement aux électeurs qui sont exacts à remplir leurs devoirs de citoyens et qui auront ainsi d'autant plus d'élus qu'ils seront plus nombreux, tandis que ceux qui s'abstiennent de voter n'auront pas de représentants à l'Assemblée à laquelle il s'agit d'élire des mandataires.

Nous proposons de fixer à l'avance le chiffre d'élection, ce qui, comme on verra, simplifie notablement le problème. Il n'y a d'ailleurs aucun inconvénient à ce que le nombre des élus varie dans certaines limites qu'il sera facile de ne pas dépasser, en fixant convenablement le chiffre d'élection et au besoin en le modifiant d'une élection à l'autre.

Dans le cas de circonscriptions électorales plus ou moins nombreuses, la fixation d'un chiffre d'élection unique assurera la représentation proportionnelle pour le pays tout entier, tandis que la fixation arbitraire du nombre de sièges à pourvoir dans les différentes circonscriptions rend impossible la représentation absolument proportionnelle à moins que ces nombres aient été fixés par un calcul proportionnel, ce qui est rarement le cas.

Les différents systèmes permettant de réaliser la représentation proportionnelle sont principalement le système de Thomas Hare, appliqué par Andrae en Danemark, et le système de la concurrence des listes suivant le procédé de M. d'Hondt, professeur de droit à l'Université de Gand, système récemment adopté en Belgique.

En Suisse, le procédé a été modifié par M. Hagenbach-Bischoff, profes-

(1) Le nombre des élus étant n, le chiffre d'élection E et le nombre total des votants S, on aurait :

$$nE = S$$

si S était toujours divisible par n ou par E, ce qui, le plus souvent n'a pas lieu, n et E étant des nombres entiers.

seur de physique à l'Université de Bâle. Dans le cas où le nombre des sièges à répartir est notablement supérieur à 10, cette modification simplifie considérablement les calculs conduisant à déterminer le chiffre d'élection.

A Bâle, on ne tardera sans doute pas à adopter le procédé de M. Hagenbach-Bischoff. A Genève et à Neuchâtel on a adopté des solutions dont M. Hagenbach-Bischoff avait démontré l'inexactitude.

A partir de 1888, j'ai publié divers articles (1) où j'ai développé l'application aux élections politiques d'un procédé qui se rattache au système de Hare en ce que le vote est uninominal, mais qui en diffère en ce qu'il évite un défaut que présente ce système en ce qui concerne la répartition des sièges entre les candidats d'un même parti.

Système de Hare ou d'Andrae ; vote uninominal avec substituts.

Dans le système de Hare on vote pour un candidat et subsidiairement pour divers autres, dans un ordre de préférence indiqué par des numéros. Si un candidat, Auguste, par exemple, réunit 13 votes de première ligne, de plus, qu'il ne lui en faut pour être élu, 13 de ces votes seront attribués aux candidats de deuxième ligne. Si ces 13 bulletins portent en deuxième ligne le nom d'Alfred, ces 13 bulletins iront à Alfred. Mais parmi les bulletins attribués à Auguste, il peut y avoir 13 bulletins portant en seconde ligne le nom d'André. Si ceux qui portent en deuxième ligne le nom d'Alfred étaient attribués à Auguste, les 13 bulletins en excédent iraient à André. Ainsi le hasard seul de l'ordre dans lequel les bulletins ont été appelés, a favorisé Alfred au détriment d'André.

Cette intervention du hasard est inadmissible et constitue un grave défaut du système de Hare. Nous y avons remédié en votant au moyen de listes toutes faites où l'ordre de préférence est fixé à l'avance et où il est permis seulement d'ajouter un seul nom en tête de liste et hors liste.

Système de M. d'Hondt et modification de M. Hagenbach-Bischoff
Concurrence des listes.

Dans le système de M. d'Hondt, on trouve les nombres de sièges qui reviennent aux différents partis de la manière suivante. On divise les nombres de voix obtenus par les divers partis, successivement par 1, 2, 3... et l'on range les quotients par ordre décroissant jusqu'au 12e si 12 est le nombre des sièges à répartir. On trouve ainsi :

	Républicains.	Radicaux.	Socialistes.	Conservateurs.
	—	—	—	—
1	7.200 I	6.660 II	5.964 III	3.828 IV
2	3.600 V	3.330 VI	2.982 VII	1.914 XI
3	2.400 VIII	2.220 IX	1.988 X	1.276
4	1.800 XII	1.665	1.491	.....
5	1.440	.....	.....	
6	.....			

(1) Projet de réforme électorale (1888, Signal) ; étude des meilleurs moyens de réaliser la représentation proportionnelle..... (1889, Association Française pour l'Avancement des Sciences) ; représentation proportionnelle, etc. (1891, *ibid.*) ; la représentation proportionnelle, application détaillée (1894, *ibid.*) ; expérience de représentation proportionnelle (1897, *ibid.*) ; dépouillement du scrutin d'arrondissement ordinaire donnant la représentation proportionnelle (1898, *ibid.*).

Le plus petit de ces quotients est le XIIe 1.800. C'est 1.800 qui sera le chiffre d'élection. En effet, 1.800 est plus petit que 2.220 ou 6.660 : 3 et plus grand que 1.665 ou que 6.660 : 4. Si donc on divise 6.660 par 1.800, le quotient sera compris entre 3 et 4 ou égal à 3 plus une fraction; le quotient entier sera 3; les républicains auront donc droit à 4 sièges et de même les radicaux à 3, les socialistes à 3 et les conservateurs à 2 sièges.

M. Hagenbach-Bischoff arrive au même résultat de la manière suivante. Il considère la somme $S = 23.652$ des nombres de voix obtenus par les différentes listes. S'il n'y avait qu'une liste unique, le chiffre d'élection q devrait être tel qu'en divisant S par q on obtienne pour quotient le nombre n de sièges voulu et un reste inférieur à q. On doit donc avoir $S - nq < q$,

$$\text{d'où } q > \frac{S}{n+1}.$$

On obtiendra donc le *quotient absolu* q en divisant S par $n + 1$ et en prenant pour q le nombre entier immédiatement supérieur au quotient obtenu, afin d'avoir, pour q, une valeur aussi petite que possible, car il se peut que le quotient absolu soit trop fort. S'il n'y avait qu'une seule liste de candidats, cette valeur de q serait définitive, et en divisant S par q on obtiendrait n pour le nombre des élus; mais en divisant les nombres de voix obtenues par les différentes listes, on peut n'arriver qu'à un nombre d'élus dont le total soit inférieur à n.

Dans l'exemple ci-dessus on trouve $\frac{S}{n+1} = \frac{23.652}{13} = 1.819$, d'où $q = 1.820$. On voit que 1.820 est plus grand que 1.800, le XIIe quotient du calcul de M. d'Hondt, et plus petit que le XIe qui est 1.914. Ce *quotient absolu* ne donnera donc que 11 élus au lieu de 12. Pour compléter, il faut revenir au calcul de M. d'Hondt. Mais si le calcul n'est pas beaucoup abrégé quand il n'y a que 12 sièges à répartir parce que les divisions à faire d'après M. d'Hondt n'ont pour diviseurs que des nombres d'un chiffre, il en est tout autrement dans le cas d'une élection pour 40 sièges.

Pour continuer le calcul de M. Hagenbach-Bischoff, on opère comme il suit en augmentant d'une unité les résultats de la division des nombres de votants par le quotient absolu.

Républicains.	7.200	3	: 4 = 1.800	4
Radicaux	6.660	3	: 4 = 1.665	3
Socialistes.	5.964	3	: 4 = 1.491	3
Conservateurs.	3.828	2	: 3 = 1.276	2
		11		

On retombe ainsi sur les diviseurs et les quotients du système d'Hondt. On attribuera les sièges à répartir aux partis pour lesquels on aura trouvé les plus forts quotients, comme dans le système d'Hondt. Le chiffre d'élection définitif est 7.200 : 4 = 1.800, comme dans le système d'Hondt.

A Genève et à Neuchâtel on prend pour chiffre d'élection S : n et on attribue les sièges non pourvus, à Genève, aux plus forts restes, à Neuchâtel aux plus forts partis. Nous avons démontré, d'après M. Hagenbach-Bischoff, dans les comptes rendus de l'*Association Française pour l'Avancement des Sciences* de 1891 (Marseille), que ces deux solutions sont inexactes.

Dans les systèmes d'Hondt et Hagenbach-Bischoff, si le scrutin a donné :

Républicains.		Radicaux.		Socialistes.		Conservateurs.	
1 Alphonse.	600	1 Maximin.	547	1 Simon.	487	1 Casimir.	304
2 Alfred.	595	2 Maury.	543	2 Sébastien.	481	2 Casien.	303
3 Alexis.	590	3 Maurice.	539	3 Stanislas.	441	Calixte.	302
4 Albert.	590	Marcel.	511	Sylvestre.	437		
Abel.	589						
	7.200		6.660		5.964		3.828

Les élus sont les quatre premiers de la première liste, les trois premiers de chacune des deux suivantes et les deux premiers de la quatrième.

Ces résultats sont parfaitement exacts; mais il est permis à ceux qui s'en tiennent aux apparences de trouver surprenant, quand le *chiffre d'élection* est 1.800, que l'élu qui a réuni le plus de voix n'en ait obtenu que 600, que celui qui en a le moins soit nommé avec 303 voix seulement à son nom.

Dans le système que nous proposons, nous faisons disparaître ce que ce résultat a de paradoxal en faisant voter explicitement par les électeurs le report des voix non utilisées directement sur les noms auxquels elles peuvent profiter de manière que chaque élu obtienne réellement un nombre de voix égal au *chiffre d'élection*, ni plus, ni moins (1).

Solution proposée pour les élections municipales.

Dans mon système on vote pour des listes de noms classés par ordre de préférence. Ces listes ont été déposées avant le scrutin à la Préfecture, et il n'est permis d'y rien changer; seulement on peut porter sur les bulletins, en tête de liste, un nom quelconque.

En déposant les listes à la Préfecture, on indique à quelles autres listes la liste déposée sera rattachée pour l'utilisation des voix perdues et dans quel ordre de préférence elle le sera.

Je complète ainsi la solution en permettant de reporter, si les votants y consentent, les votes qui ne peuvent être utilisés par un candidat, sur un autre de la même liste auquel ils peuvent profiter et en permettant de reporter d'une liste sur une autre, non seulement au recensement du chef-lieu du département, mais même au recensement général pour tout le pays, les votes non utilisés par une liste, sur une autre à laquelle elle est rattachée pour l'utilisation des voix perdues.

On réalise ainsi, le chiffre d'élection étant fixé à l'avance, l'unité de circonscription électorale, impossible dans le système d'Hondt où le nombre

(1) La solution adoptée par la loi belge du 29 décembre 1899 pour les élections politiques (vote uninominal), à part diverses dispositions de détail d'importance secondaire, n'est autre que celle que nous avons publiée à partir de 1888, dépouillée de plusieurs des dispositions essentielles qui rendent la solution complète.

de sièges à répartir est fixé pour les différentes circonscriptions et où par suite le chiffre d'élection varie d'une circonscription à l'autre.

Pour l'attribution des votes aux divers candidats, on classe ces candidats dans l'ordre décroissant des nombres de votes qu'ils ont obtenus, on prend les votes en excédent par rapport au chiffre d'élection obtenu par les premiers candidats, et on les reporte sur les premiers des suivants qui n'ont pas atteint ce chiffre; puis on reporte les votes obtenus par les derniers candidats pour compléter les votes obtenus par les candidats auxquels il en manque le moins, et ainsi de suite.

Élections municipales — Ce procédé de vote est applicable comme on va le voir aux élections municipales.

Chiffre d'élection. — Avant d'aller plus loin, il convient d'indiquer comment, dans le cas des élections municipales, devrait être déterminé pour chaque commune, le chiffre d'élection invariable, duquel dépendra le *nombre des élus* au conseil municipal, nombre qui, comme on l'a dit, variera de quelques unités, suivant que les abstentions seront plus ou moins nombreuses.

Pour que ce résultat des élections, en ce qui concerne le nombre des membres des conseils municipaux, soit à peu près conforme à l'état de choses actuel, on pourra calculer une formule d'où on déduira une table donnant les chiffres d'élection correspondant au nombres actuels de membres de ces conseils en se basant sur ce que le produit du chiffre d'élection par le nombre de membres du conseil, doit être à peu près égal au *nombre des votants*, si l'on adopte notre système de vote qui est uninominal, ou au *nombre des voix*, c'est-à-dire au produit du nombre de votants par le nombre de noms qu'on met sur les bulletins dans le système de la *concurrence des listes*, tel que nous le modifions. On prendra comme données les nombres de membres des conseils et les nombres de votants ou de voix pour trois localités ayant l'une une très faible population, la seconde, une population moyenne et la troisième, la population d'une de nos plus grandes villes (1).

Nous distinguerons trois manières de voter entre lesquelles il y a un choix à faire suivant qu'on voudra plus de simplicité ou plus de perfection.

(1) Voici comment le calcul pourra être fait.

Soient n le nombre des membres.

e ou E le chiffre d'élection,

s le nombre total des votants, si l'on applique *notre système de vote*, ou le nombre S total de voix, nombre sensiblement n fois plus fort, si l'on adopte le système de la *concurrence des listes* tel que nous le modifions; ces nombres pris dans la première localité; n', e' ou E', s' ou S' et n'', e'' ou E'', s'' ou S'', les mêmes nombres respectivement pour une ville de population moyenne et pour une grande ville; on aura :

$$ne = s,\ n'e' = s' \text{ et } n''e'' = s''. \qquad \text{(E)}$$

(A) On posera entre n et e la relation $e = a + bn + cn^2$, représentant une parabole dont e et n sont

Première manière d'opérer. — Vote uninominal. — Principe.

La première simplifie beaucoup les opérations, mais laisse une part trop forte aux comités qui mettent en avant les candidatures et au travail préparatoire de l'élection, travail qu'il importe dès lors de faire avec le plus grand soin et d'une manière très complète.

Cette première manière consiste à voter par listes toutes faites de noms classés par ordre de préférence sans noms hors liste et en tête du bulletin. On vote ainsi non pour tous les noms de la liste, mais pour le premier ou le deuxième ou le troisième, etc. Le vote est donc uninominal.

Deuxième manière d'opérer. — Vote uninominal. — Principe.

La deuxième manière assure une plus grande liberté de vote à l'électeur et une plus grande influence sur le résultat.

Elle consiste à voter à volonté pour une liste toute faite ou pour cette liste avec un nom hors liste. Ce système laisse plus d'initiative à l'électeur sans compliquer beaucoup le dépouillement. Le vote est encore uninominal.

Troisième manière d'opérer. — Scrutin de liste. — Principe.

La troisième manière consiste à voter comme dans le scrutin de liste ordinaire ou dans le système de la concurrence des listes, des systèmes belge ou suisse, avec cette différence que le *chiffre d'élection* est fixé à l'avance et que de ce chiffre et du nombre des suffrages émis par les électeurs, dépendra le nombre des élus. On opère aussi le report ou transfert des voix perdues comme il va être dit.

Attribution des voix dans les trois manières de voter.

Dans les trois manières de voter, on opère le transfert des bulletins réunis par les candidats qui ont obtenu un nombre de voix supérieur au chiffre d'élection, si ce transfert est admis, aux candidats du même parti qui n'ont pas atteint ce chiffre; et le transfert des voix réunies par les candidats qui en ont obtenu le moins, sur ceux qui en ont obtenu le plus, pour compléter les nombres de voix attribuées à ces derniers, de manière à arriver au chiffre d'élection, jusqu'à ce qu'il ne reste plus qu'un nombre de voix inférieur au chiffre d'élection. Ce nombre pourra être complété par des voix perdues d'autres listes rattachées à la première, ou être employé à compléter le chiffre d'élection pour faire gagner un ou plusieurs élus à l'une de ces listes. Pour qu'il puisse en être ainsi,

les coordonnées et dont on déterminera les coefficients a, b et c de manière à satisfaire aux trois conditions (E) ci-dessus. Comme $e = \frac{s}{n}$, $e' = \frac{s'}{n'}$, $e'' = \frac{s''}{n''}$ on aura pour calculer a, b et c les trois équations :

$$\frac{s}{n} = a + bn + cn^2$$
$$\frac{s'}{n'} = a + bn' + cn'^2$$
$$\frac{s''}{n''} = a + bn'' + cn''^2$$

qu'il est inutile de résoudre algébriquement, mais qu'on résoudra numériquement sans difficulté. Connaissant ces trois coefficients, on trouvera, étant donné le nombre des membres n d'un conseil municipal, quel sera le chiffre d'élection à adopter. On pourrait aussi calculer e en fonction du nombre s des votants.

il faut que ces listes soient rattachées aux autres, dans un ordre de préférence indiqué à l'avance.

Première manière d'opérer. — Vote uninominal. — Détail.

Dans la première manière d'opérer, il y a en présence, je suppose, quatre partis qui présentent chacun une liste indéfinie de noms classés *par ordre de préférence.*

A Républicains. —	M Radicaux. —	S Socialistes. —	C Conservateurs. —
Alphonse.	Maximin.	Simon.	Casimir.
Alfred.	Maury.	Sébastien.	Casien.
Alexis.	Maurice.	Stanislas.	Calixte.
Albert.	Maurel.	Sylvestre.	Chrysostôme.
Abel.	. . . . .	. . . . .	. . . .
. . . . .	. . . . .	. . . . .	. . . .

Ces listes sont rattachées :

A —	M —	S —	C —
1° à M	1° à A	1° à M	à aucune
2° à S	2° à S	2° à A	liste.

Le chiffre d'élection est **160**.

On vote simplement pour une liste | Liste **M** |, c'est-à-dire non pour tous les noms de cette liste, mais pour Maximin d'abord, ou Maury, ou Maurice ou etc...

Au scrutin, les bulletins piqués et transpercés par un fil sont séparés par centaines au moyen de cartons de couleur; et les bulletins de chaque liste sont conservés, le fil réuni par les deux bouts et scellé du sceau de la mairie et des cachets des divers comités, de manière à rendre une vérification complète très facile.

Quand les bulletins de vote sont classés et comptés, le dépouillement du scrutin est terminé et il ne reste plus qu'à répartir les voix sur les différents noms, ce qui est très simple :

Le scrutin donne :

Liste A	600	= 160 × 3	+	120
Liste M	555	= 160 × 3	+	75
Liste S.	497	= 160 × 3	+	17
Liste C.	320	= 160 × 2	+	0
Total des votants.	1.972	Élus 11		212

Les 120 voix perdues de la liste A sont augmentées de 40 voix de la liste M; la liste A gagne ainsi un élu et en obtient en tout 4.

Les élus sont les suivants :

Républicains.	Radicaux.	Socialistes.	Conservateurs.
Liste A	*Liste* M	*Liste* S	*Liste* C
Alphonse. . 160	Maximin. . 160	Simon. . . 160	Casimir. . 160
Alfred . . . 160	Maury. . . 160	Sébastien . 160	Casien. . . 160
Alexis . . . 160	Maurice. . 160	Stanislas. . 160	
Albert 160 = 120	+ 40		
Voix perdues 52 = 0	+ 35	+ 17	+ 0
600	555	497	320

Le nombre total des voix perdues n'est que 52.

Deuxième manière d'opérer. — Vote uninominal. — Détail.

La deuxième manière ne diffère de la première qu'en ce que l'électeur peut porter sur son bulletin un nom hors liste et en tête de liste et voter ainsi :

Les votes pour un nom seul peuvent aussi être utilisés; mais ils risquent d'être perdus, ne pouvant être reportés sur un autre nom. L'électeur peut mieux exprimer sa volonté et fairé valoir sa préférence pour l'un des quatre ou cinq candidats qu'il connaît suffisamment. Le dépouillement du scrutin est un peu moins simple que dans le cas précédent, parce qu'il faut compter séparément les bulletins portant un titre de liste, un nom de candidat seul, un nom de candidat avec un titre de liste. Il n'y a du reste à compter séparément que les bulletins semblables réunis en un même nombre; et le total à compter est égal au nombre des votants.

Le scrutin donne :

RÉPUBLICAINS *Liste A*	Nom seul	Nom et liste	Liste	RADICAUX *Liste M*	Nom seul	Nom et liste	Liste
Alphonse .	30	170	»	Maximin. .	92	»	»
Alfred. . .	15	105	»	Maury. . .	80	»	»
Alexis. . .	5	95	»	Maurice. .	75	»	»
Albert. . .	»	100	»	*Liste M*	»	»	308
Liste A			80	555 =	247	+ 0	+ 308
600 =	50	+ 470	+ 80				

SOCIALISTES				CONSERVATEURS			
Liste S				*Liste C*			
	Nom seul	Nom et liste	Liste		Nom seul	Nom et liste	Liste
Simon	»	200	»	Casimir	»	»	»
Sébastien	»	150	»	Casien	»	»	»
Stanislas	»	57	»	Calixte seul	27	»	»
Liste S			90	*Liste C*			320
497 =	0	+ 407	+ 90	347 =	27	+ 0	+ 320

Les listes sont rattachées entre elles comme dans l'exemple précédent. Le chiffre d'élection est encore 160. Le partage des voix se fait comme suit :

RÉPUBLICAINS

Liste A.

Alphonse seul	30	Alfred seul	15
— et liste	130 + 40 sur Alfred.	— et liste	105
		D'Alphonse	40
Alphonse	160 Élu.	Alfred	160 Élu.
Alexis seul	5	Albert et liste	100
— et liste	95	Liste	20
Liste	60 + 20 sur Albert.		120
Alexis	160 Élu.	Attendre le report d'autres listes.	

RADICAUX

Liste M.

Maximin seul	92	Maury seul	80
Liste M	68 + 240 sur Maury	*Liste M*	80 + 160 sur Maurice
Maximin	160 Élu.	Maury	160 Élu.
Maurice	75		
Liste M	85 + 75 sur liste A (Albert).		
Maurice	160 Élu.		

SOCIALISTES

Liste S.

Simon et liste	160 + 40 { 10 Sébastien. 30 Stanislas.	Stanislas et liste	57
		de Simon	30
		Liste S.	73 + 17 perdues.
Simon	160 Élu.	Stanislas	160 Élu.
Sébastien et liste	150		
de Simon	10		
Sébastien	160 Élu.		

CONSERVATEURS

Liste C.

Casimir.	160 Élu.	Calixte seul . . .	27 voix perdues.
Casien.	160 Élu.		
Liste C.	320 2 élus.		

UTILISATION DES VOIX PERDUES

On a trouvé plus haut :

Liste A Albert	120 voix.		Albert 160 Élu.
Liste M.	75	40 / 35	
Liste S.	17		52 voix perdues.
	212		
Liste C. Calixte seul.	27 voix.		27
			79 voix perdues.

Ces 212 voix seraient perdues si des 75 voix de la liste M on ne pouvait en reporter 40 sur la liste A. Par ce report Albert ayant atteint 160 voix est élu ; et il reste 35 + 17 + 27 = 79 voix perdues.

Le résultat du scrutin est exactement le même que dans la première manière de voter. Il y a seulement 27 voix de plus données à Calixte, qui sont perdues.

Troisième manière d'opérer. — Scrutin de liste. — Détail.

La troisième manière d'opérer diffère des précédentes en ce que les bulletins de vote sont établis comme dans le scrutin de liste ordinaire.

Ainsi dans l'exemple considéré on mettra douze noms sur chaque bulletin, ce qui, dans le dépouillement, au lieu de donner 1.962 bulletins à compter comme dans le premier exemple ci-dessus, obligera à pointer un nombre de noms douze fois plus considérable ou 23.544 noms. Il est à remarquer, à ce sujet, que l'avantage de faire porter par l'électeur, sur son bulletin, tous les noms pour lesquels il vote est plus apparent que réel, car sur une liste de douze à quarante candidats, il est rare que le votant en connaisse suffisamment plus de six ou huit.

Au lieu de deux heures, il en faudra vingt-quatre aux scrutateurs pour faire le travail, avec le scrutin de liste.

Quant à la répartition des sièges, elle se fera comme dans les exemples précédents au moyen d'un chiffre d'élection qui devra être environ douze fois plus fort pour conduire aux mêmes résultats. Nous adopterons 1900 comme chiffre d'élection.

Les électeurs qui ne voudront pas que leurs voix puissent être transférées d'un candidat sur un autre, l'indiqueront, sur leur bulletin de vote, par la mention : *sans transfert.*

Le report des voix d'un candidat sur un autre et d'une liste sur une autre se fera comme dans les exemples précédents.

Le rattachement se fera :

De la liste A	De la liste M	De la liste S	De la liste C
—	—	—	—
1° Sur M.	1° Sur A.	1° Sur M.	Sur aucune
2° Sur S.	2° Sur S.	2° Sur A.	liste.

Le résultat du scrutin est détaillé dans le tableau suivant :

RÉPUBLICAINS Liste A.	Avec transfert.	Sans transfert.		RADICAUX Liste M.	Avec transfert.	Sans transfert.		SOCIALISTES Liste S.	Avec transfert.	Sans transfert.		CONSERVATEURS Liste C.	Avec transfert.
	—	—			—	—			—	—			—
Alphonse. .	550 +	50		Maximin. .	300 +	247		Simon . . .	407 +	80		Casimir . . .	304
Alfred . . .	570 +	25		Maury . . .	300 +	243		Sébastien. .	381 +	80		Casien. . . .	303
Alexis . . .	580 +	10		Maurice . .	300 +	239		Stanislas . .	361 +	80		Calixte . . .	302
Albert . . .	562 +	28		Marcel . . .	300 +	211		Sylvestre. .	357 +	80		Chrysostome.	297
Abel	397 +	192		Marc. . . .	300 +	206		Samson . .	355 +	80		Charlemagne	295
Auguste . .	440 +	98		Mathieu . .	300 +	188		Sévère . . .	336 +	80		Chamond . .	283
Alexandre .	450 +	55		Mathurin. .	300 +	175		Sidoine. . .	334 +	80		Charles . . .	281
Antoine . .	472 +	27		Martial. . .	300 +	169		Serdot . . .	323 +	80	580	Célestin. . .	273
Aubin . . .	460 +	21	575	Martin. . .	300 +	150	1.455	Serge. . . .	302 +	80		César	272
Adrien . . .	455 +	30		Mesmin . .	300 +	138		Séraphin. .	293 +	80		Claude . . .	268
Ambroise. .	452 +	11		Macaire . .	300 +	112		Savinien . .	281 +	80		Clément. . .	266
Anselme . .	438 +	23		Mathias . .	300 +	95		Sabin. . . .	279 +	80		Cyrille. . . .	264
André . . .	280 +	20		Ménault . .	202 +	71		Simplice . .	213			Clet.	262
Arcade . . .	270 +	20		Médard. . .	190 +	10		Servais. . .	206			Crescent. . .	57
Anicet . . .	110 +	50		Modeste . .	153			Symphorien	191			Cloud	35
Athanase. .	25			Mériadec. .	151			Sosthène . .	183			Come	29
Augustin. .	13			Marix . . .	111			Saturnin . .	104			Constant . .	25
Anatole. . .	7			Maurille . .	69			Sidoine. . .	98			Crépin. . . .	24
	6.540 +	660			4.476 +	2.184			5.004 +	960			3.840
	7.200				6.660				5.964				

Voici comment se fait la répartition des voix :

RÉPUBLICAINS

Liste A.

Alphonse.	50			Alfred . .	25			Alexis . .	10			Albert.	28	
—	550			— . .	570			— . .	580			—	562	A reporter 925 attendre la suite du scrutin.
d'Anatole.	7			d'Ambroise. .	295	890		d'Antoine	386			—	363	
Augustin.	13			Adrien . .	455	1.345		Alexandre . .	450	1.426			953	
Athanase.	25			Aubin . .	469	1.814		Auguste .	440	1.866				
Anicet . .	110			Antoine. .	86 +	386	Sur Alexis	Abel . . .	34 +	363	Sur Albert			
Arcade. .	270	1.025		Alfred . .	1.900 *Élu.*			Alexis . .	1.900 *Élu.*					
André . .	280													
Anselme .	438	1.743												
Ambroise.	157 +	295	Sur Alfred											
Alphonse.	1.900 *Élu.*													

RADICAUX

Liste M.

Maximin. . .	247		
— . . .	300		
de Maurille. .	69		
Marin	111		
Mériadec . . .	151		
Modeste . . .	153		
Médard. . . .	190	1.221	
Ménault . . .	202		
Mathias . . .	300	1.723	
Macaire . . .	177 +	123	Sur Maury
Maximin. . .	1.900 *Élu.*		

Maury	243		
—	300		
de Macaire. .	123		
Mesmin . . .	300		
Martin	300		
Martial. . . .	300	1.566	
Mathurin. . .	300	1.866	
Mathieu . . .	34 +	266	Sur Maurice
Maury	1.900 *Élu.*		

Maurice	239	
—	300	
de Mathieu. . . .	266	
Marc.	300	
Marcel.	300	
	1.405	Attendre la suite.

SOCIALISTES

Liste S.

Simon	80		
—	407		
de Sidoine . .	98		
Saturnin . . .	104		
Sosthène. . .	183		
Symphorien. .	191		
Servais. . . .	206	1.269	
Simplice . . .	218		
Sabin	279	1.761	
Savinien . . .	139 +	142	Sur Sébastien
Simon	1.900 *Élu.*		

Sébastien. . .	80		
— . . .	381		
de Savinien. .	142		
Séraphin. . .	293		
Serge.	302		
Serdot	323		
Sidoine. . . .	334	1.855	
Sévère	45 +	291	Sur Stanislas
Sébastien. . .	1.900 *Élu.*		

Stanislas.	80	
—	361	
de Sévère.	291	
Samson	355	
Sylvestre.	357	
	1.444	Attendre la suite.

CONSERVATEURS

Liste C.

Casimir	304		
de Crépin	24		
Constant.	25		
Come	29		
Cloud	35		
Crescent	57		
Clet	262		
Cyrille	264		
Clément	266		
Claude	268	1.534	
César.	272	1.806	
Célestin	94 +	179	Sur Casien.
Casimir	1.900 *Élu.*		

Casien	303		
de Célestin	179		
Charles.	281		
Chamond	233		
Charlemagne.	295		
Chrysostome.	297	1.638	
Calixte.	262 +	40	Perdues.
Casien	1.900 *Élu.*		

Les conservateurs, liste C, n'ayant émis que des votes susceptibles d'être transférés ont deux élus et seulement 40 voix perdues.

Les républicains, liste A, avec 7.200 voix n'ont que trois élus, tandis qu'il leur aurait suffi de 400 voix qu'auraient pu fournir les radicaux et les socialistes pour avoir un quatrième élu, qui aurait eu 1.500 voix de la liste A, si toutes ces voix avaient pu être reportées sur d'autres candidats.

Au lieu de cela, le quatrième candidat n'a réuni que 953 voix dont 925 susceptibles d'être transférées.

Les radicaux auraient pu avoir trois élus, plus 960 voix à transférer sur la liste A et sur la liste S. Au lieu de cela ils n'ont que deux candidats ayant réuni chacun 1.900 voix et un troisième qui en a 1.405 et pourra être élu au moyen de 495 voix de la liste A.

Les socialistes, liste S, si toutes les voix avaient été transférables, auraient pu avoir trois candidats élus avec 264 voix à reporter. Ils n'ont que deux élus; et le troisième, Stanislas, n'ayant réuni que 1.444 voix, ne peut être élu.

Les 925 voix de la liste A fourniront	495	voix à Maurice (liste M) + 430 (liste S).
Maurice (*liste* M).	1.405	—
qui aura ainsi.	1.900	voix et sera élu.

Quant à Stanislas (*liste* S), il a réuni	1.444	voix
qui avec.	430	— reportées de A
font.	1.874	voix. Il n'est donc pas élu.

Ainsi les républicains et les socialistes perdent ensemble deux sièges, par suite de ce qu'un grand nombre de votes n'ont pu pas être transférés.

Les voix perdues sont les suivantes:

			Perdues.	
			—	
Liste A d'Albert 925	sur Maurice	495		
	. . . .	430	430	
Voix non transférables.			575	
Liste M, voix non transférables.			1.455	
Liste S, — —			580	
Stanislas non élu			1.444	
	$2 \times 1.900 + 574 =$		4.484	4.514
Liste C			40	

Conclusions.

Il y a tout avantage à fixer, comme nous le proposons, une fois pour toutes, le *chiffre d'élection* et non le nombre des sièges à répartir entre les élus.

La faculté de transférer, avec le consentement des votants, les voix données à un candidat ou à une liste et de les reporter sur un autre candidat de la même liste ou sur une autre liste rattachée à la première, permet d'éviter presque complètement qu'il y ait des voix perdues, pourvu que les votants consentent à ce transfert.

La *première manière d'opérer* est d'une simplicité extrême; mais elle ne tient pas toujours suffisamment compte des préférences des votants. On peut la réserver pour des cas tout spéciaux.

La *deuxième manière* a presque autant que la première le mérite de la simplicité. Elle a de plus l'avantage, tout en maintenant la cohésion des partis, de laisser une large part à l'initiative individuelle des votants. Elle donnerait sans doute d'excellents résultats.

La *troisième manière* n'est que le scrutin de liste ordinaire modifié de manière à assigner à chaque élu un nombre de voix égal au *chiffre d'élection* et à utiliser le plus de voix possible en les reportant sur d'autres noms ou sur d'autres listes. Ce procédé, en ce qui concerne le dépouillement, a toute la complication du scrutin de liste, légèrement augmentée.

Il tient compte de toutes les préférences des électeurs, plus même peut-être qu'il n'est utile, étant donné que l'électeur connaît rarement tous les candidats à porter sur sa liste.

Le mieux serait peut-être :

1° D'adopter la *première manière* pour Paris où la multiplicité des listes corrigerait le défaut d'initiative laissée au votants ;

2° D'adopter la *deuxième manière* pour les villes où le Conseil municipal doit se composer de plus de quinze membres ;

3° D'adopter la *troisième manière* pour les communes dont le Conseil municipal ne doit pas comprendre plus de quinze membres ;

4° D'attendre les résultats de la pratique pour se rendre compte des améliorations à apporter ultérieurement aux dispositions du présent projet.

M. E. BLAISE

Ingénieur des Arts et Manufactures à Rouen.

LE TRAVAIL A LA MAIN ET LE TRAVAIL A LA MACHINE COMPARÉS AU DOUBLE POINT DE VUE DE LA MAIN-D'ŒUVRE EMPLOYÉE ET DU PRODUIT OBTENU.

[330.2]

— Séance du 4 août —

La question mise à l'ordre du jour de la 15e Section nécessiterait une étude complète de la plupart des grandes industries et de leurs transformations successives à travers les âges, suivant les progrès réalisés à une époque déterminée.

Prenons l'industrie des transports, par exemple. On l'observe, chez les peuples primitifs, exécutée d'abord par l'homme, puis par les animaux ; on créa ensuite les voitures et leurs dérivés. Les transports se firent à l'aide des animaux et des chevaux dont la force est restée comme unité de mesure. A l'heure actuelle, les moteurs sont très variés: la vapeur, le pétrole, le gaz, l'électricité.

A chaque progrès de la mécanique correspond un progrès dans la vitesse ou dans le poids de la matière traînée, de telle sorte que le travail se trouve constamment augmenté puisqu'il est proportionnel au poids et à la vitesse.

Dans la construction, on avait affaire, tout d'abord, aux constructions cyclopéennes ; dans les Pyramides, en Égypte, des blocs énormes viennent témoigner de l'effort considérable développé et de la main d'œuvre qui, de nos jours, pour arriver au même résultat, serait remplacée par des procédés mécaniques la supprimant presque entièrement.

Dans le travail du bois en général que l'on peut envisager, par exemple, dans le sciage mécanique, une scie circulaire fait le travail de 100 hommes et l'économie réalisée est d'environ 80 0/0. Toutes les industries établies autrefois pour le travail du bois fonctionnent aujourd'hui mécaniquement.

Considérons le travail du fer, si répandu à cette époque. Au siècle dernier. il fallait forger les barres qui sont laminées maintenant et économisent le temps et l'effort musculaire nécessaire à sa transformation.

Il serait facile pour chacune de ces industries d'évaluer à un moment donné l'économie de la main-d'œuvre humaine remplacée peu à peu par des procédés mécaniques.

L'âge du bronze a apporté un retard réel aux progrès de la mécanique, qui se sont développés plus rapidement à la naissance du fer.

Les restes trouvés à Ninive par M. et Mme Dieulafoy, si curieux et si grands, nous montrent bien l'état de la pierre, de la céramique, des bois gigantesques de cette époque, mais ils restent presque muets sur les métaux.

Je pense donc devoir me borner ici à l'examen du travail le plus spécial à la Normandie, à celui du tissage et de la filature des textiles qui font la réputation de ce pays et comprenant :

1° La Laine.

Du temps des Romains, cette industrie florissait déjà en Normandie. Rouen précéda Elbeuf et Louviers, suivis plus tard de Darnetal, Bernay et Lisieux.

La réputation de la draperie de Rouen était si bien établie qu'un prédicateur du xve siècle s'écriait: « Drapiers uniques, vous vendez pour drap de Rouen celui qui n'est que de Beauvais ».

Les invasions anglaises et, plus tard, les guerres de religion chassèrent un grand nombre d'ouvriers de ces pays et ceux-ci portèrent leur industrie dans le centre de la France et à l'étranger.

Au lieu de l'antique quenouille qui servait à filer la laine, on voit apparaître, dès 1780, des machines filant mécaniquement. Robert Flavigny et Amable Delaunay les introduisirent les premiers à Elbeuf, en 1804.

En 1817, la première machine à vapeur fut installée à Elbeuf par Jacques Lécaillier.

En 1831, un fait d'une importance capitale se produisit à Elbeuf: ce fut l'introduction de la fabrication des étoffes de nouveauté qui donnèrent à Elbeuf et à Louviers la réputation universelle que, malgré les vicissitudes et les crises, ces villes ont réussi à conserver.

Le filage de la laine, qui se faisait autrefois à l'aide de métiers Mull-Jenny, s'opère maintenant par le métier self-acting. Les mouvements d'étirage, de torsion et d'envidage sont produits mécaniquement et à chacune des opérations primitives de la fabrication du drap vient correspondre un perfectionnement dans les machines transformant le travail de la main en travail mécanique dont la comparaison ne saurait être faite qu'à des époques déterminées puisqu'elle est graduelle et continuelle.

Vers 1860, on commence l'emploi de la blousse qui réalise une économie évidente dans le prix du drap, mais ne donne pas l'aspect, le toucher et la résistance.

Une autre amélioration se produisait presque en même temps, celle de l'épaillage chimique remplaçant les diverses opérations de l'épontillage et de l'épincetage.

Dans toutes les opérations, la main-d'œuvre va toujours en diminuant, mais il serait difficile de fixer un chiffre uniforme et exact, puisqu'il y a une modification permanente et que l'on ne saurait comparer que deux époques l'une à l'autre. C'est ce que nous avons fait pour le coton.

2° Le Coton.

Il est possible pour le coton, introduit à une date récente chez nous et travaillé avec tant d'ardeur, que son usage a remplacé celui du lin et du chanvre qui sont des produits du pays, tandis que lui, provient de l'Amérique ou des Indes.

La filature « La Ruche », à Rouen, représente la filature moderne montée pour produire les numéros moyens en coton d'Amérique. Elle comprend 33.724 broches self-acting.

La filature Saint-Eugène, montée en 1823, représente la filature ancienne dans laquelle le travail du filage se fait avec d'anciens métiers Mull-Jenny, marchant moitié par la machine et moitié par les bras de l'ouvrier. Cette filature qui comprend 7030 broches produit des numéros moyens pour trames.

Au point de vue de la comparaison à établir entre la main-d'œuvre dans ces deux filatures, il me suffira de fournir les chiffres suivants:

	Filature mécanique « La Ruche »	Filature à la main « Saint-Eugène »
	—	—
Nombre de broches	35.724	7.030
Personnel employé.	177	44
Personnel par 1.000 broches	5	6,30
Numéro moyen filé.	18	18
Production par broche en 11 heures. . . .	0k,110	0k,065
Revient de la main-d'œuvre par kilogramme filé.	0f,15	0f,19

TISSAGE DU COTON

Il nous est possible de fournir des chiffres, permettant la comparaison du tissage mécanique du coton au tissage à la main et nous nous empressons de les donner.

1° *Tissage à la main.* — Prenons, par exemple, une étoffe très répandue et très commune, le tissu Vichy, bleu et blanc, ayant 1 mètre de largeur et pesant 14 kilogrammes les 100 mètres.

30 Fils de chaîne et 30 fils de trame au centimètre.

Dans le tissage à la main, la production est de 10 mètres par jour d'un ouvrier; le prix de façon de l'ouvrier est de 0 fr. 21 c. × 10 = 2 fr. 10 c.

Les frais généraux sont, d'après diverses observations, de 0 fr. 04 c. par mètre : soit *0 fr. 25 c.* pour le tissage d'un mètre = (0 fr. 21 c. + 0 fr. 04 c.).

Le salaire de l'homme est de 2 fr. 10 c. pour l'ouvrier faisant 10 mètres, ce qui est un maximum.

2° *Tissage mécanique.* — Considérons maintenant le tissage mécanique : La production est de 20 mètres par jour. Le prix de façon de l'ouvrier est de 0 fr. 09 c. × 20 = 1 fr. 80 c.; mais comme il conduit deux métiers, 1 fr. 80 c. × 2 = 3 fr. 60 c.

Les frais généraux étant de 0 fr. 18 c. par mètre d'étoffe tissé, le prix du mètre est 0 fr. 09 c. + 0 fr. 18 c. = *0 fr. 27 c.*

Le prix de revient est donc un peu plus élevé au tissage mécanique qu'au tissage à la main et néanmoins le tissage à la main disparait de plus en plus.

1° Parce que avec le tissage mécanique on peut livrer à époque fixe;

2° Parce que l'on obtient une production plus importante et plus rapide;

3° Parce que l'on varie davantage les genres et l'on fait plus de fantaisie;

4° Parce que le tissu est mieux fait.

Prix de revient. — Dans les deux cas, j'ai supposé la même teinture. Je puis donc établir le prix d'une pièce de 100 mètres :

14 kilogrammes coton à 2 fr. 50 Fr.	=	31
Teinture par kilogramme à 0 fr. 50 c.	=	7
Façon de l'ouvrier tisserand	=	9
Frais généraux.	=	18
TOTAL. . . . Fr.	=	65

Frais généraux. — Les frais généraux eux-mêmes, comprennent une série de dépenses ou d'opérations qui n'existent pas dans le tissage à la main. Ce sont, en adoptant la classification suivante :

Opérations de fabrication.	Tramage.	Graissage.
Personnel.	Rentrayage.	Intérêts et amortissement des bâtiments et machines, etc., etc.
Industrie et bâtiments.	Employés.	
Bobinage.	Charretier.	
Ourdissage.	Cheval et voiture.	
Encollage.	Éclairage.	

La comparaison établie, dans le tissage à la mécanique et le tissage à la main, au sujet du prix de revient, faite ici, pour l'étoffe de coton, dite Vichy, pourrait se faire aussi bien pour la laine, le lin, le chanvre, et tous les textiles en général, et viendrait démontrer que le prix de l'étoffe est sensiblement le même dans les deux cas, quoi qu'un peu plus élevé à la mécanique. Cette faible différence, pour les raisons émises plus haut, n'empêche pas le développement rapide du tissage à la mécanique.

Presque tous les travaux qui se faisaient autrefois à la main, s'exécutent maintenant à la machine, plus régulièrement et plus vite. Le prix de revient du travail mécanique très variable, suivant les cas ne dépasse jamais le prix de revient du travail à la main, souvent même, il lui est très inférieur.

Un préjugé s'est établi dans les premiers temps du travail à la mécanique de l'infériorité de ce dernier sur le travail à la main, provenant de ce que l'appât du lucre, faisait introduire dans les matières à tisser, des matières de qualité inférieure, venant diminuer la valeur de l'étoffe obtenue tout d'abord.

Il convient d'observer dans le tissage, que le changement d'ouvrier ou de mains, se traduit par une différence dans le tissu, très reconnaissable et très apparente dans la fabrication du drap ou de la soie, moins importante quoique visible dans les tissus de peu de valeur. Ce changement de main est évité, avec soin, dans le tissage du drap qui doit autant que possible, être uniforme. La cretone ou l'écru dans le coton, admettent mieux cette irrégularité.

Dans cette transformation du travail, il est évident que l'importance de la machine devenant plus grande, le rôle de l'ouvrier diminue. Son initiative a fait place au fonctionnement plus régulier de la marche mécanique. L'habileté professionnelle qui ne pouvait s'acquérir que par une longue habitude, n'est plus indispensable, il est devenu un accessoire de cette machine qu'il dirige, au lieu d'être l'âme même comme autrefois de la fabrication.

Son instruction générale, son salaire, son bien-être, ont augmenté, mais sa valeur personnelle est amoindrie. Établir les proportions exactes de cette transformation est un problème des plus complexes qu'il ne nous appartient pas de résoudre, mais nous donnons les conclusions suivantes :

CONCLUSIONS

Au point de vue du produit obtenu, la comparaison reste toujours en faveur du travail mécanique. Le travail confié à des machines bien réglées est régulier et les fils ne présentent pas avec ces machines les différences de qualité qu'on rencontre dans le travail à la main qui dépend exclusivement de la disposition et de la compétence de l'ouvrier qui le produit.

Le lin, le chanvre et le jute se travaillent également dans les environs de Rouen.

Des exemples pris dans la filature et le tissage du coton, il est permis de conclure que le travail mécanique offre toujours, quelle que soit la matière travaillée, une régularité plus grande dans le produit obtenu et que la main-d'œuvre va toujours en diminuant avec les améliorations successives des machines.

Il est presque impossible de faire une évaluatian exacte puisque, ainsi que je l'ai montré plus haut, à chacune des étapes de l'industrie correspond une amélioration.

M. Léon RIPERT

Ancien élève de l'École Polytechnique, Commandant du Génie en retraite.

SUR LA FUSION DE LA PLANIMÉTRIE ET DE LA STÉRÉOMÉTRIE DANS L'ENSEIGNEMENT DE LA GÉOMÉTRIE ANALYTIQUE [516:371.3]

— Séance du 3 août —

I. — Chasles, dans son *Aperçu historique* (p. 45 de la 3e édition, 1889), après avoir remarqué que, de la solution du problème de la détermination des axes d'un ellipsoïde dont on donne trois diamètres conjugués, il a déduit une solution très simple du problème analogue pour l'ellipse, ajoute :

« C'est une remarque que l'on peut faire souvent dans l'étude de la Géométrie, que les solutions de la Géométrie plane qui ont leurs analogues dans l'espace sont toujours les plus générales et les plus simples. Ce principe donne un moyen d'épreuve, une sorte de *criterium* pour reconnaître si l'on est parvenu, dans une question, à toute la généralité et à toute la perfection dont elle est susceptible, ou, en d'autres termes, si l'on a rencontré la méthode et la vraie route qui lui sont propres. »

Ce *principe* de Chasles n'est pas l'un des moindres arguments que l'on puisse invoquer en faveur de la *fusion de la planimétrie et de la stéréométrie*, que les géomètres italiens ont mise à l'ordre du jour. Mais, jusqu'à présent, il semble qu'on ne se soit préoccupé de cette grave question qu'au seul point de vue de la Géométrie élémentaire (*).

(*) Voir, dans l'*Enseignement mathématique* (1899, n° 3, p. 204) un article de M. le professeur G. Candido. Trois ouvrages portant un même titre (*Elementi di Geometria*) et adoptant la base de la fusion, ont paru en Italie depuis 1884. Ils sont dus à De Paolis (1884), à M. Andriani (1887) et à MM. Lazzeri et Bassani (1891) ; j'ai analysé en 1899, dans le n° 1 de l'*Enseignement mathématique*, la deuxième édition de ce dernier ouvrage (R. Guisti, Livourne), qui est un cours *professé*.

Si l'on aborde le point de vue analytique, les analogies des éléments du plan et de l'espace et de leurs propriétés générales apparaissent plus saisissantes encore et avec une constance telle que l'on est amené à se demander si la question de la fusion ne se pose pas pour l'enseignement de la Géométrie analytique plus impérieusement encore que pour celui de la Géométrie élémentaire.

L'extrait suivant d'un ouvrage récent montrera que je ne suis pas le seul qui me sois posé cette question : « J'ai parlé déjà (p. 112) de l'intérêt que présente une comparaison entre les résultats relatifs à la Géométrie du plan et ceux de la Géométrie de l'espace : c'est surtout à l'enseignement que s'applique cette observation. Si l'on entrait franchement dans cette voie, il ne serait pas étonnant qu'on pût, d'ici quelques années, arriver à présenter à la fois les principales théories du plan et de l'espace, à gagner ainsi un temps précieux et à donner en même temps plus de portée à l'esprit, en lui présentant des analogies qui bien souvent lui échappent (*) ».

II. — Mais, pour arriver à un tel résultat, il faut partir de bases convenables. Un jalon fondamental me semble avoir été posé à cet effet par une conception profonde de Plücker à laquelle on n'a peut-être pas accordé, au point de vue de l'enseignement, toute l'attention qu'elle mérite (**).

Plücker, dans sa *Neue Geometrie des Raumes* (Leipsig, Teubner, 1868) divise les droites du plan en deux espèces : celles dont l'équation est de la forme $\left(\frac{x-\alpha}{a}=\frac{y-\beta}{b}\right)$ et qu'il appelle *rayons* et celles dont l'équation est de la forme $(ux+vy+r=0)$ et qu'il appelle *axes*. Au point de vue géométrique, cette division se justifie également : le *rayon* est la droite *dirigée* d'un point fini (α, β) vers le point de l'infini dont les coordonnées homogènes sont $(a, b, 0)$; l'*axe* est la *trace* sur le plan fondamental $(z=0)$ d'un plan quelconque $(ux+vy+wz+r=0)$.

La transformation de l'égalité de deux fractions qui définit le *rayon* en égalité de trois fractions donne les équations de la *droite* de l'espace ; le passage de l'*axe* au *plan* est évident. — Une droite de l'espace est, par définition, un *rayon*, et Plücker lui conserve même ce nom. Mais il est plus clair, pour l'exposition, de faire correspondre aux deux noms *axe* et *plan* deux autres noms *rayon* et *droite*. Il n'y a d'ailleurs aucun besoin de changer les noms usités en Géométrie de l'espace, tandis que la subdivision de la droite du plan entraîne l'obligation de recourir à des noms nouveaux.

Dans un récent article (N. A., 1900, p. 409), j'ai indiqué le parti que

(*) C.-A. Laisant, *La Mathématique*, p. 233. — Je me suis très souvent entretenu à ce sujet avec mon ami M. Laisant ; je lui ai communiqué ce Mémoire et il m'a autorisé à déclarer que, sur les questions qui en font l'objet, sa manière de voir ne diffère pas de la mienne.

(**) Je dois à M. X. Antomari l'indication de cette importante conception de Plücker.

l'on peut tirer de la conception de Plücker pour aider à l'intelligence des formules *métriques* (angles et distances) de la géométrie de l'espace, si compliquées en coordonnées obliques que l'on a renoncé à les enseigner, et arriver à la simplification de leur forme. Je ne reviendrai pas sur ce sujet; mais il peut être considéré comme s'incorporant à ce Mémoire. Je me bornerai à montrer ici, par quelques exemples caractéristiques, que l'intérêt de la conception dont il s'agit n'est pas moindre pour les équations et les formules *descriptives*, et qu'un seul raisonnement, en général d'une extrême simplicité, suffit toujours pour établir deux équations ou formules correspondantes.

Dans ce qui suit, je désignerai les coordonnées courantes par X, Y, (Z). Cette notation, qui permet de représenter un point particulier par x, y, (z), est plus commode que la notation plus usuelle de coordonnées courantes $[x, y, (z)]$ qui oblige à recourir, pour des points donnés, quelquefois à α, β, (γ), plus souvent à x', y', (z'); x'', y'', (z'')... Cette dernière notation devrait être proscrite dès le début, puisque l'on en aura besoin plus tard pour exprimer des dérivées.

J'admets que les préliminaires ordinaires des cours de Géométrie analytique, — homogénéité, construction des expressions algébriques, etc., jusques et y compris le théorème fondamental : les équations d'un rayon (ou d'une droite), celles d'un axe (ou d'un plan) sont du premier degré, et réciproquement, — ont été établis. Je suppose enfin que de premières notions sur les points à l'infini, la droite de l'infini et le plan de l'infini ont été données en *Géométrie élémentaire* (*).

Premières équations et formules.

1. — Les équations fondamentales d'un *rayon* (ou *droite*) D et d'un *axe* (ou *plan*) P sont :

$$\text{(D)} \qquad \frac{X-\alpha}{a} = \frac{Y-\beta}{b}\left(=\frac{Z-\gamma}{c}\right)$$

$$\text{(P)} \qquad P(X, Y, Z) = uX + vY(+wZ) + r = 0.$$

En rendant ces équations *homogènes* par l'introduction de la *variable d'homogénéité* T (**), on reconnaît immédiatement que les coordonnées du point à l'infini de D sont a, b, (c), 0, et que les équations du point (ou de la droite) de l'infini de P sont : $uX + vY(+wZ) = 0$, $T = 0$.

La droite (ou le plan) impossible $T = 0$ est dit *droite* (ou *plan*) *de l'infini*.

Un point du plan (ou une droite de l'espace) peut être défini par les

(*) Voir *Enseignement mathématique*, 1900, n° 2, p. 127; n° 3, p. 205, et n° 5, p. 371.

(**) Quelques explications seront ici nécessaires aux élèves; j'en parlerai plus loin (n° 11).

équations de deux axes (ou plans) dont il (ou elle) est l'intersection. Le point (ou la droite) ainsi défini sera dit *point* (ou *axe*) P_1P_2 des axes (ou plans) P_1 et P_2 ; car il est la *trace* d'un des axes (ou plans) sur l'autre.

2. — L'équation (ou les équations) du rayon (ou de la droite) passant par les deux points donnés x_1, y_1, (z_1) et x_2, y_2 (z_2) sont :

$$\frac{X - x_1}{x_1 - x_2} = \frac{Y - y_1}{y_1 - y_2} \left(= \frac{Z - z_1}{z_1 - z_2} \right).$$

Car ces équations sont satisfaites par les coordonnées des deux points. En d'autres termes, l'équation de l'*axe* déterminé par x_1, y_1 et x_2, y_2 est :

$$\begin{vmatrix} X & Y & 1 \\ x_1 & y_1 & 1 \\ x_2 & y_2 & 1 \end{vmatrix} = 0.$$

L'équation du *plan* déterminé par les trois points x_1, y_1, z_1 ; x_2, y_2, z_2 ; x_3, y_3, z_3 est :

$$\begin{vmatrix} X & Y & Z & 1 \\ x_1 & y_1 & z_1 & 1 \\ x_2 & y_2 & z_2 & 1 \\ x_3 & y_3 & z_3 & 1 \end{vmatrix} = 0.$$

Car ces équations, développées sur la première ligne, sont du premier degré; donc elles représentent un axe (ou plan). D'autre part, si l'on remplace les coordonnées courantes par celles d'un quelconque des points donnés, deux lignes du déterminant deviennent identiques; le déterminant est nul *(Alg.)* et l'équation est satisfaite.

Chacune de ces équations est la condition nécessaire et suffisante pour que trois (ou quatre) points soient sur un même axe (ou plan), X, Y, (Z) étant le troisième (ou quatrième) point.

3. — L'équation de l'axe (ou plan) passant par le point x, y, (z) et le point (ou axe) P_1P_2 est :

$$(1) \qquad \begin{vmatrix} P_1(X, Y, (Z)) & P_2(X, Y, (Z)) \\ P_1(x, y, (z)) & P_2(x, y, (z)) \end{vmatrix} = 0.$$

L'équation générale des axes (ou plans) passant par le point (ou axe) P_1P_2 est :

$$(2) \qquad P_1(X, Y, (Z)) - \lambda P_2(X, Y, (Z)) = 0.$$

En effet, après développement de l'équation (1) qui est évidente et remplacement de $\dfrac{P_1(x, y, (z))}{P_2(x, y, (z))}$ par l'indéterminée λ, l'équation (2) exprime que l'axe (ou plan) passe par le point (ou axe) P_1P_2 et un point arbitrairement choisi $[x, y, (z)]$.

4. — Un rayon (ou une droite) D et un axe (ou plan) P se coupent au point x, y, (z) donné par :

$$(3) \qquad \frac{x-\alpha}{a} = \frac{y-\beta}{b}\left(=\frac{z-\gamma}{c}\right) = -\frac{P(\alpha, \beta, (\gamma))}{au + bv(+cw)}$$

Car ces formules sont *(Alg.)* la solution du système d'équation (D, P).

Deux axes P_1 et P_2 se coupent au point x, y donné par :

$$(4) \qquad \frac{x}{(v_1 r_2)} = \frac{y}{-(u_1 r_2)} = \frac{1}{(u_1 v_2)}.$$

Trois plans P_1, P_2, P_3 se coupent au point x, y, z donné par :

$$\frac{x}{(v_1 w_2 r_3)} = \frac{y}{-(u_1 w_2 r_3)} = \frac{z}{(u_1 v_2 r_3)} = \frac{1}{-(u_1 v_2 w_3)}.$$

Car ces formules sont *(Alg.)* (*) la solution du système d'équation P_1, P_2, (P_3).

Conditions de parallélisme.

5. — Deux rayons (ou droites) D_1 et D_2 sont parallèles si l'on a :

$$\frac{a_1}{a_2} = \frac{b_1}{b_2}\left(=\frac{c_1}{c_2}\right).$$

Car ils (ou elles) sont alors dirigés vers le même point de l'infini (n° 1).

En d'autres termes, les rayons D_1 et D_2 sont parallèles à un même axe si l'on a :

$$(a_1 b_2) = 0.$$

Trois droites D_1, D_2, D_3 sont parallèles à un même plan si l'on a :

$$(a_1 b_2 c_3) = 0.$$

Car les deux rayons (ou droites) dirigés de l'origine sur le (ou les) points de l'infini de D_1, D_2, (D_3) se confondent en un seul axe (ou déterminent un seul plan) (n° 2).

6. — Un rayon (ou une droite) D et un axe (ou plan) P sont parallèles si l'on a :

$$au + bv\ (+ cw) = 0.$$

Car, d'après les formules (3) du n° 4, leur point commun est à l'infini.

(*) Je suppose, bien entendu, l'Algèbre acquise et les notations des déterminants expliquées.

7. — Deux axes (ou plans) P_1 et P_2 sont parallèles si l'on a :

$$\frac{u_1}{u_2} = \frac{v_1}{v_2} \left(= \frac{w_1}{w_2}\right).$$

Car ils ont un même point (ou droite) de l'infini (n° 2).

En d'autres termes, les axes P_1 et P_2 sont parallèles à un même rayon si l'on a :

$$(u_1 v_2) = 0.$$

Trois plans P_1, P_2, P_3 sont parallèles à une même droite si l'on a :

$$(u_1 v_2 w_3) = 0.$$

Car d'après les formules (4) du n° 4, leur point commun est à l'infini.

Conditions descriptives diverses.

8. — Un rayon (ou une droite) D s'applique sur un axe (ou plan) P si l'on a :

$$au + bv\ (+ cw) = 0 \qquad \text{et} \qquad P(\alpha, \beta, (\gamma)) = 0.$$

Car ces conditions expriment que D est parallèle à P (n° 6) et a, sur P, un point $(\alpha, \beta, (\gamma))$.

9. — Deux axes (ou trois plans) P_1, P_2, (P_3) se confondent en un même rayon (ou se coupent suivant une même droite) si l'on a :

$$\left\| \begin{matrix} u_1 & v_1 & (w_1) & r_1 \\ u_2 & v_2 & (w_2) & r_2 \\ (u_3) & (v_3) & (w_3) & (r_3) \end{matrix} \right\| = 0.$$

Car cette condition *double* équivaut *(Alg.)* à 3 (ou 4) conditions *dont deux seulement sont distinctes* et expriment qu'un quelconque des deux axes donnés (ou l'axe de deux quelconques des trois plans donnés) s'applique sur le deuxième axe (ou troisième plan).

10. — Trois axes (ou quatre plans) P_1, P_2, P_3, (P_4) se coupent en un même point si l'on a :

$$(u_1 v_2 r_3) = 0 \qquad \left[\text{ou} \quad (u_1 v_2 w_3 r_4) = 0. \quad (5)\right]$$

Car, d'après les formules (4) du n° 4, ces conditions expriment que le point commun à deux des axes (ou trois des plans) se trouve sur le troisième axe (ou quatrième plan).

La condition (5) est celle qui est nécessaire et suffisante pour que deux axes P_1P_2 et P_3P_4 se coupent (ou soient dans un même plan). En l'appliquant à deux droites D_1 et D_2, considérées chacune comme l'axe de deux quelconques de ses plans projetants, on trouve :

$$\begin{vmatrix} \alpha_1 - \alpha_2 & \beta_1 - \beta_2 & \gamma_1 - \gamma_2 \\ a_1 & b_1 & c_1 \\ a_2 & b_2 & c_2 \end{vmatrix} = 0.$$

Remarque. — Les résultats ci-dessus parlent d'eux-mêmes; ils contiennent *toutes les formules descriptives* relatives aux éléments de premier ordre; si d'ailleurs il y avait une omission ou lacune, elle serait facile à combler d'après les mêmes principes.

11. — Diverses explications complémentaires sont à ajouter dans l'enseignement; MM. les professeurs les trouveront aisément, et je me bornerai à une observation sur la première et la plus importante, en m'appuyant à cet effet sur un ouvrage aujourd'hui très répandu.

Cette explication concerne l'introduction (nº 1) de la variable d'homogénéité, et par suite, des points à l'infini, de la droite (ou du plan) de l'infini, immédiatement après les équations fondamentales des éléments du premier degré.

On trouve, dans le *Cours de Géométrie analytique* de M. Niewenglowski (1894, t. I), un très bon développement sur les *coordonnées homogènes*. Il occupe le début du chapitre III (p. 119). Les deux premiers chapitres, très étendus l'un et l'autre, puisqu'ils tiennent 118 pages, sont consacrés respectivement aux Préliminaires (qui commencent par des considérations sur l'homogénéité) et à une étude complète de la droite du plan. Mais, si l'on veut bien lire, au chapitre III, les nºˢ 168 à 170, qui contiennent les considérations sur les coordonnées homogènes, on reconnaîtra que ces considérations seraient également très bien placées après le nº 86 du chapitre II, c'est-à-dire précisément à la place que j'ai indiquée; et l'on peut même dire que ces considérations des nºˢ 168 à 170 se rapprochent plus de l'ordre d'idées des notions préliminaires établies dans les nºˢ 1 à 86 que de celui des équations et formules diverses (descriptives et métriques) qui font l'objet des nºˢ 87 à 167.

Je crois donc que les professeurs n'éprouveront aucune peine sérieuse à placer les coordonnées homogènes et les notions sur l'infini avant l'étude proprement dite du premier ordre, en supprimant (ou, au moins, ajournant) le dernier numéro cité qui, probablement par suite d'une erreur typographique, n'a pas été imprimé en petits caractères.

Les conceptions relatives à l'infini, pour lesquelles il conviendra d'insister sur le caractère conventionnel, pourront en même temps être présentées comme justifiant les explications que j'ai supposé données à ce sujet en géométrie élémentaire, et ces explications elles-mêmes auront ce grand avantage d'empêcher les élèves de se trouver placés, sans aucune préparation, en face d'un ordre d'idées délicat et entièrement nouveau pour eux.

III. — Une autre base essentielle de l'étude comparée des propriétés des figures du plan et de celles de l'espace est une *orientation convenable des axes coordonnés*. Or, le mode d'orientation usité en Géométrie de l'espace est en contradiction flagrante avec la notion du *sens*, dont on ne se préoccupait guère autrefois, mais à laquelle on attache aujourd'hui avec raison beaucoup d'importance.

En Géométrie *à une dimension*, ou sur une droite X′X que l'on a l'habitude de tracer *horizontalement* et dont O est un point arbitrairement choisi pour *origine*, on adopte en général le sens *positif* $\overrightarrow{OX}$, le point de direction X étant placé à droite ; OX est le *semi-axe coordonné positif*. — Cette disposition est maintenue *en deux dimensions*, où l'on convient, en outre, que la génération des angles s'effectuera *positivement*, à partir et au-dessus du semi-axe OX ; la disposition $\widehat{XOY}$ de *l'angle coordonné positif* résulte de ces conventions *(fig. 1)*.

Dès lors, il est absolument illogique, et d'ailleurs peu commode, d'adopter *en trois dimensions* la disposition de la figure 2, qui oblige à renverser le

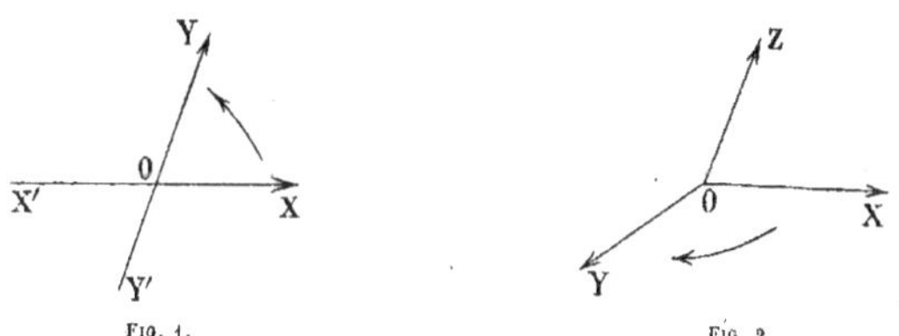

FIG. 1. FIG. 2.

sens de génération des angles dans le plan des XY, et par suite, celui des dièdres autour de OZ, et qui laisse indéterminé le sens de rotation autour des axes OX et OY. La seule disposition logique est celle de la figure 3, usitée en Astronomie, et à laquelle on peut évidemment substituer, si cela est plus commode pour le passage des deux aux trois dimensions, la disposition de la figure 3 *bis*, les conditions à remplir étant que les axes des deux dimensions soient maintenus dans leur position acquise en Géométrie plane et que la direction arbitraire donnée au semi-axe OZ place cet axe dans l'angle *rentrant* $\widehat{XOY}$ (*).

L'inconvénient de la disposition actuelle *(fig. 2)* apparaît dans la

(*) C'est M. E. CARVALLO qui a appelé mon attention sur la nécessité d'une orientation plus judicieuse des axes coordonnés en Géométrie de l'espace.

démonstration des formules de transformation d'Euler, démonstration dont la complication a découragé bien des élèves. Il est sans doute fort difficile de rendre cette démonstration simple ; mais il est aisé de reconnaître que la disposition 3 ou 3 *bis* lui apporte au moins de la clarté.

La disposition de la figure 3 *bis* a l'avantage de se prêter à une représentation facile des surfaces en perspective, et cet avantage est considérable.

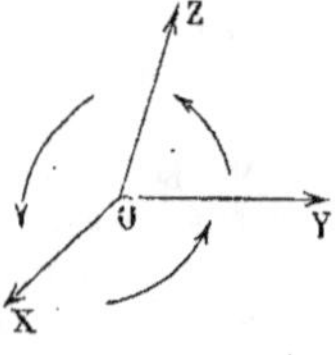

Fig. 3.

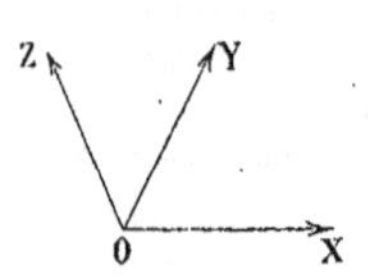

Fig. 3 *bis*.

Dans l'enseignement de la Géométrie analytique, « les deux problèmes essentiels sont toujours les suivants : *Connaissant une figure, déterminer son équation ; connaissant l'équation, déterminer la figure et acquérir le plus de renseignements que l'on pourra sur ses diverses propriétés.* C'est surtout le dernier qui se présente le plus souvent, et c'est seulement par des exercices répétés qu'on parvient à le résoudre. Malheureusement, ces exercices ne sauraient, pour les figures de l'espace, se traduire effectivement par des tracés. » (C. A. Laisant, *la Mathématique*, p. 241.) Or, cette traduction effective me paraît possible par une simple application de la méthode bien connue des plans cotés, et la disposition 3 *bis* facilite très notablement cette application.

Supposons, par exemple, qu'il s'agisse de représenter un paraboloïde hyperbolique, qui est la quadrique dont les élèves ont en général le plus de peine à saisir la forme.

Soit, avec coordonnées rectangulaires, le paraboloïde $\frac{Y^2}{1} - \frac{Z^2}{4} = 2X$.

Construisons, dans le plan des XY, la famille de paraboles $Y^2 - 2X = \frac{Z^2}{4}$, Z étant un paramètre variable, et cotons chaque courbe par la valeur correspondante du paramètre ; nous obtenons la figure 4, où chaque courbe tracée correspond, à cause de sa double cote, à deux paraboles de la surface, équidistantes de la parabole de gorge cotée zéro.

Ajoutons arbitrairement un axe OZ, traçons-y des divisions équidistantes ; puis, par une opération des plus faciles (voir la remarque ci-après), portons chaque courbe à sa cote. Nous obtenons la figure 5, qui fait apparaître très nettement la forme de la surface et ses deux premiers modes de génération : 1° par des paraboles génératrices égales et parallèles à la parabole de gorge p_1 et s'appuyant sur la parabole directrice p_2 ; 2° par des hyperboles (h_1h_1, gg', h_2h_2) toujours homothétiques à elles-mêmes et s'appuyant sur le couple directeur de paraboles p_1p_2.

On peut d'ailleurs développer la figure, y faire paraître à volonté telles ou telles propriétés (génératrices rectilignes, plans tangents, sections diverses).

Le second mode de génération, plus difficile à saisir au premier abord que le premier, deviendra complètement évident si l'on construit, dans les plans des YZ, avec le paramètre X, la famille d'hyperboles $\frac{Y^2}{1} - \frac{Z^2}{4} = 2X$. Si l'on veut étudier plus spécialement le paraboloïde comme surface réglée, il n'y a qu'à rapporter, dans le plan des XY, cette dernière famille à ses asymptotes, ce qui donne l'équation $YZ = \frac{5}{2}X$. On déduira alors le paraboloïde-*conoïde*, dans le plan des XY et avec Z pour paramètre, du faisceau de droites $X = \left(\frac{2}{5}Z\right)Y$.

De telles figures perspectives, faites à une échelle et avec une ampleur convenables, seraient d'une grande utilité dans l'enseignement. Mises sous forme de cartes-tableaux, ombrées ou lavées à l'effet, elles faciliteraient les démonstrations des professeurs. Pour les élèves, les figures 4 sont d'excellents exercices de construction des courbes et de géométrie cotée, que l'on peut aisément combiner avec la géométrie descriptive. Les figures 5 répondent à ce besoin qui est le premier de tous : se rendre compte de la forme de la surface que l'on étudie et en obtenir divers aspects, en partant d'un système de référence approprié aux propriétés que l'on se propose d'examiner.

Chaque double figure (4-5) comporte une série d'exercices tels que les suivants : 1° étant donné, sur une figure 4, un plan défini par la position de ses horizontales et leur équidistance, calculer l'équation de ce plan ; 2° réciproquement, connaissant l'équation d'un plan, tracer ses horizontales ; 3° construire, sur la figure plane, la section par le plan ; 4° reporter cette section sur la figure perspective, etc.

Lorsque les élèves seront suffisamment exercés à la considération de ces deux figures, on pourra leur faire remarquer que la figure perspective n'est qu'une image destinée à parler aux yeux ; mais que, avec un peu d'habitude, ils peuvent voir sur la figure plane tout ce que leur montre la figure perspective, et il sera bon de les y exercer dans la mesure du possible.

On peut faire porter les constructions sur des surfaces quelconques ; par

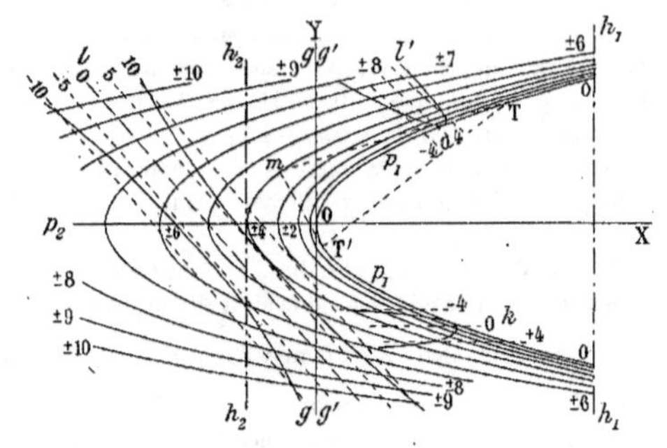

FIG. 4.

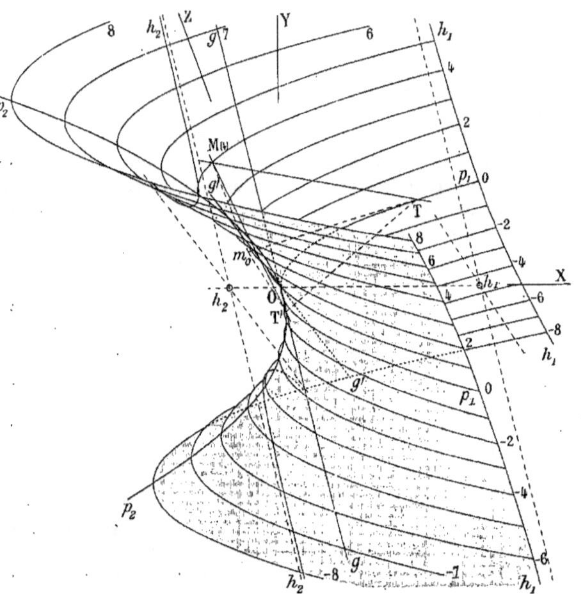

FIG. 5.

exemple, on construit l'hélicoïde à plan directeur Y = (tg.Z)X sans plus de difficultés que le paraboloïde Y = (KZ)X.

Les doubles figures (4-5) permettent donc, en résumé, de passer d'une famille de courbes planes à la *même famille* constituant une surface déterminée et d'étudier la plupart des propriétés descriptives de cette surface.

Remarque. — Pour transformer une famille de courbes planes *a* en surface *(fig. 6)*, il suffit d'établir, sur une feuille de papier-calque, le dia-

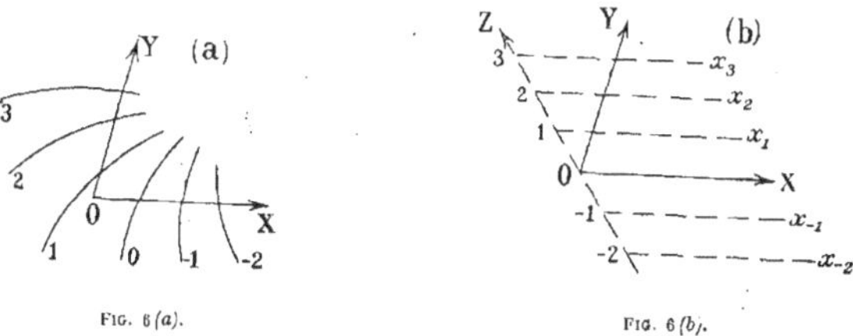

Fig. 6 *(a)*. Fig. 6 *(b)*.

gramme *b*, de faire coïncider successivement les droites $(\ldots - 1x_{-1}$, OX, $1x_1 \ldots)$ de *b* avec la droite de OX de *a*, et de tracer chaque fois la courbe de même cote (... — 1, 0, 1, ...).

IV. — Lorsque l'on passe du premier ordre au second, les analogies signalées ci-dessus (II) subsistent. On en trouvera un exemple en comparant deux articles sur la discussion des équations générales des coniques et des quadriques que j'ai publiés dans les *Nouvelles Annales* (1898, pp. 329 et 413).

Combien d'autres exemples pourraient être ajoutés, soit pour l'ordre 2, soit pour l'ordre général *m*, et dont la plupart mettraient en relief l'importance fondamentale de la conception de Plücker? L'intervention simultanée des rayons (ou droites) et des axes (ou plans) est visible dans l'équation de l'axe (ou plan) polaire d'un point; car l'on considère, pour l'obtenir, une famille de rayons (ou droites) issus du point, et le lieu est un axe (ou plan). Cette intervention n'est pas moins manifeste dans les équations de l'axe (ou plan) asymptote, de l'axe-diamètre (ou plan diamétral) de Newton, correspondant à une direction de rayon (ou droite) donnée, etc.

Au point de vue scientifique, il est inutile de citer d'autres exemples. L'ordre d'idées où je me place est celui sur lequel on s'est appuyé pour créer, après les géométries à 1, 2, 3 dimensions, une géométrie à *n* dimensions. Il ne sera vraisemblablement pas contesté *à ce point de vue*.

V. — *Au point de vue de l'enseignement*, une grave objection est à prévoir : « C'est une utopie, dira-t-on. On a déjà beaucoup de peine à faire comprendre aux élèves la Géométrie analytique, en leur demandant de considérer d'abord les seuls éléments du plan et de ne passer à ceux de l'espace que lorsqu'ils sont familiarisés avec les premiers. Que serait-ce si on les mettait d'emblée en présence des deux géométries fusionnées ? La tâche des professeurs deviendrait impossible ; le niveau des études serait abaissé ; le mieux est l'ennemi du bien. »

Il serait puéril de contester la valeur de cette objection. Si elle était irréfutable, elle suffirait pour rendre vain tout projet de fusion. Elle mérite un examen sérieux.

C'est d'abord l'objection qui s'est naturellement présentée en 1884, lorsque DE PAOLIS émit la première idée de la fusion en Géométrie élémentaire ; c'est elle qui a fait d'abord considérer cette idée comme une utopie. Mais, heureusement pour l'idée, ses partisans, alors en petit nombre, étaient éminents et convaincus. Deux d'entre eux, MM. LAZZERI et BASSANI, professeurs à l'Académie navale royale d'Italie, ont obtenu de faire une expérience. Cette expérience s'est exécutée dans les plus larges proportions, puisque le cours de Géométrie a été réglé exclusivement d'après l'idée, comme on peut s'en convaincre aisément, le cours ayant été publié. (Voir la première note.)

Les résultats ont été tels que la mesure transitoire adoptée par l'Académie navale italienne est devenue définitive ; ils ont transformé en partisans de la fusion un grand nombre de savants qui en étaient les adversaires déclarés, et la question se trouve posée même en Allemagne. En bien peu d'années, comme le constatent MM. Lazzeri et Bassani avec une légitime fierté, l'utopie a fait beaucoup de chemin.

Il y a là un enseignement qui ne doit pas être perdu et qui serait même de nature à réduire notablement la valeur de l'objection relative à la Géométrie analytique. Car, si l'étude simultanée des deux géométries *élémentaires* est sans inconvénients sérieux, si, à raison de ses avantages qui ne sont pas niables, on finit par l'adopter en principe, il est clair que la même mesure appliquée à la Géométrie analytique deviendra d'autant plus praticable que les élèves auront été familiarisés, par la Géométrie élémentaire, avec l'ordre d'idées sur lequel elle se fonde.

Mais il faut raisonner ici dans l'hypothèse où la Géométrie élémentaire resterait enseignée, comme elle l'est actuellement dans notre pays, avec ses deux divisions bien tranchées. Dans ces conditions, est-il possible d'introduire, dans le programme des classes de mathématiques spéciales, le principe de la fusion en Géométrie analytique ? Nous le croyons, et l'on reconnaîtra, dans tous les cas, que la question est assez importante pour mériter une expérimentation.

Il est évident cependant que l'expérience ne peut pas se faire, en France, dans la mesure qui a été adoptée par l'Académie navale italienne. Car, nos classes de mathématiques spéciales n'ont en fait qu'un objet, la préparation aux examens des écoles. Or, ces classes sont nombreuses, et une expérience qui se ferait sur l'une d'elles seulement en placerait les élèves dans des conditions (meilleures ou pires, peu importe) très différentes de celles où resteraient placés leurs camarades des autres classes.

Dès lors, les questions qui se posent sont les suivantes : Dans quelles conditions l'expérience peut-elle être tentée, étant entendu qu'elle doit être faite, non pas par un professeur, mais par tous, dans la même mesure, en vertu d'un programme déterminé ? Quel serait ce programme et quels seraient ses moyens pratiques d'exécution ?

Pour répondre à ces questions, il est nécessaire de rappeler sommairement ce qui se passe dans toute classe de mathématiques spéciales.

Le professeur a à enseigner les matières d'un vaste programme, et il dispose à cet effet d'environ huit mois. Mais l'expérience lui ayant démontré qu'une revision générale des matières avant l'examen est indispensable, il divise ordinairement son cours en deux parties, fort inégales d'ailleurs. La première est le développement de l'ensemble du programme, et le professeur y consacre habituellement au moins six mois et au plus sept. La seconde partie, d'une durée variant de un à deux mois, est employée à la revision générale en vue des examens.

D'autre part, les élèves forment deux catégories bien distinctes : ceux de première année qui voient le cours pour la première fois et dont un fort petit nombre (c'est un fait) est admis aux écoles à la fin de leur année; ceux de seconde et de troisième année, qui sont en quelque sorte en revision, et parmi lesquels se trouve le plus grand nombre des candidats destinés à être admis.

Ceci rappelé, j'admets que, tant que l'expérience n'aura pas prononcé, il est impossible de mettre les élèves de première année en présence de la Géométrie fusionnée. J'admets également qu'il est de toute impossibilité à un professeur de faire deux cours distincts, l'un pour les élèves de première année, l'autre pour les élèves de deuxième ou troisième année en revision, pour lesquels la difficulté eût été moindre.

Je proposerai alors un programme d'expérimentation *en deux années*.

Dans la première année d'expérience, les professeurs seraient invités, tout en continuant à enseigner comme à l'ordinaire les deux géométries successivement, à ne pas perdre de vue que, lorsqu'ils seront en trois dimensions, ils auront à faire ressortir, au fur et à mesure qu'ils les obtiennent, les analogies des résultats de l'espace avec ceux précédemment obtenus pour le plan, et à tenir compte de cette considération dans leurs démonstrations relatives aux deux dimensions (*). Par exemple, s'ils ont établi, pour les formules descriptives du premier ordre, un résumé analogue à celui que j'ai présenté ci-dessus (II), ils n'auront qu'à dédoubler les énoncés et les démonstrations, en s'efforçant de maintenir les mêmes termes, de façon que, les répétant en trois dimensions, il sera naturel d'ajouter : « C'est exactement, à une variable et ses paramètres près, ce que nous avons déjà obtenu en deux dimensions ».

Puis, en revision, dans ce que j'ai appelé la seconde partie du cours, les professeurs réuniraient, dans des énoncés et démonstrations doublés, les résultats similaires, ce qui aurait en outre l'avantage de mettre entre les mains des élèves, pour chacune des parties du cours qui le comportent, un résumé (II), qui est, dans tous les cas, par sa forme concise, un bon tableau de formules.

A la fin de cette première année d'expérience, il serait bien facile aux examinateurs, par un certain nombre de questions qu'ils concerteraient entre eux, de donner une sanction aux mesures adoptées. Trouverait-on un inconvénient sérieux, pour citer un exemple, à ce qu'un examinateur posât une question en ces termes : « Quelles sont les équations d'un rayon et d'un axe du plan passant par deux points, d'une droite de l'espace passant par deux points et d'un plan passant par trois points ? Écrivez-les de mémoire si vous les avez retenues ; trouvez-les dans le cas contraire ; dans tous les cas, indiquez quelles sont les correspondances entre les éléments du plan et ceux de l'espace ». Si cet énoncé semble trop long, il est clair qu'on peut le décomposer. Si l'on n'adopte pas les expressions *rayon* et *axe* de Plücker (c'est au programme à en décider), il n'y aura qu'à modifier ainsi le début de la question : « Quelles sont les deux formes de l'équation d'une droite du plan, etc. ».

Dans la seconde année d'expérience, le programme resterait le même ; mais, par le fait seul des mesures prises l'année précédente, les professeurs auraient à leur disposition des moyens d'action efficaces. Ils pourraient d'abord rappeler, *dès les deux dimensions*, aux élèves de deuxième et troisième année ce qui leur a été enseigné l'année précédente dans la période de révision. On pourrait aussi tirer un bon parti des répétitions et interrogations pour appeler d'une manière spéciale l'attention de ces élèves et même celle des élèves de première année les plus intelligents sur ce que peut représenter une équation ou formule acquise en deux dimensions quand on lui ajoute une variable et les paramètres correspondants. D'ailleurs les élèves de première année ont étudié la Géométrie de l'espace *élémentaire* ; il savent ce

(*) On me dira peut-être que plus d'un professeur fait déjà cela. Je suis loin de dire le contraire ; mais ils ne le font pas tous, et de là résulte une de ces inégalités dans la distribution de l'enseignement que l'équité commande de chercher à faire disparaître autant que possible. Il y a loin d'une mesure partielle, due à l'initiative d'un professeur, à une mesure générale prescrite par un programme.

que c'est qu'un plan, qu'un trièdre, qu'une perpendiculaire abaissée d'un point sur une face de ce trièdre, etc. Ne pourrait-on pas, — sans qu'un pareil détail pût être dit constituant déjà la fusion, — joindre à la définition des coordonnées cartésiennes du plan cette simple observation : « Quand nous serons en Géométrie à trois dimensions, nous ajouterons aux deux axes OX et OY un troisième axe OZ, non situé dans leur plan, et, par rapport aux faces du trièdre ainsi constitué, nous représenterons un point, etc. Ainsi, en Géométrie plane, un point est représenté par deux coordonnées non homogènes (ou par trois coordonnées homogènes) ; en géométrie de l'espace, il l'est par trois coordonnées non homogènes (ou quatre coordonnées homogènes). Nous ne vous demandons, pour le moment, que de vous rappeler cela ». Les remarques sur la signification que peut acquérir une équation après l'addition d'une variable deviendraient profitables alors, dès les deux dimensions, aux élèves de première année comme à ceux de deuxième ou de troisième année.

Les candidats sont tenus de présenter aux examinateurs les dessins et épures qu'ils ont exécutés pendant l'année, et le programme contient même des prescriptions sur le nombre et la nature de ces dessins. Une mesure utile consisterait à y faire figurer, pour la seconde année d'expérience, une ou deux épures représentant une quadrique réglée déduite de familles de courbes planes, dans telles et telles conditions qui seraient spécifiées. L'examinateur, qui est plus spécialement chargé de ce contrôle, pourrait très utilement alors user de son droit d'interrogation sur les épures qui lui sont présentées; il pourrait aussi avoir lui-même un certain nombre de feuilles préparées et inviter les candidats à montrer et expliquer, sur ces feuilles, les propriétés des surfaces qui y apparaissent.

Je ne crois pas devoir insister davantage. Il me semble que le programme dont je viens de tracer les principales lignes est conçu dans des conditions de prudence qui sont de nature à rassurer les esprits les plus enclins à redouter les nouveautés.

M. Zoel GARCIA de GALDEANO

de Saragosse.

QUELQUES RÉFLEXIONS SUR L'ENSEIGNEMENT MATHÉMATIQUE

[510: 371.3]

— *Séance du 3 août* —

La Mathématique, dans le XIXe siècle et notamment dans la deuxième moitié, s'est transformée, non seulement dans sa partie objective, mais surtout, dans sa partie formelle ou subjective.

Cela est un fait naturel. L'époque de l'invention par la force du génie s'est transformée dans l'époque du progrès par la force de la méthode. L'enchaînement des idées entraîne les unes au moyen des autres.

Jadis, la somme des connaissances était peu considérable; alors seulement s'imposait la profondeur des vues, l'analyse détaillée; l'esprit s'enfonçait avec force dans le terrain ferme. Aujourd'hui la masse des connaissances ne peut être saisie dans son ensemble. L'artifice de la méthode devient nécessaire pour combler les défaillances de l'intelligence.

L'instruction doit viser au développement des fonctions intellectuelles, conduisant graduellement, depuis l'analyse qui affermit l'esprit d'observation, jusqu'aux idées d'ensemble, qui deviennent le lien entre les nombreuses théories répandues çà et là et dont l'approche seulement est possible par un très puissant esprit de généralisation, dernier degré auquel doit arriver l'enseignement.

Au seuil de l'enseignement, nous croyons utile de rappeler toujours le précepte cartésien: *ne recevoir jamais aucune chose pour être vraie que je ne la connusse évidemment être telle*, principe qui, dans l'enseignement élémentaire, se réduit à maintenir la prédominance de l'intuition dans l'acquisition de toute connaissance; cette intuition se borne ici aux définitions, divisions ou variétés d'objets; les constructions immédiates de ceux-ci d'après leurs propriétés fondamentales, tout ce qui exerce l'activité naissante de l'élève. Les questions les plus simples, mais entourées d'artifices pédagogiques, affermiront, pour les assimiler, les faits aperçus, qui se transformeront en des concepts, acquérant ainsi une nature intellectuelle.

Il faudra au commencement, apprendre plus dans les objets que dans les livres. Ainsi que dans les sciences naturelles, l'expérience et l'observation des faits devront servir de point de départ; dans la Mathématique, les concepts seront puisés dans les nombres, les figures, les modèles, qui seront les objets proposés à l'intuition. Des faits tels que la superposition, l'égalité, l'inégalité, les substitutions, l'ordination d'objets, etc... doivent être fixés, pour ne plus préoccuper l'élève dans l'avenir; surtout au commencement, il ne sera pas difficile de faire connaître comment certaines données suffisent pour entraîner des conséquences, et quelles autres donneront des incompatibilités ou des surabondances, ce qui conduira à connaître les deux parties qui composent le théorème, à les distinguer et à comprendre aussi comment les théorèmes sont des transformations les uns des autres au moyen de la substitution, dans les hypothèses, de quelques éléments par quelques autres. On verra ainsi comment beaucoup de questions sont des cas particuliers d'autres questions. Tout ceci s'affermira en étudiant les théorèmes au point de vue de la réciprocité, rapport qui s'étend plus tard à celui de la projectivité et d'autres correspondances supérieures.

La géométrie doit être aussi préférée dans le premier degré de l'enseignement, en groupant au début les propositions relatives à l'égalité et l'inégalité, qui sont les plus simples, et les fondements de toutes les autres.

L'arithmétique pourra ainsi s'étudier en même temps que la géométrie. Les concepts d'association, commutation, distribution et contenance dominent cette branche et préparent à la combinatoire.

C'est une préoccupation nuisible que de subordonner le plan de l'enseignement à certains détails tels que des insuffisances dans les démonstrations; on retarde ainsi certaines théories, ou la connaissance de certains objets dont la définition ou, peut-être, quelque propriété fondamentale suffirait pour le moment. L'ensemble doit prévaloir toujours sur quelque défaut de détail.

Les anciennes branches de la science classique ne suffisent pas aujourd'hui, de nouvelles branches ayant été ajoutées, et aussi parce qu'il est impossible de signaler les bornes des unes et des autres; ces bornes se rapprochent ou se détachent d'après quelques vues purement subjectives des auteurs ou de quelques institutions d'enseignement. Il faut donc entreprendre une classification de la Mathématique d'après les liaisons logiques de ses nombreuses branches, ce qui sera très important pour l'enseignement.

Cependant l'enseignement impose quelquefois un certain ordre, parce qu'il faut alors subordonner les questions à étudier aux moyens intellectuels des élèves, souvent insuffisants pour certains buts. Cela n'est pas applicable à la science dans son développement logique. Si le calcul arithmétique doit précéder l'algèbre, cela tient seulement à ce que nous avons à donner des faits concrets aux jeunes intelligences; mais on pourrait exposer l'ensemble des lois numériques ainsi que celles qui forment la géométrie sans effectuer des calculs ou sans construire des figures. La démonstration de l'existence d'un objet est indépendante de son existence ou de sa construction matérielle.

La Mathématique a éprouvé quelque fois les effets d'une insuffisance dans les moyens de démonstration. Tel est le cas de la géométrie, qui fut enrichie par Staudt, grâce à sa méthode purement géométrique pour les démonstrations.

La Mathématique, dans son développement logique purement déductif, pourrait commencer même par l'analyse infinitésimale, la plus haute de ses branches; tout reviendrait à supprimer des détails et à suivre les concepts généraux, les catégories de la raison qui s'entrelacent, sans se subordonner jamais les uns aux autres, étant tous des concepts premiers, pouvant servir de fils conducteurs à nos raisonnements dans des séries distinctes. Nous sommes maîtres de puiser dans la source des concepts de nombre, combinaison, ordre, continuité, égalité, étendue, succession, cause, et d'autres encore, dans le but de suivre aisément nos déductions par l'entre-croisement de ces concepts primitifs; mais *pratiquement* s'est imposée une marche presque toujours ascendante, assujettie aux besoins de l'enseignement, et qui devient contraire à l'exposition parfaite, d'après les seuls besoins de la constitution logique de la Mathématique.

Dans l'enseignement éducatif, nous avons à imiter l'histoire du progrès humain où l'analyse, cette méthode de découvertes, prévaut sur la synthèse; celle-ci est inutile quand la science ne s'est pas encore assez enrichie pour fournir de la matière au travail complémentaire de la systématisation.

L'enseignement, au lieu d'adopter la succession linéaire, doit adopter la disposition cyclique; il doit diviser et déplacer les systèmes classiques, qui ont seulement une existence provisoire, liée dès l'origine aux défauts et au manque de ressources inhérents à l'enfance. Il est convenable, pour cela, de subdiviser les branches d'après les objets à étudier, dans le but d'arriver plus tôt et plus directement à la conclusion, évitant dans la mesure du possible, les préfaces, introductions, préliminaires et toutes sortes d'échafaudages qui détournent l'élève de l'objet principal.

Dans l'enseignement secondaire, il faut détruire ou éviter certains préjugés qu'un esprit de généralisation très naturel peut enfanter sur des questions telles que la continuité, les imaginaires, la résolubilité des équations et d'autres, présentant aux élèves la science élémentaire comme une ébauche d'une science plus achevée et très différente par sa portée et dans ses allures.

L'enseignement supérieur doit réunir deux caractères: fermeté dans sa marche et spiritualité dans les conceptions. Les Facultés des sciences doivent poursuivre deux buts. Préparer pour l'art de l'ingénieur, c'est-à-dire pour les applications et aussi pour le professorat qui est sa principale tâche.

La première partie de cet enseignement aurait un caractère éminemment pratique. Elle doit fournir les matériaux pour s'élever ensuite aux plus hautes généralisations. Une descente des branches supérieures vers les branches inférieures déplacées de leurs anciens sièges réalisera ce but.

La Mathématique est un ensemble de théories qu'on doit classifier et réunir dans un plan général, avec une certaine unité; mais en outre, elle est un ensemble de méthodes; l'histoire de la Mathématique est celle d'une succession de méthodes. L'algèbre est une méthode et un instrument scientifique plus puissant que l'arithmétique, et l'analyse infinitésimale est encore supérieure à l'algèbre.

De même, dans la géométrie, la méthode projective est un autre instrument, supérieur aux méthodes anciennes.

L'enseignement, par conséquent, doit fournir aux élèves, aussitôt que cela est possible, ces moyens d'investigation. Cependant, il convient de s'arrêter à chacun de ces degrés de l'exercice intellectuel. Il est très profitable de présenter d'abord la science, non dans son plus haut degré de perfectionnement, mais comme si elle était à former. Dans cette marche elle s'enracinera plus fortement dans l'intelligence, l'assimilation des connaissances avec notre être spirituel se fera naturellement. Il faut que chacun regarde la science dans son état de formation pour assister ensuite à son organisation.

Jadis, quand le total des connaissances mathématiques était peu considérable, il suffisait d'employer des méthodes que chaque mathématicien inventait; citer leurs noms serait exposer l'histoire de la science. Mais aujourd'hui, la réunion de toutes ces méthodes, jointe aux nouveaux concepts, qui sont les fondements des théories les plus variées, nous oblige à suivre une plus large route.

A la force du génie il faut substituer non seulement les méthodes objectives, mais aussi la méthode subjective. L'étude des méthodes fait partie de la pédagogie mathématique, plus restreinte que la pédagogie générale, qui ne pourrait intéresser qu'en partie les esprits scientifiques, de même que la philosophie ne peut les intéresser qu'au point de vue de la logique.

Nous croyons qu'une nouvelle branche, la *Critique mathématique*, pourrait se substituer à la pédagogie ou s'adjoindre à celle-ci, selon les besoins et l'étendue de chaque plan d'études universitaires. Il faut, en effet, former des professeurs, distincts des hommes de science destinés à faire des applications utiles; ceux-ci ont besoin de connaître les objets des arts, des industries auxquelles la science s'applique dans le but de la production. La préparation au professorat vise la mathématique dans une autre direction qui est notre constitution intellectuelle et la valeur logique des concepts mathématiques. L'étude de ceux-ci conduira à des classifications qui permettront d'unifier la science en la rendant plus simple au milieu d'une inépuisable variété. Les concepts primitifs de relation, d'ordre, de combinaison, de situation, de nombre, de continuité, de limite, du fini et de l'infini, etc., sont à côté d'autres qui révèlent le caractère synthétique de la mathématique actuelle; tels sont : le domaine, l'ensemble, la variété, le groupe, l'hyperespace et les éléments plus particuliers, de classe, genre, congruence, connexe, etc.

Les anciennes opérations algorithmiques ou géométriques se sont enrichies d'autres qui les ont fait sortir de leur état d'existence individuelle et passer à un état de variation, de mobilité, ou les ont rendues systématiques ; telles sont : la projectivité, l'applicabilité, les configurations ; nous citerons encore les groupes de transformations qui semblent envelopper tout, l'invariation, et plus particulièrement les correspondances d'affinité, d'homologie, d'homographie, etc.

Parmi les anciens objets, toujours réels et intuitifs, nous retrouvons certains êtres de raison très utiles pour simplifier et généraliser les procédés et les résultats mathématiques; tels sont les êtres imaginaires ou idéaux de diverse nature employés dans quelques raisonnements; les hyperespaces, les objets du calcul formel ou combinatoire et de l'algèbre symbolique.

Toutes ces brèves indications montrent l'importance de la branche que nous avons appelée la *Critique mathématique*, et qui sera le couronnement des études pour le professorat; elle contribuera à la généralisation, la simplification et l'unification de la science, non seulement au point de vue logique, mais aussi au point de vue historique, qui aura sa place, parce que faire connaître la Mathématique moderne c'est exposer son histoire, formée par la riche bibliographie du XIXe siècle, dont le répertoire est si avancé grâce aux travaux de la Commission permanente et à l'active collaboration de tous les mathématiciens.

Nous terminons en remarquant que les noms des mathématiciens illustres sont des *schèmes* de leurs propres théories ; en les rappelant, on joint l'histoire à la science même.

M. L. de BEAUFRONT

à Épernay.

ESSENCE ET AVENIR DE L'IDÉE D'UNE LANGUE INTERNATIONALE [408.9]

— *Séance du 3 août* —

Nous examinerons systématiquement, dans ce mémoire, les questions suivantes :

1° Une langue internationale est-elle nécessaire ?

2° Est-elle possible en principe ?

3° Peut-on espérer réussir à la faire adopter pratiquement ?

4° Quand et comment sera-t-elle faite et quelle langue adoptera-t-on ?

5° Notre travail actuel nous conduit-il à un but déterminé, ou bien agissons-nous encore à l'aveugle, risquons-nous de voir nos efforts finir sans résultats, et les gens raisonnables doivent-ils se tenir loin de nous, jusqu'à ce que « l'affaire s'éclaircisse » ?

I

Une langue internationale est-elle nécessaire ?

Cette question provoquera, par sa naïveté, le rire des générations futures, tout comme cette autre : « La poste est-elle nécessaire ? » provoquerait le rire de nos contemporains. La plupart des gens intelligents la trouveront dès maintenant superflue ; nous la posons cependant pour être tout à fait conséquent, car il y a encore beaucoup d'hommes qui y répondent négativement. Le seul motif allégué par quelques-uns d'entre eux, c'est que « la langue internationale détruirait les langues nationales et les nations elles-mêmes ». Hâtons-nous de rassurer ces personnes.

La langue internationale a pour but de donner aux hommes de pays différents, qui sont là comme des muets, les uns devant les autres, la faculté de se comprendre ; mais elle n'a nullement pour rôle de s'immiscer dans la vie intime des peuples.

Une « langue internationale auxiliaire » et une « langue universelle exclusive » sont deux choses tout à fait différentes qu'on ne doit confondre d'aucune manière. En supposant qu'il se produise jamais une fusion de toute l'humanité en un peuple unique, il faudrait accuser de ce

« malheur », selon l'expression des chauvins, non pas la langue internationale, mais le changement des idées et des convictions. Si le désir de fusionner ne naît pas *de lui-même* chez les hommes, ce ne sera certes pas la langue internationale qui pourra les y forcer. Aussi le chauvinisme le plus ardent et le plus aveugle peut-il fort bien aspirer à une langue internationale. En effet, entre le désir d'une langue internationale et le chauvinisme national, il y a le même rapport qu'entre le patriotisme et l'amour de sa famille. Quelqu'un peut-il dire que l'extension des relations et des transactions entre gens du même pays menace en quoi que ce soit l'amour *familial?*

Non seulement la langue internationale est par elle-même incapable d'affaiblir les langues nationales, mais elle doit, au contraire, les affermir certainement et les amener à leur complet épanouissement. En effet, actuellement, grâce à la nécessité où nous sommes d'apprendre diverses langues étrangères, on ne peut que rarement rencontrer un homme qui possède parfaitement sa langue maternelle, et les langues elles-mêmes, dans leurs mêlées et leurs luttes, s'embrouillent, s'altèrent de plus en plus et perdent leur richesse naturelle aussi bien que leur charme. Par contre, quand nous ne serons plus obligés d'apprendre qu'une seule langue étrangère (et encore très facile), chacun de nous aura le loisir d'apprendre à fond sa langue maternelle, et alors toute langue, étant débarrassée de la pression qu'exercent sur elle de nombreuses voisines, gardant pour elle seule, dans toute leur plénitude, les forces de son peuple, se développera promptement avec la dernière puissance et le plus vif éclat.

La deuxième raison mise en avant par les adversaires d'une langue internationale, c'est la crainte qu'on ne prenne peut-être, pour en jouer le rôle, une langue nationale, et qu'au lieu d'un *rapprochement* nous n'ayons un *écrasement*, une absorption de tous les autres peuples par celui dont on prendrait la langue, grâce à l'énorme supériorité que lui donnerait cette adoption. Cette crainte, nous l'avouons, n'est pas sans fondement ; mais on ne peut l'élever que contre une *forme* fausse ou mal choisie de langue internationale. Elle perd toute force, si on réfléchit à ce fait, que l'organe en question ne peut être et ne sera qu'une langue neutre, comme nous le démontrerons ci-après.

Par conséquent, si nous laissons de côté pour quelque temps la question de la possibilité ou de l'impossibilité d'établir une langue internationale (nous traiterons ce point plus loin) ; si nous supposons que cet établissement ne relève que de notre *volonté*, et enfin si nous exceptons le cas d'une erreur criante dans le *choix* de la langue, tous devront reconnaître qu'on ne peut fournir le plus petit argument valable sur le *danger* ou les inconvénients d'une langue internationale. D'autre part, les avantages que cette langue procurerait au monde sont si considérables et si évidents pour tous que vraiment nous n'aurions pas besoin d'en parler. Pourtant, nous en dirons *quelques mots*, dans l'unique but de faire une étude bien complète de la question.

Que serions-nous, nous les fiers rois du monde, *si nous n'avions pas de langue pour communiquer entre nous;* si nous devions, dès la première enfance, élaborer nous-mêmes tout notre savoir et façonner seuls notre intelligence, au lieu de profiter, grâce à l'échange des pensées, de tous les fruits déjà prêts que mettent à notre service l'expérience et les diverses connaissances acquises, pendant des millénaires entiers, par tant de millions et de milliards d'êtres semblables à nous ? Que si la faculté bien incomplète, bien restreinte, d'échanger leurs idées a eu pour les hommes une si colossale importance, pensons aux avantages bien autrement immenses et absolument incomparables que leur procurerait la possession d'une langue internationale rendant *complet* cet échange des idées, d'une langue qui ne permettrait pas seulement que Pierre communique avec Paul, Jacques avec Philippe ou Jean avec Henri, mais qui donnerait à chacun d'eux le pouvoir de comprendre les autres, doublé du pouvoir d'être compris de *tous !*

Mais donnons quelques exemples empruntés à la vie ordinaire.

Nous nous efforçons de traduire dans les langues de tous les autres peuples au moins les chefs-d'œuvre propres à chaque peuple en particulier. L'entreprise absorbe déjà d'une manière improductive une somme énorme de travail et d'argent ; et pourtant, malgré cela, nous n'arrivons à traduire qu'une partie bien infime de la littérature humaine ; le reste, c'est-à-dire la plus grande partie, de beaucoup, avec les trésors de pensées qu'elle renferme demeure inaccessible à chacun de nous. Si, au contraire, il existait une langue internationale, tout ce qui paraîtrait d'intéressant pour le monde, dans le champ de la pensée humaine, serait traduit dans cette *seule* langue neutre, et même beaucoup d'ouvrages y seraient écrits directement ; tous les produits de l'esprit humain seraient ainsi pleinement à la disposition de chacun de nous.

En vue de perfectionner telle ou telle branche de la science, nous organisons à tout instant des congrès internationaux. Mais combien misérable est leur rôle, puisque le plus souvent peuvent y prendre part, non pas ceux qui voudraient réellement en retirer du profit, non pas ceux qui désireraient y communiquer quelque chose d'important, mais uniquement ceux qui peuvent converser en plusieurs langues !

Notre vie est bien courte et la science est immense ; il nous faut apprendre sans cesse, apprendre toujours ! Et pourtant nous ne pouvons consacrer à l'étude qu'une partie de cette courte existence, à savoir les années de notre enfance et de notre adolescence ; mais, hélas ! ce temps précieux passe improductif, pour une bonne part, à l'étude des langues !

Quel profit pour nous, si, grâce à l'existence d'une langue internationale, nous pouvions consacrer à l'étude de *sciences* réelles et positives tout le temps précieux que nous donnons actuellement sans fruit bien appréciable à l'étude des langues ! Quel progrès ascensionnel aussi pour l'humanité !

Mais laissons ce point. Quelle que soit, en effet, votre manière de voir sur la *forme* de la langue internationale, je doute qu'il s'en trouve un seul parmi vous, Messieurs, qui n'admette pas *l'utilité même* de cette langue. Seulement il arrive assez souvent qu'on ne se rend pas exactement compte des sympathies ou des antipathies qu'éveille en vous une idée. Aussi semble-t-il à beaucoup d'hommes qu'ils doivent repousser l'idée même *en général*, quand ils n'en approuvent pas telle ou telle forme. C'est pourquoi, étant donné le caractère systématique de notre examen, nous prions chacun de vous de bien noter dans son souvenir qu'il admet l'utilité d'une langue internationale *en général*, s'il est possible d'en établir une, et qu'il accepte la première conclusion que nous allons tirer, à savoir :

L'existence d'une langue internationale mettant les hommes de tous les pays et de tous les peuples à même de se comprendre aurait pour l'humanité une utilité immense.

II

Passons maintenant à la seconde question : « Une langue internationale est-elle possible? »

Non seulement il n'existe pas le plus petit fait qui proteste *contre* cette possibilité, mais il n'y a même pas le motif le plus léger pour en faire douter un instant. On rencontre, je le sais, des personnes qui affirment que la langue d'un peuple est une chose naturelle, organique, dépendant de qualités physiologiques particulières dans les organes vocaux de ce peuple sur lesquels influent le climat, l'hérédité, le croisement des races, les conditions historiques, etc. Et ces affirmations en imposent beaucoup à la masse, surtout quand elles sont suffisamment entremêlées de citations diverses et de termes techniques mystérieux pour la foule. Mais l'homme éclairé qui a le courage de juger par lui-même sait fort bien que tout cela n'est pas fondé en logique. De fait, nous savons tous par l'expérience journalière que, si nous prenons un bébé de n'importe quel pays, et si nous l'élevons, dès sa naissance, au milieu d'hommes appartenant à une nation tout à fait différente de la sienne, fût-elle aux antipodes de celle-ci, l'enfant parlera tout aussi purement la langue de cette nation que les enfants indigènes du pays. Si pour l'homme fait l'étude d'une langue étrangère offre généralement plus de difficulté, la cause n'en est pas du tout dans la constitution particulière de ses organes vocaux, mais bien dans ce fait qu'il n'a pas la patience, le temps, les maîtres, les moyens de toutes sortes dont l'enfant dispose pour sa langue dès qu'il peut parler. Ce même homme fait d'ailleurs rencontrerait, dans l'étude sa langue *maternelle*, les mêmes difficultés que dans une langue étrangère, si pendant toute son enfance il n'avait pas été élevé dans cette langue, mais devait l'apprendre actuellement à l'aide de leçons. Enfin tout homme éclairé sait fort bien qu'il *lui faut* encore maintenant apprendre quelques langues étrangères et qu'il ne les choisit pas d'après leur correspondance plus ou moins grande avec ses organes vocaux, mais qu'il prend uniquement et indistinctement celles dont *il a besoin*.

Rien ne s'oppose donc à ce que, au lieu d'apprendre chacun *diverses langues*, nous apprenions tous une *seule et même langue* et arrivions par conséquent à nous comprendre l'un l'autre. Et quand bien même tous ceux qui s'en serviraient ne sauraient pas parfaitement la langue communément acceptée, la question de l'organe international n'en serait pas moins tranchée et les hommes cesseraient d'être, s'ils le voulaient, les uns en face des autres comme de véritables sourds-muets. Par conséquent, si nous laissons provisoirement de côté la question de savoir si les hommes *voudront bien* choisir une langue quelconque comme organe international et s'ils parviendront à s'entendre pour ce choix, nous pouvons constater dès maintenant avec une entière certitude, produite par les arguments développés ci-dessus, que *l'existence même* d'une langue internationale est absolument possible. Retenons donc bien les deux conclusions certaines auxquelles nous sommes arrivés jusqu'ici, à savoir :

1° *Une langue internationale aurait pour l'humanité une utilité immense ;*

2° *L'existence d'une langue internationale est absolument possible.*

III

Une langue internationale sera-t-elle jamais établie ?

Puisque nous sommes arrivés à conclure que l'existence d'une langue internationale aurait pour l'humanité une utilité immense et que cette existence est possible, il découle déjà naturellement des deux conclusions que cette langue sera nécessairement établie dans un avenir plus ou moins rapproché ; car autrement il faudrait dénier à l'humanité l'existence de toute intelligence, même la plus élémentaire. S'il n'existait pas encore de langue pouvant remplir le rôle d'organe international, mais s'il fallait la créer, la réponse à la question susdite serait certainement douteuse, puisqu'on ignorerait encore si cette langue peut être faite. Mais nous savons qu'il existe une très grande quantité de langues et que *chacune* d'elles au besoin pourrait être choisie comme internationale, avec cette différence pourtant que l'une d'elles serait *plus* propre à cet office et une autre *moins*. Par conséquent tout est prêt ; nous n'avons qu'à *vouloir* et à *choisir*. Dans ces conditions, la réponse à la question ci-dessus ne peut plus être douteuse. En effet, les hommes, conscients de leur vie, tendent sans cesse à lueur bien; aussi quand nous savons que telle chose leur promet une utilité immense et hors de doute, que cette chose est de plus absolument à leur portée, nous pouvons prévoir avec une certitude entière que du jour où ils auront porté leur attention sur elle, ils la désireront avec une obstination toujours croissante et ne cesseront d'y tendre que lorsqu'ils l'auront obtenue.

Pendant de longs siècles les hommes n'ayant encore qu'un faible besoin de cet organe ne se sont pas occupés de la question, mais à présent que les communications plus nombreuses et plus fréquentes entre les peuples et les individus ont tourné leur attention vers elle, à présent qu'ils commencent à voir qu'une langue internationale leur procurerait les plus grands avantages et que cette langue peut s'établir, il n'y a pas de doute qu'ils ne la désirent chaque jour davantage, qu'ils n'en ressentent un besoin toujours plus impérieux et qu'ils ne soient satisfaits que le jour où la question sera résolue.

Quand le dénouement sera-t-il atteint? Nous ne pouvons ni ne voulons le prédire. Mais *ce n'est plus qu'une question de temps*. Alors même que l'idée devrait subir des périodes de sommeil ; bien plus, alors même que par désespoir ou apathie, fatigués d'un travail ingrat, nous en viendrions à tout abandonner, — même alors l'œuvre ne mourrait pas : à la place des combattants fatigués, apparaîtraient de nouveaux combattants dont le travail et les efforts seraient pour l'humanité un rappel incessant, jusqu'à ce que l'idée d'une langue internationale ait été réalisée. Toujours plus fréquentes, toujours plus obstinées s'élèveront de toutes parts les voix qui réclameront l'établissement de cette langue ; tôt ou tard enfin, si la question n'est pas résolue par la société elle-même, les gouvernements de tous les pays *seront forcés* de céder à la pression générale, d'organiser un Congrès et de choisir une langue quelconque comme internationale.

Il peut se faire que la plupart d'entre nous ne vivent pas jusqu'au jour où se montrera pleinement le fruit de nos longs efforts et que nous soyons pour beaucoup d'hommes jusqu'à la mort même un objet de risée; n'empêche que nous entrerons dans la tombe avec la conviction que notre idée ne mourra pas, qu'il est impossible qu'elle meure jamais, que tôt ou tard elle doit atteindre le but. L'avenir est *à nous* et la postérité regardera les hommes sages qui nous traitent encore aujourd'hui de rêveurs fantaisistes, comme nous regardons maintenant les sages contemporains de la découverte de l'Amérique, des bateaux à vapeur, des chemins de fer, etc., etc. Car, nous le répétons, que l'humanité ne puisse éternellement rester indifférente en face de l'immense utilité jointe à la possibilité d'une langue internationale, qu'elle ne veuille pas à jamais voir ses membres privés du moyen de se comprendre, c'est un point sur lequel nous croyons impossible de garder aucun doute.

D'ailleurs, s'il en était autrement, verrions-nous s'agiter de plus en plus, au sein même de Sociétés savantes, la question de la langue internationale? Les faits s'unissent donc au raisonnement pour nous permettre de poser hardiment la conclusion suivante :

Dans un avenir plus ou moins rapproché une langue internationale sera infailliblement établie.

IV

Nous venons de voir qu'une langue internationale serait infailliblement établie ; mais il reste à savoir *quand* et de *quelle manière* elle le sera. En jouirons-nous bientôt ou devons-nous l'attendre longtemps encore? Faudra-il absolument obtenir pour cela le consentement général des gouvernements de tous les peuples?

Par cette voie, la solution serait encore très lointaine. Mais il en serait tout autrement, si on démontrait qu'il est possible de *prévoir* d'une façon bien précise et certaine quelle langue particulière deviendra un jour internationale. Alors, en effet, on n'aurait plus besoin d'attendre un nombre d'années peut-être fort long ; alors chaque société, chaque particulier pourrait travailler à sa guise à la propagation de cette langue ; le nombre de ses adeptes croîtrait d'heure en heure ; sa littérature s'enrichirait très vite ; les Congrès internationaux pourraient commencer de suite à l'employer, ce qui permettrait à leurs membres de se comprendre entre eux ; enfin, dans un très bref délai, cette langue prendrait une telle force dans le monde que les gouvernements n'auraient plus un beau jour qu'à donner leur sanction à un fait accompli.

Pouvons-nous donc prévoir quelle langue deviendra internationale? Nous pouvons le prévoir avec une précision complète, une certitude absolue, sans l'ombre même d'un doute.

Pour nous en convaincre, imaginons qu'un Congrès de représentants des États les plus importants, ou même de tous les États du monde est déjà réuni, et voyons quelle langue il pourrait bien choisir.

Quatre voies s'offrent aux délégués :

1° Prendre l'une quelconque des langues actuellement *vivantes ;*

2° Prendre l'une quelconque des langues *mortes* (par exemple le latin, le grec, l'hébreu) ;

3° Prendre une des langues *artificielles* déjà existantes ;

4° Nommer une Commission qui s'occupe de faire une langue nouvelle.

S'ils veulent prendre une langue vivante qui appartienne à une nation existante, immédiatement se dresse devant eux comme un obstacle colossal, non pas seulement la jalousie réciproque des peuples, mais encore, chez tous, la crainte très naturelle du danger que ce choix ferait courir à leur existence nationale ; car il est évident que le peuple dont on choisirait la langue en recevrait bientôt une telle suprématie sur tous les autres, qu'il les écraserait et les absorberait. Mais supposons, par impossible, que les délégués au Congrès ne fassent aucune attention à cette crainte légitime ou que, pour éviter la jalousie réciproque des peuples et ce danger d'absorption, ils choisissent une langue *morte*, par exemple le latin ; voyons ce qui arriverait alors. Il est clair que la décision du Congrès resterait tout bonnement *lettre morte* et qu'en fait elle ne se réaliserait jamais. Toutes les langues, vivantes ou mortes (et ces dernières plus que les premières), sont si épouvantablement difficiles, que leur complète acquisition n'est possible qu'aux gens disposant de beaucoup de temps et de beaucoup d'argent. Par conséquent, nous n'aurions pas une langue internationale dans le vrai sens du mot, mais uniquement un organe international à l'usage des *plus hautes classes de la société*. Que les choses doivent se passer ainsi et non autrement, c'est un point que nous démontre non seulement la logique, mais *la vie elle-même*, depuis fort longtemps déjà. En réalité, le latin est déjà choisi depuis longtemps comme langue internationale par tous les gouvernements (1) ; sur leur ordre, depuis plusieurs siècles, la jeunesse est tenue de consacrer de longues années d'études à cette langue, dans les lycées et collèges de tous les pays. Y a-t-il néanmoins beaucoup d'hommes qui puissent facilement se servir du latin ? La décision du congrès ne nous donnerait donc rien de nouveau ; elle ne serait en réalité que la répétition inutile et stérile de la décision prise et même réalisée depuis longtemps déjà par nos gouvernements, sans aucun résultat. A notre époque, aucune décision, émanât-elle du congrès le plus autorisé, ne pourrait jamais plus rendre à la langue latine la puissance qu'elle eut au moyen âge. Alors, en effet, tous les gouvernements, toute la société, toute l'Église si puissante, la vie elle-même travaillaient de concert à la rendre non pas seulement internationale, mais dominatrice absolue. Cette langue était alors la base de toute science, de toute connaissance ; par le fait, on lui consacrait la plus grande partie de sa vie. Elle tenait à l'écart toutes les langues maternelles ; on était *forcé* de l'apprendre, de la cultiver, par la raison très simple que les gens instruits ne trouvaient pas alors, dans leurs langues maternelles, le moyen de bien exprimer leurs idées. Et pourtant, malgré tout, non seulement le latin a perdu la place

(1) L'auteur du rapport ne prétend pas que le latin soit *formellement* choisi comme organe international par tous les gouvernements du monde civilisé, mais simplement que l'enseignement si général, si international de cette langue équivaut, en fait, à un véritable choix, et qu'il est incompréhensible qu'un idiome si appuyé, si appris internationalement ne fournisse à personne, en réalité, l'organe international désiré. Comment se fait-il qu'une langue si connue internationalement serve si peu internationalement ? Avant tout, par dessus tout et malgré tout, *quoi qu'on puisse faire*, la cause de ce phénomène plus qu'étrange réside dans la difficulté de cette langue.

qu'il occupait, mais en ses plus beaux jours, il ne put jamais être, en réalité, que l'apanage des hautes classes sociales.

La conclusion s'impose : le latin, comme toutes les langues dites maternelles, est à rejeter, parce que la difficulté de son acquisition en ferait forcément l'organe international d'une toute petite minorité dans le monde; il ne peut être à la disposition de tous ceux qui ont ou veulent avoir des relations internationales.

Au lieu de cela, si l'on choisit une langue *artificielle*, cette langue peut fort bien être possédée, au bout de quelques mois, par le monde civilisé tout entier, puisque, comme l'affirme le grand philologue Max Müller, une langue artificielle peut être *beaucoup plus régulière, plus parfaite, plus facile à apprendre que n'importe laquelle des langues naturelles de l'humanité*. Toutes les sphères sociales et non seulement les gens très intelligents et riches, mais jusqu'à de pauvres villageois d'instruction rudimentaire pourront l'acquérir, s'ils en ont besoin.

Négligeant l'origine et l'histoire de tous les essais ou systèmes de langues artificielles, nous ne nous occuperons que de l'œuvre déclarée la meilleure par Max Müller, en 1894, œuvre à laquelle il donnait de nouveau un double témoignage de sympathie et d'estime en 1900, trois mois avant de mourir, en acceptant de faire partie du comité d'honneur dans deux sociétés fondées pour la propager. C'est sur elle que nous donnerons un aperçu de la *facilité* stupéfiante et incroyable qu'une langue artificielle peut arriver à posséder. On a le droit de dire sans exagération que cette langue est au moins *cinquante* fois plus facile à apprendre que toute langue naturelle. Personne assurément ne soupçonnera le grand écrivain Tolstoï de vouloir faire, par son témoignage, de la réclame à cette œuvre, appelée l'Esperanto, du pseudonyme sous lequel elle parut à la fin de 1887. Eh bien, voici ce qu'il en dit : « Sa facilité est si grande que, ayant reçu, il y a six ans, une grammaire, un dictionnaire et des articles en Esperanto, j'ai pu arriver, au bout de deux petites heures, sinon à écrire, du moins à lire couramment la langue. »

Vous l'avez entendu, Messieurs : au bout de deux petites heures d'étude ! Et vous avez certainement apprécié l'importance de ce témoignage. Or, c'est en termes analogues que se sont exprimés sur la langue Esperanto tous les hommes sans préjugés qui, au lieu d'en raisonner à l'aveugle, ont bien voulu se donner la peine légère de l'examiner réellement. Sans doute les gens instruits peuvent apprendre l'Esperanto plus rapidement que les hommes d'instruction peu soignée; mais ces derniers eux-mêmes l'apprennent avec une facilité extrême et surprenante; car l'étude de cette langue n'exige de l'adepte aucune connaissance ou préparation antérieure. Vous trouverez parmi les Esperantistes beaucoup d'hommes si peu instruits qu'ils savent fort mal leur *langue maternelle* et font quantité de fautes en l'écrivant, et ces mêmes hommes écrivent l'Esperanto d'une manière absolument correcte. Ils l'ont appris en quelques semaines, tandis qu'ils leur aurait fallu au moins 4 à 5 ans pour apprendre n'importe quelle langue naturelle.

Ernest Naville, correspondant suisse de l'Institut, vante lui aussi cette facilité extrême de l'Esperanto, dans le mémoire par lequel il a présenté cette langue à l'Académie des sciences morales et politiques. Georges Picot, secrétaire perpétuel de cette même académie, la signale d'un façon toute spéciale dans une réponse à un journal américain. Enfin, pour citer encore un homme de haute valeur, le savant mathématicien Charles Meray, de Dijon, écrit dans la *Revue générale des Sciences* que cette qualité de la langue Esperanto dépasse *tout ce qu'il pourrait en dire*.

Mais un exemple sera plus éloquent encore. Quand, en 1895, vinrent à Odessa deux étudiants suédois qui ne savaient que leur langue et l'Esperanto, un journaliste de cette ville voulut les interviewer. Aucune langue commune ne leur permettant de s'entendre, il prit le matin, pour la première fois de sa vie, le manuel de la langue Esperanto et, le soir du même jour, il pouvait déjà parler la langue assez bien avec ces Suédois.

D'où peut provenir une facilité si incroyable dans une langue artificielle? Nous allons l'expliquer. Toutes les langues naturelles se sont formées à *l'aveugle*, sous l'influence des circonstances les plus diverses et de pur hasard; aucune logique, aucun plan arrêté n'y ont exercé leur action; le seul guide qu'on y trouve est ce principe arbitraire : ceci est reçu; cela ne l'est pas. Voilà pourquoi on peut dire au préalable qu'un système de sons crée, pour l'expression de la pensée, par une *intelligence* humaine consciente du but et d'après des principes logiques sévèrement arrêtés devra être infiniment plus facile qu'un système de sons fabriqués au hasard et d'une manière inconsciente.

Nous ne pouvons montrer en détail toutes les facilités ou simplifications d'une langue artificielle comparée à une langue naturelle; il faudrait pour cela un long traité spécial; nous nous bornerons donc à donner quelques exemples. Ainsi, dans presque toutes les langues, chaque substantif appartient à tel ou tel *sexe;* en allemand, par exemple, « tête » est du masculin; en français, ce nom est du féminin, et en latin il est du neutre. Y a-t-il à cela la plus petite raison, la moindre utilité? Et pourtant quelle terrible difficulté présente à l'étudiant le souvenir du genre grammatical pour chaque substantif!

Une langue artificielle *rejette* absolument le genre grammatical, car l'expérience et le bon sens démontrent qu'il n'a pas la moindre raison d'être. Ce point nous présente donc déjà un exemple de la manière dont la langue peut être facilitée, dans des proportions énormes, par un moyen des plus petits.

L'Esperanto pose en principe qu'on n'a besoin d'*aucune déclinaison*, car elles peuvent fort bien être remplacées par les prépositions que toutes les langues à déclinaisons elles-mêmes emploient déjà d'ailleurs à côté de celles-ci. Quant aux conjugaisons, non seulement *un* modèle suffit pour *tous* les verbes, mais ce modèle n'a pas besoin d'offrir plus de six formes (si nous exceptons les participes qui ont leurs formes particulières). Il nous faut une marque spéciale pour le présent, le passé, le futur, pour l'infinitif, le conditionnel et l'impératif-subjonctif. Or, il est évident que pour cela six formes nous suffisent. Vous êtes sans doute tentés de croire qu'avec un tableau de conjugaison si réduit la langue doit être privée de toute souplesse. Il n'en est rien; examinez-la et vous verrez que sa conjugaison exprime toutes les nuances de la pensée incomparablement mieux et avec une précision plus grande que ne le font les langues naturelles possédant les paradigmes de conjugaisons les plus riches et les plus compliqués.

La cause en est dans ce fait que la langue artificielle a rejeté non pas ce qui lui était nécessaire, mais seulement ce qui représentait pour elle un bagage absolument superflu et d'une complète inutilité. En effet, qu'avons-nous besoin de terminaisons particulières pour chaque personne et pour chaque nombre? De plus, à quoi sert encore, dans chaque mode, une *nouvelle* série de terminaisons pour chaque temps? Ne sont-elles pas tout à fait superflues, puisque le pronom ou le nom sujets montrent bien suffisamment par eux-mêmes la personne et le nombre?

Et l'orthographe, véritable supplice dans la plupart des langues, et surtout dans celles qui auraient le plus de chances pour être adoptées comme internationales? Il faut des années entières au Français et à l'Anglais pour parvenir à orthographier régulièrement leur langue; encore n'y arrivent-ils, à chaque instant, qu'en recourant au dictionnaire. Cette énorme difficulté est également inconnue dans la langue artificielle. En effet, l'Esperanto ayant donné à chaque lettre de son alphabet une prononciation précise, fixée rigoureusement et constamment semblable, la question de l'orthographe n'existe pas pour lui; au bout d'un quart d'heure d'étude, c'est-à-dire aussitôt qu'on s'est assimilé son alphabet, des plus simples, on peut écrire une dictée dans cette langue sans la plus légère faute.

Par ces quelques exemples vous pouvez déjà vous faire une idée de la simplification prodigieuse que l'art, conscient du but à atteindre, peut apporter à la langue en question. Il nous serait facile de multiplier les exemples, mais nous n'insisterons pas davantage sur ce point; nous dirons seulement que *la grammaire de l'Esperanto se formule entièrement en seize règles que tous peuvent apprendre aisément en une demi-heure!* Ainsi, arrivé à ce résultat au bout d'une demi-heure, d'une heure, de deux heures même, si vous le voulez, l'étudiant n'a plus alors qu'à faire l'acquisition facile, comme nous le verrons, d'une provision de mots.

Mais là ne s'arrête pas encore la facilité de l'Esperanto, car elle porte également sur l'étude des mots. En effet, grâce à la régularité absolue de l'idiome, le nombre même des mots à apprendre se trouve réduit dans des proportions considérables. Ainsi, quand vous connaissez la forme nominale d'un mot, vous savez à l'avance son adjectif, son adverbe et son verbe, au lieu que, dans toute langue naturelle, une foule d'idées appartenant à la même famille reçoivent pour chaque espèce grammaticale un mot sensiblement ou même tout à fait différent : *parole, oral, verbalement, parler; lecture, lire; colère, s'emporter*, etc. De plus, comme vous avez en Esperanto le droit absolu et illimité de réunir les mots aux diverses prépositions ou de les souder entre eux, toutes les fois que cette réunion est logique, vous êtes par le fait dispensé d'apprendre une quantité de vocables qui, dans les langues naturelles, n'ont de racines particulières que parce que telle ou telle union de mots y est interdite pour une raison quelconque.

Mais, en dehors de ces commodités *naturelles* pour la formation des mots, on trouve encore, dans la langue Esperanto, des ressources particulières et pour ainsi dire *artificielles* qui réalisent une économie considérable dans leur étude. Ce sont, par exemple, ses préfixes et ses suffixes, dont nous ne citerons que quelques-uns, pour en donner une idée. Ainsi, « mal » attache au mot un sens absolument contraire, comme il fait en français dans malhonnête (« bona » bon — « malbona » mauvais); par conséquent, quand je sais les mots « bon, mou, chaud, en haut, aimer, estimer », etc., je puis former moi-même leurs contraires en ajoutant au mot déja connu le préfixe « mal » (malbona, malmola, malvarma, malsupre, malami, malestimi, — mauvais, dur, froid, en bas, haïr, mépriser. Le surfixe « in » marque le sexe féminin, comme dans certains mots en français, en italien, en latin, en allemand et même en russe, par exemple Victorine, eroina, regina, Lehrerin, grafinja. Avec « patro » père, je ferai donc « patrino » mère. Par conséquent, si je sais les mots « père, frère, oncle, fiancé, bœuf, coq », etc., en Esperanto, je suis débarrassé de l'étude des mots « mère, sœur, tante, fiancée, vache, poule », etc., qui sont, dans cette langue, « patrino, fratino, onklino, fiancino, bovino, kokino ». Le suffixe « il » marque l'instrument (« kudri » coudre — « kudrilo » aiguille). Par conséquent, dès que je sais les mots Esperanto « coudre, peigner, labourer, raser », etc., je n'ai plus à apprendre les mots « aiguille, peigne, charrue, rasoir », qui sont en Esperanto « kudrilo, kombilo, plugilo, razilo ». Il existe encore un certain nombre de particules semblables qui jouent le rôle de préfixes ou de suffixes et diminuent, dans des proportions considérables, le nombre des mots à apprendre.

2) La deuxième qualité distinctive d'une langue artificielle, c'est sa *perfection*, qui consiste en une précision mathématique, en une souplesse et une richesse illimitées. Qu'une langue artificielle puisse avoir cette deuxième

qualité, c'est une chose qu'ont prévue et prédite une foule d'hommes de la plus haute valeur qui, avec Bacon, Leibnitz, Pascal, de Brosses, Condillac, Descartes, Voltaire, Diderot, Volney, Ampère, Burnouf, Jacob Grimm et Max Müller, nous ont frayé la voie.

Chacun peut facilement comprendre qu'une langue artificielle non seulement puisse, mais *doive* être plus parfaite qu'une langue naturelle, s'il veut bien faire la considération suivante : Toute langue naturelle s'est formée par une simple répétition chez les uns de ce qu'ils avaient entendu dire à d'autres; aucune logique, aucune décision consciente n'y sont intervenues du côté de l'intelligence humaine, comme nous l'avons déjà dit. Toute expression que vous *avez entendue* bien des fois est bonne et admise; mais celle que vous n'avez encore jamais entendue est mauvaise et interdite. Aussi, à chaque instant, dans toute langue naturelle, constatons-nous le phénomène suivant : nous concevons une chose et nous voulons la rendre, mais..... aucun mot de la langue ne nous permet de le faire; nous sommes forcés de recourir à une longue périphrase, à toute une *description* fort gênante de cette conception, alors que cependant elle est bien *unique* dans notre esprit et qu'elle s'y définit bien par un *seul* mot. Ce mot, le seul juste, le seul pleinement vrai, nous ne pouvons l'employer : la langue ne le permet pas. Ainsi, grâce à ce fait que le blanchissage est généralement une occupation de femme, vous trouverez en toute langue un terme pour rendre l'idée de « blanchisseuse » ; mais une quantité de langues ne peuvent rendre que par une périphrase l'idée de « blanchisseur » : elles manquent du mot voulu. Jusqu'à ces dernières années, les hommes seuls s'occupaient de médecine ; aussi, quand les femmes se sont mises à en faire, ou ont embrassé certaines carrières scientifiques, la plupart de nos langues n'ont pu trouver un nom qui leur convînt. Une femme peut dire : « J'épouse un médecin », mais un homme doit dire : « J'épouse une doctoresse », et si sa fiancée n'est pas encore doctoresse, il ne sait plus comment s'exprimer, il n'a plus de mot pour la conception si nette et si précise pourtant qui se formule dans son cerveau ; il faut qu'il recoure à un accouplement baroque et dise « une femme médecin ».

En toute langue, une quantité de substantifs désignant des êtres mâles sont privés de leur correspondant féminin, ou *vice versa ;* certains noms y manquent de tel cas, de telle forme originelle ; des adjectifs y sont privés de tel degré de comparaison, de telle forme qu'ils devraient logiquement posséder ; les verbes n'y ont pas tel temps, telle personne, tel mode ; d'un substantif donné vous ne pouvez faire un adjectif, ni de tel adjectif, un substantif ; de tel verbe, vous n'avez pas le droit de former un nom, etc. Car, nous le répétons, toute langue naturelle est fondée non pas sur la logique, mais sur ce principe aveugle : « on parle ainsi », ou au contraire « on ne parle pas ainsi », Par suite toute idée qui naît en votre esprit manque ordinairement de l'expression nécessaire, ou ne peut être rendue que par une véritable description plus ou moins longue, quand la langue ne vous fournit pas pour cette idée un mot que vous ayez entendu jusqu'alors. Mais, dans une langue artificielle, établie d'une manière consciente sur des principes rationnels, rigoureux, n'admettant ni exception, ni arbitraire, rien de semblable ne peut se produire.

Les deux supériorités immenses que nous venons d'examiner dans une langue artificielle (sa facilité extraordinaire et sa plus grande perfection) ne sont pas les seules qui s'y trouvent; mais il est inutile de nous arrêter sur les autres. Passons de suite aux *défauts* d'une langue artificielle.

Quiconque a examiné, ne fût-ce qu'un peu, une langue artificielle logiquement faite et veut bien avoir assez de caractère pour croire à ce qu'il a vu, au lieu de s'en rapporter aveuglément à des phrases creuses, celui-là ne peut arriver qu'à une conclusion, c'est que, comparée à une langue naturelle, la langue artificielle est *sans défaut*. Chacun de vous, Messieurs, a eu sans doute l'occasion d'entendre plus d'une attaque contre une langue artificielle; eh bien, toutes émanent d'hommes qui ignorent totalement la question, qui n'ont même jamais vu de langue artificielle. S'ils voulaient bien se demander sérieusement ce que leurs phrases renferment en réalité, ils n'oseraient plus les répéter. D'ailleurs si la réflexion ne suffit pas, pourquoi ne pas aller regarder ? Est-il d'un homme sérieux de juger l'œuvre qu'il ne connaît pas? Pourquoi ne pas essayer, ne pas vérifier les *faits* qui s'étalent à nos yeux? Si on le faisait, comme on constaterait vite à quel point sont illogiques et faux les arguments si souvent débités contre une langue artificielle !

Ainsi vous avez peut-être entendu cette phrase sentencieuse : « *une langue ne peut être créée dans un cabinet de travail, tout comme un être vivant ne peut être créé dans la cornue d'un chimiste.* » Avouons-le, la phrase sonne si bien et vous a un tel air de sagesse qu'elle ôte à l'immense majorité des hommes jusqu'à la pensée de douter que la conception d'une langue artificielle ne soit un véritable enfantillage. Et pourtant si ces hommes avaient assez de sens critique pour se poser à eux-mêmes un tout petit « pourquoi » ? Cette phrase ronflante perdrait bien vite à leurs yeux son apparente sagesse; ils s'apercevraient qu'elle n'offre aucun argument logique, qu'elle est une pure association de mots à effet, mais privés de toute base rationnelle. En effet, on pourrait aussi bien l'employer contre les alphabets de nos langues, artificiels assurément, et dont l'humanité se sert pourtant depuis tant de siècles avec des avantages si évidents. On pourrait de même s'en servir contre la sténographie, la cryptographie, l'écriture des signes télégraphiques, notre système de notation musicale, nos monnaies, poids et mesures métriques, contre les 78.642 combinaisons du Code international de signaux à l'usage des bâtiments de toutes nations et constituant pour la marine un véritable langage international. Elle serait encore de mise contre la locomotion artificielle due à la vapeur ou même au vélocipède. On pourrait en un mot la servir contre toute notre civilisation, puisque cette civilisation n'est, en réalité, que le produit de l'art fécondant la nature.

On a prétendu, et certains même prétendent encore, qu'une langue artificielle est impossible, que les hommes ne pourraient s'y comprendre l'un l'autre, que chaque peuple l'emploierait d'une façon différente, que nous ne pourrions rien y exprimer, etc., etc. Au lieu de jongler avec des phrases, encore une fois pourquoi ne pas vouloir regarder? On constaterait qu'une langue artificielle *existe* en fait; que des hommes appartenant aux nations les plus diverses s'en *servent* déjà depuis longtemps et y trouvent les plus grands avantages; qu'ils s'y *comprennent à merveille* et *avec la dernière précision*, tant par écrit qu'oralement; qu'enfin des hommes de toutes sortes de pays, l'emploient tous *de la même manière*. Sa littérature montrerait à l'évidence que toutes les nuances de la pensée et des impressions humaines peuvent y être rendues de la façon la plus complète, comme le prouve déjà ce mémoire même *composé directement en Esperanto*... Au lieu d'épiloguer à l'aide de vaines théories, allez donc, phraseurs, regarder les *faits*, faits existant depuis longtemps déjà, faciles à contrôler pour tous, faits indubitables et incontestables. Alors vous serez pleinement convaincus que toutes les raisons objectées contre l'établissement et l'emploi général d'une langue artificielle sont absolument *nulles*.

De tout ce que nous avons dit sur la supériorité générale d'une langue artificielle bien faite, comparée aux langues naturelles, il se dégage cette conclusion, que le congrès en question se trouverait dans la complète *impossibilité* logique de choisir autre chose qu'une langue artificielle. Si, étant à même de prendre un organe qui possède à tous points de vue une supériorité incontestable et évidente sur les langues naturelles, il choisissait l'une de ces dernières, il agirait aussi sottement que l'homme assez déraisonnable pour envoyer de Paris à Saint-Pétersbourg un colis quelconque par voiture, maintenant que nous avons les chemins de fer à notre disposition. Jamais on ne nous persuadera qu'un congrès puisse agir ainsi; mais, quand bien même nous le supposerions assez dénué de sens ou assez aveuglé par la routine pour faire ce choix absurde, soyons certains que la force des choses rendrait cette décision lettre morte. La question de la langue internationale resterait en fait irrésolue, jusqu'à ce qu'un nouveau congrès se réunisse, dans un avenir plus ou moins rapproché, et choisisse cette fois une langue *artificielle*.

Notons donc bien la nouvelle conclusion à laquelle nous voici parvenus, à savoir :

La langue internationale des générations à venir sera exclusivement et infailliblement un idiome artificiel.

V

Il nous reste à résoudre cette question : Quelle langue artificielle mettra-t-on communément en usage ?

En effet, la conclusion que nous venons de poser augmente les chances de l'*Esperanto ;* mais elle ne prouve pas que le choix de la langue artificielle doive se porter sur lui plus que sur toute autre langue artificielle également proposée.

D'une manière directe la conclusion ne prouve pas, je l'avoue, que l'*Esperanto* doive devenir la langue internationale communément en usage; mais d'une manière indirecte cette conclusion fait tomber le choix sur l'*Esperanto* et lui attribue nécessairement ce rôle.

En effet, pourquoi un congrès serait-il amené à rejeter finalement toutes les langues naturelles et à en choisir une artificielle ? C'est, nous l'avons vu, parce que les langues naturelles manquent toutes de la simplicité et de la facilité indispensables à l'organe international, tandis qu'une langue artificielle peut posséder au plus haut point ces deux qualités. Toute la question se réduit donc à savoir quelle langue artificielle serait trouvée par le congrès la plus facile et la plus simple, en même temps que la mieux appropriée au but.

Avant tout, nous constaterons ce fait, que malgré le nombre considérable d'auteurs qui ont travaillé ou travaillent à des langues artificielles, depuis plus de deux cents ans, il n'est apparu jusqu'à ce jour que *deux* langues réellement prêtes et essayées : le « Volapuk » et l' « Esperanto ». Remarquons-le bien, *deux* langues artificielles, prêtes et essayées, seulement. Sans doute, nous lisons souvent dans les journaux qu'une nouvelle langue artificielle vient encore d'apparaître ; on nous cite son nom, souvent même on nous donne un aperçu sur sa structure, on nous présente quelques phrases dans cette soi-disant nouvelle langue, et il semble au public que les langues artificielles poussent comme les champignons après la pluie. Mais cette idée est complètement fausse et provient de ce que les journaux ne trouvent pas nécessaire d'approfondir les questions qu'ils traitent. Sachez donc que tout ce qu'ils vous servent sous le nom ronflant de « nouvelles langues internationales » n'offre que de purs projets, trop souvent échafaudés à la hâte, projets très et très éloignés encore de toute réalisation pratique. Tantôt ils paraissent sous forme de feuilles peu étendues, tantôt même sous forme de gros livres remplis de phrases pompeuses et pleines de promesses ; mais, à peine apparus, ils disparaissent de l'horizon, et vous n'en entendez plus jamais parler. C'est que les auteurs de ces projets, quand ils passent à leur réalisation, s'aperçoivent de suite que l'entreprise est au-dessus de leurs forces ; ce qui leur paraissait une chose si facile en théorie, se montre dans l'application très difficile et souvent même tout à fait irréalisable.

Il n'existe donc que *deux* langues artificielles prêtes et *essayées*. Par conséquent, si le congrès se réunissait demain, deux langues seulement s'offriraient à son choix. Le problème qu'il aurait à résoudre ne serait donc plus du tout aussi difficile qu'on pourrait le croire au premier abord. Maintenant, *laquelle* des deux langues choisir? Là encore le congrès ne pourrait hésiter, même un instant, car la vie elle-même a résolu cette question depuis longtemps déjà de la façon la plus claire, le Volapuk ayant été partout supplanté par l'Esperanto. La supériorité de ce dernier est d'ailleurs si frappante qu'elle saute aux yeux de tous, dès le premier regard, et n'est même pas contestée par les Volapukistes les plus ardents.

Le Volapuk est apparu à une heure où l'enthousiasme du public pour l'idée nouvelle avait toute sa fraîcheur et son intensité; l'Esperanto, au contraire, à cause de certaines difficultés financières chez son auteur, ne s'est présenté au public que quelques années après et a trouvé partout devant lui, dès sa naissance, des ennemis tout préparés. Les Volapukistes ont eu, pour lancer leur langue, des ressources considérables et ont mis en œuvre la réclame la plus vaste et la plus américaine; les Esperantistes ont dû propager la leur tout le temps sans aucune ressource matérielle, pour ainsi dire, et ils ont fait preuve de beaucoup d'inexpérience et de maladresse dans sa diffusion. Eh bien, malgré tout, dès la première minute de l'existence de l'Esperanto, nous voyons une foule énorme de Volapukistes se rallier ouvertement à lui. D'autres, plus nombreux encore, sachant bien que le Volapuk est très inférieur à l'Esperanto, mais ne voulant pas s'avouer vaincus, ont fait défection à l'idée même d'une langue internationale. Mais, depuis le temps que l'Esperanto existe, c'est-à-dire, depuis 13 ans, nulle part sur la terre tout entière, il ne s'est trouvé même un seul homme, — je le répète, même un seul — qui soit passé de cette langue au Volapuk! Et pendant que l'Esperanto, malgré les difficultés énormes contre lesquelles il doit lutter, continue à vivre, à se développer et à se fortifier d'une manière constante et de plus en plus accentuée, le Volapuk depuis longtemps déjà est abandonné de presque tous; on peut même le regarder comme mort.

Nous l'avons donc prouvé, quelle que fût la composition du congrès, quels que fussent les conditions politiques, les considérations, préjugés, sympathies ou antipathies qui l'influençassent, il *ne pourrait* choisir d'autre langue que l'Esperanto, car, pour le rôle d'organe international, l'Esperanto est aujourd'hui le *seul* candidat qui se présente à lui, non pas comme système théorique en formation et à l'état de projet, mais comme langue achevée et expérimentée, depuis plus de 12 ans, par des hommes de toutes races et de toutes langues, dans les rôles multiples d'un idiome vivant. C'est le seul candidat qui se présente avec ces titres, le seul, absolument le seul, dans le monde entier.

Si pourtant, contre toute attente, le congrès était assez aveugle pour prendre une autre langue, alors, comme nous l'avons prouvé, la *vie elle-même* se chargerait de rendre la décision du congrès lettre morte, aussi longtemps qu'on n'en réunirait pas un nouveau pour faire un choix plus juste.

VI

Mais il nous reste encore à répondre à une dernière question ; la voici :

Sans doute actuellement l'Esperanto apparaît bien comme seul candidat au rôle de langue internationale ; mais, comme un congrès de représentants de divers États ne se réunira probablement pas de sitôt pour choisir cette langue, qu'il faudra peut-être même attendre pour cela un très grand nombre d'années, n'est-il pas à craindre que d'ici là n'apparaissent beaucoup de nouvelles langues artificielles très supérieures à l'Esperanto, et que l'une *d'elles*, par conséquent, ne doive être choisie par le congrès ? Ne peut-il arriver aussi que le congrès nomme lui-même un comité compétent et le charge de faire une nouvelle langue artificielle ?

Voici notre réponse. Il est en soi-même très douteux qu'il se produise encore une nouvelle langue artificielle ; nous ne disons pas un projet, une ébauche, un essai plus ou moins avancé, plus ou moins incomplet, car ils ne suffiraient certainement pas pour vaincre l'Esperanto ; nous disons une nouvelle langue *prête à tout*. Quant à confier à un comité la création de cette nouvelle langue, ce serait agir aussi follement que de confier à un comité la composition d'un bon poème épique ou de quelque autre œuvre intellectuelle égale en difficulté. Car la création d'une langue complète, bonne sous tous les rapports et douée de vitalité, création que beaucoup de gens regardent comme si facile, comme une sorte d'amusement, est en réalité une entreprise épouvantablement difficile. L'auteur de la langue Esperanto qui, dès la plus tendre enfance, a consacré toute sa vie à son idée, qui a grandi avec elle et fut toujours prêt à tout sacrifier pour elle, avoue lui-même que seule la conviction où il était de créer une chose qui n'existait pas encore, a pu soutenir son énergie. Les difficultés qu'il a dû vaincre dans le cours de son travail ont été si grandes et ont exigé une somme de patience telle, que si le Volapuk avait paru 5 ou 6 ans plus tôt, alors que l'Esperanto n'était pas encore achevé, cet auteur eût très certainement perdu courage et renoncé à finir sa langue, quoiqu'il eût pleine conscience de son immense supériorité sur le Volapuk. Il est donc très douteux qu'il se trouve quelqu'un pour entreprendre encore pareil travail de Sisyphe, et qu'il ait assez d'énergie pour l'amener à bonne fin, d'autant plus qu'il ne saurait être stimulé maintenant par l'espoir de produire jamais quelque chose de meilleur que ce qui existe déjà. Nous voyons d'ailleurs fort bien quel faible espoir il pourrait en avoir par les essais très nombreux et les projets qui ont paru depuis l'Esperanto. Tous montrent clairement que, si leurs auteurs avaient la patience et le pouvoir de les achever, non seulement ils ne donneraient rien de supérieur à l'Esperanto, mais leur œuvre lui serait de beaucoup *inférieure* (1). En effet, pendant que l'Esperanto satisfait excellement à *toutes* les exigences qu'on peut formuler pour une langue internationale (facilité extrême, précision, richesse, naturel, viabilité, souplesse, sonorité, etc.), chacun de ces projets ne s'efforce d'améliorer *qu'une* seule des conditions imposées à la langue et lui sacrifie involontairement toutes les *autres*.

Ainsi, par exemple, beaucoup d'auteurs des projets les plus récents emploient le stratagème suivant : sachant que le public jugera tout projet de langue artificielle d'après l'opinion des *linguistes*, ils prennent leurs mots presque sans aucun changement dans les principales langues naturelles *qui existent actuellement*, afin d'impressionner favorablement les polyglottes. Quand les linguistes lisent une phrase écrite d'après ce stratagème, dans la langue projetée, ils remarquent qu'ils la comprennent du premier coup avec une facilité plus grande que sa correspondante en Esperanto. Alors les auteurs de ces projets triomphent déjà et annoncent que leur « langue », (s'ils la finissent jamais), sera meilleure que l'Esperanto. Mais tout homme sage, en examinant la chose de plus près, se convaincra de suite que c'est une pure *illusion* et qu'on a sacrifié à un principe *sans importance*, exhibé comme spécimen alléchant, les principes les plus *importants* (par exemple la facilité de la langue pour les gens peu instruits, sa souplesse, sa richesse, sa précision, etc.). Et quand bien même une telle langue serait un jour achevée, elle ne donnerait en fin de compte absolument rien qui vaille ! Car, si le plus grand mérite d'une langue internationale consistait à être comprise le plus rapidement possible par les savants *linguistes*, on pourrait tout bonnement prendre à cet effet un idiome quelconque, le latin, par exemple, *sans y faire aucun changement*, et les linguistes visés le comprendraient encore plus facilement du premier coup. Le principe de ne faire subir aux mots puisés dans les langues naturelles que le moins de changements possibles non seulement

(1) Nous en fournissons personnellement un exemple. En effet, la langue prête de toutes pièces que nous avons sacrifiée à l'Esperanto lui est manifestement inférieure sur quatre points, quoiqu'elle ait avec lui, à cause du principe d'internationalité et de la plus grande facilité possible, une ressemblance stupéfiante. Mais ce qui justifie bien la réflexion du mémoire, c'est que trois des points susdits y *paraissent* mieux résolus qu'en Esperanto pour celui qui *s'arrête à la théorie*.

était bien connu de l'auteur de l'Esperanto, mais c'est justement à lui que l'ont emprunté les auteurs des nouveaux projets (1).

Seulement, tandis que l'Esperanto y satisfait prudemment *dans la mesure du possible*, en veillant avec le plus grand soin à ce qu'il ne nuise pas aux autres principes plus importants d'une langue internationale, les auteurs en question portent toute leur attention sur lui *uniquement*, et ils lui sacrifient tout le reste incomparablement plus important.

Tout ce que nous venons de dire montre qu'il n'existe pas de raison de redouter l'apparition d'une nouvelle langue qui supplante l'Esperanto, fruit de tant de sacrifices, de tant d'années de patient labeur, langue essayée pendant une période de temps déjà longue et sous tous les rapports, organe qui satisfait pratiquement d'une façon complète à tout ce qu'on peut attendre d'une langue internationale.

Mais tout cela ne suffit pas encore; il vous faut une *certitude* logique, pleine et indubitable que la langue Esperanto n'aura pas de concurrente. Nous pouvons la donner.

Si toute l'essence d'une langue internationale était renfermée dans sa *grammaire*, la question qui nous occupe aurait été résolue pour jamais par le Volapuk. En effet, sauf quelques erreurs, la grammaire du Volapuk est si facile et si simple, qu'on ne pourrait plus en donner une beaucoup plus facile et plus simple. Une nouvelle langue, dans cette hypothèse, ne pourrait différer du Volapuk que par quelques points insignifiants, par quelques *bagatelles;* mais tout homme comprend que personne n'entreprendrait de créer une nouvelle langue pour si peu et que le monde lui-

(1) Un essai tout récent, la *Langue bleue* ou *Bolak,* s'en éloigne considérablement, quoiqu'il invoque cependant le principe de l'internationalité dans les éléments. Voici comment procède son auteur : Quand d'aventure, en l'une quelconque des langues qu'il connaît, un des noms-souches (monosyllabes toujours) de son système ressemble à la première ou à la seconde syllabe d'un mot de nos langues, il lui en donne le sens. Ainsi *ban* signifiera bain et sera coté comme italien, parce qu'il ressemble à *bagno ; badl* signifiera bataille et sera coté comme anglais à cause de *battle ; bisk* signifiera biscuit et sera coté comme français à cause de *biscuit* (pourquoi pas bisque ?) ; *tsir, lant* signifieront désir et pays ; *mik,* seconde syllabe (?) de amicus ou de amico, signifiera ami (pourquoi pas mica ?) ; *bals* signifiera cathédrale et sera coté comme grec, à cause de basileion (palais, résidence du roi) ou de basilikè (basilique) ; *pif* signifiera nez à cause de l'argot ! ! etc., etc.

Comme on le voit, ce n'est pas l'internationalité du mot qui détermine son adoption dans la langue, mais bien le fait occasionnel que tel ou tel mot-souche, *auparavant* créé par l'auteur, ressemble un peu par une syllabe à un élément de nos langues. Cette ressemblance (?) de hasard est la seule cause qui fasse donner au mot souche la signification du dit élément.

D'ailleurs, jamais un de ces mots ne pourra commencer ou finir par une voyelle ; jamais non plus la voyelle *u* ne devra y figurer. On voit aisément quel cachet d'internationalité peut posséder un tel système

Et que deviendront les mots si nombreux, qui sont tout à fait internationaux dans le monde civilisé, par exemple *télégraphe, comédie, littérature, philologie, mathématique,* etc., etc. ? En fera-t-on les monosyllabes *tel, kom, lit, fil, mat ?* Ou leur laissera-t-on la forme internationale ? Mais, dans le premier cas, qui les reconnaîtra ? Et, dans le second, n'aura-t-on pas toute une catégorie de mots, et très nombreuse, exceptée des principes fixés pour tous les autres ? N'en résultera-t-il pas comme deux langues différentes, coexistantes dans le même système et montrant son manque de logique et d'unité ? Enfin, si on adopte le premier procédé (le changement de ces mots), n'augmentera-t-on pas nécessairement, et sans besoin, le nombre des mots que même les hommes les mieux élevés et les plus instruits seront forcés d'apprendre ?

Quant à la grammaire, c'est une complète création de l'auteur, basée sur une théorie toute nouvelle. En résumé, ce système ne vaut pas le Volapuk.

même ne refuserait pas, sous ce prétexte, un idiome tout prêt et essayé. Mais une langue consiste non seulement en une grammaire, mais encore en un *dictionnaire*, et l'étude du dictionnaire exige, dans une langue artificielle, cent fois plus de temps que l'étude de la grammaire. Eh bien, le Volapuk *n'a résolu* que la question de la *grammaire;* il a complètement négligé le dictionnaire, se contentant de donner une collection de mots inventés et que tout nouvel auteur aurait le droit d'inventer lui aussi pour son propre usage, au gré de ses désirs. Voilà pourquoi, dès les premiers jours de l'existence du Volapuk, ses plus fervents partisans eux-mêmes n'ont pu se défendre de la crainte que le lendemain n'apparût une nouvelle langue, tout à fait différente, et que la bataille ne commençât entre les deux langues en présence. Il en est tout autrement pour l'Esperanto, et quiconque a examiné la langue ne pense même pas une minute à le nier; l'Esperanto a résolu non seulement la question de la grammaire, mais encore celle du dictionnaire et par conséquent, non pas une *petite partie* du problème, mais le problème *tout entier*. Dans ces conditions, qu'est-il donc resté à faire à l'auteur d'une nouvelle langue, si elle se produisait un jour?

Figurons-nous, en effet, qu'à présent, malgré l'existence de la langue internationale Esperanto, excellente à tous points de vue, essayée de toutes parts et possédant déjà avec une foule d'adeptes une littérature assez riche, un homme apparaisse qui décide de consacrer une longue série d'années à la création d'une nouvelle langue; supposons qu'il soit parvenu à mener son travail à bonne fin et que la langue proposée par lui se montre en effet meilleure que l'Esperanto. Voyons maintenant qu'elle serait au juste l'étendue du résultat.

Si la grammaire de l'Esperanto, qui donne la faculté complète d'exprimer toutes les nuances précises de la pensée humaine avec la dernière exactitude, se formule *tout entière* en seize petites règles et peut être apprise en une demi-heure, que pourrait bien nous donner de meilleur l'auteur en question? Au cas extrême peut-être ne nous présenterait-il que quinze règles au lieu de seize, et n'imposerait-il que vingt-cinq minutes d'étude grammaticale au lieu de trente. Mais est-il croyable que quelqu'un veuille pour si peu créer une nouvelle langue et, d'autre part, le monde rejetterait-il pour cela la langue existante et déjà éprouvée par des milliers d'hommes? Certainement non; au plus dirait-il : « Si dans votre grammaire quelque bagatelle est meilleure qu'en Esperanto, eh bien, introduisons-la dans la langue et l'affaire sera réglée. » Maintenant quel serait le dictionnaire de cette langue? Actuellement, aucun esprit droit ne doute plus que le dictionnaire d'une langue internationale ne doive pas être formé de mots inventés arbitrairement, mais qu'il doive absolument être constitué par des mots romano-germaniques sous la forme la plus généralement employée. Or, puisque c'est précisément ce principe que l'Esperanto a pris pour guide et qu'avec lui il est impossible de mettre beaucoup d'arbitraire dans le choix des mots, nous restons en face de cette question : que pourrait bien nous donner, comme dictionnaire, l'auteur d'une nouvelle langue? Sans doute, tel ou tel mot esperanto peut recevoir une forme plus commode ; mais ce fait ne se produit que pour un tout petit nombre de vocables. La meilleure preuve c'est que, si vous prenez n'importe lequel des nombreux projets postérieurs à l'Esperanto et observant ce principe, vous y trouverez au moins 60 0/0 de mots ayant absolument la même forme radicale qu'en Esperanto. Si vous ajoutez à cela que les 40 0/0 restant ne diffèrent le plus souvent de la forme Esperanto que parce que les auteurs de ces projets ont négligé divers principes d'une importance capitale pour la langue internationale, ou parce qu'ils ont tout bonnement changé les mots sans aucun besoin, vous en venez nécessairement à la conclusion suivante : le nombre *réel* des mots Esperanto auxquels on pourrait donner une forme meilleure est au plus de 10 0/0. Mais alors, si dans la grammaire de cette langue on ne peut presque rien changer, si d'autre part dans son dictionnaire on ne peut changer au plus que 10 0/0 de mots, on se demande ce que la *nouvelle* langue offrirait de son propre fonds, si jamais il s'en présentait une vraiment bonne à tous les points de vue? Ce ne serait plus en réalité une nouvelle langue, mais simplement de l'Esperanto légèrement modifié! Par conséquent toute la question relative à l'avenir d'une langue internationale se réduit en fin de compte à savoir si l'Esperanto sera adopté sans changement sous sa forme *actuelle*, ou si un jour on y fera des changements. Mais cette question n'a plus aucune importance pour les Esperantistes, car leurs protestations visent uniquement les changements que des particuliers pourraient y faire, au gré de leurs caprices; mais, si jamais un congrès ou une académie autorisés décidaient d'apporter à la langue tel ou tel changement, ils l'accepteraient avec plaisir et n'y perdraient rien : ils n'auraient pas à apprendre depuis le commencement une nouvelle langue difficile; il leur suffirait de sacrifier quelques heures au plus à l'étude des changements opérés en Esperanto, et tout serait dit.

Les Esperantistes ne prétendent nullement que leur langue présente une œuvre *si* parfaite qu'il soit désormais impossible de rien faire de mieux. Au contraire, s'il existe un jour un congrès autorisé dont on sache que la décision aura *force* de loi pour tout le monde, les Esperantistes lui proposeront *eux-mêmes* de nommer un comité chargé d'examiner la langue et d'y faire les améliorations utiles. Seulement, comme il est impossible de prévoir si le comité aboutira dans son travail, s'il n'y emploiera pas une très longue suite d'années, si la bonne harmonie règnera jusqu'à la fin entre ses membres, enfin si l'œuvre achevée heureusement se montrera complètement propre à son but dans la pratique, le congrès — même au cas où il rejetterait en principe l'Esperanto — ne pourrait sagement que prendre la résolution suivante : adopter, *en attendant*, la langue Esperanto, sous sa forme actuelle, et nommer *en même temps* un comité chargé de perfectionner cette langue ou d'en créer une nouvelle plus idéale. En effet, il serait vraiment peu sage et même impardonnable de la part du comité de rejeter immédiatement, pour un *espoir* problématique, une *réalité* passée en fait, prête et éprouvée sous tous les rapports. Quand ensuite, avec le temps, on verrait que le travail du comité a heureusement abouti, et quand, après de nombreuses et sérieuses épreuves, on aurait l'assurance que son œuvre a bien les qualités voulues, alors, mais seulement alors, on pourrait annoncer que la forme actuelle de la langue internationale est abandonnée et, qu'à sa place, entre en exercice et en usage général la forme nouvelle.

Tout homme sage sera d'accord avec nous pour reconnaître que, dans une question aussi grave, où la prudence est la meilleure garantie du succès, un congrès réunissant des hommes réputés pour leur intelligence, leur savoir et leur sagesse ne pourrait qu'agir ainsi.

Par conséquent, même en supposant que la langue internationale des générations à venir ne soit pas l'Esperanto, mais quelque autre langue encore à faire et sortie de lui, dans tous les cas, le chemin qui y mènera doit passer par l'Esperanto. Par conséquent encore, puisqu'en toute supposition on ne pourra choisir que l'Esperanto sous sa forme actuelle ou sous une forme légèrement modifiée, il est incontestable que nous marchons à un but très certain, et que *nos efforts doivent être infailliblement couronnés de succès.*

Par conséquent enfin, en résumant tout ce que nous avons dit depuis le commencement de notre analyse systématique jusqu'à la minute actuelle, nous appelons votre attention sur l'ensemble des conclusions que nous avons tirées :

1° L'établissement d'une langue internationale aurait pour l'humanité une utilité immense ;

2° L'établissement d'une langue internationale est absolument possible ;

3° Cet établissement sera tôt ou tard infailliblement réalisé, quoi que disent et quoi que fassent, pour s'y opposer, les amis de la routine ;

4° Comme idiome international on ne pourra choisir en définitive qu'une langue artificielle ;

5° Comme langue internationale, on ne pourra prendre en définitive que l'Esperanto, soit sous sa forme actuelle, soit sous une forme légèrement modifiée.

M. Ch. BERDELLÉ

Délégué cantonal pour l'instruction primaire, à Rioz (Haute-Saône).

SUR L'ÉPELLATION, LE SON, LE NOM ET LA FORME DES LETTRES [372.4]

— *Séance du 4 août* —

Ceux qui, comme moi, ont appris à lire dans la première moitié du XIXe siècle, éprouvent une sensation bien peu agréable s'ils entrent de nos jours dans une école au moment d'une leçon de lecture, ou d'une épellation de dictée.

Au lieu de nommer les lettres par leurs noms traditionnels, maîtres et enfants les désignent en joignant au son propre de cette consonne le son *eu*, de sorte qu'au lieu de *bé*, *é*, *erre*, on dira *beu*, *eu*, *reu*.

L'ennui naquit un jour de l'uniformité.

Mais que sera-ce si cette uniformité est renforcée par l'usage exclusif de la voyelle *eu*, la plus désagréable de toutes celles de notre langue; celle qui sert de basse continue aux mauvais élèves qui ânonnent une leçon mal apprise?

Pourquoi a-t-on choisi ce son *eu*? C'est parce qu'il sert à rendre l'*e* muet; or *eu* n'est pas du tout muet; ce son est simplement désagréable, aussi paraît-il qu'il y a des écoles où on le supprime et où l'on s'ingénie à faire prononcer aux enfants les consonnes sans secours de voyelles, ce qui est contraire à la définition et même au nom de la consonne. Ou bien on supprime l'épellation, en enseignant à prononcer des syllabes entières, sans décomposition préalable en leurs éléments; et alors on pèche contre la *Méthode* qui consiste justement dans l'emploi *successif* de l'analyse et de la synthèse. On prétend que par ces nouveaux procédés les enfants apprennent plus vite la lecture. Je ne veux pas contester cette plus grande rapidité ; on saura lire plus vite, mais moins bien. Quand on voit les gens de bien des pays, tout en orthographiant convenablement le nom de Mathilde, le prononcer Malthide, il est difficile de contester l'utilité de cette espèce d'analyse qu'on appelle l'épellation.

Mais pour épeler il faut que toutes les lettres aient un nom. Le nom le plus rationnel pour les voyelles c'est leur son même; comme l'*e* en a plusieurs, je ne vois pas pourquoi, pour désigner cette lettre on choisirait le plus désagréable à entendre. Pour les consonnes on ne peut les désigner par le son qui leur est propre qu'à la condition de le faire précéder ou suivre d'une voyelle. Il n'est pas nécessaire pour cela d'employer toujours le même son vocal; il est avantageux qu'il y ait un peu de variété dans la manière de former les noms des lettres; cela est même nécessaire, quand il y a des consonnes différentes représentant le même son. Il n'y a donc pas de raison pour ne pas conserver les anciens noms de lettres; il y en a une très bonne pour les conserver : ces noms ont été formés suivant des règles très rationnelles, comme nous allons le voir. On y trouvera des anomalies, mais qui toutes seront justifiées par l'histoire ou la nécessité.

Prenons d'abord les deux groupes de lettres suivants : BDPTV et FLMNRS.

Les noms du premier groupe sont formés en faisant suivre le son propre à la consonne de la voyelle *é*. Les noms du second en mettant le son de la consonne après le son *è*.

On pourrait croire d'abord que cette différence est de pur caprice; mais si on considère la nature des sons on voit que les sons de la première ligne sont des sons instantanés, coupés, et qui ne peuvent absolument être rendus sans le secours de voyelles.

Dans la seconde ligne on trouve d'abord les sons F, R, S qu'on peut rendre sans secours de voyelles, et prolonger aussi longtemps qu'on veut. Les trois autres L, M, N, participent à cette propriété dans un degré moindre, mais bien réel, et suffisant pour les distinguer de B, P, V, D et T.

Maintenant venons-en aux deux lettres C et G: On les nomme *Cé* et *Gé*; pourtant leurs sons sont prolongeables et on devrait donc les nommer *èce* et *ège* : pourquoi ne l'a-t-on pas fait?

La raison en est historique. Les sons que ces caractères représentaient primitivement devaient être *ké* et *gué*; cela résulte des transcriptions de noms grecs en latin et réciproquement. Ces sons subsistent encore devant *a*, *o* et *u*; le nom de ces lettres a subi la transformation que leur prononciation a subi devant l'*é* qui sert de base à ce nom. Remarquons de plus que *èce* se confondrait trop facilement avec *esse*. Notons aussi que dans bien des langues, devant toutes les voyelles, G a conservé et le son et le nom de *gué*. Exemple : la langue allemande.

Le nom du J tient de son origine; c'était primitivement un I consonne et sa prononciation était celle de *y* dans effrayant et de *il* dans *ail*. C'est par suite du changement de prononciation qui s'est introduit dans la prononciation de ce J que le mot latin diurnus a donné naissance au mot italien *giorno (djourno)* et au mot français jour. Le nom du J renferme donc l'indication de sa prononciation actuelle et la trace de sa prononciation ancienne (encore conservée en allemand).

Ne restent donc plus à considérer que les quatre consonnes K, Q, X et Z.

K et Q font double emploi entre eux et avec le son de C dans *ca*, *co* et *cu*. Il fallait donc des voyelles différentes pour achever leur nom. X est tantôt un son double *kss*; tantôt, comme dans Bruxelles, il fait double emploi avec le son *ss*. Z fait double emploi avec S simple. On voit donc pourquoi ces sons ont été gratifiés de voyelles différentes de *e*.

Les sons F, R, S, ont la singulière propriété de pouvoir remplacer la voyelle aidant à prononcer B, D, P et T. Ainsi l'on dira : *Pst!* écoutez donc... *Brr!* quel froid!.. *Kss! Kss!* mords-le!... *Bf!* quelle puanteur!... etc.

Il n'y a donc aucune raison d'abandonner pour l'épellation les anciens noms de nos lettres. Il n'y a qu'un seul nom, à notre avis qui mériterait une réforme, c'est H dont le nom *hache*, prononcé par un *h* non aspiré, ne rappelle nullement le son représenté, quoique ce nom renferme deux fois la lettre. Il vaudrait mieux, comme les allemands, l'appeler *ha*, mais en bien aspirant *h*.

Le retour aux anciens noms de nos lettres pour l'épellation permettrait le retour à d'anciens moyens préparatoires à l'étude de l'épellation. Du temps de mon enfance, je me rappelle que dans une salle d'asile on chantait l'alphabet sur l'air : *Ah! vous dirai-je, maman*. Sur le même air on chanterait facilement :

B suivi d'un A fait *Ba!* etc.
. . . .
B suivi d'un U fait *Bu!*
Ça fait *Babébibobu!*

On chantait dans ce temps-là sur un autre air :

B, A, *ba!* B, E, *bé : babé!* B, I, *bi : babébi!* B, O, *bo : babébibo!*
B, U, *bu : babébibobu!*

Et cela en l'absence de toutes lettres. Il n'en est pas moins vrai qu'une fois qu'on commençait pour de bon l'étude de la lecture, ces exercices musicaux préalables devaient bien la faciliter; surtout si la maîtresse de salle d'asile y avait mis toute la variété désirable.

Maintenant venons à un autre sujet, la forme des lettres, qui ne manque pas d'actualité à un moment où l'on s'ingénie à créer des alphabets artistiques nouveaux. Dans ces créations on devrait surtout s'efforcer à ne pas donner, par surabondance ou suppression d'ornements, trop de ressemblance à deux lettres différentes.

La lettre majuscule I, la lettre minuscule *l* ne sont distinguées que par un léger ornement que dans certains alphabets imprimés on supprime; alors *i* majuscule et *l* minuscule ne se distinguent plus que par la grosseur du trait vertical essentiel. La rivière de l'Ill, affluent alsacien du Rhin s'écrira alors *l'Ill*. C'est non seulement peu esthétique, mais encore peu compréhensible. Joignez à cela le chiffre arabe 1 que dans certaines tables de logarithmes on conforme absolument comme l'I majuscule ou la lettre romaine un. Avec ce système on ne sait plus si III veut dire trois ou bien cent-onze. Supposons que je veuille écrire :

Primo, le logarithme naturel de un est égal à zéro. Au lieu de mettre :

I°. II = 0.

Ne vaudrait-il pas mieux mettre :

I°. l1 = 0.

Ce serait en même temps plus compréhensible et plus artistique.

Je propose donc qu'on rende à l'*un* arabe sa tête taillée en bec de clarinette; qu'on donne à *l* minuscule le pied en crochet, qui orne déjà le *t* minuscule et ne le quitte pas. Alors le nom de la rivière de l'Ill ne ressemblera plus au nombre onze cent-onze, et de plus il se présentera d'une manière bien plus agréable à l'œil.

Dans un dictionnaire des communes de France, après avoir décrit les armes de Montpellier on dit qu'en chef se trouvent les lettres A et M tracées à l'antique. Or il ne s'agissait pas du tout d'un A, mais d'un C présentant du côté de son ouverture un trait vertical lui donnant l'aspec d'un *a* minuscule. Voici la forme des deux lettres :

Ɑ M

ce qui signifie évidemment *Civitas Monspessulana*.

Comme les erreurs du genre se répètent de dictionnaire en dictionnaire, et de dessinateur en dessinateur, on est arrivé à remplacer le C par un A véritable et de mettre par exemple :

A M

Puis en déformant encore la seconde lettre, à mettre enfin :

A Ω

De façon que *Civitas Monspessulana* a fini par devenir *alpha* et *oméga* (le commencement et la fin).

Morale de l'histoire : donnez aux lettres des formes qui ne permettent pas de les confondre les unes avec les autres. L'écriture est un langage, et le premier devoir de tout langage est la clarté.

M. de MONTRICHER

Délégué de l'Association Polytechnique et de l'Université populaire, à Marseille.

L'ENSEIGNEMENT POPULAIRE ET L'EXTENSION UNIVERSITAIRE A MARSEILLE

[378.13]

— *Séance du 6 août* —

L'enseignement populaire, organisé par diverses Sociétés industrielles ou commerciales, ou par des particuliers dévoués au bien public, existe et fonctionne à Marseille, à la satisfaction générale, depuis une vingtaine d'années.

Mais l'enseignement intégral, embrassant dans leurs éléments essentiels les diverses branches de la science, de la littérature et des arts, faisant une part à l'éducation sociale, et s'adressant en même temps à toutes les classes de la population, date en réalité de 1896.

L'enseignement populaire ne comportait en effet que des cours purement professionnels et n'ayant d'autre objet que la vulgarisation et la diffusion des connaissances commerciales, industrielles et maritimes et l'étude des principes élémentaires des sciences économiques et juridiques qui s'y rattachent.

Des cours du soir, publics et gratuits pour la plupart, avaient été institués par la municipalité, la Chambre de commerce, la Société pour la défense du commerce, la Société académique de comptabilité, la Bourse du travail, etc... On y formait des comptables, des contremaîtres, des dessinateurs, des interprètes, des chauffeurs et mécaniciens, des sténographes, enfin des artisans des divers corps de métiers; mais, à part quelques essais tentés par la municipalité dans ses cours d'enseignement pratique, rien, dans les programmes, n'avait été prévu pour l'éducation morale, civique et sociale du peuple.

Le 7 octobre 1896, l'Association Polytechnique ouvrit une section dans la ville de Marseille; l'inauguration eut lieu dans une salle d'école primaire, sous la présidence du maire de Marseille, son président d'honneur.

Tout en évitant les doubles emplois avec les institutions existantes, l'Association Polytechnique organisa ses cours et conférences de manière à offrir à la jeunesse prolétaire, à sa sortie de l'école primaire et avant son entrée à l'atelier, au magasin, au bureau, à la caserne, une instruction variée, non exclusivement professionnelle et faisant à l'éducation morale, à la culture esthétique, aux conceptions désintéressées et idéales, une large part; enfin elle tendit à cultiver et à affranchir les jeunes intelligences, à former des caractères droits et indépendants, à développer l'esprit de méthode et à ouvrir les jeunes cerveaux aux idées générales.

Des sciences exactes et de leurs applications pratiques aux études historiques et littéraires, de l'histoire naturelle à l'art de parler et de lire avec intelligence et correction, l'Association Polytechnique sait varier son enseignement suivant les milieux, adapter son programme aux circonstances, et libre de toute tutelle, sans souci des étiquettes et des vaines formules, poursuivant l'émancipation du prolétariat pour lui-même et pour son bien, et non pour le triomphe d'une doctrine ou d'une politique, elle répand l'idée scientifique et la vérité morale.

Mais pour étendre et développer ce programme, l'institution de cours réguliers et didactiques, professés dans un nombre limité de locaux, bien que suivis assidûment, ne pouvait suffire. Il s'agissait d'atteindre la population ouvrière jusque dans ses recoins les plus ignorés, de la disputer à la jalouse tyrannie des bars et de l'estaminet, de pénétrer dans le sein des catégories sociales les plus rebelles à toute impression intellectuelle et morale. A cet effet, l'Association Polytechnique entreprit dans les écoles primaires, à la Bourse du travail, dans les chambres syndicales et les cercles populaires une campagne de conférences publiques suivies de causeries familières. De la sorte, ses conférenciers formèrent l'avant-garde de son personnel enseignant, et pour leur préparer la voie des tirailleurs la précédèrent : œuvres auxiliaires de l'école, patronage de l'enseignement laïque, grandes et petites A, mutualités scolaires, etc.

Ainsi se constitua spontanément une espèce de corps franc de l'enseignement populaire, dont l'action devait, par la force des choses, franchir les limites d'un programme pédagogique, si étendu et libéral fût-il. Aussi pour prendre tout son essor, pour essaimer en toute liberté, et s'assurer à cet effet les appuis nécessaires, il lui fallut une indépendance relative.

Telle fut l'origine de l'Université populaire de Marseille.

Fille de l'Association Polytechnique, elle conserve son appui et son patronage, mais elle devient libre de s'affilier à toute collectivité dont le programme comporte la vulgarisation scientifique ou l'éducation sociale.

Le groupement se fit sans difficulté; une commission supérieure des cours d'adultes avait été constituée en 1898, en vue de l'Exposition Universelle; ce fut à cette assemblée que l'Association Polytechnique confia la mission de former le nouvel organe de propagande et de régénération sociale.

La Commission supérieure des cours d'adultes se transforma de la sorte en une fédération qui prit le titre d'Université populaire de Marseille.

L'œuvre des Sociétés affiliées s'agrandit et s'améliore par une féconde application de la loi de la division du travail, chacune d'elles conservant son autonomie et son programme pédagogique spécial, et laissant à l'Université populaire la mission de leur préparer le terrain et de recruter leur clientèle.

La campagne à la Bourse du travail fut, sous ce rapport, particulièrement féconde et encourageante. Après un accueil empreint d'une certaine réserve, les émissaires de l'Université populaire se firent progressivement apprécier par les membres des Syndicats ouvriers, en traitant tout d'abord devant eux des sujets de nature à les intéresser, tels que la loi sur les accidents, la coopération, le travail et le machinisme, et peu à peu les conférences se succédèrent régulièrement sur des sujets variés avec réplique, discussion et causerie finale ; enfin, parmi leurs auditeurs se formèrent des recrues pour les cours réguliers de l'Association Polytechnique et des institutions fédérées.

L'Université populaire de Marseille, définitivement constituée le 18 février 1900, sous le nom officiel de « Fédération pour l'enseignement supérieur du peuple », comprend comme affiliées :

Ville de Marseille : Cours communaux d'enseignement pratique.
Chambre de commerce : Cours préparatoires (mécaniciens de marine).
Société pour la défense du commerce.
Société académique de comptabilité.
Association Polytechnique.
Bourse du travail.
Association générale des Étudiants.
Association du Lycée de Marseille.
Association des Écoles communales supérieures de garçons et de filles.
Association de l'École de commerce.
Société de géographie.
Société des études économiques.
Société Flammarion.
Société des Amis de l'instruction laïque, etc.
Mutualité scolaire.

La constitution de l'Université de Marseille, grâce à la coopération des Sociétés fédérées, pourrait servir de type à tout groupe ou collectivité cherchant à fusionner les travailleurs de la main et les travailleurs de la pensée, et poursuivant l'éducation mutuelle de citoyens de toutes conditions.

Et de même que les Universités officielles créées par la loi de 1896 concentrent l'enseignement supérieur, l'Université populaire de Marseille réunit en un seul faisceau les éléments épars de l'enseignement supérieur du peuple, et l'analogie entre elles, toutes proportions gardées, est saisissante.

Sous l'hégémonie des Universités nouvelles, héritières des traditions de leurs glorieuses devancières, mais animées du souffle vivifiant de la Révolution française, et rajeunies par la transfusion de l'esprit moderne, les Universités populaires taillées sur le patron de celle de Marseille, exerceront une action sociale décisive.

Le mouvement de rapprochement intellectuel et social que l'extension universitaire *(University extension movement)* originaire des vieilles Universités d'Oxford et de Cambridge provoque en Angleterre, se manifeste à Marseille dès maintenant.

Après deux ans ans d'exercice, après une campagne de conférences des plus fructueuses, après l'éclosion de nouveaux foyers de propagande que l'Université populaire s'applaudit d'avoir suscités par son exemple et son enseignement, la question de l'extension universitaire devait, par la force des choses, s'imposer à l'opinion publique.

Au petit groupe des éducateurs populaires constitué en 1896 devait échoir l'honneur de convoquer, par l'organe des présidents de l'Association Polytechnique et de l'Université populaire, MM. Delibes et de Montricher, les notables commerçants et industriels de la cité marseillaise, les professeurs de l'Université d'Aix-Marseille et diverses personnalités de marque dans l'enseignement public et privé, afin de jeter les bases d'une section marseillaise et régionale de la Société d'Enseignement supérieur.

Dès sa première séance, qui eut lieu le 1er juin 1900, à la Faculté des Sciences, sous la présidence de M. Delibes, la section marseillaise de la Société d'Enseignement supérieur, après avoir fixé les principaux éléments de son organisation, procéda à la nomination de son bureau, dont la composition indique bien le but, l'esprit et la tendance de l'œuvre nouvelle :

Présidents d'honneur. — MM. Belin, recteur de l'Académie d'Aix-Marseille; Peytral, sénateur, ancien ministre ; Delibes, président d'honneur de l'Association Polytechnique et de l'Université populaire.

Président. — M. Féraud, président de la Chambre de Commerce.

Vice-Présidents. — M. Estrine, Président de la Société pour la défense du Commerce; M. Macé de Lépinay, professeur à la Faculté des Sciences.

Secrétaire. — M. César Bru, professeur à la Faculté de Droit.

Membres. — M. Barthélemy, ancien président du Tribunal de Commerce, vice-président de la Société de Géographie; M. Bouvier-Bangillon, professeur à la Faculté de Droit; M. Clerc, professeur à la Faculté des Lettres; M. Gros (Valentin), Président de la Société des Amis de l'Université; M. le Dr Laget, professeur à l'École de Médecine; M. de Montricher, Président de l'Association Polytechnique; M. Pérot, professeur à la Faculté des Sciences.

Aussitôt constituée, la Section marseillaise de la Société d'Enseignement supérieur aborda l'étude de l'extension universitaire et en traça le programme sous forme de proposition à soumettre au Congrès international de l'Enseignement supérieur :

1° Il y a lieu d'organiser, d'une manière générale en France, et en particulier dans le ressort académique d'Aix-Marseille, l'extension universitaire, sous la direction immédiate des Universités;

2° L'extension aura pour but la diffusion des connaissances générales nécessaires à tous les citoyens d'un pays de suffrage universel, sans préjudice des connaissances plus spéciales utiles à telle ou telle catégorie. Elle devra avoir une organisation assez souple pour répondre aux besoins de publics différents et de régions différentes;

3° Elle ne sera point restreinte à la ville où siège l'Université, mais s'étendra à toutes les localités du ressort académique où elle croira pouvoir rendre des services;

4° Dans l'intérêt même de la durée de l'œuvre, les cours et conférences seront rétribués, sauf à user le plus largement possible de dispenses, là où on le jugera nécessaire;

5° Le meilleur moyen d'assurer la gratuité des cours à ceux qui ne pourraient les payer sera d'acquérir le concours financier des départements, des villes et des sociétés ou syndicats de tous les genres.

Il pourrait toutefois paraître téméraire de vouloir fixer dès le début, avant la sanction de l'expérience, certains détails d'organisation visés ci-dessus; il est permis de se demander, notamment, si la subordination directe et officielle de l'œuvre de l'extension à l'Université, comporterait cette souplesse et cette indépendance reconnues, dans la proposition soumise au Congrès d'Enseignement supérieur, comme nécessaires à son plein développement, et s'il ne serait pas plus prudent et pratique de placer l'extension aussi bien que l'ensemble de l'œuvre post-scolaire sous la juridiction suprême de la Société d'Enseignement supérieur, dont l'action, absolument libre, se prête à tous les besoins et à toutes les circonstances.

Quoi qu'il en soit, la semence largement répandue est en pleine germination, et tout fait prévoir une moisson riche et abondante.

Et depuis 1896, que de chemin parcouru!

L'œuvre d'éducation populaire et de régénération sociale éclose parmi la petite bourgeoisie s'est progressivement étendue et développée de manière à gagner le prolétariat ; elle est aujourd'hui en voie d'englober le haut patronat et de réunir, sous l'égide de l'Université et dans la même formule démocratique, la Chambre de Commerce et la Bourse du Travail.

Destinée à être le facteur puissant d'un rapprochement irrésistible entre les classes, elle exercera sur la solution de la question sociale une action prépondérante et décisive.

La communauté de l'idée scientifique, la nécessité reconnue d'un idéal désintéressé, la coopération des idées, des volontés et des cœurs, enfin l'émancipation intellectuelle, seront la préface de l'apaisement social, et substitueront à l'état de guerre, l'état de paix, et les collaborations et les réciprocités matérielles et morales qu'il comporte nécessairement.

M. R. ARNOUX

Ingénieur civil à Paris.

LE PRINCIPE DU CALCUL DIFFÉRENTIEL ET INTÉGRAL DE LEIBNITZ ET SON ENSEIGNEMENT [517-1]

— *Séance du 6 août* —

Dans tous les traités didactiques de calcul différentiel et intégral, le principe de ce calcul est exposé en ayant recours à la considération de quantités infiniment petites, considération qui a le grave défaut de présenter à l'esprit des élèves à qui on l'enseigne, ce calcul comme approximatif alors qu'il est absolument rigoureux.

Il est cependant facile d'exposer le principe de ce calcul sans avoir recours à la considération de quantités infiniment petites.

Le but primordial du calcul différentiel est de déduire de la fonction représentative de la courbe considérée une autre fonction qui fasse connaître *la loi de variation de direction* des éléments successifs de cette courbe et c'est à Leibnitz que revient l'honneur d'avoir trouvé une méthode de calcul absolument générale qui permet de déduire immédiatement de l'équation de la courbe cette loi de variation.

Pour fixer les idées supposons la courbe rapportée à des coordonnées cartésiennes ; par définition même de *la tangente* en un point d'une courbe, sa *direction* est la même que celle de l'élément de la courbe au même point et cette direction est parfaitement déterminée en chaque point. Or, cette tangente est une droite dont la *direction seule* nous intéresse et dont, par conséquent, il suffit de déterminer la valeur de *coefficient angulaire* et sa *loi de variation*.

Ceci posé, soit: $$y = f(x), \qquad (1)$$

l'équation représentative de la courbe considérée ; donnons avec Leibnitz à la variable x un accroissement dx, il en résultera pour l'ordonnée y du point considéré sur la courbe un accroissement dy tel que

$$y + dy = f(x + dx) \qquad (2)$$

de sorte que si nous retranchons (1) de (2), nous aurons :

$$dy = f(x + dx) - f(x). \qquad (3)$$

Supposons que $f(x)$ soit une fonction algébrique ; la différence $f(x + dx) - f(x)$ sera également une fonction de x, mais dont tous les termes seront multipliés par le facteur dx soit à la première puissance soit à des puissances supérieures.

Or, il est bien évident, d'après ce qu'on a observé plus haut, que dx étant maintenant la variable indépendante, seuls les termes contenant dx à la première puissance conviennent à la ligne droite dont le coefficient angulaire est égal à celui de la tangente à la courbe au point considéré. Donc la somme des termes en x qui ont dx pour facteur commun représente bien la valeur $\frac{dy}{dx}$ du coefficient angulaire de la tangente à la courbe et tous les termes en dx de degré supérieur au premier, doivent être négligés non pas parce qu'on peut les considérer comme nuls ou infiniment petits par rapport à ceux en dx, mais parce qu'ils n'ont rien à voir dans la question qui est de déterminer la valeur du coefficient angulaire de la droite tangente à la courbe. Ce coefficient angulaire est une nouvelle fonction de $xf'(x)$ que Lagrange a appelée fonction *dérivée* parce quelle dérive de celle de la courbe considérée ; mais on pourrait l'appeler avec plus de précision la fonction *directrice* parce qu'elle fait connaître la loi de variation de direction des éléments successifs de la courbe dont elle est déduite.

Le problème inverse qui consiste à remonter de la dérivée d'une fonction à cette fonction elle-même est le but du calcul intégral.

Si nous avons, par exemple, l'équation différentielle :

$$dy = f'(x)dx, \qquad (4)$$

le but du calcul intégral est de trouver une certaine fonction y dont l'accroissement dy de l'ordonnée est constamment égal au produit différentiel $f'(x) \times dx$ et dont l'ordonnée y, correspondant à un point quelconque de la courbe *dite intégrale*, est égale à la somme algébrique :

$$\int f'(x)dy = y \qquad (5)$$

de tous les accroissements antérieurs.

On a objecté que l'égalité précédente était fausse parce que le produit $f'(x)dx$ représentait la surface d'un rectangle élémentaire et non celle qu'il faut réellement considérer et qui comprend une portion d'élément curviligne de la courbe. Cette objection serait parfaitement juste si $f'(x)$ était une ordonnée constante, mais tel n'est pas le cas, cette ordonnée varie au contraire d'une façon *continue* avec x, de sorte que le produit $f'(x)dx$ représente bien en toute rigueur la variation de surface qu'il y a lieu de considérer.

M. le Dr G. E. PAPILLON

à Paris

HYGIENE DU TUBERCULEUX (CONSIDÉRÉ COMME MALADE ET COMME FOYER DE CONTAGION) [614.542]

— *Séance du 3 août* —

Malgré le titre peut-être un peu vaste de cette communication, j'ai moins l'intention d'exposer ici les principes qui doivent former le code hygiénique de tout tuberculeux, que de réagir contre l'engouement général pour les sanatoria, du moins tels que semblent les concevoir, en France, les pouvoirs publics.

Cet engouement nous vient d'outre-Rhin. Là-bas, les lois impériales sur l'assurance obligatoire — assurance-maladie et assurance-invalidité en particulier — qui se sont succédé de 1883 à 1899, n'ont fait que codifier les règlements et usages des caisses ouvrières.

On sait que ces caisses ouvrières et autres associations de secours mutuels, entretenues en général à la fois par les cotisations des ouvriers ou employés et les subventions patronales et administratives, imposent à leurs assurés l'obéissance la plus absolue aux décisions prises dans l'intérêt de leur santé : c'est ainsi que l'assuré considéré comme tuberculeux, quel que soit le degré de sa lésion, peut être astreint à l'internement et au traitement obligatoire dans un sanatorium. Si nous en croyons les statistiques publiées, le résultat serait merveilleux, au double point de vue sanitaire et économique. Il n'en a pas fallu davantage pour produire chez nous un véritable emballement, qui se traduit par d'innombrables projets de sanatoria et d'établissements clos pour le traitement des tuberculeux ; et si des obstacles d'ordre budgétaire ne surgissaient à chaque pas, tous les tuberculeux de France seraient bientôt invités, et peut-être, par une fantaisie de législateurs, condamnés à l'internement obligatoire, et nous verrions alors relever, sous un autre nom et sur une plus vaste échelle, les léproseries du Moyen Age.

Au point de vue de l'hygiène, le tuberculeux doit être considéré sous deux aspects :

1° Le tuberculeux est un malade, et sa maladie est de celles qui sont curables par les processus physiologiques spontanés : l'hygiène formera donc la base et l'essence même du traitement.

2° Le tuberculeux est un foyer de contagion ; il est donc justiciable de l'hygiène sanitaire, au même titre qu'un cholérique ou un varioleux, s'il s'agit de tuberculose ouverte, ou qu'un passager débarquant d'un navire contaminé, s'il s'agit de tuberculose fermée.

A ce dernier point de vue, la question de l'isolement des tuberculeux, de la création de sanatoria fermés, est en tout comparable à celle des quarantaines et des lazarets quarantenaires, ou bien à celle de l'internement des aliénés ou de leur traitement en liberté surveillée (méthode de l'« open-door »).

I

Je serai bref sur la question de l'hygiène du tuberculeux considéré comme malade : c'est une question d'hygiène thérapeutique.

Les maladies spontanément curables sont de deux ordres :

Les unes sont des infections mono-microbiennes cycliques : dues à un agent pathogène unique dont la vie intensive — comme celle dont il parcourt le cycle en milieu organique vivant — a une durée bien limitée : tel le pneumocoque dont la vitalité est épuisée du septième au neuvième jour de sa culture intensive dans l'exsudat pneumonique. La guérison est ici vraiment spontanée — tel le combat qui finit faute de combattants — et l'indication thérapeutique se réduit à deux éléments : permettre à l'individu d'atteindre le jour critique, et le défendre contre les infections secondaires.

Tout autres sont les maladies du second ordre, telle la tuberculose. Ici plus d'évolution limitée du microbe, mais la réaction de l'organisme vivant contre l'intrus qui l'irrite : et par sa présence, et par ses produits. Je me bornerai à rappeler à ce sujet les conclusions de ma récente communication au Congrès de Naples (en avril dernier) (1) : le bacille de la tuber-

(1) G.-E. PAPILLON. — Réaction du système nerveux sympathique à l'intoxication bacillaire ; application clinique au diagnostique précoce des formes larvées de la prétuberculose (*Congresso per la lotta contro la tubercolosi*, Napoli, 26 aprile 1900).

culose provoque dans l'économie — et dès qu'il s'y est implanté, avant même qu'une lésion appréciable ait eu le temps de se constituer, dès le *stade prétuberculeux* en un mot, — une triple réaction :

Réaction phagocytaire,
— thermique,
— sympathique.

La réaction phagocytaire est provoquée par la *présence* seule d'un corps étranger — inerte ou microbien — ; la réaction thermique et la réaction sympathique sont des réactions à l'intoxication par les produits du bacille ; mais toutes trois sont des réactions physiologiques, mathématiquement inévitables, à moins d'anomalies préexistantes : diathésiques par exemple. C'est ce qui m'a permis d'établir au Congrès de Naples que la « réaction à la tuberculine » de Koch, est simplement un phénomène de physiologie banal, nullement caractéristique de la préexistence dans l'organisme d'un foyer tuberculeux, et que si cette « réaction » a une certaine valeur diagnostique — très explicable et très admissible, comme je l'ai démontré — chez les animaux de ferme, elle n'en a *absolument aucune chez l'homme*.

Ces réactions de l'organisme sont les manifestations de sa défense contre la tuberculose : les phagocytes forment une barrière d'investissement autour du foyer ; le reste de l'économie s'efforce de brûler et d'annihiler les produits qui ont pu franchir la barrière. Il faut seconder les forces vives de l'organisme dans cette lutte contre l'agent pathogène envahisseur ; et c'est là le but auquel doit tendre l'hygiène thérapeutique :

L'hygiène respiratoire et circulatoire sous ses différents modes : aérothérapie, gymnastique, hydrothérapie, etc., devra activer la nutrition et favoriser les oxydations.

L'hygiène alimentaire et l'hygiène générale devront fournir à l'économie les matériaux nécessaires à ces combustions, favoriser leur utilisation et écarter toutes causes de débilitation et d'intoxication.

C'est donc bien à l'hygiène — et à l'hygiène seule — de procurer au tuberculeux, considéré comme malade curable, les trois facteurs de la guérison spontanée :

L'air, le repos, l'alimentation.

Trois facteurs qu'il est facile de procurer au malade appartenant aux classes laborieuses, sans qu'il soit besoin de créer des sanatoria (1).

(1) L'indication du sanatorium pour les malades des classes aisées et riches est tout autre : l'air, le repos, l'alimentation, l'hygiène thérapeutique en un mot, sont à leur portée, mais ils ne savent pas toujours en tirer profit, par suite des obligations mondaines et du manque de direction et de régularité quotidienne. C'est de cette nécessité d'une *discipline de traitement* qui justifie souvent leur internement dans un sanatorium.

II

Le tuberculeux vivant en société est un foyer de contagion :

Foyer réel, actuel, en cas de tuberculose ouverte ;

Foyer virtuel, mais toujours menaçant, tant que la tuberculose est fermée.

Pour emprunter une comparaison à l'hygiène sanitaire maritime : dans le premier cas le tuberculeux est comme un navire qui a la peste à bord ; dans le second cas comme le navire ayant chargé dans un port contaminé, mais n'ayant eu ni cas à bord ni contact suspect depuis douze jours, ayant par conséquent droit à la libre pratique aux termes des décisions de la conférence de Venise, mais qui recèle peut-être dans son chargement des rats pestiférés — et par suite des foyers de microbes pesteux.

A côté de ces deux cas — tuberculeux à lésions ouvertes et tuberculeux à lésions fermées — l'hygiène sanitaire nous permet d'en créer un troisième : celui des tuberculeux qui, mettant en pratique les principes de l'hygiène prophylactique, savent vivre de la vie commune sans semer aucun bacille dans leur entourage.

Il y a deux moyens de rendre inoffensif un tuberculeux à lésions ouvertes : l'enfermer avec ses bacilles ou enfermer ses bacilles seuls. Le premier moyen, c'est celui des sanatoria fermés, des asiles fermés, véritable système de léproseries digne du Moyen Age; le second, c'est celui de l'éducasion hygiénique du tuberculeux, grâce à laquelle il peut garder sa place à son foyer et à son travail.

Dans le premier cas, le tuberculeux est à charge à la collectivité : famille, assurance, commune ou État. Dans le second, il peut continuer à subvenir — au moins partiellement — à ses besoins ; s'il appartient à la classe ouvrière, il aura sans doute souvent besoin d'être secouru; mais jamais le taux moyen de ce secours n'atteindra et surtout ne dépassera ce qu'eussent coûté : le traitement en établissement clos, et le secours qu'il faudrait allouer, le cas échéant, à la famille privée de son chef. Et la dépense fût-elle la même, que le respect dû à la liberté individuelle et à l'esprit de famille devrait faire préférer le traitement à domicile à l'internement.

Telle n'est pas, je le sais, la tendance actuelle :

Il n'est question partout que de création de sanatoria, et l'Assistance publique elle-même s'est laissée emporter par le courant : elle a créé dans certains hôpitaux de Paris des services spéciaux pour tuberculeux ; création qui n'a donné aucun résultat satisfaisant, ni même appréciable ; mais au point de vue économique elle entraîne de grosses dépenses, au point de vue humanitaire elle ne vaut guère mieux : elle frappe d'effroi les malheureux qui n'entrent dans ces dépôts prémortuaires qu'en laissant à la porte toute espérance ; et enfin, au point de vue de l'isolement des tuberculeux, le résultat est nul : ainsi, dans tel hôpital que je pourrais citer, tandis que telle salle de tuberculeux contient 36 phtisiques, les salles voisines affectées à la médecine générale en contiennent constamment un nombre qui oscille entre 28 et 40, et dans les conditions hygiéniques les plus défectueuses, puisque la transformation qu'ont subie quelques salles de malades pour l'hospitalisation des phtisiques a eu pour résultat d'augmenter l'encombrement dans les autres salles, et il suffit d'entrer dans certains de nos hôpitaux pour voir des salles de 38 lits contenir jusqu'à 64 malades et plus, entassés dans la plus dangereuse promiscuité.

Et la même administration de l'Assistance publique crée à grands frais, à Angicourt, un sanatorium pour indigents, et le jour où il fonctionnera enfin nous aurons le spectacle désolant du chef de famille, déjà phtisique — car on n'est tuberculeux *administrativement* qu'à la période bactériologique — et attendant la mort en pensant aux siens qui, loin de lui, peinent ou succombent à la misère.

Quant aux tuberculeux encore à la période de début, ceux que quelques semaines de repos en milieu salubre avec une alimentation substantielle pourraient remettre sur la voie de la guérison qui se continuerait à domicile, d'impitoyables mesures administratives leur interdisent l'entrée des établissements suburbains : Vincennes et le Vésinet (1).

Il est temps de réagir contre ces déplorables tendances qui n'aboutiront qu'à laisser s'ouvrir largement les tuberculoses fermées ; et alors, parmi les sujets devenus ainsi danger permanent : les uns seraient internés à grands frais ; les autres, tout aussi dangereux, en attendant que le décès des premiers leur ait fait place dans les établissements clos, sèmeraient la contagion en toute liberté et en toute inconscience.

Les partisans des sanatoria à outrance et obligatoires objectent l'exemple de l'Allemagne et de ses superbes statistiques. Prenons les documents officiels rédigés pour l'Exposition Universelle de 1900 par l'Office impérial des Assurances sociales et qui résument l'œuvre accomplie depuis le fameux message lu par Bismarck au Reichstag, le 17 novembre 1881.

Les statistiques relatives au traitement des tuberculeux aux frais des caisses spéciales d'assurance-maladie ne portent que sur les trois années 1897, 1898 et 1899 — les années antérieures étant sans doute considérées comme période de tâtonnements. — La durée moyenne du traitement

(1) Décision du Président du Conseil, ministre de l'Intérieur, portée à la connaissance des Directeurs d'hôpitaux, par une circulaire du 27 janvier 1900. Les médecins chefs de service sont obligés de signer *eux-mêmes* (circulaire du 14 février 1900) une déclaration portant que le convalescent qu'ils font envoyer dans les asiles de Vincennes ou du Vésinet « *ne présente pas de signes d'affection tuberculeuse des voies respiratoires* » (formule officielle)

dans les établissements clos a oscillé, selon les années et selon les sexes, entre 73 et 87 journées de traitement *continu*, soit *moins de treize semaines*; et par conséquent, puisqu'il s'agit là d'une moyenne, il est vraisemblable que bien peu de ces traitements continus aient atteint le chiffre de 26 semaines ; — ces chiffres de 13 et 26 semaines ont leur importance :

La *13*[e] semaine est, d'après les lois impériales des 15 juin 1883 et 10 avril 1892, la limite du traitement gratuit pour les assurés malades ; il est vraisemblable que, la 13e semaine écoulée, bien peu d'ouvriers continuent à se faire soigner à leurs propres frais, d'autant plus que ces treize semaines de repos et de bonne alimentation les ont le plus souvent remis sur pied — en apparence du moins.

Quant à la *26*[e] semaine, c'est une limite bien plus importante encore : aux termes des lois du 22 juin 1889 et du 13 juillet 1899, le droit à la pension d'invalide n'est acquis qu'après 26 semaines d'incapacité continue de travail ; — et pour être considéré légalement comme incapable de travailler, il faut (loi du 13 juillet 1899) ne plus pouvoir gagner le *tiers* de son salaire quotidien normal.

Que doit-il arriver le plus souvent? L'individu suspecté de tuberculisation, ou même tuberculeux, est interné d'office (*d'office*, car un refus persistant de traitement lui ferait perdre le droit à l'assurance,... et puis l'esprit discipliné des Allemands écarte toute velléité de résistance) ; après 10 à 12 semaines de séjour en milieu salubre, de repos et d'alimentation, il se trouve passagèrement en état de reprendre son travail — pas pour longtemps souvent ; mais, du moment qu'il l'a repris, et a pu gagner le tiers de son salaire normal, la période fatidique de 26 semaines est interrompue, et les intérêts de la caisse d'invalidité sont saufs !

Et les mêmes statistiques nous montrent que, parmi les tuberculeux (hommes) traités en 1897 dans les sanatoria, 28 0/0 seulement travaillaient en 1899 ! Et elles ne disent pas combien, parmi les malades qui forment ces 28 0/0, n'étaient que des surmenés ou des prétuberculeux, qu'un peu d'hygiène — de l'air, du repos et une nourriture suffisante — en dehors même de tout sanatorium, eût suffi à remettre sur pied !

Ainsi appréciées à leur valeur vraie, les statistiques allemandes n'ont plus rien de médicalement démonstratif : ce ne sont plus que des lois sociales. Sans doute, il faut des sanatoria ouvriers, mais leur rôle doit être limité à deux phases bien distinctes de la vie du tuberculeux :

Pour le malheureux phtisique moribond — comme ceux qui viennent mourir dans les services spéciaux de certains hôpitaux — il faut des hospices où il pourra s'éteindre doucement sans contagionner ses concitoyens... de même qu'il y a, à la Salpêtrière par exemple, des divisions réservées aux cancéreuses qui viennent y mourir en paix.

Et puis il faut de vastes maisons de repos et de convalescence, où l'ouvrier surmené *(tuberculeux ou non)* pourra être envoyé — comme nous les envoyions à Vincennes avant les récentes mesures administratives — pour quelques semaines de repos et d'alimentation saine et abondante ; et où on profitera de ses loisirs pour lui apprendre l'hygiène pratique, prophylactique, qui lui permettra de ne plus être un danger s'il est — ou devient jamais — tuberculeux.

Ainsi, loin d'interdire le séjour des asiles de Vincennes ou du Vésinet aux tuberculeux à lésions fermées, nous devons réclamer pour tout travailleur surmené, *tuberculeux ou non*, le libre accès dans ces établissements de repos, et le développement de ces établissements, dont l'entrée ne devrait être interdite qu'aux contagieux proprement dits, — car seuls ils sont dangereux et justifient des mesures de défense dans l'intérêt général.

. . . .

Nous devons, au nom de l'hygiène prophylactique, réclamer une surveillance rigoureuse de l'alimentation : surveillance des laiteries, suppression des abattoirs clandestins par la réglementation des tueries particulières; nous pouvons espérer parvenir ainsi à la suppression de l'infection bacillaire par la voie digestive. (Rareté de la tuberculose par ingestion dans la race juive, grâce à l'obligation religieuse de l'inspection des viandes.)

Nous devons réclamer : l'assainissement des habitations, — et de tous les locaux où séjournent, toussent et crachent des individus : ateliers, bureaux, wagons, etc; — la multiplication des moyens de communication à bon marché et en particulier des voies de pénétration au centre des grandes villes, pour permettre aux agglomérations de s'étendre largement vers la périphérie et diminuer ainsi l'entassement des habitants.

Mais là ne s'arrête pas notre rôle : nous réclamons pour l'individu sain le droit à la vie salubre, à l'abri des contagions; nous devons réclamer aussi pour le tuberculeux le droit de profiter aussi de cette même vie salubre, à la condition qu'il n'apporte pas une cause d'insalubrité; et ne laissons enfermer le tuberculeux que s'il ne sait pas ou ne veut pas maintenir ses bacilles en vase clos.

C'est aux hygiénistes qu'il appartient de faire l'éducation du tuberculeux, comme un des moyens de prophylaxie de la tuberculose : on a bien pu apprendre à nos concitoyens l'usage de la vespasienne — inconnue de nos ancêtres, comme en témoignent les tableaux qu'ils nous ont laissés de la malpropreté des rues de Paris et même des palais royaux jusque sous Louis XIII; l'habitude de ne plus cracher par terre serait-elle plus difficile à inculquer ?

Nos contemporains commencent à s'habituer à dormir sans être enfermés dans des alcôves ou emprisonnés sous des rideaux de lit; serait-il difficile de les habituer à l'aération nocturne de leurs chambres à coucher?

Notre œuvre d'hygiène prophylactique se résume dans les termes suivants :

Surveillance des laiteries et des boucheries;

Suppression des habitations et des locaux insalubres;

Éducation hygiénique des tuberculeux.

Et nous ferons ainsi, beaucoup mieux qu'en multipliant les sanatoria populaires, œuvre utile, au triple point de vue : économique, social et humanitaire.

M. Alfred FÉRET

à Paris.

LE SOMMEIL DE L'ADULTE, HYGIÈNE, ESTHÉTIQUE [613-79]

— Séance du 8 août —

La recherche des moyens ayant pour but le bien-être, la santé et la prolongation de la vie étant le but final des études sur l'hygiène, je me suis attaché à connaître ce qui peut en assurer... sa matérialité, si je puis m'exprimer ainsi.

J'ai en vue un bon repos nocturne, des nuits réparatrices assurant aux lendemains la continuité et la vigueur d'une santé régulière.

Je trouve que la composition actuelle de la literie ne donne pas au dormeur la satisfaction corporelle qui lui est nécessaire, de sorte que les organes en souffrent.

En effet, nous devons assurer le délassement complet du cerveau, des muscles, des ligaments des vertèbres du cou, de l'estomac et des autres viscères, par une position complètement horizontale. J'ajoute qu'elle est également nécessaire pour éviter la contraction du thorax, afin d'assurer une respiration libre et la régularité des pulsations du cœur.

La nature nous a donné normalement la position verticale, soyons-en fiers, considérons-la comme une distinction suprême; mais nos travaux nous obligent souvent à une position oblique plus ou moins fléchie en avant qui nous lasse et nous fatigue, de sorte qu'il convient d'établir une compensation pendant notre sommeil, comme je vais bientôt l'expliquer.

Je viens vous faire remarquer que la position fléchie en avant dans les travaux du jour pourrait être heureusement combattue étant couché, par une position complètement horizontale, de sorte que je propose la suppression du traversin et de l'oreiller.

Pour s'y habituer, on commencera par celle du traversin. En quelques mois, on obtiendra la sensation du repos plus agréable et je me trouve autorisé à dire par une longue expérience que l'on s'en trouvera bien.

Mais on peut encore faire mieux afin que la circulation générale soit rendue encore plus facile, de sorte que la suppression de l'oreiller est tout indiquée.

Dans ce cas, je l'ai dit et cela s'explique : les ligaments des vertèbres du cou ont une position naturelle qui les repose, les poumons ont la cage thoracique entièrement développée, sans contraction ; le cœur étant plus libre, les pulsations sont plus régulières.

L'horizontal complet procure à tous les viscères un repos absolu, le corps obtient toute sa liborté d'étendue et un délassement délicieux. Il est évident que la santé en sera meilleure et plus durable.

Après cet exposé, réfléchissons à la position du dormeur dont la partie dorsale et la tête sont relevées anormalement et admettons ensemble qu'il se prête bénévolement — sans utilité autre qu'une habitude prise — à une cambrure fâcheuse, semblable à celle qu'il occupe pendant les travaux du jour, en sorte qu'il lui faudra bientôt un bâton de soutien, image d'une vieillesse précoce !

Ne nous déformons donc pas inutilement, sous prétexte que les lits sont ainsi disposés, que l'usage le veut !

Nous plaignons les peuplades qui, par l'emploi du bétel, noircissent leurs dents, d'autres qui passent des anneaux dans leurs narines, d'autres qui se tatouent, d'autres enfin qui déforment les pieds de leurs filles au point de les empêcher de marcher et, de notre côté, un certain nombre d'entre nous voudraient continuer la prestance de l'Hercule antique qui, les pieds sur une tortue, soutient le monde sur ses épaules tassées !

Imitons plutôt l'harmonie corporelle présentée par la stature grecque que nous aimons tant à imiter dans l'art. Les artistes donnaient aux dieux et aux déesses de l'Olympe ce maintien droit, élégant et gracieux que nous admirons. Montrons-nous les serviteurs de l'esthétique.

Ne donnons pas d'oreiller au nouveau-né, ni à mesure qu'il grandit, ni quand il devient adulte.

Quant à nous, qui faisons de l'hygiène la base de nos études, pratiquons nous-mêmes peu à peu ces réformes et, en les publiant, nous trouverons des imitateurs qui, à leur tour, les préconiseront.

Vous savez qu'il est recommandé et que l'usage a admis qu'un enfant seul doit occuper un lit. Faisons de même à tout âge. Écartons les bras et les jambes, détendons nos muscles. Couchons-nous sur le dos pour ne pas déformer nos poumons; il est évident que le besoin inconscient de changement nous donnera bientôt une autre position nécessaire à un repos complet; ne nous en préoccupons pas.

Je propose cependant d'avoir un coussin de petite dimension et de quatre à cinq centimètres près de son lit, au cas où on voudrait, comme délassement supplémentaire, se coucher sur la poitrine, puisqu'il faut obliquer la tête d'un côté ou de l'autre pour respirer facilement. Cette position procure un sommeil plus profond, les bruits extérieurs ayant moins d'action.

Nous avons, depuis cinquante ans, fait des modifications importantes dans notre coucher. Le lit de plumes est moins usité qu'autrefois et au lieu de coucher directement dessus, on le place entre deux matelas.

Il semble que le mieux serait: un seul matelas laine et crin sur un sommier élastique. Autrefois chaque lit avait son alcôve qui, souvent, était fermée dans la journée. Des lits étaient garnis de rideaux qui les entouraient complètement.

On a compris, peu à peu, que ces dispositions étaient contraires à l'hygiène de sorte que par la propagation de l'idée, les alcôves ont été supprimées et les rideaux simplement posés à titre décoratif.

C'est un véritable progrès qui appelle celui que j'ai l'honneur de vous proposer.

Comme complément à cette étude, rappelons que le repos de la nuit est facilité par la frugalité du repas du soir. Invoquons encore l'adage des anciens : « *Mens sana in corpore sano* » en rappelant que l'expulsion des matières usées doit être égale au nombre des repas.

Soyons logiques! Présentons-nous le matin au lever, où le corps est dilaté; après le repas de midi où la circulation est si active et au moment du coucher s'il est nécessaire. Nous éviterons ainsi la constipation, source de migraines et de l'irritabilité du caractère.

Le séjour prolongé des matières usées corrode, enflamme les intestins. La régularité proposée contribuera au meilleur sommeil, donnera des traits reposés et un visage clair, indices d'une santé florissante.

M. S. LEDUC

Professeur à l'École de Médecine de Nantes

EMPLOI DU MÉTRONOME DANS LES APPLICATIONS MÉDICALES DE L'ÉLECTRICITÉ (1)

— Séance du 3 août —

La métronome est un balancier horizontal animé par un mouvement d'horlogerie, dont on peut régler la vitesse des oscillations à l'aide d'un poids curseur se déplaçant sur une tige verticale.

I. — LE MÉTRONOME COMME INTERRUPTEUR

Le balancier du métronome peut être utilisé pour ouvrir et fermer le circuit d'un courant électrique, il permet ainsi de régler le rythme des interruptions on peut effectuer une ou deux interruptions par battement. Les appareils livrés par les fabricants ne permettent pas de produire moins de trente interruptions par minute, il serait très désirable de pouvoir obtenir des interruptions plus lentes. La disposition des cuves à mercure séparées l'une de l'autre par une mince cloison est défectueuse, la cloison n'intercepte pas le passage des courants induits :

1° Le métronome interrupteur peut être placé en série et c'est ainsi qu'on l'emploie habituellement ;

2° En mettant le métronome en dérivation on utilisera l'action excitante du courant de polarisation étudiée par MM. les Docteurs A. Rouxeau et Huet ;

3° Si l'on veut employer simultanément un courant continu et un courant interrompu, pour exciter un nerf en état de cathélectrotonus par exemple, ce qui est très avantageux dans le traitement des paralysies, on établira le métronome en dérivation sur une partie seulement des éléments de la pile placée dans le circuit, de sorte que, à chaque fermeture par le métronome, les éléments sur lesquels il est monté sont mis en court circuit, à chaque ouverture leur courant traverse le nerf.

4° Le même résultat s'obtient en mettant le métronome en dérivation sur un rhéostat, lorsque le circuit du métronome est ouvert, le courant

(1) Le métronome a été modifié par MM. les Docteurs Bergonié et Huet mais nous ne nous occupons ici que du métronome simple.

doit traverser le rhéostat ; il évite la résistance en passant dans le métronome lorsque celui-ci ferme le circuit dérivé.

5° Si l'on met en série ou en opposition une pile et une bobine induite, on pourra, sans interrompre le courant continu, rythmer l'induit en plaçant le métronome dans le circuit inducteur. Ce dispositif permet également d'exciter un nerf en cathélectrotonus.

II. — Métronome employé comme renverseur du courant.

On peut employer le métronome simple comme renverseur du courant continu ; pour cela, on unit chacune des extrémités de la pile, figure 1, à chacune des cuves à mercure, l'une des électrodes du sujet S est unie au levier du métronome, l'autre à l'un des éléments de la pile, sur le dessin, à l'élément situé au milieu.

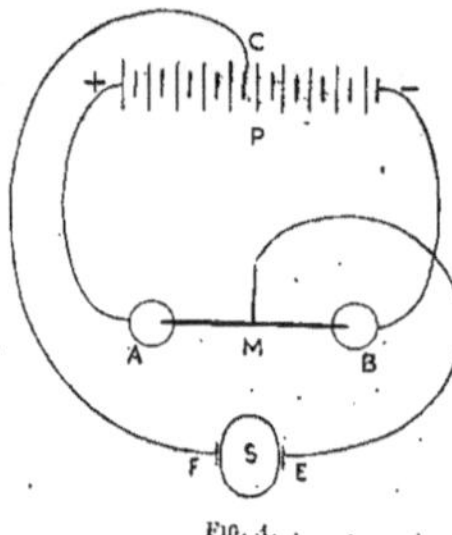

Fig. 1.

Lorsque le circuit est fermé en B, l'électrode E est négative, l'électrode F est positive; lorsque le circuit est fermé en A l'électrode E est positive, l'électrode F est négative, le courant est inversé. Ce dispositif a l'avantage de permettre, en constituant chacun des deux groupes d'un nombre différent d'éléments, de donner à chacun des courants de sens différents, une intensité inégale, ce qui est indispensable si l'on veut produire des excitations égales, le courant devant avoir bien plus d'intensité pour exciter à l'anode que pour exciter à la cathode.

L'excitation égale dans chacun des sens du courant a un intérêt thérapeutique ; ce ne sont point les mêmes éléments nerveux ou musculaires qui, sous la même électrode, sont excités à la cathode et à l'anode, les excitations alternativement cathodiques et anodiques s'exercent sur un bien plus grand nombre d'éléments anatomiques et ont par suite une plus grande efficacité.

On peut introduire un interrupteur rapide dans le circuit de façon à avoir un courant intermittent de basse tension.

Pour renverser les courants induits il faut employer dans le circuit inducteur, deux, trois ou quatre éléments disposés comme sur la figure, la bobine inductrice remplacera le sujet.

III. — Métronome employé comme rhéostat ondulant.

Un fil de laiton courbé en fer à cheval et verni au collodion sur une de ses moitiés, est coupé ou limé à l'extrémité vernie pour y découvrir une surface conductrice. On fixe l'extrémité non vernie au balancier du métronome interrupteur, l'autre extrémité étant équilibrée avec un fil de plomb. On fait plonger l'extrémité vernie dans un verre au fond duquel est placé du mercure. Le balancier du métronome communique avec l'un des pôles du générateur, le mercure du verre avec l'autre pôle à l'aide d'un fil isolé jusqu'à la surface du mercure. Dans le circuit ainsi formé est intercalé le sujet. Sur le mercure on verse un liquide peu conducteur, de l'eau filtrée par exemple, qui ferme le circuit. Le métronome étant mis en marche, le fil de laiton est successivement élevé et abaissé par le balancier, de façon que son extrémité, non recouverte de collodion, s'approche du mercure sans le toucher, et s'éloigne sans sortir de l'eau. Le circuit se trouve ainsi fermé par une colonne liquide dont la longueur varie en suivant le mouvement pendulaire du métronome, et les variations d'intensité produites par les variations de résistance de ce rhéostat oscillant sont plus que suffisantes pour exciter les nerfs et provoquer des contractions musculaires.

Lorsqu'on examine le tracé d'une série de contractions sur lequel les abscisses sont proportionnelles aux temps, on peut y observer :

1° L'amplitude donnée par les ordonnées et proportionnelle aux raccourcissements du muscle ;

2° Le rythme ou fréquence de contractions ;

3° Les concavités du tracé qui correspondent aux instants de repos du muscle ;

4° Les lignes ascendantes représentant les périodes de contraction ;

5° Les sommets qui représentent les périodes de contractions maxima ;

6° Les lignes de descente correspondant aux relâchements du muscle.

Il serait désirable de pouvoir faire varier chacune de ces parties indépendamment des autres.

L'amplitude des contractions dépend de la grandeur de l'excitation et peut se régler indépendamment des autres parties par les moyens ordinaires pour accroître et diminuer l'intensité du courant.

Le rythme se règle par les battements du métronome.

Les concavités, représentant les périodes de repos du muscle, correspondent aux instants où la pointe du rhéostat oscillant est éloignée du mercure ; l'amplitude des mouvements de cette pointe est d'autant plus petite qu'on la fait osciller plus près, d'autant plus grande qu'on la fait osciller plus loin de l'axe de rotation du balancier ; plus l'amplitude d'oscillation de cette pointe est grande, plus est long le temps qu'elle passe éloignée du mercure, et plus grande est la période de repos du muscle.

Lorsque le liquide est peu conducteur, le courant ne passe que pendant l'instant très court où la pointe est voisine de la surface du mercure, la contraction est brusque (secousse), et la ligne ascendante presque perpendiculaire à l'axe des abscisses. Lorsqu'au contraire, le liquide a été rendu conducteur par addition d'acide, l'intensité croît lentement, l'excitation du nerf se prolonge, et la ligne d'ascension devient d'autant plus inclinée que la vitesse de variation de l'intensité est plus lente.

Les sommets de la courbe correspondent aux instants pendant lesquels le courant passe avec le maximum d'intensité ; leur forme aiguë, arrondie ou droite, dépend à la fois de la conductibilité du liquide, de l'intensité du courant et de la distance minima de la pointe au mercure.

Dans les procédés ordinaires d'excitation des nerfs moteurs, la ligne de descente est toujours presque perpendiculaire aux abscisses, mais lorsque le liquide du rhéostat oscillant est rendu conducteur, l'intensité du courant excitateur diminue très lentement lorsque la pointe s'élève, et l'on peut ainsi incliner autant qu'on le veut la ligne de descente.

Pour les courants faradiques ce rhéostat marche avec une régularité parfaite. On peut aussi l'employer pour onduler les courants voltaïques.

Les tracés suivants montrent quelques-uns des résultats obtenus avec le rhéostat oscillant ; les formes de contraction que l'on peut obtenir avec ce rhéostat peuvent d'ailleurs être infiniment variées.

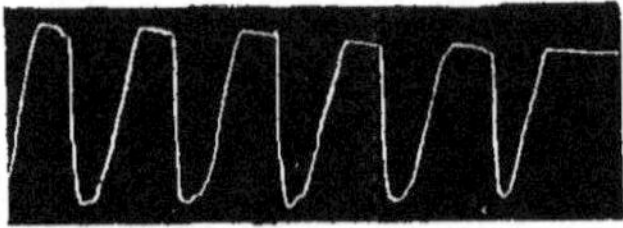

FIG. 2.

Le tracé fig. 2 représente des contractions volontaires rythmées comme les suivantes à 30 par minute.

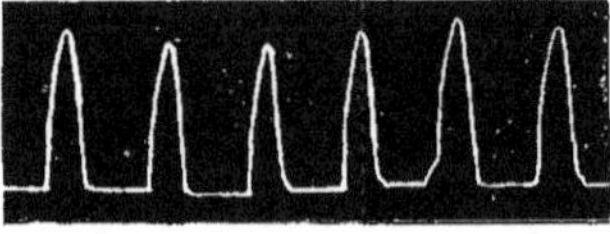

FIG. 3.

Le tracé fig. 3 représente des contractions produites par le courant faradique rythmé avec le métronome interrupteur ordinaire.

Ces deux tracés sont donnés pour permettre leur comparaison avec les suivants :

Les tracés fig. 4 et fig. 5 sont obtenus avec le courant faradique et le rhéostat oscillant.

Le tracé fig. 4 représente les contractions obtenues avec le rhéostat oscillant contenant un liquide peu conducteur.

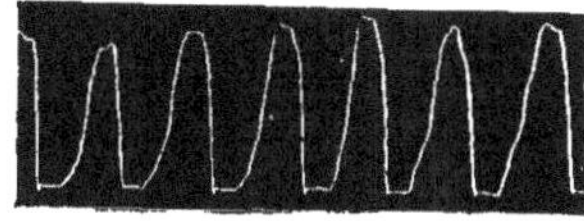

Fig. 4.

En augmentant la conductibilité du liquide on obtient la contraction du tracé fig. 5.

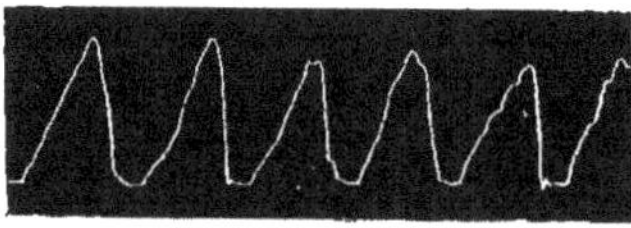

Fig. 5.

Là on voit les lignes d'ascension s'incliner, et aussi les lignes de descente qui, cependant, le sont toujours moins, montrant ainsi que la diminution d'intensité du courant est un excitant moins efficace que son augmentation.

Les sommets et les concavités deviennent de plus en plus aigus, lorsque le liquide du rhéostat devient plus conducteur, le courant agissant par ses variations pendant toute la période, le graphique ne représente plus d'états stationnaires.

Les graphiques suivants ont été obtenus avec le courant voltaïque.

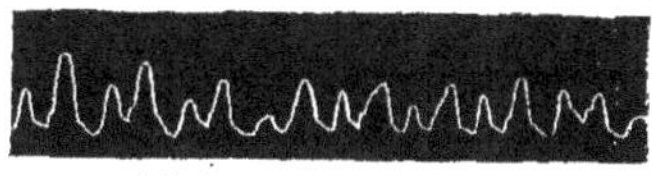

Fig. 6.

Tracé fig. 6, courant interrompu, secousses de fermeture (grandes amplitudes) et d'ouverture (petites amplitudes), à l'anode voltaïque (courant de 20 milliampères).

Le tracé fig. 7 représente les contractions données par l'anode voltaïque avec le rhéostat oscillant. Les contractions sont régulières, il n'y a plus de secousses différentes de fermeture et d'ouverture.

FIG. 7.

Tous ces tracés sont pris sur l'homme en excitant le nerf cubital au coude et inscrivant les contractions du muscle adducteur du pouce.

En combinant le rhéostat oscillant avec le dispositif inverseur on obtient des courants sinusoïdaux tout en conservant la faculté de varier les intensités relatives du courant dans chaque sens.

M. VERNAY

à Vienne (Isère).

TRAITEMENT DE LA COQUELUCHE PAR LES INHALATIONS D'OXYGÈNE OZONIZÉ [204]

— *Séance du 4 août* —

OBSERVATION 1.

Mlle P..., trente-cinq ans, cliente du docteur Gros, de Vienne, vint nous voir, sur le conseil de son médecin, le 2 avril, pour que nous traitions la coqueluche dont elle est atteinte depuis le 15 mars dernier. Deux quintes de toux en moyenne par heure, suivies de vomissements avec expectoration filante. Le docteur Gros lui prescrit successivement la belladone, l'antipyrine, associée au chlorhydro-sulfate de quinine, l'ipéca, le chloroforme en inhalations, le bromoforme, le tout sans succès. Les quintes allèrent en augmentant de fréquence et d'intensité au point que, le 1er avril, c'est-à-dire la veille du jour où elle nous fut adressée, la malade eut, dans les vingt-quatre heures, vingt-deux quintes d'une durée de plus de dix minutes chacune, suivies de vomissements aqueux ou alimentaires. A chaque quinte, la malade, suivant son expression, perd le souffle et est obligée de faire de grandes inspirations qui produisent un véritable hurlement avec cyanose de la face et menace d'asphyxie. Dans la matinée du 2, trois fortes quintes de dix minutes au moins, pendant la durée desquelles Mlle P... dit être restée sans respiration au point de croire à chaque instant qu'elle allait mourir.

2 avril, 2 heures de l'après-midi. — 1re séance. — Inhalation d'oxygène ozonisé pendant 20 minutes avec un repos de 2 minutes toutes les 5 minutes. — Une seule quinte dans l'après-midi, c'est-à-dire depuis 2 heures jusqu'à 8 heures du soir, heure à laquelle Mlle P... vient faire une seconde séance.

2 avril, 8 heures, soir. — Deuxième inhalation pendant 20 minutes.

3 avril, 7 heures et demie, matin. — La malade a eu deux quintes seulement dans la nuit du 2 au 3, la première à 1 heure, la seconde à 6 heures du matin. — Troisième inhalation pendant 30 minutes. — Pendant la séance, Mlle P... est prise deux ou trois fois de petites quintes de toux de courte durée, qui se terminent après le rejet de quelques crachats aqueux.

3 avril, 2 heures, soir. — Trois fortes quintes dans la matinée, mais de plus courte durée que la veille. — Quatrième inhalation de 20 minutes.

3 avril, 7 heures, soir. — Deux petites quintes sans vomissement dans l'après-midi. La malade, qui depuis le 1er avril ne s'alimentait plus, est enchantée de pouvoir garder ce qu'elle mange — Cinquième inhalation de 20 minutes.

4 avril, 8 heures et demie, matin. — Trois fortes quintes dans la nuit avec tirage. — Sixième inhalation de 30 minutes.

4 avril, 2 heures, soir. — Trois quintes dans la matinée dont une forte suivie de vomissement. — Septième inhalation de 30 minutes.

4 avril, 8 heures, soir. — Trois petites quintes dans l'après-midi et une autre le soir de 5 minutes, sans vomissement. — Huitième inhalation de 20 minutes.

5 avril, 1 heure de l'après-midi. — La malade a passé une nuit excellente, deux ou trois petites quintes dans la matinée, toujours sans vomissements. — Mlle P... mange avec appétit et conserve tous les aliments qu'elle prend en assez grand nombre. Les forces reviennent lentement. — Neuvième inhalation de 20 minutes.

5 avril, 8 heures, soir. — Pas une seule quinte dans l'après-midi, à peine de temps en temps une légère toux quinteuse. — Dixième inhalation de 10 minutes.

6 avril, 2 heures, soir. — Le mieux persiste. — Onzième et dernière inhalation.

15 avril. — La guérison est complète.

Observation II.

Mme S. de V..., vingt huit ans, nous est également envoyée le 6 avril dernier par son médecin, le docteur Grésillon, de Vienne, pour une coqueluche qu'elle a contractée de son enfant âgé de trois ans, au mois de février. D'après les renseignements qui nous ont été donnés par son médecin, les quintes, dès le début de la maladie, se montrent surtout la nuit. Tandis que dans le cours de la journée Mme S. de V... a deux ou trois efforts de toux quinteuse suivis d'expectoration et de nausées, lorsque le soir approche, elle a des accès formés chacun de dix ou douze expirations suivies de l'inspiration sifflante caractéristique, puis d'expectoration muqueuse, se répétant toutes les heures d'abord, puis tous les quarts d'heure, de sorte que la malade ne peut fermer l'œil de la nuit.

Pendant deux mois cet état persiste, et le bromure, l'opium, la belladone, l'antipyrine, le bromoforme, l'aconit, les badigeonnages de la gorge à la cocaïne, le changement d'air, en un mot, tout le traitement qu'a cru devoir lui ordonner son médecin, n'a pas non seulement amélioré son état, mais, lorsqu'elle nous est adressée par le docteur Grésillon, les quintes ne discontinuent pas jours et nuits.

6 avril. — Nous commençons immédiatement le traitement par les inhalations d'oxygène ozonisé, en faisant deux séances par jour de 20 minutes.

7 avril. — Mme S. de V..., à la suite de deux inhalations faites la veille, nous dit avoir encore eu une forte quinte dans la soirée du 6 avril, et trois quintes seulement dans la nuit. Elle est d'autant plus enchantée de ce premier et surprenant résultat que, depuis plus de quinze jours, elle passait ses nuits assise sur son lit, ne pouvant s'étendre, tellement les quintes étaient rapprochées. Deux quintes dans la matinée du 7 sans expectoration. — 3 inhalations sont faites — 20 minutes.

8 avril. — De petites quintes dans la soirée du 7 ainsi que dans la nuit, ces dernières ne l'obligeant pas même à s'asseoir sur son lit. La malade est enchantée, surtout de pouvoir dormir. — 3 inhalations de 20 minutes.

9 avril. — L'amélioration persiste, la malade a encore une toux quinteuse le jour et la nuit, mais elle n'est plus privée de sommeil. — 2 inhalations de 20 minutes.

10 avril. — Mme S. de V... nous dit ne pas avoir eu une seule quinte dans la nuit, une légère toux quinteuse dans la soirée du 9 et dans la matinée du 10. Nous l'engageons, malgré le désir contraire manifesté par elle, à continuer le traitement. — 2 inhalations de 20 minutes.

11 avril. — La malade ne tousse plus et se considère comme guérie. — 1 seule inhalation de 20 minutes, en recommandant cependant à Mme S. de venir encore le lendemain.

12 avril. — 1 inhalation de 20 minutes, après laquelle nous croyons pouvoir donner congé à Mme S...

Nous avons eu l'occasion de revoir Mme S. de V... dans le courant de juin et la guérison a bien été définitive (soit après 7 jours de traitement, du 6 au 12 avril).

Observation III.

Mme D. de G... nous est adressée par son médecin le docteur Croizat, de Givors, pour une coqueluche dont elle souffre depuis trois semaines environ et qui a résisté à toutes les médications usitées, belladone, antipyrine, bromoforme, etc. Les quintes de forme convulsive avec secousses expiratoires et entrecoupées par une reprise inspiratoire sifflante amènent de la cyanose de la face et se terminent par un rejet de mucosités filantes, ou de vomissements alimentaires, quand elles ont lieu près des repas. Elles sont au nombre de vingt à trente en vingt-quatre heures et plus fréquentes la nuit que le jour, au point, depuis plusieurs nuits, de priver complètement Mme D. de G... de sommeil. Cet état inquiète d'autant plus la malade, qu'un de ses petits enfants duquel elle a pris la coqueluche en est mort il y a une quinzaine de jours à peine.

14 juin. — La première inhalation d'oxygène ozonisé est faite le 14 juin pendant une durée de 20 minutes.

15 juin. — La malade revient dans l'après-midi, soit vingt-quatre heures après sa première inhalation. Elle a eu trois quintes dans la soirée du 14, cinq dans la nuit et quatre dans la matinée du 15, soit neuf quintes de toux au lieu de vingt-cinq à trente qu'elle avait eues la veille. Trois seulement

ont été suivies de rejet de matières alimentaires. — Seconde inhalation pendant 20 minutes.

16 juin. — Une quinte dans la soirée du 15, trois dans la nuit, deux dans la matinée, soit six quintes en vingt-quatre heures. Pas de vomissements alimentaires.

18 juin. — Une forte quinte dans la soirée du 16, deux dans la journée du 17, et trois dans la nuit et une dans la matinée, soit sept quintes en quarante-huit heures. Encore quelques vomissements aqueux.

19 juin. — Une quinte dans la soirée du 18, une quinte dans la matinée du 19, pas de quintes dans la nuit.

20 juin. — Une seule quinte dans la matinée, sans vomissements d'aucune sorte et de très courte durée.

21, 22, 23 juin. — Mme D. de G... fait encore trois inhalations de 20 minutes, le 21, le 22 et 23 juin. La malade n'a plus de quintes vraies, elle tousse de temps en temps, et sa toux est encore coqueluchoïde. Nous l'engageons à continuer encore pendant quelques jours les inhalations d'ozone jusqu'à ce que sa toux ait complètement cessé.

25, 27, 29 juin. — Trois inhalations sont faites avec un jour de repos, les 25, 27 et 29. Ce sont les dernières. La malade ne tousse plus. La guérison est complète.

20 juillet. — La guérison s'est bien maintenue et Mme D. de G... n'a pas eu une seule quinte depuis le 20 juin, c'est-à-dire depuis le sixième jour après le début de son traitement par les inhalations d'ozone, et, quoique ayant eu un rhume depuis, dont elle est guérie du reste, la toux n'a même pas été coqueluchoïde.

Observation IV.

Mai 1900. — Mlle T..., dix ans, est prise d'une coqueluche intense (trente-cinq quintes par jour, vomissements, épistaxis, etc).

Dès la première inhalation, le nombre des quintes tombe à quinze dans la journée suivante.

Après la quatrième séance, deux quintes en vingt-quatre heures.

A la septième séance, plus de quintes (une en trois jours).

Mlle T... fait en tout vingt séances et retourne à sa pension deux semaines après le premier jour du traitement.

Observation V.

Mme X... de Loire (Rhône), étant venue chez moi pour faire opérer, par l'électrolyse son bébé qu'elle nourrit, d'un nævus du front, l'opération terminée, l'enfant fut pris d'une quinte avec cyanose de la face et vomissements aqueux, ne pouvant laisser aucun doute sur sa nature. La mère me dit que son bébé avait la coqueluche depuis une quinzaine de jours environ, mais, comme il continuait à bien prendre le sein et ne vomissait pas, elle ne s'en était pas inquiétée. Nous lui proposons de lui faire respirer de l'ozone, ce que nous faisons en dirigeant l'entonnoir de l'ozoneur sur le nez de l'enfant pendant que la mère lui donne à téter, et nous recommandons à Mme X... de nous le ramener aussi souvent qu'elle le pourra. Quinze jours se passent, lorsque Mme X... vient dans notre cabinet pour nous faire constater, suivant le désir que je lui en avais manifesté, le résultat de notre première intervention électrolytique pour le nævus dont son enfant était atteint.

Interrogée sur l'effet produit par l'inhalation d'ozone faite à son bébé pour sa coqueluche, Mme X... nous déclare, non pas avec satisfaction *(car elle craint que cela ne lui amène d'autres maladies)*, que son enfant n'a plus eu une seule quinte en sortant de chez moi. — Nous rassurons la mère, autant que faire se peut, sur ses craintes imaginaires et nous nous félicitons du résultat. Je dois avouer que ce cas est unique, parmi les nombreux petits malades que j'ai traités. C'est pour cela que j'ai cru devoir le signaler.

Observation VI et suivantes.

Une épidémie de coqueluche ayant eu lieu à Vienne, j'ai soigné, depuis deux mois, vingt-huit enfants de trois à sept ans, à différentes périodes, et chez tous, j'ai obtenu la guérison après dix à douze jours de traitement.

Voici comment je procède :

Les séances doivent avoir lieu; une, deux, trois fois par jour, si c'est possible, et ont chacune une durée de 20 à 30 minutes avec quatre temps de repos de 1 ou 2 minutes chacun. L'enfant, placé devant l'ozoneur, respire à une distance de 20 centimètres dont il se rapproche lentement, 15, 10, 5 centimètres, pour venir finalement aspirer par le nez mis dans le pavillon de l'ozoneur et expirer par la bouche, de telle sorte que le *modus faciendi* (qu'il faut enseigner même aux petits malades) peut être comparé à celui qu'on fait lorsqu'on veut respirer le parfum d'une fleur, mouvement qui est fatalement suivi de l'ouverture de la bouche qui rejette l'acide carbonique, sans crainte qu'il entre dans l'appareil.

Quant à la production de l'ozone, je l'obtiens en actionnant, avec les piles nécessaires, une bobine à fil fin donnant 12 centimètres d'étincelle; mais, au lieu de me servir de l'oxygène de l'air, j'ozonise de l'oxygène sous pression, que je fais passer dans un ou plusieurs flacons laveurs pouvant contenir de la liqueur de goudron, du menthol, du thymol ou toute autre substance médicamenteuse se volatilisant à froid, de façon à masquer l'odeur de l'ozone, que certains malades trouvent désagréable à respirer.

Pour le traitement de la tuberculose, je fais passer l'oxygène avant d'être ozonisé dans des flacons contenant du gaïcol, de l'eucalyptol, etc., et, sans vouloir prétendre guérir tous les tuberculeux, je crois devoir déclarer que, dans ma carrière de praticien, de tous les traitements que j'ai employés, ce sont de beaucoup, les inhalations d'oxygène ozonisé chargé de vapeurs médicamenteuses qui m'ont donné les meilleurs résultats.

M. le Dr S. LEDUC

Professeur à l'École de Médecine de Nantes.

INTRODUCTION ÉLECTROLYTIQUE DES IONS DANS L'ORGANISME VIVANT

[537.33 : 616.204]

— *Séance du 4 août* —

Historique. — Fabré Palaprat prétendit, en 1833, avoir fait passer de l'iode à travers l'organisme à l'aide du courant électrique. En 1870, Bruns de Tübingen aurait pu constater dans l'urine la présence de l'iode introduit au moyen du courant électrique. Munk, en 1873, en employant comme électrodes des solutions de strychnine aurait pu donner des convulsions à des lapins.

Onimus, Bardet, Erb, etc., signalent des effets thérapeutiques obtenus à l'aide de médicaments introduits par le courant continu. En 1885, Lauret de Montpellier, par des expériences bien conduites, montre que l'iode pénètre en quantité notable dans l'économie et se retrouve dans les urines lorsque la solution d'iodure sert de cathode ; il fait remarquer que l'introduction médicamenteuse se fait conformément aux lois de l'électrolyse, les ions électro-positifs pénètrent à l'anode et les ions électro-négatifs à la cathode.

En 1886, Wagner signale l'anesthésie de la peau sous une anode formée par une solution de cocaïne.

En 1889, Gärtner signale l'absorption du mercure dans un bain de sublimé servant d'anode. Edison, au Congrès de Berlin en 1890, propose de traiter la goutte par l'introduction électrolytique du lithium. En 1892, Aubert de Lyon introduit la pilocarpine à l'anode, il provoque ainsi une transpiration localisée, prend les empreintes sudorales à l'aide d'un papier buvard, celui-ci, badigeonné ensuite avec une solution de nitrate d'argent, noircit dans les endroits imprégnés de chlorure. Aubert introduit électrolytiquement la pilocarpine dans les tissus anémiés par la bande d'Esmark. Cette introduction électrolytique dans les tissus anémiés est également pratiquée par Morton de New-York.

En 1893, Labatut prouve le déplacement des matières organiques de l'économie par l'électrolyse en dosant les matières organiques des bains électrodes avant et après le passage du courant. Il signale que la sensation sous les électrodes et les réactions sur la peau varient avec la nature de l'électrolyte, et confirme par des recherches effectuées sur quarante-trois sels ou matières colorantes salines que les ions pénètrent dans les tissus organisés en suivant le sens des phénomènes électrolytiques.

Simon Fubini et Pierre Piérini, en 1897, trouvent, par l'analyse chimique, dans l'urine, l'iode, l'acide salicylique, la santonine, la quinine, le lithium, introduits électrolytiquement ; ils déterminent l'exagération des réflexes à l'aide de la strychnine et la mydriase avec l'atropine. En 1897, Weiss montre, par les altérations histologiques, l'électrolyse s'exerçant dans la profondeur des tissus vivants. Les nombreux auteurs que nous citons à la bibliographie obtiennent des résultats thérapeutiques par l'introduction électrolytique des médicaments. Enfin, au commencement de cette année, le docteur Fritz Frankenhaüser, de Berlin, a publié une remarquable étude expérimentale sur les actions exercées sur la peau par l'introduction électrolytique de différentes substances.

On a jusqu'ici admis deux modes d'introduction des médicaments par le courant électrique :

1° *Cataphorèse.* — La cataphorèse, mode dans lequel la solution médicamenteuse servant d'électrode positive, les molécules seraient entraînées dans le sens du courant sans subir aucune décomposition.

2° *Introduction électrolytique.* — La méthode électrolytique, dans laquelle la molécule médicamenteuse de la solution servant d'électrode est, suivant les lois de l'électrolyse, décomposée en deux parties appelées ions; ce sont ces fragments de molécules, les ions, qui pénètrent sous l'influence du courant électrique. Les uns, les métaux et les radicaux métalliques, suivant le sens du courant, se dirigent vers la cathode, et, par conséquent, pénètrent à l'anode, on les appelle cathions ; les autres, les substances halogènes, les radicaux acides et les hydroxyles, remontant le courant, se dirigent vers l'anode, et, par conséquent, pénètrent à la cathode, on les appelle anions.

L'examen de tous les travaux publiés sur ce sujet montre que si l'introduction des médicaments suivant le mode électrolytique est surabondamment prouvé par l'expérience, aucune expérience ne montre d'une façon certaine l'introduction des médicaments par cataphorèse; si ce dernier mode d'introduction existe réellement, il n'a qu'une importance secondaire.

Électrolytes. — Les électrolytes, solutions de sels, d'acides ou de bases, sont actuellement considérés comme constitués par les molécules de la substance dissoute, dissociées par l'action du dissolvant, dans une proportion plus ou moins grande, en cathions et en anions. Chaque molécule donne ainsi deux ions, formés chacun par un ou plusieurs atomes, se déplaçant librement dans la solution et considérés comme ayant l'un une charge d'électricité positive, l'autre une charge d'électricité négative, par suite desquelles, aussitôt qu'à l'aide d'électrodes on établit une différence de potentiel entre deux points de la solution, conformément aux lois de l'électrostatique, les ions électro-positifs, cathions, sont attirés par l'électrode négative, repoussés par la positive; les ions électro-négatifs, anions, sont attirés par l'électrode positive, repoussés par l'électrode négative. Les ions vont ainsi transporter et abandonner leurs charges à chacune des deux électrodes. C'est ce transport des charges électriques par ce double courant des ions qui constitue la conductibilité électrolytique. Ce mouvement des ions en sens opposé est inséparable du passage du courant électrique dans les électrolytes, il est le courant électrique lui-même.

Action sur l'homme.—Le corps humain est un électrolyte, tout courant électrique qui le parcourt est accompagné du double courant des ions entre les électrodes.

Électrodes métalliques. — Si les électrodes sont métalliques et inattaquables, les anions, chlore et radicaux acides sortent du corps à l'anode et, après avoir abandonné leurs charges au contact de l'électrode, attaquent les tissus en donnant lieu à des réactions secondaires. Les cathions, sodium, métaux et radicaux métalliques, sortent du corps à la cathode et, après avoir abandonné leurs charges au contact de l'électrode, attaquent les tissus en donnant lieu à des réactions secondaires. En résumé le corps perd des anions à l'anode et des cathions à la cathode.

Électrodes électrolytes. — Si les électrodes sont formées par des électrolytes, à l'anode le corps abandonne ses anions et absorbe les cathions de l'électrode, à la cathode le corps abandonne ses cathions et reçoit les anions de l'électrode.

Dosage des ions. — Les lois de Faraday permettent de déterminer exactement le poids P des ions que l'on peut ainsi introduire dans les tissus, il est égal à la quantité d'électricité en coulombs Q, multipliée par l'équivalent électrochimique e de la substance.

$$P = Qe = ite$$

i intensité,

t temps pendant lequel passe le courant.

Efficacité de la méthode. — C'est une erreur de prétendre que ce mode d'introduction est sans importance pratique parce qu'il ne peut introduire que de faibles quantités de médicaments.

Localement, il permet de faire agir sur une masse déterminée de tissu des doses qui seraient mortelles si elles s'exerçaient dans la même proportion sur toute l'économie.

L'introduction électrolytique est efficace pour exercer une action générale avec de très nombreux médicaments. Il est facile en une séance d'administrer cent coulombs. L'équivalent électrochimique du mercure mercurique est de 1 milligramme 37 par coulomb, cent coulombs introduiraient donc 0gr,137 milligrammes de mercure mercurique, quantité bien supérieure à la dose thérapeutique.

Actions physiologiques et toxiques. — Pour étudier les effets toxiques des ions, il est avantageux de mettre les animaux en série; par exemple, pour étudier les effets de la strychnine sur les lapins, les électrodes doivent être placées dans deux endroits parfaitement symétriques, sur deux surfaces rasées de part et d'autre de la colonne vertébrale par exemple; les électrodes ayant des dimensions identiques, le courant entre dans un lapin par une anode formée d'une solution de sulfate de strychnine, sort par une cathode formée d'une solution de chlorure de sodium; entre dans un second lapin par une anode de chlorure de sodium, sort par une cathode de strychnine. Les deux lapins se trouvent ainsi traversés par le même courant, avec la même direction, et sont en contact, pendant le même temps, avec des électrodes de même nature. En employant des électrodes de surface suffisante, formées par des feuilles de coton hydrophile bien imprégnées de la solution électrolytique, s'appliquant bien sur la peau, recouvertes d'électrodes métalliques et serrées avec une bande qui les attache autour du corps, les lapins supportent, sans en paraître incommodés, un courant graduellement établi de soixante à cent mille ampères. Dans ces conditions le lapin ayant une anode formée d'une solution de sulfate de strychnine, est pris, quelques minutes après l'établissement du courant, de convulsions tétaniques, et meurt rapidement; tandis que le lapin ayant la solution de sulfate de strychnine à la cathode n'est nullement incommodé, il peut ainsi servir de témoin dans plusieurs expériences successives sans présenter le moindre symptôme d'intoxication. Pour démontrer l'introduction des anions, on disposera l'expérience de la même manière en remplaçant la solution de sulfate de strychnine par une solution de cyanure de potassium; c'est alors le lapin, ayant le cyanure de potassium à la cathode qui, après quelques minutes, est pris de convulsions toniques et meurt, tandis que celui ayant le cyanure de potassium à l'anode n'est nullement incommodé.

Ces expériences sont frappantes, impressionnantes même pour ceux qui en sont les témoins; elles conviennent, d'une façon remarquable, à la démonstration dans les cours de l'absorption des substances toxiques sous l'influence du courant continu suivant les lois de l'électrolyse. Elles peuvent être faites avec tous les poisons électrolytiques. Les solutions de strychnine et de cyanure de potassium donnent les meilleurs résultats au point de vue d'une démonstration rapide du phénomène.

Chez l'homme, il est très facile de provoquer l'apparition des symptômes produits par les substances que l'on introduit. Avec une anode formée par une solution de chlorhydrate de morphine, il suffit de quinze à vingt coulombs pour faire apparaître des accidents toxiques forçant à interrompre l'expérience, congestion du visage, étourdissement, obtusion des idées, nausées, défaillances, vomissements. Une anode formée par une solution de chlorhydrate de cocaïne provoque facilement des vertiges et la syncope. Il serait sans doute aussi facile de tuer un homme par l'introduction électrolytique des poisons que de tuer un lapin. Le courant, pour produire des effets toxiques, doit avoir une intensité suffisante pour donner une vitesse d'absorption supérieure à la vitesse d'élimination.

Lois de l'absorption. — L'absorption semble bien ne dépendre que de la nature des électrodes et du nombre des coulombs, elle semble indépendante des autres circonstances et en particulier de la concentration des solutions qui paraît n'influencer que la résistance du circuit.

Actions sur les nerfs sensibles et sur la nutrition. — Les caractères des effets produits par un courant invariable sur les nerfs sensibles et la nutrition ne dépendent que de la nature des ions, leur intensité seule varie avec l'intensité du courant. Tandis que le salicylion et le morphinion ne produisent presqu'aucune sensation lorsque le courant ne varie pas, et permettent de faire passer des courants très intenses et de grandes quantités d'électricité sans altérer la vitalité de la peau; l'anion arsénieux produit une vive douleur qui ne permet guère d'élever l'intensité du courant et détruit rapidement la peau, en produisant de petites phlyctènes herpétiques. L'empois d'amidon produit aussi une douleur très vive déjà signalée par Lauret. Le cathion de la cocaïne s'introduit facilement et anesthésie complètement la peau, mais le retour de la sensibilité est suivi d'une réaction douloureuse la peau, profondément altérée dans sa nutrition présente une ecchymose roussâtre et la surface mortifiée se desquame ultérieurement.

Influence du lieu d'application. — Les symptômes généraux produits par les substances introduites électrolytiquement apparaissent beaucoup plus vite lorsque l'électrode active est placée sur une région très vasculaire, sur des masses musculaires, que lorsqu'elle est placée sur une région peu vasculaire, sur la peau recouvrant les os par exemple.

Pénétration profonde. — Si l'on comprime les tissus entre l'électrode et le squelette, de façon à interrompre la circulation, on peut saturer la région avec le médicament et ralentir son absorption générale. Toutefois, pour obtenir ce résultat, il faut appliquer sur la peau une feuille isolante, feuille de caoutchouc par exemple, percée d'un trou de diamètre moindre que celui de l'électrode, de façon, en appliquant l'électrode, à produire sous ses bords un anneau comprimé de tissus anémiés et peu conducteurs empêchant le courant de s'échapper par la périphérie de l'électrode et favorisant sa pénétration en profondeur. Si cette précaution n'est pas prise on voit le courant, évitant de pénétrer dans les tissus anémiés sous-jacents, s'échapper par la périphérie où, avec l'anode de morphine par exemple, il se forme un anneau œdémateux analogue à l'œdème de l'urticaire mais sans démangeaison, anneau qui s'étend de proche en proche à mesure que se prolonge l'action du courant.

Action sur l'excitabilité des nerfs moteurs. — Si l'on comprime entre l'électrode et le squelette un nerf moteur superficiel, et que l'on fasse passer le courant pendant un temps suffisant, l'excitabilité du nerf est profondément modifiée et modifiée d'une façon différente suivant la nature des ions.

Nous avons suivi dans cette étude plusieurs méthodes d'expérimentation, les résultats que nous présentons ont été obtenus par la méthode suivante :

Une pile avec son collecteur, une bobine induite et un rhéostat sont mis dans le même circuit ; la bobine et la pile sont, suivant l'expérience à faire associées tantôt en série (unies par leurs pôles de noms contraires), tantôt en opposition (unies par leurs pôles de même nom), une grande électrode différente est placée sur l'épigastre ; sur le nerf cubital au-dessus de la gouttière épitrochléenne, on place : 1° une pièce de caoutchouc dans laquelle est taillée un trou de trois centimètres de diamètre ; 2° un tampon de coton hydrophile imprégné d'une solution de la substance à expérimenter ; 3° une électrode métallique de cinq centimètres de diamètre ; grâce à un large carton recouvrant le reste de la circonférence du bras, cette électrode est serrée contre l'humérus à l'aide d'une bande sans entraver la circulation ailleurs que sous l'électrode. Les contractions de l'adducteur du pouce sont inscrites à l'aide d'un dispositif approprié, un métronome interrupteur est placé dans le circuit inducteur, on règle la distance des bobines sur le chariot de façon à obtenir des contractions du muscle adducteur du pouce, ces contractions enregistrées représentent, pour l'excitant employé, le degré d'excitabilité du nerf cubital sous l'électrode active ; on interrompt le courant inducteur en arrêtant le métronome, on fait passer pendant quinze minutes un courant de dix mille ampères dirigé de façon à introduire l'ion à étudier, c'est-à-dire en prenant comme électrode active l'anode pour l'introduction des cathions, la cathode pour l'introduction des anions ; après quinze minutes, on supprime le courant à l'aide du collecteur, le métronome est remis en marche et l'on enregistre de nouveau les contractions de l'adducteur du pouce ; la différence d'amplitude entre ces contractions et les premières représente la variation de l'excitabilité du nerf ; en provoquant ensuite ces contractions à des intervalles réguliers, de deux en deux minutes par exemple, on voit l'excitabilité du nerf revenir peu à peu à sa valeur primitive. La variation de l'excitabilité, et la courbe par laquelle celle-ci reprend sa valeur primitive, sont toujours les mêmes pour un même ion introduit électrolytiquement, elles varient d'un ion à l'autre; la grandeur des variations pendant l'expérience est en rapport avec la quantité d'électricité qui a été employée.

Pour diminuer l'erreur qui pourrait résulter d'une variation dans la résistance du corps, nous plaçons dans le circuit une forte résistance sans self-induction ni polarisation sous forme d'un rhéostat de graphite. D'ailleurs toutes nos expériences ont été répétées plusieurs fois et, dans les résultats retenus, lorsque l'excitabilité est diminuée, les premières contractions sont faites avant passage de tout courant, avec la résistance du corps au maximum; le passage du courant continu, diminuant la résistance du corps, contribue à augmenter l'intensité du courant induit et à augmenter les contractions, c'est-à-dire à agir en sens inverse du résultat observé. Nous avons aussi toujours choisi le pôle excitateur du courant induit de façon à faire agir la polarisation en sens inverse des résultats observés. Les variations d'amplitude des contractions sont donc bien dues aux variations d'excitabilité du nerf; en fait cette excitabilité varie plus que ne l'indiquent nos expériences puisque nous avons fait agir en sens inverse toutes les autres influences.

Si après avoir produit et constaté une variation de l'excitabilité du nerf on renverse le courant pendant un temps suffisant pour faire sortir les ions introduits, l'excitabilité revient rapidement à sa valeur primitive.

Dans tous les tracés ci-dessous, le premier groupe de contractions à gauche représente l'excitabilité initiale, on fait ensuite passer, pendant quinze minutes, un courant continu de huit milliampères destiné à introduire l'ion dont on veut étudier l'action, puis on prend immédiatement après un second groupe de contractions, les autres groupes sont ensuite enregistrés de deux en deux minutes.

La figure 1 représente l'action de la cocaïne, l'anode sur le nerf est formée par un tampon de coton hydrophile imprégné d'une solution de

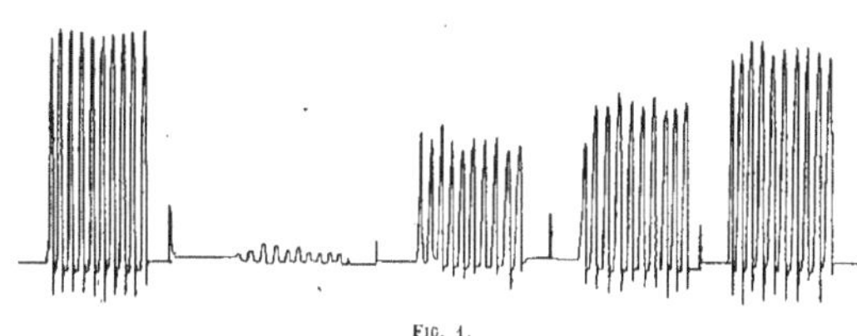

FIG. 1.

chlorhydrate de cocaïne. On voit que l'excitabilité presque entièrement supprimée après le passage du courant continu, a repris sa valeur entière après six minutes.

La figure 2 représente l'action de l'ion lithium, l'excitabilité est augmentée après l'introduction du lithium et reprend sa valeur première après douze minutes.

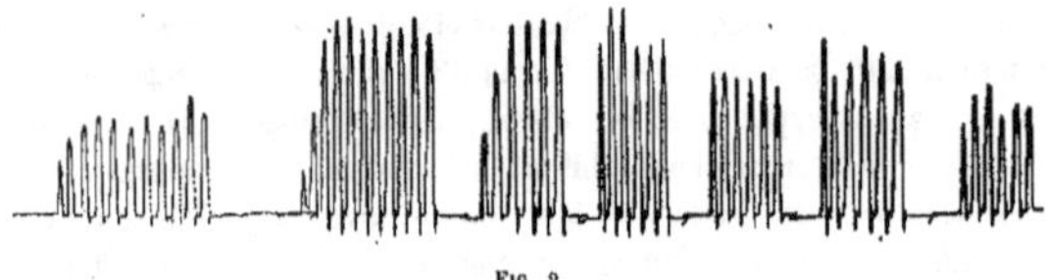

FIG. 2.

La figure 3 est obtenue avec une solution de cacodylate de soude formant la cathode appliquée sur le nerf, on voit que l'action cacodylique a complètement supprimé l'excitabilité pour l'excitant initial, les contractions

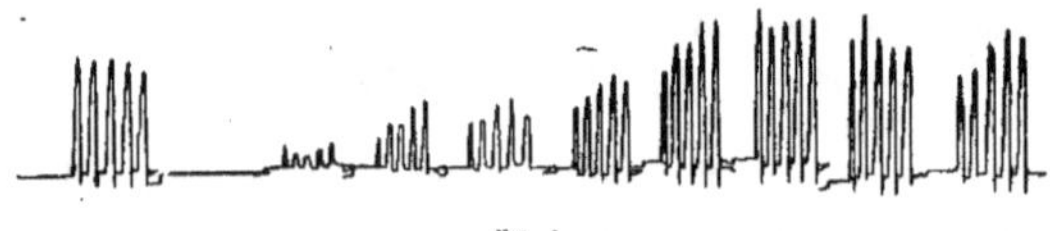

FIG. 3.

enregistrées de deux en deux minutes montrent le retour de l'excitabilité qui dépasse sa valeur première pour y revenir ensuite.

Les variations de l'excitabilité des nerfs dépendent donc essentiellement de la nature des ions.

INFLUENCE DES IONS SUR LA RÉSISTANCE ÉLECTRIQUE DU CORPS.

On admet actuellement que la résistance du corps est due surtout à l'épiderme et qu'elle varie suivant que la peau est plus ou moins humide. Cette opinion simpliste est trop élémentaire. L'expérience prouve que, conformément à ce qui se passe dans les électrolytes très pauvres en ions, la résistance de la peau dépend du nombre des ions qu'elle contient et de la résistance qu'elle présente à leur passage, résistance qui varie avec la nature des ions.

DISPOSITIF POUR L'ÉTUDE DE LA RÉSISTANCE DU CORPS.

Nous prenons comme source d'électricité quatre accumulateurs de grande capacité, donnant avant les expériences sept volts et demi au voltmètre. Par suite de la grande capacité des accumulateurs et de la faible intensité du courant produit, la force électromotrice reste invariable, et, après toutes les expériences les accumulateurs donnent toujours sept volts et demi.

Étant données les dimensions des accumulateurs, leur résistance intérieure est absolument négligeable par rapport à la résistance du corps. On place dans le circuit un milliampèremètre apériodique permettant d'apprécier les dixièmes de milliampères. Le corps est introduit dans le circuit à l'aide d'une large électrode imprégnée d'une solution de chlorure de sodium, placée sur l'épigastre, et d'une petite électrode formée de coton hydrophile imprégné d'une solution de la substance à étudier, recouvert d'une plaque de métal, le tout est fixé sur le bras ou l'avant-bras. Le circuit se trouve ainsi formé d'une force électromotrice constante et de la résistance du corps, la résistance des autres parties du circuit étant négligeable. Les résistances de l'épiderme sous les électrodes sont en raison inverse de la surface de celles-ci, la résistance du circuit est donc beaucoup plus forte sous la petite électrode que sous la grande. Ce sont les variations de la résistance sous cette petite électrode qui influencent surtout l'intensité du courant, cette intensité varie en raison inverse de la résistance du corps; la courbe de variation de l'intensité permettra de calculer, à l'aide de la formule d'Ohm, la résistance du circuit aux différents moments de l'expérience. La courbe de variation de l'intensité montre comment varie la résistance sous la petite électrode avec les différents ions introduits sous la peau. Cette courbe représente la conductibilité du corps pour les différents ions.

Pour tracer la courbe on ferme le circuit et l'on note l'intensité du courant de quinze en quinze secondes, la variation d'abord rapide devient très lente; si alors on renverse le courant, ou change la nature de l'ion introduit, et la courbe prend une autre marche; en faisant ainsi des renversements successifs on remarque que la courbe de l'intensité se reproduit toujours identique à elle-même pour un même ion et qu'après un certain temps d'expérience, l'intensité et par suite la résistance acquièrent une valeur constante, toujours la même pour un même ion, mais variant beaucoup d'un ion à l'autre. Tous les tracés que nous avons pris montrent que pour une force électromotrice constante, l'intensité du courant est d'autant plus forte et la résistance du corps d'autant moindre que l'ion introduit est plus simple, de dimensions plus faibles; l'intensité du courant est au contraire d'autant plus faible et la résistance d'autant plus forte que l'ion introduit est plus compliqué, de dimensions plus considérables, et cela qu'il s'agisse des anions ou des cathions; les ions monoatomiques, le chlore, le sodium, diminuent le plus la résistance du corps; les ions polyatomiques, l'ion de la cocaïne, l'ion cacodylique, lorsqu'on les fait pénétrer à travers la peau, donnent lieu à des résistances du corps beaucoup plus grandes que celles des ions monoatomiques. En d'autres termes les ions pénètrent et se déplacent d'autant plus facilement dans le corps qu'ils sont plus simples et plus petits, d'autant plus difficilement qu'ils sont plus compliqués et plus gros.

Dans les courbes suivantes les temps sont portés en abscisses à deux millimètres par minute, les intensités en ordonnées à quatre millimètres par milliampère.

La courbe A de la figure 4 montre l'influence de l'humidification de la peau, les électrodes bien imprégnées sont fortement appliquées sur la peau, on ferme le circuit toutes les demi-minutes pendant le temps juste nécessaire pour lire l'intensité, et l'on voit que, pendant les vingt minutes qu'a duré l'expérience et pendant lesquelles la peau a pu s'imprégner du liquide des électrodes, l'intensité, et par suite la résistance n'ont presque pas changé ; si l'on admet, ce qui est infiniment probable, que la faible diminution de résistance constatée est due à l'introduction des ions par les fermetures du circuit, on arrive à conclure que l'humidification de la peau, à laquelle on attribue jusqu'ici la variation de résistance du corps, n'exerce sur cette résistance qu'un rôle absolument nul. Dans cette expérience le minimum de la résistance du corps est de 3.750 ohms; ainsi qu'on le verra dans les expériences ultérieures, la pénétration électrolytique des ions abaisse cette résistance de plus de 3.000 ohms.

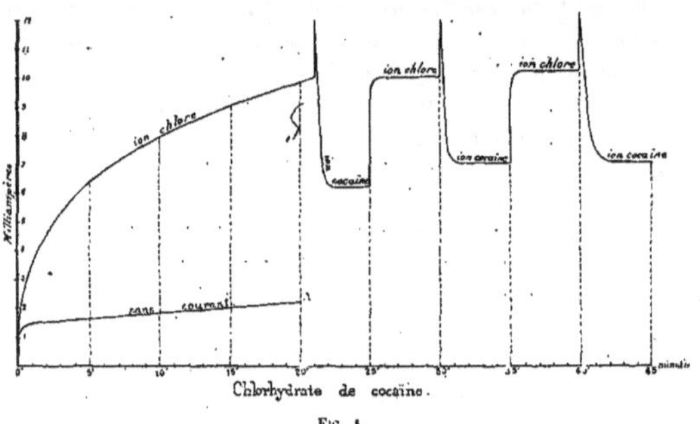

Chlorhydrate de cocaïne.

Fig. 4.

La courbe B, de la figure 5 prise de la même manière que la courbe A, après la cessation du courant, montre que, l'imprégnation de la peau par le liquide restant la même, a conductibilité du corps tombe dès que le courant cesse de passer ; cette courbe représente la sortie des ions de la peau lorsque le courant a cessé.

La figure 4 montre qu'aussitôt le courant établi pour faire pénétrer dans le corps l'ion chlore, l'intensité du courant s'élève, la conductibilité du corps augmente rapidement, la résistance diminue; puis si l'on renverse le courant de manière à introduire l'ion cocaïne, l'intensité s'élève brusquement, ce qui est attribuable à la force électromotrice de polarisation que cette méthode permet ainsi d'étudier, cette élévation, très passagère, est suivie d'une chute rapide montrant la résistance du corps à la pénétration de l'ion cocaïne ; les renversements successifs du courant reproduisent ensuite, toujours identiques à elles-mêmes les courbes de pénétration des ions chlore et cocaïne. La résistance du corps acquiert pour chaque ion une valeur à peu près constante ; dans l'expérience de la courbe, fig. 4, la résistance constante pour le chlore est de 735 ohms, dans une autre expérience faite avec des électrodes de mêmes dimensions, en employant une solution de chlorhydrate neutre de quinine et douze volts, la résistance constante du corps pour le chlore a été de 706 ohms. La résistance pour l'ion cocaïne est de 1.071 ohms.

Une autre expérience faite un autre jour avec le même voltage a donné 1.388 ohms pour la cocaïne et 815 ohms pour le chlore.

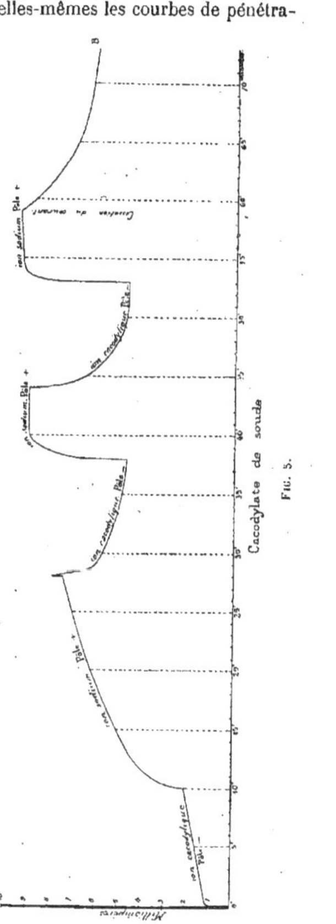

Fig. 5.

La fig. 5 représente les variations de l'intensité ou de la conductibilité du corps lorsque la petite électrode est formée d'une solution de cacodylate de soude, la première partie de la courbe montre la difficulté de pénétration de l'ion cacodylique, la seconde partie la facilité de pénétration de l'ion sodium, puis les courbes caractéristiques des variations de la conductibilité sous l'influence de chacun de ces deux ions. La résistance sous l'influence de l'ion sodium devient à peu près constante à 797 ohms. Dans une autre expérience faite avec du salycilate de soude sous 12 volts, la résistance pour le sodium était de 609 ohms. Avec l'ion cacodylique la résistance est de 1.630 ohms, c'est la plus forte résistance que nous ayons rencontrée dans nos expériences après la pénétration électrolytique de la peau par les ions. Avec l'arséniate de soude sous 7 volts 5 nous avons obtenu 937 ohms pour l'ion arsénique, et 763 ohms pour l'ion sodium.

On obtiendrait des résultats plus précis en prenant une électrode indifférente de plus grande surface, l'eau d'un bain par exemple.

Influence des électrodes. — Pour apprécier l'influence sur la courbe des phénomènes qui se passent dans les électrodes, on retire le corps du circuit que l'on ferme en mettant les deux électrodes en contact direct, après avoir remplacé la résistance du corps par l'intercalation d'un rhéostat en graphite; le circuit est fermé avec toute la résistance que l'on diminue rapidement pour obtenir une intensité de dix milliampères, c'est-à-dire du même ordre de grandeur que l'intensité dans les expériences sur l'homme. On constate alors que cette intensité reste invariable, aussi bien pendant le passage prolongé du courant qu'après les renversements de celui-ci; ceci indique qu'avec une aussi faible intensité la polarisation des électrodes s'établit trop lentement pour devenir sensible pendant la durée des expériences.

Si l'on répète cette expérience avec des électrodes formées de solutions variées, on constate que l'intensité est toujours la même, quelle que soit la nature de la solution formant les électrodes, ce qui indique que les différences des résistances offertes au passage du courant par les différentes solutions sont trop faibles par rapport à la résistance totale du circuit pour que leur influence sur l'intensité soit perceptible.

De ces expériences découle la conclusion que les courbes représentent exclusivement les phénomènes qui se passent dans l'organisme vivant.

Applications thérapeutiques. — En même temps que nous poursuivions nos recherches expérimentales, nous faisions des applications thérapeutiques de la pénétration électrolytique des ions. Non seulement les solutions de cocaïne, mais aussi les solutions de morphine donnent de bons résultats dans le traitement des névralgies. Les salicylates à la cathode agissent très efficacement contre toutes les douleurs rhumatismales. Dans l'épisclérite et contre l'iritis rhumatismal on obtient des résultats très satisfaisants en instillant dans l'œil un collyre électrolytique formé par une solution de salicylate de soude au centième et en appliquant sur les paupières fermées un gros tampon de coton hydrophile imprégné de la même solution et servant de cathode pour un courant de 4 à 10 milliampères. Cette méthode du collyre électrolytique est susceptible d'applications nombreuses en oculistique. Une cathode formée d'arsénite nous a paru constituer le meilleur traitement du cancer épithélial. Le sublimé à l'anode constitue un moyen efficace de combattre les accidents locaux et généraux de la syphilis. La façon dont on traite les plaies infectées par un lavage superficiel avec une solution antiseptique paraît bien imparfaite quand on la compare à l'antisepsie profonde, intracellulaire, qu'il est si facile de pratiquer en employant l'introduction électrolytique des antiseptiques, soit du mercure à l'anode, soit de l'iode, des acides salicylique ou phénique à la cathode, soit d'un antiseptique électrolytique quelconque. En résumé, il est aisé, par le traitement électrolytique, d'exercer localement dans la profondeur des tissus, une action analgésique, antiseptique ou spécifique quelconque.

CONCLUSIONS

Le courant électrique dans le corps de l'homme n'est autre chose que le mouvement des ions. Hypnotisé par le caractère mystérieux du courant on a trop négligé jusqu'ici les actions chimiques qui l'accompagnent, on a dédaigné les solutions dont on formait les électrodes. Le temps est venu de changer notre manière de considérer l'action des courants électriques et de rapporter aux ions tous les phénomènes physiologiques et thérapeutiques observés jusqu'ici.

L'excitation des nerfs est due aux changements de vitesse des ions.

Les variations de l'excitabilité aux changements dans la nature des ions.

Les modifications de la nutrition aux échanges ioniques entre les cellules et leurs milieux.

La résistance électrique du corps n'est que la résistance opposée par l'organisme aux mouvements des ions.

Les actions polaires, utilisées en thérapeutique ne sont que les échanges ioniques avec les électrodes et dépendent essentiellement de la nature de ces électrodes.

Enfin tous les courants électriques de l'organisme, courants d'action etc., ne sont que l'expression des mouvements et des échanges ioniques entre les diverses solutions électrolytiques qui constituent le corps humain.

BIBLIOGRAPHIE

Fabré Palaprat. — *Arch. génér. de Méd.*, 1833.

Klenke. — *Zeitschrift Wiener Aerzte*, 1847.

Hassenstein. — *Chemisch electrische Heilmethode*, Leipzig, 1853.

Richardson. — *Medical times and Gazette*, 1859.

Bruns. — *Galvano Chirurgie*, Tübingen, 1870.

Onimus et Legros. — *Électricité Médicale*, 1872.

Munk. — Ueber die galvanische einfuhrung differenter flüssikeiten in den unversehrten lebenden organismus. Von Reichert und Du Bois Reymond, *Arch.*, 1873.

Bardet. — Traité d'électricité médicale, 1884.

Erb. — Traité d'électrothérapie, traduct. Rueff, 1884.

Lauret. — De l'introduction des substances médicamenteuses à travers la peau saine par l'influence de l'électricité. *Thèse* de Montpellier, 1885.

Coming. — *New York med. journ.*, 1886.

J. Wagner. — *Wiener medicinische Blätter*, 1886.

Herzog. — *Münchener med. Wochenschrift*, 1886.

Adamkiewicz, Paschkis et Wagner, } *Neurologische Centralblatt*, 1886.

Lumbroso et Matelni. — *La Riforma* et *Neurolog. Centralbl.*, 1887.

Adamkiewicz. — *Deutsche medicinische Wochenschrift*, 1887.

Hoffmann, *Neurologische Centralblatt*, 1888.

Garel. — *Province Médic.*, 1889.

Gärtner et S. Ehrmann. — *Wiener klinische Wochenschrift*, 1889.

Petersen. — *New York med. journ.*, 1889.

Ehrmann. — *Wiener med. Wochenschrift*, 1890.

Edison. — Congrès de Berlin 1890, Application of electrical endosmose to the treatement of gouty concretion.

Foveau de Courmelles. — Communications à l'Institut 24 novembre 1890, 18 janvier 1891.

Morton. — *New York med. journ.*, 1891.

Harris et Newman Lawrence. — *R. int. d'électroth.*, 1891.

Kronfeld. — *Wiener med. Wochenschrift*, 1891.

Imbert de la Touche. — Traitement de la goutte par la cataphorèse. *R. int. d'électroth.*, 1891.

Aubert. — L'électricité et l'absorption cutanée, *Lyon méd.*, 1892.

Destot. — Congr. de Médecine intern. 1893, Soc. Méd. de Lyon, 1893.

G. Gartner. — *Wiener klinische Wochenschrift*, 1893.

Th. Savy, de Lyon 1894. — De l'introduction diadermique des médicaments.

Hunter Mc Guire. — Traitement cataphorétique du goitre et de l'orchite chronique par l'iode, *R. int. d'électrothérapie*, 1894.

Labatut. — Transport des ions dans les tissus organisés, *Arch. Élect. Méd.*, 1895.

Labatut, Jourdanet et Porte. — Traitement des manifestations articulaires de la goutte et du rhumatisme par introduction électrolytique du lithium. *Arch. Élect. Méd.*, 1895.

Sudnik. — *Arch. Élect. Méd.*, 1896.

D. Karfunkel. — Zur kataphorèse, *Arch. für Dermatol. und Syphil.*, 1897.

Dr G. Weiss. — L'électrolyse des tissus vivants. *Arch. Élect. Méd.*, 1897.

Dr A. Leuillieux. — De l'introduction dans l'organisme d'ions à action thérapeutique. Comptes rendus de l'*AFAS*, Congr. de Saint-Étienne, 1897.

Simon Fubini et Pierre Pierini de Pise. — Sur la cataphorèse électrique, *Arch. Élect. Méd.*, 1898.

August di Luzenberger. — L'électrolisi nei résidui morbosi delle fracture ossea dei flemmoni et delle miositi e la cataforesi medicata nei processi gottosi, Napoli, 1898.

Levison. — *Behandlung der Gicht*, Kopenhagen 1898 et *Zeitschrift für Electrotherapie*, 1899.

Winkler. — Contribution à l'étude de l'osmose électrique. *Arch. Élect. Méd.* 1898.

Chauvet de Royat. — Traitement du rhumatisme et de la goutte par les bains hydroélectriques, *Arch. Élec. Méd.*, 1898.

Dr FRITZ FRANKENHAUSER. — Die Leitung der Electricität in lebenden Gewebe, Berlin 1898.

MORTON. — La cataphorèse dans l'art dentaire, *R. int. électroth.*, 1898.

GILLÈS. — Absorption diadermique des médicaments, *Arch. élec. méd.*, 1898.

ADAM. — La cataphorèse, *Pacific and Med. j.* 1898.

NEUNER. — Kataphorèse, *Zeitschrift für Electrotherapie*, 1899.

PONT TH., de Lyon, 1899, de la cataphorèse.

FRANKENHAUSER. — Die Electrochemie als medicinische wissenschaft, *Zeitschrift für Electroth.*, 1899.

GUILLOZ. — Traitement élect. de la goutte, *Arch. élec. méd*, 1899.

Dr ZUNG. — De l'ionisation en biologie, *Journ. de méd. de Bruxelles* et *Ann. d'Électrobiologie*, 1899.

HEYDERHAHL. — Ueber die electrische Lithionbehandlung. Analyse in *Zeitschrift für Electroth.*, 1899.

FOVEAU DE COURMELLES. — Cong. de l'*AFAS*, Boulogne 1899, Osmose et biélectrolyse.

MORTON. — Cataphoresis, New-York 1899.

Dr S. CHATZKY. — Base de l'action thérapeutique du courant continu, *Ann. d'Électrobiologie*, 1899.

FRANKENHAUSER. — Ueber die Chemische Wirkungen der galvanischen Stromes auf die Haut und ihre Bedeutung für Electrotherapie, *Zeitschrift für Electrotherapie*, 1900.

BORDIER. — Congrès de l'*AFAS*, Paris 1900.

M. le Dr J.-A. FORT

à Paris.

TRAITEMENT DES RÉTRÉCISSEMENTS URÉTRAUX ET ŒSOPHAGIENS PAR L'ÉLECTROLYSE LINÉAIRE [537.3 : 616.64]

— *Séance du 8 août.* —

La communication que j'ai l'honneur de faire à l'*Association française pour l'avancement des sciences*, peut être considérée comme une protestation contre le *Rapport sur le traitement par l'électrolyse des rétrécissements en général et de ceux de l'urètre en particulier*, rapport présenté au Congrès de Boulogne-sur-Mer en septembre 1899.

Je mettrai de côté la question théorique, me plaçant exclusivement sur le terrain pratique, c'est-à-dire le terrain chirurgical.

En parlant de l'électrolyse appliquée aux rétrécissements de l'urètre, le rapporteur termine ainsi : « *Après des objections aussi graves, des critiques aussi bien établies que celles que nous venons de citer, on comprendra que nos conclusions soient absolument défavorables à la première méthode que nous venons de décrire.* » La méthode d'électrolyse à laquelle fait allusion le rapporteur, est l'électrolyse linéaire par laquelle on fait acquérir rapidement un calibre suffisant au canal.

Dans les quelques lignes que le rapporteur consacre aux rétrécissements de l'œsophage, il est dit : « *L'électrolyse linéaire se met en œuvre à l'aide d'un œsophagotome constitué par un conducteur isolé qui porte une lame métallique saillante, un peu avant son extrémité inférieure. Cette méthode n'est pas à conseiller.* »

Je regrette d'être obligé de réfuter sévèrement les conclusions du rapport auquel je fais allusion. Ma réfutation est établie sur des observations prises avec soin, c'est-à-dire sur des faits que chacun peut contrôler. On verra que les objections du rapporteur ne sont pas graves, et que les critiques ne sont pas aussi bien établies qu'il veut bien le dire.

J'ai cité dans ma communication un faisceau respectable de 140 observations de rétrécissements urétraux traités par l'électrolyse linéaire sans aucun accident. Il résulte de leur lecture :

1° Que l'électrolyse linéaire n'est point douloureuse ;

2° Qu'elle est rapide ;

3° Qu'elle ne s'accompagne pas d'écoulement de sang ;

4° Qu'elle ne nécessite pas le séjour au lit ;

5° Qu'elle ne réclame pas de sonde à demeure ;

6° Qu'il n'y a jamais d'accidents consécutifs ;

7° Que la récidive est rare ;

8° Qu'un faible courant de 10 milliampères est suffisant pour amener la guérison d'un ou plusieurs rétrécissements en moins d'une minute.

J'ai cité également des observations authentiques de guérisons de rétrécissements de l'œsophage.

J'affirme donc que l'électrolyse linéaire constitue un excellent procédé, qui a déjà fait maintes fois ses preuves et qui est au-dessus de toute attaque.

Pour proclamer dans un rapport scientifique, que le procédé d'électrolyse linéaire est un nouveau procédé, et que cette méthode n'est pas à conseiller, on est en droit de supposer que le rapporteur avait, non seulement des raisons graves, mais des faits sur lesquels il pouvait appuyer ses assertions.

Mais avant d'examiner ces raisons, je demanderai au même rapporteur s'il n'eût pas jugé convenable de faire savoir, au principal propagateur de l'électrolyse linéaire, son intention de porter sur ce procédé un jugement défavorable. Ne vous semble-t-il pas qu'il aurait fait preuve, en agissant ainsi, de sentiments délicats de confraternité? Il me paraît logique de supposer que le rapporteur avait quelque intérêt, ne fût-ce qu'au point de vue de l'exactitude de ses assertions, d'assister à quelques-uns de mes opérations. Il se serait épargné des critiques sévères, mais justes.

Voici les raisons sur lesquelles est basé le jugement défavorable du rapporteur sur l'électrolyse linéaire.

1° Il cite un article du *Dictionnaire de médecine et de chirurgie pratiques*, dans lequel il est dit (page 17 de son rapport) :

Les prétentions de l'électrolyse ne sont pas justifiées parce que :

1° Ce procédé ne peut attaquer successivement les obstacles ordinairement multiples qu'on rencontre dans un urètre rétréci ;

2° Il exige une instrumentation plus compliquée et plus difficile à manier que cette opération si simple que Maisonneuve laissait pratiquer par le malade lui-même : l'urétrotomie interne ;

3° Il expose non seulement à des récidives à courte échéance, mais à l'infiltration d'urine, et même à la mort (!). »

Ce jugement défavorable des auteurs de l'article du *Dictionnaire* ne peut s'appliquer à mon procédé d'électrolyse linéaire puisque l'article date de 1885, et que mes premières publications sont de 1888. Ce jugement vise l'électrolyse qui fut faite avant moi et ne peut nullement être appliqué à l'électrolyse linéaire.

Le rapporteur du Congrès de 1889 veut bien reconnaître l'exagération de ces lignes et le parti pris des auteurs, et il va même, ce dont on doit lui savoir beaucoup de gré, jusqu'à dire que *pourtant, en médecin de bonne foi, si l'on avait à choisir entre l'électrolyse et l'urétrotomie interne, c'est à l'électrolyse bien faite que l'on donnerait toujours la préférence.*

Je prends acte de cette déclaration et je démontrerai au rapporteur que l'*électrolyse bien faite* est celle qui est faite par mon procédé.

Avant de passer à un autre ordre d'idées je ferai remarquer que les critiques contenues dans l'article du *Dictionnaire* ne sont pas aussi exagérées que le dit le rapporteur. En effet, avant l'invention de mon électrolyseur, on employait des instruments extrêmement défectueux. L'électrolyseur de Jardin, par exemple, auquel le rapporteur (page 18 du rapport) ne trouve que l'inconvénient d'être trop volumineux, parce qu'il a 4 millimètres de diamètre, présente deux inconvénients considérables :

1° Le courant ne se condense pas, pour électrolyser, sur la lame qui termine la branche mâle, il se répand dans tout l'instrument ;

2° Lorsque la branche mâle court dans la branche femelle, il arrive qu'elle est souvent arrêtée par la gouttière même de la branche femelle, de sorte que l'opérateur ne sait pas si l'obstacle est dû au rétrécissement, ou à quelque défectuosité de l'instrument, ce qui est fréquent. Il presse outre mesure, souvent contre le rétrécissement, sans s'en rendre compte, et il déchire la muqueuse, d'où hémorragie et autres accidents plus graves. Voilà les inconvénients que j'ai signalés depuis longtemps dans l'instrument de Jardin.

Dans mon électrolyseur, rien de semblable ne peut se produire; l'instrument est d'une seule pièce; le courant ne peut diffuser, et l'arête métallique, parcourant librement l'urètre, n'est arrêtée qu'au point rétréci;

2° Le rapporteur s'appuie surtout sur des expériences faites par Delagenière et Desnos pour critiquer mon procédé d'électrolyse linéaire.

Or, il est facile de démontrer que *ces expérimentateurs n'ont pas eu une connaissance exacte de la technique de mon procédé.*

Il est nécessaire de citer les paroles de Delagenière lui-même pour en être convaincu.

Je dois dire auparavant comment furent instituées ces expériences.

En 1890, j'écrivis deux lettres au professeur de clinique des maladies des voies urinaires lui offrant de lui montrer mon opération. J'obtins enfin une réponse de trois lignes, dans laquelle il me remerciait et me disait : « J'étudie aussi l'électrolyse, *mais à un autre point de vue.* »

Voilà d'où naquirent les expériences de Delagenière, qui furent publiées en novembre 1900, dans les *Annales des maladies des organes génito-urinaires.*

Laissant absolument de côté l'historique de la question, dit Delagenière, nous étudierons seulement ici les quelques résultats obtenus dans le service de M. Guyon par ce mode de traitement pour les rétrécissements de l'urètre.

Ce dernier désirant expérimenter la méthode électrolytique, *voulut bien nous charger* de faire des recherches dans son service. . . . .

En raison de l'*inexpérience* que nous avions de l'emploi de l'électricité, le Dr X... nous aida de ses conseils et suivit pendant plus d'un an, dans le service de Necker, les malades traités par l'électrolyse. . . . .

Les malades que nous avons soumis à ce traitement sont au nombre de cinq. Nous eûmes soin de prendre une série *ayant des rétrécissements durs et étroits.* Tous les cinq possédaient deux rétrécissements, l'un pénien, l'autre au niveau du bulbe. Ces rétrécissements, sauf chez un malade, étaient *longs.* Le plus étroit que nous ayons attaqué laissait passer un numéro 8, le plus large un numéro 14. Bref, nous avons choisi des cas entièrement analogues à ceux qui, après avoir été réfractaires à la dilatation, sont soumis à l'urétrotomie dans le service de Necker.

Je commence par faire remarquer qu'il est tout à fait inusité, lorsqu'on veut expérimenter le résultat d'un mode opératoire sur les rétrécissements, de choisir des rétrécissements à peu près inopérables, car de tels rétrécissements *durs, étroits et longs,* ne peuvent être opérés par l'électrolyse. Je ne puis donc accepter ces opérations comme terme de comparaison et je considère ces expériences comme nulles.

L'expérimentateur de l'hôpital Necker ne connaissait probablement pas le manuel opératoire de l'opération, car, d'après le rapporteur, dans les expériences de Delagenière, l'intensité a été porté à 40, à 45 et à 50 milliampères, et la durée de l'opération a été de cinq minutes et même davantage.

Delagenière, malgré cette forte intensité, n'a pu franchir que deux rétrécissements sur cinq, en laissant passer le courant pendant douze minutes. J'ajoute que sur un malade, l'électrolysation a duré douze minutes, avec vingt milliampères.

« Il y a eu écoulement de sang pour les opérés, ajoute le rapporteur, et, chez l'un d'eux, on a observé un phlegmon de la verge. »

« Chez un malade, le rétrécissement s'est reformé trois semaines après et chez un autre six semaines après. » Ce qui est étonnant, c'est qu'avec cette longue durée de l'opération et un courant aussi intense, l'expérimentateur de l'hôpital Necker n'ait pas traversé de part en part les parois de l'urètre.

Voilà pourtant quel a été le point de départ des appréciations faites depuis, par divers auteurs, et différents chirurgiens.

J'ai le regret de le dire, ces expériences n'ont aucune valeur.

Le rapporteur du Congrès de 1899 s'appuie aussi sur l'avis exprimé par Desnos, à la *Société médico-chirurgicale* de Paris (février 1896), pour juger défavorablement l'électrolyse linéaire.

« Dès qu'il est nécessaire, dit Desnos, d'employer des intensités élevées pour franchir le rétrécissement en une séance, on constate une récidive rapide ; mais ce qui est surtout important, c'est que ce nouveau rétrécissement est dur et inextensible, qu'il présente, en un mot, les caractères des rétrécissements traumatiques, d'où la très grande résistance à la dilatation des urètres électrolysés linéairement. »

J'ai encore le regret de le dire : pas plus que Delagenière, Desnos ne connaît la technique de mon procédé. *Il n'est jamais nécessaire d'employer des intensités élevées et jamais on ne doit dépasser dix milliampères.* Les cas dont parle Desnos sont des rétrécissements durs, inopérables, et justiciables de l'urétrotomie.

J'ai toujours dit et je répète qu'il y a des rétrécissements durs qui ne peuvent être traités par l'électrolyse linéaire, mais ces cas sont rares. Les expériences de Delagenière sont détestables parce qu'il a employé un courant cinq fois trop fort, dix milliampères suffisant, et pendant une durée trop longue, de douze minutes, lorsque vingt secondes suffisent pour franchir les rétrécissements.

Lorsqu'on institue des expériences pour contrôler les résultats d'un mode opératoire, on doit prendre les malades tels qu'ils se présentent, sans les choisir, et on doit se conformer aux préceptes de la technique. Si Delagenière avait prit les malades sans les choisir, s'il avait employé dix milliampères pendant une minute tout au plus, ses expériences auraient de la valeur, mais elles n'en ont aucune, et j'ai le devoir de les rejeter.

3° Les arguments du rapporteur contre l'électrolyse linéaire ne reposent donc pas sur une base solide.

Ce ne sont pas seulement les arguments empruntés aux expérimentateurs qui sont fragiles, ceux du rapporteur lui-même peuvent être facilement réfutés.

A la page 19 de son rapport, il dit : « *Voici un cas rapporté par Fort lui-même et qui démontre combien il faut peu de temps pour franchir les rétrécissements par la méthode linéaire.* Le rétrécissement a été franchi en *deux minutes.* »

« Ainsi, ajoute-t-il, il faut à peine quelques minutes pour franchir les rétrécissements les plus serrés ! Dans l'urétrotomie, le temps est à peine plus court !. »

On voit combien peu le rapporteur connaît mon procédé. Il est étonné de lire que j'ai franchi un rétrécissement en deux minutes. Que dira-t-il donc quand il saura qu'à la suite de perfectionnements je suis arrivé à le franchir en vingt secondes, c'est-à-dire six fois plus vite ?

Je maintiens donc les conclusions du mémoire qui fut présenté en mon nom à l'Académie de médecine en 1888 par le professeur Richet.

L'opération de l'électrolyse linéaire *n'est pas douloureuse*, elle produit en général une sensation de picotement.

L'électrolyse linéaire *est rapide*, puisque la plupart des rétrécis sont opérés dans un laps de temps qui varie entre un tiers et deux tiers de minute.

L'électrolyse linéaire *ne réclame pas le séjour du malade au lit*, et, fréquemment il vaque à ses occupations après l'opération.

L'électrolyse linéaire *n'exige pas le placement* d'une sonde à demeure.

L'électrolyse linéaire *n'est jamais suivie d'accident sérieux.*

La récidive *est plus rare après l'électrolyse linéaire qu'après l'urétrotomie interne.*

Enfin, j'ajoute qu'un faible courant de dix milliampères est suffisant pour vaincre un rétrécissement en quelques fractions de minute.

Parallèle entre l'urétrotomie interne et l'électrolyse linéaire.

Il est impossible de ne pas être frappé des avantages de l'électrolyse linéaire sur l'urétrotomie, et on ne peut s'empêcher de comparer ces deux opérations.

Étant donné un homme atteint de rétrécissement urétral réclamant une opération, faut-il lui conseiller l'urétrotomie interne ou l'électrolyse?

Il est difficile de répondre en deux mots et d'une manière catégorique à cette question. Examinons le cas :

1° Dans le cas d'*urétrotomie interne.*

Le malade doit cesser ses occupations et prendre le lit pour un certain nombre de jours.

Dans l'*électrolyse linéaire*, rien de semblable. Le malade interrompt ses occupations pendant vingt-quatre heures tout au plus ; il n'est pas urgent qu'il garde le lit, il suffit qu'il garde la chambre.

2° Le malade comprend ce qu'est l'*urétrotomie ;* il sait qu'on introduira au fond de l'urètre un instrument tranchant, et, quelque soit son courage, il lui sera impossible de se soustraire à une certaine appréhension.

Dans l'*électrolyse linéaire*, l'instrumentation est si différente que cette appréhension ne peut pas exister.

3° Dans l'*urétrotomie*, le chirurgien manœuvre un instrument dangereux, qui coupe en aveugle tous les obstacles qu'il rencontre, jusqu'à la vessie.

Dans l'*électrolyse*, le chirurgien a dans les mains un instrument qui progresse à mesure qu'il détruit, et qui donne la notion exacte de la résistance et de la dureté du tissu du rétrécissement.

4° Dans l'*urétrotomie*, l'opérateur n'agit jamais en toute sécurité : il peut lui arriver, comme à Sédillot et à tant d'autres, de laisser tomber la bougie conductrice dans la vessie (*Méd. op.*, 4e édit., t. II, p. 649) ; il peut lui arriver également, comme l'a vu Félix Bron (*Lyon méd.*, 13 oct. 1872), de diviser avec la lame de l'urétrotome, la bougie conductrice qui s'était repliée dans l'urètre ; il peut lui arriver, comme au malade dont parle Voillemier (t. I, p. 267), de faire pénétrer le cathéter cannelé dans une fausse route et de tuer son malade par hémorragie, ou bien de faire sortir la lame de son urétrotome à travers le périnée, comme l'a observé Dolbeau.

Aucun de ces accidents n'est possible avec l'*électolyseur linéaire*, qui est formé d'une seule pièce.

5° Pendant l'opération de l'*urétrotomie interne*, il se produit, dans beaucoup de cas, une douleur intense, surtout si les rétrécissements sont nombreux, et il peut survenir une hémorragie grave qui se prolonge à tel point qu'elle entraînera la mort du malade, ainsi que Dolbeau, Voillemier et Grégory en ont cité des exemples. Chacun de nous a vu des malheurs de ce genre.

Dans l'*électrolyse linéaire*, on ne voit généralement pas de sang, et lorsqu'il en existe, ce sont seulement quelques gouttes. Mais il ne s'est jamais produit de véritable hémorragie. Quant à la douleur elle est souvent nulle, et lorsqu'elle se montre, elle n'est jamais violente, surtout si l'on a soin d'insensibiliser l'urètre avec la cocaïne.

6° Après l'*urétrotomie interne*, il faut mettre une sonde à demeure pour soustraire la plaie urétrale au contact de l'urine, et la laisser en place pendant un et deux jours, et même plus. Quelquefois même il arrive que la sonde ne peut pénétrer, et le malade se trouve exposé à tous les accidents de l'infection urineuse.

Dans l'*électrolyse linéaire*, rien de semblable, puisqu'on ne met pas de sonde à demeure.

7° Dans l'*urétrotomie interne*, qu'on place ou non une sonde à demeure, le malade a, dans les cas bénins, un peu de fièvre traumatique, et, dans la plupart des cas, un ou plusieurs accès de fièvre urineuse.

Dans l'*électrolyse linéaire*, il est tout à fait exceptionnel qu'un malade ait la fièvre après l'opération.

8° Le lendemain de l'opération de l'*urétrotomie interne*, le malade est couché, avec une sonde dans l'urètre, et la perspective de la fièvre urineuse et de ses complications.

Tandis que dans l'*électrolyse linéaire*, le malade peut travailler dès le lendemain, comme s'il n'avait subi aucune opération.

9° Si l'on prend les deux malades huit jours après l'opération, on verra que le bénéfice obtenu par l'*urétrotomie* n'aura de valeur qu'après une dilatation consécutive de plusieurs jours.

Dans l'*électrolyse linéaire*, la dilatation sera considérable; souvent le calibre de l'urètre augmentera spontanément sans le secours des bougies, et, dans quelques cas, la dilatation post-opératoire ne sera pas indispensable.

10° Après l'*urétrotomie*, si on ne fait pas de la dilatation, la récidive est fatale. Si on dilate, la récidive est éloignée; mais elle est à peu près certaine.

Après l'*électrolyse linéaire*, la récidive se montre, dans un certain nombre de cas, s'il n'y a pas eu dilatation. En dilatant, on prolonge la guérison plus longtemps qu'après l'urétrotomie, et enfin, je l'ai déjà dit, il y a des cas de rétrécissements tendres qui restent guéris sans dilatation consécutive.

Dangers de l'urétrotomie interne.

Aujourd'hui, les chirurgiens ne s'accordent pas parfaitement sur cette question. La raison en est bien simple. Lorsqu'on a acquis, souvent aux dépens des malades, une grande habitude de l'urétrotomie, on conçoit qu'on finisse par pouvoir réaliser un certain nombre d'opérations sans avoir des accidents. Il y a des *séries*.

Pour que l'urétrotomie soit faite de telle sorte qu'elle n'offre, pour ainsi dire, aucun danger, on est souvent obligé d'employer une trop petite lame. Mais dans ces cas, cette opération peut être considérée comme incomplète. La récidive à courte échéance est à peu près certaine.

Si nous nous reportons aux longues incisions urétrales que pratiquait Reybard dans le traitement des rétrécissements, nous voyons qu'un certain nombre d'opérés succombaient à l'hémorragie et à la fièvre urineuse.

On peut dire que M. Reybard faisait des incisions trop longues, les urétrotomistes de nos jours les font toujours trop courtes.

Mais dans les cas où les incisions d'une certaine longueur sont absolument nécessaires pour guérir les rétrécissements, il existe encore un *grand danger*.

Je veux bien que ce danger soit minime dans les cas de rétrécissement unique, l'incision faite par l'urétrotome ne dépassera pas 2 ou 3 centimètres : mais ces cas sont très rares, et il n'est pas douteux que les rétrécissements multiples sont la règle et les rétrécissements uniques l'exception. Il n'est pas rare de trouver sur le même malade cinq, six, sept, huit, et même un plus grand nombre de rétrécissements.

On peut, d'après ce que je viens dire, se faire une idée de l'état dans lequel se trouve l'urètre d'un malade qu'on vient d'urétrotomiser et chez qui il existait une série de strictures échelonnées le long de l'urètre, de 2 en 2 centimètres, par exemple. Chaque rétrécissement nécessitant une incision de 2 ou 3 centimètres, il en résulte que ce canal présente dans toute sa longueur une incision longitudinale, dont les bords s'écartent par la seule élasticité des tissus et mettent à nu une surface cruentée sur laquelle les vaisseaux sanguins et lymphatiques divisés représentent autant de bouches béantes prêtes à vomir le sang ou à absorber les produits septiques.

Quant à moi, personnellement, j'ai une répugnance invincible pour l'urétrotomie. Ceci n'est point seulement une affaire de sentiment, c'est une opinion déduite de l'étude des faits journellement observés. Quel est celui de nous qui n'a pas vu des cas mortels d'urétrotomie? Les ouvrages de chirurgie en contiennent un grand nombre, et entre les mains de médecins moins habiles que ceux auxquels nous avons fait allusion plus haut, c'est parfois une véritable hécatombe.

Du reste, allons aux preuves et prenons les citations des auteurs eux-mêmes. Presque tous, d'un commun accord, sauf les Neckériens, condamnent l'urétrotomie, soit en prononçant contre elle un arrêt définitif, soit en publiant des statistiques avec un chiffre effrayant de mortalité.

Lisez le *Traité de chirurgie journalière* de A. Desprès, année 1877, page 440. L'honorable chirurgien de la Charité juge l'urétrotomie en quatre mots, en disant : « Cette opération a vécu. »

Prenez le *Traité de médecine opératoire* de Malgaigne et Le Fort, 8e édition, p. 565 : « Les cas de morts, disent ces auteurs, sont trop fréquents dans un traitement qui comprend des méthodes exemptes de tout danger, et qui sont aussi sûres que l'urétrotomie. »

Le Fort ajoute que les deux premières urétrotomies qu'il a vu faire dans les hôpitaux de Paris ont été suivies de mort.

En 1863, le professeur Tillaux a soutenu une *Thèse d'agrégation* sur l'Urétrotomie interne. Voici la conclusion de sa thèse, p. 154 : « L'urétrotomie interne doit être absolument rejetée de la thérapeutique chirurgicale comme méthode générale de traitement. »

On lit encore à la page 141 de la même thèse : « L'urétrotomie interne est une opération qui entraîne assez fréquemment la mort pour qu'on ne doive la pratiquer que le plus rarement possible. »

« La récidive est la règle après l'urétrotomie », dit Tillaux ; et un plus loin, page 152, il ajoute :

« L'urétrotomie interne n'a jamais guéri un rétrécissement de l'urètre ».

Tillaux produit dans sa thèse les statistiques les plus lamentables. Il a recueilli, à l'hôpital de la Pitié, les résultats de toutes les opérations d'urétrotomie pratiquées depuis 1857 jusqu'en 1861, et il a constaté que ces opérations ont fourni une mortalité de 25 0/0.

Tillaux ajoute, à l'adresse des chirurgiens trop heureux : « Comme quelques statistiques privées ne présentent que des succès et jamais de revers, je ne puis m'empêcher de croire que les morts ont été quelquefois oubliés ! »

Grégory, ancien prosecteur de la Faculté de médecine de Bordeaux, dans sa thèse sur l'Urétrotomie interne, 1879, conclut ainsi : « L'urétrotomie interne, considérée actuellement comme une opération bénigne et efficace, est au contraire *dangereuse*, au point de vue de la vie du patient, et inutile au point de vue du bénéfice apporté. »

Grégory a publié dans sa thèse une statistique de 872 cas; il y a eu 38 morts !

Une statistique personnelle, faite par lui-même dans les hôpitaux de Bordeaux, donne 8 morts sur 43 urétrotomies. Si nous ajoutons ces cas aux précédents, nous trouvons 46 morts pour 915 opérés, soit une mortalité de 5 0/0.

Je pourrai citer un grand nombre de cas mortels : comme celui du malade opéré par Heurteloup et qui mourut d'hémorragie en quarante-huit heures (Voillemier, *Traité des maladies des voies urinaires)*; comme celui dont Monod a parlé *(Société de chirurgie*, 1887) et qui mourut de mort foudroyante après l'urétrotomie; comme celui de Gay (1884, *Boston medical Journal)*; comme le malade dont parle Voillemier, page 267, t. I, qui fut opéré par un chirurgien des hôpitaux et succomba à l'hémorragie provenant d'une fausse route faite avec l'urétrotome, etc., etc.

Après toutes ces citations, peut-on nier les dangers de l'urétrotomie interne ?

Je m'associe donc aux auteurs qui précèdent pour condamner l'urétrotomie interne.

Cette condamnation est un devoir qui s'impose au chirurgien, s'il lui est démontré qu'il existe une opération absolument inoffensive donnant des résultats au moins égaux, sinon supérieurs, à ceux de l'urétrotomie interne.

L'opération de l'urétrotomie interne a été défendue habilement dans la *Gazette des hôpitaux*, le 5 janvier 1889, par Hartmann, prosecteur à la Faculté de médecine de Paris, qui a cherché à la réhabiliter.

Hartmann, un Neckérien, obéit sans cesse à une préoccupation constante, celle de faire prévaloir l'urétrotomie et d'adoucir les justes accusations que formule contre cette opération la majorité des chirurgiens.

Avouant qu'on perd 6 malades sur 1.000 opérés d'urétrotomie, il dit que cette mortalité est très faible ! Mais si on la compare à celle de l'électrolyse linéaire qui est nulle, je trouve que le chiffre devient énorme ! Pour expliquer les résultats déplorables publiés par Grégory dans la statistique de Bordeaux, Hartmann est obligé de faire intervenir la maladresse des opérateurs en disant qu'ils ont commis des fautes lourdes.

« On a passé des Béniqué n° 36 immédiatement après l'opération !

» On a fait, à l'aide de baleines introduites l'une après l'autre, la dilatation immédiate du rétrécissement incisé !

» On a mis à demeure une grosse sonde métallique !

» Au lieu d'inciser la paroi supérieure de l'urètre, on a incisé l'inférieure !

« On a promené à plusieurs reprises la lame de l'urétrotome d'avant en arrière et d'arrière en avant !

» On a placé à demeure des sondes de gros calibre après l'opération ! »

Il serait malaisé, dit Hartmann, de s'expliquer l'absence d'accidents avec de pareilles pratiques.

C'est justement en s'exprimant ainsi que mon jeune confrère prouve de la manière la plus claire combien est dangereuse l'urétrotomie. S'il accuse les chirurgiens de Bordeaux, qui passent pour d'excellents opérateurs, de commettre des fautes énormes qui causent la mort des malades, on peut se faire une idée de ce qui doit se passer dans les petites villes où les chirurgiens sont loin d'avoir l'expérience de nos confrères bordelais.

Toutes les fautes que Hartmann attribue aux chirurgiens de Bordeaux, auraient pu être commises après l'électrolyse linéaire sans produire le moindre accident.

Donc, il est préférable de renoncer à l'urétrotomie interne à cause du danger qu'elle fait courir au malade.

CONCLUSIONS

De cet exposé, il résulte que l'électrolyse linéaire constitue le traitement le plus convenable pour les rétrécissements urétraux.

L'électrolyse linéaire est égale à l'urétrotomie par sa rapidité et par le peu de douleur qu'elle occasionne.

Elle lui est supérieure en ce qu'elle n'exige pas le séjour du malade au lit et en ce qu'elle ne nécessite pas une sonde à demeure.

Elle lui est infiniment supérieure en ce qu'elle n'est jamais suivie des accidents graves, l'hémorragie et la septicémie, qui compliquent trop fréquemment l'urétrotomie interne.

Il est difficile de résoudre la question de *récidive*, sans avoir sous les yeux des statistiques parfaites ; elles n'ont pas encore été dressées. Pour moi, je suis convaincu que la récidive est plus rapide après l'urétrotomie.

Mais admettons qu'elle soit la même après les deux opérations, l'avantage n'en reste pas moins à l'électrolyse linéaire.

Je formulerai ici cette règle : *Quand on a obtenu une dilatation par un moyen quelconque, dilatation, urétrotomie interne ou électrolyse linéaire, c'est au malade et à son médecin d'entretenir, au moyen de bougies, la dilatation obtenue par l'opération.*

Les expériences qui ont servi de base aux critiques du rapporteur au Congrès de Boulogne en 1899, sont entachées de nullité, parce que l'expérimentateur a choisi des rétrécissements presque inopérables, l'auteur de la présente communication ayant toujours écrit que les rétrécissements *durs, longs et étroits*, semblables à ceux qui ont été choisis, sont inopérables par l'électrolyse linéaire.

Le rapporteur de la question proposée l'année dernière : *Traitement par l'électrolyse, des rétrécissements en général et de ceux de l'urètre en particulier*, a donc été suggestionné par ces expériences, qui doivent être rejetées comme étant sans valeur.

L'auteur apporte un grand nombre d'observations qui prouvent que les conclusions de son mémoire de 1888 doivent être maintenues.

Il démontre les avantages incontestables que présente l'électrolyse linéaire sur l'urètre sans incision.

De plus, il réclame de la bienveillance de M. le président, étant donné la divergence d'opinion sur l'efficacité de l'électrolyse linéaire dans le traitement des rétrécissements, la faveur de la nomination d'une commission qui voudrait bien assister à un certain nombre d'opérations d'électrolyse faites par l'auteur et dont il serait fait un compte rendu.

Relativement aux *rétrécissements œsophagiens*, voici mes conclusions :

Les malades atteints de rétrécissement œsophagien peuvent être classés, selon moi, selon trois catégories, que j'indiquerai dans l'ordre suivant :

1° Ceux qui sont atteints de *rétrécissement cicatriciel*, dont les cicatrices œsophagiennes ont été produites par l'ingestion de quelque liquide caustique comme la potasse, l'ammoniaque, le perchlorure de fer, l'acide chlorhydrique, pour ne parler que de ceux dont il a été question dans nos observations;

2° Ceux qui sont affectés de *rétrécissement organique*, les plus fréquents malheureusement, et contre lesquels la chirurgie est impuissante ;

3° Ceux qui ont des *rétrécissement fibreux*, suite d'inflammation, que j'ai ainsi nommés pour les distinguer des cicatriciels et des organiques, et qui constituent une catégorie à part, fort peu connue et qu'il ne faut pas confondre avec les deux autres. Chez ces malades, le rétrécissement constitue une gêne plutôt qu'une véritable maladie.

Ces rétrécissements se font remarquer par leur longue durée et leur peu de gravité.

— Lorsqu'un malade, affecté de rétrécissement œsophagien, qu'il soit cicatriciel ou organique, est arrivé à ne plus se nourrir que d'aliments liquides, il est de règle de lui proposer la *gastrostomie*.

Cette opération est fort grave. Non seulement elle est pleine de dangers, mais encore elle ne donne que peu de survie aux malades. Enfin dans les cas très graves ou le malade guérit, il est soumis à un mode d'alimentation antiphysiologique.

Par mon procédé on guérit définitivement les *rétrécissements cicatriciels* et *fibreux*, suite d'inflammation ou d'ingestion de liquides caustiques.

On améliore les rétrécissements organiques, on les dilate suffisamment pour permettre l'alimentation directe, et on donne ainsi de la survie au malade.

M. le Dr TRIPET

à Paris.

NOTE RELATIVE A L'ACTION DES COURANTS DE HAUTE FRÉQUENCE (D'ARSONVALISATION) SUR L'ACTIVITÉ DE RÉDUCTION DE L'OXYHÉMOGLOBINE (ACTIVITÉ DES ÉCHANGES GAZEUX). [538.56 : 612.111]

— *Séance du 8 août* —

A la suite de la communication faite à l'Académie des Sciences le 2 août 1899, par MM. Apostoli et Berlioz, et présentée par le professeur D'Arsonval, j'entrepris à la clinique d'Apostoli, des recherches parallèles sur la nutrition, en étudiant l'action des courants de haute fréquence sur l'activité de réduction de l'oxyhémoglobine, c'est-à-dire l'activité des échanges entre le sang et les tissus.

Dans le travail de MM. Apostoli et Berlioz, les observations citées prouvent que sous l'influence des courants de haute fréquence, la proportion d'urée est augmentée d'une façon constante et ramenée vers le chiffre normal de 27 à 30 grammes par vingt-quatre heures, chez des malades dont la nutrition ralentie se traduisait par une hypo-azoturie marquée.

Mes recherches commencées le 8 avril 1898 à la clinique d'Apostoli, et poursuivies encore actuellement, m'ont permis de suivre une série de malades avant, pendant, et à la fin de leur traitement par les courants de haute fréquence.

L'examen du sang fut pratiqué au moyen de l'hématospectroscope d'Hénocque : l'activité de réduction de l'oxyhémoglobine fut recherchée par son procédé de la ligature élastique du pouce, et les résultats personnels de chaque examen furent consignés sur les fiches d'observation habituelles.

Plus de deux cents examens différents furent pratiqués pendant ces deux dernières années, mais je n'ai retenu que les observations dont les malades ont suivi le traitement avec régularité, et c'est le résultat de ces observations que j'ai l'honneur de présenter aujourd'hui.

Les observations qui suivent, au nombre de 53, ont été relevées sur des carnets qui en mentionnent le détail.

De ces 53 observations :

16 ont trait à des rhumatisants,

7 se rapportent à des fibromes utérins,

7 autres à des cas de diabète,

7 à des neurasthéniques,

4 à des sciatiques,

2 à des hépatiques,

2 à des ascites,

1 à une anoxhémie des cuisiniers,

1 à une cyanose des extrémités,

1 à une sclérodermie,

1 à un sarcome du poignet,

1 à des douleurs abdominales,

1 à une atonie intestinale,

1 à une chloro-anémie,

1 à une splénomégalie (leucocythémie).

a) En étudiant les 16 observations se rapportant à des cas de rhumatismes, nous trouvons :

A l'observation 4, l'activité de réduction montant de 0,78 à 0,80 et à 0,90, en même temps que la proportion d'hémoglobine monte de 7 à 9 0/0.

Dans l'observation 8, nous sommes surpris de voir d'abord l'activité de réduction à 1,20, tombant brusquement à 0,80, pour remonter lors des trois derniers examens à 1 ; 0,99 ; et 1, se maintenant ainsi à la normale.

L'observation 9 nous donne une activité, d'abord légèrement inférieure (0,95), puis normale, puis s'exagérant jusqu'à 1,10; redescendant à 0,94, puis sautant à 1,22. Cette malade, âgée, nerveuse, pourrait peut-être se classer plus rationnellement chez les goutteuses que dans le cadre des vraies rhumatisantes.

A l'observation 15, nous voyons l'activité monter de 0,68 à 1 ; puis flotter de 0,95 à 0,99, pour retomber à 0,88, se maintenant, en somme, à la normale du matin, à partir du deuxième examen pratiqué après un mois de traitement.

Dans l'observation 18, même résultat, de 0,87, l'activité monte à 1,03, et se met enfin à la normale 1, lors du troisième examen.

Chez la malade qui fait l'objet de l'observation 19, le premier résultat consécutif à un mois de traitement, dépasse la moyenne, sautant brusquement de 0,79 à 1,30 ; le traitement est continué et, deux mois après, l'activité de réduction revient à la normale, 1,03.

La malade de l'observation 21, au cours du traitement monte de 0,67 à 0,84 ; 1 ; 0,98 : 0,99. On suspend le traitement, l'activité retombe à 0,70, pour atteindre de nouveau la normale 1, après une nouvelle série de HF.

Dans l'observation 26, nous voyons l'activité de réduction d'abord à 0,80, monter à la normale 1 en un seul mois de traitement.

L'observation 32 donne également un accroissement de l'activité de réduction, qui, de 0,89, monte à 0,93.

On constate un résultat analogue dans l'observation 36, l'activité, de 0,79, monte à 1,02.

L'observation 38 nous montre l'activité de réduction montant de 0,81 à 0,91.

A l'observation 41, l'activité, de 1,02, monte à 1,10, se trouvant ainsi légèrement exagérée.

Dans l'observation 43, nous voyons l'activité monter de 0,90 à 1.

L'observation 46, nous fournit une légère exagération, de 0,99, l'activité monte à 1,10.

Dans l'observation 50, nous voyons l'activité, d'abord à 0,68, attteindre 0,98 au bout de cinq semaines de traitement.

Enfin l'observation 53 donne une ascension qui va de 0,65 à 1.

b) Dans les sept cas de fibrome, nous trouvons à l'observation 1, après un abaissement de l'activité de réduction une exagération momentanée puis la normale.

A l'observation 6, chez une malade gravement anémiée par des métrorragies abondantes, une activité d'abord presque normale, puis tombant à 0,40, en même temps que la proportion d'oxyhémoglobine est réduite à son minimum compatible avec l'existence (3,5 0/0). Successivement, un remontement progressif de l'activité de réduction, gagnant 0,60 ; 0,75, pour arriver à 0,80, en même temps que la proportion d'oxyhémoglobine atteint 9,5, c'est-à-dire le premier degré de l'anémie.

Dans l'observation 22, nous voyons l'activité, d'abord à 0,78, 0,80, monter à 1,10, en même temps que la proportion d'oxyhémoglobine, de 9,5 0/0, monte à 11 0/0.

Dans l'observation 23, il y a aux deux examens, *exagération*. De 1,05, l'activité monte à 1,16.

L'observation 16, montre un cas très rare de pléthore développée vraisemblablement depuis la cessation des hémorragies. Nous avons au début, avec des proportions énormes d'hémoglobine (17 0/0 au lieu des 13 0/0 à 14 0/0 maxima chez la femme), une activité de réduction d'abord supérieure à la normale, puisque les examens pratiqués le matin donnaient jusqu'à 1,15 d'activité. A la fin du traitement, en même temps que la proportion d'oxyhémoglobine devient 14 0/0, nous observons à l'examen pratiqué l'après-midi, vne activité de réduction égale à 1.

A noter chez cette malade, le nombre des hématies, 6.850.000 par millimètre cube, lorsqu'elle avait 17 0/0 d'oxyhémoglobine, au lieu des 4.500.000 à 5 millions, chiffres maximum ordinaires.

Dans l'observation 42, chez une fibromateuse très anémiée, l'activité de réduction, sous l'influence des HF, monte de 0,78 à 1,05, en même temps que la proportion d'oxyhémoglobine, de 5,5 0/0, s'accroît à 7,5 0/0.

Enfin dans l'observation 51, la malade, de plus en plus anémiée par ses hémorragies, et se cachectisant par des accidents hépatiques complexes, voit son activité osciller entre 0,75, 0,65 et 0,78.

c) Si nous étudions maintenant les cas de diabète traités par les HF, nous trouvons, en général, comme chez les goutteux, une activité exagérée de la réduction.

Dans l'observation 3, avant le traitement, l'activité observée le matin était de 1,35, au lieu de 0,80, qu'on observe habituellement chez les individus bien portants. Les deux examens suivants, faits dans le cours et à la fin du traitement, donnent 1,08 et 1,15 d'activité, c'est-à-dire une tendance nette à se rapprocher de la normale 1.

Dans l'observation 7, l'activité de réduction, égale à 1,35 avant le traitement, tombe à 0,80, puis à 0,90. Une suspension de traitement fait remonter l'activité à 1,22 ; une reprise du traitement donne 1,05. Nouvelle suspension : activité à 1,27 ; reprise du traitement : activité à 1,10. Cette observation, prise sur une diabétique à la ménopause, montre bien la tendance des lits de HF à ramener vers la normale l'activité de réduction de l'oxyhémoglobine lorsqu'elle était exagérée.

Dans l'observation 31, on est surpris de voir l'activité à 0,80 seulement puisqu'il s'agit d'un diabétique : au bout d'un mois de traitement, cette activité est à 1.

Dans l'observation 28, résultat analogue : de 0,97, on arrive à 1.

Nous restons dans une normale moyenne.

Dans l'observation 27, nous tombons à 1,05 après le traitement, alors que le premier examen donnait une activité de 1,27.

Dans l'observation 40, même résultat satisfaisant : de 1,31, l'activité de réduction descend à 1,12.

Enfin dans l'observation 44, l'activité de réduction, d'abord à 1,15, tombe à 1; remonte à 1,10, se rapproche de 1 à la fin du traitement (1,04); puis après cessation prolongée, se voit remonter à 1,20, menaçant de nouveaux accidents.

d) Examinons maintenant les sept cas de neurasthénie traités par les HF.

L'observation 2 nous donne, après un relèvement de l'activité de 0,68 à 0,98, une rechute à 0,94 et à 0.80.

L'observation 25 nous montre l'activité toujours un peu élevée, passant de 1,05 à 1,10.

Dans l'observation 34, l'activité, d'abord un peu exagérée à 1,10, descend à 1,05, et se rapproche définitivement de la normale 1,03.

L'observation 45 donne un bon résultat : de 0,90, l'activité monte à 1,02.

Dans l'observation 47, nous voyons l'activité, d'abord à 0,75, monter progressivement à 0,85 et à 0,90.

Le malade qui fait l'objet de l'observation 49 est un type de neurasthénique goutteux. Son activité de réduction, d'abord à 1,10, monte à 1,27 ; retombe à 0,90, et finit, après le traitement, à 1,01, atteignant enfin la normale.

Nous devons enclaver dans les cas de neurasthénie l'obervation de nervosisme n° 12, que je considérerais volontiers comme une goutteuse déséquilibrée : chez cette malade, l'activité de réduction a toujours été en augmentant : partie de 0,98, elle monte successivement à 1,03 ; 1,05 ; 1,15, pour atteindre enfin le chiffre exagéré de 1,27.

e). Les quatre observations classées sous le titre de sciatique donnent :

L'observation 11, des oscillations très prononcées allant de 0,70 à 1,30, pour redescendre à 0,80 ; puis remonter à 0,88 ; 0,92, et atteindre enfin 1,10.

L'observation 30 donne une augmentation de 0,80 à 1.

L'observation 33, bizarre, présente un bond de 0,78 à 1,40, avec tension artérielle exagérée à 19 centimètres de colonne mercurielle, le matin à jeun.

Enfin dans l'observation 35, l'activité, d'abord à 1,05, monte à 1,17, pour revenir à la normale 0,99 à la fin du traitement.

f) Dans les deux observations d'hépatisme traité par les HF, nous trouvons :

A l'observation 10, une diminution décroissante de l'activité de réduction, coïncidant avec une anémie progressive.

Dans l'observation 13, des oscillations qui maintiennent l'activité bien près de la normale.

g) Les deux observations d'ascite (sans indication d'étiologie) donnent, en cours de traitement, une diminution de l'activité de réduction : la 37e de 0,79 à 0,77 ; la 39e, de 1,03 à 0,84.

h) L'observation qui a trait à un cas d'anoxhémie des cuisiniers, nous montre une activité, d'abord très inférieure, à 0,63, dépassant la normale à 1,10, sous l'influence du coup de fouet donné par le traitement ; puis celui-ci continué, revenant définitivement à la normale 1 (observation 14).

i) L'observation 48, relative à un cas d'asphyxie locale des extrémités (cyanose), a des exagérations tout à fait anormales de l'activité de réduction : de 0,97, elle monte à 1,25 ; 1,54 ; et finit à 1,27. Ici, une explication plausible peut être proposée ; c'est qu'une partie de l'hémoglobine étant déjà réduite par la cyanose, il faut moins de temps pour réduire le reste d'hémoglobine oxygénée.

j) L'observation 5, cas de sclérodermie, nous offre une activité de réduction, d'abord très inférieure, à 0,55, montant successivement à 0,66 ; 0,87 ; dépassant la normale à 1,06, pour revenir en dernier lieu à la normale 1.

k) A l'observation 17, sarcome du poignet, nous trouvons au début une activité moyenne à 0,95 ; puis un coup de fouet à 1,24 ; et enfin une descente à 0,84.

l) L'observation 24, douleurs abdominales, nous présente une activité voisine de la normale, de 1,10 à 1,08.

m) Dans l'observation 20, atonie intestinale, l'activité de 1,05, descend à 0,90, pour remonter à 1,10 à la fin du traitement.

n) L'observation 52, relative à une chloro-anémique, nous donne une augmentation lente, mais progressive, de l'activité de réduction marchant de pair avec une augmentation dans la proportion d'oxyhémoglobine. Avant le traitement nous avons seulement 5,5 0/0 d'oxyhémoglobine et une activité de réduction de 0,75. Après un mois de traitement, la proportion d'hémoglobine reste la même (5,5 0/0), mais l'activité de réduction s'élève un peu à 0,79 ; le dernier examen montre une augmentation de l'hémoglobine, qui atteint 7,5 0/0, en même temps que l'activité de réduction monte à 0,88.

o) Enfin, l'observation 29, concernant un cas de splénomégalie (leucocythémie) est celle d'un malade mort sans qu'un traitement prolongé ait pu être institué (il ne dura qu'un mois environ), et qui, avant le traitement, avait 7,5 0/0 d'oxyhémoglobine, avec une activité de réduction égale à 0,75, en même temps qu'un millimètre cube de son sang contenait seulement 1.348.000 hématies et 193.000 leucocytes. Trente-trois jours après le premier examen, l'activité de réduction tombait à 0,72, le malade s'alitait, et la mort survenait au bout d'un mois.

Les résultats du traitement par les courants de haute fréquence se résument ainsi :

1° Dans 37 cas, les courants de haute fréquence ont augmenté l'activité de réduction de l'oxyhémoglobine, ce phénomène se traduisant particulièrement chez les malades à nutrition ralentie (rhumatismes, fibromes utérins, etc.).

2° Dans 10 cas, où, avant le traitement, l'activité de réduction était exagérée, les courants de haute fréquence avaient déterminé un abaissement de nature à rapprocher cette activité de la normale 1 :

3° Dans 6 cas seulement, où la déchéance organique continua son évolution, l'activité de réduction de l'oxyhémoglobine, malgré le traitement par les courants de haute fréquence, continua à baisser.

La conclusion qui s'impose est donc la suivante :

Dans les maladies de la nutrition le traitement par les courants de haute fréquence (D'Arsonvalisation) est un *régulateur* de l'activité de réduction de l'oxyhémoglobine.

Chez les malades à activité au-dessous de la normale 1, il remonte cette activité et la maintient définitivement dans le voisinage de cette normale.

Dans les cas où cette activité était exagérée, dans le diabète par exemple, le traitement diminue cette activité, et la fait redescendre à la normale 1.

M. le Dr FOVEAU de COURMELLES

à Paris.

DES INDICATIONS ÉLECTRIQUES EN GYNÉCOLOGIE [615.84 : 618.1]

— *Séance du 8 août* —

C'est dans le domaine gynécologique que l'électricité thérapeutique est réapparue sensationnellement il y a quelques années et, de progrès en progrès, s'est imposée aux médecins, même les moins crédules. Sans parler ici des indications thérapeutiques et diagnostiques de l'emploi ou du rejet des courants galvaniques ou faradiques dans l'utérus quand les annexes sont indemmes ou au contraire lésés, je veux parler d'applications nouvelles ou plutôt rares.

Ainsi, par exemple, le gynécologue est souvent consulté par une jeune femme, mariée depuis quelques années et s'étonnant d'être stérile ; ses règles sont cependant régulières ou paraissent telles, et rien d'anormal ne lui a révélé qu'elle dût, vis-à-vis de la fécondation, se comporter anormalement. D'autres fois, c'est une femme qui a souffert de l'utérus, qui a été soignée, dont le col a été cautérisé maintes fois pour des ulcérations et dont les règles sont devenues difficiles et douloureuses. Dans ces deux cas, la cause congénitale ou active est la même, il y a *atrésie*, *imperforation* partielle ou totale du col utérin. L'imperforation d'origine congénitale n'est pas toujours complète, et souvent les règles se fraient alors un passage qui n'est pas trop douloureux, partie à travers la fraction du canal existante, partie par regorgements en quelque sorte, ou en se frayant un chemin irrégulier et contourné. J'ai eu, dans ma pratique, quelques cas de ce genre, auquel j'ai appliqué avec succès un traitement analogue à celui des rétrécissements du canal de l'urètre. L'*utérolyse* est, en effet, identique à l'*urétrolyse*.

Voici comment l'on procède : Le diagnostic bien établi, on place la patiente dans la position genu-pectorale, les jambes bien écartées, le siège bien au bord du fauteuil opératoire et reposant sur une toile cirée qui conduira les eaux du lavage dans un seau. Ceci fait, laver à grande eau le vagin largement ouvert par un spéculum à quatre valves ou mieux par des écarteurs tenus par des aides; l'eau employée sera ou stérilisée, ou une solution faible d'acide phénique (1 0/0), ou de sublimé (1 0/00). Les écarteurs sont préférables au spéculum qui comprime l'utérus et rend difficile la direction de l'instrument électrolyseur. Celui-ci sera tout simplement le système d'olives de Neumann de divers calibres, et que cet auteur, ainsi que bien d'autres, se sont bornés à appliquer à l'urètre masculin. Ces olives s'adaptent d'une part, soit à une tige flexible, soit à une tige rigide, qui permet alors d'exercer une certaine pression, et d'autre part à une bougie filiforme et directrice. Si le canal utérin est légèrement perforé, cette bougie directrice pourra y être introduite, sinon on y renoncera. Le courant employé est un courant continu, et le pôle agissant est le négatif. Le courant sera formé par une large plaque feutrée placée sur le ventre recouvert d'une lourde électrode en plomb qui établira un bon contact du pôle positif, lequel y est amené par un fil souple. Le pôle négatif est relié à l'olive qui va détruire chimiquement l'obstacle, enfin former un canal artificiel, et rétablir, s'il s'agit d'atrésie acquise, l'ancien canal utérin. La tige rigide tenant l'olive est préférable à la tige souple; on devra d'ailleurs la pouvoir courber à volonté pour diriger l'utérolyseur comme il convient, selon la position normale ou déviée du col de l'utérus.

Le courant employé, faiblement perçu, varie de 30 à 50 milliampères, selon la nature molle ou fibreuse, naturelle ou chéloïdienne des tissus. La durée peut être assez longue — car ce doit être un procédé doux et lent —, et peut atteindre trente, quarante-cinq et même soixante minutes. Mais, hâtons-nous de le dire, la patiente supporte très bien cette opération dont elle ne perçoit qu'une légère brûlure. Si le canal, même à son entrée ou plutôt à sa sortie dans le vagin, est absolument imperforé, on prendra le centre du col comme point de départ, et la plus petite olive comme instrument destructeur. L'ouverture ainsi faite par le courant, on prendra une olive de la dimension normale de la largeur du col et on se fraiera peu à peu, doucement, lentement, le chemin jusqu'à ce que l'on sente brusquement le vide. Cette sensation, vu la petitesse de la cavité utérine normale (1 centimètre cube), n'est pas excessive, n'a rien de comparable avec celle de la pénétration d'une sonde dans la vessie; l'observateur en a conscience parce que son utérolyseur tourne facilement et a eu tout à coup une marche en avant sans aucune pression. Ces détails opératoires ont une grande importance, afin de ne pas électrolyser la cavité utérine et n'avoir pas une perforation de celle-ci, ainsi qu'on l'a reproché parfois aux grandes intensités électrolytiques dans les fibromes. On peut alors s'assurer à l'hystéromètre que le canal ainsi créé a la longueur normale moyenne. Le courant employé, de piles au bisulfate de mercure ou des secteurs à courants continus, par des rhéostats appropriés, — ainsi que je le fais depuis maintes années et sans dangers, malgré des critiques injustifiées de ces courants d'éclairage —

sera constant et régulier, car seules, les secousses dues à des interruptions, à de mauvais contacts, sont douloureuses pour les malades.

Quand l'opération est terminée, on fera un lavage de ce nouveau canal et de la cavité utérine. J'ai adopté pour cela un flacon de chimie à trois tubulures portant d'une part une poire d'insufflation qui permettra d'amorcer le siphon que d'autre part constitue un tube courbé relié à la seconde tubulure. Un long tube de caoutchouc permet de régler la pression, selon la hauteur à laquelle on accrochera le flacon, par un fil métallique lié au goulot central du flacon. Un tube de verre courbé, d'un diamètre de 2 millimètres, bien mousse à son extrémité utérine, pénétrera dans le canal et la cavité utérine. La hauteur et la poire d'insufflation donneront une pression variable et graduable par l'opérateur.

Le lavage avec des solutions analogues à celles du début étant terminé, on introduira, dans le nouveau canal, soit des mèches antiseptisées à la vaseline salolée, par exemple, et liées par un fil permettant de les sortir facilement, soit une véritable sonde filiforme. On maintient ainsi le calibre du canal, pendant que la cicatrisation se fait. Si l'on a utilisé des mèches, on les renouvellera tous les jours pendant une semaine environ, mais la sonde est préférable et on la laissera à demeure le même laps de temps.

Mes deux premières utérolyses remontent à dix ans, et les deux patientes, deux amies du reste, la première ayant amené la seconde, mariées depuis trois ans, ont été mères : l'une quinze mois, l'autre seize mois après l'opération.

***

Il y a, dans l'électrolyse gynécologique, une quantité de moyens rentrant dans le domaine de la chirurgie conservatrice et non sanglante, et certes, en dehors même des préférences des malades. Il est des cas où ces ressources thérapeutiques ne doivent pas être négligées. Les malades timorées, craintives, où le shock nerveux ou opératoire est à craindre, sont tout indiquées pour ces moyens simples et pratiques, et qui n'exigent nullement un outillage compliqué. Je mentionnerai encore ici pour mémoire la *bi-électrolyse* dont j'ai longuement entretenu le Congrès, l'année dernière.

Déjà, à la même époque, je décrivais un procédé plus rapide de *curetage électrique* (*Revue de Polytechnique Médicale*, 30 novembre 1892) :

Les courants ont-ils leur action localisée en un fil, en une anse, en une lame de platine? que le platine rougit et peut alors perforer ou couper des tissus morbides. C'est de la thermocaustique galvanique ou galvano-caustique thermique par opposition à la galvano-caustique chimique constituant l'*électrolyse* ou la *bi-électrolyse*. Quant aux applications internes, profondes, de la chaleur des courants continus concentrée en un galvanocautère, applications que, le premier, j'ai pensé à faire dans *l'intimité, les ténèbres du corps humain*, mais *consciemment*, *comme à ciel ouvert*, pour n'agir que sur la lésion de la cavité utérine, à *curetter* ainsi, je les ai groupées sous le nom court, euphonique, expressif et exact de *pyrogalvanie interne*. Le terme de pyrogalvanie pourrait être général, il le deviendra peut-être à cause de sa brièveté et de sa clarté : déjà, en Espagne, le Dr Rodriguez Abella l'a généralisé, dès 1893.

La température est graduable à volonté : très élevée, elle équivaut à la lame du bistouri et donne des hémorragies; peu élevée, elle coupe ou détruit sans provoquer la moindre perte de sang. Les avantages du galvano-cautère sur le thermo-cautère dont le maniement facile qui n'exige pas d'aide et n'a rien d'effrayant, l'introduction à froid du cautère, son rougissement et son arrêt au moment voulu par l'opérateur et la bien moindre douleur de son action. Quant à mon *curetage électrique rapide*, c'est l'introduction — après dilatation préalable par la laminaire, des lavages antiseptiques et parfaits des cavités vaginale et utérine, comme il a été dit plus haut pour l'utérolyse — d'un cautère arrondi et plan ; on brûle ainsi les points malades et rien autre, dans la cavité utérine atteinte d'endométrite, de périmétrite, même s'il y a commencement de propagation aux annexes. La destruction du processus morbide et la révulsion qui résultent de cette pyrogalvanie sont de puissants moyens de guérison, ne nécessitant ni perte de sang, ni anesthésie chloroformique, ni convalescence aussi longue.

Pour faire le diagnostic, on utilise cette propriété du courant continu faible qui provoque sur un point lésé, à nu, de l'épiderme ou d'une muqueuse, une sensation désagréable de cuisson, alors que les parties saines ne ressentent rien ; un courant explorateur déterminera donc les points malades (*Société de Biologie*, 28 avril 1894), ou plus malades que le voisinage, par la sensation douloureuse qu'il fait éprouver à la patiente. Pour cela, comme pour une électrolyse négative utérine, on aura un courant fermé par une large plaque feutrée positive posée sur le ventre, et l'électrode négative, placée dans l'utérus, y provoquera de place en place l'élément douleur : seulement là, on fera passer le courant thermique gradué d'avance. Pour être sûr d'être bien sur une lésion déterminée par le courant faible, il faut que l'instrument qui explore, pôle négatif de ce courant et l'instrument qui cautérise, soit le même, sinon comment savoir si l'on sort l'explorateur pour remettre l'anse galvanique, que l'on n'a pas bougé ? C'est donc l'anse galvanique elle-même qui sera d'abord le pôle négatif du courant explorateur et qui ne rougira qu'au moment voulu, alors qu'on sera sur un endroit lésé ; si toute la cavité utérine est malade il y aura cependant divers maxima du processus morbide qui seront plus douloureux à l'exploration, et ce sera sur eux que se concentrera l'action thermique. Si, vu l'obscurité utérine dans laquelle on opère, on revenait sur des points déjà brûlés et par suite rendus analgésiques, la malade n'accuserait pas de sensations et ainsi ne rebrûlera-t-on pas les lésions déjà traitées.

L'anse de platine reçoit un courant préalablement gradué et exige trois secondes dans l'intimité des tissus pour rougir au degré voulu et trente secondes pour se refroidir avant de procéder à une nouvelle recherche de point lésé et ne pas provoquer une brûlure qui égarerait le diagnostic, et ainsi pour chaque point à cautériser.

Péan, à l'Académie de Médecine de Paris, le 12 novembre 1895, a parlé des cinquante et un cas alors opérés avec succès par l'auteur. — L'opération de la curette de Récamier est, — en cas de rétraction placentaire, — jusqu'à présent, sauf perfectionnement, dans l'avenir — préférable à ma méthode, mais combien de ces cas d'endométrite n'ayant pas d'autre origine que l'invasion gonococcique, où elle se pourra appliquer. La rétraction placentaire étant l'exception et facile à diagnostiquer par les commémoratifs, on l'éliminera facilement. Dans la majorité des cas, la pyrogalvanie sera applicable, elle ne sera pas suivie de l'atrésie qui accompagne souvent l'opération sanglante. On évitera celle-ci par un drainage momentané, ou en faisant l'opération une semaine avant les règles ; celles-ci avancent alors un peu et dilatent la cavité utérine ou le canal cervical. Si, par suite d'opérations sanglantes antérieures, on a chez celui-ci de l'atrésie à détruire, on pourra recourir à l'électrolyse circulaire dont nous avons parlé plus haut.

*
* *

Les *courants d'induction* pourront encore masser un utérus ou un col dévié, en utilisant des électrodes mono ou bi-polaires qui l'entoureront, en le maintenant dans la position normale ou en s'en rapprochant le plus possible, par une sorte de traction mécanique exercée sur l'organe qui, pendant ce temps-là, est faradisé. La forme en capuchon, avec tiges plus ou moins longues selon que la déviation est étendue au col et à l'utérus ou limitée au col, enserre mécaniquement le col et maintient sensiblement l'ensemble dans la position la plus rapprochée de la normale.

L'ensemble des actions électriques dans le domaine gynécologique, a été résumée par le docteur Péan, dans la séance de l'Académie de Médecine, du 15 novembre 1895.

Ajoutons que depuis 1895, cent trois curetages électriques ont été faits par nous, que les endométrites hémorragiques y ont toujours cédé, et souvent aussi d'autres endométrites avec gonflement des trompes et extension évidente des lésions aux annexes.

Pour les fibromes, nous ajouterons également que la régression est un phénomène des plus rares, ce qui ne veut pas dire que l'éléctricité n'agisse pas sur eux, mais seulement sur leurs symptômes : douleur, hémorragie...

et cela souvent de telle façon, comme le disait Verneuil en 1892, que la malade a l'illusion de la guérison, qu'à part son gros ventre demeurant alors stationnaire et même un peu amoindri par régression des exsudats péri-utérins, elle n'a nullement à souffrir de sa tumeur. Pour les timorées, pour les patientes n'ayant pas d'antécédents cancéreux — car la transformation maligne de la tumeur serait alors à craindre, et j'en ai observé un cas qui a évolué d'uue façon ultra-rapide — le traitement électrolytique ou bi-électrolytique convient et donnera des succès, dans les limites que nous venons d'indiquer.

Quant aux déviations utérines, nos électrodes à capuchons ont continué de produire des résultats curatifs intéressants bons à mentionner, mais qui exigent un certain apprentissage pour l'introduction de la tige intra-utérine.

TABLE DES MATIÈRES

SECONDE PARTIE

NOTES ET MÉMOIRES

TABLE ANALYTIQUE

Dans cette table, les nombres qui sont placés après la lettre _p_ se rapportent aux pages de la première partie, ceux placés après l'astérique * se rapportent à celles de la deuxième partie.

IMPRIMERIE CHAIX, RUE BERGÈRE, 20, PARIS. — 25000-11-00.

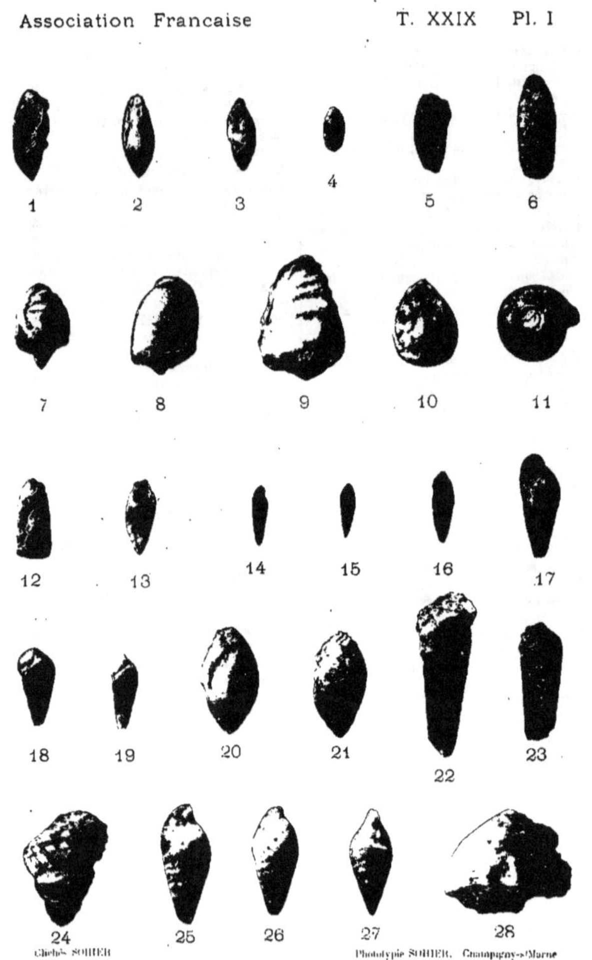

M. COSSMANN

COQUILLES CRÉTACIQUES RECUEILLIES EN FRANCE

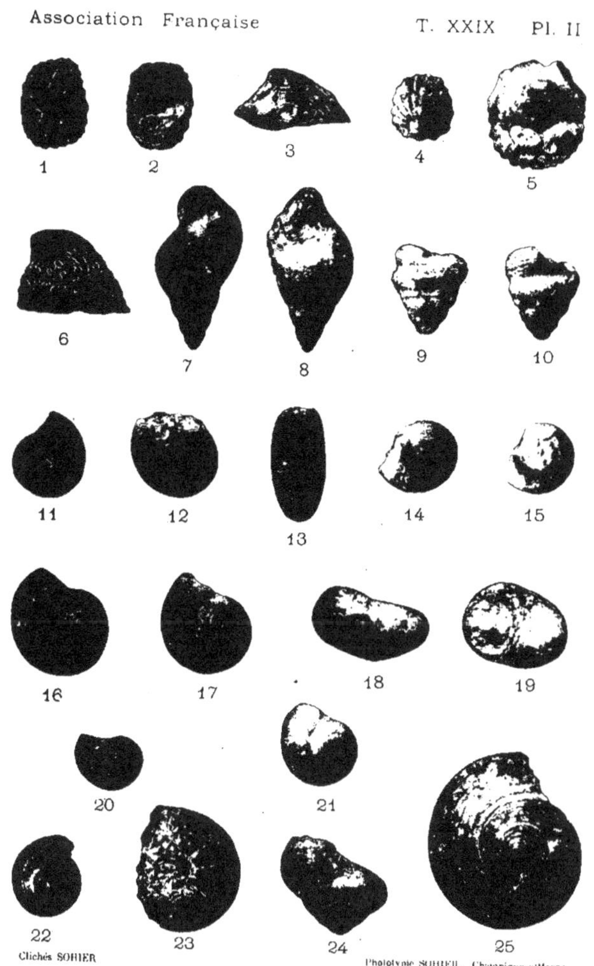

M. COSSMANN

COQUILLES CRÉTACIQUES RECUEILLIES EN FRANCE

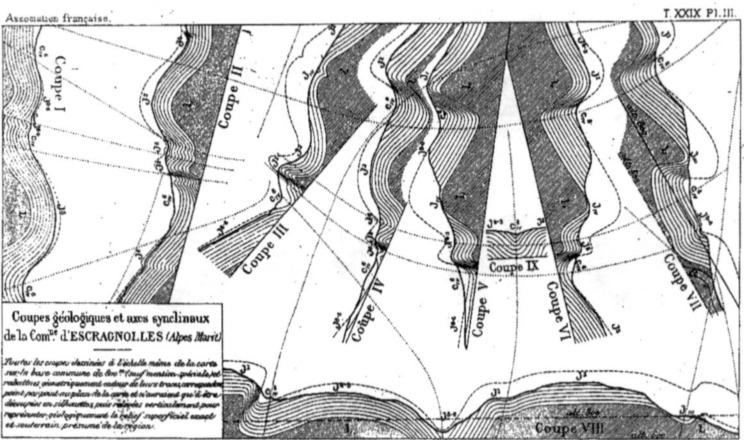

A GUÉBHARD _ COUPES GÉOLOGIQUES DE LA COMMUNE D'ESCRAGNOLLES.

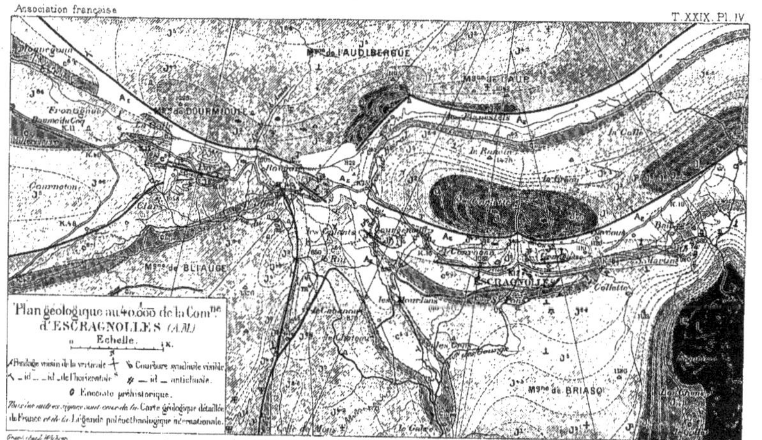

A. GUÉBHARD. PLAN GÉOLOGIQUE DE LA COMMUNE D'ESCRAGNOLLES

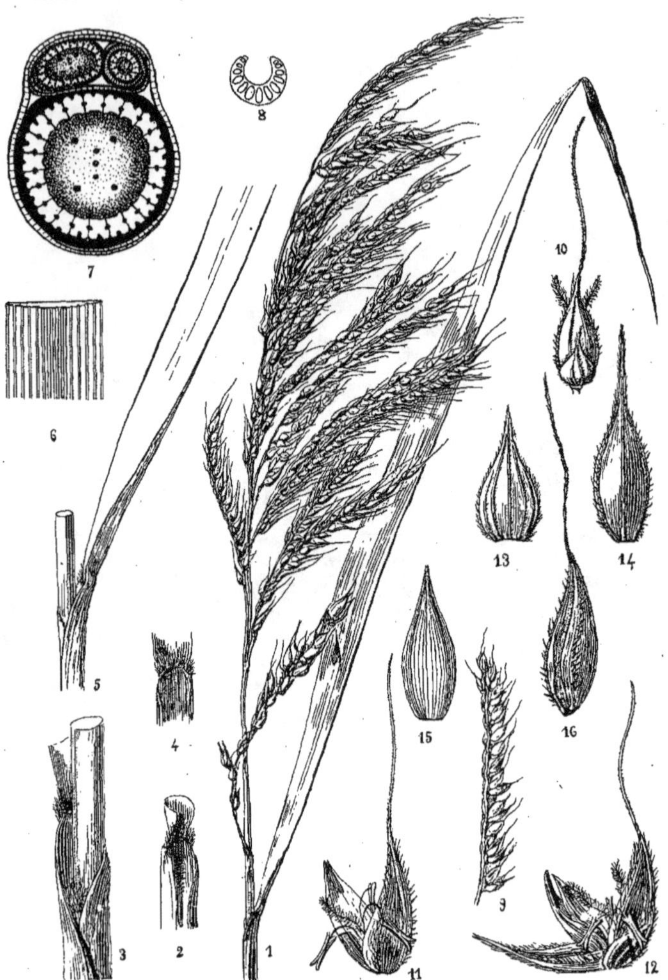

AUG. CHEVALIER. — LE PANICUM BURGU.

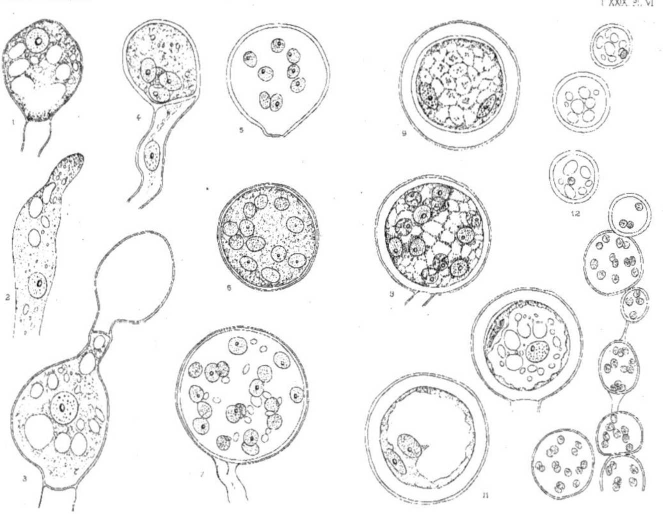

P.V. del.

Imp. Lemercier, Paris.

PAUL VUILLEMIN — AZYGOSPORES DE L'ENTOMOPHTHORA GLŒOSPORA

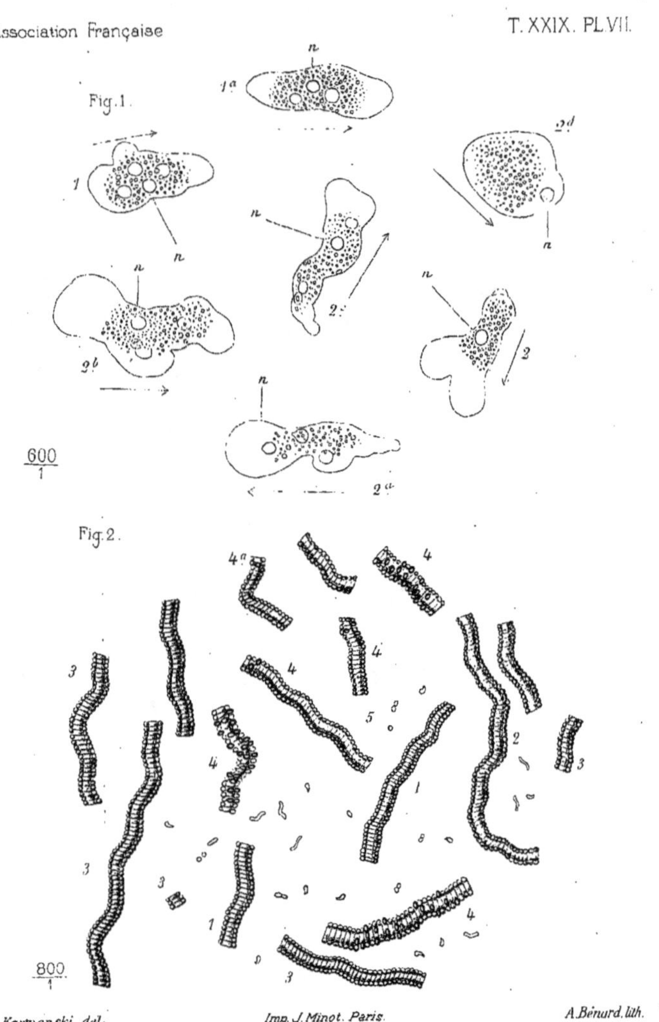

A. CERTES — Fig. 1. Amibes, noyau coloré vivant.
Fig. 2. Spirobacillus gigas *(Cert.)* colorés vivants.

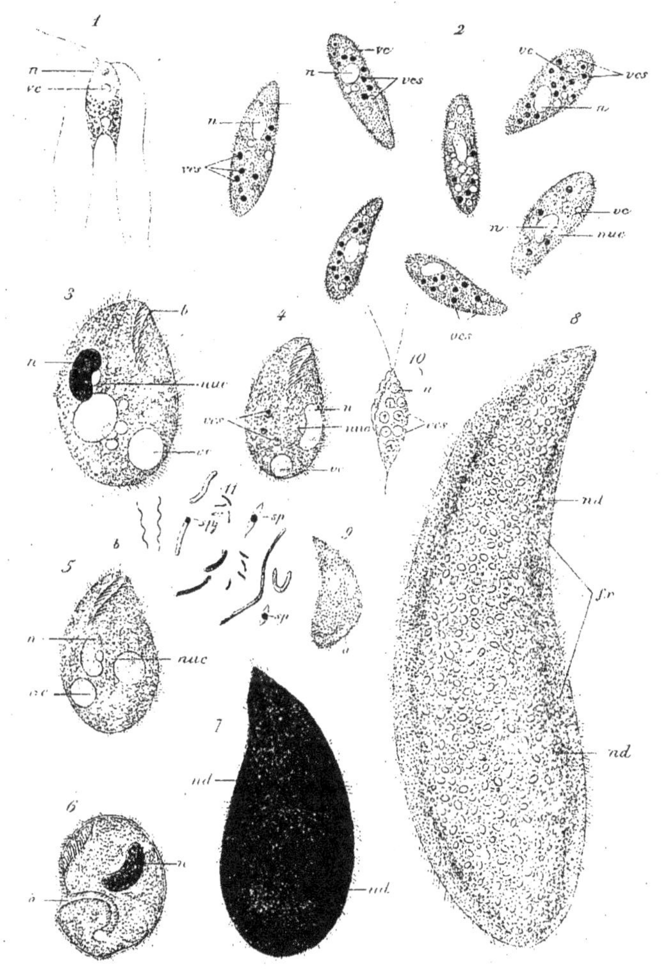

A. Karmanski ad. nat. del. et lith. Imp. J. Minot Paris

A. CERTES — Infusoires colorés vivants.

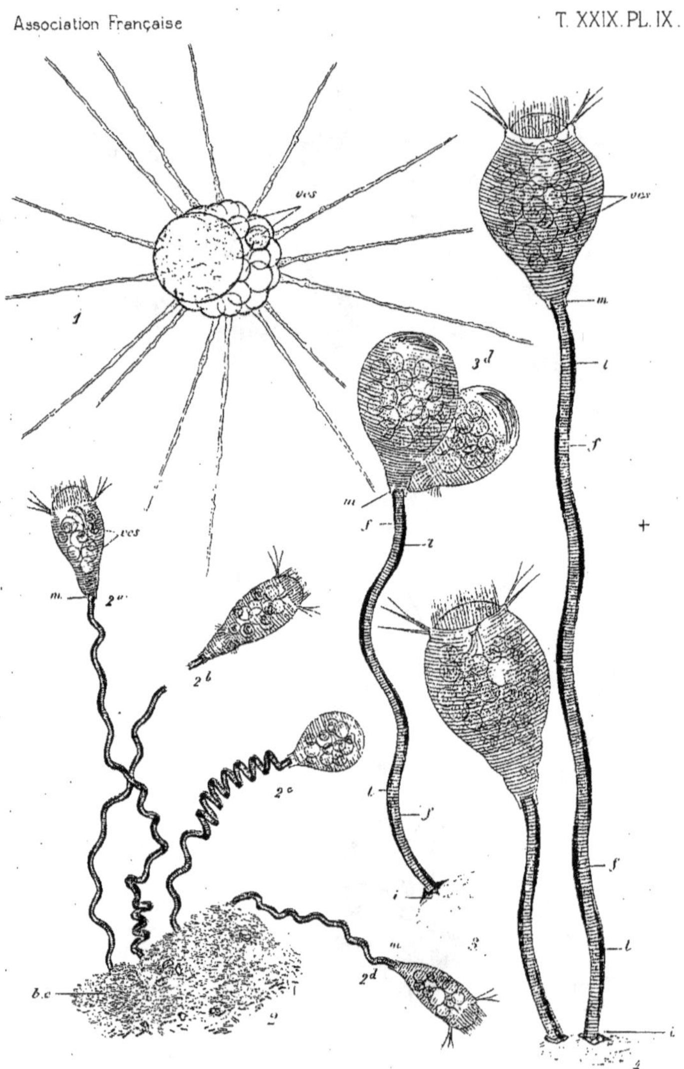

A. Karmanski ad. nat. del. et lith.

Imp. J. Minot Paris.

A. CERTES — Infusoires colorés vivants.

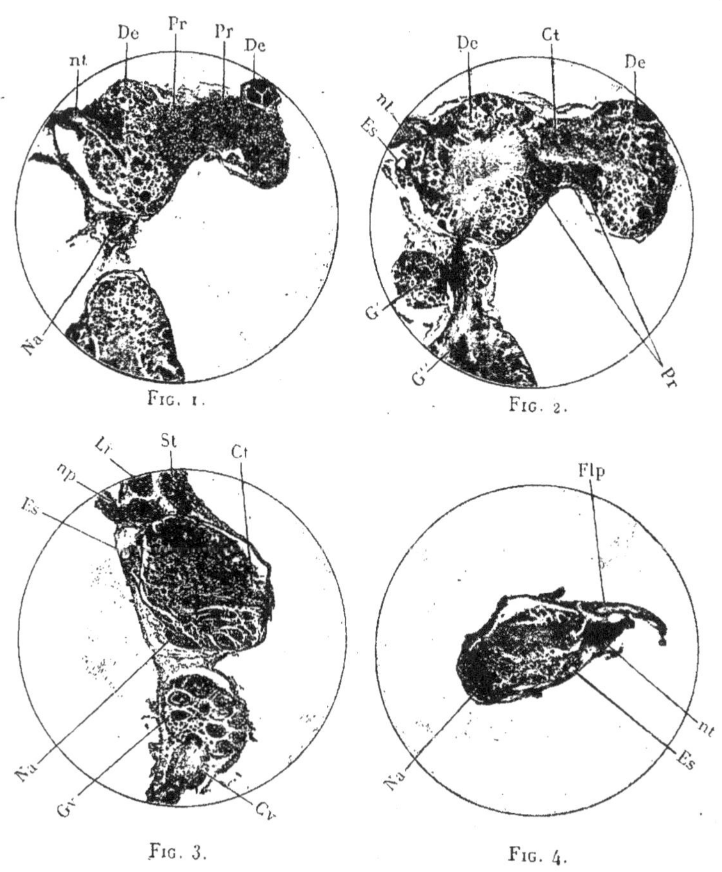

Fig. 1. Fig. 2. Fig. 3. Fig. 4.

DE NABIAS. — CERVEAU DES PLANORBES

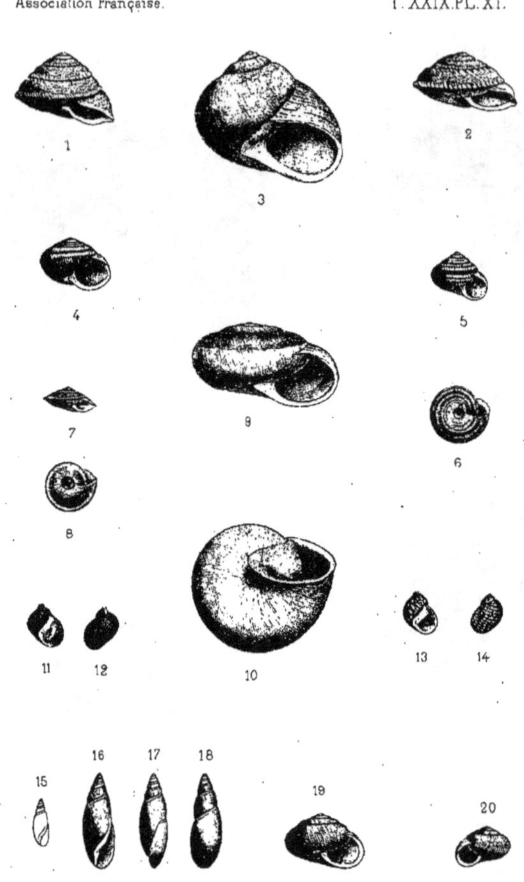

E. Jacquemin lith. Imp. Lemercier, Paris.

P. PALLARY. FAUNE MALACOLOGIQUE DU N.O. DE L'AFRIQUE

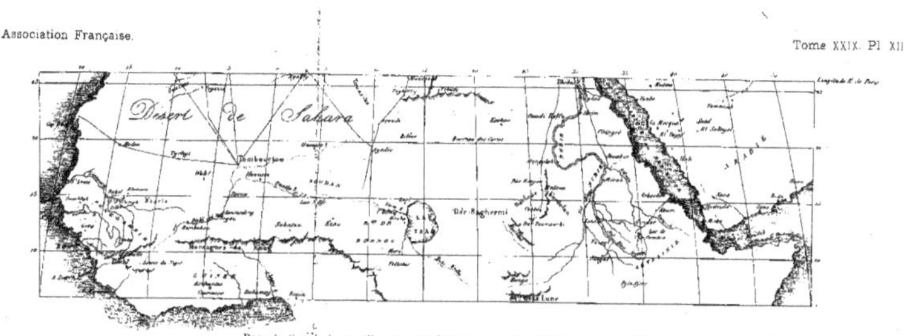

Reproduction de la première carte publiée par la *Société de Géographie* en 1825.

Échelle au 31.000.000e.

Reproduction d'une partie de la Carte d'Afrique publiée par la *Société de Géographie* en 1899.

Échelle au 10.000.000e.

www.ingramcontent.com/pod-product-compliance
Lightning Source LLC
LaVergne TN
LVHW010109230826
846091LV00001BA/1

* 9 7 8 2 0 1 4 0 9 4 2 5 1 *